2025 全国勘察设计注册工程师
执业资格考试用书

Zhuce Yantu Gongchengshi Zhiye Zige Kaoshi
Zhuanye Kaoshi Linian Zhenti Xiangjie

注册岩土工程师执业资格考试
专业考试历年真题详解

（专业知识）

耿楠楠　吴连杰 / 主编

杨　奎　董　倩　刘　孟　李　跃　李自伟 / 副主编

人民交通出版社
北京

内 容 提 要

本书根据人力资源和社会保障部、住房和城乡建设部颁布的注册土木工程师（岩土）专业考试大纲，由多位通过注册土木工程师（岩土）专业考试、熟悉命题规则、具有丰富备考辅导经验的一线资深工程师共同编写而成。本书收录了2009—2024年（2015年停考）专业知识试题（对部分陈旧试题进行了改编），试题均采用现行规范进行解答，全书按照试题、解析答案分开排版，便于考生自测。

本书适合参加注册土木工程师（岩土）专业考试的考生复习使用，同时也可作为岩土工程技术人员、高等院校师生的参考书。

图书在版编目（CIP）数据

2025注册岩土工程师执业资格考试专业考试历年真题详解. 专业知识 / 耿楠楠，吴连杰主编. — 北京：人民交通出版社股份有限公司, 2025.3. — ISBN 978-7-114-19942-4

Ⅰ. TU4-44

中国国家版本馆 CIP 数据核字第 2024U7L272 号

书　　名：2025注册岩土工程师执业资格考试专业考试历年真题详解（专业知识）
著　作　者：耿楠楠　吴连杰
责任编辑：李　坤
责任印制：刘高彤
出版发行：人民交通出版社
地　　址：（100011）北京市朝阳区安定门外外馆斜街 3 号
网　　址：http://www.ccpcl.com.cn
销售电话：（010）85285857
总 经 销：人民交通出版社发行部
经　　销：各地新华书店
印　　刷：北京科印技术咨询服务有限公司数码印刷分部
开　　本：889×1194　1/16
印　　张：42
字　　数：1008 千
版　　次：2025 年 3 月　第 1 版
印　　次：2025 年 3 月　第 1 次印刷
书　　号：ISBN 978-7-114-19942-4
定　　价：138.00 元（含两册）
（有印刷、装订质量问题的图书，由本社负责调换）

前言

2002 年 4 月，人事部、建设部下发了《注册土木工程师（岩土）执业资格制度暂行规定》《注册土木工程师（岩土）执业资格考试实施办法》和《注册土木工程师（岩土）执业资格考核认定办法》（人发〔2002〕35 号），决定在我国施行注册土木工程师（岩土）执业资格制度，并于同年 9 月举行了首次全国注册土木工程师（岩土）执业资格考试。

该考试分为基础考试和专业考试两部分。参加基础考试合格并按规定完成职业实践年限者，方能报名参加专业考试。

专业考试分为"专业知识考试"和"专业案例考试"两部分。

"专业知识考试"上、下午试卷均由 40 道单选题和 30 道多选题构成，单选题每题 1 分，多选题每题 2 分，试卷满分为 200 分，均为客观题，在答题卡上作答。专业知识试卷由 11 个专业（科目）的试题构成，它们分别是：岩土工程勘察；岩土工程设计基本原则；浅基础；深基础；地基处理；土工结构与边坡防护；基坑工程与地下工程；特殊条件下的岩土工程；地震工程；岩土工程检测与监测；工程经济与管理。

"专业案例考试"上、下午试卷均由 25 道单选题构成（2018 年之前由 30 道单选题构成，考生从上、下午试卷的 30 道试题中任选其中 25 道题作答），每题 2 分，试卷满分为 100 分，采取主、客观相结合的考试方法，即要求考生在填涂答题卡的同时，在答题纸上写出计算过程。专业案例试卷由 9 个专业（科目）的试题构成，它们分别是：岩土工程勘察；浅基础；深基础；地基处理；土工结构与边坡防护；基坑工程与地下工程；特殊条件下的岩土工程；地震工程；岩土工程检测与监测。

专业考试分两天进行，第一天为专业知识考试，第二天为专业案例考试，专业知识和专业案例的考试时间均为 6 小时，上、下午各 3 小时。具体时间安排是：

第一天　08:00～11:00　专业知识考试（上）

　　　　14:00～17:00　专业知识考试（下）

第二天　08:00～11:00　专业案例考试（上）

　　　　14:00～17:00　专业案例考试（下）

注册土木工程师（岩土）专业考试为非滚动管理考试，且为开卷考试，考试时允许考生携带正规出版社出版的各种专业规范和参考书进入考场。

截至 2024 年底，注册土木工程师（岩土）执业资格考试共举行了 22 次（2015 年停考一次，2022 年考试和 2022 年补考算一次），考生人数逐年增加。纵观这二十多年，大体而言，该考试经历了四个阶段，即：2002—2003 年，初期探索，题型及难度与目前的考试没有可比性；2004—2011 年，题型和风格基本固定，以方鸿琪、张苏民两位大师以及高大钊、李广信两位教授为代表的老一辈命题专家，比较注重理论基础，偏"学院派"；2012—2017 年，建设综合勘察研究设计院有限公司总工程师武威担任命题组组长，出题风格明显转变，更加注重基本理论与工程实践的结合，更具"综合性"，是典型的"实践派"；2018 年起，北京市勘察设计研究院有限公司副总工程师杨素春担任命题组组长，命题风格改为"三从一大"——从难、从严、从实际出发，计算量加大；案例考题也由此前的 30 题选做 25 题变为了 25 道必答题。相较于注册土木工程师的其他专业考试，岩土工程师考试更为复杂多变，其考查广度与深度也极具张力，复习时需投入更多的时间和精力。

为了帮助考生抓住考试重点，提高复习效率，顺利通过考试，人民交通出版社特邀请行业专家、对历年真题有潜心研究的注册岩土工程师们，在搜集、甄别、整理历年真题的基础上编写了本套图书（含专业知识和案例分析）。书中对每一道题都进行了十分详细的解析，并力争做到准确清晰。**另外，由于规范的更新，为了提高本套图书的使用价值，在保证每套试题完整性的基础上，本书所有真题均采用现行规范进行解答。**

为了更好地模拟演练，本书真题均按照年份顺序编排，答案附于每套真题之后。建议使用时严格按照考试时间解答，超过时间，应停止作答。给自己模拟一个考场环境，对于应考十分重要。真题永远是最好的复习资料，其中的经典题目，建议读者反复练习，举一反三。此外，也有必要提醒考生，一本好的辅导教材固然有助于备考，但自己扎实的理论基础更为重要。任何时候，都不应本末倒置。建议考生在使用本书前，应经过充分而系统的土力学和基础工程课程的学习。

本书自 2015 年 4 月首次出版以来，受到众多考生的青睐，在考生中产生了较大的影响。考生在使用本书过程中，积极与编者交流探讨，对本书的修订再版提供了很多有益的建议。编者根据多年考试辅导经验，结合读者建议，对图书进行了修订完善。

2025 版图书具有以下特点：

（1）增加了 2024 年考试真题，并给出详细的解答。

（2）随书赠送电子题库（一年有效期），含 2004～2024 年真题及解析，可微信扫描封面红色二维码领取，登陆微信公众号"注考大师"在线学习。

（3）对 2024 版图书进行了全面校勘，改正了书中的解答错误、文字错误和印刷错误。

（4）采用近两年实施的新规范对相关考题重新进行解答，指导性更强。

（5）配备电子题库和视频讲解。考生扫描封面和书中的二维码，即可观看学习。

本书由耿楠楠、吴连杰主编，杨奎、董倩、刘孟、李跃、李自伟共同参与编写。

因时间有限，书中疏漏之处在所难免，欢迎各位考生提出宝贵建议，以便再版时进一步完善。

最后，祝各位考生顺利通过考试！

编　者

2025 年 3 月

目 录

（专业知识·试题）

2009 年专业知识试题（上午卷）

一、单项选择题（共 40 题，每题 1 分。每题的备选项中只有一个最符合题意）

1. 对地层某结构面的产状记为 30°∠60°时，下列哪个选项对结构面的描述是正确的？　　（　　）

　　（A）倾向 30°，倾角 60°　　　　　　　　（B）走向 30°，倾角 60°
　　（C）倾向 60°，倾角 30°　　　　　　　　（D）走向 60°，倾角 30°

2. 现场直接剪切试验，最大法向荷载应按下列哪些选项的要求选取？　　（　　）

　　（A）大于结构荷载产生的附加应力　　　　（B）大于上覆岩土体的有效自重压力
　　（C）大于试验岩土体的极限承载力　　　　（D）大于设计荷载

3. 完整石英岩断裂前的应力—应变曲线最有可能接近下图哪一选项所示的曲线形状？　　（　　）

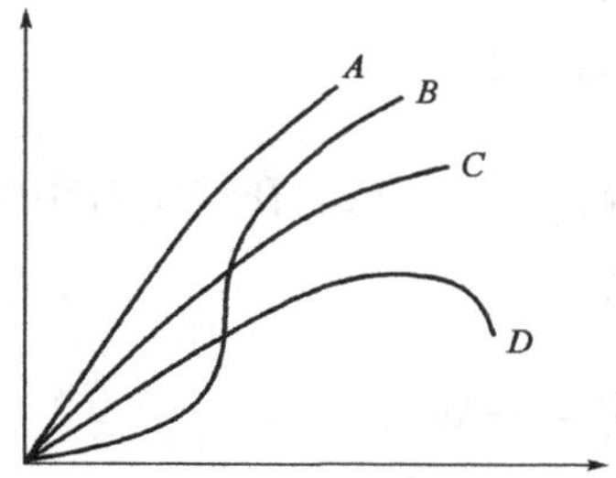

题 3 图

　　（A）直线　　　　　　　　　　　　　　　（B）S 曲线
　　（C）应变硬化型曲线　　　　　　　　　　（D）应变软化型曲线

4. 存在可能影响工程稳定性的发震断裂，下列关于建筑物最小避让距离的说法中哪个是正确的？
　　（　　）

　　（A）抗震设防烈度是 8 度，建筑物设防类别为丙类，最小避让距离 150m
　　（B）抗震设防烈度是 8 度，建筑物设防类别为乙类，最小避让距离 200m
　　（C）抗震设防烈度是 9 度，建筑物设防类别为丙类，最小避让距离 300m
　　（D）抗震设防烈度是 9 度，建筑物设防类别为乙类，最小避让距离 200m

5. 在岩层中进行跨孔法波速测试，孔距符合《岩土工程勘察规范》（GB 50021—2001）（2009 年版）要求的是哪一项？　　（　　）

　　（A）4m　　　　　　　　　　　　　　　　（B）12m
　　（C）20m　　　　　　　　　　　　　　　　（D）30m

6. 某建筑地基土样颗分结果见下表，土名正确的是下列哪一项？　　（　　）

　　（A）细砂　　　　　　　　　　　　　　　　（B）中砂
　　（C）粗砂　　　　　　　　　　　　　　　　（D）砾砂

题 6 表

>2mm	2~0.5mm	0.5~0.25mm	0.25~0.075mm	<0.075mm
15.8%	33.2%	19.5%	21.3%	10.2%

7. 进行开口钢环式十字板剪切试验时，哪个测试读数顺序是对的？　　　　　　　（　　）

（A）重塑，轴杆，原状　　　　　　　　　（B）轴杆，重塑，原状

（C）轴杆，原状，重塑　　　　　　　　　（D）原状，重塑，轴杆

8. 为测求某一砂样最大干密度和最小干密度分别进行了两次试验，最大两次试验结果为：$1.58g/cm^3$ 和 $1.60g/cm^3$；最小两次试验结果为：$1.40g/cm^3$ 和 $1.42g/cm^3$；问最大干密度和最小干密度 ρ_{dmax} 和 ρ_{dmin} 的最终值为下列哪一项？　　　　　　　　　　　　　　　　　　　　（　　）

（A）$\rho_{dmax} = 1.60g/cm^3$；$\rho_{dmin} = 1.40g/cm^3$

（B）$\rho_{dmax} = 1.58g/cm^3$；$\rho_{dmin} = 1.42g/cm^3$

（C）$\rho_{dmax} = 1.60g/cm^3$；$\rho_{dmin} = 1.41g/cm^3$

（D）$\rho_{dmax} = 1.59g/cm^3$；$\rho_{dmin} = 1.41g/cm^3$

9. 对土体施加围压 σ_3，再施加偏压力 $\sigma_1 - \sigma_3$，在偏压力作用下，土体产生孔隙水压力增量 Δu，由偏压引起的有效应力增量应为哪一项？　　　　　　　　　　　　　　　　　（　　）

（A）$\Delta\sigma_1' = \sigma_1 - \sigma_3 - \Delta u$；$\Delta\sigma_3' = -\Delta u$

（B）$\Delta\sigma_1' = \sigma_1 - \Delta u$；$\Delta\sigma_3' = \sigma_3 - \Delta u$

（C）$\Delta\sigma_1' = \sigma_1 - \sigma_3 - \Delta u$；$\Delta\sigma_3' = \Delta u$

（D）$\Delta\sigma_1' = \Delta u$；$\Delta\sigma_3' = -\Delta u$

10. 在 4 种钻探方法中，哪个不适用于黏土？　　　　　　　　　　　　　　　　（　　）

（A）螺旋钻　　　　　　　　　　　　　　　（B）岩芯钻探

（C）冲击钻　　　　　　　　　　　　　　　（D）振动钻探

11. 现有甲、乙两土样的物性指标如下表所示，以下说法中正确的是哪一项？　　　（　　）

题 11 表

土样	w_L	w_P	w	G_s	S_r
甲	39	22	30	2.74	100
乙	23	15	18	2.70	100

（A）甲比乙含有更多的黏土　　　　　　　（B）甲比乙具有更大的天然重度

（C）甲干重度大于乙　　　　　　　　　　　（D）甲的孔隙比小于乙

12. 在民用建筑详勘阶段，勘探点间距的决定因素是下列哪一项？　　　　　　　　（　　）

（A）岩土工程勘察等级　　　　　　　　　（B）工程重要性等级

（C）场地复杂程度等级　　　　　　　　　（D）地基复杂程度等级

13. 用液塑限联合测定仪测定黏性土的界限含水量时，在含水量与圆锥下沉深度关系图中，下列哪个下沉深度对应的含水量是塑限？ （ ）

（A）2mm

（B）10mm

（C）17mm

（D）20mm

14. 关于《建筑桩基技术规范》（JGJ 94—2008）中等效沉降系数哪种说法正确？ （ ）

（A）群桩基础按（明德林）附加应力计算的沉降量与按等式代墩基（布辛奈斯克）附加应力计算的沉降量之比

（B）群桩沉降量与单桩沉降量之比

（C）实测沉降量与计算沉降量之比

（D）桩顶沉降量与桩端沉降量之比

15. 依据《建筑桩基技术规范》（JGJ 94—2008），正、反循环灌注桩灌注混凝土前，对端承桩和摩擦桩，孔底沉渣的控制指标哪个对？ （ ）

（A）端承型 $\leqslant$ 50mm；摩擦型 $\leqslant$ 200mm

（B）端承型 $\leqslant$ 50mm；摩擦型 $\leqslant$ 100mm

（C）端承型 $\leqslant$ 100mm；摩擦型 $\leqslant$ 50mm

（D）端承型 $\leqslant$ 100mm；摩擦型 $\leqslant$ 100mm

16. 某建筑桩基的桩端持力层为碎石土，根据《建筑桩基技术规范》（JGJ 94—2008）桩端全断面进入持力层的深度不宜小于多少（d 为桩径）？ （ ）

（A）0.5d

（B）1.0d

（C）1.5d

（D）2.0d

17. 对于高承台桩基，在其他条件（包括桩长、桩间土）相同时，下列哪种情况的基桩最易产生压屈失稳？ （ ）

（A）桩顶铰接；桩端置于岩石层顶面

（B）桩顶铰接；桩端嵌固于岩石层中

（C）桩顶固接；桩端置于岩石层顶面

（D）桩顶固接；桩端嵌固于岩石层中

18. 由于工程降水引起地面沉降，对建筑桩基产生负摩阻力，下列哪种情况下产生的负摩阻力最小？ （ ）

（A）建筑结构稳定后开始降水

（B）上部结构正在施工时开始降水

（C）桩基施工完成，开始浇筑地下室底板时开始降水

（D）降水稳定一段时间后再进行桩基施工

19. 根据《建筑桩基技术规范》（JGJ 94—2008）的相关规定，下列关于灌注桩配筋的要求中正确的是哪一项？ （ ）

（A）抗拔桩的配筋长度应为桩长的 2/3

（B）摩擦桩的配筋应为桩长的 1/2

（C）受负摩阻力作用的基桩，桩身配筋长度应穿过软弱层并进入稳定土层

（D）受压桩主筋不应少于 6φ6

20. 根据《建筑桩基技术规范》（JGJ 94—2008）的相关规定，下列关于灌注桩后注浆工法的叙述中正确的是哪一项？ （　　）

（A）灌注桩后注浆是一种先进的成桩工艺

（B）是一种有效地加固桩端、桩侧土体，提高单桩承载力的辅助措施

（C）可与桩身混凝土灌注同时完成

（D）主要适用于处理断桩、缩径等问题

21. 下列关于泥浆护壁正反循环钻孔灌注桩施工与旋挖成孔灌注桩施工的叙述中，正确的是哪一项？ （　　）

（A）前者与后者都是泥浆循环排渣

（B）前者比后者泥浆用量少

（C）在粉土、砂土地层中，后者比前者效率高

（D）在粉土、砂土地层中，后者沉渣少，灌注混凝土前不需清孔

22. 加固湿陷性黄土地基时，下述哪种情况不宜采用碱液法？ （　　）

（A）拟建设备基础

（B）受水浸湿引起湿陷，并需阻止湿陷发展的既有建筑基础

（C）受油浸引起倾斜的储油罐基础

（D）沉降不均匀的既有设备基础

23. 在处理可液化砂土时，最适宜的处理方法是哪一项？ （　　）

（A）水泥土搅拌桩　　　　　　　　　（B）水泥粉煤灰碎石桩

（C）振冲碎石桩　　　　　　　　　　（D）柱锤冲扩桩

24. 下列关于散体材料桩的说法中，不正确的是哪一项？ （　　）

（A）桩体的承载力主要取决于桩侧土体所能提供的最大侧限力

（B）在荷载的作用下桩体发生膨胀，桩周土进入塑性状态

（C）单桩承载力随桩长的增大而持续增大

（D）散体材料桩不适用于饱和软黏土层中

25. 根据《建筑地基处理技术规范》（JGJ 79—2012），对于满足下卧层承载力要求，满足垫层底宽要求，也满足压实标准的，对沉降无严格限制的建筑物用换填垫层处理地基，下面哪一选项的变形计算是正确的？ （　　）

（A）仅考虑下卧层的变形

（B）垫层自身的变形加上下卧层的变形，下卧层的附加应力按 Boussinesq 的弹性力学解计算

（C）垫层自身的变形加上下卧层的变形，下卧层的附加应力按垫层的扩散角计算

（D）垫层自身的变形加上下卧层的变形，垫层的模量按载荷试验决定

26. 用高应变法检测桩直径为 700mm，桩长为 28m 的钢筋混凝土灌注桩的承载力，预估该桩的极限承载力为 5000kN，在进行高应变法检测时，宜选用的锤重是下列哪一项？　　　　　　（　　）

（A）25kN　　　　　　　　　　　　　　（B）40kN

（C）75kN　　　　　　　　　　　　　　（D）100kN

27. 采用碱液法加固地基，若不考虑由于固体烧碱投入后引起的液体体积的变化，则 1.0m³ 水中加入含杂质 20% 的商品固体烧碱 165kg 配制所得的碱液浓度（g/L）最接近下列哪一项？　　（　　）

（A）70　　　　　　　　　　　　　　　（B）130

（C）165　　　　　　　　　　　　　　（D）210

28. 用堆载预压法处理软土地基时，对塑料排水带的说法，不正确的是哪一项？　　　　（　　）

（A）塑料排水带的当量换算直径总是大于塑料排水带的宽度和厚度的平均值

（B）塑料排水带的厚度与宽度的比值越大，其当量换算直径与宽度的比值就越大

（C）塑料排水带的当量换算直径可以当作排水竖井的直径

（D）在同样的排水竖井直径和间距的条件下，塑料排水带的截面积大于普通圆形砂井

29. 采用砂井法处理地基时，袋装砂井的主要作用是下列哪一项？　　　　　　　　　　（　　）

（A）构成竖向增强体　　　　　　　　　　（B）构成和保持竖向排水通道

（C）增大复合土层的压缩模量　　　　　　（D）提高复合地基的承载力

30. 按图所示的土石坝坝体内的浸润线形态分析结果，它应该属于哪种土石坝坝型？　　（　　）

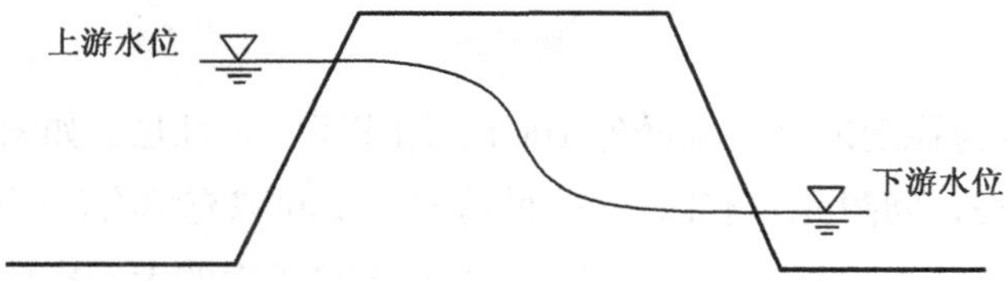

题 30 图

（A）均质土坝　　　　　　　　　　　　　（B）斜墙防渗堆石坝

（C）心墙防渗堆石坝　　　　　　　　　　（D）面板堆石坝

31. 下图所示的均质土坝的坝体浸润线，它应该是哪种排水形式？　　　　　　　　　　（　　）

（A）棱体排水　　　　　　　　　　　　　（B）褥垫排水

（C）无排水　　　　　　　　　　　　　　（D）贴坡排水

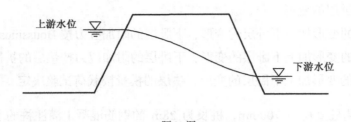

题 31 图

32. 据《土工合成材料应用技术规范》（GB/T 50290—2014）加筋土工合成材料的容许抗拉强度 T_a 与其拉伸试验强度的关系 $T_a = \dfrac{T}{F_{iD}F_{cR}F_{cD}F_{bD}}$ 的分母依次为：铺设时抗拔破坏影响系数、材料蠕变影响系数、化学剂破坏影响系数、生物破坏影响系数。当无经验时，其数值可采用下列哪一项？ （　　）

（A）1.3～1.6　　　　　　　　　　　（B）1.6～2.5

（C）2.5～5.0　　　　　　　　　　　（D）5.0～7.5

33. 对于同一个均质的黏性土天然土坡，用下图所示各圆对应的假设圆弧滑裂面验算，哪一项计算安全系数最大？ （　　）

（A）A 圆弧　　　　　　　　　　　（B）B 圆弧

（C）C 圆弧　　　　　　　　　　　（D）D 圆弧

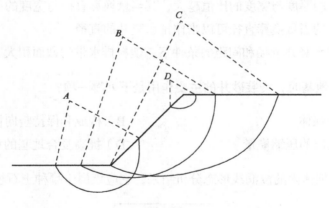

题 33 图

34. 在外墙面垂直的自身稳定的挡土墙面外 10cm，加作了一护面层，如图所示，当护面向外位移时可使间隙土体达到主动状态，间隙充填有以下 4 种情况：①间隙充填有风干砂土；②充填有含水量为 5% 的稍湿土；③充填饱和砂土；④充满水。按照护面上总水平压力的大小次序，下列正确的是哪一项？

（　　）

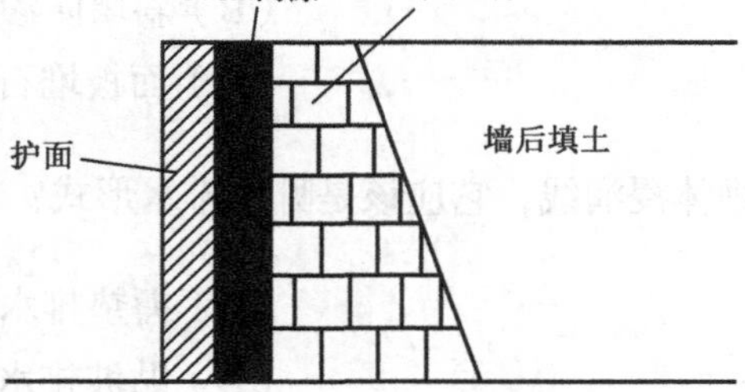

题 34 图

（A）① > ② > ③ > ④　　　　　　　　（B）③ > ④ > ① > ②
（C）③ > ④ > ② > ①　　　　　　　　（D）④ > ③ > ① > ②

35. 选择加筋土挡墙的拉筋材料时，哪个是拉筋不需要的性能？　　　　　　（　　）

（A）抗拉强度大　　　　　　　　　　（B）与填料之间有足够的摩擦力
（C）有较好的耐久性　　　　　　　　（D）有较大的延伸率

36. 输水渠道采用土工膜技术进行防渗设计，下述哪个符合《土工合成材料应用技术规范》（GB/T 50290—2014）的要求？　　　　　　（　　）

（A）渠道边坡土工膜铺设高度应达到与最高水位平齐
（B）在季节冻土地区对防渗结构可不再采取防冻措施
（C）土工膜厚度应根据当地气候、地质条件、工程规模确定
（D）防渗结构中的下垫层材料应选用压实细粒土

37. 坡度为 1∶2 的稳定的土质路基边坡，按《公路路基设计规范》（JTG D30—2015），公路路基坡面防护最适合哪种方式？　　　　　　（　　）

（A）植物防护　　　　　　　　　　　（B）锚杆网格喷浆（混凝土）防护
（C）预应力锚索混凝土框架植被防护　（D）对坡面全封闭的抹面防护

38. 某黄土场地灰土垫层施工过程中，分层检测灰土压实系数，下列关于环刀取样位置的说法中正确的是哪一项？　　　　　　（　　）

（A）每层表面以下的 1/3 厚度处　　　（B）每层表面以下的 1/2 厚度处
（C）每层表面以下的 2/3 厚度处　　　（D）每层的层底处

39. 在进行浅层平板载荷试验中，下述情况中不能作为试验停止条件之一的是下列哪一项？　　　　　　（　　）

（A）本级荷载的沉降量大于前级荷载沉降量的 5 倍，$p\text{-}s$ 曲线出现明显的陡降
（B）承压板周边的土出现明显的侧向挤出，周边岩土出现明显隆起，或径向裂隙持续发展
（C）在某级荷载作用 24 小时，沉降速率不能达到相对稳定标准
（D）总沉降量与承压板宽度（或直径）之比达到 0.015

40. 下列关于设计基准期的叙述正确的是哪一项？　　　　　　（　　）

（A）设计基准期是为确定可变作用及与时间有关材料性能取值而选用的时间参数
（B）设计基准期是设计规定的结构或结构构件不需大修而可按期完成预定目的的使用的时期
（C）设计基准期等于设计使用年限
（D）设计基准期按结构的设计使用年限的长短而确定

二、多项选择题（共 30 题，每题 2 分。每题的备选项中有两个或三个符合题意，错选、少选、多选均不得分）

41. 根据《岩土工程勘察规范》（GB 50021—2001）（2009 年版）对岩溶地区的二、三级工程基础底面与洞体顶板间岩土层厚度虽然小于独立基础宽度的 3 倍或条形基础宽度 6 倍，但当符合下列哪些选项时可不考虑岩溶稳定性的不利影响？　　　　　　　　　　　　　　　　　（　　）

（A）岩溶漏斗被密实的沉积物充填且无被水冲蚀的可能

（B）洞室岩体基本质量等级为I级、II级，顶板岩石厚度小于洞跨

（C）基础底面小于洞的平面尺寸

（D）宽度小于 1.0m 的竖向洞隙近旁的地段

42. 下列选项哪些内容包括在港口工程地质调查与测绘工作中？　　　　　　　　　　（　　）

（A）天然和人工边坡的稳定性评价

（B）软弱土层的分布范围和物理力学性质

（C）微地貌单元

（D）地下水与地表水关系

43. 在其他腐蚀性条件相同的情况下，下列地下水对混凝土结构腐蚀性评价中哪些是正确的？

　　　　　　　　　　　　　　　　　　　　　　　　　　　　　　　　　　　　　（　　）

（A）常年位于地下水中的混凝土结构比处于干湿交替带的腐蚀程度高

（B）在直接临水条件下，位于湿润区的混凝土结构比位于干旱区的腐蚀程度高

（C）处于冰冻段的混凝土结构比处于不冻段混凝土结构的腐蚀程度高

（D）位于强透水层中的混凝土结构比处于弱透水层中的腐蚀程度高

44. 土层的渗透系数 k 受下列哪些选项的因素影响？　　　　　　　　　　　　　　（　　）

（A）土的孔隙比　　　　　　　　　　　　（B）渗透水头压力

（C）渗透水的补给　　　　　　　　　　　（D）渗透水的温度

45. 关于土的压缩试验过程，下列哪些选项的叙述是正确的？　　　　　　　　　　　（　　）

（A）在一般压力作用下，土的压缩可看作土中孔隙体积减小

（B）饱和土在排水过程中始终是饱和的

（C）饱和土在压缩过程中含水量保持不变

（D）压缩过程中，土粒间的相对位置始终保持不变

46. 利用预钻式旁压试验资料，可获得下列哪些地基土的工程指标？　　　　　　　　（　　）

（A）静止侧压力系数 k_0　　　　　　　　（B）变形模量

（C）地基土承载力　　　　　　　　　　　（D）孔隙水压力

47. 根据《建筑桩基技术规范》（JGJ 94—2008）关于承受上拔力桩基的说法中，下列选项中哪些是正确？ （ ）

（A）对于二级建筑桩基基桩抗拔极限承载力应通过现场单桩上拔静载试验确定

（B）应同时验算群桩呈整体破坏和呈非整体破坏的基桩抗拔承载力

（C）群桩呈非整体破坏时，基桩抗拔极限承载力标准值为桩侧极限摩阻力标准值与桩自重之和

（D）群桩呈整体破坏时，基桩抗拔极限承载力标准值为桩侧极限摩阻力标准值与群桩基础所包围的土的自重之和

48. 《建筑桩基技术规范》（JGJ 94—2008）中对于一般建筑物的柱下独立桩基，桩顶作用效应计算公式中隐含了下列哪些选项的假定？ （ ）

（A）在水平荷载效应标准组合下，作用于各基桩的水平力相等

（B）各基桩的桩距相等

（C）在荷载效应标准组合竖向力作用下，各基桩的竖向力不一定都相等

（D）各基桩的平均竖向力与作用的偏心竖向力的偏心距大小无关

49. 根据《建筑桩基技术规范》（JGJ 94—2008）下列关于桩基沉降计算的说法中，下列选项哪些是正确的？ （ ）

（A）桩中心距不大于 6 倍桩径的桩基、地基附加应力按布辛奈斯克（Boussinesq）解进行计算

（B）承台顶的荷载采用荷载效应准永久组合

（C）单桩基础桩端平面以下地基中由基桩引起的附加应力按布辛奈斯克（Boussinesq）解进行计算确定

（D）单桩基础桩端平面以下地基中由承台引起的附加应力按明德林（Mindlin）解计算确定

50. 根据《建筑桩基技术规范》（JGJ 94—2008），下列关于变刚度调平设计方法的论述中哪些选项是正确的？ （ ）

（A）变刚度调平设计应考虑上部结构形式荷载，地层分布及其相互作用效应

（B）变刚度主要指调查上部结构荷载的分布，使之与基桩的支撑刚度相匹配

（C）变刚度主要指通过调整桩径，桩长，桩距等改变基桩支撑刚度分布，使之与上部结构荷载相匹配

（D）变刚度调平设计的目的是使建筑物沉降趋于均匀，承台内力降低

51. 下列关于负摩阻力的说法中，哪些选项是正确的？ （ ）

（A）负摩阻力不会超过极限侧摩阻力

（B）负摩阻力因群桩效应而增大

（C）负摩阻力会加大桩基沉降

（D）负摩阻力与桩侧土相对于桩身之间的沉降差有关

52. 关于几种灌注桩施工工艺特点的描述中，下列选项哪些是正确的? （ ）

（A）正反循环钻成孔灌注施工工艺适用范围广，但泥浆排量较大

（B）长螺旋钻孔后灌注桩工法不需泥浆护壁

（C）旋挖钻成孔灌注桩施工工法，因钻机功率大，特别适用于大块石，漂石多的地层

（D）冲击钻成孔灌注桩施工工法适用于坚硬土层、岩层，但成孔效率低

53. 下列关于预制桩锤击沉桩施打顺序的说法中，哪些选项合理? （ ）

（A）对于密集桩群，自中间向两个方面或四周对称施打

（B）当一侧毗邻建筑物时，由毗邻建筑物向另一侧施打

（C）根据基础底面设计标高，宜先浅后深

（D）根据桩的规格，宜先小后大，先短后长

54. 对砂土地基，砂石桩的下列施工顺序中哪些选项是合理的? （ ）

（A）由外向内 （B）由内向外

（C）从两侧向中间 （D）从一边向另一边

55. 根据《建筑地基处理技术规范》（JGJ 79—2012），下列关于灰土挤密桩复合地基设计、施工的叙述中哪些是正确的? （ ）

（A）初步设计按当地经验确定时，灰土挤密桩复合地基承载力特征值不宜大于 200kPa

（B）桩孔内分层回填，分层夯实，桩体内的平均压实系数，不宜小于 0.94

（C）成孔时，当土的含水量低于 12%时，宜对拟处理范围内土层进行适当增湿

（D）复合地基变形计算时，可采用载荷试验确定的变形模量作为复合土层的压缩模量

56. 某围海造地工程，原始地貌为滨海滩涂，淤泥层厚约 28.0m，顶面标高约 0.5m，设计采用真空预压法加固，其中排水板长 18.0m，间距 1.0m，砂垫层厚 0.8m，真空度为 90kPa，预压期为 3 个月，预压完成后填土到场地交工面标高约 5.0m，该场地用 2 年后，实测地面沉降达 100cm 以上，已严重影响道路，管线和建筑物的安全使用，问造成场地工后沉降过大的主要原因有哪些? （ ）

（A）排水固结法处理预压荷载偏小 （B）膜下真空度不够

（C）排水固结处理排水板深度不够 （D）砂垫层厚度不够

57. 某海堤采用抛石挤淤法进行填筑，已知海堤范围多年平均海水深 1.0m，其下为淤泥层厚 8.0m，淤泥层下部是粗砾砂层，再下面是砾质黏性土，为保证海堤着底（即抛石海堤底到达粗砾砂）以下哪些选项有利? （ ）

（A）加大抛石堤高度 （B）加大抛石堤宽度

（C）增加堤头和堤侧爆破 （D）增加高能级强夯

58. 采用预压法加固淤泥地基时，在其他条件不变的情况下，下面选项哪些措施有利于缩短预压工期? （ ）

（A）减少砂井间距   （B）加厚排水砂垫层

（C）加大预压荷载   （D）增大砂井直径

59. 采用土或灰土挤密桩局部处理地基，处理宽度应大于基底一定范围，其主要作用可用下列哪些选项来解释？   （   ）

（A）改善应力扩散   （B）防渗隔水

（C）增强地基稳定性   （D）防止基底土产生侧向挤出

60. 在松砂地基中，挤密碎石桩复合地基中的碎石垫层其主要作用可用下列哪些选项来说明？   （   ）

（A）构成水平排水通道，加速排水固结   （B）降低碎石桩桩体中竖向应力

（C）降低桩间土层中竖向应力   （D）减少桩土应力比

61. 天然边坡有一危岩需加固，其结构面倾角 45°，欲用预应力锚索加固，如果锚索方向竖直。如图所示，已知上下接触面间的结构面摩擦角 $\varphi = 45°$，黏聚力 $c = 35\text{kPa}$，则锚索施力后下列选项哪些是正确的？   （   ）

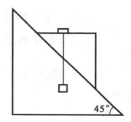

（A）锚索增加了结构面的抗滑力 ΔR，也增加滑动力 ΔT，且 $\Delta R = \Delta T$

（B）该危岩的稳定性系数将增大

（C）该危岩的稳定性系数将不变

（D）该危岩的稳定性系数将减少

题 61 图

62. 对于下图所示的有软弱黏性土地基的黏土厚心墙堆石坝在坝体竣工时，下面哪些滑动面更危险？   （   ）

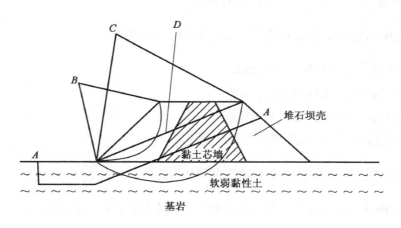

题 62 图

（A）穿过坝基土的复合滑动面   （B）通过堆石坝壳的圆弧滑动面

（C）通过坝基土的圆弧滑动面   （D）直线滑动面

63. 软土地区修建公路路基路堤采用反压护道措施，下列选项哪些说法正确？ （　　）

    （A）反压护道应与路堤同时填筑

    （B）路堤两侧反压护道的宽度必须相等

    （C）路堤两侧反压护道的高度越高越有利

    （D）采用反压护道的主要作用是保证路堤稳定性

64. 对于一墙竖直、填土水平、墙底水平的挡土墙；墙后填土为砂土，墙背与土间的摩擦角 $\delta = \frac{\varphi}{2}$，底宽为墙高 0.6 倍，如用①假定墙背光滑的朗肯土压力理论计算主动土压力；②用考虑墙背摩擦的库仑土压力理论计算主动土压力。用上述两种方法计算的主动土压力相比较，下列选项哪些是正确的？ （　　）

    （A）朗肯理论计算的抗倾覆稳定安全系数较小

    （B）朗肯理论计算的抗滑稳定性安全系数较小

    （C）朗肯理论计算的墙底压力分布较均匀

    （D）朗肯理论计算的墙底压力平均值更大

65. 下面选项中哪些地区不宜设置生活垃圾卫生填埋场？ （　　）

    （A）季节冻土地区   （B）活动坍塌地带

    （C）湿陷性黄土地区   （D）洪泛区

66. 采用低应变法检测钢筋混凝土桩的桩身完整性时，下列对测量传感器安装描述中哪些选项是正确的？ （　　）

    （A）传感器安装应与桩顶面垂直

    （B）实心桩的传感器安装位置为桩中心

    （C）空心桩的传感器安装在桩壁厚的 1/2 处

    （D）传感器安装位置应位于钢筋笼的主筋处

67. 下列哪些选项的建筑物在施工及使用期间应进行变形观测？ （　　）

    （A）地上 33 层，框剪结构，天然地基

    （B）地上 11 层住宅，CFG 桩复合地基

    （C）地基基础设计等级为乙级的建筑物

    （D）桩基础受临近基坑开挖影响的丙级建筑

68. 以下关于招标代理机构的表述中正确的有哪几项？ （　　）

    （A）招标代理机构是行政主管部门所属的专门负责招标代理工作的机构

    （B）应当在招标人委托的范围内办理招标事宜

    （C）应具备经国家建设行政主管部门认定的资格

    （D）建筑行政主管部门有权为招标人指定招标代理机构

69. 注册土木工程师（岩土）的执业范围包括下列哪些选项？ （　　）

（A）建筑工程施工管理　　　　　（B）本专业工程招标、采购、咨询

（C）本专业工程设计　　　　　　（D）对岩土工程施工进行指导和监督

70. 根据《建筑工程质量检测管理办法》的规定，检测机构有下列哪些行为时，被处以 1 万元以上 3 万元以下罚款？　　　　　　　　　　　　　　　　　　　　　　　　　　　　（　　）

（A）使用不符合条件的检测人员

（B）伪造检测数据，出具虚假检测报告

（C）未按规定上报发现的违法违规行为和检测不合格事项的

（D）转包检测业务

2009 年专业知识试题（下午卷）

一、单项选择题（共 40 题，每题 1 分。每题的备选项中只有一个最符合题意）

1. 下列关于设计基准期的叙述，正确的是哪一项？ （ ）

（A）设计基准期是为确定可变作用及与时间有关的材料性能取值而选用的时间参数
（B）设计基准期是设计规定的结构或结构构件不需大修而可按期完成预定目的的使用的时期
（C）设计基准期等于设计使用年限
（D）设计基准期按结构的设计使用年限的长短而确定

2. 上部结构荷载传至基础顶面的平均压力见下表，基础和台阶上土的自重压力为 60kPa，按《建筑地基基础设计规范》（GB 50007—2011），确定基础尺寸时，荷载应取哪一项？ （ ）

题 2 表

承载能力极限状态	正常使用极限状态	
基本组合	标准组合	准永久组合
200kPa	180kPa	160kPa

（A）260kPa （B）240kPa
（C）200kPa （D）180kPa

3. 建筑地基基础设计中的基础抗剪切验算采用哪种设计方法？ （ ）

（A）容许承载能力设计 （B）单一安全系数法
（C）基于可靠度的分项系数设计法 （D）多系数设计法

4. 哪个选项的条件对施工期间的地下车库抗浮最为不利？ （ ）

（A）地下车库的侧墙已经建造完成，地下水处于最高水位
（B）地下车库的侧墙已经建造完成，地下水处于最低水位
（C）地下车库顶板的上覆土层已经完成，地下水处于最高水位
（D）地下车库顶板的上覆土层已经完成，地下水处于最低水位

5. 按《建筑地基基础设计规范》（GB 50007—2011）的规定，在抗震设防区，除岩石地基外，天然地基上高层建筑筏形基础埋深不宜小于下列哪一项？ （ ）

（A）建筑物高度的 1/15 （B）建筑物宽度的 1/15
（C）建筑物高度的 1/18 （D）建筑物宽度的 1/18

6. 条形基础宽度 3m，基础底面的荷载偏心距为 0.5m，基底边缘最大压力值和基底平均压力值的比值符合下列哪一项？ （ ）

（A）1.2 （B）1.5
（C）1.8 （D）2.0

7. 据《建筑地基基础设计规范》（GB 50007—2011）的规定，土质地基承载力计算公式：$f_a = M_b\gamma b + M_d\gamma_m d + M_c c_k$，按其基本假定，下列有关 f_a 的论述中哪个是正确的？　　　（　　）

（A）根据刚塑体极限平衡的假定得出的地基极限承载力

（B）按塑性区开展深度为零的地基容许承载力

（C）根据条形基础应力分布的假定得到的地基承载力，塑性区开展深度为基础宽度的 1/4

（D）假定为偏心荷载，（$e/b = 1/6$）作用下的地基承载力特征值

8. 对于不排水强度内摩擦角为零的土，其深度修正系数和宽度修正系数的正确组合为下列哪一项？　　　（　　）

（A）深度修正系数为 0；宽度修正系数为 0

（B）深度修正系数为 1；宽度修正系数为 0

（C）深度修正系数为 0；宽度修正系数为 1

（D）深度修正系数为 1；宽度修正系数为 1

9. 对五层的异形柱框架结构位于高压缩性地基土的住宅，下列哪个地基变形允许值为《建筑地基基础设计规范》（GB 50007—2011）规定的变形限制指标？　　　（　　）

（A）沉降量 220mm　　　　　　　　　　（B）沉降差 0.003l（l为相邻柱基中心距）

（C）倾斜 0.003　　　　　　　　　　　　（D）整体倾斜 0.003

10. 下列哪个选项的基坑内支撑刚度最大、整体性最好，可最大限度地避免由节点松动而失事？
　　　（　　）

（A）现浇混凝土桁架支撑结构　　　　　（B）钢桁架结构

（C）钢管平面对撑　　　　　　　　　　（D）型管平面斜撑

11. 在支护桩及连续墙的后面垂直于基坑侧壁的轴线埋设土压力盒，问在同样条件下，下列哪个选项土压力最大？　　　（　　）

（A）地下连续墙后　　　　　　　　　　（B）间隔式排桩

（C）连续密布式排桩　　　　　　　　　（D）间隔式双排桩的前排桩

12. 关于城市地铁施工方法，下列说法中哪个不正确？　　　（　　）

（A）城区内区间的隧道宜采用暗挖法

（B）郊区的车站可采用明挖法

（C）在城市市区内的道路交叉口采用盖挖逆筑法

（D）竖井施工可采用暗挖法

13. 某采用坑内集水井排水的基坑渗流流网如图所示，其中坑底最易发生流土的点位是下列哪一项？　　　（　　）

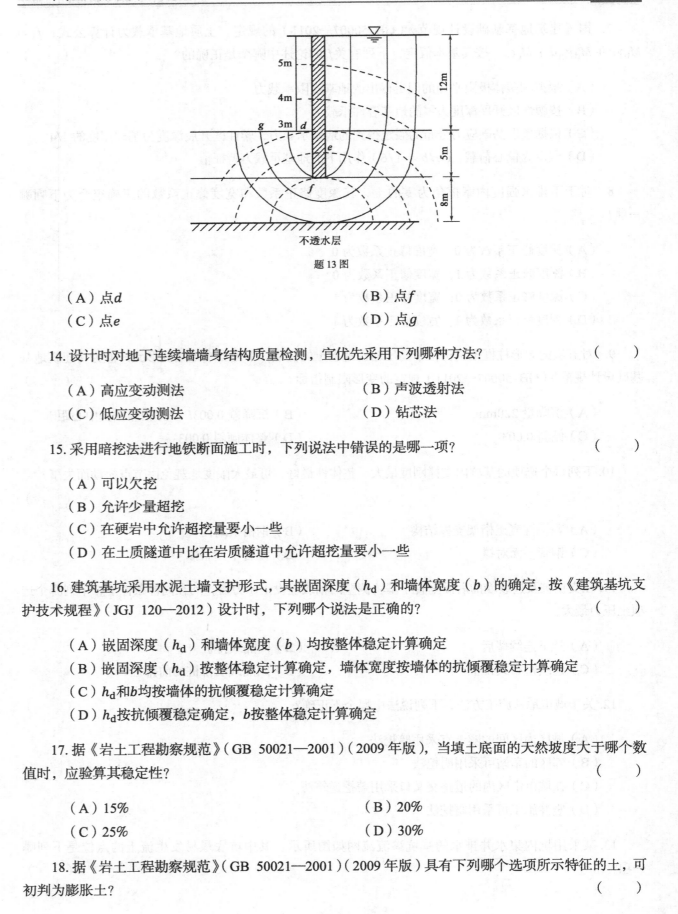

题 13 图

（A）点 d （B）点 f

（C）点 e （D）点 g

14. 设计时对地下连续墙墙身结构质量检测，宜优先采用下列哪种方法？ （   ）

（A）高应变动测法   （B）声波透射法

（C）低应变动测法   （D）钻芯法

15. 采用暗挖法进行地铁断面施工时，下列说法中错误的是哪一项？ （   ）

（A）可以欠挖

（B）允许少量超挖

（C）在硬岩中允许超挖量要小一些

（D）在土质隧道中比在岩质隧道中允许超挖量要小一些

16. 建筑基坑采用水泥土墙支护形式，其嵌固深度（h_d）和墙体宽度（b）的确定，按《建筑基坑支护技术规程》（JGJ 120—2012）设计时，下列哪个说法是正确的？ （   ）

（A）嵌固深度（h_d）和墙体宽度（b）均按整体稳定计算确定

（B）嵌固深度（h_d）按整体稳定计算确定，墙体宽度按墙体的抗倾覆稳定计算确定

（C）h_d 和 b 均按墙体的抗倾覆稳定计算确定

（D）h_d 按抗倾覆稳定确定，b 按整体稳定计算确定

17. 据《岩土工程勘察规范》（GB 50021—2001）（2009 年版），当填土底面的天然坡度大于哪个数值时，应验算其稳定性？ （   ）

（A）15%   （B）20%

（C）25%   （D）30%

18. 据《岩土工程勘察规范》（GB 50021—2001）（2009 年版）具有下列哪个选项所示特征的土，可初判为膨胀土？ （   ）

（A）膨胀率＞2%　　　　　　　　　（B）自由膨胀率＞40%

（C）蒙脱石含量≥17%　　　　　　　（D）标准吸湿含水量≥4.8%

19. 某红黏土的含水量试验如下：天然含水量 51%，液限 80%，塑限 48%，该红黏土的状态应为下列哪一项？　　　　　　　　　　　　　　　　　　　　　　　　　　　　（　　）

（A）坚硬　　　　　　　　　　　　　（B）硬塑

（C）可塑　　　　　　　　　　　　　（D）软塑

20. 在某多年冻土地区进行公路路基工程勘探，已知该冻土天然上限深度 6m，下列勘探深度中哪个不符合《公路工程地质勘察规范》（JTG C20—2011）的要求？　　　　　　　　（　　）

（A）9.5m　　　　　　　　　　　　　（B）12.5m

（C）15.5m　　　　　　　　　　　　　（D）18.5m

21. 某湿陷性黄土场地，自量湿陷量的计算值 $\Delta_{zs}=315mm$，湿陷量的计算值 $\Delta_s=652mm$，根据《湿陷性黄土地区建筑标准》（GB 50025—2018）的规定，该场地湿陷性黄土地基的湿陷等级应为？　　　　　　　　　　　　　　　　　　　　　　　　　　　　（　　）

（A）I级　　　　　　　　　　　　　（B）II级

（C）III级　　　　　　　　　　　　　（D）IV级

22. 下列关于采空区移动盆地的说法中哪个是错误的？　　　　　　　　　　　（　　）

（A）移动盆地都直接位于与采空区面积相等的正上方

（B）移动盆地的面积一般比采空区的面积大

（C）移动盆地内的地表移动有垂直移动和水平移动

（D）开采深度增大，地表移动盆地的范围也增大

23. 关于崩塌形成的条件，下列哪个是不对的？　　　　　　　　　　　　　（　　）

（A）高陡斜坡易形成崩塌

（B）软岩强度低，易风化，最易形成崩塌

（C）岩石不利结构面倾向临空面时，易沿结构面形成崩塌

（D）昼夜温差变化大，危岩易产生崩塌

24. 在破碎的岩质边坡坡体内有地下水渗流活动，但不易确定渗流方向时，在边坡稳定计算中，做了简化假定，采用不同的坡体深度计入地下水渗透力的影响，问下列选项最安全的是哪一个？（　　）

（A）计算下滑力和抗滑力都采用饱和重度

（B）计算下滑力和抗滑力都采用浮重度

（C）计算下滑力用饱和重度，抗滑力用浮重度

（D）计算下滑力用浮重度，计算抗滑力用饱和重度

25. 当填料为下列哪一类土时，填方路堤稳定性分析可采用公式 $K = \tan\varphi / \tan\alpha$ 计算（K 为稳定系数；φ 为内摩擦角；α 为坡面与水平面夹角）？ （　　）

（A）一般黏性土 　　　　　　　　　　（B）混碎石黏性土

（C）纯净的中细砂 　　　　　　　　　　（D）粉土

26. 有一微含砾的砂土形成的土坡，在哪种情况下土坡稳定性最好？ （　　）

（A）天然风干状态 　　　　　　　　　　（B）饱和状态并有地下水向外流出

（C）天然稍湿状态 　　　　　　　　　　（D）发生地震

27. 当采用不平衡推力传递法进行滑坡稳定性计算时，下述说法中哪个不正确？ （　　）

（A）当滑坡体内地下水位形成统一水面时，应计入水压力

（B）用反演法求取强度参数时，对暂时稳定的滑坡稳定系数可取 0.95～1.0

（C）滑坡推力作用点可取在滑体厚度 1/2 处

（D）作用于某一滑块滑动分力与滑动方向相反时，该分力可取负值

28. 某拟建电力工程场地，属于较重要建筑项目，地质灾害发育中等，地形地貌复杂，岩土体工程地质性质较差，破坏地质环境的人类活动较强烈，问：本场地地质灾害危险性评估分级应为哪一级？ （　　）

（A）一级 　　　　　　　　　　（B）二级

（C）三级 　　　　　　　　　　（D）二或三级

29. 我国建筑抗震设防的目标是"三个水准"，下述哪个说法不符合规范？ （　　）

（A）抗震设防的三个水准是"小震不坏，大震不倒"的具体化

（B）在遭遇众值烈度时，结构可以视为弹性体系

（C）在遭遇基本烈度时，建筑处于正常使用状态

（D）在遭遇罕遇烈度时，结构有较大的但又是有限的非弹性变形

30. 下列哪个选项与确定建筑结构的地震影响系数无关？ （　　）

（A）场地类别和设计地震分组

（B）结构自震周期和阻尼比

（C）50 年地震基准期的超越概率为 10% 的地震加速度

（D）建筑结构的抗震设防类别

31. 只有满足下列哪个选项所列条件，按剪切波速传播时间计算的等效剪切波速 v_{se} 的值与按厚度加权平均值计算的平均剪切波速 v_{sm} 值才是相等的？ （　　）

（A）覆盖层正好是 20m

（B）覆盖层厚度范围内，土层剪切波速随深度呈线性增加

（C）计算深度范围内，各土层剪切波速都相同

（D）计算深度范围内，各土层厚度相同

32. 在水利水电工程中，土的液化判别工作可分为初判和复判两个阶段，下述说法中哪个不正确？（ ）

（A）土的颗粒太粗（粒径大于 5mm 颗粒含量大于某个界限值）或太细（粒径小于 0.005mm 颗粒含量大于某个界限值），在初判时都有可能判定为不液化

（B）饱和土可以采用剪切波速进行液化初判

（C）饱和少黏性土也可以采用室内的物理性质试验进行液化复判

（D）所有饱和无黏性土和少黏性土的液化判定都必须进行初判和复判

33. 某工程场地勘察钻探揭示基岩埋深 68m，剪切波速见表，该建筑场地类别应属于哪个选项？（ ）

题 33 表

深度（m）	剪切波速（m/s）
0～2	100
2～5	200
5～10	300
10～15	350
15～68	400

（A）I 类 （B）II 类
（C）III 类 （D）IV 类

34. 下列哪个选项所示的场地条件是确定建筑的设计特征周期的依据？（ ）

（A）设计地震分组和抗震设防烈度 （B）场地类别和建筑场地阻尼比
（C）抗震设防烈度和场地类别 （D）设计地震分组和场地类别

35. 下列哪个选项不属于建设投资中工程建设其他费用？（ ）

（A）预备费 （B）勘察设计费
（C）土地使用费 （D）工程保险费

36. 下列哪个选项不属于建设工程项目可行性研究的基本内容？（ ）

（A）投资估算 （B）市场分析和预测
（C）环境影响评价 （D）施工图设计

37. 某建筑工程勘察 1 号孔深度为 10m，地层为：0～2m 为含硬杂质 ≤10% 的填土；2～8m 为细砂；8～10m 为卵石（粒径 ≤50mm 的颗粒大于 50%）。0～10m 跟管钻进，孔口高程 50m，钻探时气温 30℃，按 2002 年收费标准计算了钻孔的实物工作收费额，其结果是下列哪个选项？（ ）

（A）1208 元 （B）1812 元
（C）1932.8 元 （D）2053.6 元

38. 据《建设工程委托监理合同》，在监理业务范围内，监理单位聘用专家咨询时所发生的费用由哪个单位支付？ （ ）

（A）监理单位
（B）建设单位
（C）施工单位
（D）监理单位与施工单位协商确定

39. 哪个部门应当对工程建设强制标准负责解释？ （ ）

（A）工程建设设计单位
（B）工程建设标准批准部门
（C）施工图设计文件审查单位
（D）省级以上建设行政主管部门

40. 在建设工程勘察合同履行过程中，下列有关发包人对承包人进行检查的做法中，符合法律规定的是哪个选项？ （ ）

（A）发包人需经承包人同意方可进行检查
（B）发包人在不妨碍承包人正常工作的情况下可随时进行检查
（C）发包人可随时进行检查
（D）发包人只能在隐蔽工程隐蔽前进行检查

二、多项选择题（共 30 题，每题 2 分。每题的备选项中有两个或三个符合题意，错选、少选、多选均不得分）

41. 下列有关可靠性与设计方法的叙述中，哪些选项是正确的？ （ ）

（A）可靠性是结构在规定时间内和规定条件下，完成预定功能的能力
（B）可靠性指标能定量反映工程的可靠性
（C）安全系数能定量反映工程的可靠性
（D）不同工程设计中，相同安全系数表示工程的可靠度相同

42. 下列哪些选项属于定值设计法？ （ ）

（A）《公路桥涵地基与基础设计规范》（JTG 3363—2019）中容许承载力设计
（B）《建筑地基基础设计规范》（GB 50007—2011）中基础结构的抗弯设计
（C）《建筑地基基础设计规范》（GB 50007—2011）中地基稳定性验算
（D）《建筑边坡工程技术规范》（GB 50330—2013）中边坡稳定性计算

43. 下列关于基础埋深的叙述中，哪些选项是正确的？ （ ）

（A）在满足地基稳定和变形要求前提下，基础宜浅埋
（B）对位于岩石地基上的高层建筑筏形基础，箱形基础埋深应满足抗滑要求
（C）在季节性冻土地区，基础的埋深应大于设计冻深
（D）新建建筑物与既有建筑物相邻时，新建建筑物基础埋深不宜小于既有建筑基础埋深

44. 建筑物的局部剖面如图所示。室外地坪填土是在结构封顶以后进行的，在下列计算中，哪些选项所取用的 d 是正确的？ （ ）

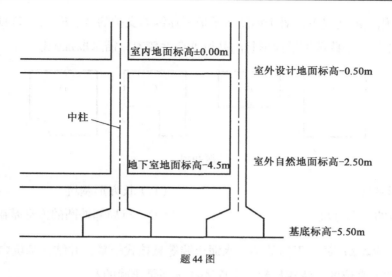

室内地面标高±0.00m

室外设计地面标高-0.50m

中柱

地下室地面标高-4.5m

室外自然地面标高-2.50m

基底标高-5.50m

题 44 图

（A）外墙基础沉降计算时，附加应力 = 总应力 $-\gamma_m d$ 中 d 取用 0.5m

（B）外墙地基承载力修正的埋深项 $\eta_d\gamma_m(d-0.5)$ 中，d 取用 1.0m

（C）中柱基础沉降计算时，附加应力 = 总应力 $-\gamma_m d$ 中，d 取用 3.0m

（D）中柱地基承载力修正的埋深项，$\eta_d\gamma_m(d-0.5)$ 中，d 取用 3.0m

45. 下列哪些选项对地基承载力有影响？ （　　）

（A）基础埋深、基础宽度 （B）地基土抗剪强度

（C）地基土的质量密度 （D）基础材料的强度

46. 按《建筑地基基础设计规范》（GB 50007—2011）对地基基础设计的规定，下列哪些选项是不正确的？ （　　）

（A）所有建筑物的地基计算，均应满足承载力计算的有关规定

（B）设计等级为丙级的所有建筑物可不作变形验算

（C）软弱地基上的建筑物存在偏心荷载时，应作变形验算

（D）地基承载力特征值小于 130kPa，所有建筑应作变形验算

47. 关于条形基础的内力计算，下列哪些选项是正确的？ （　　）

（A）墙下条形基础采用平面应变问题分析内力

（B）墙下条形基础的纵向内力必须采用弹性地基梁法计算

（C）柱下条形基础在纵、横两个方向均存在弯矩、剪力

（D）柱下条形基础横向的弯矩和剪力的计算方法与墙下条形基础相同

48. 关于文克勒地基模型，下列选项哪些是正确的？ （　　）

（A）文克勒地基模型研究的是均质弹性半无限体

（B）假定地基由独立弹簧组成

（C）基床系数是地基土的三维变形指标

（D）文克勒地基模型可用于计算地基反力

49. 在其他条件相同的情况下，对于如图所示地下连续墙支护的 A、B、C、D 四种平面形状基坑，如它们长边尺寸都相等，哪些选项平面形状的基坑安全性较差，需采取加强措施？ （ ）

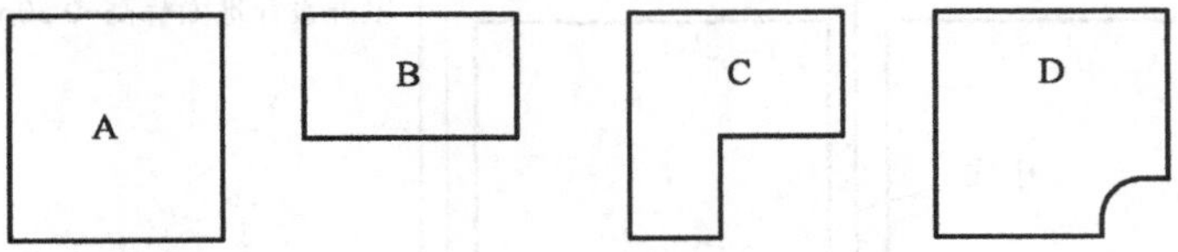

题 49 图

（A）正方形基坑 （B）长方形基坑

（C）有阳角的方形基坑 （D）有局部外凸的方形基础

50. 用未嵌入下部隔水层的地下连续墙、水泥土墙等悬挂式帷幕，并结合基坑内排水方法，与采用坑外井点人工降低地下水位的方法相比较。下面哪些选项是正确的？ （ ）

（A）坑内排水有利于减少对周边建筑的影响

（B）坑内排水有利于减少作用于挡土墙上的总水压力

（C）坑内排水有利于基坑底的渗透稳定

（D）坑内排水对地下水资源损失较少

51. 根据《建筑边坡工程技术规范》（GB 50330—2013）的规定，下列哪些岩质边坡不应采用钢筋混凝土锚喷支护？ （ ）

（A）膨胀性岩石边坡

（B）坡高 10m 的Ⅲ类岩质边坡

（C）坡高 20m 的Ⅱ类岩质边坡

（D）具有严重腐蚀性地下水的岩质边坡

52. 对于基坑中的支护桩和地下连续墙的内力，下面哪些选项是正确的？ （ ）

（A）对于单层锚杆情况，主动、被动土压力强度相等的点（$e_a = e_p$）近似作为弯矩零点

（B）对于悬臂式桩，墙的总主动、被动土压力相同的点（$\sum E_a = \sum E_p$）是弯矩最大点

（C）对于悬臂式桩，墙的总主动、被动土压力相同的点（$\sum E_a = \sum E_p$）$_{max}$ 是轴力最大点

（D）对于悬臂式桩，墙的总主动、被动土压力相等的点（$\sum E_a = \sum E_p$）近似为弯矩零点

53. 根据《建筑基坑支护技术规程》（JGJ 120—2012）下列关于地下水控制的设计与施工要求中，哪些选项是正确的？ （ ）

（A）当因降水而危及周边环境安全时，宜采用截水或回灌方法

（B）当坑底以下含水层渗透性强、厚度较大时，不应单独采用悬挂式截水方案

（C）回灌井与降水井的距离不宜大于 6m

（D）当一级真空井点降水不满足降水深度要求时，可采用多级井点降水方法

54. 在软土地区进行岩土工程勘察，宜采用选项中哪些原位测试方法？ （ ）

（A）扁铲试验　　　　　　　　　　（B）静力触探试验

（C）十字板剪切试验　　　　　　　（D）重型圆锥型动力触探

55. 公路软弱地基处理的下列方法中，哪些选项适用于较大深度范围内的素填土地基？　　（　　）

（A）强夯　　　　　　　　　　　　（B）堆载预压

（C）换填垫层　　　　　　　　　　（D）挤密桩

56. 下列各选项哪些是膨胀土的基本特性？　　　　　　　　　　　　　　　　　　　　（　　）

（A）在天然状态下，膨胀土的含水量和孔隙比都很高

（B）膨胀土的变形或应力对湿度状态的变化特别敏感

（C）膨胀土的裂隙是吸水时形成的

（D）膨胀土同时具有吸水膨胀和失水收缩两种变形特性

57. 某多层住宅楼，拟采用埋深为 2.0m 的独立基础，场地表层为 2.0m 厚的红黏土，以下为薄层岩体裂隙发育的石灰岩，基础底面下 14.0～15.5m 处有一溶洞，问下列选项中哪些适宜本场地洞穴稳定性评价方法？　　　　　　　　　　　　　　　　　　　　　　　　　　　　　　　　　（　　）

（A）溶洞顶板坍塌自行填塞洞体估算法　　（B）溶洞顶板按抗弯，抗剪验算法

（C）溶洞顶板按冲切验算法　　　　　　　（D）根据当地经验按工程类比法

58. 在其他条件均相同的情况下，关于岩溶发育程度与地层岩性关系的下列说法中哪些选项是正确的？　　　　　　　　　　　　　　　　　　　　　　　　　　　　　　　　　　　　　（　　）

（A）岩溶在石灰岩地层中的发育速度小于白云岩地层

（B）厚层可溶岩岩溶发育比薄层可溶岩强烈

（C）可溶岩含杂质越多，岩溶发育越强烈

（D）结晶颗粒粗大的可溶岩较结晶颗粒细小的可溶岩岩溶发育更易

59. 下列选项中哪些勘察方法不适用泥石流勘察？　　　　　　　　　　　　　　　　　（　　）

（A）勘探、物探　　　　　　　　　　（B）室内试验、现场测试

（C）地下水长期观测和水质分析　　　（D）工程地质测绘和调查

60. 为排除滑坡体内的地下水补给来源拟设置截水盲沟，下列选项中哪些盲沟布置方式是合理的？
　　　　　　　　　　　　　　　　　　　　　　　　　　　　　　　　　　　　　　　（　　）

（A）布置在滑坡后缘裂缝 5m 外的稳定坡面上

（B）布置在滑坡可能发展的范围 5m 外稳定地段透水层底部

（C）截水盲沟与地下水流方向垂直

（D）截水盲沟与地下水流方向一致

61. 在进行山区工程建设的地质灾害危险性评估时，应特别注意下列选项中的哪些地质现象？

　　　　　　　　　　　　　　　　　　　　　　　　　　　　　　　　　　　　　　　（　　）

（A）崩塌

（B）泥石流

（C）软硬不均的地基

（D）位于地下水溢出带附近工程建成后可能处于浸湿状态的斜坡

62.对于结构自振周期大于特征周期的某高耸建筑物来说，在确定地震影响系数时，假设其他条件都相同，下列哪些说法是正确的？ （　　）

（A）设计地震分组第一组的地震影响系数总是比第二组的地震影响系数大

（B）Ⅱ类场地的地震影响系数总是比Ⅲ类场地的地震影响系数大

（C）结构自振周期越大，地震影响系数越小

（D）阻尼比越大，曲线下降段的衰减指数就越小

63.在地震区进行场地岩土工程勘察时，下列哪些选项是勘察报告中应包括的与建筑抗震有关的内容？ （　　）

（A）划分对建筑有利、不利和危险地段

（B）提供建筑抗震设防类别

（C）提供建筑场地类别

（D）进行天然地基和基础的抗震承载力验算

64.关于饱和砂土的液化机理，下列说法中正确的有哪些？ （　　）

（A）如果振动作用的强度不足以破坏砂土的结构，液化不发生

（B）如果振动作用的强度足以破坏砂土结构，液化也不一定发生

（C）砂土液化时，砂土的有效内摩擦角将降低到零

（D）砂土液化以后，砂土将变得更松散

65.在采用标准贯入试验进一步判别地面下 20m 深度范围内的土层液化时，下列哪些选项的说法是正确的？ （　　）

（A）地震烈度越高，液化判别标准贯入锤击数临界值也就越大

（B）设计近震场地的标贯锤击数临界值总是比设计远震的临界值更大

（C）标准贯入锤击数临界值总是随地下水位深度的增大而减少

（D）标准贯入锤击数临界值总是随标贯深度增大而增大

66.桥梁抗震设计中引入减隔震技术措施以减小地震作用带来的破坏效应。下列说法中不正确的有哪些？ （　　）

（A）减隔震措施延长了结构的基本周期，可避开地震能量集中的范围

（B）在地震作用下，减隔震装置的抗震性能与桥墩的抗震性能相当

（C）地震作用产生的变形应尽量分散于减隔震装置和桥墩、桥台等各部位，使地震作用对每个部位产生的影响降低到最小

（D）减隔震装置允许出现大的塑性变形和存在一定的残余变形

67. 验算天然地基地震作用下的竖向承载力时，下列哪些选项的说法是正确的？ （ ）

（A）基础底面压力按地震作用效应标准组合并采用拟静力法计算

（B）抗震承载力特征值较静力荷载下承载力特征值有所降低

（C）地震作用下结构可靠度容许有一定程度降低

（D）对于多层砌体房屋，在地震作用下基础底面不宜出现零应力区

68. 根据《建设工程质量管理条例》的罚则，以下选项哪些是正确的？ （ ）

（A）施工单位在施工中偷工减料的，使用不合格建筑材料、建筑配件和设备的责令改正、处以
10 万元以上 20 万元以下罚款

（B）勘察单位未按照工程建筑强制性标准进行勘察的，处 10 万元以上 30 万元以下罚款

（C）工程监理单位将不合格工程、建筑材料按合格签字，处 50 万元以上 100 万元以下罚款

（D）设计单位将承担的设计项目转包或违法分包的，责令改正，没收违法所得，处设计费 1 倍
以上 2 倍以下罚款

69. 根据《中华人民共和国招标投标法》，以下选项哪些说法正确？ （ ）

（A）招标人将必须进行的招标项目以其他方式规避招标的，责令限期改正，可以处项目合同金
额千分之五以上千分之十以下的罚款

（B）投标人相互串通投标的，中标无效，处中标项目金额的千分之五以上千分之十以下罚款

（C）中标人将中标项目转让他人的，违反本规定，将中标项目的部分主体工作分包他人的，转
让、分包无效，处转让分包项目金额的千分之五以上千分之十以下的罚款

（D）中标人不按照与招标人订立的合同履行义务，情节严重的，取消其一至二年内参加依法必
须进行招标的项目的投标资格并予以公告

70. 下列哪些选项属于《中华人民共和国民法典》中规定的发包人的责任？ （ ）

（A）提供勘察范围内地下埋藏物的有关资料

（B）以书面形式明确勘察任务及技术要求

（C）提出增减勘察量的意见

（D）青苗相对赔偿

2010 年专业知识试题（上午卷）

一、单项选择题（共 40 题，每题 1 分。每题的备选项中只有一个最符合题意）

1. 根据《岩土工程勘察规范》（GB 50021—2001）（2009 年版）对工程地质测绘地质点的精度要求，如测绘比例尺选用 1：5000，则地质测绘点的实测精度应不低于下列哪个选项？ （ ）

（A）5m

（B）10m

（C）15m

（D）20m

2. 某岩质边坡，坡度 40°，走向 NE30°，倾向 SE，发育如下四组结构面，问其中哪个选项所表示的结构面对其稳定性最为不利？ （ ）

（A）120°∠35°

（B）110°∠65°

（C）290°∠35°

（D）290°∠65°

3. 根据下列描述判断，哪一选项的土体属于残积土？ （ ）

（A）原始沉积的未经搬运的土体

（B）岩石风化成土状留在原地的土体

（C）经搬运沉积后保留原基本特征，且夹砂、砾、黏土的土体

（D）岩石风化成土状经冲刷或崩塌在坡底沉积的土体

4. 基准基床系数 K_V 由下列哪项试验直接测得？ （ ）

（A）承压板直径为 30cm 的平板载荷试验

（B）螺旋板直径为 30cm 的螺旋板载荷试验

（C）探头长度为 24cm 的扁铲侧胀试验

（D）旁压器直径为 9cm 的旁压试验

5. 下列各地质年代排列顺序中，哪个选项是正确的？ （ ）

（A）三叠纪、泥盆纪、白垩纪、奥陶纪

（B）泥盆纪、奥陶纪、白垩纪、三叠纪

（C）白垩纪、三叠纪、泥盆纪、奥陶纪

（D）奥陶纪、白垩纪、三叠纪、泥盆纪

6. 某场地地表水体水深 3.0m，其下粉质黏土厚 7.0m，粉质黏土层下为砂卵石层，承压水头 12.0m，则粉质黏土层单位渗透力大小最接近下列哪个选项？ （ ）

（A）2.86kN/m³

（B）4.29kN/m³

（C）7.14kN/m³

（D）10.00kN/m³

7. 利用已有遥感资料进行工程地质测绘时，下列哪个选项的操作流程是正确的？ （ ）

（A）踏勘→初步解译→验证和成图

（B）初步解译→详细解译→验证和成图

（C）初步解译→踏勘和验证→成图

（D）踏勘→初步解译→详细解译和成图

8. 下列选项中哪种取土器最适用于在软塑黏性土中采取I级土试样？　　　（　　）

（A）固定活塞薄壁取土器　　　　　　（B）自由活塞薄壁取土器

（C）单动三重管回转取土器　　　　　　（D）双动三重管回转取土器

9. 某建筑地基存在一混合土层，该土层的颗粒最大粒径为 200mm。问要在该土层上进行圆形载荷板的现场载荷试验，承压板面积至少应不小于下列哪个选项？　　　（　　）

（A）$0.25m^2$　　　　　　　　　　　（B）$0.5m^2$

（C）$0.8m^2$　　　　　　　　　　　（D）$1.0m^2$

10. 下列哪个选项应是沉积岩的结构？　　　（　　）

（A）斑状结构　　　　　　　　　　　（B）碎屑结构

（C）玻璃质结构　　　　　　　　　　（D）变晶结构

11. 反映岩土渗透性大小的吕荣值可由下列哪个选项的试验方法测得？　　　（　　）

（A）压水试验　　　　　　　　　　　（B）抽水试验

（C）注水试验　　　　　　　　　　　（D）室内变水头渗透试验

12. 某峡谷坝址区，场地覆盖层厚度为 30m，欲建坝高 60m。根据《水利水电工程地质勘察规范》（GB 50487—2008）（2022 年版），在可行性研究阶段，该峡谷区坝址钻孔进入基岩的深度应不小于下列哪个选项的要求？　　　（　　）

（A）10m　　　　　　　　　　　　　（B）30m

（C）50m　　　　　　　　　　　　　（D）60m

13. 对需要分析侵蚀性二氧化碳的水试样，现场取样后，应立即加入下列哪个选项中的化学物质？　　　（　　）

（A）漂白剂　　　　　　　　　　　　（B）生石灰

（C）石膏粉　　　　　　　　　　　　（D）大理石粉

14. 下列关于工程结构或其部分进入某一状态的描述中，哪个选项属于正常使用极限状态？　　　（　　）

（A）基坑边坡抗滑稳定安全系数达到 1.3

（B）建筑地基沉降量达到规范规定的地基变形允许值

（C）建筑地基沉降量达到地基受压破坏时的极限沉降值

（D）地基承受荷载达到地基极限承载力

15. 计算地基变形时，以下关于荷载组合的取法，哪个选项符合《建筑地基基础设计规范》（GB 50007—2011）的规定？　　　（　　）

（A）承载能力极限状态下荷载效应的基本组合，分项系数为 1.2

（B）承载能力极限状态下荷载效应的基本组合，但其分项系数均为 1.0

（C）正常使用极限状态下荷载效应的标准组合，不计入风荷载和地震作用

（D）正常使用极限状态下荷载效应的准永久组合，不计入风荷载和地震作用

16. 关于结构重要性系数的表述，下列哪个选项是正确的？　　　　　　　　（　　）

（A）结构重要性系数取值应根据结构安全等级、场地等级和地基等级综合确定

（B）结构安全等级越高，结构重要性系数取值越大

（C）结构重要性系数取值越大，地基承载力安全储备越大

（D）结构重要性系数取值在任何情况下不得小于 1.0

17. 某厂房（单层、无行车、柱下条形基础）地基经勘察：浅表"硬壳层"厚 1.0～2.0m；其下为淤泥质土，层厚有变化，平均厚约 15.0m；淤泥质土层下分布可塑粉质黏土，工程性质较好。采用水泥搅拌桩处理后，墙体因地基不均匀沉降产生裂缝，且有不断发展趋势。现拟比选地基再加固处理措施，下列哪个选项最为有效？　　　　　　　　　　　　　　　　　　　　　　　　　　　　　（　　）

（A）压密注浆法 　　　　　　　　　　　（B）CFG 桩法

（C）树根桩法 　　　　　　　　　　　　（D）锚杆静压桩法

18. 某堆场，浅表"硬壳层"黏土厚度 1.0～2.0m，其下分布厚约 15.0m 淤泥，淤泥层下为可塑～硬塑粉质黏土和中密～密实粉细砂层。采用大面积堆载预压法处理，设置塑料排水带，间距 0.8m 左右，其上直接堆填黏性土夹块石、碎石，堆填高度约 4.50m，堆载近两年。卸载后进行检验，发现预压效果不明显。造成其预压效果不好的最主要原因是下列哪个选项？　　　　　　　　　　　（　　）

（A）预压荷载小，预压时间短

（B）塑料排水带间距偏大

（C）直接堆填，未铺设砂垫层，导致排水不畅

（D）该场地不适用堆载预压法

19. 关于砂石桩施工顺序，下列哪一选项是错误的？　　　　　　　　　　　（　　）

（A）黏性土地基，从一侧向另一侧隔排进行

（B）砂土地基，从中间向外围进行

（C）黏性土地基，从中间向外围进行

（D）临近既有建筑物，应自既有建筑物一侧向外进行

20. 作为换填垫层的土垫层的压实标准，压实系数 λ_c 的定义为下列哪一选项？　　（　　）

（A）土的最大干密度与天然干密度之比

（B）土的控制干密度与最大干密度之比

（C）土的天然干密度与最小干密度之比

（D）土的最小干密度与控制干密度之比

21. 采用真空预压加固软土地基时，在真空管路中设置止回阀的主要作用是以下哪一选项？ （　　）

（A）防止地表水从管路中渗入软土地基中

（B）减小真空泵运作时间，以节省电费

（C）避免真空泵停泵后膜内真空度过快降低

（D）维持膜下真空度的稳定，提高预压效果

22. 在地基处理方案比选时，对于搅拌桩复合地基，初步设计采用的桩土应力比取以下哪个数值较合适？ （　　）

（A）3　　　　　　　　　　　　　　　（B）10

（C）30　　　　　　　　　　　　　　　（D）50

23. CFG 桩施工采用长螺旋成孔、管内泵压混合料成桩时，坍落度宜控制在下列哪一选项的范围内？ （　　）

（A）50～80mm　　　　　　　　　　　（B）80～120mm

（C）120～160mm　　　　　　　　　　（D）160～200mm

24. 预压法加固地基设计时，在其他条件不变的情况下，以下哪个选项的参数对地基固结速度影响最小？ （　　）

（A）砂井直径的大小　　　　　　　　　（B）排水板的间距

（C）排水砂垫层的厚度　　　　　　　　（D）拟加固土体的渗透系数

25. 某地铁车站基坑位于深厚的饱和淤泥质黏土层中，该土层属于欠固结土，采取坑内排水措施。进行坑底抗隆起稳定验算时，选用下面哪一个选项的抗剪强度最适合？ （　　）

（A）固结不排水强度

（B）固结快剪强度

（C）排水抗剪强度

（D）用原位十字板剪切试验确定坑底以下土的不排水强度

26. 在某中粗砂场地开挖基坑，用插入不透水层的地下连续墙截水，当场地墙后地下水位上升时，墙背上受到的主动土压力（前者）和水土总压力（后者）各自的变化规律符合下列哪个选项？（　　）

（A）前者变大，后者变小　　　　　　　（B）前者变小，后者变大

（C）前者变小，后者变小　　　　　　　（D）两者均没有变化

27. 某基坑深 16.0m，采用排桩支护，三排预应力锚索，桩间采用旋喷桩止水。基坑按设计要求开挖到底，施工过程未发现异常并且桩水平位移也没有超过设计要求，但发现坑边局部地面下沉，初步判断其主要原因是以下哪个选项？ （　　）

（A）锚索锚固力不足　　　　　　　　　　（B）排桩配筋不足

（C）止水帷幕渗漏　　　　　　　　　　　（D）土方开挖过快

28.某地铁盾构拟穿过滨海别墅群，别墅为 3～4 层天然地基的建筑，其地基持力层主要为渗透系数较大的冲洪积厚砂层，基础底面到盾构顶板的距离为 6.0～10.0m，采用下列哪个方案最安全可行？　　（　　）

（A）采用敞开式盾构法施工　　　　　　　（B）采用挤压式盾构法施工

（C）采用土压平衡式盾构施工　　　　　　（D）采用气压盾构施工

29.在其他条件相同的情况下，下列哪个地段的隧洞围岩相对最稳定？　　（　　）

（A）隧洞的洞口地段　　　　　　　　　　（B）隧洞的弯段

（C）隧洞的平直洞段　　　　　　　　　　（D）隧洞交叉洞段

30.在地下洞室选址区内，岩体中的水平应力值较大，测得最大主应力方向为南北方向。问地下厂房长轴方向为下列哪一选项时，最不利于厂房侧岩壁的岩体稳定？　　（　　）

（A）地下厂房长轴方向为东西方向　　　　（B）地下厂房长轴方向为北东方向

（C）地下厂房长轴方向为南北方向　　　　（D）地下厂房长轴方向为北西方向

31.在地铁线路施工中，与盾构法相比，表述浅埋暗挖法（矿山法）特点的下述哪个选项是正确的？　　（　　）

（A）浅埋暗挖法施工更安全

（B）浅埋暗挖法更适用于隧道断面变化和线路转折的情况

（C）浅埋暗挖法应全断面开挖施工

（D）浅埋暗挖法更适用于周边环境对施工有严格要求的情况

32.关于抗震设防基本概念，下列哪个选项的说法是不正确的？　　（　　）

（A）抗震设防要求就是建设工程抵御地震破坏的准则和在一定风险下抗震设计采用的地震烈度或者地震动参数

（B）按照给定的地震烈度或地震动参数对建设工程进行抗震设防设计，可以理解为该建设工程在一定时期内存在着一定的抗震风险概率

（C）罕遇地震烈度和多遇地震烈度相比，它们的设计基准期是不同的

（D）超越概率就是场地可能遭遇大于或等于给定的地震烈度或地震动参数的概率

33.有甲、乙、丙、丁四个场地，地震烈度和设计地震分组都相同。它们的等效剪切波速 v_{se} 和场地覆盖层厚度如下表。比较各场地的特征周期 T_g，下列哪个选项是正确的？　　（　　）

（A）各场地的 T_g 值都不相等　　　　　　（B）有两个场地的 T_g 值相等

（C）有三个场地的 T_g 值相等　　　　　　（D）四个场地的 T_g 值都相等

题 33 表

场地	v_{se}（m/s）	覆盖层厚度（m）
甲	400	90
乙	300	60
丙	200	40
丁	100	10

34. 计算地震作用和进行结构抗震验算时，下列哪个选项的说法是不符合《建筑抗震设计标准》（GB/T 50011—2010）（2024 年版）规定的？　　　　　　　　　　　（　　）

（A）结构总水平地震作用标准值和总竖向地震作用标准值都是将结构等效总重力荷载分别乘以相应的地震影响系数最大值

（B）竖向地震影响系数最大值小于水平地震影响系数最大值

（C）建筑结构应进行多遇地震作用下的内力和变形分析，此时，可以假定结构与构件处于弹性工作状态

（D）对于有可能导致地震时产生严重破坏的建筑结构等部位，应进行罕遇地震作用下的弹塑性变形分析

35. 按《建筑抗震设计标准》（GB/T 50011—2010）（2024 年版）规定，抗震设计使用的地震影响系数曲线下降段起点对应的周期值为下列哪个选项？　　　　　　　　　　（　　）

（A）地震活动周期　　　　　　　　　（B）结构自振周期
（C）设计特征周期　　　　　　　　　（D）地基固有周期

36. 关于建筑抗震设计，下列哪个说法是正确的？　　　　　　　　　　　　　　（　　）

（A）用多遇地震作用计算结构的弹性位移和结构内力，进行截面承载力验算
（B）用设计地震作用计算结构的弹性位移和结构内力，进行截面承载力验算
（C）用罕遇地震作用计算结构的弹性位移和结构内力，进行截面承载力验算
（D）抗震设计指抗震计算，不包括抗震措施

37. 关于建筑抗震地震影响系数的阐述，下列哪个说法是正确的？　　　　　　　（　　）

（A）地震影响系数的大小，与抗震设防烈度和场地类别无关
（B）在同一个场地上，相邻两个自振周期相差较大的高层建筑住宅，其抗震设计采用的地震影响系数不相同
（C）地震影响系数的计量单位是 m²/s
（D）水平地震影响系数最大值只与抗震设防烈度有关

38. 某砖混结构建筑物在一侧墙体（强度一致）地面标高处布置五个观测点，1～5 号点的沉降值分别为 11mm、69mm、18mm、25mm 和 82mm，问墙体裂缝的形态最可能为下列哪一选项？（　　）

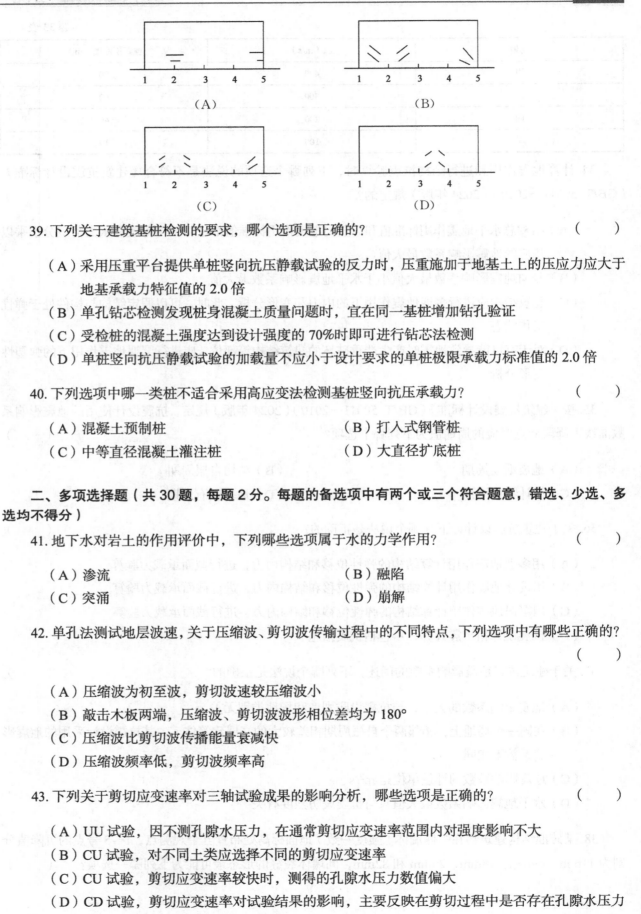

39. 下列关于建筑基桩检测的要求，哪个选项是正确的？　　　　　　　（　　）

　　（A）采用压重平台提供单桩竖向抗压静载试验的反力时，压重施加于地基土上的压应力应大于地基承载力特征值的 2.0 倍

　　（B）单孔钻芯检测发现桩身混凝土质量问题时，宜在同一基桩增加钻孔验证

　　（C）受检桩的混凝土强度达到设计强度的 70% 时即可进行钻芯法检测

　　（D）单桩竖向抗压静载试验的加载量不应小于设计要求的单桩极限承载力标准值的 2.0 倍

40. 下列选项中哪一类桩不适合采用高应变法检测基桩竖向抗压承载力？　　（　　）

　　（A）混凝土预制桩　　　　　　　　　　（B）打入式钢管桩

　　（C）中等直径混凝土灌注桩　　　　　　（D）大直径扩底桩

二、多项选择题（共 30 题，每题 2 分。每题的备选项中有两个或三个符合题意，错选、少选、多选均不得分）

41. 地下水对岩土的作用评价中，下列哪些选项属于水的力学作用？　　　（　　）

　　（A）渗流　　　　　　　　　　　　　　（B）融陷

　　（C）突涌　　　　　　　　　　　　　　（D）崩解

42. 单孔法测试地层波速，关于压缩波、剪切波传输过程中的不同特点，下列选项中有哪些正确的？

　　　　　　　　　　　　　　　　　　　　　　　　　　　　　　　（　　）

　　（A）压缩波为初至波，剪切波速较压缩波小

　　（B）敲击木板两端，压缩波、剪切波波形相位差均为 180°

　　（C）压缩波比剪切波传播能量衰减快

　　（D）压缩波频率低，剪切波频率高

43. 下列关于剪切应变速率对三轴试验成果的影响分析，哪些选项是正确的？　（　　）

　　（A）UU 试验，因不测孔隙水压力，在通常剪切应变速率范围内对强度影响不大

　　（B）CU 试验，对不同土类应选择不同的剪切应变速率

　　（C）CU 试验，剪切应变速率较快时，测得的孔隙水压力数值偏大

　　（D）CD 试验，剪切应变速率对试验结果的影响，主要反映在剪切过程中是否存在孔隙水压力

44. 对一非饱和土试样进行压缩试验，压缩过程中没有排水与排气。问下列对压缩过程中土试样物理性质指标变化的判断，哪些选项是正确的？ （ ）

（A）土粒比重增大 （B）土的重度增大

（C）土的含水量不变 （D）土的饱和度增大

45. 关于土的压缩系数 α_v、压缩模量 E_s、压缩指数 C_c 的下列论述中哪些选项是正确的？ （ ）

（A）压缩系数 α_v 值的大小随选取的压力段不同而变化

（B）压缩模量 E_s 值的大小和压缩系数 α_v 的变化成反比

（C）压缩指数 C_c 只与土性有关，不随压力变化

（D）压缩指数 C_c 越小，土的压缩性越高

46. 关于港口工程地质勘察工作布置原则的叙述，下列哪些选项是正确的？ （ ）

（A）可行性研究阶段勘察，河港宜垂直岸向布置勘探线，海港勘探点可按网格状布置

（B）初步设计阶段勘察，河港水工建筑物区域，勘探点应按垂直岸向布置

（C）初步设计阶段勘察，海港水工建筑物区域，勘探线应按垂直于水工建筑长轴方向布置

（D）施工图设计阶段勘察，陆域建筑区宜按建筑物轮廓线、柱列线布置勘探线

47. 关于各种极限状态计算中涉及的荷载代表值，下列哪些说法符合《建筑结构荷载规范》（GB 50009—2012）的规定？ （ ）

（A）永久荷载均采用标准值

（B）结构自重采用平均值

（C）可变荷载均采用组合值

（D）可变荷载的组合值等于可变荷载标准值乘以荷载组合值系数

48. 在挡土结构设计中，下列哪些选项应按承载能力极限状态设计？ （ ）

（A）稳定性验算 （B）截面设计，确定材料和配筋

（C）变形计算 （D）验算裂缝宽度

49. 根据《建筑桩基技术规范》（JGJ 94—2008），在下列关于桩基设计所采用的作用效应组合和抗力取值原则的叙述中，哪些选项是正确的？ （ ）

（A）确定桩数和布桩时，由于抗力是采用基桩或复合基桩极限承载力除以综合安全系数 $K=2$ 确定的特征值，故采用荷载分项系数 $\gamma_G=1$、$\gamma_Q=1$ 的荷载效应标准组合

（B）验算坡地、岸边建筑桩基整体稳定性采用综合安全系数，故其荷载效应采用 $\gamma_G=1$、$\gamma_Q=1$ 的标准组合

（C）计算荷载作用下基桩沉降和水平位移时，考虑土体固结变形时效特点，应采用荷载效应基本组合

（D）在计算承台结构和桩身结构时，应与上部混凝土结构一致，承台顶面作用效应应采用基本组合，其抗力应采用包含抗力分项系数的设计值

50. 关于地基处理范围，依据《建筑地基处理技术规范》（JGJ 79—2012），下述说法中，哪些选项是正确的？ （   ）

（A）预压法施工，真空预压区边缘应等于或大于建筑物基础外缘所包围的范围

（B）强夯法施工，每边超出基础外缘的宽度宜为基底下设计处理深度 1/2～2/3，并不应小于 3.0m

（C）振冲桩施工，当要求消除地基液化时，在基础外缘扩大宽度应大于可液化土层厚度的 1/3

（D）竖向承载搅拌桩可只在建筑物基础范围内布置

51. 某软土地基采用水泥搅拌桩复合地基加固，搅拌桩直径为 600mm，桩中心间距为 1.2m，正方形布置，按《建筑地基处理技术规范》（JGJ 79—2012）进行复合地基载荷试验，以下关于试验要点的说法，哪些选项是正确的？ （   ）

（A）按四根桩复合地基，承压板尺寸应采用 1.8m×1.8m

（B）试验前应防止地基土扰动，承压板底面下宜铺设粗砂垫层

（C）试验最大加载压力不应小于设计压力值的 2 倍

（D）当压力—沉降曲线是平缓的光滑曲线时，复合地基承载力特征值可取承压板沉降量与宽度之比 0.015 所对应的压力

52. 采用水泥搅拌法加固地基，以下关于水泥土的表述，哪些选项是正确的？ （   ）

（A）固化剂掺入量对水泥土强度影响较大

（B）水泥土强度与原状土的含水量高低有关

（C）土中有机物含量对水泥土的强度影响较大

（D）水泥土重度比原状土重度增加较大，但含水量降低较小

53. 对软土地基采用堆载预压法加固时，以下哪些说法是正确的？ （   ）

（A）超载预压是指预压荷载大于加固地基以后的工作荷载

（B）多级堆载预压加固时，在一级预压荷载作用下，地基土的强度增长满足下一级荷载下地基稳定性要求时方可施加下一级荷载

（C）堆载预压加固时，当地基固结度符合设计要求时，方可卸载

（D）对堆载预压后的地基，应采用标贯试验或圆锥动力触探试验等方法进行检测

54. 经换填垫层处理后的地基承载力验算时，下列哪些说法是正确的？ （   ）

（A）对地基承载力进行修正时，宽度修正系数取 0

（B）对地基承载力进行修正时，深度修正系数对压实粉土取 1.5，对压密砂土取 2.0

（C）有下卧软土层时，应验算下卧层的地基承载力

（D）处理后地基承载力不超过处理前地基承载力的 1.5 倍

55. 根据现行《建筑地基处理技术规范》（JGJ 79—2012），对于建造在处理后的地基上的建筑物，以下哪些说法是正确的？ （   ）

（A）甲级建筑应进行沉降观测

（B）甲级建筑应进行变形验算，乙级建筑可不进行变形验算

（C）位于斜坡上的建筑物应进行稳定性验算

（D）地基承载力特征值不再进行宽度修正，但要做深度修正

56. 关于堆载预压法和真空预压法加固地基机理的描述，下列哪些选项是正确的？　　　（　　）

（A）堆载预压中地基土的总应力增加

（B）真空预压中地基土的总应力不变

（C）采用堆载预压法和真空预压法加固时都要控制加载速率

（D）采用堆载预压法和真空预压法加固时，预压区周围土体侧向位移方向一致

57. 下列哪些选项是围岩工程地质详细分类的基本依据？　　　（　　）

（A）岩石强度　　　　　　　　　　　（B）结构面状态和地下水

（C）岩体完整程度　　　　　　　　　（D）围岩强度应力比

58. 关于目前我国城市地铁车站常用的施工方法，下面哪些施工方法是合理和常用的？　　　（　　）

（A）明挖法　　　　　　　　　　　　（B）盖挖法

（C）浅埋暗挖法　　　　　　　　　　（D）盾构法

59. 在某深厚软塑至可塑黏性土场地开挖 5m 的基坑，拟采用水泥土挡墙支护结构，下列哪些验算是必需的？　　　（　　）

（A）水泥土挡墙抗倾覆　　　　　　　（B）圆弧滑动整体稳定性

（C）水泥土挡墙正截面的承载力　　　（D）抗渗透稳定性

60. 根据《建筑基坑支护技术规程》（JGJ 120—2012）的有关规定，计算作用在支护结构上土压力时，以下哪些说法是正确的？　　　（　　）

（A）对地下水位以下的碎石土应水土分算

（B）对地下水位以下的黏性土应水土合算

（C）对于黏性土抗剪强度指标 c、φ 值，采用三轴不固结不排水试验指标

（D）土压力系数按朗肯土压力理论计算

61. 在基坑支护结构设计中，关于坑底以下埋深 h_d 的确定，下面哪些说法是正确的？　　　（　　）

（A）水泥土墙是由抗倾覆稳定决定的

（B）悬臂式地下连续墙与排桩是由墙、桩的抗倾覆稳定决定的

（C）饱和软黏土中多层支撑的连续墙是由坑底抗隆起稳定决定的

（D）饱和砂土中多层支撑的连续墙是由坑底抗渗透稳定决定的

62. 关于膨胀土的性质，下列哪些选项是正确的？　　　（　　）

（A）当含水量相同时，上覆压力大时膨胀量大，上覆压力小时膨胀量小

（B）当上覆压力相同时，含水量高的膨胀量大，含水量小的膨胀量小

（C）当上覆压力超过膨胀力时，土不会产生膨胀，只会出现压缩

（D）常年地下水位以下的膨胀土的膨胀量为零

63. 根据《中国地震动参数区划图》（GB 18306—2015），下列哪些选项的说法是正确的？（ 　 ）

（A）地震动参数指的是地震动峰值加速度和地震动反应谱特征周期

（B）地震动峰值加速度指的是与地震动加速度反应谱最大值相应的水平加速度

（C）地震动反应谱特征周期指的是地震动加速度反应谱开始下降点对应的周期

（D）地震动峰值加速度与《建筑抗震设计标准》（GB/T 50011—2010）（2024 年版）中的地震影响系数最大值是一样的

64. 对于水工建筑物的抗震设计来说，关于地震作用的说法，哪些是不正确的？（ 　 ）

（A）一般情况下，水工建筑物可只考虑水平向地震作用

（B）设计烈度为 9 度的 1 级土石坝应同时计入水平向和竖向地震作用

（C）各类土石坝，混凝土重力坝的主体部分都应同时考虑顺河流方向和垂直河流方向的水平向地震作用

（D）当同时计算互相正交方向地震的作用效应时，总的地震作用效应可将不同方向的地震作用效应直接相加并乘以耦合系数

65. 按照《公路工程抗震规范》（JTG B02—2013），通过标准贯入试验进一步判定土层是否液化时，液化判别标准贯入锤击数基准值 N_0 与下列哪些因素有关？（ 　 ）

（A）地震动峰值加速度　　　　　　　　（B）标准贯入锤击数的修正系数

（C）地下水位深度　　　　　　　　　　（D）场地特征周期

66. 在抗震设计中进行波速测试，得到的土层剪切波速可用于下列哪些选项？（ 　 ）

（A）确定水平地震影响系数最大值　　　（B）确定液化土特征深度

（C）确定覆盖层厚度　　　　　　　　　（D）确定场地类别

67. 按照《建筑抗震设计标准》（GB/T 50011—2010）（2024 年版）选择建设场地时，下列哪些场地属于抗震危险地段？（ 　 ）

（A）可能发生地陷的地段　　　　　　　（B）液化指数等于 12 的地段

（C）可能发生地裂的地段　　　　　　　（D）高耸孤立的山丘

68. 关于建筑抗震场地土剪切波速的表述，下列说法哪些符合《建筑抗震设计标准》（GB/T 50011—2010）（2024 年版）的规定？（ 　 ）

（A）场地土等效剪切波速的计算深度取值与地基基础方案无关

（B）计算等效剪切波速时，对剪切波速大于 500m/s 的土层，剪切波速取 500m/s

（C）在任何情况下，等效剪切波速计算深度不大于 20m

（D）场地土等效剪切波速的计算和场地覆盖层厚度无关

69. 在滑坡监测中，根据孔内测斜结果可判断下列哪些选项的滑坡特征？ （ ）

（A）滑动面深度 （B）滑动方向

（C）滑动速率 （D）剩余下滑力大小

70. 关于高、低应变法动力测桩的叙述，下列哪些选项是正确的？ （ ）

（A）两者均采用一维应力波理论分析计算桩—土系统响应

（B）两者均可检测桩身结构的完整性

（C）两者均要求在检测前凿除灌注桩桩顶破碎层

（D）两者均只实测速度（或加速度）信号

2010 年专业知识试题（下午卷）

一、单项选择题（共 40 题，每题 1 分。每题的备选项中只有一个最符合题意）

1. 根据如图所示的地基压力—沉降关系曲线判断，哪一条曲线最有可能表明地基发生的是整体剪切破坏？ （ ）

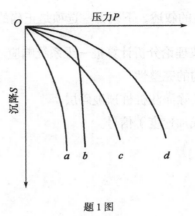

题 1 图

（A）a 曲线　　　　　　　　　　　　　　（B）b 曲线

（C）c 曲线　　　　　　　　　　　　　　（D）d 曲线

2. 图示甲为既有的 6 层建筑物，天然土质均匀地基，基础埋深 2m。乙为后建的 12 层建筑物，筏基。两建筑物的净距离 5m。乙建筑物建成后，甲建筑物西侧山墙上出现了裂缝。下列甲建筑物西侧山墙裂缝形式的示意图选项中，其中何项的裂缝形式有可能是由于乙建筑物的影响造成的？ （ ）

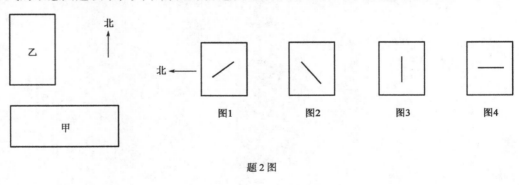

题 2 图

（A）图 1　　　　　　　　　　　　　　　（B）图 2

（C）图 3　　　　　　　　　　　　　　　（D）图 4

3. 矩形基础 A 顶面作用着竖向力 N 与水平力 H；基础 B 的尺寸及地质条件均与基础 A 相同，竖向力 N 与水平力 H 的数值和作用方向均与基础 A 相同，但竖向力 N 与水平力 H 都作用在基础 B 的底面处。比较两个基础的基底反力（平均值 $\bar{p}$、最大值 p_{max} 及最小值 p_{min}），下列选项中哪一个是正确的？竖向力 N 作用在基础平面中点） （ ）

（A）$\bar{p}_A = \bar{p}_B$；$p_{maxA} = p_{maxB}$　　　　（B）$p_A > p_B$；$p_{maxB} = p_{maxB}$

（C）$\bar{p}_A > \bar{p}_B$；$p_{maxA} = p_{maxB}$　　　　（D）$p_A < p_B$；$p_{maxB} = p_{maxB}$

4. 建筑物地下室的外包底面积为 $800m^2$，埋置深度 $d=2m$，上部结构的竖向力为 160MN，已知未经修正的持力层的地基承载力特征值 $f_{ak}=200kPa$，下列关于天然地基上的基础选型的建议中哪个选项是最合适的？　　　　　　　　　　　　　　　　（　　）

　　（A）柱下独立基础　　　　　　　　　　（B）条形基础
　　（C）十字交叉条形基础　　　　　　　　（D）筏形基础

5. 对于钢筋混凝土独立基础有效高度的规定，下列哪个选项是正确的？　　（　　）

　　（A）从基础顶面到底面的距离
　　（B）包括基础垫层在内的整个高度
　　（C）从基础顶面到基础底部受力钢筋中心的距离
　　（D）基础顶部受力钢筋中心到基础底面的距离

6. 对于埋深 2m 的独立基础，关于建筑地基净反力，下列哪个说法是正确的？　（　　）

　　（A）地基净反力是指基底附加压力扣除基础自重及其上土重后的剩余净基底压力
　　（B）地基净反力常用于基础采用荷载基本组合下的承载能力极限状态计算
　　（C）地基净反力在数值上常大于基底附加压力
　　（D）地基净反力等于基床反力系数乘以基础沉降

7. 均匀土质条件下，建筑物采用等桩径、等桩长、等桩距的桩筏基础，在均布荷载作用下，下列关于沉降和基底桩顶反力分布的描述正确选项是哪一个？　　　　　　　（　　）

　　（A）沉降内大外小，反力内大外小　　　（B）沉降内大外小，反力内小外大
　　（C）沉降内小外大，反力内大外小　　　（D）沉降内小外大，反力内小外大

8. 关于桩周土沉降引起的桩侧负摩阻力和中性点的叙述，下列哪个选项是正确的？（　　）

　　（A）中性点处桩身轴力为零
　　（B）中性点深度随桩的沉降增大而减小
　　（C）负摩阻力在桩周土沉降稳定后保持不变
　　（D）对摩擦型基桩产生的负摩阻力要比端承型基桩大

9. 下列哪一选项不属于桩基承载能力极限状态的计算内容？　　　　　　　（　　）

　　（A）承台抗剪切验算　　　　　　　　　（B）预制桩吊运和锤击验算
　　（C）桩身裂缝宽度验算　　　　　　　　（D）桩身强度验算

10. 桩径 d、桩长 l 和承台下桩间土均相同，下列哪种情况下，承台下桩间土的承载力发挥最大？　　　　　　　　　　　　　　　　　　　　　　　　　　　　　（　　）

　　（A）桩端为密实的砂层，桩距为 $6d$　　（B）桩端为粉土层，桩距为 $6d$
　　（C）桩端为密实的砂层，桩距为 $3d$　　（D）桩端为粉土层，桩距为 $3d$

11. 关于 CFG 桩复合地基中的桩和桩基础中的桩承载特性的叙述，下列哪一选项是正确的？　　（　　）

（A）两种情况下的桩承载力一般都是由侧摩阻力和端阻力组成

（B）两种情况下桩身抗剪能力相当

（C）两种情况下桩身抗弯能力相当

（D）两种情况下的桩配筋要求是相同的

12. 下列哪项因素对基桩的成桩工艺系数（工作条件系数）ψ_c 无影响？　　（　　）

（A）桩的类型　　　　　　　　　　（B）成桩工艺

（C）桩身混凝土强度　　　　　　　（D）桩周土性

13. 下列关于成桩挤土效应的叙述中，哪个选项是正确的？　　（　　）

（A）不影响桩基设计选型、布桩和成桩质量控制

（B）在饱和黏性土中，会起到排水加密、提高承载力的作用

（C）在松散土和非饱和填土中，会引发灌注桩断桩、缩颈等质量问题

（D）对于打入式预制桩，会导致桩体上浮，降低承载力，增大沉降

14. 下列关于桩基设计中基桩布置原则的叙述，哪一项是正确的？　　（　　）

（A）基桩最小中心距的确定主要取决于有效发挥桩的承载力和成桩工艺两方面因素

（B）为改善筏板的受力状态，桩筏基础应均匀布桩

（C）应使与基桩受水平力方向相垂直的方向有较大的抗弯截面模量

（D）桩群承载力合力点宜与承台平面形心重合，以减小荷载偏心的负面效应

15. 某预应力锚固工程，设计要求的抗拔安全系数为 2.0，锚固体与孔壁的抗剪强度为 0.2MPa，每孔锚索锚固力为 400kN，孔径为 130mm，试问锚固段长度最接近于下列哪个选项？　　（　　）

（A）12.5m　　　　　　　　　　　（B）9.8m

（C）7.6m　　　　　　　　　　　　（D）4.9m

16. 下列哪个选项不得用于加筋土挡土墙的填料？　　（　　）

（A）砂土　　　　　　　　　　　　（B）块石土

（C）砾石土　　　　　　　　　　　（D）碎石土

17. 用圆弧条分法进行稳定分析时，计算图示的静水位下第 i 土条的滑动力矩，运用下面哪个选项与用公式 $W_i' \sin\theta_i R$ 计算的滑动力矩结果是一致的？（注：W_i、W_i' 分别表示用饱和重度、浮重度计算的土条自重，P_{w1i}、P_{w2i} 分别表示土条左侧、右侧的水压力，U_i 表示土条底部滑动面上的水压力，R 为滑弧半径）　　（　　）

（A）用 W_i 计算滑动力矩，不计 P_{w1i}、P_{w2i} 及 U_i

（B）用 W_i 与 U_i 的差值计算滑动力矩

（C）用 W_i、U_i、P_{w1i}、P_{w2i} 计算的滑动力矩之和

（D）用 W_i 与用 $\Delta P_{wi} = (P_{w2i} - P_{w1i})$ 计算的滑动力矩之和

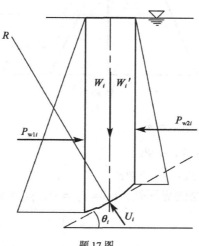

题 17 图

18. 某 5m 高的重力式挡土墙墙后填土为砂土，如图所示。如果下面不同含水量的四种情况都达到了主动土压力状态：

①风干砂土；

②含水量为 5%的湿润砂土；

③水位与地面齐平，成为饱和砂土；

④水位达到墙高的一半，水位以下为饱和砂土。

按墙背的水、土总水平压力（$E = E_a + E_w$）大小排序，下面哪个选项的排序是正确的？

( )

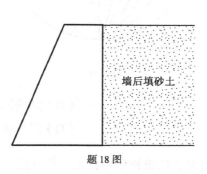

题 18 图

（A）①＞②＞③＞④　　　　　　（B）③＞④＞①＞②

（C）③＞④＞②＞①　　　　　　（D）④＞③＞①＞②

19. 在水工土石坝设计中，下面哪个选项的说法是错误的？ ( )

（A）心墙用于堆石坝的防渗

（B）混凝土面板堆石坝中的面板主要是用于上游护坡

（C）在分区布置堆石坝中，渗透系数小的材料布置在上游，渗透系数大的布置在下游

（D）棱柱体排水可降低土石坝的浸润线

20. 挡土墙后由两层填土组成，按朗肯土压力理论计算的主动土压力的分布如图所示。下面哪一个选项所列的情况与图示土压力分布相符？ ( )

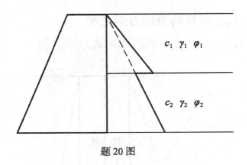

题 20 图

（A）$c_1 = c_2 = 0$，$\gamma_1 > \gamma_2$，$\varphi_1 = \varphi_2$

（B）$c_1 = c_2 = 0$，$\gamma_1 = \gamma_2$，$\varphi_2 > \varphi_1$

（C）$c_1 = 0$，$c_2 > 0$，$\gamma_1 = \gamma_2$，$\varphi_1 = \varphi_2$

（D）墙后的地下水位在土层的界面处，$c_1 = c_2 = 0$，$\gamma_1 > \gamma_{m2}$，$\varphi_1 = \varphi_2$（γ_{m2} 为下层土的饱和重度）

21. 判断下列赤平面投影图中，哪一选项对应的结构面稳定性最好？　　　　　　（　　）

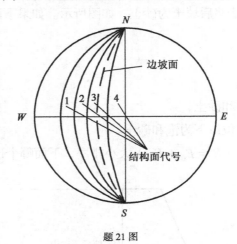

题 21 图

（A）结构面 1　　　　　　　　　　　　　　（B）结构面 2

（C）结构面 3　　　　　　　　　　　　　　（D）结构面 4

22. 地震烈度 6 度区内，在进行基岩边坡楔形体稳定分析调查中，下列哪一个选项是必须调查的？
　　　　　　　　　　　　　　　　　　　　　　　　　　　　　　　　　　　（　　）

（A）各结构面的产状，结构面的组合交线的倾向、倾角，地下水位，地震影响力

（B）各结构面的产状，结构面的组合交线的倾向、倾角，地下水位，各结构面的摩擦因数和黏聚力

（C）各结构面的产状，结构面的组合交线的倾向、倾角，地下水位，锚杆加固力

（D）各结构面的产状，结构面的组合交线的倾向、倾角，地震影响力，锚杆加固力

23. 关于滑坡稳定性验算的表述中，下列哪一选项是不正确的？　　　　　　　　（　　）

（A）滑坡稳定性验算时，除应验算整体稳定外，必要时尚应验算局部稳定

（B）滑坡推力计算也可以作为稳定性的定量评价

（C）滑坡安全系数应根据滑坡的研究程度和滑坡的危害程度综合确定

（D）滑坡安全系数在考虑地震、暴雨附加影响时应适当增大

24. 在下列关于泥石流扇与洪积扇的区别的表述中，哪一选项是不正确的？　　　（　）

（A）泥石流扇堆积物无分选，而洪积扇堆积有一定的分选

（B）泥石流扇堆积物有层次，而洪积扇堆积物无层次

（C）泥石流扇堆积物的石块具有棱角，而洪积扇堆积物碎屑有一定的磨圆度

（D）泥石流扇堆积物的工程性质差异大，而洪积扇堆积物的工程性质相对差异较小

25. 评价目前正处于滑动阶段的滑坡，其滑带土为黏性土，当取土样进行直剪试验时，宜采用下列哪种方法？　　　（　）

（A）快剪　　　　　　　　　　　　（B）固结快剪

（C）慢剪　　　　　　　　　　　　（D）多次剪切

26. 在边坡工程中，采用柔性防护网的主要目的为下列哪个选项？　　　（　）

（A）增加边坡的整体稳定性　　　　（B）提高边坡排泄地下水的能力

（C）美化边坡景观　　　　　　　　（D）防止边坡落石

27. 因建设大型水利工程需要，某村庄拟整体搬迁至长江一高阶地处。拟建场地平坦，上部地层主要为约 20m 厚的可塑至硬塑状态的粉质黏土，未见地下水，下伏基岩为泥岩，无活动断裂从场地通过。工程建设前对该场地进行地质灾害危险性评估，根据《地质灾害危险性评估规范》（GB/T 40112—2021），该场地地质灾害危险性评估分级是下列哪一选项？　　　（　）

（A）一级　　　　　　　　　　　　（B）二级

（C）三级　　　　　　　　　　　　（D）资料不够，难以确定等级

28. 某多年冻土地区一层粉质黏土，塑限含水量 $w_p = 18.2\%$，总含水量 $w_0 = 26.8\%$，平均融沉系数 $\delta_0 = 5\%$，请判别其融沉类别是下列选项中的哪个？　　　（　）

（A）不融沉　　　　　　　　　　　（B）弱融沉

（C）融沉　　　　　　　　　　　　（D）强融沉

29. 下列关于膨胀土胀缩变形的叙述中，哪个选项是错误的？　　　（　）

（A）膨胀土的 SiO_2 含量越高胀缩量越大

（B）膨胀土的蒙脱石和伊利石含量越高胀缩量越大

（C）膨胀土的初始含水量越高，其膨胀量越小，而收缩量越大

（D）在其他条件相同情况下，膨胀土的黏粒含量越高胀缩变形会越大

30. 在黄土地基评价时，湿陷起始压力 P_{sh} 可用于下列哪个选项的评判？　　　（　）

（A）评价黄土地基承载力

（B）评价黄土地基的湿陷等级

（C）对非自重湿陷性黄土场地考虑地基处理深度

（D）确定桩基负摩阻力的计算深度

31. 盐渍土的盐胀性主要是由于下列哪种易溶盐结晶后体积膨胀造成的？ （　　）

（A）Na_2SO_4

（B）$MgSO_4$

（C）Na_2CO_3

（D）$CaCO_3$

32. 采用黄土薄壁取土器取样的钻孔，钻探时采用下列哪种规格（钻头直径）的钻头最合适？

（　　）

（A）146mm

（B）127mm

（C）108mm

（D）89mm

33. 根据《岩土工程勘察规范》（GB 50021—2001）（2009 年版）岩溶场地施工勘察阶段，对于大直径嵌岩桩勘探点应逐桩布置，桩端以下勘探深度至少应达到下列哪一选项的要求？ （　　）

（A）3 倍桩径并不小于 5m

（B）4 倍桩径并不小于 8m

（C）5 倍桩径并不小于 12m

（D）大于 8m，与桩径无关

34. 某泥石流流体密度 $\rho_c = 1.8 \times 10^3 kg/m^3$，堆积物呈舌状，按《铁路工程不良地质勘察规程》（TB 10027—2022）的分类标准，该泥石流可判为下列哪一选项的类型？ （　　）

（A）稀性水石流

（B）稀性泥石流

（C）稀性泥流

（D）黏性泥石流

35. 某岩土工程勘察项目地处海拔 2500m 地区，进行成图比例为 1∶2000 的带状工程地质测绘，测绘面积 1.2km²，作业时气温 −15℃，则该工程地质测绘实物工作收费最接近下列哪一选项的标准（收费基价为 5100 元/km²）？ （　　）

（A）6100 元

（B）8000 元

（C）9800 元

（D）10500 元

36. 关于注册土木工程师（岩土）执业，下列哪个说法不符合《注册土木工程师（岩土）执业及管理工作暂行规定》？ （　　）

（A）岩土工程勘察过程中提供的正式土工试验成果可不需注册土木工程师（岩土）签章

（B）过渡期间，暂未聘用注册土木工程师（岩土），但持有工程勘察乙级资质的单位，提交的乙级勘察项目的技术文件可不必由注册土木工程师（岩土）签章

（C）岩土工程设计文件可由注册土木工程师（岩土）签字，也可由注册结构工程师签字

（D）注册土木工程师（岩土）的执业范围包括环境岩土工程

37. 根据《中华人民共和国招标投标法》，下列关于中标的说法哪个选项是正确的？ （　　）

（A）招标人和中标人应当自中标通知书发出之日起三十日内，按照招标文件和中标人的投标文件订立书面合同

（B）依法必须进行招标的项目，招标人和中标人应当自中标通知书发出之日起十五日内，按照招标文件和中标人的投标文件订立书面合同

（C）招标人和中标人应当自中标通知书收到之日起三十日内，按照招标文件和中标人的投标文件订立书面合同

（D）招标人和中标人应当自中标通知书收到之日起十五日内，按照招标文件和中标人的投标文件订立书面合同

38. 承包单位将承包的工程转包，且由于转包工程不符合规定的质量标准造成的损失，应按下列哪个选项承担赔偿责任？ （ ）

（A）只由承包单位承担赔偿责任

（B）只由接受转包的单位承担赔偿责任

（C）承包单位与接受转包的单位承担连带赔偿责任

（D）建设单位、承包单位与接受转包的单位承担连带赔偿责任

39. 勘察单位未按照工程建设强制性标准进行勘察的，责令改正，并接受以下哪种处罚？ （ ）

（A）处 10 万元以上 30 万元以下的罚款

（B）处 50 万元以上 100 万元以下的罚款

（C）处勘察费 25%以上 50%以下的罚款

（D）处勘察费 1 倍以上 2 倍以下的罚款

40. 根据《中华人民共和国建筑法》，有关建筑安全生产管理的规定，下列哪个选项是错误的？
（ ）

（A）建设单位应当向建筑施工企业提供与施工现场相关的地下管线资料，建筑施工企业应当采取措施加以保护

（B）建筑施工企业的最高管理者对本企业的安全生产负法律责任，项目经理对所承担的项目的安全生产负责

（C）建筑施工企业应当建立健全劳动安全生产教育培训制度，未经安全生产教育培训的人员，不得上岗作业

（D）建筑施工企业必须为从事危险作业的职工办理意外伤害保险，支付保险费

二、多项选择题（共 30 题，每题 2 分。每题的备选项中有两个或三个符合题意，错选、少选、多选均不得分）

41. 基础方案选择时，下列哪些选项是可行的？ （ ）

（A）无筋扩展基础用作柱下条形基础

（B）条形基础用于框架结构或砌体承重结构

（C）筏形基础用于地下车库

（D）独立基础用于带地下室的建筑物

42. 关于墙下条形扩展基础的结构设计计算，下列哪些说法是符合《建筑地基基础设计规范》（GB 50007—2011）规定的？（ ）

（A）进行墙与基础交接处的受冲切验算时，使用基底附加应力
（B）基础厚度的设计主要考虑受冲切验算需要
（C）基础横向受力钢筋在设计上仅考虑抗弯作用
（D）荷载效应组合采用基本组合

43. 已知矩形基础底面的压力为线性分布，宽度方向最大边缘压力为基底平均压力的 1.2 倍，基础的宽度为 B，长度为 L，基础底面积为 A，抵抗矩为 W，传至基础底面的竖向力为 N，力矩为 M，问下列哪些说法是正确的？（ ）

（A）偏心距 $e < \dfrac{B}{6}$
（B）宽度方向最小边缘压力为基底平均压力的 0.8 倍
（C）偏心距 $e < \dfrac{W}{N}$
（D）$M = \dfrac{NB}{6}$

44. 下列地基沉降计算参数的适用条件中，哪些选项是正确的？（ ）

（A）回弹再压缩指数只适用于欠固结土
（B）压缩指数对超固结土、欠固结土和正常固结土都适用
（C）压缩指数不适用于《建筑地基基础设计规范》的沉降计算方法
（D）变形模量不适用于沉降计算的分层总和法

45. 基础尺寸与荷载如图所示，下列哪些选项是正确的？（ ）

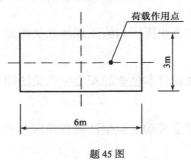

题 45 图

（A）计算该基础角点下土中应力时，查表系数 $n = \dfrac{z}{b}$ 中，b 取 3m
（B）计算基础底面的抵抗矩 $W = \dfrac{b^2 l}{6}$ 中，b 取 3m
（C）计算地基承载力宽度修正时，b 取 3m
（D）计算大偏心基底反力分布时，$p_{\max} = \dfrac{2(F_k + G_k)}{3la}$ 中，l 取 6m

46. 根据《建筑桩基技术规范》（JGJ 94—2008），桩侧土水平抗力系数的比例系数 m 值与下列哪些选项有关？（ ）

（A）土的性质
（B）桩入土深度
（C）桩在地面处的水平位移
（D）桩的种类

47. 软土中的摩擦型桩基的沉降由下列哪些选项组成？　　　　　　　　　　（　　）

（A）桩侧土层的沉降量

（B）桩身压缩变形量

（C）桩端刺入变形量

（D）桩端平面以下土层的整体压缩变形量

48. 为提高桩基的水平承载力，以下哪些措施是有效的？　　　　　　　　　（　　）

（A）增加承台混凝土的强度等级　　　　　（B）增大桩径

（C）加大混凝土保护层厚度　　　　　　　（D）提高桩身配筋率

49. 以下关于承台效应系数取值的叙述，哪些符合《建筑桩基技术规范》（JGJ 94—2008）的规定？　　　　　　　　　　　　　　　　　　　　　　　　　　　　（　　）

（A）后注浆灌注桩承台，承台效应系数应取高值

（B）箱形承台，桩仅布置于墙下，承台效应系数按单排桩条形承台取值

（C）宽度为 1.2d（d 表示桩径）的单排桩条形承台，承台效应系数按非条形承台取值

（D）饱和软黏土中预制桩基础，承台效应系数因挤土作用可适当提高

50. 下列关于软土地基减沉复合疏桩基础设计原则的叙述，哪些是正确的？　（　　）

（A）桩和桩间土在受荷变形过程中始终保持两者共同分担荷载

（B）桩端持力层宜选择坚硬土层，以减少桩端的刺入变形

（C）宜采用使桩间土荷载分担比较大的大桩距

（D）软土地基减沉复合疏桩基础桩身不需配钢筋

51. 根据《建筑桩基技术规范》（JGJ 94—2008），下列关于受水平作用桩的设计验算要求，哪些是正确的？　　　　　　　　　　　　　　　　　　　　　　　　　（　　）

（A）桩顶固端的桩，应验算桩顶正截面弯矩

（B）桩顶自由的桩，应验算桩身最大弯矩截面处的正截面弯矩

（C）桩顶铰接的桩，应验算桩顶正截面弯矩

（D）桩端为固端的嵌岩桩，不需进行水平承载力验算

52. 关于《建筑桩基技术规范》（JGJ 94—2008）中变刚度调平设计概念的说法，下列哪些选项是正确的？　　　　　　　　　　　　　　　　　　　　　　　　　（　　）

（A）变刚度调平设计可减小差异变形

（B）变刚度调平设计可降低承台内力

（C）变刚度调平设计可不考虑上部结构荷载分布

（D）变刚度调平设计可降低上部结构次内（应）力

53. 关于边坡稳定分析中的极限平衡法，下面哪些选项的说法是正确的？　　（　　）

（A）对于均匀土坡，瑞典条分法计算的安全系数偏大

（B）对于均匀土坡，毕肖普条分法计算的安全系数对一般工程可满足精度要求

（C）对于存在软弱夹层的土坡稳定分析，应当采用考虑软弱夹层的任意滑动面的普遍条分法

（D）推力传递系数法计算的安全系数是偏大的

54. 在饱和软黏土地基中的工程，下列关于抗剪强度选取的说法，哪些选项是正确的？　　（　　）

（A）快速填筑路基的地基的稳定分析使用地基土的不排水抗剪强度

（B）快速开挖的基坑支护结构上的土压力计算可使用地基土的固结不排水抗剪强度

（C）快速修建的建筑物地基承载力特征值采用不排水抗剪强度

（D）大面积预压渗流固结处理以后的地基上的快速填筑填方路基稳定分析可用固结排水抗剪
强度

55. 饱和黏性土的不固结不排水强度 $\varphi_u = 0°$，地下水位与地面齐平。用朗肯主动土压力理论进行水土合算及水土分算来计算墙后水土压力，下面哪些选项是错误的？　　　　（　　）

（A）两种算法计算的总压力是相等的

（B）两种算法计算的压力分布是相同的

（C）两种算法计算的零压力区高度 z_0 是相等的

（D）两种算法的主动土压力系数 K_a 是相等的

56. 挡水的土工结构物下游地面可能会发生流土，对于砂土则可称为砂沸。下面关于砂沸发生条件的各选项中，哪些选项是正确的？　　　　　　　　　　　　　　　　　　　　　　　　（　　）

（A）当砂土中向上的水力梯度大于或等于流土的临界水力梯度时就会发生砂沸

（B）在相同饱和重度和相同水力梯度下，粉细砂比中粗砂更容易发生砂沸

（C）在相同饱和重度和相同水力梯度下，薄的砂层比厚的砂层更易发生砂沸

（D）在砂层上设置反滤层，并在其上填筑碎石层可防止砂沸

57. 对于黏土厚心墙堆石坝，在不同工况下进行稳定分析时应采用不同的强度指标，下列哪些选项是正确的？　　　　　　　　　　　　　　　　　　　　　　　　　　　　　　　　　　　（　　）

（A）施工期黏性土可采用不固结不排水（UU）强度指标用总应力法进行稳定分析

（B）稳定渗流期对黏性土可采用固结排水试验（CD）强度指标，用有效应力法进行稳定分析

（C）在水库水位降落期，对于黏性土应采用不固结不排水（UU）强度指标用总应力法进行稳定
分析

（D）对于粗粒土，在任何工况下都应采用固结排水（CD）强度指标进行稳定分析

58. 在下列哪些情况下，膨胀土地基变形量可仅按收缩变形计算确定？　　　　　　　　（　　）

（A）经常受高温作用的地基

（B）经常有水浸湿的地基

（C）地面有覆盖且无蒸发可能时

（D）离地面 1m 处地基土的天然含水量大于 1.2 倍塑限含水量

59.倾斜岩面（倾斜角为 α）上有一孤立、矩形岩体，宽为 b，高为 h，岩体与倾斜岩面间的内摩擦角为 φ（$c=0$），如图所示，问岩体在下列哪些情况时处于失稳状态？　　　　　　　　（　　）

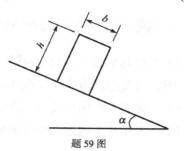

　（A）$\alpha<\varphi$，且 $\dfrac{b}{h}\tan\alpha$

　（B）$\alpha<\varphi$，且 $\dfrac{b}{h}\tan\alpha$

　（C）$\alpha>\varphi$，且 $\dfrac{b}{h}\tan\alpha$

　（D）$\alpha>\varphi$，且 $\dfrac{b}{h}\tan\alpha$

题 59 图

60.关于黄土湿陷起始压力 P_{sh} 的论述中，下列哪些选项是正确的？　　　　　　　（　　）

　（A）湿陷性黄土浸水饱和，开始出现湿陷时的压力

　（B）测定自重湿陷系数试验时，需分级加荷至试样上覆土的饱和自重压力，此时的饱和自重压力即为湿陷起始压力

　（C）室内测定湿陷起始压力可选用单线法压缩试验或双线法压缩试验

　（D）现场测定湿陷起始压力可选用单线法静载荷试验或双线法静载荷试验

61.下图为膨胀土试样的膨胀率与压力关系曲线图，根据图示内容判断，下列哪些选项是正确的？
　　　　　　　　　　　　　　　　　　　　　　　　　　　　　　　　　　　（　　）

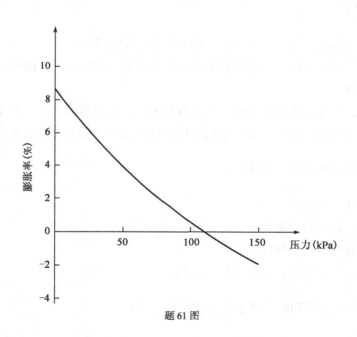

题 61 图

　（A）自由膨胀率约为 8.4%

　（B）50kPa 压力下的膨胀率约为 4%

　（C）膨胀力约为 110kPa

　（D）150kPa 压力下的膨胀力约为 110kPa

62.关于采空区地表移动盆地的特征，下列哪些选项是正确的？　　　　　　　　　（　　）

　（A）地表移动盆地的范围总是比采空区面积大

　（B）地表移动盆地的形状总是对称于采空区

（C）移动盆地中间区地表下沉最大

（D）移动盆地内边缘区产生压缩变形，外边缘区产生拉伸变形

63. 多年冻土地区进行工程建设时，下列哪些选项符合规范要求？　　　　（　　）

（A）地基承载力的确定应同时满足保持冻结地基和容许融化地基的要求

（B）重要建筑物选址应避开融区与多年冻土区之间的过渡带

（C）对冻土融化有关的不良地质作用调查应该在九月和十月进行

（D）多年冻土地区钻探宜缩短施工时间，宜采用大口径低速钻进

64. 在湿陷性黄土场地进行建设，下列哪些选项中的设计原则是正确的？　　（　　）

（A）对甲类建筑物应消除地基的全部湿陷量或采用桩基础穿透全部湿陷性黄土层

（B）应根据湿陷性黄土的特点和工程要求，因地制宜，采取以地基处理为主的综合措施

（C）在使用期内地下水位可能会上升至地基压缩层深度以内的场地不能进行建设

（D）在非自重湿陷性黄土场地，地基内各土层的湿陷起始压力值，均大于其附加应力与上覆土的天然状态下自重压力之和时，该地基可按一般地区地基设计

65. 关于注册土木工程师（岩土）执业的说法中，下列哪些说法不符合《注册土木工程师（岩土）执业及管理工作暂行规定》？　　　　　　　　　　　　　　　　　　（　　）

（A）注册土木工程师（岩土）的注册年龄一律不得超过 70 岁

（B）注册土木工程师（岩土）的注册证书和执业印章一般应由本人保管，必要时也可由聘用单位代为保管

（C）过渡期间，未取得注册证书和执业印章的人员，不得从事岩土工程及相关业务活动

（D）注册土木工程师（岩土）可在全国范围内从事岩土工程及相关业务活动

66. 合同中有下列哪些情形时，合同无效？　　　　　　　　　　　　　　（　　）

（A）以口头形式订立合同

（B）恶意串通，损害第三人利益

（C）以合法形式掩盖非法目的

（D）无处分权的人订立合同后取得处分权的

67. 在招标投标活动中，下列哪些情形会导致中标无效？　　　　　　　　（　　）

（A）投标人以向评标委员会成员行贿的手段谋取中标的

（B）招标人与投标人就投标价格、投标方案等实质性内容进行谈判的

（C）依法必须进行招标的项目的招标人向他人透露已获取招标文件的潜在投标人名称、数量的

（D）招标人与中标人不按照招标文件和中标人的投标文件订立合同的

68. 下列哪些选项属于建设投资中工程建设其他费用？　　　　　　　　　（　　）

（A）涨价预备费　　　　　　　　　（B）农用土地征用费

（C）工程监理费　　　　　　　　　（D）设备购置费

69.违反《建设工程质量管理条例》，对以下哪些行为应责令改正，处 10 万元以上 30 万元以下的罚款? （　　）

  （A）设计单位未根据勘察成果文件进行工程设计的
  （B）勘察单位超越本单位资质等级承揽工程的
  （C）设计单位指定建筑材料生产厂商或供应商的
  （D）设计单位允许个人以本单位名义承揽工程的

70.下列依法必须进行招标的项目中，哪些应公开招标? （　　）

  （A）基础设施项目
  （B）全部使用国有资金投资的项目
  （C）国有资金投资占控股或者主导地位的项目
  （D）使用国际组织贷款资金的项目

2011 年专业知识试题（上午卷）

一、单项选择题（共 40 题，每题 1 分。每题的备选项中只有一个最符合题意）

1. 岩土工程勘察中，钻进较破碎岩层时，岩芯钻探的岩芯采取率最低不应低于下列哪个选项的数值？ （　　）

（A）50%　　　　　　　　　　　　（B）65%

（C）80%　　　　　　　　　　　　（D）90%

2. 工程勘察中要求测定岩石质量指标 RQD 时，应采用下列哪种钻头？ （　　）

（A）合金钻头　　　　　　　　　　（B）钢粒钻头

（C）金刚石钻头　　　　　　　　　（D）牙轮钻头

3. 下列哪种矿物遇冷稀盐酸会剧烈起泡？ （　　）

（A）石英　　　　　　　　　　　　（B）方解石

（C）黑云母　　　　　　　　　　　（D）正长石

4. 在某建筑碎石土地基上，采用 0.5m² 的承压板进行浸水载荷试验。测得在 200kPa 压力下的附加湿陷量为 25mm。问该层碎石土的湿陷程度为下列哪个选项？ （　　）

（A）无湿陷性　　　　　　　　　　（B）轻微

（C）中等　　　　　　　　　　　　（D）强烈

5. 核电厂初步设计勘察应分四个地段进行，各地段有不同的勘察要求。问下列哪个选项是四个地段的准确划分？ （　　）

（A）核岛地段、常规岛地段、电气厂房地段、附属建筑地段

（B）核反应堆厂房地段、核燃料厂房地段、电气厂房地段、附属建筑地段

（C）核安全有关建筑地段、常规建筑地段，电气厂房地段、水工建筑地段

（D）核岛地段、常规岛地段、附属建筑地段、水工建筑地段

6. 关于受地层渗透性影响，地下水对混凝土结构的腐蚀性评价的说法，下列哪一选项是错误的？（选项中除比较条件外，其余条件均相同） （　　）

（A）强透水层中的地下水比弱透水层中的地下水的腐蚀性强

（B）水中侵蚀性 CO_2 含量越高，腐蚀性越强

（C）水中重碳酸根离子 HCO_3^- 含量越高，腐蚀性越强

（D）水的 pH 值越低，腐蚀性越强

7. 在黏性土层中取土时，取土器取土质量由高到低排列，下列哪个选项的排序是正确的？

（　　）

（A）自由活塞式→水压固定活塞式→束节式→厚壁敞口式

（B）厚壁敞口式→束节式→自由活塞式→水压固定活塞式

（C）束节式→厚壁敞口式→水压固定活塞式→自由活塞式

（D）水压固定活塞式→自由活塞式→束节式→厚壁敞口式

8. 在岩土工程勘探中，旁压试验孔与已完成的钻探取土孔的最小距离为下列哪个选项？　（　　）

（A）0.5m

（B）1.0m

（C）2.0m

（D）3.0m

9. 某一土层描述为：粉砂与黏土呈韵律沉积，前者层厚 30～40cm，后者层厚 20～30cm，按现行规范规定，定名最确切的是下列哪一选项？　（　　）

（A）黏土夹粉砂层

（B）黏土与粉砂互层

（C）黏土夹薄层粉砂

（D）黏土混粉砂

10. 下列关于断层的说法，哪个是错误的？　（　　）

（A）地垒是两边岩层上升，中部相对下降的数条正断层的组合形态

（B）冲断层是逆断层一种

（C）稳定分布的岩层的突然缺失，一定由断层作用引起

（D）一般可将全新世以来活动的断层定为活动性断层

11. 从下图潜水等位线判断，河流和潜水间补给关系正确的是下列哪一选项？　（　　）

（A）河流补给两侧潜水

（B）两侧潜水均补给河流

（C）左侧潜水补给河流，河流补给右侧潜水

（D）右侧潜水补给河流，河流补给左侧潜水

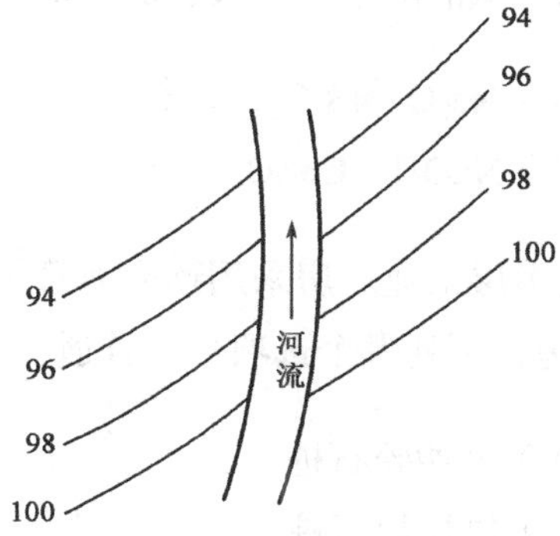

题 11 图

12. 根据《水运工程岩土勘察规范》（JTS 133—2013），当砂土的不均匀系数 C_u 和曲率系数 C_c，满足下列哪个选项的条件时，可判定为级配良好的砂土？　（　　）

（A）$C_u \geqslant 5$，$C_c = 1\sim 3$

（B）$C_u > 5$，$C_c = 3\sim 5$

（C）$C_u \geqslant 10$，$C_c = 3\sim 5$

（D）$C_u > 10$，$C_c = 5\sim 10$

13. 在铁路工程地质勘察工作中，当地表水平方向存在高电阻率屏蔽层时，最适合采用下列哪种物探方法？　（　　）

（A）电剖面法

（B）电测深法

（C）交流电磁法

（D）高密度电阻率法

14. 按《建筑桩基技术规范》（JGJ 94—2008）的要求，关于桩基设计采用的作用效应组合，下列哪个选项是正确的？ （　　）

（A）计算桩基结构承载力时，应采用荷载效应标准组合

（B）计算荷载作用下的桩基沉降时，应采用荷载效应标准组合

（C）进行桩身裂缝控制验算时，应采用荷载效应准永久组合

（D）验算岸边桩基整体稳定时，应采用荷载效应基本组合

15. 计算建筑地基变形时，传至基础底面的荷载效应应按下列哪个选项采用？ （　　）

（A）正常使用极限状态下荷载效应的标准组合

（B）正常使用极限状态下荷载效应的准永久组合

（C）正常使用极限状态下荷载效应的准永久组合，不计入风荷载和地震作用

（D）承载能力极限状态下荷载效应的基本组合，但其分项系数均为 1.0

16. 编制桩的静载荷试验方案时，由最大试验荷载产生的桩身内力应小于桩身混凝土的抗压强度，验算时桩身混凝土的强度应取用下列哪个选项？ （　　）

（A）混凝土抗压强度的设计值

（B）混凝土抗压强度的标准值

（C）混凝土棱柱体抗压强度平均值

（D）混凝土立方体抗压强度平均值

17. 采用碱液法中的双液法加固地基时，"双液"是指下列哪一项中的"双液"？ （　　）

（A）$Na_2O \cdot nSiO_2$，$CaCl_2$ 　　　　　（B）$NaOH$，$CaCl_2$

（C）$NaOH$，$CaSO_4$ 　　　　　（D）Na_2O，$MgCl_2$

18. 某多层工业厂房采用预应力管桩基础，由于地面堆载作用致使厂房基础产生不均匀沉降。拟采用加固措施，下列哪个选项最为合适？ （　　）

（A）振冲碎石桩 　　　　　（B）水泥粉煤灰碎石桩

（C）锚杆静压桩 　　　　　（D）压密注浆

19. 采用强夯置换法处理软土地基时，强夯置换墩的深度不宜超过下列选项中的哪一数值？ （　　）

（A）3m 　　　　　（B）5m

（C）7m 　　　　　（D）10m

20. 某软土地基采用排水固结法加固，瞬时加荷单面排水；达到某一竖向固结度时需要时间 t，问其他条件不变的情况下，改为双面排水达到相同固结度需要的预压时间应为下列哪一项？ （　　）

（A）t 　　　　　（B）$t/2$

（C）$t/4$ 　　　　　（D）$t/8$

21. 某软土地基软土层厚30m,五层住宅拟采用水泥土搅拌桩复合地基加固,桩长10m,桩径600mm,水泥掺入比18%,置换率20%,经估算,工后沉降不能满足要求,为了满足控制工后沉降要求,问下列哪个选项中的建议最合理?　　　　　　　　　　　　　　　　　　　　（　　）

（A）增大桩径　　　　　　　　　　　　（B）增加水泥掺和比

（C）减小桩距　　　　　　　　　　　　（D）增加桩长

22. 刚性基础下刚性桩复合地基的桩土应力比随荷载增大的变化规律符合下述哪一选项?　（　　）

（A）增大　　　　　　　　　　　　　　（B）减小

（C）没有规律　　　　　　　　　　　　（D）不变

23. 根据《建筑地基处理技术规范》（JGJ 79—2012）采用碱液法加固地基,竣工验收工作应在加固施工完毕多少天后进行?　　　　　　　　　　　　　　　　　　　　　　　（　　）

（A）3～7　　　　　　　　　　　　　　（B）7～10

（C）14　　　　　　　　　　　　　　　（D）28

24. 使用土工合成材料作为换填法中加筋层的筋材时,下列哪项不属于土工合成材料的主要作用?　　　　　　　　　　　　　　　　　　　　　　　　　　　　　　　　　　　（　　）

（A）降低垫层底面压力　　　　　　　　（B）加大地基整体刚度

（C）增大地基整体稳定性　　　　　　　（D）加速地基固结排水

25. 如图所示的为在均匀黏性土地基中采用明挖施工,平面上为弯段的某地铁线路。采用分段开槽浇注的地下连续墙加内支撑支护,没有设置连续腰梁,结果开挖到全段接近设计坑底高程时,支护结构破坏,基坑失事。在按平面应变条件设计的情况下,判断最可能发生的情况是下列哪一选项?　（　　）

（A）东侧连续墙先破坏

（B）西侧连续墙先破坏

（C）两侧发生相同的位移,同时破坏

（D）无法判断

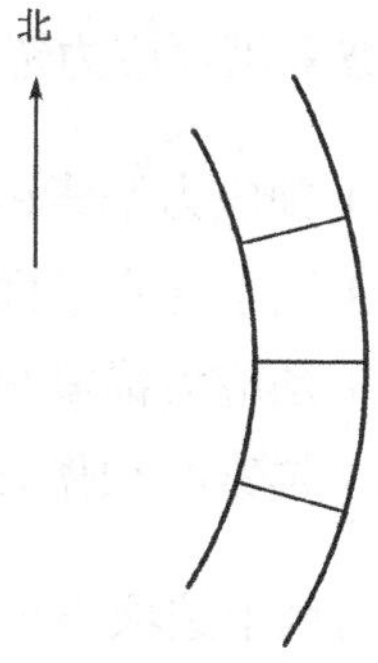

题 25 图

26. 下列关于新奥法的说法,哪一选项是正确的?　　　　　　　　　　　　　　　　（　　）

（A）支护结构承受全部荷载　　　　　　（B）围岩只传递荷载

（C）围岩不承受荷载　　　　　　　　　（D）围岩与支护结构共同承受荷载

27. 在具有高承压水头的细砂层中用冻结法支护开挖隧道的旁通道,由于工作失误,致使冻土融化,承压水携带大量砂粒涌入已经衬砌完成的隧道,造成隧道局部衬砌破坏,周围地面急剧下沉,附近江水向隧道倒灌,此时最快捷、最有效的抢险措施是下列哪一项?　　　　　　　　　　　（　　）

（A）堵溃口

（B）对流砂段地基进行水泥灌浆

（C）从隧道由内向外抽水

（D）封堵已经塌陷的隧道两端，向其中回灌高压水

28. 在深厚砂石层地基上修建砂石坝，需设置地下垂直混凝土防渗墙和坝体堆石棱体排水，下列几种方案中哪一个是合理的？　　　　　　　　　　　　　　　　　　　　　　　　　（　　）

（A）防渗墙和排水体都设置在坝体上游

（B）防渗墙和排水体都设置在坝体下游

（C）防渗墙设置在坝体上游，排水体设置在坝体下游

（D）防渗墙设置在坝体下游，排水体设置在坝体上游

29. 在卵石层上的新填砂土层中灌水稳定下渗，地下水位较深，有可能产生下列哪项效果？　　　　　　　　　　　　　　　　　　　　　　　　　　　　　　　　　　　　　　　（　　）

（A）降低砂的有效应力　　　　　　　　（B）增加砂土的重力

（C）增加土的基质吸力　　　　　　　　（D）产生管涌

30. 对于单支点的基坑支护结构，在采用等值梁法计算时需要假定等值梁上有一个铰接点，该铰接点一般可近似取在等值梁上的下列哪个位置？　　　　　　　　　　　　　　　　　（　　）

（A）主动土压力强度等于被动土压力强度的位置

（B）主动土压力合力等于被动土压力合力的位置

（C）等值梁上剪力为 0 的位置

（D）基坑底面下 1/4 嵌入深度处

31. 边坡采用预应力锚索加固时，下列哪个选项不正确？　　　　　　　　　　　　　（　　）

（A）预应力锚索由自由段、锚固段、紧固头三部分组成

（B）锚索与水平面的夹角，以下倾 15°～30°为宜

（C）预应力锚索只能适用于岩质地层的边坡及地基加固

（D）锚索必须做好防锈、防腐处理

32. 下列哪个选项不符合《建筑抗震设计标准》（GB/T 50011—2010）（2024 年版）中有关抗震设防的基本思路和原则？　　　　　　　　　　　　　　　　　　　　　　　　　　　（　　）

（A）抗震设防是以现有的科学水平和经济条件为前提的

（B）以小震不坏、中震可修、大震不倒三个水准目标为抗震设防目标

（C）以承载力验算作为第一阶段设计，和以弹塑性变形验算作为第二阶段设计来实现设防目标

（D）对已编制抗震设防区划的城市，可按批准的抗震设防烈度或设计地震动参数进行抗震设防

33. 根据《建筑抗震设计标准》（GB/T 50011—2010）（2024 年版），下列有关抗震设防的说法中，哪个选项是错误的？　　　　　　　　　　　　　　　　　　　　　　　　　　　　（　　）

（A）多遇地震烈度对应于地震发生概率统计分析的"众值烈度"

（B）取 50 年超越概率 10%的地震烈度为"抗震设防烈度"

（C）罕遇地震烈度比基本烈度普遍高一度半

（D）处于抗震设防区的所有新建建筑工程均须进行抗震设计

34. 根据《建筑抗震设计标准》（GB/T 50011—2010）（2024 年版），计算等效剪切波速时，下列哪个选项不符合规范规定？ （　　）

（A）等效剪切波速的计算深度不大于 20m

（B）等效剪切波速的计算深度有可能小于覆盖层厚度

（C）等效剪切波速取计算深度范围内各土层剪切波速倒数的厚度加权平均值的倒数

（D）等效剪切波速与计算深度范围内各土层的厚度及该土层所处的深度有关

35. 按《建筑抗震设计标准》（GB/T 50011—2010）（2024 年版）选择建筑物场地时，下列哪项表述是正确的？ （　　）

（A）对抗震有利地段，可不采取抗震措施

（B）对抗震一般地段，可采取一般抗震措施

（C）对抗震不利地段，当无法避开时应采用有效措施

（D）对抗震危险地段，必须采取有效措施

36. 某建筑物坐落在性质截然不同的地基上，按照《建筑抗震设计标准》（GB/T 50011—2010）（2024 年版）的规定进行地基基础设计时，下列哪个选项是正确的？ （　　）

（A）同一结构单元可以设置在性质截然不同的地基上，但应采取有效措施

（B）同一结构单元不宜部分采用天然地基，部分采用桩基

（C）差异沉降满足设计要求时，不分缝的主楼和裙楼可以设置在性质截然不同的地基上

（D）当同一结构单元必须采用不同类型的基础形式和埋深时，只控制好最终沉降量即可

37. 某建筑场地位于地震烈度 7 度区的冲洪积平原，设计基准期内年平均地下水位埋深 2m，地表以下由 4 层土层构成（见下表），问按照《建筑抗震设计标准》（GB/T 50011—2010）（2024 年版）进行液化初判，下列哪些选项是正确的？ （　　）

题 37 表

土层编号	土名	层底埋深（m）	性质简述
①	粉土	5	Q_4黏粒含量 8%
②	粉细砂	10	Q_3
③	粉土	15	黏粒含量 9%
④	粉土	50	黏粒含量 3%

（A）①层粉土不液化　　　　　　　　（B）②层粉细砂可能液化

（C）③层粉土不液化　　　　　　　　（D）④层粉土可能液化

38. 下列哪个选项可以用于直接检测桩身完整性？ （ ）

 （A）低应变动测法   （B）钻芯法

 （C）声波透射法   （D）高应变法

39. 采用钻芯法检测建筑基桩质量，当芯样试件尺寸偏差为下列哪个选项时，试件不得用作抗压强度试验？ （ ）

 （A）试件端面与轴线的不垂直度不超过 2°

 （B）试件端面的不平整度在 100mm 长度内不超过 0.1mm

 （C）沿试件高度任一直径与平均直径相差不大于 2mm

 （D）芯样试件平均直径小于 2 倍表观混凝土粗骨料最大粒径

40. 某钻孔灌注桩竖向抗压静载荷试验的 $P\text{-}s$ 曲线如图所示，此曲线反映的情况最可能是下列哪种因素造成的？ （ ）

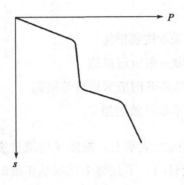

题 40 图

 （A）桩侧负摩阻力   （B）桩体扩径

 （C）桩底沉渣过厚   （D）桩身强度过低

二、多项选择题（共 30 题，每题 2 分。每题的备选项中有两个或三个符合题意，错选、少选、多选均不得分）

41. 在建筑工程详细勘察阶段，下列选项中的不同勘探孔的配置方案，哪些符合《岩土工程勘察规范》（GB 50021—2001）（2009 年版）的规定？ （ ）

 （A）钻探取土孔 3 个、标贯孔 6 个，鉴别孔 3 个，共 12 个孔

 （B）钻探取土孔 4 个、标贯孔 4 个，鉴别孔 4 个，共 12 个孔

 （C）钻探取土孔 3 个、静探孔 9 个，共 12 个孔

 （D）钻探取土孔 4 个、静探孔 2 个，鉴别孔 6 个，共 12 个孔

42. 下列关于土的液性指数 I_L 和塑性指数 I_P 的叙述，哪些是正确的？ （ ）

 （A）两者均为土的可塑性指标

 （B）两者均为土的固有属性，和土的现时状态无关

（C）塑性指数代表土的可塑性，液性指数反映土的软硬度

（D）液性指数和塑性指数成反比

43. 关于目力鉴别粉土和黏性土的描述，下列哪些选项是正确的？　　　　（　　）

（A）粉土的摇振反应比黏性土迅速

（B）粉土的光泽反应比黏性土明显

（C）粉土干强度比黏性土高

（D）粉土的韧性比黏性土低

44. 关于孔壁应变法测试岩体应力的说法，下列哪些选项是正确的？　　　　（　　）

（A）孔壁应变法测试适用于无水，完整或较完整的岩体

（B）测试孔直径小于开孔直径，测试段长度为 50cm

（C）应变计安装妥当后，测试系统的绝缘值不应大于 100MΩ

（D）当采用大循环加压时，压力分为 5～10 级，最大压力应超过预估的岩体最大主应力

45. 下列哪些选项可用于对土试样扰动程度的鉴定？　　　　（　　）

（A）压缩试验　　　　　　　　　　（B）三轴固结不排水剪试验

（C）无侧限抗压强度试验　　　　　　（D）取样现场外观检查

46. 下列关于毛细水的说法哪些是正确的？　　　　（　　）

（A）毛细水上升是由于表面张力导致的

（B）毛细水不能传递静水压力

（C）细粒土的毛细水的最大上升高度大于粗粒土

（D）毛细水是包气带中局部隔水层积聚的具有自由水面的重力水

47. 按照《工程结构可靠性设计统一标准》（GB 50153—2008）的要求，关于极限状态设计要求的表述，下列哪些选项是正确的？　　　　（　　）

（A）对偶然设计状况，应进行承载能力极限状态设计

（B）对地震设计状况，不需要进行正常使用极限状态设计

（C）对短暂设计状况，应进行正常使用极限状态设计

（D）对持久设计状况，尚应进行正常使用极限状态设计

48. 下列哪些作用可称之为荷载？　　　　（　　）

（A）结构自重　　　　　　　　　　（B）预应力

（C）地震　　　　　　　　　　　　（D）温度变化

49. 下列关于《建筑地基基础设计规范》（GB 50007—2011）有关公式采取的设计方法的论述中，哪些选项是正确的？　　　　（　　）

选项	规范公式编号	规范公式	设计方法
（A）	公式 5.4.1	$M_R/M_S \geq 1.2M_r/M_s$	安全系数法
（B）	公式 5.2.1-2	$P_{max} \leq 1.2f_a$	概率极限状态设计法
（C）	公式 8.5.4-1	$Q_k \leq R_a$	安全系数法
（D）	公式 8.5.9	$Q < A_p f_c \Psi_c$	极限概率状态设计法

50.《建筑地基处理技术规范》（JGJ 79—2012）中，砂土相对密实度D_r，堆载预压固结度计算中第i级荷载加载速率q_i，土的竖向固结系数C_v，压缩模量当量值$\overline{E}$的计量单位，下列哪些选项是不正确的？　（　　）

（A）D_r（g/cm³）　　　　　　　　　　（B）q_i（kN/d）

（C）C_v（cm²/s）　　　　　　　　　　（D）$\overline{E}_s$（MPa⁻¹）

51. 对建筑地基进行换填垫层法施工时，以下哪些选项的说法是正确的？　（　　）

（A）换填厚度不宜大于 3.0m

（B）垫层施工应分层铺填，分层碾压，碾压机械应根据不同填料进行选择

（C）分段碾压施工时，接缝处应选择桩基或墙角部位

（D）垫层土料的施工含水量不应超过最优含水量

52. 某滨海滩涂地区经围海造地形成的建筑场地，拟建多层厂房，场地地层自上而下为：①填土层，厚 2.0～5.0m；②淤泥层，流塑状，厚 4.0～12.0m；其下为冲洪积粉质黏土和砂层，进行该厂房地基处理方案比选时，下列哪些选项的方法是合适的？　（　　）

（A）搅拌桩复合地基　　　　　　　　　（B）强夯置换法

（C）管桩复合地基　　　　　　　　　　（D）砂石桩法

53. 采用水泥土搅拌法加固地基时，下述哪些选项的地基土必须通过现场试验确定其适用性？
　（　　）

（A）正常固结的淤泥或淤泥质土

（B）有机质含量介于 10%～25% 的泥炭质土

（C）塑性指数$I_p = 19.3$ 的黏土

（D）地下水具有腐蚀性的场地土

54. 下面关于砂井法和砂桩法的表述，哪些是正确的？　（　　）

（A）直径小于 300mm 的称为砂井，大于 300mm 的称为砂桩

（B）采用砂井法加固地基需要预压，采用砂桩法加固地基不需要预压

（C）砂井法和砂桩法都具有排水作用

（D）砂井法和砂桩法加固地基的机理相同，所不同的是施工工艺

55. 根据《建筑地基处理技术规范》（JGJ 79—2012），下列关于采用灰土挤密桩法处理软黏土地基的叙述中哪些是正确的？　（　　）

（A）复合地基承载力特征值不宜大于处理前天然地基承载力特征值的 2.0 倍，且不宜大于 250kPa

（B）灰土填料应选用消石灰与土的混合料，其消石灰与土的体积比宜为 3∶7

（C）桩顶标高以上应设置 300～600mm 厚的褥垫层

（D）灰土挤密桩加固地基竣工验收检测宜在施工完毕 15d 后进行

56. 下列关于堆载预压法处理软弱黏土地基的叙述中，哪些选项是正确的？　　　　（　　）

（A）控制加载速率的主要目的是防止地基发生剪切破坏

（B）工程中一般根据每天最大竖向变形量和边桩水平位移量控制加载速率

（C）采用超载预压法处理后地基将不会发生固结变形

（D）采用超载预压法处理后将有效减小地基的次固结变形

57. 地下水位很高的地基，上部为填土，下部为砂、卵石土，再下部为弱透水层。拟开挖一 15m 深基坑。由于基坑周边有重要建筑物，不允许降低地下水位。下面哪些选项的支护方案是适用的？

　　　　　　　　　　　　　　　　　　　　　　　　　　　　　　　　　　　（　　）

（A）水泥土墙 　　　　　　　　　　　　　　（B）地下连续墙

（C）土钉墙 　　　　　　　　　　　　　　　（D）排桩，在桩后设置截水帷幕

58. 下列关于土钉墙支护体系与锚杆支护体系受力特性的描述，哪些是正确的？　　（　　）

（A）土钉所受拉力沿其整个长度都是变化的，锚杆在自由段上受到的拉力沿长度是不变的

（B）土钉墙支护体系与锚杆支护体系的工作机理是相同的

（C）土钉墙支护体系是以土钉和它周围加固了的土体一起作为挡土结构，类似重力挡土墙

（D）将一部分土钉施加预应力就变成了锚杆，从而形成了复合土钉墙

59. 当进行地下洞室工程勘察时，对下列哪些选项的洞段要给予高度重视？　　　　（　　）

（A）隧洞进出口段 　　　　　　　　　　　　（B）缓倾角围岩段

（C）隧洞上覆岩体最厚的洞段 　　　　　　　（D）围岩中存在节理裂隙洞段

60. 开挖深埋的隧道或洞室时，有时会遇到岩爆，除了地应力较高外，下列哪些选项中的因素容易引起岩爆？　　　　　　　　　　　　　　　　　　　　　　　　　　　　　（　　）

（A）抗压强度低的岩石 　　　　　　　　　　（B）富含水的岩石

（C）质地坚硬性脆的岩石 　　　　　　　　　（D）开挖断面不规则的部分

61. 在岩质公路隧道勘察设计中，从实测的围岩纵波波速和横波波速可以求得围岩的下列哪些指标？　　　　　　　　　　　　　　　　　　　　　　　　　　　　　　　　　（　　）

（A）动弹性模量 　　　　　　　　　　　　　（B）动剪切模量

（C）动压缩模量 　　　　　　　　　　　　　（D）动泊松比

62. 基坑支护的水泥土墙基底为中密细砂，根据抗倾覆稳定条件确定其嵌固深度和墙体厚度时，下列哪些选项是需要考虑的因素？　　　　　　　　　　　　　　　　　　　　（　　）

（A）墙体重度 　　　　　　　　　　（B）墙体水泥土强度
（C）地下水位 　　　　　　　　　　（D）墙内外土的重度

63. 根据《中国地震动参数区划图》（GB 18306—2015），下列哪些选项的说法是符合规定的？ 　　　　（　　）

（A）《中国地震动参数区划图》以地震动参数为指标，将国土划分为不同抗震设防要求的区域
（B）《中国地震动参数区划图》的场地条件为平坦稳定的一般场地
（C）《中国地震动参数区划图》的比例尺为 1∶300 万，必要时可以放大使用
（D）位于地震动参数划分界线附近的建设工程的抗震设防要求需做专门研究

64. 在下列有关抗震设防的说法中，哪些选项是符合规定的？ 　　　　（　　）

（A）抗震设防烈度是一个地区的设防依据，不能随意提高或降低
（B）抗震设防标准是一种衡量对建筑抗震能力要求高低的综合尺度
（C）抗震设防标准主要取决于建筑抗震设防类别的不同
（D）《建筑抗震设计标准》（GB/T 50011—2010）（2024 年版）规定的设防标准是最低的要求，
　　　具体工程设防标准可按业主要求提高

65. 当符合下列哪些选项的情况时，可忽略发震断裂错动对地面建筑的影响？ 　　　　（　　）

（A）10 万年以来未曾活动过的断裂
（B）抗震设防烈度小于 8 度
（C）抗震设防烈度 9 度，隐伏断裂的土层覆盖厚度大于 60m
（D）丙、丁类建筑

66. 地震烈度 7 度区，地面下无液化土层，采用低承台桩基，承台周围无软土（$f_{ak} > 120kPa$），按《建筑抗震设计标准》（GB/T 50011—2010）（2024 年版）的规定，下列哪些情况可以不进行桩基抗震承载力验算？ 　　　　（　　）

（A）一般单层的厂房
（B）28 层框剪结构办公楼
（C）7 层（高度 21m）框架办公楼
（D）33 层核心筒框架结构高层住宅

67. 地震烈度 7 度区，某建筑场地存在液化粉土，分布较平坦且均匀。按照《建筑抗震设计标准》（GB/T 50011—2010）（2024 年版）的规定，下列哪些情况可以采用不消除液化沉陷的地基抗液化措施？ 　　　　（　　）

（A）地基液化等级严重，建筑设防类别为丙类
（B）地基液化等级中等，建筑设防类别为丙类
（C）地基液化等级中等，建筑设防类别为乙类
（D）地基液化等级严重，建筑设防类别为丁类

68.浅埋天然地基的建筑，对于饱和砂土和饱和粉土地基的液化可能性考虑，下列哪些说法是正确的？ （　　）

（A）上覆非液化土层厚度越大，液化可能性就越小

（B）基础埋置深度越小，液化可能性就越大

（C）地下水位埋深越浅，液化可能性就越大

（D）同样的标贯击数实测值，粉土的液化可能性比砂土大

69.关于低应变法测桩的说法哪些正确？ （　　）

（A）检测实心桩时，激振点应选择在离桩中心 2/3 半径处

（B）检测空心桩时，激振点和传感器宜在同一水平面上，且与桩中心连线的夹角宜为 90°

（C）传感器的安装应与桩顶面垂直

（D）瞬压激振法检测时，应采用重锤狠击的方式获取桩身上部缺陷反射信号

70.在对某场地素土挤密桩身检测时，发现大部分压实系数都未达到设计要求，下列哪些选项可造成此种情况？ （　　）

（A）土料含水量偏大　　　　　　　　（B）击实试验的最大干密度偏小

（C）夯实遍数偏少　　　　　　　　　（D）土料含水量偏小

2011 年专业知识试题（下午卷）

一、单项选择题（共 40 题，每题 1 分。每题的备选项中只有一个最符合题意）

1. 下列关于文克尔（Winkler）地基模型的叙述正确的选项是？　　　　　　（　　）

（A）基底某点的沉降与作用在基底的平均压力成正比

（B）刚性基础的基底反力图按曲线规律变化

（C）柔性基础的基底反力图按直线规律变化

（D）地基的沉降只发生在基底范围内

2. 关于浅基础临塑荷载 P_{cr} 的论述，下列哪一个选项是错误的？　　　　　（　　）

（A）临塑荷载公式是在均布条形荷载情况下导出的

（B）推导临塑荷载公式时，认为地基土中某点处于极限平衡状态时，由自重引起的各向土应力相等

（C）临塑荷载是基础下即将出现塑性区时的荷载

（D）临塑荷载公式用于矩形和圆形基础时，其结果偏于不安全

3. 一多层建筑：两侧均有纯地下车库，筏板基础与主楼相连，基础埋深 8m，车库上覆土厚度 3m，地下水位为地面下 2m，基坑施工期间采取降水措施，主体结构施工完成，地下车库上部土方未回填时，施工单位擅自停止抽水，造成纯地下车库部分墙体开裂，图中哪种开裂方式与上述情况相符？（　　）

（A）　　　　　　　　（B）　　　　　　　　（C）　　　　　　　　（D）

4. 下列关于土的变形模量与压缩模量的试验条件的描述，下列哪个选项是正确的？　　（　　）

（A）变形模量是在侧向有限膨胀条件下试验得出的

（B）压缩模量是在单向应力条件下试验得出的

（C）变形模量是在单向应变条件下试验得出的

（D）压缩模量是在侧向变形等于零的条件下试验得出的

5. 按《建筑地基基础设计规范》（GB 50007—2011）计算均布荷载条件下地基中应力分布时，下列哪个选项是正确的？　　　　　　　　　　　　　　　　　　　　（　　）

（A）基础底面角点处的附加应力等于零

（B）反映相邻荷载影响的附加应力分布随深度而逐渐减小

（C）角点法不适用基础范围以外任意位置点的应力计算

（D）无相邻荷载时基础中心点下的附加应力在基础底面处为最大

6. 矩形基础短边为 B，长边为 L，长边方向轴线上作用有竖向偏心荷载，计算基底压力分布时，关于基础底面抵抗矩的表达式，下列哪一个选项是正确的？　　　　　（　　）

（A）$BL^2/6$　　　　　　　　　　　　（B）$BL^3/12$

（C）$LB^2/6$　　　　　　　　　　　　（D）$LB^3/12$

7. 根据《建筑桩基技术规范》（JGJ 94—2008），当桩顶以下 $5d$ 范围内箍筋，间距不大于 100mm 时，桩身受压承载力设计值可考虑纵向主筋的作用，其主要原因是下列哪一个选项？　　（　　）

（A）箍筋起水平抗剪作用

（B）箍筋对混凝土起侧向约束增加作用

（C）箍筋的抗压作用

（D）箍筋对主筋的侧向约束作用

8. 桩周土层相同，下列选项中哪种桩端土层情况下，填土引起的负摩阻力最大？　　（　　）

（A）中风化砂岩　　　　　　　　　　　（B）密实砂层

（C）低压缩性黏土　　　　　　　　　　（D）高压缩性粉土

9. 关于特殊土中的桩基设计与施工，下列哪个说法是不正确的？　　　　　　　（　　）

（A）岩溶地区岩层埋深较浅时，宜采用钻、冲孔桩

（B）膨胀土地基中桩基，宜采用挤土桩消除土的膨胀性

（C）湿陷性黄土中的桩基，应考虑单桩极限承载力折减

（D）填方场地中的桩基，宜待填土地基沉降基本稳定后成桩

10. 根据《建筑桩基技术规范》（JGJ 94—2008），对于设计等级为乙级建筑的桩基，当地质条件复杂时，关于确定基桩抗拔极限承载力方法的正确选项是哪一项？　　　　　（　　）

（A）静力触探法　　　　　　　　　　　（B）经验参数法

（C）现场试桩法　　　　　　　　　　　（D）同类工程类比法

11. 桩身露出地面或桩侧为液化土的桩基，当桩径、桩长、桩侧土层条件相同时，以下哪一种情况最易压屈失稳？　　　　　　　　　　　　　　　　　　　　　　　　　　（　　）

（A）桩顶自由、桩端埋于土层中　　　　（B）桩顶铰接，桩端埋于土层中

（C）桩顶固接，桩端嵌岩　　　　　　　（D）桩顶自由，桩端嵌岩

12. 下列哪个选项的措施对提高桩基抗震性能无效？　　　　　　　　　　　　（　　）

（A）对受地震作用的桩，桩身配筋长度穿过可液化土层

（B）承台和地下室侧墙周围回填料应松散，地震时可消能

（C）桩身通长配筋

（D）加大桩径，提高桩的水平承载力

13. 下列关于静压沉桩的施工要求中哪个选项是正确的？　　　　　　　　（　　）

（A）对于场地地层中局部含沙、碎石、卵石时，宜最后在该区域进行压桩

（B）当持力层埋深或桩的入土深度差别较大时，宜先施压短桩，后施压长桩

（C）最大压桩力不宜小于设计的单桩竖向极限承载力的标准值

（D）当需要送桩时，可采用工程桩用作送桩器

14. 柱下多桩承台，为保证柱对承台不发生冲切和剪切破坏，采取下列哪一项措施最有效？　　　　　　　　（　　）

（A）增加承台厚度　　　　　　　　　　（B）增大承台配筋率

（C）增加桩数　　　　　　　　　　　　（D）增大承台平面的尺寸

15. 新建高铁填方路基设计时，控制性的路基变形是下列哪一选项？　　　（　　）

（A）差异沉降量　　　　　　　　　　　（B）最终沉降量

（C）工后沉降量　　　　　　　　　　　（D）侧向位移量

16. 对于坡角 45°的岩坡，下列哪个选项的岩体结构面最不利于边坡抗滑的稳定？　　　　　　　　（　　）

（A）结构面竖直

（B）结构面水平

（C）结构面倾角 33°，倾向与边坡坡向相同

（D）结构面倾角 33°，倾向与边坡坡向相反

17. 垃圾卫生填埋场底部的排水防渗层的主要结构自上而下排列顺序，下列哪项正确？　　　（　　）

（A）砂石排水导流层—黏土防渗层—土工膜

（B）砂石排水导流层—土工膜—黏土防渗层

（C）土工膜—砂石排水导流层—黏土防渗层

（D）黏土防渗层—土工膜—砂石排水导流层

18. 在同样的设计条件下，作用在哪种基坑支挡结构上的侧向土压力最大？　　　（　　）

（A）土钉墙

（B）悬臂式板桩

（C）水泥土挡墙

（D）逆作法施工的刚性地下室外墙

19. 拟建的地铁线路从下方穿越正在运行的另一条地铁，上下两条地铁间垂直净距 2.8m，为粉土地层，无地下水影响，问下列哪一项施工方法是适用的？　　　（　　）

（A）暗挖法　　　　　　　　　　　　　（B）冻结法

（C）明挖法　　　　　　　　　　　　　（D）逆作法

20.有一坡度为 1：1.5 的砂土坡，砂土的内摩擦角$\varphi = 35°$，黏聚力$c = 0$，当采用直线滑动面法进行稳定分析时，下面哪一个滑动面所对应的安全系数最小？（α为滑动面与水平地面间夹角）（　　　）

（A）$\alpha = 29°$　　　　　　　　　　　（B）$\alpha = 31°$

（C）$\alpha = 33°$　　　　　　　　　　　（D）$\alpha = 35°$

21.下列选项中哪种土工合成材料不适合用于增强土体的加筋？　　　　　　　　　（　　　）

（A）塑料土工格栅　　　　　　　　　　　（B）塑料排水带（板）

（C）土工带　　　　　　　　　　　　　　（D）土工布

22.对海港防洪堤进行稳定性计算时，下列哪个选项中的水位高度所对应的安全系数最小？
　　　　　　　　　　　　　　　　　　　　　　　　　　　　　　　　　　　　（　　　）

（A）最高潮位　　　　　　　　　　　　　（B）最低潮位

（C）平均高潮位　　　　　　　　　　　　（D）平均低潮位

23.在铁路选线遇到滑坡时，下列哪一项是错误的？　　　　　　　　　　　　　　（　　　）

（A）对于性质复杂的大型滑坡，线路应尽量绕避

（B）对于性质简单的中型滑坡，线路可不绕避

（C）线路必须通过滑坡时，宜从滑坡体中部通过

（D）线路通过稳定滑坡下缘时，宜采用路堤形式

24.当表面相对不透水的边坡被水淹没时，如边坡滑动面（软弱结构面）的倾角θ小于坡角α时，则静水压力对边坡稳定的影响符合下列哪一选项？　　　　　　　　　　　　　　　（　　　）

（A）有利　　　　　　　　　　　　　　　（B）不利

（C）无影响　　　　　　　　　　　　　　（D）不能确定

25.填土位于土质斜坡上（见图）已知填土的内摩擦角φ为 27°，斜坡土层的内摩擦角$\varphi = 20°$，问验算填土在暴雨工况下沿斜坡面滑动稳定性时，滑面的摩擦角φ宜采用哪一选项？　　　　　　　（　　　）

（A）填土的φ

（B）斜坡土层的φ

（C）填土的φ与斜坡土层的φ二者的平均值

（D）斜坡土层的φ经适当折减后的值

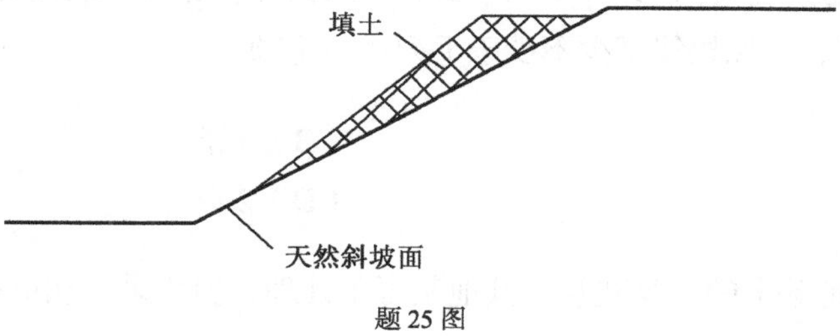

题 25 图

26. 水库堆积土库岸在库水位消落时地下水平均水力梯度为 0.32，岸坡稳定性分析时，单位体积土体沿渗流方向所受的渗透力的估计值最接近哪一选项？ （　　）

（A）0.32kN/m³

（B）0.96kN/m³

（C）2.10kN/m³

（D）3.20kN/m³

27. 一个地区的岩溶性形态规模较大，水平溶洞和暗河发育，这类岩溶最可能是在下列哪一种地壳运动中形成的？ （　　）

（A）地壳上升

（B）地壳下降

（C）地壳间歇性下降

（D）地壳相对稳定

28. 地下水强烈地活动于岩土交界处的岩溶地区，在地下水作用下很容易形成下列哪一项岩溶形态？ （　　）

（A）溶洞

（B）土洞

（C）溶沟

（D）溶槽

29. 按《岩土工程勘察规范》（GB 50021—2001）（2009 年版）相关规定，对于高频率泥石流沟谷，泥石流的固体物质一次冲出量为 $3 \times 10^4 m^3$ 时，属于下列哪类型泥石流？ （　　）

（A）I_1 类

（B）I_2 类

（C）II_1 类

（D）II_3 类

30. 常年抽吸地下水造成的大面积地面沉降，主要是由于下列哪一选项的原因造成的？ （　　）

（A）水土流失

（B）欠压密土的自重固结

（C）长期渗透力对地层施加的附加荷载

（D）地下水位下降，使土层有效自重应力增大所产生的附加荷载使土层固结

31. 当水库存在下列哪种条件时，可判断水库存在岩溶渗漏？ （　　）

（A）水库周边有可靠的非岩溶化的地层封闭

（B）水库邻谷的常年地表水或地下水位高于水库正常设计蓄水位

（C）河间地块地下水分水岭水位低于水库正常蓄水位，库内外有岩溶水力联系

（D）经连通试验证实，水库没有向邻谷或下游河湾排泄

32. 根据《岩土工程勘察规范》（GB 50021—2001）（2009 年版）废渣材料加高坝的勘察可按堆积规模垂直坝轴线布设勘探线，其勘探线至少不少于下列哪一选项？ （　　）

（A）6 条

（B）5 条

（C）3 条

（D）2 条

33. 各级湿陷性黄土地基上的丁类建筑，其地基可不处理，但应采取相应措施，下列哪一选项要求是正确的？ （　　）

（A）I 类湿陷性黄土地基上，应采取基本防水措施

（B）II 类湿陷性黄土地基上，应采取结构措施

（C）III 类湿陷性黄土地基上，应采取检漏防水措施

（D）IV 类湿陷性黄土地基上，应采取结构措施和基本防水措施

34. 根据《膨胀土地区建筑技术规范》（GB 50112—2013）在膨胀土地区设计挡土墙，下列哪一选项不符合规范规定？ （　　）

（A）墙背应设置碎石或砂砾石滤水层

（B）墙背填土宜选用非膨胀土及透水性较强的填料

（C）挡土墙的高度不宜大于 6m

（D）在满足一定条件情况下，设计可不考虑土的水平膨胀力

35. 根据《勘察设计注册工程师管理规定》（建筑部令 137 号），下列哪一选项不属于注册工程师的义务？ （　　）

（A）保证执业活动成果的质量，并承担相应责任

（B）接受继续教育，提高执业水准

（C）对侵犯本人权利的行为进行申诉

（D）保守在执业中知悉的他人技术秘密

36. 根据《中华人民共和国民法典》，下列哪一项是错误的？ （　　）

（A）发包人未按照约定的时间和要求提供原材料、设备场地、资金、技术资料的，承包人可以顺延工期，并有权要求赔偿停工、窝工等损失

（B）发包人未按照约定支付价款的，承包人可将该工程折价或拍卖，折价或拍卖款优先受偿工程款

（C）发包人可以分别与勘察人和设计人订立勘察合同和设计合同，经发包人同意，勘察人和设计人可以将自己承包的部分工作交由第三人完成

（D）因施工人的原因致使建设工程质量不符合约定的，发包人有权要求施工人在合理期限内无偿修理或返工改建

37. 根据《中华人民共和国招标投标法》，对于违反本法规定，相关责任人应承担的法律责任，下列哪个选项是错误的？ （　　）

（A）招标人向他人透露已获取招标文件的潜在投标人的名称及数量的，给予警告，可以并处一万元以上十万元以下的罚款

（B）投标人以向招标人或评标委员会成员行贿的手段谋取中标的，中标无效，处中标项目金额千分之五以上千分之十以下罚款

（C）投标人以他人名义投标骗取中标的，中标无效，给招标人造成损失的，依法承担赔偿责任，构成犯罪的，依法追究刑事责任

（D）中标人将中标项目肢解后，分别转让给他人的，转让无效，处转让项目金额百分之一以上百分之三以下罚款

38. 下列哪个选项属于建筑安装工程费用项目的全部构成？ （ ）

（A）直接费、间接费、措施费、设备购置费

（B）直接费、间接费、措施费、利润

（C）直接费、间接费、利润、税款

（D）直接费、间接费、措施费、工程建设其他费用

39. 按《工程勘察收费标准》（2002 年修订本）计算勘察费时，当附加调整系数为两个以上时，应按以下哪项确定总附加调查系数？ （ ）

（A）附加调整系数连乘

（B）附加调整系数连加

（C）附加调整系数相加，减去附加调整系数的个数，加上定值 1

（D）附加调整系数相加，减去附加调整系数的个数

40. 由两个以上勘察单位组成的联合体投标，应按下列哪项确定资质等级？ （ ）

（A）按照资质等级最高的勘察单位

（B）按照资质等级最低的勘察单位

（C）根据各自承担的项目等级

（D）按照招标文件的要求

二、多项选择题（共 30 题，每题 2 分。每题的备选项中有两个或三个符合题意，错选、少选、多选均不得分）

41. 为减少建筑物沉降和不均匀沉降，通常可采用下列哪些措施？ （ ）

（A）选用轻型结构以减轻墙体自重

（B）尽可能不设置地下室

（C）采用架空地板代替室内填土

（D）对不均匀沉降要求严格的建筑物，扩大基础面积以减小基底压力

42. 建筑物的沉降缝宜设置在下列哪些部位？ （ ）

（A）框筒结构的核心筒和外框柱之间

（B）建筑平面的转折部位

（C）建筑高度差异或荷载差异的部位

（D）地基土的压缩性有显著差异的部位

43. 关于《建筑地基基础设计规范》（GB 50007—2011）中，软弱下卧层强度验算的论述，下列哪些说法是正确的？ （ ）

（A）持力层的压缩模量越大，软弱下卧层顶面的附加应力越小

（B）持力层的厚度与基础宽度之比越大，软弱下卧层顶面的附加应力越小

（C）基础底面的附加应力越大，软弱下卧层顶面的附加应力越大

（D）软弱下卧层的强度越大，软弱下卧层顶面的附加应力越小

44. 计算基坑地基土的回弹再压缩变形值时，下列哪些选项的表述是正确的？ （　　）

（A）采用压缩模量计算

（B）采用回弹再压缩模量计算

（C）采用基坑底面以上土的自重压力（地下水位以下扣除水的浮力）计算

（D）采用基底附加压力计算

45. 下图表示矩形基础，长边方向轴线上作用有竖向偏心荷载 F，假设基础底面接触压力分布为线性，问关于基底压力分布的规律，下列哪些选项是合理的？ （　　）

（A）基底压力分布为三角形

（B）基础边缘最小压力值 p_{min} 的大小与荷载 F 的大小无关

（C）基础边缘最大压力值 p_{max} 的大小与荷载 F 的大小有关

（D）基底压力分布为梯形

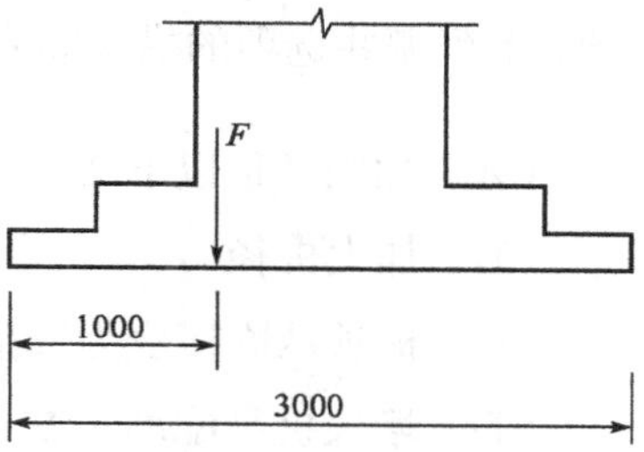

题 45 图（尺寸单位：mm）

46. 下列哪些泥浆指标是影响泥浆护壁成孔灌注桩混凝土灌注质量的主要因素？ （　　）

（A）相对密度　　　　　　　　（B）含砂率

（C）黏度　　　　　　　　　　（D）pH 值

47. 为提高桩基水平承载力，下列哪些选项的措施是有效的？ （　　）

（A）约束桩顶的自由度

（B）将方桩改变成矩形桩，短轴平行于受力方向

（C）增大桩径

（D）加固上部桩间土体

48. 根据《建筑桩基技术规范》（JGJ 94—2008），计算高承台桩基偏心受压混凝土桩正截面受压承载力时，下列哪些情况下应考虑桩身在弯矩作用平面内的挠曲对轴向力偏心距的影响？ （　　）

（A）桩身穿越可液化土

（B）桩身穿越湿陷性土

（C）桩身穿越膨胀性土

（D）桩身穿越不排水抗剪强度小于 10kPa 的软土

49. 根据《建筑地基基础设计规范》（GB 50007—2011），关于桩基水平承载力的叙述，下列哪些选项是正确的？ （　　）

（A）当作用于桩基的外力主要为水平力时，应对桩基的水平承载力进行验算

（B）当外力作用面的桩距较小时，桩基的水平承载力可视为各单桩的水平承载力之和

（C）承台侧面所有土层的抗力均应计入桩基的水平承载力

（D）当水平推力较大时，可设置斜桩提高桩基水平承载力

50. 对于深厚软土地区，超高层建筑桩基础宜采用以下哪几种桩型？ （　　）

（A）钻孔灌注桩 　　　　　　　　　（B）钢管桩

（C）人工挖孔桩 　　　　　　　　　（D）沉管灌注桩

51. 下列哪些选项属于桩基承载能力极限状态的计算内容？ （　　）

（A）桩身裂缝宽度验算 　　　　　　（B）承台的抗冲切验算

（C）承台的抗剪切验算 　　　　　　（D）桩身强度计算

52. 下列哪些选项的措施能有效地提高桩的水平承载力？ （　　）

（A）加固桩顶以下 2～3 倍桩径范围内的土体

（B）加大桩径

（C）桩顶从固接变为铰接

（D）增大桩身配筋长度

53. 在软弱地基上修建的土质路堤，采用下列哪些选项的工程措施可加强软土地基的稳定性？

（　　）

（A）在路堤坡脚增设反压护道

（B）加大路堤坡角

（C）增加填筑体的密实度

（D）对软弱地基进行加固处理

54. 土筑堤坝在最高洪水位下，由于堤身浸润线抬高，背水坡面有水浸出，形成"散浸"。下列哪些选项的工程措施对治理"散浸"是有效的？ （　　）

（A）在堤坝的迎水坡面上铺设隔水土工膜

（B）在堤坝的背水坡面上铺设隔水土工膜

（C）在下游堤身底部设置排水设施

（D）在上游堤身前抛掷堆石

55. 有一土钉墙支护的基坑，坑壁土层自上而下为：人工填土—黏质粉土—粉细砂，基坑底部为砂砾石层。在基坑挖到坑底时，由于降雨等原因，墙后地面发生裂缝，墙面开裂，坑壁有坍塌危险。下列哪些抢险措施是合适的？ （　　）

（A）在坑底墙前堆土

（B）在墙后坑外地面挖土卸载

（C）在墙后土层中灌浆加固

（D）在墙前坑底砂砾石层中灌浆加固

56. 根据《水利水电工程地质勘察规范》（GB 50487—2008）（2022 年版），下列哪些选项属于土的渗透变形？ （ ）

   （A）流土 （B）突涌
   （C）管涌 （D）振动液化

57. 在采空区进行工程建设时，下列哪些地段不宜作为建筑场地？ （ ）

   （A）地表移动活跃的地段 （B）倾角大于 55°的厚矿层露头地段
   （C）采空区采深采厚比大于 30 的地段 （D）采深小，上覆岩层极坚硬地段

58. 关于地质构造，对岩溶发育的影响，下列哪些说法正确的？ （ ）

   （A）向斜轴部比背斜轴部的岩溶要发育
   （B）压性断裂区比张性断裂区的岩溶要发育
   （C）岩层倾角陡比岩层倾角缓岩溶要发育
   （D）新构造运动对近期岩溶发育影响最大

59. 在岩溶地区，下列哪些选项符合土洞发育规律？ （ ）

   （A）颗粒细，黏性大的土层容易形成土洞
   （B）土洞发育区与岩溶发育区存在因果关系
   （C）土洞发育地段，其下伏岩层中一定有岩溶通道
   （D）人工急剧降低地下水位会加剧土洞的发育

60. 在一岩溶发育的场地拟建一栋八层住宅楼，下列哪些情况不考虑岩溶对地基稳定性的影响？ （ ）

   （A）溶洞被密实的碎石土充填满，地下水位基本不变化
   （B）基础底面以下为软弱土层，条形基础宽度 5 倍深度内的岩土交界面处的地下水位随场地临近河流水位变化而变化
   （C）洞体为基本质量等级 I 级岩体，顶板岩石厚度大于洞跨
   （D）基础底面以下土层厚度大于独立基础宽度的 3 倍，且不具备形成土洞或其他地面变形的条件

61. 滑坡钻探为获取较高的岩芯采取率，宜采用下列哪几种钻进方法？ （ ）

   （A）冲击钻进 （B）冲洗钻进
   （C）无泵反循环钻进 （D）干钻

62. 下列关于膨胀土地基上建筑物变形的说法，哪些正确？ （ ）

   （A）多层房屋比平房容易开裂
   （B）建筑物往往建成多年后才出现裂缝

（C）建筑物裂缝多呈正八字形，上窄下宽

（D）地下水位低的比地下水位高的容易开裂

63. 盐渍土具有下列选项的哪些特征？ （　　）

（A）具有溶陷性和膨胀性

（B）具有腐蚀性

（C）易溶盐溶解后，与土体颗粒进行化学反应

（D）盐渍土的力学强度随总含盐量的增加而增加

64. 下列哪些情况下，可不针对地基湿陷性进行处理？ （　　）

（A）在非自重湿陷性黄土场地，地基内各土层的湿陷起始压力值均大于其附加压力与上覆土的饱和自重压力之和

（B）丙类、丁类建筑：地基湿陷量的计算值小于 50mm

（C）丙类建筑：II级湿陷性黄土地基

（D）丁类建筑：I级湿陷性黄土地基

65. 根据《中华人民共和国建筑法》，有关建筑工程安全生产管理的规定，下列哪些选项是正确的？ （　　）

（A）工程施工需要临时占用规划，批准范围以外场地的，施工单位应当按照国家有关规定办理申请批准手续

（B）施工单位应当加强对职工安全生产的教育培训，未经安全生产教育培训的人员，不得上岗作业

（C）工程实行施工总承包管理的，各分项工程的施工现场安全由各分包单位负责，总包单位负责协调管理

（D）施工中发生事故时，建筑施工企业应当采取紧急措施减少人员伤亡和事故损失，并按照国家有关规定及时向有关部门报告

66. 根据《中华人民共和国建筑法》，建筑工程施工需要申领许可证时，需要具备下列哪些条件？ （　　）

（A）在城市规划区内的建筑工程，已经取得规划许可证

（B）已经确定建筑施工企业

（C）施工设备和人员已经进驻现场

（D）场地已经完成"三通一平"（即通路、通水、通电，场地已经平整）

67. 根据国务院《建设工程质量管理条例》，有关施工单位的质量责任和义务，下列哪些选项是正确的？ （　　）

（A）总承包单位依法将建设工程分包给其他单位的，分包单位应当按照分包合同的约定，对其分包工程的质量向总包单位负责，总包单位与分包单位，对分包工程的质量承担连带责任

（B）涉及结构安全的检测试样，应当由施工单位，在现场取样后，直接送有资质的单位进行检测

（C）隐蔽工程在隐蔽前，施工单位应当通知建设单位和建设工程质量监督机构

（D）施工单位应当依法取得相应等级的资质证书，当其他单位以本单位的名义投标时，该单位也应当具备相应等级的资质证书

68. 关于公开招标和邀请招标的说法，下列正确的选项是哪几项？ （　　）

（A）公开招标是指招标人以招标公告的方式邀请不特定的法人或者其他组织投标

（B）邀请招标是指招标人以投标邀请书的方式邀请特定的法人或者其他组织投标

（C）国家重点项目不适宜公开招标的，经国务院发展计划部门批准，可以进行邀请招标

（D）关系社会公共利益、公众安全的基础设施项目必须进行公开招标

69. 在建设工程合同履行中，因发包人的原因致使工程中途停建的，下列哪些选项属于发包人应承担的责任？ （　　）

（A）应采取措施弥补或者减小损失

（B）赔偿承包人因此造成停工、窝工的损失

（C）赔偿承包人因此造成机械设备调迁的费用

（D）向承包人支付违约金

70. 下列哪些选项属于设计单位的质量责任和义务？ （　　）

（A）注册执业人员应在设计文件上签字

（B）当勘察成果文件不满足设计要求时，可进行必要的修改使其满足工程建设强制性标准的要求

（C）在设计文件中明确设备生产厂商和供应商

（D）参与建设工程质量事故分析

2012 年专业知识试题（上午卷）

一、单项选择题（共 40 题，每题 1 分。每题的备选项中只有一个最符合题意）

1. 风化岩勘察时，每一风化带采取试样的最少组数不应少于下列哪个选项？ （　　）

    （A）3 组   （B）6 组
    （C）10 组   （D）12 组

2. 进行标准贯入试验时，下列哪个选项的操作方法是错误的？ （　　）

    （A）锤质量 63.5kg，落距 76cm 的自由落锤法

    （B）对松散砂层用套管保护时，管底位置须高于试验位置

    （C）采用冲击方式钻进时，应在试验标高以上 15cm 停钻，清除孔底残土后再进行试验

    （D）在地下水位以下进行标贯时，保持孔内水位高于地下水位一定高度

3. 野外地质调查时发现某地层中二叠系地层位于侏罗系地层之上，两者产状基本一致，对其接触关系，最有可能的是下列哪一选项？ （　　）

    （A）整合接触   （B）平行不整合接触
    （C）角度不整合接触   （D）断层接触

4. 在大比例尺地质图上，河谷处断层出露线与地形等高线呈相同方向弯曲，但断层出露线弯曲度总比等高线弯曲度小，据此推断断层倾向与坡向关系说法正确的是哪项？ （　　）

    （A）与坡向相反   （B）与坡向相同且倾角大于坡角
    （C）与坡向相同且倾角小于坡角   （D）直立断层

5. 第四系中更新统冲积和湖积混合土层用地层和成因的符号表示正确的是哪一项？ （　　）

    （A）Q_2^{al+pl} （B）Q_2^{al+l}
    （C）Q_3^{al+cl} （D）Q_4^{pl+l}

6. 下列关于海港码头工程水域勘探的做法哪一个是错误的？ （　　）

    （A）对于可塑状黏性土可采用厚壁敞口取土器采取II级土样

    （B）当采用 146 套管时，取原状土样的位置低于套管底端 0.50m

    （C）护孔套管泥面以上长度不可超出泥面以下长度的 2 倍

    （D）钻孔终孔后进行水位观测以统一校正该孔的进尺

7. 岩土工程勘察中采用 75mm 单层岩芯管和金刚石钻头对岩层钻进，其中某一回次进尺 1.00m，取得岩芯 7 块，长度分别依次为 6cm、12cm、10cm、10cm、10cm、13cm、4cm，评价该回次岩层质量的正确选项是哪一个？ （　　）

（A）较好的   （B）较差的

（C）差的   （D）不确定

8. 图示为一预钻式旁压试验的 $p\text{-}V$ 曲线，图中 a、b 分别为该曲线中直线段的起点和终点，c 点为 ab 延长线和 V 轴的交点，过 c 点和 p 轴平行的直线与旁压曲线交于 d 点，最右侧的虚线为旁压曲线的渐近线。根据图中给定的特征值，采用临塑荷载法确定地基土承载力（f_{ak}）的正确计算公式为下列哪个选项？ （　　）

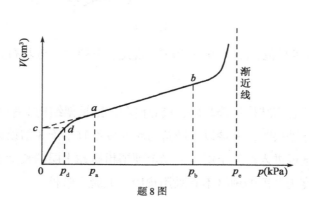

题 8 图

（A）$f_{ak} = p_b - p_d$ （B）$f_{ak} = p_b - p_a$

（C）$f_{ak} = 1/2p_b$ （D）$f_{ak} = 1/3p_e$

9. 在公路工程地质勘察中，用查表法确定地基承载力特征值时，下列哪个选项的说法是不正确的？ （　　）

（A）砂土地基可根据土的密实度和水位情况查表

（B）粉土地基可根据土的天然孔隙比和液性指数查表

（C）老黏土地基可根据土的压缩模量查表

（D）软土地基可根据土的天然含水量查表

10. 新建铁路工程地质勘察的"加深地质工作"是在下列哪个阶段进行的？ （　　）

（A）踏勘和初测之间   （B）初测和定测之间

（C）定测和补充定测之间   （D）补充定测阶段

11. 水利水电工程地质勘察中，关于地基土渗透系数标准值的取值方法，下列哪个选项是错误的？ （　　）

（A）用于人工降低地下水位井（孔）布置时，应采用抽水试验的小值平均值

（B）用于水库渗流量计算时，应采用抽水试验的大值平均值

（C）用于浸没区预测时，应采用抽水试验的大值平均值

（D）用于供水计算时，应采用抽水试验的平均值

12. 一断层断面如图所示，问下列哪个选项中的线段长度为断层的地层断距？ （　　）

（A）线段 AB （B）线段 AC

（C）线段 BC （D）线段 BD

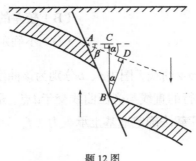

题 12 图

13. 根据《建筑桩基技术规范》（JGJ 94—2008）规定，下列关于桩基布置原则的说法，哪个选项是错误的？ （ ）

（A）对于框架—核心筒结构桩筏基础，核心筒和外围框架结构下基桩应按等刚度、等桩长设计

（B）当存在软弱下卧层时，桩端以下硬持力层厚度不宜小于 3 倍设计桩径

（C）抗震设防区基桩进入液化土层以下稳定硬塑粉质黏土层的长度不宜小于 4～5 倍桩径

（D）抗震设防烈度为 8 度的地区不宜采用预应力混凝土管桩

14. 根据《建筑桩基技术规范》（JGJ 94—2008）规定，建筑基桩桩侧为淤泥，其不排水抗剪强度为 8kPa，桩的长径比大于下列何值时，应进行桩身压屈验算？ （ ）

（A）20 （B）30
（C）40 （D）50

15. 根据《建筑桩基技术规范》（JGJ 94—2008），以下 4 个选项中，哪项对承台受柱的冲切承载力影响最大？ （ ）

（A）承台混凝土的抗压强度 （B）承台混凝土的抗剪强度
（C）承台混凝土的抗拉强度 （D）承台配筋的抗拉强度

16. 根据《建筑桩基技术规范》（JGJ 94—2008）的要求，关于钢筋混凝土预制桩施工，下列说法中正确的选项是哪一个？ （ ）

（A）桩端持力层为硬塑黏性土时，锤击沉桩终锤应以控制桩端标高为主，贯入度为辅

（B）采用静压沉桩时，地基承载力不应小于压桩机接地压强的 1.0 倍，且场地应平整，桩身弯曲矢高的允许偏差为 1% 桩长

（C）对大面积密集桩群锤击沉桩时，监测桩顶上涌和水平位移的桩数应不少于总桩数的 5%

（D）当桩群一侧毗邻已有建筑物时，锤击沉桩由该建筑物处向另一方向施打

17. 以下哪种桩型有挤土效应，且施工措施不当容易形成缩颈现象？ （ ）

（A）预应力管桩 （B）钻孔灌注桩
（C）钢筋混凝土方桩 （D）沉管灌注桩

18. 根据《建筑桩基技术规范》（JGJ 94—2008）有关规定，下列关于基桩构造和设计的做法哪项不符合要求？ （ ）

（A）关于桩身混凝土最低强度等级：预制桩 C30，灌注桩 C25，预应力实心桩 C40

（B）关于最小配筋率：打入式预制桩 0.8%，静压预制桩 0.6%

（C）钻孔桩的扩底直径应小于桩身直径的 3 倍

（D）后注浆钢导管注浆后可等效替代纵向钢筋

19. 某高层建筑采用钻孔桩基础，场地处于珠江三角洲滨海滩涂地区，场地地面相对标高±0.0m，主要地层为：①填土层厚 4.0m；②淤泥层厚 6.0m；③冲洪积粉土、砂土、粉质黏土等，层厚 10.0m；④花岗岩风化残积土。基坑深 29.0m，基坑支护采用排桩加 4 排预应力锚索进行支护，综合考虑相关条件，下列关于基础桩施工时机的选项中哪项最适宜？ （　　）

（A）基坑开挖前，在现地面施工

（B）基坑开挖到底后，在坑底施工

（C）基坑开挖到−10.0m（相对标高）深处时施工

（D）基坑开挖到−28.0m（相对标高）深处时施工

20. 某端承型单桩基础，桩入土深度 15m，桩径 $d = 0.8$m，桩顶荷载 $Q_0 = 500$kN，由于大面积抽排地下水而产生负摩阻力，负摩阻力平均值 $q_s^n = 20$kPa。中性点位于桩顶下 7m，桩身最大轴力最接近下列何值？ （　　）

（A）350kN （B）850kN

（C）750kN （D）1250kN

21. 某碾压式土石坝坝高 50m，根据《碾压式土石坝设计规范》（NB/T 10872—2021），以下哪种黏性土可以作为坝的防渗体填筑料？ （　　）

（A）干硬黏土 （B）膨胀土

（C）红黏土 （D）高液限黏土

22. 某土石坝坝高 70m，坝基为砂砾石，其厚度为 8.0m，该坝对渗漏量损失要求较高，根据《碾压式土石坝设计规范》（NB/T 10872—2021），以下哪种渗流控制形式最合适？ （　　）

（A）上游设防渗铺盖 （B）下游设水平排水垫层

（C）明挖回填黏土截水槽 （D）混凝土防渗墙

23. 扶壁式挡土墙立板的内力计算，可按下列哪种简化模型进行计算？ （　　）

（A）三边简支，一边自由

（B）两边简支，一边固端，一边自由

（C）三边固端，一边自由

（D）两边固端，一边简支，一边自由

24. 有一无限长稍密中粗砂组成的边坡，坡角为 25°，中粗砂内摩擦角为 30°，有自坡顶的顺坡渗流时土坡安全系数与无渗流时土坡安全系数之比最接近下列哪个选项？ （　　）

（A）0.3 　　　　　　　　　　　（B）0.5

（C）0.7 　　　　　　　　　　　（D）0.9

25. 挡土墙墙背直立、光滑，填土与墙顶平齐。墙后有二层不同的砂土（$c = 0$），其重度和内摩擦角分别为 γ_1、φ_1、γ_2、φ_2，主动土压力 p_a 沿墙背的分布形式如图所示。由图可以判断下列哪个选项是正确的？ 　　　　（　　）

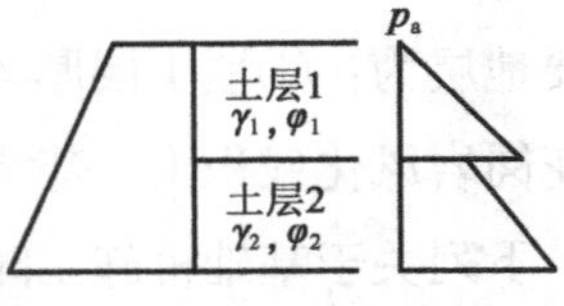

（A）$\gamma_1 > \gamma_2$ 　　　　　　　（B）$\gamma_1 < \gamma_2$

（C）$\varphi_1 > \varphi_2$ 　　　　　　　（D）$\varphi_1 < \varphi_2$

题 25 图

26. 某路基工程需要取土料进行填筑，已测得土料的孔隙比为 0.80，如果要求填筑体的孔隙比为 0.50，试问 1m³ 填筑体所需土料是下列哪个选项？ 　　　　（　　）

（A）1.1m³ 　　　　　　　　　　（B）1.2m³

（C）1.3m³ 　　　　　　　　　　（D）1.4m³

27. 某挡土墙墙背直立、光滑，墙后砂土的内摩擦角为 $\varphi = 29°$，假定墙后砂土处于被动极限状态，滑面与水平面的夹角为 $\beta = 31°$，滑体的重量为 G，问相应的被动土压力最接近下列哪个选项？ 　　　　（　　）

（A）1.21G 　　　　　　　　　　（B）1.52G

（C）1.73G 　　　　　　　　　　（D）1.98G

28. 某均质砂土边坡，假定该砂土的内摩擦角在干、湿状态下都相同，问以下哪种情况下边坡的稳定安全系数最小？ 　　　　（　　）

（A）砂土处于干燥状态 　　　　　（B）砂土处于潮湿状态

（C）有顺坡向地下水渗流的情况 　　（D）边坡被静水浸没的情况

29. 用于液化判别的黏粒含量应采用下列哪种溶液作为分散剂直接测定？ 　　　　（　　）

（A）硅酸钠 　　　　　　　　　　（B）六偏磷酸钠

（C）酸性硝酸银 　　　　　　　　（D）酸性氯化钡

30. 某地区设计地震基本加速度为 0.15g，建筑场地类别为Ⅲ类，当规范无其他特别规定时，宜按下列哪个抗震设防烈度（设计基本地震加速度）对建筑采取抗震构造措施？ 　　　　（　　）

（A）7 度（0.10g） 　　　　　　　（B）7 度（0.15g）

（C）8 度（0.20g） 　　　　　　　（D）8 度（0.30g）

31. 对于抗震设防类别为乙类的建筑物，下列选项中哪项不符合《建筑抗震设计标准》（GB/T 50011—2010）（2024 年版）的要求？ 　　　　（　　）

（A）在抗震设防烈度为 7 度的地区，基岩埋深 50m，建筑物位于发震断裂带上

（B）在抗震设防烈度为 8 度的地区，基岩埋深 70m，建筑物位于发震断裂带上

（C）在抗震设防烈度为 9 度的地区，基岩埋深 70m，建筑物距发震断裂的水平距离为 300m

（D）在抗震设防烈度为 9 度的地区，基岩埋深 100m，建筑物距发震断裂的水平距离为 300m

32. 根据《建筑抗震设计标准》（GB/T 50011—2010）（2024 年版），下列哪个选项是我国建筑抗震设防三个水准的准确称谓？   （   ）

（A）小震、中震、大震　　　　　　　　（B）多遇地震、设防地震、罕遇地震

（C）近震、中远震、远震　　　　　　　（D）众值烈度、基本烈度、设防烈度

33. 根据《建筑抗震设计标准》（GB/T 50011—2010）（2024 年版），建筑结构的阻尼比在 0.05～0.10 范围内。而其他条件相同的情况下，下列关于地震影响系数曲线的说法中，哪个选项是不正确的？   （   ）

（A）阻尼比越大，阻尼调整系数就越小

（B）阻尼比越大，曲线下降段的衰减指数就越小

（C）阻尼比越大，地震影响系数就越小

（D）在曲线的水平段（$0.1s < T < T_g$），地震影响系数与阻尼比无关

34. 已知建筑结构的自振周期大于特征周期（$T < T_g$），在确定地震影响系数时，下列说法中哪个选项是不正确的？   （   ）

（A）土层等效剪切波速越大，地震影响系数就越小

（B）设计地震近震的地震影响系数比设计地震远震的地震影响系数大

（C）罕遇地震作用的地震影响系数比多遇地震作用的地震影响系数大

（D）水平地震影响系数比竖向地震影响系数大

35. 根据《中华人民共和国民法典》规定，下列哪个选项是错误的？   （   ）

（A）总承包人或者勘察、设计、施工承包人经发包人同意，可以将自己承包的部分工作交由第三人完成

（B）承包人不得将其承包的全部建设工程转包给第三人或者将其承包的全部建设工程肢解以后以分包的名义分别转包给第三人

（C）承包人将工程分包给具备相应资质条件的单位，分包单位可将其承包的工程再分包给具有相应资质条件的单位

（D）建设工程主体结构的施工必须由承包人自行完成

36. 施工单位对列入建设工程概算的安全作业环境及安全施工措施所需费用，不包含下列哪个选项？   （   ）

（A）安全防护设施的采购　　　　　　　（B）安全施工措施的落实

（C）安全生产条件的改善　　　　　　　（D）安全生产事故的赔偿

37. 根据《勘察设计注册工程师管理规定》，下列哪个选项是正确的？   （   ）

（A）注册工程师实行注册执业管理制度。取得资格证书的人员，可以以注册工程师的名义执业

（B）建设主管部门在收到申请人的申请材料后，应当即时作出是否受理的决定，并向申请人出具书面凭证

（C）申请材料不齐全或者不符合法定形式的，应当在 10 日内一次性告知申请人需要补充的全部内容

（D）注册证书和执业印章是注册工程师的执业凭证，由注册工程师本人保管、使用。注册证书和执业印章的有效期为 2 年

38. 在正常使用条件下，下列关于建设工程的最低保修期限说法，哪个选项是错误的？　　（　　）

（A）电气管线、给排水管道、设备安装和装修工程，为 3 年
（B）屋面防水工程、有防水要求的卫生间、房间和外墙的防渗漏，为 5 年
（C）供热与供冷系统，为 2 个采暖期、供冷期
（D）建设工程的保修期，自竣工验收合格之日起计算

39. 建设工程勘察、设计注册执业人员和其他专业技术人员未受聘于一个建设工程勘察、设计单位或者同时受聘于两个以上建设工程勘察、设计单位，从事建设工程勘察、设计活动的，对其违法行为的处罚，下列哪个选项是错误的？　　（　　）

（A）责令停止违法行为，没收违法所得
（B）处违法所得 5 倍以上 10 倍以下的罚款
（C）情节严重的，可以责令停止执行业务或者吊销资格证书
（D）给他人造成损失的，依法承担赔偿责任

40. 招标代理机构违反《中华人民共和国招标投标法》规定，泄露应当保密的与招标投标活动有关的情况和资料的，或者与招标人、投标人串通损害国家利益、社会公共利益或者其他合法权益的，下列哪个选项的处罚是错误的？　　（　　）

（A）处五万元以上二十五万元以下的罚款
（B）对单位直接负责的主管人员和其他直接责任人员处单位罚款数额百分之十以上百分之二十以下的罚款
（C）有违法所得的，并处没收违法所得；情节严重的，暂停直至取消招标代理资格
（D）构成犯罪的，依法追究刑事责任；给他人造成损失的，依法承担赔偿责任

二、多项选择题（共 30 题，每题 2 分。每题的备选项中有两个或三个符合题意，错选、少选、多选均不得分）

41. 通过单孔抽水试验，可以求得下列哪些水文地质参数？　　（　　）

（A）渗透系数
（B）越流系数
（C）释水系数
（D）导水系数

42. 赤平投影图可以用于下列哪些选项？ （　　）

（A）边坡结构面的稳定性分析　　　　　（B）节理面的密度统计

（C）矿层厚度的计算　　　　　　　　　（D）断层视倾角的换算

43. 对倾斜岩层的厚度，下列哪些选项的说法是正确的？ （　　）

（A）垂直厚度总是大于真厚度

（B）当地面与层面垂直时，真厚度等于视厚度

（C）在地形地质图上，其真厚度就等于岩层界线顶面和底面标高之差

（D）真厚度的大小与地层倾角有关

44. 岩土工程勘察中对饱和软黏土进行原位十字板剪切和室内无侧限抗压强度对比试验，十字板剪切强度与无侧限抗压强度数据不相符的是下列哪些选项？ （　　）

（A）十字板剪切强度 5kPa，无侧限抗压强度 10kPa

（B）十字板剪切强度 10kPa，无侧限抗压强度 25kPa

（C）十字板剪切强度 15kPa，无侧限抗压强度 25kPa

（D）十字板剪切强度 20kPa，无侧限抗压强度 10kPa

45. 下列哪些形态的地下水不能传递静水压力？ （　　）

（A）强结合水　　　　　　　　　　　　（B）弱结合水

（C）重力水　　　　　　　　　　　　　（D）毛细管水

46. 在水电工程勘察时，下列哪些物探方法可以用来测试岩体的完整性？ （　　）

（A）面波法　　　　　　　　　　　　　（B）声波波速测试

（C）地震 CT　　　　　　　　　　　　（D）探地雷达法

47. 按照《建筑桩基技术规范》（JGJ 94—2008），根据现场试验法确定低配筋率灌注桩的地基土水平抗力系数的比例系数 m 值时，下列选项中哪几项对 m 值有影响？ （　　）

（A）桩身抗剪强度　　　　　　　　　　（B）桩身抗弯刚度

（C）桩身计算宽度　　　　　　　　　　（D）地基土的性质

48. 大面积密集混凝土预制桩群施工时，采用下列哪些施工方法或辅助措施是适宜的？ （　　）

（A）在饱和淤泥质土中，预先设置塑料排水板

（B）控制沉桩速率和日沉桩量

（C）自场地四周向中间施打（压）

（D）长短桩间隔布置时，先沉短桩，后沉长桩

49. 对于可能产生负摩阻力的拟建场地，桩基设计、施工时采取下列哪些措施可以减少桩侧负摩阻力？ （　　）

（A）对于湿陷性黄土场地，桩基施工前，采用强夯法消除上部或全部土层的自重湿陷性

（B）对于填土场地，先成桩后填土

（C）施工完成后，在地面大面积堆载

（D）对预制桩中性点以上的桩身进行涂层润滑处理

50. 下列哪些措施有利于发挥复合桩基承台下地基土的分担荷载作用？　　　　（　　）

（A）加固承台下地基土　　　　　　　　（B）适当减小桩间距

（C）适当增大承台宽度　　　　　　　　（D）采用后注浆灌注桩

51. 下列哪些情况会引起既有建筑桩基负摩阻？　　　　　　　　　　　　（　　）

（A）地面大面积堆载　　　　　　　　　（B）降低地下水位

（C）上部结构增层　　　　　　　　　　（D）桩周为超固结土

52. 在软土地区施工预制桩，下列哪些措施能有效减少或消除挤土效应的影响？　（　　）

（A）控制沉桩速率　　　　　　　　　　（B）合理安排沉桩顺序

（C）由锤击沉桩改为静压沉桩　　　　　（D）采取引孔措施

53. 对于摩擦型桩基，当承台下为下列哪些类型土时不宜考虑承台效应？　　（　　）

（A）可液化土层　　　　　　　　　　　（B）卵石层

（C）新填土　　　　　　　　　　　　　（D）超固结土

54. 牵引式滑坡一般都有主滑段、牵引段和抗滑段，相应地有主滑段滑动面时，牵引段滑动面和抗滑段滑动面。以下哪些选项的说法是正确的？　　　　　　　　　　（　　）

（A）牵引段大主应力 σ_1 是该段土体自重应力，小主应力 σ_3 为水平压应力

（B）抗滑段大主应力 σ_1 平行于主滑段滑面，小主应力 σ_3 与 σ_1 垂直

（C）牵引段破裂面与水平面的夹角为 $45° - \varphi/2$，φ 为牵引段土体的内摩擦角

（D）抗滑段破裂面与 σ_1 夹角为 $45° + \varphi_1/2$，φ_1 为抗滑段土体的内摩擦角

55. 由于朗肯土压力理论和库仑土压力理论分别根据不同的假设条件，以不同的分析方法计算土压力，计算结果会有所差异，以下哪些选项是正确的？　　　　　　　　　（　　）

（A）相同条件下朗肯公式计算的主动土压力大于库仑公式

（B）相同条件下库仑公式计算的被动土压力小于朗肯公式

（C）当挡土墙背直立且填土面与挡墙顶平齐时，库仑公式与朗肯公式计算结果是一致的

（D）不能用库仑理论的原公式直接计算黏性土的土压力，而朗肯公式可以直接计算各种土的土压力

56. 土石坝防渗采用碾压黏土心墙，下列防渗土料碾压后的哪些指标（性质）满足《碾压式土石坝设计规范》（NB/T 10872—2021）中的相关要求？　　　　　　　　　　（　　）

（A）渗透系数为 1×10^{-6}cm/s   （B）水溶盐含量为 5%

（C）有机质含量为 1%   （D）有较好的塑性和渗透稳定性

57. 重力式挡墙设计工程中，可采取下列哪些措施提高该挡墙的抗滑移稳定性？   （　　）

（A）增大挡墙断面尺寸   （B）墙底做成逆坡

（C）直立墙背上做卸荷台   （D）基础之下换土做砂石垫层

58. 根据《土工合成材料应用技术规范》（GB/T 50290—2014），当采用土工膜或复合土工膜作为路基防渗隔离层时，可以起到下列哪些作用？   （　　）

（A）防止软土路基下陷   （B）防止路基翻浆冒泥

（C）防止地基土盐渍化   （D）防止地面水浸入膨胀土地基

59. 关于公路桥梁抗震设防分类的确定，下列哪些选项是符合规范规定的？   （　　）

（A）三级公路单跨跨径为 200m 的特大桥，定为 B 类

（B）高速公路单跨跨径为 50m 的大桥，定为 B 类

（C）二级公路单跨跨径为 80m 的特大桥，定为 B 类

（D）四级公路单跨跨径为 100m 的特大桥，定为 A 类

60. 在确定地震影响的特征周期时，下列哪些选项的说法是正确的？   （　　）

（A）地震烈度越高，地震影响的特征周期就越大

（B）土层等效剪切波速越小，地震影响的特征周期就越大

（C）震中距越大，地震影响的特征周期就越小

（D）计算罕遇地震对建筑结构的作用时，地震影响的特征周期应增加

61. 关于地震烈度，下列哪些说法是正确的？   （　　）

（A）50 年内超越概率约为 63% 的地震烈度称为众值烈度

（B）50 年内超越概率为 2%～3% 的地震烈度也可称为最大预估烈度

（C）一般情况下，50 年内超越概率为 10% 的地震烈度作为抗震设防烈度

（D）抗震设防烈度是一个地区设防的最低烈度，设计中可根据业主要求提高

62. 按照《建筑抗震设计标准》（GB/T 50011—2010）（2024 年版），下列有关场地覆盖层厚度的说法，哪些选项是不正确的？   （　　）

（A）在所有的情况下，覆盖层厚度以下各层岩土的剪切波速均不得小于 500m/s

（B）在有些情况下，覆盖层厚度以下各层岩土的剪切波速可以小于 500m/s

（C）在特殊情况下，覆盖层厚度范围内测得的土层剪切波速可能大于 500m/s

（D）当遇到剪切波速大于 500m/s 的土层就可以将该土层的层面深度确定为覆盖层厚度

63. 根据《建筑抗震设计标准》（GB/T 50011—2010）（2024 年版），地震区的地基和基础设计，应符合下列哪些选项的要求？   （　　）

（A）同一结构单元的基础不宜设置在性质截然不同的地基上

（B）同一结构单元不宜部分采用天然地基，部分采用桩基

（C）同一结构单元不允许采用不同基础类型或显著不同的基础埋深

（D）当地基土为软弱黏性土、液化土、新近填土或严重不均匀土时，应采取相应的措施

64. 某场地位于山前河流冲洪积平原上，土层变化较大，性质不均匀，局部分布有软弱土和液化土，个别地段边坡在地震时可能发生滑坡，下列哪些选项的考虑是合理的？　　　　　　（　　）

（A）该场地属于对抗震不利和危险地段，不宜建筑工程，应予避开

（B）根据工程需要进一步划分对建筑抗震有利、一般、不利和危险的地段，并做出综合评价

（C）严禁建造丙类和丙类以上的建筑

（D）对地震时可能发生滑坡的地段，应进行专门的地震稳定性评价

65. 下列哪些选项不属于建筑安装工程费中的规费？　　　　　　　　　　　　　　　　　（　　）

（A）土地使用费　　　　　　　　　　　　　　（B）工程排污费

（C）建设期利息　　　　　　　　　　　　　　（D）勘察设计费

66. 根据建设部令第 141 号，《建设工程质量检测管理办法》规定，检测机构资质按照其承担的检测业务内容分为下列哪些选项？　　　　　　　　　　　　　　　　　　　　　　　　　　　（　　）

（A）专项检测机构资质　　　　　　　　　　　（B）特种检测机构资质

（C）见证取样检测机构资质　　　　　　　　　（D）评估取样检测机构资质

67. 根据《中华人民共和国安全生产法》，下列哪些选项是生产经营单位主要负责人的安全生产职责？　　　　　　　　　　　　　　　　　　　　　　　　　　　　　　　　　　　　（　　）

（A）建立、健全本单位安全生产责任制

（B）组织制定本单位安全生产规章制度和操作规程

（C）取得特种作业操作资格证书

（D）及时、如实报告生产安全事故

68. 下列选项中哪些行为违反了《建设工程安全生产管理条例》？　　　　　　　　　　（　　）

（A）勘察单位提供的勘察文件不准确，不能满足建设工程安全生产的需要

（B）勘察单位超越资质等级许可的范围承揽工程

（C）勘察单位在勘察作业时，违反操作规程，导致地下管线破坏

（D）施工图设计文件未经审查擅自施工

69. 工程建设标准批准部门应当对工程项目执行强制性标准情况进行监督检查，监督检查的方式有下列哪些选项？　　　　　　　　　　　　　　　　　　　　　　　　　　　　　　　（　　）

（A）重点检查　　　　　　　　　　　　　　　（B）专项检查

（C）自行检查　　　　　　　　　　　　　　　（D）抽查

70. 建设单位收到建设工程竣工报告后，应当组织设计、施工、工程监理等有关单位进行竣工验收。建设工程竣工验收应当具备下列哪些条件？ （   ）

（A）完成建设工程设计和合同约定的各项内容

（B）有施工单位签署的工程保修书

（C）有工程使用的主要建筑材料、建筑构配件和设备的进场试验报告

（D）有勘察、设计、施工、工程监理等单位分别提交的质量合格文件

2012 年专业知识试题（下午卷）

一、单项选择题（共 40 题，每题 1 分。每题的备选项中只有一个最符合题意）

1. 按照《建筑地基基础设计规范》（GB 50007—2011）的要求，基础设计时的结构重要性系数 γ_0 最小不应小于下列哪个选项的数值？ （　　）

    （A）1.0   （B）1.1

    （C）1.2   （D）1.35

2. 按照《建筑桩基技术规范》（JGJ 94—2008）的要求，下列关于桩基设计时，所采用的作用效应组合与相应的抗力，哪个选项是正确的？ （　　）

    （A）确定桩数和布桩时，应采用传至承台底面的荷载效应基本组合；相应的抗力应采用基桩或复合基桩承载力特征值

    （B）计算灌注桩桩基结构受压承载力时，应采用传至承台顶面的荷载效应基本组合；桩身混凝土抗力应采用抗压强度设计值

    （C）计算荷载作用下的桩基沉降时，应采用荷载效应标准组合

    （D）计算水平地震作用、风载作用下的桩基水平位移时，应采用水平地震作用、风载效应准永久组合

3. 根据《建筑结构荷载规范》（GB 50009—2012），下列哪种荷载组合用于承载能力极限状态计算？ （　　）

    （A）基本组合   （B）标准组合

    （C）频遇组合   （D）准永久组合

4. 某冻胀地基，基础埋深 2.8m，地下水位埋深 10.0m，为降低或消除切向冻胀力，在基础侧向回填下列哪种材料的效果最优？ （　　）

    （A）细砂   （B）中砂

    （C）粉土   （D）粉质黏土

5. 下列关于土的变形模量的概念与计算的论述，哪个选项是错误的？ （　　）

    （A）通过现场原位载荷试验测得

    （B）计算公式是采用弹性理论推导的

    （C）公式推导时仅考虑土体的弹性变形

    （D）土的变形模量反映了无侧限条件下土的变形性质

6. 下列几种浅基础类型，哪种最适宜用刚性基础假定？ （　　）

    （A）独立基础   （B）条形基础

    （C）筏形基础   （D）箱形基础

7. 相同地基条件下，宽度与埋置深度都相同的墙下条形基础和柱下正方形基础，当基底压力相同时，对这两种基础的设计计算结果的比较，哪个选项是不正确的？ （   ）

（A）条形基础的中心沉降大于正方形基础

（B）正方形基础的地基承载力安全度小于条形基础

（C）条形基础的沉降计算深度大于正方形基础

（D）经深宽修正后的承载力特征值相同

8. 建筑物采用筏板基础，在建筑物施工完成后平整场地，已知室内地坪标高 $H_n = 25.60m$，室外设计地坪标高 $H_w = 25.004m$，自然地面标高 $H_z = 21.50m$，基础底面标高 $H_j = 20.00m$，软弱下卧层顶面标高 $H_r = 14.00m$。对软弱下卧层承载力进行深度修正时，深度 d 取下列哪个选项是正确的？ （   ）

（A）6.0m

（B）7.5m

（C）11m

（D）11.6m

9. 根据《建筑地基基础设计规范》（GB 50007—2011）的要求，以下关于柱下条形基础的计算要求和规定，哪一项是正确的？ （   ）

（A）荷载分布不均，如地基土比较均匀，且上部结构刚度较好，地基反力可近似按直线分布

（B）对交叉条形基础，交点上的柱荷载，可按交叉梁的刚度或变形协调的要求，进行分配

（C）需验算柱边缘处基础梁的受冲切承载力

（D）当存在扭矩时，尚应作抗扭计算

10. 采用堆载预压法加固淤泥土层，以下哪一因素不会影响淤泥的最终固结沉降量？ （   ）

（A）淤泥的孔隙比

（B）淤泥的含水量

（C）排水板的间距

（D）淤泥面以上堆载的高度

11. 根据《建筑地基处理技术规范》（JGJ 79—2012），下列哪项地基处理方法用于软弱黏性土效果最差？ （   ）

（A）真空预压法

（B）振冲密实桩法

（C）石灰桩法

（D）深层搅拌法

12. 建筑场地回填土料的击实试验结果为：最佳含水量 22%，最大干密度 1.65g/cm³，如施工质量检测得到的含水量为 23%，重度为 18kN/m³，则填土的压实系数最接近下列哪个选项？（重力加速度取 10.0m/s²） （   ）

（A）0.85

（B）0.89

（C）0.92

（D）0.95

13. 某火电厂场地为厚度 30m 以上的湿陷性黄土，为消除部分湿陷性并提高地基承载力，拟采用强夯法加固地基，下列哪个选项是正确的？ （   ）

（A）先小夯击能小间距夯击，再大夯击能大间距夯击

（B）先小夯击能大间距夯击，再大夯击能小间距夯击

（C）先大夯击能小间距夯击，再小夯击能大间距夯击

（D）先大夯击能大间距夯击，再小夯击能小间距夯击

14. 某地基土层分布自上而下为：①黏土层 1.0m；②淤泥质黏土夹砂层，厚度 8m；③黏土夹砂层，厚度 10m，再以下为砂层。②层土天然地基承载力特征值为 80kPa，设计要求达到 120kPa。问下述地基处理技术中，从技术经济综合分析，下列哪一种地基处理方法最不合适？　　　（　　）

（A）深层搅拌法　　　　　　　　　　（B）堆载预压法

（C）真空预压法　　　　　　　　　　（D）CFG 桩复合地基法

15. 某大型油罐处在厚度为 50m 的均质软黏土地基上，设计采用 15m 长的素混凝土桩复合地基加固，工后沉降控制值为 15.0cm。现要求提高设计标准，工后沉降控制值为 8.0cm，问下述思路哪一条最为合理？　　　（　　）

（A）增大素混凝土桩的桩径

（B）采用同尺寸的钢筋混凝土桩作为增强体

（C）提高复合地基置换率

（D）增加桩的长度

16. 下述哪一种地基处理方法对周围土体产生挤土效应最大？　　　（　　）

（A）高压喷射注浆法　　　　　　　　（B）深层搅拌法

（C）沉管碎石桩法　　　　　　　　　（D）石灰桩法

17. 采用搅拌桩复合地基加固软土地基，已知软土地基承载力特征值 $f_{sk} = 60$kPa，桩径 0.6m，已知搅拌桩面积置换率为 20%，桩间土承载力发挥系数取 0.2，单桩竖向承载力特征值 $R_a = 160$kPa，问复合地基承载力特征值最接近以下哪个数值？　　　（　　）

（A）120kPa　　　　　　　　　　　　（B）150kPa

（C）180kPa　　　　　　　　　　　　（D）200kPa

18. 关于隧道新奥法的设计施工，下列哪个说法是正确的？　　　（　　）

（A）支护体系设计时不考虑围岩的自承能力

（B）支护体系设计时应考虑围岩的自承能力

（C）隧道开挖后经监测围岩充分松动变形后再衬砌支护

（D）隧道开挖后经监测围岩压力充分释放后再衬砌支护

19. 在地下水丰富的地层中开挖深基坑，技术上需要同时采用降水井和回灌井，请问其中回灌井的主要作用是下列哪一个选项？　　　（　　）

（A）回收地下水资源

（B）加大抽水量以增加水头降低幅度

（C）保持坑外地下水位处于某一动态平衡状态

（D）减少作用在支护结构上的主动土压力

20. 相同地层条件、周边环境和开挖深度的两个基坑，分别采用钻孔灌注桩排桩悬臂支护结构和钻孔灌注桩排桩加钢筋混凝土内支撑支护结构，支护桩长相同。假设悬臂支护结构和桩—撑支护结构支护桩体所受基坑外侧朗肯土压力的计算值和实测值分别为 $P_{理1}$、$P_{实1}$ 和 $P_{理2}$、$P_{实2}$。试问它们的关系下列哪个是正确的？ （　　）

（A）$P_{理1} = P_{理2}$，$P_{实1} < P_{实2}$　　　　（B）$P_{理1} > P_{理2}$，$P_{实1} > P_{实2}$

（C）$P_{理1} < P_{理2}$，$P_{实1} < P_{实2}$　　　　（D）$P_{理1} = P_{理2}$，$P_{实1} > P_{实2}$

21. 如图，某中砂地层中基坑开挖深度 $H = 8.0\text{m}$，中砂天然重度 $\gamma = 18.0\text{kN/m}^3$，饱和重度 $\gamma_{sat} = 20\text{kN/m}^3$，内摩擦角 $\varphi = 30°$，基坑边坡土体中地下水位至地面距离 4.0m。试问作用在坑底以上支护墙体上的总水压力 P_w 大小是下面哪个选项中的数值（单位：kN/m）？ （　　）

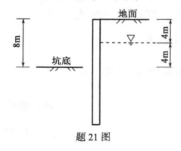

题 21 图

（A）160　　　　　　　　　　　（B）80

（C）40　　　　　　　　　　　（D）20

22. 在上题基坑工程中，采用疏干排水，当墙后地下水位降至坑底标高时，根据《建筑基坑支护技术规程》（JGJ 120—2012）作用在坑底以上墙体上的总朗肯主动土压力大小最接近下列哪个选项中的数值（单位：kN/m）？ （　　）

（A）213　　　　　　　　　　　（B）197

（C）106　　　　　　　　　　　（D）48

23. 当地下连续墙作为主体结构的主要竖向承重构件时，按《建筑基坑支护技术规程》（JGJ 120—2012），下列哪项关于协调地下连续墙和内部结构之间差异沉降的说法是错误的？ （　　）

（A）宜选择压缩性较低的土层作为连续墙的持力层

（B）宜采取对地下连续墙墙底注浆加固的措施

（C）宜在地下连续墙墙顶设置冠梁

（D）宜在地下连续墙附近的基础底板下设置基础桩

24. 隧道衬砌外排水设施通常不包括下列哪个选项？ （　　）

（A）纵向排水盲管　　　　　　　（B）环向导水盲管

（C）横向排水盲管　　　　　　　（D）竖向排水盲管

25. 公路边坡岩体较完整，但其上部有局部悬空的岩石而且可能成为危岩时，下列哪项工程措施是不宜采用的？ （　　）

（A）钢筋混凝土立柱支撑　　　　（B）浆砌片石支顶

（C）柔性网防护   （D）喷射混凝土防护

26. 高速公路穿越泥石流地区时，下列防治措施中哪项是不宜采用的？   （   ）

    （A）修建桥梁跨越泥石流沟   （B）修建涵洞让泥石流通过

    （C）泥石流沟谷的上游修建拦挡坝   （D）修建格栅坝拦截小型泥石流

27. 下列关于盐渍土含盐类型和含盐量对土的工程性质影响的叙述中，哪一选项是正确的？

                                                                         （   ）

    （A）氯盐渍土的含盐量越高，可塑性越低

    （B）氯盐渍土的含盐量增大，强度随之降低

    （C）硫酸盐渍土的含盐量增大，强度随之增大

    （D）盐渍土的含盐量越高，起始冻结温度越高

28. 地质灾害危险性评估的灾种不包括下列哪一选项？   （   ）

    （A）地面沉降   （B）地面塌陷

    （C）地裂缝   （D）地震

29. 关于滑坡治理中抗滑桩的设计，下列哪一说法是正确的？   （   ）

    （A）作用在抗滑桩上的下滑力作用点位于滑面以上三分之二滑体厚度处

    （B）抗滑桩竖向主筋应全部通长配筋

    （C）抗滑桩一般选择矩形断面主要是为了施工方便

    （D）对同一抗滑桩由悬臂式变更为在桩顶增加预应力锚索后，嵌固深度可以减小

30. 在泥石流勘察中，泥石流流体密度的含义是指下列哪一项？   （   ）

    （A）泥石流流体质量和泥石流固体部分体积的比值

    （B）泥石流流体质量和泥石流体积的比值

    （C）泥石流固体部分质量和泥石流体积的比值

    （D）泥石流固体质量和泥石流固体部分体积的比值

31. 一般在有地表水垂直渗入与地下水交汇地带，岩溶发育更强烈些，其原因主要是下列哪一项？（其他条件相同时）   （   ）

    （A）不同成分水质混合后，会产生一定量的 CO_2，使岩溶增强

    （B）不同成分的地下水浸泡后，使岩石可溶性增加

    （C）地下水交汇后，使岩溶作用时间增加

    （D）地下水交汇后，使机械侵蚀作用强度加大

32. 抗滑桩与高层建筑桩基相比，一般情况下，下列哪一个表述是错误的？   （   ）

    （A）桩基承受垂直荷载为主，抗滑桩承受水平荷载为主

    （B）桩基设计要计桩侧摩阻力，抗滑桩不计桩侧摩阻力

（C）桩基桩身主要按受压构件设计，抗滑桩桩身主要按受弯构件设计

（D）两种桩对桩顶位移的要求基本一致

33. 下列关于膨胀土地区的公路路堑边坡设计的说法哪项是不正确的？ （　　）

（A）可采用全封闭的相对保湿防渗措施以防发生浅层破坏

（B）应遵循缓坡度、宽平台、固坡脚的原则

（C）坡高低于 6m、坡度 1：1.75 的边坡都可以不设边坡宽平台

（D）强膨胀土地区坡高 8m、坡度 1：2.0 的边坡设置的边坡平台宽度应大于 2m

34. 在层状岩体中开挖出边坡，坡面倾向 NW45°、倾角 53°。根据开挖坡面和岩层面的产状要素，下列哪个选项的岩层面最容易发生滑动破坏？ （　　）

（A）岩层面倾向 SE55°、倾角 35°　　　（B）岩层面倾向 SE15°、倾角 35°

（C）岩层面倾向 NW50°、倾角 35°　　　（D）岩层面倾向 NW15°、倾角 35°

35. 在盐分含量相同条件时，下列哪一类盐渍土的溶解度及吸湿性最大？ （　　）

（A）碳酸盐渍土　　　　　　　　　　　（B）氯盐渍土

（C）硫酸盐渍土　　　　　　　　　　　（D）亚硫酸盐渍土

36. 碎石填土的均匀性及密实性评价宜采用下列哪一种测试方法？ （　　）

（A）静力触探　　　　　　　　　　　　（B）轻型动力触探

（C）重型动力触探　　　　　　　　　　（D）标准贯入试验

37. 经筛分，某花岗岩风化残积土中大于 2mm 的颗粒质量占总质量的百分比为 25%。根据《水运工程岩土勘察规范》（JTS 133—2013），该土的定名应为下列哪个选项？ （　　）

（A）黏性土　　　　　　　　　　　　　（B）砂质黏性土

（C）砾质黏性土　　　　　　　　　　　（D）砂混黏土

38. 在采用高应变法对预制混凝土方桩进行竖向抗压承载力检测时，加速度传感器和应变式力传感器投影到桩截面上的安装位置下列哪一选项是最优的？ （　　）

（A）　　　　　　　（B）　　　　　　　（C）　　　　　　　（D）

39. 下列哪一种检测方法适宜检测桩身混凝土强度？ （　　）

（A）单桩竖向抗压静载试验　　　　　　（B）声波透射法

（C）高应变法　　　　　　　　　　　　（D）钻芯法

40. 复合地基竣工验收时，承载力检验常采用复合地基静载荷试验，下列哪一种因素不是确定承载力检验前的休止时间的主要因素？　　　　　　　　　　　　　　（　　）

（A）桩身强度
（B）桩身施工质量
（C）桩周土的强度恢复情况
（D）桩周土中的孔隙水压力消散情况

二、多项选择题（共 30 题，每题 2 分。每题的备选项中有两个或三个符合题意，错选、少选、多选均不得分）

41. 按照《建筑桩基技术规范》（JGJ 94—2008）的要求，下列哪些选项属于桩基承载能力极限状态的描述？　　　　　　　　　　　　　　　　　　　　　　　　　　（　　）

（A）桩基达到最大承载能力
（B）桩身出现裂缝
（C）桩基达到耐久性要求的某项限值
（D）桩基发生不适于继续承载的变形

42. 按照《建筑地基基础设计规范》（GB 50007—2011）的要求，下列哪些建筑物的地基基础设计等级属于甲级？　　　　　　　　　　　　　　　　　　　　　　　　（　　）

（A）高度为 30m 以上的高层建筑
（B）体型复杂，层数相差超过 10 层的高低层连成一体的建筑物
（C）对地基变形有要求的建筑物
（D）场地和地基条件复杂的一般建筑物

43. 根据《建筑结构荷载规范》（GB 50009—2012），对于正常使用极限状态下荷载效应的准永久组合，应采用下列哪些荷载值之和作为代表值？　　　　　　　　　　　（　　）

（A）永久荷载标准值
（B）可变荷载的准永久值
（C）风荷载标准值
（D）可变荷载的标准值

44. 根据《建筑地基基础设计规范》（GB 50007—2011），当地基受力层范围内存在软弱下卧层时，按持力层土的承载力计算出基础底面尺寸后，尚需对软弱下卧层进行验算，下列选项中哪些叙述是正确的？　　　　　　　　　　　　　　　　　　　　　　　（　　）

（A）基底附加压力的扩散是按弹性理论计算的
（B）扩散面积上的总附加压力比基底的总附加压力小
（C）下卧层顶面处地基承载力特征值需经过深度修正
（D）满足下卧层验算要求就不会发生剪切破坏

45. 根据《建筑地基基础设计规范》（GB 50007—2011），下列选项中有关基础设计的论述中，哪些选项的观点是错误的？　　　　　　　　　　　　　　　　　　　　（　　）

（A）同一场地条件下的无筋扩展基础，基础材料相同时，基础底面处的平均压力值越大，基础的台阶宽高比允许值就越小
（B）交叉条形基础，交点上的柱荷载可按静力平衡或变形协调的要求进行分配

（C）基础底板的配筋，应按抗弯计算确定

（D）柱下条形基础梁顶部通长钢筋不应少于顶部受力钢筋截面总面积的 1/3

46. 当建筑场区范围内具有大面积地面堆载时，下列哪些要求是正确的？ （　　）

（A）堆载应均衡，堆载量不应超过地基承载力特征值

（B）堆载不宜压在基础上

（C）大面积的填土，宜在基础施工后完成

（D）条件允许时，宜利用堆载预压过的建筑场地

47. 遇有软弱地基，地基基础设计、施工及使用时下列哪些做法是适宜的？ （　　）

（A）设计时，应考虑上部结构和地基的共同作用

（B）施工时，应注意对淤泥和淤泥质土基槽底面的保护，减少扰动

（C）荷载差异较大的建筑物，应先建设轻、低部分，后建重、高部分

（D）活荷载较大的构筑物或构筑物群（如料仓、油罐等），使用初期应快速均匀加荷载

48.《建筑地基基础设计规范》（GB 50007—2011）中给出的最终沉降量计算公式中，未能直接考虑下列哪些因素？ （　　）

（A）附加应力的分布是非线性的

（B）土层非均匀性对附加应力分布可能产生的影响

（C）次固结对总沉降的影响

（D）基础刚度对沉降的调整作用

49. 根据《建筑地基处理技术规范》（JGJ 79—2012），地基处理施工结束后，应间隔一定时间方可进行地基和加固体的质量检验，下列选项中有关间隔时间长短的比较哪些是不合理的？ （　　）

（A）振冲桩处理粉土地基 > 砂石桩处理砂土地基

（B）水泥土搅拌桩承载力检测 > 振冲桩处理粉土地基

（C）砂石桩处理砂土地基 > 硅酸钠溶液灌注加固地基

（D）硅酸钠溶液灌注加固地基 > 水泥土搅拌桩承载力检测

50. 当采用水泥粉煤灰碎石桩（CFG）加固地基时，通常会在桩顶与基础之间设置褥垫层，关于褥垫层的作用，下列哪些选项的叙述是正确的？ （　　）

（A）设置褥垫层可使竖向桩土荷载分担比增大

（B）设置褥垫层可使水平向桩土荷载分担比减小

（C）设置褥垫层可减少基础底面的应力集中

（D）设置褥垫层可减少建筑物沉降变形

51. 采用真空预压法加固软土地基时，以下哪些措施有利于缩短预压工期？ （　　）

（A）减小排水板间距　　　　　　　　　　（B）增加排水砂垫层厚度

（C）采用真空堆载联合预压法　　　　　　（D）在真空管路中设置止回阀和截门

52. 以下哪些地基处理方法适用于提高饱和软土地基承载力？ （　　）

（A）堆载预压法 （B）深层搅拌法
（C）振冲挤密法 （D）强夯法

53. 根据《建筑地基处理技术规范》（JGJ 79—2012），以下哪些现场测试方法适用于深层搅拌法的质量检测？ （　　）

（A）静力触探试验 （B）平板载荷试验
（C）标准贯入试验 （D）取芯法

54. 根据《建筑地基处理技术规范》（JGJ 79—2012），采用强夯碎石墩加固饱和软土地基，对该地基进行质量检验时，应该做以下哪些检验？ （　　）

（A）单墩载荷试验
（B）桩间土在置换前后的标贯试验
（C）桩间土在置换前后的含水量、孔隙比、c、φ 值等物理力学指标变化的室内试验
（D）碎石墩密度随深度的变化

55. 某大型工业厂房长约 800m，宽约 150m，为单层轻钢结构，地基土为 6.0～8.0m 厚填土，下卧硬塑的坡残积土。拟对该填土层进行强夯法加固，由于填土为新近堆填的素填土，以花岗岩风化的砾质黏性土为主，被雨水浸泡后地基松软，雨季施工时以下哪些措施是有效的？ （　　）

（A）对表层 1.5～2.0m 填土进行换填，换为砖渣或采石场的碎石渣
（B）加大夯点间距，减小两遍之间的间歇时间
（C）增加夯击遍数，减少每遍夯击数
（D）在填土中设置一定数量砂石桩，然后再强夯

56. 根据《建筑地基基础设计规范》（GB 50007—2011），下列哪些选项是可能导致软土深基坑坑底隆起失稳的原因？ （　　）

（A）支护桩竖向承载力不足 （B）支护桩抗弯刚度不够
（C）坑底软土地基承载力不足 （D）坡顶超载过大

57. 假定某砂性地层基坑开挖降水过程中土体中的稳定渗流是二维渗流，可用流网表示。关于组成流网的流线和等势线，下列哪些说法是正确的？ （　　）

（A）流线与等势线恒成正交
（B）基坑坡顶和坑底线均为流线
（C）流线是流函数的等值线，等势线是水头函数的等值线
（D）基坑下部不透水层边界线系流线

58. 根据《建筑基坑支护技术规程》（JGJ 120—2012），关于预应力锚杆的张拉与锁定，下列哪些选项是正确的？ （　　）

（A）锚固体强度达到 15MPa，或达到设计强度的 75% 后方可进行张拉锁定

（B）锁定时锚杆拉力可取锁定值的 1.1~1.15 倍

（C）锚杆张拉锁定值宜取锚杆轴向受拉承载力标准值的 0.50~0.65 倍

（D）锚杆张拉控制应力不应超过锚杆受拉承载力标准值的 0.75 倍

59. 盾构法隧道的衬砌管片作为隧道施工的支护结构，在施工阶段其主要作用包括下列哪些选项？ （ ）

（A）保护开挖面以防止土体变形、坍塌

（B）承受盾构推进时千斤顶顶力及其他施工荷载

（C）隔离地下有害气体

（D）防渗作用

60. 在基坑各部位外部环境条件相同的情况下，基坑顶部的变形监测点应优先布置在下列哪些部位？ （ ）

（A）基坑长边中部 　　　　　　　（B）阳角部位

（C）阴角部位 　　　　　　　　　（D）基坑四角

61. 下列哪些情况下，膨胀土的变形量可按收缩变形量计算？ （ ）

（A）游泳池的地基

（B）大气影响急剧层内接近饱和的地基

（C）直接受高温作用的地基

（D）地面有覆盖且无蒸发可能的地基

62. 下列关于用反算法求取滑动面抗剪强度参数的表述，哪些选项是正确的？ （ ）

（A）反算法求解滑动面 c 值或 φ 值，其必要条件是恢复滑动前的滑坡断面

（B）用一个断面反算时，总是假定 $c = 0$，求综合 φ

（C）对于首次滑动的滑坡，反算求出的指标值可用于评价滑动后的滑坡稳定性

（D）当有挡墙因滑坡而破坏时，反算中应包括其可能的最大抗力

63. 下列有关大范围地面沉降的表述中，哪些是正确的？ （ ）

（A）发生地面沉降的区域，仅存在一处沉降中心

（B）发生地面沉降的区域，必然存在厚层第四纪堆积物

（C）在大范围、密集的高层建筑区域内，严格控制建筑容积率是防止地面沉降的有效措施

（D）对含水层进行回灌后，沉降了的地面基本上就能完全复原

64. 关于黄土湿陷起始压力 P_{ab} 的论述中，下列哪些选项是正确的？ （ ）

（A）因为对基底下 10m 以内的土层测定湿陷系数 δ_s 的试验压力一般为 200kPa，所以黄土的湿陷起始压力一般可用 200kPa

（B）对于自重湿陷性黄土，工程上测定地层的湿陷起始压力意义不大

（C）在进行室内湿陷起始压力试验时，单线法应取 2 个环刀试样，双线法应取 4 个环刀试样

（D）湿陷起始压力不论室内试验还是现场试验都可以测定

65. 在多年冻土地区修建路堤，下列哪些选项的说法是正确的？　　　　　　　　　　　（　　）

（A）路堤的设计应综合考虑地基的融化沉降量和压缩沉降量，路基预留加宽和加高值应按照竣工后的沉降量确定

（B）路基最小填土高度要满足防止冻胀翻浆和保证冻土上限不下降的要求

（C）填挖过渡段、低填方地段在进行换填时，换填厚度应根据基础沉降变形计算确定

（D）根据地下水情况，采取一定措施，排除对路基有害的地下水

66. 关于计算滑坡推力的传递系数法，下列哪些叙述是不正确的？　　　　　　　　　　（　　）

（A）依据每个条块静力平衡关系建立公式，但没有考虑力矩平衡

（B）相邻条块滑面之间的夹角大小对滑坡推力计算结果影响不大

（C）划分条块时需要考虑地面线的几何形状特征

（D）所得到的滑坡推力方向是水平的

67. 下列哪些选项是黏性泥石流的基本特性？　　　　　　　　　　　　　　　　　　（　　）

（A）密度较大　　　　　　　　　　　　　（B）水是搬运介质

（C）泥石流整体呈等速流动　　　　　　　（D）基本发生在高频泥石流沟谷

68. 下列关于红黏土的特征表述中哪些是正确的？　　　　　　　　　　　　　　　　（　　）

（A）红黏土具有与膨胀土一样的胀缩性

（B）红黏土孔隙比及饱和度都很高，故力学强度较低，压缩性较大

（C）红黏土失水后出现裂隙

（D）红黏土往往有上硬下软的现象

69. 采用钻芯法检测建筑基桩质量，当芯样试件不能满足平整度及垂直度要求时，可采用某些材料在专用补平机上补平。关于补平厚度的要求下列哪些选项是正确的？　　　　　　　　（　　）

（A）采用硫黄补平厚度不宜大于 1.5mm

（B）采用硫黄胶泥补平厚度不宜大于 3mm

（C）采用水泥净浆补平厚度不宜大于 5mm

（D）采用水泥砂浆补平厚度不宜大于 10mm

70. 桩的水平变形系数计算公式为 $\alpha = \left(\dfrac{mb_0}{EI}\right)^{1/5}$，关于公式中各因子的单位下列哪些选项是正确的？　　　　　　　　　　　　　　　　　　　　　　　　　　　　　　　　（　　）

（A）桩的水平变形系数 α 没有单位

（B）地基土水平抗力系数的比例系数 m 的单位为 kN/m^3

（C）桩身计算宽度 b_0 的单位为 m

（D）桩身抗弯刚度 EI 的单位为 $kN \cdot m^2$

2013 年专业知识试题（上午卷）

一、单项选择题（共 40 题，每题 1 分。每题的备选项中只有一个最符合题意）

1. 某次抽水试验，抽水量保持不变，观测地下水位变化，则可认定该项抽水试验属于下列哪一项？　　　　　　　　　　　　　　　　　　　　　　　　　　　　（　　）

   （A）完整井抽水试验　　　　　　　　（B）非完整井抽水试验
   （C）稳定流抽水试验　　　　　　　　（D）非稳定流抽水试验

2. 地温测试采用贯入法试验时，要求温度传感器插入试验深度后静止一定时间才能进行测试，其主要目的是下列哪一选项？　　　　　　　　　　　　　　　　　　　（　　）

   （A）减少传感器在土层初始环境中波动的影响
   （B）减少贯入过程中产生的热量对测温结果的影响
   （C）减少土层经扰动后固结对测温结果的影响
   （D）减少地下水位恢复过程对测温结果的影响

3. 在工程地质调查与测绘中，下列哪一选项的方法最适合用于揭露地表线性构造？　（　　）

   （A）钻探　　　　　　　　　　　　　（B）探槽
   （C）探井　　　　　　　　　　　　　（D）平洞

4. 为工程降水需要做的抽水试验，其最大降深选用最合适的是下列哪项？　　　（　　）

   （A）工程所需的最大降水深度
   （B）静水位和含水层顶板间的距离
   （C）设计动水位
   （D）完整井取含水层厚度，非完整井取 1～2 倍的试验段厚度

5. 下列关于压缩指数含义的说法，哪一选项是正确的？（p_c 是先期固结压力）　（　　）

   （A）$e\text{-}p$ 曲线上任两点割线斜率
   （B）$e\text{-}p$ 曲线某压力区间段割线斜率
   （C）$e\text{-}\lg p$ 曲线上 p_c 点前直线段斜率
   （D）$e\text{-}\lg p$ 曲线上过 p_c 点后直线段斜率

6. 对于内河港口，在工程可行性研究阶段勘探线布置方向的正确选项是哪一个？　（　　）

   （A）平行于河岸方向　　　　　　　　（B）与河岸成 45°角
   （C）垂直于河岸方向　　　　　　　　（D）沿建筑物轴线方向

7. 在建筑工程勘察中，当钻孔采用套管护壁时，套管的下设深度与取样位置之间的距离，不应小于下列哪个选项？　　　　　　　　　　　　　　　　　　　　　　（　　）

（A）0.15m
（B）1 倍套管直径
（C）2 倍套管直径
（D）3 倍套管直径

8. 在水域勘察中采用地震反射波法探测地层时，漂浮检波器采集到的地震波是下列哪个选项？ （ ）

（A）压缩波
（B）剪切波
（C）瑞利波
（D）面波

9. 对一个粉土土样进行慢剪试验，剪切过程历时接近下列哪个选项？ （ ）

（A）0.5h
（B）1h
（C）2h
（D）4h

10. 根据《公路工程地质勘察规范》（JTJ C20—2011）规定，钻探中发现滑动面（带）迹象时，钻探回次进尺最大不得大于下列哪个选项中的数值？ （ ）

（A）0.3m
（B）0.5m
（C）0.7m
（D）1.0m

11. 在建筑工程勘察中，当需要采取I级冻土试样时，其钻孔成孔口径最小不宜小于下列哪个数值？ （ ）

（A）75mm
（B）91mm
（C）130mm
（D）150mm

12. 渗流作用可能产生流土或管涌现象，仅从土质条件判断，下列哪一种类型的土最容易产生管涌破坏？ （ ）

（A）缺乏中间粒径的砂砾石，细粒含量为 25%
（B）缺乏中间粒径的砂砾石，细粒含量为 35%
（C）不均匀系数小于 10 的均匀砂土
（D）不均匀系数大于 10 的砂砾石，细粒含量为 25%

13. 在建筑工程勘察中，现场鉴别粉质黏土有以下表现：①手按土易变形，有柔性，掰时似橡皮；②能按成浅凹坑，可判定该粉质黏土属于下列哪个状态？ （ ）

（A）硬塑
（B）可塑
（C）软塑
（D）流塑

14. 柱下条形基础设计计算中，确定基础翼板的高度和宽度时，按《建筑地基基础设计规范》（GB 50007—2011）的规定，选择的作用效应及其组合正确的是哪项？ （ ）

（A）确定翼板的高度和宽度时，均按正常使用极限状态下作用效应的标准组合计算
（B）确定翼板的高度和宽度时，均按承载能力极限状态下作用效应的基本组合计算

（C）确定翼板的高度时，按承载能力极限状态下作用效应的基本组合计算，并采用相应的分项系数；确定基础宽度时，按正常使用极限状态下作用效应的标准组合计算

（D）确定翼板的宽度时，按承载能力极限状态下作用效应的基本组合计算，并采用相应的分项系数；确定基础高度时，按正常使用极限状态下作用效应的标准组合计算

15. 以下设计内容按正常使用极限状态计算的是哪项？ （ ）

（A）桩基承台高度确定

（B）桩身受压钢筋配筋

（C）高层建筑桩基沉降计算

（D）岸坡上建筑桩基的整体稳定性验算

16. 以下作用中不属于永久作用的是哪项？ （ ）

（A）基础及上覆土自重 （B）地下室侧土压力

（C）地基变形 （D）桥梁基础上的车辆荷载

17. 采用搅拌桩加固软土形成复合地基时，搅拌桩单桩承载力与以下哪个选项无关？ （ ）

（A）被加固土体的强度 （B）桩端土的承载力

（C）搅拌桩的置换率 （D）掺入的水泥量

18. 采用真空-堆载联合预压时，以下哪个选项的做法最合理？ （ ）

（A）先进行真空预压，再进行堆载预压

（B）先进行堆载预压，再进行真空预压

（C）真空预压与堆载预压同时进行

（D）先进行真空预压一段时间后，再同时进行真空和堆载预压

19. 在深厚均质软黏土地基上建一油罐，采用搅拌桩复合地基。原设计工后沉降控制值为 15.0cm。现要求提高设计标准，工后沉降要求小于 8.0cm。问下述思路哪一条比较合理？ （ ）

（A）提高复合地基置换率 （B）增加搅拌桩的长度

（C）提高搅拌桩的强度 （D）增大搅拌桩的截面积

20. 关于强夯法地基处理，下列哪种说法是错误的？ （ ）

（A）为减小强夯施工对邻近房屋结构的有害影响，强夯施工场地与邻近房屋之间设置隔振沟

（B）强夯的夯点布置范围，应大于建筑物基础范围

（C）强夯法处理砂土地基时，两遍点夯之间的时间间隔必须大于 7d

（D）强夯法的有效加固深度与加固范围内地基土的性质有关

21. 地质条件相同，复合地基的增强体分别采用①CFG 桩、②水泥土搅拌桩、③碎石桩，当增强体的承载力正常发挥时，三种复合地基的桩土应力比之间为哪种关系？ （ ）

（A）①<②<③　　　　　　　　（B）①>②>③

（C）①=②=③　　　　　　　　（D）①>③>②

22. 根据《建筑地基处理技术规范》（JGJ 79—2012），下列哪种地基处理方法不适用于处理可液化地基？　　　　　　　　　　　　　　　　　　　　　　　　　　　　　　　（　　）

（A）强夯法　　　　　　　　　　（B）柱锤冲扩桩法

（C）水泥土搅拌桩法　　　　　　（D）振冲法

23. 某软土地基上建设 2～3 层别墅（筏板基础、天然地基），结构封顶时变形观测结果显示沉降较大且差异沉降发展较快，需对房屋进行地基基础加固以控制沉降。下列哪种加固方法最合适？
　　　　　　　　　　　　　　　　　　　　　　　　　　　　　　　　　　　（　　）

（A）树根桩法　　　　　　　　　（B）加深基础法

（C）换填垫层法　　　　　　　　（D）增加筏板厚度

24. 下列关于土工合成材料加筋垫层作用机理的论述中，哪个选项是不正确的？　（　　）

（A）增大压力扩散角　　　　　　（B）调整不均匀沉降

（C）提高地基稳定性　　　　　　（D）提高地基土抗剪强度指标

25. 对于铁路隧道洞门结构形式，下列哪个选项的说法不符合《铁路隧道设计规范》（TB 10003—2016）要求？　　　　　　　　　　　　　　　　　　　　　　　　　　　　　（　　）

（A）在采用斜交洞门时，洞门范围回填土分层回填密实后，可不采取防冲刷措施

（B）当地形等高线与线路正交、围岩较差时，一般采用翼墙式洞门

（C）位于城镇、风景区、车站附近的洞门，宜考虑建筑景观及环境协调要求

（D）有条件时，可采用斜切式洞门结构

26. 拟修建Ⅳ级软质围岩中的两车道公路隧道，埋深 70m，采用复合式衬砌，对于初期支护，下列哪个选项的说法是不符合规定的？　　　　　　　　　　　　　　　　　　　（　　）

（A）确定开挖断面时，在满足隧道净空和结构尺寸的条件下，还应考虑初期支护并预留变形量 80mm

（B）拱部和边墙喷射混凝土厚度为 150mm

（C）按承载能力设计时，复合式衬砌初期支护的变形量不应超过设计预留变形量

（D）初期支护应按荷载结构法进行设计

27. 一个软土中的重力式基坑支护结构，如下图所示，基坑底处主动土压力及被动土压力强度分别为 p_{a1}、p_{b1}，支护结构底部主动土压力及被动土压力强度为 p_{a2}、p_{b2}，对此支护结构进行稳定分析时，合理的土压力模式选项是哪个？　　　　　　　　　　　　　　　　　　（　　）

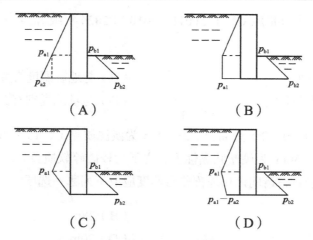

（A）　　　　　　　　（B）

（C）　　　　　　　　（D）

28. 某中心城区地铁车站深基坑工程，开挖深度为地表下 20m，其场地地层结构为：地表下 0～18m 为一般黏性土，18～30m 为砂性土，30～45m 为强～中等风化的砂岩。场地地下水主要是上部第四纪地层中的上层滞水和承压水，承压水头埋藏深度为地表下 2m。挡土结构拟采用嵌岩地下连续墙。关于本基坑的地下水控制，可供选择的方法有以下几种：a 地下连续墙槽段接头处外侧布置一排多头深层搅拌桩；b 基坑内设置降水井；c 坑内布置高压旋喷桩封底。从技术安全性和经济适宜性分析，下列哪种方案是最合适的？　　　　　　　　　（　　）

（A）a＋b

（B）b＋c

（C）a＋c

（D）a、b、c 均不需要

29. 关于深基坑水平支撑弹性支点刚度系数的大小，下列哪个选项的说法是错误的？　（　　）

（A）与支撑的尺寸和材料性质有关

（B）与支撑的水平间距无关

（C）与支撑构件的长度成反比

（D）与支撑腰梁或冠梁的挠度有关

30. 关于深基坑工程土方的挖运，下列哪个选项的说法是错误的？　　　　　　　（　　）

（A）对于软土基坑，应按分层、对称开挖的原则，限制每层土的开挖厚度，以免对坑内工程桩造成不利影响

（B）大型内支撑支护结构基坑，可根据内支撑布局和主体结构施工工期要求，采用盆式或岛式等不同开挖方式

（C）长条形软土基坑应采取分区、分段开挖方式，每段开挖到底后应及时检底、封闭、施工地下结构

（D）当基坑某侧的坡顶地面荷载超过设计要求的超载限值时，应采取快速抢运的方式挖去该侧基坑土方

31. 关于一般黏性土基坑工程支挡结构稳定性验算，下列哪个说法不正确？　　　　（　　）

（A）桩锚支护结构应进行坑底隆起稳定性验算

（B）悬臂桩支护结构可不进行坑底隆起稳定性验算

（C）当挡土构件底面以下有软弱下卧层时，坑底稳定性的验算部位尚应包括软弱下卧层

（D）多层支点锚拉式支挡结构，当坑底以下为软土时，其嵌固深度应符合以最上层支点为轴心的圆弧滑动稳定性要求

32. 根据《建筑抗震设计标准》（GB/T 50011—2010）（2024 年版），关于特征周期的确定，下列哪个选项的表述是正确的？ （ ）

（A）与地震震级有关　　　　　　　　（B）与地震烈度有关
（C）与结构自振周期有关　　　　　　（D）与场地类别有关

33. 某场地地层为：埋深 0～2m 为黏土，2～15m 为淤泥质黏土，15～20m 为粉质黏土，20～25m 为密实状熔结凝灰岩，25～30m 为硬塑状黏性土，之下为较破碎软质页岩。其中有部分钻孔发现深度 10m 处有 2m 厚的花岗岩滚石，请问该场地覆盖层厚度应取下列哪一选项？ （ ）

（A）30m　　　　　　　　　　　　　（B）28m
（C）25m　　　　　　　　　　　　　（D）20m

34. 某公路桥位于砂土场地，基础埋深为 2.0m，上覆非液化土层厚度为 7m，地下水埋深为 5.0m，地震烈度为 8 度，该场地地震液化初步判定结果为下列哪一项？ （ ）

（A）不液化土　　　　　　　　　　　（B）不考虑液化影响
（C）考虑液化影响，需进一步液化判别　（D）条件不足，无法判别

35. 根据《建筑抗震设计标准》（GB/T 50011—2010）（2024 年版），下列哪种说法不正确？ （ ）

（A）众值烈度对应于"多遇地震"　　　（B）基本烈度对应于"设防地震"
（C）最大预估烈度对应于"罕遇地震"　（D）抗震设防烈度等同于基本烈度

36. 拟建场地地基液化等级为中等时，下列哪种措施尚不满足《建筑抗震设计标准》（GB/T 50011—2010）（2024 年版）的规定？ （ ）

（A）抗震设防类别为乙类的建筑物采用桩基础，桩端深入液化深度以下稳定土层中足够长度
（B）抗震设防类别为丙类的建筑物采取部分消除地基液化沉陷的措施，且对基础和上部结构进行处理
（C）抗震设防类别为丁类的建筑物不采取消除液化措施
（D）抗震设防类别为乙类的建筑物进行地基处理，处理后的地基液化指数小于 5

37. 地震经验表明，对宏观烈度和地质情况相似的柔性建筑，通常是大震级、远震中距情况下的震害，要比中、小震级近震中距的情况重得多。下列哪个选项是导致该现象发生的最主要原因？ （ ）

（A）震中距越远，地震动峰值加速度越小
（B）震中距越远，地震动持续时间越长
（C）震中距越远，地震动的长周期分量越显著
（D）震中距越远，地面运动振幅越小

38. 依据《建筑基桩检测技术规范》（JGJ 106—2014），单桩水平静载试验，采用单向多循环加载法，每一级恒、零载的累计持续时间为哪项？ （ ）

（A）6min （B）10min

（C）20min （D）30min

39. 某高应变实测桩身量测力时呈曲线如下图所示，出现该类情况最可能的原因是哪个？

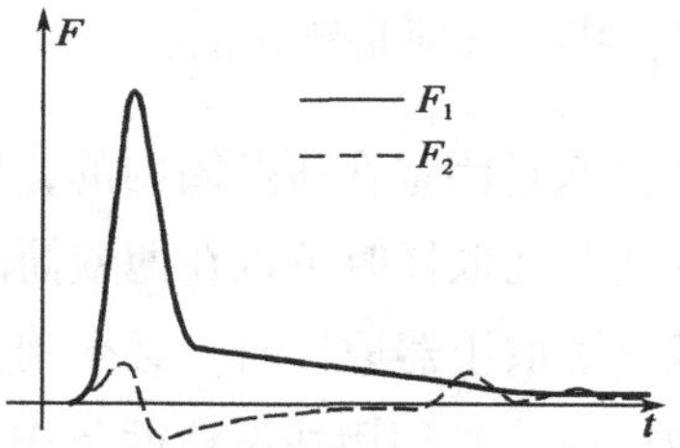

( )

题 39 图

（A）锤击偏心 （B）传感器安装处混凝土开裂

（C）加速度传感器松动 （D）力传感器松动

40. 声波透射法和低应变法两种基桩检测方法所采用的波均为机械波，其传播方式和传播媒介也完全相同。对同一根混凝土桩，声波透射法测出的波速 v 与低应变法测出的波速 c 是哪种关系？ ( )

（A）$v > c$ （B）$v < c$

（C）$v = c$ （D）不能肯定

二、多项选择题（共 30 题，每题 2 分。每题的备选项中有两个或三个符合题意，错选、少选、多选均不得分）

41. 钻探结束后，应对钻孔进行回填，下列哪些做法是正确的？ ( )

（A）钻孔宜采用原土回填

（B）临近堤防的钻孔应采用干黏土球回填

（C）有套管护壁的钻孔应拔起套管后再回填

（D）采用水泥浆液回填时，应由孔口自上而下灌入

42. 下列关于工程地质钻探、取样的叙述中，哪些选项是正确的？ ( )

（A）冲击钻进方法适用于碎石土层钻进，但不满足采取扰动土样的要求

（B）水文地质试验孔段可选用聚丙烯酰胺泥浆或植物胶泥浆作冲洗液

（C）采用套管护壁时，钻进过程中应保持孔内水头压力不低于孔周地下水压

（D）在软土地区，可采用双动三重管回转取土器对饱和软黏土采取I级土样

43. 下列哪些选项的试验方法可用来测求土的泊松比？ ( )

（A）无侧限单轴压缩法 （B）单轴固结仪法

（C）三轴压缩仪法 （D）载荷试验法

44. 在以下对承压水特征的描述中，哪些选项是正确的？ ( )

（A）承压水一定是充满在两个不透水层（或弱透水层）之间的地下水

（B）承压水的分布区和补给区是一致的

（C）承压水水面非自由面

（D）承压含水层的厚度随降水季节变化而变化

45. 下列有关原状取土器的描述，哪些选项是错误的？　　　　　　　　　　　　（　　）

（A）固定活塞薄壁取土器的活塞是固定在薄壁筒内的，不能自由移动

（B）自由活塞薄壁取土器的活塞在取样时可以在薄壁筒内自由移动

（C）回转式三重管（单、双动）取土器取样时，必须用冲洗液循环作业

（D）水压固定活塞取土器取样时，必须用冲洗液循环作业

46. 在水利水电工程地质勘察中，有关岩体和结构面抗剪断强度的取值，下列哪些说法是正确的？

（　　）

（A）混凝土坝基础和岩石间抗剪断强度参数按峰值强度的小值平均值取值

（B）岩体抗剪断强度参数按峰值强度的大值平均值取值

（C）硬性结构面抗剪断强度参数按峰值强度的大值平均值取值

（D）软弱结构面抗剪断强度参数按峰值强度的小值平均值取值

47. 根据《建筑地基基础设计规范》（GB 50007—2011），以下极限状态中，哪些属于承载能力极限状态？　　　　　　　　　　　　　　　　　　　　　　　　　　　　　　　　（　　）

（A）桩基水平位移过大引起桩身开裂破坏

（B）12 层住宅建筑下的筏板基础平均沉降达 20cm

（C）建筑物因深层地基的滑动面出现过大倾斜

（D）5 层民用建筑的整体倾斜达到 0.4%

48. 桩基设计时，按《建筑桩基技术规范》（JGJ 94—2008）的规定要求，以下选项所采用的作用效应组合哪些是正确的？　　　　　　　　　　　　　　　　　　　　　　　　　　（　　）

（A）群桩中基桩的竖向承载力验算时，桩顶竖向力按作用效应的标准组合计算

（B）计算桩基中点沉降时，承台底面的平均附加压力 P 取作用效应标准组合下的压力值

（C）受压桩桩身截面承载力验算时，桩顶轴向压力取作用效应基本组合下的压力值

（D）抗拔桩裂缝控制计算中，对允许出现裂缝的三级裂缝控制等级基桩，其最大裂缝宽度按作用效应的准永久组合计算

49. 根据《建筑地基基础设计规范》（GB 50007—2011）关于荷载的规定，进行下列计算或验算时，哪些选项所采用的荷载组合类型相同？　　　　　　　　　　　　　　　　　　　（　　）

（A）按地基承载力确定基础底面积　　　　（B）计算地基变形

（C）按单桩承载力确定桩数　　　　　　　　（D）计算滑坡推力

50. 滨海地区大面积软土地基常采用排水固结法处理，以下哪些选项的说法是正确的？　（　　）

（A）考虑涂抹作用时，软土的水平向渗透系数将减小，且越靠近砂井，水平向渗透系数越小

（B）深厚软土中打设排水板后，软土的竖向排水固结可忽略不计

（C）由于袋装砂井施工时，挤土作用和对淤泥层的扰动，砂井的井阻作用将减小

（D）对沉降有较严格限制的建筑，应采用超载预压法处理，使预压荷载下受压土层各点的有效竖向应力大于建筑物荷载引起的附加应力

51. 某地基土层分布自上而下为：①淤泥质黏土夹砂层，厚度 8m，地基承载力特征值为 80kPa；②黏土层，硬塑，厚度 12m；以下为密实砂砾层。有建筑物基础埋置于第①层中，问下述地基处理技术中，哪几种可适用于该地基加固？   （   ）

（A）深层搅拌法   （B）砂石桩法

（C）真空预压法   （D）素混凝土桩复合地基法

52. 软土地基上的某建筑物，采用钢筋混凝土条形基础，基础宽度 2m，拟采用换填垫层法进行地基处理，换填垫层厚度 1.5m。问影响该地基承载力及变形性能的因素有哪些？   （   ）

（A）换填垫层材料的性质   （B）换填垫层的压实系数

（C）换填垫层下软土的力学性质 （D）换填垫层的质量检测方法

53. 采用水泥粉煤灰碎石桩处理松散砂土地基，下列哪些方法适合于复合地基桩间土承载力检测？   （   ）

（A）静力触探试验   （B）载荷试验

（C）十字板剪切试验   （D）面波试验

54. 根据《建筑地基处理技术规范》（JGJ 79—2012）、《建筑地基基础设计规范》（GB 50007—2011），对于建造在处理后地基上的建筑物，下列哪些说法是正确的？   （   ）

（A）处理后的地基应满足建筑物地基承载力、变形和稳定性要求

（B）经处理后的地基，在受力层范围内不允许存在软弱下卧层

（C）各种桩型的复合地基竣工验收时，承载力检验均应采用现场载荷试验

（D）地基基础设计等级为乙级、体型规则、简单的建筑物，地基处理后可不进行沉降观测

55. 下列有关预压法的论述中哪些是正确的？   （   ）

（A）堆载预压和真空预压均属于排水固结

（B）堆载预压使地基土中的总压力增加，真空预压总压力是不变的

（C）真空预压法由于不增加剪应力，地基不会产生剪切破坏，可适用于很软弱的黏土地基

（D）袋装砂井或塑料排水板作用是改善排水条件，加速主固结和次固结

56. 下列有关复合地基的论述哪些是正确的？   （   ）

（A）复合地基是由天然地基土体和增强体两部分组成的人工地基

（B）形成复合地基的基本条件是天然地基土体和增强体通过变形协调共同承担荷载作用

（C）在已经满足复合地基承载力情况下，增大置换率和增大桩体刚度，可有效减少沉降

（D）深厚软土的水泥土搅拌桩复合地基由建筑物对变形要求确定施工桩长

57. 公路隧道穿越膨胀岩地层时，下列哪些措施是正确的？ （　　）

（A）隧道支护衬砌宜采用圆形或接近圆形的断面形状

（B）开挖后及时施筑初期支护封闭围岩

（C）初期支护刚度不宜过大

（D）初期支护后应立即施筑二次衬砌

58. 对于铁路隧道的防排水设计，采用下列哪些措施是较为适宜的？ （　　）

（A）地下水发育的长隧道纵向坡度应设置为单面坡

（B）地下水发育地段的隧道衬砌混凝土抗渗等级不应低于 P10

（C）隧道纵向坡度不宜小于 0.3%

（D）在隧道两侧设置排水沟

59. 在铁路隧道工程施工中，当隧道拱部局部坍塌或超挖时，下列哪些选项的材料可用于回填？

（　　）

（A）混凝土 　　　　　　　　　　（B）喷射混凝土

（C）片石混凝土 　　　　　　　　（D）浆砌片石

60. 根据《建筑基坑支护技术规程》（JGJ 120—2012），关于深基坑工程设计，下列哪些说法是正确的？ （　　）

（A）基坑支护设计使用期限，即从基坑土方开挖之日起至基坑完成使用功能结束，不应小于一年

（B）基坑支护结构设计必须同时满足承载力极限状态和正常使用极限状态

（C）同样的地质条件下，基坑支护结构的安全等级主要取决于基坑开挖的深度

（D）支护结构的安全等级对设计时支护结构的重要性系数和各种稳定性安全系数的取值有影响

61. 根据《建筑基坑支护技术规程》（JGJ 120—2012），关于在分析计算支撑式挡土结构时采用的平面杆系结构弹性支点法，下列哪些选项的说法是正确的？ （　　）

（A）基坑底面以下的土压力和土的反力均应考虑土的自重作用产生的应力

（B）基坑底面以下某点的土抗力值的大小随挡土结构的位移增加而线性增加，其数值不应小于被动土压力值

（C）多层支撑情况下，最不利作用效应一定发生在基坑开挖至坑底时

（D）支撑连接处可简化为弹性支座，其弹性刚度应满足支撑与挡土结构连接处的变形协调条件

62. 关于膨胀土地区的建筑地基变形量计算，下列哪些说法是正确的？ （　　）

（A）地面有覆盖且无蒸发时，可按膨胀变形量计算

（B）当地表下 1m 处地基土的天然含水量接近塑限时，可按胀缩变形量计算

（C）收缩变形计算深度取大气影响深度和浸水影响深度中的大值

（D）膨胀变形量可通过现场浸水载荷试验确定

63. 依据《建筑抗震设计标准》（GB/T 50011—2010）（2024 年版），下列关于场地类别的叙述，哪些选项是正确的？ （   ）

（A）场地类别用以反映不同场地条件对基岩地震动的综合放大效应

（B）场地类别的划分要依据场地覆盖层厚度和场地土层软硬程度这两个因素

（C）场地挖填方施工不会改变建筑场地类别

（D）已知各地基土层的层底深度和剪切波速就可以划分建筑场地类别

64. 基础埋置深度不超过 2m 的天然地基上的建筑，若所处地区抗震设防烈度为 7 度，地基土由上向下为非液化土层和可能液化的砂土层，依据《建筑抗震设计标准》（GB/T 50011—2010）（2024 年版），当上覆非液化土层厚度和地下水位深度处于图中I、II、III和IV区中的哪些区时可不考虑砂土液化对建筑的影响？ （   ）

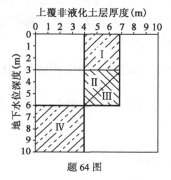

题 64 图

（A）I区 （B）II区

（C）III区 （D）IV区

65. 场地类别不同可能影响到下列哪些选项？ （   ）

（A）地震影响系数 （B）特征周期

（C）设计地震分组 （D）地基土阻尼比

66. 拟建场地有发震断裂通过时，在按高于本地区抗震设防烈度一度的要求采取抗震措施并提高基础和上部结构整体性的条件下，下列哪些情况和做法不满足《建筑抗震设计标准》（GB/T 50011—2010）（2024 年版）的规定？ （   ）

（A）在抗震设防烈度为 8 度地区，上覆土层覆盖厚度为 50m，单栋 6 层乙类建筑物距离主断裂带 150m

（B）在抗震设防烈度为 8 度地区，上覆土层覆盖厚度为 50m，单栋 8 层丙类建筑物距离主断裂带 150m

（C）在抗震设防烈度为 9 度地区，上覆土层覆盖厚度为 80m，单栋 2 层乙类建筑物距离主断裂带 150m

（D）在抗震设防烈度为 9 度地区，上覆土层覆盖厚度为 80m，单栋 2 层丙类建筑物距离主断裂带 150m

67. 按照《建筑抗震设计标准》（GB/T 50011—2010）（2024 年版），对于液化土的液化判别，下列选项中哪些说法是不正确的？ （　　）

（A）抗震设防烈度为 8 度的地区，粉土的黏粒含量为 15% 时可判为不液化土

（B）抗震设防烈度为 8 度的地区，拟建 8 层民用住宅采用桩基础，采用标准贯入试验法判别地基土的液化情况时，可只判别地面下 15m 范围内土的液化

（C）当饱和土经杆长修正的标准贯入锤击数小于或等于液化判别标准贯入锤击数临界值时，应判为液化土

（D）勘察未见地下水时，不需要进行液化判别

68. 对于各类水工建筑物抗震设计的考虑，下列哪些说法是符合《水电工程水工建筑物抗震设计规范》（NB 35047—2015）的？ （　　）

（A）对于一般工程应取《中国地震动参数区划图》中其场地所在地区的地震动峰值加速度按场地类别调整后，作为设计水平向地震动峰值加速度代表值

（B）抗震设防类为甲类的水工建筑物，比基本烈度提高 2 度作为设计烈度

（C）施工期短暂时可不与地震作用组合

（D）各类水工建筑物应以平坦地表的设计烈度和竖直向设计地震动峰值加速度代表值为特征

69. 按照《建筑基桩检测技术规范》（JGJ 106—2014），下列关于灌注桩钻芯法检测开始时间的说法中，哪些是正确的？ （　　）

（A）受检桩的混凝土龄期达到 28d

（B）预留同条件养护试块强度达到设计强度

（C）受检桩混凝土强度达到设计强度的 70%

（D）受检桩混凝土强度大于 15MPa

70. 超声波在传播过程中碰到混凝土内部缺陷时，超声波仪上会出现哪些变化？ （　　）

（A）波形畸变　　　　　　　　　（B）声速提高

（C）声时增加　　　　　　　　　（D）振幅增加

2013 年专业知识试题（下午卷）

一、单项选择题（共 40 题，每题 1 分。每题的备选项中只有一个最符合题意）

1. 均匀地基上的某直径 30m 油罐，罐底为 20mm 厚钢板，储油后其基底压力接近地基的临塑荷载，问该罐底基底压力分布形态最接近于下列哪个选项？ （　　）

（A）外围大，中部小，马鞍形分布

（B）外围小，中部大，倒钟形分布

（C）外围和中部近似相等，接近均匀分布

（D）无一定规律

2. 某直径 20m 钢筋混凝土圆形筒仓，沉降观测结果显示，直径方向两端的沉降量分别为 40mm、90mm。问在该直径方向上筒仓的整体倾斜最接近下列哪个选项？ （　　）

（A）2‰ （B）2.5‰

（C）4.5‰ （D）5‰

3. 某高层建筑矩形筏基，平面尺寸 15m×24m，地基土比较均匀。按照《建筑地基基础设计规范》（GB 50007—2011），在作用的准永久组合下，结构竖向荷载重心在短边方向的偏心距不宜大于下列哪个选项？ （　　）

（A）0.25m （B）0.4m

（C）0.5m （D）2.5m

4. 按《建筑地基基础设计规范》（GB 50007—2011）进行地基的沉降计算时，以下叙述中错误的是哪项？ （　　）

（A）若基底附加压力为 P_0，沉降计算深度为 z_n，沉降计算深度范围内压缩模量的当量值为 E_s，则按分层总和法计算的地基变形为 $\frac{p_0}{E_s} z_n \overline{\alpha}$

（B）当存在相邻荷载影响时，地基沉降计算深度 z_n 将增大

（C）基底附加压力 P_0 值为基底平均压力值减去基底以上基础及上覆土自重后的压力值

（D）沉降计算深度范围内土层的压缩性越大，沉降计算的经验系数 ψ_s 越大

5. 根据《建筑地基基础设计规范》（GB 50007—2011），在柱下条形基础设计中，以下叙述中错误的是哪项？ （　　）

（A）条形基础梁顶部和底部的纵向受力钢筋按基础梁纵向弯矩设计值配筋

（B）条形基础梁的高度按柱边缘处基础梁剪力设计值确定

（C）条形基础翼板的受力钢筋按基础纵向弯矩设计值配筋

（D）条形基础翼板的高度按基础横向验算截面剪力设计值确定

6. 某滨河路堤，设计水位高程 20m，壅水高 1m，波浪侵袭高度 0.3m，斜水流局部冲高 0.5m，河床淤积影响高度 0.2m，根据《铁路路基设计规范》（TB 10001—2016），该路堤设计路肩高程应不低于下列哪个选项？ （　　）

(A) 21.7m

(B) 22.0m

(C) 22.2m

(D) 22.5m

7. 根据《建筑桩基技术规范》（JGJ 94—2008），对于饱和黏性土场地，5 排 25 根摩擦型闭口 PHC 管桩群桩，其基桩的最小中心距可选下列何值？ （d 为桩径） （　　）

(A) 3.0d

(B) 3.5d

(C) 4.0d

(D) 4.5d

8. 根据《建筑桩基技术规范》（JGJ 94—2008），下列哪项不属于重要建筑抗压桩基承载能力极限状态设计的验算内容？ （　　）

(A) 桩端持力层下软弱下卧层承载力

(B) 桩身抗裂

(C) 桩身承载力

(D) 桩基沉降

9. 当沉井沉至设计高程，刃脚下的土已掏空时，按《铁路桥涵地基和基础设计规范》（TB 10093—2017），验算刃脚向内弯曲强度，土压力应按下列哪一选项计算？ （　　）

(A) 被动土压力

(B) 静止土压力

(C) 主动土压力

(D) 静止土压力和主动土压力的平均值

10. 根据《建筑桩基技术规范》（JGJ 94—2008），施打大面积密集预制桩桩群时，对桩顶上涌和水平位移进行监测的数量应满足下列哪项要求？ （　　）

(A) 不少于总桩数的 1%

(B) 不少于总桩数的 3%

(C) 不少于总桩数的 5%

(D) 不少于总桩数的 10%

11. 根据《建筑桩基技术规范》（JGJ 94—2008），下列关于建筑桩基中性点的说法中正确选项是哪一个？ （　　）

(A) 中性点以下，桩身的沉降小于桩侧土的沉降

(B) 中性点以上，随着深度增加桩身轴向压力减少

(C) 对于摩擦型桩，由于承受负摩阻力桩基沉降增大，其中性点位置随之下移

(D) 对于端承型桩，中性点位置基本不变

12. 根据《铁路桥涵地基和基础设计规范》（TB 10093—2017），计算施工阶段荷载情况下的混凝土、钢筋混凝土沉井各计算截面强度时，材料容许应力可在主力加附加力的基础上适当提高，其提高的最大数值为下列何值？ （　　）

(A) 5%

(B) 10%

(C) 15%

(D) 20%

13. 根据《建筑桩基技术规范》（JGJ 94—2008）的规定，下列关于桩基抗拔承载力验算的要求，哪项是正确的？ （ ）

（A）应同时验算群桩基础呈整体破坏和非整体破坏时基桩的抗拔承载力

（B）地下水位的上升与下降对桩基的抗拔极限承载力值无影响

（C）标准冻深线的深度对季节性冻土上轻型建筑的短桩基础的抗拔极限承载力无影响

（D）大气影响急剧层深度对膨胀土上轻型建筑的短桩基础的抗拔极限承载力无影响

14. 根据《建筑桩基技术规范》（JGJ 94—2008），下列关于受水平荷载和地震作用桩基的桩身受弯承载力和受剪承载力验算的要求，哪项是正确的？ （ ）

（A）应验算桩顶斜截面的受剪承载力

（B）对于桩顶固接的桩，应验算桩端正截面弯矩

（C）对于桩顶自由或铰接的桩，应验算桩顶正截面弯矩

（D）当考虑地震作用验算桩身正截面受弯和斜截面受剪承载力时，采用荷载效应准永久组合

15. 根据《碾压式土石坝设计规范》（NB/T 10872—2021）的规定，土石坝的防渗心墙的土料选择，以下哪个选项是不合适的？ （ ）

（A）防渗土料的渗透系数不大于 1.0×10^{-5}cm/s

（B）水溶盐含量和有机质含量两者均不大于 5%

（C）有较好的塑性和渗透稳定性

（D）浸水与失水时体积变化较小

16. 某均质土石坝稳定渗流期的流网如图所示，问 b 点的孔隙水压力为以下哪个选项？ （ ）

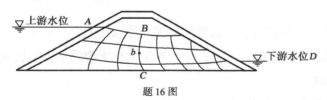

题 16 图

（A）A 点与 b 点的水头压力　　　　（B）B 点与 b 点的水头压力

（C）b 点与 C 点的水头压力　　　　（D）b 点与 D 点的水头压力

17. 某直立岩质边坡高 10m，坡顶上建筑物至坡顶边缘的距离为 6.0m。主动土压力为 E_a，静止土压力为 E_0，β_1 为岩质边坡静止岩石压力的折减系数，该边坡支护结构上侧向岩石压力宜取下列哪个选项？ （ ）

（A）E_a　　　　　　　　　　　　（B）E_0

（C）$\beta_1 E_0$　　　　　　　　　　（D）$(E_a + E_0)/2$

18. 某路基工程中，备选四种填料的不均匀系数 C_u 和曲率系数 C_c 如下，试问哪种是级配良好的填料？ （ ）

（A）$C_u = 2.6$，$C_c = 2.6$ （B）$C_u = 8.5$，$C_c = 2.6$

（C）$C_u = 2.6$，$C_c = 8.5$ （D）$C_u = 8.5$，$C_c = 8.5$

19. 某路基工程需要取土料进行填筑，已测得土料的孔隙比为 1.15，压实度达到设计要求时填筑体的孔隙比为 0.65，试问 $1m^3$ 填筑体所需土料宜选择下列哪个选项？   （   ）

（A）$1.1m^3$ （B）$1.2m^3$

（C）$1.3m^3$ （D）$1.4m^3$

20. 根据《建筑边坡工程技术规范》（GB 50330—2013），对下列边坡稳定性分析的论述中，哪个选项是错误的？   （   ）

（A）规模较大的碎裂结构岩质边坡宜采用圆弧滑动法计算

（B）对规模较小、结构面组合关系较复杂的块体滑动破坏，宜采用赤平投影法

（C）在采用折线滑动法进行计算时，当最前部条块稳定性系数不能较好地反映边坡整体稳定性时，可以采用所有条块稳定系数的平均值

（D）对可能产生平面滑动的边坡宜采用平面滑动法进行计算

21. 根据《铁路路基支挡结构设计规范》（TB 10025—2019），墙背为折线形的铁路重力式挡土墙，可简化为两直线段计算土压力，其下墙段的土压力的计算可采用下列哪种方法？   （   ）

（A）力多边形法   （B）第二破裂面法

（C）延长墙背法   （D）换算土桩法

22. 根据《碾压式土石坝设计规范》（NB/T 10872—2021），以下关于坝体排水设置的论述中，哪一个是不正确的？   （   ）

（A）土石坝应设置坝体排水，降低浸润线和孔隙水压力

（B）坝内水平排水伸进坝体的极限尺寸，对于黏性土均质坝为坝底宽的 1/2，砂性土均质坝为坝底宽的 1/3

（C）贴坡排水体的顶部高程应与坝顶高程一致

（D）均质坝和下游坝壳用弱透水材料填筑的土石坝，宜优先选用坝内竖式排水，其底部可用褥垫排水将渗水引出

23. 下列关于柔性网边坡防护的叙述中哪个选项是错误的？   （   ）

（A）采用柔性网防护解决不了边坡的整体稳定性问题

（B）采用柔性网对边坡进行防护的主要原因是其具有很好的透水性

（C）柔性网分主动型和被动型两种

（D）柔性网主要适用于岩质边坡的防护

24. 对于砂土，在 200kPa 压力下浸水载荷试验的附加湿陷量与承压板宽度之比，最小不小于下列哪一选项时，应判定其具有湿陷性？   （   ）

（A）0.010   （B）0.015

（C）0.023   （D）0.070

25. 下列四个选项中，哪一项是赤平极射投影方法无法做到的？   （   ）

（A）初步判别岩质边坡的稳定程度

（B）确定不稳定岩体在边坡上的位置和范围

（C）确定边坡不稳定岩体的滑动方向

（D）分辨出对边坡失稳起控制作用的主要结构面

26. 下列关于膨胀土的膨胀率与膨胀力论述中，哪个选项是正确的？   （   ）

（A）基底压力越大，膨胀土的膨胀力越大

（B）100kPa 压力下的膨胀率应该大于 50kPa 压力下的膨胀率

（C）自由膨胀率的大小不仅与土的矿物成分有关，也与土的含水量有关

（D）同一种土的自由膨胀率越大，意味着膨胀力也越大

27. 图示为一地层剖面，初始潜水位与承压水头高度同为水位 1，由于抽取地下承压水使承压水头高度下降到水位 2，这时出现明显地面沉降，下列哪个选项的地层对地面沉降贡献最大？（不考虑地下水越流）   （   ）

（A）潜水含水层

（B）潜水含水层 + 隔水层

（C）隔水层

（D）承压含水层

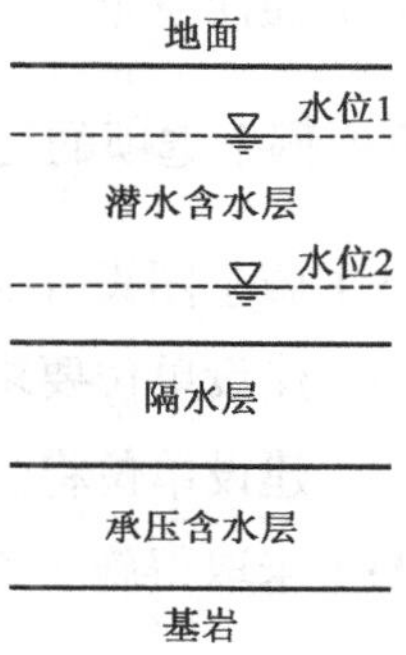

题 27 图

28. 同样条件下，下列哪个选项的岩石溶蚀速度最快？   （   ）

（A）石膏   （B）岩盐

（C）石灰岩   （D）白云岩

29. 在深厚软土区进行某基坑工程详勘时，除了十字板剪切试验、旁压试验、扁铲侧胀试验和螺旋板载荷试验四种原位测试外，还最有必要进行下列哪个选项的原位测试？   （   ）

（A）静力触探试验   （B）深层载荷板试验

（C）轻型圆锥动力触探试验   （D）标准贯入试验

30. 在地下水强烈活动于岩土交界面的岩溶地区，由地下水作用形成土洞的主要原因为下列哪个选项？   （   ）

（A）溶蚀   （B）潜蚀

（C）湿陷   （D）胀缩

31. 某一种土的有机质含量为 25%，该土的类型属于下列哪个选项？　　　　　（　　）

(A) 无机土　　　　　　　　　　　　　　(B) 有机质土
(C) 泥炭质土　　　　　　　　　　　　　(D) 泥炭

32. 坡度为 5° 的膨胀土场地，土的塑限为 20%，地表下 1.0m 和 2.0m 处的天然含水量分别为 25% 和 22%，膨胀土地基的变形量取值为下列哪一选项？　　　　　（　　）

(A) 膨胀变形量　　　　　　　　　　　　(B) 膨胀变形量与收缩变形量之和
(C) 膨胀变形量与收缩变形量之大者　　　(D) 收缩变形量

33. 正在活动的整体滑坡，剪切裂缝多出现在滑坡体的哪一个部位？　　　　　（　　）

(A) 滑坡体前缘　　　　　　　　　　　　(B) 滑坡体中间
(C) 滑坡体两侧　　　　　　　　　　　　(D) 滑坡体后缘

34. 某硫酸盐渍土场地，每 100g 土中的总含盐量平均值为 2.65g，试判定该土属于下列哪种类型的硫酸盐渍土？　　　　　（　　）

(A) 弱盐渍土　　　　　　　　　　　　　(B) 中盐渍土
(C) 强盐渍土　　　　　　　　　　　　　(D) 超盐渍土

35. 下列哪个选项的行为违反了《建设工程安全生产管理条例》？　　　　　（　　）

(A) 施工图设计文件未经审查批准就使用
(B) 建设单位要求压缩合同约定的工期
(C) 建设单位将建筑工程肢解发包
(D) 未取得施工许可证擅自施工

36. 根据《中华人民共和国安全生产法》规定，下列哪个选项不是生产经营单位主要负责人的安全生产职责？　　　　　（　　）

(A) 建立、健全本单位安全生产责任制
(B) 组织制定本单位安全生产规章制度
(C) 编制专项安全施工组织设计
(D) 督促、检查本单位的安全生产工作

37. 地质灾害按照人员伤亡、经济损失的大小，分为四个等级。下列哪个说法是错误的？

　　　　　（　　）

(A) 特大型：因灾死亡 30 人以上或者直接经济损失 1000 万元以上的
(B) 大型：因灾死亡 10 人以上 30 人以下或者直接经济损失 500 万元以上 1000 万元以下的
(C) 中型：因灾死亡 10 人以上 20 人以下或者直接经济损失 100 万元以上 500 万元以下的
(D) 小型：因灾死亡 3 人以下或者直接经济损失 100 万元以下的

38. 根据《建设工程安全生产管理条例》，关于建设工程安全施工技术交底，下列哪个选项是正确的？ （　　）

（A）建设工程施工前，施工单位负责项目管理的技术人员向施工作业人员交底
（B）建设工程施工前，施工单位负责项目管理的技术人员向专职安全生产管理人员交底
（C）建设工程施工前，施工单位专职安全生产管理人员向施工作业人员交底
（D）建设工程施工前，施工单位负责人向施工作业人员交底

39. 《注册土木工程师（岩土）执业及管理工作暂行规定》规定，注册土木工程师（岩土）在执业过程中，应及时、独立地在规定的岩土工程技术文件上签章。以下哪项岩土工程技术文件不包括在内？ （　　）

（A）岩土工程勘察成果报告书责任页
（B）土工试验报告书责任页
（C）岩土工程咨询项目咨询报告书责任页
（D）施工图审查报告书责任页

40. 下列关于注册工程师继续教育的说法哪个是错误的？ （　　）

（A）注册工程师在每一注册期内应达到国务院建设行政主管部门规定的本专业继续教育要求
（B）继续教育作为注册工程师逾期初始注册、延续注册和重新申请注册的条件
（C）继续教育按照注册工程师专业类别设置，分为必修课和选修课
（D）继续教育每注册期不少于 40 学时

二、多项选择题（共 30 题，每题 2 分。每题的备选项中有两个或三个符合题意，错选、少选、多选均不得分）

41. 根据《建筑地基基础设计规范》（GB 50007—2011），按土的抗剪强度指标确定地基承载力特征值时，以下情况中哪些取值是正确的？ （　　）

（A）当基础宽度 $3m < b < 6m$ 或基础埋置深度大于 0.5m 时，按基础底面压力验算地基承载力时，相应的地基承载力特征值应进一步进行宽度和深度修正
（B）基底地基持力层为粉质黏土，基础宽度为 2.0m，取 $b = 2.0m$
（C）c_k 取基底下一倍短边宽度深度范围内土的黏聚力标准值
（D）γ_m 取基础与上覆土的平均重度 20kN/m³

42. 按照《建筑地基基础设计规范》（GB 50007—2011）的规定，以下关于场地冻结深度的叙述中哪些是正确的？ （　　）

（A）土中粗颗粒含量越多，场地冻结深度越大
（B）对于黏性土地基，场地冻结深度通常大于标准冻结深度
（C）土的含水量越大，场地冻结深度越小
（D）场地所处的城市人口越多，场地冻结深度越大

43. 按照《建筑地基基础设计规范》（GB 50007—2011），在对地基承载力特征值进行深宽修正时，下列哪些选项是正确的？ （ ）

（A）基础宽度小于 3m 一律按 3m 取值，大于 6m 一律按 6m 取值

（B）地面填土在上部结构施工完成后施工，基础埋深从天然地面标高算起

（C）在基底标高处进行深层载荷试验确定的地基承载力特征值，不需进行深宽修正

（D）对地下室，采用条形基础时，基础埋深从室内地坪标高和室外地坪标高的平均值处算起

44. 按照《建筑地基基础设计规范》（GB 50007—2011），在满足一定条件时，柱下条形基础的地基反力可按直线分布且条形基础梁的内力可按连续梁计算。问下列哪些选项的条件是正确的？ （ ）

（A）地基比较均匀 （B）上部结构刚度较好

（C）荷载分布均匀 （D）基础梁的高度不小于柱距的 1/10

45. 根据《建筑地基基础设计规范》（GB 50007—2011）确定柱基底面尺寸时所采用的地基承载力特征值，其大小与下列哪些因素有关？ （ ）

（A）基础荷载 （B）基础埋深

（C）基础宽度 （D）地下水位

46. 桩筏基础下基桩的平面布置应考虑下列哪些选项因素？ （ ）

（A）桩的类型 （B）上部结构荷载分布

（C）桩身的材料强度 （D）上部结构刚度

47. 依据《建筑桩基技术规范》（JGJ 94—2008）的规定，下列有关承台效应系数 η_c 的论述，哪些选项是正确的？ （ ）

（A）承台效应系数 η_c 随桩间距的增大而增大

（B）单排桩条形承台的效应系数 η_c 小于多排桩的承台效应系数 η_c

（C）对端承型桩基，其承台效应系数 η_c 应取 1.0

（D）基底为新填土，高灵敏度软土时，承台效应系数 η_c 取零

48. 《建筑桩基技术规范》（JGJ 94—2008）中关于考虑承台、基桩协同工作和土的弹性抗力作用，计算受水平荷载的桩基时的基本假定包括下列哪些选项？ （ ）

（A）对于低承台桩基，桩顶处水平抗力系数为零

（B）忽略桩身、承台、地下墙体侧面与土之间的黏着力和摩擦力对抵抗水平力的作用

（C）将土体视为弹性介质，其水平抗力系数随深度不变为常数

（D）桩顶与承台铰接，承台的刚度与桩身刚度相同

49. 在以下的桩基条件，哪些桩应按端承型桩设计？ （ ）

（A）钻孔灌注桩桩径 0.8m，桩长 18m，桩端为密实中砂，桩侧范围土层均为密实细砂

（B）人工挖孔桩桩径 1.0m，桩长 20m，桩端进入较完整基岩 0.8m

（C）PHC 管桩桩径 0.6m，桩长 15m，桩端为密实粉砂，桩侧范围土层为淤泥

（D）预制方桩边长 0.25m，桩长 25m，桩端、桩侧土层均为淤泥质黏土

50. 根据《建筑桩基技术规范》（JGJ 94—2008），下列关于建筑桩基承台计算的说法，哪些选项是正确的？ （　　）

（A）当承台悬挑边有多排基桩形成多个斜截面时，应对每个斜截面的受剪承载力进行验算

（B）轴心竖向力作用下桩基承台受柱冲切，冲切破坏锥体应采用自柱（墙）边或承台变阶处至相应桩顶边缘连线所构成的锥体

（C）承台的受弯计算时，对于筏形承台，均可按局部弯矩作用进行计算

（D）对于柱下条形承台梁的弯矩，可按弹性地基梁进行分析计算

51. 根据《建筑桩基技术规范》（JGJ 94—2008），下列关于建筑工程灌注桩施工的说法，哪些选项是正确的？ （　　）

（A）条形桩基沿垂直轴线方向的长钢套管护壁人工挖孔桩桩位允许偏差为 200mm

（B）沉管灌注桩的充盈系数小于 1.0 时，应全长复打

（C）对于超长泥浆护壁成孔灌注桩，灌注水下混凝土可分段施工，但每段间隔不得大于 24h

（D）泥浆护壁成孔灌注桩后注浆主要目的是处理孔底沉渣和桩身泥皮

52. 根据《建筑桩基技术规范》（JGJ 94—2008）确定单桩竖向极限承载力时，以下选项中哪些是正确的？ （　　）

（A）桩端置于完整、较完整基岩的嵌岩桩，其单桩竖向极限承载力由桩周土总极限侧阻力和嵌岩段总极限阻力组成

（B）其他条件相同时，敞口钢管桩因土塞效应，其端阻力大于闭口钢管桩

（C）对单一桩端后注浆灌注桩，其单桩竖向极限承载力的提高来源于桩端阻力和桩侧阻力的增加

（D）对于桩身周围有液化土层的低承台桩基，其液化土层范围内侧阻力取值为零

53. 某建在灰岩地基上的高土石坝，已知坝基透水性较大，进行坝基处理时，以下哪些选项是合理的？ （　　）

（A）大面积溶蚀未形成溶洞的可做铺盖防渗

（B）浅层的溶洞应采用灌浆方法处理

（C）深层的溶洞较发育时，应做帷幕灌浆，同时还应进行固结灌浆处理

（D）当采用灌浆方法处理岩溶时，应采用化学灌浆或超细水泥灌浆

54. 根据《公路路基设计规范》（JTG D30—2015），以下有关路基的规定，哪些选项是正确的？ （　　）

（A）对填方路基，应优先选用粗粒土作为填料。液限大于 50%，塑性指数大于 26 的细粒土，不得直接作为填料

（B）对于挖方路基，当路基边坡有地下水渗出时，应设置渗沟和仰斜式排水孔

（C）路基处于填挖交接处时，对挖方区路床 0.80m 范围内土体应超挖回填碾压

（D）高填方路堤的堤身稳定性可采用简化 Bishop 法计算，稳定安全系数宜取 1.2

55. 某高度为 12m 直立红黏土建筑边坡，已经采用"立柱 + 预应力锚索 + 挡板"进行了加固支护，边坡处于稳定状态；但在次年暴雨期间，坡顶 2m 以下出现渗水现象，且坡顶柏油道路路面开始出现与坡面纵向平行的连通裂缝，设计师提出的以下哪些处理措施是合适的？　　　　　　　（　　）

（A）在坡顶紧贴支挡结构后增设一道深 10.0m 的隔水帷幕

（B）在坡面增设长 12m 的泄水孔

（C）在原立柱上增设预应力锚索

（D）在边坡中增设锚杆

56. 根据《碾压式土石坝设计规范》（NB/T 10872—2021），对土石坝坝基采用混凝土防渗墙进行处理时，以下哪些选项是合适的？　　　　　　　　　　　　　　　　　　　（　　）

（A）用于防渗墙的混凝土内可掺黏土、粉煤灰等外加剂，并有足够的抗渗性和耐久性

（B）高坝坝基深砂砾石层的混凝土防渗墙，应验算墙身强度

（C）混凝土防渗墙插入坝体土质防渗体高度应不低于 1.0m

（D）混凝土防渗墙嵌入基岩宜大于 0.5m

57. 根据《建筑边坡工程技术规范》（GB 50330—2013），下列有关于边坡支护形式适用性的论述，哪些选项是正确的？　　　　　　　　　　　　　　　　　　　　　　　　　　（　　）

（A）锚杆挡墙不宜在高度较大且无成熟工程经验的新填方边坡中应用

（B）变形有严格要求的边坡和开挖土石方危及边坡稳定性的边坡不宜采用重力式挡墙

（C）扶壁式挡墙在填方高度 10～15m 的边坡中采用是较为经济合理的

（D）采用坡度法时应对边坡环境进行整治

58. 下列哪些选项是岩质边坡发生倾倒破坏的基本条件？　　　　　　　　　　　　　（　　）

（A）边坡体为陡倾较薄层的岩体　　　　　　（B）边坡的岩体较破碎

（C）边坡存在地下水　　　　　　　　　　　（D）边坡的坡度较陡

59. 关于盐渍土盐胀性的叙述中，下列哪些选项是正确的？　　　　　　　　　　　　（　　）

（A）当土中硫酸钠含量不超过 1%时，可不考虑盐胀性

（B）盐渍土的盐胀作用与温度关系不大

（C）盐渍土中含有伊利石和蒙脱石，所以才表现出盐胀性

（D）含盐量相同时硫酸盐渍土的盐胀性较氯盐渍土强

60. 滑坡稳定性计算常用的方法有瑞典圆弧法、瑞典条分法、毕肖普法及简布法，下列关于这些方法的论述中哪些选项是正确的？　　　　　　　　　　　　　　　　　　　　　　（　　）

（A）瑞典圆弧法仅适用于 $\varphi = 0$ 的均质黏性土坡

（B）简布法仅适用于圆弧滑动面的稳定性计算

（C）毕肖普法和简布法计算的稳定系数比较接近

（D）瑞典条分法不仅满足滑动土体整体力矩平衡条件，也满足条块间的静力平衡条件

61. 下列关于红黏土特征的表述中哪些选项是正确的？ （　　）

（A）红黏土失水后易出现裂隙

（B）红黏土具有与膨胀土一样的胀缩性

（C）红黏土往往有上硬下软的现象

（D）红黏土为高塑性的黏土

62. 下列关于湿陷起始压力的叙述中哪些选项是正确的？ （　　）

（A）室内试验确定的湿陷起始压力就是湿陷系数为 0.015 时所对应的试验压力

（B）在室内采用单线法压缩试验测定湿陷起始压力时，应不少于 5 个环刀试样

（C）对于自重湿陷性黄土，土样的湿陷起始压力肯定大于其上覆土层的饱和自重压力

（D）对于非自重湿陷性黄土，土样的湿陷起始压力肯定小于其上覆土层的饱和自重压力

63. 关于人工长期降低岩溶地下水位引起的岩溶地区地表塌陷，下列哪些说法是正确的？

（　　）

（A）塌陷多分布在土层较厚，且土颗粒较细的地段

（B）塌陷多分布在溶蚀洼地等地形低洼处

（C）塌陷多分布在河床两侧

（D）塌陷多分布在断裂带及褶皱轴部

64. 下列关于建筑场地污染土勘察的叙述中，哪些选项是正确的？ （　　）

（A）勘探点布置时近污染源处宜密，远污染源处宜疏

（B）确定污染土和非污染土界限时，取土间距不宜大于 1m

（C）同一钻孔内采取不同深度的地下水样时，应采取严格的隔离措施

（D）根据污染土的颜色、状态、气味可确定污染对土的工程特性的影响程度

65. 根据《注册土木工程师（岩土）执业及管理工作暂行规定》，下列哪些说法是正确的？ （　　）

（A）自 2009 年 9 月 1 日起，凡《工程勘察资质标准》规定的甲级、乙级岩土工程项目，统一实施注册土木工程师（岩土）执业制度

（B）注册土木工程师（岩土）可在规定的执业范围内，以注册土木工程师（岩土）的名义从事岩土工程及相关业务

（C）自 2012 年 9 月 1 日起，甲、乙级岩土工程的项目负责人须由本单位聘用的注册土木工程师（岩土）承担

（D）《工程勘察资质标准》规定的丙级岩土工程项目不实施注册土木工程师（岩土）执业制度

66. 下列哪些行为违反了《建设工程质量检测管理办法》相关规定？ （　　）

（A）委托未取得相应资质的检测机构进行检测的

（B）明示或暗示检测机构出具虚假检测报告，篡改或伪造检测报告的

（C）未按规定在检测报告上签字盖章的

（D）送检试样弄虚作假的

67. 根据《建设工程安全生产管理条例》，施工单位的哪些人员应当经建设行政主管部门或者其他有关部门考核合格后方可任职？ （　　）

（A）现场一般作业人员　　　　　　　　（B）专职安全生产管理人员

（C）项目负责人　　　　　　　　　　　（D）单位主要负责人

68. 下列关于开标的说法，哪些是正确的？ （　　）

（A）在投标截止日期后，按规定时间、地点，由招标人主持开标会议

（B）招标人在招标文件要求提交投标文件的截止时间前收到的所有投标文件，开标时都应当当众予以拆封、宣读

（C）邀请所有投标人到场后方可开标

（D）开标过程应当记录，并存档备查

69. 根据《中华人民共和国建筑法》，建筑工程实行质量保修制度，下列哪些工程属于保修范围？ （　　）

（A）地基基础工程　　　　　　　　　　（B）主体结构工程

（C）园林绿化工程　　　　　　　　　　（D）供热、供冷工程

70.《建设工程勘察设计管理条例》规定，建设工程勘察、设计单位不得将所承揽的建设工程勘察，设计转包。问：承包方下列哪些行为属于转包？ （　　）

（A）承包方将承包的全部建设工程勘察、设计再转给其他具有相应资质等级的建设工程勘察、设计单位

（B）承包方将承包的建设工程主体部分的勘察、设计转给其他具有相应资质等级的建设工程勘察、设计单位

（C）承包方将承包的全部建设工程勘察、设计肢解以后以分包的名义分别转给其他具有相应资质等级的建设工程勘察、设计单位

（D）承包方经发包方书面同意后，将建设工程主体部分勘察、设计以外的其他部分转给其他具有相应资质等级的建设工程勘察、设计单位

2014 年专业知识试题（上午卷）

一、单项选择题（共 40 题，每题 1 分，每题的备选项中只有一个最符合题意）

1. 某港口岩土工程勘察，有一粉质黏土和粉砂成层状交替分布的土层，粉质黏土平均层厚 40cm，粉砂平均层厚 5cm，按《水运工程岩土勘察规范》（JTS 133—2013），该层土应定名为下列哪个选项？ （　　）

（A）互层土 　　　　　　　　　　　　（B）夹层土

（C）间层土 　　　　　　　　　　　　（D）混层土

2. 某化工车间，建设前场地土的压缩模量为 12MPa，车间运行若干年后，场地土的压缩模量降低到 9MPa。根据《岩土工程勘察规范》（GB 50021—2001）（2009 年版），该场地的污染对于场地土的压缩模量的影响程度为下列哪项？ （　　）

（A）轻微 　　　　　　　　　　　　　（B）中等

（C）大 　　　　　　　　　　　　　　（D）强

3. 在粉细砂含水层进行抽水试验，最合适的抽水孔过滤器是下列哪项？ （　　）

（A）骨架过滤器 　　　　　　　　　　（B）缠丝过滤器

（C）包网过滤器 　　　　　　　　　　（D）用沉淀管代替

4. 在潮差较大的海域钻探，回次钻进前后需进行孔深校正的，正确的做法是下列哪一项？ （　　）

（A）涨潮和落潮时均加上潮差

（B）涨潮和落潮时均减去潮差

（C）涨潮时加上潮差，退潮时减去潮差

（D）涨潮时减去潮差，退潮时加上潮差

5. 岩体体积结构面数含义是指下列哪项？ （　　）

（A）单位体积内结构面条数 　　　　　（B）单位体积内结构面组数

（C）单位体积内优势结构面条数 　　　（D）单位体积内优势结构面组数

6. 关于潜水地下水流向的判定，下列说法哪项是正确的？ （　　）

（A）从三角形分布的三个钻孔中测定水位，按从高到低连线方向

（B）从多个钻孔测定地下水位确定其等水位线，按其由高到低垂线方向

（C）从带多个观测孔的抽水试验中测定水位，按主孔与最深水位孔连线方向

（D）从带多个观测孔的压水试验中测定水量，按主孔与最大水量孔连线方向

7. 在带多个观测孔的抽水试验中，要求抽水孔与最近的观测孔的距离不宜小于含水层厚度，其主要原因是下列哪一项？ （　　）

（A）减少水力坡度对计算参数的影响

（B）避免三维流所造成的水头损失

（C）保证观测孔中有足够的水位降深

（D）提高水量和时间关系曲线的精度

8. 在城市轨道交通岩土工程勘察中，有机质含量是用下列哪个温度下的灼失量来测定的？

（　　）

（A）70℃　　　　　　　　　　　　　　（B）110℃

（C）330℃　　　　　　　　　　　　　　（D）550℃

9. 在城市轨道交通详细勘察阶段，下列有关地下区间勘察工作布置的说法，哪一选项不符合规范要求？

（　　）

（A）对复杂场地，地下区间勘探点间距宜为 10～30m

（B）区间勘探点宜在隧道结构中心线上布设

（C）控制性勘探孔的数量不应少于勘探点总数的 1/3

（D）对非岩石地区，控制性勘探孔进入结构底板以下不应小于 3 倍的隧道直径（宽度）

10. 在公路工程初步勘察时，线路工程地质调绘宽度沿路线左右两侧的距离各不宜小于下列哪个选项？

（　　）

（A）50m　　　　　　　　　　　　　　（B）100m

（C）150m　　　　　　　　　　　　　　（D）200m

11. 在钻孔中使用活塞取土器采取 I 级原状土试验，其取样回收率的正常值应介于下列哪个选项的范围之间？

（　　）

（A）0.85～0.90　　　　　　　　　　　（B）0.90～0.95

（C）0.95～1.00　　　　　　　　　　　（D）1.00～1.05

12. 对含有有机质超过干土质量 5%的土进行含水量试验时，应将温度控制在下列哪项的恒温下烘至恒量？

（　　）

（A）65～70℃　　　　　　　　　　　　（B）75～80℃

（C）95～100℃　　　　　　　　　　　（D）105～110℃

13. 下列关于建筑工程初步勘察工作的布置原则，哪一选项不符合《岩土工程勘察规范》（GB 50021—2001）（2009 年版）的规定？

（　　）

（A）勘探线应平行于地貌单元布置

（B）勘探线应垂直于地质构造和地层界线布置

（C）每个地貌单元均应有控制性勘探点

（D）在地形平坦地区，可按网格布置勘探点

14. 在计算地下车库的抗浮稳定性时，按《建筑地基基础设计规范》（GB 50007—2011）的规定，应采用以下哪种荷载效应组合？ （   ）

（A）正常使用极限状态下作用的标准组合

（B）正常使用极限状态下作用的准永久组合

（C）正常使用极限状态下作用的频遇组合

（D）承载能力极限状态下作用的基本组合

15. 在以下的作用（荷载）中，通常不用于建筑地基变形计算的作用效应是哪项？ （   ）

（A）风荷载　　　　　　　　　　　（B）车辆荷载

（C）积灰、积雪荷载　　　　　　　（D）安装及检修荷载

16. 按照《建筑地基基础设计规范》（GB 50007—2011）的规定，下列哪项建筑物的地基基础设计等级不属于甲级？ （   ）

（A）邻近地铁的 2 层地下车库

（B）软土地区 3 层地下室的基坑工程

（C）同一底板上主楼 12 层、裙房 3 层、平面体型呈 E 形的商住楼

（D）2 层地面卫星接收站

17. 某软土场地，采用堆载预压法对其淤泥层进行处理，其他条件相同，达到同样固结度时，上下两面排水时间为 t_1，单面排水时间为 t_2，则二者的关系为下列哪项？ （   ）

（A）$t_1 = \left(\dfrac{1}{8}\right) t_2$　　　　　　　（B）$t_1 = \left(\dfrac{1}{4}\right) t_2$

（C）$t_1 = \left(\dfrac{1}{2}\right) t_2$　　　　　　　（D）$t_1 = t_2$

18. 软土场地中，下列哪个选项对碎石桩单桩竖向抗压承载力影响最大？ （   ）

（A）桩周土的水平侧阻力　　　　　（B）桩周土的竖向侧阻力

（C）碎石的粒径　　　　　　　　　（D）碎石的密实度

19. 比较堆载预压法和真空预压法处理淤泥地基，以下哪种说法是正确的？ （   ）

（A）地基中的孔隙水压力变化规律相同

（B）预压区边缘土体侧向位移方向一致

（C）均需控制加载速率，以防止加载过快导致淤泥地基失稳破坏

（D）堆载预压法土体总应力增加，真空预压法总应力不变

20. 根据《建筑地基处理技术规范》（JGJ 79—2012）的有关规定，对局部软弱地基进行换填垫层法施工时，以下哪个选项是错误的？ （   ）

（A）采用轻型击实试验指标时，灰土、粉煤灰换填垫层的压实系数应不小于 0.95

（B）采用重型击实试验指标时，垫层施工时要求的干密度应比轻型击实试验时的大

（C）垫层的施工质量检验应分层进行，压实系数可采用环刀法或灌砂法检验

（D）验收时垫层承载力应采用现场静载荷试验进行检验

21. 根据《建筑地基处理技术规范》（JGJ 79—2012），采用真空预压法加固软土地基时，哪个论述是错误的？ （   ）

（A）膜下真空度应稳定地保存在 86.7kPa 以上，射流真空泵空抽气时应达到 95kPa 以上的真空吸力

（B）密封膜宜铺设三层，热合时宜采用双热合缝的平搭接

（C）真空管路上应设置止回阀和截门，以提高膜下真空度，减少用电量

（D）当建筑物变形有严格要求时，可采用真空—堆载联合预压阀，且总压力大于建筑物的竖向荷载

22. 某建筑地基主要土层自上而下为：①素填土，厚 2.2m；②淤泥，含水量为 70%，厚 5.0m；③粉质黏土，厚 3.0m；④花岗岩残积土，厚 5.0m；⑤强风化花岗岩，厚 4.0m。初步设计方案为：采用搅拌桩复合地基，搅拌桩直径 600mm，长 9.0m，根据地基承载力要求算得桩间距为 800mm，审查人员认为搅拌桩太密，在同等桩长情况下，改用以下哪个方案最合适？ （   ）

（A）石灰桩 　　　　　　　　　　（B）旋喷桩

（C）挤密碎石桩 　　　　　　　　（D）水泥粉煤灰碎石桩

23. 根据《建筑地基处理技术规范》（JGJ 79—2012），下列关于地基处理的论述中哪个是错误的？ （   ）

（A）经处理后的地基，基础宽度的地基承载力修正系数应取零

（B）处理后的地基可采用圆弧滑动法验算整体稳定性，其安全系数不应小于 1.3

（C）多桩型复合地基的工作特性是在等变形条件下的增强体和地基土共同承担荷载

（D）多桩型复合地基中的刚性桩布置范围应大于基础范围

24. 某场地采用多桩型复合地基，采用增强体 1 和增强体 2，见下图，当采用多桩（取增强体 1 和增强体 2 各两根）复合地基静载荷试验时，载荷板面积取下列哪个选项？ （   ）

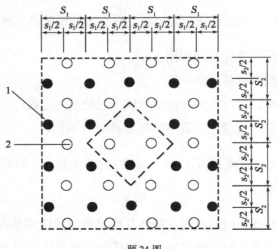

题 24 图

（A）$s_1^2 + s_2^2$ （B）$2s_1 s_2$

（C）$(s_1 + s_2)^2$ （D）$2s_1^2 + 2s_2^2$

25. 采用复合式衬砌的公路隧道，在初期支护和二次衬砌之间设置防水板及无纺布组成的防水层，以防止地下水渗漏进入衬砌内。下列哪项要求不符合《公路隧道设计规范　第一册　土建工程》（JTG 3370.1—2018）的规定？　　　　　　　　　　　　　　　　　　　（　　）

（A）无纺布密度不小于 $300g/m^2$

（B）防水板接缝搭接长度不小于 100mm

（C）无纺布不宜与防水板黏合使用

（D）二次衬砌的混凝土应满足抗渗要求，有冻害地段的地区，其抗渗等级不应低于 S6

26. 对于隧道的仰拱和底板的施工，下列哪个选项不符合《铁路隧道设计规范》（TB 10003—2016）的要求？　　　　　　　　　　　　　　　　　　　　　　　　　　　（　　）

（A）仰拱或底板施作前，必须将隧道虚渣、积水等清除干净，超挖部分采用片石混凝土回填找平

（B）为保持洞室稳定，仰拱或底板要及时封闭

（C）仰拱应超前拱墙衬砌施作，超前距离宜保持 3 倍以上衬砌循环作业长度

（D）在仰拱或底板施工缝、变形缝处应按相关工艺规定做防水处理

27. 铁路隧道复合式衬砌的初期支护，宜采用锚喷支护，其基层平整度应符合下列哪个选项？（D 为初期支护基层相邻凸面凹进去的深度；L 为基层两凸面的距离）　　　　　　（　　）

（A）$D/L \leqslant 1/2$ （B）$D/L \leqslant 1/10$

（C）$D/L \geqslant 1/6$ （D）$D/L \geqslant 1/10$

28. 根据《建筑基坑支护技术规程》（JGJ 120—2012），预应力锚杆施工采用二次压力注浆工艺时，关于注浆孔的设置，下列哪种说法正确？　　　　　　　　　　　　　　　　　（　　）

（A）注浆管应在锚杆全长范围内设置注浆孔

（B）注浆管应在锚杆前段 1/4～1/3 锚固段长度范围内设置注浆孔

（C）注浆管应在锚杆末段 1/4～1/3 锚固段长度范围内设置注浆孔

（D）注浆管应在锚杆前段 1/4～1/3 锚杆全长范围内设置注浆孔

29. 某建筑深基坑工程采用排桩支护结构，桩径为 1.0m，排桩间距为 1.2m，当采用平面杆系结构弹性支点法计算时，单根支护桩上的土反力计算宽度为下列哪个数值？　　　　　　（　　）

（A）1.8m   （B）1.5m

（C）1.2m   （D）1.0m

30. 如图所示，某基坑深 10m，长方形，平面尺寸为 50m×30m，距离基坑边 4～6m 为 3～4 层的天然地基民房，场地地层从地面算起为：①填土层，厚 2m；②淤泥质黏土层，厚 2m；③中砂层，厚 4.0m；④粉质黏土层，可塑到硬塑，承压水水头位于地面下 1m，按照基坑安全、环境安全、经济合理的原则，以下哪一个支护方案是最合适的？　　　　　　　　　　　　　　　　（　　）

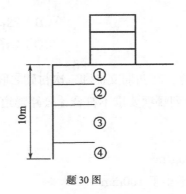

题 30 图

（A）搅拌桩复合土钉支护 （B）钢板桩加锚索支护
（C）搅拌桩重力式挡墙支护 （D）地下连续墙加支撑支护

31. 在IV级围岩地段修建两车道小净距公路隧道时，下列哪个选项不符合《公路隧道设计规范　第一册　土建工程》（JTG 3370.1—2018）的要求？ （　　）

（A）洞口地形狭窄、路线布设困难或为减少洞口占地的隧道，可采用小净距隧道
（B）两隧道净距在 1.0 倍开挖跨度以内时，小净距隧道段长度宜控制在 1000m
（C）中夹岩的加固措施包括加长系统锚杆、设对拉锚杆和小导管注浆
（D）小净距隧道应选用复合式衬砌，支护参数应综合确定

32. 根据《建筑抗震设计标准》（GB/T 50011—2010）（2024 年版）的规定，在深厚第四系覆盖层地区，对于可液化土的液化判别，下列选项中哪个不正确？ （　　）

（A）抗震设防烈度为 8 度的地区，饱和粉土的黏粒含量为 15% 时可判为不液化土
（B）抗震设防烈度为 8 度的地区，拟建 8 层民用住宅采用桩基础，采用标准贯入试验法判别地基土的液化情况时，可只判别地面下 15m 范围内土的液化
（C）当饱和砂土未经杆长修正的标准贯入锤击数小于或等于液化判别标准贯入锤击数临界值时，应判为液化土
（D）勘察未见地下水时，应按设计基准期内年平均最高水位进行液化判别

33. 下列关于建筑抗震设计叙述中，哪一项说法是正确的？ （　　）

（A）设计地震分组的第一组、第二组和第三组分别对应抗震设防的三个地震水准
（B）抗震设防烈度为 7 度的地区所对应的设计地震基本加速度为 $0.10g$
（C）设计特征周期可根据《中国地震动参数区划图》查取
（D）50 年设计基准期超越概率 10% 的地震加速度为设计基本地震加速度

34. 在其他条件相同的情况下，下列关于砂土液化可能性的叙述，哪项是不正确的？ （　　）

（A）颗粒磨圆度越好，液化可能性越大
（B）排水条件越好，液化可能性越大
（C）震动时间越长，液化可能性越大
（D）上覆土层越薄，液化可能性越大

35. 根据《中国地震动参数区划图》（GB 18306—2015）规定，下列哪个选项符合要求？

（　）

（A）中国地震动峰值加速度区划图的比例尺为 1：400 万，允许放大使用
（B）中国地震动反应谱特征周期区划图的比例尺为 1：400 万，可放大使用
（C）位于地震动参数区划分界线附近的扩建工程不应直接采用本标准，应做专门研究
（D）核电站可直接采用本标准

36. 某土石坝坝址的勘察资料见下表，拟将场地土层开挖 15m 深度后建造土石坝，问按照《水电工程水工建筑物抗震设计规范》（NB 35047—2015）的规定，该工程场地土类型属于下列哪个选项？

（　）

（A）软弱场地土
（C）中硬场地土

（B）中软场地土
（D）坚硬场地土

题 36 表

岩土名称	层顶埋深	实测剪切波速（m/s）
粉土	0	140
中砂	15	280
安山岩	30	700

37. 某建筑场地类别为Ⅲ类，设计基本地震加速度为 $0.15g$，按照《建筑抗震设计标准》（GB/T 50011—2010）（2024 年版）规定，除规范另有规定外，对建筑物采取抗震构造措施时，宜符合下列哪项要求？

（　）

（A）按抗震设防烈度 7 度（$0.10g$）时抗震设防类别建筑的要求
（B）按抗震设防烈度 7 度（$0.15g$）时抗震设防类别建筑的要求
（C）按抗震设防烈度 8 度（$0.20g$）时抗震设防类别建筑的要求
（D）按抗震设防烈度 8 度（$0.30g$）时抗震设防类别建筑的要求

38. 高应变检测单桩承载力时，力传感器直接测定的是哪项？

（　）

（A）传感器安装面处的应变
（C）桩顶部的锤击力

（B）传感器安装面处的应力
（D）桩头附近的应力

39. 某大直径桩采用钻芯法检测时，在桩身共钻有两孔，在某深度发现有缺陷现象，桩基检测人员在两个钻孔相同深度各采取了 3 块混凝土芯样试件，得到该深度处的两个抗压强度代表值，则该桩在该深度的芯样试件抗压强度代表值由下列哪种方法确定？

（　）

（A）取两个抗压强度代表值中的最小值
（B）取两个抗压强度代表值中的平均值
（C）取所有 6 个试件抗压强度中的最小值
（D）取两组抗压强度最小值的平均值

40. 对于基坑监测的说法，哪项符合《建筑基坑工程监测技术规范》（GB 50497—2019）的要求？　　　　　（　　）

（A）混凝土支撑的监测截面宜选择在两支点间中部
（B）围护墙的水平位移监测点宜布置在角点处
（C）立柱的内力监测点宜设在坑底以上各层立柱上部的 1/3 部位
（D）坑外水位监测点应沿基坑、被保护对象的周边布置

二、多项选择题（共 30 题，每题 2 分。每题的备选项中有两个或三个符合题意，错选、少选、多选均不得分）

41. 铁路增建第二条线时，就工程地质条件而言，选线合理的是下列哪几项？　　　　　（　　）

（A）泥石流地段宜选在既有线下游一侧
（B）水库坍岸地段宜选在水库一侧
（C）路堑边坡坍塌变形地段宜选在有病害的一侧
（D）河谷地段宜选在地形平坦的宽谷一侧

42. 关于高压固结试验，下列哪些选项的说法是正确的？　　　　　（　　）

（A）土的前期固结压力是土层在地质历史上所曾经承受过的上覆土层最大有效自重压力
（B）土的压缩指数是指 e-lg$p$ 曲线上大于前期固结压力的直线段斜率
（C）土的再压缩指数是指 e-lg$p$ 曲线上再压缩量与压力差比值的对数值
（D）土的回弹指数是指 e-lg$p$ 曲线回弹圈两端点连线的斜率

43. 用载荷试验确定地基承载力特征值时，下列哪些选项的说法是不正确的？　　　　　（　　）

（A）试验最大加载量应按设计承载力的 2 倍确定
（B）取极限荷载除以 2 的安全系数作为地基承载力特征值
（C）试验深度大于 5m 的平板载荷试验均属于深层平板载荷试验
（D）沉降曲线出现陡降且本级沉降量大于前级的 5 倍时可作为终止试验的一个标准

44. 下列关于深层平板载荷试验的说法，哪些选项是正确的？　　　　　（　　）

（A）深层平板载荷试验适用于确定埋深大于 5.0m 的地基土承载力
（B）深层平板载荷试验适用于确定大直径基桩桩端土层的承载力
（C）深层平板载荷试验所确定的地基承载力特征值基础埋深的修正系数为 0
（D）深层平板载荷试验的试验井直径应大于承压板直径

45. 下列哪些试验方法适用于测定粒径大于 5mm 的土的土粒比重？　　　　　（　　）

（A）比重瓶法　　　　　　　　　　（B）浮称法
（C）虹吸筒法　　　　　　　　　　（D）移液管法

46. 关于土对钢结构的腐蚀性评价，下列说法哪些是符合《岩土工程勘察规范》（GB 50021—2001）（2009 年版）？　　　　　（　　）

（A）氧化还原电位越高，腐蚀性越强　　　（B）视电阻率越高，腐蚀性越强

（C）极化电流密度越大，腐蚀性越强　　　（D）质量损失越高，腐蚀性越强

47. 根据《建筑地基基础设计规范》（GB 50007—2011）的规定，关于地基基础的作用取值及设计规定，以下叙述哪些是正确的？　　　　　　　　　　　　　　　　　　　（　　）

（A）挡土墙的稳定计算与挡土墙截面设计计算采用的作用基本组合值相同

（B）在同一个地下车库设计中，抗压作用与抗浮作用的基本组合值不同

（C）对于地基基础设计等级为丙级的情况，其结构重要性系数 γ_0 可取 0.9

（D）建筑结构的设计使用年限为 50 年，则地基基础的设计使用年限也可定为 50 年

48. 根据《建筑地基基础设计规范》（GB 50007—2011）及《建筑桩基技术规范》（JGJ 94—2008）的规定，在以下的地基基础计算中，作用效应应采用正常使用极限状态下作用标准组合的是哪些选项？　　　　　　　　　　　　　　　　　　　　　　　　　　　　（　　）

（A）基础底面积确定时计算基础底面压力

（B）柱与基础交接处受冲切验算时计算地基土单位面积净反力

（C）抗拔桩的裂缝控制计算时计算桩身混凝土拉应力

（D）群桩中基桩水平承载力验算时计算基桩桩顶水平力

49. 以下的地基基础设计验算中，按照《建筑地基基础设计规范》（GB 50007—2011）规定，采用正常使用极限状态进行设计计算的是哪些选项？　　　　　　　　　　　　　　　　（　　）

（A）柱基的不均匀沉降计算

（B）基础裂缝宽度计算

（C）支挡结构与内支撑的截面验算

（D）有很大水平力作用的建筑地基稳定性验算

50. 下列哪些地基处理方法在加固地基时有挤密作用？　　　　　　　　　　　　（　　）

（A）强夯法　　　　　　　　　　　　　　（B）柱锤冲扩桩法

（C）水泥土搅拌法　　　　　　　　　　　（D）振冲法

51. 某软土路堤拟采用 CFG 桩复合地基，经验算最危险滑动面通过 CFG 桩桩身，其整体滑动安全系数不满足要求，下列哪些方法可显著提高复合地基的整体滑动稳定性？　　　（　　）

（A）提高 CFG 桩的混凝土强度等级

（B）在 CFG 桩桩身内配置钢筋笼

（C）增加 CFG 桩长

（D）复合地基施工前对软土进行预压处理

52. 根据《建筑地基处理技术规范》（JGJ 79—2012），对拟建建筑物进行地基处理，下列哪些说法是正确的？　　　　　　　　　　　　　　　　　　　　　　　　　　　（　　）

（A）确定水泥粉煤灰碎石桩复合地基的设计参数应考虑基础刚度

（B）经处理后的地基，在受力层范围内不应存在软弱下卧层

（C）各种桩型的复合地基竣工验收时，承载力检验均应采用现场载荷试验

（D）地基处理方法比选与上部结构特点相关

53. 根据《建筑地基处理技术规范》（JGJ 79—2012），采用灰土挤密桩加固湿陷性黄土地基时，以下哪些选项是正确的？　　　　　　　　　　　　　（　　）

（A）石灰可选用新鲜的消石灰，土料宜选用粉质黏土，灰土的体积比宜为 2 : 8

（B）处理后的复合地基承载力特征值不宜大于处理前天然地基承载力特征值的 1.4 倍

（C）桩顶应设置褥垫层，厚度可取 500mm，压实系数不应低于 0.95

（D）采用钻孔夯扩法成孔时，桩顶设计标高以上的预留覆土厚度不宜小于 1.2m

54. 采用预压法进行软基处理时，以下哪些选项是正确的？　　　　　　（　　）

（A）勘察时应查明软土层厚度、透水层位置及水源补给情况

（B）塑料排水板和砂井的井径比相同时，处理效果相同

（C）考虑砂井的涂抹作用后，软基的固结度将减小

（D）超载预压时，超载量越大，软基的次固结系数越大

55. 有一厂房工程，浅层 10m 范围内以流塑～软塑黏性土为主，车间地坪需要回填 1.5m 覆土，正常使用时地坪堆载要求为 50kPa，差异沉降控制在 5‰ 以内，以下哪些地基处理方法较为合适？　　　　　　　　　　　　　　　　　　　　　（　　）

（A）强夯法　　　　　　　　　　　　（B）水泥搅拌桩法

（C）碎石桩法　　　　　　　　　　　（D）注浆钢管柱法

56. 某松散粉土可液化地基，液化土层厚度 8m，其下卧为中密砂卵石层。若需消除液化并需将地基承载力特征值提高到 300kPa，下列哪些处理方法可作为选用方案？　　（　　）

（A）旋喷桩复合地基

（B）砂石桩 + 水泥粉煤灰碎石桩多桩型复合地基

（C）水泥土搅拌桩复合地基

（D）柱锤冲扩桩复合地基

57. 根据《建筑基坑支护技术规程》（JGJ 120—2012）有关规定，深基坑水平对称开挖，关于计算宽度内弹性支点的刚度系数，下列哪些选项是正确的？　　　　　　　（　　）

（A）与支撑的截面尺寸和支撑材料的弹性模量有关

（B）与支撑水平间距无关

（C）与支撑两边基坑土方开挖方式及开挖时间差异有关

（D）同样的条件下，预加轴向压力时钢支撑的刚度系数大于不预加轴向压力的刚度系数

58. 根据《建筑基坑支护技术规程》（JGJ 120—2012）有关规定，关于悬臂式支护桩嵌固深度的计算和设计，下列哪些选项是正确的？　　　　　　　　　　　（　　）

（A）应满足绕支护桩底部转动的力矩平衡

（B）应满足整体稳定性验算要求

（C）当支护桩桩端以下存在软弱土层时，必须穿过软弱土层

（D）必须进行隆起稳定性验算

59. 对穿越基本稳定的山体的铁路隧道，按照《铁路隧道设计规范》（TB 10003—2016），在初步判定是否属于浅埋隧道时，应考虑下列哪些因素？ （ ）

（A）覆盖层厚度 （B）围岩等级

（C）地表是否平坦 （D）地下水位埋深

60. 采用桩锚支护形式的建筑基坑，坑底隆起稳定性验算不满足要求时，可采取下列哪些措施？ （ ）

（A）增加支护桩的桩径 （B）增加支护桩的嵌固深度

（C）增加锚杆长度 （D）加固坑底土体

61. 当采用平面杆系结构弹性支点法对基坑支护结构进行分析计算时，关于分布在支护桩上的土反力大小，下列哪些说法是正确的？ （ ）

（A）与支护桩嵌固段水平位移值有关

（B）与基坑底部土性参数有关

（C）与基坑主动土压力系数大小无关

（D）计算土抗力最大值应不小于被动土压力

62. 某地区由于长期开采地下水，发生大面积地面沉降，根据工程地质和水文地质条件，下列哪些是可以采用的控制措施？ （ ）

（A）限制地下水的开采量

（B）向含水层进行人工补给

（C）调整地下水开采层次，进行合理开采

（D）对地面沉降区土体进行注浆加固

63. 下列选项中哪些措施可以全部或部分消除地基液化？ （ ）

（A）钻孔灌注桩 （B）挤密碎石桩

（C）强夯 （D）长螺旋施工水泥粉煤灰碎石桩

64. 按照《水电工程水工建筑物抗震设计规范》（NB 35047—2015），进行水工建筑物抗震计算时，下列哪些选项的说法是正确的？ （ ）

（A）采用地震作用与水库最高蓄水位的组合

（B）一般情况下采用上游水位作为正常蓄水位

（C）对土石坝上游坝坡采用最不利的常遇水位

（D）采用地震作用与水库的死水位的组合

65. 在抗震设防烈度为 8 度的地区，下列选项中哪些可不进行天然地基及基础的抗震承载力验算？　　　　（　　）

（A）一般的单层厂房
（B）规范规定可不进行上部结构抗震验算的建筑
（C）9 层的一般民用框架结构房屋
（D）地基为松散砂土层的 2 层框架结构民用房屋

66. 根据《水利水电工程地质勘察规范》（GB 50487—2008）（2022 年版），判别饱和少黏性土液化时，可采用下列哪几项指标？　　　　（　　）

（A）剪切波速
（B）标准贯入试验锤击数
（C）液性指数
（D）颗粒粒径 d_{10}

67. 某高速公路桥梁地基内有液化土层，根据《公路工程抗震规范》（JTG B02—2013），验算其承载力时，下列说法正确的是哪几项？　　　　（　　）

（A）采用桩基时，液化土层的桩侧摩阻力应折减
（B）采用桩基时，液化土层的内摩擦角不用折减
（C）采用天然地基时，计算液化土层以下的地基承载力应计入液化土层及以上土层的重力
（D）采用天然地基时，计算液化土层以上地基承载力应计入液化土层及以上土层的重度

68. 某平坦稳定的中硬场地，拟新建一般的居民小区，研究显示 50 年内场地的加速度和超越概率关系如下表所示，结合《建筑抗震设计标准》（GB/T 50011—2010）（2024 年版），该场地的下列哪些说法是不正确的？　　　　（　　）

题 68 表

峰值加速度（g）	0.07	0.10	0.20	0.40
超越概率（%）	63	50	10	2

（A）该场地峰值加速度为 0.07g 地震的理论重现期约为 475 年
（B）今后 50 年内，场地遭受峰值加速度为 0.10g 地震的可能性为 50%
（C）可按照抗震设防烈度 8 度（0.20g）的相关要求进行结构抗震分析
（D）遭遇峰值加速度为 0.40g 地震时，抗震设防目标为损坏可修

69. 建筑基坑工程监测工作应符合下列哪些要求？　　　　（　　）

（A）应采用仪器监测与巡视检查相结合的方法
（B）监测点应均匀布置
（C）基准点应选择在施工影响范围以外不受扰动的位置，基准点应稳定可靠
（D）对同一监测项目宜采用相同的观测方法和观测线路

70. 下列关于高、低应变法测桩的叙述中，哪些是正确的？　　　　　　　　　（　　　）

（A）低应变法可以判断桩身结构的完整性

（B）低应变法动荷载能使土体产生塑性位移

（C）高应变法只能测定单桩承载力

（D）高应变法检测桩承载力时要求桩土间产生相对位移

2014 年专业知识试题（下午卷）

一、单项选择题（共 40 题，每题 1 分。每题的备选项中只有一个最符合题意）

1. 均质地基，以下措施中既可以提高地基承载力又可以有效减小地基沉降的是哪个选项？ （   ）

 （A）设置基础梁以增大基础刚度　　　　（B）提高基础混凝土强度等级
 （C）采用"宽基浅埋"减小基础埋深　　　（D）设置地下室增大基础埋深

2. 场地的天然地面标高为 5.4m，柱下独立基础设计基底埋深位于天然地面下 1.5m，在基础工程完工后一周内，室内地面填方至设计标高 5.90m，以下计算取值正确的是哪项？ （   ）

 （A）按承载力理论公式计算持力层地基承载力时，基础埋深 $d = 2.0$m
 （B）承载力验算计算基底压力时，基础和填土重 $G_k = \gamma_G Ad$ 中的基础埋深 $d = 2.0$m
 （C）地基沉降计算中计算基底附加压力 $p = p_0 - \gamma d$ 时，基础埋深 $d = 2.0$m
 （D）在以上的各项计算中，基础埋深均应取 $d = 2.0$m

3. 某单层工业厂房，排架结构，跨度 12m，柱距 9m，单柱荷载 3000kN，基础持力层主要为密实的砂卵石，在选择柱下基础形式时，下列哪种基础形式最为合理？ （   ）

 （A）筏形基础　　　　　　　　　　　　　（B）独立基础
 （C）桩基础　　　　　　　　　　　　　　（D）十字交叉梁基础

4. 三个不同地基上承受轴心荷载的墙下条形基础，基础底面荷载、尺寸相同，三个基础的地基反力的分布形式分别为：①马鞍形分布，②均匀分布，③倒钟形分布，问基础在墙与基础交接的弯矩设计值之间的关系是哪一个选项？ （   ）

 （A）①＜②＜③　　　　　　　　　　　　（B）①＞②＞③
 （C）①＜②＞③　　　　　　　　　　　　（D）①＝②＝③

5. 按照《建筑地基基础设计规范》（GB 50007—2011）的规定，在沉降计算的应力分析中，下列对于地基的假定哪个是错误的？ （   ）

 （A）地基为弹塑性体　　　　　　　　　　（B）地基为半无限体
 （C）地基为线弹性体　　　　　　　　　　（D）地基为均质各向同性体

6. 按照《建筑地基基础设计规范》（GB 50007—2011）的规定，关于柱下钢筋混凝土独立基础的设计，下列哪个选项是错误的？ （   ）

 （A）对具备形成冲切锥条件的柱基，应验算基础受冲切承载力
 （B）对不具备形成冲切锥条件的柱基，应验算柱根处基础受剪切承载力
 （C）基础底板应验算受弯承载力
 （D）当柱的混凝土强度等级大于基础混凝土强度等级时，可不验算基础顶面的受压承载力

7. 在《建筑桩基技术规范》（JGJ 94—2008）中，关于偏心竖向压力作用下，群桩基础中基桩桩顶作用效应的计算，以下叙述正确的是哪个选项？　　　　　　　　　　　　　（　　）

（A）距离竖向力合力作用点最远的基桩，其桩顶竖向作用力计算值最小
（B）中间桩的桩顶作用力计算值最小
（C）计算假定承台下桩顶作用力为马鞍形分布
（D）计算假定承台为柔性板

8. 按照《建筑桩基技术规范》（JGJ 94—2008），在确定基桩竖向承载力特征值时，下列哪种情况下的摩擦型桩基宜考虑承台效应？　　　　　　　　　　　　　　　　　（　　）

（A）上部结构整体刚度较好，体型简单的建（构）筑物，承台底为液化土
（B）对差异沉降适应性较强的排架结构和柔性结构，承台底为新近填土
（C）软土地基减沉复合疏桩基础，承台底为正常固结黏性土
（D）按变刚度调平原则设计的桩基刚度相对弱化区，承台底为湿陷性土

9. 下列各项措施中，对提高单桩水平承载力作用最小的措施是哪一项？　　　　（　　）

（A）提高桩身混凝土强度等级　　　　　（B）增大桩的直径或边长
（C）提高桩侧土的抗剪强度　　　　　　（D）提高桩端土的抗剪强度

10. 按照《建筑桩基技术规范》（JGJ 94—2008），承载能力极限状态下，下列关于竖向受压桩基承载特性的描述哪项是最合理的？　　　　　　　　　　　　　　　　　　（　　）

（A）摩擦型群桩的承载力近似等于各单桩承载力之和
（B）端承型群桩的承载力近似等于各单桩承载力之和
（C）摩擦端承桩的桩顶荷载主要由桩侧摩阻力承担
（D）端承摩擦桩的桩顶荷载主要由桩端阻力承担

11. 下列哪一选项符合《公路桥涵地基与基础设计规范》（JTG 3363—2019）关于桩基础的构造要求？　　　　　　　　　　　　　　　　　　　　　　　　　　　　　　　（　　）

（A）对于锤击或静压沉桩的摩擦桩，在桩顶处的中距不应小于桩径（或边长）的 3 倍
（B）桩顶直接埋入承台连接时，当桩径为 1.5m 时，埋入长度取 1.2m
（C）当钻孔桩按内力计算不需要配筋时，应在桩顶 3.0～5.0m 内配置构造钢筋
（D）直径为 1.2m 的边桩，其外侧与承台边缘的距离可取 360mm

12. 某铁路桥梁钻孔灌注摩擦桩，成孔直径为 1.0m，按照《铁路桥涵地基和基础设计规范》（TB 10093—2017），其最小中心距应为下列何值？　　　　　　　　　　　　　　　（　　）

（A）1.5m　　　　　　　　　　　　　　（B）2.0m
（C）2.5m　　　　　　　　　　　　　　（D）3.0m

13. 对于设计使用年限不少于 50 年，非腐蚀环境中的建筑桩基，下列哪一选项不符合《建筑地基基础设计规范》（GB 50007—2011）的要求？　　　　　　　　　　　　　　（　　）

（A）预制桩的混凝土强度等级不应低于 C30

（B）预应力桩的混凝土强度等级不应低于 C35

（C）灌注桩的混凝土强度等级不应低于 C25

（D）预应力混凝土管桩用作抗拔时，应按桩身裂缝控制等级为二级的要求进行桩身混凝土抗裂验算

14. 根据《建筑桩基技术规范》（JGJ 94—2008）的规定，采用静压法沉桩时，预制桩的最小配筋率不宜小于下列何值？ （ ）

（A）0.4%
（B）0.6%

（C）0.8%
（D）1.0%

15. 某锚杆不同状态下的主筋应力及锚固段摩擦应力的分布曲线如下图所示，问哪根曲线表示锚杆处于工作状态时，锚固段摩擦应力的分布？ （ ）

（A）a

（B）b

（C）c

（D）d

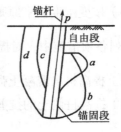

题 15 图

16. 关于计算挡土墙所受的土压力的论述，下列哪个选项是错误的？ （ ）

（A）采用朗肯土压力理论可以计算墙背上各点的土压力强度，但算得的主动土压力偏大

（B）采用库仑土压力理论求得的是墙背上的总土压力，但算得的被动土压力偏大

（C）朗肯土压力理论假设墙背与填土间的摩擦角 δ 应小于填土层的内摩擦角 φ，墙背倾角 ε 不大于 $45° - \varphi/2$

（D）库仑土压力理论假设填土为无黏性土，如果倾斜式挡墙的墙背倾角过大，可能会产生第二滑裂面

17. 根据《建筑边坡工程技术规范》（GB 50330—2013）的相关要求，下列关于锚杆挡墙的适用性说法哪个选项是错误的？ （ ）

（A）钢筋混凝土装配式锚杆挡土墙适用于填土边坡

（B）现浇钢筋混凝土板肋式锚杆挡土墙适用于挖方边坡

（C）钢筋混凝土格构式锚杆挡土墙适用稳定性差的土质边坡

（D）切坡后可能引发滑坡的边坡宜采用排桩式锚杆挡土墙支护

18. 铁路路基支挡结构采用抗滑桩，根据《铁路路基支挡结构设计规范》（TB 10025—2019），关于作用在抗滑桩上滑坡推力的说法，下列哪个选项是错误的？ （ ）

（A）滑坡推力计算时采用的滑带土的强度指标，可采用试验资料或反算值以及经验数据等综合分析确定

（B）在计算滑坡推力时，假定滑坡体沿滑面均匀下滑

（C）当滑体为砾石类土或块石类土时，下滑力计算时应采用梯形分布

（D）滑坡推力计算时，可通过加大自重产生的下滑力或折减滑面的抗剪强度提高安全度

19. 根据《铁路路基设计规范》（TB 10001—2016），对沿河铁路冲刷防护工程设计，下列哪个选项是错误的？（ ）

（A）防护工程基底应埋设在冲刷深度以下不小于 1.0m 或嵌入基岩内不小于 0.2m

（B）冲刷防护工程应与上下游岸坡平顺连接，端部嵌入岸壁足够深度

（C）防护工程顶面高程，应为设计水位加壅水高再加 0.5m

（D）在流速为 4～8m/s 的河段，主流冲刷的路堤边坡，可采用厚度不小于 0.3m 的浆砌片石护坡

20. 关于土石坝反滤层的说法，下列哪个选项是错误的？（ ）

（A）反滤层的渗透性应大于被保护土，并能通畅地排出渗透水流

（B）下游坝壳与断裂带、破碎带等接触部位，宜设置反滤层

（C）设置合理的下游反滤层可以使坝体防渗体裂缝自愈

（D）防渗体下游反滤层材料的级配、层数和厚度相对于上游反滤层可简化

21. 根据《公路路基设计规范》（JTG D30—2015）的相关要求，下列对预应力锚固边坡的说法，哪个是不正确的？（ ）

（A）预应力锚杆，其锚固段应设置在稳定岩土层中

（B）软质岩和风化岩地层中，宜用压力分散型锚杆，腐蚀性环境中不宜用预应力锚杆

（C）对锚固边坡进行稳定性计算时，锚固力可简化为作用于滑面上的集中力

（D）对锚固边坡进行稳定性计算时，锚固力可简化为作用于坡面上的集中力

22. 土石坝的坝基防渗稳定处理措施中，以下哪个选项是不合理的？（ ）

（A）灌浆帷幕　　　　　　　　　（B）下游水平排水垫层

（C）上游砂石垫层　　　　　　　（D）下游透水盖重

23. 某透水土质边坡，当高水位快速下降后，岸坡出现失稳，其主要原因最合理的是哪一项？（ ）

（A）土的抗剪强度下降　　　　　（B）土的有效应力增加

（C）土的渗透力增加　　　　　　（D）土的潜蚀作用

24. 一般情况下，在滑坡形成过程中最早出现的是下列哪种变形裂缝？（ ）

（A）前缘的鼓胀裂缝　　　　　　（B）后缘的拉张裂缝

（C）两侧的剪切裂缝　　　　　　（D）中前部的扇形裂缝

25. 沉积岩岩质边坡，层面为结合差的软弱结构面。按层面与边坡倾向的关系，下列极射赤平投影图示中，稳定性最差的边坡是哪个？（ ）

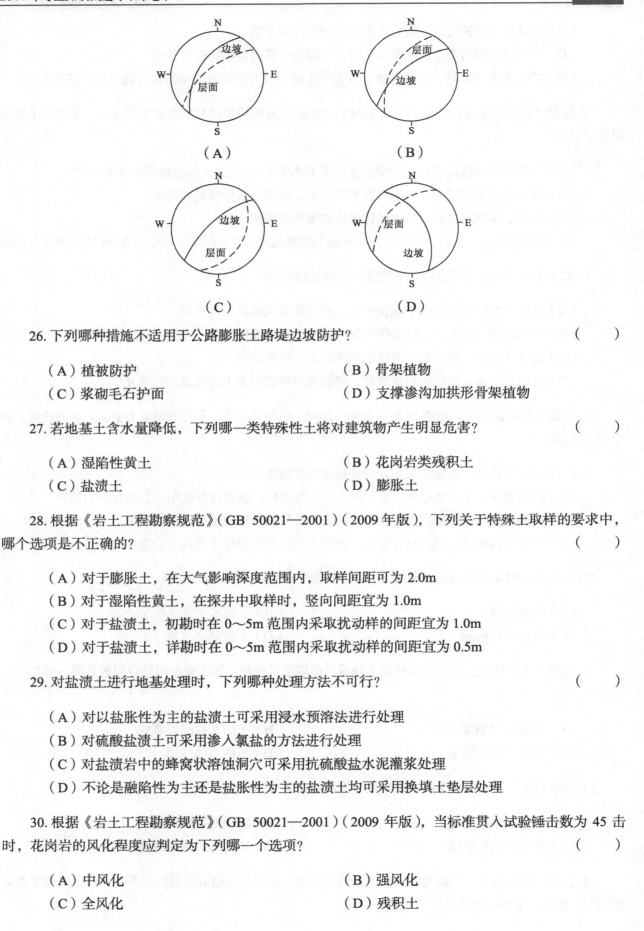

（A）　　　　　　　　　　（B）

（C）　　　　　　　　　　（D）

26. 下列哪种措施不适用于公路膨胀土路堤边坡防护？　　　　　　　　　　（　　）

（A）植被防护　　　　　　　　　　　（B）骨架植物
（C）浆砌毛石护面　　　　　　　　　（D）支撑渗沟加拱形骨架植物

27. 若地基土含水量降低，下列哪一类特殊性土将对建筑物产生明显危害？　　（　　）

（A）湿陷性黄土　　　　　　　　　　（B）花岗岩类残积土
（C）盐渍土　　　　　　　　　　　　（D）膨胀土

28. 根据《岩土工程勘察规范》（GB 50021—2001）（2009 年版），下列关于特殊土取样的要求中，哪个选项是不正确的？　　　　　　　　　　　　　　　　　　　　　　　　　（　　）

（A）对于膨胀土，在大气影响深度范围内，取样间距可为 2.0m
（B）对于湿陷性黄土，在探井中取样时，竖向间距宜为 1.0m
（C）对于盐渍土，初勘时在 0～5m 范围内采取扰动样的间距宜为 1.0m
（D）对于盐渍土，详勘时在 0～5m 范围内采取扰动样的间距宜为 0.5m

29. 对盐渍土进行地基处理时，下列哪种处理方法不可行？　　　　　　　　（　　）

（A）对以盐胀性为主的盐渍土可采用浸水预溶法进行处理
（B）对硫酸盐渍土可采用渗入氯盐的方法进行处理
（C）对盐渍岩中的蜂窝状溶蚀洞穴可采用抗硫酸盐水泥灌浆处理
（D）不论是融陷性为主还是盐胀性为主的盐渍土均可采用换填土垫层处理

30. 根据《岩土工程勘察规范》（GB 50021—2001）（2009 年版），当标准贯入试验锤击数为 45 击时，花岗岩的风化程度应判定为下列哪一个选项？　　　　　　　　　　　　　　（　　）

（A）中风化　　　　　　　　　　　　（B）强风化
（C）全风化　　　　　　　　　　　　（D）残积土

31. 根据《膨胀土地区建筑技术规范》(GB 50112—2013)，需要对某膨胀土场地上住宅小区绿化，土的孔隙比为 0.96，种植速生树种时，隔离沟与建筑物的最小距离不应小于下列哪个数值？　（　　）

(A) 1m　　　　　　　　　　　　　　(B) 3m

(C) 5m　　　　　　　　　　　　　　(D) 7m

32. 在膨胀土地区建设城市轨道交通，采取土试样测得土的自由膨胀率为 60%，蒙脱石的含量为 10%，阴阳离子交换量为 200mmol/kg，该土层的膨胀潜势分类为下列哪一选项？　（　　）

(A) 弱　　　　　　　　　　　　　　(B) 中

(C) 强　　　　　　　　　　　　　　(D) 不能确定

33. 不宜设置垃圾填埋场的场地为下列哪个选项？　（　　）

(A) 岩溶发育场地

(B) 夏季主导风向下风向场地

(C) 库容仅能保证填埋场使用年限在 12 年左右的场地

(D) 人口密度及征地费用较低的场地

34. 膨胀土遇水膨胀的主要原因为下列哪个选项？　（　　）

(A) 膨胀土的孔隙比小

(B) 膨胀土的黏粒含量高

(C) 水分子可进入膨胀土矿物晶格构造内部

(D) 膨胀土土粒间的间距大

35. 生产经营单位的主要负责人未履行安全生产管理职责导致发生生产安全事故受刑事处罚的，自刑罚执行完毕之日起，至少几年不得担任任何生产单位主要负责人？　（　　）

(A) 3 年　　　　　　　　　　　　　(B) 4 年

(C) 5 年　　　　　　　　　　　　　(D) 8 年

36. 生产经营单位发生生产安全事故后，事故现场有关人员应当立即报告，下列哪个选项是正确的？　（　　）

(A) 立即报告本单位负责人　　　　　(B) 立即报告建设单位负责人

(C) 立即报告监理单位负责人　　　　(D) 立即报告安全生产监督管理部门

37. 下列哪项违反《地质灾害防治条例》规定的行为，处 5 万元以上 20 万元以下的罚款？　（　　）

(A) 未按照规定对地质灾害易发生区的建设工程进行地质灾害危险性评估

(B) 配套的地质灾害治理工程未经验收或者经验收不合格，主体工程投入生产或使用的

（C）对工程建设等人为活动引发的地质灾害不予治理的

（D）在地质灾害危险区内爆破、削坡、进行工程建设以及从事其他可能引发地质灾害活动的

38. 下列关于招标投标代理机构的说法，哪个选项不符合《中华人民共和国招标投标法》的规定？ （　　）

（A）从事工程建设项目招标代理业务资格由国务院或者省、自治区、直辖市人民政府的建设行政主管部门认定

（B）从事工程建设项目招标代理资格认定具体办法由国务院建设行政主管部门会同国务院有关部门制定

（C）从事其他招标代理业务的招标代理机构，其资格认定的主管部门由省、自治区、直辖市人民政府规定

（D）招标代理机构与行政机关和其他国家机关不得存在隶属关系或者其他利益关系

39. 据《建设工程质量检测管理办法》的规定，下列哪个选项不在见证取样检测范围？ （　　）

（A）桩身完整性检测 （B）简易土工试验

（C）混凝土、砂浆强度检验 （D）预应力钢绞线、锚夹具检验

40. 下列哪一个选项不属于工程建设强制性标准监督检查的内容？ （　　）

（A）有关工程技术人员是否熟悉、掌握强制性标准

（B）工程项目的规划、勘察、设计、施工、验收等是否符合强制性标准的规定

（C）工程项目的安全、质量是否符合强制性标准的规定

（D）工程技术人员是否参加过强制性标准的培训

二、多项选择题（共 30 题，每题 2 分。每题的备选项中有两个或三个符合题意，错选、少选、多选均不得分）

41. 按照《建筑地基基础设计规范》（GB 50007—2011）中公式计算地基持力层的承载力特征值时，考虑的影响因素包括下列哪些选项？ （　　）

（A）建筑物结构形式及基础的刚度 （B）持力层的物理力学性质

（C）地下水位埋深 （D）软弱下卧层的物理力学性质

42. 软弱地基上荷载、高度差异大的建筑，对减小其地基沉降或不均匀沉降危害有效的处理措施包括下列哪些选项？ （　　）

（A）先建荷载小、层数低的部分，再建荷载大、层数高的部分

（B）采用筏基、桩基增大基础的整体刚度

（C）在高度或荷载变化处设置沉降缝

（D）针对不同荷载与高度，选用不同的基础方案

43. 高层建筑筏形基础的实际内力、挠度与下列哪些因素有关？ （　　）

（A）计算模型　　　　　　　　　　　（B）上部结构刚度
（C）柱网间距　　　　　　　　　　　（D）地基受力层的压缩模量

44. 某建筑地基从自然地面算起，自上而下分别为：粉土，厚度 5m，黏土，厚度 2m，粉砂，厚度 20m，各层土的天然重度均为 20kN/m³，基础埋深 3m，勘察发现有一层地下水，埋深 3m，含水层为粉土，黏土为隔水层。问下列用于地基沉降计算的自重应力选项，哪些是正确的？　　　　　（　　）

（A）10m 深度处的自重应力为 200kPa

（B）7m 深度处的自重应力为 100kPa

（C）4m 深度处的自重应力为 70kPa

（D）3m 深度处的自重应力为 60kPa

45. 根据《建筑地基基础设计规范》（GB 50007—2011），对于地基土的工程特性指标的代表值，下列哪些选项的取值是正确的？　　　　　（　　）

（A）确定土的先期固结压力时，取特征值

（B）确定土的内摩擦角时，取标准值

（C）载荷试验确定承载力时，取特征值

（D）确定土的压缩模量时，取平均值

46. 根据《建筑桩基技术规范》（JGJ 94—2008），当采用等效作用分层总和法计算桩基沉降时，下列哪些说法是正确的？　　　　　（　　）

（A）等效作用面以下的应力分布按弹性半无限体内作用力的 Mindlin 解确定

（B）等效作用面的计算面积为桩群边桩外围所包围的面积

（C）等效作用附加应力近似取承台底平均附加应力

（D）计算的最终沉降量忽略了桩身压缩量

47. 根据《建筑桩基技术规范》（JGJ 94—2008），进行钢筋混凝土桩正截面受压承载力验算时，下列哪些选项是正确的？　　　　　（　　）

（A）预应力混凝土管桩因混凝土强度等级高和工厂预制生产、桩身质量可控性强，离散性小、成桩工艺系数不小于 1.0

（B）对于高承台桩基、桩身穿越可液化土，当为轴心受压时，应考虑压屈影响

（C）对于高承台桩基、桩身穿越可液化土，当为偏心受压时，应考虑弯矩作用平面内挠曲对轴向力偏心距的影响

（D）灌注桩桩径 0.8m，顶部 3m 范围内配置 ϕ8@100 的螺旋式箍筋，计算正截面受压承载力时计入纵向主筋的受压承载力

48. 根据《建筑桩基技术规范》（JGJ 94—2008），下列哪些做法与措施符合抗震设防区桩基的设计原则？　　　　　（　　）

（A）桩应进入液化土层以下稳定土层一定深度

（B）承台和地下室侧墙周围应松散回填，以耗能减震

（C）当承台周围为可液化土时，将承台外每侧 1/2 承台边长范围内的土进行加固

（D）对于存在液化扩展地段，应验算桩基在土流动的侧向力作用下的稳定性

49. 根据《建筑桩基技术规范》（JGJ 94—2008），桩身直径为 1.0m 的扩底灌注桩，当扩底部分土层为粉土，采用人工挖孔时，符合规范要求的扩底部分设计尺寸为下列哪几个选项？（D 为扩底直径，h_c 为扩底高度）　　　（　　）

（A）$D = 1.6$m、$h_c = 0.8$m

（B）$D = 2.0$m、$h_c = 0.5$m

（C）$D = 3.0$m、$h_c = 3.0$m

（D）$D = 3.2$m、$h_c = 3.2$m

50. 根据《公路桥涵地基与基础设计规范》（JTG 3363—2019），下列哪些说法是正确的？　　　（　　）

（A）混凝土沉井刃脚不宜采用素混凝土结构

（B）表面倾斜较大的岩层上不适宜做桩基础，而适宜采用沉井基础

（C）排水下沉时，沉井重力须大于井壁与土体间的摩阻力标准值

（D）沉井井壁的厚度应根据结构强度、施工下沉需要的重力、便于取土和清基等因素而定

51. 下列哪些指标参数对泥浆护壁钻孔灌注桩后注浆效果有较大影响？　　　（　　）

（A）终止注浆量

（B）终止注浆压力

（C）注浆管直径

（D）桩身直径

52. 按照《建筑桩基技术规范》（JGJ 94—2008），下列关于混凝土预制桩静力压桩施工的质量控制措施中哪些是正确的？　　　（　　）

（A）第一节桩下压时垂直度偏差不应大于 0.5%

（B）最后一节有效桩长宜短不宜长

（C）抱压力可取桩身允许侧向压力的 1.2 倍

（D）对于大面积群桩，应控制日压桩量

53. III 类岩体边坡拟采用喷锚支护，根据《建筑边坡工程技术规范》（GB 50330—2013）中有关规定，以下哪些选项是正确的？　　　（　　）

（A）系统锚杆采用全长黏结锚杆

（B）系统锚杆间距为 2.5m

（C）系统锚杆倾角为 15°

（D）喷射混凝土面板厚度为 100mm

54. 土石坝采用混凝土防渗墙进行坝基防渗处理，以下哪些选项可以延长防渗墙的使用年限？　　　（　　）

（A）减小防渗墙的渗透系数

（B）减小渗透坡降

（C）减小混凝土中水泥用量

（D）增加墙厚

55. 某路堤采用黏性土进行碾压填筑，当达到最优含水量时对压实黏性土相关参数的表述，下列哪些选项是正确的？　　　（　　）

（A）含水量最小 （B）干密度最大

（C）孔隙比最小 （D）重度最大

56. 铁路路基边坡采用重力式挡土墙作为支挡结构时，下列哪些选项符合《铁路路基支挡结构设计规范》（TB 10025—2019）的要求？ （　　）

（A）挡土墙墙身材料宜用混凝土或片石混凝土

（B）浸水挡土墙墙背填料为砂性土时，应计算墙背动水压力

（C）挡土墙基底埋置深度一般不应小于 1.0m

（D）墙背为折线形且可以简化为两直线段计算土压力时，下墙段的土压力可采用延长墙背法计算

57. 在某一地区欲建一高 100m 的土石坝，下列哪些选项不宜直接作为该坝的防渗体材料？ （　　）

（A）膨胀土

（B）压实困难的干硬性黏土

（C）塑性指数小于 20 和液限小于 40% 的冲积黏土

（D）红黏土

58. 下列哪些措施能有效减小膨胀土地基对建筑物的破坏？ （　　）

（A）增加散水宽度 （B）减小建筑物层数

（C）采用灰土对地基进行换填 （D）设置沉降缝

59. 某铁路岩质边坡，岩体较完整，但其上部局部悬空处发育有危石，防治时可选用下列哪些工程措施？ （　　）

（A）浆砌片石支顶 （B）钢筋混凝土立柱支顶

（C）预应力锚杆加固 （D）喷射混凝土防护

60. 下列有关滑坡体受力分析的叙述中，哪些选项是错误的？ （　　）

（A）滑坡滑动的原因一定是滑坡体上任何部位的滑动力都大于抗滑力

（B）地震力仅作为滑动力考虑

（C）对反翘的抗滑段，若地下水上升至滑面以上，滑面处的静水压力会全部转化为滑动力

（D）在主滑段进行削方减载，目的是在抗滑力不变的情况下，减小滑动力

61. 下列关于盐渍土的论述中哪些选项是正确的？ （　　）

（A）盐渍土的腐蚀性评价以 Cl^-、SO_4^{2-} 作为主要腐蚀性离子

（B）盐渍土的含水量较低且含盐量较高时其抗剪强度就较低

（C）盐渍土的起始冻结温度不仅与溶液的浓度有关而且与盐的类型有关

（D）盐渍土的盐胀性主要是由于硫酸钠结晶吸水后体积膨胀造成的

62. 关于黄土室内湿陷性试验，下列论述中哪些选项是正确的？ （ ）

（A）压缩试验试样浸水前与浸水后的稳定标准是不同的
（B）单线法压缩试验不应少于 5 个环刀试样而双线法压缩试验只需 2 个
（C）计算上覆土的饱和自重压力时土的饱和度可取 85%
（D）测定湿陷系数的试验压力应为天然状态下的自重压力

63. 根据《湿陷性黄土地区建筑标准》（GB 50025—2018），采用试坑浸水试验确定黄土的自重湿陷量的实测值，下列论述中哪些选项是正确的？ （ ）

（A）观测自重湿陷的深标点应以试坑中心对称布置
（B）观测自重湿陷的浅标点应由试坑中心向坑边以不少于 3 个方向布置
（C）可停止浸水的湿陷稳定标准不仅与每天的平均湿陷量有关，也与浸水量有关
（D）停止浸水后观测到的下沉量不应计入自重湿陷量实测值

64. 公路通过泥石流地区时，可采取跨越、排导和拦截等措施，下列选项中哪些属于跨越措施？ （ ）

（A）桥隧 （B）过水路面
（C）渡槽 （D）格栅坝

65. 根据《建设工程安全生产管理条例》，下列哪些选项是施工单位项目负责人的安全责任？ （ ）

（A）制定本单位的安全生产责任制度
（B）对建设工程项目的安全施工负责
（C）确保安全生产费用的有效使用
（D）将保证安全施工的措施报送建设工程所在地建设行政主管部门

66. 下列费用哪些属于建筑安装工程费用组成中的企业管理费？ （ ）

（A）施工机械使用费 （B）工具器具使用费
（C）检验试验费 （D）财务费

67. 对经评估认为可能引发地质灾害或者可能遭受地质灾害危害的建设工程，下列哪些选项是正确的？ （ ）

（A）应当配套建设地质灾害治理工程
（B）地质灾害治理工程的设计、施工和验收不应当与主体工程设计、施工、验收同时进行
（C）不能以建设工程勘察取代地质灾害评估
（D）配套的地质灾害治理工程未经验收或者验收不合格的，主体工程不得投入生产或者使用

68. 关于违约责任，下列哪些说法是正确的？ （ ）

（A）当事人一方不履行合同义务或者履行合同义务不符合约定的，在履行义务或采取补救措施后，对方还有其他损失的，应当赔偿损失

（B）当事人一方不履行合同义务或者履行合同义务不符合约定，给对方造成损失，赔偿额应当相当于因违约所造成的损失，包括合同履行后可以获得的利益，但不得超过违反合同一方订立合同时预见或者应当预见到的因违反合同可能造成的损失

（C）当事人可以约定一方违约时应当根据违约情况向对方支付一定数额的违约金，也可以约定因违约产生的损失赔偿额的计算方法

（D）当事人就延迟履行约定违约金的，违约方支付违约金后，不再履行债务

69. 下列哪些说法符合《勘察设计注册工程师管理规定》？　　　　　　　（　　）

（A）取得资格证书的人员，必须经过注册方能以注册工程师的名义执业

（B）注册土木工程师（岩土）的注册受理和审批，由省、自治区、直辖市人民政府建设主管部门负责

（C）注册证书和执业印章是注册工程师的执业凭证，由注册工程师本人保管、使用，注册证书和执业印章的有效期为 2 年

（D）不具有完全民事行为能力的，负责审批的部门应当办理注销手续，收回注册证书和执业印章或者公告其注册证书和执业印章作废

70. 下列哪些说法符合《注册土木工程师（岩土）执业及管理工作暂行规定》的要求？（　　）

（A）凡未经注册土木工程师（岩土）签章的技术文件，不得作为岩土工程项目实施的依据

（B）注册土木工程师（岩土）执业制度可实行代审、代签制度

（C）在规定的执业范围内，甲、乙级岩土工程的项目负责人须由本单位聘用的注册土木工程师（岩土）承担

（D）注册土木工程师（岩土）在执业过程中，有权拒绝在不合格或有弄虚作假内容的技术文件上签章。聘用单位不得强迫注册土木工程师（岩土）在工程技术文件上签章

2016 年专业知识试题（上午卷）

一、单项选择题（共 40 题，每题 1 分。每题的备选项中只有一个最符合题意）

1. 某建筑工程岩土工程勘察，采取薄壁自由活塞式取土器，在可塑状黏性土层中采取土试样，取样回收率为 0.96，下列关于本次取得的土试样质量评价哪个选项是正确的？　　（　　）

　　（A）土样有隆起，符合I级土试样　　　　（B）土样有隆起，符合II级土试样
　　（C）土样受挤压，符合I级土试样　　　　（D）土样受挤压，符合II级土试样

2. 采用压缩模量进行沉降验算时，其室内固结试验最大压力的取值应不小于下列哪一选项？
　　　　　　　　　　　　　　　　　　　　　　　　　　　　　　　　　（　　）

　　（A）高压固结试验的最高压力为 32MPa
　　（B）土的有效自重压力和附加压力之和
　　（C）土的有效自重压力和附加压力二者之大值
　　（D）设计有效荷载所对应的压力值

3. 岩土工程勘察中评价土对混凝土结构腐蚀性时，指标 Mg^{2+} 的单位是下列哪一选项？　　（　　）

　　（A）mg/L　　　　　　　　　　　　　　（B）mg/kg
　　（C）mmol/L　　　　　　　　　　　　　（D）%

4. 某土样现场鉴定描述如下：刀切有光滑面，手摸有黏滞感和少量细粒，稍有光泽，能搓成 1～2mm 的土条，其最有可能是下列哪类土？　　（　　）

　　（A）黏土　　　　　　　　　　　　　　（B）粉质黏土
　　（C）粉土　　　　　　　　　　　　　　（D）粉砂

5. 在节理玫瑰图中，自半圆中心沿着半径方向引射的直线段长度的含义是指下列哪一项？
　　　　　　　　　　　　　　　　　　　　　　　　　　　　　　　　　（　　）

　　（A）节理倾向　　　　　　　　　　　　（B）节理倾角
　　（C）节理走向　　　　　　　　　　　　（D）节理条数

6. 某拟建铁路线路通过软硬岩层相间、地形坡度约 60° 的边坡坡脚，坡体中竖向裂隙发育，有倾向临空面的结构面，预测坡体发生崩塌破坏时，最可能是下列哪种形式？　　（　　）

　　（A）拉裂式　　　　　　　　　　　　　（B）错断式
　　（C）滑移式　　　　　　　　　　　　　（D）鼓胀式

7. 水利水电工程中，下列关于岩爆的说法哪个是错误的？　　（　　）

　　（A）岩体具备高地应力、岩质硬脆、完整性好、无地下水涌段易产生岩爆
　　（B）岩石强度应力比越小，岩爆强度越大

（C）深埋隧道比浅埋隧道易产生岩爆

（D）最大主应力与岩体主节理面夹角大小和岩爆强度正相关

8. 土层的渗透系数不受下列哪个因素影响？ （　　）

（A）黏粒含量　　　　　　　　　　　　（B）渗透水的温度

（C）土的孔隙率　　　　　　　　　　　（D）压力水头

9. 某土层的天然重度为 18.5kN/m³，饱和重度为 19kN/m³，问该土层的流土临界水力比降为下列何值？（水的重度按 10kN/m³ 考虑） （　　）

（A）0.85　　　　　　　　　　　　　　（B）0.90

（C）1.02　　　　　　　　　　　　　　（D）1.42

10. 下列关于不同地层岩芯采取率要求由高到低的排序，哪个选项符合《建筑工程地质勘探与取样技术规程》（JGJ/T 87—2012）的规定？ （　　）

（A）黏土层、地下水位以下粉土层、完整岩层

（B）黏土层、完整岩层、地下水位以下粉土层

（C）完整岩层、黏土层、地下水位以下粉土层

（D）地下水位以下粉土层、黏土层、完整岩层

11. 在某地层进行标准贯入试验，锤击数达到 50 时，贯入深度为 20cm，问该标准贯入试验锤击数为下列哪个选项？ （　　）

（A）50　　　　　　　　　　　　　　　（B）75

（C）100　　　　　　　　　　　　　　（D）贯入深度未达到要求，无法确定

12. 某场地地层剖面为三层结构，地层由上至下的电阻率关系为 $\rho_1 > \rho_2$、$\rho_2 < \rho_3$，问本场地的电测深曲线类型为下列哪个选项？ （　　）

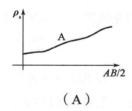

（A）

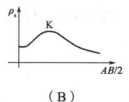

（B）

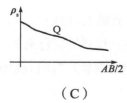

（C）

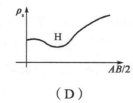

（D）

13. 某水电工程土石坝初步设计阶段勘察，拟建坝高 45m，下伏基岩埋深 40m，根据《水利水电工程地质勘察规范》（GB 50487—2008）（2022 年版），坝基勘察孔进入基岩的最小深度是下列哪个选项？ （　　）

（A）5m
（B）10m
（C）20m
（D）30m

14. 根据《建筑地基基础设计规范》（GB 50007—2011）规定，在计算地基变形时，其作用效应组合的计算方法，下列哪个选项是正确的？　　　　　　　　　　　　　　　　　　（　　）

（A）由永久作用标准值、可变作用标准值乘以相应的组合值系数组合计算

（B）由永久作用标准值计算，不计风荷载、地震作用和可变作用

（C）由永久作用标准值、可变作用标准值乘以相应准永久值系数组合计算，不计风荷载和地震作用

（D）由永久作用标准值及可变作用标准值乘以相应分项系数组合计算，不计风荷载和地震作用

15. 根据《工程结构可靠性设计统一标准》（GB 50153—2008）的规定，对于不同的工程结构设计状况，应进行相应的极限状态设计，关于设计状况对应的极限状态设计要求，下列叙述错误的是哪个选项？　　　　　　　　　　　　　　　　　　　　　　　　　　　　　（　　）

（A）持久设计状况，应同时进行正常使用极限状态和承载能力极限状态设计

（B）短暂设计状况，应进行正常使用极限状态设计，根据需要进行承载能力极限状态设计

（C）地震设计状况，应进行承载能力极限状态设计，根据需要进行正常使用极限状态设计

（D）偶然设计状况，应进行承载能力极限状态设计，可不进行正常使用极限状态设计

16. 某软土地区小区拟建 7 层住宅 1 栋，12 层住宅 2 栋，33 层高层住宅 10 栋，绿地地段拟建 2 层地下车库，持力层地基承载力特征值均为 100kPa，按照《建筑地基基础设计规范》（GB 50007—2011）确定地基基础设计等级，问下列哪个选项不符合规范规定？　　　　　　　　（　　）

（A）地下车库基坑工程为乙级
（B）高层住宅为甲级
（C）12 层住宅为乙级
（D）7 层住宅为乙级

17. 某新近回填的杂填土场地，填土成分含建筑垃圾，填土厚约 8m，下卧土层为坚硬的黏性土，地下水位在地表下 12m 处，现对拟建的 3 层建筑地基进行地基处理，处理深度要求达到填土底，下列哪种处理方法最合理、有效？　　　　　　　　　　　　　　　　　　　　　（　　）

（A）搅拌桩法
（B）1000kN·m 能级强夯法
（C）柱锤扩桩法
（D）长螺旋 CFG 桩法

18. 某 12 层住宅楼采用筏板基础，基础下土层为：①粉质黏土，厚约 2.0m；②淤泥质土，厚约 8.0m；③可塑～硬塑状粉质黏土，厚约 5.0m。该工程采用了水泥土搅拌桩复合地基，结构封顶后，发现建筑物由于地基原因发生了整体倾斜，且在持续发展。现拟对该建筑物进行阻倾加固处理，问下列哪个选项最合理？　　　　　　　　　　　　　　　　　　　　　　　　　　　　　　　　　（　　）

（A）锤击管桩法
（B）锚杆静压桩法
（C）沉管灌注桩法
（D）长螺旋 CFG 桩法

19. 某独立基础，埋深 1.0m，若采用 C20 素混凝土桩复合地基，桩间土承载力特征值为 80kPa，按照《建筑地基处理技术规范》（JGJ 79—2012），桩土应力比的最大值接近下列哪个数值？（单桩承载力发挥系数、桩间土承载力发挥系数均为 1.0）　　　　　（　　）

　（A）30　　　　　　　　　　　　　　（B）60
　（C）80　　　　　　　　　　　　　　（D）125

20. 关于注浆加固的表述，下列哪个选项是错误的？　　　　　（　　）

　（A）隧道堵漏时，宜采用水泥和水玻璃的双液注浆
　（B）碱液注浆适用于处理地下水位以上渗透系数为（0.1～2.0）m/d 的湿陷性黄土
　（C）硅化注浆用于自重湿陷性黄土地基上既有建筑地基加固时应沿基础侧向先内排、后外排施工
　（D）岩溶发育地段需要注浆时，宜采用水泥砂浆

21. 根据《建筑地基处理技术规范》（JGJ 79—2012），下列真空预压处理的剖面图中最合理的选项是哪一个？　　　　　（　　）

（A）
- 单层真空膜
- 砂垫层
- 波纹管
- 单层土工布
- 原土

（B）
- 单层真空膜
- 砂垫层
- 波纹管
- 单层真空膜
- 原土

（C）
- 波纹管
- 单层真空膜
- 砂垫层
- 单层真空膜
- 原土

（D）
- 双层真空膜
- 单层土工布
- 砂垫层
- 波纹管
- 原土

22. 下列关于注浆法地基处理的表述，哪个选项是正确的？　　　　　（　　）

　（A）化学注浆，如聚氨酯等，一般用于止水、防渗、堵漏、不能用于加固地基
　（B）海岸边大体积素混凝土平台基底注浆加固可采用海水制浆
　（C）低渗透性土层中注浆，为减缓凝固时间，可增加水玻璃，并以低压、低速注入
　（D）注浆加固体均会产生收缩，降低注浆效果，可通过添加适量膨胀剂解决

23. 采用水泥搅拌桩加固淤泥时，以下哪个选项对水泥土强度影响最大？　　　　　（　　）

　（A）淤泥的含水量　　　　　　　　　（B）水泥掺入量
　（C）灰浆泵的注浆压力　　　　　　　（D）水泥浆的水灰比

24. 针对某围海造地工程，采用预压法加固淤泥层时，以下哪个因素对淤泥的固结度影响最小？ （　　）

（A）淤泥的液性指数　　　　　　　（B）淤泥的厚度

（C）预压荷载　　　　　　　　　　（D）淤泥的渗透系数

25. 朗肯土压力的前提条件之一是假设挡土墙墙背光滑，按此理论计算作用在基坑支护结构上的主动土压力理论值与挡土墙墙背有摩擦力的实际值相比，下列哪个说法是正确的？ （　　）

（A）偏大　　　　　　　　　　　　（B）偏小

（C）相等　　　　　　　　　　　　（D）不能确定大小关系

26. 某基坑开挖深度为 8m，支护桩长度为 15m，桩顶位于地表，采用落底式侧向止水帷幕，支护结构长度范围内地层主要为粗砂，墙后地下水埋深为地表下 5m。请问支护桩主动侧所受到的静水压力的合力大小与下列哪个选项中的数值最接近？（单位：kN/m） （　　）

（A）1000　　　　　　　　　　　　（B）750

（C）500　　　　　　　　　　　　 （D）400

27. 对于深埋单线公路隧道，关于该隧道垂直均匀分布的松散围岩压力 q 值的大小，下列哪种说法是正确的？ （　　）

（A）隧道埋深越深，q 值越大　　　（B）隧道围岩强度越高，q 值越大

（C）隧道开挖宽度越大，q 值越大　（D）隧道开挖高度越大，q 值越大

28. 关于地铁施工中常用的盾构法，下列哪种说法是错误的？ （　　）

（A）盾构法施工是一种暗挖施工工法

（B）盾构法包括泥水平衡式盾构法和土压平衡式盾构法

（C）盾构施工过程中必要时可以采用人工开挖方法开挖土体

（D）盾构机由切口环和支撑环两部分组成

29. 关于双排桩的设计计算，下列哪种说法不符合《建筑基坑支护技术规程》（JGJ 120—2012）的规定？ （　　）

（A）作用在后排桩上的土压力计算模式与单排桩相同

（B）双排桩应按偏心受压、偏压受拉进行截面承载力验算

（C）作用在前排桩嵌固段上的土反力计算模式与单排桩不相同

（D）前后排桩的差异沉降对双排桩结构的内力、变形影响较大

30. 瓦斯地层的铁路隧道衬砌设计时，应采取防瓦斯措施，下列措施中哪个选项不满足规范要求？ （　　）

（A）不宜采用有仰拱的封闭式衬砌

（B）应采用复合式衬砌，初期支护的喷射混凝土厚度不应小于 15cm，二次衬砌模筑混凝土厚度不应小于 40cm

（C）衬砌施工缝隙应严密封填

（D）向衬砌背后压注水泥砂浆，加强封闭

31. 在含水砂层中采用暗挖法开挖公路隧道，下列哪项施工措施是不合适的？　　（　　）

（A）从地表沿隧道周边向围岩中注浆加固

（B）设置排水坑道或排水钻孔

（C）设置深井降低地下水位

（D）采用模筑混凝土作为初期支护

32. 下列哪种说法不符合《建筑抗震设计标准》（GB/T 50011—2010）（2024 年版）的规定？

　　（　　）

（A）同一结构单元的基础不宜设置在性质截然不同的地基上

（B）同一结构单元不允许部分采用天然地基部分采用桩基

（C）处于液化土中的桩基承台周围，宜用密实干土填筑夯实

（D）天然地基基础抗震验算时，应采用地震作用效应标准组合

33. 按《公路工程抗震规范》（JTG B02—2013）进一步进行液化判别时，采用的标贯击数是下列哪一选项？　　（　　）

（A）实测值　　　　　　　　　　（B）经杆长修正后的值

（C）经上覆土层总压力影响修正后的值　　　（D）经杆长和地下水影响修正后的值

34. 根据《建筑抗震设计标准》（GB/T 50011—2010）（2024 年版）的规定，结构的水平地震作用标准值按下式确定：$F_{\mathrm{Ek}} = \alpha_1 G_{\mathrm{eq}}$，下列哪个选项对式中 α_1 的解释是正确的？　　（　　）

（A）地震动峰值加速度

（B）设计基本地震加速度

（C）相应于结构基本自振周期的水平地震影响系数

（D）水平地震影响系数最大值乘以阻尼调整系数

35. 地震产生的横波、纵波和面波，若将其传播速度分别表示为 v_s、v_p 和 v_R，下列哪个选项表示的大小关系是正确的？　　（　　）

（A）$v_p > v_s > v_R$　　　　　　　（B）$v_p > v_R > v_s$

（C）$v_R > v_p > v_s$　　　　　　　（D）$v_R > v_s > v_p$

36. 某地区场地土的类型包括岩石、中硬土和软弱土三类。根据地震记录得到不同场地条件的地震反应谱曲线如图所示（结构阻尼平均为 0.05，震级和震中距大致相同），试问图中曲线①、②、③分别对应于下列哪个选项场地土条件的反应谱？　　（　　）

（A）岩石、中硬土、软弱土　　　　　（B）岩石、软弱土、中硬土

（C）中硬土、软弱土、岩石　　　　　（D）软弱土、中硬土、岩石

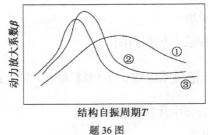

题 36 图

37. 抗震设防烈度是指 50 年内超越概率为下列哪一项时的地震烈度？　　　　（　　）

（A）2%

（B）3%

（C）10%

（D）63%

38. 某工程采用钻孔灌注桩基础，桩基设计等级为乙级。该工程总桩数为 100 根，桩下承台矩形布桩，每个承台下设置 4 根桩。按《建筑基桩检测技术规范》（JGJ 106—2014）制定检测方案时，桩身完整性检测的数量应不少于几根？　　　　（　　）

（A）10 根

（B）20 根

（C）25 根

（D）30 根

39. 对水泥粉煤灰碎石桩复合地基进行验收检测时，按照《建筑地基处理技术规范》（JGJ 79—2012），下述检测要求中哪项不正确？　　　　（　　）

（A）应分别进行复合地基静载试验和单桩静载试验

（B）复合地基静载试验数量每个单体工程不应少于 3 点

（C）承载力检测数量为总桩数的 0.5%～1.0%

（D）桩身完整性检测数量不少于总桩数的 10%

40. 某水井采用固定式振弦式孔隙水压力计观测水位，压力计初始频率为 $f_0 = 3000Hz$，当日实测频率为 $f_1 = 3050Hz$，已知其压力计的标定系数为 $k = 5.25 \times 10^{-5} kPa/Hz^2$，若不考虑温度变化影响，则当日测得水位累计变化值为下列哪个选项？　　　　（　　）

（A）水位下降 1.6m

（B）水位上升 1.6m

（C）水位下降 1.3m

（D）水位上升 1.3m

二、多项选择题（共 30 题，每题 2 分。每题的备选项中有两个或三个符合题意，错选、少选、多选均不得分）

41. 根据《建筑工程地质勘探与取样技术规程》（JGJ/T 87—2012），下列关于钻探技术的要求哪些是正确的？　　　　（　　）

（A）在中等风化的石灰岩中抽水试验孔的孔径不小于 75mm

（B）采用套管护壁时宜先将套管打入土中

（C）在粉质黏土中的回次进尺不宜超过 2.0m

（D）要求采取岩芯的钻孔，应采用回转钻进

42. 根据《公路工程地质勘察规范》（JTG C20—2011），遇下列哪些情况时应对隧道围岩岩体基本质量指标 BQ 进行修正？ （ ）

（A）围岩稳定性受软弱结构面影响，且有一组起控制作用
（B）微风化片麻岩，开挖过程中有岩爆发生岩块弹出，洞壁岩体发生剥离
（C）微风化泥炭岩，开挖过程中侧壁岩体位移显著，持续时间长，成洞性差
（D）环境干燥，泥炭含水量极低，无地下水

43. 详细勘察阶段，下列有关量测偏（误）差的说法哪些符合《建筑工程地质勘探与取样技术规程》（JGJ/T 87—2012）的规定？ （ ）

（A）水域中勘探点平面位置允许偏差为±50cm
（B）水域中孔口高程允许偏差为±10cm
（C）水域钻进中分层深度允许误差为±20cm
（D）水位量测读数精度不得低于±3cm

44. 下列关于工程地质钻探中钻孔冲洗液选用的说法，哪些是正确的？ （ ）

（A）用作水文地质试验的孔段，不得选用泥浆作冲洗液
（B）钻进可溶性盐类地层时，不得采用与该地层可溶性盐类相应的饱和盐水泥浆作冲洗液
（C）钻进遇水膨胀地层时，可采用植物胶泥浆作冲洗液
（D）钻进胶结较差地层时，可采用植物胶泥浆作冲洗液

45. 在港口工程地质勘察中，需对水土进行腐蚀性评价，下列有关取样的说法哪些不符合《水运工程岩土勘察规范》（JTS 133—2013）的规定？ （ ）

（A）每个工程场地均应取水试样或土试样进行腐蚀性指标的测试
（B）试样应在混凝土结构和钢结构所处位置采取，每个场地不少于 2 件
（C）当土中盐类成分和含量分布不均时，要分层取样，每层不少于 2 件
（D）地下水位以下为渗透系数小于 1.1×10^{-6} cm/s 的黏性土时应加取土试样

46. 对于特殊工程隧道穿越单煤层时的绝对瓦斯涌出量，下列哪些说法是正确的？ （ ）

（A）与煤层厚度是正相关关系
（B）与隧道穿越煤层的长度、宽度相关
（C）与煤层的水分、灰分含量呈负相关关系
（D）与隧道温度无关

47. 根据《建筑桩基技术规范》（JGJ 94—2008）的规定，以下采用的作用效应组合，正确的是哪些选项？ （ ）

（A）计算荷载作用下的桩基沉降时，采用作用效应标准组合
（B）计算风荷载作用下的桩基水平位移时，采用风荷载的标准组合
（C）进行桩基承台裂缝控制验算时，采用作用效应标准组合
（D）确定桩数时，采用作用效应标准组合

48. 根据《工程结构可靠性设计统一标准》（GB 50153—2008）的规定，以下对工程结构设计基准期和使用年限采用正确的是哪些选项？　　　　　　　　　　　　　　　　　（　　　）

（A）房屋建筑结构的设计基准期为 50 年

（B）标志性建筑和特别重要的建筑结构，其设计使用年限为 50 年

（C）铁路桥涵结构的设计基准期为 50 年

（D）公路特大桥和大桥结构的设计使用年限为 100 年

49. 按照《建筑地基基础设计规范》（GB 50007—2011）规定，在以下地基基础的设计计算中，属于按承载能力极限状态设计计算的是哪些选项？　　　　　　　　　　　　　　　（　　　）

（A）桩基承台高度计算

（B）砌体承重墙下条形基础高度计算

（C）主体结构与裙房地基基础沉降量计算

（D）位于坡地的桩基整体稳定性验算

50. 真空预压法处理软弱地基，若要显著提高地基固结速度，以下哪些选项的措施是合理的？　　　　　　　　　　　　　　　　　　　　　　　　　　　　　　　　　　　　　　（　　　）

（A）膜下真空度从 50kPa 增大到 80kPa

（B）当软土层下有厚层透水层时，排水竖井穿透软土层进入透水层

（C）排水竖井的间距从 1.5m 减小到 1.0m

（D）排水砂垫层由中砂改为粗砂

51. 复合地基的增强体穿越了粉质黏土、淤泥质土、粉砂三层土，当水泥掺量不变时，下列哪些桩型桩身强度沿桩长变化不大？　　　　　　　　　　　　　　　　　　　　　　　（　　　）

（A）搅拌桩　　　　　　　　　　　　（B）注浆钢管桩

（C）旋喷桩　　　　　　　　　　　　（D）夯实水泥土桩

52. 按照《建筑地基处理技术规范》（JGJ 79—2012），关于地基处理效果的检验，下列哪些说法是正确的？　　　　　　　　　　　　　　　　　　　　　　　　　　　　　　　　　（　　　）

（A）堆载预压后的地基，可进行十字板剪切试验或静力触探试验

（B）压实地基，静载试验荷载板面积为 0.5m²

（C）水泥粉煤灰碎石桩复合地基，应进行单桩静载荷试验，加载量不小于承载力特征值的 2 倍

（D）对换填垫层地基，应检测压实系数

53. 均质土层中，在其他条件相同情况下，下述关于旋喷桩成桩直径的表述，哪些选项是正确的？　　　　　　　　　　　　　　　　　　　　　　　　　　　　　　　　　　　　　（　　　）

（A）喷头提升速度越快，直径越小　　　　（B）入土深度越大，直径越小

（C）土体越软弱，直径越小　　　　　　　（D）水灰比越大，直径越小

54. 下列哪些地基处理方法的处理效果可采用静力触探检验？ （ ）

（A）旋喷桩桩身强度
（B）灰土换填
（C）填石强夯置换
（D）堆载预压

55. 关于水泥粉煤灰碎石桩复合地基的论述，下列哪些说法是错误的？ （ ）

（A）水泥粉煤灰碎石桩可仅在基础范围内布桩
（B）当采用长螺旋压灌法施工时，桩身混合料强度不应超过 C30
（C）水泥粉煤灰碎石桩不适用于处理液化地基
（D）对噪声或泥浆污染要求严格的场地可优先选用长螺旋中心压灌成桩工艺

56. 根据《建筑地基处理技术规范》（JGJ 79—2012），下面关于复合地基处理的说法，哪些是正确的？ （ ）

（A）搅拌桩的桩端阻力发挥系数，可取 0.4～0.6，桩长越长，单桩承载力发挥系数越大
（B）计算复合地基承载力时，若增强体单桩承载力发挥系数取低值，桩间土承载力发挥系数可取高值
（C）采用旋喷桩复合地基时，桩间土越软弱，桩间土承载力发挥系数越大
（D）挤土成桩工艺复合地基，其桩间土承载力发挥系数一般不小于非挤土成桩工艺

57. 关于散体围岩压力的普氏计算方法，其理论假设包括下列哪些内容？ （ ）

（A）岩体由于节理的切割，开挖后形成松散岩体，但仍具有一定的黏结力
（B）硐室开挖后，硐顶岩体将形成一自然平衡拱，作用在硐顶的围岩压力仅是自然平衡拱内的岩体自重
（C）形成的硐顶岩体既能承受压应力又能承受拉应力
（D）表征岩体强度的坚固系数应结合现场地下水的渗漏情况，岩体的完整性等进行修正

58. 影响地下硐室支护结构刚度的因素有下列哪些选项？ （ ）

（A）支护体所使用的材料
（B）硐室的截面尺寸
（C）支护结构形式
（D）硐室的埋置深度

59. 根据《铁路隧道设计规范》（TB 10003—2016），下列哪些情形下的铁路隧道，经初步判断可不按浅埋隧道设计？ （ ）

（A）围岩为中风化泥岩，节理发育，覆盖层厚度为 9m 的单线隧道
（B）围岩为微风化片麻岩，节理不发育，覆盖层厚度为 9m 的双线隧道
（C）围岩为离石黄土，覆盖层厚度为 16m 的单线隧道
（D）围岩为一般黏性土，覆盖层厚度为 16m 的双线隧道

60. 关于锚杆设计与施工，下列哪些说法符合《建筑基坑支护技术规程》（JGJ 120—2012）的规定？ （ ）

（A）土层中锚杆长度不宜小于 11m

（B）土层中锚杆自由段长度不应小于 5m

（C）锚杆注浆固结体强度不宜低于 15MPa

（D）预应力锚杆的张拉锁定应在锚杆固结体强度达到设计强度的 70% 后进行

61. 根据《建筑基坑支护技术规程》（JGJ 120—2012），土钉墙设计应验算下列哪些内容？ （ ）

（A）整体滑动稳定性验算　　　　　　　　（B）坑底隆起稳定性验算

（C）水平滑移稳定性验算　　　　　　　　（D）倾覆稳定性验算

62. 下列地貌特征中，初步判断哪些属于稳定的滑坡地貌特征？ （ ）

（A）坡体后壁较高，长满草木

（B）坡体前缘较陡，受河水侧蚀常有坍塌发生

（C）坡体平台面积不大，有后倾现象

（D）坡体前缘较缓，两侧河谷下切到基岩

63. 下列哪些选项可以表征建筑所在地区遭受的地震影响？ （ ）

（A）设计基本地震加速度　　　　　　　　（B）特征周期

（C）地震影响系数　　　　　　　　　　　（D）场地类别

64. 按《建筑抗震设计标准》（GB/T 50011—2010）（2024 年版），当结构自振周期不可能小于 T_g（T_g 为特征周期），也不可能大于 $5T_g$ 时，增大建筑结构的下列哪些选项可减小地震作用？ （ ）

（A）阻尼比　　　　　　　　　　　　　　（B）自振周期

（C）刚度　　　　　　　　　　　　　　　（D）自重

65. 按《建筑抗震设计标准》（GB/T 50011—2010）（2024 年版），影响液化判别标准贯入锤击数临界值的因素有下列哪些选项？ （ ）

（A）设计地震分组　　　　　　　　　　　（B）可液化土层厚度

（C）标贯试验深度　　　　　　　　　　　（D）场地地下水位

66. 按《公路工程地质勘察规范》（JTG C20—2011）采用标准贯入试验进行饱和砂土液化判别时，需要下列哪些参数？ （ ）

（A）砂土的黏粒含量　　　　　　　　　　（B）抗剪强度指标

（C）抗震设防烈度　　　　　　　　　　　（D）地下水位深度

67. 根据《建筑抗震设计标准》（GB/T 50011—2010）（2024 年版），关于建筑结构的地震影响系数，下列哪些说法正确？ （ ）

（A）与地震烈度有关　　　　　　　　　　（B）与震中距无关

（C）与拟建场地所处的抗震地段类别有关　（D）与建筑所在地的场地类别无关

68.下列关于地震影响系数的说法正确的是哪些选项？ （　　）

（A）抗震设防烈度越大，地震影响系数越大

（B）自振周期为特征周期时，地震影响系数取最大值

（C）竖向地震影响系数一般比水平地震影响系数大

（D）地震影响系数曲线是一条有两个下降段和一个水平段的曲线

69.某根桩，检测时判断其桩身完整性类别为I类，则下列说法中正确的是哪些选项？ （　　）

（A）若对该桩进行抗压静载试验，肯定不会出现桩身结构破坏

（B）无须进行静载试验，该桩的单桩承载力一定满足设计要求

（C）该桩桩身不存在不利缺陷，结构完整

（D）该桩桩身结构能够保证上部结构荷载沿桩身正常向下传递

70.采用声波透射法检测桩身完整性时，降低超声波的频率会导致下列哪些结果？ （　　）

（A）增大超声波的传播距离 　　　　（B）降低超声波的传播距离

（C）提高对缺陷的分辨能力 　　　　（D）降低对缺陷的分辨能力

2016 年专业知识试题（下午卷）

一、单项选择题（共 40 题，每题 1 分。每题的备选项中只有一个最符合题意）

1. 按《建筑地基基础设计规范》（GB 50007—2011），采用室内单轴饱和抗压强度确定岩石承载力特征值时，岩石的试样尺寸一般为下列哪一项？ （　　）

（A）5cm 立方体　　　　　　　　　　　（B）8cm 立方体

（C）100mm × 100mm 圆柱体　　　　　　（D）50mm × 100mm 圆柱体

2. 某大桥墩位于河床之上，河床土质为碎石类土，河床自然演变冲刷深度 1.0m，一般冲刷深度 1.2m，局部冲刷深度 0.8m，根据《公路桥涵地基与基础设计规范》（JTG 3363—2019），墩台基础基底埋深安全值最小选择下列何值？ （　　）

（A）1.2m　　　　　　　　　　　　　　（B）1.8m

（C）2.6m　　　　　　　　　　　　　　（D）3.0m

3. 冻土地基土为粉黏粒含量 16% 的中砂，冻前地下水位与设计冻深的最小距离为 1.4m，冻前天然含水量 19%，平均冻胀率 3.6%，根据《公路桥涵地基与基础设计规范》（JTG 3363—2019），该地基的季节性冻胀性属于下列哪个选项？ （　　）

（A）不冻胀　　　　　　　　　　　　　（B）弱冻胀

（C）冻胀　　　　　　　　　　　　　　（D）强冻胀

4. 某场地地层分布均匀，地下水位埋深 2m，该场地上有一栋 2 层砌体结构房屋，采用浅基础，基础埋深 1.5m，在工程降水过程中，该两层房屋墙体出现了裂缝，下列哪个选项的裂缝形态最有可能是由于工程降水造成的？ （　　）

（A）　　　　　　　　　　　　　　　　（B）

（C）　　　　　　　　　　　　　　　　（D）

5. 在设计满足要求并且经济合理的情况下，下列哪种基础的挠曲变形最小？ （　　）

（A）十字交叉梁基础　　　　　　　　　（B）箱形基础

（C）筏板基础　　　　　　　　　　　　（D）无筋扩展基础

6. 地基上的条形基础（宽度为 b）和正方形基础（宽度为 b），基础荷载均为 p（kPa），其他条件相同，二者基础中心点下的地基附加应力均为 $0.1p$ 时的深度之比最接近下列哪个选项？ （　　）

(A) 2

(B) 3

(C) 4

(D) 5

7. 某竖向承载的端承型灌注桩，桩径 0.8m，桩长 18m，按照《建筑桩基技术规范》（JGJ 94—2008）的规定，该灌注桩钢筋笼的最小长度为下列何值？（不计插入承台钢筋长度） （　　）

(A) 6m

(B) 9m

(C) 12m

(D) 18m

8. 按照《建筑桩基技术规范》（JGJ 94—2008）规定，对桩中心距不大于 6 倍桩径的桩基进行最终沉降量计算时，下列说法哪项是正确的？ （　　）

(A) 桩基最终沉降量包含桩身压缩量及桩端平面以下土层压缩量

(B) 桩端平面等效作用附加压力取承台底平均附加应力

(C) 桩基沉降计算深度与桩侧土层厚度无关

(D) 桩基沉降计算结果与桩的数量及布置无关

9. 按照《建筑桩基技术规范》（JGJ 94—2008）规定，下列抗压灌注桩与承台连接图中，正确的选项是哪一个？（图中尺寸单位：mm） （　　）

10. 某扩底灌注桩基础，设计桩身直径为 1.0m，扩底直径为 2.2m，独立 4 桩承台。根据《建筑桩基技术规范》（JGJ 94—2008），该扩底桩的最小中心距不宜小于下列何值？ （　　）

(A) 3.0m

(B) 3.2m

(C) 3.3m

(D) 3.7m

11. 某钻孔灌注桩基础，根据单桩静载试验结果取地面处水平位移为 10mm，所确定的水平承载力特征值为 300kN，根据《建筑桩基技术规范》（JGJ 94—2008），验算地震作用下的桩基水平承载力时，单桩水平承载力特征值应为下列哪个选项？　　　　　　　　　　　　　　　（　　）

（A）240kN （B）300kN

（C）360kN （D）375kN

12. 某铁路工程，采用嵌入完整的坚硬基岩的钻孔灌注桩，设计桩径为 0.8m，根据《铁路桥涵地基和基础设计规范》（TB 10093—2017），计算嵌入深度为 0.4m，其实际嵌入基岩的最小深度应为下列哪个选项？　　　　　　　　　　　　　　　　　　　　　　　　　　（　　）

（A）0.4m （B）0.5m

（C）0.8m （D）1.2m

13. 对于泥浆护壁成孔灌注桩施工，下列哪些做法不符合《建筑桩基技术规范》（JGJ 94—2008）的要求？　　　　　　　　　　　　　　　　　　　　　　　　　　　　　　　　（　　）

（A）除能自行造浆的黏性土层外，均应制备泥浆

（B）在清孔过程中，应保证孔内泥浆不被置换，直至灌注水下混凝土

（C）排渣可采用泥浆循环或抽渣筒方法

（D）开始灌注混凝土时，导管底部至孔底的距离宜为 300～500mm

14. 下列关于沉管灌注桩施工的做法哪一项不符合《建筑桩基技术规范》（JGJ 94—2008）的要求？　　　　　　　　　　　　　　　　　　　　　　　　　　　　　　　　　　　　（　　）

（A）锤击沉管灌注桩群桩施工时，应根据土质、布桩情况，采取消减负面挤土效应的技术措施，确保成桩质量

（B）灌注混凝土的充盈系数不得小于 1.0

（C）振动冲击沉管灌注桩单打法、反插法施工时，桩管内灌满混凝土后，应先拔管再振动

（D）内夯沉管灌注桩施工时，外管封底可采用干硬性混凝土、无水混凝土配料，经夯击形成阻水、阻泥管塞

15. 根据《建筑边坡工程技术规范》（GB 50330—2013），以下边坡工程的设计中哪些不需要进行专门论证？　　　　　　　　　　　　　　　　　　　　　　　　　　　　　　　　　　　（　　）

（A）坡高 10m 且有外倾软弱结构面的岩质边坡

（B）坡高 30m 稳定性差的土质边坡

（C）采用新技术、新结构的一级边坡工程

（D）边坡潜在滑动面内有重要建筑物的边坡工程

16. 根据《建筑边坡工程技术规范》（GB 50330—2013），采用扶壁式挡土墙加固边坡时，以下关于挡墙配筋的说法哪个是不合理的？　　　　　　　　　　　　　　　　　　　　　　　（　　）

（A）立板和扶壁可根据内力大小分段分级配筋

（B）扶壁按悬臂板配筋

（C）墙趾按悬臂板配筋

（D）立板和扶壁、底板和扶壁之间应根据传力要求设置连接钢筋

17. 图示的墙背为折线形 ABC 的重力式挡土墙，根据《铁路路基支挡结构设计规范》（TB 10025—2019），可简化为上墙 AB 段和下墙 BC 段两直线段计算土压力，试问下墙 BC 段的土压力计算宜采用下列哪个选项？ （　　）

（A）力多边形

（B）第二破裂面法

（C）延长墙背法

（D）校正墙背法

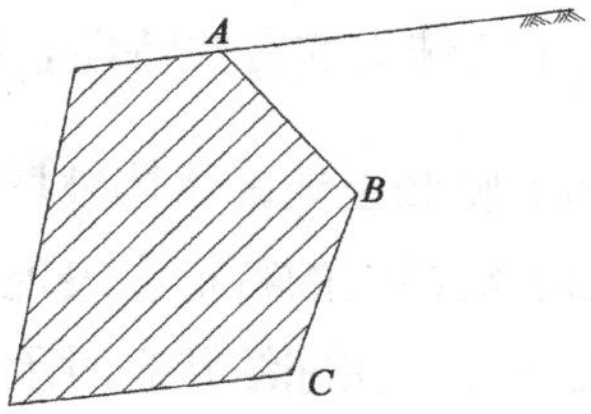

题 17 图

18. 根据《铁路路基支挡结构设计规范》（TB 10025—2019），在浸水重力式挡土墙设计时，下列哪种情况下可不计墙背动水压力？ （　　）

（A）墙背填料为碎石土时　　　　　　　（B）墙背填料为细砂土时

（C）墙背填料为粉砂土时　　　　　　　（D）墙背填料为细粒土时

19. 下图所示的某开挖土质边坡，边坡中夹有一块孤石（ABC），土层的内摩擦角 $\varphi = 20°$，该开挖边坡沿孤石的底面 AB 产生滑移，按朗肯土压力理论，当该土质边坡从 A 点向上产生破裂面 AD 时，其与水平面的夹角 β 最接近于下列哪个选项？ （　　）

（A）35°　　　　　　　　　　　　　　　（B）45°

（C）55°　　　　　　　　　　　　　　　（D）65°

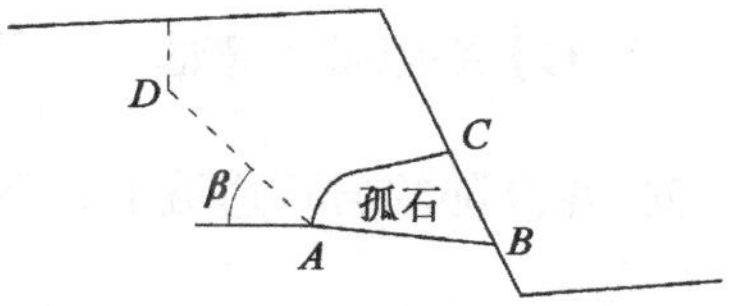

题 19 图

20. 采用抗滑桩治理铁路滑坡时，以下哪个选项不符合《铁路路基支挡结构设计规范》（TB 10025—2019）相关要求？ （　　）

（A）作用于抗滑桩的外力包括滑坡推力、桩前滑体抗力和锚固段地层的抗力

（B）滑动面以上的桩身内力应根据滑坡推力和桩前滑体抗力计算

（C）抗滑桩桩底支撑可采用固定端

（D）抗滑桩锚固深度的计算，应根据地基的横向容许承载力确定

21. 某 10m 高的铁路路堑岩质边坡，拟采用现浇无肋柱锚杆挡墙，其墙面板的内力宜按下列哪个选项计算？ （　　）

（A）单向板　　　　　　　　　　　　　　（B）简支板

（C）连续梁　　　　　　　　　　　　　　（D）简支梁

22. 图示的挡土墙墙背直立、光滑，墙后砂土处于主动极限状态时，滑裂面与水平面的夹角为 θ，砂土的内摩擦角 $\varphi = 28°$，滑体的自重为 G，试问主动土压力的值最接近下列哪个选项？　　　　（　　）

（A）1.7G

（B）1.3G

（C）0.6G

（D）0.2G

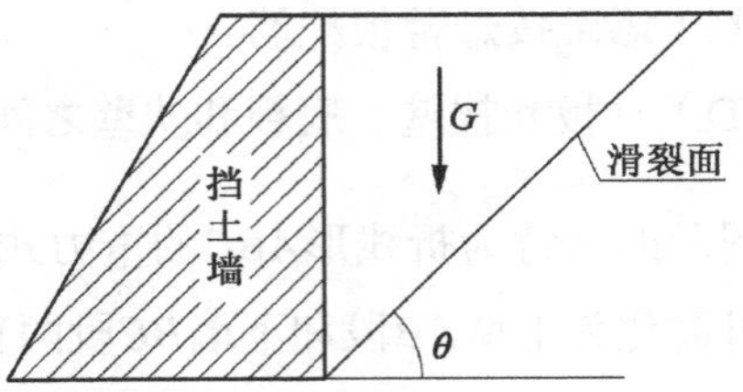

题 22 图

23. 关于特殊土的有关特性表述，下列哪个选项是错误的？　　　　（　　）

（A）膨胀土地区墙体破坏常见"倒八字"形裂缝
（B）红黏土的特征多表现为上软下硬，裂缝发育
（C）冻土在冻结状态时承载力较高，融化后承载力会降低
（D）人工填土若含有对基础有腐蚀性的工业废料时，不宜作为天然地基

24. 根据《岩土工程勘察规范》（GB 50021—2001）（2009 年版）计算花岗岩残积土中细粒土的天然含水量时，土中粒径大于 0.5mm 颗粒吸着水可取下列哪个选项的值？　　　　（　　）

（A）0 　　　　　　　　　　　　　　　　　（B）3%
（C）5% 　　　　　　　　　　　　　　　　（D）7%

25. 采空区顶部岩层由于变形程度不同，在垂直方向上通常会形成三个不同分带，下列有关三个分带自上而下的次序哪一个选项是正确的？　　　　（　　）

（A）冒落带、弯曲带、裂隙带 　　　　　　（B）弯曲带、裂隙带、冒落带
（C）裂隙带、弯曲带、冒落带 　　　　　　（D）冒落带、裂隙带、弯曲带

26. 在高陡的岩石边坡上，下列条件中哪个选项容易形成崩塌？　　　　（　　）

（A）硬质岩石，软弱结构面外倾 　　　　　（B）软质岩石，软弱结构面外倾
（C）软质岩石，软弱结构面内倾 　　　　　（D）硬质岩石，软弱结构面内倾

27. 在自重湿陷性黄土场地施工时，下列哪个临时设施距建筑物外墙的距离不满足《湿陷性黄土地区建筑标准》（GB 50025—2018）的要求？　　　　（　　）

（A）搅拌站，10m 　　　　　　　　　　　（B）给、排水管道，12m
（C）淋灰池，15m 　　　　　　　　　　　（D）水池，25m

28. 下面对特殊性土的论述中，哪个选项是不正确的？　　　　（　　）

（A）硫酸盐渍土的盐胀性主要是由土中含有 Na_2SO_4 引起的
（B）土体中若不含水就不可能发生冻胀
（C）膨胀土之所以具有膨胀性是因为土中含有大量亲水性矿物
（D）风成黄土中粉粒含量高是其具有湿陷性的主要原因

29. 关于滑坡治理设计，下面哪种说法是错误的？ （　　）

（A）当滑体有多层潜在滑动面时应取最深层滑动面确定滑坡推力

（B）可根据不同验算断面的滑坡推力设计相应的抗滑结构

（C）滑坡推力作用点可取在滑体厚度的二分之一处

（D）锚索抗滑桩的主筋不应采用单面配筋

30. 增大抗滑桩的嵌固深度，主要是为了满足下列哪一项要求？ （　　）

（A）抗弯曲 （B）抗剪切

（C）抗倾覆 （D）抗拉拔

31. 岩体结构面的抗剪强度与下列哪种因素无关？ （　　）

（A）倾角 （B）起伏粗糙程度

（C）充填状况 （D）张开度

32. 对近期发生的滑坡进行稳定性验算时，滑面的抗剪强度宜采用下列哪一种直剪试验方法取得的值？ （　　）

（A）慢剪 （B）快剪

（C）固结快剪 （D）多次重复剪

33. 下列矿物中哪一种对膨胀土的胀缩性影响最大？ （　　）

（A）蒙脱石钙 （B）蒙脱石钠

（C）伊利石 （D）高岭石

34. 滑坡稳定性计算时，下列哪一种滑带土的抗剪强度适用于采取综合黏聚力法？ （　　）

（A）以碎石土为主 （B）以较均匀的饱和黏性土为主

（C）以砂类土为主 （D）以黏性土和碎石土组成的混合土

35. 根据《建设工程勘察设计资质管理规定》，下列哪项规定是不正确的？ （　　）

（A）企业首次申请、增项申请工程勘察、工程设计资质，其申请资质等级最高不超过乙级，且不考核企业工程勘察、工程设计业绩

（B）企业改制的，改制后不再符合资质标准的，应按其实际达到的资质标准及本规定重新核定

（C）已具备施工资质的企业首次申请同类别或相近类别的工程勘察、工程设计资质的，不得将工程总承包业绩作为工程业绩予以申报

（D）企业在领取新的工程勘察、工程设计资质证书的同时，应当将原资质证书交回原发证机关予以注销

36. 公开招标是指下列哪个选项？ （　　）

（A）招标人以招标公告的方式邀请特定的法人或其他组织投标

（B）招标人以招标公告的方式邀请不特定的法人或其他组织投标

（C）招标人以投标邀请书的方式邀请特定的法人或其他组织投标

（D）招标人以投标邀请书的方式邀请不特定的法人或其他组织投标

37. 建筑安装工程费用项目组成中，企业管理费是指建筑安装企业组织施工生产和经营管理所需的费用，下列费用哪项不属于企业管理费？ （   ）

（A）固定资产使用费 （B）差旅交通费

（C）职工教育经费 （D）社会保障费

38. 建设工程合同中，下列哪个说法是不正确的？ （   ）

（A）发包人可以与总承包人订立建设工程合同，也可以分别与勘察人、设计人、施工人订立勘察、设计、施工承包合同

（B）总承包或者勘察、设计、施工承包人经发包人同意，可以将自己承包的部分工作交由第三人完成

（C）建设工程合同应当采用书面形式

（D）分包单位将其承包的工程可再分包给具有同等资质的单位

39. 根据《中华人民共和国招标投标法》，关于联合体投标，下列哪个选项是错误的？ （   ）

（A）由同一专业的单位组成的联合体，按照资质等级较低的单位确定资质等级

（B）联合体各方应当签订共同投标协议，明确约定各方拟承担的工作和责任

（C）联合体中标的，联合体各方应分别与招标人签订合同

（D）招标人不得强制投标人组成联合体共同投标，不得限制投标人之间的竞争

40. 根据《建筑工程五方责任主体项目负责人质量终身责任追究暂行办法》，由于勘察原因导致工程质量事故的，对勘察单位项目负责人进行责任追究，下列哪个选项是错误的？ （   ）

（A）项目负责人为勘察设计注册工程师的，责令停止执业 1 年，造成重大质量事故的，吊销执业资格证书，5 年以内不予注册；情节特别恶劣的，终身不予注册

（B）构成犯罪的，移送司法机关依法追究刑事责任

（C）处个人罚款数额 5% 以上 10% 以下的罚款

（D）向社会公布曝光

二、多项选择题（共 30 题，每题 2 分。每题的备选项中有两个或三个符合题意，错选、少选、多选均不得分）

41. 当采用筏形基础的高层建筑和裙房相连时，为控制其沉降及差异沉降，下列哪些选项符合《建筑地基基础设计规范》（GB 50007—2011）的规定？ （   ）

（A）当高层建筑与相连的裙房之间不设沉降缝时，可在裙房一侧设置后浇带

（B）当高层建筑封顶后可浇筑后浇带

（C）后浇带设置在相邻裙房第一跨时比设置在第二跨时更有利于减小高层建筑的沉降量

（D）当高层建筑与裙房之间不设沉降缝和后浇带时，裙房筏板厚度宜从裙房第二跨跨中开始逐渐变化

42. 根据《建筑地基基础设计规范》（GB 50007—2011），在进行地基变形验算时，除控制建筑物的平均沉降量外，尚需控制其他指标，下列说法正确的是哪些选项？　　　　　　　　　（　　）

（A）条形基础的框架结构建筑，主要控制基础局部倾斜

（B）剪力墙结构高层建筑，主要控制基础整体倾斜

（C）独立基础的单层排架结构厂房，主要控制柱基的沉降量

（D）框架简体结构高层建筑，主要控制简体与框架柱之间的沉降差

43. 当地基持力层下存在较厚的软弱下卧层时，设计中可以考虑减小基础埋置深度，其主要目的包含下列哪些选项？　　　　　　　　　　　　　　　　　　　　　　　　　　　　（　　）

（A）减小地基附加压力　　　　　　　　　（B）减小基础计算沉降量

（C）减小软弱下卧层顶面附加压力　　　　（D）增大地基压力扩散角

44. 按照《建筑地基基础设计规范》（GB 50007—2011），地基持力层承载力特征值由经验值确定时，下列哪些情况，不应对地基承载力特征值进行深宽修正？　　　　　　　　　　（　　）

（A）淤泥地基　　　　　　　　　　　　　（B）复合地基

（C）中风化岩石地基　　　　　　　　　　（D）微风化岩石地基

45. 根据《铁路路基设计规范》（TB 10001—2016），关于软土地基上路基的设计，下列哪些说法不符合该规范的要求？　　　　　　　　　　　　　　　　　　　　　　　　　　（　　）

（A）泥炭土地基的总沉降量等于瞬时沉降和主固结沉降之和

（B）路基工后沉降控制标准，路桥过渡段与路基普通段相同

（C）高速铁路地基沉降计算时，压缩层厚度按附加应力等于 0.1 倍自重应力确定

（D）任意时刻的沉降量计算值等于平均固结度与总沉降计算值的乘积

46. 根据《建筑桩基技术规范》（JGJ 94—2008）计算基桩竖向承载力时，下列哪些情况下宜考虑承台效应？　　　　　　　　　　　　　　　　　　　　　　　　　　　　　　　　（　　）

（A）桩数为 3 根的摩擦型柱下独立桩基

（B）桩身穿越粉土层进入密实砂土层、桩间距大于 6 倍桩径的桩基

（C）承台底面存在湿陷性黄土的桩基

（D）软土地基的减沉疏桩基础

47. 竖向抗压摩擦型桩基，桩端持力层为黏土，桩侧存在负摩阻力，以下叙述正确的是哪几项？　　　　　　　　　　　　　　　　　　　　　　　　　　　　　　　　　　　　（　　）

（A）桩顶截面处桩身轴力最大

（B）在中性点位置，桩侧土沉降为零

（C）在中性点以上桩周土层产生的沉降超过基桩沉降

（D）在计算基桩承载力时应计入桩侧负摩阻力

48. 下列哪些选项符合桩基变刚度调平设计理念？　　　　　　　　　　　　　（　　）

（A）对局部荷载较大区域采用桩基，其他区域采用天然地基

（B）裙房与主楼基础不断开时，裙房采用小直径预制桩，主楼采用大直径灌注桩

（C）对于框架—核心筒结构高层建筑桩基，核心筒区域桩间距采用 $3d$，核心筒外围区域采用 $5d$

（D）对于大体量筒仓，考虑边桩效应，适当增加边桩、角桩数量，减少中心桩数量

49. 下列哪些选项可能会影响钻孔灌注桩孔壁的稳定？　　　　　　　　　　　（　　）

（A）正循环冲孔时泥浆上返的速度

（B）提升或下放钻具的速度

（C）钻孔的直径和深度

（D）桩长范围内有充填密实的溶洞

50. 下列关于沉井基础刃脚设计的要求，哪些符合《公路桥涵地基与基础设计规范》（JTG 3363—2019）的规定？　　　　　　　　　　　　　　　　　　　　　（　　）

（A）沉入坚硬土层的沉井应采用带有踏面的刃脚，并适当加大刃脚底面宽度

（B）刃脚斜面与水平面交角为 50°

（C）软土地基上沉井刃脚底面宽度 200mm

（D）刃脚部分的混凝土强度等级为 C20

51. 施打大面积预制桩时，下列哪些措施符合《建筑桩基技术规范》（JGJ 94—2008）的要求？　　　　　　　　　　　　　　　　　　　　　　　　　　（　　）

（A）对预钻孔沉桩，预钻孔孔径宜比桩径大 50～100mm

（B）对饱和黏性土地基，应设置袋装砂井或塑料排水板

（C）应控制打桩速率

（D）沉桩结束后，宜普遍实施一次复打

52. 下列哪些人工挖孔灌注桩施工的做法符合《建筑桩基技术规范》（JGJ 94—2008）的要求？　　　　　　　　　　　　　　　　　　　　　　　　　　　　（　　）

（A）人工挖孔桩的桩径（不含护壁）不得小于 0.8m，孔深不宜大于 30m

（B）人工挖孔桩混凝土护壁的厚度不应小于 100mm，混凝土强度等级不应低于桩身混凝土强度等级

（C）每日开工前必须探测井下的有毒、有害气体；孔口四周必须设置护栏

（D）挖出的土石方应及时运离孔口，临时堆放时，可堆放在孔口四周 1m 范围内

53. 根据《碾压式土石坝设计规范》（NB/T 10872—2021）进行坝坡和坝基稳定性计算时，以下哪些选项是正确的？　　　　　　　　　　　　　　　　　　　　　（　　）

（A）均质坝的稳定安全系数等值线的轨迹会出现若干区域，每个区域都有一个低值

（B）厚心墙坝宜采用条分法，计算条块间作用力

（C）对于有软弱夹层、薄心墙坝坡稳定分析可采用满足力和力矩平衡的摩根斯顿—普莱斯等方法

（D）对层状土的坝基稳定安全系数计算时，在不同的圆弧滑动面上计算，即可找到最小稳定安全系数

54. 根据《建筑边坡工程技术规范》（GB 50330—2013），以下关于建筑边坡工程设计所采用的荷载效应最不利组合选项，哪些是正确的？　　　　　　　　　　　　　　　（　　）

（A）计算支护结构稳定时。应采用荷载效应的基本组合，其分项系数可取 1.0

（B）计算支护桩配筋时，应采用承载能力极限状态的标准组合，支护结构的重要性系数 γ_0 对一级边坡取 1.1

（C）复核重力式挡墙地基承载力时，应采用正常使用极限状态的基本组合，相应的抗力应采用地基承载力标准值

（D）计算支护结构水平位移时，应采用荷载效应的准永久组合，不计入风荷载和地震作用

55. 土工织物作路堤坡面反滤材料时，下列哪些选项是正确的？　　　　　　　　　（　　）

（A）土工织物在坡顶和底部应锚固

（B）土工织物应进行堵淤试验

（C）当坡体为细粒土时，可采用土工膜作为反滤材料

（D）当坡体为细粒土时，可采用土工格栅作为反滤材料

56. 根据《铁路路基设计规范》（TB 10001—2016），下列哪些选项符合铁路路基基床填料的选用要求？　　　　　　　　　　　　　　　　　　　　　　　　　　　　（　　）

（A）客货共线铁路（时速 200km/h）的基床底层填料应选用 A、B 组填料，否则应采取土质改良或加固措施

（B）高速铁路的基床底层填料应选用 A、B 组填料，若选用 C 组填料时，其塑性指数不得大于 12，液限不得大于 31%，否则应采取土质改良或加固措施

（C）客货共线或城际铁路基床表层选用砾石类土作为填料时，应采用压实系数和地基系数作为压实控制指标

（D）基床表层选用改良土作为填料时，应采用压实系数和 7d 饱和无侧限抗压强度作为压实控制指标

57. 根据《建筑边坡工程技术规范》（GB 50330—2013），边坡支护结构设计时，下列哪些选项是必须进行的计算或验算？　　　　　　　　　　　　　　　　　　　　　　（　　）

（A）支护桩的抗弯承载力计算　　　　　（B）重力式挡墙的地基承载力计算

（C）边坡变形验算　　　　　　　　　　（D）支护结构的稳定验算

58. 下列有关红黏土的描述中哪些选项是正确的？　　　　　　　　　　　　　　　（　　）

（A）水平方向的厚度变化不大，勘探点可按常规间距布置

（B）垂直方向状态变化大，上硬下软，地基计算时要进行软弱下卧层验算

（C）常有地裂现象，勘察时应查明其发育特征、成因等

（D）含水比是红黏土的重要土性指标

59. 对于湿陷性黄土地基上的多层丙类建筑，消除地基部分湿陷量的最小处理厚度，下列哪些说法是正确的？   （   ）

（A）当地基湿陷等级为 I 级时，地基处理厚度不应小于 1m，且下部未处理湿陷性黄土层的湿陷起始压力值不宜小于 100kPa

（B）当非自重湿陷性黄土场地为 II 级时，地基处理厚度不宜小于 2m，且下部未处理湿陷性黄土层的湿陷起始压力值不宜小于 100kPa

（C）当非自重湿陷性黄土场地为 III 级时，非大厚度湿陷性黄土地基，地基处理厚度不宜小于 3m，且下部未处理湿陷性黄土层的剩余湿陷量不应大于 200mm

（D）当非自重湿陷性黄土场地为 IV 级时，大厚度湿陷性黄土地基。地基处理厚度不宜小于 4m，且下部未处理湿陷性黄土层的剩余湿陷量不应大于 300mm

60. 对膨胀土地区的建筑进行地基基础设计时，下列哪些说法是正确的？   （   ）

（A）地表有覆盖且无蒸发，可按膨胀变形量计算

（B）当地表下 1m 处地基土的含水量接近液限时，可按胀缩变形量计算

（C）收缩变形量计算深度取大气影响深度和浸水影响深度中的大值

（D）膨胀变形量可通过现场浸水载荷试验确定

61. 根据《铁路工程不良地质勘察规程》（TB 10027—2022），稀性泥石流具备下列哪些特征？   （   ）

（A）呈紊流状态   （B）漂石、块石呈悬浮状

（C）流体物质流动过程具有垂直交换特征   （D）阵性流不明显，偶有股流或散流

62. 下列哪些土层的定名是正确的？   （   ）

（A）颜色为棕红或褐黄，覆盖于碳酸岩系之上，其液限大于或等于 50% 的高塑性黏土称为原生红黏土

（B）天然孔隙比大于或等于 1.0，且天然含水量小于液限的细粒土称为软土

（C）易溶盐含量大于 0.3%，且具有溶陷、盐胀、腐蚀等特性的土称为盐渍土

（D）由细粒土和粗粒土混杂且缺乏中间粒径的土称为混合土

63. 下列有关盐渍土性质的描述哪些选项是正确的？   （   ）

（A）硫酸盐渍土的强度随着总含盐量的增加而减小

（B）氯盐渍土的强度随着总含盐量的增加而增大

（C）氯盐渍土的可塑性随着氯含量的增加而提高

（D）硫酸盐渍土的盐胀作用是由温度变化引起的

64. 根据《铁路工程特殊岩土勘察规程》（TB 10038—2022），下列哪些属于黄土堆积地貌？
（　　）

（A）黄土梁
（B）黄土平原
（C）黄土河谷
（D）黄土冲沟

65. 根据《建筑工程五方责任主体项目负责人质量终身责任追究暂行办法》，下列哪些选项是正确的？
（　　）

（A）建筑工程五方责任主体项目负责人是指承担建筑工程项目建设的建设单位项目负责人、勘察项目负责人、设计单位项目负责人、施工单位项目负责人、施工图审查单位项目负责人

（B）建筑工程五方责任主体项目负责人质量终身责任，是指参与新建、扩建、改建的建筑工程项目负责人按照国家法律规定和有关规定，在工程设计使用年限内对工程质量承担相应责任

（C）勘察、设计单位项目负责人应当保证勘察设计文件符合法律法规和工程建设强制性标准的要求，对因勘察、设计导致的工程质量事故或质量问题承担责任

（D）施工单位项目经理应当按照经审查合格的施工图设计文件和施工技术标准进行施工，对因施工导致的工程质量事故或质量问题承担责任

66. 根据《安全生产许可证条例》，下列哪些选项是正确的？
（　　）

（A）国务院建设主管部门负责中央管理的建筑施工企业安全生产许可证的颁发和管理

（B）安全生产许可证由国务院安全生产监督管理部门规定统一的式样

（C）安全生产许可证颁发管理机关应当自收到申请之日起 45 日内审查完毕，经审查符合本条例规定的安全生产条件的，颁发安全生产许可证

（D）安全生产许可证的有效期为 3 年。安全生产许可证有效期需要延期的，企业应当于期满前 1 个月向原安全生产许可证颁发管理机关办理延期手续

67.《工程勘察资质标准》规定的甲级、乙级岩土工程项目，下列哪些文件的责任页应由注册土木工程师（岩土）签字并加盖执业印章？
（　　）

（A）岩土工程勘察成果报告
（B）岩土工程勘察补充成果报告
（C）施工图审查合格书
（D）土工试验报告

68. 根据《中华人民共和国安全生产法》，生产经营单位有下列哪些行为逾期未改正的，责令停产停业整顿，并处十万元以上二十万元以下罚款？
（　　）

（A）未按规定设置安全生产管理机构或配备安全生产管理人员的

（B）特种作业人员未按规定经专门的安全作业培训并取得相应资格，上岗作业的

（C）未为从业人员提供符合要求的劳动防护用品的

（D）未对安全设备进行定期检测的

69. 根据《建设工程安全生产管理条例》，下列选项哪些是勘察单位的安全责任？ （　　）

（A）提供施工现场及毗邻区域的供水、供电等地下管线资料，并保证资料真实、准确、完整

（B）严格执行操作规程，采取措施保证各类管线安全

（C）严格执行工程建设强制性标准

（D）提供的勘察文件真实、准确

70. 根据《中华人民共和国民法典》，下列哪些情形之一，合同无效？ （　　）

（A）恶意串通，损害第三人利益

（B）损害社会公共利益

（C）当事人依法委托代理人订立的合同

（D）口头合同

2017 年专业知识试题（上午卷）

一、单项选择题（共 40 题，每题 1 分。每题的备选项中只有一个最符合题意）

1. 对轨道交通地下区间详细勘察时勘探点布置最合适的是下列哪一项？ （　　）

（A）沿隧道结构轮廓线布置
（B）沿隧道结构外侧一定范围内布置
（C）沿隧道结构内侧一定范围内布置
（D）沿隧道中心线布置

2. 现场描述某层土由黏性土和砂混合组成，室内土工试验测得其中黏性土含量（质量）为 35%，根据《水运工程岩土勘察规范》（JTS 133—2013），该层土的定名应为下列哪个选项？ （　　）

（A）砂夹黏性土
（B）砂混黏性土
（C）砂间黏性土
（D）砂和黏性土互层

3. 某全新活动断裂在全新世有过微弱活动，测得其平均活动速率 $v = 0.05\text{mm/a}$，该断裂所处区域历史地震震级为 5 级，根据《岩土工程勘察规范》（GB 50021—2001）（2009 年版），该活动断裂的分级应为下列哪个选项？ （　　）

（A）I级
（B）II级
（C）III级
（D）IV级

4. 下列关于重型圆锥动力触探和标准贯入试验不同之处的描述中，哪个选项是正确的？ （　　）

（A）落锤的质量不同
（B）落锤的落距不同
（C）所用钻杆的直径不同
（D）确定指标的贯入深度不同

5. 下列关于土的标准固结试验的说法，哪个选项是不正确的？ （　　）

（A）第一级压力的大小应视土的软硬程度而定
（B）压力等级宜按等差级数递增
（C）只需测定压缩系数时，最大压力不小于 400kPa
（D）需测定先期固结压力时，施加的压力应使测得的 $e\text{-lg}p$ 曲线下段出现直线段

6. 根据《岩土工程勘察规范》（GB 50021—2001）（2009 年版），下列关于桩基勘探孔孔深的确定与测试中，哪个选项是不正确的？ （　　）

（A）对需验算沉降的桩基，控制性勘探孔深度应超过地基变形计算深度
（B）嵌岩桩的勘探孔钻至预计嵌岩面
（C）在预计勘探孔深度遇到稳定坚实岩土时，孔深可适当减少
（D）有多种桩长方案对比时，应能满足最长桩方案

7. 下列对断层的定名中，哪个选项是正确的？ （　　）

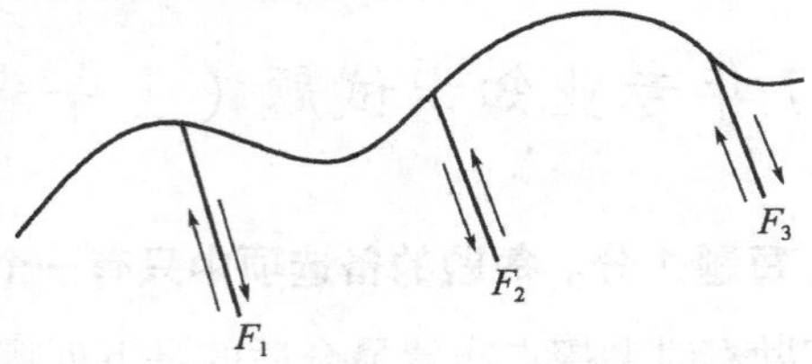

题 7 图

（A）F_1、F_2、F_3 均为正断层　　　　　（B）F_1、F_2、F_3 均为逆断层

（C）F_1、F_3 为正断层，F_2 为逆断层　　（D）F_1、F_3 为逆断层，F_2 为正断层

8. 需测定软黏土中的孔隙水压力时，不宜采用下列哪种测压计？ （　　）

（A）气动测压计　　　　　　　　　　　（B）立管式测压计

（C）水压式测压计　　　　　　　　　　（D）电测式测压计

9. 水利水电工程中，下列关于水库浸没的说法哪个是错误的？ （　　）

（A）浸没评价按初判、复判两阶段进行

（B）渠道周围地下水位高于渠道设计水位的地段，可初判为不可能浸没地段

（C）初判时，浸没地下水埋深临界值是土的毛管水上升高度与安全超高值之和

（D）预测蓄水后地下水埋深值大于浸没地下水埋深临界值时，应判定为浸没区

10. 关于岩石膨胀性试验，下列哪个说法是错误的？ （　　）

（A）遇水易崩解的岩石不应采用岩石自由膨胀率试验

（B）遇水不易崩解的岩石不宜采用岩石体积不变条件下的膨胀压力试验

（C）各类岩石均可采用岩石侧向约束膨胀率试验

（D）自由膨胀率试验采用圆柱体试件时，圆柱体高度宜等于直径

11. 根据《城市轨道交通岩土工程勘察规范》（GB 50307—2012），下列关于岩石风化的描述中哪项是错误的？ （　　）

（A）岩体压缩波波速相同时，硬质岩岩体比软质岩岩体风化程度高

（B）泥岩和半成岩，可不进行风化程度划分

（C）岩石风化程度除可根据波速比、风化系数指标划分外，也可根据经验划分

（D）强风化岩石无法获取风化系数

12. 黄土室内湿陷试验的变形稳定指标为下列哪个选项？ （　　）

（A）每小时变形不大于 0.005mm　　　　（B）每小时变形不大于 0.01mm

（C）每小时变形不大于 0.02mm　　　　　（D）每小时变形不大于 0.05mm

13. 下列关于工程地质测绘和调查的说法中，哪个选项是不正确的？ （　　）

（A）测绘和调查范围与工程场地大小相等

（B）地质界线和地质观测点的测绘精度在图上不应低于 3mm

（C）地质观测点的布置尽量利用天然和已有的人工露头

（D）每个地质单元都应有地质观测点

14. 按照《工程结构可靠性设计统一标准》（GB 50153—2008）规定，关于设计使用年限的叙述中，以下选项中正确的是哪个选项？ （   ）

（A）设计规定的结构或结构构件无须维修即可使用的年限

（B）设计规定的结构或结构构件经过大修可使用的年限

（C）设计规定的结构或结构构件不须进行大修即可按预定目的使用的年限

（D）设计规定的结构或结构构件经过大修可按预定目的使用的年限

15. 按照《建筑地基基础设计规范》（GB 50007—2011）规定，在进行基坑围护结构配筋设计时，作用在围护结构上的土压力计算所采取的作用效应组合为以下哪个选项？ （   ）

（A）正常使用极限状态下作用的标准组合

（B）正常使用极限状态下作用的准永久组合

（C）承载能力极限状态下作用的基本组合，采用相应的分项系数

（D）承载能力极限状态下作用的基本组合，其分项系数均为 1.0

16. 根据《建筑地基基础设计规范》（GB 50007—2011）规定，扩展基础受冲切承载力计算公式（$p_j A_l \leqslant 0.7 \beta_{hp} f_t a_m h_0$）中 p_j 为下列选项中的哪一项？ （   ）

（A）相应于作用的标准组合时的地基土单位面积总反力

（B）相应于作用的基本组合时的地基土单位面积净反力

（C）相应于作用的标准组合时的地基土单位面积净反力

（D）相应于作用的基本组合时的地基土单位面积总反力

17. 树根桩主要施工工序有：①成孔；②下放钢筋笼；③投入碎石和砂石料；④注浆；⑤埋设注浆管。正确的施工顺序是下列哪一选项？ （   ）

（A）①→⑤→④→②→③ 　　　　　　（B）①→②→⑤→③→④

（C）①→⑤→②→④→③ 　　　　　　（D）①→③→⑤→④→②

18. 塑料排水带作为堆载预压地基处理竖向排水措施时，其井径比是指下列哪个选项？ （   ）

（A）有效排水直径与排水带当量换算直径的比值

（B）排水带宽度与有效排水直径的比值

（C）排水带宽度与排水带间距的比值

（D）排水带间距与排水带厚度的比值

19. 下列关于既有建筑物地基基础加固措施的叙述中，错误的是哪一选项？ （   ）

（A）采用锚杆静压桩进行基础托换时，桩型可采用预制方桩、钢管桩、预制管桩

（B）锚杆静压桩桩尖达到设计深度后，终止压桩力应取设计单桩承载力特征值的 1.0 倍，且持续时间不少于 3min

（C）某建筑物出现轻微损坏，经查其地基膨胀等级为I级，可采用加宽散水及在周围种植草皮等措施进行保护

（D）基础加深时，宜在加固过程中和使用期间对被加固的建筑物进行监测，直到变形稳定

20. 某 CFG 桩单桩复合地基静载试验，试验方法及场地土层条件如图所示。在加载达到复合地基极限承载力时，CFG 桩桩身轴力图分布形状最接近于下列哪个选项？ （ ）

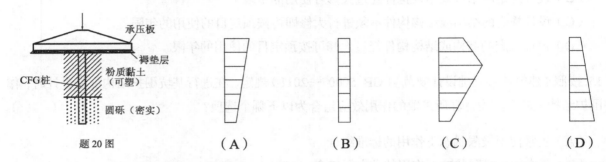

题 20 图 　（A）　　　（B）　　　（C）　　　（D）

21. 某构筑物采用筏板基础，基础尺寸 20m×20m，地基土为深厚黏土，要求处理后地基承载力特征值不小于 200kPa，沉降不大于 100mm。某设计方案采用搅拌桩复合地基，桩长 10m，计算结果为：复合地基承载力特征值为 210kPa，沉降为 180mm，为满足要求，问下列何种修改方案最为有效？ （ ）

（A）搅拌桩全部改为 CFG 桩，置换率，桩长不变

（B）置换率、桩长不变，增加搅拌桩桩径

（C）总桩数不变，部分搅拌桩加长

（D）增加搅拌桩的水泥掺量提高桩身强度

22. 某填土工程拟采用粉土作填料，粉土土粒相对密度为 2.70，最优含水量为 17%，现无击实试验资料，试计算该粉土的最大干密度最接近下列何值？ （ ）

（A）1.6t/m³ 　　　　　　　　　　（B）1.7t/m³

（C）1.8t/m³ 　　　　　　　　　　（D）1.9t/m³

23. 预压法处理软弱地基，下列哪个说法是错误的？ （ ）

（A）真空预压法加固区地表中心点的侧向位移小于该点的沉降

（B）真空预压法控制真空度的主要目的是防止地基发生失稳破坏

（C）真空预压过程中地基土孔隙水压力会减小

（D）超载预压可减小地基的次固结变形

24. 根据《建筑地基处理技术规范》（JGJ 79—2012），以下关于复合地基的叙述哪一项是正确的？ （ ）

（A）相同地质条件下，桩土应力比n的取值碎石桩大于CFG桩

（B）计算单桩承载力时，桩端阻力发挥系数α_p的取值搅拌桩大于CFG桩

（C）无地区经验时，桩间土承载力发挥系数β取值，水泥土搅拌桩小于CFG桩

（D）无地区经验时，单桩承载力发挥系数λ的取值，搅拌桩小于CFG桩

25. 某铁路隧道围岩内地下水发育，下列防排水措施中哪一项不满足规范要求？ （ ）

（A）隧道二次衬砌采用厚度为30cm的防水抗渗混凝土

（B）在复合衬砌初期支护与二次衬砌之间铺设防水板，并设系统盲管

（C）在隧道内紧靠两侧边墙设置与线路坡度一致的纵向排水沟

（D）水沟靠道床侧墙体预留孔径为8cm的泄水孔，间距500cm

26. 某均质土基坑工程，采用单层支撑板式支护结构（如下图所示）。当开挖至坑底并达到稳定状态后，下列支护结构弯矩图中哪个选项是合理的？ （ ）

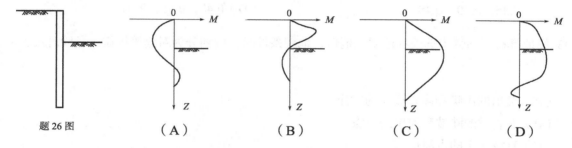

题26图　　　　（A）　　　　　（B）　　　　　（C）　　　　　（D）

27. 基坑工程中，下列有关预应力锚杆受力的指标，从大到小顺序应为哪个选项？
①极限抗拔承载力标准值；②轴向拉力标准值；③锁定值；④预张拉值。 （ ）

（A）①＞②＞③＞④　　　　　　　　　（B）①＞④＞②＞③

（C）①＞③＞②＞④　　　　　　　　　（D）①＞②＞④＞③

28. 基坑支护施工中，关于土钉墙的施工工序，正确的顺序是下列哪个选项？
①喷射第一层混凝土面层；②开挖工作面；③土钉施工；④喷射第二层混凝土面层；⑤捆扎钢筋网。 （ ）

（A）②③①④⑤　　　　　　　　　　　（B）②①③④⑤

（C）③②⑤①④　　　　　　　　　　　（D）②①③⑤④

29. 在Ⅳ级围岩中修建两车道的一级公路隧道时，对于隧道永久性支护衬砌设计，提出如下的4个必选方案，其中哪个方案满足规范要求？ （ ）

（A）采用喷锚衬砌，喷射混凝土厚度50mm

（B）采用等截面的整体式衬砌，并设置与拱圈厚度相同的仰拱，以便封闭围岩

（C）采用复合式衬砌，初期支护的拱部和边墙喷10cm厚的混凝土，锚杆长度2.5m

（D）采用复合式衬砌，二次衬砌采用35cm厚的模筑混凝土，仰拱与拱墙厚度相同

30. 基坑工程中锚杆腰梁截面设计时，作用在腰梁的锚杆轴向力荷载应取下列哪个选项？　（　　）

（A）锚杆轴力设计值　　　　　　　　　　（B）锚杆轴力标准值

（C）锚杆极限抗拔承载力标准值　　　　　（D）锚杆锁定值

31. 根据《建筑基坑支护技术规程》（JGJ 120—2012）的规定，对桩—锚支护结构中的锚杆长度设计和锚杆杆件截面设计，分别采用下列哪个选项中的系数？　（　　）

（A）安全系数、安全系数　　　　　　　　（B）分项系数、安全系数

（C）安全系数、分项系数　　　　　　　　（D）分项系数、分项系数

32. 设计特征周期应根据建筑所在地的设计地震分组和场地类别确定。对II类场地，下列哪个选项的数值组合分别对应了设计地震分组第一组、第二组和第三组的设计特征周期？　（　　）

（A）0.15，0.20，0.25　　　　　　　　（B）0.25，0.30，0.35

（C）0.35，0.40，0.45　　　　　　　　（D）0.40，0.45，0.50

33. 场地具有下列哪个选项的地质、地形、地貌条件时，应划分为对建筑抗震的危险地段？　（　　）

（A）突出的山嘴和高耸孤立的山丘

（B）非岩质的陡坡和河岸的边缘

（C）有液化土的古河道

（D）发震断裂带上可能发生地表位错的部位

34. 根据《建筑抗震设计标准》（GB/T 50011—2010）（2024 年版）的规定，结构的水平地震作用标准值按下式确定：$F_{EK} = \alpha_1 G_{eq}$，下列哪个选项对式中 α_1 的解释是正确的？　（　　）

（A）地震动峰值加速度

（B）设计基本地震加速度

（C）相应于结构基本自振周期的水平地震影响系数

（D）水平地震影响系数最大值乘以阻尼调整系数

35. 位于抗震设防烈度为 8 度区，抗震设防类别为丙类的建筑物，其拟建场地内存在一条最晚活动时间为 Q_3 的活动断裂，该建筑物应采取下列哪种应对措施？　（　　）

（A）可忽略断裂错动的影响

（B）拟建建筑物避让该断裂的距离不小于 100m

（C）拟建建筑物避让该断裂的距离不小于 200m

（D）提高一度采取抗震措施

36. 建筑设计中，抗震措施不包括下列哪项内容？　（　　）

（A）加设基础圈梁　　　　　　　　　　　（B）内力调整措施

（C）地震作用计算　　　　　　　　　　　（D）增强上部结构刚度

37. 某土层实测剪切波速为 550m/s，其土的类型属于下列哪一项？ （ ）

（A）坚硬土 （B）中硬土

（C）中软土 （D）软弱土

38. 根据《建筑地基基础设计规范》（GB 50007—2011）的规定，拟用浅层平板载荷试验确定某建筑地基浅部软土的地基承载力，试验中采用的承压板直径最小不应小于下列哪一选项？ （ ）

（A）0.5m （B）0.8m

（C）1.0m （D）1.2m

39. 根据《岩土工程勘察规范》（GB 50021—2001）（2009 年版）的规定，为保证静力触探数据的可靠性与准确性，静力触探探头应匀速压入土中，其贯入速率为下列哪一选项？ （ ）

（A）0.2m/min （B）0.6m/min

（C）1.2m/min （D）2.0m/min

40. 下列关于建筑沉降观测说法，正确的是哪一选项？ （ ）

（A）观测点测站高差中误差不应大于±0.15mm

（B）观测应在建筑施工至±0.00 后开始

（C）建筑物倾斜度为观测到的基础最大沉降差异值与建筑物高度的比值

（D）当最后 100d 的沉降速率小于 0.01～0.04mm/d 时可认为已进入稳定阶段

二、多项选择题（共 30 题，每题 2 分。每题的备选项中有两个或三个符合题意，错选、少选、多选均不得分）

41. 下列关于管涌和流土的论述，哪些是正确的？ （ ）

（A）管涌是一种渐进性质的破坏

（B）管涌只发生在渗流溢出处，不会出现在土体内部

（C）流土是一种突变性质的破坏

（D）向上的渗流可能会产生流土破坏

42. 围压和偏应力共同作用产生的孔隙水压力可表示为 $\Delta u = B[\Delta\sigma_3 + A(\Delta\sigma_2 - \Delta\sigma_3)]$，下列关于孔隙水压力系数 A、B 的说法，哪些是正确的？ （ ）

（A）孔隙水压力系数 A 反映土的剪胀（剪缩）性

（B）剪缩时 A 值为负，剪胀时 A 值为正

（C）孔隙水压力系数 B 反映了土体的饱和程度

（D）对于完全饱和的土，$B = 1$，对干土，$B = 0$

43. 下列哪些取土器的选用是合适的？ （ ）

（A）用单动三重管回转取土器采取细砂Ⅱ级土样

（B）用双动三重管回转取土器采取中砂Ⅱ级土样

（C）用标准贯入器采取Ⅲ级砂土样

（D）用厚壁敞口取土器采取砾砂Ⅱ级土样

44. 关于标准贯入试验锤击数数据，下列说法正确的是哪几项？　　　　　（　　）

（A）勘察报告应提供不做修正的实测数据

（B）用现行各类规范判别液化时，均不作修正

（C）确定砂土密实度时，应做杆长修正

（D）估算地基承载力时，如何修正应按相应的规范确定

45. 通过岩体原位应力测试能够获取的参数包括下列哪几项？　　　　　（　　）

（A）空间应力　　　　　　　　　　（B）弹性模量

（C）抗剪强度　　　　　　　　　　（D）泊松比

46. 对黏性土填料进行击实试验，下列哪些说法是正确的？　　　　　（　　）

（A）重型击实仪试验比轻型击实仪试验得到的土料最优含水量要小

（B）一定的击实功能作用下，土料达到某个干密度所对应含水量是唯一值

（C）一定的击实功能作用下，土料达到最大干密度时对应最优含水量

（D）击实完成时，超出击实筒顶的试样高度应小于 6mm

47. 下列选项中哪些是永久荷载？　　　　　（　　）

（A）土压力　　　　　　　　　　　　（B）屋面积灰荷载

（C）书库楼面荷载　　　　　　　　　（D）预应力

48. 根据《建筑地基基础设计规范》（GB 50007—2011）的规定，在以下设计计算中，基底压力计算正确的是哪些选项？　　　　　（　　）

（A）地基承载力验算时，基底压力按计入基础自重及其上土重后相应于作用的标准组合时的地基土单位面积压力计算

（B）确定基础底面尺寸时，基底压力按扣除基础自重及其上土重后相应于作用的标准组合时的地基土单位面积压力计算

（C）基础底板配筋时，基底压力按扣除基础自重及其上土重后相应于作用的基本组合时的地基土单位面积压力计算

（D）计算地基沉降时，基底压力按扣除基础自重及其上土重后相应于作用的准永久组合时的地基土单位面积压力计算

49.《建筑地基基础设计规范》（GB 50007—2011）关于"建筑物的地基变形计算值不应大于地基变形允许值"的规定，符合《工程结构可靠性设计统一标准》（GB 50153—2008）的下列哪些基本概念或规定？　　　　　（　　）

（A）地基变形计算值对应作用效应项

（B）地基变形计算所用的荷载不包括可变荷载

（C）地基变形验算是一种正常使用极限状态的验算

（D）地基变形允许值对应抗力项

50. 下列关于换填土质量要求的说法正确的是哪些选项？ （　　）

（A）采用灰土换填时，用作灰土的生石灰应过筛，不得夹有熟石灰块，也不得含有过多水分

（B）采用二灰土（石灰、粉煤灰）换填时，由于其干土重度较灰土大，因此碾压时最优含水量较灰土小

（C）采用素土换填时，压实时应使重度接近最大重度

（D）采用砂土换填时，含泥量不应过大，也不应含有过多有机杂物

51. 其他条件相同时，关于强夯法地基处理，下列说法哪些是错误的？ （　　）

（A）强夯有效加固深度，砂土场地大于黏性土场地

（B）两遍夯击之间的时间间隔，砂土场地大于黏性土场地

（C）强夯处理深度相同时，要求强夯超出建筑物基础外缘的宽度，砂土场地大于黏性土场地

（D）强夯地基承载力检测与强夯施工结束的时间间隔，砂土场地大于黏性土场地

52. 按照《建筑地基处理技术规范》（JGJ 79—2012），为控制垫层的施工质量，下列地基处理方法中涉及的垫层材料质量检验，应做干密度试验的是哪些选项？ （　　）

（A）湿陷性黄土上柱锤冲扩桩桩顶的褥垫层

（B）灰土挤密桩桩顶的褥垫层

（C）夯实水泥土桩桩顶的褥垫层

（D）换填垫层

53. 按照《建筑地基处理技术规范》（JGJ 79—2012），采用以下方法进行地基处理时，哪些可以只在基础范围内布桩？ （　　）

（A）沉管砂石桩 　　　　　　　　（B）灰土挤密桩

（C）夯实水泥土桩 　　　　　　　（D）混凝土预制桩

54. 按照《建筑地基处理技术规范》（JGJ 79—2012），关于处理后地基静载试验，下列哪些说法是错误的？ （　　）

（A）单桩复合地基静载试验可测定承压板下应力主要影响范围内复合土层的承载力和压缩模量

（B）黏土地基上的刚性桩复合地基，极限荷载为 Q_u，压力沉降曲线呈缓变形。静载试验承压板边长 2.5m，沉降 25mm 对应的压力 Q_s 小于 $0.5Q_u$，则承载力特征值取 Q_s

（C）极限荷载为 Q_u，比例界限对应的荷载值 Q_b 等于 $0.6Q_u$，则承载力特征值取 Q_b

（D）通过静载试验可确定强夯处理后地基承压板应力主要影响范围内土层的承载力和变形模量

55. 城市道路某段路基为沟谷回填形成，回填厚度为 6.0～10.0m，填土为花岗岩残积砾质黏性土，较松散，被雨水浸泡后含水量较高。设计采用强夯法进行加固，以下哪些措施能合理有效改善强夯加固的效果？ （　　）

（A）增加夯击能和夯击次数 （B）设置降水井，强制抽排水
（C）在路基表面填垫碎石层 （D）打设砂石桩

56. 某地基硬壳层厚约 5m，下有 10m 左右淤泥质土层，再下是较好的黏土层。采用振动沉管法施工的水泥粉煤灰碎石桩加固，以下部黏土层为桩端持力层，下列哪些选项是错误的？（　　）

（A）满堂布桩时，施工顺序应从四周向内推进施工
（B）置换率较高时，应放慢施工速度
（C）遇到淤泥质土时，拔管速度应当加快
（D）振动沉管法的混合料坍落度一般较长螺旋钻中心压灌成桩法的小

57. 根据《建筑基坑支护技术规程》（JGJ 120—2012）锚杆试验的有关规定，下列哪些选项的说法是正确的？（　　）

（A）锚杆基本试验应采用循环加卸荷载法，每级加卸载稳定后测读锚头位移不应少于 3 次
（B）锚杆的弹性变形应控制小于自由段长度变形计算值的 80%
（C）锚杆验收试验中的最大试验荷载应取轴向受拉承载力设计值的 1.3 倍
（D）如果某级荷载作用下锚头位移不收敛，可认为锚杆已经破坏

58. 对于基坑工程中采用深井回灌方法减少降水引起的周边环境影响，下列哪些选项是正确的？（　　）

（A）回灌井应布置在降水井外围，回灌井与降水井距离不应超过 6m
（B）回灌井应进入稳定含水层中，宜在含水层中全长设置滤管
（C）回灌应采用清水，水质满足环境保护要求
（D）回灌率应根据保护要求，且不应低于 90%

59. 下列哪些选项属于地下连续墙的柔性槽段接头？（　　）

（A）圆形锁口管接头 （B）工字型钢结构
（C）楔形接头 （D）十字形穿孔钢板结构

60. 根据《建筑基坑工程监测技术标准》（GB 50497—2019）的规定，关于建筑基坑监测报警值的设定，下列哪些选项是正确的？（　　）

（A）按基坑开挖影响范围内建筑物的正常使用要求确定
（B）涉及燃气管线的，按压力管线变形要求或燃气主管部门要求确定
（C）由基坑支护设计单位在基坑设计文件中给定
（D）由基坑监测单位确定

61. 在岩层中开挖铁路隧道，下列说法中哪些选项是正确的？（　　）

（A）围岩压力是隧道开挖后，因围岩松动而作用于支护结构上的压力
（B）围岩压力是隧道开挖后，因围岩变形而作用于衬砌结构上的压力

（C）围岩压力是围岩岩体中的地应力

（D）在Ⅳ级围岩中其他条件相同的情况下，支护结构的刚度越大，其上的围岩压力越大

62. 关于膨胀土地基变形量取值的叙述，下列哪些选项是正确的？ （   ）

（A）膨胀变形量应取基础的最大膨胀上升量

（B）收缩变形量应取基础的最小收缩下沉量

（C）胀缩变形量应取基础的最大胀缩变形量

（D）变形差应取相邻两基础的变形量之差

63. 对饱和砂土和饱和粉土进行液化判别时，在同一标准贯入试验深度和地下水位的条件下，如果砂土和粉土的实测标准贯入锤击数相同，下列哪些选项的说法是正确的？ （   ）

（A）粉细砂比粉土更容易液化

（B）黏粒含量较多的砂土较容易液化

（C）平均粒径 d_{50} 为 0.10～0.20mm 的砂土不易液化

（D）粉土中黏粒含量越多越不容易液化

64. 为全部消除地基液化沉陷，采取下列哪些选项的措施符合《建筑抗震设计标准》（GB/T 50011—2010）（2024 年版）的要求？ （   ）

（A）采用桩基时，桩端深入液化深度以下的土层中的长度不应小于 0.5m

（B）采用深基础时，基础底面应埋入液化深度以下的稳定土层中，其深度不应小于 0.5m

（C）采用加密法或换填法处理时，处理宽度应超出基础边缘以外 1.0m

（D）采用强夯加固时，应处理至液化深度下界

65. 根据《水利水电工程地质勘察规范》（GB 50487—2008）（2022 年版），当采用标准贯入锤击数法进行土的地震液化复判时，下列哪些选项的说法是正确的？ （   ）

（A）实测标准贯入锤击数应先进行钻杆长度修正

（B）实测标准贯入锤击数应按工程正常运行时的贯入点深度和地下水位深度进行校正

（C）液化判别标准贯入锤击数临界值与标准贯入试验时的贯入点深度和地下水位深度无直接关系

（D）标准贯入锤击数法可以适用于标准贯入点在地面以下 20m 内的深度

66. 下列哪些方法可以消除地基液化？ （   ）

（A）挤密碎石桩

（B）强夯

（C）原地面以上增加大面积人工填土

（D）长螺旋施工的 CFG 桩复合地基

67. 对于抗震设防类别为丙类的建筑物，当拟建场地条件符合下列哪些选项时，其水平地震影响系数应适当增大？ （   ）

（A）位于河岸边缘　　　　　　　　　　（B）位于边坡坡顶边缘

（C）地基液化等级为中等　　　　　　　（D）地基土为软弱土

68. 下列关于局部地形条件对地震反应影响的描述中，正确的是哪几项？　　　（　　）

（A）高突地形高度越大，影响越大

（B）场地离高突地形边缘距离越大，影响越大

（C）边坡越陡，影响越大

（D）局部突出台地边缘的侧向平均坡降越大，影响越大

69. 需要检测混凝土灌注桩桩身缺陷及其位置，下列哪些方法可以达到此目的？　（　　）

（A）单桩水平静载试验　　　　　　　　（B）低应变法

（C）高应变法　　　　　　　　　　　　（D）声波透射法

70. 某建筑桩基进行单桩竖向抗压静载试验，试桩为扩底灌注桩，桩径为 1000mm，扩底直径 2200mm，锚桩采用 4 根 900mm 直径灌注桩，则下列关于试桩与锚桩、基准桩之间中心距设计正确的是哪些选项？　　　　　　　　　　　　　　　　　　　　　　　　　　（　　）

（A）试桩与锚桩中心距为 4m

（B）试桩与基准桩中心距为 4.2m

（C）基桩与锚桩中心距为 4m

（D）试桩与锚桩、基准桩中心距均为 4.2m

2017 年专业知识试题（下午卷）

一、单项选择题（共 40 题，每题 1 分。每题的备选项中只有一个最符合题意）

1. 对于地基土的冻胀性及防治措施，下列哪个选项是错误的？　　　　　　　　（　　）

（A）对在地下水位以上的基础，基础侧面应回填非冻胀性的中砂或粗砂

（B）建筑物按采暖设计，当冬季不能正常采暖时，应对地基采取保温措施

（C）基础下软弱黏性土层换填卵石层后，场地冻结深度会减小

（D）冻胀性随冻前天然含水量增加而增大

2. 根据《建筑地基基础设计规范》（GB 50007—2011），关于地基承载力特征值f_{ak}的表述，下列哪个选项是正确的？　　　　　　　　　　　　　　　　　　　　　（　　）

（A）地基承载力特征值指的就是临塑荷载p_{cr}

（B）地基承载力特征值小于或等于载荷试验比例界限值

（C）极限承载力的 1/3 就是地基承载力特征值

（D）土的物理性质指标相同，其承载力特征值就一定相同

3. 根据《建筑地基基础设计规范》（GB 50007—2011），采用地基承载力理论公式确定地基承载力特征值时，以下设计验算正确的选项是哪一个？　　　　　　　（　　）

（A）理论公式适用于轴心受压和偏心距大于$b/6$的受压基础的地基承载力计算

（B）按理论公式计算并进行地基承载力验算后，无须进行地基变形验算

（C）按理论公式计算地基承载力特征值时，对于黏性土地基，基础底面宽度$b < 3m$ 时按 3m
取值

（D）按理论公式计算的地基承载力特征值，不再根据基础埋深和宽度进行修正

4. 基底下地质条件完全相同的两个条形基础，按《建筑地基基础设计规范》（GB 50007—2011）规定进行地基沉降计算时，以下描述正确的选项是哪一个？　　　　　　（　　）

（A）基础的基底附加压力相同，基础宽度相同，则地基沉降量相同

（B）基础的基底附加压力相同，基础高度相同，则地基沉降量相同

（C）基础的基底压力相同，基础宽度相同，则地基沉降量相同

（D）基础的基底附加压力相同，基础材料强度相同，则地基沉降量相同

5. 某墙下条形基础，相应于作用的标准组合时基底平均压力为 90kPa。按《建筑地基基础设计规范》（GB 50007—2011）规定方法进行基础高度设计，当采用砖基础时，恰好满足设计要求的基础高度为 0.9m。若改为 C15 素混凝土基础，基础宽度不变，则基础高度不应小于以下何值？　　　　　　（　　）

（A）0.45m　　　　　　　　　　　（B）0.6m

（C）0.9m　　　　　　　　　　　（D）1.35m

6. 某柱下钢筋混凝土条形基础，柱、基础的混凝土强度等级均为 C30，在进行基础梁的承载力设计时，对基础梁可以不计算下列哪个选项的内容？ （　　）

（A）柱底边缘截面的受弯承载力

（B）柱底边缘截面的受剪切承载力

（C）柱底部位的局部受压承载力

（D）跨中截面的受弯承载力

7. 根据《建筑桩基技术规范》（JGJ 94—2008），验算桩身正截面受拉承载力应采用下列哪一种荷载效应组合？ （　　）

（A）标准组合　　　　　　　　　　　（B）基本组合

（C）永久组合　　　　　　　　　　　（D）准永久组合

8. 某建筑物对水平位移敏感，拟采用钻孔灌注桩基础，设计桩径 800mm，桩身配筋率 0.7%，入土 15m。根据水平静载实验，其临界水平荷载为 220kN，地面处桩顶水平位移为 10mm 时对应的载荷为 320kN，地面处桩顶水平位移为 6mm 时对应的载荷为 260kN。根据《建筑桩基技术规范》（JGJ 94—2008），该建筑单桩水平承载力特征值可取下列哪一个值？ （　　）

（A）240kN　　　　　　　　　　　　（B）220kN

（C）195kN　　　　　　　　　　　　（D）165kN

9. 对于桩径 1.5m、桩长 60m 的泥浆护壁钻孔灌注桩，通常情况下，下列何种工艺所用泥浆量最少？ （　　）

（A）正循环钻进成孔　　　　　　　　（B）气举反循环钻进成孔

（C）旋挖钻机成孔　　　　　　　　　（D）冲击反循环钻进成孔

10. 某公路桥梁拟采用摩擦型钻孔灌注桩，地层为稍密至中密碎石土。静载试验确定的单桩竖向容许承载力为 3000kN，按照《公路工程抗震规范》（JTG B02—2013）进行抗震验算时的单桩竖向容许承载力可采用下列哪个值？ （　　）

（A）3000kN　　　　　　　　　　　（B）3750kN

（C）3900kN　　　　　　　　　　　（D）4500kN

11. 某方形截面高承台基桩，边长 0.5m，桩身压屈计算长度 10m，按照《建筑桩基技术规范》（JGJ 94—2008）规定进行正截面受压承载力验算，其稳定系数 φ 的取值最接近哪一个选项？ （　　）

（A）0.5　　　　　　　　　　　　　（B）0.75

（C）0.98　　　　　　　　　　　　　（D）1.0

12. 根据《建筑桩基技术规范》（JGJ 94—2008），下列关于长螺旋钻孔压灌桩工法的叙述，哪个选项是正确的？ （　　）

（A）长螺旋钻孔压灌桩属于挤土桩

（B）长螺旋钻孔压灌桩主要适用于碎石土层和穿越砾石夹层

（C）长螺旋钻孔压灌桩不需泥浆护壁

（D）长螺旋钻孔压灌桩的混凝土坍落度通常小于 160mm

13. 下列关于后注浆灌注桩承载力特点的叙述哪个选项是正确的？ （ ）

（A）摩擦灌注桩，桩端后注浆后可转为端承桩

（B）端承灌注桩，桩侧后注浆后可转为摩擦桩

（C）后注浆可改变灌注桩侧阻与端阻的发挥顺序

（D）后注浆可提高灌注桩承载力的幅度主要取决于注浆土层的性质与注浆参数

14. 某群桩基础，桩径 800mm，下列关于桩基承台设计的哪个选项符合《建筑桩基技术规范》（JGJ 94—2008）的要求？ （ ）

（A）高层建筑平板式和梁板式筏形承台的最小厚度不应小于 200mm

（B）柱下独立桩基承台的最小宽度不应小于 200mm

（C）对于墙下条形承台梁，承台的最小厚度不应小于 200mm

（D）墙下布桩的剪力墙结构筏形承台的最小厚度不应小于 200mm

15. 某铁路路堑边坡修建于大型块石土堆积体，采用如图所示的抗滑桩支护。桩的悬臂段长 8m，试问作用在桩上的滑坡推力的分布形式宜选用下列哪个图形？ （ ）

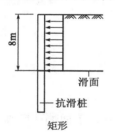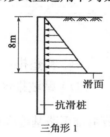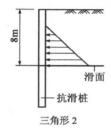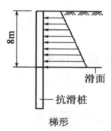

题 15 图

（A）矩形　　　　　　　　　　　　　　（B）三角形 1

（C）三角形 2　　　　　　　　　　　　（D）梯形

16. 作用于沿河公路路基挡土墙上的载荷，下列哪个选项中的载荷不是偶然载荷？ （ ）

（A）地震作用力　　　　　　　　　　　（B）泥石流作用力

（C）流水压力　　　　　　　　　　　　（D）墙顶护栏上的车辆撞击力

17. 下图为一粉质黏土均质土坝的下游棱体排水，其反滤层的材料从左向右 1→2→3 依次应符合下面哪个选项？ （ ）

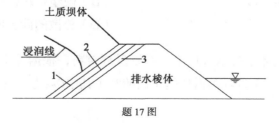

题 17 图

（A）砂→砾→碎石 　　　　　　　　（B）碎石→砾→砂

（C）砾→砂→碎石 　　　　　　　　（D）碎石→砂→砾

18. 一个粉质黏土的压实填方路堤建于硬塑状黏性土①地基上，其下为淤泥质土薄夹层②，再下层为深厚中密细砂层③，如图所示，判断下面哪个选项的滑裂面是最可能滑裂面？（　　）

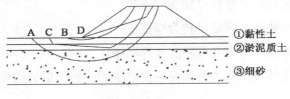

题 18 图

（A）下部达到细砂层③的圆弧滑裂面

（B）只通过黏性土①的圆弧滑裂面

（C）通过淤泥质土薄夹层②的折线滑裂面

（D）只通过路堤的折线滑裂面

19. 下图为一个均质土坝的坝体浸润线，它是下列哪个选项中的排水形式引起的？（　　）

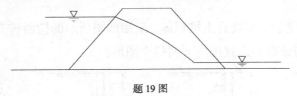

题 19 图

（A）棱体排水 　　　　　　　　　　（B）褥垫排水

（C）直立排水 　　　　　　　　　　（D）贴坡排水

20. 对铁路路基有危害的地面水，应采取措施拦截引排至路基范围以外，下面哪项措施不符合规范要求？（　　）

（A）在路堤天然护道外，设置单侧或双侧排水沟

（B）对于路堑，应于路肩外侧设置侧沟

（C）天沟直接向路堑侧沟排水时，应设置急流槽连接天沟和侧沟，并在急流槽出口处设置消能池

（D）路堑地段侧沟的纵坡不应小于 2%，沟底宽不小于 0.8m

21. 根据《铁路路基支挡结构设计规范》（TB 10025—2019），下列哪个选项中的地段最适合采用土钉墙？（　　）

（A）中等腐蚀性土层地段 　　　　　（B）硬塑状残积黏性土地段

（C）膨胀土地段 　　　　　　　　　（D）松散的砂土地段

22. 某小型土坝下游面棱体式排水采用土工织物反滤材料，根据《土工合成材料应用技术规范》（GB/T 50290—2014），下列哪个选项的做法是正确的？（其中 O_{95} 为土工织物的等效孔径，d_{85} 为被保护土的特征粒径）（　　）

（A）采用的土工织物渗透系数和被保护土的渗透系数相接近

（B）淤堵试验的梯度比控制在 GR ≤ 5

（C）O_{95}/d_{85} 的比值采用 5 以上

（D）铺设土工织物时，在顶部和底部应予固定，坡面上应设防滑钉

23. 关于黄土湿陷试验的变形稳定标准，下列论述中哪个选项是不正确的？　　　（　　）

（A）现场静载试验为连续 2h 内每小时的下沉量小于 0.1mm

（B）现场试坑浸水试验停止浸水为最后 5d 的平均湿陷量小于每天 1mm

（C）现场试坑浸水试验终止试验为停止浸水后继续观测不少于 10d，且连续 5d 的平均下沉量不大于每天 1mm

（D）室内试验为连续 2h 内每小时变形不大于 0.1mm

24. 滑坡的发展过程通常可分为蠕滑、滑动、剧滑和稳定四个阶段。但由于条件不同，有些滑坡发展阶段不明显，问下列滑坡中，哪个选项的滑坡最不易出现明显的剧滑？　　　（　　）

（A）滑体沿圆弧形滑面滑移的土质滑坡

（B）滑动面为平面，无明显抗滑段的岩质顺层滑坡

（C）滑动面总体倾角平缓，且抗滑段较长的堆积层滑坡

（D）楔形体滑坡

25. 盐渍土中各种盐类，按其在下列哪个温度水中的溶解度分为易溶盐、中溶盐和难溶盐？　　　（　　）

（A）0°C
（B）20°C
（C）35°C
（D）60°C

26. 下列哪个选项的盐渍土对普通混凝土的腐蚀性最强？　　　（　　）

（A）氯盐渍土
（B）亚氯盐渍土
（C）碱性盐渍土
（D）硫酸盐渍土

27. 黄土地基湿陷量的计算值最大不超过下列哪一选项时，丙类、丁类建筑物的地基均可按一般地区的规定设计？　　　（　　）

（A）300mm
（B）70mm
（C）50mm
（D）15mm

28. 红黏土地基满足下列哪个选项时，土体易出现大量裂缝？　　　（　　）

（A）天然含水量高于液限

（B）天然含水量介于液限和塑限区间

（C）天然含水量介于液限和缩限区间

（D）天然含水量低于缩限

29. 某细粒土，天然重度 γ 为 13.6kN/m³，天然含水量 w 为 58%，液限 w_L 为 47%，塑限 w_p 为 29%，孔隙比 e 为 1.58，有机质含量 w_u 为 9%，根据《岩土工程勘察规范》（GB 50021—2001）（2009 年版）相关要求，该土的类型为下列哪个选项？　　　　　　　　　　　　　　　　　　　　（　　）

  （A）淤泥质土　　　　　　　　　　　　　（B）淤泥

  （C）泥炭质土　　　　　　　　　　　　　（D）泥炭

30. 土洞形成的过程中，水起的主要作用为下列哪个选项？　　　　　　　　（　　）

  （A）水的渗透作用　　　　　　　　　　　（B）水的冲刷作用

  （C）水的潜蚀作用　　　　　　　　　　　（D）水的软化作用

31. 湿陷性黄土浸水湿陷的主要原因为下列哪个选项？　　　　　　　　　　（　　）

  （A）土颗粒间的固化联结键浸水破坏　　　（B）土颗粒浸水软化

  （C）土体浸水收缩　　　　　　　　　　　（D）浸水使土体孔隙中气体扩散

32. 关于土对钢结构的腐蚀性评价中，下列哪个说法是错误的？　　　　　　（　　）

  （A）pH 值大小与腐蚀性强弱成反比

  （B）氧化还原电位大小与腐蚀性强弱成反比

  （C）视电阻率大小与腐蚀性强弱成正比

  （D）极化电流密度大小与腐蚀性强弱成正比

33. 下列哪一选项是推移式滑坡的主要诱发因素？　　　　　　　　　　　　（　　）

  （A）坡体上方卸载　　　　　　　　　　　（B）坡脚下方河流冲刷坡脚

  （C）坡脚地表积水下渗　　　　　　　　　（D）坡体上方堆载

34. 处理湿陷性黄土地基，下列哪个方法是不适用的？　　　　　　　　　　（　　）

  （A）强夯法　　　　　　　　　　　　　　（B）灰土垫层法

  （C）振冲碎石桩法　　　　　　　　　　　（D）预浸水法

35. 安全施工所需费用属于下列建筑安装工程费用项目构成中的哪一项？　　（　　）

  （A）直接工程费　　　　　　　　　　　　（B）措施费

  （C）规费　　　　　　　　　　　　　　　（D）企业管理费

36. 工程监理人员发现工程设计不符合工程质量标准或合同约定的质量要求时，应按下列哪个选项处理？　　　　　　　　　　　　　　　　　　　　　　　　　　　　　　（　　）

  （A）要求设计单位改正

  （B）报告建设主管部门要求设计单位改正

  （C）报告建设单位要求设计单位改正

  （D）与设计单位协商进行改正

37. 勘察设计单位违反工程建设强制性标准造成工程质量事故的，按下列哪个选项处理是正确的？ （ ）

（A）按照《中华人民共和国建筑法》有关规定，对事故责任单位和责任人进行处罚

（B）按照《中华人民共和国民法典》有关规定，对事故责任单位和责任人进行处罚

（C）按照《建设工程质量管理条例》有关规定，对事故责任单位和责任人进行处罚

（D）按照《中华人民共和国招标投标法》有关规定，对事故责任单位和责任人进行处罚

38. 根据《建设工程质量管理条例》，以下关于建设单位的质量责任和义务的条款中，哪个选项是错误的？ （ ）

（A）建设工程发包单位不得迫使承包方以低于成本的价格竞标，不得任意压缩合理工期

（B）建设单位不得明示或者暗示设计单位或者施工单位违反工程建设强制性标准

（C）涉及建筑主体和承重结构变动的装修工程，建设单位应当要求装修单位提出加固方案，没有加固方案的，不得施工

（D）建设单位应当将施工图提交相关部门审查，施工图设计文件未经审查批准的，不得使用

39. 根据《建设工程五方责任主体项目负责人质量终身责任追究暂行办法》，下列哪项内容不属于项目负责人质量终身责任信息档案内容？ （ ）

（A）项目负责人姓名、身份证号码、执业资格、所在单位、变更情况等

（B）项目负责人签署的工程质量终身责任承诺书

（C）法定代表人授权书

（D）项目负责人不良质量行为记录

40. 根据《房屋建筑和市政基础设施施工图设计文件审查管理办法》规定，关于一类审查机构应具备的条件，下列哪个选项是错误的？ （ ）

（A）审查人员应当有良好的职业道德，有 12 年以上所需专业勘察、设计工作经历

（B）在本审查机构专职工作的审查人员数量：专门从事勘察文件审查的，勘察专业审查人员不少于 7 人

（C）60 岁以上审查人员不超过该专业审查人员规定数的 1/2

（D）有健全的技术管理和质量保证体系

二、多项选择题（共 30 题，每题 2 分。每题的备选项中有两个或三个符合题意，错选、少选、多选均不得分）

41. 某主裙连体建筑物，如采用整体筏板基础，差异沉降计算值不能满足规范要求，针对这一情况，可采用下列哪些方案解决？ （ ）

（A）在与主楼相邻的裙房的第一跨，设置沉降后浇带

（B）对裙房部位进行地基处理，降低其地基承载力及刚度

（C）增加筏板基础的配筋量

（D）裙房由筏板基础改为独立基础

42. 下列选项中哪些假定不符合太沙基极限承载力理论假定？　　　　　　（　　）

（A）平面应变　　　　　　　　　　　（B）平面应力
（C）基底粗糙　　　　　　　　　　　（D）基底下的土为无质量介质

43. 根据《建筑地基基础设计规范》（GB 50007—2011），在下列关于软弱下卧层验算方法的叙述中，哪些选项是正确的？　　　　　　　　　　　　　　　　　　（　　）

（A）基础底面的附加压力通过一定厚度的持力层扩散为软弱下卧层顶面的附加压力
（B）在其他条件相同的情况下，持力层越厚，软弱下卧层顶面的附加压力越小
（C）在其他条件相同的情况下，持力层的压缩模量越高，扩散到软弱下卧层顶面的附加压力越大
（D）软弱下卧层的承载力特征值需要经过宽度修正

44. 根据《建筑地基基础设计规范》（GB 50007—2011），在下列关于持力层地基承载力深宽修正方法的论述中，哪些选项是正确的？　　　　　　　　　　　　　　　（　　）

（A）深度修正系数是按基础埋置深度范围内土的类型查表选用的
（B）宽度修正系数是按持力层土的类型查表选用的
（C）对于软土地基采用换填法加固持力层，宽度修正系数按换填后的土选用
（D）深度修正时采用的土的重度为基底以上的加权平均重度

45. 根据《建筑地基基础设计规范》（GB 50007—2011），采用地基承载力理论公式计算快速加荷情况下饱和软黏土地基承载力时，以下各因素中对计算值结果不产生影响的是哪些选项？　　（　　）

（A）基础宽度　　　　　　　　　　　（B）荷载大小
（C）基底以上土的重度　　　　　　　（D）基础埋深

46. 某高层建筑群桩基础采用设计桩径为 800mm 的钻孔灌注桩，承台下布置了 9 根桩，桩顶设计标高位于施工现场地面下 10m，下列关于该桩基础施工质量的要求，哪些选项符合《建筑桩基技术规范》（JGJ 94—2008）规定？　　　　　　　　　　　　　　　　（　　）

（A）成孔垂直度的允许偏差不大于 1.0%
（B）承台下中间桩的桩位允许偏差不大于 150mm
（C）承台下边桩的桩位允许偏差不大于 110mm
（D）个别断面桩径允许小于设计值 50mm

47. 钻孔灌注桩施工时，下列哪些选项对防止孔壁坍塌是有利的？　　　　　（　　）

（A）选用合适的制备泥浆
（B）以砂土为主的地层，钻孔过程中利用原地层自行造浆
（C）提升钻具时，及时向孔内补充泥浆
（D）在受水位涨落影响时，泥浆面应低于最高水位 1.5m 以上

48. 对于钻孔灌注桩成孔深度的控制要求，下列哪些选项符合《建筑桩基技术规范》（JGJ 94—2008）要求？ （　　）

　　（A）摩擦桩应以设计桩长控制为主

　　（B）端承桩应以桩端进入持力层的设计深度控制为主

　　（C）摩擦端承桩应以桩端进入持力层的设计深度控制为辅，以设计桩长控制为主

　　（D）端承摩擦桩应以桩端进入持力层的设计深度控制为主，以设计桩长控制为辅

49. 按照《建筑桩基技术规范》（JGJ 94—2008）规定，下列关于干作业成孔扩底灌注桩的施工要求，错误的选项有哪些？ （　　）

　　（A）人工挖孔桩混凝土护壁可以不配置构造钢筋

　　（B）当渗水量过大时，人工挖孔桩可在桩孔中边抽水边开挖

　　（C）浇筑桩顶以下 5m 范围内的混凝土时，应随浇筑随振捣，每次浇筑高度不得大于 1.5m

　　（D）扩底桩灌注混凝土时，当第一次灌注超过扩底部位的顶面时，可不必振捣，然后继续灌注

50. 下列关于混凝土预制桩现场的制作要求，哪些符合《建筑桩基技术规范》（JGJ 94—2008）的规定？ （　　）

　　（A）桩身混凝土强度等级不应低于 C20

　　（B）混凝土宜用机械搅拌，机械振捣

　　（C）浇筑时宜从桩尖开始灌注

　　（D）一次浇筑完成，严禁中断

51. 根据《建筑桩基技术规范》（JGJ 94—2008），下列关于减沉复合疏桩基础的论述中，哪些是正确的？ （　　）

　　（A）减沉复合疏桩基础是在地基承载力基本满足要求情况下的疏布摩擦型桩基础

　　（B）减沉复合疏桩基础中，桩距应不大于 5 倍桩径

　　（C）减沉复合疏桩基础的沉降等于桩长范围内桩间土的压缩量

　　（D）减沉复合疏桩基础中，上部结构荷载主要由桩和桩间土共同分担

52. 某高层建筑采用钻孔灌注桩基础，桩径 800mm，桩长 15m，单桩承担竖向受压荷载 2000kN，桩端持力层为中风化花岗岩，设计采取的下列哪些构造措施符合《建筑桩基技术规范》（JGJ 94—2008）的要求？ （　　）

　　（A）纵向主筋配 $8\phi20$

　　（B）桩身通长配筋

　　（C）桩身混凝土强度等级为 C20

　　（D）主筋的混凝土保护层厚度不小于 50mm

53. 在软黏土地基上修建填方路堤，用聚丙烯双向土工格栅加固地基。实测的格栅的拉力随时间变化的情况如下图所示。其施工期以后格栅的拉力减少，可能是下面哪些选项的原因？ （　　）

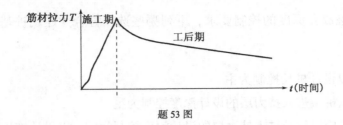

题53图

（A）筋材的蠕变大于土的蠕变

（B）土工格栅上覆填土发生了差异沉降

（C）软黏土地基随时间的固结

（D）路堤上车辆的反复荷载

54. 根据《建筑边坡工程技术规范》（GB 50330—2013），选择边坡岩土体的力学参数时，下列叙述中哪些选项是正确的？ （　　）

（A）计算粉质黏土边坡土压力时，宜选择直剪固结快剪或三轴固结不排水剪切试验指标

（B）计算土质边坡整体稳定性时，对饱和软黏土宜选择直剪快剪、三轴固结不排水剪切试验指标

（C）计算土质边坡局部稳定性时，对砂土宜选择有效应力抗剪强度指标

（D）按水土合算计算土质边坡稳定性时，地下水位以下宜选择土的饱和自重固结不排水抗剪强度指标

55. 根据《碾压式土石坝设计规范》（NB/T 10872—2021）相关要求，下列关于坝体排水的设计中，哪些表述是正确的？ （　　）

（A）土石坝的排水设置应能保护坝坡土，防止其冻胀破坏

（B）对于均质坝，不可以将竖向排水做成向上游或下游倾斜的形式

（C）设置竖式排水的目的是使透过坝体的水通过它排至下游，防止渗透水在坝坡溢出

（D）设置贴坡排水体的目的是防止坝坡土发生渗透破坏，并有效地降低浸润线

56. 土石坝对渗流计算时，以下哪些选项是正确的？ （　　）

（A）应确定坝体浸润线的位置，绘制坝体内等势线分布图

（B）应确定坝基与坝体的渗流量

（C）计算坝体渗透流量时宜采用土层渗透系数的小值平均值

（D）对于双层结构地基，如果下卧土层厚度大于 8.0m，且其渗透系数小于上覆土层渗透系数的 2.0 倍时，该层可视为相对不透水层

57. 某公路路基的下边坡处于沿河地段，河水最大流速为 5.2m/s，为防止河流冲刷路基边坡，提出了如下的防护方案，下列哪些方案是可以采用的？ （　　）

（A）植被护坡 （B）浆砌片石护坡

（C）土工膜袋护坡 （D）浸水挡土墙防护

58. 季节性冻土地区，黏性土的冻胀性分类与下列选项中土的哪些因素有关？ （　　）

（A）颗粒组成 （B）矿物成分

（C）塑限含水量 （D）冻前天然含水量

59. 下列哪些方法或工程措施可用于小型危岩的防治？ （　　）

（A）拦石网 （B）锚固

（C）支撑 （D）裂隙面压力注浆

60. 下列影响采空区地表变形诸多因素中，哪些选项是促进地表变形值增大的因素？ （　　）

（A）矿层厚度大 （B）矿层倾角大

（C）矿层埋深大 （D）矿层上覆岩层厚度大

61. 下列哪些选项可以作为已经发生过泥石流的识别特征依据？ （　　）

（A）冲沟中游沟身常不对称，凹岸与凸岸相差较大

（B）沟槽经常被大量松散物质堵塞，形成跌水

（C）堆积扇上地层具有明显的分选层次

（D）堆积的石块棱角明显，粒径悬殊

62. 下列关于膨胀土的论述中，哪些是正确的？ （　　）

（A）初始含水量与膨胀后含水量差值越大，土的膨胀量越小

（B）土粒的硅铝分子比的比值越大，胀缩量越大

（C）孔隙比越大，浸水膨胀越小

（D）蒙脱石和伊利石含量越高，胀缩量越大

63. 下列哪些因素是影响无黏性土坡稳定性的主要因素？ （　　）

（A）坡高 （B）坡角

（C）坡面是否有地下水溢出 （D）坡面长度

64. 在公路特殊性岩土场地详勘时，对取样勘探点在地表附近的取样间距要求不大于 0.5m 的为下列哪几项？ （　　）

（A）湿陷性黄土 （B）季节性冻土

（C）膨胀性岩土 （D）盐渍土

65. 为了在招标投标活动中遵循公开、公平、公正和诚实信用的原则，规定下列哪些做法是不正确的？ （　　）

（A）招标时，招标人设有标底的，标底应公开

（B）开标应公开进行，由工作人员当众拆封所有投标文件，并宣读投标人名称、投标价格等

（C）开标时，招标人应公开评标委员会成员名单

（D）评标委员会应公开评审意见与推荐情况

66. 当勘察文件需要修改时，下列哪些单位有权可以进行修改？ （　　）

（A）本项目的勘察单位

（B）本项目的设计单位

（C）本项目的施工图审查单位

（D）经本项目原勘察单位书面同意，由建设单位委托其他具有相应资质的勘察单位

67. 勘察设计人员以欺骗、贿赂等不正当手段取得注册证书的，可能承担的责任和受到的处罚包括下列哪几项？ （　　）

（A）被撤销注册

（B）5 年内不可再次申请注册

（C）被县级以上人民政府建设主管部门或者有关部门处以罚款

（D）构成犯罪的，被依法追究刑事责任

68. 根据《中华人民共和国民法典》的规定，以下哪些说法是正确的？ （　　）

（A）隐蔽工程在隐蔽以前，承包人应当通知发包人检查

（B）发包人未按规定的时间和要求提供原材料、场地、资金等，承包人有权要求赔偿损失但工期不能顺延

（C）因发包人的原因导致工程中途停建的，发包人应赔偿承包人的相应损失和实际费用

（D）发包人未按照约定支付工程款，承包人有权将工程折价卖出以抵扣工程款

69. 县级以上人民政府负有建设工程安全生产监督管理职责的部门履行安全监督检查时，有权采取下列哪些措施？ （　　）

（A）进入被检查单位施工现场进行检查

（B）重大安全事故隐患排除前或排除过程中无法保证安全的，责令从危险区域内撤出作业人员或者暂时停止施工

（C）按规定收取监督检查费用

（D）纠正施工中违反安全生产要求的行为

70. 投标人有下列哪些违法行为，中标无效，可处中标项目金额千分之十以下的罚款？ （　　）

（A）投标人未按照招标文件要求编制投标文件

（B）投标人相互串通投标报价

（C）投标人向招标人行贿谋取中标

（D）投标人以他人名义投标

2018 年专业知识试题（上午卷）

一、单项选择题（共 40 题，每题 1 分。每题的备选项中只有一个最符合题意）

1. 某土样三次密度试验值分别为 1.70g/cm³、1.72g/cm³、1.77g/cm³，按《土工试验方法标准》（GB/T 50123—2019），其试验成果应取下列哪一项？ （　　）

（A）1.70g/cm³　　　　　　　　　　　　（B）1.71g/cm³

（C）1.72g/cm³　　　　　　　　　　　　（D）1.73g/cm³

2. 在岩层中布置跨孔法测定波速时，其测试孔与震源孔间距取值最合适的是下列哪一项？ （　　）

（A）1～2m　　　　　　　　　　　　　（B）2～5m

（C）5～8m　　　　　　　　　　　　　（D）8～15m

3. 下列几种布置方法中，测定地下水流速最合理的是哪一项？ （　　）

注：○投-投剂孔　　○观-观测孔　　→ 地下水流向

4. 关于中等风化岩石的地基承载力深度修正，按《建筑地基基础设计规范》（GB 50007—2011）的规定，下列哪个选项的说法是正确的？ （　　）

（A）埋深从室外地面标高算起　　　　　（B）埋深从室内地面标高算起

（C）埋深从天然地面标高算起　　　　　（D）不修正

5. 某沿海地区一多层安置房工程详细勘察，共布置了 60 个钻孔，20 个静探孔，问取土孔的数量最少不小于下列哪个选项？ （　　）

（A）20 个　　　　　　　　　　　　　（B）27 个

（C）34 个　　　　　　　　　　　　　（D）40 个

6. 某土样进行固结快剪试验，其内聚力 $c = 17\text{kPa}$，内摩擦角 $\varphi = 29.6°$，以下最有可能错误的选项是哪一项？ （　　）

（A）该土样是软土层样

（B）该土样塑性指数小于 10

（C）该土样压缩模量 E_{s1-2} 大于 5.0MPa

（D）可用厚壁敞口取土器取得该土样的 II 级样品

7. 采用现场直接剪切试验测定某场地内强风化砂泥岩层的抗剪强度指标，按《岩土工程勘察规范》（GB 50021—2001）（2009 年版）要求，每组岩体不宜少于多少个？ （　　）

（A）3
（B）4
（C）5
（D）6

8. 某城市地铁勘察时，要求在饱和软黏土层取 I 级土样，采用下列哪一种取土器最为合适？ （　　）

（A）回转取土器

（B）固定活塞薄壁取土器

（C）厚壁敞口取土器

（D）自由活塞薄壁取土器

9. 下列关于土的变形模量和压缩模量的试验条件的描述，哪个选项是正确的？ （　　）

（A）变形模量是在侧向无限变形条件下试验得出的

（B）压缩模量是在单向应力条件下试验得出的

（C）变形模量是在单向应变条件下试验得出的

（D）压缩模量是在侧向变形等于零的条件下试验得出的

10. 下列哪个选项的地球物理勘探方法适用于测定地下水流速和流向？ （　　）

（A）自然电场法
（B）探地雷达法
（C）电视测井法
（D）波速测试法

11. 工程中要采 I 级土样，若在套管钻孔中取样，按《建筑工程地质勘探与取样技术规程》（JGJ/T 87—2012）的要求，其位置应取下列哪个选项？ （　　）

（A）在套管底部

（B）大于套管底端以下 1 倍管径的距离

（C）大于套管底端以下 2 倍管径的距离

（D）大于套管底端以下 3 倍管径的距离

12. 关于波速测试，下列说法正确的是哪个选项？ （　　）

（A）压缩波的波速比剪切波慢，剪切波为初至波

（B）压缩波传播能量衰减比剪切波慢

（C）正反向锤击木板两端得到的剪切波波形相位差 180°，而压缩波不变

（D）在波形上，以剪切波为主的幅度小，频率高

13. 在峡谷河流坝址实施可行性勘察，覆盖层厚度为 45m，拟建水库坝高 90m，下列勘探深度最合适的是哪个选项？ （ ）

（A）65m （B）80m

（C）90m （D）100m

14. 据《建筑结构荷载规范》（GB 50009—2012）规定，进行工程结构设计时，可变荷载标准值由设计基准期内最大荷载统计分布的特征值确定，此设计基准期为以下哪个选项？ （ ）

（A）30 年 （B）50 年

（C）70 年 （D）100 年

15. 根据《建筑桩基技术规范》（JGJ 94—2008）规定，进行抗拔桩的裂缝宽度计算时，对于上拔荷载效应组合，以下哪个选项是正确的？ （ ）

（A）承载能力极限状态下荷载效应的基本组合

（B）正常使用极限状态下荷载效应的准永久组合，不计风荷载和地震荷载作用

（C）正常使用极限状态下荷载效应的频遇组合

（D）正常使用极限状态下荷载效应的标准组合

16. 据《建筑结构荷载规范》（GB 50009—2012），下列关于荷载的论述中，哪个选项是错误的？ （ ）

（A）一般构件的单位自重可取其平均值

（B）自重变异较大的构件，当自重对结构不利时，自重标准值取其下限值

（C）固定隔墙的自重可按永久荷载考虑

（D）位置可灵活布置的隔墙自重应按可变荷载考虑

17. 某饱和软土地基采用预压法处理。若在某一时刻，该软土层的有效应力图形面积是孔隙水压力图形面积的 3 倍，则此时该软土层的平均固结度最接近下列何值？ （ ）

（A）50% （B）67%

（C）75% （D）100%

18. 某黏性土场地，地基强度较低，采用振冲法处理，面积置换率为 35%，处理前黏性土的压缩模量为 6MPa，按《建筑地基处理技术规范》（JGJ 79—2012）处理后复合土层的压缩模量最接近下列哪个选项？（假设桩土应力比取 4，处理前后桩间土天然地基承载力不变） （ ）

（A）8.1 （B）10.2

（C）12.3 （D）14.4

19. 饱和软黏土地基，采用预压法进行地基处理时，确定砂井深度可不考虑的因素是下列哪个选项？ （　　）

（A）地基土最危险滑移面（对抗滑稳定性控制的工程）

（B）建筑物对沉降的要求

（C）预压荷载的大小

（D）压缩土层的厚度

20. 已知某大面积堆载预压工程地基竖向排水平均固结度为 20%，径向排水平均固结度为 40%，则该地基总的平均固结度为下列哪个选项？ （　　）

（A）45%

（B）52%

（C）60%

（D）80%

21. 下列关于高压喷射注浆论述中，正确的是哪个选项？ （　　）

（A）双管法是使用双通道注浆管，喷出 20MPa 的高压空气和 0.7MPa 的水泥浆液形成加固体

（B）多管法是使用多通道注浆管，先喷出 0.7MPa 空气，再喷出 40MPa 高压水泥浆液和水，并抽出泥浆，形成加固体

（C）单管法是使用 20MPa 高压水喷射切削后，将浆液从管中抽出，再同步喷射水泥浆液，形成加固体

（D）三管法是使用水、气、浆三通道注浆管，先喷出 0.7MPa 空气和 20MPa 的水，再喷出 2～5MPa 水泥浆液，形成加固体

22. 某非饱和砂性土地基，土的孔隙比为 1，现拟采用注浆法加固地基，要求浆液充填率达到 50%，则平均每立方米土体的浆液注入量最接近哪个选项？ （　　）

（A）0.1m^3

（B）0.25m^3

（C）0.4m^3

（D）0.5m^3

23. 根据《土工合成材料应用技术规范》（GB/T 50290—2014），土工织物用作反滤和排水时，下列说法正确的是哪个？ （　　）

（A）用作反滤作用的无纺土工织物单位面积质量不应小于 300g/m^2

（B）土工织物应符合防堵性、防渗性和耐久性设计要求

（C）土工织物的保土性与土的不均匀系数无关

（D）土工织物的导水率与法向应力下土工织物的厚度无关

24. 关于软土地基进行预压法加固处理的说法，以下正确的选项是哪个？ （　　）

（A）采用超载预压时，应设置排水竖井

（B）堆载预压多级加载时，各级加载量的大小应相等

（C）当预压地基的固结度、工后沉降量符合设计要求时，可以卸载

（D）地基处理效果的检验可采用重型圆锥动力触探试验

25. 下列关于地连墙与主体结构外墙结合，正确的说法是哪个选项？ （ ）

（A）当采用叠合墙形式时，地连墙不承受主体结构自重

（B）当采用复合墙形式时，衬墙不承受永久使用阶段水平荷载作用

（C）当采用单一墙形式时，衬墙不承受永久使用阶段地下水压力

（D）以上说法都不对

26. 某基坑桩-混凝土支撑支护结构，支撑的另一侧固定在可以假定为不动的主体结构上，支撑上出现如图所示单侧斜向贯通裂缝，下列原因分析中哪个选项是合理的？ （ ）

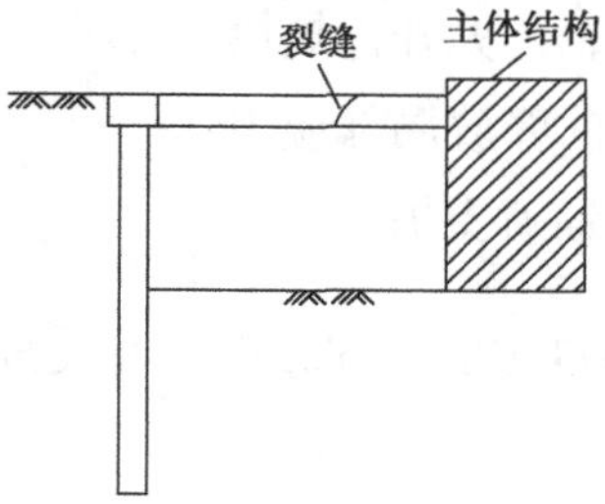

题 26 图

（A）支护结构沉降过大　　　　　　　　（B）支撑轴力过大

（C）坑底土体隆起，支护桩上抬过大　　（D）支护结构向坑外侧移过大

27. 在均质、一般黏性土深基坑支护工程中采用预应力锚杆，下列关于锚杆非锚固段说法正确的选项是哪个？ （ ）

（A）预应力锚杆非锚固段长度与围护桩直径无关

（B）土性越差，非锚固段长度越小

（C）锚杆倾角越大，非锚固段长度越大

（D）同一断面上排锚杆非锚固段长度不小于下排锚杆非锚固段长度

28. 修建于V级围岩中的深埋公路隧道，下列哪个选项是长期作用于隧道上的主要荷载？ （ ）

（A）围岩产生的形变压力　　　　　　　（B）围岩产生的松散压力

（C）支护结构的自重力　　　　　　　　（D）混凝土收缩和徐变产生的压力

29. 某铁路一段棚式明洞采用 T 形截面盖板以防落石，内边墙采用钢筋混凝土墙式构件，外侧支撑采用柱式结构。下列哪个选项不满足《铁路隧道设计规范》（TB 10003—2016）的要求？ （ ）

（A）外侧基础深度在路基面以下 3.0m，设置横向拉杆、纵撑与横撑

（B）内边墙衬砌设计考虑了围岩的弹性反力作用时，其背部超挖部位用砂石回填

（C）当有落石危害需计算冲击力时，对于明洞顶回填土压力计算，可只计洞顶设计填土重力（不包括坍方堆积土石重力）和落石冲击力的影响

（D）明洞顶部回填土的厚度 2.0m，坡度 1：1.5

30. 建筑基坑工程中，关于预应力锚杆锁定时的拉力值，下列选项中哪个正确？ （ ）

（A）锚杆的拉力值宜小于锁定值的 0.9 倍

（B）锚杆的拉力值宜为锁定值的 1.0 倍

（C）锚杆的拉力值宜为锁定值的 1.1 倍

（D）锚杆的拉力值宜为锁定值的 1.5 倍

31. 某公路隧道采用钻爆法施工，施工期遭遇Ⅲ级岩爆，下列哪项施工措施不能有效防治岩爆？（   ）

（A）减缓施工进度，采用短进尺掘进

（B）采用分部或超前导洞开挖，扩大开挖规模

（C）采用钻孔应力解除法，提前释放局部应力

（D）洞室开挖后及时进行挂网锚喷支护

32. 根据《公路工程抗震规范》（JTG B02—2013）的有关规定，下列阐述错误的是哪个选项？（   ）

（A）当路线难以避开不稳定的悬崖峭壁地段时，宜采用隧道方案

（B）当路线必须平行于发震断裂带布设时，宜布设在断裂带的上盘

（C）当路线必须穿过发震断裂带时，宜布设在破碎带较窄的部位

（D）不宜在地形陡峭、岩体风化、裂缝发育的山体修建大跨度傍山隧道

33. 下列关于地震波的描述，哪个选项是错误的？（   ）

（A）纵波传播速度最快，能在固体、液体或气体中传播，但对地面破坏性相对较弱

（B）横波传播速度仅次于纵波，只能在固体中传递，对地面产生的破坏性最强

（C）面波是纵波与横波在地表相遇后激发产生的混合波，既能沿地球表面传播，也能穿越岩层介质在地球内部传播

（D）面波是弹性波，只能沿地球表面传播，振幅随深度增加而逐渐减小至零

34. 某建筑场地地震基本烈度为 7 度，则其第三水准烈度为下列哪一项？（   ）

（A）7 度弱   （B）7 度强

（C）8 度弱   （D）8 度强

35. 在非液化土中低承台桩基单桩水平向抗震承载力验算时，其特征值取下列哪一项？（   ）

（A）非抗震设计时的值

（B）非抗震设计时提高 25% 的值

（C）非抗震设计时降低 25% 的值

（D）依据抗震设防烈度及建筑物重要性取用不同的值

36. 某建筑工程采用天然地基，地基土为稍密的细砂，经深宽修正后其地基承载力特征值为 180kPa，则在地震作用效应标准组合情况下，基础边缘最大压力允许值为下列哪个选项？（   ）

（A）180kPa

（B）198kPa

（C）238kPa

（D）270kPa

37. 某公路路堤，高度 10m，在进行抗震稳定性验算时，下列说法中哪个选项是正确的？（　　）

（A）应考虑垂直路线走向的水平地震作用和竖向地震作用

（B）应考虑平行路线走向的水平地震作用和竖向地震作用

（C）只考虑垂直路线走向的水平地震作用

（D）只考虑竖向地震作用

38. 对某 40m 长灌注桩在 30m 深度进行自平衡法检测单桩竖向抗压承载力，下列桩身轴力沿深度变化曲线合理的是哪个选项？（　　）

（A）　　　　　　　　（B）　　　　　　　　（C）　　　　　　　　（D）

39. 某一级建筑基坑采用截面尺寸 800mm × 700mm 的钢筋混凝土内支撑，混凝土强度等级为 C30，不考虑钢筋抗压作用，内支撑稳定系数按 1.0 考虑，则该内支撑轴力监测报警值设置合理的是下列哪个选项？（　　）

（A）5000kN

（B）7000kN

（C）8000kN

（D）10000kN

40. 当采用钻孔取芯法对桩身质量进行检测时，下列说法正确的是哪个选项？（　　）

（A）混凝土芯样破坏荷载与其面积比为该混凝土立方体抗压强度值

（B）桩底岩芯破坏荷载与其面积比为岩石抗压强度标准值

（C）桩底岩石芯样高径比为 2.0 时不能用于单轴抗压强度试验

（D）芯样端面硫黄胶泥补平厚度不宜超过 1.5mm

二、多项选择题（共 30 题，每题 2 分。每题的备选项中有两个或三个符合题意，错选、少选、多选均不得分）

41. 某混合土勘察时，下列哪几项做法是符合规范要求的？（　　）

（A）除采用钻孔外，还布置了部分探井

（B）布置了现场静载试验，其承压板采用边长为 1.0m 的方形板

（C）采用动力触探试验并用探井验证

（D）布置了一定量的颗粒分析试验并要求每个样品数量不少于 500g

42. 图示为不同土类的无侧限抗压强度试验曲线，哪几个点所对应的值为土的无侧限抗压强度？ （　　）

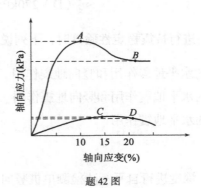

题 42 图

（A）A　　　　　　　　　　　　（B）B

（C）C　　　　　　　　　　　　（D）D

43. 按《盐渍土地区建筑技术规范》（GB/T 50942—2014）要求进行某工程详细勘察时，下列哪些选项是正确的？ （　　）

（A）每幢独立建（构）筑物的勘探点不应少于 3 个

（B）取不扰动土试样时，应从地表开始，10m 深度内取样间距为 2.0m，10m 以下为 3.0m

（C）盐渍土物理性质试验时，应分别测定天然状态和洗除易溶盐后的物理性指标

（D）勘察深度范围内有地下水时，应取地下水试样进行室内试验，取样数量每一建筑场地不少于 2 件

44. 按现行《岩土工程勘察规范》（GB 50021—2001）（2009 年版），下列哪几项岩土工程勘察等级为乙级？ （　　）

（A）36 层住宅，二级场地，二级地基

（B）17 层住宅，二级场地，三级地基

（C）55 层住宅，三级场地，三级岩质地基

（D）18 层住宅，一级场地，三级岩质地基

45. 关于地下水运动，下列说法正确的是哪些选项？ （　　）

（A）渗流场中水头值相等的点构成的面为等水头面

（B）等水头面是平面，不可以是曲面

（C）流线与迹线不同，是表示同一时刻不同液流质点的连线，且各质点的渗透速度矢量均和该线垂直

（D）在均质各向同性含水层中，等水头线与流线正交

46. 在岩土工程勘察外业过程中，应特别注意钻探安全，下列哪些操作符合相关规定？ （　　）

（A）当遇浓雾时，交通船不得靠近钻探船只

（B）浪高大于 2.0m 时，勘探作业船舶和水上勘探平台等漂浮钻场可进行勘探作业

（C）在溪沟边钻探，接到上游洪峰警报后，立即停止作业，并撤离现场

（D）接到台风蓝色预警信号时，应立即撤船返港

47. 根据《工程结构可靠性设计统一标准》（GB 50153—2008）和《建筑地基基础设计规范》（GB 50007—2011）规定，以下关于设计使用年限描述正确的是哪些选项？ （   ）

（A）设计使用年限是指设计规定的结构经大修后可按预定目的使用的年限

（B）地基基础的设计使用年限不应小于建筑结构的设计使用年限

（C）同一建筑中不同用途结构或构件可以有不同的设计使用年限

（D）结构构件的设计使用年限与建筑结构的使用寿命一致

48. 根据《建筑结构荷载规范》（GB 50009—2012）规定，以下作用效应组合中，可用于正常使用极限状态设计计算的是哪些选项？ （   ）

（A）标准组合

（B）基本组合

（C）准永久组合

（D）偶然组合

49. 根据《建筑基坑支护技术规程》（JGJ 120—2012），下列哪些选项应采用设计值进行验算？ （   ）

（A）验算锚杆钢筋截面面积时的锚杆轴向拉力

（B）验算锚杆的极限抗拔承载力

（C）验算围护结构配筋时的土压力

（D）验算坑底突涌时的承压水头

50. 根据《建筑地基处理技术规范》（JGJ 79—2012），以下关于注浆钢管桩的规定，哪些是正确的？ （   ）

（A）注浆钢管桩既适用于既有建筑地基的加固补强，也适用于新建工程的地基处理

（B）注浆钢管桩可以用打入或压入法施工，也可以采用机械成孔后植入的方法施工

（C）注浆钢管桩既可以通过底部一次灌浆，也可采用花管多次灌浆

（D）注浆钢管桩可以垂直设置，但不可以像树根桩一样斜桩网状布置

51. 下列地基处理方法中，同时具有提高原地基土密实程度和置换作用的有哪些？ （   ）

（A）打设塑料排水带堆载预压法处理深厚软土地基

（B）柱锤冲扩桩法处理杂填土地基

（C）沉管成桩工艺的 CFG 桩处理粉土地基

（D）泥浆护壁成孔砂桩处理黏性土地基

52. 在其他条件不变的情况下，下列关于软土地基固结系数的说法中正确的是哪些选项？ （   ）

（A）地基土的灵敏度越大，固结系数越大

（B）地基土的压缩模量越大，固结系数越大

（C）地基土的孔隙比越小，固结系数越大

（D）地基土的渗透系数越大，固结系数越大

53. 换填法中用土工合成材料作为加筋垫层时，下列关于加筋垫层的工作机理的说法中，正确的选项是哪些？　　　　　　　　　　　　　　　　　　　　　　　　　　（　　）

（A）增大地基土的稳定性　　　　　　（B）调整垫层渗透性

（C）扩散应力　　　　　　　　　　　（D）调整不均匀沉降

54. 采用换填垫层法处理的地基，下列关于其地基承载力的确定或修正的说法中，正确的选项有哪些？　　　　　　　　　　　　　　　　　　　　　　　　　　　　　（　　）

（A）按地基承载力确定基础底面尺寸时，其基础宽度的地基承载力修正系数取零

（B）垫层的地基承载力宜通过现场静载荷试验确定

（C）处理后的垫层承载力不应大于处理前地基承载力的 1.5 倍

（D）某基槽式换填垫层，采用干密度大于 2100kg/m³ 的级配砂石换填，其基础埋深的修正系数可取 2.0

55. 下列关于注浆地基处理效果的论述，正确的是哪些选项？　　　　　　　　（　　）

（A）双液注浆与单液注浆相比，可以加快浆液凝结时间，提高注浆效果

（B）影响注浆结石体强度的最主要因素是水泥浆浓度（水灰比）、龄期

（C）劈裂注浆适用于密实砂层，压密注浆适用于松散砂层或黏性土层

（D）渗入灌浆适用于封堵混凝土裂隙，不适用于卵砾石防渗

56. 根据《建筑地基处理技术规范》（JGJ 79—2012），下列关于堆载预压和真空预压的说法正确的是哪些？　　　　　　　　　　　　　　　　　　　　　　　　（　　）

（A）当建筑物的荷载超过真空预压的压力，或建筑物对地基变形有严格要求时，可采用真空和堆载联合预压，其总压力宜超过建筑物的竖向荷载

（B）堆载预压的加载速率由地基土体的平均变形速率决定

（C）真空预压时，应该根据地基土的强度确定真空压力，不能采取一次连续抽真空至最大压力的加载方式

（D）软土层中含有较多薄粉砂夹层，当固结速率满足工期要求时，可以不设置排水竖井

57. 下列关于含水层影响半径说法，正确的是哪些选项？　　　　　　　　　　（　　）

（A）含水层渗透系数越大，影响半径越大

（B）含水层压缩模量越大，影响半径越大

（C）降深越大，影响半径越大

（D）含水层导水系数越大，影响半径越大

58. 根据《建筑基坑支护技术规程》（JGJ 120—2012），下列哪些选项的内容在基坑设计文件中必须明确给定？　　　　　　　　　　　　　　　　　　　　　　　　　　　（　　）

（A）支护结构的使用年限

（B）支护结构的水平位移控制值

（C）基坑周边荷载的限值和范围

（D）内支撑结构拆除的方式

59. 某高速铁路上拟修建一座 3.6km 长的隧道，围岩地下水发育，下列有关隧道防排水设计，哪些选项不符合《铁路隧道设计规范》（TB 10003—2016）的要求？（　　）

（A）隧道内的纵坡设计为单面坡，坡度千分之三

（B）隧道拱墙为一级防水，隧底结构为二级防水

（C）隧道衬砌采用防渗混凝土，抗渗等级 P8

（D）隧道衬砌施工缝、变形缝应采用相应防水措施

60. 关于穿越膨胀性岩土的铁路和公路隧道设计，下列哪些选项符合相关规范要求？（　　）

（A）可根据围岩等级分别采用复合式衬砌、喷锚衬砌和整体衬砌结构形式

（B）可采用加密、加长锚杆支护措施，以抵御膨胀压力

（C）隧道支护衬砌应设置仰拱

（D）断面宜采用圆形或接近圆形

61. 已知某围护结构采用 C30 钢筋混凝土支撑，其中某受压支撑截面配筋如图所示，针对图示配筋存在的与相关规范不相符合的地方，下列哪些选项是正确的？（　　）

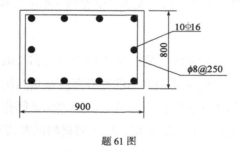

题 61 图

（A）箍筋直径不符合要求　　　　　　　（B）纵筋间距不符合要求

（C）未设置复合箍筋　　　　　　　　　（D）最小配筋率不符合要求

62. 在某膨胀土场地建设校区，该地区土的湿度系数为 0.7，设计时下列哪些措施符合《膨胀土地区建筑技术规范》（GB 50112—2013）的相关要求？（　　）

（A）教学楼外墙基础边缘 5m 范围内不得积水

（B）种植桉树应设置隔离沟，沟与教学楼的距离不应小于 4m

（C）管道距教学楼外墙基础边缘的净距不应小于 3m

（D）种植低矮、蒸腾量小的树木时，应距教学楼外墙基础边缘不小于 2m

63. 下列哪些选项为全部消除建筑物地基液化沉陷的措施？（　　）

（A）采用桩基时，桩端深入液化深度以下稳定土层中的长度应按计算确定，且对碎石土，砾、粗、中砂，坚硬黏性土和密实粉土尚不应小于 0.5m，对其他非岩石土尚不应小于 1.5m

（B）采用深基础时，基础底面应埋入液化深度以下的稳定土层中，其深度不应小于 0.5m

（C）采用加密法和换土法处理时，在基础边缘以外的处理宽度不应小于 0.5m

（D）用非液化土替换全部液化土层

64. 下列关于建筑场地地震效应及抗震设计的描述，正确的是哪几项？　　　　　　（　　）

（A）饱和砂土和粉土，当实测标贯击数小于液化判别标贯击数临界值时，应判定为液化土

（B）对于饱和的中、粗砂和砾砂土，可不进行液化判别

（C）非液化土中低承台桩基抗震验算时，其单桩竖向和水平向抗震承载力特征值可比非抗震设计值提高 25%

（D）地基液化等级为中等的丁类设防建筑，可不采取抗液化措施

65. 在其他条件相同的情况下，根据标准贯入试验击数进行液化判定，下列哪些选项的表述是正确的？　　　　　　　　　　　　　　　　　　　　　　　　　　　　　　　（　　）

（A）地下水埋深越小，液化指数越高

（B）粉土比砂土液化严重

（C）上覆非液化土层越厚，液化程度越轻

（D）粉土黏粒含量越高，液化程度越严重

66. 关于土石坝抗震稳定计算，下列哪些选项的做法符合《水电工程水工建筑物抗震设计规范》（NB 35047—2015）？　　　　　　　　　　　　　　　　　　　　　　　　（　　）

（A）设计烈度为Ⅶ度，坝高 160m，同时采用拟静力法和有限元法进行综合分析

（B）覆盖层厚度为 50m，同时采用拟静力法和有限元法进行综合分析

（C）采用圆弧法进行拟静力法抗震稳定计算时，不考虑条间作用力的影响

（D）采用有限元法进行土石坝抗震计算时，宜按照材料的非线性动应力-动应变关系，进行动力分析

67. 验算建筑物天然地基的抗震承载力时，正确的做法是下列哪几项？　　　　　（　　）

（A）地基主要受力层范围内不存在软弱土层的 8 层且不超过 24m 的框架住宅可不验算

（B）采用地震作用效应标准组合

（C）地基抗震承载力可取大于深宽修正后的地基承载力特征值

（D）地震作用标准组合的基础边缘最大压力可控制在 1.5 倍基础底面平均压力内

68. 按照《水电工程水工建筑物抗震设计规范》（NB 35047—2015）进行土石坝抗震设计时，下列抗震措施正确的是哪些选项？　　　　　　　　　　　　　　　　　　　　　（　　）

（A）强震区土石坝采用直线形坝轴线

（B）可选用均匀的中砂作为强震区筑坝材料

（C）设计烈度为Ⅷ度时，堆石坝防渗体可采用刚性心墙的形式

（D）设计烈度为Ⅷ度时，坡脚可采取铺盖或压重措施

69. 超声波在传播过程中遇到桩身混凝土内部缺陷时，超声波仪上会出现哪些现象？ （　　）

（A）波形畸变 （B）声速提高

（C）声时增加 （D）振幅增加

70. 钻芯法检测桩身质量时，当锯切后的芯样试件存在轻微不能满足平整度或垂直度要求时，可采用下列哪些材料补平处理？ （　　）

（A）水泥砂浆 （B）水泥净浆

（C）硫黄 （D）聚氯乙烯

2018 年专业知识试题（下午卷）

一、单项选择题（共 40 题，每题 1 分。每题的备选项中只有一个最符合题意）

1. 某建筑场地，原始地貌地表标高为 24m，建筑物建成后，室外地坪标高为 22m，室内地面标高为 23m，基础底面标高为 20m，计算该建筑基础沉降时，基底附加压力公式 $p_0 = p - \gamma d$ 中，d 应取下列何值？　　　　　　　　　　　　　　　　　　　　　　　　　　　　　（　　）

（A）2m
（B）2.5m
（C）3m
（D）4m

2. 由于地基变形，砌体结构建筑物的外纵墙上出现如图所示的裂缝，则该建筑物的地基变形特征是下列哪个选项？　　　　　　　　　　　　　　　　　　　　　　　　　　　　　（　　）

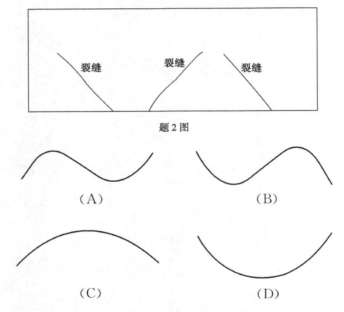

题 2 图

（A）

（B）

（C）

（D）

3. 直径为 d 的圆形基础，假设基底压力线性分布，若要求基底边缘压力不小于 0，则基底压力合力的偏心距的最大值为下列何值？　　　　　　　　　　　　　　　　　　　　　　　（　　）

（A）$d/4$
（B）$d/6$
（C）$d/8$
（D）$d/12$

4. 关于《建筑地基基础设计规范》（GB 50007—2011）地基承载力理论公式，以下描述正确的选项为哪个？　　　　　　　　　　　　　　　　　　　　　　　　　　　　　　　（　　）

（A）其承载力系数与临界荷载 $p_{1/4}$ 公式的承载力系数完全一致
（B）满足了地基的强度条件和变形条件
（C）适用于偏心距 $e \leqslant b/6$ 的荷载情况
（D）地基土假设为均匀土层条件

5. 根据《建筑地基基础设计规范》（GB 50007—2011）规定，对扩展基础内力计算时采用的地基净反力，以下描述正确的选项为哪项？ （ ）

（A）地基净反力为基底反力减去基底以上土的自重应力

（B）地基净反力不包括基础及其上覆土的自重作用

（C）地基净反力不包括上部结构的自重作用

（D）地基净反力为基础顶面处的压应力

6. 一矩形基础，其底面尺寸为 4.0m × 6.0m，短边方向无偏心，作用在长边方向的偏心荷载为 $F + G = 1200$kN，问当偏心距最大为多少时，基底刚好不会出现拉应力？ （ ）

（A）0.67m （B）0.75m

（C）1.0m （D）1.5m

7. 按照《建筑桩基技术规范》（JGJ 94—2008）规定，采用等效作用分层总和法进行桩基沉降计算时，以下计算取值正确的选项是哪个？ （ ）

（A）等效作用面位于桩基承台底平面

（B）等效作用面积取桩群包围的桩土投影面积

（C）等效作用附加压力近似取承台底平均附加压力

（D）等效作用面以下的应力分布按弹性半空间内部集中力作用下的 Mindlin 解确定

8. 下列对于《建筑桩基技术规范》（JGJ 94—2008）中有关软土地基的桩基设计原则的理解，哪项是正确的？ （ ）

（A）为改善软土中桩基的承载性状，桩宜穿过中、低压缩性砂层，选择与上部土层相似的软土层作为持力层

（B）挤土桩产生的挤土效应有助于减小桩基沉降量

（C）为保证灌注桩桩身质量，宜采用挤土沉管灌注桩

（D）为减小基坑开挖对桩基质量的影响，宜先开挖后打桩

9. 在含有大量漂石的地层中，灌注桩施工采用下列哪种工艺合适？ （ ）

（A）长螺旋钻孔压灌混凝土，后插钢筋笼

（B）泥浆护壁正循环成孔，下钢筋笼，灌注混凝土

（C）泥浆护壁反循环成孔，下钢筋笼，灌注混凝土

（D）全套管跟进冲抓成孔，下钢筋笼，灌注混凝土

10. 对于泥浆护壁钻孔灌注桩，在水下混凝土灌注施工过程中，当混凝土面高出孔底 4m 时，不慎将导管拔出混凝土灌注面，下列哪种应对措施是合理的？ （ ）

（A）将导管重新插入混凝土灌注面下 3m，继续灌注

（B）将导管底部放至距混凝土灌注面之上 300～500mm 处，继续灌注

（C）拔出导管和钢筋笼，将已灌注的混凝土清除干净后，下钢筋笼，重新灌注

（D）立即抽出桩孔内的泥浆，清理混凝土灌注面上的浮浆后，继续灌注

11. 关于桩基设计计算，下列哪种说法符合《建筑桩基技术规范》（JGJ 94—2008）的规定？   （   ）

（A）确定桩身配筋时，应采用荷载效应标准组合

（B）确定桩数时，应采用荷载效应标准组合

（C）计算桩基沉降时，应采用荷载效应基本组合

（D）计算水平地震作用、风载作用下的桩基水平位移时，应采用水平地震作用、风载效应频遇组合

12. 某干作业钻孔扩底桩，扩底设计直径 3.0m，根据《建筑桩基技术规范》（JGJ 94—2008），其上部桩身的最小直径应为下列哪个选项？   （   ）

（A）0.8m   （B）1.0m

（C）1.2m   （D）1.5m

13. 某高层建筑采用钻孔灌注桩基础，设计桩长 30.0m，基坑开挖深度 15.0m，在基坑开挖前进行桩基施工，根据《建筑地基基础设计规范》（GB 50007—2011），桩身纵向钢筋配筋长度最短宜为下列哪个选项？   （   ）

（A）30.0m   （B）25.0m

（C）20.0m   （D）15.0m

14. 某公路桥梁桩基础，桩长 30.0m，承台底面位于地下水位以下，采用桩端后压浆工艺，根据《公路桥涵地基与基础设计规范》（JTG 3363—2019），在进行单桩承载力计算时，桩端以上桩侧阻力增强段最大范围可取下列哪个值？   （   ）

（A）12.0m   （B）8.0m

（C）6.0m   （D）4.0m

15. 某铁路土质路堤边坡坡高 6m，拟采用浆砌片石骨架护坡。以下拟定的几项护坡设计内容，哪个选项不满足规范要求？   （   ）

（A）设单级边坡，坡度 1：0.75

（B）采用浆砌片石砌筑方格形骨架，骨架间距 3m

（C）骨架内种植草灌防护其坡面

（D）骨架嵌入边坡的深度为 0.5m

16. 某土质边坡高 12.0m，采用坡面直立的桩板式挡墙支护，坡顶有重要的浅基础多层建筑物，其基础外缘与坡面的水平距离为 10.0m，根据《建筑边坡工程技术规范》（GB 50330—2013），如果已知桩板上的主动土压力合力为 592kN/m，静止土压力合力为 648kN/m，问桩板上的侧向土压力取值为下列哪个选项？   （   ）

（A）592kN/m （B）620kN/m

（C）648kN/m （D）944kN/m

17. 根据《公路路基设计规范》（JTG D30—2015），当公路路基经过特殊土地段时，以下哪个选项是错误的？ （　）

（A）公路经过红黏土地层时，路堑边坡设计应遵循"缓坡度、固坡脚"的原则，同时加强排水措施

（B）公路通过膨胀土地段时，路基设计应以防水、控湿、防风化为主，应对路堑路床 0.8m 范围内的膨胀土进行超挖，换填级配良好的砂砾石

（C）公路通过不稳定多年冻土区时，路堤填料的取土坑应选择饱冰、富冰的冻土地段

（D）滨海软土区路基外海侧坡面应采用块石护坡，坡底部应设置抛石棱体

18. 拟采用抗滑桩治理某铁路滑坡时，下列哪个选项对抗滑桩设计可不考虑？ （　）

（A）桩身内力 （B）抗滑桩桩端的极限端阻力

（C）滑坡推力 （D）抗滑桩的嵌固深度

19. 根据《碾压式土石坝设计规范》（NB/T 10872—2021），不同土体作为坝体防渗体填筑料，描述不正确的是下列哪个选项？ （　）

（A）人工掺和砾石土，最大粒径不宜大于 150mm

（B）膨胀土作为土石坝防渗料时，无须控制其填筑含水量

（C）红黏土用作高坝时，应论证其压缩性

（D）湿陷性黄土作为防渗体时，应具有适当的填筑含水量与压实密度，同时做好反滤

20. 根据《建筑边坡工程技术规范》（GB 50330—2013），下列哪个选项对边坡支护结构的施工技术要求是错误的？ （　）

（A）施工期间可能失稳的板肋式锚杆挡土墙，应采用逆作法进行施工

（B）当地层受扰动导致水土流失危及邻近建筑物时，锚杆成孔可采用泥浆护壁钻孔

（C）当采用锚喷支护II类岩质边坡时，可部分采用逆作法进行施工

（D）当填方挡墙墙后地面的横坡坡度大于 1∶6 时，应进行地面粗糙处理后再填土

21. 土石坝渗流计算时，按《碾压式土石坝设计规范》（NB/T 10872—2021）相关要求，对水位组合情况描述不正确的是下列哪个选项？ （　）

（A）上游正常蓄水位与下游相应的最低水位

（B）上游设计洪水位与下游相应的水位

（C）上游校核洪水位与下游的最低水位

（D）库水位降落时对上游坝坡稳定最不利的情况

22. 在建筑边坡稳定性分析中，下列哪个选项的叙述不成立？ （　）

（A）纯净的砂土填筑路堤，无地下水作用时路堤的稳定性可采用 $K = \tan\varphi / \tan\alpha$ 进行分析（K 为稳定性系数；φ 为土体的内摩擦角；α 为路堤坡面与水平面夹角）

（B）任意情况下，无黏性土坡的滑动面均可假定为直线滑动面

（C）有结构面的岩质边坡，可能形成沿结构面的直线或折线滑动面

（D）在有软弱夹层的情况下，土质边坡可能形成沿结构面的直线、折线滑动面或其他任意形状的滑动面

23. 关于滑坡的描述，下列哪个选项是错误的？　　　　　　　　　　　　　　　　　　（　　）

（A）滑坡体厚度为 10m 时可判定为中层滑坡

（B）通常滑坡的鼓胀裂缝出现于滑坡体下部，且平行于滑动方向

（C）滑体具有多层滑动面时，应分别计算各滑动面的滑坡推力，并取最大的推力作为设计控制值

（D）采用传递系数法计算滑坡推力，若出现某条块的剩余下滑力为负值时，则说明这条块的滑体是基本稳定的

24. 某场地局部区域土体受到工业废水、废渣的污染，此污染土的重度为 18.0kN/m³，压缩模量为 6.0MPa；周围未污染区土体的重度为 19.5kN/m³，压缩模量为 9.0MPa。则此污染对土的工程特性的影响程度判定为下列哪个选项？　　　　　　　　　　　　　　　　　　（　　）

（A）无影响　　　　　　　　　　　　　　　（B）影响轻微

（C）影响中等　　　　　　　　　　　　　　（D）影响大

25. 某多年冻土，融沉前的孔隙比为 0.87，融沉后的孔隙比为 0.72，其平均融化下沉系数接近于下列哪个选项？　　　　　　　　　　　　　　　　　　　　　　　　　　　　　　（　　）

（A）6%　　　　　　　　　　　　　　　　　（B）7%

（C）8%　　　　　　　　　　　　　　　　　（D）9%

26. 在盐分含量相同的条件下，下列哪个选项的盐渍土的吸湿性最大？　　　　　　　（　　）

（A）亚硫酸盐渍土　　　　　　　　　　　　（B）硫酸盐渍土

（C）碱性盐渍土　　　　　　　　　　　　　（D）氯盐渍土

27. 某位于湿陷性黄土地基上大面积筏板基础的基底压力为 320kPa，土的饱和重度为 18kN/m³，当测定其基底下 15m 处黄土的湿陷系数时，其浸水压力宜采用下列哪一选项的数值？　　（　　）

（A）200kPa　　　　　　　　　　　　　　　（B）270kPa

（C）320kPa　　　　　　　　　　　　　　　（D）590kPa

28. 某泥石流暴发周期 5 年以内，泥石流堆积新鲜，泥石流严重程度为严重，流域面积 6km²，固体物质一次冲出量 8×10^4m³，堆积区面积大于 1km²，请判断该泥石流的类别为下列哪个选项？

　　　　　　　　　　　　　　　　　　　　　　　　　　　　　　　　　　　　　（　　）

（A）I₁   （B）I₂

（C）II₁   （D）II₂

29. 我国滨海盐渍土的盐类成分主要为下列哪个选项？ （　　）

（A）硫酸盐类   （B）氯盐类

（C）碱性盐类   （D）亚硫酸盐类

30. 下列哪个选项不符合膨胀土变形特性？ （　　）

（A）黏粒含量越高，比表面积大，胀缩变形就越小

（B）黏土粒的硅铝分子比$SiO_2/(Al_2O_3 + Fe_2O_3)$的比值越小，其胀缩量就越小

（C）当土的初始含水量与胀后含水量越接近，土的膨胀就小，收缩的可能性和收缩值就大

（D）土的密度大，孔隙比就小，浸水膨胀性强，失水收缩小

31. 港口工程勘察中，测得软土的灵敏度S_t为17，该土的灵敏性分类属于下列哪个选项？ （　　）

（A）中灵敏性   （B）高灵敏性

（C）极灵敏性   （D）流性

32. 下列哪个选项不是影响混合土物理力学性质的主要因素？ （　　）

（A）粗粒的矿物成分   （B）粗、细颗粒含量的比例

（C）粗粒粒径大小及其相互接触关系   （D）细粒土的状态

33. 一直立开挖III类、坡顶无建筑荷载的永久岩质边坡，自坡顶至坡脚有一倾角为65°的外倾硬性结构面通过，岩体内摩擦角为30°，以外倾硬性结构面计算的侧向岩石压力为500kN/m，以岩体等效内摩擦角计算的侧向土压力为650kN/m。试问，按《建筑边坡工程技术规范》（GB 50330—2013）的规定，边坡支护设计时，侧向岩石压力和破裂角应取下列哪个选项？ （　　）

（A）500kN/m，65°   （B）500kN/m，60°

（C）650kN/m，65°   （D）650kN/m，60°

34. 某土质滑坡后缘地表拉张裂缝多而宽且贯通，滑坡两侧刚出现少量雁行羽状剪切裂缝。问该滑坡处于下列选项的哪一阶段？ （　　）

（A）弱变形阶段   （B）强变形阶段

（C）滑动阶段   （D）稳定阶段

35. 根据《中华人民共和国安全生产法》规定，关于生产经营单位使用的涉及生命安全、危险性较大的特种设备的说法，下列哪个选项是错误的？ （　　）

（A）生产经营单位使用的涉及生命安全、危险性较大的特种设备，以及危险物品的容器、运输工具，必须按照国家有关规定，由专业生产单位生产

（B）特种设备须经取得专业资质的检测、检验机构检测、检验合格，取得安全使用证或者安全标志，方可投入使用

（C）涉及生命安全、危险性较大的特种设备的目录由省级安全监督管理的部门制定，报国务院批准后执行

（D）检测、检验机构对特种设备检测、检验结果负责

36. 根据《建设工程勘察设计管理条例》的有关规定，承包方下列哪个行为不属于转包？　　　（　　）

（A）承包方将承包的全部建设工程勘察、设计再转给其他具有相应资质等级的建设工程勘察、设计单位

（B）承包方将承包的建设工程主体部分的勘察、设计转给其他具有相应资质等级的建设工程勘察、设计单位

（C）承包方将承包的全部建设工程勘察、设计肢解以后以分包的名义分别转给其他具有相应资质等级的建设工程勘察、设计单位

（D）承包方经发包方书面同意后，将建设工程主体部分勘察、设计以外的其他部分转给其他具有相应资质等级的建设工程勘察、设计单位

37. 根据《建设工程质量管理条例》有关规定，下列哪个说法是错误的？　　　（　　）

（A）建设工程质量监督管理，可以由建设行政主管部门或者其他有关部门委托的建设工程质量监督机构具体实施

（B）从事房屋建筑工程和市政基础设施工程质量监督的机构，必须按照国家有关规定经国务院建设行政主管部门或者省、自治区、直辖市人民政府建设行政主管部门考核

（C）从事专业建设工程质量监督的机构，必须按照国家有关规定经县级以上地方人民政府建设行政主管部门考核

（D）建设工程质量监督机构经考核合格后，方可实施质量监督

38. 根据《中华人民共和国建筑法》有关规定，下列说法哪个是错误的？　　　（　　）

（A）施工现场安全由建筑施工企业负责。实行施工总承包的，由总承包单位负责。分包单位向总承包单位负责，服从总承包单位对施工现场的安全生产管理

（B）建筑施工企业和作业人员在施工过程中，应当遵守有关安全生产的法律、法规和建筑行业安全规章、规程，不得违章指挥或者违章作业，作业人员有权对影响人身健康的作业程序和作业条件提出改进意见，有权获得安全生产所需的防护用品。作业人员对危及生命安全和人身健康的行为有权提出批评、检举和控告

（C）涉及建筑主体和承重结构变动的装修工程，施工单位应当在施工前委托原设计单位或者具有相应资质条件的设计单位提出设计方案；没有设计方案的，不得施工

（D）房屋拆除应当由具备保证安全条件的建筑施工单位承担，由建筑施工单位负责人对安全负责

39. 根据《中华人民共和国招标投标法》的有关规定，下面关于开标的说法哪个是错误的？
　　　　　　　　　　　　　　　　　　　　　　　　　　　　　　　　　（　　）

（A）开标时，由投标人或者其推选的代表检查投标文件的密封情况，也可以由招标人委托的公证机构检查并公证；在投标截止日期后，按规定时间、地点，由招标人主持开标会议

（B）经确认无误后，由工作人员当众拆封，宣读投标人名称、投标价格和投标文件的其他主要内容

（C）招标人在招标文件要求提交投标文件的截止时间前收到的所有投标文件，所有受邀投标人到场后方可开标，开标时都应当当众予以拆封、宣读

（D）开标过程应当记录，并存档备查

40. 根据《中华人民共和国民法典》中有关要约失效的规定，下列哪个选项是错误的？　　　（　　）

（A）拒绝要约的通知到达要约人

（B）要约人依法撤销要约

（C）承诺期限届满，受要约人未作出承诺

（D）受要约人对要约的内容未作出实质性变更

二、多项选择题（共 30 题，每题 2 分。每题的备选项中有两个或三个符合题意，错选、少选、多选均不得分）

41. 根据《建筑地基基础设计规范》（GB 50007—2011）的规定，对于岩石地基承载力特征值的确定方法，以下哪些选项是正确的？　　　　　　　　　　　　　　　　　　　　　　　（　　）

（A）对破碎的岩石地基，采用平板载荷试验确定

（B）对较破碎的岩石地基，采用岩石室内饱和单轴抗压强度标准值乘以折减系数确定

（C）对较完整的岩石地基，采用平板载荷试验确定

（D）对完整的岩石地基，采用岩石地基载荷试验确定

42. 按《建筑地基基础设计规范》（GB 50007—2011）规定进行地基最终沉降量计算时，以下场地土和基础条件中，影响地基沉降计算值的选项是哪些？　　　　　　　　　　　　　　　　（　　）

（A）基础的埋置深度　　　　　　　　　　（B）基础底面以上土的重度

（C）土层的渗透系数　　　　　　　　　　（D）基础底面的形状

43. 在确定柱下条形基础梁的顶部宽度时，按《建筑地基基础设计规范》（GB 50007—2011）规定，需要考虑的设计条件中包括以下哪些选项的内容？　　　　　　　　　　　　　　　　（　　）

（A）持力层地基承载力　　　　　　　　　（B）软弱下卧层地基承载力

（C）基础梁的受剪承载力　　　　　　　　（D）柱荷载大小

44. 柱下钢筋混凝土条形基础，当按弹性地基梁计算基础的内力、变形时，可采用的计算分析方法有哪些？　　　　　　　　　　　　　　　　　　　　　　　　　　　　　　　　　　（　　）

（A）等值梁　　　　　　　　　　　　　　（B）有限差分法

（C）有限单元法　　　　　　　　　　　　（D）倒梁法

45. 当基础宽度大于 3m 时，用载荷试验或其他原位测试、经验值等方法确定的地基承载力特征值，按《建筑地基基础设计规范》（GB 50007—2011）相关要求，在下列哪些选项的情况下可以不进行宽度修正？　　　　　　　　　　　　　　　　　　　　　　　　　　　　　　　　　　　　　（　　）

（A）大面积压实的粉土，压实系数为 0.95 且黏粒含量 $\rho_c = 10\%$

（B）压实系数小于 0.95 的人工填土

（C）含水比 $a_w = 0.8$ 的红黏土

（D）孔隙比 $e = 0.85$ 的黏性土

46. 下列对《建筑桩基技术规范》（JGJ 94—2008）中基桩布置原则的理解，哪些是正确的？　　　　　　　　　　　　　　　　　　　　　　　　　　　　　　　　　　　　　　（　　）

（A）基桩最小中心距主要考虑有效发挥桩的承载力和成桩工艺

（B）布桩时须考虑桩身材料特性

（C）考虑上部结构与桩基础受力体系的最优平衡状态布桩

（D）布桩时须考虑改善承台的受力状态

47. 根据《建筑桩基技术规范》（JGJ 94—2008），下列哪些条件下，宜考虑承台效应？　　（　　）

（A）柱下独立承台，3 桩基础

（B）新近填土地基，摩擦型单排桩条形基础

（C）软土地基的减沉复合疏桩基础

（D）按变刚度调平原则设计的核心筒外围框架柱桩基

48. 下列选项中，哪些是建筑桩基础变刚度调平设计的主要目的？　　　　　　　　　　　（　　）

（A）减小建筑物的沉降　　　　　　　　　　（B）增加基桩的承载力

（C）减小建筑物的差异沉降　　　　　　　　（D）减小承台内力

49. 关于灌注桩后注浆施工，下列哪些说法是正确的？　　　　　　　　　　　　　　　　（　　）

（A）土的饱和度越高，浆液水灰比应越大

（B）土的渗透性越大，浆液水灰比应越小

（C）饱和黏性土中注浆顺序宜先桩端后桩侧

（D）终止注浆标准应进行注浆总量和注浆压力双控

50. 某仓储工程位于沿海吹填土场地，勘察报告显示，地面以下 25m 范围内为淤泥，地基土及地下水对混凝土中的钢筋具有中等腐蚀性。在桩基设计时，应考虑下列哪些因素？　　　　　　　（　　）

（A）负摩阻力对桩承载力的影响

（B）地下水和地基土对桩身内钢筋的腐蚀性影响

（C）地下水和地基土对桩基施工设备的腐蚀性影响

（D）当采用 PHC 管桩时应对桩身防腐处理

51. 根据《建筑地基基础设计规范》（GB 50007—2011），下列关于柱下桩基础独立承台，柱对承台的冲切计算时，哪些说法是正确的？ （ ）

（A）冲切力的设计值为柱根部轴力设计值减去承台下各桩净反力设计值之和

（B）柱根部轴力设计值取相应于作用的基本组合

（C）冲切力设计值应取相应于作用的标准组合扣除承台及其上填土自重

（D）柱对承台冲切破坏锥体与承台底面的夹角不小于 45°

52. 根据《公路桥涵地基与基础设计规范》（JTG 3363—2019），关于地下连续墙基础设计描述正确的是哪些选项？ （ ）

（A）墙端应进入良好持力层

（B）墙体进入持力层的埋设深度应大于墙体厚度

（C）持力层为岩石地基时，应优先考虑增加墙体的埋置深度以提高竖向承载力

（D）宜使地下连续墙基础的形心与永久作用合力作用点一致

53. 根据《建筑边坡工程技术规范》（GB 50330—2013），以下关于边坡截排水的规定，哪些选项是正确的？ （ ）

（A）坡顶截水沟的断面应根据边坡汇水面积、降雨强度等经计算分析后确定

（B）坡体排水可采用仰斜式排水孔，排水孔间距宜为 2～3m，长度应伸至地下水富集部位或穿过潜在滑动面

（C）对于地下水埋藏较浅、渗流量较大的土质边坡，可设置填石盲沟排水，填石盲沟的最小纵坡宜小于 0.5%

（D）截水沟的底宽不宜小于 500mm，沟底纵坡宜大于 0.3%，可采用浆砌块石或现浇混凝土护壁和防渗

54. 某重力式挡土墙，按照朗肯土压力理论计算墙后主动土压力，其主动土压力分布如下图所示，则下列哪些选项的情况可能存在？ （ ）

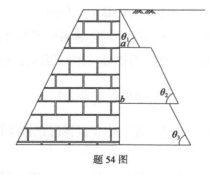

题 54 图

（A）当 $\theta_1 = \theta_2 \neq \theta_3$ 时，墙后土体存在内摩擦角不等的三层土，土层分界点为 a 点和 b 点

（B）当 $\theta_1 = \theta_2 = \theta_3$ 时，墙后填土可能为均质土，墙后地面距挡墙一定距离处存在均匀的条形堆载

（C）当 $\theta_1 \neq \theta_2 \neq \theta_3$ 时，墙后土体存在三层土，土层分界点为 a 点和 b 点

（D）当 $\theta_1 \neq \theta_2 = \theta_3$ 时，墙后填土为均质土，墙后地面有均布堆载

55. 重力式挡墙高度均为 5m，在挡土墙设计中，下列哪些选项的结构选型和位置设置合理？ （   ）

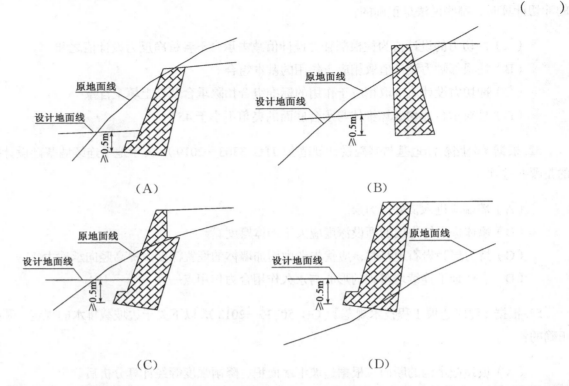

（A）   （B）

（C）   （D）

56. 对于建筑边坡的扶壁式挡墙，下列哪些选项的构件可根据其受力特点简化为一端固定的悬臂结构？ （   ）

（A）立板   （B）墙踵板
（C）墙趾底板   （D）扶壁

57. 根据《公路路基设计规范》（JTG D30—2015），公路边坡的坡面采用工程防护时，以下哪些选项是不对的？ （   ）

（A）边坡坡度为 1:1.5 的土质边坡采用干砌片石护坡
（B）边坡坡度为 1:0.5 的土质边坡采用喷混植生护坡
（C）边坡坡度为 1:0.5 的易风化剥落的岩石边坡采用护面墙护坡
（D）边坡坡度为 1:0.5 的高速公路岩石边坡采用喷射混凝土护坡

58. 下列有关特殊性岩土的表述中，哪些选项是正确的？ （   ）

（A）膨胀土地基和季节性冻土地基上建筑物开裂情况比较类似
（B）红黏土的变形以膨胀为主
（C）不论是室内压缩试验还是现场静载荷试验，测定湿陷性黄土的湿陷起始压力均可采用单线法或双线法
（D）当利用填土作为地基时，宜采取一定的建筑和结构措施，以改善建筑物对填土地基不均匀沉降的适应能力

59. 对于滑坡防治，下列哪些选项是正确的？ （   ）

（A）滑坡地段应设置排水系统

（B）根据滑坡推力的大小、方向及作用点选择抗滑结构

（C）在保证卸荷区上方及两侧岩土稳定的情况下，可在滑体被动区取土

（D）可在滑体的阻滑区段增加竖向荷载

60. 下列哪些选项的岩溶场地条件需要考虑岩溶对建筑地基稳定性的影响？　　　　　（　　）

（A）洞体岩体的基本质量等级为 IV 级，基础底面尺寸大于溶洞的平面尺寸，并具有足够的支承长度

（B）洞体岩体的基本质量等级为 I 级，溶洞的顶板岩石厚度与洞跨之比为 0.9

（C）地基基础设计等级为乙级且荷载较小的建筑，尽管岩溶强发育，但基础底面以下的土层厚度大于独立基础宽度的 3 倍，且不具备形成土洞的条件

（D）地基基础设计等级为丙级且荷载较小的建筑，基础底面与洞体顶板间土层厚度小于独立基础宽度的 3 倍，洞隙或岩溶漏斗被沉积物填满，其承载力特征值为 160kPa，且无被水冲蚀的可能

61. 某公路穿越多年冻土区，下列哪些选项的设计符合要求？　　　　　　　　　　（　　）

（A）路基填料宜采用塑性指数大于 12，液限大于 32 的细粒土

（B）多冰冻土地段的路基可按一般路基设计

（C）不稳定多年冻土地段高含冰量冻土路基，宜采用设置工业隔热材料、热棒等措施进行温度控制

（D）采用控制融化速率和允许融化的设计原则时，路堤高度不宜小于 1.5m，但也不宜过高

62. 红黏土复浸水特性为 II 类者，复浸水后一般具有下列哪些特性？　　　　　　（　　）

（A）膨胀循环呈缩势，缩量逐次积累，但缩后土样高度大于原始高度

（B）土的含水量增量微小

（C）土的外形完好

（D）风干复浸水，干缩后形成的团粒不完全分离，土的 I_r 值降低

63. 下列关于岩溶的论述中，哪些选项是正确的？　　　　　　　　　　　　　　（　　）

（A）水平岩层较倾斜岩层发育

（B）土洞不一定能发展成地表塌陷

（C）土洞发育区下伏岩层中不一定有水的通道

（D）地下水是岩溶发育的必要条件

64. 对于特殊性场地上的桩基础，下列哪些选项是正确的？　　　　　　　　　　（　　）

（A）软土场地的桩基宜选择中、低压缩性土层作为桩端持力层

（B）湿陷性黄土地基中，设计等级为甲、乙级建筑桩基的单桩极限承载力，宜以天然状态下载荷试验为主要依据

（C）为减小和消除冻胀或膨胀对建筑物桩基的作用，宜采用钻（挖）孔灌注桩

（D）对于填土建筑场地，宜先成桩后再填土并保证填土的密实性

65. 根据《建设工程安全生产管理条例》，施工单位的哪些人员应当经建设行政主管部门或者其他有关部门考核合格后方可任职？　　　　　　　　　　　　　　　　（　　）

（A）现场作业人员　　　　　　　　　　（B）专职安全生产管理人员

（C）项目负责人　　　　　　　　　　　（D）单位主要负责人

66. 下列关于工程总承包的说法中，哪些是正确的？　　　　　　　　　　（　　）

（A）工程总承包是指从事工程总承包的企业按照与建设单位签订的合同，对工程项目的设计、采购、施工等实行全过程的承包，并对工程的质量、安全、工期和造价等全面负责的承包方式

（B）工程总承包企业应当具有与工程规模相适应的工程设计资质或施工资质，相应的财务、风险承担能力，同时具有相应的组织机构、项目管理体系、项目管理专业人员和工程业绩

（C）工程总承包项目经理应当取得工程建设类注册执业资格或者高级专业技术职称，担任过工程总承包项目经理、设计项目负责人或者施工项目经理，熟悉工程建设相关法律和标准，同时具有相应工程业绩

（D）工程总承包企业应当加强对分包的管理，不得将工程总承包项目转包，也不得将工程总承包项目中设计和施工业务一并或者分别分包给其他单位。工程总承包企业自行实施设计的，不得将工程总承包项目工程设计业务分包给其他单位

67. 根据《注册土木工程师（岩土）执业及管理工作暂行规定》，下列哪些说法是正确的？　　　　　　　　　　　　　　　　　　　　　　　　　　　　　（　　）

（A）注册土木工程师（岩土）必须受聘并注册于一个建设工程勘察、设计、检测、施工、监理、施工图审查、招标代理、造价咨询等单位方能执业

（B）注册土木工程师（岩土）可在规定的执业范围内，以注册土木工程师（岩土）的名义只能在注册单位所在地从事相关执业活动

（C）注册土木工程师（岩土）执业制度不实行代审、代签制度。在规定执业范围内，甲、乙级岩土工程的项目负责人须由本单位聘用的注册土木工程师（岩土）承担

（D）注册土木工程师（岩土）应在规定的技术文件上签字并加盖执业印章。凡未经注册土木工程师（岩土）签章的技术文件，不得作为岩土工程项目实施的依据

68. 根据《建设工程质量检测管理办法》（建设部令第 141 号），建设主管部门实施监督检查时，有权采取下列哪几项措施？　　　　　　　　　　　　　　　　　　（　　）

（A）要求检测机构或者委托方提供相关的文件和资料

（B）进入检测机构的工作场地（包括施工现场）进行抽查

（C）组织进行比对试验以验证检测机构的检测能力

（D）发现有不符合国家有关法律、法规和工程建设标准要求的检测行为时，责令改正，并处 1 万元以上 3 万元以下的罚款

69. 根据《建设工程安全生产管理条例》（国务院令第 393 条）的规定，下列哪几项属于建设单位的安全责任？ （　　）

（A）建设单位应当协助施工单位向有关部门查询施工现场及毗邻区域内供水、排水、供电、供气、供热、通信、广播电视等地下管线资料，气象和水文观测资料，相邻建筑物和构筑物、地下工程的有关资料

（B）建设单位不得对勘察、设计、施工、工程监理等单位提出不符合建设工程安全生产法律、法规和强制性标准规定的要求，不得压缩合同约定的工期

（C）建设单位在编制工程概算时，应当确定建设工程安全作业环境及安全施工措施所需费用

（D）建设单位不得明示或者暗示施工单位购买、租赁、使用不符合安全施工要求的安全防护用具、机械设备、施工机具及配件、消防设施和器材

70. 根据《地质灾害防治条例》（国务院令第 394 条）的规定，下列关于地质灾害的治理的说法中哪些是正确的？ （　　）

（A）因自然因素造成的特大型地质灾害，确需治理的，由国务院国土资源主管部门会同灾害发生地的省、自治区、直辖市人民政府组织治理

（B）因自然因素造成的跨行政区域的地质灾害，确需治理的，由所跨行政区域的地方人民政府国土资源主管部门共同组织治理

（C）因工程建设等人为活动引发的地质灾害，由灾害发生地的省、自治区、直辖市人民政府组织治理

（D）地质灾害治理工程的确定，应当与地质灾害形成的原因、规模以及对人民生命和财产安全的危害程度相适应

2019 年专业知识试题（上午卷）

一、单项选择题（共 40 题，每题 1 分。每题的备选项中只有一个最符合题意）

1. 岩层中采用回转钻进方法钻探，某一钻孔直径 90mm，回次进尺 1m，获取的岩芯段长度为 2cm、4cm、3cm、5cm、10cm、14cm、12cm、15cm、13cm、12cm，则该地段岩体质量属于哪个等级？　　　　　　　　　　　　　　　（　　）

（A）好
（B）较好
（C）较差
（D）无法判断

2. 某公路工程，其地表下 20m 范围内土层的液化指数为 16，根据《公路工程地质勘察规范》（JTG C20—2011），该地基的液化等级为下列哪个选项？　　　　　　　　（　　）

（A）轻微
（B）中等
（C）严重
（D）不液化

3. 按《水利水电工程地质勘察规范》（GB 50487—2008）（2022 年版），当采用总应力进行稳定性分析时，地基土抗剪强度的标准值取值应为下列哪个选项？　　　　　（　　）

（A）对排水条件差的黏性土地基，宜采用慢剪强度
（B）对软土可采用原位十字板剪切强度
（C）对采取了排水措施的薄层黏性土地基宜采用三轴压缩试验不固结不排水剪切强度
（D）对透水性良好、能自由排水的地基土层，宜采用固结快剪强度

4. 某重要工程地基为膨胀土，根据《岩土工程勘察规范》（GB 50021—2001）（2009 年版），应采用下列哪个选项的方法确定地基承载力？　　　　　　　　　　　（　　）

（A）不浸水载荷试验
（B）浸水载荷试验
（C）饱和状态下的 UU 试验计算
（D）饱和状态下的 CU 试验计算

5. 根据《岩土工程勘察规范》（GB 50021—2001）（2009 年版），标贯试验中钻杆直径使用正确的是下列哪个选项？　　　　　　　　　　　　　　　　　　　（　　）

（A）42mm
（B）50mm
（C）42mm 或 50mm
（D）50mm 或 60mm

6. 某场地四个现场平板载荷试验的岩石地基承载力特征值分别为 540kPa、450kPa、560kPa、570kPa，该场地基岩地基承载力特征值应为下列哪个选项？　　　　　（　　）

（A）556kPa
（B）540kPa
（C）530kPa
（D）450kPa

7. 如下图，泉水出露处的地下水属于下列哪一类？ （ ）

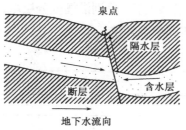

题 7 图

（A）上层滞水 　　　　　　　　　　　（B）包气带水

（C）潜水 　　　　　　　　　　　　　（D）承压水

8. 用双桥静力触探估算单桩承载力，q_c 取值最合理的是下列哪个选项？（注：d 为桩的直径或边长）

（ ）

（A）桩端平面处的值

（B）桩端平面以下 $1d$ 范围内的平均值

（C）桩端平面以上 $4d$ 范围内的加权平均值

（D）选项（B）和（C）的平均值

9. 场地为灰岩，单层厚 0.8m，其饱和单轴抗压强度 45MPa，工程地质岩组命名最合适的是下列哪个选项？ （ ）

（A）硬岩岩组 　　　　　　　　　　　（B）坚硬层状沉积岩岩组

（C）较坚硬块状灰岩岩组 　　　　　　（D）较坚硬厚层状灰岩岩组

10. 采用电阻率法判断三个地层情况时，绘制 ρ_s-$AB/2$ 的关系曲线如下图所示，根据曲线形状判断电阻率关系为哪个选项？（ρ_1、ρ_2、ρ_3 为地表下第一层、第二层、第三层的电阻率） （ ）

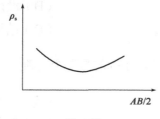

题 10 图

（A）$\rho_1 < \rho_2 < \rho_3$ 　　　　　　　　　（B）$\rho_1 < \rho_2 > \rho_3$

（C）$\rho_1 > \rho_2 < \rho_3$ 　　　　　　　　　（D）$\rho_1 > \rho_2 > \rho_3$

11. 圆锥动力触探存在"超前滞后"现象，上为软土层下为硬土层，说法正确的是下列哪个选项？

（ ）

（A）超前量 0.8m，滞后量 0.2m 　　　　（B）超前量 0.2m，滞后量 0.8m

（C）超前量 0.4m，滞后量 0.1m 　　　　（D）超前量 0.1m，滞后量 0.4m

12. 某盐渍土地段地下水位埋深 1.6m，大于该地段毛细水强烈上升高度与蒸发强烈影响深度之和。在一次开挖深 1.8m 基槽的当时和暴晒多天后，分别沿槽壁分层取样，测定其含水量随深度变化如下表。该地段毛细水强烈上升高度最接近下列哪个数值？ （   ）

题 12 表

取样深度（m）	天然含水量（%）	暴晒后含水量（%）
0.0	7	1
0.2	10	3
0.4	18	8
0.6	23	21
0.8	25	25
1.0	27	26
1.2	29	27
1.4	30	25
1.6	30	25
1.8	30	25

（A）1.4m
（B）1.1m
（C）0.8m
（D）0.5m

13. 关于高分辨率遥感影像的说法，下列表述正确的是哪一项？ （   ）

（A）高分辨率遥感影像解译可以代替工程地质测绘

（B）目前高分辨率遥感影像解译可以实现全自动化

（C）高分辨率遥感影像解译在工程地质测绘之前进行，解译成果现场复核点数不少于 30%

（D）从某一期高分辨率遥感影像上可以获取地质体三维信息

14. 荷载标准值可以由下列哪种荷载统计分布的某个分位值确定？ （   ）

（A）设计基准期内的最大荷载
（B）设计基准期内的平均荷载
（C）结构使用年限内的最大荷载
（D）结构使用年限内的平均荷载

15. 以下对工程结构设计使用年限确定正确的是哪个选项？ （   ）

（A）公路涵洞为 50 年
（B）普通房屋为 70 年
（C）标志性建筑为 100 年
（D）铁路桥涵结构为 50 年

16. 以下荷载组合中，用于计算滑坡稳定性的作用效应组合是哪个选项？ （   ）

（A）包括永久作用和可变作用的标准组合，采用相应的可变作用组合值系数

（B）包括永久作用和可变作用的准永久组合，采用相应的可变作用准永久值系数，不计风荷载和地震作用

（C）包括永久作用和可变作用的基本组合，采用相应的可变作用组合值系数，分项系数取 1.35

（D）包括永久作用和可变作用的基本组合，采用相应的可变作用组合值系数，分项系数取 1.0

17. 某大厚度大面积粉土填方整平场地，拟建建筑物筏板基础尺寸为 12m × 28m，基础埋深 2.5m，无地下水。经检测，填土重度为 20kN/m³，黏粒含量 10%，平均压实系数为 0.94，地基承载力特征值为 180kPa，问修正后填土地基承载力特征值正确选项是哪一个？ （ ）

（A）180kPa
（B）220kPa
（C）240kPa
（D）255kPa

18. 采用堆载预压法加固地基，按双面排水计算固结时间为 t，则按单面排水达到相同固结度需要的时间是哪一个？ （ ）

（A）4t
（B）2t
（C）$t/2$
（D）$t/4$

19. 某湿陷性黄土地基拟采用灰土挤密法处理地基，等边三角形布桩，在满足设计要求情况下比较以下两种方案：方案一，桩径 d 为 0.45m，桩间距 s 为 0.9m；方案二，桩径为 0.50m，面积置换率同方案一，则方案二桩间距 s 最接近下列哪个选项？ （ ）

（A）1.15m
（B）1.05m
（C）1.00m
（D）0.95m

20. 根据《建筑地基处理技术规范》（JGJ 79—2012），振冲碎石桩处理关于桩位布置的做法，错误的是哪个选项？ （ ）

（A）布桩范围在基础外缘扩大 1 排桩
（B）处理液化地基时，桩位布置超出基础外缘的宽度为基底下液化土层厚度 1/3
（C）对独立基础，采用矩形布桩
（D）对条形基础，沿基础轴线单排布桩

21. 复合地基桩土应力比的论述，正确的是哪个选项？ （ ）

（A）荷载越大，桩土应力比越大
（B）桩土模量比越大，桩土应力比越大
（C）置换率越大，桩土应力比越大
（D）桩间土承载力越大，桩土应力比越大

22. 某砂土地基采用 1m 直径振冲碎石桩处理，已知砂土初始孔隙比 $e_0 = 1.0$，最大孔隙比 $e_{max} = 1.1$，最小孔隙比 $e_{min} = 0.7$，挤密后砂土的相对密实度达到 0.83，则采用正方形布桩时合理桩间距最接近下列哪个选项？（不考虑振动下沉挤密作用） （ ）

（A）1.8m
（B）2.2m
（C）2.6m
（D）3.0m

23. 某水泥搅拌桩复合地基，桩径 400mm，桩距 1.20m，正三角形布桩。三桩复合地基载荷试验的圆形承压板直径应取下列哪个选项？ （ ）

（A）2.0m   （B）2.2m

（C）2.4m   （D）2.6m

24. 某填土拟采强夯处理，修正系数取 0.5，若选用单击夯击能 2700kN·m，强夯影响深度最接近下列哪个选项？ （   ）

（A）6m   （B）7m

（C）8m   （D）10m

25. 某基坑场地潜水含水层的渗透系数 $k = 10\text{m/d}$，潜水含水层厚度为 10m，井水位降深为 8m，含水层的影响半径最接近以下哪个数值？ （   ）

（A）220m   （B）200m

（C）180m   （D）160m

26. 某基坑采用悬臂桩支护，桩身承受的弯矩最大的部位是下列哪个选项？ （   ）

（A）坑底处   （B）坑底以上某部位

（C）坑底下某部位   （D）不确定，需看土质

27. 下列关于咬合排桩施工顺序正确的选项是哪个？ （   ）

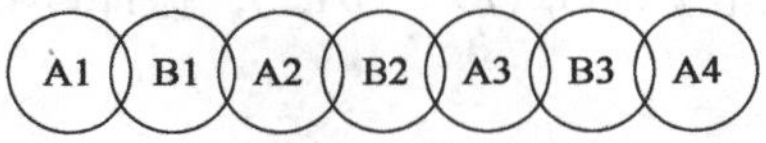

题 27 图

（A）B1→B2→B3→A1→A2→A3→A4

（B）A1→B1→A2→B2→A3→B3→A4

（C）A1→A2→B1→B2→A3→A4→B3

（D）A1→A2→B1→A3→B2→A4→B3

28. 关于建筑基坑内支撑结构设计，下列哪个说法是错误的？ （   ）

（A）水平对撑应按中心受压构件进行计算

（B）竖向斜撑应按偏心受压杆件进行计算

（C）腰梁应按以支撑为支座的多跨连续梁计算

（D）水平斜撑应按偏心受压构件进行计算

29. 某场地地势低洼，铺设钢筋混凝土排水管道后将地面填筑到设计高程，见下图。如只考虑填土自重，管道在投入使用后其所受土的竖向压力与上覆土自重相比，以下哪种说法是正确的？ （   ）

（A）大于上覆土重

（B）小于上覆土重

（C）等于上覆土重

（D）不确定，需看填土厚度

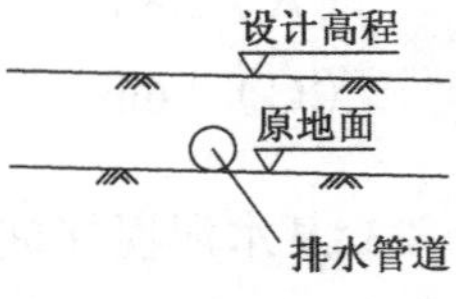

题 29 图

30. 下列关于锚喷衬砌中锚杆对隧道围岩稳定性作用错误的选项是哪个？ （ ）

（A）悬吊作用 （B）组合拱作用

（C）挤压加固作用 （D）注浆加固作用

31. 对与竖向斜撑结合的支护排桩（如图所示，不考虑桩身自重），还应需要按下列哪种受力类型构件考虑？ （ ）

（A）纯弯

（B）偏压

（C）弯剪

（D）偏拉

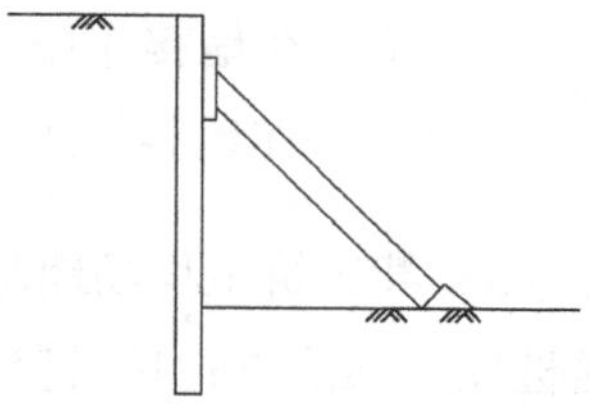

题31图

32. 关于地震反应谱曲线说法正确的是哪个选项？ （ ）

（A）它表示场地上不同自振周期的结构对特定地震的反应

（B）它表示不同场地上特定自振周期的结构对特定地震的反应

（C）它表示场地上特定自振周期的结构对不同地震的反应

（D）它表示场地上特定自振周期的结构对特定地震的反应

33. 根据《公路工程抗震规范》（JTG B02—2013），地基土抗震容许承载力调整系数 K 与下列哪项因素无关？ （ ）

（A）岩土性状 （B）岩土类别

（C）场地类别 （D）地基承载力基本容许值

34. 建筑结构的地震影响系数应根据下列哪项因素确定？ （ ）

（A）抗震设防烈度、场地类别、设计地震分组、结构自振周期、高宽比、地震动峰值加速度

（B）抗震设防烈度、场地类别、设计地震分组、结构自振周期、阻尼比、地震动峰值加速度

（C）抗震设防烈度、地段类别、设计地震分组、结构自振周期、阻尼比、地震动峰值加速度

（D）抗震设防烈度、地段类别、设计地震分组、结构自振周期、高宽比、地震动峰值加速度

35. 下列关于地震工程的基本概念说法正确的选项是哪个？ （ ）

（A）建筑的抗震设防标准不能根据甲方要求提高

（B）抗震设防烈度是一个地区的设防依据，可根据工程需要予以提高

（C）设计基本地震加速度是指50年设计基准期超越概率63%的地震加速度的设计值

（D）抗震设防分类中的丙类是标准设防类的简称

36. 按静力法计算公路挡土墙的水平地震作用时，下列哪个选项是错误的？ （ ）

（A）综合影响系数取值与挡土墙的结构形式相关

（B）抗震重要性修正系数与公路等级和构筑物重要程度相关

（C）水平向设计基本地震动峰值加速度与地震基本烈度相关

（D）计算挡土墙底面地震荷载作用时，水平地震作用分布系数取 1.8

37. 某 3 层建筑，验算天然地基地震作用下的竖向承载力时，下列哪个说法是正确的？（   ）

（A）按地震作用效应标准组合的基础底面平均压力可适当大于地基抗震承载力

（B）按地震作用效应标准组合的基础边缘最大压力不应大于 1.25 倍地基抗震承载力

（C）在地震作用下基础底面不宜出现零压力区

（D）在地震作用下基础底面与地基土之间零应力区面积不应超过基础底面面积的 15%

38. 某建筑工程场地基桩为单排扩底灌注桩，桩身直径为 1.2m，扩底直径为 2.5m，工程检测时采用锚桩反力梁法进行单桩竖向抗压承载力检测，符合规定的试桩与锚桩之间的中心距离最小不应小于下列哪个选项？（   ）

（A）3.6m   （B）4.8m

（C）5.0m   （D）7.5m

39. 下列关于建筑基坑监测的叙述中，哪个选项是错误的？（   ）

（A）基坑顶部水平位移监测点各边不应少于 3 个

（B）位移观测基准点的数量不应少于 1 点且应设在变形影响范围以外

（C）安全等级为一级的支护结构，应测项目包括支护结构深部水平位移及基坑周边环境的沉降

（D）安全等级为一级、二级的支护结构，在基坑开挖过程中与支护结构使用期内，必须进行支护结构的水平位移监测和基坑开挖影响范围以内建（构）筑物、地面的沉降监测

40. 某建筑边坡支护体系中的锚杆，主筋采用 3 根直径 22mm 的 HRB400 钢筋，钢筋的屈服强度标准值为 400N/mm²，进行锚杆基本试验时，可施加的最大试验荷载最接近下列哪个选项？（   ）

（A）388kN   （B）410kN

（C）456kN   （D）585kN

二、多项选择题（共 30 题，每题 2 分。每题的备选项中有两个或三个符合题意，错选、少选、多选均不得分）

41. 下列关于岩石坚硬程度及完整程度描述，错误的是哪几项？（   ）

（A）波速比为 0.9 的花岗岩，锤击声不清脆，无回弹

（B）结构面发育无序，结合很差的岩体，可不进行坚硬程度分类

（C）较破碎岩体的裂隙为 2 组，平均间距 1.0m，结合程度差

（D）标准贯入实测击数为 50 击，花岗岩浸水后可捏成团

42. 某高密度电法曲线，其低阻段可能的地质解译是下列哪几项？（   ）

（A）含水层   （B）完整岩体

（C）岩石含较多铁质   （D）岩溶中的干洞

43. 下列哪几项指标可直接用于判断岩体完整性？ （ ）

（A）岩体体积节理数 （B）岩体基本质量等级
（C）RQD （D）节理平均间距

44. 下列哪些选项是山区场地工程地质图上应表示的内容？ （ ）

（A）河流阶地 （B）滑坡
（C）调查路线 （D）地层界线

45. 根据《岩土工程勘察安全规范》（GB/T 50585—2019），下列说法正确的是哪些选项？ （ ）

（A）井探时，矩形探井的宽度不应小于 0.8m

（B）洞探时，平洞的高度应大于 1.5m

（C）人工开挖槽探时，槽壁高度不得超过 3.0m

（D）探井深度大于 8.0m 时，应采用井内送风措施

46. 关于深层载荷试验，下列说法正确的是哪些选项？ （ ）

（A）试验试井尺寸可等于承压板直径

（B）土体无明显破坏时，总沉降量与承压板直径之比大于 0.06 时即可终止试验

（C）试验得到的地基承载力不应作深度修正

（D）确定土的变形模量时，试验的假设条件是荷载作用在弹性半无限空间的表面

47. 按照《水运工程地基设计规范》（JTS 147—2017），基础形状为条形以外的不规则形状，通常需要将基础形状等效为矩形，等效原则为下列哪些选项？ （ ）

（A）面积相等 （B）长宽比相近
（C）主轴方向相近 （D）基础底面重心位置相同

48. 关于动力基础设计参数，下列哪些选项的表述是正确的？ （ ）

（A）天然地基的抗压刚度系数C_z的计量单位为 kN/m^3

（B）天然地基的抗剪刚度K_x的计量单位为 kN/m

（C）地基土的阻尼比ζ的计量单位为 s

（D）场地卓越周期T_p的计量单位为 s

49. 在以下地基基础的设计计算中，按正常使用极限状态设计计算的是下列哪些选项？ （ ）

（A）柱下条形基础的宽度计算

（B）墙式支护结构的抗倾覆验算

（C）抗拔桩的裂缝计算

（D）地下车库的抗浮稳定性验算

50. 一般黏性土地基中，在其他条件相同情况下，关于水泥土搅拌桩强度影响因素的描述，下列正确的是哪些选项？　　　　（　　）

（A）水泥掺量越大，搅拌桩强度越高

（B）水泥强度越高，搅拌桩强度越高

（C）土体含水量越高，搅拌桩强度越高

（D）养护湿度越大，搅拌桩强度越高

51. 关于锚杆静压桩加固既有建筑的描述，下列正确的是哪些选项？　　　　（　　）

（A）基础托换时，桩位应布置在柱或墙正下方

（B）按桩身强度确定设计承载力时，锚杆静压桩可不考虑长细比对强度折减

（C）锚杆静压桩单根桩接头数量不应超过 3 个

（D）锚杆数量与单根锚杆抗拔力乘积不应小于预估压桩力

52. 换填法中用土工合成材料作为加筋垫层时，关于加筋垫层作用机理正确的是哪些选项？　　　　（　　）

（A）提高地基稳定性　　　　　　　　（B）加快地基土固结

（C）增大地基应力扩散角　　　　　　（D）调整不均匀沉降

53. 软弱地基采用真空预压法处理，以下哪些措施对加速地基固结的效果不显著？　　　　（　　）

（A）排水砂垫层的材料由中砂改为粗砂

（B）排水砂垫层的厚度由 50cm 改为 60cm

（C）排水竖井的间距减小 20%

（D）膜下真空度从 60kPa 增大到 85kPa

54. 下列关于荷载作用下不同刚度基础的说法，正确的是哪些选项？　　　　（　　）

（A）刚性基础下桩间土比竖向增强体先达到极限状态

（B）柔性基础下竖向增强体比桩间土先达到极限状态

（C）同样荷载、同样地基处理方法下，刚性基础下竖向增强体的发挥度大于柔性基础下竖向增强体的发挥度

（D）同样荷载、同样地基处理方法下，刚性基础下地基的沉降量小于柔性基础下地基的沉降量

55. 强夯处理地基时，单点夯击沉降量过大，处理办法正确的是下列哪些选项？　　　　（　　）

（A）少击多遍　　　　　　　　　　　（B）加填砂石

（C）减少夯点间距　　　　　　　　　（D）增加落距

56. 下列关于砂石桩特性说法错误的是哪些选项？　　　　（　　）

（A）饱和软土中置换砂石桩单桩承载力大小主要取决于桩周土的侧限力

（B）砂石桩在饱和软土中容易发生膨胀破坏

（C）均匀地层中桩间土抵抗桩体膨胀能力随深度降低

（D）砂石桩易在地基深部局部软土处发生剪切破坏

57. 寒冷地区采用桩锚支护体系的基坑工程，下列哪些措施可以减少冻胀对基坑工程稳定性的影响？ （　　）

（A）降低地下水位   （B）增加锚杆自由段长度

（C）增大桩间距   （D）提高预应力锚杆的锁定值

58. 关于作用在公路隧道支护结构上的围岩压力，下列哪些说法是正确的？ （　　）

（A）围岩压力包括松散荷载、形变压力、膨胀压力、冲击压力、构造应力等

（B）浅埋隧道围岩压力受隧道埋深、地形条件及地表环境影响

（C）深埋隧道开挖宽度越大，围岩压力值越大

（D）用普氏理论计算围岩压力的前提条件是围岩接近松散体，洞室开挖后，洞顶岩体能够形成一自然平衡拱

59. 下列哪些选项会造成预应力锚杆张拉锁定后的预应力损失？ （　　）

（A）土体蠕变

（B）钢绞线多余部分采用热切割方法

（C）相邻锚杆施工影响

（D）围护结构向坑内水平位移

60. 盾构机推进过程中可能会引起地表产生较大的变形，其原因是下列哪些选项？ （　　）

（A）盾构机开挖面出土量过大，出现超挖

（B）管片脱出盾尾时，衬砌背后未能适时同步注浆

（C）盾构机发生前端栽头、低头

（D）盾构工作井位移过大

61. 关于铁路和公路隧道的衬砌设计，下列哪些选项是不符合规定的？ （　　）

（A）衬砌结构的型式，可通过工程类比和结构计算确定

（B）II级围岩中的公路隧道可采用钢筋混凝土结构

（C）有明显偏压的地段，抗偏压衬砌可采用钢筋混凝土结构

（D）II级围岩铁路隧道，在确定开挖断面时，可不考虑预留围岩变形量

62. 下列哪些选项可作为直接划分次生红黏土与原生红黏土的因素？ （　　）

（A）成因   （B）矿物成分

（C）土中裂隙   （D）液限值

63. 采用拟静力法对土石坝进行抗震稳定计算时应符合下列哪些选项的要求？ （　　）

（A）I 级土石坝宜采用动力试验测定土体的动态抗剪强度

（B）对于薄心墙坝应采用简化毕肖普法计算

（C）瑞典圆弧法不宜用于计算均质坝

（D）对于设计烈度为Ⅷ度，高度 80m 的土石坝除采用拟静力法进行计算外，应同时对坝体和坝基进行动力分析，综合判定抗震安全性

64. 下列关于局部突出地形对地震动参数放大作用的说法，哪些选项是正确的？　　　　（　　）

（A）高突地形距离基准面的高度越大，高处的反应越强烈

（B）高突地形顶面越开阔，中心部位的反应是明显增大的

（C）建筑物离陡坎和边坡顶部边缘的距离越大，反应相对减小

（D）边坡越陡，其顶部的放大效应相应加大

65. 影响饱和粉土地震液化的主要因素有下列哪些选项？　　　　　　　　　　　（　　）

（A）土的灵敏度 （B）地震烈度的大小

（C）土的黏粒含量 （D）土的承载力

66. 某一级公路桥梁地基内存在液化土层，下列哪些参数在使用时应进行折减？　　（　　）

（A）桩侧摩阻力 （B）孔隙比

（C）地基系数 （D）黏聚力

67. 根据《建筑抗震设计标准》（GB/T 50011—2010）（2024 年版），对存在液化土层的低承台桩基进行抗震验算时，下列哪些说法是正确的？　　　　　　　　　　　　　　　　　　（　　）

（A）承台埋深较浅时，不宜计入承台周围土的抗力或刚性地坪对水平地震作用的分担作用

（B）根据地震反应分析与振动台试验，地面加速度最大时刻，液化土层尚未充分液化，土刚度比未液化时下降，需进行折减

（C）当挤土桩的平均桩距及桩数满足一定要求时，可计入打桩对土的加密作用及桩身对液化土变形限制的有利影响

（D）当进行挤土桩处理后，单承载力可不折减，但对桩尖持力层做强度校核时，桩群外侧的应力扩散角应取零

68. 采用标准贯入试验进行砂土液化复判时，下列说法中正确的选项有哪些？　　　（　　）

（A）按照《建筑抗震设计标准》（GB/T 50011—2010）（2024 年版）进行液化复判时，必须对饱和土的实测标准贯入锤击数进行杆长修正

（B）按照《水利水电工程地质勘察规范》（GB 50487—2008）（2022 年版）进行液化复判时，对标准贯入点的深度有一定要求

（C）按照《公路工程抗震规范》（JTG B02—2013）进行液化复判时，标准贯入锤击数临界值与场地设计基本地震动峰值加速度无关

（D）按照以上三类规范进行液化复判时，均涉及黏粒含量

69.下列关于建筑地基承载力检测的说法，哪些选项是正确的？ （ ）

（A）换填垫层和压实地基的静载荷试验的压板面积不应小于 0.5m²

（B）强夯地基静载荷试验的压板面积不宜小于 2.0m²

（C）单桩复合地基静载荷试验的承压板可用方形，面积为一根桩承担的处理面积

（D）多桩复合地基静载荷试验的承压板可采用矩形，其尺寸按实际桩数承担的处理面积确定

70.关于土钉墙支护的质量检测，下列哪些选项是正确的？ （ ）

（A）采用抗拔试验检测承载力的数量不宜少于土钉总数的 0.5%

（B）喷射混凝土面层最小厚度不应小于厚度设计值的 80%

（C）土钉位置的允许偏差为孔距的 ±5%

（D）土钉抗拔承载力检测试验可采用单循环加载法

2019 年专业知识试题（下午卷）

一、单项选择题（共 40 题，每题 1 分。每题的备选项中只有一个最符合题意）

1. 丙级建筑应依据地基主要受力层情况判断是否需要作变形验算，对于单一土层上的三层砖混结构条形基础，基础宽度为 1.5m 时，其地基主要受力层厚度可按下列哪一选项考虑？ （　　）

（A）1.5m　　　　　　　　　　　　　（B）3.0m

（C）4.5m　　　　　　　　　　　　　（D）5.0m

2. 某单体建筑物主体结构的平面投影面积为 700m², 荷载标准组合下建筑物竖向荷载为 1.5×10^5kN, 基础埋深约 3m。持力层土质为中低压缩性黏性土，地基承载力特征值为 150kPa。采用天然地基方案时，下列哪种基础形式最合理？ （　　）

（A）毛石混凝土扩展基础

（B）钢筋混凝土筏形基础

（C）钢筋混凝土十字交叉条形基础

（D）钢筋混凝土条形基础

3. 建筑物柱基平面尺寸 3m×3m，埋深 2m，内部发育有一溶洞，其与基础的相对关系如图所示，当溶洞的跨度 L 最大值接近下列何值时，可不考虑岩溶对地基稳定性的影响？ （　　）

（A）2.0m

（B）3.0m

（C）4.0m

（D）5.0m

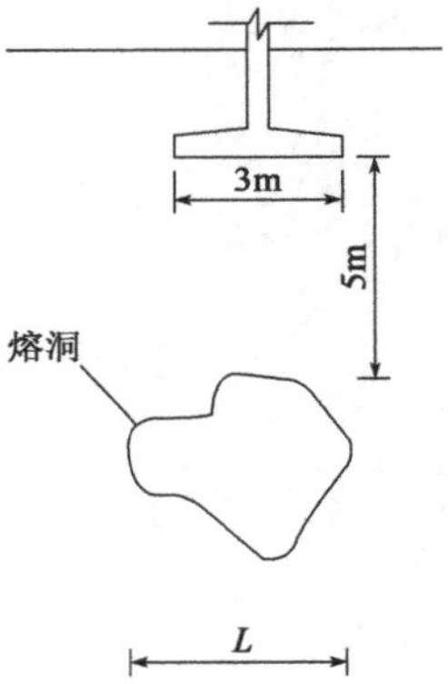

题 3 图

4. 根据《建筑地基基础设计规范》（GB 50007—2011），确定基础埋置深度时，可不考虑下列哪个因素？ （　　）

（A）基础的类型　　　　　　　　　　（B）扩展基础的配筋量

（C）场地的冻结深度　　　　　　　　（D）建筑物的抗震要求

5. 某均匀地基上的高层建筑，采用直径 60m 的圆形筏基，在作用效应的准永久组合下，结构竖向荷载中心的偏心距不宜大于下列哪个选项？ （　　）

（A）0.18m　　　　　　　　　　　　　（B）0.30m

（C）0.36m　　　　　　　　　　　　　（D）0.75m

6. 据《建筑地基基础设计规范》（GB 50007—2011），下列关于地基变形控制的说法，错误的是哪个选项？ （　）

（A）独立基础的单层排架结构厂房，应控制柱基的沉降量

（B）剪力墙结构高层建筑，应控制基础整体倾斜

（C）条形基础的框架结构建筑，应控制基础局部倾斜

（D）框架筒体结构高层建筑，应控制筒体与框架柱之间的沉降差

7. 某工程采用钻孔灌注桩，桩身混凝土强度等级为 C30，在验算桩的正截面受压承载力时，f_c 应选用下列哪个强度值？ （　）

（A）30MPa　　　　　　　　　　　（B）20.1MPa

（C）14.3MPa　　　　　　　　　　（D）1.43MPa

8. 某建筑工程，基坑深度 20.0m，采用钻孔灌注桩基础，设计桩长 36.0m。先施工桩基，后开挖基坑，则基桩纵向构造配筋的合理长度不宜小于下列哪个选项的数值？ （　）

（A）36.0m　　　　　　　　　　　（B）30.0m

（C）26.0m　　　　　　　　　　　（D）24.0m

9. 某铁路桥梁，采用钻孔灌注桩群桩基础，设计桩径为 1.2m。最外一排桩的中心至承台边缘的最小距离应为下列哪个选项？ （　）

（A）0.36m　　　　　　　　　　　（B）0.50m

（C）0.96m　　　　　　　　　　　（D）1.10m

10. 下列选项中哪个说法符合预制桩锤击沉桩的施工原则？ （　）

（A）重锤多击　　　　　　　　　　（B）重锤轻击

（C）轻锤多击　　　　　　　　　　（D）轻锤重击

11. 在灌注桩施工遇有施工深度内存在较高水头的承压水时，不宜选取下列哪种施工工艺？ （　）

（A）正循环回转钻进成孔灌注桩施工工艺

（B）反循环回转钻进成孔灌注桩施工工艺

（C）长螺旋钻孔压灌桩施工工艺

（D）泥浆护壁旋挖钻机成孔灌注桩施工工艺

12. 下列哪种桩型的挤土效应最小？ （　）

（A）实心预制方桩　　　　　　　　（B）敞口预制管桩

（C）闭口钢管桩　　　　　　　　　（D）沉管灌注桩

13. 对于二类和三类环境中，设计使用年限为 50 年的桩基础，下列关于其耐久性设计控制要求中，哪个选项符合《建筑桩基技术规范》（JGJ 94—2008）的规定？　　　　　　　（　　）

（A）位于 2a 类环境中的预应力混凝土管桩，其水泥用量不低于 250kg/m³

（B）位于 2b 类环境中的钢筋混凝土桩基，其混凝土最大水灰比不得超过 0.6

（C）位于三类环境中的钢筋混凝土桩基，使用碱活性骨料时，混凝土的最大碱含量不得超过 3.0kg/m³

（D）位于三类环境中的预应力混凝土管桩，其最大裂缝宽度限值为 0.2mm

14. 下列关于桩基抗拔承载力的描述，哪个选项是正确的？　　　　　　　　　　　（　　）

（A）桩的抗拔承载力计算值与桩身配筋量有关

（B）桩的抗拔承载力计算值与桩周土体强度无关

（C）桩基的抗拔承载力计算值与地下水位无关

（D）轴心抗拔桩的正截面受拉承载力计算值与桩身混凝土抗拉强度无关

15. 挡土墙甲、乙的墙背分别为俯斜和仰斜，在墙高相同和墙后岩土体相同的情况下，关于挡土墙所受主动土压力的大小，下列哪个选项的说法是正确的？　　　　　　　　　　（　　）

（A）挡土墙甲所受主动土压力大于挡土墙乙的

（B）挡土墙乙所受主动土压力大于挡土墙甲的

（C）不确定，需看土的强度参数

（D）如俯斜、仰斜角度的数值大小相同，则两墙所受主动土压力相等

16. 甲、乙两相同性质的砂土斜坡几何尺寸相同，甲在干燥环境中，乙完全处于静水中，c，ϕ 值不随含水量而变化，关于其稳定性系数的大小，下列哪个选项的说法是正确的？　（　　）

（A）甲斜坡的稳定性系数大于乙斜坡的

（B）两者的稳定性系数相等

（C）乙斜坡的稳定性系数大于甲斜坡的

（D）不确定，需看坡高

17. 根据《公路路基设计规范》（JTG D30—2015），关于路基排水，下列哪个选项的说法是正确的？　　　　　　　　　　　　　　　　　　　　　　　　　　　　　　　　（　　）

（A）边沟沟底纵坡应大于路线纵坡，困难情况下可适当增加纵坡

（B）路堑边坡截水沟应设置在坡口 5m 以外，沿坡面顺接至路堑边沟

（C）暗沟沟底纵坡不宜小于 0.5%，出水口应与地表水排水沟顺接

（D）仰斜式排水孔的仰角不宜小于 6°，水流宜引入路堑边沟

18. 安全等级为二级的边坡加固工程中，下列哪个选项的监测项目属于选测项？（　　）

（A）坡顶水平位移与垂直位移　　　　　　（B）坡顶建筑物、地下管线变形

（C）锚杆拉力　　　　　　　　　　　　　（D）地下水、渗水与降雨关系

19. 某透水路堤土质边坡，当临水面高水位快速下降后，则下列哪个选项是正确的？（　　）

（A）临水面边坡渗透力减小 （B）临水面边坡抗滑力不变
（C）背水面边坡滑动力减小 （D）背水面边坡抗滑力减小

20. 砌筑材料相同的两个挡土墙高度分别是 6m 和 4m，无地下水，墙背直立光滑，墙后水平回填相同的砂土，则作用在墙背上的主动土压力对墙底的倾覆力矩 M_1 和 M_2 的比值最接近下列哪个选项？
（　　）

（A）1.50 （B）2.25
（C）3.37 （D）5.06

21. 下列关于重力式挡土墙土压力的说法中，哪个选项是正确的？（　　）

（A）当墙背与土体的摩擦角增加时，主动土压力下降，被动土压力也下降
（B）当土的重度增加时，主动土压力增加，被动土压力下降
（C）当内摩擦角增加时，主动土压力增加，被动土压力减小
（D）当黏聚力增加时，主动土压力减小，被动土压力增加

22. 按照《建筑边坡工程技术规范》（GB 50330—2013），下列关于扶壁式挡土墙构造设计，哪个选项的说法是错误的？（　　）

（A）扶壁式挡土墙的沉降缝不宜设置在不同结构单元交接处
（B）当挡土墙纵向坡度较大时，在保证地基承载力的前提下可设计成台阶形
（C）当挡土墙基础稳定受滑动控制时，宜在墙底下设防滑键
（D）当地基为软土时，可采用复合地基处理措施

23. 下列哪个选项不属于红黏土的主要矿物成分？（　　）

（A）高岭石 （B）伊利石
（C）蒙脱石 （D）绿泥石

24. 下列关于我国盐渍土的说法中，哪个选项是错误的？（　　）

（A）盐渍土中各种盐类，按其在 20℃水中的溶解度分为易、中、难溶盐三类
（B）盐渍土测定天然状态下的比重时，用中性液体的比重瓶法
（C）当盐胀系数和硫酸钠含量两个指标判断的盐胀性不一致时，应以硫酸钠含量为主
（D）盐渍土的强度指标与含盐量无关

25. 膨胀土地区某挡土墙高度为 2.8m，挡墙设计时，破裂面上的抗剪强度指标应采用下列哪个选项的强度指标？（　　）

（A）固结快剪 （B）饱和状态下的快剪
（C）直剪慢剪 （D）反复直剪

26. 某不稳定斜坡中发育一层倾向与斜坡倾向一致，且倾角小于斜坡坡角的软弱夹层，拟对此夹层进行现场直剪试验，试问，试体上推力方向为下列哪个选项？ （　　）

（A）与软弱夹层走向一致　　　　　　（B）与软弱夹层倾斜方向一致

（C）与斜坡倾向相反　　　　　　　　（D）与斜坡走向一致

27. 某总含水量 34% 的多年冻土为粉土，该冻土的类型为下列哪个选项？ （　　）

（A）饱冰冻土　　　　　　　　　　　（B）富冰冻土

（C）多冰冻土　　　　　　　　　　　（D）少冰冻土

28. 采用传递系数法计算滑坡推力时，下列哪个选项的说法是错误的？ （　　）

（A）应选择平行于滑动方向、具有代表性的断面计算，一般不少于 2～3 个断面，且应有一个主断面

（B）滑坡推力作用点可取在滑体厚度的二分之一处

（C）当滑坡具有多层滑动面（带）时，应取最深的滑动面（带）的抗剪强度

（D）应采用试验和反算，并结合当地经验，合理地确定滑动面（带）的抗剪强度

29. 关于采空区地表移动盆地的特征，下列哪个说法是错误的？ （　　）

（A）地表移动盆地的范围均比采空区面积大得多

（B）地表移动盆地的形状总是与采空区对称

（C）移动盆地中间区地表下沉最大

（D）移动盆地内边缘区产生压缩变形，外边缘区产生拉伸变形

30. 某地覆盖于灰岩之上的厚层红黏土，裂隙每米 1～2 条，天然含水量 30%，液限 51%，塑限 25%，则该场地红黏土可定性为下列哪个选项？ （　　）

（A）坚硬、碎块状　　　　　　　　　（B）硬塑、巨块状

（C）坚硬、巨块状　　　　　　　　　（D）硬塑、碎块状

31. 某岩溶场地面积约 2km²，地表调查发现 5 处直径 0.5～0.9m 的塌陷坑。场地内钻孔 30 个，总进尺 1000m，钻孔抽水试验测得单位涌水量 0.3～0.6L/(m·s)，则场地岩溶发育等级为下列哪个选项？ （　　）

（A）强烈发育　　　　　　　　　　　（B）中等发育

（C）弱发育　　　　　　　　　　　　（D）不发育

32. 对于某膨胀土场地的挡土结构，下列有关设计和构造措施的说法，哪个选项是正确的？ （　　）

（A）挡土结构基础埋深应经稳定性验算确定，基础埋深应在滑动面以下且不应小于 1.0m

（B）墙背滤水层的宽度不应小于 300mm

（C）高度不大于 3m 的挡土墙，在采取规定的防排水和构造措施情况下，土压力计算时可不计水平膨胀力的作用

（D）挡土墙每隔 12～15m 应设置变形缝

33.某盐渍土建筑场地，室内试验测得盐渍土的膨胀系数为 0.030，硫酸钠含量为 1.0%，该盐渍土的盐胀性分类正确选项是哪一个？ （　　）

（A）非盐胀性 （B）弱盐胀性

（C）中盐胀性 （D）强盐胀性

34.下列关于膨胀土性质和成因表述正确的是哪个选项？ （　　）

（A）黏性土的蒙脱石含量和阳离子交换量越大，自由膨胀率越大

（B）钙蒙脱石和钠蒙脱石含量相同的两种膨胀土，前者比后者具有更大的膨胀潜势

（C）膨胀土由坡积、残积形成，没有冲积成因的膨胀土

（D）膨胀土初始含水量与胀后含水量差值越小，膨胀量越大

35.根据《住房和城乡建设部办公厅关于实施〈危险性较大的分部分项工程安全管理规定〉有关问题的通知》（建办质〔2018〕31 号）的规定，下列哪一选项不属于超过一定规模的危险性较大的分部分项工程范围？ （　　）

（A）开挖深度超过 5m（含 5m）的基坑

（B）开挖深度 15m 及以上的人工挖孔桩工程

（C）搭设高度 50m 及以上的落地式钢管脚手架工程

（D）搭设高度 8m 及以上的混凝土模板支撑工程

36.下列哪个选项不符合《建设工程安全生产管理条例》的规定？ （　　）

（A）建设单位应当向施工单位提供供水、排水、供电、供气、通信、广播电视等地下管线资料，气象和水文观测资料，相邻建筑物和构筑物、地下工程的有关资料，并保证资料的真实、准确、完整

（B）勘察单位在勘察作业时，应当严格执行操作规程，采取措施保证各类管线、设施和周边建筑物、构筑物的安全

（C）施工单位应当设立安全生产管理机构，配备专职安全生产管理人员，施工单位的项目负责人负责对安全生产进行现场监督检查

（D）施工单位项目负责人应当由取得相应职业资格的人员担任，对建设工程项目的安全施工负责

37.根据《中华人民共和国安全生产法》的规定，下列说法中错误的是哪个选项？ （　　）

（A）生产经营单位必须遵守有关安全生产的法律、法规，建立健全安全生产责任制和安全生产规章制度，改善安全生产条件，确保生产安全

（B）生产经营单位的主要负责人对本单位的安全生产工作全面负责

（C）生产经营单位与从业人员订立协议，可免除或减轻其对从业人员因生产安全事故伤亡依法应承担的责任

（D）生产经营单位的从业人员有依法获得安全生产保障的权利，并应当依法履行安全生产方面的义务

38. 根据《中华人民共和国安全生产法》，两个以上生产经营单位在同一作业区域内进行生产经营活动，可能危及对方生产安全的，下列说法哪个选项是错误的？ （　　）

（A）双方应当签订安全生产管理协议

（B）明确各自的安全生产管理职责和应当采取的安全措施

（C）指定专职安全生产管理人员进行安全检查与协调

（D）一方人员发现另外一方作业区域内有安全生产事故隐患或者其他不安全因素，无需向现场安全生产管理人员或者本单位负责人报告

39. 根据《建设工程安全生产管理条例》，关于施工单位现场安全措施，下列说法哪个选项是错误的？ （　　）

（A）施工单位应当将施工现场的办公、生活区与作业区分开设置，并保持安全距离

（B）办公、生活区的选址应当符合安全性要求

（C）职工的膳食、饮水、休息场所等应当符合卫生标准

（D）施工单位在保证安全情况下，可在未竣工的建筑物内设置员工集体宿舍

40. 违反《建设工程安全生产管理条例》的规定，建设单位有下列行为之一的，责令限期改正，处 20 万元以上 50 万元以下的罚款，下列选项中哪个行为不适用该处罚规定？ （　　）

（A）未按照法律、法规和工程建设强制性标准进行勘察、设计

（B）对勘察、设计、施工、工程监理等单位提出不符合安全生产法律、法规和强制性标准规定的要求的

（C）要求施工单位压缩合同约定的工期的

（D）将拆除工程发包给不具有相应资质登记的施工单位的

二、多项选择题（共 30 题，每题 2 分。每题的备选项中有两个或三个符合题意，错选、少选、多选均不得分）

41. 理论上关于土的压缩模量与变形模量，下列说法正确的是哪些选项？ （　　）

（A）压缩模量为完全侧限模量　　　　　（B）变形模量为无侧限模量

（C）压缩模量大于变形模量　　　　　　（D）压缩模量小于变形模量

42. 按照《建筑地基基础设计规范》（GB 50007—2011），下列关于软弱下卧层承载力验算的说法，正确的是哪些选项？ （　　）

（A）用荷载准永久组合计算基础底面处的附加压力

（B）用荷载标准组合计算软弱下卧层顶面处的附加压力

（C）压力扩散角是压力扩散线与水平线的夹角

（D）软弱下卧层顶面处的地基承载力特征值需要进行深度修正

43. 基于地基—基础共同作用原理，计算基础内力和变形时，必须满足下列哪些条件？ （　　）

（A）静力平衡条件 　　　　　　　　　（B）土体破裂准则

（C）变形协调作用 　　　　　　　　　（D）极限平衡条件

44. 计算建筑物地基变形时，不能忽略下列哪些荷载？ （　　）

（A）家具荷载 　　　　　　　　　　　（B）风荷载

（C）地震荷载 　　　　　　　　　　　（D）装修荷载

45. 按照《建筑地基基础设计规范》（GB 50007—2011），下列四种建筑工程设计条件中，哪些选项的建筑需要进行变形验算？ （　　）

（A）7层住宅楼，体型简单，荷载分布均匀，地基承载力特征值 210kPa，土层坡度 12%

（B）防疫站化验楼，砌体结构，5层，地基承载力特征值 150kPa，土层坡度 3%

（C）5层框架办公楼，地基承载力特征值 100kPa，土层坡度 7%

（D）单层排架厂房，地基承载力特征值 160kPa，土体坡度 12%，跨度 28m，吊车 25t

46. 某钻孔灌注桩采用泵吸反循环成孔，为提高钻进效率，采取下列哪些措施是有效的？ （　　）

（A）控制上返冲洗液中合适的钻屑含量

（B）选用合理的钻杆内径

（C）控制钻杆在孔内的沉落速度

（D）控制上返冲洗液中钻屑最大粒径

47. 采用反循环回转钻成孔工艺，遇坚硬基岩时，采取下列哪些钻进措施是合理的？ （　　）

（A）高钻压钻进 　　　　　　　　　　（B）高转速钻进

（C）调大泥浆比重 　　　　　　　　　（D）改换球形刃碎岩钻头

48. 近年来，铁路建设中采用挖井基础形式，下列关于铁路挖井基础和沉井基础特点的说法，哪些是正确的？ （　　）

（A）沉井基础和挖井基础施工过程中都需要利用井身混凝土自重作用克服井壁与土的摩阻力和刃脚底面上的阻力

（B）沉井基础施工是垂直下沉，不需要放坡，挖井基础可根据场地条件放坡施工

（C）沉井基础适用于水下或地下水丰富的场地和地层条件，挖井基础适用于无地下水的场地和地层条件

（D）沉井基础和挖井基础设计时，井壁与土体之间的摩阻力都可根据沉井和挖井地点土层已有测试资料和参考以往类似沉井和挖井设计中的侧摩阻力

49. 某抗拔预应力管桩位于中腐蚀性场地，环境类别为二（a），根据《建筑桩基技术规范》（JGJ 94—2008），下列说法正确的是哪些选项？ （ ）

（A）桩身裂缝控制等级为一级

（B）桩身裂缝控制等级为二级

（C）在荷载效应标准组合下，桩身最大裂缝宽度为 0

（D）在荷载效应准永久组合下，桩身最大裂缝宽度为 0

50. 泥浆护壁钻孔灌注桩施工时，关于护筒主要作用的说法哪些是正确的？ （ ）

（A）减少泥浆比重

（B）防止孔口塌孔

（C）提高桩头承载力

（D）控制桩位施工误差

51. 一柱一桩条件下，关于事故桩的处理方法，下列哪些选项是合理的？ （ ）

（A）破除重打

（B）在事故桩两侧各补打一根

（C）在事故桩一侧补打一根

（D）降低承载力使用

52. 根据《建筑桩基技术规范》（JGJ 94—2008），后注浆改善灌注桩承载特性的机理包括以下哪些选项？ （ ）

（A）桩身结构强度增大

（B）桩端沉渣加固强化

（C）桩侧泥皮加固强化

（D）桩端平面附加应力减小

53. 根据《碾压式土石坝设计规范》（NB/T 10872—2021），以下关于坝内水平排水设计的做法，哪些选项是正确的？ （ ）

（A）排水层中每层料的最小厚度应满足反滤层最小厚度要求

（B）网状排水带中的横向排水带宽度不应小于 0.5m，坡度不宜超过 1.0%

（C）采用排水管对渗流量较大的坝体排水时，管径不得小于 0.2m，坡度不大于 5%

（D）对于黏性土或者砂性土均质坝，坝内水平排水设施伸进坝体的极限尺寸，为坝底宽的 1/3

54. 根据《建筑边坡工程技术规范》（GB 50330—2013），边坡支护结构设计时，下列哪些选项是必须进行的计算或验算？ （ ）

（A）支护桩的抗弯承载力计算

（B）重力式挡土墙的地基承载力计算

（C）边坡变形验算

（D）支护结构的稳定性验算

55. 关于土坡稳定性的论述中，下列哪些选项是正确的？ （ ）

（A）无黏性土坡的稳定性与坡高无关

（B）黏性土坡稳定性与坡高有关

（C）所有土坡均可按圆弧滑面整体稳定性分析方法计算

（D）简单条分法假定不考虑土条件间的作用力

56. 工程滑坡防治应针对性地选择一种或多种有效措施,制定合理的方案。下列哪些措施是正确的？（　　）

（A）采取有效的地表截排水和地下排水措施
（B）结合滑坡的特性,采取合理的支挡结构
（C）在滑坡的抗滑段采取刷方减载
（D）采用加筋土反压及加强反压区地下水引排

57. 土质边坡在暴雨期间或过后易发生滑坡,下列哪些选项的因素与暴雨诱发滑坡有关？（　　）

（A）土体基质吸力增加
（B）坡体内渗透力增大
（C）土体孔隙水压力升高
（D）土体抗剪强度降低

58. 下列哪些选项是岩溶强发育的岩溶场地条件？（　　）

（A）地表较多塌陷、漏斗
（B）溶槽、石芽密布
（C）地下有暗河
（D）钻孔见洞隙率为 24%

59. 关于湿陷性黄土地区的地基处理措施,下列哪些选项不符合《湿陷性黄土地区建筑标准》（GB 50025—2018）的规定？（　　）

（A）甲、乙类建筑应消除地基的部分湿陷量
（B）在自重湿陷黄土场地局部处理地基时,其处理范围每边应超出基础底面宽度的 1/4
（C）自重湿陷性黄土场地的乙类建筑,其处理厚度不应小于地基压缩深度的 2/3,且下部未处理湿陷性黄土层的湿陷起始压力值不应小于 100kPa
（D）非自重湿陷性黄土场地上的丙类多层建筑,地基湿陷等级为Ⅱ级,处理厚度不宜小于 2m,且下部未处理湿陷性黄土层的湿陷起始压力值不宜小于 100kPa

60. 在多年冻土地区进行勘察时,下列哪些选项的说法是错误的？（　　）

（A）宜采用小口径高速钻机
（B）确定多年冻土上限深度的勘察时间为九月和十月
（C）勘探孔的深度宜超过多年冻土上限深度的 1 倍
（D）对于保持冻结状态设计的地基,勘探孔深度不应小于基底以下 2 倍的基础宽度

61. 关于高频泥石流流域和发育特征表述错误的是下列哪些选项？（　　）

（A）固体物质主要来源于沟谷的滑坡和崩塌
（B）不良地质发育严重的沟谷多发生稀性泥石流
（C）流域岸边岩层破碎,风化强烈,山体稳定性差
（D）黏性泥石流沟中下游沟床坡度不大于 4%

62. 关于膨胀土的性质,下列哪些选项是错误？（　　）

（A）当含水量一定时,上覆压力大时膨胀量大,上覆压力小时膨胀量小

（B）当上覆压力一定时，含水量大的膨胀量大，含水量小的膨胀量小

（C）当上覆压力超过膨胀力时不会产生膨胀，只会出现压缩

（D）常年地下水位以下的膨胀土的膨胀量为零

63. 下列不属于地质灾害危险性评估分级划分指标的是哪些选项？　　　　（　　）

（A）地质灾害险情　　　　　　　　　　（B）地质灾害灾情

（C）建设项目重要性　　　　　　　　　（D）地质环境条件复杂程度

64. 下列关于测定黄土湿陷起始压力表述，正确的是哪些选项？　　　　（　　）

（A）测定黄土湿陷起始压力的方法只能采取原状土样进行室内压缩试验

（B）室内试验测定黄土湿陷起始压力的环刀内径不应小于 79.8mm

（C）单线法压缩试验环刀试样不应少于 3 个，双线法环刀试样不应少于 2 个

（D）室内试验测定黄土湿陷起始压力，试样稳定标准为每小时变形量不大于 0.01mm

65. 下列关于地质灾害治理的说法中，哪些是正确的？　　　　（　　）

（A）因自然因素造成的特大型地质灾害，确需治理的，由国务院国土资源主管部门会同灾害发生地的省、自治区、直辖市人民政府组织治理

（B）因自然因素造成的跨行政区域的地质灾害，确需治理的，由所跨行政区域的地方人民政府国土资源主管部门共同组织治理

（C）因工程建设等人为活动引发的地质灾害，由灾害发生地的省、自治区、直辖市人民政府组织治理

（D）地质灾害治理工程的确定，应当与地质灾害形成的成因、规模以及对人民生命和财产安全的危害程度相适应

66. 根据《中华人民共和国招标投标法》，招标人有下列哪些行为并影响中标结果的，应判为中标无效？　　　　（　　）

（A）排斥潜在投标人

（B）向他人透露已获取招标文件的潜在投标人的名称、数量

（C）强制要求投标人组成的联合共同投标的

（D）在确定中标人前，招标人与投标人就投标价格进行谈判

67. 根据《中华人民共和国建筑法》，关于工程监理单位、监理人员，下列哪些说法是正确的？

　　　　（　　）

（A）工程监理单位与被监理工程的承包单位以及建筑材料、建筑构配件和设备供应单位不得有隶属关系或者其他利害关系

（B）工程监理单位与承包单位串通，为承包单位谋取非法利益，给建设单位造成损失的，应当与承包单位承担连带赔偿责任

（C）工程监理人员认为工程施工不符合工程设计要求、施工技术标准和合同约定的，有权要求建筑施工企业改正

（D）工程监理人员发现工程设计不符合建筑工程质量标准或者合同约定的质量要求的，有权要求设计单位改正

68. 根据《中华人民共和国民法典》，关于要约生效、要约撤回、要约撤销的说法，下列哪些表述是正确的？　　　　　　　　　　　　　　　　　　　　　　　　　　　　　（　　）

（A）采用数据电文形式订立合同，收件人指定特定系统接收数据电文的，该数据电文进入该特定系统的时间，视为到达时间，要约生效

（B）未指定特定系统的，该数据电文进入收件人的任何系统，收件人访问时间视为到达时间，要约生效

（C）撤回要约的通知应当在要约到达受要约人之前或者与要约同时到达受要约人

（D）撤销要约的通知应当在受要约人发出承诺通知之后到达受要约人

69. 根据《住房和城乡建设部办公厅关于实施〈危险性较大的分部分项工程安全管理规定〉有关问题的通知》（建办质〔2018〕31号）的规定，下列危大工程专项施工方案的评审专家基本条件哪些是正确的？　　　　　　　　　　　　　　　　　　　　　　　　　　　　　　　　　（　　）

（A）诚实守信、作风正派、学术严谨

（B）具有注册土木工程师（岩土）或注册结构工程师资格

（C）从事相关专业工作15年以上或具有丰富的专业经验

（D）具有高级专业技术职称

70. 根据《注册土木工程师（岩土）执业及管理工作暂行规定》（建设部建市〔2009〕105号），下列哪些选项不符合《注册土木工程师（岩土）执业管理规定》的要求？　　　　（　　）

（A）注册土木工程师（岩土）必须受聘并注册于一个建设工程勘察、设计、检测、施工、监理、施工图审查、招标代理、造价咨询等单位方能执业

（B）注册土木工程师（岩土）可以注册土木工程师（岩土）的名义在全国范围内从事相关专业活动，其执业范围不受其聘用单位的业务范围限制

（C）注册土木工程师（岩土）在执业过程中，应及时、独立地在规定的岩土工程技术文件上签章，聘用单位不得强迫注册土木工程师（岩土）在工程技术文件中签章

（D）注册土木工程师（岩土）注册年龄不允许超过70岁

2020 年专业知识试题（上午卷）

一、单项选择题（共 40 题，每题 1 分。每题的备选项中只有一个最符合题意）

1. 某高层建筑位于抗震设防烈度 7 度区，初步勘察测得覆盖层厚度为 50.0m，根据《岩土工程勘察规范》（GB 50021—2001）（2009 年版）要求，详勘时为划分场地类别布置的勘探孔深，下列哪个选项最为合适？　　　　　　　　　（　　）

　　（A）20.0m　　　　　　　　　　（B）50.0m

　　（C）55.0m　　　　　　　　　　（D）80.0m

2. 铁路路基位于多年冻土区，冻土天然上限为 5.0m，按《铁路工程特殊岩土勘察规程》（TB 10038—2022），定测时布置在挡土墙基础处的勘探孔深度应不小于下列哪个选项？　　　　　　　　（　　）

　　（A）5.0m　　　　　　　　　　（B）8.0m

　　（C）10.0m　　　　　　　　　　（D）12.0m

3. 根据《盐渍土地区建筑技术规范》（GB/T 50942—2014）及《土工试验方法标准》（GB/T 50123—2019），土工试验时有关温度的说法，下列哪个选项是错误的？　　　　　　　（　　）

　　（A）测定盐渍土各种盐类溶解度的水温为 20℃

　　（B）测定易溶盐含量时，浸出液烘干温度为 105℃

　　（C）测定有机质土含水量的试验温度为 100℃

　　（D）测定土的渗透系数室内试验标准水温为 20℃

4. 某土样，粒径大于 20mm 的颗粒含量为 65%，粒径小于 0.075mm 的颗粒含量为 30%，按《岩土工程勘察规范》（GB 50021—2001）（2009 年版）的要求，该土定名为下列哪个选项？　　　（　　）

　　（A）卵石（碎石）　　　　　　　（B）圆砾（角砾）

　　（C）黏性土　　　　　　　　　　（D）混合土

5. 铁路工程地质勘察工作中，当地表存在高电阻率屏蔽地段时，采用下列哪种物探方法最适合？
　　　　　　　　　　　　　　　　　　　　　　　　　　　　　　（　　）

　　（A）电剖面法　　　　　　　　　（B）高密度电阻率法

　　（C）交流电磁法　　　　　　　　（D）电测深法

6. 现场直剪试验可以获得岩体的抗剪断强度、摩擦强度和抗切强度，对同一处岩体，三类强度关系正确的是哪个选项？　　　　　　　　　　　　　　　　　　　　　（　　）

　　（A）抗剪断强度＞摩擦强度＞抗切强度

　　（B）摩擦强度＞抗剪断强度＞抗切强度

　　（C）抗切强度＞抗剪断强度＞摩擦强度

（D）摩擦强度＞抗切强度＞抗剪断强度

7. 粗粒土的孔隙度、孔隙比和给水度之间，关系正确的是哪个选项？ （ ）

（A）孔隙比＞孔隙度＞给水度　　　　（B）孔隙度＞给水度＞孔隙比

（C）孔隙度＞孔隙比＞给水度　　　　（D）给水度＞孔隙比＞孔隙度

8. 松散层中施工供水井，井中滤水管外须回填砾石层，填砾石层渗透系数 $K_填$ 与含水层渗透系数 $K_含$ 关系正确的是下列哪个选项？ （ ）

（A）$K_填 > K_含$

（B）$K_填 < K_含$

（C）潜水含水层井中 $K_填 > K_含$，承压含水层井中 $K_填 < K_含$

（D）潜水含水层井中 $K_填 < K_含$，承压含水层井中 $K_填 > K_含$

9. 某场地级配连续砂砾石层的不均匀系数大于 10，细颗粒含量小于 35%，根据《岩土工程勘察规范》（GB 50021—2001）（2009 年版），在渗流作用下，该土层最有可能发生的渗透变形类型是下列哪个选项？ （ ）

（A）潜蚀　　　　　　　　　　　　　（B）流砂

（C）管涌　　　　　　　　　　　　　（D）流土

10. 下列对岩溶钻孔见洞隙率表述最确切的是哪个选项？ （ ）

（A）分子为见洞隙钻孔数量，分母为全部钻孔总数

（B）分子为见洞隙钻孔数量，分母为可溶岩钻孔总数

（C）分子为见洞隙钻孔进尺之和，分母为全部钻孔进尺之和

（D）分子为见洞隙钻孔进尺之和，分母为可溶岩钻孔进尺之和

11. 对承压水头含义表述正确的是下列哪个选项？ （ ）

（A）承压含水层顶面至潜水水位面的垂直距离

（B）承压含水层顶面至测压管稳定水位面的垂直距离

（C）承压含水层底面与隔水层顶面的垂直距离

（D）承压含水层底面至承压静止水位面的垂直距离

12. 断层两盘对应地层间发生的相对位移为下列哪个选项？ （ ）

（A）断层总断距　　　　　　　　　　（B）地层断距

（C）走向断距　　　　　　　　　　　（D）倾向断距

13. 某场地岩土工程勘察时，地下 5m 处的卵石层（最大粒径大于 100mm）中超重型动力触探试验 N_{120} 的实测数为 13 击，地面以上动力触探杆长为 1.0m，根据《岩土工程勘察规范》（GB 50021—2001）（2009 年版），该卵石层的密实度为哪个选项？ （ ）

（A）松散 　　　　　　　　　　　　　　（B）稍密
（C）中密 　　　　　　　　　　　　　　（D）密实

14. 按照《建筑结构荷载规范》（GB 50009—2012）的规定，下列荷载中，属于可变荷载的是哪个选项？ 　　　　　　　　　　　　　　　　　（　　）

（A）土压力 　　　　　　　　　　　　　（B）水压力
（C）围护结构重力 　　　　　　　　　　（D）屋面积灰荷载

15. 根据《铁路隧道设计规范》（TB 10003—2016），全长 5km 的铁路隧道属于下列哪种类型的隧道？ 　　　　　　　　　　　　　　　　　　　　　　　（　　）

（A）特长隧道 　　　　　　　　　　　　（B）长隧道
（C）中长隧道 　　　　　　　　　　　　（D）短隧道

16. 根据《建筑结构荷载规范》（GB 50009—2012），对于民用住宅的楼面均布活荷载，下列哪个选项的数值最小？ 　　　　　　　　　　　　　　　　　（　　）

（A）标准值 　　　　　　　　　　　　　（B）组合值
（C）频遇值 　　　　　　　　　　　　　（D）准永久值

17. 复合地基承载力验算时，不需要进行桩身强度验算的是下列哪个选项？ 　　　（　　）

（A）水泥土搅拌桩 　　　　　　　　　　（B）旋喷桩
（C）水泥粉煤灰碎石桩 　　　　　　　　（D）夯实水泥土桩

18. 某灰土挤密桩单桩复合地基试验中，测试了桩顶反力和桩间土反力，复合地基载荷试验承压板直径为 1.25m，载荷试验的压力（反力）—沉降曲线见下图。根据试验结果确定的桩土应力比为下列哪个选项？ 　　　　　　　　　　　　　　　　　（　　）

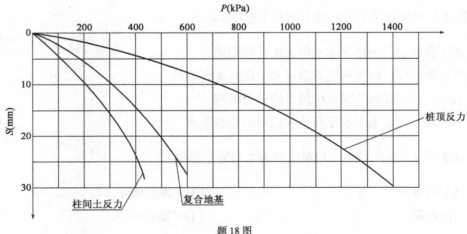

题 18 图

（A）3.0 　　　　　　　　　　　　　　（B）3.5
（C）4.0 　　　　　　　　　　　　　　（D）4.5

19. 某场地地层主要为松散的砂土，采用沉管砂石桩进行地基处理，正三角形布桩，桩径为 0.8m，不考虑振动下沉密实作用，地基处理前砂土的孔隙比为 0.85，要求地基处理后的孔隙比为 0.50，计算砂石桩的桩距最接近下列哪个选项？（　　）

（A）1.75m　　（B）1.85m

（C）1.95m　　（D）2.05m

20. 根据《湿陷性黄土地区建筑标准》（GB 50025—2018），下列关于湿陷性黄土地基处理的说法，错误的是哪个选项？（　　）

（A）选择垫层法处理湿陷性黄土地基，不得使用砂、石材料作为填料

（B）厚度大于 3m 的灰土垫层，3m 以下的压实系数λ_c不应小于 0.97

（C）采用强夯法处理湿陷性黄土地基，土的天然含水量可低于塑限含水量 1%～3%

（D）预浸水法可用于处理自重湿陷性黄土层厚度大于 10m、自重湿陷量的计算值不小于 500mm 的场地

21. 某工程采用砂石料回填，根据《建筑地基处理技术规范》（JGJ 79—2012），以蛙式打夯机压实处理时，为确保碾压压实度，砂石料含水量应控制在下列哪个选项？（　　）

（A）5%　　（B）10%

（C）15%　　（D）20%

22. 塑料阀管注浆加固施工过程包括：①插入塑料单向阀管；②注浆；③插入双向密封注浆芯管；④灌入封闭泥浆；⑤钻孔。下列施工顺序正确的是哪个选项？（　　）

（A）⑤④①③②　　（B）⑤④③①②

（C）⑤②①④③　　（D）⑤③④①②

23. 某强夯工程单击夯击能 3000kN · m，试夯结果见下图，则满足《建筑地基处理技术规范》（JGJ 79—2012）要求的单点夯击数最小值的是下列哪个选项？（　　）

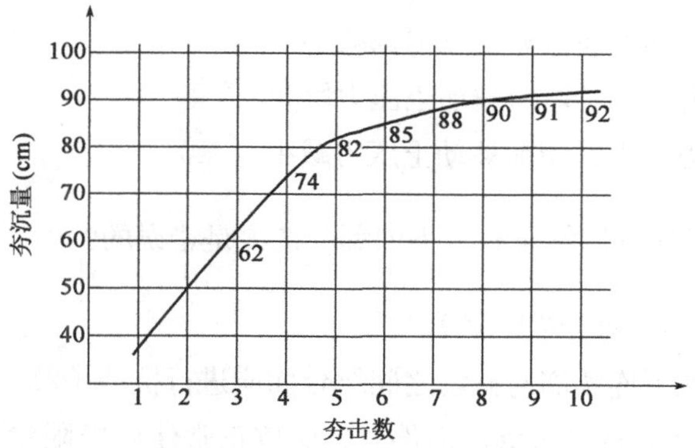

夯击数累计夯沉量(cm)随夯击数的关系

题 23 图

（A）5　　（B）6

（C）7　　（D）8

24. 某软基采用真空和堆载联合预压处理，处理前重度 15kN/m³，含水量 80%，孔隙比 2.2，已知处理后重度 16.0kN/m³，含水量 50%，则估计处理后孔隙比合理的是下列哪个选项？ （　　）

(A) 0.8

(B) 1.2

(C) 1.5

(D) 1.8

25. 某一级基坑工程锚索试验确定的极限抗拔承载力标准值为 600kN，则根据《建筑基坑支护技术规程》（JGJ 120—2012），该锚索锁定时的锚杆拉力可取下列哪个选项？ （　　）

(A) 100kN

(B) 200kN

(C) 300kN

(D) 400kN

26. 根据《建筑基坑支护技术规程》（JGJ 120—2012），对一幅 6m 宽、1m 厚地连墙进行水下混凝土浇筑时，每根导管最小初灌量宜为下列哪个选项？ （　　）

(A) 3m³

(B) 6m³

(C) 9m³

(D) 12m³

27. 某基坑在长边中段支护桩内设测斜孔监测坑壁水平位移，桩长 15m。某次监测时，以孔底位移为零，得到自桩顶往下 0m、5m、10m、15m 处的位移测试值分别为 3.1mm、4.2mm、3.2mm、0.0mm（以向坑内为正），随后又通过其他手段测得桩顶的实际水平位移为 5.1mm，试问深 15m 处的实际位移应为下列哪个值？ （　　）

(A) −2.0mm

(B) 0.0mm

(C) 2.0mm

(D) 8.0mm

28. 基坑支护设计中，挡土构件所受土压力一般按朗肯理论计算，不考虑挡土构件与土之间的摩擦。如果考虑两者间的摩擦，挡土构件后的主动土压力与其前的被动土压力均将与朗肯理论计算的值有所不同，关于它们的变化，下列说法正确的是哪个选项？ （　　）

(A) 墙后主动土压力和墙前被动土压力都增大

(B) 墙后主动土压力和墙前被动土压力都减小

(C) 墙后主动土压力减小，墙前被动土压力增大

(D) 墙后主动土压力增大，墙前被动土压力减小

29. 主体结构外墙与地下连续墙结合时，下列哪个选项是错误的？ （　　）

(A) 地下连续墙应进行裂缝宽度验算

(B) 对于叠合墙，地下连续墙与衬墙之间结合面应进行抗剪验算

(C) 地下连续墙作为主要竖向承重构件时，应按正常使用极限状态验算地下连续墙的竖向承载力

(D) 地下连续墙承受竖向荷载时，应按偏心受压构件计算正截面承载力

30. 某基坑坑壁主要有三种不同的砂土，根据朗肯理论计算的支护结构上的主动土压力分布形式如下图所示，关于土层参数 φ_1 和 φ_2 的关系，下列哪个选项是正确的？ （　　）

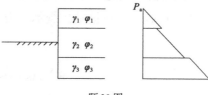

题 30 图

（A）$\varphi_1 = \varphi_2$ 　　　　　　　　（B）$\varphi_1 > \varphi_2$

（C）$\varphi_1 < \varphi_2$ 　　　　　　　　（D）不确定

31. 在土压平衡盾构的掘进过程中，土舱压力的设置一般可不考虑下列哪个因素？ （　　）

（A）隧道埋深 　　　　　　　　（B）地层及地下水状况

（C）同步注浆压力 　　　　　　　　（D）地表环境状况

32. 根据《水利水电工程地质勘察规范》（GB 50487—2008）（2022 年版），当采用标准贯入锤击数法进行土的地震液化复判时，下列哪个选项是正确的？ （　　）

（A）取实测标准贯入锤击数与标准贯入锤击数临界值比较判别是否为液化土

（B）标准贯入锤击数临界值公式中地下水位为标准贯入试验时的地下水位

（C）标准贯入锤击数临界值公式适用于标准贯入点在地面以下 20m 以内的深度

（D）实测标准贯入锤击数不应进行杆长修正

33. 根据《建筑抗震设计标准》（GB/T 50011—2010）（2024 年版），当符合下列哪个选项的情况时，可忽略发震断裂错动对地面建筑的影响？ （　　）

（A）设计地震分组为第一组

（B）抗震设防烈度为 8 度，隐伏断裂的土层覆盖厚度为 50m

（C）更新统 Q_3 活动断裂

（D）丙类建筑

34. 某建筑场地设计基本地震加速度为 0.30g，根据历年地震中的破坏实例分析，该场地软土震陷是造成震害的重要原因，试按照《建筑抗震设计标准》（GB/T 50011—2010）（2024 年版）判断，当饱和粉质黏土（$I_p = 14$）的天然含水量 w 为 35% 时，满足下列哪个选项时可判别为震陷性软土？（　　）

（A）$w_L = 42\%$，$I_L = 0.85$ 　　　　　　（B）$w_L = 35\%$，$I_L = 0.85$

（C）$w_L = 35\%$，$I_L = 0.70$ 　　　　　　（D）$w_L = 42\%$，$I_L = 0.70$

35. 某场地类别为Ⅳ类，查《中国地震动参数区划图》（GB 18306—2015），在Ⅱ类场地条件下的基本地震动加速度反应谱特征周期分区值为 0.40s，问该场地在罕遇地震时加速度反应谱特征周期最接近下列哪个选项？ （　　）

（A）0.45s 　　　　　　　　（B）0.55s

（C）0.75s　　　　　　　　　　　　　　（D）0.80s

36. 某非液化土低承台桩基，由静载荷试验确定的单桩竖向极限承载力为 4800kN，根据《建筑抗震设计标准》（GB/T 50011—2010）（2024 年版）进行桩基抗震承载力验算时，其竖向抗震承载力特征值为下列哪个选项？　　　　　　　　（　　　）

（A）2400kN　　　　　　　　　　　　　（B）3000kN

（C）4800kN　　　　　　　　　　　　　（D）6000kN

37. 根据《水电工程水工建筑物抗震设计规范》（NB 35047—2015），对于地基中的软弱黏性土层，可根据建筑物的类型和具体情况，采用以下抗震措施，其中错误的是下列哪个选项？　　（　　　）

（A）砂井排水　　　　　　　　　　　　（B）振冲碎石桩

（C）预压加固　　　　　　　　　　　　（D）修建挡土墙

38. 某建筑基坑，支护结构安全等级为一级，采用锚拉式排桩进行支护，若锚杆轴向拉力标准值为 400kN，进行锚杆抗拔承载力检测时的最大试验荷载不应小于下列哪个选项？　　　（　　　）

（A）400kN　　　　　　　　　　　　　（B）480kN

（C）520kN　　　　　　　　　　　　　（D）560kN

39. 某地铁车站工程，采用内支撑支护，基坑深度 19m，地质条件复杂程度中等，主要影响区内存在重要地下管线，制定该车站基坑监测方案时，应测项目不包含下列哪个选项？　　　（　　　）

（A）支护桩体水平位移　　　　　　　　（B）支护桩顶竖向位移

（C）立柱结构竖向位移　　　　　　　　（D）立柱结构水平位移

40. 某工程采用桩基础，每个柱下承台布置 1～3 根桩，承载力检测时进行了 3 根单桩抗压静载试验，三根试验桩的单桩竖向抗压极限承载力分别可取 1500kN、1650kN 和 1560kN，试按照《建筑基桩检测技术规范》（JGJ 106—2014）确定该工程的单桩竖向抗压承载力特征值最接近下列哪个选项？

（　　　）

（A）750kN　　　　　　　　　　　　　（B）785kN

（C）1500kN　　　　　　　　　　　　　（D）1570kN

二、多项选择题（共 30 题，每题 2 分。每题的备选项中有两个或三个符合题意，错选、少选、多选均不得分）

41. 在覆盖型岩溶发育区，易发生地面塌陷的是下列哪些地带？　　　　　　　　（　　　）

（A）断裂交叉地带

（B）第四系及岩溶地下水水位变化较大的地带

（C）溶洞埋藏浅，顶板基岩较完整的地带

（D）地下水流速最大地带

42. 下列哪些选项符合黏土性质？ （　　）

（A）能搓成 0.5mm 的土条，长度同手掌宽度

（B）用土刀切开，土面粗糙

（C）手捏似橡皮，有柔性

（D）土中富含石英、氧化铁浸染

43. 下图为某拟建铁路路基段，岩层产状倾向 130°，倾角 55°，层间结合差，发育两组构造裂隙，裂隙 J1 倾向 125°，倾角 40°，结合差；裂隙 J2 倾向 210°，倾角 60°，结合较差。已知路面设计高程 210m，请问对该段路堑边坡稳定性评价中正确的有哪几项？ （　　）

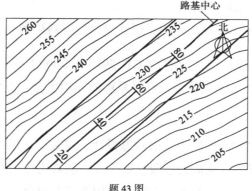

题 43 图

（A）左侧边坡稳定性主要受裂隙 J1 控制

（B）左侧边坡稳定性主要受裂隙 J2 控制

（C）右侧边坡稳定性主要受裂隙 J2 控制

（D）右侧边坡稳定性主要由岩层层面控制

44. 下列关于标准贯入试验表述，哪些选项是正确的？ （　　）

（A）标准贯入试验孔采用回转钻进时，应保持孔内水位略高于地下水位

（B）根据标准贯入锤击数判定砂土液化时，标准贯入锤击数 N 应取实测值

（C）判定砂土液化时，标准贯入试验一般每隔 2m 进行一次

（D）根据标准贯入试验锤击数划分花岗岩类岩石的风化程度时，标准贯入锤击数 N 应进行杆长修正

45. 潜水位等值线图上，等水位线由密变疏可能的原因是下列哪些选项？ （　　）

（A）含水层颗粒由细变粗

（B）地下水渗流方向有地表河水补给

（C）含水层下部有天窗，潜水补给承压水

（D）含水层厚度增大

46. 根据《岩土工程勘察规范》（GB 50021—2001）（2009 年版），场地复杂程度可分为三个等级，下列哪些选项符合复杂场地的分类？ （　　）

（A）高耸孤立的山丘及陡坡地段

（B）场地不良地质作用强烈发育

（C）工程建设对地质环境破坏强烈

（D）岩土种类多且性质变化大，要专门处理

47. 根据《工程结构可靠性设计统一标准》（GB 50153—2008）及《建筑地基基础设计规范》（GB 50007—2011），在以下地基基础的受力变形状态中，哪些属于承载能力极限状态？　　　　　（　　）

（A）载荷板沉降量与承压板宽度或直径之比 s/b 大于 0.06

（B）软土地基墙下条形基础相距 6m 两处的沉降差 18mm

（C）受水平荷载作用桩基倾斜折断

（D）基坑开挖降水导致临近 18m 高的多层建筑整体倾斜达到 0.003

48. 根据《工程结构可靠性设计统一标准》（GB 50153—2008）的规定，对应不同的极限状态可采用相应的作用组合进行设计，关于极限状态设计可采用的作用组合，下列叙述哪些选项是正确的？　　　　　（　　）

（A）用于短期设计状况的承载能力极限状态设计，应采用作用的标准组合

（B）用于持久设计状况的承载能力极限状态设计，应采用作用的基本组合

（C）不可逆正常使用极限状态设计，宜采用作用的基本组合

（D）长期效应是决定性因素的正常使用极限状态设计，宜采用作用的准永久组合

49. 根据《铁路路基支挡结构设计规范》（TB 10025—2019）进行铁路挡土墙设计时，下列哪些选项中的力为特殊力？　　　　　（　　）

（A）波浪力　　　　　　　　　　　（B）冰压力

（C）地震力　　　　　　　　　　　（D）施工荷载

50. 根据《建筑地基处理技术规范》（JGJ 79—2012），采用水泥土搅拌桩处理地基时，下列哪些选项的情况应通过试验确定处理方法的适用性？　　　　　（　　）

（A）正常固结的淤泥或淤泥质土地基　（B）泥炭质土地基

（C）塑性指数为 20 的黏土地基　　　（D）腐蚀性为中等的地基

51. 某永久填方边坡工程采用复合土工排水体在坡体深部形成排水盲沟，根据《土工合成材料应用技术规范》（GB/T 50290—2014），下列关于该土工材料性能的说法，哪些是错误的？　　　　　（　　）

（A）排水体的孔径应小于被保护土最小颗粒的粒径

（B）排水体的透水性应能保证渗透水通畅流过

（C）排水体仅考虑排水作用，不应考虑边坡抗滑稳定性作用

（D）排水体在上覆填料荷载作用下不应有变形

52. 根据《建筑地基处理技术规范》（JGJ 79—2012），关于复合地基桩身试块强度取值，下列表述哪些是错误的？　　　　　（　　）

（A）对水泥土搅拌桩，取与桩身水泥土配比相同的边长 150mm 立方体试块，在标准养护条件下 28d 龄期的抗压强度平均值

（B）对夯实水泥土桩，取与桩身水泥土配比相同的边长 70.7mm 立方体试块，在标准养护条件下 90d 龄期的抗压强度平均值

（C）对旋喷桩，取桩体边长 150mm 立方体试块，在标准养护条件下 90d 龄期的抗压强度平均值

（D）对水泥粉煤灰碎石桩，取桩体边长 150mm 立方体试块，在标准养护条件下 28d 龄期的抗压强度平均值

53. 关于堆载预压排水固结法处理地基，下列说法哪些是错误的？ （ ）

（A）地层相同，砂井材料相同，竖向砂井直径越大，砂井纵向涌水量越大
（B）砂井砂料相同，砂井直径相同，地层渗透性越强，砂井纵向涌水量越大
（C）竖向砂井穿透受压土层时，计算点深度越大，土层径向固结度越大
（D）竖向砂井穿透受压土层时，砂井间距越小，竖向平均固结度与径向平均固结度比值越小

54. 根据《建筑地基处理技术规范》（JGJ 79—2012）的规定，关于垫层法处理后的质量检验，下列哪些选项是正确的？ （ ）

（A）采用重型击实试验指标时，粉质黏土、灰土换填垫层的压实系数应不小于 0.94
（B）采用轻型击实试验确定压实系数时，粉质黏土、灰土、粉煤灰等材料要求的最大干密度比重型击实试验的小
（C）垫层法的施工质量检验应分层进行，对碎石垫层的施工质量可采用重型动力触探试验进行检验
（D）竣工验收应采用静载荷试验检验垫层承载力

55. 根据《生活垃圾卫生填埋处理技术规范》（GB 50869—2013），下列关于生活垃圾填埋场库区地基处理的说法，哪些选项是正确的？ （ ）

（A）地基应满足地基承载力要求
（B）地基变形应满足防渗膜拉伸变形要求
（C）地基承载力应满足每层垃圾摊铺厚度要求
（D）地基变形应满足渗滤液收集管变形要求

56. 根据《公路路基设计规范》（JTG D30—2015），某二级公路地基上对原有路基拓宽时，措施合适的是下列哪些选项？ （ ）

（A）当相邻原软土地基采用排水固结法处理且沉降已稳定时，拓宽路基采用与原地基相同地基处理方法和施工参数
（B）当采用排水固结法处理时，拓宽路基先降低地下水位排水清淤
（C）当路基填筑高度不满足规范要求时，应增设排水垫层
（D）对拓宽路基增强补压

57. 根据《建筑基坑支护技术规程》（JGJ 120—2012），下列情况中哪些需要进行坑底抗隆起稳定性验算？　　　　　　　　　　　　　　　　　　　　　　　　　　　　　　（　　）

（A）基坑采用悬臂桩支护　　　　　　（B）基坑采用地连墙加多排内支撑支护
（C）基坑采用支护桩加多排锚杆支护　（D）坑底有软土层时的土钉墙支护

58. 根据《建筑基坑支护技术规程》（JGJ 120—2012），下列关于双排桩支护结构说法，哪些是正确的？　　　　　　　　　　　　　　　　　　　　　　　　　　　　　（　　）

（A）桩间土作用在前后排桩上的力相等
（B）前后排桩应按偏压、偏拉构件设计
（C）双排桩刚架梁应按深受弯构件设计
（D）桩顶与刚架梁连接节点应按刚接设计

59. 根据《铁路隧道设计规范》（TB 10003—2016），下列选项中哪些是二级防水适用范围的？　　　　　　　　　　　　　　　　　　　　　　　　　　　　　　　　　（　　）

（A）隧底结构　　　　　　　　　　　（B）电气化变压器室
（C）逃逸通道　　　　　　　　　　　（D）电力变电所洞室

60. 下列选项中，哪些是盾构法隧道衬砌计算变形和内力时应考虑的水平向压力？（　　）

（A）土层主动土压力　　　　　　　　（B）地下水压力
（C）土体弹性抗力　　　　　　　　　（D）地面超载引起的附加水平侧压力

61. 山岭围岩硐室开凿过程中，下列现象相互对比，哪些可以初步判断硐室处于高应力地区？　　　　　　　　　　　　　　　　　　　　　　　　　　　　　　　　　　　（　　）

（A）围岩产生岩爆、剥离　　　　　　（B）隧道收敛变形大
（C）围岩渗水　　　　　　　　　　　（D）节理面内有夹泥现象

62. 根据《岩土工程勘察规范》（GB 50021—2001）（2009 年版），多年冻土地区的建筑工程，关于其钻探要求，下列哪些选项是错误的？　　　　　　　　　　　　　　　　（　　）

（A）松散冻土层中，宜采用快速干钻方法
（B）高含冰黏土层中，应采用慢速干钻方法
（C）护孔管下端应至冻土上限以下 0.5～1.0m
（D）从岩芯管内取芯时，可采用快速泵压法退芯

63. 已知某建筑结构的自振周期大于场地特征周期，在确定地震影响系数时，假设其他条件相同，下列哪些说法是正确的？　　　　　　　　　　　　　　　　　　　　　（　　）

（A）结构自振周期越大，地震影响系数越小
（B）位于Ⅱ类场地时的地震影响系数比位于Ⅲ类场地时的地震影响系数大
（C）罕遇地震作用的水平影响系数比多遇地震作用的水平影响系数大

（D）阻尼比越大，地震影响系数曲线下降段的衰减指数就越大

64. 为了部分消除地基液化沉陷，下列哪些选项的措施不符合《建筑抗震设计标准》（GB/T 50011—2010）（2024 年版）的要求？ （　　）

（A）处理深度应使处理后的地基液化指数减小，其值不应大于 6
（B）采用振冲或挤密碎石桩加固后，桩间土的标准贯入锤击数不宜小于液化判别标准贯入锤击数临界值
（C）采用加密法处理时，基础边缘以外的处理宽度，应超过基础底面下处理深度的 1/2，且不小于基础宽度的 1/5
（D）减小原地面上大面积覆土厚度

65. 按照《公路工程抗震规范》（JTG B02—2013）的规定，在发震断层及其临近地段进行布设路线和选择隧址时，下列哪些做法是正确的？ （　　）

（A）路线宜布置在破碎带较窄的部位
（B）路线宜布设在断层的上盘上
（C）路线设计宜采用低填浅挖方案
（D）在液化土地区，路线宜选择在上覆层较厚处通过，并宜设置高路堤

66. 可液化地基的震陷量与下列哪些因素有关？ （　　）

（A）液化土的密度　　　　　　　　　（B）场地覆盖层厚度
（C）建筑物上部结构形式　　　　　　（D）基底压力

67. 一般情况下，水工建筑物在进行抗震计算时应考虑下列哪些地震作用？ （　　）

（A）地震动土压力
（B）地震动水压力
（C）地震动渗透压力
（D）建筑物自重和其上荷重所产生的地震惯性力

68. 根据《水电工程水工建筑物抗震设计规范》（NB 35047—2015）关于土石坝抗震设计，下列说法哪些是正确的？ （　　）

（A）对于需要测定土体动态抗剪强度的土石坝，当动力试验给出的动剪强度大于相应的静态强度时，采用拟静力法计算地震作用时，应取动剪强度值
（B）土石坝采用拟静力法进行抗震稳定计算时，对于 1、2 级土石坝，宜通过动力试验确定土体的动态抗剪强度
（C）材料的动力试验用料应有代表性
（D）对于黏性土和紧密砂砾石等非液化土在无动力试验资料时，可采用静态有效抗剪强度指标

69. 某嵌岩桩采用低应变检测时，发现桩底时域反射信号为单一反射波且与锤击脉冲信号同向，判断桩底可能存在下列哪些情况？ （　　）

（A）沉渣   （B）溶洞

（C）软弱夹层   （D）桩端扩径

70. 根据《建筑基桩检测技术规范》（JGJ 106—2014），采用声波透射法进行基桩检测时，下列说法哪些是正确的？   （　　）

（A）声波透射法可用于混凝土灌注桩的桩身完整性检测，判定桩身缺陷的位置、范围及推定桩身混凝土强度

（B）选配换能器时，在保证有一定的接收灵敏度的前提下，原则上应尽可能选择较高频率的换能器

（C）对于只预埋两根声测管的基桩，仅有一个检测剖面，该检测剖面可代表基桩的全部横截面

（D）声测管管材可选用钢管、镀锌管及 PVC 管等

2020 年专业知识试题（下午卷）

一、单项选择题（共 40 题，每题 1 分。每题的备选项中只有一个最符合题意）

1. 钢筋混凝土基础受弯承载力、受冲切承载力计算时，关于截面有效高度h_0的计算，下列哪个选项是正确的？ （ ）

   （A）筏板受弯承载力计算时，h_0等于筏板厚度减去纵向受拉钢筋合力点至截面受压边缘的距离

   （B）独立基础受冲切承载力计算时，h_0等于冲切截面处基础厚度减去基础底面受力主筋的保护层厚度

   （C）独立基础受弯承载力计算时，h_0等于冲切截面处基础厚度减去 50mm

   （D）筏板基础受冲切承载力计算时，h_0等于冲切截面处基础厚度减去上、下受力主筋保护层厚度之和

2. 关于独立基础下地基净反力的说法，下列哪个选项是正确的？ （ ）

   （A）地基净反力是指基底附加压力扣除基础及其上土重后的基底压力

   （B）地基净反力可用于荷载基本组合下基础结构的承载能力极限状态计算

   （C）基础沉降计算采用地基净反力

   （D）地基净反力在数值上等于地基基床系数乘以地基变形值

3. 均质厚层砂土地基的载荷试验结果见下表，压板尺寸为 1m×1m。利用载荷试验资料，对边长为 2.5m 的正方形柱基础，估算其在 100kPa 基底附加压力作用下，柱基础的最终沉降量接近于下列何值？ （ ）

题 3 表

P（kPa）	25	50	75	100	125	150	175	200	250	300
s（mm）	3.1	6.0	9.2	12.3	15.1	20.1	25.0	30.1	45.2	71.3

   （A）30mm
   （B）35mm
   （C）40mm
   （D）45mm

4. 若假设路堤基础为完全柔性基础，则在路堤荷载作用下，关于基底压力分布和沉降情况描述正确的是哪个选项？ （ ）

   （A）基底压力分布均匀，基底沉降中间大、边缘小

   （B）基底压力分布与上部荷载分布相同，基底沉降中间大、边缘小

   （C）基底压力分布与上部荷载分布相反，基底沉降中间大、边缘小

   （D）基底压力分布与上部荷载分布相同，基底沉降均匀

5. 矩形基础底面宽度 2.4m，受基底偏心力作用，宽度方向偏心距$e = 0.6$m，其基底边缘最小压力为下列哪个选项？ （ ）

（A）零 （B）正值

（C）负值 （D）不能确定

6. 按照《建筑地基基础设计规范》（GB 50007—2011）规定，下列哪个措施可以有效减小软弱下卧层顶面处附加压力？ （ ）

（A）减小荷载偏心距 （B）增加基础埋置深度

（C）提高持力层土的模量 （D）提高软弱下卧层地基土强度

7. 某既有建筑基础采用静压桩加固，根据《既有建筑地基基础加固技术规范》（JGJ 123—2012），以下关于静压桩设计与施工的要求，正确的是哪个选项？ （ ）

（A）压桩孔宜布置在墙体的外侧或柱子的一侧

（B）压桩力不得大于该加固部分的结构自重荷载

（C）桩身不宜选用预应力混凝土管桩

（D）桩不宜一次连续压到设计标高，每节桩压入后的停压时间不得少于 2h

8. 根据《建筑桩基技术规范》（JGJ 94—2008），离心成型的先张法预应力高强度混凝土管桩有四种型号，分别为 A 型、B 型、C 型和 AB 型，按有效预压应力值的大小进行排序，应为下列哪个选项？ （ ）

（A）A 型＜AB 型＜B 型＜C 型 （B）A 型＜B 型＜AB 型＜C 型

（C）C 型＜B 型＜A 型＜AB 型 （D）AB 型＜C 型＜B 型＜A 型

9. 下列关于框筒结构超高层建筑桩筏基础沉降分布特点的描述，哪一项符合一般分布规律？ （ ）

（A）马鞍形分布 （B）碟形分布

（C）抛物线形分布 （D）均匀分布

10. 下列哪种工艺不适合进入微风化岩嵌岩桩的施工？ （ ）

（A）长螺旋钻进 （B）冲击钻进

（C）全套管回转钻进 （D）旋挖钻进

11. 采用泥浆护壁钻进工艺进行桩基成孔时，下列哪种地层条件下泥浆损耗最大？ （ ）

（A）地下水位以上的粉土地层 （B）地下水位以下的黏性土地层

（C）地下水位以下的中粗砂地层 （D）地下水位以上的砂卵石地层

12. 高承台桩基，桩径 0.6m，桩长 21m，桩入土长度 15m，桩顶铰接，桩底嵌岩，桩的水平变形系数 $\alpha = 0.5m^{-1}$，按照《建筑桩基技术规范》（JGJ 94—2008）规定计算，其桩身压屈计算长度，取值最接近哪个选项？ （ ）

（A）7.0m （B）9.8m

（C）14.7m   （D）21.0m

13. 某静压桩工程，采用压桩机接地压强为 80kPa，根据《建筑桩基技术规范》（JGJ 94—2008），施工场地最小地基承载力应满足下列哪个选项？   （   ）

    （A）80kPa   （B）100kPa

    （C）120kPa   （D）160kPa

14. 下列哪种桩基施工工艺不需要埋设护筒？   （   ）

    （A）正循环钻进工艺   （B）反循环钻进工艺

    （C）旋挖钻进工艺   （D）长螺旋钻进压灌工艺

15. 设一挡土墙体其土压力符合按朗肯理论计算的条件，如被动土压力系数为 4.0，那么主动土压力系数最接近下列哪个选项？   （   ）

    （A）0.40   （B）0.30

    （C）0.25   （D）0.20

16. 设挡土墙本身不进水，墙后填土为无黏性土，因持续降雨墙后土中水位与填土表面平齐，如墙后填土中的水有向下的渗流，那么与无渗流状况墙背所受土水压力的变化，最符合下列哪个选项的表述？   （   ）

    （A）有效土压力减小，总压力增大   （B）有效土压力减小，总压力减小

    （C）有效土压力增大，总压力增大   （D）有效土压力增大，总压力减小

17. 某土质边坡坡高 7m，坡顶水平、坡面与水平面夹角为 50°，土体的内摩擦角为 30°，根据《建筑边坡工程技术规范》（GB 50330—2013）估算边坡坡顶塌滑边缘至坡顶边缘的距离最接近下列哪个选项？   （   ）

    （A）2.5m   （B）4.0m

    （C）6.0m   （D）8.0m

18. 某高速公路工程的一个陡坡路堤段工点，拟采用桩板式挡土墙支护方案，平面简图见下图。其中，桩为 2m×3m 的矩形截面桩，水平方向桩中心距为 6m，桩间预制混凝土挡土板厚度为 0.5m，试问按照支承在桩上的简支板计算桩间预制混凝土挡土板时，根据《公路路基设计规范》（JTG D30—2015），挡土板计算跨径 L 应采用下列哪个选项的数值？   （   ）

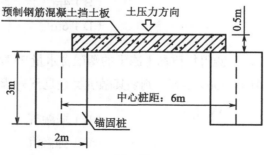

题 18 图

（A）4.5m　　　　　　　　　　　　　　（B）4.75m

（C）5.25m　　　　　　　　　　　　　（D）6.0m

19. 某边坡工程，暴雨过程中，坡体重度增加，假定潜在滑裂面浸水后强度不变，但未出现滑动，坡脚雨水汇集，淹没部分边坡。暴雨前到暴雨过程中（坡脚未被淹没）到坡脚汇水淹没，边坡安全系数的变化为下列哪个选项？　　　　　　　　　　　　　　　　　　　　　　（　　）

（A）先变大后变小　　　　　　　　　　（B）先变小后变大

（C）一直在变小　　　　　　　　　　　（D）先变小然后不变

20. 关于铁路路基支挡结构，说法错误的是哪个选项？　　　　　　　　　　（　　）

（A）路肩挡土墙墙顶高出地面 2m 且连续长度大于 10m 时应设置防护栏杆

（B）挡土墙应采用总安全系数法进行抗滑动稳定性检算

（C）地震区铁路路堑支挡结构宜采用重力式挡土墙、桩板式挡土墙等结构形式

（D）钢筋混凝土构件应按容许应力法进行偏心验算

21. 根据《建筑边坡工程技术规范》（GB 50330—2013），下列对边坡稳定性分析说法错误的是哪个选项？　　　　　　　　　　　　　　　　　　　　　　　　　　　　　（　　）

（A）规模较大的碎裂结构岩质边坡宜采用圆弧滑动法计算

（B）对规模较小、结构面组合关系较复杂的块体滑动破坏，宜采用实体比例投影法

（C）对于规模较大、地质结构复杂的边坡，宜采用圆弧滑动面进行计算

（D）对可能产生平面滑动的边坡，宜采用平面滑动法计算

22. 根据《建筑边坡工程技术规范》（GB 50330—2013），下列关于边坡支护形式论述错误的是哪个选项？　　　　　　　　　　　　　　　　　　　　　　　　　　　　　　　（　　）

（A）在无成熟经验且新填方的边坡中不适宜使用锚杆挡墙

（B）具有腐蚀性的边坡不应采用锚喷支护

（C）重力式挡墙后面的填土采用黏性土做填料时，不宜掺入砂砾和碎石

（D）扶壁式挡墙在填方高度 10m 以下是较为经济合理的

23. 某公路工程对湿陷性黄土地基采用强夯法处理。拟采用圆底夯锤，质量 10t，落距 10m。已知梅纳公式的修正系数为 0.5，估算此强夯处理有效加固深度最接近下列哪个选项？　（　　）

（A）3m　　　　　　　　　　　　　　　（B）4m

（C）5m　　　　　　　　　　　　　　　（D）6m

24. 某工程建设在多年冻土区，测得粉质黏土冻土的塑限含水量 28%，总含水量 41%，按《岩土工程勘察规范》（GB 50021—2001）（2009 年版）判别其融沉类别是下列哪个选项？　（　　）

（A）不融沉　　　　　　　　　　　　　（B）弱融沉

（C）融沉　　　　　　　　　　　　　　（D）强融沉

25. 根据《膨胀土地区建筑技术规范》（GB 50112—2013），在膨胀土地区建设某工程，土的孔隙比为 0.91，种植速生树种时，隔离沟与建筑物距离不应小于多少米？ （ ）

（A）3m   （B）4m

（C）5m   （D）6m

26. 下列关于污染土地基处理说法错误的是哪个选项？ （ ）

（A）在酸或硫酸盐介质作用下不应采用灰土垫层、石灰桩和灰土桩

（B）污染土或地下水对混凝土的腐蚀性等级为强腐蚀、中等腐蚀时，不宜采用以水泥作为固化剂的深层搅拌桩

（C）地下水 pH 值小于 4.5 或地面上有大量酸性介质作用时，宜采用灰岩碎石桩加固

（D）污染土或地下水的 pH 值大于 9 时，不宜采用硅化加固法

27. 下列关于膨胀土性质的表述，错误的是哪个选项？ （ ）

（A）蒙脱石含量越高，膨胀性越强

（B）硅铝分子比 $SiO_2/(Al_2O_3 + Fe_2O_3)$ 越大，膨胀性越强

（C）黏粒含量越高，胀缩变形越大

（D）密度越大，失水收缩越强

28. 根据《铁路工程特殊岩土勘察规程》（TB 10038—2022），下列哪个选项膨胀岩的膨胀性不是由所含亲水矿物吸水膨胀引起的？ （ ）

（A）沉积型泥质膨胀岩   （B）蒙脱石化凝灰岩类膨胀岩

（C）断层泥类膨胀岩   （D）含硬石膏和无水芒硝类膨胀岩

29. 由地下水作用形成的土洞大部分分布在下列哪个位置？ （ ）

（A）高水位以上   （B）高水位与平水位之间

（C）低水位附近   （D）低水位以下

30. 某山区三个岩质边坡 A、B、C，坡体物质、坡向及平均坡度（约 40°）大致相同，坡内均发育一组倾向坡外的结构面，倾角分别为 10°、20°、30°，结构面力学性质基本相同，试判断三个边坡的稳定程度为下列哪个选项？ （ ）

（A）A＞B＞C   （B）A＞B＜C

（C）A＜B＞C   （D）A＜B＜C

31. 在膨胀土地区建设城市轨道交通工程，测定土的自由膨胀率为 60%，阳离子交换量 210mmol/kg，蒙脱石含量 16%，该土层膨胀潜势等级是下列哪个选项？ （ ）

（A）弱   （B）中

（C）强   （D）不能确定

32. 对红黏土性质表述错误的是哪个选项？ （　　）

（A）具有浸水膨胀、失水收缩的性质

（B）收缩后复浸水膨胀，能否恢复到原位与液限、塑限含水量有关

（C）胀缩性主要表现为失水收缩

（D）复浸水膨胀循环后，缩后土样高度均小于原始高度

33. 某岩质边坡中发育 J1、J2、J3 三组裂隙和岩层面 J4 共四组结构面，拟直立切坡，边坡走向 116°，且向西南临空。边坡的极射赤平投影如下图所示（上半球投影），各结构面产状见下表。问哪组结构面是该边坡的控滑结构面？ （　　）

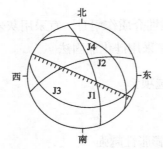

题33表	
结构面	
名称	产状
J1	260°∠80°
J2	160°∠75°
J3	20°∠50°
J4	225°∠45°

题 33 图

（A）J1　　　　　　　　　　　　　　　（B）J2

（C）J3　　　　　　　　　　　　　　　（D）J4

34. 南方某地白云岩分布区发育一系列不对称向斜。向斜核部（Ⅰ）与向斜较陡一翼（Ⅱ）和很缓一翼（Ⅲ）中，仅考虑褶皱因素，岩溶发育相对强烈程度的顺序是下列哪个选项？ （　　）

（A）Ⅰ＞Ⅱ＞Ⅲ　　　　　　　　　　　（B）Ⅰ＞Ⅲ＞Ⅱ

（C）Ⅲ＞Ⅱ＞Ⅰ　　　　　　　　　　　（D）Ⅲ＞Ⅰ＞Ⅱ

35. 根据《房屋建筑和市政基础设施项目工程总承包管理办法》（建市规〔2019〕12 号），下列哪个选项不符合有关工程总承包单位的规定？ （　　）

（A）工程总承包单位应当同时具有与工程规模相适应的工程设计资质和施工资质

（B）工程总承包单位可以由具有相应资质的设计单位和施工单位组成联合体

（C）联合体双方应当承担同等的责任和权利

（D）联合体各方应当共同与建设单位签订工程总承包合同，就工程总承包项目承担连带责任

36. 根据《关于推进全过程工程咨询服务发展的指导意见》（发改投资规〔2019〕515 号），下列哪个选项不符合关于工程建设全过程咨询服务人员要求？ （　　）

（A）项目负责人应当取得工程建设类注册执业资格，未实施注册执业资格的，取得高级专业技术职称

（B）承担工程勘察、设计、监理或造价咨询业务的负责人，应具有法律法规规定的相应执业资格

（C）全过程咨询服务单位应根据项目管理需要配备具有相应执业能力的专业技术人员和管理人员

（D）设计单位在民用建筑中实施全过程咨询的，要充分发挥建筑师的主导作用

37. 下列处罚中哪个选项不符合国务院《建设工程勘察设计管理条例》（国务院令第 662 号）的规定？ （   ）

（A）未经注册，擅自以注册建设工程勘察、设计人员的名义从事建设工程勘察、设计活动的，责令停止违法行为，没收违法所得，处违法所得 2 倍以上 5 倍以下罚款：给他人造成损失的，依法承担赔偿责任

（B）建设工程勘察、设计注册执业人员和其他专业技术人员未受聘于一个建设工程勘察、设计单位或者同时受聘于两个以上建设工程勘察、设计单位，从事建设工程勘察、设计活动的，责令停止违法行为，没收违法所得，处违法所得 2 倍以上 5 倍以下的罚款

（C）发包方将建设工程勘察、设计业务发包给不具有相应资质等级的建设工程勘察、设计单位的，责令改正，处 50 万元以上 100 万元以下的罚款

（D）勘察、设计单位未依据项目批准文件，城乡规划及专业规划，国家规定的建设工程勘察、设计深度要求编制建设工程勘察、设计文件的，责令限期改正；逾期不改正的，处 10 万元以上 20 万元以下的罚款

38. 根据《中华人民共和国建筑法》有关规定，下列哪个说法是错误的？ （   ）

（A）按照国务院规定的权限和程序批准开工报告的建筑工程，不再领取施工许可证

（B）建设行政主管部门应当自收到申请之日起十五日内，对符合条件的申请颁发施工许可证

（C）建设单位应当自领取施工许可证之日起三个月内开工

（D）既不开工又不申请延期或者超过延期时限的，施工许可证自行废止

39. 根据《中华人民共和国安全生产法》有规定，下列哪个说法是错误的？ （   ）

（A）依法设立的为安全生产提供技术、管理服务的机构，依照法律、行政法规和执业准则，接受生产经营单位的委托为其安全生产工作提供技术、管理服务

（B）生产经营单位委托前款规定的机构提供安全生产技术、管理服务的，保证安全生产的责任由该机构承担

（C）生产经营单位的工会依法组织职工参加本单位安全生产工作的民主管理和民主监督，维护职工在安全生产方面的合法权益

（D）有关协会组织依照法律、行政法规和章程，为生产经营单位提供安全生产方面的信息、培训等服务，发挥自律作用，促进生产经营单位加强安全生产管理

40. 根据《中华人民共和国民法典》有关规定，下列哪个说法是错误的？ （   ）

（A）采用合同书形式订立合同，在签字或者盖章之前，当事人一方已经履行主要义务，对方接受的，该合同成立

（B）采用格式条款订立合同的，提供格式条款的一方应当遵循公平原则确定当事人之间的权利和义务，并采取合理的方式提请对方注意免除或者限制其责任的条款，按照对方的要求，对该条款予以说明

（C）对格式条款的理解发生争议的，应当按照通常理解予以解释。对格式条款有两种以上解释的，应当作出有利于提供格式条款一方的解释

（D）格式条款和非格式条款不一致的，应当采用非格式条款

二、多项选择题（共 30 题，每题 2 分。每题的备选项中有两个或三个符合题意，错选、少选、多选均不得分）

41. 根据《建筑地基基础设计规范》（GB 50007—2011），下列哪些问题可能是引起柱下独立基础发生冲切破坏的原因？ （ ）

（A）基础底板受力主筋配置少 （B）基础混凝土强度不足

（C）基底面积偏小 （D）基础高度不够

42. 根据《建筑地基基础设计规范》（GB 50007—2011），对减少软弱地基上建筑物不均匀沉降有效的是下列哪些措施？ （ ）

（A）设置沉降缝 （B）设置后浇带

（C）增设地下室 （D）增大基础厚度

43. 下列关于土体受压变形的说法错误的是哪些选项？ （ ）

（A）地基土体受压时间越长，变形越大，孔隙水压力也越大

（B）土体在自重压力下不会产生地基沉降

（C）地基土体固结稳定后，说明土体内不再有水

（D）建在同样地基上的基底附加压力相同的两个建筑物，沉降量不一定相同

44. 用基床系数法对弹性地基梁分析的结果示意见下图。请指出下列四条曲线中哪些是正确的？ （ ）

（A）挠度分布曲线

（B）弯矩分布曲线

（C）转角分布曲线

（D）剪力分布曲线

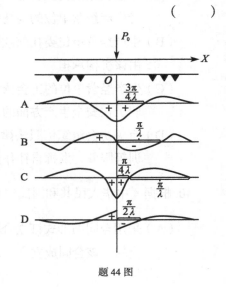

题 44 图

45. 关于土体固结沉降的说法，下列哪些选项是正确的？ （　　）

（A）地基土沉降速率取决于孔隙水的排出速率

（B）土体的次固结沉降速率与孔隙水排出的速率无关

（C）瞬时沉降仅包括剪应变，无体积应变

（D）土体的瞬时沉降、固结沉降、次固结沉降是在不同时间内依次分开发生的

46. 下列哪些选项是桩基设计时需要考虑的因素？ （　　）

（A）桩的施工工艺 （B）桩间距

（C）成桩设备选型 （D）桩的配筋率

47. 关于混凝土预制桩施工，下列哪些说法是正确的？ （　　）

（A）锤击沉桩应采用专用的送桩器

（B）静压沉桩可使用工程桩送桩

（C）桩端持力层为砂土时，锤击沉桩终止条件应以控制贯入度为主，桩端标高为辅

（D）单节桩较长时，静压沉桩选用抱压式压桩机

48. 根据《建筑桩基技术规范》（JGJ 94—2008），下列哪些情况下不宜考虑桩基承台效应确定复合基桩的竖向承载力？ （　　）

（A）桩端进入中风化的嵌岩桩基

（B）3 桩独立承台摩擦型桩基

（C）墙下条形承台下设单排摩擦型桩基

（D）按变刚度调平设计的桩基刚度弱化区摩擦型桩基

49. 根据《建筑桩基技术规范》（JGJ 94—2008），下列关于桩侧土水平抗力系数的比例系数 m 的描述正确的是哪些？ （　　）

（A）m 值随深度线性增大

（B）对于同一根桩，m 值是定值

（C）m 取值应与桩的位移相适应

（D）当桩受长期水平荷载作用时，m 值取值应降低

50. 存在液化土层时，下列哪些说法符合《建筑抗震设计标准》（GB/T 50011—2010）（2024 年版）有关桩基设计的规定？ （　　）

（A）6～8 度设防时，一般的单层厂房可不进行桩基抗震承载力验算

（B）承台埋深较浅时，不宜计入刚性地坪对水平地震作用的分担作用

（C）打入式预制桩基础均可计入打桩对土的挤密作用及桩身对液化土变形限制的有利影响

（D）当打桩后桩间土的标准贯入锤击数值达到不液化的要求时，单桩承载力可不折减

51. 下列关于桩基础沉降计算的说法中哪些是正确的？ （　　）

（A）桩基沉降不仅受地基土的性状影响，也受桩基与上部结构的共同作用的影响

（B）桩基沉降包括桩身压缩、桩端平面以下土层的压缩和塑性刺入产生的沉降三部分

（C）采用明德林（Mindlin）应力公式计算桩基沉降时，能反映不同成桩工艺带来的桩底沉渣、虚土等因素

（D）用实体深基础法（等代墩基法）计算沉降的精度高于采用明德林（Mindlin）应力公式计算的沉降

52. 下列关于桩基抗震设计的说法中，哪些符合《建筑抗震设计标准》（GB/T 50011—2010）（2024年版）的规定？　　　　　　　　　　　　　　　　　　　　　　　（　　）

（A）非液化土低桩承台条件下，单桩的竖向和水平向抗震承载力特征值，可均比非抗震设计时提高 25%

（B）非液化土中低桩承台条件下，可由承台正面填土与桩基共同承担水平地震作用，并可计入承台底面与地基土间的摩擦力

（C）液化土和震陷软土中桩的配筋范围，应自桩顶至液化深度以下符合全部消除液化沉陷所要求的深度

（D）在液化侧向扩展的地段，应考虑土流动时的侧向作用力，且承受侧向推力的面积应按边桩外缘间的宽度计算

53. 针对某潜在工程滑坡进行治理时，下列哪些措施是合理的？　　　　　　（　　）

（A）在滑坡后缘外设置截水沟、滑坡体上设分级排水沟，并在坡体设置排水盲沟或排水孔

（B）设置穿过潜在滑带的抗滑桩，并在滑坡前缘采用碎石土反压

（C）在潜在滑动带下段采用高压旋喷注浆形成连续截水帷幕

（D）对坡面缝进行封堵，表层种植灌木

54. 某公路以挖方路基形式通过大型老滑坡前缘，路堑边坡高 15m，坡度 1∶0.75，开挖后在降雨影响下边坡顶部产生贯通圆弧张拉裂缝，以下哪些选项的处理措施是合理的？　　　　　（　　）

（A）反压回填　　　　　　　　　　　　（B）坡脚附近放缓坡度

（C）设置仰斜式排水孔　　　　　　　　（D）加强支挡措施

55. 某建筑岩质边坡高 20m，岩体类型为Ⅲ类，采用锚杆挡墙进行支护，如发生损坏可能造成人员伤亡，拟对其进行监测，根据《建筑边坡工程技术规范》（GB 50330—2013），应测的项目包括以下哪些选项？　　　　　　　　　　　　　　　　　　　　　　　　　　　　　（　　）

（A）坡顶水平位移和垂直位移　　　　　（B）降雨、洪水与时间关系

（C）锚杆拉力　　　　　　　　　　　　（D）地下水位

56. 下列关于土压力的说法中，哪些是正确的？　　　　　　　　　　　　（　　）

（A）当内摩擦角减小时，主动土压力增大，被动土压力减小

（B）当土的重度减小时，主动土压力减小，被动土压力减小

（C）当黏聚力减小时，主动土压力减小，被动土压力减小

（D）当考虑挡土墙墙背与土体之间的摩擦时，主动土压力增大

57. 关于土坡稳定性及其验算，下列说法哪些是正确的？　　　　　　　　　　（　　）

（A）一般黏性土土坡的失稳滑移，破坏滑移面必有一定深度

（B）无黏性土坡的稳定验算也常采用条分法

（C）黏性土坡高度小于一定值时，坡面可以是竖直的

（D）含水但非饱和砂土也可有一定的无支撑自立高度

58. 根据《建筑地基基础设计规范》（GB 50007—2011），下列关于季节性冻土地基防冻害措施的说法，哪些选项是正确的？　　　　　　　　　　　　　　　　　　　　　　（　　）

（A）建筑基础位于冻胀土层中时，基础埋深宜大于场地冻结深度

（B）地下水位以上的基础，基础侧表面应回填厚度不小于 100mm 不冻胀的中、粗砂

（C）强冻胀性地基上应设置钢筋混凝土圈梁与基础梁

（D）当桩基础承台下存在冻土时，应在承台下预留相当于该土层冻胀量的空隙

59. 下列关于盐渍土的性质，哪些选项是正确的？　　　　　　　　　　　　（　　）

（A）氯盐渍土的塑性指数随着氯离子含量的升高而减小

（B）氯盐渍土的抗剪强度随着含盐量的增加而减小

（C）硫酸盐渍土的抗剪强度随着总含盐量的增加而减小

（D）硫酸盐渍土的孔隙比和密度与温度没有较大关系

60. 根据《湿陷性黄土地区建筑标准》（GB 50025—2018），对湿陷性黄土建筑场地，下列关于地基处理范围的说法哪些是正确的？　　　　　　　　　　　　　　　　　　　（　　）

（A）自重湿陷性黄土场地应整片处理，非自重湿陷性黄土场地可局部处理

（B）非自重湿陷性黄土场地，按处理土层厚度的 1/2 计算处理范围，超出基础边缘大于 3m 时，可采用 3m

（C）自重湿陷性黄土场地，整片处理超出基础边缘不宜小于处理土层厚度 1/2，且不应小于 2.0m

（D）自重湿陷性黄土场地，基底下湿陷性黄土层厚度大于 20.0m，当整片处理超出基础边缘外宽度大于 6.0m 时，可采用 6.0m

61. 根据《建筑地基基础设计规范》（GB 50007—2011），关于滑面为折线形的滑坡推力计算，下列表述正确的是哪些选项？　　　　　　　　　　　　　　　　　　　　　　（　　）

（A）不考虑相邻块体的相互挤压变形

（B）剩余下滑力作用方向水平

（C）滑坡推力作用点，可取在滑坡体厚度的 1/2 处

（D）当滑体有多层滑动面时，可取推力最大的滑动面确定滑坡推力

62. 下列对软土特性描述正确的是哪几项？　　　　　　　　　　　　　　　（　　）

（A）天然含水量大于液限

（B）孔隙比大于 1

（C）不均匀系数大于 10

（D）仅在缓慢流动的海洋环境下沉积形成

63. 根据《湿陷性黄土地区建筑标准》（GB 50025—2018），湿陷量计算公式 $\Delta_s = \sum\limits_{i=1}^{n} \alpha\beta\delta_{si}h_i$ 中，考虑基底下地基土受力状态及地区等因素的修正系数 β 取值，下列哪些选项的说法是错误的？　　（　　　）

（A）基底下 0～5m 深度取 1.5

（B）自重湿陷性黄土场地，基底下 5～10m 深度可取 1.0

（C）非自重湿陷性黄土场地，基底下 5～10m 深度可取工程所在地的 β_0 值且不小于 1.0

（D）非自重湿陷性黄土场地，基底 10m 以下至非湿陷性黄土层顶面范围，取工程所在地的 β_0 值

64. 某盐渍土场地，拟建建筑物地基基础设计等级为乙级，根据《盐渍土地区建筑技术规范》（GB/T 50942—2014）计算可知该地基变形量为 167mm，采用下列哪些措施进行处理是经济合理的？　（　　　）

（A）防水措施 + 地基处理措施 + 基础措施

（B）防水措施 + 地基处理措施

（C）防水措施 + 基础措施

（D）防水措施

65. 根据《房屋建筑和市政基础设施项目工程总承包管理办法》（建市规〔2019〕12 号）的规定，下列哪些选项符合工程总承包项目经理应当具备的条件？　　　　　　　　　（　　　）

（A）取得相应工程建设类注册执业资格，未实施注册执业资格的，取得高级专业技术职称

（B）曾经担任过工程承包项目经理、设计项目负责人、施工项目负责人或者项目总监理工程师

（C）熟悉工程技术和工程总承包项目管理知识以及相关法律法规，标准规范

（D）具有较强的组织协调能力和良好的职业道德

66. 根据《关于推进全过程工程咨询服务发展的指导意见》（发改投资规〔2019〕515 号），下列哪些选项符合关于全过程咨询单位的规定？　　　　　　　　　　　　　　　　（　　　）

（A）全过程咨询单位提供勘察、设计、监理或造价咨询服务时，应当具有与工程规模及委托内容相适应的资质条件

（B）全过程咨询服务单位可自行将自有资质证书许可范围外的咨询业务，依法依规择优委托给具有相应资质或能力的单位

（C）全过程咨询服务单位应对被委托单位的委托业务负总责

（D）建设单位选择具有相应工程勘察、设计、监理或造价咨询资质的单位开展全过程咨询服务的，除法律法规另有规定外，可不再另行委托勘察、设计、监理或造价咨询单位

67. 下列哪些选项符合《勘察设计注册工程师管理规定》（建设部令第 137 号）关于注册工程师应当履行的义务？　　　　　　　　　　　　　　　　　　　　　　　　　　　（　　　）

（A）接受继续教育，努力提高执业水准

（B）不得涂改、出租、出借或者以其他形式非法转让注册证书或者执业印章

（C）在本专业规定的执业范围和聘用单位业务范围内从事执业活动

（D）未经注册的建设工程勘察、设计人员，不得以注册执业人员的名义从事建设工程勘察、设计活动

68. 根据《建设工程安全生产管理条例》有关规定，下列哪些说法是错误的？　　　　（　　）

（A）注册执业人员未执行法律、法规和工程建设强制性标准的，责令停止执业 1 年以上 3 年以下

（B）情节严重的，吊销执业资格证书，6 年内不予注册

（C）造成重大安全事故的，终身不予注册

（D）构成犯罪的，依照刑法有关规定追究刑事责任

69. 根据《建筑工程五方责任主体项目负责人质量终身责任追究暂行办法》有关规定，对建设单位项目负责人进行责任追究，下列哪些说法是正确的？　　　　（　　）

（A）项目负责人为国家公职人员的，将其违法违规行为告知其上级主管部门及纪检监察部门，并建议对项目负责人给予相应的行政、纪律处分

（B）构成犯罪的，移送司法机关依法追究刑事责任

（C）处单位罚款数额 10%以上 20%以下的罚款

（D）向社会公布曝光

70. 根据《危险性较大的分部分项工程安全管理规定》的有关规定，下列哪些说法是正确的？
（　　）

（A）实行施工总承包的，专项施工方案应当由施工总承包单位组织编制。危大工程实行分包的，专项施工方案可以由相关专业分包单位组织编制

（B）专项施工方案应当由施工单位技术负责人审核签字、加盖单位公章，并由总监理工程师审查签字、加盖执业印章后方可实施。危大工程实行分包并由分包单位编制专项施工方案的，专项施工方案应当由分包单位技术负责人审核签字并加盖单位公章

（C）专家应当从地方人民政府住房城乡建设主管部门建立的专家库中选取，符合专业要求且人数不得少于 5 名。与本工程有利害关系的人员不得以专家身份参加专家论证会

（D）专家论证会后，应当形成论证报告，对专项施工方案提出通过、修改后通过或者不通过的一致意见。专家对论证报告负责并签字确认

2021 年专业知识试题（上午卷）

一、单项选择题（共 40 题，每题 1 分。每题的备选项中只有一个最符合题意）

1. 理论上，土体弹性模量 E 与压缩模量 E_s、变形模量 E_0 的关系为下列哪一项？　　　（　　）

　　（A）$E > E_s > E_0$ 　　　　　　　　　　　　（B）$E < E_s > E_0$
　　（C）$E > E_s < E_0$ 　　　　　　　　　　　　（D）$E < E_s < E_0$

2. 黏性土从半固态转入固态的界限含水量是下列哪一项？　　　　　　　　　　　（　　）

　　（A）塑限 　　　　　　　　　　　　　　　　（B）液限
　　（C）缩限 　　　　　　　　　　　　　　　　（D）塑性指数

3. 超固结黏土在低围压条件下（$\sigma_3 < p_c$）的内摩擦角 φ_{oc} 与高围压条件下（$\sigma_3 > p_c$）的内摩擦角 φ_{nc} 的关系，正确的为下列哪一项？　　　　　　　　　　　　　　　　　　　　　（　　）

　　（A）$\varphi_{oc} > \varphi_{nc}$ 　　　　　　　　　　　　（B）$\varphi_{oc} < \varphi_{nc}$
　　（C）$\varphi_{oc} = \varphi_{nc}$ 　　　　　　　　　　　　（D）二者没有关系

4. 某岩体完整程度为较完整，岩石饱和单轴抗压强度为 35MPa，判断其岩体基本质量等级为下列哪一项？　　　　　　　　　　　　　　　　　　　　　　　　　　　　　　　（　　）

　　（A）Ⅱ 　　　　　　　　　　　　　　　　　（B）Ⅲ
　　（C）Ⅳ 　　　　　　　　　　　　　　　　　（D）Ⅴ

5. 在铁路勘察报告中编制详细工程地质图时，对地质条件较复杂的线路，地层单元划分至少要到下列哪一项？　　　　　　　　　　　　　　　　　　　　　　　　　　　　　（　　）

　　（A）系 　　　　　　　　　　　　　　　　　（B）统
　　（C）组 　　　　　　　　　　　　　　　　　（D）段

6. 花岗岩株属于下列哪种成因分类？　　　　　　　　　　　　　　　　　　　（　　）

　　（A）深成岩 　　　　　　　　　　　　　　　（B）浅成岩
　　（C）熔岩流 　　　　　　　　　　　　　　　（D）喷出岩

7. 房屋建筑的工程勘察中，下列哪个选项符合地下水对混凝土腐蚀性评价的采样要求？（　　）

　　（A）大瓶 1000mL，小瓶 500mL 加碳酸钙粉
　　（B）大瓶 1000mL 加碳酸钙粉，小瓶 500mL
　　（C）大瓶 500mL，小瓶 150mL 加碳酸钙粉
　　（D）大瓶 500mL 加碳酸钙粉，小瓶 150mL

8. 某建筑场地附近有一断裂，据区域地质资料，Q_3 发生过 5.5 级地震，Q_4 以来没有发生过活动，则对其活动性判定最合适的是哪个选项？　　　　　　　　　　　　　　（　　）

　　（A）发震断裂　　　　　　　　　　　　（B）非活动断裂
　　（C）全新活动断裂　　　　　　　　　　（D）非全新活动断裂

9. 岩土参数的标准值取值为下列哪个选项？　　　　　　　　　　　　　　　　　（　　）

　　（A）岩土参数平均值乘以统计修正系数　　（B）岩土参数平均值乘以变异系数
　　（C）岩土参数平均值除以回归修正系数　　（D）岩土参数平均值除以安全系数

10. 用钻孔法测定地下水流向，孔位布置最合适的是下列哪个选项？　　　　　　　（　　）

　　（A）近似等边三角形布置　　　　　　　（B）垂直地下水流向布置
　　（C）十字交叉布置　　　　　　　　　　（D）纵横各布置两个剖面

11. 利用平板载荷试验确定地基承载力时，当总沉降量超过承压板直径的 0.06 倍时，终止了加载，关于终止加载的原因，下列描述合理的是哪个选项？　　　　　　　　　　　　　（　　）

　　（A）地基土达到了强度破坏的极限状态
　　（B）地基土达到了变形破坏的极限状态
　　（C）地基土超过了限制变形的正常使用极限状态
　　（D）地基土达到了剪切破坏的极限状态

12. 某碎石土重型动力触探试验修正后的平均锤击数为 25，则该土层的密实程度应为以下哪个选项？　　　　　　　　　　　　　　　　　　　　　　　　　　　　　　　　　（　　）

　　（A）松散　　　　　　　　　　　　　　（B）稍密
　　（C）中密　　　　　　　　　　　　　　（D）密实

13. 下列哪个选项不属于突发性地质灾害？　　　　　　　　　　　　　　　　　　（　　）

　　（A）地面沉降　　　　　　　　　　　　（B）滑坡
　　（C）崩塌　　　　　　　　　　　　　　（D）泥石流

14. 按照《建筑地基基础设计规范》（GB 50007—2011）规定，在进行基坑支护稳定性验算时，支护结构上的土压力计算所采用的作用效应组合为下列哪个选项？　　　　　　　　　　　（　　）

　　（A）承载能力极限状态下作用的基本组合，采用相应的分项系数（$\gamma_G > 1.0$）
　　（B）承载能力极限状态下作用的基本组合，分项系数 γ_G 均为 1.0
　　（C）正常使用极限状态下作用的标准组合
　　（D）正常使用极限状态下作用的准永久组合

15. 根据《建筑桩基技术规范》（JGJ 94—2008）规定，对抗拔桩进行最大裂缝宽度计算时，其上拔荷载取值为下列哪个选项？　　　　　　　　　　　　　　　　　　　　　　　　　（　　）

（A）荷载效应的基本组合 （B）荷载效应的准永久组合
（C）荷载效应的标准组合 （D）荷载效应的偶然组合

16. 关于工程结构可变作用代表值的大小关系，下列哪个选项是正确的？ （ ）

（A）标准值≥频遇值≥准永久值 （B）标准值≥准永久值≥频遇值
（C）准永久值≥频遇值≥标准值 （D）准永久值≥标准值≥频遇值

17. 某垃圾填埋场位于粉土地基上，土层厚 5.0m，渗透系数 2.0×10⁻⁴cm/s，依据《土工合成材料应用技术规范》（GB/T 50290—2014），填埋场防渗结构可选择下列哪个选项？ （ ）

（A）天然地基防渗层 （B）单层土工合成材料防渗层
（C）单层膨润土防渗层 （D）双层土工合成材料防渗层

18. 某松散粉土可液化地基，天然地基承载力特征值 100kPa，液化土层厚度 13m，其下部为中密砂卵石层。若需消除其液化，并将特征值提高到 400kPa，下列哪个选项的处理方法最合理？ （ ）

（A）沉管砂石桩＋夯实水泥土桩多桩型复合地基
（B）沉管砂石桩＋长螺旋压灌 CFG 桩多桩型复合地基
（C）梅花形布置水泥土搅拌桩＋长螺旋压灌 CFG 桩多桩型复合地基
（D）正方形布置水泥土搅拌桩＋夯实水泥土桩多桩型复合地基

19. 某微型桩复合地基，拟进行多桩复合地基静载试验，微型桩桩径 200mm，桩距 0.6m，正三角形布桩。试问三桩复合地基载荷试验的圆形承压板直径应取下列哪个选项？ （ ）

（A）1.0m （B）1.1m
（C）1.2m （D）1.3m

20. 振冲碎石桩施工工序内容有：①将振冲器沉入土中；②提升振冲器并冲水；③填料；④振冲，直至达到规定的电流密实值。施工工序排序正确的是下列哪个选项？ （ ）

（A）①③②④③②④③ （B）①②③④②③④
（C）①②③④②③④③ （D）①③②④③②④

21. 某场地采用强夯法处理地基，设计单击夯击能 10000kN·m，试夯后累计夯沉量与夯击次数关系如图所示，则按《建筑地基处理技术规范》（JGJ 79—2012）最小夯击次数为下列哪个选项？ （ ）

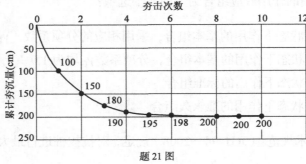

题 21 图

（A）4 　　　　　　　　　　　　（B）5

（C）6 　　　　　　　　　　　　（D）7

22. 某大面积均质各向同性饱和软土层，厚度 H，下部为隔水层，在其层顶铺设砂垫层采用堆载预压法处理地基，下列关于 t（$t > 0$）时刻固结度计算表述正确的是哪个选项？ 　　　　（　　）

（A）深度 H 处土体的竖向固结度大于水平固结度

（B）不同深度土体的平均固结度相同

（C）随深度增大，土体竖向固结度增大

（D）随深度增大，土体水平固结度增大

23. 某湿陷性黄土场地，拟采用相同桩径的灰土挤密桩处理地基，要求桩间土平均挤密系数 $\overline{\eta}_c = 0.93$，处理后地面标高不变，下列说法正确的是哪个选项？ 　　　　（　　）

（A）等边三角形布桩的面积置换率大于正方形布桩的面积置换率

（B）等边三角形布桩的面积置换率小于正方形布桩的面积置换率

（C）等边三角形布桩的面积置换率等于正方形布桩的面积置换率

（D）桩径未知，无法确定等边三角形布桩和正方形布桩的面积置换率关系

24. 采用砂井排水堆载预压法处理软土地基，在砂井总用砂量不变的条件下，为加快砂井深度范围内地基固结速度，下列论述正确的是哪个选项？ 　　　　（　　）

（A）增大砂井间距，并增大砂井直径

（B）砂井直径和长度不变，从正方形布置变为等边三角形布置

（C）减小砂井直径，并减小砂井间距

（D）减小砂井直径，并增大砂井长度

25. 某场地自地表向下的岩土层依次为：表土层厚 $H_1 = 60m$，$\gamma_1 = 20kN/m^3$，内摩擦角 $\varphi_1 = 30°$，泊松比 $\mu_1 = 0.3$；砂岩层厚 $H_2 = 60m$，$\gamma_2 = 25kN/m^3$，内摩擦角 $\varphi_2 = 45°$，泊松比 $\mu_2 = 0.25$，场地无地下水。假定砂岩为各向同性弹性体，则地表下 100m 处的原岩中由自重引起的水平应力最接近下列哪个选项？ 　　　　（　　）

（A）0.43MPa 　　　　　　　　　（B）0.73MPa

（C）1.0MPa 　　　　　　　　　　（D）2.2MPa

26. 弹性抗力系数不仅与岩石性质有关，而且与隧道的尺寸有关，隧道的半径越大，则岩体的弹性抗力系数的变化符合下列哪一选项？ 　　　　（　　）

（A）越大 　　　　　　　　　　　（B）越小

（C）不变 　　　　　　　　　　　（D）不确定

27. 地层结构、周边环境和开挖深度相同的两个基坑，分别采用钻孔灌注桩排桩悬臂支护结构和钻孔灌注桩排桩加预应力锚杆支护结构，支护桩长相同。假设图 a）、图 b）中两个支护桩体所受基坑外侧土压力的计算值（朗肯土压力）和实测值分别为 $P_{理1}$、$P_{实1}$ 和 $P_{理2}$、$P_{实2}$。关于它们的关系下列哪个选

项是正确的？   （   ）

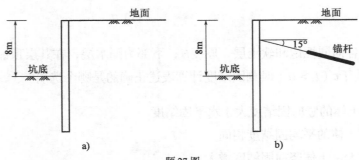

题 27 图

（A）$P_{理1} = P_{理2}$、$P_{实1} < P_{实2}$ （B）$P_{理1} > P_{理2}$、$P_{实1} > P_{实2}$

（C）$P_{理1} < P_{理2}$、$P_{实1} < P_{实2}$ （D）$P_{理1} = P_{理2}$、$P_{实1} > P_{实2}$

28. 某场地开挖深基坑，采用地下连续墙加内支撑支护。场地土为饱和黏性土，坑边地面无超载，基坑开挖后坑壁发生向坑内的位移，此时坑壁附近土层中超静孔隙水压力最可能是下列哪种情况？   （   ）

（A）为正   （B）为负

（C）为零   （D）不确定

29. 饱和软土地层中有深度均为 15m 的 3 个不同平面形状和尺寸的基坑：第一个为边长 100m 的正方形基坑；第二个为长 100m、宽 10m 的长条形基坑；第三个为边长 10m 的正方形基坑。均采用地连墙加内支撑支护形式，地连墙厚度、嵌固深度等均相同，且内支撑强度足够，下列哪个选项坑底抗隆起稳定系数最大？   （   ）

（A）边长 100m 的正方形基坑   （B）100m × 10m 的长条形基坑

（C）边长 10m 的正方形基坑   （D）不确定

30. 某排桩挡土结构采用钻孔灌注桩，混凝土强度等级为水下 C30，截面配筋如图所示，按《建筑基坑支护技术规程》（JGJ 120—2012），图中不合理做法的数量是下列哪个选项？（   ）

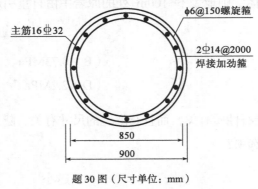

题 30 图（尺寸单位：mm）

（A）1 处   （B）2 处

（C）3 处   （D）4 处

31. 某基坑采用桩锚支护形式，开挖到底后，埋设于支护桩中的测斜管监测结果显示桩身变形特征为绕桩底向基坑内的刚性转动，且桩顶位移较大，下列哪个选项是最可能的原因？（　　）

（A）支护桩的桩径偏小　　　　　　　（B）支护桩的配筋不足

（C）锚杆的拉力不足　　　　　　　　（D）锚杆自由段长度偏小

32. 根据《建筑抗震设计标准》（GB/T 50011—2010）（2024 年版），场地内存在发震断裂时，下列哪个选项的情况不能忽略发震断裂错动对地面建筑的影响？（　　）

（A）抗震设防烈度小于 8 度

（B）断裂为非全新世活动断裂

（C）抗震设防烈度为 8 度时，隐伏断裂的土层覆盖厚度为 50m

（D）抗震设防烈度为 9 度时，隐伏断裂的土层覆盖厚度为 100m

33. 关于独立地下车库的抗液化措施，下列说法中错误的是哪个选项？（　　）

（A）周围土体和地基存在液化土层时，应对液化土层采取注浆加固和换土等措施消除或减轻液化影响

（B）周围土体和地基存在液化土层时，必要时采取增设抗拔桩、配置压重等相应的抗浮措施

（C）地基中存在液化土薄夹层时，可加强地下结构，不做地基抗液化处理

（D）周围土体和地基存在液化土层，施工中采用深度大于 20m 的地下连续墙做围护结构时，应采取地基抗液化处理消除液化影响

34. 已知某地区 II 类场地基本地震动峰值加速度为 0.20g，基本地震动加速度反应谱特征周期为 0.45s。根据《中国地震动参数区划图》（GB 18306—2015），当工程场地类别为 I_1 类时，地震动峰值加速度 a_{max} 最接近下列哪个选项？（　　）

（A）0.17g　　　　　　　　　　　　（B）0.19g

（C）0.21g　　　　　　　　　　　　（D）0.23g

35. 根据《水电工程水工建筑物抗震设计规范》（NB 35047—2015），当水工建筑物地基中的黏土层具有下列哪个选项中的特征时，可判定为软弱黏土层？（　　）

（A）液性指数 $I_L \leqslant 0.75$　　　　　　（B）灵敏度 $S_t \leqslant 4$

（C）标准贯入锤击数 $N \leqslant 6$ 击　　　　（D）无侧限抗压强度 $q_u \leqslant 50$kPa

36. 某建筑属于涉及国家公共安全的重大建筑工程。详勘阶段，判定其地基液化等级为轻微。勘察报告需对该建筑的抗液化措施提出建议，下列哪个选项的建议是正确的？（　　）

（A）部分消除液化沉陷

（B）部分消除液化沉陷，并对基础和上部结构处理

（C）对基础和上部结构进行处理

（D）应做专门研究

37. 某场地地面 52m 以下为基岩，基岩的剪切波速值大于 500m/s，上覆土层为一般黏土和粉土。该场地拟建的水工建筑物基础埋深 3m，按照《水电工程水工建筑物抗震设计规范》（NB 35047—2015），其场地类别属于下列哪个选项？ （ ）

（A）I

（B）II

（C）III

（D）IV

38. 采用高应变法检测直径为 800mm、桩长 35m 的钢筋混凝土灌注桩的承载力，预估该桩竖向抗压极限承载力为 5600kN，在进行高应变法检测时，下列哪个选项的锤重最适合？ （ ）

（A）25kN

（B）35kN

（C）56kN

（D）110kN

39. 地脉动测试过程中，脉动信号记录应根据所需频率范围设置低通滤波频率和采样频率，其中采样频率宜采取的区间范围是下列哪个选项？ （ ）

（A）1～40Hz

（B）1～25Hz

（C）25～50Hz

（D）50～100Hz

40. 采用低应变反射波法测试桩身浅部缺陷时，对于激振的能量和频率要求，正确的是哪个选项？ （ ）

（A）能量小，频率低

（B）能量大，频率高

（C）能量小，频率高

（D）能量大，频率低

二、多项选择题（共 30 题，每题 2 分。每题的备选项中有两个或三个符合题意，错选、少选、多选均不得分）

41. 对于发育在完整的硅质胶结石英砂岩中的断层，下列说法错误的是哪些选项？ （ ）

（A）正断层一定是导水断层

（B）逆断层一定是阻水断层

（C）平移断层不影响地下水流动

（D）地下水流动与断层无关

42. 根据《岩土工程勘察规范》（GB 50021—2001）（2009 年版），关于固结试验和沉降计算的说法，正确的有哪些选项？ （ ）

（A）压缩系数和压缩模量应取 e-p 曲线上 100kPa 至 200kPa 对应的压力段进行计算

（B）考虑土的应力历史，应按不同固结状态进行沉降计算

（C）对于高压缩性软土层，应同时考虑其主固结和次固结沉降计算

（D）固结试验压力应取土的有效自重压力与附加压力之和

43. 某隧道场地岩层产状 280°∠60°，层间结合很差。发育两组主要裂隙，L1 裂隙产状 195°∠40°，裂隙面较平直，闭合～微张，延伸一般达 10m 以上，且层间贯通性较好，结合差；L2 裂隙产状 110°∠55°，延伸 2～5m，结合较差，结构面赤平投影如图所示。隧道走向 100°，采用矿山法施工，由西往东掘进，下列哪些选项说法正确？ （ ）

（A）掌子面岩体易出现沿岩层层面滑塌失稳现象

（B）掌子面岩体易出现沿 L2 裂隙面滑塌失稳现象

（C）左侧壁岩体易出现沿 L1 裂隙面滑塌失稳现象

（D）右侧壁岩体易出现沿 L1 裂隙面滑塌失稳现象

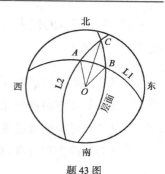

题 43 图

44. 某山区通过航拍测得局部自然地形如图所示，图中范围线内岩性最有可能是下列哪些选项？
（　　）

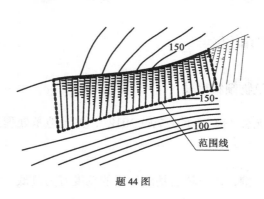

题 44 图

（A）砂岩 　　　　　　　　　　　　　　　（B）砾岩

（C）页岩 　　　　　　　　　　　　　　　（D）泥岩

45. 根据《工程岩体分级标准》（GB/T 50218—2014），用间距法测量岩体体积节理数时，下列说法中正确的是哪些选项？
（　　）

（A）测线应水平布置，长度不小于 5m

（B）沿测线方向实测同组节理间距时，其算术平均值的倒数即为该节理的条数

（C）对所有的分散节理均应统计

（D）硅质胶结的节理可不统计

46. 根据《岩土工程勘察规范》（GB 50021—2001）（2009 年版）中的水土腐蚀性判别标准，下列哪些选项符合I类环境类型？
（　　）

（A）宁夏砾砂层的潜水 　　　　　　　　　（B）陕北含水量小于 3% 的黄土

（C）上海砂层中微承压水 　　　　　　　　（D）浙江堤防临海侧

47. 根据《建筑地基基础设计规范》（GB 50007—2011）及《建筑桩基技术规范》（JGJ 94—2008），在以下地基基础计算中，作用效应选择正确的是哪些选项？
（　　）

（A）抗滑桩整体稳定性验算时，采用正常使用极限状态下作用的准永久组合

（B）桩基承台受冲切验算时，采用承载能力极限状态下作用的基本组合

（C）桩基沉降计算时，采用正常使用极限状态下作用的标准组合

（D）群桩中基桩水平承载力验算时，采用正常使用极限状态下作用的标准组合

48. 关于荷载的代表值，按照《建筑结构荷载规范》（GB 50009—2012）的规定，下列哪些选项的叙述是正确的？ （   ）

（A）永久荷载均采用标准值

（B）可变荷载均采用标准值

（C）可变荷载的准永久值等于可变荷载标准值乘以荷载组合值系数

（D）确定可变荷载代表值时，其采用的设计基准期为 50 年

49. 岩土工程中出现下列哪些选项的情况时，可认为已超过了承载能力极限状态？ （   ）

（A）边坡失稳

（B）岩土变形导致支护结构倒塌

（C）地基液化

（D）地基沉降而使建筑物倾斜超限

50. 依据《建筑地基处理技术规范》（JGJ 79—2012），关于地基处理范围的论述，下列哪些选项是正确的？ （   ）

（A）强夯法地基处理范围，每边超出基础外缘的宽度宜为基底下设计处理深度的 1/2～2/3，并不应小于 3m

（B）真空预压处理地基的范围，预压区边缘应大于建筑基础外缘所包围的范围，且每边不少于3m

（C）夯实水泥土桩可只在建筑物基础范围内布置

（D）振冲砂石桩处理液化地基，可只在建筑物基础范围内布置

51. 某粉土、粉砂场地，采用振冲碎石桩处理后，又分层碾压填筑了厚度 3m 的级配砂石层，完工后对地基处理效果进行检测评价时，应包括下列哪些选项的检测项目？ （   ）

（A）地基土标准贯入试验

（B）碎石桩碎石颗分试验

（C）级配砂石层上静载试验

（D）碎石桩单桩静载试验

52. 某软土高填方路堤采用 CFG 桩复合地基，经验算，最危险滑动面通过 CFG 桩身，其整体滑动稳定系数不满足要求，下列哪些方法可显著提高复合地基的整体抗滑稳定性？ （   ）

（A）在褥垫层增加通过滑动面的水平土工筋带

（B）在 CFG 桩桩身内配置全长钢筋笼

（C）增加 CFG 桩长

（D）复合地基施工前对软土进行预压处理

53. 下列关于生活垃圾卫生填埋场库底水平防渗系统做法正确的是哪些选项？ （   ）

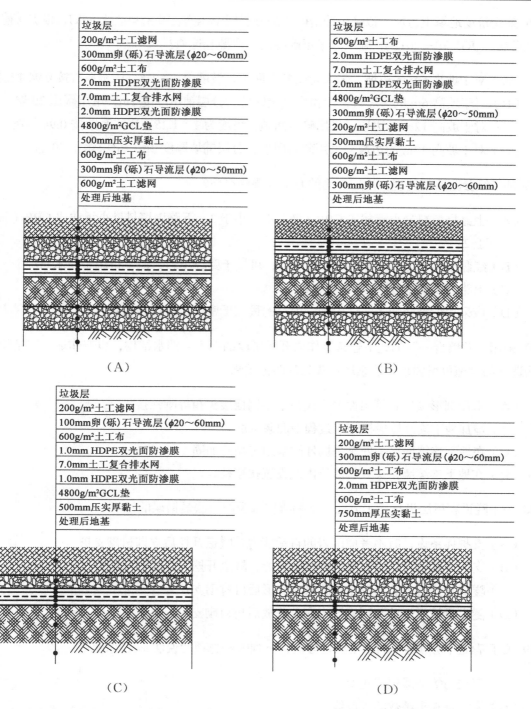

垃圾层
200g/m²土工滤网
300mm卵(砾)石导流层(φ20～60mm)
600g/m²土工布
2.0mm HDPE双光面防渗膜
7.0mm土工复合排水网
2.0mm HDPE双光面防渗膜
4800g/m²GCL垫
500mm压实厚黏土
600g/m²土工布
300mm卵(砾)石导流层(φ20～50mm)
600g/m²土工滤网
处理后地基

（A）

垃圾层
600g/m²土工布
2.0mm HDPE双光面防渗膜
7.0mm土工复合排水网
2.0mm HDPE双光面防渗膜
4800g/m²GCL垫
300mm卵(砾)石导流层(φ20～50mm)
200g/m²土工滤网
500mm压实厚黏土
600g/m²土工布
600g/m²土工滤网
300mm卵(砾)石导流层(φ20～60mm)
处理后地基

（B）

垃圾层
200g/m²土工滤网
100mm卵(砾)石导流层(φ20～60mm)
600g/m²土工布
1.0mm HDPE双光面防渗膜
7.0mm土工复合排水网
1.0mm HDPE双光面防渗膜
4800g/m²GCL垫
500mm压实厚黏土
处理后地基

（C）

垃圾层
200g/m²土工滤网
300mm卵(砾)石导流层(φ20～60mm)
600g/m²土工布
2.0mm HDPE双光面防渗膜
600g/m²土工布
750mm厚压实黏土
处理后地基

（D）

54. 某水塔原为天然地基筏板基础，四柱脚对称布置，不蓄水时结构自重 1000kN，水塔水量 200m³，因天然地基承载力不足，设计采用 300mm×300mm 预制方桩锚杆静压法加固基础，预估单桩最大压桩反力 1800kN，采用 M32 锚杆（$f_y = 360$MPa）锚入基础，根据《既有建筑地基基础加固技术规范》（JGJ 123—2012），施工方案正确的是下列哪些选项？　　　　　　　　　　　　　　　（　　　）

（A）单桩布置锚杆 8 根

（B）施工时蓄水 100m³ 联合反压

（C）锚杆锚固深度 20m

（D）接桩采用硫黄胶泥

55. 某建筑场地填土边坡，拟采用冲击碾压法分层回填压实，冲击势能为 25kJ，根据《建筑地基处理技术规范》（JGJ 79—2012），施工方案正确的是下列哪些选项？ （　　）

（A）对于坡高 6m 的边坡，采用粉质黏土回填，坡度为 1∶1.5，压实系数按 0.94 控制

（B）对于坡高 6m 的边坡，采用粉质黏土回填，分层铺填厚度 1m，单层碾压 20 遍

（C）对于坡高 12m 的边坡，采用碎石回填，坡度为 1∶1.25，压实系数按 0.94 控制

（D）对于坡高 12m 的边坡，采用碎石回填，分层铺填厚度 2m，单层碾压 20 遍

56. 某二级公路路基处理，论述正确的有下列哪些选项？ （　　）

（A）上路堤填料最小承载比 CBR（%）不应小于 3，下路堤填料最小承载比 CBR（%）不应小于 2

（B）红黏土掺入无机结合料进行处治后，可用于路堤填料，但不得用于浸水路堤

（C）上路堤压实系数不应小于 0.94

（D）应采用标准轻型击实试验确定填料的最大干密度、最优含水量

57. 采用"两墙合一"的地下连续墙作为开挖阶段的挡土、挡水结构，也兼作地下室结构外墙，下列哪些选项的措施可增强地下连续墙接头处的防渗效果？ （　　）

（A）采用圆形锁口管等柔性接头代替十字钢板接头箱等刚性接头

（B）增加地下连续墙成槽施工过程中泥浆浓度

（C）在地下连续墙接头处靠基坑外侧采用旋喷桩加固

（D）在地下连续墙接头处靠基坑内侧设置扶壁柱

58. 关于隧道新奥法设计施工方法，下列哪些选项的说法是错误的？ （　　）

（A）支护体系设计时不考虑围岩的自承能力，隧道开挖后立即衬砌支护

（B）支护体系设计时考虑围岩的自承能力，隧道开挖后适时衬砌支护

（C）隧道开挖后经监测围岩充分松动变形后再衬砌支护

（D）隧道开挖后经监测围岩压力充分释放后再衬砌支护

59. 关于基坑开挖过程中的土中稳定渗流，下列哪些选项的说法是正确的？ （　　）

（A）流线与等势线恒成正交

（B）流线是水头函数的等值线

（C）等势线是流函数的等值线

（D）基坑下部不透水层边界线为流线

60. 平面瑞利波沿隧道纵向传播时引起隧道结构变形包括下列哪些选项？ （　　）

（A）隧道纵向的拉压变形

（B）隧道在竖直面内的上下剪切变形

（C）隧道在水平面内的左右弯曲变形

（D）隧道沿纵轴方向在竖直面内的上下弯曲变形

61. 基坑邻近存在相邻建筑物地下墙体等形成有限宽度土体时，关于作用在支护结构上的土压力计算，下列哪些选项的做法正确？ （ ）

（A）采用库仑土压力理论计算支护结构外侧的主动土压力
（B）采用库仑土压力理论计算支护结构内侧的被动土压力
（C）采用朗肯土压力理论计算支护结构外侧的主动土压力
（D）采用朗肯土压力理论计算支护结构内侧的被动土压力

62. 下列岩溶现象中哪些选项属于地表岩溶类型？ （ ）

（A）溶槽　　　　　　　　　　　　（B）溶沟
（C）溶洞　　　　　　　　　　　　（D）落水洞

63. 根据《中国地震动参数区划图》（GB 18306—2015），下列哪些选项说法是正确的？ （ ）

（A）地震动参数包括地震动峰值加速度和地震动加速度反应谱特征周期等
（B）地震动峰值加速度指的是规准化地震动加速度反应谱最大值的水平加速度
（C）地震动加速度反应谱特征周期指的是规准化地震动加速度反应谱曲线下降点对应的周期值
（D）多遇地震动指相应于 50 年超越概率为 2% 的地震动

64. 采用下列哪些选项中的措施可以减轻液化对基础和上部结构的影响？ （ ）

（A）选择合适的基础埋置深度
（B）调整基础底面积，减少基础偏心
（C）管道穿过建筑物处采用刚性接头
（D）加强基础的整体性和刚度

65. 当水工建筑物地基中存在可液化土层时，可根据工程的类型和具体情况，选择合适的抗震措施，下列哪些选项的处理原则是正确的？ （ ）

（A）改变地基土的性质，使其不具备发生液化的条件
（B）加大、提高可液化土的密实度
（C）改变可液化土的应力状态，降低有效应力
（D）改善排水条件，限制地震中土体超孔隙水压力的产生和发展

66. 下列哪些选项的原位测试方法可以用于饱和砂土液化的判定？ （ ）

（A）标准贯入试验　　　　　　　　（B）圆锥动力触探试验
（C）静力触探试验　　　　　　　　（D）剪切波速试验

67. 根据《建筑抗震设计标准》（GB/T 50011—2010）（2024 年版），下列关于存在液化土层场地的桩基的说法，正确的是哪些选项？ （ ）

（A）对承台埋深较小的低承台桩基进行抗震验算时，应对承台周围土的抗力进行适当折减
（B）桩基设计时，应采用桩身通长配筋，箍筋应加粗加密

（C）桩基承台周围可以采用砂土或粉土填筑夯实

（D）在有液化侧向扩展的地段，尚应考虑土流动对桩施加的侧向作用力

68. 已知某高速公路穿过山区地貌，沿线存在诸多路堤、路堑高边坡，初步设计阶段确定采用放坡、挡土墙等方案进行支护，在进行挡土墙设计时下列哪些选项的设计原则是正确的？　　　（　　）

（A）当采用干砌块石挡土墙时，高度不宜超过 6m

（B）混凝土挡土墙的施工缝和衡重式挡土墙的变截面处，应采用短钢筋加强、设置不少于占截面面积 20% 的榫头等措施提高抗剪强度

（C）地震基本烈度为 8 度、9 度区，不宜采用加筋挡土墙

（D）在进行公路挡土墙抗震设计时，挡土墙体的抗震强度和稳定性不得采用静力法验算

69. 采用钻芯法进行基桩检测时，采取桩身混凝土芯样试件进行抗压试验，已知芯样试件的直径为 100mm，下列几个高度的试件中，哪些选项满足规范要求？　　　（　　）

（A）90mm
（B）95mm
（C）103mm
（D）106mm

70. 下列关于采用声波透射法检测混凝土灌注桩的说法，正确的选项有哪些？　　　（　　）

（A）混凝土灌注桩直径为 400mm，可采用声波透射法进行桩身完整性检测，判定桩身缺陷位置、范围和程度

（B）灌注桩桩长 20m，施工时预埋声测管长度为 18m，采用声波透射法可评价该桩的桩身完整性

（C）声测管应下端封闭、上端加盖、管内无异物；两管连接处应平顺过渡，管口应高出混凝土顶面 100mm 以上

（D）当桩径大于 800mm 且小于或等于 1600mm 时，声测管不得少于 3 根

2021 年专业知识试题（下午卷）

一、单项选择题（共 40 题，每题 1 分。每题的备选项中只有一个最符合题意）

1. 根据《建筑地基基础设计规范》（GB 50007—2011），在对地基承载力特征值进行深宽修正时，下列哪个选项是正确的？ （　　）

    （A）当基础宽度 3m < b < 6m 时，或基础埋置深度大于 0.5m 时，地基承载力特征值均应进行宽度和深度修正

    （B）建于填方整平区的基础，基础埋深从天然地面标高算起

    （C）地下室采用筏板基础，基础埋深从室内地坪和室外地坪的平均标高算起

    （D）在基底标高处进行深层平板载荷试验确定地基承载力特征值，无须进行深度修正

2. 对于无筋扩展基础，根据《建筑地基基础设计规范》（GB 50007—2011），设计要求限制基础台阶宽高比在允许值以内，其目的是防止发生以下哪个选项的破坏？ （　　）

    （A）基础材料抗压强度破坏　　　　（B）基础材料抗拉强度破坏

    （C）地基承载力破坏　　　　　　　（D）地基稳定性破坏

3. 当地基中存在软弱下卧层时，基础应尽量采用"宽基浅埋"，其目的是以下哪个选项？ （　　）

    （A）增大软弱下卧层地基承载力

    （B）增大持力层地基承载力

    （C）减小软弱下卧层顶面处土的自重压力

    （D）减小软弱下卧层顶面处土的附加应力

4. 建造在三种不同地基土上承受轴心竖向荷载的三个墙下条形基础，作用在基础底面的荷载、基础的形状和尺寸均相同，三个基础的地基反力的分布形态分别为：①马鞍形分布；②均匀分布；③倒钟形分布。三个条形基础的最大弯矩值之间的关系为下列哪个选项？ （　　）

    （A）① < ② < ③　　　　　　　　（B）① = ② = ③

    （C）① < ② > ③　　　　　　　　（D）① > ② > ③

5. 某排架结构单层厂房，单柱荷载约 4000kN，地面荷载很小。基础持力层范围内主要为密实的卵石层，无软弱下卧层。在选择柱下基础形式时，下列哪个选项的基础形式最为合理？ （　　）

    （A）筏形基础　　　　　　　　　　（B）独立基础

    （C）桩基础　　　　　　　　　　　（D）十字交叉梁基础

6. 地基变形特征与建筑物的结构形式有关，按地基变形控制设计时，下列关于地基变形计算的说法，哪个选项是错误的？ （　　）

    （A）独立基础的单层排架结构厂房，应计算柱基的沉降量

（B）剪力墙结构高层建筑，应计算基础整体倾斜

（C）条形基础的框架结构建筑，应计算基础局部倾斜

（D）框架筒体结构高层建筑，应计算筒体与框架柱之间的沉降差

7. 下列关于桩基设计的要求中，哪个选项不符合《建筑桩基技术规范》（JGJ 94—2008）的有关规定？ （　　）

（A）饱和黏土中的打入式预制桩，桩间距 4.5d

（B）预应力混凝土实心桩，混凝土强度等级 C50

（C）水下钻孔灌注桩的主筋混凝土保护层厚度 50mm

（D）先成桩后开挖基坑而随地基土回弹的桩，配筋长度为穿过软弱土层并进入稳定土层深度 1.0d

8. 预制方桩截面边长 0.5m，入土深度 20m，相应于标准组合的桩顶竖向受压荷载 $N_k = 600kN$，桩周地面大面积堆载产生负摩阻力，负摩阻力平均值 $q_s^n = 20kPa$，中性点位于桩顶以下 12m，其桩身最大轴力最接近下列哪项？ （　　）

（A）480kN　　　　　　　　　　　　（B）600kN

（C）840kN　　　　　　　　　　　　（D）1080kN

9. 某建筑灌注桩基础，主要承受永久作用的侧向土压力，桩身配筋率 0.55%，根据单桩水平静载试验得到其临界荷载为 80kN，其单桩水平承载力特征值最接近下列哪个选项？ （　　）

（A）48kN　　　　　　　　　　　　（B）60kN

（C）75kN　　　　　　　　　　　　（D）80kN

10. 泥浆护壁钻孔灌注桩清孔后，对于孔内泥浆指标，下列哪个选项不需要控制？ （　　）

（A）失水量　　　　　　　　　　　（B）相对密度

（C）含砂率　　　　　　　　　　　（D）黏度

11. 关于特殊条件下桩基设计与施工的说法，下列哪个选项是不合理的？ （　　）

（A）膨胀土地基的桩基，可采用挤土桩减小膨胀性影响

（B）松散土地基的桩基，可采取挤土型桩提高承载力

（C）岩溶地区岩层埋深较小的桩基，宜采用钻孔或冲孔桩

（D）填方地基的桩基，宜待填方完成后填土地基沉降基本稳定后成桩

12. 某建筑工程采用预制方桩基础，桩截面尺寸为 400mm×400mm，采用锤击法施工，根据《建筑地基基础设计规范》（GB 50007—2011），该桩的最小配筋量宜为下列哪个选项？ （　　）

（A）12ϕ12　　　　　　　　　　　（B）10ϕ12

（C）8ϕ12　　　　　　　　　　　（D）6ϕ12

13. 关于桩中心距大于 6 倍桩径的桩基础沉降计算的说法，按照《建筑桩基技术规范》（JGJ 94—2008），下列哪个选项是正确的？ （ ）

（A）桩基最终沉降量包含桩身压缩量

（B）土层压缩模量 E_s 包括桩侧及桩端以下计算深度范围内各土层的压缩模量

（C）承台底地基土不分担荷载的桩基，桩端平面以下地基中由基桩引起的附加应力，按考虑桩径影响的布辛奈斯克解（Boussinesq）计算确定

（D）承台底地基土分担荷载的复合桩基，将承台底地基土压力对地基中某点产生的附加应力按明德林解（Mindlin）计算并与基桩产生的附加应力叠加

14. 桩身露出地面或桩侧为液化土等情况的桩基，设计时要考虑其压屈稳定问题，当桩径、桩长、桩侧土层条件相同时，下列哪个选项的抗压屈失稳能力最强？ （ ）

（A）柱顶铰接，桩端非嵌岩 　　　　（B）桩顶固接，桩端非嵌岩

（C）桩顶铰接，桩端嵌岩 　　　　　（D）桩顶固接，桩端嵌岩

15. 关于建筑边坡安全等级的说法，下列哪个选项错误？ （ ）

（A）边坡工程安全等级是根据其损坏后可能造成的破坏后果的严重性、边坡类型和边坡高度等因素综合确定的

（B）对于危险性极严重、环境和地质条件复杂的边坡工程，其安全等级应根据工程情况适当提高

（C）一个边坡工程各段采用的安全等级应选用同一等级，按各段最高的安全等级进行选取

（D）由外倾结构面控制的边坡工程，破坏后果很严重、严重的情况，其边坡安全等级应定为一级

16. 某均质黏性土边坡，以下哪个选项情况下边坡的稳定系数最大？ （ ）

（A）有顺坡渗流的情况 　　　　（B）黏性土处于潮湿状态

（C）黏性土处于干燥状态 　　　　（D）边坡被静水浸没的情况

17. 如图所示建筑边坡挡土墙，墙顶放坡，根据《建筑边坡工程技术规范》（GB 50330—2013），下列哪个选项为其墙后土压力正确的分布模式（阴影部分）？ （ ）

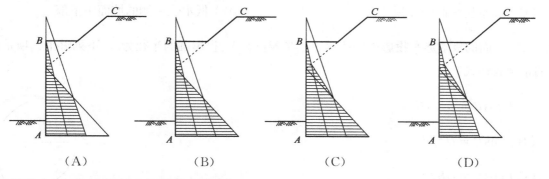

　　　（A）　　　　　　（B）　　　　　　（C）　　　　　　（D）

18. 根据《土工合成材料应用技术规范》（GB/T 50290—2014），对图示边坡采用土工模袋进行护坡，为保证模袋平面抗滑稳定性，L_3 不应小于下列哪个选项？ （ ）

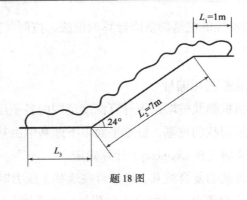

题 18 图

（A）1.0m　　　　　　　　　　　　　（B）1.4m

（C）1.8m　　　　　　　　　　　　　（D）2.2m

19. 某边坡工程采用重力式挡墙防护，墙背很粗糙，排水良好，墙后填料内摩擦角为 25°。根据《建筑边坡工程技术规范》（GB 50330—2013）估算填料对挡土墙墙背的摩擦角，以下哪个选项的取值最合适？　　　　　　（　　）

（A）10°　　　　　　　　　　　　　（B）15°

（C）20°　　　　　　　　　　　　　（D）25°

20. 某工程滑坡主滑段滑动带处于蠕动变形阶段，滑体尚未沿滑动带位移，按照《建筑边坡工程技术规范》（GB 50330—2013）的规定，该工程滑坡的稳定状态为下列哪个选项？　　　（　　）

（A）稳定　　　　　　　　　　　　　（B）基本稳定

（C）欠稳定　　　　　　　　　　　　（D）不稳定

21. 不属于岩质边坡滑移型破坏的岩体特征的是下列哪个选项？　　　（　　）

（A）由外倾硬性结构面控制的岩体　　　（B）由外倾软弱结构面控制的岩体

（C）受陡倾结构面切割控制的岩体　　　（D）不受外倾结构面控制的块状岩体

22. 设有一均质土堤，其两侧地面高程基本相同。当其一侧水位接近堤顶，另一侧水位基本位于地表时，若有透过此土堤的渗流，则最有可能发生渗透破坏的部位为下列哪个选项？　　　（　　）

（A）高水位一侧的坡脚　　　　　　　（B）低水位一侧的坡脚

（C）高水位一侧的堤顶　　　　　　　（D）低水位一侧的坡面中下部

23. 某结构面的极射赤平投影如图所示（上半球投影），投影圆的半径为 r。下列哪个选项是结构面倾角 θ 的正确表达式？　　　（　　）

（A）$\cos\theta = OA/OB$

（B）$\cos\theta = OA/r$

（C）$\cos\theta = OB/r$

（D）$\tan\theta = OB/r$

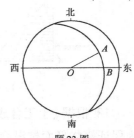

题 23 图

24. 某公路路基宽度 15m，下伏基岩发育溶洞，溶洞跨度 6m，溶洞顶板岩体坚硬完整，顶板厚度不小于下列哪个选项时，可不对溶洞顶板岩层进行处理？ （   ）

（A）8m

（B）6m

（C）5m

（D）4m

25. 黄土滑坡稳定性评价时，在相同滑面情况下，采用瑞典圆弧法和毕肖普法计算的稳定系数分别为 F_{s1} 与 F_{s2}，关于 F_{s1} 与 F_{s2} 大小表述正确的是下列哪个选项？ （   ）

（A）$F_{s1} > F_{s2}$

（B）$F_{s1} < F_{s2}$

（C）$F_{s1} = F_{s2}$

（D）没有可比性

26. 某化工厂在建厂前进行勘察时，采用载荷试验确定的地基土承载力特征值为 180kPa，若干年后进行项目改建勘察时，采用载荷试验确定的上述地基土承载力特征值为 130kPa，依据《岩土工程勘察规范》（GB 50021—2001）（2009 年版），该化工厂污染对土的工程特性的影响程度为下列哪个选项？

（   ）

（A）不影响

（B）轻微影响

（C）中等影响

（D）影响大

27. 在膨胀土坡地上进行建筑时，下列哪个选项说法错误？ （   ）

（A）应考虑地基土的水分变化对建（构）筑物的影响

（B）高度大于 3m 的挡土结构土压力计算时，应计算水平膨胀力的作用

（C）膨胀土地基上建筑物的基础埋置深度不应小于 1.0m

（D）挡土结构基础埋深应根据稳定性验算确定，并应埋置在滑动面以下，且不应小于 1.0m

28. 某盐渍土因盐胀作用，表面形成厚约 3～5cm 的白色疏松层，似海绵，踏之有陷入感，白色粉末尝之有苦涩味。根据以上特征，判定该盐渍土类型为下列哪个选项？ （   ）

（A）氯盐渍土

（B）亚氯盐渍土

（C）硫酸盐渍土

（D）碱性盐渍土

29. 某高速公路通过氯盐渍土地区，该路段盐渍土属强盐渍土，对于砂类土在不设隔断层的情况下，该路段路堤高出地面最小填筑高度为下列哪个选项？ （   ）

（A）1.0m

（B）1.4m

（C）1.5m

（D）2.0m

30. 某地发生滑坡，造成 5 人死亡，直接经济损失 300 万元，按《地质灾害危险性评估规范》（GB/T 40112—2021），该地质灾害危害程度分级为下列哪个选项？ （   ）

（A）小

（B）中等

（C）大

（D）特大

31. 某铁路勘察调查发现：地层为灰岩，裂隙贯通性好，有中小型溶洞，局部发育有小型暗河，地下水与地表水联系密切。综合判断该处岩溶发育强度为下列哪个选项？ （　　）

（A）强烈发育
（B）中等发育
（C）弱发育
（D）不发育

32. 某建筑场地，采取地基土试样进行了室内试验，测得蒙脱石含量为 10%、阳离子交换量 CEC（NH^+）为 200mmol/kg，初步判定该场地地基土膨胀潜势为下列哪个选项？ （　　）

（A）强
（B）中
（C）弱
（D）无法判断

33. 关于现场采用载荷试验测定湿陷性黄土湿陷起始压力，下列表述错误的是哪个选项？（　　）

（A）圆形承压板底面积为 $0.50m^2$ 时，试坑直径应为 2.4m
（B）试验终止压力不应小于 200kPa
（C）当压力与浸水下沉量（p-s_s）曲线上的转折点明显时，取转折点对应的压力作为湿陷起始压力
（D）当压力与浸水下沉量（p-s_s）曲线上的转折点不明显时，取浸水下沉量与承压板直径之比等于 0.015 对应的压力作为湿陷起始压力

34. 某场地地基土为细粒土和粗粒土混杂且缺乏中间粒径的土，其中最大颗粒粒径 200mm，粒径小于 0.075mm 的细粒土质量超过总质量的 25%。拟采用现场载荷试验测定地基土的承载力，载荷试验承压板直径不应小于下列哪个选项？ （　　）

（A）560mm
（B）700mm
（C）800mm
（D）1000mm

35. 根据《建设工程勘察设计管理条例》规定，下列关于建设工程勘察设计发包与承包的说法，哪个选项是错误的？ （　　）

（A）发包方可以将整个建设工程的勘察、设计发包给一个勘察、设计单位
（B）经发包方书面同意，承包方可以将建设工程主体部分的勘察、设计再分包给具有相应资质等级的建设工程勘察、设计单位
（C）建设工程勘察、设计单位不得将所承揽的建设工程勘察、设计转包
（D）建设工程勘察、设计发包方与承包方应当执行国家有关建设工程勘察费、设计费的管理规定

36. 下列选项中哪一项不符合《建设工程安全生产管理条例》的规定？ （　　）

（A）建设单位应当向施工单位提供施工现场及毗邻区域内供水、排水、供电、供气、供热、通信、广播电视等地下管线资料，气象和水文观测资料，相邻建筑物和构筑物、地下工程的有关资料，并保证资料的真实、准确、完整

（B）勘察单位在勘察作业时，应当严格执行操作规程，采取措施保证各类管线、设施和周边建筑物、构筑物的安全

（C）设计单位应当考虑施工安全操作和防护的需要，对涉及施工安全的重点部位和环节在设计文件中注明，并对防范生产安全事故提出指导意见

（D）施工单位项目负责人依法对本单位的安全生产工作全面负责

37. 根据《中华人民共和国安全生产法》，负有安全监督职责的部门，在依法开展安全生产监督检查工作时，可以行使下列哪个选项的职权？   （   ）

（A）现场检查权、当场处理权、查封扣押权

（B）现场检查权、查封扣押权、行政拘留权

（C）当场处理权、紧急处置权、停水停电权

（D）当场处理权、查封扣押权、停产关闭

38. 关于招标人选择招标代理机构，办理招标事宜的说法，下列哪个选项是错误的？   （   ）

（A）任何单位和个人不得以任何方式为招标人指定招标代理机构

（B）招标人具有编制招标文件和组织评标能力的，可以自行办理招标事宜

（C）任何单位和个人不得强制其委托招标代理机构办理招标事宜

（D）依法必须进行招标的项目，招标人自行办理招标事宜的，无须向有关行政监督部门备案

39. 根据《中华人民共和国建筑法》有关规定，对建筑施工企业转让、出借资质证书或者以其他方式允许他人以本企业的名义承揽工程的，下列说法中哪个是错误的？   （   ）

（A）责令改正，没收违法所得，并处罚款

（B）可以责令停业整顿，降低资质等级

（C）情节严重的，吊销资质证书

（D）对因该项承揽工程不符合规定的质量标准造成的损失，由使用本企业名义的单位或者个人承担赔偿责任，建筑施工企业不承担连带赔偿责任

40. 根据住房城乡建设部《建设工程勘察质量管理办法》的规定，下列哪个选项不属于建设单位的责任和义务？   （   ）

（A）保证合理的勘察工期，提供真实、可靠的原始资料

（B）及时足额支付勘察费用，不得迫使工程勘察企业以低于成本的价格承揽任务

（C）依法将工程勘察文件送施工图审查机构审查

（D）留存勘察主要过程的影像资料备查

二、多项选择题（共 30 题，每题 2 分。每题的备选项中有两个或三个符合题意，错选、少选、多选均不得分）

41. 为减小建筑物沉降和不均匀沉降，以下哪些选项的措施有效？   （   ）

（A）设置沉降缝   （B）设置地下室

（C）增加基础受力钢筋面积　　　　　　（D）调整基础埋置深度

42. 按照《建筑地基基础设计规范》（GB 50007—2011）规定，计算软弱下卧层顶面处的附加压力时，考虑的影响因素包括下列哪些选项？　　　　　　　　　　　　　　　　　　　　　　　（　　）

　　（A）持力层的地基承载力　　　　　　（B）基础与上覆土的自重
　　（C）地下水位埋深　　　　　　　　　（D）软弱下卧层的厚度

43. 根据《建筑地基基础设计规范》（GB 50007—2011），采用深层平板载荷试验确定地基承载力特征值时，以下哪些选项是正确的？　　　　　　　　　　　　　　　　　　　　　　　　　（　　）

　　（A）承压板采用面积为 0.5m² 的圆形刚性板
　　（B）基础埋置深度大于 0.5m 时，地基承载力特征值需进行深度修正
　　（C）可用于确定埋深 30m 的地下构筑物筏板基础的地基承载力
　　（D）除了埋深，深层平板载荷试验与浅层平板载荷试验的试验条件相同

44. 按《建筑地基基础设计规范》（GB 50007—2011）规定进行地基最终沉降量计算时，以下地基和基础条件中，影响地基沉降计算值的选项是哪些？　　　　　　　　　　　　　　　　　　　　（　　）

　　（A）基础的埋置深度　　　　　　　　（B）基础底面以上土的重度
　　（C）土层的渗透系数　　　　　　　　（D）基础底面的形状

45. 某整体筏板大底盘建筑物，2 栋高层塔楼之间为纯地下车库。基础埋深 10m，地下车库顶板上覆土厚度为 3m，原地下水位在地面下 2m，地下室施工期间采取了降水措施。主体结构施工完成，地下车库顶板上的覆土未回填时，停止了降水，水位回升造成纯地下车库部分墙体开裂，下列哪些裂缝形态不可能出现？　　　　　　　　　　　　　　　　　　　　　　　　　　　　　　　　　　　　　（　　）

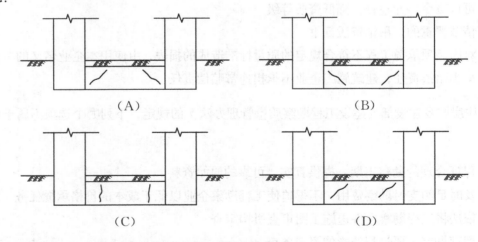

（A）　　　　　　　　　　　　　　　　　（B）

（C）　　　　　　　　　　　　　　　　　（D）

46. 下列哪些情况下，适合采用静压混凝土敞口管桩？　　　　　　　　　　　　　　　　（　　）

　　（A）高水位场地　　　　　　　　　　（B）桩端持力层为密实砂层
　　（C）桩身需穿越碎石层　　　　　　　（D）桩身需穿越淤泥质粉质黏土层

47. 对于设计使用年限 50 年，三类环境中的建筑桩基，下列哪些选项符合《建筑桩基技术规范》（JGJ 94—2008）关于桩基结构混凝土耐久性的要求？　　　　　　　　　　　　　　　　　（　　）

（A）灌注桩的混凝土强度等级不应低于 C25

（B）预制桩的混凝土强度等级不应低于 C30

（C）预应力桩混凝土强度等级不应低于 C35

（D）预应力混凝土管桩的桩身最大裂缝宽度限值为 0

48. 根据《建筑桩基技术规范》（JGJ 94—2008），对柱下桩基承台斜截面受剪承载力验算应考虑下列哪些因素影响？　　　　　　　　　　　　　　　　　（　　）

（A）承台底面埋置深度 　　　　　　　　（B）承台计算截面宽度

（C）承台混凝土的抗拉强度 　　　　　　（D）承台计算截面高度

49. 同场地条件下，关于旋挖成孔工艺与反循环成孔工艺比较的说法，下列哪些选项是错误的？　　　　　　　　　　　　　　　　　　　　　　　　　　　（　　）

（A）旋挖成孔工艺更不易塌孔

（B）旋挖成孔工艺效率更高

（C）反循环成孔工艺产生泥浆量更大

（D）反循环成孔工艺沉渣厚度更大

50. 对于膨胀土地基的桩基础设计，下列说法中哪些是正确的？　　　　（　　）

（A）对于高层建筑物，可按一般桩基础进行设计

（B）对于三层及三层以下的建筑物桩基础，桩端进入大气影响急剧层深度以下最小长度为 4 倍桩径

（C）桩型宜采用钻（挖）孔灌注桩

（D）对承台和桩身上部应采取隔胀处理措施

51. 某场地新近填筑填土厚 8m，0～4m 为松散碎、块石素填土，4～8m 为欠固结黏性素填土，8m以下基岩面平缓、基岩坚硬、较完整，拟采用直径 1.0m 的嵌岩桩基础，下列哪些选项的建议是合理的？　　　　　　　　　　　　　　　　　　　　　　　　（　　）

（A）桩型推荐采用长螺旋钻孔压灌桩

（B）按端承桩进行设计并计算负摩阻力对桩的下拉荷载

（C）桩端嵌入较完整的坚硬岩层不小于 0.2m

（D）有条件时对填土层先进行强夯处理后再成桩

52. 根据《建筑桩基技术规范》（JGJ 94—2008），对低承台桩基，在确定基桩负摩阻力中性点深度 l_n 时，下列哪些选项正确？　　　　　　　　　　　　　　　　　（　　）

（A）桩周软土下限深度应从桩顶起算

（B）当穿过湿陷性黄土层时，计算确定的深度应再提高 10%

（C）当桩基沉降已完成时，l_n 可取 0

（D）应按桩周土沉降与桩沉降相等的条件计算确定

53. 路堑边坡挡墙墙背竖直，墙后土体为饱和黏土，地面水平。假设在土压力作用下墙体发生位移，墙后土体处于朗肯主动状态，墙后地面往下出现与挡墙平行且一定深度的裂缝。下列关于裂缝深度说法错误的是哪些选项？　　　　　　　　　　　　　　（　　）

（A）土的黏聚力越大，裂缝深度越小

（B）当降雨使裂缝充满水时，裂缝深度将减小，甚至闭合

（C）当降雨使裂缝充满水时，裂缝深度将增大

（D）影响裂缝深度的仅是黏土的有效重度而非饱和重度

54. 某永久建筑岩质边坡倾向 90°，高 10m，贯通裂隙面产状 75°∠30°，裂隙面泥质充填，边坡破坏后果严重；在进行边坡监测时，下列哪些选项为应测项目？　　　　　　　（　　）

（A）坡顶水平位移　　　　　　　　　　（B）地表裂缝
（C）支护结构变形　　　　　　　　　　（D）支护结构应力

55. 有关黏土斜坡稳定性分析，下列说法正确的是哪些选项？　　　　　　　（　　）

（A）根据土体极限平衡理论，均质黏土斜坡的滑动面为对数螺旋线曲面

（B）瑞典条分法不考虑条间力的平衡，得到稳定系数一般偏于安全

（C）简化毕肖普法考虑了条间所有力平衡，得到的稳定系数接近实际条件

（D）简布法考虑了条间所有力平衡，适用于任意形状的滑动面

56. 根据《土工合成材料应用技术规范》（GB/T 50290—2014），悬索线理论法的基本依据包括下列哪些选项？　　　　　　　　　　　　　　　　　　　　　　　（　　）

（A）最小堤身高度为桩净距（$s-a$）的 70%（s 为桩距，a 为桩帽直径或宽度）

（B）桩顶上筋材为可延伸材料，筋材最大总许可应变（包括蠕变）为 6%，工作期蠕变不应大于 2%

（C）堤身内存在拱效应

（D）堤身填料的强度指标 $\varphi > 25°$

57. 关于锚杆试验，根据《建筑边坡工程技术规范》（GB 50330—2013），以下哪些选项是正确的？　　　　　　　　　　　　　　　　　　　　　　　　　　　　（　　）

（A）基本试验时最大的试验荷载不应超过杆体抗拉强度标准值的 0.90 倍，普通钢筋不应超过其屈服值的 0.85 倍

（B）当锚杆试验数量为 3 根，各根极限承载力的最大差值小于 30% 时，取平均值作为锚杆的极限承载力标准值

（C）验收试验荷载对永久性锚杆为锚杆轴向拉力 N_{ak} 的 1.5 倍，对临时性锚杆为 1.2 倍

（D）当验收锚杆不合格时，应按锚杆总数的 30% 重新抽检；重新抽检有锚杆不合格时应全数进行检验

58. 关于天然状态下原生红黏土特殊性质，下列表述错误的是哪些选项？　　　（　　）

（A）液限＞45%

（B）胀缩性主要表现为膨胀性

（C）粒度组成的高分散性

（D）收缩后复浸水膨胀

59. 根据《地质灾害危险性评估规范》（GB/T 40112—2021），下列哪些选项不是地质灾害危险性评估的灾害种类？ （　　）

（A）砂土液化

（B）黄土湿陷

（C）滑坡

（D）采空塌陷

60. 依据《岩土工程勘察规范》（GB 50021—2001）（2009 年版），进行滑坡勘察时，下列哪些确定抗剪强度指标的方法符合要求？ （　　）

（A）采用与滑动受力条件相似的试验方法确定抗剪强度指标

（B）采用野外滑面重合剪，确定残余抗剪强度指标

（C）对正在滑动的滑坡，可按稳定系数 0.95～1.00，给定 c、φ 值中的一个值，反算另一个值

（D）对于暂时稳定的滑坡，可按稳定系数 1.10～1.15，给定 c、φ 值中的一个值，反算另一个值

61. 盐渍土地区勘察时，为查明土中毛细水强烈上升高度，可采用下列哪些选项方法进行测定？ （　　）

（A）试坑直接观测法

（B）暴晒前后含水量曲线交汇法

（C）塑限与含水量曲线交汇法

（D）液限与含水量曲线交汇法

62. 关于大面积抽取地下水引发地面沉降，下列说法正确的是哪些选项？ （　　）

（A）对含水层进行回灌后，地面沉降量能全部恢复

（B）发生地面沉降的地区，通常第四纪沉积物较厚

（C）发生地面沉降的地区，会形成沉降漏斗

（D）地面沉降量与地下水开采强度及开采量有关

63. 同一性质的膨胀土，下列表述正确的是哪些选项？ （　　）

（A）膨胀土干密度越大，线缩率越大

（B）初始含水量越大，线缩率越大

（C）初始含水量与饱和含水量越接近，膨胀变形量越小，收缩变形量越大

（D）同一土样随含水量减小，线缩率减小

64. 某湿陷性黄土场地自重湿陷量计算值为 80mm，拟建单层建筑高度 7.8m，地基湿陷量（Δs）为 100mm，下列关于地基处理表述正确的是哪些选项？ （　　）

（A）可按独立基础局部处理，处理范围应超出独立基础外缘不小于 2m

（B）地基处理厚度不小于 1m

（C）地基处理厚度不小于 2.5m

（D）应整片地基处理，处理范围超出建筑物外墙基础外缘的宽度不小于 2m

65. 根据住房城乡建设部办公厅"关于实施《危险性较大的分部分项工程安全管理规定》有关问题的通知"（建办质〔2018〕31 号）的规定，超过一定规模的危大工程专项施工方案专家论证会的参会人员应当包括下列哪些选项？ （　　）

（A）建设单位项目负责人

（B）有关勘察、设计单位项目技术负责人及相关人员

（C）总承包单位和分包单位负责人

（D）监理单位项目总监理工程师及专业监理工程师

66. 根据《中华人民共和国建筑法》，有关建筑安全生产管理的规定，下列哪些选项是正确的？ （　　）

（A）工程施工需要临时占用规划批准范围以外场地的，建设单位应当按照国家有关规定办理申请批准手续

（B）施工单位应当加强对职工安全生产的教育培训，未经安全生产教育培训的人员，不得上岗作业

（C）工程实行施工总承包管理的，各分项工程的施工现场安全由各分包单位负责，总包单位负责协调管理

（D）施工中发生事故时，建筑施工企业应当采取紧急措施减少人员伤亡和事故损失，并按照国家有关规定及时向有关部门报告

67. 按照《建筑工程施工发包与承包计价管理办法》，工程完工后进行竣工结算，下列哪些选项是正确的？ （　　）

（A）承包方应当在工程竣工验收合格后的约定期限内提交竣工结算文件

（B）国有资金投资建筑工程的发包方，在收到竣工结算文件后的一个月内向承包方提出由工程造价咨询企业出具的竣工结算文件审核意见

（C）非国有资金投资的建筑工程发包方，应当在收到竣工结算文件后的约定期限内予以答复，逾期未答复的，按照合同约定处理，合同没有约定的，竣工结算文件视为已被认可

（D）承包方对发包方提出的工程造价咨询企业竣工结算审核意见有异议的，在接到该审核意见后三个月内，可以向有关工程造价管理机构或者有关行业组织申请调解，调解不成的，可以依法申请仲裁或者向人民法院提起诉讼

68. 根据《建设工程勘察质量管理办法》，有下列哪些违规行为时，应对工程勘察企业进行处罚？ （　　）

（A）使用的勘察仪器、设备不满足相关规定

（B）司钻员、描述员、土工试验员等关键岗位作业人员未接受专业培训

（C）未组织勘察技术交底

（D）未按规定及时将工程勘察文件和勘探、试验、测试原始记录及成果、质量安全管理记录归档保存

69. 根据《中华人民共和国民法典》关于合同的效力，下列哪些选项是正确的？　　（　　）

（A）行为人没有代理权、超越代理权或者代理权终止后以被代理人名义订立的合同，未经被代理人追认，对被代理人不发生效力，由行为人承担责任

（B）相对人可以催告被代理人在一个月内予以追认。被代理人未作表示的，视为拒绝追认。合同被追认之前，善意相对人有撤销的权利。撤销应当以通知的方式作出

（C）行为人没有代理权、超越代理权或者代理权终止后以被代理人名义订立合同，相对人有理由相信行为人有代理权的，该代理行为有效

（D）无处分权的人处分他人财产，经权利人追认或者无处分权的人订立合同后取得处分权的，该合同无效

70. 根据《中华人民共和国招标投标法》，在依法必须进行招标的项目中，下列哪些选项是正确的？

　　　　　　　　　　　　　　　　　　　　　　　　　　　　　　　　　　　　（　　）

（A）大型基础设施、公用事业等关系社会公共利益、公众安全的项目

（B）大型公共设施项目

（C）全部或者部分使用国有资金投资或者国家融资的项目

（D）使用国际组织或者外国政府贷款、援助资金的项目

2022 年专业知识试题（上午卷）

一、单项选择题（共 40 题，每题 1 分。每题的备选项中只有一个最符合题意）

1. 某较硬粉砂岩，中至厚层状，节理较发育，岩体结构以块状为主，按《城市轨道交通岩土工程勘察规范》（GB 50307—2012），其隧道围岩定性分级最有可能是下列哪个选项？　　　　　　（　　）

（A）I 级　　　　　　　　　　　　　　（B）II 级
（C）III 级　　　　　　　　　　　　　（D）IV 级

2. 关于含水层导水系数的量纲，正确的是下列哪个选项？　　　　　　　　　　（　　）

（A）m/d　　　　　　　　　　　　　　（B）m^2/d
（C）m^3/d　　　　　　　　　　　　 （D）m/d^2

3. 对于砂土，土的体积含水率 θ（孔隙水体积与土体总体积之比）与含水量 w 的关系，下列说法中正确的是哪个选项？　　　　　　　　　　　　　　　　　　　　　　　（　　）

（A）$\theta > w$　　　　　　　　　　　（B）$\theta < w$
（C）$\theta = w$　　　　　　　　　　　（D）两者没有关系

4. 关于岩土工程勘察中常用的声波法和地震波法，下列说法中错误的是哪个选项？　（　　）

（A）二者都是弹性波探测技术
（B）声波法探测分辨率更高
（C）地震波法探测深度更大
（D）声波法不适合于岩层

5. 一般情况下，关于岩石抗拉强度 R_i、抗压强度 R_c、抗弯强度 R_b 的关系，下列表述正确的是哪个选项？　　　　　　　　　　　　　　　　　　　　　　　　　　　　（　　）

（A）$R_c > R_i > R_b$　　　　　　　　（B）$R_c < R_i > R_b$
（C）$R_b > R_i > R_c$　　　　　　　　（D）$R_c > R_b > R_i$

6. 水文地质勘察中，对完整井概念表述正确的是下列哪个选项？　　　　　　　（　　）

（A）按水文地质钻探要求施工、进行系列水文地质试验的抽水井
（B）按开采条件或接近开采条件进行试验的抽水井
（C）至少带有一个观测孔的抽水井
（D）进水部分揭穿整个含水层的抽水井

7. 下图为裂隙直角坐标图，从图中可以得出下列哪个选项的结论？　　　　　　（　　）

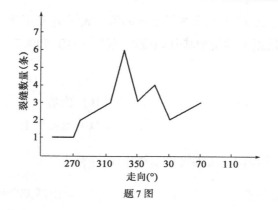

题7图

（A）走向北西的裂隙最发育 　　　　　　（B）倾向北西的裂隙最发育

（C）走向北东的裂隙最发育 　　　　　　（D）倾向北东的裂隙最发育

8. 从下列地质简图中可以读出地层产状最有可能是下列哪个选项？ 　　　　（　　　）

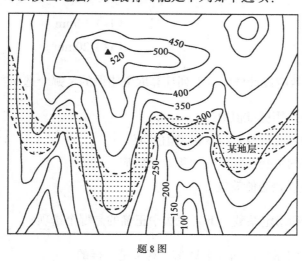

题8图

（A）近水平地层

（B）近垂直地层

（C）倾斜地层，倾向与坡向相反

（D）倾斜地层，倾向与坡向相同且地层倾角小于坡角

9. 某高层建筑岩土工程勘察提供土的侧向基床系数，选择下列哪个选项的原位测试方法比较合适？

（　　　）

（A）浅层平板载荷试验 　　　　　　（B）圆锥动力触探试验

（C）自钻式旁压试验 　　　　　　（D）十字板剪切试验

10. 某砂岩较坚硬，发育两组裂隙，其中一组为钙质胶结，裂隙面粗糙、张开度 2.0mm。根据《工程岩体分级标准》（GB/T 50218—2014），该组结构面抗剪断峰值强度参数最接近下列哪个选项？

（　　　）

（A）$\varphi = 18°$，$c = 65$kPa 　　　　　　（B）$\varphi = 22°$，$c = 100$kPa

（C）$\varphi = 26°$，$c = 130$kPa 　　　　　　（D）$\varphi = 32°$，$c = 150$kPa

11. 室内试验测得某黏性土试样天然含水量 $w = 59\%$，液限 $w_L = 48\%$，塑限 $w_p = 27\%$，孔隙比 $e = 1.4$，有机质含量 $W_u = 4\%$。根据《建筑地基基础设计规范》（GB 50007—2011），该黏性土定名应为下列哪个选项？ （ ）

（A）粉质黏土 （B）淤泥
（C）淤泥质土 （D）泥炭质土

12. 对细砂层，下列哪个选项的取土器可以取得I级试样？ （ ）

（A）固定活塞薄壁取土器 （B）自由活塞薄壁取土器
（C）单动三重管回转取土器 （D）双动三重管回转取土器

13. 根据《土工试验方法标准》（GB/T 50123—2019），采用液塑限联合测定法（76g 圆锥）测定土体液限含水量时，液限含水量对应的圆锥下沉深度为下列哪个选项？ （ ）

（A）2mm （B）10mm
（C）17mm （D）20mm

14. 关于荷载标准组合效应设计值 S_d，下列计算取值错误的是哪个选项？ （ ）

（A）永久荷载效应采用标准值效应
（B）起控制作用的可变荷载效应取标准值效应
（C）非起控制作用的可变荷载效应取组合值效应
（D）偶然荷载效应取频遇值效应

15. 关于边坡安全系数和稳定系数，下列说法中正确的是哪个选项？ （ ）

（A）安全系数和稳定系数属同一个概念，意义是一样的
（B）安全系数和稳定系数是不同概念，安全系数比稳定系数大
（C）安全系数和稳定系数是不同概念，安全系数比稳定系数小
（D）安全系数和稳定系数是不同概念，安全系数与稳定系数的大小关系是不确定的

16. 下列关于坡地桩基的设计原则，不符合《建筑桩基技术规范》（JGJ 94—2008）规定的是哪个选项？ （ ）

（A）建筑桩基不得支撑于边坡潜在滑动体上
（B）不宜采用挤土型桩
（C）验算桩基的整体稳定性和桩基水平承载力应采用最不利荷载效应组合
（D）建筑桩基兼作边坡支挡结构进行设计

17. 某软土地基上既有 2 层教学楼，采用天然地基，筏板基础。现拟向上增扩 2 层，需对教学楼进行地基基础加固，下列哪个选项的加固方法不适宜？ （ ）

（A）搅拌桩加固 （B）注浆钢管桩
（C）锚杆静压预制桩 （D）树根桩

18. 某剪力墙结构高层房屋。地基为黏性土，采用天然地基筏板基础。因极端天气雨水大量入渗地基，房屋发生不均匀沉降且未稳定。现拟采用地基基础加固措施阻止其继续沉降，下列哪个选项的加固方法最为合适？ （　）

（A）泥浆护壁成孔灌注桩　　　　　　　（B）长螺旋钻孔压灌桩

（C）锚杆静压桩　　　　　　　　　　　（D）水泥土搅拌桩

19. 碎石桩处理软弱地基，其单桩承载力主要取决于下列哪个选项？ （　）

（A）桩周土的侧限压力　　　　　　　　（B）桩身材料性质

（C）桩长　　　　　　　　　　　　　　（D）桩端土层的性质

20. 刚性桩复合地基中设置褥垫层，褥垫层厚度过大时产生的结果会是下列哪个选项？ （　）

（A）桩对基础产生显著应力集中　　　　（B）承受水平荷载时桩体容易折断

（C）地基基础沉降更大　　　　　　　　（D）桩间土承载力不能充分发挥

21. 根据《土工合成材料应用技术规范》（GB/T 50290—2014），加筋土挡墙采用极限平衡法设计时，设计验算不包括下列哪个选项的内容？ （　）

（A）挡墙外部稳定性验算　　　　　　　（B）挡墙内部稳定性验算

（C）加筋材料与墙面板的连接强度验算　（D）加筋材料的变形验算

22. 采用动力排水固结法加固高含水量软黏土地基，下列做法中错误的是哪个选项？ （　）

（A）应设置一定厚度的砂垫层

（B）先采用高夯击能，再采用低夯击能，先重后轻逐渐加固

（C）地基中应设置排水系统，使超静孔压及时消散

（D）少击多遍，逐渐加固

23. 同样条件下，与设置排水砂垫层的真空预压相比，关于直排式真空预压的表述中错误的是哪个选项？ （　）

（A）延长了真空传递通道的距离　　　　（B）减少了真空在传递过程中的损失

（C）表层沉降不均匀　　　　　　　　　（D）节省了砂垫层及相关费用

24. 某水泥土搅拌桩复合地基，拟做多桩复合地基静载荷试验。桩径 400mm，桩距 0.8m，正三角形布桩。则三桩复合地基静载荷试验的圆形承压板直径最接近下列哪个选项？ （　）

（A）1.20m　　　　　　　　　　　　　（B）1.45m

（C）1.70m　　　　　　　　　　　　　（D）1.95m

25. 基坑工程中关于锚杆的说法，正确的是下列哪个选项？ （　）

（A）压力型锚杆为全长自由段锚杆　　　（B）压力型锚杆为全长非锚固段锚杆

（C）拉力型锚杆为全长非自由段锚杆　　（D）拉力型锚杆为全长锚固段锚杆

26. 某铁路隧道下穿建筑密集、对变形比较敏感的城市区，地层为单一的含水中砂层，隧道直径约为 8m，拱顶埋深 30m，从安全的角度分析，下列哪个选项的施工方法最适宜？　　（　　）

（A）明挖法　　　　　　　　　　　　　（B）泥水平衡盾构法
（C）全断面暗挖　　　　　　　　　　　（D）双侧壁导坑法

27. 跨度为 12m 的公路隧道，关于其围岩自稳能力，根据《公路隧道设计规范　第一册　土建工程》（JTG 3370.1—2018），下列哪个选项的说法是正确的？　　（　　）

（A）如围岩级别为II类，其可长期稳定
（B）如围岩级别为III类，其可基本稳定
（C）如围岩级别为IV类，其可稳定数日
（D）如围岩级别为V类，其无自稳能力

28. 某软土基坑，深 14m，支撑体系拟采用三道混凝土水平支撑方案，根据《建筑基坑支护技术规程》（JGJ 120—2012），下列哪个选项的表述是错误的？　　（　　）

（A）支撑平面布置宜避开地下主体结构的墙和柱
（B）支撑竖向层间净距应考虑挖土施工方便
（C）第三道支撑底面距离基础底板顶面净高不应小于 3m
（D）临时立柱宜避开地下主体结构的主次梁，立柱可利用工程桩

29. 某均质土层中的基坑深 15m，基坑东侧距坑边 7m 有一基础埋深 5m 的建筑，基坑西侧距坑边 4m 有一基础埋深 11m 的建筑。两建筑的平面尺寸、基底压力、基础形式相同，均采用天然地基。周边其他环境条件均相同。关于基坑支护体系的说法，下列哪个选项是合理的？　　（　　）

（A）东侧的支护应比西侧更强　　　　　（B）西侧的支护应比东侧更强
（C）两侧支护应相同　　　　　　　　　（D）不确定

30. 某基坑工程场地由两层砂性土组成，无地下水。支护桩后主动土压力分布如下图所示，下列哪个选项是正确的？　　（　　）

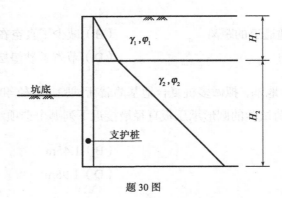

题 30 图

（A）$\varphi_1 = \varphi_2$，$\gamma_1 < \gamma_2$　　　　　　（B）$\varphi_1 > \varphi_2$，$\gamma_1 < \gamma_2$
（C）$\varphi_1 < \varphi_2$，$\gamma_1 < \gamma_2$　　　　　　（D）$\varphi_1 = \varphi_2$，$\gamma_1 > \gamma_2$

31. 下图为某隧道开挖过程中围岩波速-探测深度曲线图，围岩松弛深度的对应点是下列哪个选项？ （　　）

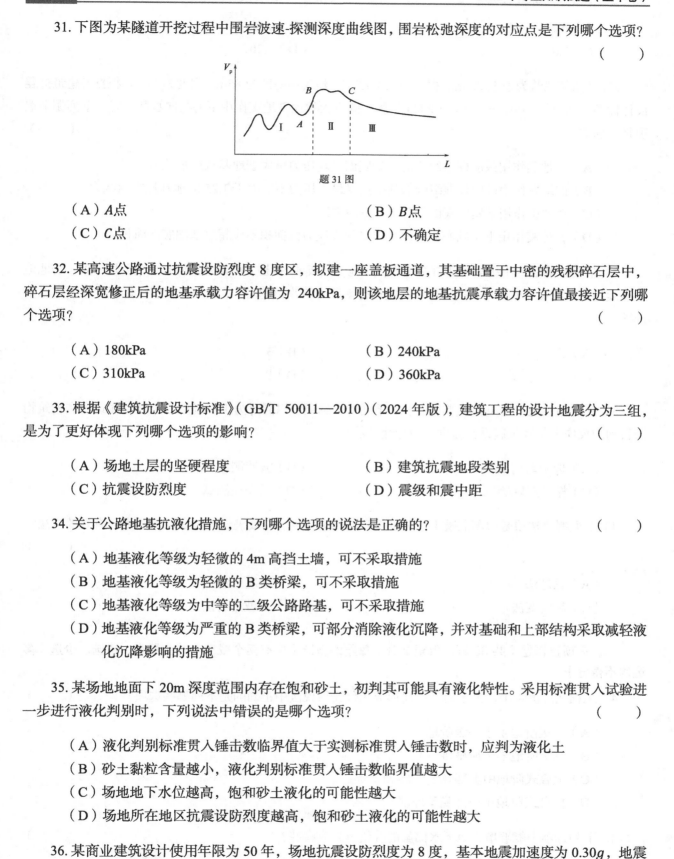

题 31 图

（A）A点　　　　　　　　　　　　（B）B点

（C）C点　　　　　　　　　　　　（D）不确定

32. 某高速公路通过抗震设防烈度 8 度区，拟建一座盖板通道，其基础置于中密的残积碎石层中，碎石层经深宽修正后的地基承载力容许值为 240kPa，则该地层的地基抗震承载力容许值最接近下列哪个选项？ （　　）

（A）180kPa　　　　　　　　　　　（B）240kPa

（C）310kPa　　　　　　　　　　　（D）360kPa

33. 根据《建筑抗震设计标准》（GB/T 50011—2010）（2024 年版），建筑工程的设计地震分为三组，是为了更好体现下列哪个选项的影响？ （　　）

（A）场地土层的坚硬程度　　　　　（B）建筑抗震地段类别

（C）抗震设防烈度　　　　　　　　（D）震级和震中距

34. 关于公路地基抗液化措施，下列哪个选项的说法是正确的？ （　　）

（A）地基液化等级为轻微的4m高挡土墙，可不采取措施

（B）地基液化等级为轻微的 B 类桥梁，可不采取措施

（C）地基液化等级为中等的二级公路路基，可不采取措施

（D）地基液化等级为严重的 B 类桥梁，可部分消除液化沉降，并对基础和上部结构采取减轻液化沉降影响的措施

35. 某场地地面下 20m 深度范围内存在饱和砂土，初判其可能具有液化特性。采用标准贯入试验进一步进行液化判别时，下列说法中错误的是哪个选项？ （　　）

（A）液化判别标准贯入锤击数临界值大于实测标准贯入锤击数时，应判为液化土

（B）砂土黏粒含量越小，液化判别标准贯入锤击数临界值越大

（C）场地地下水位越高，饱和砂土液化的可能性越大

（D）场地所在地区抗震设防烈度越高，饱和砂土液化的可能性越大

36. 某商业建筑设计使用年限为 50 年，场地抗震设防烈度为 8 度，基本地震加速度为 0.30g，地震分组为第二组。根据区域地质资料，场地距发震断裂带约 4km，该建筑进行抗震性能化设计时，场地设防地震的地震影响系数最大值宜取下列哪个选项？ （　　）

（A）0.24　　　　　　　　　　　　　　　（B）0.68

（C）1.02　　　　　　　　　　　　　　　（D）1.20

37. 已知某建筑为地上 28 层，框架剪力墙结构，建筑物高度为 85m，宽度为 19m。根据《建筑抗震设计标准》（GB/T 50011—2010）（2024 年版）验算天然地基地震作用下的竖向承载力时，下列哪个选项是正确的？　　　　　　　　　　　　　　　　　　　　　　　　　　　　（　　）

（A）按地震作用效应标准组合的基础底面平均压力可大于地基抗震承载力

（B）按地震作用效应标准组合的基础边缘最大压力不应大于 1.25 倍地基抗震承载力

（C）在地震作用下基础底面不宜出现零应力区

（D）在地震作用下基础底面与地基土之间零应力区面积不应超过基础底面面积的 15%

38. 某设计等级为甲级的房建桩基工程，共施工完成 45 根桩，已知各桩桩长、桩径均一致，场地地层连续均匀。当采用单桩竖向抗压静载试验进行承载力验收检测时，承载力检测桩数量至少为下列哪个选项？　　　　　　　　　　　　　　　　　　　　　　　　　　　　　　（　　）

（A）2　　　　　　　　　　　　　　　　　（B）3

（C）5　　　　　　　　　　　　　　　　　（D）9

39. 针对黏性土、粉土和砂类土地基，下列哪个选项可以同时为工程场地、边坡、建筑物和构筑物进行动力反应分析和抗震设计提供动力特性参数？　　　　　　　　　　　　　　　（　　）

（A）地脉动测试　　　　　　　　　　　　　（B）波速测试

（C）振动三轴测试　　　　　　　　　　　　（D）共振柱测试

40. 下列哪个选项是检测混凝土灌注桩桩身混凝土强度、有效桩长及桩底沉渣厚度最有效的方法？　　　　　　　　　　　　　　　　　　　　　　　　　　　　　　　　　　　　（　　）

（A）钻芯法　　　　　　　　　　　　　　　（B）低应变法

（C）高应变法　　　　　　　　　　　　　　（D）声波透射法

二、多项选择题（共 30 题，每题 2 分。每题的备选项中有两个或三个符合题意，错选、少选、多选均不得分）

41. 工程地质测绘中，关于河流阶地形成年代先后说法中正确的是下列哪些选项？　　（　　）

（A）二级阶地晚于一级阶地

（B）一级阶地早于河漫滩

（C）上叠式阶地中上部晚于下部

（D）内叠式阶地中内部晚于外部

42. 下列选项中能够增加地下水储量的补给方式有哪些？　　　　　　　　　　　　　（　　）

（A）层间越流补给　　　　　　　　　　　　（B）大气降水入渗补给

（C）地表水入渗补给　　　　　　　　　　　（D）包气带凝结水下渗补给

43. 某场地航拍解译地形图缺失高程标注，以下地形图和剖面图对应关系正确或可能正确的是下列哪些选项？（图中箭头为水流方向）　　　　　（　　）

44. 下列哪些选项属于详细确定地下工程岩体基本质量等级的修正因素？　　　（　　）

（A）岩体完整程度　　　　　　　　　（B）地下水发育程度

（C）初始应力状态　　　　　　　　　（D）RQD 指标

45. 下列哪些选项属于下降泉？　　　　　　　　　　　　　　　　　　　　（　　）

（A）悬挂泉　　　　　　　　　　　　（B）侵蚀泉

（C）自流泉　　　　　　　　　　　　（D）接触泉

46. 采用四联三轴仪做一组土样的固结不排水剪切试验，反压饱和试样，测得的围压和孔隙水压力量值见下表。下列哪些选项的试样可视为已经饱和？　　　　　　　　　　（　　）

题 46 表

试样	上一级围压（kPa）	本级围压（kPa）	孔隙水压力增量（kPa）
1	50	55	4.51
2	54	60	5.91
3	59	64	4.92
4	60	64	3.80

（A）试样 1　　　　　　　　　　　　（B）试样 2
（C）试样 3　　　　　　　　　　　　（D）试样 4

47. 根据《公路桥涵地基与基础设计规范》（JTG 3363—2019）计算基础沉降时，传至基础底面的作用效应采用正常使用极限状态下的准永久效应组合，此组合包含以下哪些选项？　　　　（　　）

（A）结构自重作用　　　　　　　　　（B）混凝土徐变作用
（C）汽车荷载作用　　　　　　　　　（D）基础变位作用

48. 根据《建筑地基基础设计规范》（GB 50007—2011），在地基基础的设计计算中，作用效应按承载力极限状态下作用的基本组合取值的是下列哪些选项？　　　　　　　　　　（　　）

（A）独立基础的宽度计算　　　　　　　（B）重力式挡墙的抗滑移验算

（C）抗拔桩的裂缝控制计算　　　　　　（D）地下车库的抗浮稳定性验算

49. 根据《建筑地基基础设计规范》（GB 50007—2011），若改变作用效应选择，仍满足规范抗力和限值要求，下列哪些选项中的做法造成经济性下降？　　　　　　　　　　　　　（　　）

（A）确定基础底面积时，作用效应选择基本组合

（B）计算挡土墙稳定性时，作用效应选择标准组合

（C）验算地基变形时，作用效应选择标准组合

（D）验算基础裂缝宽度时，作用效应选择准永久组合

50. 根据《建筑地基处理技术规范》（JGJ 79—2012），关于质量检测的叙述，下列哪些选项是正确的？　　　　　　　　　　　　　　　　　　　　　　　　　　　　　　　　　　（　　）

（A）采用碎石换填垫层处理，施工质量可采用重型动力触探试验检验

（B）采用强夯置换竣工验收时，应进行单墩静载荷试验

（C）沉管砂石桩竣工验收时，应进行单桩承载力试验

（D）堆载预压地基竣工验收时，可采用静力触探检验

51. 丘陵沟壑区"开山填谷"创造工程建设用地，开展大面积、大土石方量的高填方工程时，下列哪些选项是需要解决的技术问题？　　　　　　　　　　　　　　　　　　　　　　　（　　）

（A）挖方区原地基处理　　　　　　　　（B）填筑材料选取及填筑方法

（C）填挖交界面处理　　　　　　　　　（D）建成场地填筑体排水

52. 某建筑物层数、基础尺寸、基础埋深已经确定，拟采用换填土垫层或者加筋土垫层处理上部软土地基，当填土料、垫层厚度、压实系数均相同时，下列说法错误的是哪些选项？　　（　　）

（A）换土垫层和加筋土垫层的承载力相同

（B）换土垫层和加筋土垫层处理地基后，建筑物沉降相同

（C）加筋土垫层法处理地基更有利于调整地基不均匀沉降

（D）换土垫层法处理的地基稳定性与加筋土垫层法处理的地基稳定性相同

53. 某大面积软土场地上拟建堆料库房，地基处理采用堆载预压，堆载压力分别为 150kPa 和 120kPa 情况下，假设堆载一次瞬时施加完成，当堆载预压时间相同时，下列说法正确的是哪些选项？（　　）

（A）堆载压力为 150kPa 的固结度大于堆载压力 120kPa 的固结度

（B）堆载压力为 150kPa 的工后沉降小于堆载压力 120kPa 的工后沉降

（C）堆载压力为 150kPa 的固结度与堆载压力 120kPa 的固结度相同

（D）堆载压力为 150kPa 的固结沉降大于堆载压力 120kPa 的固结沉降

54. 关于砂井法和砂桩法处理饱和软弱地基，下列哪些选项的说法是错误的？　　　　　（　　）

（A）孔径小于 250mm 的称为砂井，孔径大于 250mm 的称为砂桩

（B）采用砂井法加固地基需要预压，采用砂桩法加固地基可不预压

（C）砂井法和砂桩法都具有排水作用

（D）砂井法和砂桩法加固地基处理的机理基本相同，施工工艺不同

55. 关于真空预压地基处理，下列哪些选项的说法是错误的？　　　　　　　　　　（　　）

（A）软土层中含较多薄粉砂夹层可不设排水竖井

（B）抽气施压过程中，真空度不变时地基土总应力不变

（C）加载速率过快会引起土体的剪切破坏

（D）施工时先施工抽真空系统后施工密封系统

56. 下列关于柱锤冲扩桩的说法，正确的选项是哪些？　　　　　　　　　　　　　（　　）

（A）可以处理可液化地基

（B）适宜处理淤泥质土

（C）加固机理主要为动力密实和充填置换

（D）一般采用沉管法施工

57. 基坑工程中，下列哪些选项中的现象不可能由基坑降水引起？　　　　　　　　（　　）

（A）基坑周边建筑物不均匀沉降

（B）基坑周边道路塌陷

（C）基坑桩锚支护体系中锚杆轴力增加

（D）坑底土回弹

58. 隧道在开挖施工前，其围岩稳定性状况可依据下列哪些选项做出判断？　　　　（　　）

（A）隧道开挖工作面状态及支护状态观测结果

（B）围岩的位移速度

（C）围岩的位移速度变化率

（D）围岩的累计变形已经达到允许变形量

59. 某饱和粉土地层中，采用悬臂桩进行基坑围护，在基坑开挖完毕后，监测数据表明悬臂桩产生了如下图所示的变形，且桩顶最大水平位移超过了规范限值。此时，采用下列哪些选项的方案作为补救措施是恰当的？　　　　　　　　　　　　　　　　　　　　　　　　（　　）

（A）在墙后采用水泥砂浆进行注浆加固

（B）在基底靠近围护桩处（图中 A 区域）进行地基处理加固

（C）增设锚杆或斜撑

（D）桩后卸载

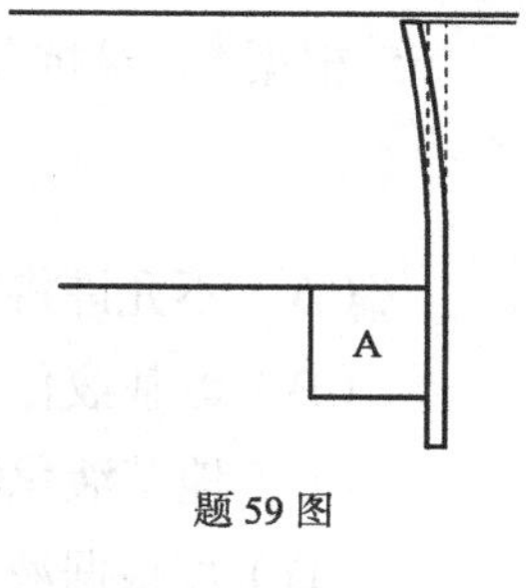

题 59 图

60. 某建筑基坑深度为 16m，地层主要为密实中砂，地下水埋深在地面以下 13m，隔水层埋深为 20m。

基坑东侧距离基坑 5m 处有一栋既有高层建筑，地上 20 层，地下 3 层车库。根据《建筑基坑支护技术规程》（JGJ 120—2012），该部位不适宜采取哪些选项中的支护方案？　　　　　　（　　）

（A）排桩加预应力锚杆　　　　　　　　　（B）预应力锚杆复合土钉墙

（C）双排桩　　　　　　　　　　　　　　　（D）排桩加内支撑

61. 当基坑承压水水头和潜水水位均高于坑底高程时，下列关于基坑渗透稳定性的说法中正确的是哪些选项？　　　　　　　　　　　　　　　　　　　　　　　　　　　　　（　　）

（A）坑底以下有未隔断的承压含水层时，应验算承压水作用下的坑底土体突涌稳定性

（B）采用悬挂式帷幕截水时，应验算地下水渗流的流土稳定性

（C）坑底以下为黏土时，可不判别管涌可能性

（D）采用落底式帷幕截水时，应验算地下水渗流压力作用下帷幕的强度

62. 湿陷性黄土地区，测定拟建建筑物场地黄土湿陷起始压力时，下列做法中正确的是哪些选项？　　　　　　　　　　　　　　　　　　　　　　　　　　　　　　　　　（　　）

（A）采用单线法室内压缩试验时，环刀试样数量不应少于 5 个

（B）采用双线法室内压缩试验时，环刀试样数量不应少于 10 个

（C）采用现场静载荷试验测定黄土湿陷起始压力，圆形承压板面积为 $0.5m^2$ 时，试坑直径应为 2.4m

（D）采用现场静载荷试验测定黄土湿陷起始压力时，终止压力不应小于上覆土层的饱和自重压力

63. 某房建工程场地位于抗震设防烈度 7 度区，在详勘阶段进行场地和地基的地震评价时，勘察报告除应提供场地的抗震设防烈度外，还应提供下列哪些选项的参数？　　　　　　（　　）

（A）场地类别　　　　　　　　　　　　　　（B）设计地震分组

（C）地震影响系数　　　　　　　　　　　　（D）设计基本地震加速度

64. 水工建筑物地基中的软弱黏土层，可根据建筑物的类型和具体情况，选择下列哪些选项中的抗震措施？　　　　　　　　　　　　　　　　　　　　　　　　　　　　　　　　（　　）

（A）挖除或置换法　　　　　　　　　　　　（B）压重和排水

（C）挤密土桩复合地基　　　　　　　　　　（D）混凝土连续墙围封法

65. 根据《建筑抗震设计标准》（GB/T 50011—2010）（2024 年版），下列哪些选项的做法是正确的？　　　　　　　　　　　　　　　　　　　　　　　　　　　　　　　　　（　　）

（A）不允许将中等液化土层作为建筑物天然地基持力层

（B）地基液化等级为轻微的场地，除设防类甲、乙类建筑外，一般不做特殊处理

（C）地基液化等级为中等的场地，尽量多采用较易实施的构造措施，不一定要处理液化

（D）可根据液化震陷量的估算适当调整抗液化措施

66. 影响场地内饱和粉土地震液化的主要因素有下列哪些选项？ （ ）

（A）土的黏粒含量 （B）土的灵敏度

（C）地震烈度的大小 （D）土的应力状态

67. 拟在某沿河地段建造一永久性建筑，根据详勘报告，该地段存在液化侧向扩展可能。根据《建筑抗震设计标准》（GB/T 50011—2010）（2024 年版），在建筑物设计时，下列哪些选项是应进行的工作和可采取的措施？ （ ）

（A）抗倾覆验算 （B）抗滑动验算

（C）防土体滑动措施或结构抗裂措施 （D）大面积消除液化措施

68. 关于场地的卓越周期，下列说法中正确的有哪些选项？ （ ）

（A）卓越周期是场地地基条件的固有特性

（B）外界扰动、时间推移、工程建设都会对场地卓越周期产生影响

（C）工程设施结构的自振周期应尽量接近场地地基的卓越周期

（D）卓越周期是根据场地地基中出现波动次数最多或幅值最大的振动波确定的

69. 混凝土桩检测时，关于桩头处理的说法正确的有哪些选项？ （ ）

（A）混凝土桩桩顶不密实的部分应全部凿掉

（B）后做桩头的混凝土强度等级不应低于 C25

（C）作为抗压试验的桩，在桩顶应设置 1～2 层钢筋网片，钢筋间距可取 120mm

（D）后做桩头的中轴线应与桩身上部中轴线重合

70. 某工程采用预压法对软土地基进行加固处理，对其进行竣工验收时，除了进行平板静载荷试验外，还应采用以下哪些选项的手段进行检验？ （ ）

（A）原位十字板剪切试验 （B）标准贯入试验

（C）重型动力触探试验 （D）室内土工试验

2022 年专业知识试题（下午卷）

一、单项选择题（共 40 题，每题 1 分。每题的备选项中只有一个最符合题意）

1. 同一地基条件下，宽度相同的方形基础与条形基础，采用临界荷载 $P_{1/4}$ 计算公式确定地基承载力时，下列说法中正确的是哪个选项？   （   ）

（A）方形基础地基的安全度高于条形基础

（B）方形基础地基的安全度等于条形基础

（C）方形基础地基的安全度低于条形基础

（D）两者地基的安全度高低无法判断

2. 如图所示，$ABCD$ 为矩形基础底面（宽度为 b），其上作用三角形分布附加压力，则基础边缘 AB 下 z（$0 < z < 3b$）深度处 EF 段的附加应力分布特征是下列哪个选项？   （   ）

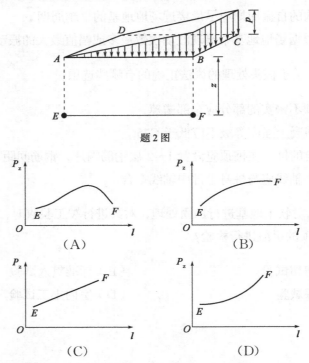

题 2 图

3. 根据《建筑地基基础设计规范》（GB 50007—2011）的规定，按土的抗剪强度指标计算确定地基承载力特征值时，需要满足下列哪个选项的条件？   （   ）

（A）基础底面宽度不超过 6m

（B）基础埋深不大于基础短边宽度的 1 倍

（C）偏心荷载下基础底面边缘最大压力与平均压力之比不大于 1.2

（D）荷载偏心距不超过基础底面宽度的 1/6

4. 根据《建筑地基基础设计规范》（GB 50007—2011）的规定，下列关于地基最终变形量计算的叙述中正确的是哪个选项？   （   ）

（A）地基的最终变形量包括施工期和服役期在内的全部沉降量

（B）地基的变形量计算考虑了土层渗透性的影响

（C）地基的变形量计算反映了基础刚度的影响

（D）地基的变形量计算考虑了荷载施加速率的影响

5. 关于无筋扩展基础的说法中错误的是哪个选项？ （   ）

（A）不需配置钢筋的墙下条形基础或柱下独立基础属于无筋扩展基础

（B）硬黏土上正常工作的无筋扩展基础，基底反力呈马鞍形分布

（C）无筋扩展基础需要限制宽高比来满足刚性角的要求

（D）无筋扩展基础具有较大的抗弯刚度，能承受较大的拉应力

6. 某设置在基岩上的桥梁墩台基础，基底为直径 2.0m 的圆形截面。基底截面的竖向力为 1000kN，竖向力作用点距离圆心 0.44m。根据《公路桥涵地基与基础设计规范》（JTG 3363—2019）计算，基底最大压应力最接近下列哪个选项？ （   ）

（A）610kPa （B）730kPa

（C）850kPa （D）970kPa

7. 关于一般建筑物和受水平力较小的高层建筑群桩基础，在偏心竖向力作用下基桩桩顶作用效应计算方法，下列哪个选项符合《建筑桩基技术规范》（JGJ 94—2008）的规定？ （   ）

（A）对于柱下独立桩基，按承台为刚性板和反力呈马鞍形分布假定

（B）对于桩筏基础，按承台为柔性板和反力呈碟形分布假定

（C）与竖向力合力作用点距离越远的桩，其桩顶作用力计算值越小

（D）上部结构分析将荷载凝聚于柱、墙底部的基础上

8. 下列哪个选项的地层最适合采用空气幕法进行沉井施工？ （   ）

（A）坚硬黏土层 （B）卵石层

（C）风化岩层 （D）饱和黏土层

9. 某公路大桥拟采用锤击钢管桩基础，桩径 1200mm，根据《公路桥涵地基与基础设计规范》（JTG 3363—2019），钢管桩最小壁厚应为下列哪个选项？ （   ）

（A）12mm （B）15mm

（C）20mm （D）22mm

10. 某膨胀土地区建筑拟采用桩基础，计算得出的承台梁下土层浸水后的最大膨胀量为 76mm。根据《膨胀土地区建筑技术规范》（GB 50112—2013），桩基础设计时，桩承台梁下预留的最小空隙应为下列哪个选项？ （   ）

（A）76mm （B）80mm

（C）100mm （D）150mm

11. 泥浆护壁成孔灌注桩水下混凝土灌注施工时，下列做法中错误的是哪个选项？ （   ）

（A）钢筋笼吊装完毕后，应安装导管或气泵管二次清孔

（B）导管使用前应进行试拼装、试压

（C）水下灌注混凝土宜掺外加剂

（D）孔深、沉渣厚度等各项检验合格后，待孔内泥浆稳定 30min 后方可灌注混凝土

12. 根据《建筑地基基础设计规范》（GB 50007—2011）和《建筑桩基技术规范》（JGJ 94—2008），下列关于等代实体深基础法和等效作用分层总和法计算桩基沉降的说法，正确的是哪个选项？ （   ）

（A）两种方法均不考虑桩数与桩间距对沉降的影响

（B）等效作用分层总和法附加压力近似取承台底附加压力与桩端平面处土体自重压力之和

（C）等代实体深基础法忽略桩身压缩，等效作用分层总和法考虑了桩身压缩

（D）等代实体深基础基底以下和等效作用分层总和法等效作用面以下的附加应力计算方法相同

13. 某工程泥浆护壁钻孔灌注桩的设计桩径 0.8m，为端承型桩，条形布置，下列哪个选项符合《建筑桩基技术规范》（JGJ 94—2008）的规定？ （   ）

（A）桩径允许偏差 ±100mm

（B）灌注混凝土前，孔底沉渣厚度不应大于 100mm

（C）沿垂直轴线方向的桩位允许偏差 100mm

（D）沿轴线方向的桩位允许偏差 200mm

14. 根据《公路桥涵地基与基础设计规范》（JTG 3363—2019）计算支承在土层中的钻（挖）孔灌注桩的单桩轴向受压承载力特征值时，下列说法中错误的是哪个选项？ （   ）

（A）桩身自重与置换土重的差值应计入作用效应

（B）对有冲刷的桩基，桩端的埋置深度由局部冲刷线起算

（C）对无冲刷的桩基，桩端的埋置深度由天然地面线或实际开挖后的地面线起算

（D）桩端埋置深度的计算值不应大于 30m，大于 30m 时，取 30m

15. 根据《建筑边坡工程技术规范》（GB 50330—2013），下列关于边坡稳定性分析及评价描述中错误的是哪个选项？ （   ）

（A）选作建筑场地的自然斜坡应进行稳定性评价

（B）计算岩质边坡应采用平面或折线滑动面，而不应采用圆弧形滑动面

（C）计算沿结构面滑动的稳定性时可采用传递系数隐式求解法

（D）对于圆弧滑动面，相较于简化毕肖普法，瑞典法偏于安全而造成浪费

16. 某挡土墙后有 3 层不同的砂土，其朗肯主动土压力分布形式如下图所示，则可以明确得出下列哪个选项的结论？ （   ）

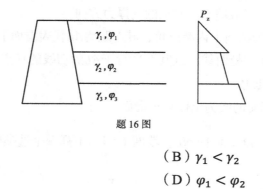

题 16 图

（A）$\gamma_1 > \gamma_2$ （B）$\gamma_1 < \gamma_2$

（C）$\varphi_1 > \varphi_2$ （D）$\varphi_1 < \varphi_2$

17. 下图所示重力式挡土墙路堤，其上作用有路基面均布荷载 q，墙背土体内产生的破裂面与竖直面夹角 $\theta = 45°$，按《铁路路基支挡结构设计规范》（TB 10025—2019），则其墙背水平土压力分布形式最接近下列哪个选项？ （   ）

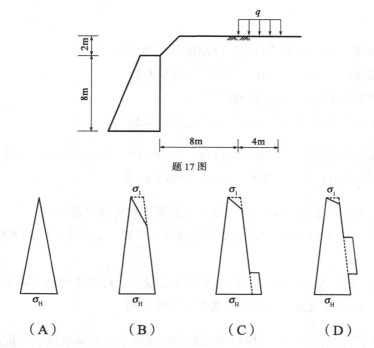

题 17 图

（A）   （B）   （C）   （D）

18. 工程中常用库尔曼图解法确定墙后土体滑面（见下图），下列有关库尔曼图解法的说法中错误的是哪个选项？ （   ）

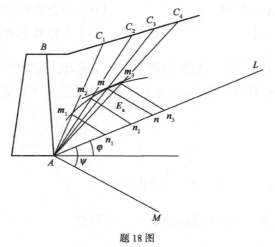

题 18 图

（A）m_1n_1 与 AM 平行，代表墙面上对土的支撑力方向

（B）AL 与水平面夹角为滑面上内摩擦角，其上距离 An 代表滑面上支撑力

（C）$m_1m_2mm_3$ 即为库尔曼曲线，过其上平行于 AL 的切线的切点 m 作 AM 的平行线与 AL 相交于 n，mn 为主动土压力

（D）过 Am 点与地面相交的线为土体真正滑面

19. 某岩质边坡，走向 NW30°，倾向 NE，坡度 1：1，下列哪个选项的节理对其稳定性最为不利？　　　　　　　　　　　　　　　（　　）

（A）50°∠35°　　　　　　　　　　　（B）70°∠55°

（C）150°∠35°　　　　　　　　　　　（D）240°∠55°

20. 根据《公路路基设计规范》（JTG D30—2015），下列关于永久预应力锚索的说法中正确的是哪个选项？　　　　　　　　　　　　　　　（　　）

（A）张拉控制应力可为锚索抗拉强度标准值的 0.75 倍

（B）预应力锚索的抗拔安全系数就是锚索的安全系数

（C）压力分散型锚索锚头可采用钢罩保护

（D）锚索的自由段长度就是滑动面到锚头之间的长度

21. 关于边坡加固中所用预应力锚索（拉力型、单锚固段）与土钉筋体轴力最大值的位置，对于一般均质地层及正常施工的情况，下列说法中正确的是哪个选项？　　　（　　）

（A）锚索和土钉筋体的最大轴力均出现在它们靠近坡面的位置

（B）锚索筋体的最大轴力均在锚固段中部的某一位置，土钉筋体的最大轴力一般不出现在其两端

（C）锚索筋体的最大轴力在其自由段靠近锚头部位，土钉筋体的最大轴力一般不出现在其两端

（D）锚索和土钉筋体的最大轴力均出现在它们的末端

22. 某直立重力式挡墙高度为 8m，墙后填土采用砂质粉土，其基底以下直接持力层为粉质黏土地层，验算其抗倾覆稳定性不满足规范要求，采用下列哪个选项的措施是不恰当的？　　（　　）

（A）将墙后填土改为级配砂石　　　　　（B）挡土墙底面做砂石垫层

（C）将挡墙改为仰斜式挡墙　　　　　　（D）在挡墙上增设墙趾

23. 某建筑边坡，坡顶无建筑荷载，边坡岩体为中风化泥岩，边坡岩体类型为Ⅲ类，岩石内摩擦角 30°，岩体中发育倾角 70° 的外倾结构面。该边坡岩体破裂角应选择下列哪个选项？　　（　　）

（A）60°　　　　　　　　　　　　　　（B）62°

（C）70°　　　　　　　　　　　　　　（D）72°

24. 关于盐渍土的叙述中，下列哪个选项是错误的？　　　　　　　　　　　（　　）

（A）盐渍土具有溶陷性、盐胀性和腐蚀性等工程特性

（B）当土中硫酸钠含量小于 1% 时，可不考虑对建筑物的盐胀作用

（C）氯盐渍土有明显的吸湿性，而硫酸盐渍土无吸湿性

（D）盐渍土中碳酸钙含量越高，盐胀性越强

25. 根据《土工试验方法标准》（GB/T 50123—2019）对特殊土进行室内试验时，下列哪项的试验可不采用原状土样？   （ ）

（A）黄土湿陷起始压力   （B）黄土湿陷系数
（C）黄土自重湿陷系数   （D）冻土密度

26. 根据黄土的湿陷系数与压力关系曲线（见下图），下列叙述中正确的是哪个选项？   （ ）

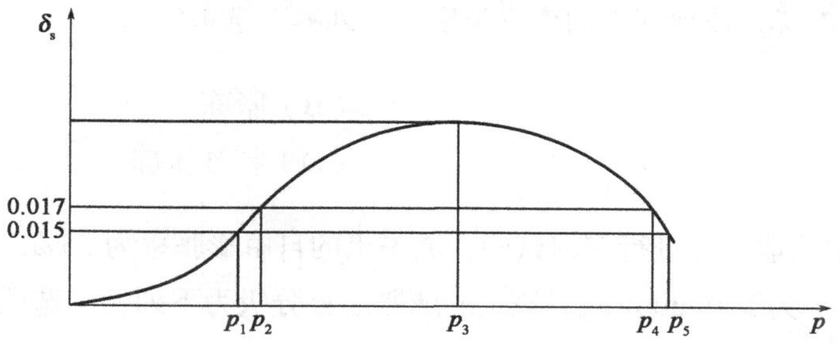

题 26 图

（A）p_2 是湿陷起始压力   （B）p_5 是湿陷终止压力
（C）$p_1 \sim p_4$ 是湿陷压力区间   （D）$p_2 \sim p_5$ 是湿陷压力区间

27. 某黄土地区拟建建筑高度为 30m，基底下地层厚度和湿陷性自上而下分别为：①黄土，湿陷系数 0.050，厚度 10m；②黄土，湿陷系数 0.016，厚度 10m；③黄土，湿陷系数 0.005，厚度 10m；④粉质黏土，无湿陷性，厚度 10m。拟采用桩基础，可能的最小桩长为下列哪个选项？   （ ）

（A）10m   （B）15m
（C）25m   （D）40m

28. 某膨胀土场地地形平坦，地基分级变形量为 55mm，采用宽散水作为主要防治措施时，建筑周围散水宽度不应小于下列哪个选项？   （ ）

（A）1.2m   （B）1.5m
（C）2.0m   （D）3.0m

29. 某饱和软黏土，原状土不固结不排水条件下和固结排水条件下的黏聚力分别为 24kPa、27kPa，重塑土不固结不排水条件下和固结排水条件下的黏聚力分别为 6kPa、9kPa，则软黏土灵敏度为下列哪个选项？   （ ）

（A）4   （B）3
（C）0.33   （D）0.25

30. 关于铁路隧道选址，下列说法中错误的是哪个选项？   （ ）

（A）应以大角度通过可溶岩与非可溶岩接触带

（B）应以大角度通过断层带

（C）在暗河顶板以上应以大角度通过

（D）应以小角度通过褶皱轴部

31. 下列哪个选项符合坡面泥石流的特征？ （　　）

（A）形成区缺失 （B）多为泥流

（C）堆积物有分选 （D）形成区与堆积区直接相连

32. 某建筑场地地基土为黏性土，属季节性冻土，其塑限 18%，液限 42%，冻前天然含水量 28%，现场测得平均冻胀率为 13%，该地基土的冻胀类别为下列哪个选项？ （　　）

（A）弱胀冻 （B）胀冻

（C）强胀冻 （D）特强胀冻

33. 某铁路工程勘察采取土样进行室内试验，测得土的自由膨胀率为 55%，蒙脱石含量为 22%，阳离子交换量 $CEC（NH_4^+）$ 为 270mmol/kg，该土的膨胀潜势分级为下列哪个选项？ （　　）

（A）强膨胀土 （B）中膨胀土

（C）弱膨胀土 （D）非膨胀土

34. 某盐渍土建筑场地，勘察测得每 100g 土中含盐量为 2.5g，Cl^- 离子含量为 30mmol，SO_4^{2-} 离子含量为 60mmol，该盐渍土分类为下列哪个选项？ （　　）

（A）硫酸盐超盐渍土 （B）硫酸盐强盐渍土

（C）亚硫酸盐强盐渍土 （D）亚硫酸盐中盐渍土

35. 根据《建设工程勘察设计管理条例》，关于建设工程勘察设计文件的编制规定，下列哪个选项是错误的？ （　　）

（A）以城乡规划为依据

（B）以国家规定的建设工程勘察、设计深度要求为依据

（C）确需修改建设工程勘察、设计文件的，应当由原建设工程勘察、设计单位修改。建设单位不得委托其他建设工程勘察、设计单位修改

（D）建设工程勘察、设计文件内容需要作重大修改的，建设单位应当报经原审批机关批准后，方可修改

36. 根据《地质灾害防治条例》规定，下列关于地质灾害危险区管理的规定，哪个选项是错误的？ （　　）

（A）由省级人民政府划定地质灾害危险区，予以公告，并在地质灾害危险区的边界设置明显警示标志

（B）在地质灾害危险区内，禁止爆破、削坡、进行工程建设以及从事其他可能引发地质灾害的活动

（C）县级以上人民政府应当组织有关部门及时采取工程治理或者搬迁避让措施，保证地质灾害危险区内居民的生命和财产安全

（D）地质灾害险情已经消除或者得到有效控制的，县级人民政府应当及时报省（直辖市）批准，撤销原划定的地质灾害危险区，并予以公告

37. 按照《中华人民共和国招标投标法》，下列对中标无效的判定规定，哪个选项是错误的？　　（　　）

（A）招标代理机构违反本法规定，泄露应当保密的与招标投标活动有关的情况和资料，且影响中标结果的，中标无效

（B）评标委员会成员收受投标人的财物或者其他好处的，评标委员会成员或者参加评标的有关工作人员向他人透露对投标文件的评审和比较、中标候选人的推荐以及与评标有关的其他情况的，中标无效

（C）投标人以他人名义投标或者以其他方式和弄虚作假，骗取中标的，中标无效

（D）依法必须进行招标的项目，招标人违反本法规定，与投标人就投标价格、投标方案等实质性内容进行谈判，且影响中标结果的，中标无效

38. 按照《建设工程质量检测管理办法》，下列哪个选项不符合对检测机构和检测人员的规定？　　（　　）

（A）检测机构变更名称、地址、法定代表人、技术负责人，应当在 6 个月内到原审批机关办理变更手续

（B）任何单位和个人不得明示或者暗示检测机构出具虚假检测报告，不得篡改或者伪造检测报告

（C）检测人员不得同时受聘于两个或者两个以上的检测机构

（D）检测机构和检测人员不得推荐或者监制建筑材料、构配件和设备

39. 按照《勘察设计注册工程师管理规定》，下列哪个选项的规定是错误的？　　（　　）

（A）聘用单位破产的，注册工程师的注册证书和执业印章失效

（B）注册工程师从事执业活动，由所在单位接受委托并统一收费

（C）继续教育按照注册工程师专业类别设置，分为必修课和选修课，每一次注册需要 60 学时

（D）以个人名义承接业务有违法所得的，处以违法所得 3 倍以下且不超过 5 万元罚款

40. 关于建筑工程施工许可，下列哪个选项的说法是错误的？　　（　　）

（A）建筑工程开工前，建设单位应当按照国家有关规定向工程所在地县级以上人民政府建设行政主管部门申请领取施工许可证

（B）国务院建设行政主管部门确定的限额以下的小型工程可不申请领取施工许可证

（C）按照国务院规定的权限和程序批准开工报告的建筑工程，不再领取施工许可证

（D）建设行政主管部门应当自收到申请之日起三十日内，对符合条件的申请颁发施工许可证

二、多项选择题（共 30 题，每题 2 分。每题的备选项中有两个或三个符合题意，错选、少选、多选均不得分）

41. 根据《建筑地基基础设计规范》（GB 50007—2011），基于载荷试验和工程实测资料的统计分析，下列关于地基压缩层深度的说法，正确的有哪些选项？　　　　　　　　　　　（　　）

（A）其他条件相同，地基压缩层的深度不一定随着荷载的增加而增加
（B）其他条件相同，直径和边长相等的圆形和方形基础，圆形基础的地基压缩层深度更大
（C）其他条件相同，地基压缩层深度随地基压缩模量的减小而减小
（D）其他条件相同，地基压缩层深度随基础宽度的增大而增大

42. 下列关于《建筑地基基础设计规范》（GB 50007—2011）软弱下卧层顶面附加压力计算方法的叙述，错误的有哪些选项？　　　　　　　　　　　　　　　　　　　　　　　（　　）

（A）其理论基础是基于 Mindlin（明德林）解的附加压力计算公式
（B）计算方法综合了理论解和试验研究结果
（C）考虑了上硬下软双层土的"压力集中"作用
（D）其计算结果一般比基于 Boussinesq（布辛奈斯克）公式的附加压力计算结果要大

43. 按照《建筑地基基础设计规范》（GB 50007—2011）规定，采用深层平板载荷试验测得的地基承载力特征值，在进行基础深度和宽度修正时，下列哪些选项的做法是正确的？　　（　　）

（A）对淤泥质黏土，深度修正系数取 1.0
（B）不进行深度修正
（C）基础宽度大于 6m 时取 6m 计算
（D）基础宽度小于 3m 时取 0.8m 计算

44. 下面关于土体压缩性的描述，正确的是哪些选项？　　　　　　　　　　　　　　（　　）

（A）地基土的压缩性是按照 p_1 为 100kPa、p_2 为 200kPa 相对应的压缩指数划分的
（B）土的压缩性指标可采用原状土室内压缩试验、原位浅层平板载荷试验和旁压试验确定
（C）采用室内压缩试验确定压缩模量时，试验所施加的最大压力不应超过土自重压力与预计的附加压力之和
（D）当考虑土的应力历史进行沉降计算时，应进行高压固结试验，用 $e\text{-}\lg p$ 曲线确定压缩指数

45. 依据《建筑地基基础设计规范》（GB 50007—2011），在下列哪些选项的情况下可不做变形验算？　　　　　　　　　　　　　　　　　　　　　　　　　　　　　　　　　　　（　　）

（A）围海新近深厚吹填土地基上 12 层办公楼
（B）单层钢结构方舱医院
（C）地基承载力特征值为 130kPa，体型复杂的 6 层丙级建筑
（D）地基加固后，承载力达到设计要求的 32 层住宅

46. 下列哪些选项是概念设计时基桩布置所考虑的主要因素？ （ ）

（A）有效发挥基桩的承载力 （B）有效发挥桩身强度

（C）考虑成桩工艺 （D）考虑力系的最优平衡状态

47. 下列关于 PHC 管桩与钻孔灌注桩特点的说法中，哪些选项是正确的？ （ ）

（A）PHC 管桩的桩身混凝土强度等级通常高于钻孔灌注桩的桩身混凝土强度等级

（B）钻孔灌注桩对 A 地层的适应性优于 PHC 管桩

（C）PHC 管桩因桩身强度高，易于穿透硬夹层

（D）钻孔灌注桩不适合采用干成孔作业

48. 下列哪些选项的做法有利于提高腐蚀环境下钢筋混凝土桩基的耐久性？ （ ）

（A）增加保护层厚度 （B）控制最小水灰比

（C）控制最大水泥用量 （D）控制混凝土最低强度等级

49. 关于铁路桥涵工程中桩基础的选型，下列哪些选项是可行的？ （ ）

（A）振动下沉桩可用于砂类土、粉土、黏性土和碎石类土

（B）钻孔灌注桩可用于各类土层、岩层

（C）挖孔灌注桩可用于各类土层、岩层

（D）管桩基础可用于深水、有覆盖层或无覆盖层、岩面起伏等桥址条件

50. 分析评价沉（成）桩对周围环境影响时，主要包括下列哪些选项内容？ （ ）

（A）锤击沉桩产生的多次振动，对邻近既有建（构）筑物及公用设施等的损害

（B）对饱和黏性土地基宜分析评价大量、密集的挤土桩或部分挤土桩对邻近建（构）筑物和地下管线等造成的影响

（C）灌注桩施工产生的泥浆对环境的污染

（D）施工机械进出场运输对周边环境的影响

51. 某公路桥梁位于地基土和地下水均具有强腐蚀性的场地，当采用钢管桩时，下列哪些选项是防腐处理时需要考虑的主要因素？ （ ）

（A）工程重要性 （B）桩的承载力

（C）使用要求 （D）维护方法

52. 下列哪些选项的措施可有效提高灌注桩的单桩抗拔承载力？ （ ）

（A）桩侧后压浆 （B）提高桩身混凝土强度等级

（C）扩底 （D）提高配筋率

53. 当有透过砂性土土堤的地下水渗流时，下列哪些选项条件下更容易发生管涌？ （ ）

（A）水力梯度较大 （B）土的不均匀系数较小

（C）土体的级配不连续 （D）土的密实程度高

54. 下列叙述中，其计算结果应取所有可能解答中最小值的是哪些选项？ （ ）

（A）假定不同的滑移面，采用条分法求解边坡稳定的安全系数时
（B）用库仑土压力理论求解挡土墙的主动土压力时
（C）用库仑土压力理论求解挡土墙的被动土压力时
（D）用极限分析的上限定理求解土工结构的极限载荷时

55. 根据《建筑边坡工程技术规范》（GB 50330—2013），下列关于桩板挡墙设计的说法，正确的是哪些选项？ （ ）

（A）从安全性和经济性角度出发，悬臂式挡墙高度一般不宜超过 10m
（B）桩板挡墙用于滑坡支挡时，滑动面以上桩前滑体抗力可由桩前剩余抗滑力或被动土压力确定，设计时选较大值，桩前滑体可能滑动时，不计其抗力
（C）对于三类环境中的桩板挡墙，应验算桩身裂缝宽度
（D）桩板挡墙应根据桩身内力分布进行配筋，桩身承担水平力过大时宜采用斜筋抗剪

56. 根据《铁路路基支挡结构设计规范》（TB 10025—2019）的要求，加筋土挡墙作为挡土结构时，不宜设置在下列哪些选项的位置？ （ ）

（A）路肩 （B）路堤
（C）路堑 （D）滑坡

57. 某边坡开挖前后坡面及坡内两组结构面关系的赤平投影见下图，关于结构面交线与坡面关系以及对人工边坡稳定性的判断，下列哪些选项是错误的？ （ ）

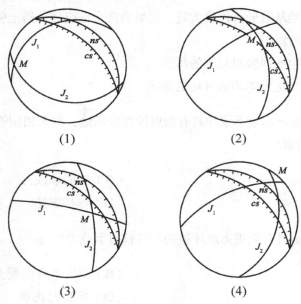

（1） （2）

（3） （4）

题 57 图

（A）图 1 中，结构面 J_1、J_2 的交线与人工边坡（cs）、天然边坡（ns）倾向相反，且交线倾角小于开挖坡角，人工边坡稳定

（B）图 2 中，结构面 J_1、J_2 的交线与人工边坡（cs）、天然边坡（ns）倾向相同，且交线倾角小于人工边坡坡角，大于天然边坡坡角，人工边坡不稳定

（C）图 3 中，结构面 J_1、J_2 的交线与人工边坡（cs）、天然边坡（ns）倾向相反，且交线倾角大于人工边坡坡角和天然边坡坡角，人工边坡不稳定

（D）图 4 中，结构面 J_1、J_2 的交线与人工边坡（cs）、天然边坡（ns）倾向相同，且交线倾角小于人工边坡坡角和天然边坡坡角，人工边坡稳定

58. 根据《岩土工程勘察规范》（GB 50021—2001）（2009 年版），在膨胀土地区进行勘察，具有下列哪些选项的特征时，可初步判定为膨胀土？ （ ）

（A）自由膨胀率大于 30%

（B）建筑物开裂多发生在旱季，裂缝宽度随季节变化

（C）干时坚硬，遇水软化，自然条件下呈坚硬或硬塑状态

（D）未经处理的建筑物成群破坏，多层较低层严重，柔性结构较刚性结构严重

59. 关于公路路基填料的说法，正确的是下列哪些选项？ （ ）

（A）红黏土可不做处理直接作为路基填料

（B）高液限土经无机结合料处理后可做路基填料

（C）膨胀土经无机结合料处理可做路基填料

（D）粗粒氯盐渍土，若盐渍化程度评定为弱盐渍土，可用于高速公路上路堤填筑

60. 某建筑地基未消除全部黄土地基湿陷量，地下水位有上升可能，下列哪些选项的设计措施是错误的？ （ ）

（A）多层砌体承重结构房屋，应有较大的刚度，房屋的单元高宽比不宜大于 3

（B）宜通过减小建筑物沉降缝两侧基础面积、调整上部结构布置等措施减小沉降缝处的基底压力

（C）水位可能上升至基础底面高程以上时，地下管沟材料宜采用抗渗混凝土并应增设柔性防水层

（D）在建筑物的同一单元内，不宜设置局部地下室

61. 在多年冻土区，铁路工程地质选线时，根据《铁路工程特殊岩土勘察规程》（TB 10038—2022）的规定，下列哪些选项是正确的？ （ ）

（A）线路宜选在地形平缓、干燥、含冰少的岩石、粗粒土地带，或在多冰、富冰冻土分布的阳坡地带通过

（B）跨越河流的桥梁宜选择在有河流融区的地段，避免将一座桥设在融区和多年冻土两种不同的地基上

（C）线路宜采用路堑，不宜采用路堤

（D）沟口融冻泥流扇和山坡热融坍塌地段，线路宜选择在其外缘下方，以桥或者路堤通过

62. 下列哪些选项符合风化花岗岩的特征？ （ ）

（A）球状风化   （B）残积层中无孤石

（C）全风化层中偶见孤石   （D）强风化层中常见孤石

63. 膨胀土建筑场地进行挡土墙设计时，根据《膨胀土地区建筑技术规范》（GB 50112—2013）的规定，下列哪些选项是正确的？   （   ）

（A）挡土墙基础埋深不应小于 1m

（B）墙背滤水层宽度不应小于 0.5m

（C）挡土墙泄水孔坡度不应小于 0.5%

（D）挡土墙高度为 5m 时，主动土压力计算应计入水平膨胀力

64. 铁路工程勘察采取岩石试样进行室内试验，下列哪些选项符合膨胀岩判定标准？   （   ）

（A）自由膨胀率 ≥ 30%   （B）膨胀力 ≥ 100kPa

（C）饱和吸水率 ≥ 10%   （D）膨胀率 ≥ 2%

65. 根据《中华人民共和国民法典》，下列关于合同履行的规定中，哪些选项是正确的？   （   ）

（A）合同生效后，当事人就质量、价款或者报酬、履行地点等内容没有约定或者约定不明确的，可以协调补充，不能达成补充协议的，按照合同有关条款或者交易习惯确定

（B）质量要求不明确的，按照国家标准、行业标准履行，没有国家标准、行业标准的，按照通常标准或者符合合同目的的特定标准履行

（C）价款或者报酬不明确的，按照订立合同时履行地的市场价格履行，依法应当执行政府定价或者政府指导价的，按照规定履行

（D）执行政府定价或者政府指导价的，在合同约定的交付期限内政府价格调整的，按照合同签订时的价格计价

66. 根据住房和城乡建设部令第 13 号《房屋建筑和市政基础设施工程施工图设计文件审查管理办法》（2018 年修订版）的规定，审查机构应当对施工图审查下列哪些选项的内容？   （   ）

（A）地基基础和主体结构的安全性

（B）消防安全性

（C）人防指挥工程防护安全性

（D）是否符合民用建筑节能强制性标准

67. 根据住房和城乡建设部《建设工程勘察质量管理办法》的规定，下列关于工程勘察企业相关责任人的勘察质量责任界定中，哪些选项是正确的？   （   ）

（A）工程勘察企业法定代表人对本企业勘察质量负主要责任

（B）项目负责人对项目的勘察文件负全面质量责任

（C）项目审核人对其审核项目的勘察文件负审核的质量责任

（D）项目审定人对其审定项目的勘察文件负审定的质量责任

68. 根据《中华人民共和国建筑法》，建筑工程施工需要申领许可证时，需要具备下列哪些选项的条件？ （   ）

（A）已经办理该建筑工程用地批准手续

（B）已经确定建筑施工企业

（C）场地已经完成"三通一平"（即通路、通水、通电，场地已经平整）

（D）有满足施工需要的资金安排、施工图纸及技术资料

69. 关于生产经营单位的安全生产保障，下列哪些选项的说法是正确的？ （   ）

（A）生产经营单位对重大危险源应当登记建档，进行定期检测、评估、监控，并制定应急预案，告知从业人员和相关人员在紧急情况下应当采取的应急措施

（B）生产经营单位应当按照国家有关规定将本单位重大危险源及有关安全措施、应急措施报有关地方人民政府建设管理部门备案

（C）生产经营单位应当建立安全风险分级管控制度，按照安全风险分级采取相应的管控措施

（D）生产经营单位应当建立健全并落实生产安全事故隐患排查治理制度，采取技术管理措施，及时发现并消除事故隐患。事故隐患排查治理情况应当如实记录，并通过职工大会或者职工代表大会、信息公示栏等方式向从业人员通报

70. 以下注册工程师管理规定中有关注册的说法，下列哪些选项是错误的？ （   ）

（A）注册工程师实行注册执业管理制度，取得资格证书的人员，可以以注册工程师的名义执业

（B）省、自治区、直辖市人民政府建设主管部门在收到申请人的申请材料后，应当做出是否受理的决定，并向申请人出具书面凭证

（C）申请材料不齐全或者不符合法定形式的，应当在 5 日内一次性告知申请人需要补正的全部内容。逾期不告知的，自收到申请材料之日起即为受理

（D）注册证书和执业印章是注册工程师的执业凭证，由注册工程师本人或受聘单位保管、使用。注册证书和执业印章的有效期为 3 年

2022 年补考专业知识试题（上午卷）

一、单项选择题（共 40 题，每题 1 分。每题的备选项中只有一个最符合题意）

1. 某岩溶场地面积 0.8km²，地表调查发现 5 处直径 0.3～1.0m 岩溶（土洞）塌陷坑，场地内共施工钻孔 90 个，发现有岩溶现象的钻孔 35 个，孔内多见岩溶裂隙，部分为空洞。根据《建筑地基基础设计规范》（GB 50007—2011），该场地岩溶发育等级为下列哪个选项？ （　　）

（A）强发育　　　　　　　　　　　　（B）中等发育
（C）弱发育　　　　　　　　　　　　（D）不发育

2. 城市轨道交通工程采用盾构法施工，勘察提供的土样黏聚力不能用于以下哪个选项的工作？ （　　）

（A）计算土压力
（B）盾构选型
（C）推算黏性土强度
（D）确定剪切破坏区

3. 根据《铁路工程地质勘察规范》（TB 10012—2019），建筑物地基承载力对应的基础短边最大宽度和基础最大埋置深度为下列哪个选项？ （　　）

（A）2.0m，3.0m　　　　　　　　　　（B）3.0m，4.0m
（C）4.0m，5.0m　　　　　　　　　　（D）5.0m，6.0m

4. 关于抽水试验，下图 3 条出水量与水位降深 $Q\text{-}s$ 曲线中，最有可能表示地下水补给条件差的是哪个选项？ （　　）

（A）曲线 I

（B）曲线 II

（C）曲线 III

（D）三者均有可能

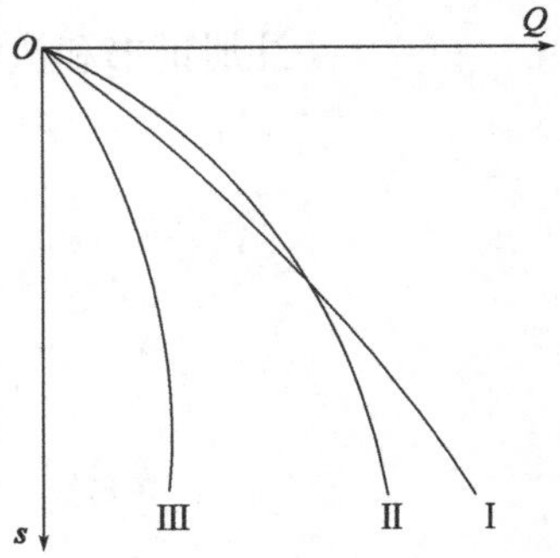

题 4 图

5. 在渗流作用下，表层土体出现隆起、颗粒浮动的现象，根据《水利水电工程地质勘察规范》（GB 50487—2008）（2022 年版），可判定土体发生了哪种类型的渗透破坏？ （　　）

（A）流土　　　　　　　　　　　　　（B）管涌
（C）接触流失　　　　　　　　　　　（D）接触冲刷

6. 根据下图所示的地层关系，对于断层类型的判定，正确的是哪个选项？ （　　）

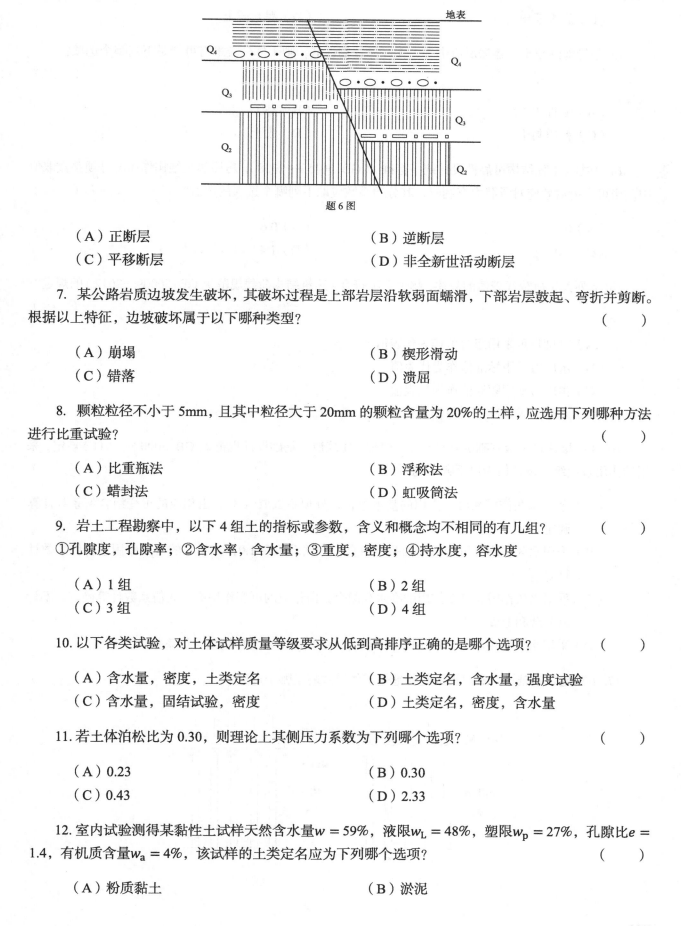

题 6 图

（A）正断层   （B）逆断层

（C）平移断层   （D）非全新世活动断层

7. 某公路岩质边坡发生破坏，其破坏过程是上部岩层沿软弱面蠕滑，下部岩层鼓起、弯折并剪断。根据以上特征，边坡破坏属于以下哪种类型？   （　　）

（A）崩塌   （B）楔形滑动

（C）错落   （D）溃屈

8. 颗粒粒径不小于 5mm，且其中粒径大于 20mm 的颗粒含量为 20% 的土样，应选用下列哪种方法进行比重试验？   （　　）

（A）比重瓶法   （B）浮称法

（C）蜡封法   （D）虹吸筒法

9. 岩土工程勘察中，以下 4 组土的指标或参数，含义和概念均不相同的有几组？   （　　）
①孔隙度，孔隙率；②含水率，含水量；③重度，密度；④持水度，容水度

（A）1 组   （B）2 组

（C）3 组   （D）4 组

10. 以下各类试验，对土体试样质量等级要求从低到高排序正确的是哪个选项？   （　　）

（A）含水量，密度，土类定名   （B）土类定名，含水量，强度试验

（C）含水量，固结试验，密度   （D）土类定名，密度，含水量

11. 若土体泊松比为 0.30，则理论上其侧压力系数为下列哪个选项？   （　　）

（A）0.23   （B）0.30

（C）0.43   （D）2.33

12. 室内试验测得某黏性土试样天然含水量 $w = 59\%$，液限 $w_L = 48\%$，塑限 $w_p = 27\%$，孔隙比 $e = 1.4$，有机质含量 $w_a = 4\%$，该试样的土类定名应为下列哪个选项？   （　　）

（A）粉质黏土   （B）淤泥

（C）淤泥质土   （D）泥炭质土

13. 某场地细粒土，摇振反应中等，无光泽，韧性低，则土体分类最有可能是下列哪个选项？

                                                                （   ）

（A）黏性土   （B）黏土

（C）粉质黏土   （D）粉土

14. 根据《工程结构可靠性设计统一标准》（GB 50153—2008），房屋建筑结构作用的分项系数取值中，当可变荷载效应对承载力有利时，其分项系数应取下列哪个选项的数值？   （   ）

（A）0   （B）0.6

（C）1.0   （D）1.4

15. 下列关于荷载代表值的叙述，哪个选项符合《建筑结构荷载规范》（GB 50009—2012）的规定？

                                                                  （   ）

（A）基础自重采用组合值作为代表值

（B）水压力采用标准值作为代表值

（C）预应力采用频遇值作为代表值

（D）水压力采用准永久值作为代表值

16. 在高层建筑筏板基础沉降计算中，根据《建筑地基基础设计规范》（GB 50007—2011）规定，采用的作用效应组合设计值为以下哪个选项？   （   ）

（A）采用永久作用和可变作用的基本组合，分项系数取 1.35，由相应的可变组合值系数计算确定

（B）采用永久作用和可变作用的基本组合，分项系数取 1.0，由相应的可变作用组合值系数计算确定

（C）采用永久作用和可变作用的准永久组合，由相应的可变作用准永久值系数计算确定，不计风荷载和地震作用

（D）采用永久作用和可变作用的标准组合，由相应的可变作用组合值系数计算确定

17. 下列地基基础设计难以形成复合地基工作模式的是哪个选项？   （   ）

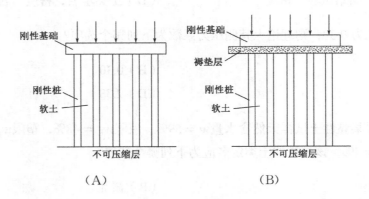

（A）   （B）

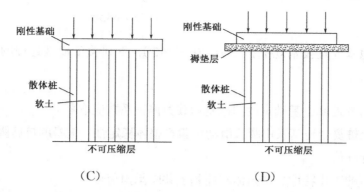

（C） （D）

18. 根据《建筑地基处理技术规范》（JGJ 79—2012），下列关于强夯法地基处理说法错误的是哪个选项？ （ ）

（A）大型强夯施工前应进行试验性施工
（B）夯点的夯击应不至于使夯坑过深发生提锤困难
（C）每完成一遍夯点夯击后应进行低能量满夯
（D）渗透性好的地基可连续夯击

19. 软黏土地基某点土体在自重状态下的有效应力莫尔圆如图所示，则真空预压时该点的有效应力莫尔圆为下列哪个选项的图形？ （ ）

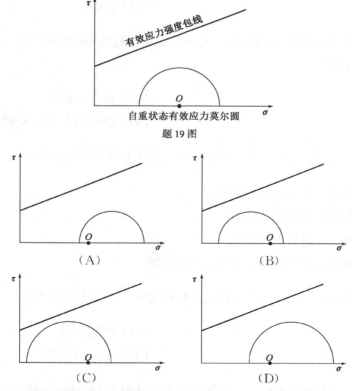

题 19 图

（A） （B）

（C） （D）

20. 某软土场地拟建建筑物采用筏板基础，基础尺寸 22m × 17m，采用真空预压法处理地基时，按《建筑地基处理技术规范》（JGJ 79—2012）要求，真空预压区面积最小值最接近下列哪个选项？ （ ）

（A）375m² （B）460m²

（C）500m²   （D）645m²

21. 根据《建筑地基处理技术规范》（JGJ 79—2012），下列关于地基处理的论述中错误的是哪个选项？ （　　）

    （A）经处理后的地基，基础宽度的地基承载力修正系数应取零

    （B）素混凝土桩复合地基采用圆弧滑动法验算整体稳定性，桩身的抗剪强度可取素混凝土的抗剪强度标准值

    （C）复合地基的工作特性是增强体和地基土共同承担荷载

    （D）多桩型复合地基中的刚性桩可不在基础外布桩

22. 水灰比为 0.6 的水泥浆，其孔隙比最接近下列哪个选项？（水泥比重取 2.9） （　　）

    （A）1.74   （B）1.90

    （C）2.05   （D）2.30

23. 某饱和软土地基采用预压法处理，若某时刻该软土层因预压荷载增加的有效应力图形面积是超静水压力图形面积的 4 倍，则此时该软土层的平均固结度最接近下列何值？ （　　）

    （A）40%   （B）60%

    （C）80%   （D）100%

24. 某场地采用 CFG 桩与灰土挤密桩组合的多桩型复合地基加固处理湿陷性黄土地基，一般情况下应先施工的是下列哪个选项？ （　　）

    （A）CFG 桩   （B）灰土挤密桩

    （C）垫层   （D）CFG 桩与灰土挤密桩同步流水施工

25. 盾构法施工中，进行盾尾同步注浆不能起到的作用是下列哪个选项？ （　　）

    （A）尽早填充地层，减少地基沉陷量

    （B）能够提供长期稳定的防水能力

    （C）能够对周围土体进行有效加固

    （D）确保管片衬砌的早期稳定性和间隙的密实性

26. 铁路盾构隧道衬砌设计时，地基土侧向弹性抗力按下列哪个选项考虑？ （　　）

    （A）主要荷载   （B）附加荷载

    （C）特殊荷载   （D）不作为荷载

27. 某安全等级为二级的建筑基坑，土钉轴向拉力设计值为 150kN（γ_r 取 1.25），则抗拔承载力检测值应最接近下列哪个选项？ （　　）

    （A）150kN   （B）156kN

    （C）195kN   （D）300kN

28. 隧道穿越富水破碎带时，不适宜的措施是下列哪个选项？ （ ）

（A）管棚 （B）双液注浆

（C）及时封闭仰拱 （D）长进尺快速穿越

29. 如图所示，某建筑物地基为砂岩，考虑地下室外墙所承受的侧压力的作用，墙外土体的应力状态为下列哪个选项？ （ ）

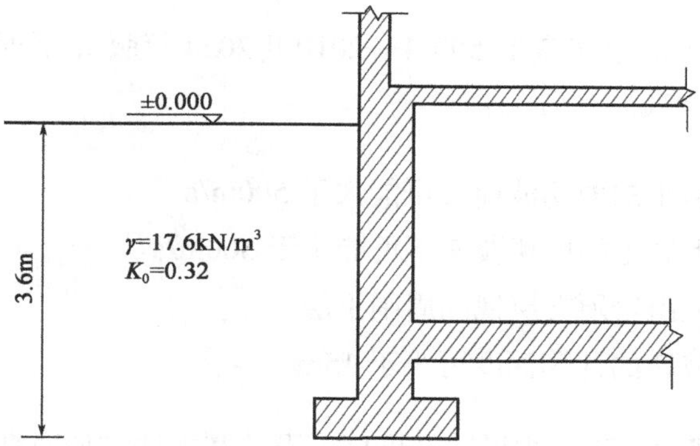

题 29 图

（A）极限平衡状态 （B）库仑应力状态

（C）朗肯应力状态 （D）弹性平衡状态

30. 在某中粗砂场地开挖基坑，当场地地下水水位上升时，支护桩墙墙背上所受到的主动土压力和水土总压力的变化符合下列哪个选项？ （ ）

（A）变大，变大 （B）变小，变大

（C）变小，变小 （D）变大，变小

31. 关于公路隧道喷锚衬砌，下列哪个选项的说法是错误的？ （ ）

（A）钢筋网喷射混凝土厚度不应小于 50mm

（B）软岩围岩地段，采用预应力锚杆时，预加力不应小于 100kN

（C）系统锚杆间距不宜大于锚杆长度的 1/2 且不宜大于 1.5m

（D）如果增设格栅钢架，其间距宜为 0.5～1.2m

32. 某天然地基的地基土为稍密的细砂，深宽修正后的地基承载力特征值为 200kPa，地基抗震承载力为下列哪个选项？ （ ）

（A）200kPa （B）220kPa

（C）260kPa （D）300kPa

33. 下列关于极罕遇地震动的说法中正确的是哪个选项？ （ ）

（A）相应于 50 年超越概率为 2% 的地震动

（B）相应于 50 年超越概率为 10% 的地震动

（C）相应于 50 年超越概率为 63% 的地震动

（D）相应于年超越概率为 10^{-4} 的地震动

34. 某公路工程地基土不液化，单桩竖向承载力采用静载荷试验确定，当进行抗震验算时，单桩竖向承载力可提高的幅度为下列哪个选项？　　　　　　　　　　　　　　　　（　　）

（A）15%

（B）25%

（C）33%

（D）50%

35. 根据《建筑抗震设计标准》（GB/T 50011—2010）（2024 年版），下列说法中正确的是哪个选项？　　　　　　　　　　　　　　　　　　　　　　　　　　　　　　　　（　　）

（A）覆盖层范围内岩土的剪切波速不可能大于 500m/s

（B）覆盖层深度以下岩土的剪切波速不可能小于 500m/s

（C）覆盖层范围内火山岩硬夹层视同周围土层

（D）土层等效剪切波速的计算深度可小于 15m

36. 某大跨度建筑结构场地位于抗震设防 8 度区，设计基本地震加速度为 $0.2g$，设计地震分组为第二组。按《建筑抗震设计标准》（GB/T 50011—2010）（2024 年版）规定，在多遇地震作用下，建筑结构的竖向地震影响系数最大值最接近下列哪个选项？　　　　　　　　　　　　　（　　）

（A）0.08

（B）0.10

（C）0.16

（D）0.24

37. 抗震性能最差的公路路堤是下列哪个选项？　　　　　　　　　　　　　　　　　（　　）

（A）采用粗砂填筑的压实度为 92% 的路堤

（B）采用粉质黏土填筑的压实度为 92% 的路堤

（C）采用碎石土填筑的压实度为 92% 的路堤

（D）采用粉质黏土填筑的压实度为 95% 的路堤

38. 某建筑桩基工程，拟对桩身完整性进行普查，选用下列哪个选项的方法进行检测最为恰当？　　　　　　　　　　　　　　　　　　　　　　　　　　　　　　　　　　　　（　　）

（A）钻芯法

（B）高应变法

（C）低应变法

（D）声波透射法

39. 动剪应力比是指试样处于下列哪个选项界面上的动剪应力与侧向有效固结应力的比值？　　　　　　　　　　　　　　　　　　　　　　　　　　　　　　　　　　　　　　（　　）

（A）30°

（B）45°

（C）60°

（D）90°

40. 下列关于基桩检测的说法中，正确的是哪个选项？　　　　　　　　　　　　　　（　　）

（A）高应变法可用于检测桩底沉渣厚度

（B）基桩承载力验收检测时，宜部分选择完整性检测中判断的Ⅲ类桩

（C）基桩承载力检测时，锚桩可不进行桩身完整性检测

（D）为设计提供依据的试验桩，加载量应不小于设计要求的单桩承载力特征值的 2.0 倍

二、多项选择题（共 30 题，每题 2 分。每题的备选项中有两个或三个符合题意，错选、少选、多选均不得分）

41. 关于岩土工程勘察中开展的工程地质测绘和调查工作，下列说法正确的是哪些选项？（　　）

（A）地质界线和地质观测点的测绘精度，在图上不应低于 5mm

（B）工程地质测绘的比例尺，详细勘察可选用 1∶500～1∶2000

（C）对地质条件简单的场地，可用调查代替工程地质测绘

（D）利用遥感影像资料解译进行工程地质测绘时，现场检验地质观测点数宜为工程地质测绘点数的 20%

42. 关于填土，下列哪些选项的说法是错误的？（　　）

（A）根据物质组成和堆填方式，填土可分为素填土、杂填土、冲填土和压实填土

（B）级配良好的素填土一般不具有湿陷性

（C）建筑垃圾、工业废料等杂填土不得作为天然地基

（D）杂填土的密度试验宜采用大容积法

43. 不能用达西定律准确描述渗流规律的地下水类型是下列哪些选项？（　　）

（A）岩溶水　　　　　　　　　　　　（B）基岩裂隙水

（C）高流速孔隙水　　　　　　　　　（D）低流速孔隙水

44. 十字板剪切试验可用于测定饱和软黏土下列哪些选项的指标？（　　）

（A）不排水抗剪强度　　　　　　　　（B）灵敏度

（C）残余抗剪强度　　　　　　　　　（D）静止侧压力系数

45. 某地钻孔深度范围内，岩芯可见饼化现象，关于该段岩体特性和隧道施工，说法正确的是下列哪些选项？（　　）

（A）岩体侧压力系数大于 1.0　　　　（B）岩体侧压力系数小于 1.0

（C）隧道硬岩段可能出现岩爆现象　　（D）隧道软岩段可能出现大变形问题

46. 根据《高层建筑岩土工程勘察标准》（JGJ/T 72—2017），关于基床系数说法正确的是下列哪些选项？（　　）

（A）用于测定基床系数的标准承压板应为边长 300mm 的方形板

（B）基准基床系数可取实测的比例界限压力与其对应沉降量之比来确定

（C）基床系数可分为竖向和水平向基床系数

（D）用于设计的基床系数均应按基础尺寸进行修正

47. 根据《工程结构可靠性设计统一标准》（GB 50153—2008），地基基础超过了承载能力极限状态的是下列哪些选项？　　　　　　（　　）

（A）地基基础的一部分作为刚体失去平衡
（B）地基基础因材料强度被超过发生疲劳破坏
（C）地基基础发生肉眼可见的不均匀沉降
（D）地基基础发生影响建筑寿命的裂缝

48. 按照《建筑地基基础设计规范》（GB 50007—2011）规定，以下地基基础的设计中，作用效应取值正确的是下列哪些选项？　　　　　　（　　）

（A）无筋扩展基础按宽高比确定高度时，基底压力采用承载能力极限状态下作用的基本组合
（B）筏板基础的裂缝控制计算，基底压力采用承载能力极限状态下作用的基本组合
（C）岩石锚杆基础抗拔力验算，基础顶面竖向力采用正常使用极限状态下作用的标准组合
（D）软弱下卧层地基承载力验算，基底压力采用正常使用极限状态下作用的标准组合

49. 关于地基基础设计等级的确定，符合《建筑地基基础设计规范》（GB 50007—2011）规定的为下列哪些选项？　　　　　　（　　）

（A）主体 17 层，裙房 4 层，且连成一体的建筑，设计等级为甲级
（B）4 层框架结构精密仪器厂房，沉降差要求 ≤5mm，设计等级为乙级
（C）2 层地下商场，单层面积 2.5 万 m²，设计等级为甲级
（D）场地及荷载分布均匀，地基承载力特征值 120kPa，6 层住宅建筑，设计等级为乙级

50. 根据《建筑边坡工程鉴定与加固技术规范》（GB 50843—2013），边坡工程宜采用锚固加固法的是下列哪些选项？　　　　　　（　　）

（A）施工期稳定性较差的无放坡条件的边坡
（B）欠固结的新填土边坡
（C）抗震设防烈度较高地区的岩质边坡
（D）竖向压缩变形较大的高土质边坡

51. 地基处理方法中，可能会因施工控制不当引起剪应力增加并导致地基破坏的是下列哪些选项？　　　　　　（　　）

（A）堆载预压法　　　　　　（B）换填法
（C）降低地下水位法　　　　　　（D）真空预压法

52. 采用强夯置换法处理软土地基时，下列哪些选项符合《建筑地基处理技术规范》（JGJ 79—2012）的规定？　　　　　　（　　）

（A）处理范围应超出基础外缘不小于 2m
（B）墩顶应设置不小于 0.5m 的压实垫层
（C）强夯置换地基处理试验只需进行现场静载试验

（D）可按单墩静载试验确定的变形模量计算加固区的地基变形

53. 关于土体劈裂注浆的说法，下列哪些选项是正确的？　　　　　　　　　　（　　）

（A）具有压密效果　　　　　　　　　　（B）通过劈裂面实现浆液渗透

（C）在土体中形成泡状固结体　　　　　（D）提高土体渗透性

54. 为保证振冲碎石桩的桩身质量，施工时必须控制的指标是下列哪些选项？　（　　）

（A）密实电流　　　　　　　　　　　　（B）填料量

（C）留振时间　　　　　　　　　　　　（D）造孔速度

55. 符合《建筑地基处理技术规范》（JGJ 79—2012）规定的 CFG 桩（水泥粉煤灰碎石桩）布桩方式是下列哪些选项？　　　　　　　　　　　　　　　　　　　　　　　　　（　　）

（A）框架核心筒结构，核心筒部位减小桩距、加大桩长

（B）建筑防震缝部位增大桩距、减小桩长

（C）多层建筑条形基础下单排布桩

（D）地基反力均匀分布的梁板式筏基均匀布桩

56. 根据《建筑地基处理技术规范》（JGJ 79—2012），下列关于地基处理范围的说法，正确的是哪些选项？　　　　　　　　　　　　　　　　　　　　　　　　　　　　　　（　　）

（A）真空预压区范围取建筑物基础轮廓线外扩 2m

（B）基底下 8m 土体采用强夯处理，强夯范围取建筑物基础轮廓线外扩 5m

（C）振冲桩处理液化地基，处理范围取建筑物基础轮廓线外扩 4m

（D）注浆钢管桩只布置在建筑物基础轮廓范围内

57. 在高地应力地区隧道施工，可以用于防治岩爆的措施是下列哪些选项？　　（　　）

（A）掌子面上打设压力释放孔　　　　　（B）增设超前锚杆或格栅钢架支护

（C）采用人工开挖代替爆破开挖　　　　（D）对围岩及前方掌子面打设注水孔注水

58. 有利于地下连续墙槽壁稳定的措施是下列哪些选项？　　　　　　　　　　（　　）

（A）增加导墙厚度和刚度　　　　　　　（B）在允许范围内增大泥浆的黏度

（C）适当增加泥浆比重　　　　　　　　（D）减小槽段的长度

59. 地下连续墙与主体结构外墙结合时，下列哪些选项的表述是正确的？　　　（　　）

（A）地下连续墙采用复合墙设计时，地下连续墙与混凝土内衬墙应考虑传递剪力

（B）地下连续墙采用复合墙或叠合墙设计时，地下连续墙均应进行裂缝宽度验算

（C）地下连续墙应对接头进行抗剪验算

（D）同等厚度复合墙抗弯刚度小于叠合墙

60. 对于地震动峰值加速度 $0.2g$ 地区的铁路隧道，符合《铁路隧道设计规范》（TB 10003—2016）要求的措施是下列哪些选项？　　（　　）

（A）浅埋土质隧道进行围岩径向注浆
（B）活动断层破碎带地段预留断面净空
（C）抗震设防段采用直墙式衬砌
（D）抗震设防段衬砌设变形缝

61. 关于对顶管工作井后背土体进行加固所起到的作用，下列哪些选项是正确的？　　（　　）

（A）提高工作井壁稳定性
（B）减少后背土体变形，避免顶管顶进方向失控
（C）减少顶进和开挖时环境影响
（D）避免顶进时工具管开挖面涌水

62. 某公路工程岩溶场地勘探，下列关于勘探深度叙述正确的是哪些选项？　　（　　）

（A）填方和挖方路基地段勘探孔深度应至基底以下完整地层内不小于 10m，在该深度内遇岩溶洞穴时，应进入岩溶洞穴底板稳定基岩 3～5m
（B）采用浅基础的构筑物，勘探孔深度应至基底以下完整基岩不小于 5m
（C）采用桩基础时，勘探孔深度应至桩端以下完整基岩中 5～10m
（D）隧道勘探孔深度应至基底以下完整基岩中 3～5m

63. 关于水工建筑物抗震设计，下列哪些选项的说法是正确的？　　（　　）

（A）对应于第一振型的结构自振周期称基本自振周期
（B）拟静力法是将重力作用、设计地震加速度与重力加速度比值、给定的动态分布系数三者之和作为设计地震力的静力分析方法
（C）地震动过程中，地表质点运动加速度的最大绝对值称为地震动峰值加速度
（D）设计地震的参数包括峰值加速度、反应谱、持续时间及加速度时程

64. 抗震设计中计算建筑所在地区遭受的地震影响时，表征抗震设防烈度的是下列哪些选项？　　（　　）

（A）震中距
（B）设计基本地震加速度
（C）场地类别
（D）特征周期

65. 某山区建筑场地，抗震设防烈度为 8 度（$0.20g$），无地下水，场区内地面高差较大的部位采用桩板墙支护，桩板墙结构采用库仑理论进行抗震设计时，下列哪些选项的说法是正确的？（ρ 为地震角）　　（　　）

（A）土的重度应除以余弦修正
（B）土对墙背的摩擦角应加上 ρ 修正
（C）墙后土体的内摩擦角应按地震烈度加上 ρ 修正
（D）根据工程重要性，ρ 的范围取 $1.5°～10°$

66. 在重力坝抗震设计中，有利于提高重力坝抗震稳定性的措施是下列哪些选项？ （ ）

（A）地基中若有断层，应采取工程处理措施，并适当提高底部混凝土强度等级

（B）增大坝体上部的重量和刚度，并适当配筋

（C）重力坝孔口周边等抗震薄弱部位应加强配筋

（D）重力坝轴线宜取弧线

67. 某高速公路以路堤形式通过抗震设防烈度为 7 度的河流阶地，设计基准期内年平均地下水位埋深 3m，由上而下各地层特征详见下表，按照《公路工程地质勘察规范》（JTG C20—2011）进行液化初判，下列哪些选项的说法是正确的？ （ ）

题 67 表

土层编号	土名	层底埋深（m）	性质简述
①	粉土	8	Q_4，黏粒含量 8%
②	粉细砂	10	Q_4，黏粒含量 5%
③	粉土	15	Q_3，黏粒含量 9%
④	粉土	30	黏粒含量 8%

（A）粉土①不液化　　　　　　　　　　（B）粉细砂②可能液化

（C）粉土③不液化　　　　　　　　　　（D）粉土④可能液化

68. 抗震设计时，可不采取消除软土地基震陷影响措施的工况是下列哪些选项？ （ ）

（A）抗震设防烈度为 7 度时，基础底面以下非软弱土层的厚度 $> 0.5B$（B 为基础底面宽度）且 $> 5m$

（B）抗震设防烈度为 7 度时，基础底面以下非软弱土层的厚度 $> 0.5B$ 或 $> 5m$

（C）抗震设防烈度为 9 度时，基础底面以下非软弱土层的厚度 $\geq 1.5B$ 且 $> 8m$

（D）抗震设防烈度为 9 度时，基础底面以下非软弱土层的厚度 $\geq 1.5B$ 或 $> 8m$

69. 某大型工程采用夯实水泥土桩复合地基，竣工验收时应进行的复合地基承载力检验试验是下列哪些选项？ （ ）

（A）单桩复合地基静载荷试验　　　　　（B）单桩静载荷试验

（C）多桩复合地基静载荷试验　　　　　（D）桩间土静载荷试验

70. 低应变法对基桩进行完整性检测时，下列哪些选项的情况会引起二次反射的时域信号？ （ ）

（A）灌注桩桩身处于水位线附近

（B）桩身截面扩径突变处

（C）混凝土灌注桩桩身截面渐变后恢复至原桩径处

（D）大直径预制管桩桩孔内土芯闭塞部位

2022 年补考专业知识试题（下午卷）

一、单项选择题（共 40 题，每题 1 分。每题的备选项中只有一个最符合题意）

1. 某砌体建筑因基础不均匀沉降在立面产生如图所示裂缝，据图可推测基础沉降最小的位置是下列哪个选项？ （　　）

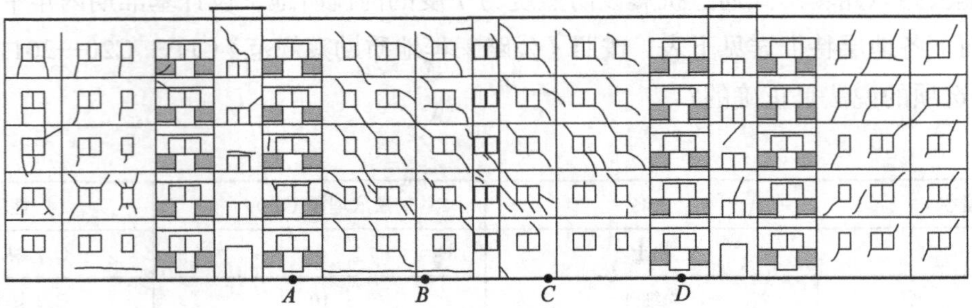

题 1 图

（A）A 点 　　　　　　　　　　　　　　（B）B 点
（C）C 点 　　　　　　　　　　　　　　（D）D 点

2. 基底压力的大小和分布与下面哪个选项的因素基本无关？ （　　）

（A）荷载大小和分布 　　　　　　　　　（B）基底土层的性质
（C）基础抗压刚度 　　　　　　　　　　（D）基础抗弯刚度

3. 按照《建筑地基基础设计规范》（GB 50007—2011）的规定，对地基承载力进行深度和宽度修正时，下列叙述正确的是哪个选项？ （　　）

（A）基础底面宽度大于 6m 时按 6m 取值，对黏性土小于 3m 时按实际宽度取值
（B）对淤泥质土，基础埋深对承载力修正不产生影响
（C）大面积压实填土地基，承载力只进行深度修正
（D）采用深层载荷试验确定碎石土地基承载力特征值时，其深度修正系数为 4.4

4. 《建筑地基基础设计规范》（GB 50007—2011）给出了根据土的抗剪强度指标确定地基承载力特征值的计算公式，按地基承载力理论，该公式的类型属于下列哪个选项？ （　　）

（A）极限荷载公式，但需要除以安全系数
（B）塑性区开展深度为 0 时所对应的临塑荷载公式
（C）塑性区开展深度为基础宽度 1/4 时所对应的临界荷载公式
（D）经修正的塑性区开展深度为基础宽度 1/4 的临界荷载公式

5. 一般情况下，同一种土不同重度间的关系为下列哪个选项？ （　　）

（A）$\gamma_{sat} > \gamma_d > \gamma > \gamma'$ 　　　　　　（B）$\gamma_{sat} > \gamma > \gamma_d > \gamma'$
（C）$\gamma > \gamma_d > \gamma_{sat} > \gamma'$ 　　　　　　（D）$\gamma_d > \gamma_{sat} > \gamma > \gamma'$

6. 三个条形基础，基础尺寸、埋深等参数均相同，基底净反力的合力相同，只是反力的分布形态不同，A 基础为均匀分布，B 基础为马鞍形分布，C 基础为倒钟形分布，比较三个基础翼板根部的内力，下列说法正确的是哪个选项？　　　　　　　　　　　　　　　　　　　（　　）

（A）A 基础弯矩最大　　　　　　　　　　　（B）B 基础弯矩最大

（C）C 基础弯矩最大　　　　　　　　　　　（D）三个基础弯矩相等

7. 根据《建筑桩基技术规范》（JGJ 94—2008），关于桩基承台效应系数 η_c 的描述，正确的是下列哪个选项？　　　　　　　　　　　　　　　　　　　　　　　　　　（　　）

（A）承台的效应系数 η_c 反映了桩基的群桩效应

（B）承台的效应系数 η_c 随桩间距的增大而增大

（C）单排桩的承台效应系数 η_c 小于多排的承台效应系数 η_c

（D）柱下 3 桩独立承台桩基，其承台效应系数 η_c 取 1.0

8. 根据《建筑桩基技术规范》（JGJ 94—2008），下列关于计算桩基础最终沉降量的等效作用分层总和法的说明，哪个选项是正确的？　　　　　　　　　　　　　　　　　　（　　）

（A）考虑了桩侧土的压缩

（B）考虑了承台效应

（C）考虑了桩身压缩

（D）仅考虑桩端平面以下土层压缩量

9. 某建筑桩基桩端持力层为砂土，根据《建筑桩基技术规范》（JGJ 94—2008），桩端全断面进入持力层的深度不宜小于下列哪个选项（d 为桩径）？　　　　　　　　　　　（　　）

（A）0.5d　　　　　　　　　　　　　　　　（B）1.0d

（C）1.5d　　　　　　　　　　　　　　　　（D）2.0d

10. 竖向承载摩擦型桩，桩端持力层为黏土，桩侧存在厚度较大的新近填土层，关于桩土的受力变形，以下描述正确的是哪个选项？　　　　　　　　　　　　　　　　　　　（　　）

（A）桩身轴力自桩顶开始逐渐减小

（B）负摩阻力、中性点与桩顶荷载处于动态平衡

（C）在中性点位置，桩侧土沉降为零

（D）桩身最大轴力发生在桩端截面位置

11. 关于 CFG 桩复合地基中桩和桩基础中桩的设计计算叙述，下列哪个选项是正确的？　　（　　）

（A）均需要进行桩身强度验算

（B）均需要进行桩身压缩量计算

（C）复合地基中的桩不需要桩身强度验算，桩基础中的桩需要桩身强度验算

（D）复合地基中的桩需要计算桩身压缩量，桩基础中的桩不需要计算桩身压缩量

12. 某静压 PHC 管桩工程，采用液压式压桩机，压桩机重量 2150kN，根据《建筑桩基技术规范》（JGJ 94—2008），如果配重为 3000kN，则该压桩机最大压桩力应取下列哪个选项？ （　　）

（A）5150kN
（B）4630kN
（C）4120kN
（D）3000kN

13. 某铁路沉井自重为 Q，沉井高度较小，采用排水下沉时假定摩擦力按倒三角形分布，其沉井截面中最大拉力值为下列哪个选项？ （　　）

（A）$Q/4$
（B）$Q/3$
（C）$Q/2$
（D）$2Q/3$

14. 某铁路工程钻孔灌注桩的设计桩径为 1.2m，根据《铁路桥涵地基和基础设计规范》（TB 10093—2017），其承台边缘至最外一排桩的净距不应小于下列哪个选项的数值？ （　　）

（A）0.25m
（B）0.36m
（C）0.50m
（D）0.60m

15. 直立临时性Ⅲ类岩质边坡，边坡高度 10m，坡顶无建筑物，无外倾结构面。初步估算边坡坍塌范围时，根据《建筑边坡工程技术规范》（GB 50330—2013），其边坡坡顶坍塌区外缘至坡底水平投影距离最接近下列哪个选项？ （　　）

（A）1.40m
（B）2.70m
（C）3.25m
（D）5.35m

16. 边坡整体稳定条件下，根据《建筑边坡工程技术规范》（GB 50330—2013），下列关于边坡坡面防护的表述，哪个选项是错误的？ （　　）

（A）砌体护坡适用于坡度小于 45°的土质挖方边坡
（B）坡率为 1：0.6 中风化的易风化岩质边坡可采用喷射砂浆进行坡面防护
（C）素混凝土护面墙适用于风化严重的软质岩石边坡
（D）边坡坡度大于 60°的易风化岩质边坡不可采用喷射混凝土进行坡面防护

17. 在下列锚索结构中，永久性拉力型锚索和永久性压力型锚索都包含的部件类型数为下列哪个选项？ （　　）
①锚具，②涂塑钢绞线，③隔离架，④保护套管，⑤底部承载板，⑥锚固段灌浆体，⑦注浆管，⑧垫座

（A）5 类
（B）6 类
（C）7 类
（D）8 类

18. 一均质饱和软黏土边坡沿图示的圆弧滑动面滑动，土的不排水抗剪强度 $c_u = 20$kPa，滑动圆心在 O 点，滑动圆弧半径为 12m，弧 AB 对应的圆心角 108°。每米宽度上的整体抗滑力矩最接近下列哪个选项？ （　　）

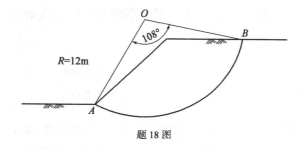

题 18 图

（A）1326kN·m/m
（B）2576kN·m/m
（C）3846kN·m/m
（D）5426kN·m/m

19. 某铁路路堑边坡采用土钉墙加固，墙高 6m，墙面坡率 1:0.3，土钉成孔直径 110mm，垂直于墙面，水平间距和竖向间距均为 1.2m，某排土钉处的水平土压应力为 21.4kPa。根据《铁路路基支挡结构设计规范》（TB 10025—2019），该处土钉承受的拉力最接近下列哪个选项？（　　）

（A）21kN
（B）26kN
（C）32kN
（D）42kN

20. 某安全等级为三级的永久细砂边坡，坡顶水平，坡高 6m，细砂的自然休止角为 32°，黏聚力为 0，饱和重度为 20kN/m³，边坡坡角为 15°。当坡面存在顺坡渗流作用时。根据《建筑边坡工程技术规范》（GB 50330—2013），该边坡的稳定状态为下列哪个选项？（　　）

（A）不稳定
（B）欠稳定
（C）基本稳定
（D）稳定

21. 某石英砂岩内的一条结构面有泥质充填物，在计算边坡稳定性时，根据《建筑边坡工程技术规范》（GB 50330—2013），该结构面的抗剪强度标准值合理的经验取值是下列哪个选项？（　　）

（A）$c=100$kPa，$\varphi=30°$
（B）$c=60$kPa，$\varphi=20°$
（C）$c=30$kPa，$\varphi=15°$
（D）$c=10$kPa，$\varphi=10°$

22. 某工程滑坡，主滑段滑动带已大部分形成，且有镜面、擦痕现象，前缘有隆起，后缘张拉裂隙多而宽且贯通，两侧有羽状剪切裂缝，滑坡体上树木倾斜。根据《建筑边坡工程技术规范》（GB 50330—2013），该滑坡的发育阶段为下列哪个选项？（　　）

（A）弱变形阶段
（B）强变形阶段
（C）滑动阶段
（D）停滑阶段

23. 某场地厚层红黏土覆盖于灰岩之上，裂隙 6 条/m，天然含水量 27.5%，液限 50%，塑限 35%。根据《岩土工程勘察规范》（GB 50021—2001）（2009 年版）相关规定，该场地红黏土可判定为下列哪个选项？（　　）

（A）坚硬、巨块状
（B）坚硬、碎块状
（C）硬塑、巨块状
（D）硬塑、碎块状

24. 某平坦膨胀土场地上拟建多层建筑，土的湿度系数为 0.7，以基础埋深为主要防治措施时，其基础最小埋深是下列哪个选项？ （　　）

（A）1.0m
（B）1.5m
（C）1.8m
（D）2.0m

25. 某深厚季节性冻土地区，城市市区人口规模为 45 万。在近郊 3km 处拟建一商住楼，地基土主要为黏性土，冻胀性分类为冻胀，标准冻结深度为 1.5m。按《建筑地基基础设计规范》（GB 50007—2011）相关规定，场地冻结深度最接近下列哪个选项？ （　　）

（A）1.0m
（B）1.3m
（C）1.5m
（D）1.8m

26. 某市铁路工程建设场地，人类活动较强烈，对地质环境的影响、破坏较严重。根据《地质灾害危险性评估规范》（GB/T 40112—2021）的相关规定，该场地地质灾害危险性评估等级为下列哪个选项？ （　　）

（A）一级
（B）二级
（C）三级
（D）无法确定

27. 某铁路隧道穿越高地应力山脉，测得最大地应力为 25MPa，围岩强度为 3MPa，下列哪个选项的处理措施最不合理？ （　　）

（A）预加固地层
（B）网喷混凝土支护
（C）短锚杆支护
（D）型钢钢架支护

28. 某新建一级公路通过黄土场地，黄土场地自重湿陷量为 100mm，地基总湿陷量为 400mm，场地浸湿可能性大，当修建 2m 高路堤时，根据《公路路基设计规范》（JTG D30—2015），地基最小处理深度为下列哪个选项？ （　　）

（A）0.5m
（B）0.8m
（C）1.0m
（D）2.0m

29. 膨胀土的膨胀潜势与黏土矿物吸水膨胀潜势正相关，下列哪个选项矿物成分对膨胀土的膨胀潜势影响最大？ （　　）

（A）高岭石
（B）伊利石
（C）绿泥石
（D）蒙脱石

30. 当地形和地层岩性等地质条件相同时，对山区河流不同岸坡段稳定性判断正确的是下列哪个选项？ （　　）

（A）凹岸段稳定性最差
（B）凸岸段稳定性最差
（C）直线岸坡稳定性最差
（D）岸坡稳定性与岸坡类型无关

31. 现场测得新鲜岩石和风化岩石压缩波波速分别为 1200m/s、300m/s。根据《岩土工程勘察规范》（GB 50021—2001）（2009 年版），岩石风化程度为下列哪个选项？　　　（　　）

　　（A）残积土　　　　　　　　　　　　　（B）全风化

　　（C）强风化　　　　　　　　　　　　　（D）中等风化

32. 某公路工程拟经过岩溶发育地段，野外勘探查明可溶性岩层上覆第四系土层厚度 15～25m，仅局部可见岩溶现象，地表水与地下水联通较密切，该岩溶按埋藏条件分类为下列哪个选项？　（　　）

　　（A）埋藏型　　　　　　　　　　　　　（B）深覆盖型

　　（C）浅覆盖型　　　　　　　　　　　　（D）裸露型

33. 某公路工程勘察现场采取原状软土试样进行室内试验，测得天然孔隙比 $e = 3.1$，有机质含量 12%，该土定名应为下列哪个选项？　　　　　　　　　　　　　　　　　　　　（　　）

　　（A）泥炭质土　　　　　　　　　　　　（B）泥炭

　　（C）淤泥质土　　　　　　　　　　　　（D）淤泥

34. 在地面平坦、裸露、城市之外的空旷冻土场地布置监测点实测场地标准冻结深度。根据《建筑地基基础设计规范》（GB 50007—2011）规定，监测时间不应少于下列哪个选项？　　（　　）

　　（A）2 年　　　　　　　　　　　　　　（B）5 年

　　（C）8 年　　　　　　　　　　　　　　（D）10 年

35. 根据《中华人民共和国招标投标法》，关于中标的说法，下列哪个选项是正确的？　（　　）

　　（A）招标人和中标人应当自中标通知书收到之日起三十日内，按照招标文件和中标人的投标文件订立书面合同

　　（B）招标人和中标人应当自中标通知书发出之日起三十日内，按照招标文件和中标人的投标文件订立书面合同

　　（C）招标人和中标人应当自中标通知书收到之日起十五日内，按照招标文件和中标人的投标文件订立书面合同

　　（D）招标人和中标人应当自中标通知书发出之日起十五日内，按照招标文件和中标人的投标文件订立书面合同

36. 生产经营单位未建立事故隐患排查治理制度，或者重大事故隐患排查治理情况未按照规定报告的，下列违规处罚中哪个选项是错误的？　　　　　　　　　　　　　　　　　　（　　）

　　（A）责令限期改正，处十万元以下的罚款

　　（B）逾期未改正的，责令停产停业整顿，并处二十万元以上五十万元以下的罚款

　　（C）对其直接负责的主管人员和其他直接责任人员处二万元以上五万元以下的罚款

　　（D）构成犯罪的，依照刑法有关规定追究刑事责任

37. 在正常使用条件下，关于建设工程的最低保修期限说法，下列哪个选项是错误的？（　　）

（A）基础设施工程，房屋建筑的地基基础工程和主体结构工程，为设计文件规定的该工程的合理使用年限

（B）电气管线、给排水管道、设备安装和装修工程，为 2 年

（C）屋面防水工程、有防水要求的卫生间、房间和外墙面的防渗漏，为 3 年

（D）供热与供冷系统，为两个采暖期、供冷期

38. 勘察、设计单位未依据项目批复文件，城乡规划及专业规划，国家规定的建设工程勘察、设计深度要求编制建设工程勘察、设计文件的，对其违法行为进行处罚，下列哪个选项是错误的？（　　）

（A）责令限期改正，逾期不改正，处 5 万元以上 10 万元以下的罚款

（B）造成工程质量事故或者环境污染和生态破坏的，责令停业整顿，降低资质等级

（C）情节严重的，吊销资质证书

（D）造成损失的，依法承担赔偿责任

39. 对检测人员的行为规定，下列哪个选项是错误的？　　　　　　　　　　　（　　）

（A）可同时受聘于两家或者两家以上检测机构

（B）不得违反工程建设强制性标准进行检测

（C）不得出具虚假的检测数据

（D）不得违反工程建设强制性标准进行结论判定或者出具虚假判定结论

40. 根据《建设工程勘察质量管理办法》，关于工程勘察企业的法定代表人、项目负责人、审核人、审定人等相关人员的质量责任规定，下列哪个选项是错误的？　　　　　　　（　　）

（A）工程勘察企业法定代表人对本企业勘察质量全面负责

（B）项目负责人对项目的勘察文件负主要质量责任

（C）项目审核人对其审核项目的勘察文件负次要质量责任

（D）项目审定人对其审定项目的勘察文件负审定的质量责任

二、多项选择题（共 30 题，每题 2 分。每题的备选项中有两个或三个符合题意，错选、少选、多选均不得分）

41. 根据《建筑地基基础设计规范》（GB 50007—2011），关于岩石锚杆基础的设计参数，下列哪些选项是错误的？　　　　　　　　　　　　　　　　　　　　　　　　　　　（　　）

（A）某岩石锚杆，钢筋的直径为 22mm，其锚杆孔的直径为 66mm

（B）锚杆筋体采用热轧带肋钢筋，水泥砂浆强度为 20MPa

（C）某岩石锚杆，锚杆孔径为 90mm，间距 1m

（D）某岩石锚杆，钢筋的直径为 22mm，锚杆的有效锚固长度为 800mm

42. 地基变形计算深度一定时，下列哪些选项因素对压缩模量的当量值无影响？（　　）

（A）基础尺寸　　　　　　　　　　　　　（B）地层分布

（C）地基土重度　　　　　　　　　　　　（D）基底附加压力

43. 下列选项中，土体的哪些性质对地基中应力的分布有影响？ （ ）

（A）土体的非均匀性 （B）土体的各向异性

（C）土体的导电性 （D）土体的成层性

44. 根据《建筑地基基础设计规范》（GB 50007—2011），浅基础设计计算可采用文克尔（Winkler）地基模型计算。关于文克尔地基模型的叙述，下列哪些选项是正确的？ （ ）

（A）文克尔地基模型只适合计算均质地基土的基础

（B）文克尔地基模型仅适用于柔性基础的基底反力计算

（C）采用文克尔地基模型计算的地基反力可为非直线分布

（D）文克尔地基模型无法计算基础范围以外的地基沉降

45. 某南北朝向的板式高层建筑（主楼），南侧为裙楼，主楼裙楼结构连体，北侧无裙楼。地基持力层为中高压缩性的黏性土，主楼、裙楼均为天然地基。建成后，主楼发生向北的整体倾斜，倾斜的原因可能是下列哪些选型？ （ ）

（A）地基持力层黏性土的厚度，北侧大于南侧

（B）主楼竖向荷载的重心在基础形心北侧

（C）本地区的主导风向为北风

（D）主裙楼之间未设置沉降后浇带，或设有沉降后浇带但过早封闭

46. 根据《建筑桩基技术规范》（JGJ 94—2008），关于变刚度调平设计方法的论述，下列哪些选项是正确的？ （ ）

（A）变刚度调平设计主要是通过调整桩的竖向支撑刚度与地基土的压缩模量相匹配，与上部结构荷载的分布特点关联不大

（B）变刚度主要是指调整上部结构荷载的分布，使之与基桩的支撑刚度相匹配，以达到建筑物沉降均匀的目的

（C）变刚度主要是指通过调整桩径、桩长、桩距等改变基桩支撑刚度分布

（D）变刚度调平设计的目的是使建筑物沉降趋于均匀、承台内力降低

47. 关于几种灌注桩施工工法特点的描述，下列哪些选项是正确的？ （ ）

（A）正、反循环成孔灌注桩施工工法适用地层范围广，但泥浆排量比较大

（B）长螺旋钻孔压灌桩工法不需要泥浆护壁

（C）冲击成孔灌注桩施工工法适用于坚硬土层和岩层，但其成孔效率较低

（D）旋挖泥浆护壁成孔工艺与正、反循环钻机钻头不同，但泥浆功能相同

48. 关于二 a 类环境的预应力混凝土抗拔桩基，水、土为中腐蚀性，设计使用年限 50 年，关于桩基础结构耐久性设计要求，符合《建筑桩基技术规范》（JGJ 94—2008）规定的是下列哪些选项？ （ ）

（A）混凝土强度等级 C60 （B）混凝土材料最大氯离子含量为 0.3%

（C）混凝土材料最大水灰比为 0.60 　　　　　（D）桩身裂缝控制等级为二级

49. 关于桩基承台的设计，下列哪些选项符合《建筑桩基技术规范》（JGJ 94—2008）的有关规定？　　（　　）

　　（A）桩基承台厚度应满足柱（墙）对承台的冲切和基桩对承台的冲切承载力要求

　　（B）当矩形承台悬挑边有多排基桩形成多个斜截面时，受剪承载力受平行于短边方向的斜截面控制

　　（C）群桩基础的承台厚度按构造设计，不需要进行正截面受弯承载力计算

　　（D）柱下条形承台梁的弯矩可按弹性地基梁进行分析计算

50. 关于桩基施工，下列选项中哪些属于部分挤土成桩工艺？　　（　　）

　　（A）搅拌劲芯桩　　　　　　　　　　　　　　（B）冲击成孔灌注桩

　　（C）旋挖成孔灌注桩　　　　　　　　　　　　（D）敞口管桩静压沉桩

51.《建筑桩基技术规范》（JGJ 94—2008）中对于一般建筑物的桩基础，桩顶作用效应计算中包含了下列哪些选项的假定？　　（　　）

　　（A）水平力作用下各基桩水平承载力可不相同

　　（B）偏心竖向力作用下假定承台为刚性，且各基桩的竖向刚度相等

　　（C）各基桩的桩距不一定相等

　　（D）对桩基承台和承台上土取自重标准值，地下水位以下部分为饱和重度

52. 下列哪些选项符合《公路桥涵地基与基础设计规范》（JTG 3363—2019）的有关规定？　　（　　）

　　（A）沉井顶面襟边宽度不应小于沉井全高的 1/50

　　（B）沉井每节高度不宜高于 5m

　　（C）沉井刃脚宜采用混凝土结构

　　（D）沉井内隔墙底面比刃脚底面至少应高出 0.5m

53. 对于高速铁路边坡的扶壁式挡土墙，设计踵板时应考虑下列哪些选项的荷载？　　（　　）

　　（A）踵板上的土压力

　　（B）基底反力

　　（C）踵板横向荷载

　　（D）由于趾板弯矩作用在踵板上产生的等效荷载

54. 根据《建筑边坡工程技术规范》（GB 50330—2013），关于锚杆挡墙的适用性说法，错误的是下列哪些选项？　　（　　）

　　（A）装配式锚杆挡墙适用于填方地段　　　　　（B）锚杆挡墙适用于高度较大的新填方边坡

　　（C）格架式锚杆挡墙内可作绿化处理　　　　　（D）板肋式锚杆挡墙不适用于挖方地段

55. 根据《碾压式土石坝设计规范》（NB/T 10872—2021），土石坝工程中，上下游坝面均可使用的护坡类型是下列哪些选项？ （ ）

（A）堆石 （B）沥青混凝土
（C）干砌石 （D）草皮

56. 根据《建筑边坡工程技术规范》（GB 50330—2013），岩质边坡的岩石压力计算应考虑下列哪些选项的因素？ （ ）

（A）岩石强度 （B）结构面的抗剪强度
（C）岩石的应力历史 （D）施工工法与顺序

57. 根据《建筑边坡工程鉴定与加固技术规范》（GB 50843—2013），在边坡工程安全鉴定中，鉴定单元及其影响范围内的岩土体、建筑物有变形、裂缝异常现象，但无破坏迹象。下列选项中，哪些是其可能的整体稳定性评价等级？ （ ）

（A）A_{su}，稳定系数 $\geqslant 1.00 F_{st}$ （B）B_{su}，稳定系数 $\geqslant 0.95 F_{st}$
（C）C_{su}，稳定系数 $\geqslant 0.93 F_{st}$ （D）D_{su}，稳定系数 $\geqslant 0.90 F_{st}$

58. 建筑工程地质勘探取样时，为确保采取 I 级土试样，下列哪些选项地层中钻探不应采用清水或泥浆护壁钻进工艺？ （ ）

（A）软土 （B）盐渍土
（C）湿陷性黄土 （D）膨胀土

59. 评价污染对土的工程影响时，可采用下列哪些选项的指标？ （ ）

（A）抗剪强度 （B）塑性指数
（C）渗透系数 （D）压缩模量

60. 关中地区某三层建筑物位于湿陷性黄土场地，基础底面下湿陷性黄土厚度 21m，建筑物基础埋深 1.5m，自重湿陷量计算值为 355mm，地基湿陷计算值为 650mm。根据《湿陷性黄土地区建筑标准》（GB 50025—2018）的规定，该建筑物设计时，应采取下列哪些选项的措施？ （ ）

（A）检漏防水措施 （B）严格防水措施
（C）基本防水措施 （D）加强上部结构刚度措施

61. 某铁路工程预判经过膨胀土地段，根据《铁路工程特殊岩土勘察规程》（TB 10038—2022），通过现场调查进行场地评价时，复核下列哪些选项可初判为膨胀土？ （ ）

（A）坡面常见浅层溜坍、滑坡、地面裂缝
（B）新开挖的坑壁易发生坍塌
（C）浅基础的建筑物墙体开裂、裂缝四季无变化
（D）地形平缓开阔，坡脚少见自然陡坎，坡面沟槽发育

62. 某盐渍土场地拟修建一级公路，盐渍土为黏土，土体的 CL^-/SO_4^{2-} 离子含量比为 3，土层平均含盐量为 3%，根据《公路路基设计规范》（JTG D30—2015），下列说法正确的是哪些选项？　　（　　）

（A）场地土可作为路床填料　　　　　　　（B）场地土可作为上路堤填料
（C）场地土可作为下路堤填料　　　　　　（D）不设置隔断层时路堤最小高度为 1.5m

63. 下列地貌形态中，与岩溶作用有关的是哪些选项？　　（　　）

（A）石芽　　　　　　　　　　　　　　　（B）落水洞
（C）雅丹地貌　　　　　　　　　　　　　（D）丹霞地貌

64. 现场调查发现，新近发生过泥石流的沟口堆积物由泥沙石块组成，呈垄岗状，且黏结紧密无分选，偶见泥球、漂砾，沟内弯道处可见泥石流爬高痕迹，个别弯道处有裁弯取直迹象。依据上述信息，该泥石流类型不属于下列哪些选项？　　（　　）

（A）泥流　　　　　　　　　　　　　　　（B）水石流
（C）稀性泥石流　　　　　　　　　　　　（D）黏性泥石流

65. 根据《中华人民共和国安全生产法》，下列哪些选项是生产经营单位主要负责人的安全生产职责？　　（　　）

（A）建立、健全本单位安全生产责任制，加强安全生产标准化建设
（B）组织制定并实施本单位安全生产规章制度和操作规程
（C）督促落实本单位安全生产整改措施
（D）保证本单位安全生产投入的有效实施

66. 根据住房和城乡建设部令第 13 号《房屋建筑和市政基础设施工程施工图设计文件审查管理办法》（2018 年修订版）的规定，下列哪些选项是正确的？　　（　　）

（A）建设单位应当将施工图送审查机构审查，但审查机构不得与所审查项目的建设单位、勘察设计企业有隶属关系或者其他利害关系
（B）建设单位不得明示或者暗示审查机构违反法律法规和工程建设强制性标准进行施工图审查，不得压缩合理审查周期、压低合理审查费用
（C）审查机构对施工图审查工作负责，承担审查责任。施工图经审查合格后，仍有违反法律、法规和工程建设强制性标准的问题，给建设单位造成损失的，审查机构依法承担相应的赔偿责任
（D）按规定应当进行审查的施工图，未经审查合格的，住房城乡建设主管部门可以先颁发施工许可证，但不得进行竣工验收

67. 根据《中华人民共和国建筑法》，建筑工程申请领取施工许可证，应具备下列哪些选项的条件？　　（　　）

（A）已经办理该建筑工程用地批准手续
（B）已经确定建筑施工企业

（C）施工设备和人员已经进驻现场

（D）有满足施工需要的资金安排、施工图纸和技术资料

68. 根据《建设工程质量管理条例》的规定，下列哪些选项是勘察、设计单位应承担的责任和义务？　　　　　　　　　　　　　　　　　（　　）

（A）禁止勘察、设计单位超越其资质等级许可的范围或者以其他勘察、设计单位的名义承揽工程

（B）勘察单位提供的地质、测量、水文等勘察成果必须真实、准确

（C）设计单位应当根据勘察成果资料进行建设工程设计

（D）设计单位应该参与工程质量事故分析，并对因施工造成的质量事故，提出相应的技术处理方案

69. 根据《地质灾害防治条例》，下列哪些选项属于地质灾害防治规划内容？　（　　）

（A）地质灾害现状和发展趋势预测　　（B）应急机构和有关部门的职责分工

（C）地质灾害易发区、重点防治区　　（D）地质灾害的等级和影响分析准备

70. 在建设工程合同履行中，因发包人的原因致使工程中途停建、缓建的，下列哪些选项属于发包人应承担的责任？　　　　　　　　　　　　　　　（　　）

（A）应采取措施弥补或者减少损失

（B）赔偿承包人因此造成的停工、窝工、倒运、机械设备调迁等损失和实际费用

（C）赔偿承包人因此造成的材料和构件积压等损失和实际费用

（D）向承包人支付违约金

2023 年专业知识试题（上午卷）

一、单项选择题（共 40 题，每题 1 分。每题的备选项中只有一个最符合题意）

1. 某段天然河流形态如图所示，岸坡地层均为第四系，关于河流两岸地形坡度的关系，最有可能的是下列哪个选项？　　　　　　　　　　　　　　　　　　　　　　　　　　（　　）

（A）左岸大于右岸

（B）右岸大于左岸

（C）两岸一样

（D）无法判断

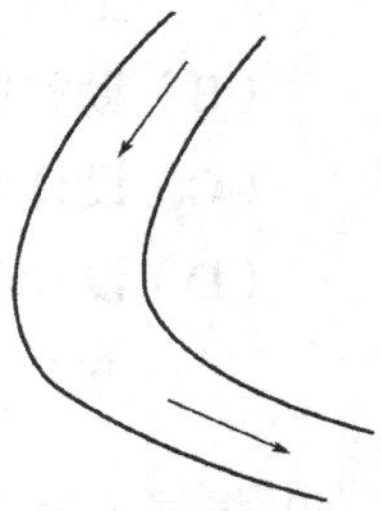

题 1 图

2. 岩溶地区某水库，具备下列哪一选项条件时，可以判定不存在向邻谷或下游渗漏问题？　　　　　　　　　　　　　　　　　　　　　　　　　　　　　　　　　　　　　（　　）

（A）水库水位高于邻谷水位，地下无分水岭

（B）存在地下分水岭且其水位高于库水位

（C）存在地下分水岭且其水位低于库水位

（D）存在岩溶基准面袭夺现象

3. 从某场地土层中取样，测得大于 2mm 的颗粒含量 60%，最大颗粒粒径约 8mm，依照《土工试验方法标准》（GB/T 50123—2019）测试土体的渗透系数，对于应采用的试验方法和封底圆筒直径，下列哪个选项正确？　　　　　　　　　　　　　　　　　　　　　　　　　（　　）

（A）常水头试验，100mm　　　　　　　（B）常水头试验，60mm

（C）变水头试验，100mm　　　　　　　（D）变水头试验，60mm

4. 评价土对钢结构的腐蚀性，下列哪个选项的表述错误？　　　　　　　　　　　（　　）

（A）氧化还原电位越低，腐蚀性越强　　　（B）视电阻率越低，腐蚀性越强

（C）极化电流密度越小，腐蚀性越强　　　（D）质量损失越大，腐蚀性越强

5. 关于现场直剪试验，下列哪个选项的说法错误？　　　　　　　　　　　　　　（　　）

（A）对软弱岩土体，在顶面和周边加护套，护套底边应在切面以上

（B）在地下水位以下试验时，应先降低水位，安装试验装置，恢复水位前进行试验

（C）法向荷载应通过剪切面中心

（D）对高含水量的软弱层，法向荷载应分级施加

6. 某断层经历了两次间歇性活动，根据下图所示的地层相对断距，判断断层强烈活动时期为下列哪个选项？　　　　　　　　　　　　　　　　　　　　　　　　　　　　　　（　　）

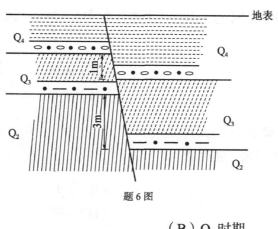

题 6 图

（A）Q$_4$ 以来 （B）Q$_3$ 时期

（C）Q$_2$ 时期 （D）Q$_2$ 之前

7. 对某场地开展岩土工程勘察，某次标准贯入试验的贯入度与锤击数见下表。则该次标准贯入的试验击数 N 应为下列哪个选项？ （ ）

题 7 表

贯入数（cm）	15	10	10	5
锤击数（击）	10	15	20	15

（A）50 击 （B）60 击

（C）70 击 （D）75 击

8. 野外调查时，遇某种岩石，锤击声较清脆，有轻微回弹，稍震手，较难击碎，有轻微吸水反应。该岩石可初步判定为下列哪个选项？ （ ）

（A）坚硬岩 （B）较硬岩

（C）较软岩 （D）软岩

9. 关于黏性土最优含水量与塑限含水量的关系，下列说法正确的是哪个选项？ （ ）

（A）最优含水量接近塑限含水量

（B）最优含水量显著大于塑限含水量

（C）最优含水量显著小于塑限含水量

（D）二者量值上没有关系

10. 某土样颗粒分析结果见下表，土名正确的是下列哪个选项？ （ ）

题 10 表

粒组	>2mm	2～0.5mm	0.5～0.25mm	0.25～0.075mm	<0.075mm
质量百分比	15.2%	32.3%	18.5%	21.3%	12.7%

（A）细砂 （B）中砂

（C）粗砂 （D）砾砂

11. 某土样液限 $w_L = 48\%$，塑限 $w_p = 18\%$，天然含水量 $w = 39\%$，该土样状态是下列哪个选项？　　　（　　）

（A）硬塑
（B）可塑
（C）软塑
（D）流塑

12. 下列 4 类岩石中，不属于化学岩的有几类？　　　（　　）
①凝灰岩，②石灰岩，③砂岩，④泥岩

（A）1 类
（B）2 类
（C）3 类
（D）4 类

13. 薄壁取土器取样测定的软土不排水强度值的变异系数为 A，常规厚壁取土器测定的该指标变异系数为 B，关于 A 与 B 关系的说法，下列哪个选项正确？　　　（　　）

（A）$A > B$
（B）$A < B$
（C）$A = B$
（D）不确定

14. 按照《工程结构可靠性设计统一标准》（GB 50153—2008）的规定，对标志性房屋建筑结构，其设计基准期和设计使用年限为下列哪个选项？　　　（　　）

（A）设计基准期 50 年，设计使用年限 50 年
（B）设计基准期 50 年，设计使用年限 100 年
（C）设计基准期 100 年，设计使用年限 50 年
（D）设计基准期 100 年，设计使用年限 100 年

15. 按照《建筑结构荷载规范》（GB 50009—2012）的规定，承载能力极限状态按标准组合设计时，对于可变荷载的代表值，下列哪个选项是正确的？　　　（　　）

（A）包括结构自重、预应力等荷载的标准值
（B）包括楼面与屋面荷载、温度作用等荷载的组合值
（C）包括楼面与屋面荷载、温度作用等荷载的准永久值
（D）包括楼面与屋面荷载、温度作用等荷载的频遇值

16. 按照《建筑桩基技术规范》（JGJ 94—2008）的规定，在桩基设计验算中，作用效应采用承载能力极限状态基本组合的是下列哪个选项？　　　（　　）

（A）已知单桩竖向极限承载力标准值验算桩数量
（B）根据配筋和混凝土强度等级验算桩的截面积
（C）已知地层结构和性质验算非嵌岩桩桩基沉降
（D）根据裂缝控制等级验算抗拔桩桩身裂缝宽度

17. 采用水泥粉煤灰碎石桩（CFG 桩）复合地基，通常在桩顶设置褥垫层。关于褥垫层的作用，下列哪个选项的说法是不正确的？　　　（　　）

（A）路堤下 CFG 桩桩顶设置褥垫层目的是提高桩土应力比

（B）混凝土基础下 CFG 桩桩顶设置褥垫层目的是减小桩土应力比

（C）基底压力相同时，路堤下 CFG 桩复合地基桩土应力比与混凝土基础下 CFG 桩复合地基桩土应力比相同

（D）褥垫层厚度相同时，CFG 桩桩顶采用加筋土垫层与碎石垫层的桩土应力比相同

18. 某场地地基土为饱和软土，拟采用堆载预压法处理地基，下列哪个选项的措施不能提高地基土的固结度？　　　　　　　　　　　　　　　　　　　　　　（　　）

（A）增大堆载压力

（B）减小排水砂井间距

（C）砂井数量不变，增大砂井直径

（D）增加预压固结时间

19. 根据《生活垃圾卫生填埋处理技术规范》（GB 50869—2013），填埋场封场覆盖结构由下至上各层依次为下列哪个选项？　　　　　　　　　　　　　　　　　（　　）

（A）排气层、防渗层、排水层、植被层

（B）排水层、排气层、防渗层、植被层

（C）排水层、防渗层、排气层、植被层

（D）排气层、排水层、防渗层、植被层

20. 深厚第四系土层场地单栋建筑地基处理的目的，一般不包括下列哪个选项？　（　　）

（A）提高地基承载力　　　　　　　　　（B）减小建筑沉降变形

（C）减小地基渗透性　　　　　　　　　（D）改变建筑场地类别

21. 合理的硅化灌浆施工工序是下列哪个选项？　　　　　　　　　　　　　　　（　　）

①冲管，②拔管，③打管，④灌浆，⑤试水

（A）①②③④⑤　　　　　　　　　　　（B）①③⑤④②

（C）③①④⑤②　　　　　　　　　　　（D）③①⑤④②

22. 某压实换填工程，填料为粉土，完工后取样测试，其物理指标为：含水量 12%，重度 21.0kN/m³，土粒相对密度 2.72。已知填料的最优含水量为 10%，其最大干密度按《建筑地基处理技术规范》（JGJ 79—2012）经验公式确定。该压实换填层的压实系数最接近下列哪个选项？（重力加速度 $g = 10\text{m/s}^2$）

　　　　　　　　　　　　　　　　　　　　　　　　　　　　　　　　　　　（　　）

（A）0.83　　　　　　　　　　　　　　（B）0.90

（C）0.92　　　　　　　　　　　　　　（D）0.94

23. 某工程采用多桩型复合地基，桩型 1 和桩型 2 平面如图所示，当采用 4 桩复合地基静载荷试验时，载荷板的面积应取下列哪个选项？　　　　　　　　　　　　　　　　　（　　）

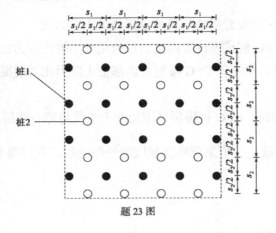

题 23 图

（A）$s_1^2 + s_2^2$ （B）$(s_1 + s_2)^2 - (s_1^2 + s_2^2)$

（C）$(s_1 + s_2)^2$ （D）$2s_1^2 + 2s_2^2$

24. 某均质黏性土场地，拟采用沉管灰土挤密桩法处理地基，如处理后桩间土干密度相同，处理前后地面标高不变。关于等边三角形布桩面积置换率 m_1 与正方形布桩面积置换率 m_2 的关系，下列哪个选项是正确的？ （   ）

（A）$m_1 > m_2$ （B）$m_1 < m_2$

（C）$m_1 = m_2$ （D）无法确定

25. 某建筑基坑支护采用重力式水泥土墙，水泥土搅拌桩数为 500 根，采用钻芯法检测单轴抗压强度时，试验的芯样直径及检测桩数至少应是下列哪个选项？ （   ）

（A）60mm、6 根   （B）60mm、10 根

（C）80mm、6 根   （D）80mm、10 根

26. 某建筑基坑采用双排桩支护结构，桩径为 0.8m，双排桩的排距为 3.5m，均质地基压缩模量为 8MPa，则双排桩间土的水平刚度系数最接近下列哪个选项？ （   ）

（A）$2 \times 10^3 \mathrm{kN/m^3}$ （B）$3 \times 10^3 \mathrm{kN/m^3}$

（C）$4 \times 10^3 \mathrm{kN/m^3}$ （D）$5 \times 10^3 \mathrm{kN/m^3}$

27. 关于锚杆的表述，下列哪个选项是错误的？ （   ）

（A）在高水压力的各类土层，钢绞线锚杆宜采用套管护壁成孔工艺

（B）锚杆锚固段在淤泥质黏土层时，应考虑土的蠕变对锚杆预应力的损失

（C）锚杆间距小于 1.5m 时，应考虑群锚效应对抗拔承载力的不利影响

（D）可拆芯锚杆（可拆除锚杆）应采用拉力型锚杆

28. 在公路隧道设计中，关于荷载结构法，下列哪个选项的说法是错误的？ （   ）

（A）隧道开挖后地层的作用主要是对衬砌结构产生荷载

（B）计算时一般先确定地层压力，然后按弹性地基上结构物的计算方法计算衬砌内力并进行截面设计

（C）设计原理是将衬砌和地层视为共同受力的统一体系，满足变形协调条件

（D）浅埋隧道中的整体式或复合式衬砌的二次衬砌宜采用荷载结构法计算

29. 某均质土层中的基坑深 15m，基坑东侧距坑边 7m 有一基础埋深 5m 的建筑，基坑西侧距坑边 4m 有一基础埋深 11m 的建筑。两建筑的平面尺寸、基底压力、基础形式相同，均采用天然地基。周边其他环境条件均相同。关于基坑支护体系的说法，下列哪个选项是不合理的？ （　）

（A）基坑深度 8m，采用悬臂桩支护，桩的嵌固深度取 5.5m

（B）基坑深度 10m，采用桩锚支护，一道锚杆，桩的嵌固深度取 4m

（C）基坑深度 15m，采用桩锚支护，二道锚杆，桩的嵌固深度取 6m

（D）基坑深度 20m，采用桩锚支护，三道锚杆，桩的嵌固深度取 8m

30. 关于地下连续墙导墙施工工序，下列哪个选项是正确的？ （　）
①挖槽，②支模，③浇筑混凝土，④绑扎钢筋笼，⑤拆模，⑥加横撑

（A）①②⑥④③⑤　　　　　　　　　（B）①②④③⑤⑥

（C）①②⑥③④⑤　　　　　　　　　（D）②①⑥④③⑤

31. 某 10m 宽深埋公路隧道围岩等级Ⅴ级，采用一次开挖，则该隧道围岩压力计算高度最接近下列哪个选项？ （　）

（A）13.3m　　　　　　　　　　　　（B）11.5m

（C）10.8m　　　　　　　　　　　　（D）8.5m

32. 某公路工程地基土不液化，单桩竖向承载力采用静载荷试验确定，当进行抗震验算时，单桩竖向承载力的提高幅度为下列哪个选项？ （　）

（A）15%　　　　　　　　　　　　　（B）25%

（C）33%　　　　　　　　　　　　　（D）50%

33. 某地区设计地震分组属第一组，场地覆盖层厚度 25m，地面下 20m 深度范围内等效剪切波速值为 450m/s。根据《建筑抗震设计标准》（GB/T 50011—2010）（2024 年版），按内插法确定（设防）地震作用计算所用的特征周期最接近下列哪个选项？ （　）

（A）0.31s　　　　　　　　　　　　（B）0.33s

（C）0.35s　　　　　　　　　　　　（D）0.37s

34. 某水工建筑场地正常运行时的地面标高和地下水位相较于勘察时均发生变化。进行地基土地震液化复判时，应选用下列哪个选项的值与标准贯入锤击数临界值进行比较？ （　）

（A）实测标准贯入锤击数

（B）进行杆长深度修正后的标准贯入锤击数

（C）进行地下水位和标准贯入点深度修正后的标准贯入锤击数

（D）进行上覆土压力修正后的标准贯入锤击数

35. 根据《建筑抗震设计标准》（GB/T 50011—2010）（2024 年版），关于剪切波速的说法，下列哪个选项是正确的？　　　　　　　　　　　　　　　（　　）

（A）覆盖层范围内岩土的剪切波速不可能大于 500m/s

（B）覆盖层深度以下岩土的剪切波速不可能小于 500m/s

（C）覆盖层范围内的火山岩硬夹层视同周围土层

（D）土层等效剪切波速的计算深度可小于 15m

36. 根据《建筑抗震设计标准》（GB/T 50011—2010）（2024 年版），下列哪个选项的处理措施不能全部消除地基液化沉陷的影响？　　　　　　　　　　　　　　（　　）

（A）采用预制桩，桩端伸入液化深度以下稳定土层中

（B）采用深基础，基础顶面埋入液化深度以下的稳定土层中

（C）采用振冲挤密加固，平面处理范围为基础外边缘以内

（D）增加上覆非液化土层的厚度

37. 某水库场地分布一层粉土，已知其液限为 20%，饱和含水量为 25%，则对该层土的液化复判结果为下列哪个选项？　　　　　　　　　　　　　　　　　（　　）

（A）液化　　　　　　　　　　　　（B）可能液化

（C）不液化　　　　　　　　　　　（D）无法判断

38. 某机器设备运行时会对基础产生冲击性振动，采用块体模型测试其动力参数时，已知块体模型基础质量约 7200kg，满足规范要求的竖向激振重锤最小质量最接近下列哪个选项？　　　　（　　）

（A）8kg　　　　　　　　　　　　（B）40kg

（C）60kg　　　　　　　　　　　　（D）80kg

39. 关于基桩检测的说法，下列哪个选项是正确的？　　　　　　　　　　（　　）

（A）工程桩采用单桩水平静载试验进行抽样检测时，可按设计要求的水平位移允许值的 2.0 倍控制加载

（B）工程桩采用单桩竖向抗拔静载试验进行验收检测时，施加的上拔荷载不得小于单桩竖向抗拔承载力特征值的 2.0 倍

（C）单桩竖向抗拔静载试验采用地基提供反力时，施加于地基的压应力不宜超过地基承载力特征值的 2.0 倍

（D）单桩竖向抗压静载试验的加载反力装置提供的反力不得小于最大加载值的 1.5 倍

40. 关于建筑地基处理质量检验的说法，下列哪个选项是正确的？　　　　（　　）

（A）对于砂土和杂填土地基，采用振冲碎石桩处理后，应间隔至少 14d 后方可进行质量检验

（B）水泥土搅拌桩复合地基静载荷试验宜在成桩后 14d 后进行

（C）湿陷性黄土地基采用强夯处理后，地基承载力试验宜在强夯结束 28d 后进行

（D）采用水泥浆进行注浆加固时，注浆检验应在注浆结束 7d 后进行

二、多项选择题（共 30 题，每题 2 分。每题的备选项中有两个或三个符合题意，错选、少选、多选均不得分）

41. 深层承压含水层越流补给量与下列哪些选项的条件有关？ （　　）

    （A）弱透水层渗透系数　　　　　　　　　　（B）弱透水层厚度

    （C）弱透水层埋深　　　　　　　　　　　　（D）两层含水层的水头差

42. 下列哪些选项条件下，探地雷达方法探测效果较好？ （　　）

    （A）目标体与周围介质之间具有电磁阻抗差异

    （B）目标体厚度大于电磁波有效波长的 1/4

    （C）目标体上方无强电磁源

    （D）目标体位于地下水位以下

43. 下列哪些选项的场地环境类型为 I 类？ （　　）

    （A）海拔高度 3500m 的地区直接临水场地

    （B）海拔高度 3000m 的地区，碎石土层中存在地下水

    （C）海拔高度 100m 的地区，干燥度指数为 1.5，碎石土层中存在地下水

    （D）海拔高度 100m 的地区，场地土天然含水量为 2%

44. 在海洋潮汐区进行工程钻探时，关于潮差对钻孔孔深进行校正，下列哪些选项的做法错误？ （　　）

    （A）退潮时加上潮差　　　　　　　　　　　（B）涨潮和退潮时均加上潮差

    （C）涨潮时加上潮差　　　　　　　　　　　（D）当潮差小于 30cm 时，可忽略不计

45. 平板载荷试验可以测定下列哪些选项的参数？ （　　）

    （A）地基承载力　　　　　　　　　　　　　（B）土的变形模量

    （C）基准基床系数　　　　　　　　　　　　（D）泊松比

46. 关于固结试验指标的表述，下列哪些选项正确？ （　　）

    （A）土的前期固结压力是土层历史上曾经承受过的最大竖向有效应力

    （B）土的压缩指数是 $e\text{-}\lg p$ 曲线上大于前期固结压力的直线段斜率

    （C）土的回弹指数是 $e\text{-}\lg p$ 曲线卸载段和再加载段的平均斜率

    （D）土的压缩指数小于土的回弹指数

47. 根据《建筑地基基础设计规范》（GB 50007—2011），下列哪些选项的验算内容与建筑地基基础设计等级无关？ （　　）

    （A）地基承载力验算　　　　　　　　　　　（B）地下室抗浮验算

    （C）基坑工程稳定性验算　　　　　　　　　（D）地基变形验算

48.下列哪些选项的作用代表值可以作为可变作用的伴随值？　　　　　　　　　　　　（　　）

（A）标准值　　　　　　　　　　　　　　（B）组合值
（C）频遇值　　　　　　　　　　　　　　（D）准永久值

49.公路桥梁地基进行竖向承载力验算时，应按下列哪些选项确定传至基底或承台底面的作用效应？　　　　　　　　　　　　　　　　　　　　　　　　　　　　　　　　　　（　　）

（A）作用的基本组合　　　　　　　　　　（B）作用的永久组合
（C）作用的偶然组合　　　　　　　　　　（D）作用的频遇组合

50.碱液法加固湿陷性黄土地基，宜将碱液加热至 80～100℃再注入土中，加热碱液起到的是下列哪些选项的效果？　　　　　　　　　　　　　　　　　　　　　　　　　　（　　）

（A）加快化学反应的进程　　　　　　　　（B）提高碱液加固的早期强度
（C）减小拟加固建筑的附加沉降　　　　　（D）提高硅胶产量更好地胶结土粒

51.为保证振冲碎石桩桩身质量，施工时必须控制的指标是下列哪些选项？　　　　　（　　）

（A）密实电流　　　　　　　　　　　　　（B）填料量
（C）留振时间　　　　　　　　　　　　　（D）造孔速度

52.地基处理方法中，总应力不变，有效应力增加的是下列哪些选项？　　　　　　　（　　）

（A）降水法　　　　　　　　　　　　　　（B）真空预压法
（C）电渗法　　　　　　　　　　　　　　（D）堆载预压法

53.旋喷桩适用于下列哪些选项的工程处理场景？　　　　　　　　　　　　　　　　（　　）

（A）防止砂土液化　　　　　　　　　　　（B）治理路基冻胀
（C）永冻土地基处理　　　　　　　　　　（D）止水帷幕补缺

54.采用堆载预压法进行软基处理，通过实测沉降量推测最终沉降量的经验方法有下列哪些选项？　　　　　　　　　　　　　　　　　　　　　　　　　　　　　　　　　（　　）

（A）双曲线法　　　　　　　　　　　　　（B）分层总和法
（C）三点法　　　　　　　　　　　　　　（D）沉降曲线图解法（Asaoka 法）

55.某自重湿陷性黄土建筑场地，地基承载力特征值 150kPa。拟建建筑采用条形基础，基础宽度 2.0m，基底压力（标准组合）280kN/m。采用整片换填灰土垫层法处理地基的主要目的是下列哪些选项？　　　　　　　　　　　　　　　　　　　　　　　　　　　　　（　　）

（A）提高地基承载力　　　　　　　　　　（B）减小地基剩余湿陷量
（C）防止地基浸水　　　　　　　　　　　（D）提高地基土排水效果

56. 根据《建筑地基处理技术规范》（JGJ 79—2012），关于碎石桩处理地基要超出基础边缘一定宽度的原因，下列哪些选项的说法是正确的？　　　　　　　　　　　　　　　　　（　　）

（A）基础应力扩散范围内有桩才符合双层土压力扩散理论模型

（B）外放后侧限能力更强，基础下复合地基的处理效果更好

（C）靠外侧排桩挤密效果较差，外放以确保基础下桩的挤密效果

（D）基础受压削弱了地基抗液化能力，需要外放以减少液化可能性

57. 关于基坑内支撑支护结构内力分析计算，下列哪些选项是正确的？　　　　　　（　　）

（A）应考虑支撑结构自重影响

（B）应考虑温度应力

（C）支撑的轴向预加应力值宜取支撑轴向压力设计值的 0.5～0.8 倍

（D）钢支撑应考虑施工偏心误差的影响

58. 下列哪些选项不是朗肯土压力理论的假设条件？　　　　　　　　　　　　　　（　　）

（A）墙背光滑、垂直，填土面水平

（B）墙后填土为理想散粒体

（C）填土为理想黏性体

（D）墙背面及土中滑动面达到极限平衡状态

59. 关于基坑地下水控制的表述，下列哪些选项是错误的？　　　　　　　　　　　（　　）

（A）潜水降水井待底板浇筑后即可全部退出工作

（B）承压水减压井待底板浇筑后即可全部退出工作

（C）设置截水帷幕时，减压井应布置在截水帷幕内侧

（D）设置截水帷幕时，回灌井应布置在截水帷幕外侧

60. 对于铁路隧道，下列哪些选项的说法是正确的？　　　　　　　　　　　　　　（　　）

（A）隧道衬砌宜采用荷载—结构模型进行计算

（B）矿山法隧道，在软硬地层分界处应设置变形缝

（C）计算复合式衬砌时，初期支护按主要承载结构计算，二次衬砌不按照承载结构设计

（D）当仰拱在边墙之后施作时，可不考虑仰拱对结构内力的影响

61. 高地应力区的隧道施工中，关于岩爆的说法，下列哪些选项是正确的？　　　（　　）

（A）硬质岩石比软质岩石更易发生岩爆

（B）裂隙发育的岩体比完整岩体更易发生岩爆

（C）干燥岩体比地下水丰富的岩体更易发生岩爆

（D）岩爆强度与地应力大小成正比

62. 采空区地段作为建筑场地使用时，根据《岩土工程勘察规范》（GB 50021—2001）（2009 年版），下列哪些选项的地段应评价建筑场地适宜性？ （ ）

（A）采深采厚比大于 30 的地段

（B）采深小，上覆岩层极坚硬，采用非正规开采方法的地段

（C）地表倾斜为 3～10mm/m，地表曲率为 0.2～0.6mm/m^2 的地段

（D）地表水平变形为 2～6mm/m 的地段

63. 建筑所在地区遭受的地震影响，应采用相应于抗震设防烈度的下列哪些选项表征？ （ ）

（A）震中距 （B）设计基本地震加速度

（C）场地类别 （D）特征周期

64. 修筑于软土地基且高度大于 6m 的公路路堤，下列哪些选项的措施可以提高路基抗震稳定性？ （ ）

（A）取土坑浅挖，远离路基

（B）采取措施对软土地基进行加固

（C）采用砂类土置换软土顶部"硬壳层"

（D）保护路基与取土坑之间的植被

65. 在重力坝抗震设计中，下列哪些选项的措施有利于提高重力坝抗震稳定性？ （ ）

（A）地基中若有断层，应采取工程处理措施，并适当提高底部混凝土等级

（B）增大坝体上部的重量和刚度，并适当配筋

（C）重力坝孔口周边等抗震薄弱部位应加强配筋

（D）重力坝轴线宜取弧线

66. 下列哪些选项是影响设计特征周期的因素？ （ ）

（A）设计地震分组 （B）场地类别

（C）罕遇地震作用 （D）建筑场地阻尼比

67. 某高速公路桥梁地基内有液化土层，根据《公路工程抗震规范》（JTG B02—2013）验算其承载力时，下列哪些选项的说法是正确的？ （ ）

（A）采用桩基时，液化土层的桩侧摩阻力应折减

（B）采用桩基时，液化土层的黏聚力和内摩擦角不用折减

（C）采用天然地基时，计算液化土层以下地基承载力时不应计入液化土层及以上土层重力

（D）采用天然地基时，液化土层以上的中密碎石土的抗震承载力无需提高

68. 场地内存在发震断裂时，根据《建筑抗震设计标准》（GB/T 50011—2010）（2024 年版），下列哪些选项的说法是正确的？ （ ）

（A）抗震设防烈度为 7 度时，可忽略发震断裂错动对地面建筑的影响

（B）可以忽略非全新世活动断裂错动对地面建筑的影响

（C）当隐伏断裂的土层覆盖厚度为 40m 时，不能忽略该断裂错动对地面建筑的影响

（D）在全新世活动断裂穿越区建筑单层丁类建筑时，可以直接根据建筑使用功能进行平面布置

69. 关于基桩检测的要求，下列哪些选项的说法是正确的？ （ ）

（A）当采用声波透射法检测桩身缺陷时，不一定要在桩身混凝满 28d 龄期后进行

（B）单桩竖向抗拔试验当采用地基提供反力时，施加于地基的压应力不宜超过地基承载力的 2.0 倍

（C）大直径扩底桩不宜采用高应变法进行竖向抗压承载力检测

（D）低应变法无法检测桩底沉渣厚度

70. 预压地基竣工验收时，可以用下列哪些选项的原位测试方法检验地基强度？ （ ）

（A）标准贯入试验 （B）动力触探试验
（C）十字板剪切试验 （D）静力触探试验

2023 年专业知识试题（下午卷）

一、单项选择题（共 40 题，每题 1 分。每题的备选项中只有一个最符合题意）

1. 按照《建筑地基基础设计规范》（GB 50007—2011）计算地基中附加应力及其分布时，下列哪个选项是正确的？ （　　）

　　（A）土中附加应力最大值必然出现在基础中心点下方

　　（B）基础底面边缘处的附加应力为零

　　（C）基础范围内外的竖向附加应力沿深度分布规律相同

　　（D）考虑相邻荷载影响时，土中附加应力将增大

2. 关于地基土的回弹再压缩变形计算，下列哪个选项的表述是正确的？ （　　）

　　（A）地基的回弹变形模量大于再压缩变形模量

　　（B）地基土的回弹量采用回弹再压缩模量计算

　　（C）对于基坑工程，计算回弹量的附加应力即为坑底以上土的自重压力

　　（D）地基的回弹再压缩变形与基底压力无关

3. 根据《建筑地基基础设计规范》（GB 50007—2011），$\bar{\alpha}_i$ 为基础底面计算点至第 i 层土底面范围内平均附加应力系数，p_0 为基础底面处的附加压力，则 $\bar{\alpha}_i p_0$ 的值可用图中哪个选项的线段表示？ （　　）

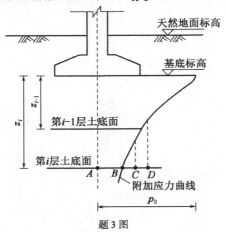

题 3 图

　　（A）线段 AB　　　　　　　　　　　　（B）线段 AC

　　（C）线段 AD　　　　　　　　　　　　（D）线段 BD

4. 某三跨单层工业厂房，采用柱顶铰接排架结构，厂房每跨均设有桥式起重机，且在使用期间轨道没有条件调整，厂房的横剖面如图所示。初步设计拟采用天然地基浅基础方案，初步确定基础尺寸时，计算得到柱 A、B、C、D 基础中心的最终沉降分别为 50mm、90mm、120mm、85mm。根据《建筑地基基础设计规范》（GB 50007—2011），关于地基变形的验算结果，说法正确的是下列哪个选项？

　　　　　　　　　　　　　　　　　　　　　　　　　　　　　　　（　　）

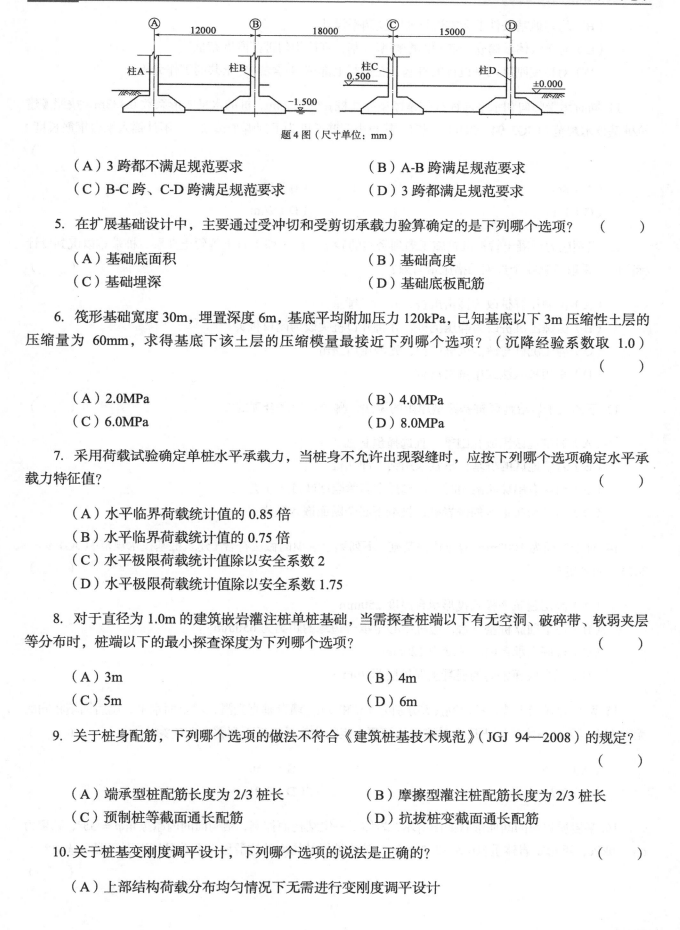

题 4 图（尺寸单位：mm）

（A）3 跨都不满足规范要求　　　　　　　（B）A-B 跨满足规范要求

（C）B-C 跨、C-D 跨满足规范要求　　　　（D）3 跨都满足规范要求

5. 在扩展基础设计中，主要通过受冲切和受剪切承载力验算确定的是下列哪个选项？　（　　）

（A）基础底面积　　　　　　　　　　　　（B）基础高度

（C）基础埋深　　　　　　　　　　　　　（D）基础底板配筋

6. 筏形基础宽度 30m，埋置深度 6m，基底平均附加压力 120kPa，已知基底以下 3m 压缩性土层的压缩量为 60mm，求得基底下该土层的压缩模量最接近下列哪个选项？（沉降经验系数取 1.0）

（　　）

（A）2.0MPa　　　　　　　　　　　　　　（B）4.0MPa

（C）6.0MPa　　　　　　　　　　　　　　（D）8.0MPa

7. 采用荷载试验确定单桩水平承载力，当桩身不允许出现裂缝时，应按下列哪个选项确定水平承载力特征值？　（　　）

（A）水平临界荷载统计值的 0.85 倍

（B）水平临界荷载统计值的 0.75 倍

（C）水平极限荷载统计值除以安全系数 2

（D）水平极限荷载统计值除以安全系数 1.75

8. 对于直径为 1.0m 的建筑嵌岩灌注桩单桩基础，当需探查桩端以下有无空洞、破碎带、软弱夹层等分布时，桩端以下的最小探查深度为下列哪个选项？　（　　）

（A）3m　　　　　　　　　　　　　　　　（B）4m

（C）5m　　　　　　　　　　　　　　　　（D）6m

9. 关于桩身配筋，下列哪个选项的做法不符合《建筑桩基技术规范》（JGJ 94—2008）的规定？

（　　）

（A）端承型桩配筋长度为 2/3 桩长　　　　（B）摩擦型灌注桩配筋长度为 2/3 桩长

（C）预制桩等截面通长配筋　　　　　　　（D）抗拔桩变截面通长配筋

10. 关于桩基变刚度调平设计，下列哪个选项的说法是正确的？　（　　）

（A）上部结构荷载分布均匀情况下无需进行变刚度调平设计

（B）均匀地基条件下无需进行变刚度调平设计

（C）对于大体量筒仓、储罐的摩擦型桩基，宜按均匀桩基刚度布桩

（D）对按变刚度调平设计的桩基，宜进行上部结构-承台-桩-土共同工作分析

11. 同时承受竖向和水平向荷载的摩擦型灌注桩，桩长 24m，桩的水平变形系数 0.333m。按照《建筑桩基技术规范》（JGJ 94—2008）规定，其最小配筋长度为下列哪个选项？（不计锚入承台钢筋长度）

                                                      （ ）

（A）8m   （B）12m

（C）16m   （D）24m

12. 当预应力混凝土管桩沉桩施工遇到密实的砂土、碎（卵）石土等硬土夹层，桩端难以沉到设计标高时，采取下列哪个选项的措施最有效？   （ ）

（A）由静压沉桩改为锤击沉桩，并加大锤重

（B）由锤击沉桩改为静压沉桩，并将开口桩尖改为闭口桩尖

（C）静压沉桩与锤击沉桩结合，先静压后锤击

（D）采用植入法或中掘法沉桩

13. 下列关于岩溶地区桩基选型原则的说法，哪个选项是合理的？   （ ）

（A）岩溶地区因成孔困难，宜选择预制桩

（B）岩溶地区的桩基，不宜采用钻、冲孔桩

（C）当遇有串珠状溶洞时，可选择全套管全回转施工工艺

（D）石笋密布地区的嵌岩桩，桩端不必全断面嵌入基岩

14. 对于桩径为 1000mm 的建筑桩基础，下列哪个选项的做法符合《建筑桩基技术规范》（JGJ 94—2008）的规定？   （ ）

（A）高层建筑平板式筏形承台厚度 250mm

（B）柱下独立桩基承台，边桩中心至承台边缘的距离为 650mm

（C）桩嵌入承台内的长度为 120mm

（D）承台底面钢筋的混凝土保护层厚 70mm

15. 两重力式挡土墙，挡墙高度 H 分别为 7m 和 5m，墙背垂直光滑，填土面水平，墙后回填相同的无黏性土，无地下水，则土压力对墙底的倾覆力矩的比值最接近下列哪个选项？ （ ）

（A）1.96   （B）2.50

（C）2.74   （D）3.01

16. 某岩质边坡的断面形状如图所示，岩体受一组结构面控制，结构面的内摩擦角 $\varphi = 35°$，黏聚力 $c = 70$kPa，不稳定岩体重量 G 为 3300kN/m，该边坡沿结构面的抗滑稳定系数最接近下列哪个选项？

                                                    （ ）

（A）1.12

（B）1.20

（C）1.26

（D）1.32

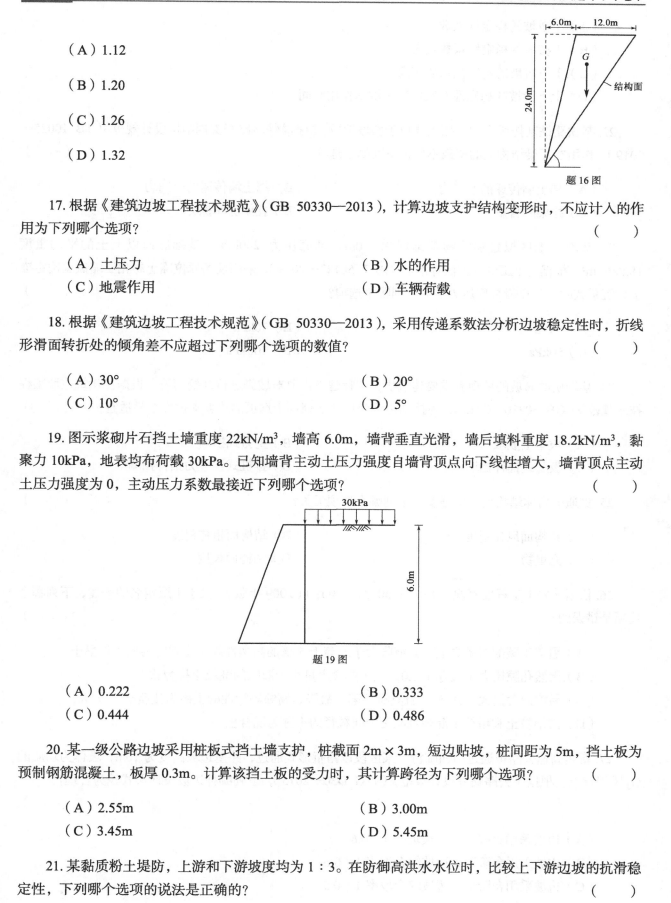

题 16 图

17. 根据《建筑边坡工程技术规范》（GB 50330—2013），计算边坡支护结构变形时，不应计入的作用为下列哪个选项？　　　　　　　　　　　　　　　　　　　　　　　　（　　）

（A）土压力　　　　　　　　　　　　　（B）水的作用

（C）地震作用　　　　　　　　　　　　（D）车辆荷载

18. 根据《建筑边坡工程技术规范》（GB 50330—2013），采用传递系数法分析边坡稳定性时，折线形滑面转折处的倾角差不应超过下列哪个选项的数值？　　　　　　　　　　（　　）

（A）30°　　　　　　　　　　　　　　（B）20°

（C）10°　　　　　　　　　　　　　　（D）5°

19. 图示浆砌片石挡土墙重度 22kN/m³，墙高 6.0m，墙背垂直光滑，墙后填料重度 18.2kN/m³，黏聚力 10kPa，地表均布荷载 30kPa。已知墙背主动土压力强度自墙背顶点向下线性增大，墙背顶点主动土压力强度为 0，主动压力系数最接近下列哪个选项？　　　　　　　　　　　（　　）

题 19 图

（A）0.222　　　　　　　　　　　　　（B）0.333

（C）0.444　　　　　　　　　　　　　（D）0.486

20. 某一级公路边坡采用桩板式挡土墙支护，桩截面 2m×3m，短边贴坡，桩间距为 5m，挡土板为预制钢筋混凝土，板厚 0.3m。计算该挡土板的受力时，其计算跨径为下列哪个选项？　　（　　）

（A）2.55m　　　　　　　　　　　　　（B）3.00m

（C）3.45m　　　　　　　　　　　　　（D）5.45m

21. 某黏质粉土堤防，上游和下游坡度均为 1∶3。在防御高洪水水位时，比较上下游边坡的抗滑稳定性，下列哪个选项的说法是正确的？　　　　　　　　　　　　　　　　　　　（　　）

（A）上游坡的稳定性系数较大

（B）下游坡的稳定性系数较大

（C）上下游坡的稳定性系数相同

（D）上下游坡的稳定性系数取决于洪水作用时间

22. 某铁路桩基托梁重力式挡土墙位于斜坡地段，根据《铁路路基支挡结构设计规范》（TB 10025—2019），作用在托梁结构上的荷载不包括下列哪个选项？ （　　）

（A）挡土墙传递的水平力

（B）挡土墙传递的竖向力

（C）托梁的自重

（D）托梁底摩擦力

23. 某冻土地区拟建建筑物基础埋深 2.0m，基底压力 200kPa，基础底面以上土的平均重度 18.0kN/m³，根据《土工试验方法标准》（GB/T 50123—2019），采用现场原位冻土融化压缩试验确定冻土融沉系数时，传压板板底压力应为下列哪个选项？ （　　）

（A）0kPa

（B）36kPa

（C）50kPa

（D）100kPa

24. 某岩质顺向坡的坡顶有重要建筑物，工程建设需要对坡脚进行开挖切坡，根据《建筑边坡工程技术规范》（GB 50330—2013），为控制边坡变形，下列哪个选项的边坡支护方案最适宜？ （　　）

（A）坡率法放坡

（B）重力式挡墙

（C）板肋式锚杆挡墙

（D）排桩式预应力锚杆挡墙

25. 贯通的岩体结构面抗剪强度与下列哪个选项无关？ （　　）

（A）结构面风化程度

（B）结构面粗糙程度

（C）充填物

（D）结构面长度

26. 依据《岩土工程勘察规范》（GB 50021—2001）（2009 年版），关于土层定名的表述，下列哪个选项是错误的？ （　　）

（A）覆盖于碳酸岩系之上，其液限大于或等于 50% 的高塑性黏土应判定为原生红黏土

（B）天然孔隙比大于或等于 1.0，且天然含水量小于液限的细粒土称为软土

（C）易溶盐含量大于 0.3%，且具有溶陷、盐胀、腐蚀等特性的土称为盐渍土

（D）由细粒土和粗粒土混杂且缺乏中间粒径的土称为混合土

27. 新建高速公路拟通过山西临汾，某区段以路堑形式通过，路堑边坡高度为 16m，坡体为均质的 Q₃ 风积黄土。根据《公路路基设计规范》（JTG D30—2015），下列哪种边坡设计形式较为合理？ （　　）

（A）边坡采用直线形，边坡坡率 1：0.6

（B）边坡采用台阶形，边坡综合坡率 1：0.6

（C）边坡采用台阶形，边坡综合坡率 1：0.5

（D）边坡采用直线形，边坡坡率 1：0.7

28. 某非自重湿陷性黄土场地拟建 6 层住宅楼，地基受水浸湿可能性小，地基湿陷量计算值为 800mm，根据《湿陷性黄土地区建筑标准》（GB 50025—2018），地基最小处理深度为下列哪个选项？（　　）

（A）1.0m
（B）2.0m
（C）3.0m
（D）4.0m

29. 某红黏土地区拟修建高速公路，红黏土的液限为 63.1%，液塑比为 2.72，压缩系数为 0.6MPa⁻¹。根据《公路路基设计规范》（JTG D30—2015），下列哪个选项的描述是正确的？（　　）

（A）该红黏土收缩后复浸水膨胀，能恢复到原位
（B）该红黏土为Ⅱ类
（C）该红黏土可作为路基填料
（D）该红黏土填筑路堤高度可为 10m

30. 依据《岩土工程勘察规范》（GB 50021—2001）（2009 年版），膨胀土地区勘察时，可以不测试的指标是下列哪个选项？（　　）

（A）自由膨胀率
（B）一定压力下膨胀率
（C）膨胀力
（D）体缩率

31. 某公路工程路堤高度 3.0m，拟采用附近土料作为路基填料，现场采取填料土样测得 25kPa 和 50kPa 压力下的胀缩总率为 2.0%、0.6%，该填料膨胀性分类等级为下列哪个选项？（　　）

（A）强膨胀土
（B）中膨胀土
（C）弱膨胀土
（D）非膨胀土

32. 某盐渍土建筑场地，枯水期地下水位埋深 3.0m，地下水位年变化幅度 1.5m，地下水中 Cl⁻含量 3500mg/L。建筑物钢筋混凝土基础埋深 2.0m，地下水对基础中钢筋的腐蚀性判定为下列哪个选项？（　　）

（A）微腐蚀性
（B）弱腐蚀性
（C）中腐蚀性
（D）强腐蚀性

33. 某城市轨道交通工程穿越岩溶地段，岩溶化裂隙和小型洞穴发育，地下水连通性差，无集中地下径流，常有裂隙水流，该场地岩溶发育程度为下列哪个选项？（　　）

（A）微弱发育
（B）弱发育
（C）中等发育
（D）强烈发育

34. 某湿陷性黄土建筑场地，采用灰土挤密桩处理地基，等边三角形布桩，桩径 500mm，桩间距 1.20m，桩长 12m。根据《湿陷性黄土地区建筑标准》（GB 50025—2018），灰土挤密桩施工完成后，采用浸水载荷试验确定饱和状态下复合地基承载力，试坑直径不应小于下列哪个选项？（　　）

（A）3m（B）4m
（C）5m（D）6m

35. 由两个以上勘察单位组成的投标联合体，其资质等级的确定，下列哪个选项正确？（　　）

（A）根据各自承担的项目等级确定

（B）按照招标文件的要求确定

（C）按照资质等级最高的勘察单位确定

（D）按照资质等级最低的勘察单位确定

36. 根据《地质灾害防治条例》（国务院令第 394 号），关于地质灾害等级划分的规定，下列哪个选项错误？（　　）

（A）特大型：因灾死亡 30 人以上或者直接经济损失 1000 万元以上的

（B）大型：因灾死亡 10 人以上 30 人以下或者直接经济损失 500 万元以上 1000 万元以下的

（C）中型：因灾死亡 3 人以上 10 人以下或者直接经济损失 100 万元以上 500 万元以下的

（D）小型：因灾死亡 2 人以下或者直接经济损失 200 万元以下的

37. 根据《中华人民共和国民法典》，下列哪个选项错误？（　　）

（A）勘察、设计的质量不符合要求或者未按照期限提交勘察、设计文件拖延工期，造成发包人损失的，勘察人、设计人应当继续完善勘察、设计，减收或者免收勘察、设计费并赔偿损失

（B）发包人未按照约定的时间和要求提供原材料、设备、场地、资金、技术资料的，承包人可以顺延工程日期，并有权请求赔偿停工、窝工等损失

（C）因发包人变更计划，提供的资料不准确，或者未按照期限提供必需的勘察、设计工作条件而造成勘察、设计的返工、停工或者修改设计，发包人应当按照勘察人、设计人实际消耗的工作量增付费用

（D）发包人未按照约定支付价款的，发包人应当无条件接受承包人将该工程折价或拍卖，折价或拍卖款优先受偿工程款

38. 根据《勘察设计注册工程师管理规定》，下列哪个选项错误？（　　）

（A）初始注册者，可自资格证书签发之日起两年内提出申请。逾期未申请者，须符合本专业继续教育的要求后方可申请初始注册

（B）注册工程师每注册期为 5 年，注册期满继续执业的，应在注册期满前 30 日，按照本规定第七条规定的程序申请延续注册

（C）在注册有效期内，注册工程师变更执业单位，应与原聘用单位解除劳动关系，并按本规定第七条规定的程序办理变更注册手续，变更注册后仍延续原注册有效期

（D）聘用单位被吊销营业执照的，其注册证书和执业印章失效

39. 根据《危险性较大的分部分项工程安全管理规定》，关于专项施工方案管理规定，下列哪个选项错误？（　　）

（A）实行施工总承包的，专项施工方案应当由施工总承包单位组织编制。危大工程实行分包的，专项施工方案可以由相关专业分包单位组织编制

（B）危大工程实行分包并由分包单位编制专项施工方案的，专项施工方案由分包单位技术负责人审核签字并加盖单位公章即可

（C）对于超过一定规模的危大工程，施工单位应当组织召开专家论证会对专项施工方案进行论证

（D）专家论证会后，应当形成论证报告，对专项施工方案提出通过、修改后通过或者不通过的一致意见

40. 根据《中华人民共和国安全生产法》，关于生产经营单位对重大危险源的管理规定，下列哪个选项错误？ （　　）

（A）生产经营单位的主要负责人组织开展危险源辨识和评估，督促落实本单位重大危险源的安全管理措施

（B）生产经营单位对重大危险源应当登记建档，进行定期检测、评估、监控，并制定应急预案，告知从业人员和相关人员在紧急情况下应当采取的应急措施

（C）生产经营单位应当按照国家有关规定将本单位重大危险源及有关安全措施、应急措施报有关地方人民政府应急管理部门和有关部门备案

（D）有关地方人民政府应急管理部门和有关部门应当通过相关信息系统实现信息共享

二、多项选择题（共 30 题，每题 2 分。每题的备选项中有两个或三个符合题意，错选、少选、多选均不得分）

41. 根据《建筑地基基础设计规范》（GB 50007—2011）确定地基承载力特征值时，下列哪些选项的做法是正确的？ （　　）

（A）根据静力触探指标确定的地基承载力，按基础设计底面尺寸进行深宽修正

（B）由土的抗剪强度指标确定的地基承载力，按基础设计底面尺寸进行深宽修正

（C）对于回填土地基，基础埋深取值需考虑基础回填顺序等施工过程

（D）按土的抗剪强度指标确定持力层的地基承载力时，需考虑软弱下卧层的力学性质

42. 关于无筋扩展基础设计，下列哪些选项的说法是正确的？ （　　）

（A）确定基础宽高比时，采用的基底压力为基底的净反力

（B）基础宽度的确定与基础材料强度无关

（C）基础高度的确定与墙体或柱的材料强度无关

（D）基础高度的确定与地基承载力无关

43. 根据《建筑地基基础设计规范》（GB 50007—2011），关于建筑基础埋置深度，下列哪些选项的说法是正确的？ （　　）

（A）基础埋置深度均应不小于 0.5m

（B）确定基础埋置深度应考虑相邻建筑物的基础埋深

（C）高层建筑基础埋置深度应满足大于 1/15 建筑物高度

（D）确定基础的埋置深度时应考虑作用在地基上的荷载大小和性质

44. 关于地基破坏模式的叙述，下列哪些选项的说法是正确的？ （　　）

（A）整体剪切破坏模式会形成连续的滑动面延伸至地面

（B）局部剪切破坏模式在基础边缘局部产生垂直的剪切破坏面

（C）冲剪破坏模式地面没有明显隆起现象

（D）地基的破坏类型与土的性质和基础埋深有关

45. 相较均质、各向同性地基土中的附加应力，下列哪些选项的情况会出现均布荷载中心点以下附加应力减小的"应力扩散"现象？ （　　）

（A）硬土层覆盖于软土层上

（B）可压缩土层覆盖于刚性岩层上

（C）土层竖直方向变形模量较水平方向更大

（D）土层水平方向变形模量较垂直方向更大

46. 关于预制桩锤击沉桩顺序，下列哪些选项是合理的？ （　　）

（A）对于密集桩群，自两个方向或四周向中间对称施打

（B）对一侧毗邻建筑物时，应由远及近向毗邻建筑物方向施打

（C）根据基础底面设计标高，宜先深后浅

（D）根据桩的规格，宜先大后小，先长后短

47. 对饱和黏性土中的纯摩擦钢筋混凝土预制方桩，规定桩的最小中心间距的主要目的是下列哪些选项？ （　　）

（A）减小承台尺寸　　　　　　　　　（B）减少群桩效应

（C）减少负摩阻力　　　　　　　　　（D）减少桩基施工中的相互影响

48. 关于桩基布置设计，下列哪些选项符合《建筑桩基技术规范》（JGJ 94—2008）的规定？ （　　）

（A）框架—核心筒结构桩筏基础，采用满堂均匀布桩

（B）桩箱、剪力墙结构桩筏基础，沿墙体以下布桩

（C）排列基桩时，力求使桩群承载力合力点与竖向永久荷载合力作用点重合

（D）对钻孔灌注桩，采用 4 倍桩径的桩间距进行布桩

49. 根据《建筑桩基技术规范》（JGJ 94—2008）的规定，关于抗拔系数的描述，下列哪些选项是正确的？ （　　）

（A）灌注桩的抗拔系数高于预制桩

（B）桩的抗拔系数随着桩长增加而减小

（C）黏性土中桩的抗拔系数高于砂性土

（D）桩的抗拔系数取值与抗拔桩的破坏模式无关

50. 当预应力混凝土管桩施工影响邻近建筑物、地下管线的正常使用和安全时，可采取下列哪些选项的辅助措施？ （ ）

（A）锤击沉桩时，采用"重锤轻击"方法施工

（B）全部或部分桩采用引孔沉桩

（C）对毗邻建筑物一侧沉桩，由远端至近端施工

（D）控制沉桩速率，优化沉桩顺序

51. 根据《建筑桩基技术规范》（JGJ 94—2008）规定，下列哪些选项的情况下应进行沉降计算？ （ ）

（A）软土地基减沉复合疏桩基础

（B）设计等级为甲级的嵌岩桩基础

（C）非深厚非坚硬持力层的设计等级为甲级桩基础

（D）体形复杂、荷载分布显著不均匀、非坚硬持力层的设计等级为乙级桩基础

52. 对于建筑一柱一桩基础，一般要求在桩顶两个主轴方向上设置联系梁，下列哪些选项是设置联系梁的主要作用？ （ ）

（A）增加桩基的竖向刚度 （B）增加桩基的整体刚度

（C）分担竖向荷载，满足沉降要求 （D）提高抗震性能

53. 根据《建筑边坡工程技术规范》（GB 50330—2013），关于工程滑坡治理措施和施工的表述，下列哪些选项是正确的？ （ ）

（A）根据滑坡的地形、工程地质条件、水文地质条件、暴雨、洪水和防治方案等条件采取有效的地表截排水和地下排水措施

（B）结合滑坡的特性，合理设置支挡结构，且应保证滑体不从其顶部越过

（C）在滑坡的前缘抗滑段土石回填反压，当反压土体抗剪强度低时，可采用加筋土反压

（D）滑坡区地段的工程切坡应自下而上，分段跳槽实施，严禁通长大断面开挖

54. 根据《建筑边坡工程技术规范》（GB 50330—2013），关于边坡支护结构上的侧向土压力计算，下列哪些选项的说法是正确的？ （ ）

（A）应考虑温差、沉降、固结、地震的影响

（B）应考虑土的应力历史和应力路径

（C）土压力与边坡的施工方法和顺序无关

（D）一般用库仑公式计算被动土压力，用朗肯公式计算主动土压力

55. 根据《建筑边坡工程技术规范》（GB 50330—2013），关于重力式挡墙，下列哪些选项的说法是正确的？ （ ）

（A）重力式挡墙设计可只进行抗滑移和抗倾覆稳定验算

（B）地震工况时，重力式挡墙的抗滑移稳定系数不应小于 1.1，抗倾覆稳定系数不应小于 1.3

（C）变形有严格要求或开挖土石方可能危及边坡稳定时，不宜采用重力式挡墙，开挖土石方危及相邻建筑物安全的边坡不应采用重力式挡墙

（D）土质地基上的重力式挡墙基底最小埋深不得小于 0.8m

56. 关于边坡极限平衡稳定性的计算方法，下列哪些选项不适用于非圆弧滑裂面边坡？（　　）

（A）简布（Janbu）法

（B）简单条分法（瑞典条分法）

（C）简化毕肖普（Bishop）法

（D）摩根斯坦-普赖斯（Morgensterm Price）法

57. 根据《铁路路基支挡结构设计规范》（TB 10025—2019），某铁路浸水支挡结构在下列哪些选项的情况下应考虑渗透力？（　　）

（A）支挡结构两侧有水位差，并形成贯通渗流

（B）墙前水位骤降，墙后出现渗流

（C）浸水地区滑坡发生水位骤降

（D）设有涵洞的湖内路堤

58. 某场地采用石英砂岩碎块石回填，填筑年限为 1 年，平均厚度 8m，地下水位埋深 5m，勘探显示填土密实性差异大，拟对填土采用强夯处理，强夯后下列哪些选项的参数会显著提高？（　　）

（A）内摩擦角　　　　　　　　　　　（B）黏聚力

（C）压缩模量　　　　　　　　　　　（D）密实度

59. 在膨胀土地区设计挡土墙，根据《膨胀土地区建筑技术规范》（GB 50112—2013）相关规定，下列哪些选项是正确的？（　　）

（A）墙背碎石或砂卵石滤水层的宽度不应小于 500mm，墙顶和墙脚地面应设封闭面层，宽度不宜小于 2m

（B）挡土墙每隔 10～15m 和转角部位应设变形缝

（C）高度不大于 3m 的挡土墙，主动土压力宜采用楔体试算法确定。破裂面上的抗剪强度指标应采用饱和快剪强度指标

（D）布置在挖方地段的建筑物，基础外边缘至坡脚支挡结构的净距小于 3m 时，可按平坦场地建筑物地基进行设计

60. 根据《岩土工程勘察规范》（GB 50021—2001）（2009 年版）相关规定，混合土场地勘察时，下列哪些选项是错误的？（　　）

（A）除采用钻孔外，还应有一定数量的探井

（B）对于粗粒混合土宜采用静力触探试验

（C）现场载荷试验的承压板面积不应小于 0.25m²

（D）现场直剪试验的剪切面面积不应大于 0.25m²

61. 膨胀土地区修筑高速公路时，关于公路路基排水设计，下列哪些选项的说法是正确的？　　　　　　　　　　　　　　　　　　　　　　　　（　　）

（A）低填方路段，若公路界内地形低于路界外地面，需设置截水沟

（B）地下水位较高的低路堤路段，应在路堤底部设置防渗隔离层和排水垫层

（C）地下水发育的挖方路段，边坡上宜设置支撑渗沟

（D）路堑坡顶外 8m 范围内表层膨胀土可不进行防渗封闭处理

62. 某氯盐渍土地区，含盐量为 5%，根据《盐渍土地区建筑技术规范》（GB/T 50942—2014），下列哪些选项确定承载力的说法是正确的？　　　　　　　　　　　　　（　　）

（A）对地基基础设计等级为甲、乙级的建筑物，均可采用物理力学性质指标确定地基承载力

（B）对地基基础设计等级为甲级的建筑物，按浸水载荷试验确定地基承载力

（C）对地基基础设计等级为乙级的建筑物，按浸水载荷试验确定地基承载力

（D）对地基基础设计等级为丙级的建筑物，可按浸水后土的物理力学性质指标结合含盐量、含盐类型、溶陷性等综合确定地基承载力

63. 地形、地下水等条件相同时，下列哪些选项的岩石类型可能有岩溶发育？　（　　）

（A）碳酸盐岩类　　　　　　　　　　（B）硫酸盐岩类

（C）磷质岩类　　　　　　　　　　　（D）卤素岩类

64. 铁路隧道勘察时，关于勘探孔深度的要求，下列哪些选项的说法是正确的？（　　）

（A）钻探深度应至隧道底以下不小于 3m

（B）遇溶洞时，钻孔深度应至洞底以下不小于 3m

（C）遇滑坡时，钻孔深度应至滑面以下不小于 5m

（D）遇泥石流时，钻孔深度应至堆积物底部以下不小于 5m

65. 根据《建设工程安全生产管理条例》的规定，建设单位有下列哪些选项的行为，适用于"责令限期改正，处 20 万元以上 50 万元以下的罚款"的处罚？　　　　　（　　）

（A）未按照法律、法规和工程建设强制性标准进行勘察、设计的

（B）对勘察、设计、施工、工程监理等单位提出不符合安全生产法律、法规和强制性标准规定的要求的

（C）要求施工单位压缩合同约定的工期的

（D）将拆除工程发包给不具有相应资质等级的施工单位的

66. 根据《建设工程质量检测管理办法》，下列哪些选项正确？　　　　　　　（　　）

（A）检测机构与建筑材料、建筑构配件和设备供应单位不得有隶属关系或者其他利害关系

（B）建设单位或者监理单位应当对建设工程质量检测活动实施见证

（C）施工人员应当在建设单位或者监理单位的见证人员监督下现场取样

（D）施工单位委托的检测机构出具的检测报告可以作为工程质量验收资料

67. 对于列入建设工程概预算的安全作业环境及安全施工措施费用，施工单位应当用于下列哪些选项？ （　　）

（A）施工安全防护用具及设施的采购和更新

（B）安全施工措施的落实

（C）安全生产条件的改善

（D）安全生产事故的赔偿

68. 根据《中华人民共和国招标投标法》，下列哪些选项正确？ （　　）

（A）投标人应当按照招标文件的要求编制投标文件

（B）投标人少于三个的，招标人应当依照本法重新招标

（C）投标人在提交招标文件后，不得补充、修改或者撤回已提交的投标文件

（D）两个以上法人或者其他组织可以组成一个联合体，以一个投标人的身份共同投标

69. 根据《中华人民共和国安全生产法》，下列哪些选项是生产经营单位的安全生产管理机构以及安全生产管理人员的安全生产职责？ （　　）

（A）保证本单位安全生产投入的有效实施

（B）组织或者参与本单位应急救援演练

（C）督促落实本单位安全生产整改措施

（D）制止和纠正违章指挥、强令冒险作业、违反操作规程的行为

70. 根据《勘察设计注册工程师管理规定》，关于注册工程师的执业范围，下列哪些选项正确？ （　　）

（A）工程勘察或者本专业工程设计

（B）本专业工程技术咨询

（C）本专业及相近专业工程招标、采购咨询

（D）对工程勘察或者本专业及相近专业工程设计项目的施工进行指导和监督

2024 年专业知识试题（上午卷）

一、单项选择题（共 40 题，每题 1 分。每题的备选项中只有一个最符合题意。）

1. 某场地拟建 5 层丙类建筑，高度 18m，场地土层为砾砂，现场标准贯入试验锤击数为 14，按照《建筑抗震设计规范》（GB 50011—2010）（2016 年版），初步划分土的类型为以下哪个选项？（　　）

　　（A）坚硬土　　　　　　　　　　　　（B）中硬土
　　（C）中软土　　　　　　　　　　　　（D）软弱土

2. 某拟建铁路路基工程，地基土为新近堆积黄土，自基底以下 8.0m 采取土样，在选择黄土湿陷系数的试验压力时，下列哪个选项是正确的？（　　）

　　（A）100kPa　　　　　　　　　　　　（B）120kPa
　　（C）150kPa　　　　　　　　　　　　（D）200kPa

3. 某地基土试样的天然含水率 $w = 19.3\%$，液限 $w_L = 28.3\%$，塑限 $w_p = 16.7\%$，则该土的物理状态是下列哪个选项？（　　）

　　（A）坚硬　　　　　　　　　　　　　（B）硬塑
　　（C）可塑　　　　　　　　　　　　　（D）软塑

4. 某高层建筑位于湿陷性黄土场地，根据《建筑工程地质勘探与取样技术规程》（JGJ/T 87—2012），进行岩土工程勘察时，下列哪个选项为钻孔最小成孔口径？（　　）

　　（A）91mm　　　　　　　　　　　　（B）110mm
　　（C）130mm　　　　　　　　　　　　（D）150mm

5. 黏土中低价阳离子被高价离子交换后，关于土体强度变化的说法，下列哪个选项正确？（　　）

　　（A）强度增大　　　　　　　　　　　（B）强度降低
　　（C）强度不变　　　　　　　　　　　（D）不确定

6. 公路深埋隧道勘察的地应力测试中，下列选项属于直接量测法的是？（　　）

　　（A）钻孔形变式变形计　　　　　　　（B）声发射
　　（C）钻孔包体压力计　　　　　　　　（D）水压致裂法

7. 某饱和粉土试样含水率 $w = 35\%$，比重 $G_s = 2.65$，其密实度为下列哪个选项？（　　）

　　（A）松散　　　　　　　　　　　　　（B）稍密
　　（C）中密　　　　　　　　　　　　　（D）密实

8. 以下哪个选项的水文地质参数不能通过抽水试验获取？（　　）

（A）渗透系数   （B）给水度

（C）越流系数   （D）单位吸水率

9. 某黏性土试样天然含水率 $w = 59\%$，液限 $w_L = 48\%$，塑限 $w_p = 27\%$，孔隙比 $e = 1.6$，有机质含量 $W_u = 8\%$，根据《岩土工程勘察规范》（GB 50021—2001）（2009 年版），该土样的类型为下列哪个选项？ （　　）

（A）粉质黏土   （B）泥质黏土

（C）淤泥质黏土   （D）淤泥

10. 根据《岩土工程勘察规范》（GB 50021—2001）（2009 年版），关于水样采取后放置时间的规定，下列哪个选项说法正确？ （　　）

（A）清洁水放置时间不宜超过 48h   （B）稍受污染的水不宜超过 24h

（C）受污染的水不宜超过 12h   （D）以上说法均不正确

11. 某公路工程穿越岩溶区，自地表向下地层依次为：松散土层，厚度 10m；页岩，厚度 25m；灰岩，厚度大于 20m，地表水与地下水连通不密切。下列选项中最可能发育的岩溶类型是？ （　　）

（A）裸露型岩溶   （B）浅覆盖型岩溶

（C）深覆盖型岩溶   （D）埋藏型岩溶

12. 某公路工程进行膨胀土标准吸湿含水率试验，关于试验环境条件，下列哪个选项是正确的？ （　　）

（A）温度 20℃，湿度 90%   （B）温度 22℃，湿度 90%

（C）温度 25℃，湿度 60%   （D）温度 28℃，湿度 50%

13. 某铁路工程位于软土区，当采用直径为 110mm 的钻孔验证静力触探结果时，钻孔与静力触探孔的最小间距应为下列哪个选项？ （　　）

（A）2.0m   （B）2.8m

（C）3.5m   （D）4.0m

14. 按照《工程结构可靠性设计统一标准》（GB 50153—2008）的规定，关于工程结构设计基准期的表述，下列哪个选项是正确的？ （　　）

（A）港口工程结构的设计基准期为 40 年

（B）房屋建筑结构的设计基准期为 40 年

（C）铁路桥涵结构的设计基准期为 100 年

（D）公路桥涵结构的设计基准期为 120 年

15. 按照《建筑地基基础设计规范》（GB 50007—2011）的规定，验算高耸结构倾覆稳定性时，下列哪个选项正确？ （　　）

（A）作用效应按正常使用极限状态下作用的标准组合

（B）作用效应按正常使用极限状态下作用的准永久组合，不计入风荷载和地震作用

（C）作用效应按承载能力极限状态下作用的基本组合，分项系数均为 1.0

（D）作用效应按承载能力极限状态下作用的标准组合，采用相应的分项系数

16. 某基坑支护结构设计时，按照《建筑基坑支护技术规程》（JGJ 120—2012）的规定，下列哪个选项的表述错误？   （   ）

（A）基坑支护出现影响主体地下结构正常施工的位移，意味着达到正常使用极限状态

（B）支护排桩弯矩应采用基本组合效应计算

（C）钢支撑出现压屈，意味着达到承载能力极限状态

（D）结构重要性系数不应小于 1.0

17. 某松散砂土场地采用 A800mm 挤密碎石桩处理，正三角形布置，桩间距 3m，砂土加固前平均重度为 18.0kN/m³，假定加固后地面标高没有变化，则加固后桩间土重度最接近下列哪个选项？   （   ）

（A）19.0kN/m³   （B）19.2kN/m³

（C）19.6kN/m³   （D）20.6kN/m³

18. 对于沉管法灰土桩加固机理的说法，下列选项中正确的是？   （   ）

（A）成孔挤密   （B）膨胀挤密

（C）脱水挤密   （D）干缩挤密

19. 关于夯实地基，下列选项说法错误的是？   （   ）

（A）强夯加固非饱和土时，土中的空气被挤出，夯实变形主要由于土颗粒的相对位移引起

（B）强夯过程中，夯坑周围地面产生不同程度的隆起，当场地的平均隆起量大于夯沉量时，动力挤密作用效果好

（C）黏性土地基可根据夯击能增加时的孔隙水压力的叠加值确定最佳夯击能

（D）强夯置换是通过夯击和填料形成置换体，使置换体和原地基土共同承受荷载

20. 用作反滤、排水的土工织物性能应符合反滤准则要求，对这些性能要求的描述，下列选项正确的是？   （   ）

（A）耐久性、透水性、防堵性   （B）保土性、透水性、防堵性

（C）耐久性、透水性、保土性   （D）蠕变性、透水性、防堵性

21. 采用真空预压法对某建筑软土地基进行处理，基础尺寸为 220m×170m，按《建筑地基处理技术规范》（JGJ 79—2012）规定，真空预压最小面积最接近下列哪个选项？   （   ）

（A）3.74 万 m²   （B）3.85 万 m²

（C）4.00 万 m²   （D）4.22 万 m²

22. 某高速铁路工程路堤填料为砂类土，根据《铁路路基设计规范》（TB 10001—2016）规定，关于路堤填料的压实标准，下列选项正确的是？　　　　　　　　　　　　　　（　　）

　　（A）压实系数 K ≥ 0.90、地基系数 K30 ≥ 90MPa/m

　　（B）压实系数 K ≥ 0.90、地基系数 K30 ≥ 110MPa/m

　　（C）压实系数 K ≥ 0.92、地基系数 K30 ≥ 90MPa/m

　　（D）压实系数 K ≥ 0.92、地基系数 K30 ≥ 110MPa/m

23. 强夯法地基处理中，下列哪个选项不是夯击点间距过小引起的问题？　　　　　　（　　）

　　（A）超静孔隙水压力无法消散

　　（B）夯击能不能往深部土层传递

　　（C）夯坑坑壁坍塌，夯锤歪斜或倾倒

　　（D）夯坑过深，提锤困难

24. 关于真空预压处理地基，下列哪个选项的说法是正确的？　　　　　　　　　　　（　　）

　　（A）必须设置排水竖井，穿过软土层进入下卧透水层

　　（B）在预压作用下将产生向外的侧向变形，沉降计算经验系数大于 1.0

　　（C）预压面积或长宽比越大，真空预压效果越好

　　（D）砂井井阻对预压效果不利

25. 建筑物设两层地下室，基坑开挖深度 7.5m，采用放坡结合井点降水措施。场地潜水水位在地表下 2m。筏形底板自重 30kN/m²，底板无外挑。底板以上每施工一层增加自重 15kN/m²，肥槽同步回填，最早停止降水的时间节点为下列哪个选项？　　　　　　　　　　　　　　　　（　　）

　　（A）地下室底板施工完成　　　　　　　（B）地下室顶板施工完成

　　（C）地上一层顶板施工完成　　　　　　（D）地上二层顶板施工完成

26. 关于基坑内支撑结构计算，下列哪个选项的说法是错误的？　　　　　　　　　　（　　）

　　（A）冠梁或腰梁应按多跨连续梁计算

　　（B）水平对撑应按轴心受压构件计算

　　（C）竖向斜撑应按偏心受压构件计算

　　（D）水平对撑的轴向压力应取支撑间距内挡土构件的支点力之和

27. 两相邻铁路隧道，隧道开挖跨度均为 8m，围岩级别为 II 级，在考虑合理施工方法和加强措施的前提下，两隧道间的最小净距为下列哪个选项？　　　　　　　　　　　　　　（　　）

　　（A）8m　　　　　　　　　　　　　　（B）10m

　　（C）12m　　　　　　　　　　　　　　（D）16m

28. 根据《铁路隧道设计规范》（TB 10003—2016）围岩基本分级原则，下列哪个选项的围岩等级不是 IV 级？　　　　　　　　　　　　　　　　　　　　　　　　　　　　　　　（　　）

（A）钙质胶结的碎石土 　　　　　　　（B）极硬岩，岩体破碎

（C）软岩，岩体较完整 　　　　　　　（D）较软岩，岩体完整

29. 某场地为均质黏性土，土样固结快剪试验结果为 $c_q = 65kPa$，$\varphi_q = 12°$，三轴固结排水试验结果为 $c' = 35kPa$，$\varphi' = 30°$，三轴固结不排水试验结果为 $c_{cu} = 58.8kPa$，$\varphi_{cu} = 15°$，则该场地直立开挖基坑时，土体的破裂角最接近下列哪个选项？　　　　　　　　　　　　　　　（　　）

（A）30.0° 　　　　　　　　　　　　　（B）51.0°

（C）52.5° 　　　　　　　　　　　　　（D）60.0°

30. 逆作法工程后浇的下段墙柱与先浇的上段连接时，下列哪个选项的做法不合理？　（　　）

（A）下段模板顶部做成向上的喇叭口，便于混凝土浇筑

（B）上段楼板预留浇筑孔，便于混凝土浇筑

（C）结合面处预留注浆管，便于后期注浆补强

（D）对上段先浇筑的混凝土进行凿毛，便于新旧混凝土接合

31. 某钢管滤管开孔形式展开图如下图所示，则该滤管孔隙率最接近下列哪个选项？（注：图中尺寸单位为 mm）　　　　　　　　　　　　　　　　　　　　　　　　　　　　　　（　　）

（A）10% 　　　　　　　　　　　　　　（B）20%

（C）27% 　　　　　　　　　　　　　　（D）36%

32. 某乡镇Ⅱ类场地地震动峰值加速度为 $0.18g$，当用地震烈度作为地震危险性衡量尺度时，该场地应采用下列哪个选项的地震烈度？　　　　　　　　　　　　　　　　　　　（　　）

（A）Ⅵ 　　　　　　　　　　　　　　　（B）Ⅶ

（C）Ⅷ 　　　　　　　　　　　　　　　（D）Ⅸ

33. 已知建筑场地位于抗震设防烈度 8 度地区，设计基本地震加速度为 $0.30g$，根据土工试验统计结果，需要考虑软土震陷的是下列哪个选项？（注：f_{ak}为地基承载力特征值；w为天然含水率；w_L为液限；w_p为塑限；液限、塑限采用液、塑限联合测定法测定）　　　　　　　　　　　（　　）

（A）$f_{ak} = 110kPa$；$w = 27.2\%$；$w_p = 16.8\%$；$w_L = 32.1\%$

（B）$f_{ak} = 110kPa$；$w = 28.5\%$；$w_p = 18.3\%$；$w_L = 31.6\%$

（C）$f_{ak} = 90kPa$；$w = 27.2\%$；$w_p = 16.8\%$；$w_L = 32.1\%$

（D）$f_{ak} = 90kPa$；$w = 28.5\%$；$w_p = 18.3\%$；$w_L = 31.6\%$

34. 根据《建筑抗震设计规范》（GB 50011—2010）（2016 年版），下列哪个选项属于抗震不利地段？　　　　　　　　　　　　　　　（　　）

（A）岩溶强烈发育的地段　　　　（B）软弱土广泛分布的地段
（C）强膨胀土广泛分布的地段　　（D）发育滑坡的地段

35. 某抗震标准设防丙类建筑，其天然地基中平坦砂土层的液化指数为 16，采取下列哪个选项的抗液化措施较为合适？　　　　　　　　　　（　　）

（A）全部消除液化沉陷
（B）基础和上部结构处理，亦可不采取措施
（C）基础和上部结构处理，或更高要求的措施
（D）全部消除液化沉陷，或部分消除液化沉陷且对基础和上部结构处理

36. 关于设计地震分组，下列哪个选项的说法是错误的？　　　　　　（　　）

（A）地震分组和场地与震中的距离有关
（B）地震分组与峰值加速度关联
（C）地震分组可用于确定场地的特征周期
（D）地震分组可用于确定场地水平地震影响系数最大值

37. 某住宅楼建筑在中风化泥质粉砂岩上，已知持力层的承载力特征值为 600kPa，采用条形基础，基础宽度为 2m，埋深 2m。根据《建筑抗震设计规范》（GB 50011—2010）（2016 年版），该建筑的地基抗震承载力最接近下列哪个选项？　　　　　　　　　　　　　（　　）

（A）600kPa　　　　　　　　　（B）780kPa
（C）900kPa　　　　　　　　　（D）条件不足，无法确定

38. 利用钻芯法检测水泥土桩桩身强度时，关于芯样试件抗压强度试验机额定最大压力与预估压力比值的规定，下列选项正确的是？　　　　　　　　　（　　）

（A）1　　　　　　　　　　　　（B）2
（C）3　　　　　　　　　　　　（D）5

39. 关于基坑工程的深层水平位移监测，下列哪个选项的说法是错误的？　（　　）

（A）测斜管均采用钻孔法埋设，测斜管与钻孔孔壁之间应回填密实
（B）每个监测方向均应进行正、反两次量测
（C）起算点可设在测斜管的上部管口
（D）起算点可设在测斜管的底部

40. 下列哪个选项的检测方法不能测定桩的侧阻力？　　　　　　　　（　　）

（A）单桩竖向抗压静载试验　　　（B）单桩竖向抗拔静载试验
（C）单桩水平载荷试验　　　　　（D）高应变法

二、多项选择题（共 30 题，每题 2 分，每题的备选项中有两个或三个符合题意，错选、少选、多选均不得分。）

41. 关于上层滞水，下列哪些选项的说法是正确的？　　　　　　　　　　　　　（　　）

（A）存在于包气带中

（B）通常接受大气降水补给

（C）常年有水

（D）底板为局部弱透水层

42. 下列哪些选项不属于岩层中原生结构面？　　　　　　　　　　　　　　　　（　　）

（A）不整合面　　　　　　　　　　　　　（B）劈理

（C）层理　　　　　　　　　　　　　　　（D）泥化夹层

43. 遇水易崩解的岩石的膨胀性指标可采用下列哪些选项的试验确定？　　　　　（　　）

（A）自由膨胀率试验

（B）岩石体积不变条件下的膨胀力试验

（C）轴向约束膨胀率试验

（D）侧向约束膨胀率试验

44. 下列关于浅层平板载荷试验的说法中，哪些选项是正确的？　　　　　　　　（　　）

（A）可用于确定地基承载力和土的变形模量

（B）承压板面积对于软土和粒径较大的填土不应大于 $0.5m^2$

（C）试验点应布置在基础底面高程处

（D）试验所测得的承载力在应用时要进行深度和宽度修正

45. 关于岩土工程勘察现场作业安全管理，按照《岩土工程勘察安全标准》（GB/T 50585—2019），下列哪些选项的说法是正确的？　　　　　　　　　　　　　　　　　　　　（　　）

（A）勘察作业前应对危险性进行辨识和评价，危险源危险等级可分为一般、较大、重大、特大四级

（B）勘察作业期间，无关人员不得进入勘察作业现场

（C）勘察作业场地内有 220V 架空输电线路通过时，勘察钻机可在距架空输电线路 12m 处作业

（D）项目负责人应履行项目安全生产管理职责

46. 坝址勘察过程中遇到疑似溶洞，可选用的主要物探方法为下列哪些选项？　（　　）

（A）面波法

（B）电测深法

（C）电磁波 CT 法

（D）电磁波法

47. 3 层框架结构房屋采用条形基础，基础宽度为 2.0m，埋深 1.5m，地下室埋深 2.0m，基底下土层最薄处厚度 3.0m，承载力特征值 220kPa，下卧基岩面单向倾斜，岩面坡度 24.3%，岩土界面为软弱层。按《建筑地基基础设计规范》（GB 50007—2011）进行地基基础设计，可不进行以下哪些选项的工作？ （ ）

（A）地基承载力验算   （B）地基变形验算

（C）地基稳定性验算   （D）基础抗浮验算

48. 根据《工程结构可靠性设计统一标准》（GB 50153—2008），关于岩土的性能指标取值规定，下列哪些选项的标准值可按其概率分布的 0.5 分位值确定？ （ ）

（A）强度指标   （B）土体重度

（C）弹性模量   （D）土体泊松比

49. 关于边坡工程抗震计算，下列哪些选项是正确的？ （ ）

（A）临时性边坡均可不作抗震验算

（B）抗震设防烈度 6 度的地区，永久性边坡工程可不进行地震作用计算，也可不采用抗震构造措施

（C）抗震设防烈度 7 度的地区，永久性边坡工程可不进行地震作用计算，但应采用抗震构造措施

（D）抗震设防烈度 8 度的地区，永久性边坡支护结构应进行地震作用计算

50. 某大厚度自重湿陷性黄土场地，当建筑物按《湿陷性黄土地区建筑标准》（GB 50025—2018）要求的剩余湿陷量控制选择地基处理时，不能选择下列哪些选项的地基处理？ （ ）

（A）水泥土搅拌桩   （B）灰土挤密桩

（C）水泥土挤密桩   （D）砂石挤密桩

51. 关于预浸水法处理湿陷性黄土，下列哪些选项的说法是正确的？ （ ）

（A）非自重湿陷性黄土场地浸水坑边长应大于湿陷土层厚度

（B）浸水坑内宜设置深浅结合的渗水孔以加快湿陷速率

（C）停止浸水时间应根据沉降监测结果确定

（D）预浸水法不能消除地表附近土体的湿陷性

52. 关于预压法的原理，下列哪些选项的说法是错误的？ （ ）

（A）根据固结理论，预压地基在达到同一竖向固结度时，固结所需的时间与排水距离的长短成正比

（B）堆载预压和真空预压在加载过程中均要严格控制加载速率

（C）堆载预压在地基土中形成的超静孔隙水压力逐渐消散至静水压力，真空预压地基土中的孔隙水压力由静水压力逐渐减小至稳定负压

（D）真空预压过程中地基土中的总应力增加，是负压固结

53. 根据《建筑地基处理技术规范》（JGJ 79—2012），关于地基处理的范围，下列哪些选项的说法是正确的？ （ ）

（A）真空预压区范围取建筑物基础轮廓线外扩 2m

（B）强夯设计处理深度为基底下 8m 时，强夯范围取建筑物基础轮廓线外扩 5m

（C）振冲桩处理液化地基，处理范围取建筑物基础轮廓线外扩 4m

（D）注浆钢管桩只布置在建筑物基础轮廓范围内

54. 关于填土地基检测方法的说法，下列哪些选项是正确的？ （ ）

（A）粒径 40～60mm 粗颗粒土填筑体，其最大干密度测定可采用表面振动压实仪法

（B）粒径大于 60mm 的粗粒土填筑体，其最大干密度测定可采用轻锤击实试验

（C）粉质黏土填筑体，最大干密度测定可采用重型击实试验

（D）粉土填筑体，最大干密度测定可采用室内振动台法

55. 关于水泥土搅拌法加固软土技术优点的说法，下列哪些选项是正确的？ （ ）

（A）最大限度地利用了原土

（B）搅拌施工无振动、无噪声和无污染

（C）可根据需要灵活地采用柱状、格栅状和块状等多种加固方式

（D）加固效果不受地基土有机质含量和酸碱度影响

56. 关于换填垫层地基处理的换填材料，下列哪些选项的说法是正确的？ （ ）

（A）有排水要求的砂垫层含泥量宜控制在较小范围

（B）应避免直接将黏土作为换填材料

（C）灰土垫层应保证生石灰含量在一定水平以上

（D）金属管网地基换填材料不宜采用粉煤灰

57. 基坑工程采用排桩加一道钢筋混凝土水平内支撑的支护方案，由于施工场地不足，采用部分支撑兼做施工栈桥，为满足栈桥上通行施工车辆的需要，对栈桥范围采取下列哪些选项的措施合理？ （ ）

（A）加大立柱间距 （B）加大立柱桩桩长

（C）加大立柱的截面尺寸 （D）加大水平支撑截面的高度

58. 下列哪些选项属于地下连续墙刚性接头？ （ ）

（A）十字形穿孔钢板接头 （B）钢筋承插式接头

（C）工字形钢接头 （D）混凝土预制接头

59. 关于铁路山岭隧道衬砌上的外水压力计算，下列哪些选项符合《铁路隧道设计规范》（TB 10003—2016）的规定？ （ ）

（A）对排水型隧道，衬砌一般不考虑外水压力

（B）有水环境保护要求的隧道，当初始水压力大于 0.5MPa 时，隧道衬砌外水压力按全水头计算

（C）有水环境保护要求的隧道，当初始水压力小于 0.5MPa 时，隧道衬砌外水压力应考虑注浆堵水及隧道排水对水压力的折减

（D）岩溶及地下水发育地段，隧道衬砌可适当考虑外水压力

60. 关于基坑工程隔水帷幕施工工艺，下列哪些选项的说法正确？　　　　　　　（　　）

（A）三轴搅拌桩套打工艺比旋喷桩工艺止水效果更好

（B）旋喷桩工艺比三轴搅拌桩工艺对地下障碍物的适应性更强

（C）咬合桩工艺适用于卵石地层

（D）搅拌桩工艺不能用于排桩支护的桩间土止水

61. 下列哪些选项的说法适用于逆作法钢管混凝土立柱质量检测？　　　　　　　（　　）

（A）低应变法　　　　　　　　　　　　（B）高应变法

（C）声波透射法　　　　　　　　　　　（D）钻芯法

62. 盐渍土工程的使用环境条件不变时，下列哪些选项的盐渍土应考虑溶陷性对建筑物的影响？

　　　　　　　　　　　　　　　　　　　　　　　　　　　　　　　　　　　（　　）

（A）碎石土盐渍土　　　　　　　　　　（B）砂土盐渍土

（C）非饱和粉土盐渍土　　　　　　　　（D）可塑黏性土盐渍土

63. 根据《建筑抗震设计规范》（GB 50011—2010）（2016 年版），关于场地和地基，下列哪些选项的说法是正确的？　　　　　　　　　　　　　　　　　　　　　　　　　（　　）

（A）在对抗震不利地段进行工程建设时应采取有效的措施

（B）建筑场地为 I 类时，抗震设防烈度 7 度地区的丙类建筑允许按 6 度地区采取抗震措施

（C）建筑场地为 IV 类时，设计基本加速度为 $0.30g$ 的地区，宜按提高一度时的抗震设防要求采取抗震构造措施

（D）在危险地段采用有效的地基基础规范措施，可以建造乙类建筑

64. 关于公路隧道工程抗震措施，下列哪些选项的说法是正确的？　　　　　　　（　　）

（A）隧道洞口挡土墙应采取不低于 M10 浆砌片石作为建筑材料

（B）抗震设防烈度 9 度地区不得修建隧道

（C）隧道洞口应采取控制路堑边坡和仰坡的高度等措施防止坍塌震害

（D）棚式明洞应加设防震钢筋、抗震板等措施来提高抗震能力

65. 水工建筑物抗震设计时，评价发震构造的明显标志包含下列哪些选项？　　（　　）

（A）具有区域性断裂规模　　　　　　　（B）第四系以来有地震错断迹象

（C）目前仍处于明显变形过程中　　　　（D）沿断裂带曾发生过 4 级地震

66. 关于地震影响系数，下列哪些选项的说法是正确的？ （ ）

（A）单质点弹性结构在地震作用下的最大加速度反应与重力加速度比值的统计平均值，称为地震影响系数

（B）地震影响系数与地震峰值加速度分区、场地类别和设计地震分组相关

（C）衰减系数、直线下降段的下降斜率调整系数和阻尼调整系数是地震影响系数的形状参数

（D）自振周期大于 6.0s 的建筑结构，可不计地震影响系数

67. 消除地基液化沉陷的措施中，下列哪些选项的做法不符合《建筑抗震设计规范》（GB 50011—2010）（2016 年版）的要求？ （ ）

（A）采用挤密碎石桩加固，加固后桩间土的标准贯入锤击数等于液化判别标准贯入锤击数临界值

（B）整体式筏板基础的中心区域，处理后的液化指数为 7

（C）抬高基础底面，在基础周边及原底面之上填筑一层碎石

（D）调整基础底面积，减少基础偏心

68. 关于天然地基抗震验算，下列哪些选项的说法是正确的？ （ ）

（A）处于抗震设防烈度为 8 度地区的某单层厂房，地基持力层承载力特征值均大于 90kPa，可不进行天然地基抗震验算

（B）采用岩石地基的建筑物，抗震验算时，地基承载力可按天然地基承载力特征值增加 50% 考虑

（C）高宽比大于 4 的高层建筑，在地震作用下基础底面的零应力区不应大于基础底面积 15%

（D）地震作用效应标准组合的基础底面边缘最大压力不应大于地基抗震承载力的 1.2 倍

69. 当采用荷载试验检测地基承载力时，下列关于承压板面积或尺寸的说法正确的选项有哪些？ （ ）

（A）压实地基承压板的面积不应小于 $1.0m^2$

（B）单桩复合地基承压板面积为一根桩的面积

（C）既有建筑再加荷地基承压板面积不应小于 $2.0m^2$

（D）岩石地基承压板直径选用 300mm

70. 根据《城市轨道交通工程监测技术规范》（GB 50911—2013），下列哪些选项的项目，其工程监测等级为三级？ （ ）

（A）地质条件中等复杂地区的地铁盾构始发段，主要影响区内空旷，次要影响区内存在一条城市次干道

（B）地质条件中等复杂地区的地铁深埋隧道段，主要影响区内空旷，次要影响区内存在一条城市次干道

（C）地质条件复杂地区的地铁深埋隧道段，主要影响区内空旷，次要影响区内存在一条城市次干道

（D）地质条件中等复杂地区的地铁深埋隧道段，主要影响区内存在一条城市次干道

2024 年专业知识试题（下午卷）

一、单项选择题（共 40 题，每题 1 分。每题的备选项中只有一个最符合题意。）

1. 某砌体结构沿纵墙等距离布置了 8 个沉降观测点。各个测点的沉降量见下表，测点布置、纵墙可能出现的裂缝形态见下图。根据沉降分布规律，该砌体结构纵墙可能出现的裂缝形态为下列哪个选项？（　　）

各测点的沉降表

观测点	1	2	3	4	5	6	7	8
沉降量（mm）	102.2	116.4	130.8	157.3	177.5	180.6	190.9	210.5

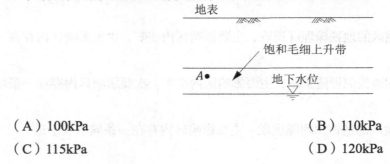

题 1 图　测点布置及裂缝形态示意图

（A）图 a　　　　　　　　　　　　　（B）图 b

（C）图 c　　　　　　　　　　　　　（D）图 d

2. 某高层建筑物地基均匀，采用矩形筏基。在作用的准永久组合下，其结构竖向荷载重心在宽度方向的偏心距为 0.8m，按照《建筑地基基础设计规范》（GB 50007—2011）规定，筏板基础宽度最小值接近下列哪个选项？（　　）

（A）4.8m　　　　　　　　　　　　　（B）16m

（C）32m　　　　　　　　　　　　　（D）48m

3. 如下图所示，地基土中 A 点处于厚 1.5m 的饱和毛细上升带内，距地下水位线 1.0m，A 点总应力为 110kPa，若经典有效应力公式仍适用，则 A 点的有效应力最接近下列哪个选项？（　　）

（A）100kPa　　　　　　　　　　　（B）110kPa

（C）115kPa　　　　　　　　　　　（D）120kPa

4. 根据土的抗剪强度指标确定地基承载力时，基础埋深 d 取值正确的是下列哪个选项？　（　　）

（A）在填方整平以后进行结构施工，可从填土地面算起

（B）对于箱形基础，自室内地面标高算起

（C）在上部结构施工以后填方，可从填土地面算起

（D）对于有地下室的条形基础，应自室外地面标高算起

5. 根据《水运工程地基设计规范》（JTS 147—2017），水运工程验算地基承载力时，对计入波浪力的建筑物的荷载组合，下列哪个选项是正确的？　（　　）

（A）持久状况取极端低水位与波浪力组合

（B）短暂状况取设计低水位与波浪力组合

（C）持久状况取设计低水位与波浪力组合

（D）短暂状况取水位与波浪力的最不利组合

6. 弹性地基（将地基视为完全弹性体）上的绝对刚性基础，其基底压力分布是下列哪个选项？

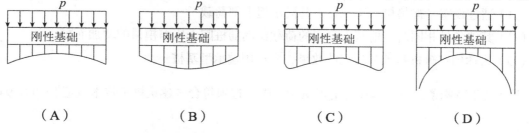

　　　　（A）　　　　　　　　（B）　　　　　　　　（C）　　　　　　　　（D）

7. 下列关于混凝土预制桩施工的做法中，哪个选项是正确的？　（　　）

（A）锤击沉桩时，根据基础的设计高程，打桩顺序宜先浅后深

（B）锤击沉桩时，根据桩的规格，宜先大后小、先长后短

（C）采用预钻孔施打大面积密集群桩时，预钻孔孔径应不小于桩径

（D）最大压桩力不宜大于设计的单桩竖向极限承载力标准值

8. 下列关于施工水下混凝土灌注桩的做法中，哪个选项是正确的？　（　　）

（A）开始灌注混凝土时，为将孔底沉渣挤出，导管底部应下放至孔底设计高程

（B）为避免造成埋管事故，混凝土初灌时应保证导管不被埋入混凝土中

（C）具备连续灌注施工条件时，灌注时可不设置隔水栓

（D）最后一次灌注量应保证桩身混凝土有足够的超灌高度

9. 某建筑物地基基础设计等级为乙级，柱基础独立承台下采用 4 根直径 1.0m 的端承混凝土灌注桩，桩长 20m。采用旋挖成孔水下灌注混凝土施工工艺，下列做法中哪个选项符合《建筑桩基技术规范》（JGJ 94—2008）的要求？　（　　）

（A）采用正方形布置形式，中心距为 2.5m

（B）采用部分长度配筋，配筋长度 16.0m

（C）主筋的混凝土保护层厚度为 35mm

（D）桩顶以下 5.0m 范围内的箍筋加密，每隔 3.0m 设一道加劲箍筋

10．沉井施工中，下列哪个选项的措施不会增大下沉系数？　　　　　　　　　　　　（　　）

（A）采用泥浆套下沉　　　　　　　　　　　（B）采用不排水下沉

（C）采用空气幕下沉　　　　　　　　　　　（D）加大井壁的厚度

11．下列关于抗浮锚杆的说法，哪个选项是正确的？　　　　　　　　　　　　　　　（　　）

（A）压力型锚杆比拉力型锚杆更有利于受力钢筋防腐

（B）其他条件相同时，压力型锚杆抗拔力小于拉力型锚杆

（C）采用群锚时，拉力型锚杆间距大于压力型锚杆间距

（D）压力型群锚较拉力型群锚更易呈整体破坏

12．下列关于"疏桩基础"基本特征的描述，哪个选项是正确的？　　　　　　　　　（　　）

（A）桩土共同承担上部荷载

（B）通过设置"褥垫层"实现桩土共同承担上部荷载

（C）其他条件相同时，地基土分担的荷载比例随桩间土压缩模量的增加而减小

（D）为达到"疏桩基础"减沉的效果，应选用端承型基桩

13．下列关于特殊条件下桩基设计的说法中，哪个选项符合《建筑桩基技术规范》（JGJ 94—2008）的规定？　　　　　　　　　　　　　　　　　　　　　　　　　　　　　　　　　　（　　）

（A）为充分发挥软土中桩基的侧摩阻力，不宜选择中、低压缩性土层作为桩端持力层

（B）自重湿陷性黄土地基中的桩基，应根据工程具体情况分析计算桩侧负摩阻力的影响

（C）在季节性冻土和膨胀土地基中，为减小和抵抗冻胀或膨胀对桩基的作用，宜采用挤土桩

（D）当岩溶地区的岩基起伏面很大且埋深较大时，宜采用端承型灌注桩

14．高承台基桩直径 0.6m，桩身压屈计算长度 12.6m，按照《建筑桩基技术规范》（JGJ 94—2008）规定进行正截面受压承载力验算，其稳定系数 φ 取值为下列哪个选项？　　　　　（　　）

（A）0.6　　　　　　　　　　　　　　　　　（B）0.65

（C）0.7　　　　　　　　　　　　　　　　　（D）1.00

15．根据《建筑边坡工程技术规范》（GB 50330—2013），对于可能按土体内部圆弧形破坏的土质边坡，边坡工程勘察范围不应小于下列哪个选项？　　　　　　　　　　　　　　　　（　　）

（A）1.0 倍坡高　　　　　　　　　　　　　　（B）1.5 倍坡高

（C）2.0 倍坡高　　　　　　　　　　　　　　（D）2.5 倍坡高

16．当某滑坡后缘出现地表或建（构）筑物张拉裂缝多而宽且贯通，外侧下错的现象时，根据《建筑边坡工程技术规范》（GB 50330—2013），该滑坡的演变阶段为？　　　　　　　　（　　）

（A）弱变形阶段　　　　　　　　　　　　　　（B）强变形阶段

（C）滑动阶段 （D）停滑阶段

17. 对边坡加固工程进行稳定性分析评价参数取值时，下列哪个选项的取值不符合《建筑边坡工程鉴定与加固技术规范》（GB 50843—2013）的规定？ （　　）

（A）边坡加固工程的有关岩土物理力学指标应通过原位测试、室内试验并参考地区经验确定

（B）对于未出现变形或处于弱变形阶段的边坡工程，滑动面抗剪强度指标可取现场原位测试的峰值强度值

（C）处于滑动阶段或滑动的边坡工程，滑动面抗剪强度指标可取峰值强度与残余强度值之间的值

（D）当边坡工程已产生变形或滑动时，可采用反演分析法确定滑动面抗剪强度指标，对出现变形的边坡工程，其稳定性系数K_s宜取 1.00～1.05

18. 某边坡工程进行锚杆基本试验，三根锚杆测得的极限承载力分别 80.0kN、85.0kN、91.0kN，则锚杆极限承载力标准值为下列哪个选项？ （　　）

（A）80.0kN （B）82.6kN
（C）85.3kN （D）88.2kN

19. 某场地岩层产状 280°∠55°，层间结合很差，发育 3 组主要裂隙，J1 裂隙产状 140°∠60°，J2 裂隙产状 240°∠30°，J3 裂隙产状 35°∠50°，结合均较差。由东向西拟建一公路，走向为 100°，该路段形成的北侧路堑边坡由下列哪组裂隙控制？ （　　）

（A）J1 （B）J2
（C）J3 （D）岩层面

20. 某铁路隧道洞口边仰坡采用锚索框架梁加固防护，仰坡坡面设置 60 孔锚索，为了确保锚索的施工质量，根据《铁路路基支挡结构设计规范》（TB 10025—2019）的规定，锚索验收试验的锚索孔数量最小值是下列哪个选项？ （　　）

（A）1 （B）3
（C）5 （D）7

21. 当边坡采用锚杆（索）防护时，下列哪个选项是错误的？ （　　）

（A）永久性锚杆的锚固段不应设置在未经处理的松散砂层
（B）用于锚索材料的浆体材料 28d 无侧限抗压强度不应低于 20MPa
（C）预应力锚杆自由段长度不应小于 5m，且应超过潜在滑动面 1.5m
（D）锚杆钻孔深度超过锚杆设计长度不应小于 0.5m

22. 某岩质边坡规模较大，发育 3 组以上结构面，且不存在优势外倾结构面组的条件，宜选下列哪个选项的方法进行边坡稳定性分析？ （　　）

（A）直线法 （B）折线法

（C）圆弧法 　　　　　　　　　　　　（D）双螺旋曲线法

23. 某拟建建筑基础埋深 5m，拟采用桩基础，初步设计桩长 20m，场地岩溶发育，岩溶洞穴底板深度 22m，变更桩基设计为大直径嵌岩桩，根据《岩土工程勘察规范》（GB 50021—2001）（2009 年版）进行施工勘察时，钻孔深度不应小于下列哪个选项？　　　　　　　　　　（　　）

（A）22m 　　　　　　　　　　　　　（B）24m
（C）26m 　　　　　　　　　　　　　（D）28m

24. 某场地土由细粒土和粗粒土混杂组成且缺乏中间粒径，场地土最大粒径 300mm，按《岩土工程勘察规范》（GB 50021—2001）（2009 年版）采用载荷试验确定地基承载力，承压板直径不应小于下列哪个选项？　　　　　　　　　　　　　　　　　　　　　　　　　　（　　）

（A）0.8m 　　　　　　　　　　　　　（B）0.9m
（C）1.2m 　　　　　　　　　　　　　（D）1.5m

25. 陕西关中地区某自重湿陷性黄土场地，自重湿陷性黄土分布深度为 20m，拟建建筑基础埋深 5m，拟采用桩基础，预估桩长 30m。按《湿陷性黄土地区建筑标准》（GB 50025—2018）的要求，桩身纵向钢筋长度最小值是下列哪个选项？　　　　　　　　　　　　　　　　　　　（　　）

（A）15m 　　　　　　　　　　　　　（B）20m
（C）25m 　　　　　　　　　　　　　（D）30m

26. 某黄土试样原始高度为 20mm，当加压至一定压力时，下沉稳定后的高度为 18.5mm，在此压力下浸水饱和下沉稳定后的高度为 17.2mm。该试样的湿陷程度为下列哪个选项？　　（　　）

（A）非湿陷性 　　　　　　　　　　　（B）轻微
（C）中等 　　　　　　　　　　　　　（D）强烈

27. 某土样中的粗颗粒以棱角形为主，细颗粒为黏性土，取土试样进行颗粒分析试验，测得粒径大于 2mm 的颗粒含量为 55%，粒径小于 0.075mm 的颗粒含量为 30%。根据《岩土工程勘察规范》（GB 50021—2001）（2009 年版）对该土样进行定名，为下列哪个选项？　　　　　　（　　）

（A）圆砾 　　　　　　　　　　　　　（B）角砾
（C）含黏性土圆砾 　　　　　　　　　（D）含黏性土角砾

28. 某建筑场地位于岩溶区域，勘察揭露的洞隙钻探进尺之和为 16m，钻探总进尺为 110m。根据《建筑地基基础设计规范》（GB 50007—2011）按线岩溶率判断该场地岩溶发育等级为下列哪个选项？　　　　　　　　　　　　　　　　　　　　　　　　　　　　　　　　（　　）

（A）强烈发育 　　　　　　　　　　　（B）中等发育
（C）微发育 　　　　　　　　　　　　（D）不发育

29. 均质土体滑坡发育过程中，当坡脚急速隆起时，后缘张拉裂隙宽度最有可能发生以下哪个选项的现象？　　　　　　　　　　　　　　　　　　　　　　　　　　　　　　　　　（　　）

（A）急剧增大 （B）缓慢增大

（C）不变 （D）急剧减小

30. 某多年冻土地区拟修建铁路，根据《铁路工程特殊岩土勘察规程》（TB 10038—2022）勘察结果，地基土为黏性土，塑性指数 $I_p = 23$，地基冻结土层厚度为 3m，地表冻胀量为 10cm，该多年冻土季节融化层的冻胀性等级为下列哪个选项？ （ ）

（A）不冻胀 （B）弱冻胀

（C）冻胀 （D）强冻胀

31. 某盐渍土地区拟建一级公路，地基盐渍土为粉质土，平均含盐量为 1.2%，氯离子和硫酸根离子含量比值为 3，在不设隔断层的情况下，高出地面的路堤高度的最小值接近下列哪个选项？ （ ）

（A）1.30m （B）1.95m

（C）2.10m （D）3.15m

32. 某红黏土试样测得其天然含水率为 56%，液限为 65%，塑限为 38%，根据《岩土工程勘察规范》（GB 50021—2001）（2009 年版），从工程安全的角度考虑，该土样状态应判定为下列哪个选项？ （ ）

（A）硬塑 （B）可塑

（C）软塑 （D）流塑

33. 某建设场地位于泥石流沟的沟口，上游主沟坡度大，松散物源较丰富，水流不通畅，区域降雨强度大，遭受泥石流地质灾害可能威胁到 12 人的生命安全，按照《地质灾害危险性评估规范》（GB/T 40112—2021）预测评估泥石流的危险性等级为下列哪个选项？ （ ）

（A）大 （B）中等

（C）小 （D）小～中等

34. 某铁路工程通过岩堆场地，预估岩堆厚度 20m，现场测得岩堆内最大块石直径为 5m。依据《铁路工程不良地质勘察规程》（TB 10027—2022）规定，岩堆勘探深度最接近下列哪个选项？ （ ）

（A）20m （B）25m

（C）28m （D）30m

35. 根据《中华人民共和国建筑法》的有关规定，下列选项中哪个说法是错误的？ （ ）

（A）从事建筑活动的建筑施工企业、勘察单位、设计单位和工程监理单位应当具有与其从事的建筑活动相适应的具有法定执业资格的专业技术人员

（B）所有建筑工程都必须依法实行招标发包

（C）建筑工程的发包单位不得将应当由一个承包单位完成的建筑工程肢解成若干部分，分发包给几个承包单位

（D）两个以上不同资质等级的单位实行联合共同承包的，应当按照资质等级低的单位的业务许可范围承揽工程

36. 关于投标的说法，下列哪个选项是错误的？ （ ）

（A）投标人应当按照招标文件的要求编制投标文件，投标文件应当对招标文件的实质性要求和条件作出响应

（B）招标人收到投标文件后，应当签收保存，不得开启。投标人少于三个，招标人应当依照本法重新招标

（C）在招标文件要求提交投标文件的截止时间后送达的投标文件，招标人应当拒收

（D）投标人可以以低于成本的报价竞标

37. 下列哪个选项不属于要约邀请？ （ ）

（A）拍卖公告
（B）债券募集办法
（C）招股说明书
（D）投标文件

38. 下列违反《建设工程质量管理条例》规定的行为，哪个选项应处以 10 万元以上，20 万元以下的罚款？ （ ）

（A）施工单位未对建筑材料、建筑构配件、设备和商品混凝土进行检验，或者未对涉及结构安全的试块、试件以及有关材料取样检测的

（B）工程监理单位与建设单位或者施工单位串通，弄虚作假，降低工程质量的

（C）勘察单位未按照工程建设强制性标准进行勘察的

（D）建设工程竣工验收后，建设单位未向建设行政主管部门或者其他有关部门移交建设项目档案的

39. 根据《建设工程勘察设计管理条例》规定，禁止建设工程勘察、设计单位允许其他单位或者个人以本单位的名义承揽建设工程勘察、设计业务，如违反规定，下列哪个选项的处罚是正确的？ （ ）

（A）责令改正，处 50 万元以上 100 万元以下的罚款

（B）责令停止违法行为，处合同约定的勘察费、设计费 1 倍以上 2 倍以下的罚款；有非法所得的，予以没收

（C）责令改正，没收违法所得，处合同约定的勘察费、设计费 25% 以上 50% 以下的罚款

（D）责令停止违法行为，没收违法所得，处违法所得 2 倍以上 5 倍以下的罚款

40. 关于施工单位的安全责任，下列说法哪个选项是错误的？ （ ）

（A）施工单位应当建立健全安全生产责任制度和安全生产教育培训制度，制定安全生产规章制度和操作规程，保证本单位安全生产条件所需资金的投入，对承担的建设工程进行定期和专项安全检查，并做好安全检查记录

（B）施工单位的法人应当对建设工程项目的安全施工负责，落实安全生产责任制度、安全生产规章制度和操作规程

（C）施工单位应当设立安全生产管理机构，配备专职安全生产管理人员

（D）总承包单位依法将建设工程分包给其他单位的，分包合同中应当明确各自安全生产方面的权利、义务。总承包单位和分包单位对分包工程的安全生产承担连带责任

二、多项选择题（共 30 题，每题 2 分，每题的备选项中有两个或三个符合题意，错选、少选、多选均不得分。）

41. 按照《建筑地基基础设计规范》（GB 50007—2011）的规定，关于扩展基础的设计计算，正确的是下列哪些选项？　　　　　　　　　　　　　　　　　　（　　）

（A）墙下条形基础应验算墙与基础交接处的基础受剪切承载力

（B）柱下阶形独立基础，应验算变阶处截面的局部受压承载力

（C）墙下条形基础应验算基础受弯承载力，并据此确定基础底板配筋

（D）当柱的混凝土强度大于基础混凝土强度时，可不验算基础顶面的局部受压承载力

42. 根据《建筑地基基础设计规范》（GB 50007—2011）要求，下面说法正确的是哪些选项？

（　　）

（A）偏心荷载作用下的丙级建筑物，应做变形验算

（B）建造在边坡附近的厂房，应做稳定性验算

（C）地下室存在上浮问题时，应做抗浮验算

（D）重力式挡土墙应做整体滑动稳定性验算

43. 软土地区既有公路路基拓宽设计时，对既有路基的分析包括下面哪些选项？（　　）

（A）既有软土地基的固结度

（B）既有路基下软土的抗剪强度增长情况

（C）既有路基与拓宽路基之间的差异沉降

（D）既有路基的渗透性

44. 计算地基中的应力与分布时，采用的基本假设条件是下列哪些选项？（　　）

（A）地基土是均匀连续的

（B）将基础视为刚性基础

（C）地基土是各向同性的

（D）地基在深度和水平方向是无限延伸的

45. 关于弹性半空间地基模型，下面说法正确的是哪些选项？（　　）

（A）该模型适合于均质地基

（B）该模型假设地基表面一点的沉降只与该点压力有关

（C）假定地基为均质弹性半空间，弹性模量、泊松比为常数

（D）计算得到的变形总是过小

46. 根据《建筑桩基技术规范》（JGJ 94—2008）和《建筑地基基础设计规范》（GB 50007—2011），下列哪些选项是影响成桩工艺系数（桩基工作条件系数）的主要因素？（　　）

（A）桩基类型　　　　　　　　　　（B）桩径与桩身截面形状
（C）桩基施工方法　　　　　　　　　（D）地基土性质

47. 水泥土复合管桩承载力验算应包括下列哪些选项？（　　）

（A）管桩与水泥土之间的摩阻力
（B）水泥土与桩周地基土之间的摩阻力
（C）管桩桩身强度
（D）管桩与水泥土的荷载分担比

48. 下列关于桩基施工的说法中，哪些选项符合《建筑桩基技术规范》（JGJ 94—2008）的规定？（　　）

（A）长螺旋钻孔压灌桩宜用于黏性土及密实的碎石类土
（B）泥浆护壁钻孔灌注桩宜用于地下水位以下的黏性土、粉土、砂土、填土、碎石土及风化岩层
（C）采用锤击沉桩方法施工时，混凝土预制桩的接桩不宜采用机械连接
（D）采用静压沉桩方法施工时，最大压桩力不宜小于设计的单桩竖向极限承载力标准值

49. 根据《建筑桩基技术规范》（JGJ 94—2008）的规定，下列关于承台效应系数η_c的叙述，正确的是哪些选项？（　　）

（A）承台效应系数η_c反映了桩基的群桩效应，即为群桩效率系数的另一种表示形式
（B）承台效应系数η_c随桩间距增大而增大
（C）桩长、桩距相同时，桩数越多，承台效应系数η_c越大
（D）承台底为欠固结土时，承台效应系数η_c宜取正常固结土的 0.8 倍

50. 关于桩基的水平承载力，根据《建筑桩基技术规范》（JGJ 94—2008）规定，以下叙述正确的是哪些选项？（　　）

（A）钢桩的单桩水平承载力特征值由桩身抗拉强度控制
（B）钢筋混凝土预制桩的单桩水平承载力特征值由桩身混凝土强度控制
（C）配筋率不小于 0.65% 的灌注桩，其单桩水平承载力特征值主要由地面处水平位移控制
（D）配筋率小于 0.65% 的灌注桩，其单桩水平承载力特征值主要由桩身抗拉强度控制

51. 在水下混凝土灌注桩施工中，通常可能出现的问题有下列哪些选项？（　　）

（A）饱和砂土层液化　　　　　　　　（B）缩颈
（C）桩身混凝土离析　　　　　　　　（D）孔底沉渣过厚

52. 对于深厚粉土地层中承受竖向荷载作用的桩，下列选项中哪些说法正确？ （ ）

（A）抗拔桩沿深度方向桩身轴力逐渐变小

（B）抗拔桩沿深度方向桩身变形逐渐变小

（C）受压桩沿深度方向桩身轴力逐渐变大

（D）受压桩沿深度方向桩身变形逐渐变大

53. 在采用折线滑动法计算边坡稳定性系数时，下列哪些选项的说法是正确的？ （ ）

（A）当滑面形状不规则，局部凸起而使滑体较薄时，宜考虑从凸起部分剪出的可能性

（B）在条块划分时，不宜将最下部条块分得太小

（C）当最前部条块稳定系数不能较好地反映边坡整体稳定性时，可采用倒数第二块的稳定系数或最前部两个条块稳定系数的平均值

（D）当计算出边坡稳定系数为负值时，边坡为不稳定状态

54. 以下关于铁路工程加筋土挡土墙的说法，下列哪些选项是正确的？ （ ）

（A）加筋土挡土墙基底压应力应小于地基容许承载力

（B）加筋土挡土墙应进行内部和外部稳定性验算，必要时可进行工后沉降验算及水平变形验算

（C）拉筋应进行抗拔稳定性检测，一般无荷载情况下拉筋抗拔力较小，偏于不安全，因此计算时只计算无荷载情况

（D）加筋土挡土墙墙面沿墙长 15～25m，应设置伸缩缝或沉降缝

55. 关于公路路基截水沟设计说法正确的是下列哪些选项？ （ ）

（A）路堑堑顶截水沟设置在坡口 5m 以外

（B）填方地段斜坡上方的路堤截水沟设置在路堤坡脚处

（C）截水沟沟底纵坡不宜小于 0.3%

（D）截水沟的水流应排至路界之外，引入桥隧排水系统

56. 某Ⅱ类岩体边坡拟采用永久性锚喷支护，根据《建筑边坡工程技术规范》（GB 50330—2013）的相关规定，下列哪些选项做法是正确的？ （ ）

（A）锚杆采用全长黏结锚杆　　　　（B）系统锚杆的间距为 2.6m

（C）喷射混凝土面板厚度为 80mm　　（D）面板钢筋直径可选用 10mm

57. 根据《碾压式土石坝设计规范》（NB/T 10872—2021）进行抗滑稳定计算时，下列哪些选项是正确的？ （ ）

（A）施工期，若采用有效应力法，当坝基地下水位在滑动面以上时，条块重为地下水位以上条块湿重和地下水位以下条块浮重

（B）施工期，若采用总应力法，则孔隙水压力取 0

（C）稳定渗流期，条块重为坝坡外水位以上条块实重和坝坡外水位以下条块浮重

（D）库水位降落期，若采用有效应力法，则应按降落前的水位计算

58. 对湿陷性黄土场地上的甲类建筑，下列哪些选项的防水措施不符合《湿陷性黄土地区建筑标准》（GB 50025—2018）的要求？ （ ）

（A）非自重湿陷性黄土场地上的甲类建筑，将基础底面下附加压力与上覆土的饱和自重压力之和大于湿陷起始压力的所有土层进行处理后，可不采取防水措施

（B）大厚度湿陷性黄土地基上的甲类建筑，将基底下湿陷性黄土层全部处理后，应采取基本防水措施

（C）非自重湿陷性黄土地基上的乙类建筑，地基处理深度不小于地基压缩层深度的 2/3，且下部未处理湿陷性黄土层的湿陷起始压力不小于 100kPa 时，应采取检漏防水措施

（D）大厚度湿陷性黄土地基上的丙类建筑，地基处理后剩余湿陷量满足要求时，应采取检漏防水措施

59. 多年冻土区在进行工程建设时，根据《岩土工程勘察规范》（GB 50021—2001）（2009 年版），下列哪些选项符合规范要求？ （ ）

（A）地基承载力的确定应同时满足保持冻结地基和容许融化地基的要求

（B）重要建筑物的选址宜选择在坚硬岩层、少冰冻土和多冰冻土地段以及地下水位或冻土层上水位低的地段和地形平缓的高地

（C）多年冻土地区钻探宜缩短施工时间，宜采用小口径高速钻进

（D）对冻土融化有关的不良地质作用调查，宜在二月至五月份进行

60. 在岩溶地区选择铁路线路时，按《铁路工程不良地质勘察规程》（TB 10027—2022）规定，下列哪些选项是正确的？ （ ）

（A）线路宜选择在非岩溶地区或岩溶发育弱、范围窄、层数少、顶板稳固、受岩溶水影响小的地带通过

（B）路线应尽量绕避岩溶强发育地带，实在无法绕避时，应以大交角通过岩溶强烈发育地带

（C）路线应尽量绕避岩溶强发育地带，实在无法绕避时，宜将路线选择在可溶性岩石与非可溶性岩石相接触的地带

（D）孤峰平原区线路应选择在不易发生地面塌陷的地段通过，宜绕避地下水位在基岩面附近波动或变化幅度较大的地带

61. 关于淤泥和淤泥质土的说法，下列哪些选项正确？ （ ）

（A）淤泥孔隙比大于或等于 1.5，天然含水率大于液限

（B）淤泥质土孔隙比大于或等于 1.5，天然含水率小于液限

（C）淤泥孔隙比大于或等于 1.0，天然含水率大于液限

（D）淤泥质土孔隙比大于或等于 1.0、小于 1.5，天然含水率大于液限

62. 有关东北地区某客货共线Ⅱ级铁路路基改良土设计技术指标，按《铁路路基设计规范》（TB 10001—2016）规定，下列哪些选项措施符合要求？ （ ）

（A）外掺料为普通硅酸盐水泥时，原土料塑性指数宜小于 12，有机质含量不宜大于 2%，硫酸盐含量不大于 0.25%

（B）外掺料为石灰时，其 CaO + MgO 含量不小于 80%，CO_2 含量不大于 9%，未消化残渣含量不大于 15%

（C）对于路基基床表层经改良后填料的无侧限抗压强度不宜小于 300kPa

（D）对于基床以下路基，经改良后填料的无侧限抗压强度不宜小于 200kPa

63. 在膨胀土地区建设铁路工程，下列哪些说法不符合《铁路工程地质勘察规范》（TB 10012—2019）的要求？ （　　）

（A）采用开挖探井和钻探结合，钻进介质采用清水

（B）一般地段勘察钻探深度大于大气影响深度

（C）膨胀潜势分级指标包括自由膨胀率、蒙脱石含量和阳离子交换量

（D）铁路选线宜平行于垄岗轴线

64. 根据《岩土工程勘察规范》（GB 50021—2001）（2009 年版），确定湿陷性碎石土力学特性宜采用的原位测试方法是下列哪些选项？ （　　）

（A）静力触探试验 　　　　　　　　（B）动力触探试验

（C）标准贯入试验 　　　　　　　　（D）旁压试验

65. 根据《安全生产许可证条例》，违反相关规定处 10 万元以上 50 万元以下的罚款，下列哪些选项是正确的？ （　　）

（A）安全生产许可证有效期满未办理延期手续，继续进行生产的

（B）未取得安全生产许可证擅自进行生产的

（C）转让安全生产许可证的

（D）冒用安全生产许可证或者使用伪造的安全生产许可证的

66. 关于勘察设计项目招标，下列说法中哪些选项是错误的？ （　　）

（A）涉及国家安全、国家秘密、抢险救灾或者属于利用扶贫资金实行以工代赈、需要使用农民工等特殊情况，必须进行招标

（B）招标人可以根据工程建设项目的不同特点，实行勘察设计一次性总体招标，不能分段或分项招标

（C）依法必须进行勘察设计招标的工程建设项目，在招标时所必需的勘察设计基础资料已经收集完成

（D）技术复杂、有特殊要求或者受自然环境限制，只有少数潜在投标人可供选择的项目，可以进行邀请招标

67. 关于合同的履行，下列说法中哪些选项是正确的？ （　　）

（A）合同生效后，当事人就质量、价款或者报酬、履行地点等内容没有约定或者约定不明确的，必须重新签订合同

（B）通过互联网等信息网络订立的电子合同的标的为交付商品并采用快递物流方式交付的，收货人的签收时间为实际收到时间

（C）以支付金钱为内容的债，除法律另有规定或者当事人另有约定外，债权人可以请求债务人以实际履行地的法定货币履行

（D）当事人行使选择权应当及时通知对方，通知到达对方时，标的确定。标的确定后不得变更，但是经对方同意的除外

68. 根据《建设工程质量管理条例》，下列说法中哪些选项是正确的？ （　　）

（A）勘察、设计单位不得转包或者违法分包所承揽的工程

（B）建设工程实行总承包的，总承包单位应当对全部建设工程质量负责；建设工程勘察、设计、施工、设备采购的一项或者多项实行总承包的，分包单位应当对其承包的建设工程或者采购的设备的质量负责

（C）未经总监理工程师签字，建设单位不拨付工程款，不进行竣工验收

（D）供热与供冷系统最低保修期限为一个采暖期、供冷期

69. 当根据《建设工程勘察设计管理条例》，下列说法中错误的是哪些选项？ （　　）

（A）建筑艺术造型有特殊要求的设计，经有关主管部门批准，可以直接发包

（B）取得执业资格证书的勘察、设计人员，可以以注册执业人员的名义从事建设工程勘察、设计活动

（C）经发包方书面同意，承包方可以将建设工程主体部分的勘察、设计再分包给其他具有相应资质等级的建设工程勘察、设计单位

（D）建设工程勘察、设计文件内容需要作重大修改的，建设单位可委托具有相应资质的建设工程勘察、设计单位修改。原勘察、设计单位对修改的勘察、设计文件亦承担相应责任

70. 生产安全事故的应急救援与调查处理中，下列哪些选项是正确的？ （　　）

（A）县级以上地方各级人民政府应当组织有关部门制定本行政区域内生产安全事故应急救援预案，建立应急救援体系

（B）生产经营单位应当制定本单位生产安全事故应急救援预案，与所在地县级以上地方人民政府组织制定的生产安全事故应急救援预案相衔接，并定期组织演练

（C）无论生产经营规模大小，危险物品的生产、经营、储存单位都应当建立应急救援组织

（D）生产经营单位发生生产安全事故后，事故现场有关人员应当立即报告本单位负责人。单位负责人应当按照国家有关规定立即如实报告当地负有安全生产监督管理职责的部门

2025 全国勘察设计注册工程师
执业资格考试用书

Zhuce Yantu Gongchengshi Zhiye Zige Kaoshi
Zhuanye Kaoshi Linian Zhenti Xiangjie

注册岩土工程师执业资格考试
专业考试历年真题详解

（专业知识）

试题答案

耿楠楠　吴连杰／主编

杨　奎　董　倩　刘　孟　李　跃　李自伟／副主编

人民交通出版社
北京

内 容 提 要

本书根据人力资源和社会保障部、住房和城乡建设部颁布的注册土木工程师（岩土）专业考试大纲，由多位通过注册土木工程师（岩土）专业考试、熟悉命题规则、具有丰富备考辅导经验的一线资深工程师共同编写而成。本书收录了2009—2024年（2015年停考）专业知识试题（对部分陈旧试题进行了改编），试题均采用现行规范进行解答，全书按照试题、解析答案分开排版，便于考生自测。

本书适合参加注册土木工程师（岩土）专业考试的考生复习使用，同时也可作为岩土工程技术人员、高等院校师生的参考书。

图书在版编目（CIP）数据

2025注册岩土工程师执业资格考试专业考试历年真题详解. 专业知识 / 耿楠楠, 吴连杰主编. — 北京：人民交通出版社股份有限公司, 2025. 3. — ISBN 978-7-114-19942-4

Ⅰ. TU4-44

中国国家版本馆 CIP 数据核字第 2024U7L272 号

书　　名：2025注册岩土工程师执业资格考试专业考试历年真题详解（专业知识）
著 作 者：耿楠楠　吴连杰
责任编辑：李　坤
责任印制：刘高彤
出版发行：人民交通出版社
地　　址：（100011）北京市朝阳区安定门外外馆斜街 3 号
网　　址：http://www.ccpcl.com.cn
销售电话：（010）85285857
总 经 销：人民交通出版社发行部
经　　销：各地新华书店
印　　刷：北京科印技术咨询服务有限公司数码印刷分部
开　　本：889×1194　1/16
印　　张：42
字　　数：1008 千
版　　次：2025 年 3 月　第 1 版
印　　次：2025 年 3 月　第 1 次印刷
书　　号：ISBN 978-7-114-19942-4
定　　价：138.00 元（含两册）
（有印刷、装订质量问题的图书，由本社负责调换）

目 录

（试题答案）

2009 年专业知识试题答案及解析（上午卷）

1. **答案**：A

   解析：产状表示方式一般有两种，即走向倾角型和倾向倾角型。走向倾角型通常表示如 NE30°∠60°，倾向倾角型通常表示如 30°∠60°，故为倾向 30°、倾角 60°。

2. **答案**：D

   解析：《岩土工程勘察规范》（GB 50021—2001）（2009 年版）第 10.9.4 条第 3 款。

3. **答案**：A

   解析：完整花岗岩属于脆性材料，无明显塑性变形阶段，应力应变曲线应近似为直线。选项 B 为压缩性较高的垂直片理加荷的片岩等，选项 C 为较坚硬而少裂隙的石灰岩等，选项 D 为接近较硬岩—软岩的全应力应变曲线。

4. **答案**：B

   解析：《建筑抗震设计标准》（GB/T 50011—2010）（2024 年版）第 4.1.7 条，选项 A 避让距离 100m，选项 B 避让距离 200m，选项 C 避让距离 200m，选项 D 避让距离 400m。

5. **答案**：B

   解析：《岩土工程勘察规范》（GB 50021—2001）（2009 年版）第 10.10.3 条第 2 款。

6. **答案**：B

   解析：《岩土工程勘察规范》（GB 50021—2001）（2009 年版）第 3.3.3 条。

7. **答案**：D

   解析：《工程地质手册》（第五版）第 279 页。

8. **答案**：D

   解析：《土工试验方法标准》（GB/T 50123—2019）第 12.1.3 条。

9. **答案**：A

   解析：对于轴压，偏压引起的总应力增量为 $\sigma_1 - \sigma_3$；对于围压，偏压引起的总应力增量是 0。根据有效应力原理：$\sigma' = \sigma - u$，则偏压引起的有效应力增量为：$\Delta\sigma_1' = \sigma_1 - \sigma_3 - u$，$\Delta\sigma_3' = 0 - u = -u$。

10. **答案**：C

    解析：《建筑工程地质勘探与取样技术规程》（JGJ/T 87—2012）表 5.3.1。

11. **答案**：A

    解析：可用三相图换算。

    $$e_{甲} = wG_s/S_r = 0.3 \times 2.74/1 = 0.822$$

    $$e_{乙} = wG_s/S_r = 0.18 \times 2.70/1 = 0.486$$

    选项 D 错误。

    $$\rho_{甲} = \frac{G_s\rho_w(1+w)}{1+e} = \frac{2.74 \times 1.0 \times (1+0.3)}{1+0.822} = 1.95\text{g/cm}^3, \quad \gamma_{甲} = 19.5\text{kN/m}^3$$

$$I_{p\,甲} = w_L - w_p = 39 - 22 = 17$$

$$\rho_乙 = \frac{G_s\rho_w(1+w)}{1+e} = \frac{2.70 \times 1.0 \times (1+0.18)}{1+0.486} = 2.14\text{g/cm}^3, \quad \gamma_乙 = 21.4\text{kN/m}^3$$

$$I_{p\,乙} = w_L - w_p = 23 - 15 = 8$$

$$\gamma_{d\,甲} = \frac{\rho\gamma_w}{1+w} = \frac{1.95 \times 10}{1+0.3} = 15\text{kN/m}^3$$

$$\gamma_{d\,乙} = \frac{\rho\gamma_w}{1+w} = \frac{2.14 \times 10}{1+0.18} = 18.1\text{kN/m}^3$$

选项 B、C 错误。

12. **答案：D**

解析：《岩土工程勘察规范》（GB 50021—2001）（2009 年版）表 4.1.15。

13. **答案：A**

解析：《土工试验方法标准》（GB/T 50123—2019）第 9.2.4 条。

14. **答案：A**

解析：《建筑桩基技术规范》（JGJ 94—2008）第 2.1.16 条。

15. **答案：B**

解析：《建筑桩基技术规范》（JGJ 94—2008）第 6.3.9 条。

16. **答案：B**

解析：《建筑桩基技术规范》（JGJ 94—2008）第 3.3.3 条第 5 款。

17. **答案：A**

解析：《建筑桩基技术规范》（JGJ 94—2008）表 5.8.4-1 易知：易产生压屈失稳→φ越小→l_c越大→桩顶铰接更大（自由度最大）→桩底软弱一些的偏大。桩底置于岩层表面更容易产生压屈失稳。

18. **答案：D**

解析：土的沉降大于桩沉降时，桩土产生相对位移，导致负摩阻力。故应先使土体沉降稳定，再行施工。

19. **答案：C**

解析：《建筑桩基技术规范》（JGJ 94—2008）第 4.1.1 条。

20. **答案：B**

解析：《建筑桩基技术规范》（JGJ 94—2008）第 6.7.1 条条文说明。

21. **答案：C**

解析：正反循环灌注桩施工中泥浆是循环的，但旋挖成孔灌注桩的施工泥浆不循环，起护壁平衡压力的作用，另外前者有泥浆的损失量要比后者大，污染大。正反循环适合于大部分地层，旋挖成孔适合于卵砾石极其软的地层，其附属设备少，在保证孔壁安全的情况下施工效率较高。

22. **答案：C**

解析：碱液与油基容易发生皂化反应，使碱液失效。

23. **答案**：C

   解析：《建筑地基处理技术规范》（JGJ 79—2012）第7.2.1条。

24. **答案**：C

   解析：碎石桩桩体材料为散体，没有胶结强度，依靠桩周土的约束作用形成桩体，桩体传递竖向荷载的能力与桩周土的约束能力密切相关，与桩长无关，选项 A 正确、选项 C 错误；当桩周土不能向桩体提供足够的围压而使桩体产生较大的侧向变形，即桩体鼓胀，导致复合地基破坏，选项 B 正确；散体材料桩一般不适用软黏土地基的处理，当对变形要求不严格时，可用于饱和软黏土地层中，选项 D 正确。

25. **答案**：A

   解析：《建筑地基处理技术规范》（JGJ 79—2012）第4.2.7条。垫层地基的变形由垫层自身变形和下卧层变形组成。换填垫层在满足本规范第4.2.2条、第4.2.3条和第4.2.4条的条件下，垫层地基的变形可仅考虑其下卧层的变形。对沉降要求严的建筑，应计算垫层自身的变形。

26. **答案**：D

   解析：《建筑基桩检测技术规范》（JGJ 106—2014）第9.2.5条条文说明，取单桩承载力特征值的2%～4%，$5000/2 \times 0.04 = 100kN$。

27. **答案**：B

   解析：$165 \times 0.8 \times 1000/1000 = 132g/L$

28. **答案**：D

   解析：《建筑地基处理技术规范》（JGJ 79—2012）第5.2.3条。

29. **答案**：B

   解析：袋装砂井的主要作用是构成和保持竖向排水通道。

30. **答案**：C

   解析：浸润线在中间部位发生突变，说明坝体中间设置了防渗心墙。

31. **答案**：C

   解析：坝体内浸润线总体过渡平缓，没有发生突变，且出水口为水平，故无排水。

32. **答案**：C

   解析：《土工合成材料应用技术规范》（GB/T 50290—2014）第3.1.4条。

33. **答案**：A

   解析：A 的抗滑段最大，滑动段最小，故安全系数最大。

34. **答案**：B

   解析：③＞④＞①＞②，稍湿砂土存在假黏聚力。

35. **答案**：D

   解析：《土工合成材料应用技术规范》（GB/T 50290—2014）第7.2.3条。

36. **答案**：C

解析：《土工合成材料应用技术规范》（GB/T 50290—2014）第 5.3.3 条第 2 款，选项 A 错误；第 3 款，选项 B 错误；第 1 款，对土工膜厚度根据当地气候、地质条件、工程规模确定，选项 C 正确。第 5.2.4 条，下垫层材料可选用透水材料、土工织物、土工网、土工格栅等，选项 D 错误。

37. **答案：** A

解析：《公路路基设计规范》（JTG D30—2015）第 5.2.1 条表 5.2.1。

38. **答案：** C

解析：《湿陷性黄土地区建筑标准》（GB 50025—2018）第 7.2.5 条。

39. **答案：** D

解析：《建筑地基基础设计规范》（GB 50007—2011）附录 C 第 C.0.5 条。

40. **答案：** A

解析：《工程结构可靠性设计统一标准》（GB 50153—2008）第 2.1.49 条。

....

41. **答案：** AD

解析：《岩土工程勘察规范》（GB 50021—2001）（2009 年版）第 5.1.10 条。

42. **答案：** CD

解析：《水运工程岩土勘察规范》（JTS 133—2013）第 12.0.7.1 条，选项 C 正确；第 12.0.7.2 条，选项 B 错误；第 12.0.7.6 条，选项 D 正确；天然和人工边坡的稳定性评价是定量计算，需要提供边坡土体的物理力学参数，而这些在港口工程地质调查与测绘阶段无法获得，选项 A 错误。

43. **答案：** CD

解析：《岩土工程勘察规范》（GB 50021—2001）（2009 年版）第 12.2.1 条、第 12.2.2 条、附录 G 表 G.0.1。

44. **答案：** AD

解析：《土力学》（李广信等，第 3 版，清华大学出版社）第 59 页，土的性质对渗透系数的影响因素主要有粒径大小与级配、孔隙比、矿物成分、结构、饱和度 5 个方面，选项 A 正确；水的温度对渗透系数的影响主要是由黏滞性不同引起的，温度升高，水的黏滞性下降，渗透系数变大，温度降低，水的黏滞性升高，渗透系数减小，选项 D 正确。

45. **答案：** AB

解析：土在压缩过程中，首先是气体排出，孔隙体积减小，孔隙中的水不变，土体趋于饱和；当土体饱和后继续压缩，土体中的水排出，孔隙进一步减少，整个过程中土粒的质量不变，此时土中水的质量减少，含水量减少，但孔隙中始终充满水，土体保持饱和状态，但土体的压缩，土颗粒的位置发生移动。

46. **答案：** BC

解析：《岩土工程勘察规范》（GB 50021—2001）（2009 年版）第 10.7.5 条及其条文说明。预钻式旁压试验的原位侧向应力经钻孔后已释放，无法测得静止土压力系数。

47. 答案：AB

解析：《建筑桩基技术规范》（JGJ 94—2008）第 5.4.5 条、第 5.4.6 条。

48. 答案：ACD

解析：《建筑桩基技术规范》（JGJ 94—2008）第 5.1.1 条、公式（5.7.3）。水平力按桩数平均，故基桩水平力相等。基桩竖向力与桩距、偏心作用有关，但其平均竖向力与偏心距无关。

49. 答案：AB

解析：《建筑桩基技术规范》（JGJ 94—2008）第 5.5.6 条～第 5.5.9 条条文说明、第 5.5.14 条。

50. 答案：ACD

解析：《建筑桩基技术规范》（JGJ 94—2008）第 3.1.8 条条文说明。

51. 答案：AC

解析：《建筑桩基技术规范》（JGJ 94—2008）第 5.4.4 条。

52. 答案：AB

解析：正反循环由于其采用回转钻进、泥浆护壁等工艺，对大多数地层都适合，但其泥浆排量大，污染较大。长螺旋钻孔施工采用螺旋钻钻孔成型，提钻时一次性压浆成孔放入钢筋笼成桩，适用于黏性土地层，不适合饱和软黏土、地下水位以下的砂砾类土。旋挖钻机采用挖斗成孔，泥浆护壁，适用于卵砾石土，不适用于大块石和漂石地层。冲击钻可用于坚硬土层中，对于砂类土，增加捞砂筒，对于岩石地层，更换为潜孔锤钻头，成孔效率较高，不适合取样采用。

53. 答案：AB

解析：《建筑桩基技术规范》（JGJ 94—2008）第 7.4.4 条。

54. 答案：AC

解析：《建筑地基处理技术规范》（JGJ 79—2012）第 7.2.4 条第 7 款及其条文说明。

55. 答案：CD

解析：《建筑地基处理技术规范》（JGJ 79—2012）第 7.5.2 条第 7 款、第 9 款、第 7.5.3 条第 3 款。变形计算时，其复合土层的压缩模量可采用载荷试验的变形模量代替。

56. 答案：AC

解析：膜下真空度为 90kPa，符合要求；而砂垫层厚度明显不是沉降过大的主要原因。其主要原因应是：排水固结处理时，上部堆载预压荷载过小，不能有效控制土体变形；排水板深度只有 18m，仅为全部压缩层厚度的 2/3，其下部沉降变形仍很大。

57. 答案：ACD

解析：为保证海堤着底，需增大抛石能量，无疑加大抛石高度、增加堤头和堤侧爆破、增加高能级强夯是有效措施。

58. 答案：AD

解析：减少砂井间距、增大砂井直径可有效加速排水固结，有利于缩短工期；而加厚排水砂垫层则效果不明显。加大预压荷载对固结的影响，要视情况而定：当施工荷载小于永久荷载时，不管预压多久，其变形条件和固结度始终不能满足工后沉降的控制标准，其预压时间无穷大。而对于堆载荷载大于永久荷载时，可提前达到预定的沉降量和固结度标准，可以缩短预压工期。

59. 答案：ACD

　　解析：《建筑地基处理技术规范》（JGJ 79—2012）第7.5.2条条文说明。

60. 答案：BCD

　　解析：《建筑地基处理技术规范》（JGJ 79—2012）第7.2.2条条文说明第7款，在碎石桩顶采用碎石垫层可以起到明显的应力扩散作用，降低碎石桩和桩周土的附加应力，减少桩体侧向变形，从而提高复合地基承载力，减少地基变形量，选项B、C正确；碎石垫层调整桩土应力比，由于桩和桩间土的沉降不同，碎石垫层流动补偿逐步调整桩土应力比，不使应力过分集中在桩间土上造成复合地基上部土体整体剪切破坏，或者应力过分集中在桩体上造成桩体鼓胀破坏。不设置碎石垫层时，荷载主要集中在桩体上，桩土应力比较大，显然，碎石垫层可以减小桩土应力比，选项D正确；因砂土地基和桩体本身的透水性较好，垫层的排水作用不再是其主要作用，选项A错误。

61. 答案：AD

　　解析：结构面的倾角为45°，结构面上所增加的抗滑力和下滑力相等。稳定安全系数将减小。

62. 答案：AC

　　解析：A、C滑面均通过坝基软弱土层，B、D滑面在坝体内部，相较而言，A、C更不易稳定。

63. 答案：AD

　　解析：反压护道的主要目的是保证路堤的整体稳定性，反压护道一般采用单级形式，多级形式对于稳定性作用不大；路堤两侧的护道宽度应通过验算确定，其抗剪切指标采用快剪法或十字板剪切试验获得；护道的高度一般为路基高度的1/2～1/3，不得超过路基的极限填筑高度，两侧护道应同时填筑。当软土地基较薄，下卧层硬土具有明显横向坡度时，应采用不同宽度反压。

64. 答案：AB

　　解析：朗肯是库仑的特殊情况，其主动土压力计算结果误差较大，被动土压力计算误差较小，而库仑主动土压力更接近实际。即，在其他条件相同的情况下，墙背与土体的摩擦角越大，主动土压力就越小，反之，主动土压力就越大。朗肯在倾覆和抗滑时计算的安全系数要小，库仑计算的安全系数要大；库仑理论计算的偏心更小，基底平均压力更大，更均匀。

65. 答案：BD

　　解析：《生活垃圾卫生填埋处理技术规范》（GB 50869—2013）第4.0.2条。

66. 答案：AC

　　解析：《建筑基桩检测技术规范》（JGJ 106—2014）第8.3.3条、第8.3.4条。

67. 答案：ABD

　　解析：《建筑地基基础设计规范》（GB 50007—2011）第3.0.1条、第10.3.8条。

68. 答案：BC

　　解析：《中华人民共和国招标投标法》第十二条、第十四条、第十五条。

69. 答案：BCD

解析：《勘察设计注册工程师管理规定》第十九条。

70. 答案：ACD

解析：《建筑工程质量检测管理办法》第二十九条、第三十条。

2009 年专业知识试题答案及解析（下午卷）

1. **答案**：A

   解析：《工程结构可靠性设计统一标准》（GB 50153—2008）第 2.1.49 条。

2. **答案**：B

   解析：《建筑地基基础设计规范》（GB 50007—2011）第 3.0.5 条。确定基础尺寸采用正常使用极限状态下的标准组合，传至基础底面的压力为基础和台阶上的土重与基础顶面的压力之和。

$$p_k = \frac{F_k}{A} + \gamma_G d = 180 + 60 = 240 \text{kPa}$$

3. **答案**：C

   解析：《岩土工程疑难问题答疑笔记整理之二》（高大钊，人民交通出版社）第 381~382 页。基础结构内力验算的设计表达式中，作用均为基底的净反力或由净反力产生的结构内力，强度均为混凝土材料的强度设计值，为分项系数法。

4. **答案**：A

   解析：抗浮稳定的条件是上部压重要大于浮力，地下车库只有侧墙，相当于一个开口的空心盒子，自重最小，当水位最高时，受到的浮力最大，最不利于抗浮稳定；当车库顶板的上覆土完成后，相当于增加了压重，对抗浮有利。

5. **答案**：A

   解析：《建筑地基基础设计规范》（GB 50007—2011）第 5.1.4 条。

6. **答案**：D

   解析：$e = 0.5 = \frac{b}{6} = \frac{3}{6} = 0.5$，故 $P_{max} = \frac{F+G}{A}\left(1 + \frac{6e}{b}\right) = \frac{F+G}{A}\left(1 + \frac{6 \times 0.5}{3}\right) = 2 \times \frac{F+G}{A} = 2P_k$

7. **答案**：C

   解析：该公式为根据条形基础应力分布假定得到的地基承载力。塑性区开展深度为基础宽度的 1/4，是平面应变问题。可参相关《土力学》教材"地基承载力"章节。

8. **答案**：B

   解析：《建筑地基基础设计规范》（GB 50007—2011）表 5.2.5。

9. **答案**：B

   解析：《建筑地基基础设计规范》（GB 50007—2011）表 5.3.4。

10. **答案**：A

    解析：桁架支撑结构效果好于平面支撑结构；而现浇混凝土桁架支撑要好于钢桁架支撑，因此钢桁架支撑节点之间为铰接，而现浇结构为固端。

11. **答案**：A

    解析：地下连续墙后土压力更接近静止土压力。

12. **答案：** D

解析： 竖井主要是通风换气和维修电梯等运输作用，用来连接隧道和地面，一般采用明挖。

13. **答案：** A

解析： d、g 位于基坑底面，在同一条等势线上，二者的水头差相同，d 点的渗流路径要比 g 点的渗流路径短，根据 $i = \Delta h/l$，d 点的水力梯度比 g 点的大，更容易发生流土。流土只发生在渗流溢出处，而 e、f 点位于土体内部，不会发生流土。

14. **答案：** B

解析：《建筑基坑支护技术规程》（JGJ 120—2012）第 4.6.16 条第 4 款。
混凝土墙体结构的检测一般要求无损检测，首选声波法。

15. **答案：** A

解析： 暗挖法施工时应严格控制开挖断面，一般不得欠挖。

16. **答案：** B

解析：《建筑基坑支护技术规程》（JGJ 120—2012）第 6.1.1～6.1.3 条条文说明。

17. **答案：** B

解析：《岩土工程勘察规范》（GB 50021—2001）（2009 年版）第 6.5.5 条。

18. **答案：** B

解析：《岩土工程勘察规范》（GB 50021—2001）（2009 年版）附录 D。

19. **答案：** B

解析：《岩土工程勘察规范》（GB 50021—2001）（2009 年版）表 6.2.2。

20. **答案：** A

解析：《公路工程地质勘察规范》（JTG C20—2011）第 8.2.10 条：不小于 2～3 倍天然上限，即 12～18m 均符合要求。

21. **答案：** C

解析：《湿陷性黄土地区建筑标准》（GB 50025—2018）表 4.4.6。

22. **答案：** A

解析： 移动盆地通常比采空区面积大，其位置和形状与矿层倾角有关，并不总是位于正上方和对称的。见《工程地质手册》（第五版）第 695～698 页。

23. **答案：** B

解析：《工程地质手册》（第五版）第 676 页。
崩塌通常是硬岩或软硬互层，软岩一般不会产生崩塌。

24. **答案：** C

解析： 安全系数 F_s = 抗滑力/下滑力，当下滑力采用饱和重度、抗滑力用浮重度进行计算时，无疑 F_s 最小，即最保守。

25. 答案：C

解析：此为无黏性土边坡安全系数计算公式，见相关土力学教材。

26. 答案：C

解析：砂土土坡在天然稍湿润状态下，具有一定的假黏聚力，根据边坡稳定性计算公式，可知此时的土坡稳定性要大于天然风干状态下的稳定性。

27. 答案：B

解析：《岩土工程勘察规范》（GB 50021—2001）（2009 年版）第 5.2.7 条～第 5.2.8 条条文说明，《建筑地基基础设计规范》（GB 50007—2011）第 6.4.3 条。

28. 答案：A

解析：《地质灾害危险性评估规范》（GB/T 40112—2021）第 4.6.2 条表 2，地质环境条件复杂程度分类中，地形地貌为复杂，其他几项为中等，根据不利原则，确定地质环境条件复杂程度为复杂；查 4.6.1 条表 1，评估分级为一级。

29. 答案：C

解析：《建筑抗震设计标准》（GB/T 50011—2010）（2024 年版）第 1.0.1 条条文说明。

30. 答案：D

解析：《建筑抗震设计标准》（GB/T 50011—2010）（2024 年版）第 5.1.4 条、第 5.1.5 条。

31. 答案：C

解析：《建筑抗震设计标准》（GB/T 50011—2010）（2024 年版）第 4.1.5 条公式。

32. 答案：D

解析：《水利水电工程地质勘察规范》（GB 50487—2008）（2022 年版）附录 P。

33. 答案：B

解析：《建筑抗震设计标准》（GB/T 50011—2010）（2024 年版）第 4.1.4 条～第 4.1.6 条，覆盖层厚 68m，计算深度取 20m，$v_{se} = \dfrac{20}{\frac{2}{100}+\frac{3}{200}+\frac{5}{300}+\frac{5}{350}+\frac{5}{400}} = 255$m/s，查表 4.1.6 可知为Ⅱ类场地。

34. 答案：D

解析：《建筑抗震设计标准》（GB/T 50011—2010）（2024 年版）表 5.1.4-2。

35. 答案：A

解析：建设工程项目总投资构成见解图。

36. 答案：D

解析：施工图设计属于不属于建设工程项目可行性研究的基本内容。建设工程项目的步骤一般为：项目建议书、立项、可行性研究、初步设计、施工图设计。

37. 答案：B

解析：《工程勘察设计收费管理规定》第 3.3 条。

38. 答案：A

解析： 监理单位聘用专家的费用由监理单位支付。

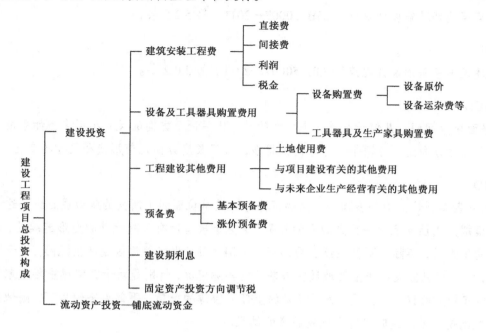

题 35 解图

39. **答案：** B

  解析：《工程建设强制性标准监督规定》第十二条。

40. **答案：** B

  解析：《中华人民共和国民法典》第七百九十七条。

41. **答案：** AB

  解析：《工程结构可靠性设计统一标准》（GB 50153—2008）第 2.2.21 条、第 3.2.4 条、第 3.2.5 条。

42. **答案：** ACD

  解析：《公路桥涵地基与基础设计规范》（JTG 3363—2019）中容许承载力设计 $p \leqslant f_a$ 为定值设计法中的容许应力法，选项 A 正确；《建筑地基基础设计规范》（GB 50007—2011）中的抗弯设计为分项系数法，在基础结构内力验算的设计表达式中，作用均为基底净反力或由净反力产生的结构内力，选项 B 错误；地基稳定性验算 $M_R/M_S \geqslant 1.2$ 为定值设计法中的总安全系数法，选项 C 正确；边坡规范稳定性验算采用定值设计法中的总安全系数法，选项 D 正确。

43. **答案：** AB

  解析：《建筑地基基础设计规范》（GB 50007—2011）第 5.1.2 条、第 5.1.3 条、第 5.1.5 条、第 5.1.8 条。

44. **答案：** BC

  解析： 埋深 d 的取值以安全、保守为原则。附加压力是减去原有地面至开挖地面土体的自重应力，应按实际的室外地面算起。地下室条形基础基底处实际上原来受的自重压力只是 3m 的上覆土，所以应取 3m。承载力修正是对基础两侧上覆土体的压重进行修正，当两侧标高不同时，应当取小的埋置深度进行计算。地下与地面室内的标高低于室外标高，应按室内标高计算，取 1.0m。

45. **答案：**ABC

解析：《建筑地基基础设计规范》（GB 50007—2011）第 5.2.5 条。

46. **答案：**BD

解析：《建筑地基基础设计规范》（GB 50007—2011）第 3.0.2 条。

47. **答案：**ACD

解析：平面应力问题：几何特征是一个方向的尺寸比另两个方向的尺寸小得多，如平板等。平面应变问题：一个尺寸方向比另外两个尺寸方向大得多，且沿长度方向几何形状和尺寸不变化，如水坝等。

48. **答案：**BD

解析：文克勒模型认为地基表面任一点的沉降与该点单位面积上所受的压力成正比。这个假设实际上是把地基模拟为刚性支座上一系列独立的弹簧。文克勒模型没有反映地基的变形连续性，当地基表面在某一点承受压力时，实际上不仅在该点局部产生沉陷，而且也在邻近区域产生沉陷。由于没有考虑地基的连续性，故文克勒假设不能全面地反映地基梁的实际情况，特别是对于密实厚土层地基和整体岩石地基，将会引起较大的误差。但是，如果地基的上部为较薄的土层，下部为坚硬岩石，则地基情况与土中的弹簧模型比较相近，这时将得出比较满意的结果。

49. **答案：**CD

解析：不利情况：阳角（易引起应力集中）、长边（易变形）。

50. **答案：**AD

解析：惟幕结合坑内排水，可有效减少坑外的水资源损失，并因此减少对周边建筑物的影响。

51. **答案：**AD

解析：《建筑边坡工程技术规范》（GB 50330—2013）第 10.1.2 条。

52. **答案：**AB

解析：《建筑边坡工程技术规范》（GB 50330—2013）附录 F，反弯点处的特征：弯矩为 0，剪力最大，土压力强度相等；剪力零点处的特征：弯矩最大，土压力合力相等。

53. **答案：**ABD

解析：《建筑基坑支护技术规程》（JGJ 120—2012）第 7.1.2 条、第 7.3.3 条、第 7.3.14 条和第 7.3.25 条第 1 款。

54. **答案：**ABC

解析：《岩土工程勘察规范》（GB 50021—2001）（2009 年版）第 10.8.1 条、第 10.3.1 条、第 10.6.1 条和第 10.4.1 条。

55. **答案：**BD

解析：强夯处理的有效深度一般为 10m 以内；换填垫层处理深度一般不超过 3m；堆载预压可达几十米，适用于深厚软土。挤密桩可处理深度宜为 3～15m。

56. **答案：**BD

解析：《工程地质手册》（第五版）第 556 页表，天然状态下，膨胀土的含水量和孔隙比都较低，而膨胀土液限较高，选项 A 错误；《膨胀土地区建筑技术规范》（GB 50112—2013）第 5.2.7 条第 1、2、3 款，膨胀土的含水量对膨胀土的变形或应力影响很大，选项 B 正确；膨胀土具有吸水膨胀和失水收缩的特点，在失水收缩过程中会产生裂隙，且具有上宽下窄的特点，选项 C 错误，选项 D 正确。

57. 答案：AD

   解析：《工程地质手册》（第五版）第 643、644 页。

   裂隙发育或薄层等按 A、D 计算；岩体完整、强度高等按 B、C 计算。

58. 答案：BD

   解析：《工程地质手册》（第五版）第 636 页。

   石灰岩和白云岩主要成分均为碳酸盐。石灰岩主要矿物为方解石，石灰岩经过白云化作用（二次交代作用）后形成白云岩，过程中常混入石英、长石等，主要矿物为白云石，其与稀盐酸反应比方解石弱。地层厚度、杂质含量、颗粒大小与岩溶发育有密切关系，地层越厚、杂质含量越少、颗粒粗大易于发生溶蚀作用。

59. 答案：BC

   解析：《岩土工程勘察规范》（GB 50021—2001）（2009 年版）第 5.4.3 条、第 5.4.4 条。

60. 答案：BC

   解析：《公路路基设计规范》（JTG D30—2015）第 7.2.4 条第 1 款，选项 A 是地表排水的措施，不能排除地下水，错误；截水盲沟是一种地下排水通道，在垂直地下水流的方向设置截水盲沟，将地下水引向两侧排出，宜设置在滑坡范围 5m 以外的稳定土体上，选项 B、C 正确，D 错误。

61. 答案：ABD

   解析：《地质灾害危险性评估规范》（GB/T 40112—2021）第 7.1.1 条，选项 A、B 正确；第 6.9.7 条 g 款，选项 D 为不稳定斜坡，正确。

62. 答案：CD

   解析：《建筑抗震设计标准》（GB/T 50011—2010）（2024 年版）第 5.1.4 条、第 5.1.5 条。

63. 答案：AC

   解析：《建筑抗震设计标准》（GB/T 50011—2010）（2024 年版）第 4.1.9 条。

64. 答案：AB

   解析：砂土液化是由于振动产生超孔隙水压力，当孔隙水压力等于其总应力时，其有效应力为零，砂土颗粒发生悬浮，即砂土液化。砂土液化后孔隙水溢出，压密固结，更加密实。饱和砂土液化必须同时满足两个条件：①振动足以使土体的结构发生破坏；②土体结构发生破坏后，土颗粒移动趋势不是松胀，而是压密。（密砂结构破坏时松胀，不易发生振动液化）。

65. 答案：ACD

   解析：《建筑抗震设计标准》（GB/T 50011—2010）（2024 年版）第 4.3.4 条及其公式。

66. 答案：BC

   解析：《公路工程抗震规范》（JTG B02—2013）第 5.4.4 条条文说明，"减隔震装置是通过延长结构的借本周期，避开地震能量集中的范围，从而降低结构的地震力"，因此选项 A 正确。"采用减隔震装置的桥梁，在地震作用下宜以减隔震装置抗震为主，非弹性变形和耗能宜主要集中于这些装置，而其他构件（如桥墩等）的抗震为辅"，因此减隔震装置的抗震性能应大于桥墩的抗震性能，故选项 B 错误。"为了使大部分变形集中于减隔震装置，应使减隔震装置的水平刚度远低于桥墩、桥台、基础等的刚度"，因此地震作用产生的变形应主要集中于减隔震装置，而桥墩、桥台等部位的变形应尽可能减小，以免对正常使用造成影响，故选项 C 错误。"允许这些装置在大地震作用下发生大的塑性变形和存在一定的残余位移"，故选项 D 正确。因此，不正确的选项为 BC。

67. **答案：** AC

   解析：《建筑抗震设计标准》（GB/T 50011—2010）（2024 年版）第 4.2.2 条、第 4.2.4 条和第 5.3.1 条。

68. **答案：** BC

   解析：《建设工程质量管理条例》第六十二条、第六十三条、第六十四条、第六十七条。

69. **答案：** ABC

   解析：《中华人民共和国招标投标法》第五十三条、第五十八条、第五十九条、第六十条。

70. **答案：** ABD

   解析：《中华人民共和国民法典》第八百零三条、第八百零五条。

2010 年专业知识试题答案及解析（上午卷）

1. **答案：C**

   解析：《岩土工程勘察规范》（GB 50021—2001）（2009 年版）第 8.0.3 条。地质界线和测点的测绘精度图上不低于 3mm，则比例尺为 1 : 5000，实测精度应为 15m。

2. **答案：A**

   解析：结构面的走向可根据倾向方位角加减 90°表示；选项 A 产状 NE30°∠35°，选项 B 产状 NE20°∠65°，选项 C 产状 NE20°∠35°，选项 D 产状 NE20°∠65°；根据结构面走向和边坡走向相同或相近，倾向和边坡倾向相同，倾角小于坡角时的情况最不稳定来判断，选项 A 最不稳定。

3. **答案：B**

   解析：《岩土工程勘察规范》（GB 50021—2001）（2009 年版）第 6.9.1 条。

4. **答案：A**

   解析：《岩土工程勘察规范》（GB 50021—2001）（2009 年版）第 4.2.12 条及第 10.2.6 条。基床系数 K_v 是采用 30cm 的平板载荷试验确定的。注：弹性半空间地基上某点所受的法向压力与相应位移的比值，称为温克尔系数。物理意义：使土体（围岩）产生单位位移所需的应力，或使单位面积土体产生单位位移所需要的力，量纲为 kN/m^3 或 kPa/m。测定方式有桩基水平荷载试验、室内的三轴试验、K30 试验等。

5. **答案：C**

   解析：《工程地质手册》（第五版）第 1295 页。地质工程中将年代和地层分为时和空。时为年代，空为地层。年代为宙代纪世，地层为宇界系统。地质年代从老到新为：寒武纪、奥陶纪、志留纪、泥盆纪、石炭纪、二叠纪、三叠纪、侏罗纪、白垩纪、第三纪、第四纪。

6. **答案：A**

   解析：根据《土力学》（李广信等，第 3 版，清华大学出版社）2.4 节相关内容。渗透力为 $J = \gamma_w \times i$，水力梯度为粉质黏土层任意截面处所承受的水头差与渗径的比值。

7. **答案：C**

   解析：《岩土工程勘察规范》（GB 50021—2001）（2009 年版）第 8.0.7 条。遥感工作主要特点是可以宏观地判定地质现象，避免野外工作的局限性和盲目性，是对现有地质工作很好的补充。其主要流程为：数据准备→初步解译→踏勘验证→补充修改→验证成图。

8. **答案：A**

   解析：《岩土工程勘察规范》（GB 50021—2001）（2009 年版）第 9.4.2 条条文说明，固定活塞薄壁取土器的取土质量最高。

9. **答案：C**

   解析：《岩土工程勘察规范》（GB 50021—2001）（2009 年版）第 6.4.2 条。载荷板试验和现场直剪试验的剪切面直径应大于试验土层最大粒径的 5 倍。载荷板试验的面积不应小于 $0.5m^2$，直剪试验的剪切面积不应小于 0.25m²。该题为圆形承压板，面积 $S = 0.785d^2$。

10. 答案：B

　　解析： A 选项为火山岩，常见斑状结构和似斑状结构。选项 C 为火山岩，通常为基质。选项 D 为变质岩，常见变余结构和变晶结构。

11. 答案：A

　　解析： 岩土体的透水性可以按照《水利水电工程地质勘察规范》（GB 50487—2008）（2022 年版）附录 F，根据吕荣值大小确定。选项中抽水、注水、压水试验的测试参数及过程见《工程地质手册》（第五版）第 1246 页。

12. 答案：D

　　解析：《水利水电工程地质勘察规范》（GB 50487—2008）（2022 年版）第 5.4.2 条。可研阶段的钻孔深度按表 5.4.2 取值。

13. 答案：D

　　解析：《工程地质手册》（第五版）第 1219 页。

　　水分析取样做简分析和侵蚀性二氧化碳。在做侵蚀性二氧化碳的水样中要求加入大理石粉（$CaCO_3$），以保证维持原来的水中溶解的二氧化碳不减少。

14. 答案：B

　　解析： 正常使用极限状态是不发生破坏，而其整体或部分发生变形后进入某一状态，但仍然满足要求，不影响正常使用。选项 A 是安全系数控制，并不能说明是否破坏。安全系数 1.3 只是经验数值，对于某些边坡可能是安全的，但也可能不安全，即它不能代表是否处于某种状态。选项 C、D 达到沉降和承载力的极限时，应按承载力极限状态考虑。

15. 答案：D

　　解析：《建筑地基基础设计规范》（GB 50007—2011）第 3.0.5 条。计算地基变形时，传至基础底面上的荷载应按正常使用极限状态下荷载效应的准永久组合，不计入风荷载和地震作用，相应的限值应为地基变形允许值。选项 B 为计算挡土墙、边坡稳定、滑坡推力时采用。选项 A、C 为混淆答案。

16. 答案：B

　　解析：《工程结构可靠性设计统一标准》（GB 50153—2008）A1.7 条文说明。结构重要性是根据建筑物破坏后果的严重性划分的，建筑物破坏后果越严重，其重要性越高，相应的结构重要性系数越大，其与场地和地基无关。对于不同安全等级的结构，为使其具有规定的可靠度而采用的系数。对于安全等级分别为一、二、三级，重要性系数应分别不小于 1.1、1.0、0.9。

17. 答案：D

　　解析：《地基处理手册》（第三版）第 18 章。题目信息点：已建厂房、淤泥质土、水泥搅拌桩、不均匀沉降、裂缝、不断发展趋势，最为有效。

　　选项 A，压密注浆可以用于加固软土地基，其主要原理是注浆固结，增大压缩模量来减小不均匀沉降，其对于不断发展的沉降趋势有减缓作用，但其见效慢。

　　选项 B，CFG 桩法对场地、设备等有较高要求，不适用于已有地基的加固。

选项 C，树根桩法是地基加固的措施之一，通常采用在建筑外围打倾斜桩，但其对于水泥搅拌桩处理的地基，施工不便，而且可能会影响现有地基。

选项 D，锚杆静压桩是加固这类型地基的常用方法，可归类为长短桩地基，即在需要加固的一侧压入预制桩，来提高置换率，提高承载力，减小沉降等。

18. 答案：C

解析： 表层硬壳层的淤泥质土可以采用预压固结处理，其排水带间距一般为 1m 左右，堆载高度 4.5m，大约预压荷载 90kPa，堆载时间 2 年，这些指标可以认为满足要求。但题目中没有砂垫层的要求，砂垫层主要作用是汇水排水，而黏土夹碎石（此处不是碎石夹黏土）的排水效果肯定要比砂垫层要差，可能导致排水不畅，预压不理想。

19. 答案：B

解析：《建筑地基处理技术规范》（JGJ 79—2012）第 7.2.4 条及条文说明。

20. 答案：B

解析：《建筑地基基础设计规范》（GB 50007—2011）第 6.3.4 条。

21. 答案：C

解析：《建筑地基处理技术规范》（JGJ 79—2012）第 5.3.11 条条文说明。

22. 答案：B

解析： 依据《水泥搅拌桩复合地基桩土应力比的现场试验分析》等相关研究成果，应力比随 P 先变大后变小，有明显的峰值，最后趋于稳定，桩土应力比建议取 10。

23. 答案：D

解析：《建筑地基处理技术规范》（JGJ 79—2012）第 7.7.3 条。

24. 答案：C

解析：《建筑地基处理技术规范》（JGJ 79—2012）。预压固结主要目的是排水，土体的渗透性是主要的影响因素。砂井直径和排水板的间距之间影响着加固土体的置换率，是主要的排水通道。砂垫层的主要作用是聚水，而砂垫层通常为 30~50cm，其厚度大小对固结速度的影响不大。

25. 答案：D

解析：《建筑地基基础设计规范》（GB 50007—2011）附录 V。软土抗隆起计算应采用十字板剪切试验或三轴不固结不排水抗剪强度指标计算。

26. 答案：B

解析： 中粗砂场地的土压力应采用水土分算。此题也是分别计算其变化规律，水位上升后，土压力采用有效重度计算，要比未上升前减小，则土压力减小。水位上升，水压力的作用面积增大，水土总压力增大。

27. 答案：C

解析： 采用排桩支护，坑边出现局部下沉，通常有两种原因：一种是桩体发生水平位移引起的土体沉降，另一种就是桩体渗水，土体发生固结引起的沉降。此题中锚固力、排桩、开挖都没有超过设计要求，因此不是位移变形的问题。

28. 答案：C

 解析： 挤压式盾构法仅用于软塑地层；全敞开式盾构机适用于掘削面自稳性好的地层，对自稳性差的冲积地层（如冲积层中的砂层、粉砂层）而言，应辅以压气、降水、注浆加固等措施，以便确保掘削面的稳定；局部气压式盾构机，即在机械式盾构机支承环的前边装上隔板，使切口环成为一个密封舱，其中充满压缩空气，达到疏干和稳定开挖面土体的作用，压缩空气的压力值可根据工作面上 1/3 点的地下静水压力确定。由于这种盾构机靠压缩空气对开挖面进行密封，故要求地层透水性小，渗透系数 k 应小于 1×10^{-5} m/s，静水压力不大于 0.1MPa。另外，这种盾构机在密封舱、盾尾及管片接缝处易产生漏气，引起工作面土体坍塌，造成地面沉陷，故只有土压平衡盾构机比较合适。

29. 答案：C

 解析： 《岩土工程勘察规范》（GB 50021—2001）（2009 年版）地下洞室部分、《铁路工程地质手册》隧道部分和《铁路隧道设计规范》（TB 10003—2016）等章节中相关知识，进出口段工程地质条件差，交叉段和弯段应力集中明显。

30. 答案：A

 解析： 《铁路工程地质勘察规范》（TB 10012—2019）第 4.3.1 条。

31. 答案：B

 解析： 浅埋暗挖法是传统矿山法的改进，其结合了新奥法施工的部分特点，与新奥法类似；其主要特点是造价低、施工灵活等。盾构法主要特点是施工安全，环保，对环境影响小，但因其设备调试准备时间长，设备庞大，不太适合地层变化大、软硬差异明显的地段，以及断面变化和线路弯曲度较大的拐角处。

32. 答案：C

 解析： 《建筑抗震设计标准》（GB/T 50011—2010）（2024 年版）第 3.1.1 条及条文说明。

33. 答案：D

 解析： 由《建筑抗震设计标准》（GB/T 50011—2010）（2024 年版）第 4.1.6 条中的表可知，四个场地均属于Ⅱ类场地，且其设计地震分组相同。因此，四个场地的特征周期相等。

34. 答案：A

 解析： 《建筑抗震设计标准》（GB/T 50011—2010）（2024 年版）第 1.0.1 条条文说明、第 5.2.1 和第 5.3.1 条。

35. 答案：C

 解析： 《建筑抗震设计标准》（GB/T 50011—2010）（2024 年版）第 5.1.5 条。曲线图中注释可知下降段起点对应的周期为设计特征周期。选项 A、B 容易识别。选项 D 的地基固有周期是指场地处地基土的振动周期，也称卓越周期，其和设计特征周期不同。地基固有周期是地基土对地振动信号的反应，对同频率的信号有加强作用，发生共振，是地基土本身的特性之一。通常软土地区固有周期较长，频率较高，岩石地区周期较短，频率较低。该周期可以通过波速测井和微动测量进行测定和计算。

36. 答案：A

解析：《建筑抗震设计标准》（GB/T 50011—2010）（2024 年版）第 1.0.1 条文说明和第 5.1.6 条及条文说明。多遇地震应计算结构的弹性位移和结构内力，并进行截面承载力验算。在强烈地震下，结构和构件并不存在最大承载力下的可靠度。从根本上说，抗震验算应该是弹塑性变形能力极限状态的验算。

37. 答案：B

解析：《建筑抗震设计标准》（GB/T 50011—2010）（2024 年版）第 5.1.4 条和表 5.1.5。选项 A、D 中，地震影响系数的大小与抗震设防烈度和地震类别有关，与场地类别无直接关系。选项 B 中，同一个场地，设计特征周期相同，而结构自振周期相差较大（$0.1 \sim T_g$ 之间为直线段，但这个差别很小，不符合题意），其处于上升段或者下降段，因此地震影响系数不同。选项 C 中，地震影响系数无单位。

38. 答案：C

解析：水平裂缝经常是由温差或水平力引起。倾斜裂缝通常是由不均匀沉降引起，倾斜裂缝的倾斜方向指向沉降较小的一侧。题中 1、3、4 点的沉降较小，因此裂缝倾斜于 1、3、4 方向。

39. 答案：B

解析：《建筑基桩检测技术规范》（JGJ 106—2014）第 3.2.5 条、第 4.1.3 条和第 4.2.2 条。

40. 答案：D

解析：《建筑基桩检测技术规范》（JGJ 106—2014）第 9.1.1 条及条文说明。

....

41. 答案：AC

解析：A、C 选项中的渗流、突涌是由于水头压力的作用产生的。渗流可以发生在任何土类中，突涌常发生在软土类土体中，其计算公式采用《建筑地基基础设计规范》（GB 50007—2011）附录 V。选项 B、D 中的融陷、崩解为特殊性岩土的物理性质，与吸水和失水有关。

42. 答案：AC

解析：《工程地质手册》（第五版）第 306 页。特点为：压缩波速度比剪切波快，压缩波为初至波；敲击木板两端时，剪切波相位相差 180°，而压缩波不变；压缩波传播能量衰减比剪切波快；压缩波幅度小，频率高，剪切波幅度大，频率低。

43. 答案：ABD

解析：《土工试验方法标准》（GB/T 50123—2019）第 19.4.2 条条文说明，选项 A 正确；第 19.5.3 条，选项 B 正确；第 19.5.3 条条文说明，为了使底部测得的孔隙压力能代表剪切区的孔隙压力，故要求剪切速率相当慢，以便孔隙压力有足够的时间均匀分布，当剪切应变速率较快时，试样底部的孔隙水压力反应滞后，测得的数值偏小，选项 C 错误；第 19.6.2 条条文说明，选项 D 正确。

44. 答案：BCD

解析：土体压缩过程中，孔隙减少，体积变小，质量不变，重度增大，为不排水不排气的过程（假定土水为分离和溢出），土中的水质量没有变化，含水量不变，土体趋向于饱和，则饱和度增大。土粒比重和干密度一样，是不随外界环境变化的，保持不变。

45. 答案：ABC

解析：选项 A 中，压缩曲线呈双曲线形，压缩系数为曲线两点间连线的斜率，其随着压力区间段的不同而变化。选项 B 中，压缩模量 E_s 的大小，依据公式可知，其与压缩系数成反比关系。选项 C 中，压缩指数是土体的一种性质，压缩指数越大，表示土体越宜压缩，即压缩性越高，其数值是直线段的斜率，不随着压力段的变化而改变。

46. 答案：ABD

   解析：《水运工程岩土勘察规范》（JTS 133—2013）第 5.2.7.1 条、第 5.2.7.2 条，选项 A 正确；第 5.3.5 条，选项 B 正确、选项 C 错误；表 5.4.3-1，选项 D 正确。

47. 答案：AD

   解析：《建筑结构荷载规范》（GB 50009—2012）第 3.1.2 条、第 3.1.3 条、第 3.1.5 条和第 3.1.6 条。

48. 答案：AB

   解析：《建筑地基基础设计规范》（GB 50007—2011）第 3.0.5 条。

49. 答案：ABD

   解析：《建筑桩基技术规范》（JGJ 94—2008）第 3.1.7 条及条文说明。选项 A、B、D 均为规范原文。选项 C 中，计算荷载作用下基桩沉降和水平位移时，考虑土体固结变形时效特点，应采用荷载效应准永久组合。计算地震作用和风荷载作用下的桩基水平位移时，应按水平地震作用和风荷载作用下的标准组合。

50. 答案：BD

   解析：《建筑地基处理技术规范》（JGJ 79—2012）第 5.2.21 条，真空预压边缘应大于建筑物基础轮廓线，选项 A 错误；第 6.3.3 条第 6 款，强夯处理范围应大于建筑物基础范围，每边超出基础外边缘的宽度宜为基底下设计处理深度的 1/2～2/3，且不应小于 3m，选项 B 正确；第 7.2.2 条第 1 款，对可液化地基，基础外缘扩大宽度不应小于基底下可液化土层厚度的 1/2，且不应小于 5m，选项 C 错误；第 7.3.3 条第 5 款，水泥土搅拌桩处理范围可局限于基础范围内，选项 D 正确。

51. 答案：BC

   解析：《建筑地基处理技术规范》（JGJ 79—2012）附录 B。

52. 答案：ABC

   解析：《地基处理手册》（第三版）第 11 章。

   选项 A，固化剂是指不同品种和各种强度等级的水泥，水泥土的抗压强度随着水泥的掺入比增大而增大。选项 B，当土体含水量在 50%～85% 之间变化时，含水量每降低 10%，水泥土强度可提高 30%。选项 C，有机质含量较高会阻碍水泥的水化反应，影响水泥的强度增长。选项 D，水泥的比重（3.1）比一般软土（2.7）大，所以水泥土的比重也比天然土稍大。当水泥掺入比为 15%～20% 时，水泥土的比重比软土约增加 4%，水泥土的含水量比原状土的含水量减少不超过 5%，且随水泥掺入量的增加而逐渐降低。

53. 答案：ABC

   解析：《建筑地基处理技术规范》（JGJ 79—2012）第 5.1.6 条、第 5.2.10 条、第 5.3.9 条和第 5.4.3 条及条文说明。

54. 答案：AC

解析：《建筑地基处理技术规范》（JGJ 79—2012）第 3.0.4 条和第 3.0.5 条。

55. 答案：ACD

解析：《建筑地基处理技术规范》（JGJ 79—2012）第 3.0.4 条、第 3.0.5 条、第 3.0.9 条和《建筑地基基础设计规范》（GB 50007—2011）第 3.0.2 条、第 10.3.8 条。

56. 答案：AB

解析：《建筑地基处理技术规范》（JGJ 79—2012）第 5.2.29 条条文说明。

用填土等外加荷载对地基进行预压，是通过增加总应力并使孔隙水压力消散而增加有效应力的方法。真空预压法是在预压地基总应力不变的情况下，使土中孔隙水压力减小，有效应力增加的方法。真空预压中，地基土有效应力增量是各向相等的，在预压过程中土体不会发生剪切破坏，所以很适合软弱黏性土地基的加固。在预压过程中，堆载预压使土体向外围移动，真空预压使土体向中心移动。

57. 答案：ABC

解析：《工程岩体分级标准》（GB/T 50218—2014）第 5.1.1 条、第 5.1.2 条。应先根据岩体完整程度和坚硬程度对围岩初步定级，然后根据地下水状态、初始应力状态、结构面产状的组合关系等必要的组合因素在初步定级的基础上对围岩进行详细定级，选项 A、B、C 正确；围岩强度应力比是对岩体初始应力场评估的一个条件，用来判定是极高应力区还是高应力区，选项 D 错误。

58. 答案：ABC

解析：各选项均为地铁施工的常用技术，但此题为地铁车站的施工方法，明挖法、盖挖法和浅埋暗挖法可以在隧道和车站修建中使用，由于地铁车站多为不规则断面，而且断面大，盾构法施工设备难以达到要求，且不规则断面施工设备在我国尚处在研究阶段，技术难以实现，造价高，不经济。盾构法和顶管法常用于隧道线路施工。

59. 答案：ABC

解析：《建筑基坑支护技术规程》（JGJ 120—2012）第 6.1.2～6.1.5 条。

60. 答案：ABD

解析：《建筑基坑支护技术规程》（JGJ 120—2012）第 3.1.11 条和第 3.4.2 条。

61. 答案：BCD

解析：《建筑基坑支护技术规程》（JGJ 120—2012）第 4.2.1 条条文说明、第 4.5.4 条条文说明、第 6.1.1 条条文说明。

选项 A，水泥土墙嵌固深度是由圆弧简单条分法按滑动稳定性确定的。选项 B、C、D，悬臂桩及地下连续墙是按抗倾覆稳定确定的。饱和软黏土中的多层支撑连续墙，由于此种情况下支护结构完全可以自稳，因此对于倾覆和抗滑稳定可以不用作为重点验算，重点应关注其抗隆起稳定性，但对于饱和砂土，应考虑坑底的抗渗流稳定性。

62. 答案：CD

解析：膨胀土的膨胀量和膨胀力是与其含水量有关的，当其小于膨胀最大时的界限含水量时，自由膨胀中随着含水量的增大膨胀量增大，其产生的膨胀力也越大，大于界限含水量时，膨胀已经完成，不会产生多余膨胀，其膨胀量为零。当存在上覆压力时，其土体被压缩，膨胀量被抵消一部分，当膨胀力与上覆压力相等时，其膨胀量为零，即平衡法，可以用来测量膨胀力。

63. 答案：ABC

解析：《中国地震动参数区划图》（GB 18306—2015）第3.2条，选项A正确；第3.4条，选项B正确；第3.5条，选项C正确。

64. 答案：CD

解析：《水电工程水工建筑物抗震设计规范》（NB 35047—2015）第5.1.1条，选项A正确；第5.1.2条，选项B正确；第5.1.4条，对于水平向地震作用，一般情况下的土石坝、混凝土重力坝，在抗震设计中可只计入顺河流方向的水平地震作用，选项C错误；第5.1.7条，当采用阵型分解法同时计算相互正交方向地震的作用效应时，总的地震作用效应可取各相互正交方向地震作用效应的平方总和的方根值，选项D错误。

65. 答案：AC

解析：《公路工程抗震规范》（JTG B02—2013）第4.3.3条。

66. 答案：CD

解析：《建筑抗震设计标准》（GB/T 50011—2010）（2024年版）第4.1.4条、第4.1.6条、第4.3.3条、第5.1.4条。

67. 答案：AC

解析：《建筑抗震设计标准》（GB/T 50011—2010）（2024年版）第4.1.1条规定，由表中所列类型，可以确定选项A、C。选项B、D为不利地段。

68. 答案：AC

解析：《建筑抗震设计标准》（GB/T 50011—2010）（2024年版）第4.1.4条。选项A中，剪切波速的测试计算深度是和场地土的类型有关的，与地基基础方案无关。

69. 答案：ABC

解析：滑坡监测常用方法有：变形监测、位移监测、地应力监测、地温监测、地下水监测、地球物理监测、遥感监测、钻孔监测等。钻孔监测是对钻孔的倾斜—深度曲线、位移—深度曲线、位移—历时曲线等进行分析，确定滑坡的特征。选项D中，剩余下滑力通常是通过数值模拟计算得到，搜索滑动面，取最大值进行设计。

70. 答案：ABC

解析：《工程地质手册》（第五版）第1007～1014页。

高、低应变都可以测试桩体的完整性，但低应变不能测定桩的承载力。高、低应变的测试都需要清除桩顶的破碎层，避免影响应力波能量的衰减和传播。低应变是测速度谱或加速度谱，而高应变需要同时测量桩体位移和速度谱或加速度谱等来综合确定桩体的特征。

2010 年专业知识试题答案及解析（下午卷）

1. 答案： B

解析： b 曲线为突变性曲线，在拐点处压力不变位移不断增加，说明土体已经产生连续的塑性变形，发生了整体的剪切破坏。a、c、d 曲线说明地基处在弹性和弹塑性阶段，土体仍然有一定的承载能力。

2. 答案： B

解析： 新建乙建筑物会对甲建筑物产生附加压力，根据基础距离乙的距离不同，附加压力也不同，甲建筑物北侧会产生较大的新增沉降，由不均匀沉降引起的斜裂缝应朝向沉降较小的一侧。

3. 答案： B

解析：《建筑地基基础设计规范》（GB 50007—2011）第 5.2.1 条。作用在基础顶的水平荷载和竖向荷载应转化为作用在基础底面力和偏心弯矩。

4. 答案： D

解析：《建筑地基基础设计规范》（GB 50007—2011）第 5.2.1 条。考虑地下水等不利因素计算修正后的地基承载力：条基宽度一般在 3m 范内，只考虑深度修正，$f_a = 200 + \eta_b \gamma (d - 0.5)$ 计算值在 240kPa 左右，与上部传来的荷载基本相当，若考虑其他附加荷载，更为稳妥的应推荐筏形基础。

5. 答案： C

解析：《建筑地基基础设计规范》（GB 50007—2011）第 8.2.7 条。

6. 答案： B

解析：《建筑地基基础设计规范》（GB 50007—2011）第 8.2.7 条。

7. 答案： B

解析：《建筑桩基技术规范》（JGJ 94—2008）第 3.1.8 条第 5 条说明。

8. 答案： B

解析：《土力学》（李广信等，第 3 版，清华大学出版社）相关知识。选项 A 桩体中性点处桩土的相对位移为零，此处是负摩阻力和正摩阻力的分界点，桩身轴力最大。选项 B、D 中性点的位置随着持力层的软→硬，其深度变大，其原因是桩的沉降随着持力层变硬，沉降减小，桩土的相对位移增大，从而导致中性点深度变大，负摩阻力变大，反之亦然。选项 C 负摩阻力随着桩侧土体的沉降减小，负摩阻力也逐渐减小，当土体沉降稳定时，负摩阻力为零。

9. 答案： C

解析：《建筑桩基技术规范》（JGJ 94—2008）第 3.1.7 条及条文说明和《建筑地基基础设计规范》（GB 50007—2011）第 3.0.4 条。

10. 答案： B

解析：《建筑桩基技术规范》（JGJ 94—2008）第 5.2.5 条。

11. 答案： A

解析：CFG 桩为复合地基的一种，和钢筋混凝土灌注桩都属于刚性桩，因 CFG 桩一般不配筋，常用于软弱土的地基处理中，且桩径相对于灌注桩较小，其刚度相对较差，抵抗水平荷载的能力小。

12. 答案：C

解析：《建筑桩基技术规范》（JGJ 94—2008）第 5.8.3 条。

13. 答案：D

解析：挤土效应是由于在成桩过程中产生的超孔隙水压力和挤压作用，导致桩周土体隆起的作用。在黏性土地层中，挤土效应会引发断桩、缩颈等问题；但在松散土体中，由于土体挤密作用小，孔隙水压力消散快，其负面影响很小。

14. 答案：A

解析：《建筑桩基技术规范》（JGJ 94—2008）第 3.3.3 条及条文说明。

15. 答案：B

解析：$N = \frac{[\tau]\pi DL}{K}$，$L = \frac{2 \times 400}{3.14 \times 0.13 \times 200} = 9.8\text{m}$

16. 答案：B

解析：加筋挡土墙的填料不仅影响土压力的大小，而且直接影响拉筋的摩擦力，因此宜用粗粒土填筑；《铁路路基支挡结构设计规范》（TB 10025—2019）第 9.3.4 条，填料与筋材直接接触部分不应含有尖锐棱角的块体，填料中最大粒径不应大于 100mm，且不宜大于单层填料压实厚度的 1/3，而块石土最大粒径超过 100mm，且经常呈尖锐棱角状，其用作填料在填筑时易砸坏拉筋，且块石与拉筋受力不均匀，影响稳定性。

17. 答案：C

解析：采用有效应力法分析土条稳定性有两种方法，一种是取土骨架作为隔离体，计算土条自重时，水上部分用天然重度，水下部分用有效重度，孔隙水压力不再出现；另一种是取整个土条作为隔离体，计算土条自重时，水上部分取天然重度，水下部分取饱和重度，但应扣除作用在滑动面上的孔隙水压力。因为土条顶面与水位齐平，故只需要考虑两侧和土条底部的水压力即可。

18. 答案：B

解析：饱和砂土应采用水土分算计算总的水土压力，按朗肯土压力计算；非饱和砂土根据含水量，砂土的稳定性有差别，砂土的最优含水量为 4%～6% 时，砂土的直立性能最好，土体对墙体的作用压力最小。

19. 答案：B

解析：《碾压式土石坝设计规范》（NB/T 10872—2021）第 4.1.1 条，心墙是指位于坝体中部的防渗体，心墙可以用于堆石坝防渗，选项 A 正确；防渗体在上游面的称为面板坝，在坝体中央的称为心墙坝，由此可见，混凝土面板的主要作用是上游防渗，并非上游护坡，选项 B 错误；第 6.1.4 条，面板堆石坝防渗体在上游，防渗体渗透性从上游到下游逐步增大，选项 C 正确；第 6.7.9 条条文说明，选项 D 正确。

20. 答案：B

解析：由库仑土压力理论公式 $e_a = \gamma H K_a - 2c\sqrt{K_a}$，由图中的信息可知：

①在界面上下土层的土压力分布三角形的边界斜率不同：$\gamma_1 K_{a1} > \gamma_2 K_{a2}$；

②界面处主动土压应力：$\gamma_1 H_1 K_{a1} - 2c_1\sqrt{K_{a1}} > \gamma_1 H_1 K_{a2} - 2c_2\sqrt{K_{a2}}$；

③第二层底的主动土压应力的连线过挡土墙的顶面边界点，即 H 为 0 时，$2c_2\sqrt{K_{a2}} = 0$，则 $c_2 = 0$。

因此，当 $c_1 = c_2 = 0$ 时，则由界面处的应力可知，$K_{a1} > K_{a2}$，则 $\varphi_1 < \varphi_2$，由此可知选项 B 正确。同样可以证明其他选项均不能同时满足以上三个条件。

21. 答案：D

解析： 结构面产状与坡体产状接近时为中间状态，结构面倾角大于坡角时呈插入状态，利于稳定；结构面倾角小于坡角时处于临空状态，不利于稳定。

22. 答案：B

解析：《岩土工程勘察规范》（GB 50021—2001）（2009 年版）第 4.7.1 条和 4.7.3 条及条文说明。

23. 答案：D

解析：《岩土工程勘察规范》（GB 50021—2001）（2009 年版）第 5.2.7 条的条文说明。在不同条件下，滑坡的稳定安全系数要求不同。

24. 答案：B

解析：《铁路工程不良地质勘察规程》（GB 10027—2022）第 7.2.6 条条文说明表 7.2.6。

25. 答案：D

解析：《岩土工程勘察规范》（GB 50021—2001）（2009 年版）第 5.2.7 条及条文说明。

26. 答案：D

解析：《公路路基设计规范》（JTG D30—2015）第 7.3.3 条条文说明，柔性防护网的主要目的是采用系统锚杆和拦截网对岩石破碎较严重、易崩塌的边坡掉落的石块进行拦截。

27. 答案：C

解析：《地质灾害危险性评估规范》（GB/T 40112—2021）第 4.6.1～4.6.3 条，地质灾害危险性评估拟建对象为村庄，而非大型水利工程，其建设项目重要性为较重要建设项目，地质环境条件复杂程度分类为简单，危险性评估等级为三级。

28. 答案：C

解析：《岩土工程勘察规范》（GB 50021—2001）（2009 年版）表 6.6.2。按黏性土的融沉系数或含水量查表即可确定，融沉类别为：融沉。

29. 答案：A

解析：《工程地质手册》（第五版）第 555 页。

膨胀土的胀缩变形主要影响因素为矿物成分、化学成分、离子交换量、黏粒含量、土体密度或孔隙比、含水量等。

30. 答案：C

解析：《湿陷性黄土地区建筑标准》（GB 50025—2018）第 6.1.1 条第 1 款。

31. 答案：A

解析：《工程地质手册》（第五版）第 595 页。

盐渍土分为氯盐渍土、硫酸盐渍土和碳酸盐渍土。硫酸盐渍土中含有无水芒硝（Na_2SO_4），其吸收 10 个水分子结晶，变成芒硝（$Na_2SO_4 \cdot 10H_2O$），使体积增大。碳酸盐渍土中的碳酸钠（Na_2CO_3）含量超过 0.5% 时，其增加可以使盐胀量显著增大，但其是由水溶液的碱性反应及黏土颗粒交替发生分散导致盐胀，不是易溶盐结晶后的体积膨胀。

32. **答案：**A

解析：《建筑工程地质勘探与取样技术规程》（JGJ/T 87—2012）第 5.2.2 条规定，黄土取样钻孔孔径不低于 150mm。

33. **答案：**A

解析：《岩土工程勘察规范》（GB 50021—2001）（2009 年版）第 5.1.6 条规定，对于大直径桩，勘探点应逐桩布置，勘探深度不小于底面以下桩径的 3 倍并不小于 5m。

34. **答案：**D

解析：《铁路工程不良地质勘察规程》（TB 10027—2022）附录 C 中的表 C.0.1-6（泥石流表），按流体密度查表可知，属于黏性泥石流。

35. **答案：**C

解析：《工程勘察收费标准》第 1.0.8 条、第 1.0.9 条、第 1.0.10 条和 3.2 条规定，温度调整系数 1.2，高程调整系数 1.1，带状工程测绘调整系数 1.3，调整系数计算方式为：附加调整系数为两个或者两个以上的，附加调整系数不能连乘。将各附加调整系数相加，减去附加调整系数的个数，加上定值 1，作为附加调整系数值，即 $1.1 + 1.2 + 1.3 - 3 + 1 = 1.6$。因此，测绘总价为：$5100 \times 1.2 \times 1.6 = 9792$ 元。

36. **答案：**B

解析：《注册土木工程师（岩土）执业及管理工作暂行规定》第二条第二款、第四条第二款、附件 1 注。

37. **答案：**A

解析：《中华人民共和国招标投标法》第四十六条和第四十七条。

38. **答案：**C

解析：《中华人民共和国建筑法》第六十七条。

39. **答案：**A

解析：《建设工程质量管理条例》第六十三条。

40. **答案：**B

解析：《中华人民共和国建筑法》第四十条、第四十五条、第四十六条、第四十八条。

41. **答案：**BCD

解析：《建筑地基基础设计规范》（GB 50007—2011）第 8 章。

42. **答案：**CD

解析：《建筑地基基础设计规范》（GB 50007—2011）第 3.0.5 条、第 8.2.7 条、第 8.2.8 条、第 8.2.10 条。

43. **答案：** AB

解析： $p_{\max} = p\left(1 + \frac{6e}{b}\right) = 1.2p$，$\frac{6e}{b} = 0.2$，得 $e = \frac{b}{30} < \frac{b}{6}$，选项 A 正确；

$P_{\max} + P_{\min} = 2p$，$p_{\min} = 0.8p$，选项 B 正确；

$e = \frac{M}{F + G} = \frac{M}{N}$，$M = eN = \frac{Nb}{30}$，选项 C、D 错误；

因为计算的是宽度方向，在 $W = \frac{b^2 l}{6}$ 中，平方项为偏心方向的边。

44. **答案：** BCD

解析： 选项 A，回弹再压缩指数不仅仅适用于欠固结土，正常固结和超固结土也适用，在超固结土中用处更大。

选项 B，压缩指数在超固结土、欠固结土和正常固结土中都适用，它代表土的一种压缩特性，与环境因素无关。

选项 C，压缩指数计算沉降是采用基本的应力应变计算，而《建筑地基基础设计规范》（GB 50007—2011）的规范法是采用修正后的面积当量法计算的，两者间的计算方式并不相同。

选项 D，变形模量是基于无侧限条件下得到的，与分层总和法所基于的侧限条件假设不相符，不能用于分层总和法估算地基沉降；变形模量一般用于弹性理论公式估算地基的瞬时沉降。

45. **答案：** AC

解析： 计算基底压力、基底面抵抗矩时，基础宽度的确定应依据弯矩荷载所在的平面，基础宽度的方向与弯矩荷载相垂直，或者说与集中荷载作用的平面平行。计算承载力修正、基底下土中应力和附加应力时，基础宽度应取较短边为宽度边。选项 B 中的抵抗矩计算应取 6m。选项 D 中 l 为垂直于力矩作用方向（不是平面）的基础底面边长，应取 3m。承载力宽度修正是由于基础实际宽度大小的影响，基础宽度越大，这部分承载力的分量就越大，其真实承载力高于试验承载力，应对其承载力进行修正，因此，其与上部荷载的作用位置无关。

46. **答案：** ACD

解析：《建筑桩基技术规范》（JGJ 94—2008）第 5.7.5 条文说明公式（5.7-1）及附录 C。

47. **答案：** BCD

解析：《建筑桩基技术规范》（JGJ 94—2008）第 5.5.14 条和第 5.6.2 条的条文说明。

48. **答案：** BD

解析：《建筑桩基技术规范》（JGJ 94—2008）第 5.7.2 条。桩基水平承载力的影响因素很多，在工程中采用的可以有效提高承载力的方法有增大桩径、提高配筋率、加固桩顶以下土体等。

49. **答案：** BC

解析：《建筑桩基技术规范》（JGJ 94—2008）第 5.2.5 条规定，后注浆灌注桩承台，承台效应系数应取低值；桩仅布置于墙下的箱形承台、筏形承台基础，可按单排桩条基取值；对于单排桩条形承台，宽度小于 1.5d 时，按单排桩条形承台取值；饱和黏性土中的挤土桩，软土中的桩基，宜取低值的 0.8 倍。

50. **答案：** AC

解析：《建筑桩基技术规范》（JGJ 94—2008）第 5.6.1 条和第 5.6.2 条的条文说明。

51. 答案：AB

解析：《建筑桩基技术规范》（JGJ 94—2008）第 5.8.10 条。

52. 答案：ABD

解析：《建筑桩基技术规范》（JGJ 94—2008）第 3.1.8 条及条文说明。

53. 答案：BCD

解析：《土力学》（李广信等，第 3 版，清华大学出版社）中有关边坡稳定章节内容。边坡分析方法中考虑的受力条件越多，则安全系数越大，也越接近于实际。常见的边坡分析方法中安全系数比较：瑞典圆弧法＜瑞典条分法＜毕肖普法＜简布法＜二维普赖斯法＜三维普赖斯法。

54. 答案：BC

解析：软土地基透水性差，快速填筑和修建时，孔隙水压力来不及消散，应采用不固结不排水强度指标，选项 A、C 正确；快速开挖应选用不固结不排水强度指标，也可参考《建筑地基基础设计规范》（GB 50007—2011）第 9.1.6 条第 2 款，正常固结的饱和黏性土采用三轴不固结不排水强度指标，选项 B 错误；对于经过预压的软土地基，预压使软土达到一定的固结度，正常施工可用固结排水强度指标，而快速填筑路堤则应选用处理后地基土的固结不排水剪指标（即 CU 试验指标），选项 D 错误。

55. 答案：ABC

解析：依据朗肯土压力理论，水土合算：

$E_1 = \gamma_{\text{sat}}(H - z_{01})^2 K_{\text{a}}/2$，$z_{01} = 2c/(\gamma_{\text{sat}}\sqrt{K_{\text{a}}})$

水土分算：

$E_2 = \gamma'(H - z_{02})^2 K_{\text{a}}/2 + \gamma_{\text{w}} H^2/2$，$z_{02} = 2c/(\gamma'\sqrt{K_{\text{a}}})$

由 $\varphi = 0$，$c \neq 0$，得 $K_{\text{a}} = 1$，则 $z_{01} \neq z_{02}$，水土分算的土压力 $E_2 = [\gamma'(H - z_0)^2 + \gamma_{\text{w}} H^2]/2$，由公式可知，其总压力不相等，压力分布不同，零压力区不等。

56. 答案：AD

解析：渗透破坏发生的条件就是实际水力梯度大于临界水力梯度，选项 A 正确；

设置反滤层可防止细小颗粒被渗流水带出，填筑碎石相当于对下游加盖透水盖重，提高下游溢出处的临界水力比降，这两种方法都可以起到防止砂沸的作用，选项 D 正确；

土体的临界水力比降 $i_{\text{cr}} = \dfrac{G_s - 1}{1 + e} = \dfrac{\gamma'}{\gamma_{\text{w}}}$，可见临界比降与土类和土体孔隙比有关，孔隙比越小，土体越密实，临界比降越大，发生流土的可能性越小；当饱和重度和水力比降相同时，土体发生流土的难易程度是相同的，与土层厚薄、颗粒大小无关，选项 B、C 错误。

57. 答案：ABD

解析：《碾压式土石坝设计规范》（NB/T 10872—2021）附录 E 中的表 E.0.2。施工期黏性土可采用总应力法 UU 试验；稳定渗流期和水位降落期黏性土可采用有效应力法 CD 试验；水位降落期黏性土可采用总应力法 CU 试验；对于粗粒土，其排水条件良好，一律采用 CD 试验。

58. 答案：AD

解析：《膨胀土地区建筑技术规范》（GB 50112—2013）第 5.2.7 条。

59. 答案：BCD

解析：斜坡上的矩形岩石块体，呈现滑动和倾覆两种状态。黏聚力 $c=0$ 时，滑动与否由边坡的倾角和滑动面的内摩擦角控制，岩体滑动失稳，此时与岩体的尺寸大小无关。在岩体的倾覆状态时，其稳定安全系数 $K = G\cos\alpha \times b/(G\sin\alpha \times h) = b/(h\tan\alpha) \leqslant 1$ 时，边坡倾倒。

60. **答案**：ACD

解析：《湿陷性黄土地区建筑标准》（GB 50025—2018）第 2.1.7 条，选项 A 正确；第 4.4.5 条，选项 B 错误；第 4.3.4 条，选项 C 正确；第 4.3.5 条，选项 D 正确。

61. **答案**：BCD

解析：《膨胀土地区建筑技术规范》（GB 50112—2013）第 4.2 节，附录 D、附录 E 和附录 F。自由膨胀率为上覆压力为零时，干燥土体的膨胀率。膨胀率是一定压力下的膨胀量与土样原始高度的比值。因此，试验压力为零时，两者并不相同。膨胀力的测量采用平衡法，当膨胀率为零时，其上覆压力即为相应的膨胀力，膨胀力是膨胀土膨胀产生的，与外荷载的大小无关。

62. **答案**：ACD

解析：《工程地质手册》（第五版）第 695～696 页。

63. **答案**：BD

解析：《岩土工程勘察规范》（GB 50021—2001）（2009 年版）第 6.6.5 条和 6.6.6 条的条文说明规定。

64. **答案**：AB

解析：《湿陷性黄土地区建筑标准》（GB 50025—2018）第 6.1.1 条，选项 A 正确；第 1.0.3 条，选项 B 正确；第 5.1.5 条，选项 C 错误；第 5.1.2 条第 1 款，选项 D 错误。

65. **答案**：ABC

解析：《注册土木工程师（岩土）执业及管理工作暂行规定》第二条、第三条第八款、第十一款、第四条。

66. **答案**：BC

解析：《中华人民共和国民法典》第一百五十四条。题目为合同法内容，民法典删除了部分内容，根据常识也可作答。

67. **答案**：ABC

解析：《中华人民共和国招标投标法》第五十二条、第五十三条、第五十五条、第五十九条。

68. **答案**：BC

解析：《国家注册土木工程师（岩土）专业考试宝典》（第二版）第 11.1.4 条。

69. **答案**：AC

解析：《建设工程质量管理条例》第六十三条。

70. **答案**：BC

解析：《工程建设项目招标范围和规模标准规定》第九条。

2011 年专业知识试题答案及解析（上午卷）

1. **答案**：B

   解析：《岩土工程勘察规范》（GB 50021—2001）（2009 年版）第 9.2.4 条第 4 款。

2. **答案**：C

   解析：《岩土工程勘察规范》（GB 50021—2001）（2009 年版）第 2.1.8 条，应采用金刚石钻头。

3. **答案**：B

   解析：方解石遇冷盐酸就剧烈起泡。

4. **答案**：B

   解析：《岩土工程勘察规范》（GB 50021—2001）（2009 年版）第 6.1.2 条、第 6.1.5 条及表 6.1.4。

5. **答案**：D

   解析：《岩土工程勘察规范》（GB 50021—2001）（2009 年版）第 4.6.14 条。

6. **答案**：C

   解析：《岩土工程勘察规范》（GB 50021—2001）（2009 年版）第 12.2.2 条的表 12.2.2。

7. **答案**：D

   解析：《岩土工程勘察规范》（GB 50021—2001）（2009 年版）第 9.4.2 条条文说明。

8. **答案**：B

   解析：《岩土工程勘察规范》（GB 50021—2001）（2009 年版）第 10.7.2 条。

9. **答案**：B

   解析：《岩土工程勘察规范》（GB 50021—2001）（2009 年版）第 3.3.6 条。薄层与厚层的厚度比为 $\frac{20}{30} \sim \frac{30}{40} = 0.67 \sim 0.75$。

10. **答案**：C

    解析：地垒和地堑是正断层的一种组合形式，地堑两边上升，中间下降，地垒相反，选项 A 正确；在逆断层中，断层面倾角 $> 45°$ 的叫冲断层，选项 B 正确；地层缺失可以是剥蚀或者断层引起的，选项 C 错误；《水利水电工程地质勘察规范》（GB 50487—2008）（2022 年版）第 2.1.1 条规定活断层为晚更新世（距今 10 万年）以来有活动的断层，而一般工业与民用建筑的寿命仅 100～200 年，故将活断层定义为全新世（距今 1 万～1.1 万年）以来活动过的断层，选项 D 正确。

11. **答案**：D

    解析：根据土力学渗流部分的知识，水的流向是垂直于等位线的且由高处流向低处，由本题图可知，河流和潜水的补给关系是右侧潜水补给河流，河流补给左侧潜水。

12. **答案**：A

    解析：《水运工程岩土勘察规范》（JTS 133—2013）第 4.2.14 条，也可以根据土力学知识直接判定。

13. **答案：** C

解析：《铁路工程地质勘察规范》（TB 10012—2019）附录 B 表 B.0.1，表中的电磁波法也被称为交流电法，而其中的瞬变电磁法，因此常被称为交流电磁法。

14. **答案：** C

解析：《建筑桩基技术规范》（JGJ 94—2008）第 3.1.7 条第 2～4 款。

15. **答案：** C

解析：《建筑地基基础设计规范》（GB 50007—2011）第 3.0.5 条第 2 款。

16. **答案：** B

解析：桩承载能力的极限值与材料强度的标准值相对应，因此材料强度的一般采用标准值。

17. **答案：** B

解析：《建筑地基处理技术规范》（JGJ 79—2012）第 8.2.3 条。

18. **答案：** C

解析：锚杆静压桩治理既有多层建筑的沉降效果最佳。

19. **答案：** D

解析：《建筑地基处理技术规范》（JGJ 79—2012）第 6.3.5 条。

20. **答案：** C

解析：《土力学》（四校合编，第 3 版，中国建筑工业出版社）例 6-5。

21. **答案：** D

解析：减少工后沉降最有效最合理的办法就是增加桩长。

22. **答案：** A

解析：对于刚性基础下的刚性复合基础，主要荷载由桩承担，随着荷载增大的变化时，桩土应力比也增大。

23. **答案：** D

解析：《建筑地基处理技术规范》（JGJ 79—2012）第 8.4.1 条条文说明。

24. **答案：** D

解析：《建筑地基处理技术规范》（JGJ 79—2012）第 4.2.1 条及条文说明。

25. **答案：** B

解析：当开挖到全段接近设计坑底高程时，在所开沟槽外凸的一侧，土压力作用下将产生纵向拉力，由于地下连续墙分段开槽浇注后加内支撑支护，没有设置连续腰梁，因此在纵向拉力作用下，墙线沿水平面上的曲率中心向外移动，引起拉应力增长，南墙接点和北墙接点依次开裂破坏。

26. **答案：** D

解析：新奥法的要点：

（1）围岩体和支护视作统一的承载结构体系，岩体是主要的承载单元。

（2）允许隧道开挖后围岩产生局部有限的应力松弛，也允许作为承载环的支护结构有限制的变形。

（3）通过试验、监控量测确定围岩体和支护结构的承载—变形—时间特性。

（4）按"预计的"围岩局部应力松弛选择开挖方法和支护结构。

（5）在施工中，通过对支护的量测、监视、信息反馈，修改设计，决定支护措施或二次衬砌。

27. **答案：D**

解析： 由于存在高承压水头，因此选项 D 是抢险最有效的方法。

28. **答案：C**

解析： 防渗设置原则为：上挡下排。

29. **答案：B**

解析： 由于地下水位较深，灌水稳定下渗时，会产生向下的渗流力。增加土体向下的应力。

30. **答案：A**

解析：《建筑边坡工程技术规范》（GB 50330—2013）附录 F.0.4，弹性等值梁法的零点（铰接点）取的是主被动土压力强度相等的位置。

31. **答案：C**

解析：《建筑边坡工程技术规范》（GB 50330—2013）第 8.4.1 条、第 8.4.3 条和第 8.4.7 条。

32. **答案：D**

解析：《建筑抗震设计规范》（GB 50011—2010）（2016 年版）第 1.0.1 条条文说明。

33. **答案：C**

解析：《建筑抗震设计规范》（GB 50011—2010）（2016 年版）第 1.0.1 条条文说明和第 1.0.4 条条文说明。

34. **答案：D**

解析：《建筑抗震设计规范》（GB 50011—2010）（2016 年版）第 4.1.5 条。

35. **答案：C**

解析：《建筑抗震设计规范》（GB 50011—2010）（2016 年版）第 3.3.1 条和 3.3.2 条及条文说明。

36. **答案：B**

解析：《建筑抗震设计规范》（GB 50011—2010）（2016 年版）第 3.3.4 条。

37. **答案：C**

解析：《建筑抗震设计规范》（GB 50011—2010）（2016 年版）第 4.3.3 条。

38. **答案：B**

解析：《建筑基桩检测技术规范》（JGJ 106—2014）第 3.1.1 条表 3.1.1，其他方法如低应变法、高应变法、声波透射法也可检测桩身完整性，但这些都是间接法，钻芯法进行直接验证。

39. **答案：D**

解析：《建筑基桩检测技术规范》（JGJ 106—2014）附录 E.0.5 条。

40. 答案： C

解析： P-S 曲线在线性变化后出现一个陡降段后又出现荷载增加位移增加段，那个陡降段就是桩底沉渣无法承受对应荷载产生过大变形所产生的，说明桩底沉渣过厚。

....

41. 答案： BD

解析：《岩土工程勘察规范》（GB 50021—2001）（2009 年版）第 4.1.20 条第 1 款规定，采取土试样和进行原位测试的勘探孔的数量，应不少于勘探孔总数的 1/2（也即采样孔数量加原位测试孔数量之和应不少于勘探孔总数的 1/2），钻探取土试样孔的数量不应少于勘探孔总数的 1/3。

42. 答案： AC

解析：《土力学》（四校合编，第 3 版，中国建筑工业出版社）中塑性指数和液性指数的定义可以判断。其中 B 选项中液性指数和土现在的含水量有关。

43. 答案： AD

解析：《岩土工程勘察规范》（GB 50021—2001）（2009 年版）第 3.3.7 条和表 3.3.7。

44. 答案： ABD

解析：《岩土工程勘察规范》（GB 50021—2001）（2009 年版）第 10.11.1 条、第 10.11.4 条；《工程地质手册》（第五版）第 321 页。

45. 答案： ACD

解析：《岩土工程勘察规范》（GB 50021—2001）（2009 年版）第 9.4.1 条条文说明，鉴别方法有现场外观检查、测定回收率、X 射线检验、室内试验评价。室内试验评价依靠扰动前后土的力学参数变化反映扰动性。根据《取样扰动对土的工程性质指标影响的试验研究》（高大钊），试验方法主要有：①在三轴压缩仪上进行不固结不排水试验，测定不固结不排水强度和不排水模量；②在高压固结仪上进行高压固结试验，测定先期固结压力和压缩性指标；③在侧压力系数仪上测定侧压力系数；《工程地质手册》（第五版）第 171 页，无侧限抗压强度试验测定灵敏度，反映土的性质受结构扰动影响。综上所述，选项 A、C、D 正确。

46. 答案： AC

解析：《工程地质手册》（第五版）第 1209 页：当毛细管力（即表面张力）大于水的重力时，毛细水就上升。因此，地下水位以上普遍形成一层毛细管水带。毛细管水能垂直上下运动，能传递静水压力。由于细粒土比表面积大于粗粒土，表面张力大于粗粒土，因此细粒土的毛细水最大上升高度大于粗粒土。

47. 答案： AD

解析：《工程结构可靠性设计统一标准》（GB 50153—2008）第 4.3.1 条和第 4.3.2 条。

48. 答案： AB

解析：《建筑结构荷载规范》（GB 50009—2012）第 3.1.1 条。

49. 答案： AD

解析：《建筑地基基础设计规范》（GB 50007—2011）第 5.2.1 条、第 5.4.1 条、第 8.5.5 条、第 8.5.11

条及其条文说明。

50. **答案：ABD**

    解析：相对密实度 D_r 为无量纲，加载速率 q_i 的单位为 kPa/d，固结系数 C_v 的单位为 cm²/s，压缩模量当量值 $\overline{E}_s$ 的单位为 MPa。

51. **答案：AB**

    解析：《建筑地基处理技术规范》（JGJ 79—2012）第 4.1.4 条、第 4.3.1 条、第 4.3.2 条、第 4.3.3 条和第 4.3.8 条。

52. **答案：AC**

    解析：《建筑地基处理技术规范》（JGJ 79—2012）第 6.3.1 条、第 7.2.1 条、第 7.3.1 条和第 9.3.1 条。

53. **答案：BD**

    解析：《建筑地基处理技术规范》（JGJ 79—2012）第 7.3.2 条及条文说明。

54. **答案：BC**

    解析：砂井和砂桩是按加固作用分类的，砂井主要是排水作用，砂桩主要是置换作用。

55. **答案：ABC**

    解析：《建筑地基处理技术规范》（JGJ 79—2012）第 7.5.2 条。

56. **答案：ABD**

    解析：《建筑地基处理技术规范》（JGJ 79—2012）第 5.3.9 条条文说明、第 5.2.12 条条文说明。

    只有选项 C 是错的。因为固结沉降是个随着时间空隙水压力不断排出、有效应力不断增加的过程，采用超载预压法处理地基后只是在有限时间内完成部分的固结变形，不可能完成全部的固结变形，因此采用超载预压法处理后随着时间地基后续固结沉降还将继续进行。

57. **答案：BD**

    解析：《建筑基坑支护技术规程》（JGJ 120—2012）表 3.3.2，地下连续墙刚度大，整体性好，开挖引起地基土变形小，可作为地下室外墙，起到支撑和截水的作用，但造价较高，选项 B 正确；排桩适用于可采用降水或截水帷幕的基坑，选项 D 正确；水泥土墙适用于软土基坑，选项 A 错误；土钉墙用于水位以上，不适用于软土、砂土、碎石土，选项 C 错误。

58. **答案：AC**

    解析：《基坑工程手册》（刘国彬等，第 2 版，中国建筑工业出版社）第 277 页。选项 B、D 混淆了锚杆和土钉的基本原理。选项 A、C 分别描述了锚杆支护体系和土钉墙支护体系的特性。

59. **答案：AB**

    解析：根据边坡稳定的基本原理，隧洞进出口段地质条件，岩层破碎、松散、风化严重，开挖时破坏原有山体平衡，易发生坍塌、滑坡等地质灾害。而换倾角开挖时稳定性差。

60. **答案：CD**

    解析：岩爆常形成于高地应力区、完整程度较好的硬脆性岩、洞室的埋深较大、岩体较干燥、易于应力集中的不规则断面。

61. **答案：** ABD

    解析：《岩土工程勘察规范》（GB 50021—2001）（2009 年版）第 10.10.5 条条文说明。

62. **答案：** ACD

    解析：《建筑基坑支护技术规程》（JGJ 120—2012）第 6.1.2 条。

63. **答案：** ABD

    解析：《中国地震动参数区划图》（GB 18306—2015）第 3.3 条，选项 A 正确；第 4.1 条，选项 B 正确；附录 A，区划图比例尺为 1∶400 万，不应放大使用，选项 C 错误；第 6.1.2 条，选项 D 正确。

64. **答案：** ABD

    解析：《建筑抗震设计标准》（GB/T 50011—2010）（2024 年版）第 1.0.1 条和条文说明 2。

65. **答案：** AB

    解析：《建筑抗震设计标准》（GB/T 50011—2010）（2024 年版）第 4.1.7 条。

66. **答案：** AC

    解析：《建筑抗震设计标准》（GB/T 50011—2010）（2024 年版）第 4.4.1 条。

67. **答案：** BD

    解析：《建筑抗震设计标准》（GB/T 50011—2010）（2024 年版）第 4.3.6 条。

68. **答案：** AC

    解析：《建筑抗震设计标准》（GB/T 50011—2010）（2024 年版）第 4.3.3 条。

69. **答案：** BC

    解析：《建筑基桩检测技术规范》（JGJ 106—2014）第 8.3.4 条第 1 款，选项 A 错误，选项 B 正确；第 8.3.3 条第 1 款，选项 C 正确；第 4 款，选项 D 错误。

70. **答案：** ACD

    解析：土的压实与含水量及压实功有关，当土的含水量为最优含水量时才能达到最佳压实效果，同时土的压实效果与压实能成正比。

2011 年专业知识试题答案及解析（下午卷）

1. **答案：**D

   解析：文克尔地基模型的假设条件之一：地基的沉降只发生在基底范围内。

2. **答案：**D

   解析：《土力学》（四校合编，第 3 版，中国建筑工业出版社）第 240 页，由关于 P_{cr} 理论确定方法可知选项 D 是错误的。

3. **答案：**C

   解析：由于中间的主体结构重力相对较大，因此中间的沉降大，两端的附属结构即车库沉降较小。根据"沉降大，开裂位置高"的经验判断选项 C 正确。

4. **答案：**D

   解析：《土力学》（四校合编，第 3 版，中国建筑工业出版社）第 5.4.4 节第一段。

5. **答案：**D

   解析：《建筑地基基础设计规范》（GB 50007—2011）第 5.3.5 条，也可依据《土力学》的附加应力章节的内容来解释：

   选项 A，基础底面角点处的附加应力等于基底中心点附加压力的 0.25 倍；

   选项 B，相邻荷载影响的附加应力分布趋势应该是先增大后减小，顶点处的应力等于零；

   选项 C，角点法可以通过几何形状组合，可用于任何部位的计算。

6. **答案：**A

   解析：《建筑地基基础设计规范》（GB 50007—2011）第 5.2.2 条。本题考查的是 L 的取值，L 荷载偏心方向的边长。

7. **答案：**B

   解析：《建筑桩基技术规范》（JGJ 94—2008）第 5.8.2 条条文说明。

8. **答案：**A

   解析：《建筑桩基技术规范》（JGJ 94—2008）第 5.4.2 条。

9. **答案：**B

   解析：《建筑桩基技术规范》（JGJ 94—2008）第 3.4.2 条第 3 款、第 3.4.3 条第 2 款、第 3.4.4 条第 1 款、第 3.4.7 条第 1 款。

10. **答案：**C

    解析：《建筑桩基技术规范》（JGJ 94—2008）第 5.4.6 第 1 款。对于设计等级为甲级和乙级建筑桩基，基桩的抗拔极限承载力应通过现场单桩上拔静载荷试验确定。

11. **答案：**A

    解析：《建筑桩基技术规范》（JGJ 94—2008）第 5.8.4 条。

12. **答案：** B

解析：《建筑桩基技术规范》（JGJ 94—2008）第 3.4.6 条第 2 款、第 4.1.4 条和第 5.7.2 条。

13. **答案：** C

解析：《建筑桩基技术规范》（JGJ 94—2008）第 7.5.7 条、第 7.5.10 条和第 7.5.13 条。

14. **答案：** A

解析：《建筑桩基技术规范》（JGJ 94—2008）第 5.9.7 条第 3 款、第 5.9.10 条第 1 款可知，增加承台厚度即增加了承台的有效厚度，就可增加承台受冲切和受剪承载力。

15. **答案：** C

解析： 填方路基软土的沉降是控制工后沉降，主要变形为主固结沉降。

16. **答案：** C

解析： 不利的原则为：走向相同或相近，倾向相同，倾角小于坡面倾角。

17. **答案：** B

解析：《生活垃圾卫生填埋处理技术规范》（GB 50869—2013）图 8.2.4。

18. **答案：** D

解析：《土力学》（四校合编，第 3 版，中国建筑工业出版社）第八章，静止土压力大于主动土压力，地下室外墙属于静止土压力，其他均为主动土压力。

19. **答案：** A

解析： 因为上方有正在运行的地铁，施工期间不能影响已有线路，除了暗挖法外，其他均不适合。

20. **答案：** C

解析： 无黏性土的安全系数 $K = \dfrac{\tan\varphi}{\tan\alpha}$，倾角越大，稳定性越差。

21. **答案：** B

解析：《土工合成材料应用技术规范》（GB/T 50290—2014）第 7.1.2 条。

塑料排水带为软土地基处理中的排水体。

22. **答案：** B

解析： 水位低时，有效重力大。稳定性好，水位越高，有效重力越小，稳定性差。

23. **答案：** C

解析：《铁路工程不良地质勘察规程》（TB 10027—2022）第 4.2.1 条。

24. **答案：** A

解析： 静水压力与下滑力水平方向分量方向相反，故有利。

25. **答案：** D

解析： 根据边坡稳定性分析原理可知，应沿最危险滑裂面滑动，且暴雨后，内摩擦角值降低。

26. **答案：** D

解析：《土力学》（四校合编，第 3 版，中国建筑工业出版社）第 81 页。

27. **答案：** D

    解析：《工程地质手册》（第五版）第 637 页。

28. **答案：** B

    解析：《工程地质手册》（第五版）第 647 页。

29. **答案：** B

    解析：《岩土工程勘察规范》（GB 50021—2001）（2009 年版）附录 C。

30. **答案：** D

    解析：《岩土工程勘察规范》（GB 50021—2001）（2009 年版）第 5.6.1 条及条文说明。

31. **答案：** C

    解析：《水利水电工程地质勘察规范》（GB 50487—2008）（2022 年版）附录 C.0.3 条。水库与岩溶只有保证存在水力联系时才会有可能发生岩溶渗漏。

32. **答案：** C

    解析：《岩土工程勘察规范》（GB 50021—2001）（2009 年版）第 4.5.12 条。

33. **答案：** A

    解析：《湿陷性黄土地区建筑标准》（GB 50025—2018）第 5.1.1 条第 4 款。

34. **答案：** C

    解析：《膨胀土地区建筑技术规范》（GB 50112—2013）第 5.4.3 条和第 5.4.4 条及条文说明。

35. **答案：** C

    解析：《勘察设计注册工程师管理规定》第二十七条。

36. **答案：** B

    解析：《中华人民共和国民法典》第八百零三条，选项 A 正确；第八百零七条，选项 B 错误；第七百九十一条，选项 C 正确；第八百零一条，选项 D 正确。

37. **答案：** D

    解析：《中华人民共和国招标投标法》第五十二～五十四条、第五十八条。

38. **答案：** C

    解析：根据《工程经济与管理》中的建设工程项目总投资构成可知。

39. **答案：** C

    解析：《工程勘察收费标准》（2002 年修订本）工程勘察、收费标准中第 1.0.8 条。

40. **答案：** B

    解析：《中华人民共和国招标投标法》第三十一条。

....

41. **答案：** ACD

解析：《建筑地基基础设计规范》（GB 50007—2011）第 7.4.1 条。

42. **答案**：BCD

    解析：《建筑地基基础设计规范》（GB 50007—2011）第 7.3.2 条第 1 款。

43. **答案**：ABC

    解析：《建筑地基基础设计规范》（GB 50007—2011）第 5.2.7 条。

44. **答案**：BC

    解析：《建筑地基基础设计规范》（GB 50007—2011）第 5.3.10 条。

45. **答案**：ABC

    解析：《建筑地基基础设计规范》（GB 50007—2011）第 5.2.2 条。

46. **答案**：ABC

    解析：《建筑桩基技术规范》（JGJ 94—2008）第 6.3.2 条条文说明。

47. **答案**：ACD

    解析：《建筑桩基技术规范》（JGJ 94—2008）第 5.7.2 条第 6 款。

48. **答案**：AD

    解析：《建筑桩基技术规范》（JGJ 94—2008）第 5.8.5 条。

49. **答案**：AD

    解析：《建筑地基基础设计规范》（GB 50007—2011）第 8.5.7 条。

50. **答案**：AB

    解析：《建筑桩基技术规范》（JGJ 94—2008）附录 A 表 A.0.1。

51. **答案**：BCD

    解析：《建筑桩基技术规范》（JGJ 94—2008）第 3.1.1 条条文说明第 2 款。

52. **答案**：AB

    解析：《建筑桩基技术规范》（JGJ 94—2008）第 5.7.2 条第 6 款。

53. **答案**：AD

    解析：软弱地基上修建的土质路堤，在坡脚采用增设反压护道和对软弱地基进行加固处理都可以加强软弱地基的稳定性。填筑体填筑在软弱地基上，增加其密实度不会加强软弱地基的稳定性。

54. **答案**：AC

    解析：《碾压式土石坝设计规范》（NB/T 10872—2021）第 7.2.4 条条文说明。

55. **答案**：AB

    解析：本题关键在于抢险，灌浆凝固需要时间，反压和挖土卸载是最简单方便的抢险处理措施。

56. **答案**：AC

    解析：《水利水电工程地质勘察规范》（GB 50487—2008）（2022 年）附录 G。

57. 答案：AB

解析：《岩土工程勘察规范》（GB 50021—2001）（2009 年版）第 5.5.5 条第 1 款，选项 A、B 不适宜；第 2 款，选项 D 应评价适宜性。第 5.5.7 条，选项 C 在一定条件下可不评价稳定性。

58. 答案：ACD

解析：《工程地质手册》（第五版）第 636～637 页。背斜轴部受张力作用，岩性脆弱，垂直裂隙发育最强烈，形成岩溶水的通道，地下水沿通道下渗，然后向两翼运动，形成漏斗、落水洞、竖井等垂直洞穴；向斜轴部为地下水汇水地带，水量大而集中且携带大量的侵蚀性 CO_2，对可溶性岩石进行溶蚀和机械侵蚀，形成水平溶洞或暗河。在形成溶洞和暗河过程中以机械侵蚀为主，岩溶溶蚀为辅，其强度和范围都要大于背斜轴部，因此向斜轴部要比背斜轴部岩溶发育，选项 A 正确；裂隙开度对岩溶发育的影响非常大，张性断裂更容易发育岩溶，选项 B 错误；岩层倾角越大，地下水的水力坡度也越大，地下水排泄通道越通畅，流速也越大，可带来的 CO_2 量也越大，促进了 CO_2 对可溶性岩石的溶蚀作用，故而岩层倾角陡比岩层倾角缓的岩溶要发育，选项 C 正确；新构造运动对近期岩溶发育影响最大，主要是由于新构造运动既有断裂变动，也有褶皱变形，在我国，新构造运动在大陆部分以垂直升降运动为主，上升地区的面积占我国陆地领域的 80%，且愈到后期隆起范围愈扩大，垂直升降运动影响岩溶溶蚀作用，表现在溶蚀基准面的变化，故新构造运动对岩溶作用影响最大，起到控制作用，选项 D 正确。

59. 答案：BCD

解析：《工程地质手册》（第五版）第 647～648 页。

60. 答案：ACD

解析：《岩土工程勘察规范》（GB 50021—2001）（2009 年版）第 5.1.10 条。

61. 答案：CD

解析：《铁路工程不良地质勘察规程》（TB 10027—2022）第 4.4.4 条。

滑坡钻探为了界定滑动面必须要求有足够高的岩芯采取率，需尽可能避免泥浆对岩芯的冲刷，常采用干钻和无泵钻进。选项 A 为冲击钻进通常不能提取完整的岩芯。选项 B 冲洗钻进对岩芯的冲刷较大，且其泥浆冲切力较大，对土体的扰动易于诱发滑坡和影响滑坡的稳定。

62. 答案：BD

解析：《工程地质手册》（第五版）第 557～558 页。

63. 答案：AB

解析：《工程地质手册》（第五版）第 593～595 页。

64. 答案：ABD

解析：《湿陷性黄土地区建筑标准》（GB 50025—2018）第 5.1.2 条第 1 款，选项 A 正确；第 3 款，选项 B 正确。第 5.1.1 条第 4 款，丁类可不处理，但应采取基本防水措施，选项 D 正确。

65. 答案：BD

解析：《中华人民共和国建筑法》第五章第四十二条、第四十六条、第四十五条、第五十一条。

66. 答案：AB

解析：《中华人民共和国建筑法》第八条。

67. **答案：** AC

    解析：《建设工程质量管理条例》第四章第二十七条、第三十一条、第三十条、第二十五条。

68. **答案：** ABC

    解析：《中华人民共和国招标投标法》第二章第三条、第十条、第十一条。

69. **答案：** ABC

    解析：《中华人民共和国民法典》第八百零四条。

70. **答案：** AD

    解析：《建设工程质量管理条例》第三章第十九条、第二十一条、第二十二条、第二十四条。

2012 年专业知识试题答案及解析（上午卷）

1. **答案：** A

   解析：《岩土工程勘察规范》（GB 50021—2001）（2009 年版）第 6.9.3 条第 3 款。

2. **答案：** C

   解析：《岩土工程勘察规范》（GB 50021—2001）（2009 年版）第 10.5.2 条、第 10.5.3 条及条文说明。宜采用回转钻进方法，不宜采用冲击钻进，以减少孔底土的扰动。

3. **答案：** D

   解析：侏罗纪地质年代比二叠系新，两者产状基本一致，由于地质构造运动形成断层，二叠系地层位于侏罗纪地层之上，为断层接触；平行不整合是指两套地层之间的由上到下地质年代不连续，缺失沉积间断期的岩层；角度不整合不仅不整合面上下两套地层间的地质年代不连续，而且两者的产状也不一致。

4. **答案：** A

   解析："V"字形法则。由于地表面一般为起伏不平的曲面，倾斜岩层的地质分界线在地表的露头也就变成了与等高线相交的曲线。当其穿过沟谷或山脊时，露头线均呈"V"字形。根据岩层倾向与地面坡向的结合情况，"V"字形会有不同的表现：①相反相同——岩层倾向与地面坡向相反，露头线与地形等高线呈相同方向弯曲，但露头线的弯曲度总比等高线的弯曲度要小。"V"字形露头线的尖端在沟谷处指向上游，在山脊处指向下坡。②相同相反——岩层倾向与地面坡向相同，岩层倾角大于地形坡角，露头线与地形等高线呈相反方向弯曲。"V"字形露头线的尖端在沟谷处指向下游，在山脊处指向上坡。③相同相同——岩层倾向与地面坡向相同，岩层倾角小于地形坡角，露头线与地形等高线呈相同方向弯曲，但露头线的弯曲度总是大于等高线的弯曲度（与①情况的区别）。"V"字形露头线的尖端在沟谷处指向上游，在山脊处指向下坡。

5. **答案：** B

   解析：《工程地质手册》（第五版）第 1295、1296 页，中更新统为 Q_2，冲积、湖积组合为 al＋l。

6. **答案：** D

   解析：《水运工程岩土勘察规范》（JTS 133—2013）第 13.2.2.2 条，选项 A 正确；第 13.2.2.3 条第 1 款，取样位置低于套管管底 3 倍孔径的距离，$0.146 \times 3 = 0.438$m，选项 B 正确；第 13.2.1.3 条，插入土层的套管长度不得小于水底泥面以上套管自由段长度的 1/2，选项 C 正确；第 13.2.1.7 条，由于受到潮汐的影响，水深是动态变化的，应同步记录水尺读数和水深，选项 D 错误。

7. **答案：** D

   解析：《岩土工程勘察规范》（GB 50021—2001）（2009 年版）第 2.1.8 条。岩石基本质量指标 RQD 用直径 75mm 的金刚石钻头和双层岩芯管在岩石中钻进取芯，题目中为单层岩芯管，无法判断。

8. **答案：** A

解析：《工程地质手册》（第五版）第 289 页。初始压力 $p_0 = p_d$，临塑压力 $p_f = p_b$，临塑荷载法计算地基土承载力 $f_{ak} = p_f - p_0 = p_b - p_d$。

9. **答案**：B

解析：《公路桥涵地基与基础设计规范》（JTG 3363—2019）表 4.3.3-3，选项 A 正确；表 4.3.3-4，选项 B 错误；表 4.3.3-5，选项 C 正确；表 4.3.5，选项 D 正确。

10. **答案**：A

解析：《铁路工程地质勘察规范》（TB 10012—2019）第 7.1.4 条。

11. **答案**：C

解析：《水利水电工程地质勘察规范》（GB 50487—2008）（2022 年版）附录 E.0.2 条第五款。

12. **答案**：D

解析：《工程地质手册》（第五版）第 14 页。

AC 为水平断距，AB 为总断距，BC 为垂直断距，故正确选项为 D。

13. **答案**：A

解析：《建筑桩基技术规范》（JGJ 94—2008）第 3.1.8、3.3.2、3.3.3-5、3.4.6-1 条。

14. **答案**：D

解析：《建筑桩基技术规范》（JGJ 94—2008）第 3.1.3-2 条。

15. **答案**：C

解析：《建筑桩基技术规范》（JGJ 94—2008）第 5.9.7-1 条公式 $F_l \leqslant \beta_{hp}\beta_0 u_m f_t h_0$，$f_t$ 为承台混凝土抗拉强度设计值。

16. **答案**：D

解析：《建筑桩基技术规范》（JGJ 94—2008）第 7.4.4-2、7.4.6-2、7.4.9-7、7.5.1 条。

17. **答案**：D

解析：《建筑桩基技术规范》（JGJ 94—2008）第 3.4.1 条文说明。挤土沉桩在软土地区造成的事故不少，一是预制桩接头被拉断、桩体侧移和上涌，沉管灌注桩发生断桩、缩颈。

18. **答案**：C

解析：《建筑桩基技术规范》（JGJ 94—2008）第 4.1.2、4.1.3、4.1.5、4.1.6、5.3.11、6.7.2 条。

19. **答案**：C

解析：《建筑桩基技术规范》（JGJ 94—2008）第 3.4.1 条文说明。该题主要考查软土地区基坑开挖对桩基的影响。一般情况下，先施工桩基再开挖基坑，但在软土地区由于基坑开挖，软土体产生滑移会使桩基产生较大的水平位移，甚至折断，故选项 A 不合理；先基坑开挖，后再进行桩基施工，会给施工带来很大的不便，本题最合理的只有选项 C。

20. **答案**：B

解析：中性点处轴力最大，负摩阻力产生的下拉荷载 $Q_g^n = u \sum q_{si}^n l_i = 3.14 \times 0.8 \times 7 \times 15 = 351.68 \text{kPa}$。

桩身最大轴力 $= 500 + 351.68 = 851.68\text{kPa}$。

21. **答案：C**

解析：《碾压式土石坝设计规范》（NB/T 10872—2021）第 3.0.1 条，坝高 50m，为中坝，第 5.2.6 条，选项 A、D 不宜。第 5.2.5 条第 3 款，选项 B 应经专门论证，不宜；第 2 款，选项 C 可以。

22. **答案：C**

解析：《碾压式土石坝设计规范》（NB/T 10872—2021）第 7.2.8 条第 1 款。

23. **答案：C**

解析：《建筑边坡工程技术规范》（GB 50330—2013）第 12.2.6 条。

24. **答案：B**

解析：无渗流时 $k = \dfrac{\tan\varphi}{\tan\theta}$，有渗流时 $k = \dfrac{\gamma'}{\gamma_{\text{sat}}}\dfrac{\tan\varphi}{\tan\theta}$，$\dfrac{\gamma'}{\gamma_{\text{sat}}}$ 接近 0.5。

25. **答案：D**

解析：土层交界面上 $e_{a\text{上}} = \gamma_1 h_1 k_{a1}$，交界面下 $e_{a\text{下}} = \gamma_1 h_1 k_{a2}$，$e_{a\text{上}} > e_{a\text{下}}$，$k_{a1} > k_{a2}$，$k_a = \tan\left(45° - \dfrac{\varphi}{2}\right)$，很明显，$\varphi_1 < \varphi_2$。

26. **答案：B**

解析：$\dfrac{V_1}{1 + e_1} = \dfrac{V_2}{1 + e_2}$，$V_2 = V_1 \dfrac{1 + e_2}{1 + e_1} = 1 \times \dfrac{1 + 0.8}{1 + 0.5} = 1.2\text{m}^3$

27. **答案：C**

解析：采用滑动楔体静力平衡法（见解图），$E_p = G\tan 60° = 1.732G$。

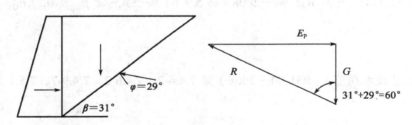

题 27 解图

28. **答案：C**

解析：干燥状态 $k = \dfrac{\tan\varphi}{\tan\theta}$，潮湿状态由于假黏聚力的作用，$k = \dfrac{\tan\varphi}{\tan\theta} + \dfrac{cl}{W\sin\theta}$，顺坡渗流时 $k = \dfrac{\gamma'}{\gamma_{\text{sat}}}\dfrac{\tan\varphi}{\tan\theta}$，$\dfrac{\gamma'}{\gamma_{\text{sat}}}$ 接近 0.5，静水淹没时 $k = \dfrac{\tan\varphi}{\tan\theta}$。

29. **答案：B**

解析：《建筑抗震设计标准》（GB/T 50011—2010）（2024 年版）第 4.3.3 条。

30. **答案：C**

解析：《建筑抗震设计标准》（GB/T 50011—2010）（2024 年版）第 3.3.3 条。

31. **答案：C**

解析：《建筑抗震设计标准》（GB/T 50011—2010）（2024 年版）表 4.1.7。

32. 答案：B

解析：《建筑抗震设计标准》（GB/T 50011—2010）（2024 年版）第 1.0.1 条条文说明。A 选项是水准目标的说法，C 选项是地震分组的说法，D 选项是水准烈度的说法。

33. 答案：D

解析：《建筑抗震设计标准》（GB/T 50011—2010）（2024 年版）第 5.1.5 条。水平段 $\alpha = \eta_2 \alpha_{max}$，影响系数随阻尼比增大而减小。

34. 答案：B

解析：《建筑抗震设计标准》（GB/T 50011—2010）（2024 年版）第 5.1.5、第 5.3.1 条。土层剪切波速大，特征周期小，曲线下降段的影响系数小；近震、远震为 89 规范的说法，新规范改称为地震分组，相同的场地类别条件下，第一组的影响系数要小于第二组；罕遇地震的影响系数最大值大于多遇地震，因而地震影响系数也大；竖向地震影响系数的最大值可取水平地震影响系数最大值的 60%。

35. 答案：C

解析：《中华人民共和国民法典》第七百九十一条。

36. 答案：D

解析：安全防护、文明施工措施费，是指按照国家现行的建筑施工安全、施工现场环境与卫生标准和有关规定，购置和更新施工防护用具及设施、改善安全生产条件和作业环境所需要的费用，不包括 D 选项。

37. 答案：B

解析：《勘察设计注册工程师管理规定》第六条、第八条、第十条。

38. 答案：A

解析：《建设工程质量管理条例》第四十条。

39. 答案：B

解析：《建设工程勘察设计管理条例》第三十七条。

40. 答案：B

解析：《中华人民共和国招标投标法》第五十条。

· ·

41. 答案：ACD

解析：《岩土工程勘察规范》（GB 50021—2001）（2009 年版）附录 E 表 E.0.1。导水系数表示含水层全部厚度导水能力的一个参数，为渗透系数与含水层厚度的乘积；释水系数又称储水系数，指承压含水层中地下水位（水头）上升或下降一个单位高度时，从单位底面积和高度等于含水层厚度的柱体中，由于水的膨胀和岩层的压缩所储存或释放出的水量；越流系数表征弱透水层在垂直方向上传导越流水量能力的参数，为含水层顶（底）板弱透水层的垂直渗透系数与其厚度之比值。

42. 答案：ACD

解析： 赤平投影可主要应用于结构面应力场分析、真倾角和视倾角的换算、断层两盘运动方向及断层性质的判断、岩质边坡稳定性分析、矿体真厚度和视厚度的换算；节理面的密度统计可采用节理玫瑰图、极点图、等密度图表示。

43. **答案：** AB

解析： 如图所示，M 表示岩层的真厚度，L 为钻孔中揭露的视厚度，$M = L\cos\alpha$，α 为岩层的真倾角，θ 为岩层倾角，当地面与层面垂直时，$M = L$；M 和岩层倾角无关。

题 43 解图

44. **答案：** BCD

解析： 无侧限抗压强度 q_u 为十字板剪切强度的 2 倍，即 $q_u = 2C_u$。

45. **答案：** AB

解析： 土中水分为结合水和自由水，结合水不能传递静水压力，自由水包括重力水和毛细水，均能传递静水压力。

46. **答案：** BC

解析： 《水利水电工程地质勘察规范》（GB 50487—2008）（2022 年版）附录 B。面波法适用覆盖层探测，探地雷达法适用溶洞探测。

47. **答案：** BCD

解析： 《建筑桩基技术规范》（JGJ 94—2008）第 5.7.3 条、第 5.7.5 条、表 5.7.5。

48. **答案：** AB

解析： 《建筑桩基技术规范》（JGJ 94—2008）第 7.4.4 条、第 7.4.9 条。

49. **答案：** AD

解析： 《建筑桩基技术规范》（JGJ 94—2008）第 3.4.7 条及条文说明。

50. **答案：** AC

解析： 《建筑桩基技术规范》（JGJ 94—2008）第 5.2.5 条。加固承台下地基土提高 f_{ak}，增大承台宽度增加 A_c，减小桩间距，η_c 减小，采用后注浆灌注桩，η_c 宜取低值。

51. **答案：** AB

解析： 《建筑桩基技术规范》（JGJ 94—2008）第 5.4.2 条。

52. **答案：** ABD

解析： 《建筑桩基技术规范》（JGJ 94—2008）第 3.4.1 条条文说明、第 7.4.4 条及条文说明。

53. **答案：** AC

解析： 《建筑桩基技术规范》（JGJ 94—2008）第 5.2.5 条。

54. **答案：** AB

解析： 参见解表。

题 54 解表

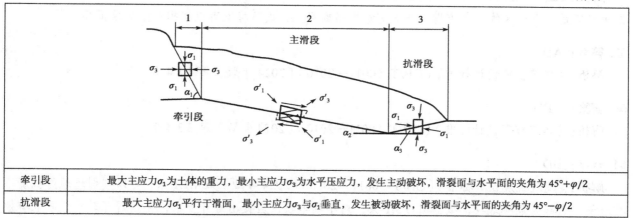

牵引段	最大主应力 σ_1 为土体的重力，最小主应力 σ_3 为水平压应力，发生主动破坏，滑裂面与水平面的夹角为 $45°+\varphi/2$
抗滑段	最大主应力 σ_1 平行于滑面，最小主应力 σ_3 与 σ_1 垂直，发生被动破坏，滑裂面与水平面的夹角为 $45°-\varphi/2$

55. 答案：AD

　解析： 朗肯理论和库仑理论的区别，见解表。

朗肯理论和库仑理论的比较　　　　　　　　　　　　题 55 解表

理论	基本假设	应用范围	计算误差
朗肯理论	墙背竖直光滑，墙后土体是具有水平面的半无限体，研究单元体的极限平衡应力状态，属于极限应力法	墙背竖直、光滑，墙后填土水平，无黏性土、黏性土	墙面不是光滑的，理论计算偏于保守，即主动土压力偏大，被动土压力偏小
库仑理论	假定滑动面为平面，滑动楔体为刚性体，根据楔体的极限平衡条件，用静力平衡方法求解。比较适用刚性挡土墙	包括朗肯条件在内的倾斜墙背、填土面不限，应用广泛，图解法应用无黏性和黏性土，数解法应用无黏性土	主动土压力比较接近实际，被动土压力误差较大

　同样条件下，库仑被动土压力大于朗肯被动土压力，当挡墙墙背不光滑时，无法用朗肯公式计算。

56. 答案：ACD

　解析：《碾压式土石坝设计规范》（NB/T 10872—2021）第 5.2.2 条。

57. 答案：ABD

　解析：《建筑边坡工程技术规范》（GB 50330—2013）第 11.2.3～11.2.5 条条文说明。当抗滑移稳定性不满足要求时，可采取增大挡墙断面尺寸、墙底做成逆坡、换土做砂石垫层等措施。直立墙背做卸荷平台可以减小主动土压力，从而提高抗滑移稳定性，但规范条文说明中并没有规定，编者建议按规范解答。

58. 答案：BCD

　解析：《土工合成材料应用技术规范》（GB/T 50290—2014）第 5.4.1 条，土工膜做路基防渗隔离层时起到防止路基翻浆冒泥、盐渍化和地面水进入膨胀土以及湿陷性土路基的作用，选项 B、C、D 正确。

59. 答案：BC

　解析：《公路工程抗震规范》（JTG B02—2013）表 3.1.1。选项 A 定为 A 类，选项 D 定为 C 类。

60. 答案：BD

　解析：《建筑抗震设计标准》（GB/T 50011—2010）（2024 年版）第 4.1.6 条、第 5.1.4 条。特征周期与场地类别有关，与地震烈度无关。罕遇地震时，特征周期加 0.05s。

61. 答案：ABC

解析：《建筑抗震设计标准》（GB/T 50011—2010）（2024 年版）条文说明 2 和第 1.0.1 条条文说明。设防烈度是一个地区的设防依据，不能随意提高或降低，设防标准可以根据业主要求提高。

62. **答案：AD**

    解析：《建筑抗震设计标准》（GB/T 50011—2010）（2024 年版）第 4.1.4 条。

63. **答案：ABD**

    解析：《建筑抗震设计标准》（GB/T 50011—2010）（2024 年版）第 3.3.4 条。

64. **答案：BD**

    解析：《建筑抗震设计标准》（GB/T 50011—2010）（2024 年版）第 4.1.1 条，可以判别场地为抗震不利地段，局部为危险地段，根据第 3.3.1 条，对不利地段，应提出避开要求，无法避开时，应采取有效措施，选项 A 错误，严禁建造甲、乙类建筑，不应建造丙类建筑，选项 C 错误；第 4.1.9 条，选项 B、D 正确。

65. **答案：ACD**

    解析：《建筑安装工程费用项目组成》（2013 年 44 号文）。

66. **答案：AC**

    解析：《建设工程质量检测管理办法》第四条。

67. **答案：ABD**

    解析：《中华人民共和国安全生产法》第十七条。

68. **答案：AC**

    解析：《建设工程安全生产管理条例》第十二条。

69. **答案：ABD**

    解析：《工程建设强制性标准监督规定》第九条。

70. **答案：ABC**

    解析：《建设工程质量管理条例》第十六条。

2012 年专业知识试题答案及解析（下午卷）

1. **答案：** A

   解析：《建筑地基基础设计规范》（GB 50007—2011）第 3.0.5 条第 5 款。

2. **答案：** B

   解析：《建筑桩基技术规范》（JGJ 94—2008）第 3.1.7 条。

3. **答案：** A

   解析：《建筑结构荷载规范》（GB 50009—2012）第 3.2.2 条。

4. **答案：** B

   解析：《建筑地基基础设计规范》（GB 50007—2011）第 5.1.9 条。

5. **答案：** C

   解析：变形模量表示土体在无侧限条件下应力与应变之比，相当于理想弹性体的弹性模量，但由于土体不是理想弹性体，故称为变形模量，反映土体抵抗弹塑性变形的能力，变形模量常用于瞬时沉降的估算等，可用室内三轴试验或现场载荷试验、自钻式旁压试验确定。

6. **答案：** A

   解析：刚性基础指无筋扩展基础，包括条形基础和独立基础，基础材料的抗压性能远大于其抗拉和抗剪强度，基本不发生挠曲变形，基础面积越小越符合刚性基础的假定。

7. **答案：** B

   解析：《建筑地基基础设计规范》（GB 50007—2011）附录 K。

   条形基础基底压力扩散为两边，正方形基础基底压力扩散为四边，因此正方形基础应力随深度衰减比条形基础快，沉降计算深度小于条形基础，当基底压力相同时，条形基础沉降大于正方形基础。埋深相同，基础底面宽度相同，地质条件相同，经深宽修正后的承载力也相同，两基础的承载力安全度是相同的。

8. **答案：** B

   解析：《建筑地基基础设计规范》（GB 50007—2011）第 5.2.4 条。软弱下卧层承载力深度修正时取下卧层顶面到自然地面，$d = 21.5 - 14 = 7.5$m。

9. **答案：** D

   解析：《建筑地基基础设计规范》（GB 50007—2011）第 8.3.2 条。

10. **答案：** C

    解析：最终沉降量采用分层总和法，$s = \sum \frac{a_i}{1+e_i} \Delta p_i H_i$，从公式中可以看出，最终沉降量与排水板的间距无关。

11. **答案：** B

    解析：《建筑地基处理技术规范》（JGJ 79—2012）第 5.1.1、7.2.1、7.3.1 条，本规范已取消石灰桩。

12. **答案**：B

解析：$\rho_d = \dfrac{\gamma}{\gamma_w(1+w)} = \dfrac{18}{10 \times (1+0.23)} = 1.463$，$\lambda = \dfrac{\rho_d}{\rho_{dmax}} = \dfrac{1.463}{1.65} = 0.887$

13. **答案**：D

解析：《湿陷性黄土地区建筑标准》（GB 50025—2018）第 6.3.8 条及条文说明。大夯击能、大间距可增加处理深度，小夯击能、小间距可表层加固，提高整体处理效果。

14. **答案**：C

解析：真空预压法处理后的承载力达不到 120kPa。

15. **答案**：D

解析：《建筑地基处理技术规范》（JGJ 79—2012）第 7.3.3 条文说明。当软弱土层深厚，从减小地基的变形量方面考虑，桩长应穿透软弱土层达到下卧强度较高的土层上，在深厚的淤泥及淤泥质土中避免采用悬浮桩型。该题历年多次考到，增加桩长是减小沉降的最有效措施，A、B、C 三个选项均能增加单桩承载力。

16. **答案**：C

解析：A、B、C 三个选项都是靠胶结凝固作用来提高承载力，选项 C 主要是靠挤压桩周土体挤密作用提高地基承载力。

17. **答案**：A

解析：《建筑地基处理技术规范》（JGJ 79—2012）第 7.1.5 条。

$f_{spk} = 1.0 \times 0.2 \times \dfrac{160}{3.14 \times 0.3^2} + 0.2 \times (1-0.2) \times 60 = 123\text{kPa}$

18. **答案**：B

解析：新奥法认为围岩不仅是载荷，而且自身也是一种承载结构。重视围岩自身的承载作用，强调充分发挥隧道衬砌与岩体之间的联合作用；衬砌要准确了解围岩的时间因素，掌握衬砌的恰当时间，保证支护的刚度，根据围岩特征采用不同的支护类型和参数，及时施作密贴于围岩的柔性喷射混凝土和锚杆初期支护，以控制围岩的变形和松弛。

19. **答案**：C

解析：《建筑基坑支护技术规程》（JGJ 120—2012）第 7.3.25 条。设置回灌井的目的是通过回灌地下水减少地表变形量。

20. **答案**：A

解析：理论公式计算二者相同 $P_{理1} = P_{理1}$，悬臂桩支护结构的变形要大于桩—撑支护结构，悬臂桩支护结构主动土压力小于桩—撑支护结构主动土压力 $P_{实1} < P_{实2}$。支护结构的变形越大，主动土压力越小，变形越小土压力越接近静止土压力。

21. **答案**：B

解析：$P_w = \dfrac{1}{2}\gamma_w h^2 = 0.5 \times 10 \times 4^2 = 80\text{kN/m}$

22. **答案**：B

解析：$E_a = \dfrac{1}{2}\gamma h^2 k_a = 0.5 \times 18 \times 8^2 \times \tan^2\left(45° - \dfrac{30°}{2}\right) = 192\text{kN/m}$

23. 答案：C

解析：《建筑基坑支护技术规程》（JGJ 120—2012）第 4.11.5 条。

24. 答案：C

解析：《公路隧道设计规范 第一册 土建工程》（JTG 3370.1—2018）第 10.3.5 条。

25. 答案：D

解析：《公路路基设计规范》（JTG D30—2015）第 7.3.3 条，对路基有危害的危岩体，应清除或采取支撑、预应力锚固等措施；选项 A、B、C 正确；喷射混凝土属于路基的坡面防护，不能处理危岩，选项 D 错误。

26. 答案：B

解析：《公路路基设计规范》（JTG D30—2015）第 7.5.2 条第 1 款，选项 A 正确；第 3 款，选项 B 错误；第 7.5.4 条，选项 C、D 正确。

27. 答案：A

解析：《工程地质手册》（第五版）第 595 页。氯盐渍土含氯量越高，液限、塑限和塑性指数越低，可塑性越低；氯盐渍土总含盐量增大，强度随之增大；硫酸盐渍土的强度随含盐量增大而减小；盐渍土的起始冻结温度随溶液浓度增大而降低。

28. 答案：D

解析：《地质灾害危险性评估规范》（GB/T 40112—2021）第 1 条。地质灾害的评估范围不包括地震。

29. 答案：D

解析：抗滑桩上的推力分布可为矩形、三角形、梯形，下滑力作用点根据推力分布确定；抗滑桩主要是受弯作用，在实际设计中，纵向主筋不是按通长配筋；选择矩形断面主要是为了获得较大的抗弯截面模量，抗滑桩截面长边方向与滑动方向一致，当滑动方向不能确定时可采用圆形截面；对抗滑桩施加预应力锚索后，抗滑桩的弯矩和剪力减小，相应嵌固深度可以减小。

30. 答案：B

解析：《公路工程地质勘察规范》（JTG C20—2011）第 7.4.10 条条文说明。泥石流是由于降水而形成的一种夹带大量泥沙、石块等固体物质的特殊洪流，其密度为流体质量和流体体积之比，可采用称量法、体积比法确定。

31. 答案：A

解析：由于混合溶蚀效应，不同成分水混合后，其溶解能力有所增强，侵蚀性增大。岩溶的发育与岩石成分、地质构造、地下水等因素有关，岩石的可溶性是固有属性，不会改变；地下水交汇后，岩溶作用时间基本无影响；岩溶为侵蚀性 CO_2 的化学侵蚀作用，因此选 A。

32. 答案：D

解析：《铁路路基支挡结构设计规范》（TB 10025—2019）第 13.2.1 条条文说明及第 13.2.11 条条文说明，抗滑桩主要承受水平荷载，按受弯构件考虑，对桩顶位移要求不高，一般允许较大的变形（以水平位移为主）。

33. 答案：A

　　解析：《公路路基设计规范》（JTG D30—2015）第 7.9.7 条第 2 款，选项 B 正确；表 7.9.7-1，选项 C、D 正确；选项 A 为 2004 年版规范第 7.8.1 条第 5 款第 1 条，可能发生浅层破坏时，宜采取半封闭的相对保湿措施。

34. 答案：C

　　解析：如图，岩层和边坡走向相同或相近，倾向相同，倾角小于坡脚为最不稳定的情况。

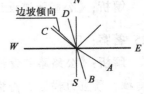

题 34 解图

35. 答案：B

　　解析：《工程地质手册》（第五版）第 594 页。氯盐渍土具有较强的吸湿性和保水性。

36. 答案：C

　　解析：《岩土工程勘察规范》（GB 50021—2001）（2009 年版）表 10.4.1。

37. 答案：C

　　解析：《水运工程岩土勘察规范》（JTS 133—2013）第 4.2.8 条。

38. 答案：A

　　解析：《建筑基桩检测技术规范》（JGJ 106—2014）附录 F。

39. 答案：D

　　解析：《建筑基桩检测技术规范》（JGJ 106—2014）第 3.1.1 条表 3.1.1。

40. 答案：B

　　解析：《地基处理手册》（第三版）第 249 页。由于成桩过程中对地基土结构、构造的扰动，使地基土强度暂时有所降低，饱和地基土在桩周围一定范围内，还会产生较高的超静孔隙水压力。因此，成桩结束后要静置一段时间，使地基土强度恢复，超静孔隙水压力消散以后再进行载荷试验，选项 C、D 正确；对于有黏结强度的桩而言，其承载力是随着时间增长而逐步提高的，因此在施工结束后应休止一定时间后再进行试验，以避免桩身强度不足造成试验不准确。

- -

41. 答案：AD

　　解析：《建筑桩基技术规范》（JGJ 94—2008）第 3.1.1 条。耐久性和裂缝为正常使用极限状态。

42. 答案：BD

　　解析：《建筑地基基础设计规范》（GB 50007—2011）表 3.0.1。

43. 答案：AB

　　解析：《建筑结构荷载规范》（GB 50009—2012）第 3.1.2 条、第 3.1.6 条。

44. 答案：CD

　　解析：《建筑地基基础设计规范》（GB 50007—2011）第 5.2.7 条及条文说明。基底压力扩散是按扩散理论计算的，扩散面积上的总附加应力和地基总附加应力相等。

45. 答案：BD

解析：《建筑地基基础设计规范》（GB 50007—2011）第 8.1.1 条、第 8.3.2 条、第 8.2.7 条、第 8.3.1 条。

46. 答案：ABD

解析：《建筑地基基础设计规范》（GB 50007—2011）第 7.5.1 条、第 7.5.2 条、第 7.5.3 条。

47. 答案：AB

解析：《建筑地基基础设计规范》（GB 50007—2011）第 7.1.3 条、第 7.1.4 条、第 7.1.5 条。

48. 答案：BCD

解析：《建筑地基基础设计规范》（GB 50007—2011）第 5.3.5 条及条文说明。计算地基变形时，地基内的应力分布采用各向同性均质线性变形体理论，用应力面积法计算最终沉降量，采用平均附加应力系数考虑了附加应力分布的非线性，而没有考虑土层的非均匀性和次固结的影响；由于地基土为弹塑性体，规范公式也没有考虑基础刚度对地基沉降的调整作用。

49. 答案：CD

解析：《建筑地基处理技术规范》（JGJ 79—2012）第 7.2.5 条、第 7.3.7 条、第 8.4.2 条。

50. 答案：BC

解析：《建筑地基处理技术规范》（JGJ 79—2012）第 7.7.2 条文说明第 4 款。

51. 答案：AC

解析：减小排水板间距，加快软土地基排水，提高固结度；采用真空堆载联合预压也有利于提高工期；增加垫层厚度对工期影响不大；设置回阀和截门是为了避免膜内真空度停泵后很快降低。

52. 答案：AB

解析：《建筑地基处理技术规范》（JGJ 79—2012）第 5.1.1 条、第 7.3.1 条、第 7.2.1 条、第 6.1.2 条。

53. 答案：BD

解析：《建筑地基处理技术规范》（JGJ 79—2012）第 7.3.7 条第 3、4 款。

54. 答案：AD

解析：《建筑地基处理技术规范》（JGJ 79—2012）第 6.3.13 条、第 6.3.14 条第 3 款。

55. 答案：ACD

解析：《建筑地基处理技术规范》（JGJ 79—2012）第 6.3.3 条、第 6.3.8 条，设置砂井起到排水作用，减小孔隙水压力。

56. 答案：CD

解析：《建筑地基基础设计规范》（GB 50007—2011）附录 V。$K_D = \dfrac{N_c\tau_0 + \gamma t}{\gamma(h+t) + q}$，由公式可以看出选项 C、D 正确。

57. 答案：ACD

解析：流网具有的特征是：①流线与等势线彼此正交；②相邻等势线间的水头损失相同；③各流槽的流量相等；④流网网格为正方形或曲边正方形；基坑的坡顶和坑底为等势线，流线的边界包括坑底不透水层面。

58. **答案：AB**

   解析：《建筑基坑支护技术规程》（JGJ 120—2012）第 4.7.7 条、第 4.8.7 条、附录 A.1.7。

59. **答案：AB**

   解析：盾构法隧道衬砌管片主要是控制和防止围岩的变形和坍塌，确保围岩的稳定，不具有隔离地下有害气体和防渗的作用。

60. **答案：AB**

   解析：《建筑基坑工程监测技术规范》（GB 50497—2009）第 5.2.1 条。

61. **答案：BC**

   解析：《膨胀土地区建筑技术规范》（GB 50112—2013）第 5.2.7 条。

62. **答案：AD**

   解析：反算法的基本原理是滑坡将要滑动而未滑动的瞬间坡体处于极限平衡状态，根据试验成果及经验数据，先确定一个比较稳定的值，反求另一值；首次滑动的滑坡，极限平衡断面是滑坡刚要开始滑动的状态，此时的整个滑带土的强度未达到残余强度，因此反算求出的参数高于残余强度指标参数；当有建筑物时，在计算中应包括建筑物可能的最大抗力。

63. **答案：BC**

   解析：《工程地质手册》（第五版）第 713、715 页。地面沉降发生的范围广，有一处或多处沉降中心；发生地面沉降的地域范围局限于存在深厚第四纪堆积物的平原、盆地等；已经发生沉降的地区，在高层建筑密集区域内应严格控制建筑物容积率；地面沉降一旦发生，即使消除了产生地面沉降的原因，沉降了的地面也不可能完全恢复。

64. **答案：BD**

   解析：《湿陷性黄土地区建筑标准》（GB 50025—2018）第 4.4.5 条，湿陷起始压力一般取 $P\text{-}\delta_s$ 曲线上 $\delta_s = 0.015$ 对应的压力，选项 A 错误；第 4.3.5 条条文说明，湿陷起始压力是反映非自重湿陷性黄土特征的重要指标，自重湿陷性黄土场地的湿陷起始压力很小，无使用意义，选项 B 正确；第 4.3.4 条第 5、6 款，单线法取不少于 5 个环刀样，双线法不少于 2 个环刀样，选项 C 错误；结合第 4.3.5 条，现场和室内均可测定湿陷起始压力，选项 D 正确。

65. **答案：ABD**

   解析：《公路路基设计规范》（JTG D30—2015）第 7.12.2 条第 11 款，选项 A 正确；第 1 款，选项 B 正确；第 6 款，换填厚度应经热工计算确定，选项 C 错误。第 7.12.7 条第 1 款，选项 D 正确。

66. **答案：BCD**

   解析：传递系数法考虑了条块间的静力平衡，没有考虑力矩平衡；由传递系数法公式可知，滑面之间的夹角对滑坡推力计算结果影响较大；划分条块不需要考虑地面线的几何形状，应考虑滑面的几何形状；滑坡推力方向与滑动面方向一致，不一定是水平的。

67. **答案：AC**

解析：《铁路工程不良地质勘察规程》（TB 10027—2022）附录 C。

68. **答案：**CD

解析：《工程地质手册》（第五版）第 525～526 页。红黏土以收缩为主，膨胀量很小；红黏土含水量、饱和度、塑性界限和孔隙比都很高，但具有较高的力学强度和较低的压缩性；红黏土失水后出现裂缝，具有上硬下软的现象。

69. **答案：**AC

解析：《建筑基桩检测技术规范》（JGJ 106—2014）附录 E.0.2 条。

70. **答案：**CD

解析：《建筑桩基技术规范》（JGJ 94—2008），α 单位为 m^{-1}；m 单位为 kN/m^4；b_0 单位为 m；EI 单位为 $kN \cdot m^2$。

2013 年专业知识试题答案及解析（上午卷）

1. **答案：D**

    解析：《水利水电工程钻孔抽水试验规程》（DL/T 5213—2005）第 4.1.6 条、第 4.1.7 条。稳定流抽水试验在抽水过程中，要求涌水量和动水位同时相对稳定；非稳定流抽水试验在抽水过程中，保持涌水量固定观测地下水位随时间的变化，或保持水位降深固定观测涌水量随时间的变化。

2. **答案：B**

    解析：《城市轨道交通岩土工程勘察规范》（GB 50307—2012）第 15.12.5 条条文说明。

3. **答案：B**

    解析：《岩土工程勘察规范》（GB 50021—2001）（2009 年版）第 8.0.4 条第 3 款。A、C、D 选项均为揭露深层岩性和构造。

4. **答案：A**

    解析：《岩土工程勘察规范》（GB 50021—2001）（2009 年版）第 7.2.5 条第 2 款。

5. **答案：D**

    解析：压缩指数为 $e\text{-}\lg p$ 曲线上大于先期固结压力直线段的斜率，故为过 p_c 以后的直线段斜率。

6. **答案：C**

    解析：《水运工程岩土勘察规范》（JTS 133—2013）第 5.2.7.1 条。

7. **答案：D**

    解析：《岩土工程勘察规范》（GB 50021—2001）（2009 年版）第 9.4.5 条第 1 款。

8. **答案：A**

    解析：压缩波又叫纵波、P 波，可以在固体、液体和空气中传播；剪切波又叫横波、S 波，只能在固体中传播；面波又称 L 波、瑞利波，是纵波和横波在地表相遇产生的混合波，只能沿地表传播；水域勘察时，漂浮检波器是在水中，故只能采集到压缩波。

9. **答案：D**

    解析：《土工试验方法标准》（GB/T 50123—2019）第 21.3.2 条第 3 款，慢剪是以 0.02mm/min 的剪切速率施加水平剪应力，宜剪至剪切变形达到 4mm，当剪应力读数继续增加时，剪切变形应达到 6mm 为止。一次慢剪历时约为 4/0.02 = 200min 到 6/0.02 = 300min，约为 3.3～5h。

10. **答案：A**

    解析：《公路工程地质勘察规范》（JTG C20—2011）第 7.2.9 条第 2 款第 4 点。

11. **答案：C**

    解析：《建筑工程地质勘探与取样技术规程》（JGJ/T 87—2012）表 5.2.2。

12. **答案：D**

解析：《水利水电工程地质勘察规范》（GB 50487—2008）（2022 年版）附录 G.0.5。对于不均匀系数大于 5 且细颗粒含量 P 小于 25%，判为管涌。

13. **答案：B**

解析：《建筑工程地质勘探与取样技术规程》（JGJ/T 87—2012）附录 G.0.2。

14. **答案：C**

解析：《建筑地基基础设计规范》（GB 50007—2011）第 3.0.5 条，翼板高度主要由冲切决定，属于基础内力计算，应用承载能力极限状态下的基本组合，翼板宽度主要由地基承载力控制，采用正常使用极限状态下的标准组合。

15. **答案：C**

解析：《建筑桩基技术规范》（JGJ 94—2008）第 3.1.1 条。选项 A、B、D 均为承载能力极限状态。

16. **答案：D**

解析：《建筑结构荷载规范》（GB 50009—2012）第 3.1.1 条，选项 D 是活荷载，可变。

17. **答案：C**

解析：《建筑地基处理技术规范》（JGJ 79—2012）式（7.1.5-3），确定选项 A、B 都对单桩承载力有影响。水泥掺入量增加，增加桩体强度，单桩承载力也增加。

18. **答案：D**

解析：《建筑地基处理技术规范》（JGJ 79—2012）第 5.3.14 条。采用真空和堆载联合预压时，应先抽真空，当真空压力达到设计要求并稳定后，再进行堆载，并继续抽真空。

19. **答案：B**

解析：降低工后沉降量的最有效措施是增加桩体长度，该题考察过好几次。

20. **答案：C**

解析：《建筑地基处理技术规范》（JGJ 79—2012）第 6.3.3 条第 4 款。

21. **答案：B**

解析：桩土应力比：刚性桩＞柔性桩＞散体材料桩，CFG 桩＞水泥土搅拌桩＞碎石桩。

22. **答案：C**

解析：选项 A、B、D 都可以使可液化地基土密实，选项 C 起不到振密挤密的效果。

23. **答案：A**

解析：树根桩是既有建筑物加固的一种方法，选项 B、C、D 都无法在结构封顶后进行。

24. **答案：D**

解析：《建筑地基处理技术规范》（JGJ 79—2012）第 4.2.1 条条文说明。

25. **答案：A**

解析：《铁路隧道设计规范》（TB 10003—2016）第 7.2.3 条第 2 款，斜交洞门范围回填土应分层回填密实，选项 A 错误；第 7.2.1 条条文说明，洞门的结构形式要适应洞口地形、地质要求。当地形等高线与线路中线正交、围岩较差时，一般采用翼墙式隧道门；岩层较好时一般采用端墙式、柱式隧道门及斜切式洞门，选项B、D正确；第7.1.3条，选项C正确；端墙与线路中线的交角应大于45°，选项A错误。

26. 答案：D

解析：《公路隧道设计规范 第一册 土建工程》（JTG 3370.1—2018）第8.4.1条第3款、表8.4.1，选项A正确；附录表P.0.1，选项B正确；第9.2.9条，选项C正确；第9.2.5条，初期支护主要按工程类比法设计，选项D错误。

27. 答案：A

解析：《建筑基坑支护技术规程》（JGJ 120—2012）修改了基坑支护结构的土压力分布，更符合土力学原理。

28. 答案：A

解析：连续墙已经嵌岩，a的方法已经止住外部水进来，只需要把坑内水位降低即可，分段布置地下连续墙，在两段连续墙之间使用深搅桩或者高压旋喷桩来进行止水，这样在经济上比较节约，也达到工程效果，所以a＋b满足要求。

29. 答案：B

解析：《建筑基坑支护技术规程》（JGJ 120—2012）式（4.1.10）。

30. 答案：D

解析：基坑周边超载时会出现险情，抢险的有效方式就是立即卸荷反压，不能抢运。

31. 答案：D

解析：《建筑基坑支护技术规程》（JGJ 120—2012）第4.2.4条、第4.2.5条。

32. 答案：D

解析：由《建筑抗震设计规范》（GB 50011—2010）表5.1.4-2可以看出特征周期与场地类别和地震分组有关。

33. 答案：C

解析：《建筑抗震设计规范》（GB 50011—2010）第4.1.4条。凝灰岩是火山岩，需要在覆盖层中扣除。滚石为孤石，视同周围土层，覆盖层厚度为 $30-5=25m$。

34. 答案：B

解析：由《公路工程抗震规范》（JTG B02—2013）第4.3.2条判定，第一条不液化土，第二、三条为不考虑液化影响，本题用第三条公式判定，正确选项为不考虑液化影响。

35. 答案：D

解析：《建筑抗震设计规范》（GB 50011—2010）（2016年版）第1.0.1条条文说明、第2.1.1条。抗震设防烈度一般情况下取基本烈度。但还须根据建筑物所在城市的大小，建筑物的类别、高度以及当地的抗震设防小区规划进行确定。

36. 答案：D

解析：《建筑抗震设计规范》（GB 50011—2010）（2016 年版）表 4.3.6。液化等级中等，乙类建筑物，需要全部或者部分消除液化湿陷，且对基础和上部结构处理。

37. **答案**：C

解析：震中距越远，导致场地的特征周期越大，柔性建筑的自振周期比较大，建筑物的自振周期与场地特征周期越接近，震害越严重。

38. **答案**：D

解析：《建筑基桩检测技术规范》（JGJ 106—2014）第 6.3.2 条第 1 款，$(4+2) \times 5 = 30\text{min}$。

39. **答案**：A

解析：《建筑基桩检测技术规范》（JGJ 106—2014）第 9.4.2 条第 2 款，两侧力信号幅值相差超过 1 倍。

40. **答案**：A

解析：低应变发出的是低频脉冲波，声波透射法发出的是高频脉冲波，二者相比较，波形相同，均为纵波，波长不同，低应变中的应力波波长量级为米，声波透射法中的波长为厘米级；频率不同，低应变只有几百赫兹，而声波透射法大约几万赫兹；波速不同，声波透射法＞低应变＞高应变。

....

41. **答案**：AB

解析：《建筑工程地质勘探与取样技术规程》（JGJ/T 87—2012）第 13.0.2 条、第 13.0.4 条。

42. **答案**：AC

解析：《建筑工程地质勘探与取样技术规程》（JGJ/T 87—2012）第 5.4.2 条、第 5.4.4 条、第 9.1.2 条、附录 C。

43. **答案**：BC

解析：《工程地质手册》（第五版）第 169～170 页。

44. **答案**：AC

解析：地表以下两个稳定隔水层之间的重力水称为承压水，具有一定压力，人工开凿后能自流到地表，因为有隔水顶板的存在，承压水不受气候的影响，比较稳定，不易受污染，补给区与分布区不一致。

45. **答案**：ACD

解析：《岩土工程勘察规范》（GB 50021—2001）（2009 年版）第 9.4.4 条条文说明，《建筑工程地质勘探与取样技术规程》（JGJ/T 87—2012）第 6.4.2 条、第 6.4.4 条。

46. **答案**：AD

解析：《水利水电工程地质勘察规范》（GB 50487—2008）（2022 年版）附录 E.0.4 条、E.0.5 条。

47. **答案**：AC

解析：《建筑地基基础设计规范》（GB 50007—2011）第 3.0.5 条。地基变形采用正常使用极限状态下的组合，B、D 选项均为沉降变形。

48. **答案**：AC

解析：《建筑桩基技术规范》（JGJ 94—2008）第 3.1.7 条。选项 A 是标准组合，选项 B 是准永久组合，选项 C 是基本组合，选项 D 是标准组合。

49. **答案：AC**

解析：《建筑地基基础设计规范》（GB 50007—2011）第 3.0.5 条。选项 A、C 均为标准组合，选项 B 为准永久组合，选项 D 为基本组合。

50. **答案：ABD**

解析：《建筑地基处理技术规范》（JGJ 79—2012）第 5.2.10 条、第 5.2.8 条条文说明。竖井采用挤土效应施工时，砂井的井阻作用会变大。

51. **答案：ABD**

解析：A、D 选项均可用于处理软土地基，B 选项砂石桩不能用于对变形要求过大的饱和黏土地基，如饱和黏土中有砂夹层，可以减小变形，C 选项真空预压所能达到的地基承载力在 80kPa 左右。

52. **答案：ABC**

解析：《建筑地基处理技术规范》（JGJ 79—2012）第 4.2.2 条、第 4.2.6 条、第 4.2.7 条。换填材料的性质影响压力扩散角，垫层的压实系数应满足承载力设计的要求，下卧软弱层应满足变形的要求。

53. **答案：AB**

解析：十字板剪切试验只用于软土，面波试验用来划分地层、滑坡调查和地下洞室的探测等。

54. **答案：AC**

解析：《建筑地基处理技术规范》（JGJ 79—2012）第 3.0.5 条、第 7.1.3 条；《建筑地基基础设计规范》（GB 50007—2011）第 10.3.8 条。

55. **答案：ABC**

解析：《建筑地基处理技术规范》（JGJ 79—2012）第 5.2.16 条、第 5.2.29 条、第 5.3.9 条条文说明。堆载预压总应力增加，发生剪切破坏和塑性变形，真空预压总应力不变，无剪切破坏。

56. **答案：ABD**

解析：《建筑地基处理技术规范》（JGJ 79—2012）第 2.1.2 条、第 7.3.1 条。减少沉降的有效措施是增加桩长。

57. **答案：ABC**

解析：《公路隧道设计规范　第一册　土建工程》（JTG 3370.1—2018）第 14.2.1 条，选项 A 正确；第 14.2.2 条条文说明，膨胀性围岩中的隧道支护，一是要早支护、柔支护，及时成环，使围岩在控制条件下产生围岩变形；二是分层支护，刚度逐渐加大，在围岩发生一定变形后增加对围岩变形控制能力；三是二次衬砌施作时机恰当。二次衬砌施作过早，则承受的膨胀压力大，可能被围岩膨胀压力破坏，施作过晚，变形超过预留变形量，侵占二次衬砌空间。选项 B、C 正确，选项 D 错误。

58. **答案：BCD**

解析：《铁路隧道设计规范》（TB 10003—2016）第 3.3.2 条第 1 款，隧道内的纵坡可设置为单面坡或人字坡，地下水发育的 3000m 及以上隧道宜采用人字坡，选项 A 错误；第 2 款，隧道坡度不宜小于

3‰，选项 C 正确。第 10.3.4 条第 2 款，单线隧道宜设置双侧水沟，双线及多线隧道应设置双侧水沟及中心排水沟，选项 D 正确。第 10.2.2 条，选项 B 正确。

59. 答案：AB

解析：《铁路隧道设计规范》（TB 10003—2016）第 8.2.9 条，隧道超挖部分应用同级混凝土回填，而不能采用强度低的片石混凝土、浆砌片石。

60. 答案：BD

解析：《建筑基坑支护技术规程》（JGJ 120—2012）第 2.1.5 条、第 3.1.1 条、第 3.1.4 条、第 3.1.6 条，表 3.1.3。

61. 答案：AD

解析：《建筑基坑支护技术规程》（JGJ 120—2012）第 4.1.3 条及条文说明。基坑地面以下的土反力和土压力考虑土的自重作用的随深度线性增长的三角形分布；锚杆和内支撑对挡土结构的约束作用应按弹性支座考虑；再据第 4.1.4 条及条文说明，计算出的土反力随位移增加线性增长，不应大于被动土压力；多层支撑情况下，最不利作用点与支护结构的弯矩有关。

62. 答案：ABD

解析：《膨胀土地区建筑技术规范》（GB 50112—2013）第 5.2.7 条、第 5.2.9 条、附录 C.0.1。

63. 答案：ABD

解析：场地类别是根据覆盖层厚度、土层等效剪切波速和土层软硬程度等因素对建筑场地分类，反映不同场地条件对基岩地震震动的综合放大效应；根据《建筑抗震设计标准》（GB/T 50011—2010）（2024 年版）表 4.1.3、表 4.1.6，根据土层的厚度、软硬和剪切波速可以划分场地类别；场地挖填后改变覆盖层厚度，场地类别需要考虑覆盖层厚度变化的影响因素。

64. 答案：CD

解析：《建筑抗震设计标准》（GB/T 50011—2010）（2024 年版）第 4.3.3 条第 3 款。液化土特征深度 $d_0 = 7$，基础埋深 $d_b = 2$，I 区 $d_u = 4 \sim 7$，$d_w = 0 \sim 3$；II 区 $d_u = 4 \sim 7$，$d_w = 3 \sim 6$，且 $d_u + d_w < 10$，均不满足三个判定公式；III 区 $d_u = 4 \sim 7$，$d_w = 3 \sim 6$，且 $d_u + d_w > 10$，满足 $d_u + d_w > 1.5d_0 + 2d_b - 4.5 = 10$；IV 区 $d_u = 0 \sim 4$，$d_w = 6 \sim 10$，满足 $d_w > d_0 + d_b - 3$。

65. 答案：AB

解析：《建筑抗震设计标准》（GB/T 50011—2010）（2024 年版）第 5.1.4 条。场地类别决定特征周期，特征周期、地震分组和阻尼比决定地震影响系数。

66. 答案：AC

解析：《建筑抗震设计标准》（GB/T 50011—2010）（2024 年版）第 4.1.7 条。选项 A 避让距离 200m，不满足要求；选项 B 避让距离 100m，满足要求；选项 C 避让距离 400m，不满足要求；选项 D 按第 4.1.7 条第 2 款的要求，对于不满足避让距离的、确实需要建造分散的、低于三层的丙、丁类建筑，应提高一度采取抗震措施，并提高上部结构的整体性，且不得跨越断层线。题干中已经说明是在采取更好一度措施的情况下，所以选项 D 满足。

67. 答案：BCD

解析：《建筑抗震设计标准》（GB/T 50011—2010）（2024 年版）第 4.3.3 条、第 4.3.4 条。地下水处于动态变化时，应按近期内年最高水位。

68. **答案：** AC

解析：《水电工程水工建筑物抗震设计规范》（NB 35047—2015）第 3.0.2 条，选项 D 错误，第 3.0.2 条第 1 款，选项 A 正确；设防类别为甲类的，应在基本烈度基础上提高 1 度作为设计烈度，选项 B 错误；第 6 款，选项 C 正确。

69. **答案：** AB

解析：《建筑基桩检测技术规范》（JGJ 106—2014）第 3.2.5 条。

70. **答案：** AC

解析：超声波传播过程中遇到混凝土缺陷时，由于声波的反射与透射，经过缺陷反射或绕过缺陷传播的脉冲信号与直达波信号之间存在声程和相位差，叠加后互相干扰，致使接收信号的波形畸变；根据介质中声波传播速度公式，混凝土越密实，声速越高，当遇到缺陷时，产生绕射，超声波在混凝土中的传播时间加长，计算出的声速降低；超声波在缺陷界面产生反射、散射，能量衰减，波幅降低。总结起来就是：声时延长，声速下降，波幅下降，主频降低，波形畸变。

2013 年专业知识试题答案及解析（下午卷）

1. **答案**：C

   解析：《土力学》（李广信等，第 3 版，清华大学出版社）第 98 页，油罐基础可视为柔性基础，柔性基础在弹性地基上的基底压力大小和分布与其上的荷载分布和大小相同。

2. **答案**：B

   解析：$(90-40)\text{mm}/20\text{m} = 2.5‰$

3. **答案**：A

   解析：《建筑地基基础设计规范》（GB 50007—2011）式（8.4.2）。$e \leqslant 0.1W/A = 0.1 \times 15/6 = 0.25\text{m}$。

4. **答案**：C

   解析：《建筑地基基础设计规范》（GB 50007—2011）第 5.3.5 条。压缩模量的当量值等效各分层的压缩模量；当有相邻荷载时应考虑应力的叠加作用，按式（5.3.7）确定沉降计算深度；基底附加压力为基底平均压力减去基础底面以上土的自重压力；根据表 5.3.5 可以看出，压缩模量当量值越小，土的压缩性越大，沉降计算经验系数越大。

5. **答案**：C

   解析：柱下条形基础可视为作用有若干集中荷载并置于地基上的梁，同时受到地基反力的作用。在柱下条形基础结构设计中，除按抗冲切和剪切强度确定基础高度，并按翼板弯曲确定基础底板横向配筋外，还需计算基础纵向受力，以配置纵向受力筋。所以必须计算柱下条形基础的纵向弯矩分布。

6. **答案**：C

   解析：《铁路路基设计规范》（TB 10001—2016）第 3.1.2 条，路肩高程应大于设计洪水位、壅水高（包括河道卡口或建筑物造成的壅水、河湾水面超高）、波浪侵袭高或斜水流局部冲高、河床淤积影响高度、安全高度之和，且波浪侵袭高度和斜水流局部冲高应取二者中的大值；第 3.1.9 条，安全高度不应小于 0.5m。综上，该路堤设计路肩高程的最低高程为 $20 + 1.0 + 0.5 + 0.2 + 0.5 = 22.2\text{m}$。

7. **答案**：D

   解析：《建筑桩基技术规范》（JGJ 94—2008）表 3.3.3。闭口 PHC 管桩属挤土桩，饱和黏性土摩擦型桩基最小中心距为 $4.5d$。

8. **答案**：B

   解析：《建筑桩基技术规范》（JGJ 94—2008）第 3.1.1 条、第 3.5.3 条。桩身裂缝属于耐久性要求，为正常使用极限状态。

9. **答案**：C

   解析：《铁路桥涵地基和基础设计规范》（TB 10093—2017）第 7.2.2 条第 2 款。

10. **答案**：D

    解析：《建筑桩基技术规范》（JGJ 94—2008）第 7.4.9 条第 7 款。

11. 答案：D

解析： 中性点以下，桩的沉降大于桩侧土的沉降，中性点以上，随着深度增加桩身轴向压力增加，在中性点处轴力达到最大值。对于摩擦型桩，受负摩阻力作用，桩沉降增大，与桩侧土层相对位移减小，中性点位置向上移动。

12. 答案：B

解析：《铁路桥涵地基和基础设计规范》（TB 10093—2017）第7.2.1条。

13. 答案：A

解析：《建筑桩基技术规范》（JGJ 94—2008）第5.4.5条、第5.4.7条、第5.4.8条。

14. 答案：A

解析：《建筑桩基技术规范》（JGJ 94—2008）第3.1.7条第4款、第5.8.10条第2款。

15. 答案：B

解析：《碾压式土石坝设计规范》（NB/T 10872—2021）第5.2.2条。

16. 答案：B

解析： B，b，C三点位于同一条等式线上，三点的总水头相同，b点压力水头为Bb，位置水头为cb。

17. 答案：A

解析：《建筑边坡工程技术规范》（GB 50330—2013）第7.2.3条表7.2.3。

18. 答案：B

解析： $C_u > 5$，$C_c = 1 \sim 3$，为级配良好。

19. 答案：C

解析： $V = \dfrac{1+e_1}{1+e_2} = \dfrac{1+1.15}{1+0.65} = 1.3\text{m}^3$

20. 答案：C

解析：《建筑边坡工程技术规范》（GB 50330—2013）第5.2.2条及条文说明、第5.2.3条及条文说明。

21. 答案：AC

解析：《铁路路基支挡结构设计规范》（TB 10025—2019）第6.2.1条第3款。规范更新后有两个答案。

22. 答案：C

解析：《碾压式土石坝设计规范》（NB/T 10872—2021）第6.7.1条第2款，选项A正确；第6.7.8条第4款，选项B正确；第6.7.10条第1款，选项C错误；第6.7.5条，选项D正确。

23. 答案：B

解析：《公路路基设计规范》（JTG D30—2015）第7.3.3条及条文说明，柔性防护网的作用分为主动式和被动式。主动式由系统锚杆和防护网组成，可以对岩石施加压力；被动式由拦截网组成，不对岩石施加压力，起拦截落石作用。

24. 答案：C

解析：《岩土工程勘察规范》（GB 50021—2001）（2009 年版）第 6.1.2 条。

25. **答案**：B

解析：赤平投影不能解决线的长短、面的大小和各几何要素间的具体位置。

26. **答案**：D

解析：膨胀力与矿物成分和含水量有关。在完全饱和前，含水量越大，膨胀力越大。完全饱和后，膨胀力是定值，与含水量无关。自由膨胀率是把试样烘干碾碎，与含水量无关。

27. **答案**：D

解析：土层发生沉降的根本原因是有效应力的增加，抽取承压含水层中的水，承压含水层有效应力增加，沉降增加。

28. **答案**：B

解析：岩溶溶蚀速度大小排名：卤素类岩石（岩盐）＞硫酸类岩石（石膏、芒硝）＞碳酸类岩石（石灰岩、白云岩）。

29. **答案**：A

解析：《岩土工程勘察规范》（GB 50021—2001）（2009 年版）第 6.3.5 条。

30. **答案**：B

解析：《工程地质手册》（第五版）第 647 页，土洞形成的主要原因是潜蚀作用。

31. **答案**：C

解析：《岩土工程勘察规范》（GB 50021—2001）（2009 年版）附录 A.0.5。

32. **答案**：D

解析：《膨胀土地区建筑技术规范》（GB 50112—2013）第 5.2.7 条，地表下 1m 处，25/20 = 1.25 ＞ 1.2，属于收缩变形。

33. **答案**：C

解析：《工程地质手册》（第五版）第 655 页，剪切裂缝位于滑坡体中部的两侧，此裂缝的两侧常伴有羽毛状裂缝。可见是在中部的两侧，不是中部。

34. **答案**：C

解析：《盐渍土地区建筑技术规范》（GB/T 50942—2014）第 3.0.4 条，平均含盐量：$\frac{2.65}{100} \times 100\% = 2.65\%$，为强盐渍土。第 2.1.9 条定义含盐量为土中所含盐的质量与土颗粒质量之比，根据《土工试验方法标准》（GB/T 50123—2019）第 53.3.4 条，易溶盐含量 = 易溶盐/土颗粒 + 易溶盐 + 难溶盐。此题不管是用土颗粒质量还是土样质量，均不影响答案。

35. **答案**：B

解析：《建设工程安全生产管理条例》第五十五条。

36. **答案**：C

解析：《中华人民共和国安全生产法》第二十一条。

37. 答案：C

    解析：《地质灾害防治条例》第四条。

38. 答案：A

    解析：《建设工程安全生产管理条例》第二十七条。

39. 答案：B

    解析：《注册土木工程师（岩土）执业及管理工作暂行规定》附件1。

40. 答案：D

    解析：《勘察设计注册工程师管理规定》第二十五条。

....

41. 答案：BC

    解析：《建筑地基基础设计规范》（GB 50007—2011）第5.2.5条。根据土的抗剪强度指标确定地基承载力特征值的公式已考虑深宽修正，γ_m取基础底面以上土的加权平均重度。

42. 答案：AC

    解析：《建筑地基基础设计规范》（GB 50007—2011）第5.1.7条及条文说明。土中粗颗粒含量越多，场地冻结影响系数越大，选项A正确；对于黏性土地基，场地冻结影响系数等于1.0，选项B错误；根据附录G.0.1，w越大，冻胀程度越厉害，冻结影响系数越小，选项C正确；人口越多，热岛效应越明显，影响系数越小，选项D错误。

43. 答案：AB

    解析：《建筑地基基础设计规范》（GB 50007—2011）第5.2.4条。深层平板载荷试验在基底标高处进行，已考虑了边载的影响，不修正深度，只修正宽度，选项C错误；对地下室采用条基时，埋深自室内地面标高算起，选项D错误。

44. 答案：ABC

    解析：《建筑地基基础设计规范》（GB 50007—2011）第8.3.2条第1款。

45. 答案：BCD

    解析：《建筑地基基础设计规范》（GB 50007—2011）式（5.2.4）。

46. 答案：ABD

    解析：《建筑桩基技术规范》（JGJ 94—2008）第3.3.3条第1款，由表3.3.3可以看出，基桩的平面布置与土类、桩的类型有关，选项A正确；基桩应按变刚度调平设计理念布置，由第2款可以看出与上部结构荷载分布有关，选项B正确；由第3、4款可以看出与上部结构刚度有关，选项D正确；基桩布置与桩体材料强度无关，选项C错误。

47. 答案：AD

    解析：《建筑桩基技术规范》（JGJ 94—2008）第5.2.3条、第5.2.5条及表5.2.5。

48. 答案：AB

解析：《建筑桩基技术规范》（JGJ 94—2008）附录 C.0.1。

49. 答案：BC

解析： 端承型桩是以端部受压为主，桩侧摩擦力为辅或者忽略不计。A、D 选项桩端桩侧阻力差别不大，属于摩擦型桩。

50. 答案：ABD

解析：《建筑桩基技术规范》（JGJ 94—2008）第 5.9.3 条、第 5.9.4 条、第 5.9.7 条、第 5.9.9 条。

51. 答案：BD

解析：《建筑桩基技术规范》（JGJ 94—2008）第 6.3.30 条、第 6.5.4 条、第 6.7.1 条，表 6.2.4。

52. 答案：AC

解析：《建筑桩基技术规范》（JGJ 94—2008）第 5.3.7 条、第 5.3.9 条、第 5.3.10 条、第 5.3.12 条。

53. 答案：AC

解析：《碾压式土石坝设计规范》（NB/T 10872—2021）第 7.3.15 条第 1 款，选项 A 正确；第 2 款，选项 B 错误；第 3 款，选项 C 正确。第 7.3.6 条，基岩宜采用水泥灌浆，当灌浆地区的地下水流速不大于 600m/d 时，可采用水泥灌浆，采用化学灌浆或超细水泥灌浆需经过论证方可进行，对于题中坝基透水性较大的情形，一般采用水泥灌浆，必要时，可在水泥浆液中加速凝剂，选项 D 错误。

54. 答案：ABC

解析：《公路路基设计规范》（JTG D30—2015）第 3.3.1 条第 1、5 款，选项 A 正确；第 3.4.5 条，选项 B 正确；第 3.5.3 条，选项 C 正确；表 3.6.11，稳定安全系数不取 1.2，选项 D 错误。

55. 答案：BCD

解析： 红黏土有失水收缩的特点，在稳定状态时，地基出现收缩，产生裂缝，裂缝深度最大可达 8m。土中细微网状裂隙使土体整体性遭受破坏，大大削弱了土体强度。在暴雨时期，裂缝里有水压力产生，土的抗剪强度和地基承载力都应作相应折减。坡顶 2m 下出现渗水现象，且出现裂缝，说明安全度在降低，所以首要要排水，增设泄水孔，其次，得增加锚固力，使其达到折减前的稳定系数。选项 A 的措施不能减小压力，只能让压力越来越大，也不能使现有的土坡安全系数提高，所以达不到治理的效果。

56. 答案：ABD

解析：《碾压式土石坝设计规范》（NB/T 10872—2021）第 7.2.10 条。

57. 答案：ABD

解析：《建筑边坡工程技术规范》（GB 50330—2013）第 9.1.4 条条文说明、第 11.1.3 条及条文说明、第 12.1.2 条、第 14.1.4 条。

58. 答案：AD

解析： 岩质边坡的倾倒破坏是由陡倾或直立板状岩体组成的斜坡，当岩层走向与坡向走向接近平行时，在自重应力的长期作用下，由前缘开始向临空方向弯曲、折裂，并逐渐向坡内发展的现象，也叫弯曲倾倒。

59. 答案：AD

解析：《工程地质手册》（第五版）第 594 页，盐渍土的盐胀性是由于温度下降，无水芒硝吸收 10 个水分子，体积增大 10 倍造成的。

60. **答案：**AC

    解析： 简布法适用于任意滑裂面，瑞典条分法只满足整体的力矩平衡，不满足条块间的力矩平衡。

61. **答案：**ACD

    解析：《工程地质手册》（第五版）第 525～526 页，红黏土的胀缩性能主要以收缩为主。

62. **答案：**AB

    解析：《湿陷性黄土地区建筑标准》（GB 50025—2018）第 4.4.5 条第 2 款，选项 A 正确；第 4.3.4 条第 5 款，选项 B 正确；设 $K = p_{sh}/p_c$，p_{sh} 为湿陷起始压力，p_c 为上覆土饱和自重压力，当 K 小于 1 时，湿陷起始压力小于上覆土饱和自重压力，此时在自重作用下，浸水发生湿陷，为自重湿陷性黄土，选项 C 错误；当 K 大于 1 时，湿陷起始压力大于上覆土饱和自重压力，此时在自重作用下，浸水不会发生湿陷，为非自重湿陷性黄土，选项 D 错误。

63. **答案：**BCD

    解析：《工程地质手册》（第五版）第 649～650 页。

64. **答案：**ABC

    解析：《岩土工程勘察规范》（GB 50021—2001）（2009 年版）第 6.10.7 条、第 6.10.8 条。

65. **答案：**ABC

    解析：《工程勘察资质标准》规定丙级岩土工程项目是否实施注册土木工程师（岩土）执业制度，由各省级住房和城乡建设主管部门根据本地区实际情况研究决定。

66. **答案：**ABD

    解析：《建设工程质量检测管理办法》第二十九条、第三十一条。4 个选项都违反了本法规的规定，题目没有说清是什么主体违反规定。选项 A、B、D 是委托方违反本规定的情况，选项 C 是检测机构违反本办法规定的情况，在这种情况下，只能找一个主体，又是多选，只能是 A、B、D。

67. **答案：**BCD

    解析：《建设工程安全生产管理条例》第三十六条。

68. **答案：**ABD

    解析：《中华人民共和国招标投标法》第三十四条～第三十六条。

69. **答案：**ABD

    解析：《中华人民共和国建筑法》第六十二条，《建设工程质量管理条例》第四十条。

70. **答案：**ABC

    解析：《中华人民共和国建筑法》第二十四条、第二十八条。

2014 年专业知识试题答案及解析（上午卷）

1. **答案：B**

   解析：《水运工程岩土勘察规范》（JTS 133—2013）第 4.2.7 条，厚度比为 5/40 = 1/8，定名为夹层土。

2. **答案：B**

   解析：《岩土工程勘察规范》（GB 50021—2001）（2009 年版）第 6.10.12 条。工程特性指标变化率 $= \frac{12-9}{12} \times 100\% = 25\%$，影响程度为中等。

3. **答案：C**

   解析：《供水水文地质勘察标准》（GB/T 50027—2024）第 6.4.1 条，粉细砂含水层中的抽水试验，可选用填砾过滤器或包网过滤器。

   注：此题按新规范是包网过滤器，按老规范是缠丝过滤器，规范更新导致答案有变化。

4. **答案：D**

   解析：钻孔进尺是从海底作为零点算起。因钻进中受潮汐影响，涨潮时，机上余尺减少；退潮时，机上余尺增加，机上余尺为一个变量。涨潮时，机上余尺除了随着孔内进尺减少外，也随着水位上涨船体升高而减少。因此回次进尺数应再减去钻进过程中涨潮的潮差。退潮时，钻进回次进尺要加上退潮的潮差。

5. **答案：A**

   解析：《工程岩体分级标准》（GB/T 50218—2014）第 3.3.2 条表 3.3.2，体积结构面数为单位体积内结构面条数，单位为：条/m³。

6. **答案：B**

   解析：《工程地质手册》（第五版）第 1230 页、《岩土工程勘察规范》（GB 50021—2001）（2009 年版）第 7.2.4 条。测定地下水流向采用几何法，量测点应不少于呈三角形分布的三个测孔，以其水位高程编绘等水位线图，垂直等水位线并指向水位降低的方向为地下水流向。

7. **答案：B**

   解析：《供水水文地质勘察标准》（GB/T 50027—2024）第 7.1.5 条第 4 款，距抽水孔近的第一个观测孔，应避开三维流的影响，其距离不宜小于含水层的厚度。

8. **答案：D**

   解析：《城市轨道交通岩土工程勘察规范》（GB 50307—2012）第 4.2.3 条。

9. **答案：B**

   解析：《城市轨道交通岩土工程勘察规范》（GB 50307—2012）第 7.3.3 条、第 7.3.4 条第 4 款、第 7.3.5 条第 3 款、第 7.3.6 条。

10. **答案：D**

解析：《公路工程地质勘察规范》（JTG C20—2011）第 5.2.2 条第 3 款。

11. **答案：** C

　　解析：《岩土工程勘察规范》（GB 50021—2001）（2009 年版）第 9.4.1-2 条条文说明。

12. **答案：** A

　　解析：《土工试验方法标准》（GB/T 50123—2019）第 5.2.2 条第 2 款。

13. **答案：** A

　　解析：《岩土工程勘察规范》（GB 50021—2001）（2009 年版）第 4.1.5 条。

14. **答案：** D

　　解析：《建筑地基基础设计规范》（GB 50007—2011）第 3.0.5 条第 3 款。

15. **答案：** A

　　解析：《建筑地基基础设计规范》（GB 50007—2011）第 3.0.5 条第 2 款。

16. **答案：** C

　　解析：《建筑地基基础设计规范》（GB 50007—2011）表 3.0.1，选项 A 为对原有工程影响较大的新建建筑物；选项 B 为复杂场地有二层以上地下室的基坑工程；选项 C 层数相差不超过 10 层，不是甲级；选项 D 为重要的工业与民用建筑。

17. **答案：** B

　　解析： $\dfrac{t_1}{(H/2)^2} = \dfrac{t_2}{H^2}$ $t_1 = \dfrac{t_2}{4}$

18. **答案：** A

　　解析：《建筑地基处理技术规范》（JGJ 79—2012）第 7.2.1 条条文说明。碎石桩的承载力和沉降量在很大程度上取决于周围软土对桩体的约束作用，碎（砂）石桩单桩承载力主要取决于桩周土的水平侧限压力。

19. **答案：** D

　　解析：《建筑地基处理技术规范》（JGJ 79—2012）第 5.2.29 条条文说明。真空预压是降低土体的孔隙水压力，不增加总应力的条件下增加土体的有效应力；堆载预压是增加土体的总应力和孔隙水压力，并随着孔隙水压力的消散而使有效应力增加。

20. **答案：** B

　　解析：《建筑地基处理技术规范》（JGJ 79—2012）第 4.2.4 条、第 4.4.1 条、第 4.4.2 条、第 4.4.4 条。当采用重型击实试验时，灰土、粉煤灰压实系数为 0.94，相应的干密度比轻型击实试验小。

21. **答案：** C

　　解析：《建筑地基处理技术规范》（JGJ 79—2012）第 5.2.22 条、第 5.3.10 条，选项 A 正确；第 5.3.12 条第 2、3 款，选项 B 正确；第 5.3.11 条条文说明，真空管路上设置回止阀和截门是为了避免膜内真空度在停泵后很快降低，选项 C 错误；第 5.1.7 条，选项 D 正确。

22. **答案：** D

解析：主要处理土层为填土、淤泥，石灰桩污染较严重，挤密碎石桩适用对变形要求不严的地基，均不合适，选项 A、C 错误；根据《建筑地基处理技术规范》（JGJ 79—2012）第 7.3.3 条第 2 款，水泥土搅拌桩的桩间土承载力发挥系数对淤泥质土取 0.1～0.4，桩端端阻力发挥系数取 0.4～0.6，单桩承载力发挥系数取 1.0；第 7.7.2 条第 6 款，CFG 桩的桩间土承载力发挥系数取 0.8～0.9，桩端端阻力发挥系数取 1.0，单桩承载力发挥系数取 0.8～0.9；第 7.4.3 条条文说明，旋喷桩的发挥系数可能有较大的变化幅度，成桩质量不稳定，在同等桩长的情况下，和旋喷桩相比，选择 CFG 桩，可以在复合地基承载力不变的情况下，减小置换率，从而增大桩的间距，选项 B 错误、选项 D 正确。但是对于淤泥来说，应根据地区经验或现场试验确定 CFG 桩的适用性。

23. **答案**：D

解析：《建筑地基处理技术规范》（JGJ 79—2012）第 3.0.4 条第 2 款、第 3.0.7 条、第 7.9.4 条，第 7.9.2 条条文说明。

24. **答案**：B

解析：《建筑地基处理技术规范》（JGJ 79—2012）附录 B。多桩复合地基静载荷试验的压板为方形或矩形，其尺寸按实际桩数所承担的处理面积确定。压板分解为 2 个三角形，底为 $2s_1$，高为 s_2，压板面积为 $2 \times \frac{1}{2} \times 2s_1 \times s_2 = 2s_1s_2$。

25. **答案**：D

解析：《公路隧道设计规范 第一册 土建工程》（JTG 3370.1—2018）第 10.2.2 条第 2 款，选项 A 正确；第 1 款，选项 B 正确；第 3 款，选项 C 正确；第 10.2.3 条，抗渗等级不低于 P8，选项 D 错误。

26. **答案**：A

解析：《铁路隧道设计规范》（TB 10003—2016）第 8.2.5 条第 1 款，超挖部分用同级混凝土回填，选项 A 错误；第 2 款，选项 C 正确；第 3 款，选项 D 正确。第 8.2.5 条条文说明，及时封闭仰拱或底板是保持洞室稳定的关键，选项 B 正确。

27. **答案**：B

解析：《铁路隧道设计规范》（TB 10003—2016）第 8.2.4 条条文说明。

28. **答案**：C

解析：《建筑基坑支护技术规程》（JGJ 120—2012）第 4.8.4 条第 4 款。

29. **答案**：C

解析：《建筑基坑支护技术规程》（JGJ 120—2012）第 4.1.7 条。$b_0 = 0.9 \times (1.5d + 0.5) = 0.9 \times (1.5 \times 1 + 0.5) = 1.8\text{m}$，$b_0$ 大于排桩间距时，取排桩间距 1.2m。

30. **答案**：D

解析：基坑范围比较大，有软土和承压水，从安全和经济合理的原则来考虑，地下连续墙加支撑支护是最合理的，连续墙可以截水和作为挡土构件。

31. **答案**：B

解析：《公路隧道设计规范 第一册 土建工程》（JTG 3370.1—2018）第 11.2.1 条第 1 款，选项 A 正确；第 11.2.2 条第 1 款，选项 D 正确，第 3 款，选项 B 错误；第 11.2.2 条条文说明第 2 款，选项 C 错误。

32. 答案：B

解析：《建筑抗震设计标准》（GB/T 50011—2010）（2024 年版）第 4.3.3 条、第 4.3.4 条。

33. 答案：D

解析：《建筑抗震设计标准》（GB/T 50011—2010）（2024 年版）第 3.2.3 条条文说明，设计地震分组实际上是用来表征地震震级及震中距影响的一个参量，用来代替原来 2002 年版规范中的"设计近震和远震"，它是一个与场地特征周期与峰值加速度有关的参量，选项 A 错误；第 3.2.2 条，7 度区对应的加速度有 0.10g 和 0.15g 两个加速度值，选项 B 错误；第 2.1.7 条，设计特征周期是地震影响系数曲线中下降段起始点对应的周期值，《中国地震动参数区划图》上可以查到的是地震动反应谱特征周期，需要根据场地类别等因素调整后才能得到设计特征周期，选项 C 错误；第 2.1.6 条，选项 D 正确。

34. 答案：B

解析：对于饱和疏松的粉细砂，当受到突发的动力荷载时，一方面由于动剪应力的作用有使体积减小的趋势，另一方面由于短时间来不及向外排水，因此就产生了很大的孔隙水压力，当孔隙水应力等于总应力时，土体内的有效应力为零，发生液化。

35. 答案：C

解析：《中国地震动参数区划图》（GB 18306—2015）附录 A，区划图比例尺为 1：400 万，不应放大使用，选项 A、B 错误；第 6.1.2 条，选项 C 正确；总则 1，本标准适用于一般建设工程的抗震设防区划，选项 D 错误。

36. 答案：C

解析：《水电工程水工建筑物抗震设计规范》（NB 35047—2015）第 4.1.2 条表 4.1.2，水工抗震规范和《建筑抗震设计规范》（GB 50011—2010）（2016 年版）等效剪切波速的计算方法基本一致，水工抗震规范取建基面以下覆盖层各土层的等效剪切波速，用公式 $v_s = d_0 / \sum_{i=1}^{n} (d/v_{si})$ 计算，根据题目条件建基面为中砂层顶面，剪切波速实际上就等于中砂的剪切波速，根据表 4.1.2 判别场地土类别为中硬场地土。

37. 答案：C

解析：《建筑抗震设计标准》（GB/T 50011—2010）（2024 年版）第 3.3.3 条。

38. 答案：A

解析：《建筑基桩检测技术规范》（JGJ 106—2014）附录 F.0.1 条。传感器分为加速度传感器和应变式力传感器，加速度传感器量测桩身测点处的响应，应变式力传感器量测桩身测点处的应变。

39. 答案：B

解析：《建筑基桩检测技术规范》（JGJ 106—2014）第 7.6.1 条。

40. 答案：D

解析：《建筑基坑工程监测技术规范》（GB 50497—2009）第 5.2.1 条、第 5.2.4 条、第 5.2.5 条、第 5.2.11 条。

41. 答案：AD

解析：《铁路工程地质勘察规范》（TB 10012—2019）第 8.2.3 条。

42. 答案：BD

解析：土的前期固结压力是土层在地质历史上所曾经承受过的最大有效应力，回弹再压缩指数是 e-$\lg p$ 曲线回弹圈两端点连线的斜率。

43. 答案：ABC

解析：《岩土工程勘察规范》（GB 50021—2001）（2009 年版）第 10.2.3 条，《建筑地基基础设计规范》（GB 50007—2011）附录 C.0.7、C.0.3。最大加载量不应小于设计要求的 2 倍。

44. 答案：ABC

解析：《岩土工程勘察规范》（GB 50021—2001）（2009 年版）第 10.2.1 条、第 10.2.3 条，《建筑地基基础设计规范》（GB 50007—2011）表 5.2.4。

45. 答案：BC

解析：《土工试验方法标准》（GB/T 50123—2019）第 7.1.1 条第一款，选项 A 错误；第二款，选项 B、C 正确；第 8.1.2 条，移液管法用于颗粒分析试验，选项 D 错误。

46. 答案：CD

解析：《岩土工程勘察规范》（GB 50021—2001）（2009 年版）第 12.2.5 条。

47. 答案：BD

解析：《建筑地基基础设计规范》（GB 50007—2011）第 3.0.5 条、第 3.0.7 条。挡土墙稳定计算和挡土墙的截面设计均采用承载能力极限状态下的基本组合，稳定计算的分项系数取 1.0，截面设计采用相应的分项系数。

48. 答案：ACD

解析：《建筑地基基础设计规范》（GB 50007—2011）第 3.0.5 条，《建筑桩基技术规范》（JGJ 94—2008）第 5.8.8 条、第 5.7.1 条。

49. 答案：AB

解析：《建筑地基基础设计规范》（GB 50007—2011）第 3.0.5 条。地基稳定性和支挡结构的截面验算采用承载能力极限状态。

50. 答案：ABD

解析：强夯的动力密实作用使夯坑周围地面不同程度的隆起，存在动力挤密作用；柱锤冲扩桩和振冲法均为孔内填料通过挤密桩周土体达到地基处理的目的。

51. 答案：BD

解析：提高复合地基的整体滑动稳定性可通过提高桩体和桩间土的抗剪强度来实现，提高桩体的抗压、拉、弯、剪强度均能有效提高复合地基的稳定性。

52. 答案：ACD

解析：《建筑地基处理技术规范》（JGJ 79—2012）第 3.0.2 条、第 3.0.5 条、第 7.1.3 条。CFG 桩在

刚性基础和柔性基础下的发挥机理不同，因此设计时需要考虑基础刚性的影响。

53. **答案：** ACD

　　解析：《建筑地基处理技术规范》（JGJ 79—2012）第 7.5.2 条第 6 款、第 7.5.2 条第 8 款、第 7.5.2 条第 9 款、第 7.5.3 条第 2 款。

54. **答案：** AC

　　解析：《建筑地基处理技术规范》（JGJ 79—2012）第 5.1.3 条、第 5.2.7 条，第 5.2.8 条、第 5.2.12 条条文说明。排水板和砂井的井径比 n 相同时，d_e 和 d_w 可能不同，因此固结度也可能不相同，处理效果也就可能不同。超载预压后，土体的工后沉降由土体未完成的主固结沉降和次固结沉降两部分组成，超载预压卸载时，一般控制在土体平均固结度达到 85%，此时主固结已基本完成，工后沉降主要为次固结沉降。次固结系数一般按常数考虑。现行规范均规避了次固结系数，根据试验表明，次固结系数随时间和荷载水平而变，具体的规律没有很好的共识，Bjerrum 曾指出，土体在次固结的过程中次固结系数不断减小。

55. **答案：** BD

　　解析：强夯不适用流塑黏性土；工程对变形要求比较严格，碎石桩不适用。

56. **答案：** BD

　　解析：对液化地基，可先用碎石桩处理液化土层，再用有黏结强度的桩进行地基处理，旋喷桩不能消除液化，水泥土搅拌桩承载力较低，达不到 300kPa，柱锤冲扩桩通过对桩周土的挤密作用消除液化。

57. **答案：** ACD

　　解析：《建筑基坑支护技术规程》（JGJ 120—2012）第 4.1.10 条。

58. **答案：** AB

　　解析：《建筑基坑支护技术规程》（JGJ 120—2012）第 4.2.1 条、第 4.2.3 条、第 4.2.4 条第 3 款。

59. **答案：** ABC

　　解析：《铁路隧道设计规范》（TB 10003—2016）第 5.1.6 条，当地表水平或接近水平，且隧道覆盖厚度满足 $H < 2.5h_a$ 要求时，应按浅埋隧道设计，H 为隧道拱顶以上覆盖层厚度，h_a 为深埋隧道垂直荷载计算高度，根据附录 D，在计算 h_a 时，需要围岩级别参数，选项 A、B、C 是需要考虑的影响因素。地下水位埋深无影响，选项 D 错误。

60. **答案：** BD

　　解析：《建筑基坑支护技术规程》（JGJ 120—2012）第 4.2.4 条。增加支护桩嵌固深度和加固坑底土体可以提高抗隆起安全系数。

61. **答案：** AB

　　解析：《建筑基坑支护技术规程》（JGJ 120—2012）第 4.1.4 条。

62. **答案：** ABC

　　解析：《工程地质手册》（第五版）第 721 页。

63. **答案：** BC

解析：《建筑抗震设计标准》（GB/T 50011—2010）（2024 年版）第 4.3.7 条。消除地基液化可采用加密法、换填法，长螺旋施工水泥土粉煤灰碎石桩不具有挤密作用，无法消除液化。

64. 答案：BC

解析：《水电工程水工建筑物抗震设计规范》（NB 35047—2015）第 5.4.1 条。一般情况下，水工建筑物做抗震计算时的上游水位可采用正常蓄水位，多年调节水库经论证后可采用低于正常蓄水位的上游水位，选项 A 错误、选项 D 正确；第 5.4.2 条，土石坝的上游坝坡，应根据运用条件选用对坝坡抗震稳定最不利的常遇水位进行抗震设计，需要时应将地震作用和常遇的库水降落工况相组合，选项 B、C 正确。

65. 答案：BD

解析：《建筑抗震设计标准》（GB/T 50011—2010）（2024 年版）第 4.2.1 条第 2 款，地基主要受力层范围内不存在软弱黏性土地层的一般单层厂房和不超过 8 层且高度在 24m 以下的一般民用框架结构可不进行抗震验算，选项 A、C 需要验算；第 1 款，选项 B 不需要验算；产生液化的条件是饱和砂土，选项 D 是松散砂土，没有提及地下水位，又排除了选项 A、C，故选项 D 正确。

66. 答案：ABC

解析：《水利水电工程地质勘察规范》（GB 50487—2008）（2022 年版）附录 P。

67. 答案：AC

解析：《公路工程抗震规范》（JTG B02—2013）第 4.2.4 条、第 4.4.2 条。

68. 答案：ABD

解析：《建筑抗震设计标准》（GB/T 50011—2010）（2024 年版）第 1.0.1 条及条文说明、第 3.1.1 条条文说明，该场地众值烈度为 $0.07g$，基本烈度为 $0.20g$，罕遇烈度为 $0.40g$，$0.07g$ 超越概率为 63%，重现期为 50 年，选项 A 错误；50 年内发生超越概率为 50% 的地震重现周期为 $T = -50/\ln(1-0.5) = 72$ 年，即 75 年发生一次 $0.1g$ 地震的可能性为 50%，选项 B 错误；加速度 $0.2g$ 对应的抗震设防烈度为 8 度，选项 C 正确；罕遇地震设防目标是大震不倒，选项 D 错误。

69. 答案：ACD

解析：《建筑基坑工程监测技术规范》（GB 50497—2009）第 4.1.2 条、第 5.1.1 条、第 6.1.2 条、第 6.1.4 条。

70. 答案：AD

解析：《建筑基桩检测技术规范》（JGJ 106—2014）第 8.1.1 条、第 9.1.1 条。低应变是在桩顶作用一脉冲力后，应力波沿桩身传播，遇到波阻抗变化处将产生反射和透射，根据应力波反射波形特征可以判断桩身介质波阻抗的变化情况。高应变是在桩顶作用一个高能量荷载，使桩和桩周土之间产生相对位移，从而激发出桩侧土的阻力，通过传感器，获得桩的动力响应曲线。

2014 年专业知识试题答案及解析（下午卷）

1. **答案**：D

   解析：增大基础埋深提高承载力，设置地下室形成补偿基础，减小基底附加应力，减小沉降。

2. **答案**：B

   解析：《建筑地基基础设计规范》（GB 50007—2011）第 5.2.4 条。填土在上部结构施工后完成时，承载力计算用的基础埋深从天然地面标高算起；计算基础和填土重时，从室内外平均设计地面算起；计算附加压力时，从天然地面算起。

3. **答案**：B

   解析：独立基础适用于土质均匀、地基承载力较高、竖向荷载较大的情况；地基软弱且在两个方向分布不均匀时，采用扩展基础可能产生较大的不均匀沉降时可采用十字交叉梁基础；筏形基础常用于高层建筑，适用地基承载力较低、不均匀沉降较大的地基；当天然地基不满足时可采用桩基础。

4. **答案**：B

   解析：《土力学》（李广信等，第 3 版，清华大学出版社）第 99 页，三个基础由于基底压力相同，马鞍形分布是由于基底压力超过土的强度后，土体达到塑性状态，基底两端处地基土所承受的压力不会增加，多余的应力自行向中间调整，由于基础不是绝对刚性，反力分布两边大，中间小；倒钟形分布是由于基础两端地基土塑性区不断扩大，反力进一步从基础两端向中间转移，反力分布是两端小，中间大；矩形分布基底压力是均匀分布的，故墙与基础交接的弯矩设计值：马鞍形分布＞均匀分布＞倒钟形分布。

5. **答案**：A

   解析：《建筑地基基础设计规范》（GB 50007—2011）第 5.3.5 条。计算地基变形时，地基内的应力分布可采用各向同性均质线性变形体理论。计算地基中的附加应力时，假定地基土是各向同性的、均质的、线性变形体，而且在深度和水平方向上是无限的。由于地表是临空的，这样就可以把地基土看成均质各向同性的线性变形半无限空间体，从而可以应用弹性力学中的弹性半无限空间理论解答。

6. **答案**：D

   解析：《建筑地基基础设计规范》（GB 50007—2011）第 8.2.7 条。

7. **答案**：A

   解析：《建筑桩基技术规范》（JGJ 94—2008）第 5.1.1 条及条文说明。桩顶竖向和水平力的计算对柱下独立桩基，按承台为刚性板和反力呈线性分布的假定。根据公式：

   $$N_{ik} = \frac{F_k + G_k}{n} \pm \frac{M_{xk}y_i}{\sum y_j^2} \pm \frac{M_{yk}x_i}{\sum x_j^2}$$

   距离竖向力合力作用点最远的基桩，其桩顶竖向作用力计算值最小，公式中取 "−" 号。

8. **答案**：C

   解析：《建筑桩基技术规范》（JGJ 94—2008）第 5.2.4 条、第 5.2.5 条。

9. **答案：D**

   解析： 提高混凝土的强度，桩体刚度在开始段随着混凝土强度的增大而快速增加，而后增加速度越来越慢，通过提高混凝土强度等级对提高桩体刚度作用有限，提高水平承载力的作用有限；增大直径使桩体的截面模量增大，桩体抗弯刚度增大，是提高水平承载力最有效的措施；提高桩侧土的抗剪强度使桩侧土的水平抗力系数的比例系数 m 增大，桩的水平变形系数 a 增大，水平承载力增加；桩端土的抗剪强度和水平承载力无关。

10. **答案：B**

    解析：《建筑桩基技术规范》（JGJ 94—2008）第 3.3.1 条。摩擦端承桩的桩顶荷载主要由桩端阻力承担，端承摩擦桩的桩顶荷载主要由桩侧阻力承担。端承型群桩，持力层刚性，桩端贯入变形小，由桩身压缩引起的桩顶沉降不大，承台底面土反力小，端承型群桩基础中基桩的工作性状近似接近单桩，端承型群桩的承载力近似等于各单桩之和；摩擦型群桩基础由于应力扩散和承台效应，承载力不等于单桩之和。

11. **答案：C**

    解析：《公路桥涵地基与基础设计规范》（JTG 3363—2019）第 6.2.6 条第 2 款，选项 A 错误；第 6.2.6 条第 5 款，桩直径大于 1m 时，边桩外侧与承台边缘的距离不应小于 0.3 倍桩径（或边长）且应不小于 500mm，即该距离应不小于 500mm，选项 D 错误；第 6.2.2 条第 3 款，选项 C 正确；第 6.2.8 条第 1 款，选项 B 错误。

12. **答案：C**

    解析：《铁路桥涵地基和基础设计规范》（TB 10093—2017）第 6.3.2 条第 2 款，钻孔灌注摩擦桩的中心距不应小于 2.5 倍设计桩径。

13. **答案：B**

    解析：《建筑地基基础设计规范》（GB 50007—2011）第 8.5.3 条第 5 款、第 8.5.12 条。

14. **答案：B**

    解析：《建筑桩基技术规范》（JGJ 94—2008）第 4.1.6 条。

15. **答案：A**

    解析：《建筑边坡工程技术规范》（GB 50330—2013）第 8.4.1 条条文说明图 4。

16. **答案：C**

    解析： 朗肯理论的基本假设是墙背竖直光滑，墙后土体水平，计算结果主动土压力偏大，被动土压力偏小，库仑理论的基本假设是假定滑动面为平面，滑动楔体为刚性体，计算结果主动土压力比较接近实际，而被动土压力误差较大，当墙背与竖直面的夹角大于 $45°-\varphi/2$ 时，滑动块体不是沿着墙背面滑动，而是在填土中产生第二滑裂面。

17. **答案：C**

    解析：《建筑边坡工程技术规范》（GB 50330—2013）第 9.1.1 条条文说明和第 9.1.2 条。

18. **答案：C**

解析：《铁路路基支挡结构设计规范》（TB 10025—2019）第 13.2.2 条，选项 A 正确；第 13.2.7 条条文说明，选项 B 正确；当滑体为砾石类土或块石类土时，下滑力为三角形分布，选项 C 错误；第 13.2.3 条条文说明，选项 D 正确。

19. **答案：C**

解析：《铁路路基设计规范》（TB 10001—2016）第 12.4.5 条第 1 款，选项 A 正确；从河流作用角度考虑，冲刷防护工程应与上下游岸坡平顺连接，以避免河流对防护工程的强烈冲刷作用，端部嵌入岸壁足够深度以保证冲刷防护工程的整体稳定性，选项 B 正确；冲刷防护工程的工程顶面高程的设计，应考虑到设计水位、波浪侵袭高及安全高度，选项 C 错误；第 12.4.2 条第 2 款，浆砌片石用于受主流冲刷，流速不大于 8m/s，波浪作用强烈的地段，第 12.4.4 条，浆砌片石护坡厚度不宜小于 0.3m，选项 D 正确。

20. **答案：D**

解析：《碾压式土石坝设计规范》（NB/T 10872—2021）第 6.6.4 条第 2 款，选项 A 正确；第 6.6.7 条，选项 B 正确；第 6.6.4 条第 4 款，选项 C 正确；第 6.6.8 条，选项 D 错误。

21. **答案：D**

解析：《公路路基设计规范》（JTG D30—2015）第 5.5.2 条，选项 A、B 正确；第 5.5.3 条，选项 C 正确，D 错误。

22. **答案：C**

解析：土石坝防渗稳定处理遵循"上挡下排"的原则，上游设置挡水体，下游设置排水体，对坝基可采用灌浆帷幕处理。

23. **答案：C**

解析：高水位快速下降，迎水坡土体内部水向外渗流，渗透力增加滑动力矩，对边坡稳定不利。

24. **答案：B**

解析：滑坡将要滑动的时候，由于拉力的作用，在滑坡体后缘产生张拉裂缝，张拉裂缝的出现是产生滑坡的前兆。

25. **答案：B**

解析：根据极射赤平投影原理，A 层面与坡面倾向相近，倾角大于坡角，此时为基本稳定；B 层面与坡面倾向相近，倾角小于坡脚，此时为不稳定；C 层面与坡面倾向相反，此时为稳定；D 层面与坡面倾向夹角大于 45°，此时为稳定。

26. **答案：C**

解析：《公路路基设计规范》（JTG D30—2015）表 7.9.6-2。

27. **答案：D**

解析：湿陷性黄土含水量降低，湿陷性减小；花岗岩类残积土含水量对建筑物影响不大；盐渍土含水量降低，强度增加；膨胀土含水量降低，将产生收缩变形，导致建筑物产生裂缝。

28. **答案：A**

解析：《岩土工程勘察规范》（GB 50021—2001）（2009 年版）第 6.7.4 条第 3 款、表 6.8.4；《湿陷性黄土地区建筑规范》第 4.1.9 条。

29. **答案：A**

解析：《工程地质手册》（第五版）第 600、601 页。对以盐胀性为主的盐渍土可采用换填、设置地面隔热层、设变形缓冲层、化学处理方法进行处理。

30. **答案：C**

解析：《岩土工程勘察规范》（GB 50021—2001）（2009 年版）附录 A 表 A.0.3，$N \geqslant 50$ 为强风化，$50 > N \geqslant 30$ 为全风化，$N < 30$ 为残积土。

31. **答案：C**

解析：《膨胀土地区建筑技术规范》（GB 50112—2013）第 5.3.5 条第 3 款。

32. **答案：A**

解析：《城市轨道交通岩土工程勘察规范》（GB 50307—2012）第 12.5.5 条。自由膨胀率 60% 为中等，蒙脱石含量 10% 为弱，阴阳离子交换量 200mmol/kg 为弱，两项满足弱，膨胀潜势为弱。

33. **答案：A**

解析：《生活垃圾卫生填埋处理技术规范》（GB 50869—2013）第 4.0.2 条。

34. **答案：C**

解析：《工程地质手册》（第五版）第 555 页，膨胀土的微观结构为面—面连接的叠聚体，比团粒结构具有更大的吸水膨胀和失水收缩的能力。

35. **答案：C**

解析：《中华人民共和国安全生产法》第九十四条。

36. **答案：A**

解析：《中华人民共和国安全生产法》第八十三条。

37. **答案：D**

解析：《地质灾害防治条例》第四十三条。

38. **答案：C**

解析：《中华人民共和国招标投标法》第十三～十五条。

39. **答案：A**

解析：《建设工程质量检测管理办法》附件一。

40. **答案：D**

解析：《实施工程建设强制性标准监督规定》第十条。

....

41. **答案：BC**

解析：《建筑地基基础设计规范》（GB 50007—2011）第 5.2.5 条。

42. **答案：BCD**

    解析：《建筑地基基础设计规范》（GB 50007—2011）第 7.1.3 条、第 7.1.4 条、第 7.3.1 条、第 7.4.2 条。

43. **答案：BCD**

    解析：《建筑地基基础设计规范》（GB 50007—2011）第 8.4.14 条。

44. **答案：ACD**

    解析：根据土力学基本原理，自重应力从地面算起，见解图，3m 处 $P_Z = 3 \times 20 = 60$ kPa；4m 处 $P_Z = 3 \times 20 + 1 \times 10 = 70$ kPa；7m 处 $P_Z = 5 \times 20 + 2 \times 20 = 140$ kPa；10m 处 $P_Z = 140 + 3 \times 20 = 200$ kPa。

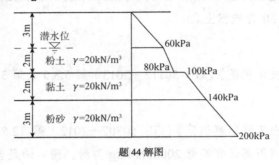

题 44 解图

45. **答案：BCD**

    解析：《建筑地基基础设计规范》（GB 50007—2011）第 4.2.2 条。

46. **答案：CD**

    解析：《建筑桩基技术规范》（JGJ 94—2008）第 5.5.6 条。

47. **答案：BC**

    解析：《建筑桩基技术规范》（JGJ 94—2008）第 5.8.2 条~第 5.8.5 条。

48. **答案：ACD**

    解析：《建筑桩基技术规范》（JGJ 94—2008）第 3.4.6 条。

49. **答案：AC**

    解析：《建筑桩基技术规范》（JGJ 94—2008）第 4.1.3 条。扩底桩直径与桩身直径之比 D/d 挖孔桩不应大于 3，扩底端侧面的斜率 a/h_c 粉土可取 1/2~1/3，即 $D \leqslant 3d = 3$m，$h_c = (2 \sim 3)a = (2 \sim 3) \times \frac{D-d}{2}$，$D = 1.6$m 时，$h_c = (2 \sim 3) \times \frac{1.6-1}{2} = 0.6 \sim 0.9$m，$D = 2.0$m 时，$h_c = (2 \sim 3) \times \frac{2-1}{2} = 1 \sim 1.5$m，$D = 3$m 时，$h_c = (2 \sim 3) \times \frac{3-1}{2} = 2 \sim 3$m。

50. **答案：ACD**

    解析：《公路桥涵地基与基础设计规范》（JTG 3363—2019）第 7.2.4 条，沉井刃脚不宜采用混凝土结构，选项 A 正确；第 7.1.1 条，表面倾斜较大的岩层上不宜采用沉井基础，选项 B 错误；第 7.3.2 条条文说明，选项 C 正确；第 7.2.3 条，选项 D 正确。

51. **答案：AB**

    解析：《建筑桩基技术规范》（JGJ 94—2008）第 6.7.4 条、6.7.5 条条文说明。确保最佳注浆量是保证桩的承载力增幅达到要求的重要因素；第 6.7.6 条及条文说明规定，终止注浆的条件是为了确保后注浆的效果和避免无效过量注浆。

52. 答案：AD

   解析：《建筑桩基技术规范》（JGJ 94—2008）第 7.5.8 条。

53. 答案：AC

   解析：《建筑边坡工程技术规范》（GB 50330—2013）第 10.3.1 条、第 10.3.2 条。

54. 答案：ABD

   解析：延长年限就有必要降低渗透系数、渗透坡降和增大墙的厚度。

55. 答案：BC

   解析：土的击实试验表明当含水量较小时，土的干密度随着含水量增加而增大，当达到某一定值时，随含水量增加土的干密度减小，此时的含水量为最优含水量，干密度为最大干密度，对应土中的孔隙体积最小，孔隙比最小。

56. 答案：ACD

   解析：《铁路路基支挡结构设计规范》（TB 10025—2019）第 6.1.3 条，选项 A 正确；根据工程经验，填料为砂性土，排水顺畅，不需考虑墙背动水压力，选项 B 错误；第 6.3.1 条第 2 款表 6.3.1-1，选项 C 正确；第 6.2.1 条第 2 款，选项 D 正确。

57. 答案：ABD

   解析：《碾压式土石坝设计规范》（NB/T 10872—2021）第 3.0.1 条，100m 高的坝，为高坝；第 5.2.5 条第 3 款，选项 A 不宜；第 2 款，选项 D 不宜；第 5.2.6 条，选项 B 不宜。

58. 答案：ACD

   解析：《工程地质手册》（第五版）第 571～573 页。膨胀土地区可采用地基处理、宽散水、设置沉降缝等工程措施。

59. 答案：ABC

   解析：《公路路基设计规范》（JTG D30—2015）第 7.3.3 条，对路基有危害的危岩体，应清除或采取支撑、预应力锚固等措施，选项 A、B、C 正确；喷射混凝土属于路基的坡面防护，不能处理危岩，选项 D 错误。

60. 答案：ACD

   解析：滑坡滑动的原因是滑坡体最后一个条块的剩余下滑力大于 0，滑动力大于抗滑力，选项 A 错误；地震力一般作为不利情况考虑，选项 B 正确；反翘的抗滑段，地下水上升至滑面以上时，滑面处的静水压力一部分转化为滑动力，一部分转化为抗滑力，选项 C 错误；主滑段进行削方减载减小滑体自重，减小下滑力，同时由于削方，滑动面上由滑体自重引起的摩擦力减小，抗滑力也减小，选项 D 错误；并不是所有的滑坡都可以削方减载，比如牵引式滑坡或滑带土具有卸荷膨胀性的滑坡，不能削方减载。

61. 答案：ACD

   解析：《工程地质手册》（第五版）第 593～595 页。硫酸盐渍土有较强的腐蚀性，氯盐渍土具有一定的腐蚀性；盐渍土的含水量较低且含盐量较高时其抗剪强度就较高；盐渍土的起始冻结温度随溶液的浓度增大而降低，且与盐的类型有关；盐渍土的盐胀性主要是由于硫酸盐渍土中的无水芒硝吸水变成芒硝，体积增大。

62. 答案：BC

解析：《湿陷性黄土地区建筑标准》（GB 50025—2018）第 4.3.1 条第 5 款，浸水前后的稳定标准是相同的，选项 A 错误；第 4.3.4 条第 5、6 款，选项 B 正确；第 4.3.3 条第 2 款，选项 C 正确；第 4.3.2 条第 4 款，应根据基底压力及土样深度选择试验压力，选项 D 错误。

63. 答案：AB

解析：《湿陷性黄土地区建筑标准》（GB 50025—2018）第 4.3.7 条第 2 款，选项 A、B 正确；第 3 款，稳定标准以最后 5 天的平均湿陷量小于 1mm/天为准，与浸水量无关，选项 C 错误；第 6 款，停止浸水后观测到的沉降应计入自重湿陷量实测值，选项 D 错误。

64. 答案：AB

解析：《公路路基设计规范》（JTG D30—2015）第 7.5.2 条，渡槽属排导措施，格栅坝属拦截措施。

65. 答案：BC

解析：《建设工程安全生产管理条例》第二十一条。

66. 答案：BCD

解析：《建筑安装工程费用项目组成》（建标〔2013〕44 号），按构成要素分类。

67. 答案：ACD

解析：《地质灾害防治条例》第二十四条。

68. 答案：ABC

解析：《中华人民共和国民法典》第五百八十三条，选项 A 正确；第五百八十四条，选项 B 正确；第五百八十五条，选项 C 正确、选项 D 错误。

69. 答案：AD

解析：《勘察设计注册工程师管理规定》第六条、第七条、第十条、第十五条。

70. 答案：ACD

解析：《注册土木工程师（岩土）执业及管理工作暂行规定》第 3.3 条、第 3.4 条和第 3.7 条。

2016 年专业知识试题答案及解析（上午卷）

1. 答案：C

解析：《岩土工程勘察规范》（GB 50021—2001）（2009 年版）第 9.4.2 条表 9.4.2。从表可以看出，薄壁自由活塞式取土器可以取得 I、II 级土试样。第 9.4.1 条条文说明第 2 款，回收率是土样长度与取土器贯入孔底以下的深度之比，根据回收率的定义，回收率大于 1.0，土样长度大于取土长度，表明土样膨胀隆起；回收率小于 1.0，土样长度小于取土长度，表明土样受挤压。一般认为不扰动土样的回收率介于 0.95～1.0，题目中回收率为 0.96，可认为是不扰动的 I 级土试样，C 正确。

2. 答案：B

解析：《岩土工程勘察规范》（GB 50021—2001）（2009 年版）第 11.3.1 条。当采用压缩模量进行沉降计算时，固结试验最大压力应大于土的有效自重压力与附加压力之和，B 正确。

3. 答案：B

解析：《岩土工程勘察规范》（GB 50021—2001）（2009 年版）第 12.2.1 条表 12.2.1 注 3。表中数值适用于水的腐蚀性评价，对土的腐蚀性评价，应乘以 1.5 的系数；单位以 mg/kg 表示。

4. 答案：B

解析：《建筑工程地质勘探与取样技术规程》（JGJ/T 87—2012）附录 G 中的表 G.0.1。根据表可以判定为粉质黏土。

5. 答案：D

解析：玫瑰图是自圆心沿半径引射线，射线上线段的长度代表每组节理的条数，射线的方向代表每组节理的走向，然后用折线把射线上线段的端点连接起来，即为节理玫瑰图，选项 D 正确。

6. 答案：C

解析：《铁路工程不良地质勘察规程》（TB 10027—2022）附录 B 中的表 B.0.3，滑移式崩塌岩性多为软硬相间的岩层，地形陡坡通常大于 55°，有倾向临空面的结构面，选项 C 正确。

7. 答案：D

解析：《水利水电工程地质勘察规范》（GB 50487—2008）（2022 年版）附录 Q.0.1 条，选项 A 正确；表 Q.0.2，岩石强度应力比 R_b/σ_m 越小，岩爆分级越高，岩爆强度越大，选项 B 正确；附录 Q.0.1 条条文说明，根据有关研究结果，最大主应力、岩体节理的夹角与岩爆有密切关系，在其他条件相同的情况下，夹角越小，岩爆越强烈，可见夹角与岩爆强度负相关，选项 D 错误；深埋隧道的初始地应力较高，在相同的条件下，埋深越大，越容易发生岩爆，选项 C 正确。

8. 答案：D

解析：《土力学》（李广信等，第 3 版，清华大学出版社）第 59 页。土的性质对渗透系数的影响主要有粒径大小与级配、孔隙比、矿物成分、结构、饱和度 5 个方面的因素，选项 A、C 正确；水的性质对渗透系数的影响主要是由于黏滞性不同引起的，温度升高，水的黏滞性下降，渗透系数变大，温度降低，水的黏滞性升高，渗透系数减小，选项 B 正确；压力水头与土层渗透系数的大小无关，选项 D 错误。

9. **答案**：B

解析：《土力学》（李广信等，第 3 版，清华大学出版社）第 76 页。临界比降$i_{cr} = \gamma'/\gamma_w = (19-10)/10 = 0.9$。

10. **答案**：B

解析：《建筑工程地质勘探与取样技术规程》（JGJ/T 87—2012）第 5.5.1 条表 5.5.1。黏土层采取率 ≥ 90%，完整岩层采取率 ≥ 80%，地下水位以下的粉土层采取率 ≥ 70%，B 正确。

11. **答案**：B

解析：《岩土工程勘察规范》（GB 50021—2001）（2009 年版）第 10.5.3 条第 3 款。当锤击数已达 50，而贯入深度未达 30cm 时，$N = 30 \times 50/\Delta S = 1500/20 = 75$，选项 B 正确。

12. **答案**：D

解析：《工程地质手册》（第五版）第 83 页表 2-5-4。$\rho_1 > \rho_2 < \rho_3$，由表可以判断曲线类型为 H 型，选项 D 正确。

13. **答案**：B

解析：《水利水电工程地质勘察规范》（GB 50487—2008）（2022 年版）第 6.3.2 条第 3 款第 4 项，当下伏基岩埋深小于坝高时，钻孔进入基岩深度不宜小于 10m，选项 B 正确。

14. **答案**：C

解析：《建筑地基基础设计规范》（GB 50007—2011）第 3.0.5 条，变形计算采用正常使用极限状态下的准永久组合，不计入风荷载和地震作用。《建筑结构荷载规范》（GB 50009—2012）第 3.1.2 条第 1 款，对永久荷载采用标准值作为代表值；第 3.1.6 条，正常使用极限状态按准永久组合设计时，采用可变荷载的准永久值作为代表值，可变荷载的准永久值应为可变荷载标准值乘以准永久值系数，选项 C 正确。

15. **答案**：B

解析：《工程结构可靠性设计统一标准》（GB 50153—2008）第 4.3.1 条。对短暂设计状况和地震设计状况，可根据需要进行正常使用极限状态设计，选项 B 错误。

16. **答案**：A

解析：《建筑地基基础设计规范》（GB 50007—2011）第 3.0.1 条。软土地区建筑，7 层、12 层住宅为乙级，高层住宅为甲级，地下车库基坑为甲级，选项 A 错误。

17. **答案**：C

解析：《建筑地基处理技术规范》（JGJ 79—2012）第 7.3.1 条。搅拌桩不适合含大孤石或障碍物较多且不易清除的杂填土，选项 A 错误；第 6.3.3 条表 6.3.3-1，单击夯击能 1000kN·m 的有效加固深度约为 4.0m，达不到题目要求，选项 B 错误；第 7.8.1 条，柱锤扩桩法适用于处理杂填土、粉土、黏性土、素填土地基，有效加固深度达 10m，满足要求，选项 C 正确；第 7.7.1 条，CFG 桩不适合杂填土地基，选项 D 错误。

18. **答案**：B

解析：由于结构已经封顶，选项 A、C、D 三种方法没有足够的施工空间，无法在封顶后进行施工；

锚杆静压桩法是加固这类地基的常用方法，通常先在基础上开孔，然后在需要加固的一侧压入预制桩，提高置换率，提高承载力，减小沉降等，选项 B 正确。

19. 答案：D

解析： C20 混凝土立方体抗压强度标准值为 20MPa，桩间土承载力发挥系数 β 和单桩承载力发挥系数 λ 均取 1.0，桩身强度折减系数 η 可取 0.5，根据复合地基桩土应力比的定义：

$$n = \frac{\lambda f_{pk}}{\beta f_{sk}} = \frac{R_a}{A_p f_{sk}} = \frac{\eta f_{cu}}{f_{sk}} = \frac{0.5 \times 20000}{80} = 125$$

20. 答案：C

解析：《建筑地基处理技术规范》（JGJ 79—2012）第 8.2.3 条第 1 款，选项 B 正确；第 8.3.2 条第 1 款，硅化浆液注浆施工加固既有建筑物地基时，应采用沿基础侧向先外排、后内排的施工顺序，选项 C 错误；第 8.2.1 条条文说明，地层中有较大裂隙、溶洞，耗浆量很大或有地下水活动时，宜采用水泥砂浆，选项 D 正确；水泥水玻璃浆广泛用于地基、大坝、隧道、桥墩、矿井等建筑工程，适用于隧道涌水、突泥封堵，在地下水流速较大的地层中采用可达到快速堵漏的目的，也可以用于防渗和加固灌浆，是隧道施工常用的注浆方法，选项 A 正确。

21. 答案：D

解析： 真空预压法是在需要加固的软土地基表面先铺设砂垫层，然后埋设垂直排水管道，再用不透气的封闭膜使其与大气隔绝，薄膜四周埋入土中，通过砂垫层内埋设的吸水管道，用真空装置进行抽气，使其形成真空，增加地基的有效应力。《建筑地基处理技术规范》（JGJ 79—2012）第 5.3.11 条，滤水管（波纹管）应埋设在砂垫层中，可同时起到传递真空压力和集水的作用；第 5.3.12 条及条文说明，密封膜宜铺设三层，最下一层和砂垫层相接，膜容易刺破，最上一层膜和空气接触，易受到环境影响，如老化、刺破等，而中间一层膜是最安全最起作用的一层膜。综合上述，选项 D 正确。

22. 答案：D

解析：《地基处理手册》（第三版）第 370 页。聚氨酯是采用多异氰酸酯和聚醚树脂等作为主要原料，再掺各种外加剂配置而成，在灌入地层后，遇水即反应生成聚氨酯泡沫，起加固地基和防渗堵漏等作用，选项 A 错误；第 375 页表 9-11，水玻璃（含水硅酸钠）常作为速凝剂，对浆液起到加速凝结的作用，当需要减缓凝结时间时需要加入缓凝剂，选项 C 错误；注浆用水应是可饮用的井水、河水等清洁水，含有油脂、糖类、酸性大的沼泽水、海水和工业生活废水不应采用，选项 B 错误；由于浆液的析水作用，注浆加固体会产生收缩，可加入适量膨胀剂，选项 D 正确。

23. 答案：B

解析：《建筑地基处理技术规范》（JGJ 79—2012）第 7.3.1 条条文说明。水泥土的抗压强度随水泥掺入比增加而增大，选项 B 正确。

24. 答案：C

解析：《土力学与基础工程》（高大钊，中国建筑工业出版社）第 98 页。固结度是时间因数的函数，从时间因数的各个因素可以分析出固结度与以下因素有关：①渗透系数 k 越大，越容易固结；②土的压缩性越小，越密实，越容易固结（土骨架发生较小的变形能分担较大的外荷载，因此孔隙体积无须变化太大，不需要排较多的水）；③时间 t 越长，固结越充分；④渗流路径 H 越大，孔隙水越难排出土层。液性指数与土的含水量有关，含水量越大液性指数越大，土越软，在固结时需要排出的水越多，影响固结，选项 A 正确；淤泥的厚度影响渗流路径，选项 B 正确；淤泥的渗透系数影响时间因数，选项 D 正确；固结度与预压荷载无关，选项 C 错误。

25. **答案：** A

解析：《土力学》（李广信等，第 3 版，清华大学出版社）第 252 页。对于朗肯理论，假定墙背光滑竖直，计算的主动土压力系数偏大，相应的主动土压力也偏大。

26. **答案：** C

解析： $E_w = \frac{1}{2}\gamma_w H^2 = 0.5 \times 10 \times 10^2 = 500\text{kN/m}$。

27. **答案：** C

解析：《公路隧道设计规范 第一册 土建工程》（JTG 3370.1—2018）第 6.2.2 条第 1 款公式，垂直均布压力与围岩重度、围岩级别、隧道宽度有关，隧道开挖宽度越大，q 越大，选项 C 正确。

28. **答案：** D

解析： 盾构法是以盾构机为施工机械在地面以下暗挖修筑隧道的一种施工方法，选项 A 正确，盾构机械根据前端的构造形式和开挖方式的不同可分为全面开放型、部分开放型、密闭型和混合型。全面开放型盾构包括人工开挖式、半机械开挖式和机械开挖式，密闭型包括泥水平衡盾构和土压平衡盾构，选项 B、C 正确。盾构机的组成包括三部分，前部的切口环，中部的支撑环以及后部的盾尾，选项 D 错误。

29. **答案：** C

解析：《建筑基坑支护技术规程》（JGJ 120—2012）第 4.12.2 条。作用在后排桩上的主动土压力和前排桩嵌固段上的土反力计算与单排桩一致，A 正确，C 错误；第 4.12.8 条，B 正确，第 4.12.7 条条文说明，双排桩刚架结构前、后排桩沉降差对结构的内力、变形影响很大，D 正确。

30. **答案：** A

解析：《铁路隧道设计规范》（TB 10003—2016）第 12.3.7 条条文说明，含瓦斯地层的隧道，一般采用有仰拱的封闭式衬砌或复合衬砌，以混凝土整体模筑，选项 A 错误。第 12.3.7 条第 2 款，二次衬砌厚度不应小于 40cm，并根据瓦斯赋存（排放）条件、围岩注浆、初期支护封闭瓦斯效果，还可选择设置瓦斯隔离层、衬砌背后注浆、二次衬砌抗渗混凝土等瓦斯防治措施，但 2016 年版规范并未规定初期支护的混凝土厚度，选项 B、D 正确；第 3 款，选项 C 正确。

31. **答案：** D

解析：《公路隧道设计规范 第一册 土建工程》（JTG 3370.1—2018）第 13.1.1 条及条文说明，当隧道通过涌水地段时，应采取辅助措施，涌水处理措施主要有注浆止水、超前钻孔排水、超前导洞排水、井点降水、深井降水等，选项 A、B、C 正确；第 8.4.1 条，当采用复合式衬砌时，初期支护宜采用喷射混凝土、锚杆、钢筋网和钢架等支护措施，二次衬砌宜采用模筑混凝土或模筑钢筋混凝土，可在初期支护与二次衬砌之间设置防水层，选项 D 错误。

32. **答案：** B

解析：《建筑抗震设计标准》（GB/T 50011—2010）（2024 年版）第 3.3.4 条第 1 款，选项 A 正确；第 2 款，选项 B 错误；第 4.4.4 条，选项 C 正确；第 4.2.2 条，选项 D 正确。

33. 答案：A

解析：《公路工程抗震规范》（JTG B02—2013）第 4.3.3 条。用未经杆长修正的实测锤击数与标准贯入锤击数临界值比较，判别液化，选项 A 正确。

34. 答案：C

解析：《建筑抗震设计标准》（GB/T 50011—2010）（2024 年版）第 5.2.1 条。α_1 为相应于结构基本自振周期的水平地震影响系数，选项 C 正确。

35. 答案：A

解析：纵波又称为 P 波，质点振动方向与震波前进方向一致，靠介质的扩张与收缩传递，在地壳内一般以 5～6km/s 的速度传播，能引起地面上下颠簸（竖向振动）；横波又称为 S 波，质点振动方向垂直于波的传播方向，为各质点间发生的周期性剪切振动，传播速度为 3～4km/s。与纵波相比，横波的周期长、振幅大、波速慢，引起地面发生左右晃动；面波又称 L 波，在地面或地壳表层各不同地质层界面处传播的波称为面波。它是纵波和横波在地表相遇产生的混合波。波速：纵波＞横波＞面波。选项 A 正确。

36. 答案：D

解析：《建筑结构抗震设计》（李国强，第 2 版，中国建筑工业出版社）第 37 页。不同场地类别的情况下，场地越软，地震动主要频率和成分越小（主要周期成分越长），因而地震反应谱的"峰"对应的周期越长，软弱土场地反应谱峰值＞中硬土场地反应谱峰值＞岩石场地反应谱峰值，选项 D 正确。

37. 答案：C

解析：《建筑抗震设计标准》（GB/T 50011—2010）（2024 年版）第 1.0.1 条条文说明。

38. 答案：C

解析：《建筑基桩检测技术规范》（JGJ 106—2014）第 3.3.3 条第 1 款，对混凝土桩桩身进行完整性检测时，其他桩基工程，检测数量不应小于总桩数的 20%，且不应小于 10 根，检测数量为 20 根；第 2 款，每个柱下承台检测桩数不应小于 1 根，100/4＝25 个承台，检测数量为 25 根，总的检测数量不应少于 25 根，选项 C 正确。

39. 答案：C

解析：《建筑地基处理技术规范》（JGJ 79—2012）第 7.7.4 条第 3 款，复合地基静载荷试验和单桩静载荷试验的数量不应小于总桩数的 1%，且每个单体工程的复合地基静载荷试验的试验数量不应小于 3 点，选项 A、B 正确，选项 C 错误；第 4 款，选项 D 正确。

40. 答案：B

解析：《工程地质手册》（第五版）第 1202 页。

$u = K(f_0^2 - f^2) = 5.25 \times 10^{-5} \times (3000^2 - 3050^2) = -16\text{kPa}$，为负值，说明水位上升 1.6m。

....

41. 答案：CD

解析：《建筑工程地质勘探与取样技术规程》（JGJ/T 87—2012）第 5.2.2 条表 5.2.2，中等风化的石灰岩属于硬质岩石，钻孔口径应大于 59mm，选项 A 错误；第 5.4.4 条，选项 B 错误；第 5.5.3 条第 2 款，选项 C 正确；第 5.3.2 条，选项 D 正确。

本题纠结于中等风化的石灰岩属于硬质岩还是软质岩，未风化的石灰岩为硬质岩，根据《工程地质手册》（第五版）第 19 页表 1-3-5，中等风化～强风化的坚硬岩或较硬岩定性分类为软质岩。由于中等风化石灰岩的强度差异较大，根据实际工程经验，中风化的石灰岩抗压强度大于 30MPa，应属于硬质岩，这就出现了教材和实践不一致的情况，导致了选项 A 不明确，有争议。

42. 答案：ABC

  解析：《公路工程地质勘察规范》（JTG C20—2011）第 5.13.8 条第 2 款，选项 A 正确；根据附录 D，选项 B 为硬质岩极高初始地应力，选项 C 为软质岩高初始地应力，再根据 5.13.8 条第 3 款判断，选项 B、C 正确；选项 D 不需要修正。

43. 答案：BC

  解析：《建筑工程地质勘探与取样技术规程》（JGJ/T 87—2012）第 4.0.1 条第 2 款，选项 A 错误、选项 B 正确；第 5.2.3 条，选项 C 正确；第 10.0.3 条，选项 D 错误。

44. 答案：CD

  解析：《建筑工程地质勘探与取样技术规程》（JGJ/T 87—2012）第 5.4.2 条第 2 款，选项 A 错误；第 5 款，选项 B 错误；第 4 款，选项 C 正确；第 3 款，选项 D 正确。

45. 答案：ABC

  解析：《水运工程岩土勘察规范》（JTS 133—2013）第 11.0.3.1 条第 1 款，地下水试样在混凝土结构和钢结构所在位置采取，每个场地不少于 3 件，选项 B 错误；当土中盐类成分和含量分布不均匀时分层取样，每层不少于 3 件，选项 C 错误；《岩土工程勘察规范》（GB 50021—2001）（2009 年版）第 12.1.1 条，当有足够经验或充分资料，认定工程场地及其附近的土或水对建筑材料为微腐蚀时，可不取样试验进行腐蚀性评价，可见并不是每个场地都应取水试样进行腐蚀性判别，选项 A 错误；选项 D 为《港口岩土工程勘察规范》（JTS 133-1—2010）第 11.4.1.2 条第 1 款内容，该规范已被《水运工程岩土勘察规范》（JTS 133—2013）代替。

46. 答案：ABD

  解析：《铁路工程不良地质勘察规程》（TB 10027—2022）附录 F.0.2，单位时间涌出的瓦斯量叫绝对瓦斯涌出量，煤层的瓦斯含量是影响瓦斯涌出量的决定因素，根据绝对瓦斯涌出量计算公式可以看出，煤层的厚度越大，绝对瓦斯涌出量越大，选项 A 正确。隧道穿越煤层的长度、宽度越大，隧道在煤层中的断面越大，绝对瓦斯涌出量越大，选项 B 正确。煤层中的水分含量越低，对瓦斯的吸附能力越强，煤的灰分含量越低，含杂质越少，对瓦斯的吸附能力越大，由公式也可以看出，水分、灰分含量越小，残余瓦斯含量 W_c 越大，相应的绝对瓦斯涌出量越小；水分、灰分含量越大，残余瓦斯含量 W_c 越小，相应的绝对瓦斯涌出量越大，呈正相关关系，选项 C 错误；由公式可以看出，绝对瓦斯涌出量与温度无关，选项 D 正确。

47. 答案：BCD

  解析：《建筑桩基技术规范》（JGJ 94—2008）第 3.1.7 条第 2 款，选项 A 错误、选项 B 正确；第 4 款，选项 C 正确；第 1 款，选项 D 正确。

48. 答案：AD

  解析：《工程结构可靠性设计统一标准》（GB 50153—2008）附录 A.1.2 条，选项 A 正确；A.1.3 条，选项 B 错误；A.2.1 条，选项 C 错误；A.3.3 条，选项 D 正确。

49. 答案：ABD

解析：《建筑地基基础设计规范》（GB 50007—2011）第 3.0.5 条第 4 款，选项 A、B 正确；第 2 款，选项 C 错误；第 3 款，选项 D 正确。

50. 答案：AC

解析：《建筑地基处理技术规范》（JGJ 79—2012）第 5.2.20 条，真空预压竖向排水通道宜穿透软土层，但不应进入下卧透水层，选项 B 错误。减小砂井间距或增大砂井直径，相当于增大了排水面积，有利于提高固结速率，选项 C 正确。排水砂垫层由中砂改为粗砂作用不明显，砂垫层主要是汇水和导水的作用，选项 D 错误。根据土力学知识，当地基以固结度控制时，固结度只与时间有关，与荷载无关；当以变形量控制时，根据《建筑地基处理技术规范》（JGJ 79—2012）第 5.1.9 条条文说明，超载预压可减少处理工期，减少工后沉降量，当加大预压荷载时，可使地基提前达到预定的变形量，可以缩短预压工期，提高地基固结速度，选项 A 正确。

51. 答案：BD

解析：《建筑地基处理技术规范》（JGJ 79—2012）第 7.3.1 条条文说明，水泥土搅拌桩是用水泥作为固化剂通过搅拌设备，就地将原土和固化剂强制搅拌，使水泥与土发生一系列物理化学反应硬结成具有整体性、水稳定性和一定强度的水泥加固土；第 7.4.1 条条文说明，旋喷桩是以水泥为主固化剂的浆液从注浆管边的喷嘴中高速喷射出来，直接切割破坏土体，喷射过程中，钻杆边旋转边提升，使浆液与土体充分搅拌混合，在土中形成一定直径的柱状固结体。旋喷桩和搅拌桩都是以水泥作为主固化剂与原土搅拌混合形成固结体，地基土地层情况影响固结体的强度，选项 A、C 错误。第 7.6.3 条，夯实水泥土桩是利用人工或机械成孔，选用相对单一的土质材料，与水泥按一定比例在孔外充分搅拌，分层向孔内回填并强力夯实，形成均匀的水泥土桩，由于是非挤土成桩，其桩体强度受地层情况影响不大，选项 D 正确；注浆钢管桩是通过钻孔，放置钢管桩，然后在钢管桩底部进行灌注水泥浆，使水泥浆充盈于桩孔内，其桩身强度不受原地层影响，选项 B 正确。

52. 答案：ACD

解析：《建筑地基处理技术规范》（JGJ 79—2012）第 5.4.3 条，选项 A 正确；附录 A.0.2 条，压实地基平板载荷试验采用的压板面积不应小于 $1.0m^2$，选项 B 错误；附录 B.0.6 条，选项 C 正确；第 4.4.2 条，选项 D 正确。

53. 答案：AB

解析：旋喷桩是利用钻机将旋喷注浆管及喷头钻置于设计高程，将预先配制好的浆液从注浆管边的喷嘴中高速喷射出来，直接破坏土体，喷射过程中，钻杆边旋转边提升，使浆液与土体充分搅拌混合，在土中形成一定直径的柱状固结体。喷头提升速度快，喷射半径小，成桩直径小，选项 A 正确；均质土层密实度由上到下逐渐变大，入土深度越深，喷射切割土体的半径越小，形成上粗下细的桩形，选项 B 正确；土体软弱程度对成桩直径无影响，选项 C 错误；水灰比影响旋喷桩桩体强度，水灰比越小，处理后的地基承载力越高，水灰比和成桩直径无关，选项 D 错误。

54. 答案：BD

解析：《建筑地基处理技术规范》（JGJ 79—2012）第 7.4.9 条，旋喷桩可采用开挖检查、钻孔取芯、标准贯入试验、动力触探和静载荷试验等方法检测，选项 A 错误；第 6.2.4 条第 2 款，压实填土可采用动力触探、静力触探、标准贯入试验等方法检验，选项 B 正确；第 6.3.13 条，强夯置换应采用动力触探查明置换墩着底情况及密度随深度的变化情况，选项 C 错误；第 5.4.3 条，预压地基可采用十字板试验或静力触探，选项 D 正确。

55. 答案：BC

解析：《建筑地基处理技术规范》（JGJ 79—2012）第 7.7.2 条第 5 款，选项 A 正确；第 7.7.3 条条文说明，若地基土是松散的饱和粉土、粉细砂，以消除液化和提高地基承载力为目的，应选择振动沉管桩机施工，振动沉管属于挤土成桩工艺，对桩间土具有挤密作用，可处理液化地基，选项 C 错误；第 7.7.3 条第 2 款，选项 D 正确；第 7.7.2 条条文说明第 6 款，桩身强度应符合规范 7.1.6 条的规定，规范没有要求混合料强度不超过 C30，选项 B 错误。

56. 答案：BD

解析：《建筑地基处理技术规范》（JGJ 79—2012）第 7.1.5 条条文说明，桩端端阻力发挥系数与增强体的荷载传递性质、增强体长度以及桩土相对刚度密切相关。桩长过长影响桩端承载力发挥时应取较低值，水泥土搅拌桩其荷载传递受搅拌土的性质影响应取 0.4～0.6，选项 A 错误；第 7.1.5 条条文说明，增强体单桩承载力发挥系数取高值时桩间土承载力发挥系数取低值，反之，增强体单桩承载力发挥系数取低值时桩间土承载力发挥系数应取高值，选项 B 正确；第 7.4.3 条，对于承载力较低时，桩间土承载力发挥系数 β 取低值，是出于减小变形的考虑，可见桩间土越软弱，桩间土发挥系数越小，选项 C 错误；挤土成桩工艺在施工过程对桩间土挤密、振密，可以减小桩间土孔隙比，提高桩间土的承载力，相应的桩间土承载力发挥系数要大于非挤土成桩工艺成桩，选项 D 正确。

57. 答案：ABD

解析：根据岩石力学教材，普氏拱理论在自然平衡拱理论的基础上做了如下假设：①岩体由于节理的切割，经开挖后形成松散岩体，但仍具有一定的黏结力；②洞室开挖后，洞顶岩体将形成一自然平衡拱。在洞室的侧壁处，沿与侧壁夹角为 $45°-\varphi/2$ 的方向产生两个滑动面，作用在洞顶的围岩压力仅是自然平衡拱内的岩体自重；③采用坚固系数 f 来表征岩体的强度（不是岩体实际的强度，其物理意义为增大的内摩擦力，在实际应用中，还需要考虑岩体的完整性和地下水的影响，采用工程类比法或经验确定）；④形成的自然平衡拱的洞顶岩体只能承受压力不能承受拉力，选项 A、B、D 正确。

58. 答案：ABC

解析：刚度是指材料或结构在受力时抵抗弹性变形的能力，是材料或结构弹性变形难易程度的表征。刚度与物体的材料性质、几何形状、边界支持情况以及外力作用形式有关。由此可见影响地下洞室支护结构刚度的因素有结构材料、形式和洞室的界面尺寸，与洞室的埋置深度无关，选项 A、B、C 正确。

59. 答案：BC

解析：对于选项 A，根据《铁路隧道设计规范》（TB 10003—2016）附录 B 表 B.1.2-2，中风化泥岩的岩性类型为 E 类；再根据表 B.1.2-1 确定其为软岩（单轴饱和抗压强度 $15MPa < R_c \leqslant 15MPa$）；根据表 B.1.3-1，结合节理发育，可确定其完整程度为较破碎。综合以上几点，按表 B.1.5 确定其围岩基本分级为 V 级，再结合第 5.1.6 条条文说明，小跨度隧道，V 类围岩，浅埋隧道覆盖层厚度范围值在 18～25m，而选项 A 的覆盖层厚度为 9m，应按浅埋隧道设计，故选项 A 错误。

对于选项 B，根据表 B.1.2-2，微风化片麻岩为 A 类；再根据表 B.1.3-1，其完整程度为较完整～完整；根据表 B.1.2-1，可综合判定微风化片麻岩为硬岩～极硬岩；根据表 B.1.5，选项 B 的围岩基本分级为Ⅰ～Ⅱ类，超过条文说明表 5.1.6 的范围，不应按浅埋隧道设计，故选项 B 正确。

对于选项 C，离石黄土为老黄土，年代约为中更新世 Q₂，按表 B.1.5，围岩级别为Ⅳ级，覆盖层厚度 16m，根据条文说明表 5.1.6，Ⅳ类围岩小跨度浅埋隧道的覆盖层厚度范围值为 10～14m，不应按浅埋隧道设计，故选项 C 正确。

对于选项 D，一般黏性土，按表 B.1.5，围岩级别为Ⅴ类，覆盖层厚度 16m，小于大跨度隧道要求的 37～42m，应按浅埋隧道设计，故选项 D 错误。

注：本题按新规范对选项进行了修改。

60. 答案：AB

解析：《建筑基坑支护技术规程》（JGJ 120—2012）第 4.7.9 条第 2、3 款，选项 A、B 正确；第 9 款，注浆固结体强度不宜低于 20MPa，选项 C 错误；第 4.8.7 条第 1 款，当锚杆固结体的强度达到 15MPa 或设计强度的 75%后，方可进行张拉锁定，选项 D 错误。

61. 答案：AB

解析：《建筑基坑支护技术规程》（JGJ 120—2012）第 5.1.1 条，应进行整体滑动稳定性验算，选项 A 正确；第 5.1.2 条，坑底有软土层时，应进行坑底抗隆起稳定性验算，选项 B 正确。

62. 答案：AD

解析：《岩土工程师手册》（钱七虎，人民交通出版社）第 1332 页，见解表。

滑坡的稳定性评价　　　　　　　　　　　　　　　　　　题 62 解表

识别特征	稳定性评价	
	相对稳定	不稳定
地面坡度及坡面情况	斜坡坡面坡度较缓，坡面较平缓	坡度较陡，坡面高低不平，有陷落现象
滑坡后壁	后壁虽较高，但长满草木，难以找到擦痕	后壁高而陡，有坍塌，可见擦痕、渗水、湿地、草木覆盖少
滑坡台阶	平台较宽大，且已夷平，陡坎消失	平台向下缓倾，陡坎明显，呈台阶状
滑坡前缘	前缘斜坡较缓，岩（土）体压实，长有草木，残留滑舌部，地表有地表水冲刷痕迹，有时舌部外已有局部的漫滩台地	前缘岩（土）体松散、破碎，有小坍塌现象，无草木生长，无较大直立树木，舌部还处在地表水冲刷条件下，常有季节性泉水出露
两侧沟谷	切割较深，往往已达稳定基岩，沟谷侧壁有草木丛生	常见为尚在发展的新生沟谷，沟底常为坍塌堆积物覆盖，沟谷中少见有草木生长

63. 答案：AB

解析：《建筑抗震设计标准》（GB/T 50011—2010）（2024 年版）第 3.2.1 条。建筑所在地区遭受的地震影响，应采用相应于抗震设防烈度的设计基本地震加速度和特征周期表征，选项 A、B 正确。

64. 答案：AB

解析：《建筑抗震设计标准》（GB/T 50011—2010）（2024 年版）第 5.1.5 条。按题目条件地震影响系数曲线处于曲线下降段，要减小地震作用，就需要减小地震影响系数，阻尼比反映结构消耗和吸收地震作用的大小，根据公式 $\alpha = \left(\frac{T_g}{T}\right)^{\gamma} \eta_2 \alpha_{\max}$，阻尼比越大，地震影响系数越小，选项 A 正确；由图 5.1.5 可以看出，结构自振周期在 $T_g \sim 5T_g$ 范围内，地震影响系数处于曲线下降段，随自振周期增大而减小，选项

B 正确；刚度与自振周期成反比，结构自身刚度大，则自振周期小，增大刚度不能减小地震作用，选项 C 错误；第 5.2.1 条公式 $F_{Ek} = \alpha_1 G_{eq}$，增大结构自重会增大结构总水平地震作用标准值，选项 D 错误。

65. 答案：ACD

解析：《建筑抗震设计标准》（GB/T 50011—2010）（2024 年版）第 4.3.4 条。锤击数临界值与地震分组、地下水水位、标准贯入试验深度有关，选项 A、C、D 正确。

66. 答案：ACD

解析：《公路工程地质勘察规范》（JTG C20—2011）第 7.11.8 条。进行液化判别时需要黏粒含量、抗震设防烈度、地下水位深度等参数，选项 A、C、D 正确。

本题是一个有争议的命题，公路液化判别应按《公路工程抗震规范》（JTG B02—2013）执行，《公路工程地质勘察规范》（JTG C20—2011）的液化判别内容比较老，以新规范命题较为合适。

67. 答案：AC

解析：《建筑抗震设计标准》（GB/T 50011—2010）（2024 年版）第 5.1.4 条，建筑结构的地震影响系数应根据烈度、场地类别、设计地震分组和结构自振周期以及阻尼比确定，选项 A 正确、选项 D 错误；设计地震分组可更好地体现震级和震中距的影响，同样烈度、同样场地条件的反应谱形状随着震源机制、震级大小、震中距远近等变化，可见地震影响系数与震中距有关，选项 B 错误；第 4.1.8 条，当需要在条状突出的山嘴、高耸孤立的山丘、非岩石和强风化岩石的陡坡、河岸及边坡边缘等不利地段建造丙类及丙类以上建筑时，除保证其在地震作用下的稳定性外，尚应估计不利地段对设计地震动参数可能产生的放大作用，其水平地震影响系数最大值应乘以增大系数，选项 C 正确。

68. 答案：AB

解析：《建筑抗震设计标准》（GB/T 50011—2010）（2024 年版）第 5.1.4 条，抗震设防烈度越大，水平地震影响系数最大值越大，地震影响系数越大，选项 A 正确；第 5.1.5 条，当结构自振周期等于场地特征周期时，地震影响系数曲线取水平段，地震影响系数取最大值，选项 B 正确（本选项的说法也有问题，根据 5.1.5 条第 1 款，只有当建筑结构阻尼比取 0.5 时，阻尼调整系数 η_2 取 1.0，地震影响系数取最大值 a_{max}）；地震影响系数曲线由直线上升段、水平段和曲线下降段和直线下降段组成，选项 D 错误；第 5.3.1 条，竖向地震影响系数的最大值可取水平地震影响系数最大值的 65%，选项 C 错误。

69. 答案：CD

解析：《建筑基桩检测技术规范》（JGJ 106—2014）第 3.5.1 条。完整性为 I 类的桩桩身完整，不存在缺陷，选项 C 正确；由于桩身完整，不存在桩身缺陷，上部荷载能沿桩身正常向下传递，选项 D 正确；基桩的承载力和完整性是基桩检测的主控内容，桩身的完整性检测方法有低应变法、高应变法、声波透射法和钻芯法，承载力的检测方法主要依靠静载试验，承载力是否满足要求需要通过单桩静载试验表现，选项 B 错误；桩的承载力包括两层含义，即桩身结构承载力和支撑桩结构的地基土承载力，当混凝土强度过低，即使桩身完整性好，也会出现桩身结构破坏的情况，选项 A 错误。

70. 答案：AD

解析：《建筑基桩检测技术规范》（JGJ 106—2014）第 10.2.1 条条文说明。声波换能器的谐振频率越高，对缺陷的分辨率越高，但高频声波在介质中衰减快，有效测距变小，降低超声波的频率会降低对缺陷的分辨能力和增大超声波的传播距离，选项 A、D 正确。

2016 年专业知识试题答案及解析（下午卷）

1. **答案：D**

解析：《建筑地基基础设计规范》（GB 50007—2011）第 5.2.6 条条文说明。岩样试验，尺寸效应是一个不可忽视的因素，规范规定试件尺寸为 50mm×100mm。

2. **答案：B**

解析：《公路桥涵地基与基础设计规范》（JTG 3363—2019）第 5.1.1 条第 1 款表 5.1.1。总冲刷深度为自河床面算起的河床自然演变冲刷、一般冲刷与局部冲刷深度之和，总冲刷深度为 3.0m，查表，基底埋深安全值在 1.5~2.0m 之间，无须内插，直接选选项 B。

3. **答案：C**

解析：《公路桥涵地基与基础设计规范》（JTG 3363—2019）附录 E.0.2 条。冻前天然含水量为 19%，冻前地下水位距离地表 1.4m＞0.5m，平均冻胀率为 3.6%，位于 3.5%~6% 之间，查表判定冻胀等级为Ⅲ级，冻胀类别为冻胀，选项 C 正确。

4. **答案：B**

解析：降水会造成地基的不均匀沉降，越靠近降水井，沉降越大，沉降大的裂缝位置高，会出现 B 选项的裂缝形态。

5. **答案：D**

解析：基础的挠曲变形和抗弯刚度有关，柔性基础的变形能完全适应地基的变形，刚性基础不会出现挠曲变形，在筏板基础和无筋扩展基础都满足的情况下，无筋扩展基础经济合理，几乎不会出现挠曲变形，选项 D 正确。

6. **答案：B**

解析：采用角点法计算地基中的附加应力时，基础中心点下的附加应力是将基础分为 4 块叠加，$\sigma = 4ap = 0.1p$，得出基础中心点的附加应力系数为 0.025，查《建筑地基基础设计规范》（GB 50007—2011）附录 K，条形基础对应的 $z/b \approx 13$，方形基础对应的 $z/b = 4.2$；二者对应的深度比值约为 3，选项 B 正确。

7. **答案：D**

解析：《建筑桩基技术规范》（JGJ 94—2008）第 4.1.1 条。端承型桩和位于坡地岸边的基桩应沿桩身等截面或变截面通长配筋，桩长 18m，配筋长度也为 18m，选项 D 正确。

8. **答案：B**

解析：《建筑桩基技术规范》（JGJ 94—2008）第 5.5.6 条。对于桩中心距不大于 6 倍桩径的桩基，其最终沉降量只考虑了桩端平面以下土层的压缩沉降，并未考虑桩身的压缩，选项 A 错误；对于桩中心距不大于 6 倍桩径的桩基，其最终沉降量计算可采用等效作用分层总和法，等效作用面位于桩端平面，等效作用面积为桩承台投影面积，等效作用附加压力近似取承台底平均附加压力，选项 B 正确；第 5.5.8 条，桩基沉降计算深度按应力比法确定，即计算深度处的附加应力 ≤ 计算深度处土的自重应力的 0.2 倍，可见沉降计算深度与桩侧土层厚度有关，选项 C 错误；第 5.5.9 条，由等效沉降系数计算公式可以看出，等效沉降系数与群桩的布置、距径比、长径比、桩数、承台尺寸有关，选项 D 错误。

9. **答案：D**

解析：《建筑桩基技术规范》（JGJ 94—2008）第 4.1.1 条第 3 款，对抗压桩主筋不应少于 $6\phi10$；第 4 款，箍筋应采用螺旋式，直径不应小于 6mm，间距宜为 200～300mm，受水平荷载较大的桩基、承受水平地震作用的桩基以及考虑主筋作用计算桩身受压承载力时，桩顶以下 $5d$ 范围内箍筋应加密，间距不应大于 100mm；第 4.2.4 条，桩嵌入承台内的长度对中等直径桩，不宜小于 50mm，选项 A、B 桩身均未嵌入承台，错误；混凝土桩的桩顶纵向主筋应锚入承台内，其锚入长度不宜小于 35 倍纵向主筋直径，选项 C，$32 \times 35 = 1120 > 900$，不满足，错误；选项 D，$25 \times 35 = 875 < 1200$，满足，正确。

10. **答案：C**

解析：《建筑桩基技术规范》（JGJ 94—2008）第 3.3.3 条。独立 4 桩承台为表中的其他情况，当扩底直径 D 大于 2.0m 时，基桩最小中心距为 $1.5D = 1.5 \times 2.2 = 3.3$m。

11. **答案：D**

解析：《建筑桩基技术规范》（JGJ 94—2008）第 5.7.2 条第 7 款。验算地震作用桩基的水平承载力时，将单桩静载荷试验确定的单桩水平承载力特征值乘以调整系数 1.25，$300 \times 1.25 = 375$kN。

12. **答案：B**

解析：《铁路桥涵地基和基础设计规范》（TB 10093—2017）第 6.3.9 条，嵌入新鲜岩面以下的钻（挖）孔灌注桩，其嵌入深度应根据计算确定，但不得小于 0.5m，选项 B 正确。

13. **答案：B**

解析：《建筑桩基技术规范》（JGJ 94—2008）第 6.3.1 条，选项 A 正确；第 6.3.2 条第 2 款，在清孔过程中，应不断置换泥浆，直至灌注水下混凝土，选项 B 错误；第 6.3.14 条，选项 C 正确；第 6.3.30 条第 1 款，选项 D 正确。

14. **答案：C**

解析：《建筑桩基技术规范》（JGJ 94—2008）第 6.5.2 条第 1 款，选项 A 正确；第 6.5.4 条，选项 B 正确；第 6.5.9 条第 1 款，桩管灌满混凝土后，应先振动再拔管，选项 C 错误；第 6.5.12 条，选项 D 正确。

15. **答案：A**

解析：《建筑边坡工程技术规范》（GB 50330—2013）第 1.0.2 条，本规范适用于岩质边坡高度为 30m 以下（含 30m）、土质边坡高度为 15m 以下（含 15m）的建筑边坡工程以及岩石基坑边坡工程。第 3.1.12 条第 1 款，选项 B 需要论证；第 4 款，选项 C 需要论证；第 3 款，选项 D 需要论证；选项 A 高度为 10m，不超过第 1.0.2 条的规定，不需要论证。

16. **答案：B**

解析：《建筑边坡工程技术规范》（GB 50330—2013）第 12.3.4 条条文说明，立板和墙踵板按板配筋，墙趾板按悬臂板配筋，选项 C 正确；扶壁按倒 T 形悬臂深梁进行配筋，选项 B 错误；立板扶壁、底板与扶壁之间根据传力要求设计连接钢筋，选项 D 正确；宜根据立板、墙踵板及扶壁的内力大小分段分级配筋，选项 A 正确。

17. 答案：AC

解析：《铁路路基支挡结构设计规范》（TB 10025—2019）第 6.2.1 条第 3 款。规范更新后有两个答案。

18. 答案：A

解析：《铁路路基支挡结构设计规范》（TB 10025—2019）第 4.2.4 条。浸水挡墙墙背填料为渗水土且墙身有泄水孔时，可不计墙身两侧静水压力，4 个选项中碎石土的透水性最好，排泄顺畅，不易积水，可不计墙背动水压力。

19. 答案：C

解析：根据朗肯土压力理论，当土体达到主动极限平衡状态时，破坏面与水平面的夹角为 $45° + \varphi/2$，则 $\beta = 45° + 20°/2 = 55°$。

20. 答案：C

解析：《铁路路基支挡结构设计规范》（TB 10025—2019）第 13.2.1 条，选项 A 正确；第 13.2.7、13.2.1 条，选项 B 正确；第 13.2.8 条第 5 款，抗滑桩桩底支承可采用自由端或铰支端，选项 C 错误；第 13.2.9 条，选项 D 正确。

21. 答案：C

解析：《铁路路基支挡结构设计规范》（TB 10025—2019）第 11.2.3 条，无肋柱式锚杆挡墙相当于板壁式锚杆挡土墙，由墙面板和锚杆组成，墙面板直接与锚杆连接，并以锚杆为支撑，土压力通过墙面板传递给锚杆，其墙面板的内力可按以锚杆为支点的连续梁计算，选项 C 正确。

22. 答案：C

解析：根据朗肯土压力理论，当土体达到主动极限平衡状态时，破坏面与水平面的夹角为 $45° + \varphi/2$，则 $\theta = 45° + 28°/2 = 59°$。对滑体进行静力平衡分析，滑体自重 G、破坏面上的反力、墙背对滑动土体的反力 E（大小等于土压力）形成一个直角三角形，主动土压力可根据力的合成求得，$E_a = \tan(\theta - \varphi) G = \tan(59° - 28°) G = 0.6G$。

23. 答案：B

解析：《工程地质手册》（第五版）第 558 页，膨胀土地区建筑物山墙上形成对称或不对称的倒八字形裂缝，上宽下窄，选项 A 正确；第 526 页，红黏土具有上硬下软、表面收缩、裂隙发育、垂直方向状态变化大、水平方向厚度变化大的特点，选项 B 错误；第 590 页，冻土地基承载力设计值应区别保持冻结地基和容许融化地基，由 587 页表可以看出，温度越低，冻土地基承载力越高，选项 C 正确；第 550 页，由有机质含量较多的生活垃圾和对基础有腐蚀性的工业废料组成的杂填土，不宜作为天然地基，选项 D 正确。

24. 答案：C

解析：《岩土工程勘察规范》（GB 50021—2001）（2009 年版）第 6.9.4 条条文说明。计算公式中的 w_A 为粒径大于 0.5mm 颗粒吸着水含水量，可取 5%。

25. 答案：B

　　解析： 采空区自上而下可分为弯曲带、裂隙带、冒落带。裂隙带上部的岩层在重力作用下，所受应力尚未超过岩层本身的强度，产生微小变形，但整体性未遭破坏，也没产生断裂，仅出现连续平缓的弯曲变形带；冒落带上部的岩层在重力作用下，所受应力超过本身的强度时，产生裂隙、离层及断裂，但未坍塌；直接位于采空区上方的顶板岩层，在自重应力作用下，所受应力超过本身强度时，产生断裂、破碎、塌落。

26. 答案：A

　　解析：《工程地质手册》（第五版）第 676 页，坚硬岩层组成的高陡山坡在节理裂隙发育，岩体破碎的情况下易发生崩塌；当软弱结构面外倾时，容易发生滑移式崩塌。外倾即结构面倾斜和边坡倾向相同。当结构面内倾时，不容易发生崩塌。

27. 答案：C

　　解析：《湿陷性黄土地区建筑标准》（GB 50025—2018）第 7.1.5 条表 7.1.5，临时的防洪沟、水池、洗料场和淋灰池等距建筑物外墙的距离在自重湿陷性黄土场地不应小于 25m，选项 C 错误，选项 D 正确；临时搅拌站距建筑物外墙的距离不宜小于 10m，选项 A 正确；临时给、排水管道距建筑物外墙的距离在自重湿陷性黄土场地不应小于 10m，选项 B 正确。

28. 答案：D

　　解析：《工程地质手册》（第五版）第 593 页，硫酸盐渍土中的无水芒硝（Na_2SO_4）含量较多，在温差作用下失水、吸水造成硫酸盐渍土膨胀，选项 A 正确；第 554 页，膨胀土的矿物成分主要是次生黏土矿物——蒙脱石和伊利石，具有较高的亲水性，失水收缩，遇水膨胀，选项 C 正确；土中含水才会产生冻胀，不含水的土不会冻胀。土冻胀的原因是水冻成冰使体积膨胀，其膨胀率约为 9%，同时土在冻结过程中，非冻结区的水分会向冻结区迁移，使冻结土层的含水量显著增加，这就造成某些土层在冻结后常产生很大的冻胀量，选项 B 正确；《基础工程》（周景星，第 3 版，清华大学出版社）第 333 页，黄土湿陷是由于黄土所具有的特殊结构体系造成的，选项 D 错误。

29. 答案：A

　　解析：《建筑地基基础设计规范》（GB 50007—2011）第 6.4.3 条第 1 款，当滑体有多层潜在滑动面时应取推力最大的滑动面确定滑坡推力，选项 A 错误；第 2 款，选项 B 正确；第 4 款，选项 C 正确。《陕甘地区公路黄土高边坡防护技术研究》第 4.1.2 节，锚索抗滑桩的计算包括普通抗滑桩设计和预应力锚索设计两方面的内容。锚索抗滑桩按一般抗滑桩进行设计计算时，应考虑两种极限状态：①计算的抗滑力完全作用于桩身，此时锚固力、滑坡推力均当作已知外力，计算桩身自由段和嵌固段内力；②计算的下滑力完全未作用，而以锚固力、自由段桩后被动土压力作为已知外力进行计算。因为滑坡推力计算，是对于坡体稳定状况许多未知因素采用安全系数法来综合考虑的，而计算所得推力是在最不利条件下形成的，而在设桩期间也存在滑坡稳定较高、该下滑力完全不存在的可能。由于下滑力的不确定性，桩身设计应满足两种极限状态受力条件，因此锚索抗滑桩不同于一般抗滑桩的单面配筋，而采用双面配筋，选项 D 正确。

30. 答案：C

　　解析： 作为抗滑建筑物，抗滑桩设计必须满足以下几点：①桩间土体在下滑力作用下，不能从桩间挤出，通过控制桩间距来控制；②桩后土体在下滑力作用下不能产生新滑面自桩顶越出，要进行越顶验算，通过桩高来控制；③桩身要有足够的稳定度，在下滑力的作用下不会倾覆，通过锚固桩深度来控制；④桩身要有足够的强度，在下滑力的作用下不会破坏，对桩进行配筋来满足，选项 C 正确。

31. 答案：A

解析：结构面的起伏和粗糙程度影响其抗剪强度，结构面越粗糙，其摩擦因数越大，抗剪强度越高，选项 B 正确；结构面的张开度越大，其抗剪强度越小，选项 D 正确；张开的结构面，其抗剪强度主要取决于填充物的成分和厚度，选项 C 正确；结构面的倾角和抗剪强度无关，选项 A 错误。

32. 答案：D

解析：《岩土工程勘察规范》（GB 50021—2001）（2009 年版）第 5.2.7 条。滑坡勘察时，土的强度试验采用室内、野外滑面重合剪，滑带宜做重塑土或原状土多次剪试验，并求出多次剪和残余剪的抗剪强度。

33. 答案：B

解析：《膨胀土地区建筑技术规范》（GB 50112—2013）第 3.0.1 条条文说明。蒙脱石的含量决定着黏土膨胀潜势的强弱，黏土的膨胀不仅与蒙脱石的含量关系密切，而且与其表面吸附的可交换阳离子种类有关，钠蒙脱石比钙蒙脱石具有更大的膨胀潜势就是一个例证。

34. 答案：B

解析：《工程地质手册》（第五版）第 669 页。综合单位黏聚力法适用于土质均一、滑动带饱水且难以排出（特别是黏性土为主所组成的滑动带）的情况，选项 B 可采用。

35. 答案：C

解析：《建设工程勘察设计资质管理规定》第十七条，选项 A 正确、选项 C 错误；第十八条，选项 B 正确；第二十条，选项 D 正确。

36. 答案：B

解析：《中华人民共和国招标投标法》第十条。

37. 答案：D

解析：企业管理费属于建设安装工程费中的间接费，包括管理人员工资、办公费、差旅交通费、固定资产使用费、工具用具使用费、劳动保险费、工会经费、职工教育经费、财产保险费、财务费、税金（房产税、土地使用税等）等；社会保障费属于间接费中的规费。

38. 答案：D

解析：《中华人民共和国民法典》第七百九十一条，选项 A、B 正确，选项 D 错误；第七百八十九条，选项 C 正确。

39. 答案：C

解析：《中华人民共和国招标投标法》第三十一条，选项 A、B、D 正确；联合体各方应共同与招标人签订合同，选项 C 错误。

40. 答案：C

解析：《建筑工程五方责任主体项目负责人质量终身责任追究暂行办法》第十二条第 1 款，选项 A 正确；第 2 款，选项 B 正确；第 3 款，处单位罚款数额 5%以上 10%以下的罚款，选项 C 错误；第 4 款，选项 D 正确。

41. 答案：AD

解析：《建筑地基基础设计规范》（GB 50007—2011）第 8.4.20 条第 2 款，当高层建筑与相连的裙房之间不设沉降缝时，可在裙房一侧设置用于控制沉降差的后浇带，选项 A 正确；当沉降差实测值和计算确定的后期沉降差满足设计要求后，方可浇筑后浇带，选项 B 错误；当需要满足高层建筑地基承载力、降低高层建筑沉降、减小高层建筑与裙房间的沉降差而增大高层建筑基础面积时，后浇带可设在边柱的第二跨内，选项 C 错误；第 3 款，选项 D 正确。

42. 答案：BD

解析：《建筑地基基础设计规范》（GB 50007—2011）第 5.3.3 条第 1 款，框架结构和单层排架结构应由相邻柱基的沉降差控制，选项 A、C 错误，选项 D 正确；对于多层或高层建筑和高耸结构应由倾斜值控制，选项 B 正确。

43. 答案：CD

解析：《建筑地基基础设计规范》（GB 50007—2011）第 5.2.7 条。减小基础埋深，使基础底面至软弱下卧层顶面的距离 Z 增大，随着 Z 的增大，地基压力扩散角增大，上部荷载扩散到软弱下卧层顶面的附加应力减小，选项 C、D 正确。

44. 答案：CD

解析：《建筑地基基础设计规范》（GB 50007—2011）第 5.2.4 条表 5.2.4。岩石地基除强风化和全风化外，都不进行承载力的深宽修正，其他非岩石地基均应进行承载力的深宽修正，选项 C、D 正确。

45. 答案：ABD

解析：根据土力学理论，总沉降量由瞬时沉降、主固结沉降和次固结沉降组成，对含有机质较多的泥炭土，次固结的沉降不可忽略，选项 A 不符合；《铁路路基设计规范》（TB 10001—2016）第 3.3.6 条条文说明，桥台和路基的工后沉降量不同，对台后过渡段的路基，允许工后沉降量比一般地段小，选项 B 不符合；第 3.3.9 条第 1 款，高速铁路和无砟轨道按 0.1 倍自重应力确定，对其他轨道按 0.2 倍自重应力确定，选项 C 符合；只有主固结沉降阶段的沉降量计算值，才等于平均固结度与主固结沉降计算值的乘积，选项 D 不符合。

46. 答案：BD

解析：《建筑桩基技术规范》（JGJ 94—2008）第 5.2.3 条、第 5.2.4 条，选项 A 为桩数少于 4 根的摩擦型柱下独立桩基，不考虑承台效应；选项 C 承台底为湿陷性黄土，不考虑承台效应；选项 B、D 需要考虑承台效应。

47. 答案：CD

解析：中性点以上桩身轴力随深度递增，中性点处桩身轴力最大，中性点以下桩身轴力随深度递减，选项 A 错误；中性点以上，土的沉降大于桩的沉降，中性点以下，土的沉降小于桩的沉降，中性点处没有桩土相对位移，而不是桩侧土沉降为零，选项C正确、选项B错误；《建筑桩基技术规范》（JGJ 94—2008）第5.4.2条，当桩周土层产生的沉降超过基桩的沉降时，在计算基桩承载力时应计入桩侧负摩阻力，选项D正确。

48. 答案：ABC

解析：《建筑桩基技术规范》（JGJ 94—2008）第3.1.8条条文说明第5款。在天然地基承载力满足要求的情况下，可对荷载集度高的区域实施局部增强处理，包括采用局部桩基与局部刚性桩复合地基，选项A正确；对于主裙楼连体建筑基础，应增强主体，弱化裙房，裙房采用小直径预制桩，主楼采用大直径灌注桩是可行的，选项B正确；对于大体量筒仓、储罐的摩擦型桩基，宜按内强外弱原则布桩，即增加中心桩数量，减少角桩、边桩数量，选项D错误；第3.3.3条条文说明第4款，框架—核心筒结构应强化内部核心筒和剪力墙区，弱化外围框架区，对强化区，采取增加桩长、增大桩径、减小桩距的措施，对弱化区，除调整桩的几何尺寸外，宜按复合桩基设计，选项C正确。

49. 答案：ABC

解析：正循环泥浆循环方向为泥浆池—泥浆泵—钻杆，由钻头进入孔内，在完成护壁功能的同时将钻渣悬浮带出地面，再靠重力作用流回泥浆池，泥浆上返的过程即从钻头进入孔内后沿钻孔上流到泥浆池的过程，上返速度慢，携带钻渣能力差，影响成桩效果，上返速度过快，排渣能力强，但对孔壁冲刷大，影响孔壁稳定，选项A正确；当提升钻具速度过快，冲洗液不能及时充满钻具腾出的空间时，钻头下部将产生负压力，对孔壁产生抽吸作用，强烈的抽吸作用会引起孔壁坍塌，当钻具下放速度过快时，冲洗液上流不畅，钻具下降对冲洗液有动压作用，速度越快钻孔越深，产生的动压力越大，对孔壁稳定性影响越大，选项B正确；孔径和孔深越大，孔壁塑性区域半径比越大，孔壁稳定性降低，选项C正确；选项D与孔壁稳定无关。

50. 答案：BC

解析：《公路桥涵地基与基础设计规范》（JTG 3363—2019）第7.2.4条第1款，沉入坚硬土层的沉井，其刃脚面应以型钢加强或底节外壳采用钢结构，选项A错误；第3款，刃脚斜面与水平面交角不宜小于45°，选项B正确；第2款，刃脚底面宽度可为0.1~0.2m，对软土地基可适当放宽，即软土地基中刃脚底面宽度至少应大于100mm，选项C正确；第7.2.6条第1款，刃脚混凝土强度不应低于C30，选项D错误。

51. 答案：BCD

解析：《建筑桩基技术规范》（JGJ 94—2008）第7.4.9条第1款，预钻孔直径比桩直径小50~100m，选项A错误；第2款，选项B正确；第5款，选项C正确；第6款，选项D正确。

52. 答案：ABC

解析：《建筑桩基技术规范》（JGJ 94—2008）第6.6.5条，选项A正确。第6.6.6条，选项B正确。第6.6.7条第2款，选项C正确；第4款，选项D错误。

53. 答案：BC

解析：《碾压式土石坝设计规范》（NB/T 10872—2021）第9.2.10条第1款，选项B正确；第2款，选项C正确；第9.2.10条条文说明（P265），对于比较均质的简单边坡，安全系数等值线的轨迹常为简单的封闭曲线形，而且只有一个极值点；对于成层土的复杂边坡，安全系数等值线的轨迹会出现若干区域，每个区域都有一个低值，选项 A 错误；在进行非均质土石坝抗滑稳定性计算时，首先要根据坝体的不均质情况，将多极值化为单极值，再进行最优化计算，如在进行圆弧滑动计算时，要先固定滑出点，再按土层逐层进行分析，寻找每一土层的极值，其中最小者，即为这一滑出点的最小极值，然后交换滑出点，直到寻找到各可能滑出点的所有极值，其中最小的，即为该土石坝圆弧滑动的抗滑最小稳定安全系数，可见对非均质坝，采用确定整体极值的随机搜索方法，即把随机搜索方法和确定性方法结合起来，D 错误。

54. **答案**：AD

　　解析：《建筑边坡工程技术规范》（GB 50330—2013）第 3.3.2 条第 2 款，选项 A 正确；第 4 款，计算支护结构配筋时，应采用荷载效应基本组合，选项 B 错误；第 1 款，复核地基承载力时，应采用荷载效应标准组合，选项 C 错误；第 5 款，选项 D 正确。

55. **答案**：AB

　　解析：《土工合成材料应用技术规范》（GB/T 50290—2014）第 4.3.2 条第 3 款，坡面上铺设土工织物宜自下而上进行，在顶部和底部应予以固定，选项 A 正确。第 4.2.4 条第 3 款，对大中型工程及被保护土的渗透系数较小的工程，应对土工织物和现场土料进行室内的长期淤堵试验，选项 B 正确。第 2.1.14 条，反滤是土工织物在让液体通过的同时保持受渗透力作用的土骨架颗粒不流失，说明土工织物应具有保土性、透水性和防堵性；第 2.1.5 条，土工膜是相对不透水膜，不能用作反滤材料，选项 C 错误。第 2.1.7 条，土工格栅是网格形式的土工合成材料，不具备反滤材料的保土性，选项 D 错误。

56. **答案**：ACD

　　解析：《铁路路基设计规范》（TB 10001—2016）第 6.5.3 条表 6.5.3、第 6.6.2 条，选项 A 正确、选项 B 错误。第 6.5.1 条第 1 款，选项 C 正确；第 2 款，选项 D 正确。

57. **答案**：ABD

　　解析：《建筑边坡工程技术规范》（GB 50330—2013）第 3.3.6 条第 1 款，选项 A、B 正确；第 3 款，选项 D 正确。

58. **答案**：BCD

　　解析：《工程地质手册》（第五版）第 529 页，由于红黏土具有水平方向厚度变化大、垂直方向状态变化大的特点，故勘探点应采用较小的间距，选项 A 错误；第 526 页，红黏土作为建筑物天然地基时，基底附加应力随深度减小的幅度往往快于土随深度变软或承载力随深度变小的幅度，因此在大多数情况下，当持力层承载力满足时，下卧层承载力验算也能满足，选项 B 正确；第 529 页，红黏土的工程地质测绘和调查应重点查明地裂分布、发育特征及其成因，选项 C 正确；第 527 页，红黏土的状态分类可用含水比来划分，选项 D 正确。也可以参阅《岩土工程勘察规范》（GB 50021—2001）（2009 年版）第 6.2 节。

59. **答案**：ABC

　　解析：《湿陷性黄土地区建筑标准》（GB 50025—2018）第 6.1.5 条表 6.1.5，选项 A、B 正确；非自重湿陷性黄土场地地基湿陷等级为 III 级时，丙类多层建筑的地基处理厚度不应小于 3m，下部未经处理湿陷性黄土层的剩余湿陷量 III、IV 级均不应大于 200mm，选项 C 正确、选项 D 错误。

60. **答案**：AD

　　解析：《膨胀土地区建筑技术规范》（GB 50112—2013）第 5.2.7 条第 1 款，选项 A 正确；第 2 款，当地表下 1m 处地基土的含水量接近液限时，可按收缩变形量计算，选项 B 错误；第 5.2.9 条收缩变形计算深度应根据大气影响深度确定，在计算深度内有稳定地下水时，可计算至水位以上 3m，选项 C 错误；附录 C.0.1 条，选项 D 正确。

61. 答案：ACD

解析：《铁路工程不良地质勘察规程》（TB 10027—2022）附录 C 中的表 C.0.1-6。稀性泥石流的流态特征呈紊流状，漂块石流速慢于浆体流速，呈滚动或跃移前进。具有垂直交换。阵性流不明显，偶有股流或散流，选项 A、C、D 正确，选项 B 错误。

62. 答案：ACD

解析：《岩土工程勘察规范》（GB 50021—2001）（2009 年版）第 6.2.1 条，选项 A 正确；第 6.3.1 条，天然孔隙比大于或等于 1.0，且天然含水量大于液限的细粒土称为软土，选项 B 错误；第 6.8.1 条，选项 C 正确；第 6.4.1 条，选项 D 正确。

63. 答案：ABD

解析：《工程地质手册》（第五版）第 595 页，氯盐渍土的力学强度与总含盐量有关，总的趋势是总含盐量增大，强度随之增大，选项 B 正确；硫酸盐渍土的总含盐量对强度的影响与氯盐渍土相反，即强度随总含盐量增加而减小，选项 A 正确；氯盐渍土的含氯量越高，液限、塑限和塑性指数越低，可塑性越低，选项 C 错误；第 594 页，硫酸盐渍土的盐胀作用是盐渍土中的无水芒硝在温度变化下引起的失水收缩吸水膨胀引起的，选项 D 正确。

64. 答案：AB

解析：《铁路工程特殊岩土勘察规程》（TB 10038—2022）附录 A 表 A.0.1，堆积地貌包括黄土塬、黄土梁、黄土峁、黄土平原、黄土阶地，选项 A、B 正确；黄土河谷、黄土冲沟为侵蚀地貌，选项 C、D 错误。

65. 答案：BCD

解析：《建筑工程五方责任主体项目负责人质量终身责任追究暂行办法》第二条，选项 A 错误；第三条，选项 B 正确；第五条，选项 C、D 正确。

66. 答案：BC

解析：《安全生产许可证条例》第四条，选项 A 错误；第八条，选项 B 正确；第七条，选项 C 正确；第九条，选项 D 错误。

67. 答案：AB

解析：《注册土木工程师（岩土）执业及管理工作暂行规定》附件 1，选项 A、B 正确。

68. 答案：AB

解析：《中华人民共和国安全生产法》第九十七条，第一款，选项 A 正确；第二款，选项 B 正确。

69. 答案：BCD

解析：《建设工程安全生产管理条例》第十二条，选项 B、C、D 正确；选项 A 为建设单位责任。

70. 答案：AB

解析：《中华人民共和国民法典》第一百五十四条，选项 A、B 有效；第四百六十九条，选项 D 有效，题目选项为合同法内容，民法典删除了部分内容，根据常识也可作答。

2017 年专业知识试题答案及解析（上午卷）

1. **答案**：B

   解析：《城市轨道交通岩土工程勘察规范》（GB 50307—2012）第 7.3.4 条第 4 款。

2. **答案**：B

   解析：《水运工程岩土勘察规范》（JTS 133—2013）第 4.2.6.2 条第 2 款。

3. **答案**：C

   解析：《岩土工程勘察规范》（GB 50021—2001）（2009 年版）第 5.8.3 条表 5.8.3。

4. **答案**：D

   解析：《岩土工程勘察规范》（GB 50021—2001）（2009 年版）表 10.4.1、表 10.5.2、第 10.5.3 条第 3 款。二者锤重均为 63.5kg，落距均为 76cm，钻杆直径均为 42mm，选项 A、B、C 错误；贯入深度，标准贯入试验是 30cm，重型圆锥动力触探是 10cm，选项 D 正确。

5. **答案**：B

   解析：《土工试验方法标准》（GB/T 50123—2019）第 17.2.2 条第 6、7 款，选项 A、C、D 正确，各级压力是按照等比级数递增的，选项 B 错误。

6. **答案**：B

   解析：《岩土工程勘察规范》（GB 50021—2001）（2009 年版）第 4.9.4 条。

7. **答案**：C

   解析：位于断层线上方的为上盘。正断层，上盘下，下盘上；逆断层，上盘上，下盘下。故选项 C 正确。

8. **答案**：B

   解析：《岩土工程勘察规范》（GB 50021—2001）（2009 年版）附录 E.0.2。立管式测压计适用于渗透性较大的土层。

9. **答案**：D

   解析：《水利水电工程地质勘察规范》（GB 50487—2008）（2022 年版）附录 D。

10. **答案**：B

    解析：《工程岩体试验方法标准》（GB/T 50266—2013）第 2.5.1 条、第 2.5.3 条。

11. **答案**：D

    解析：《城市轨道交通岩土工程勘察规范》（GB 50307—2012）附录 B。

12. **答案**：B

    解析：《湿陷性黄土地区建筑标准》（GB 50025—2018）第 4.3.1 条第 5 款。

13. **答案**：A

解析：《岩土工程勘察规范》（GB 50021—2001）（2009 年版）第 8.0.3 条、第 8.0.4 条。

14. 答案：C

解析：《工程结构可靠性设计统一标准》（GB 50153—2008）第 2.1.5 条。

15. 答案：C

解析：《建筑地基基础设计规范》（GB 50007—2011）第 3.0.5 条第 4 款。

16. 答案：B

解析：《建筑地基基础设计规范》（GB 50007—2011）第 8.2.8 条。

17. 答案：B

解析：《既有建筑地基基础加固技术规范》（JGJ 123—2012）第 11.5.3 条。树根桩施工顺序：钻孔，下钢筋笼，插注浆管，填料，注浆。

18. 答案：A

解析：《建筑地基处理技术规范》（JGJ 79—2012）第 5.2.3 条～第 5.2.5 条。

19. 答案：B

解析：《建筑地基处理技术规范》（JGJ 79—2012）第 9.3 节条文说明，选项 A 正确；《既有建筑地基基础加固技术规范》（JGJ 123—2012）第 11.4.2 条第 4 款，选项 A 正确；第 11.4.3 条第 2 款，选项 B 错误；第 10.2.4 条第 1 款，选项 C 正确；选项 D 为基本常识，正确。

20. 答案：C

解析：CFG 桩施工在复合地基中铺设了一定厚度的褥垫层，桩端无论落在软弱土层还是硬土层，从加载开始就存在一个负摩阻区，也就是在初始加载时即有负摩阻力产生，其作用由于桩间土参与承担上部荷载，负摩阻力的存在可以提高土的承载力，对整个地基承载力的提高是有利的。一般情况下，CFG 桩上部 2～3m 的范围内通常为负摩阻区。对一般长 20m 内的桩，尤其是长 10m 左右的桩，其负摩阻区是不能忽视的。施工中在荷载作用下，桩体可向垫层内刺入，垫层材料不断调整、补充到桩间土上，以保证在任意荷载下桩和桩间土始终参与工作。在任意荷载下，CFG 桩的桩顶、桩间土表面及基础的沉降都不相同。由于桩体有一定刺入量，土体可始终与垫层保持挤密接触。由此可见，CFG 桩的桩身轴力和有负摩阻的桩基桩身轴力一致，桩身轴力先增大后减小，选项 C 正确。

21. 答案：C

解析：承载力满足，沉降不满足，减小沉降的有效措施是增加桩长，选项 C 正确。

22. 答案：C

解析：《建筑地基基础设计规范》（GB 50007—2011）第 6.3.8 条公式（6.3.8）：

$$\rho_{dmax} = \eta \frac{\rho_w d_s}{1 + 0.01 w_{op} d_s} = 0.97 \times \frac{1 \times 2.7}{1 + 0.17 \times 2.7} = 1.8 \text{t/m}^3$$

23. 答案：B

解析：《建筑地基处理技术规范》（JGJ 79—2012）第 5.2.22 条条文说明。保持真空度的目的是保证处理效果，B 错误。

24. 答案：C

解析：《建筑地基处理技术规范》（JGJ 79—2012）第 7.1.5 条条文说明，选项 B 错误。第 7.3.3 条第 2 款，水泥土搅拌桩的桩间土承载力发挥系数对淤泥质土取 0.1～0.4，桩端端阻力发挥系数取 0.4～0.6，单桩承载力发挥系数取 1.0；第 7.7.2 条第 6 款，CFG 桩的桩间土承载力发挥系数取 0.8～0.9，桩端端阻力发挥系数取 1.0，单桩承载力发挥系数取 0.8～0.9，选项 C 正确，选项 D 错误。

25. 答案：D

解析：《铁路隧道设计规范》（TB 10003—2016）综合第 8.1.2 条第 4 款与第 10.2.2 条第 1 款，选项 A 满足规范要求；综合第 10.2.4 条及第 10.3.2 条，可认为选项 B 满足规范要求；第 10.3.4 条第 1 款，可认为选项 C 正确；选项 D 为 2005 版规范第 13.3.3 条第 3 款，泄水孔孔径为 4～10cm，间距为 100～300cm，选项 D 错误。

26. 答案：D

解析：剪力零点对应弯矩最大点，即主动土压力合力等于被动土压力合力的点，位于基坑底面以下，排除选项 A、B；弯矩零点是主动土压力强度等于被动土压力强度的点，是等值梁法中的反弯点，位于基坑底面以下，排除选项 C。正确的分布图为选项 D。

27. 答案：B

解析：《建筑基坑支护技术规程》（JGJ 120—2012）第 4.7.2 条～第 4.7.4 条，极限抗拔承载力标准值/轴向拉力标准值不小于：一级 1.8，二级 1.6，三级 1.4，①＞②；第 4.7.7 条，锁定值为轴向拉力标准值的 0.75～0.9，②＞③；第 4.8.7 条第 3 款，锚杆锁定前，应按锚杆的抗拔承载力检测值进行锚杆预张拉，抗拔承载力检测值/轴向拉力标准值不小于：一级 1.4，二级 1.3，三级 1.2，①＞④＞②。指标排序为：①＞④＞②＞③。

28. 答案：D

解析：土钉墙正常施工顺序是：开挖工作面→喷第一层混凝土→土钉施工→绑扎钢筋→喷射第二层混凝土。对于稳定性好的边坡，施工时可省略喷射第一层混凝土面层。施工顺序如解图所示。

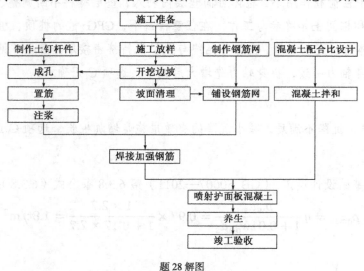

题 28 解图

29. 答案：D

解析：《公路隧道设计规范　第一册　土建工程》（JTG 3370.1—2018）第 8.1.1 条，高速公路、一级公路、二级公路的隧道应采用复合式衬砌，不应采用喷锚衬砌和整体式衬砌，选项 A、B 错误；附录表 P.0.1，IV 级围岩，喷射混凝土在拱部和边墙部位厚度为 12～20cm，锚杆长度为 2.5～3.0m，选项 C 错误，二次衬砌在仰拱与拱墙部位厚度均为 35～40cm，选项 D 符合要求。

30. 答案：A

解析：《建筑基坑支护技术规程》（JGJ 120—2012）第 4.7.11 条。

31. 答案：C

解析：《建筑基坑支护技术规程》（JGJ 120—2012）第 4.7.2 条条文说明。锚杆长度采用传统的安全系数法，锚杆杆体截面设计仍采用分项系数法。

32. 答案：C

解析：《建筑抗震设计标准》（GB/T 50011—2010）（2024 年版）表 5.1.4-2。

33. 答案：D

解析：《建筑抗震设计标准》（GB/T 50011—2010）（2024 年版）表 4.1.1。

34. 答案：C

解析：《建筑抗震设计标准》（GB/T 50011—2010）（2024 年版）第 5.2.1 条。α_1 为相应于结构基本自振周期的水平地震影响系数，选项 C 正确。

注：此题系 2016 年原题，且题号完全一样。

35. 答案：A

解析：《建筑抗震设计标准》（GB/T 50011—2010）（2024 年版）第 4.1.7 条。断裂最晚活动时间 Q_3 为更新世，非全新世 Q_4，可忽略断裂错动的影响。

36. 答案：C

解析：《建筑抗震设计标准》（GB/T 50011—2010）（2024 年版）第 4.3.9 条第 3 款，选项 A 正确；第 4 款，选项 B、D 正确；不包括地震作用计算，选项 C 错误。

37. 答案：A

解析：《建筑抗震设计标准》（GB/T 50011—2010）（2024 年版）表 4.1.3。

38. 答案：B

解析：《建筑地基基础设计规范》（GB 50007—2011）附录 C。对于软土，要求载荷试验承压板面积不小于 0.5m²，即承压板直径为 0.8m。

39. 答案：C

解析：《岩土工程勘察规范》（GB 50021—2001）（2009 年版）第 10.3.2 条第 2 款。

40. 答案：D

解析：《建筑变形测量规范》（JGJ 8—2016）表 3.2.2，观测点测站高差中误差与变形测量等级有关，一等为 ±0.15mm，选项 A 错误。第 7.1.5 条第 1 款，普通建筑物可在基础完工后或地下室砌完后开始观测，选项 B 错误；第 4 款，选项 D 正确。《建筑地基基础设计规范》（GB 50007—2011）第 5.3.4 条表 5.3.4

下注 4，倾斜度是指基础倾斜方向两端点的沉降差与其距离的比值，选项 C 错误。

---

41. 答案：ACD

　　解析：渗流作用下，土中细颗粒在粗颗粒形成的孔隙通道中移动并被带出的现象叫管涌，可发生在土体内部和渗流逸出处，选项 A 正确，选项 B 错误。渗流作用下，局部土体表面隆起，或土颗粒同时悬浮、移动的现象叫流土，只发生在地基、土坝下游渗流逸出处；任何土类，只要满足渗透梯度大于临界水力梯度，均会发生流土；当土体中向上的渗流力克服了向下的重力时，土体就会浮起或者受到破坏，选项 C、D 正确。

42. 答案：ACD

　　解析：《工程地质手册》（第五版）第 170～171 页，或《土力学》教材相关章节。孔隙水压力系数 A 是在偏差应力条件下的孔隙应力系数，其数值与土的种类、应力历史等有关。孔压系数 A 反映土体剪切过程中的剪胀（剪缩）性，当出现剪胀时，引起负孔隙水压力，孔压系数 A 为负值；当出现剪缩时，引起孔隙水压力增加，孔压系数 A 为正值，选项 A 正确，选项 B 错误。孔隙水压力系数 B 是在各向施加相等压力条件下的孔隙应力系数，它是反映土体在各向相等压力作用下，孔隙应力变化情况的指标。也是反映土体饱和程度的指标。饱和土的不固结不排水试验中，试样在周围压力增量下将不发生竖向和侧向变形，这时周围压力增量完全由孔隙水承担，$B = 1$；当土完全干燥时，孔隙气体的可压缩性要比骨架的高得多，这时周围压力完全由土骨架承担，$B = 0$，选项 C、D 正确。

43. 答案：ABC

　　解析：《建筑工程地质勘探与取样技术规程》（JGJ/T 87—2012）附录 C，选项 A、B、C 正确；砾砂 II 级土样应用双动三重管回转取土器采取，选项 D 错误。

44. 答案：AD

　　解析：《岩土工程勘察规范》（GB 50021—2001）（2009 年版），第 10.5.5 条条文说明，勘察报告提供的击数为实测值，在使用时根据不同的需要决定是否进行修正，选项 A 正确；液化判别用不修正的实测值，《工程地质手册》（第五版）第 209 页，水利水电勘察规范的液化判别是对实测贯入击数的校正，校正后的锤击数和实测锤击数均不进行杆长修正，公路工程地质勘察规范的液化判别用的是经过杆长修正后的击数，选项 B 错误；判断砂土密实度用平均值，不进行杆长修正，选项 C 错误；确定承载力时，根据经验关系确定如何进行修正，选项 D 正确。

45. 答案：ABD

　　解析：《工程地质手册》（第五版）第 322 页，选项 A、B、D 正确。

46. 答案：ACD

　　解析：重型击实比轻型击实的击实功大，击实功越大，最大干密度对应的最优含水量越小，选项 A 正确；由下图击实曲线可以看出，当击实功和击实方法不变时，土的干密度随含水量增加而增大，当干密度达到最大值后，土的干密度随含水量增加而减小，可见同一干密度可能对应两个不同的含水量，选项 B 错误；最大干密度对应的含水量为最优含水量，选项 C 正确；《土工试验方法标准》（GB/T 50123—2019）第 13.3.2 条第 2 款，选项 D 正确。

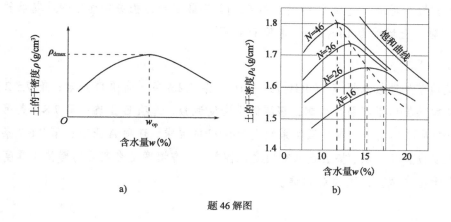

题 46 解图

47. 答案：AD

　　解析：《建筑结构荷载规范》（GB 50009—2012）第 3.1.1 条，选项 A、D 正确；选项 B、C 为可变荷载。

48. 答案：AC

　　解析：《建筑地基基础设计规范》（GB 50007—2011）第 3.0.5 条、第 5.2.2 条，承载力验算、基础底面尺寸计算、地基沉降计算时，基底压力均应计入基础自重及其上土重，承载力验算、基础底面尺寸计算用荷载效应标准组合，地基沉降计算用荷载效应准永久组合，选项 A 正确，选项 B、D 错误；第 8.2.8 条，计算配筋时，基底压力为扣除基础自重及其上土重后相应于荷载效应基本组合时的地基土单位面积净反力，选项 C 正确。

49. 答案：AC

　　解析：《建筑地基基础设计规范》（GB 50007—2011）第 3.0.5 条第 2 款，计算地基变形时，传至基础底面上的作用效应应按正常使用极限状态下作用的准永久组合，不应计入风荷载和地震作用；《工程结构可靠性设计统一标准》（GB 50153—2008）第 3.1.6 条，准永久组合包括永久荷载标准值和可变荷载的准永久值，选项 B 错误，选项 C 正确。《工程结构可靠性设计统一标准》（GB 50153—2008）第 8.2.2 条第 3 款，承载能力极限状态时，$\gamma_0 S_d \leq R_d$，S_d 为作用效应的设计值，R_d 为抗力设计值；第 8.3.1 条第 1 款，$S_d \leq C$，C 为设计对变形、裂缝等规定的相应限值，可近似理解为变形计算值对应于作用效应，选项 A 正确，选项 D 错误。

50. 答案：CD

　　解析：《建筑地基处理技术规范》（JGJ 79—2012）第 4.2.1 条第 3 款，灰土中用的石灰应该是消石灰（熟石灰），选项 A 错误；第 1 款及条文说明，砂垫层用料虽然不是很严格，但含泥量不应超过 5%，对排水具有要求的砂垫层宜控制含泥量不大于 3%，不含有植物残体、垃圾等杂质，选项 D 正确；第 4.2.4 条，压实系数越高，压实效果越好，选项 C 正确；《地基处理手册》（第三版）第 55 页，二灰垫层和灰土垫层相似，但强度较灰土垫层高，最优含水量较灰土大，干土重度较灰土小，选项 B 错误。

51. 答案：BCD

　　解析：《建筑地基处理技术规范》（JGJ 79—2012）第 6.3.3 条表 6.3.3，相同单击夯击能情况下，砂土的有效加固深度大于粉土、黏性土，选项 A 正确；第 4 款，两遍夯击之间的时间间隔，砂土场地小于黏性土场地，选项 B 错误；第 6 款，规范并没有规定强夯加固地基时，超出建筑物基础外缘的宽度砂土场地须大于黏性土场地，选项 C 错误；第 6.3.14 条第 2 款，强夯处理后的地基承载力检验，砂土场地为 7～14d，黏性土场地为 14～25d，选项 D 错误。

52. **答案：ABD**

   解析：《建筑地基处理技术规范》（JGJ 79—2012）第 4.2.4 条，选项 D 正确；第 7.5.2 条第 8 款，灰土挤密桩的桩顶褥垫层由压实系数控制，需要做干密度试验，选项 B 正确；第 7.8.4 条第 5 款，对湿陷性黄土，垫层材料应采用灰土，满足压实系数大于 0.95 的要求，选项 A 正确；第 7.6.2 条第 6 款，夯实水泥土桩桩顶也要设置褥垫层，垫层是以夯填度来控制的，夯填度是夯实后的褥垫层厚度与虚铺厚度的比值，不需要做干密度试验，选项 C 错误。

53. **答案：CD**

   解析：有黏结强度的增强体均可只在基础范围内布桩，包括水泥土搅拌桩、旋喷桩、夯实水泥土桩、水泥粉煤灰碎石桩，混凝土预制桩也可只在基础范围内布桩。

54. **答案：ABC**

   解析：《建筑地基处理技术规范》（JGJ 79—2012）附录 A.0.1 条，处理后地基静载荷试验可以测定承压板应力主要影响范围内土层的承载力和变形模量，平板载荷试验测定的是变形模量，压缩模量是完全侧限条件下的变形参数，选项 A 错误、选项 D 正确；A.0.7 条第 3 款，缓变形曲线取 $s/b = 0.01$ 所对应的荷载，$b > 2m$ 时取 2m，应取沉降 20mm 对应的压力，选项 B 错误；A.0.7 条第 2 款，极限荷载小于对应比例界限荷载的 2 倍时，取极限荷载的一半，$Q_u < 2Q_b = 1.2Q_u$，承载力特征值取 $0.5Q_u$，选项 C 错误。

55. **答案：BCD**

   解析：《建筑地基处理技术规范》（JGJ 79—2012）第 6.3.3 条及条文说明。增大夯击能可以提高强夯的有效加固深度，提高强夯加固效果。夯击点数是每个夯点的夯击次数，由于填土松散，被雨水浸泡后含水量较高，夯击点数过大一方面可能会因为夯坑过深而发生起锤困难的情况，另一方面由于黏性土含水量高，渗透性差，夯击点数增大会引起较高的孔隙水压力，引起夯坑周围地面产生较大的隆起，夯击点数应根据现场试夯确定，选项 A 错误；强夯排水十分重要，直接影响地基处理的效果，在强夯过程中主要考虑排除雨水、地下水和强夯过程中消散的孔隙水，应设置排水明沟作为强夯排水系统，并用集水井进行场内集中强制排水的措施，选项 B 正确；在路基表面填垫碎石层，一方面可以在地表形成硬层，确保机械设备通行和施工，另一方面可以加大地下水位和地表面之间的距离，防止夯击时夯坑积水，选项 C 正确；设置砂石桩可以起到排水的作用，加快超静孔隙水压力的消散速度，选项 D 正确。

56. **答案：AC**

   解析：《建筑地基处理技术规范》（JGJ 79—2012）第 7.7.3 条及条文说明，振动沉管法属挤土工艺，不应从四周向内推进，应和预制桩一样从中间向四周施工，选项 A 错误；置换率较高时，应放慢施工速度，使软土排水固结，提高地基承载力，如施工过快，将造成较大的孔隙水压力，选项 B 正确；拔管速度过快，容易造成桩径偏小或缩颈断桩等工程事故，选项 C 错误；长螺旋钻中心压灌成桩坍落度宜为 160～200mm，振动沉管灌注成桩的坍落度宜为 30～50mm，选项 D 正确。

57. **答案：AD**

   解析：《建筑基坑支护技术规程》（JGJ 120—2012）附录 A.2.3 条、A.2.5 条第 2 款，锚杆极限抗拔承载力试验宜采用多循环加载法，每级加、卸载稳定后，在观测时间内测读锚头位移不应少于 3 次，选项 A 正确；A.4.6 条，在抗拔承载力检测值下测得的弹性位移量应大于杆体自由段长度理论弹性伸长量的 80%，选项 B 错误；A.4.1 条，验收试验时，最大试验荷载应不小于锚杆的抗拔承载力检测值，抗拔承载力检测值应按支护结构的安全等级取系数，只有在二级才是 1.3 倍关系，选项 C 错误；A.2.6 条，锚头位移不收敛时，可终止试验，近似认为杆体已破坏，选项 D 正确。

58. 答案：BC

解析：《建筑基坑支护技术规程》（JGJ 120—2012）第 7.3.25 条第 1 款，选项 A 错误；第 2 款，选项 B 正确；第 4 款，选项 C 正确；第 3 款，回灌水量应根据水位观测孔中的水位变化进行控制和调节，回灌后的地下水位不应高于降水前的水位，未对回灌率提出要求，选项 D 错误。

59. 答案：ABC

解析：《建筑基坑支护技术规程》（JGJ 120—2012）第 4.5.9 条第 1 款，选项 A、B、C 正确。

60. 答案：ABC

解析：《建筑基坑工程监测技术标准》（GB 50497—2019）第 8.0.2 条第 3 款，选项 A 正确；第 8.0.5 条，选项 B 正确；第 8.0.1 条，选项 C 正确。

61. 答案：ABD

解析：围岩压力是指地下洞室开挖后，围岩在应力重分布作用下，产生的变形或松动破坏，进而引起施加于支护结构上的压力，按作用力发生形态，围岩压力可分为松动压力、变形压力、膨胀压力、冲击压力等，选项 A、B 正确；狭义上，围岩压力是指围岩作用在支护结构上的压力，地应力是存在于岩体中未受扰动的自然应力，主要由构造应力场和自重应力场组成，围岩压力不是地应力，选项 C 错误；刚度是材料抵抗变形的能力，刚度越大，支护结构上的围岩压力越大，柔性支护可使围岩产生一定位移而使形变压力减小，选项 D 正确。

62. 答案：ACD

解析：《膨胀土地区建筑技术规范》（GB 50112—2013）第 5.2.15 条，选项 B 为最大收缩下沉量。

63. 答案：AD

解析：《建筑抗震设计标准》（GB/T 50011—2010）（2024 年版）第 4.3.4 条，选项 A 正确；砂土的抗液化性能与平均粒径 d_{50} 的关系密切，容易液化的砂土平均粒径 d_{50} 在 0.02～1.00mm 之间，d_{50} 在 0.07mm 附近时最容易液化，砂土中黏粒含量超过 16% 时就很难液化，选项 B、C 错误；粉土中的黏粒含量是影响粉土液化的重要因素，粉土中黏粒含量越高，黏粒的作用由于润滑作用变为密实、镶嵌作用，粉土的黏粒含量越高越不容易液化，选项 D 正确。

64. 答案：BD

解析：《建筑抗震设计标准》（GB/T 50011—2010）（2024 年版）第 4.3.7 条第 1 款，选项 A 错误；第 2 款，选项 B 正确；第 5 款，选项 C 错误；第 3 款，选项 D 正确。

65. 答案：BC

解析：《水利水电工程地质勘察规范》（GB 50487—2008）（2022 年版）附录 P.0.4 条，实测标准贯入锤击数不进行杆长修正，若试验时贯入点深度、地下水位和工程正常运行时不同，实测击数进行校正，选项 A 错误；第 1 款第 2）项，工程正常运行时，应对实测标准贯入锤击数进行校正，选项 B 正确；第 1 款第 3）项，由液化判别标准贯入锤击数临界值计算公式可知，应采用标准贯入点在工程正常运行时地面以下的深度和地下水位，选项 C 正确；第 1 款第 5）项，临界值计算公式只适用于标准贯入点在地面以下 15m 范围内的深度，选项 D 错误。

66. 答案：ABC

　　解析：《建筑抗震设计标准》（GB/T 50011—2010）（2024 年版）第 4.3.7 条。全部消除液化可采用桩基础、深基础、挤密法进行地基处理（振冲、振动加密、挤密碎石桩、强夯），用非液化土层替换全部液化土层或增加上覆非液化土层的厚度，选项 A、B、C 正确；长螺旋施工的 CFG 桩对桩间土不具有挤密效果，不能消除液化，选项 D 错误。

67. 答案：AB

　　解析：《建筑抗震设计标准》（GB/T 50011—2010）（2024 年版）第 4.1.8 条。当需要在条状突出的山嘴、高耸孤立的山丘、非岩石和强风化岩石的陡坡、河岸和边坡边缘等不利地段建造丙类及丙类以上建筑时，应考虑不利地段对地震动参数可能产生的放大作用，水平地震影响系数应乘以增大系数，选项 A、B 正确。

68. 答案：ACD

　　解析：《建筑抗震设计标准》（GB/T 50011—2010）（2024 年版）第 4.1.8 条条文说明，高突地形距离基准面的高度越大，高出的反应越强烈，选项 A 正确；场地与高突地形边缘的距离越大，影响越小，选项 B 错误；边坡越陡，顶部的放大效应相对越大，选项 C 正确；由第 4.1.8 条条文说明中的表 2 可以看出，局部突出台地边缘的侧向平均坡降越大，局部突出台地越陡，影响越大，选项 D 正确。

69. 答案：BCD

　　解析：《建筑基桩检测技术规范》（JGJ 106—2014）第 3.1.1 条表 3.1.1，单桩水平静载试验主要用来检测单桩水平临界荷载和极限承载力，选项 A 错误；低应变法、高应变法、声波透射法均可以检测桩身缺陷及其位置，判定桩身完整性，选项 B、C、D 正确。

70. 答案：BC

　　解析：《建筑基桩检测技术规范》（JGJ 106—2014）第 4.2.6 条及表 4.2.6，当试桩或锚桩为扩底桩或多支盘桩时，试桩与锚桩的中心距不应小于 2 倍扩大端直径，试桩与锚桩中心距≥4.4m，选项 A 错误；按表 4.2.6，试桩与基准桩、基准桩与锚桩中心距≥4m，选项 B、C 正确。

2017 年专业知识试题答案及解析（下午卷）

1. **答案：C**

   解析：《建筑地基基础设计规范》（GB 50007—2011）第 5.1.9 条第 1 款，选项 A 正确；第 5.1.9 条第 7 款，选项 B 正确；表 5.1.7-1，卵石土对冻结深度的影响系数大于软弱黏性土，场地冻结深度会增加，选项 C 错误；附录 G 表 G.0.1，对于相同类型的土，冻前天然含水量越大，冻胀等级越高，冻胀性越大，选项 D 正确。

2. **答案：B**

   解析：《建筑地基基础设计规范》（GB 50007—2011）第 2.1.3 条，地基承载力特征值是由载荷试验测定的地基土压力变形曲线线性变形段内规定的变形所对应的压力值，其最大值为比例界限值，选项 A 错误，选项 B 正确；对于土基载荷试验，地基承载力特征值取极限承载力的 1/2 与比例界限值的小值，对于岩基载荷试验，地基承载力特征值取极限承载力的 1/3 与比例界限值的小值，选项 C 错误；第 5.2.4 条，地基承载力特征值不仅与土的物理性质指标及强度力学指标有关外，尚与基础埋深、基础宽度、基底以上及以下土的性质有关，选项 D 错误。

3. **答案：D**

   解析：《建筑地基基础设计规范》（GB 50007—2011）第 5.2.5 条，选项 A、B、C 错误；按照理论公式，代入计算的基础埋深与基础宽度均为实际值，而非人为假定的 $b = 3m$、$d = 0.5m$ 的情形，计算出来的指标即为 f_a，无须进行重复修正。

4. **答案：A**

   解析：由土力学原理，地基沉降是由基础底面的附加压力引起的，对于条形基础而言，基础宽度决定了基底以下的应力场分布特性，当基底下地质条件完全相同时，基底附加压力相同，基础宽度相同，则地基沉降量相同。

5. **答案：B**

   解析：《建筑地基基础设计规范》（GB 50007—2011）第 8.1.1 条及表 8.1.1。砖基础，台阶宽高比为 $1 : 1.5$，$H_0 \geqslant \frac{b-b_0}{2\tan a}$，即 $0.9 = \frac{b-b_0}{2\times1/1.5}$，$b - b_0 = 1.2m$，采用素混凝土基础时，台阶宽高比为 $1 : 1$，$H_0 \geqslant \frac{1.2}{2\times1/1} = 0.6m$，选项 B 正确。

6. **答案：C**

   解析：《建筑地基基础设计规范》（GB 50007—2011）第 8.3.2 条第 6 款。当条形基础的混凝土强度等级小于柱的混凝土强度等级时，应验算柱下条形基础梁顶面的局部受压承载力。题目中柱、基础混凝土强度等级一样，可不验算，选项 C 正确。

7. **答案：B**

   解析：《建筑桩基技术规范》（JGJ 94—2008）第 5.8.7 条。采用荷载效应基本组合，选项 B 正确。

8. **答案：C**

   解析：《建筑桩基技术规范》（JGJ 94—2008）第 5.7.2 条第 2 款。灌注桩，配筋率 0.7% > 0.65%，对

位移敏感，取地面处水平位移 6mm 所对应的荷载的 75% 作为单桩水平承载力特征值，$0.75 \times 260 = 195kN$，选项 C 正确。

9. **答案：C**

    解析： 泥浆护壁正、反循环钻，需要设置泥浆池，泥浆用量大；旋挖成孔无泥浆循环，泥浆用量少，选项 C 正确。

10. **答案：D**

    解析：《公路工程抗震规范》（JTG B02—2013）第 4.4.1 条。采用荷载试验确定单桩承载力时，提高系数为 1.5，$R_{aE} = KR_a = 1.5 \times 3000 = 4500kN$。

11. **答案：B**

    解析：《建筑桩基技术规范》（JGJ 94—2008）第 5.8.4 条。$l_c/b = 10/0.5 = 20$，查表得稳定系数 $\varphi = 0.75$。

12. **答案：C**

    解析：《建筑桩基技术规范》（JGJ 94—2008）第 6.4.1 条～第 6.4.13 条条文说明，长螺旋钻孔压灌桩成桩属于非挤土成桩工艺，适用于地下水位以上的黏性土、粉土、素填土、中等密实以上的砂土，选项 A、B 错误；附录 A 表 A.0.1，长螺旋钻孔灌注桩属于干作业成桩的一种工艺，无须泥浆护壁，选项 C 正确；第 6.4.4 条，混凝土坍落度为 180～220mm，选项 D 错误。

13. **答案：D**

    解析：《建筑桩基技术规范》（JGJ 94—2008）第 5.3.10 条条文说明。桩端、桩侧后注浆是增强端阻和侧阻的一种手段，浆液在不同桩端和桩侧土层中的扩散和加固机理不尽相同，总的变化和土类有关，粗粒土的增幅高于细粒土的增幅，选项 D 正确；后注浆并不能改变桩的承载特性，摩擦灌注桩桩端后注浆后还是摩擦灌注桩，端承灌注桩桩侧后注浆后还是端承桩，选项 A、B 错误；无论是否后注浆，灌注桩侧阻力都先于端阻力发挥，选项 C 错误。

14. **答案：D**

    解析：《建筑桩基技术规范》（JGJ 94—2008）第 4.2.1 条第 2 款，高层建筑平板式和梁板式筏形承台的最小厚度不应小于 400mm，墙下布桩的剪力墙结构筏形承台的最小厚度不应小于 200mm，选项 A 错误，选项 D 正确；第 4.2.1 条第 1 款，柱下独立桩基承台的最小宽度不应小于 500mm，对于墙下条形承台梁，承台的最小厚度不应小于 300mm，选项 B、C 错误。

15. **答案：B**

    解析：《铁路路基支挡结构设计规范》（TB 10025—2019）第 13.2.7 条及条文说明，滑体为砾石类土或块石类土时，下滑力采用三角形分布；滑体为黏性土时，采用矩形分布；介于二者之间采用梯形分布。故选项 B 正确。

16. **答案：C**

    解析：《公路路基设计规范》（JTG D30—2015）附录 H 表 H.0.1-2。偶然荷载包括地震作用力，滑坡、泥石流作用力和作用于墙顶护栏上的车辆碰撞力，选项 C 不是偶然荷载。

17. **答案：A**

解析： 反滤层可起到滤土、排水的作用，反滤层是由2～4层颗粒大小不同的砂、碎石或卵石等材料做成的，顺渗流的方向颗粒由细到粗逐渐增大，图中渗流方向为从左到右，则填筑粒径依次为砂→砾→碎石，选项A正确。

18. 答案：C

解析： 路堤自身已经压实，一般不会发生滑动；细砂层若发生滑动，一般为直线形滑动，不会是圆弧滑动面；由于②层淤泥质土较软弱，在路堤自重作用下容易发生剪切破坏，较①黏性土更容易发生滑动。

19. 答案：B

解析： 贴坡排水，其浸润线应与坡面相交；棱体排水，其浸润线下段不应该是直线；直立排水，其浸润线应在排水体处急剧下降。从图中浸润线看，最有可能的是褥垫排水，属于坝内排水的水平排水，褥垫排水层深入坝体内部，降低坝体的浸润线。各种排水方式见下图。

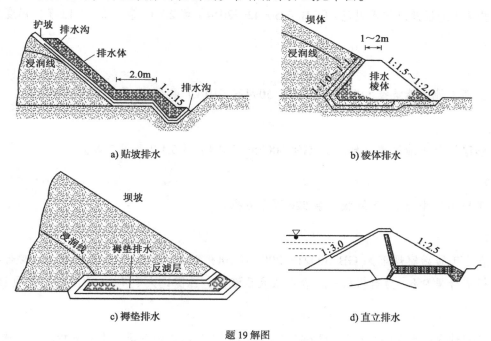

题19解图

20. 答案：D

解析：《铁路路基设计规范》（TB 10001—2016）第13.2.9条第2款，选项A符合。第13.2.10条第1款，选项B符合；第7款，选项C符合。第13.2.5条第2款，沟底纵坡不宜小于2‰，对沟底宽度没有要求，选项D不符合。

21. 答案：B

解析：《铁路路基支挡结构设计规范》（TB 10025—2019）第10.1.1条，选项A、C、D错误，选项B正确。

22. 答案：D

解析：《土工合成材料应用技术规范》（GB/T 50290—2014）第4.2.3条，土工织物的渗透系数与被保护土的渗透系数比值应大于10，选项A错误；第4.2.4条第2款，GR≤3，选项B错误；第4.2.2条，比值应为1或1.8，选项C错误；第4.3.2条第3款，选项D正确。

23. 答案：D

解析：《湿陷性黄土地区建筑标准》（GB 50025—2018）第 4.3.6 条第 3 款，选项 A 正确；第 4.3.7 条第 3 款，选项 B 正确；第 6 款，选项 C 正确；第 4.3.1 条第 5 款，稳定标准为每小时的下沉量不大于 0.01mm，选项 D 错误。

24. 答案：C

解析：选项 A，这种情形是最典型的滑坡，往往会经历蠕滑、滑动、剧滑和稳定四个阶段；选项 B，一般出现在路基边坡施工中，坡脚抗滑部分一旦被开挖，立即发生顺层破坏，即剧滑；选项 C，这种堆积层滑坡，且其滑面倾角平缓，其变形以蠕变为主，变形较为缓慢，选项 C 正确；选项 D，楔形体滑坡是岩质边坡破坏的最常见类型，由两个或两个以上的结构面与临空面切割岩体形成的多面状块体，规模一般较小，不容易发生剧滑。

25. 答案：B

解析：《盐渍土地区建筑技术规范》（GB/T 50942—2014）第 2.1.11 条～第 2.1.13 条，温度应为 20℃，选项 B 正确。

26. 答案：D

解析：《盐渍土地区建筑技术规范》（GB/T 50942—2014）第 4.4.2 条条文说明第 3 款。

27. 答案：C

解析：《湿陷性黄土地区建筑标准》（GB 50025—2018）第 5.1.2 条第 3 款。

28. 答案：D

解析：《工程地质手册》（第五版）第 526 页第 6 条。

29. 答案：B

解析：《岩土工程勘察规范》（GB 50021—2001）（2009 年版）第 6.3.1 条及附录 A。该土可以初步定为软土，有机质含量 9%，为有机质土，含水量大于液限，孔隙比大于 1.5，为淤泥，选项 B 正确。

30. 答案：C

解析：《工程地质手册》（第五版）第 647 页。根据"土洞的成因分类"中的分析，可知选项 C 正确。

31. 答案：A

解析：在干燥少雨的条件下，由于蒸发量大，水分不断减少，盐类析出，胶体凝结，产生了加固黏聚力，盐类逐渐浓缩沉淀形成胶结物，随着含水量的逐渐减少土颗粒间的分子引力以及结合水和毛细水的联结力逐渐增大，形成了以粗粉粒为主体的多孔隙及大孔隙结构。当黄土浸水时，结合水膜增厚楔入颗粒之间，结合水联结消失，盐类溶于水中，骨架强度降低，在上覆土自重压力或自重压力与附加压力作用下，其结构迅速破坏，导致湿陷下沉。

32. 答案：C

解析：《岩土工程勘察规范》（GB 50021—2001）（2009 年版）第 12.2.5 条，选项 A、B、C 成反比关系，选项 D 成正比关系，故选项 C 错误。

33. 答案：D

解析：推移式滑坡是上部先滑动，挤压下部引起变形和蠕动，推移式滑坡的主要诱发因素有多种，如坡体上方堆载、坡体后缘因暴雨充水，自重增大，下滑力增大，选项 D 正确；而选项 B、C 均为牵引式滑坡的诱发因素。

34. 答案：C

解析：《湿陷性黄土地区建筑标准》（GB 50025—2018）表 6.1.11，选项 A、B、D 均为湿陷性黄土地基处理的常用方法。

35. 答案：B

解析：《建筑安装工程费用项目组成》（建标〔2013〕44 号），安全施工所需费用包含在措施项目费中。

36. 答案：C

解析：《中华人民共和国建筑法》第三十二条。

37. 答案：C

解析：《建设工程质量管理条例》第六十三条。

38. 答案：C

解析：《建设工程质量管理条例》第十条，选项 A、B 正确；第十五条，选项 C 错误。《房屋建筑和市政基础设施工程施工图设计文件审查管理办法》第九条，选项 D 正确。

39. 答案：D

解析：《建筑工程五方责任主体项目负责人质量终身责任追究暂行办法》第十条，选项 A、B、C 正确；选项 D 错误。

40. 答案：A

解析：《房屋建筑和市政基础设施工程施工图设计文件审查管理办法》第七条，审查人员应有 15 年以上所需专业勘察、设计工作经历。

....

41. 答案：BCD

解析：主裙楼减小差异沉降的措施是减小高层沉降或增大低层沉降。《建筑地基基础设计规范》（GB 50007—2011）第 8.4.20 条第 2 款，当高层建筑基础面积满足地基承载力和变形要求时，后浇带宜设置在与高层建筑相邻裙房的第一跨内。当需要满足高层建筑地基承载力、降低高层建筑沉降量、减小高层建筑与裙房的沉降差而增大高层建筑基础面积时，后浇带可设置在距主楼边柱的第二跨内，选项 A 错误；采用独立基础可以增大裙房沉降量，减小差异沉降，选项 D 正确；第 8.4.21 条，增加筏板配筋和厚度能够增大刚度，改善基础的差异沉降和内力分布，有利于控制基础差异沉降，但容易增加筏板的局部内力，选项 C 正确；人为合理地调整地基土的刚度使其在平面内变化，降低地基承载力和刚度可以增大裙房沉降，减小差异沉降，相当于桩基中的变刚度调平设计，选项 B 正确。

注：实际工程中，没有人会把地基承载力降低，此题似乎是为了出题而出题。

42. 答案：BD

解析：根据土力学内容，太沙基极限承载力理论假定：①均质地基、条形基础作用均布压力，地基破坏形式为整体剪切破坏；②基础底面粗糙，即基础底面与土之间有摩擦力；③当基础有埋深时，基底面以上两侧土体用均布超载来代替。条形基础均布压力属于平面应变问题，选项 A、C 符合，选项 B 不符合；普朗特极限承载力公式假定基底下的土为无重量介质，选项 D 不符合。

43. 答案：AB

　　解析：《建筑地基基础设计规范》（GB 50007—2011）第 5.2.7 条。规范根据大量的试验研究并参照双层地基中附加应力分布的理论解答，提出了扩散角原理的简化计算方法，即当持力层与软弱下卧层土的压缩模量比值 $E_{s1}/E_{s2} \geqslant 3$ 时，假定基底处的附加应力按某一角度向下扩散，并均匀分布在较大面积的软弱下卧土层上。由基底附加压力与软弱下卧层顶面处扩散面积上的附加应力相等的条件，得到了规范的计算公式，选项 A、B 正确；持力层压缩模量越高，压力扩散角越大，应力扩散得越快，扩散到软弱下卧层顶面的附加应力越小，选项 C 错误；软弱下卧层承载力特征值只进行深度修正，不进行宽度修正，选项 D 错误。

44. 答案：BD

　　解析：《建筑地基基础设计规范》（GB 50007—2011）第 5.2.4 条，深宽修正系数是按基础底面以下土的类别查表选用的，选项 A 错误，选项 B 正确；表 5.2.4，换填法地基处理不进行宽度修正，只进行深度修正，选项 C 错误；深度修正时采用的土的重度为基底以上的加权平均重度，选项 D 正确。

45. 答案：AB

　　解析：《建筑地基基础设计规范》（GB 50007—2011）第 5.2.5 条及土力学知识。饱和软黏土在快速加载情况下其摩擦角为零，查表 5.2.5，$M_b = 0$，因此与基础宽度无关，选项 A 不产生影响。根据理论公式可知基底以上土的重度、基础埋深均对地基承载力有影响，而承载力为土体固有的性质，与荷载的大小无关。

46. 答案：ABD

　　解析：《建筑桩基技术规范》（JGJ 94—2008）表 6.2.4。群桩基础中的边桩，桩位允许偏差为 $d/6$ 且不大于 100mm，选项 C 错误。

47. 答案：AC

　　解析：《建筑桩基技术规范》（JGJ 94—2008）第 6.3.1 条，泥浆主要的作用为护壁，通过侧向泥浆压力达到护壁的作用，选项 A 正确；以砂土为主的地层无法自行造浆，选项 B 错误；第 6.3.2 条第 1 款，选项 D 错误；提升钻具时，会带出一部分泥浆，因此每次提升钻头时，应及时向孔内补充泥浆，以保证孔内泥浆高度，选项 C 正确。

48. 答案：AB

　　解析：《建筑桩基技术规范》（JGJ 94—2008）第 6.2.3 条第 1 款，选项 A 正确；第 2 款，选项 B 正确。端承摩擦桩、摩擦端承桩必须保证设计桩长及桩端进入持力层深度，选项 C、D 错误。

49. 答案：ABD

　　解析：《建筑桩基技术规范》（JGJ 94—2008）第 6.6.6 条，人工挖孔桩混凝土护壁应配置直径不小于 8mm 的构造钢筋，选项 A 错误；第 6.6.14 条，当渗水量过大时，严禁在桩孔中边抽水边开挖，选项 B 错误；第 6.6.4 条，扩底桩灌注混凝土时，第一次应灌注到扩底部位的顶面，随即振捣密实，选项 D 错误；浇筑桩顶以下 5m 范围内混凝土时，应随浇筑随振捣，每次浇筑高度不得大于 1.5m，选项 C 正确。

50. 答案：BD

解析：《建筑桩基技术规范》（JGJ 94—2008）第 4.1.5 条，预制桩混凝土强度不低于 C30，选项 A 错误；第 7.1.6 条，浇筑时从桩顶开始灌注，选项 C 错误；选项 B、D 正确，为常识。

51. 答案：AD

解析：《建筑桩基技术规范》（JGJ 94—2008）第 2.1.5 条，选项 A 正确；第 5.5.14 条，桩距大于 6 倍桩径，选项 B 错误；第 5.6.2 条，减沉复合疏桩基础的沉降等于承台底地基土在附加压力作用下产生的沉降与桩土相互作用产生的沉降之和，选项 C 错误；第 5.6.1 条，选项 D 正确。

52. 答案：ABD

解析：《建筑桩基技术规范》（JGJ 94—2008）第 4.1.1 条第 1、3 款，抗压桩和抗拔桩，纵向主筋不少于 6 和 10，配筋率为 0.2%～0.65%，小直径取高值，大直径取低值，800mm 为大直径桩，配 8 根 20mm 钢筋，配筋率为 $8 \times 3.14 \times 10^2/(3.14 \times 400^2) = 0.5\%$，满足要求，选项 A 正确；第 2 款，桩端为中风化花岗岩，近似认为端承桩，通长配筋，选项 B 正确；第 4.1.2 条第 1 款，桩身混凝土强度等级不低于 C25，选项 C 错误；第 2 款，混凝土主筋的保护层厚度不小于 35mm，水下灌注桩保护层厚度不小于 50mm，选项 D 正确。

53. 答案：BC

解析：土工格栅加固地基主要是依靠土工格栅与土之间的摩擦与侧向约束、格栅网眼对土的锁定作用和土对格栅肋条的被动阻抗作用实现的，土工格栅的拉力在施工期近似线性增长，与堆载有关，而施工期结束后，拉力不断减小，则说明该填方路堤并未因发生滑动破坏致使筋材发生破坏，此时筋材的蠕变不会大于土的蠕变，选项 A 错误；就软土路基来说，由于软土地基固结的作用，一般中心沉降大，而使得中部上覆填土发生差异变形，而使得筋材受力松弛，筋材拉力减小，选项 B、C 正确；路堤上车辆的反复荷载，对筋材的拉力的作用影响一般不大，选项 D 错误。

54. 答案：ACD

解析：《建筑边坡工程技术规范》（GB 50330—2013）第 4.3.5 条，选项 D 正确；第 4.3.7 条第 2、3 款，饱和软黏土为三轴不固结不排水试验指标，选项 B 错误，选项 A、C 正确。

55. 答案：AC

解析：《碾压式土石坝设计规范》（NB/T 10872—2021）第 6.7.1 条第 3 款，选项 A 正确；第 6.7.5 条条文说明，设置竖向排水的目的是使透过坝体的水通过它排至下游，保持坝体干燥，有效降低坝体浸润线，防止渗透水在坝坡溢出，选项 C 正确；竖向排水做成向上游或下游倾斜的形式，选项 B 错误；第 6.7.10 条条文说明，贴坡排水不能降低浸润线。

56. 答案：AB

解析：《碾压式土石坝设计规范》（NB/T 10872—2021）第 9.1.2 条，选项 A、B 正确；第 9.1.4 条，宜采用渗透系数大值的平均值，选项 C 错误；第 9.1.8 条第 2 款，如下卧土层较厚，且其渗透系数小于上覆土渗透系数的 1/100 时，该层可视为相对不透水层，选项 D 错误。

57. 答案：BD

解析：《公路路基设计规范》（JTG D30—2015）第 5.3.1 条表 5.3.1，选项 B、D 正确；植被防护允许流速为 1.2～1.8m/s，土工模袋允许流速为 2～3m/s，选项 A、C 错误。

58. **答案：** CD

　　解析：《建筑地基基础设计规范》（GB 50007—2011）附录 G 表 G.0.1，黏性土的冻胀性与冻前天然含水量和塑性含水量有关，选项 C、D 正确。

59. **答案：** ABC

　　解析：《公路路基设计规范》（JTG D30—2015）第 7.3.3 条，规模较小的危岩崩塌体，可采取清除、支挡、挂网锚喷等处理措施，也可采用柔性防护系统或设置拦石墙、落石槽等构造物；《工程地质手册》（第五版）第 681 页，危岩可采用挡石墙、拦石网等被动防护措施和支撑、锚固等主动防护措施，选项 A、B，C 正确。裂隙面压力注浆也可以处理危岩，是一种辅助工法，需要和其他加固措施一起使用。

60. **答案：** AB

　　解析：《工程地质手册》（第五版）第 698 页，选项 A、B 正确；矿层埋深大，地表变形小，选项 C 错误；矿层上覆岩层厚度大，地表变形小，选项 D 错误。

61. **答案：** ABD

　　解析：《工程地质手册》（第五版）第 693 页，选项 A、B、D 正确；泥石流堆积物无分选或分选差，颗粒大小悬殊，堆积物无层次，可见泥包砾和泥球，选项 C 错误。

62. **答案：** BCD

　　解析：《工程地质手册》（第五版）第 555 页，选项 B、C、D 正确；初始含水量与膨胀后含水量差值越大，土的膨胀量越大，选项 A 错误。

63. **答案：** BC

　　解析：根据土力学知识，砂土土坡稳定性系数 $K = \tan\varphi / \tan\beta$，因此稳定系数与砂土的内摩擦角和坡角有关，选项 B 正确；当坡面有地下水溢出时，坡内会因此产生动水压力，其方向指向滑动方向，对稳定不利，选项 C 正确。

64. **答案：** BD

　　解析：《公路工程地质勘察规范》（JTG C20—2011）第 8.1.6 条第 2 款，湿陷性黄土钻孔中竖向间距为 1.0m，选项 A 错误；第 8.2.10 条第 3 款，季节性冻土中的取样间距宜为 0.5m，选项 B 正确；第 8.3.9 条第 2 款，膨胀土在大气影响层深度范围内，取样间距为 1.0m，选项 C 错误；第 8.4.7 条第 3 款，盐渍土取样应自地表往下逐段连续采集，深度分别为 0～0.05m，0.05～0.25m，0.25～0.5m，0.5～0.75m，0.75～1.0m，选项 D 正确。

65. **答案：** ACD

　　解析：《中华人民共和国招标投标法》第二十二条，选项 A 错误；第三十六条，选项 B 正确；第三十七条，选项 C 错误；第四十四条，选项 D 错误。

66. **答案：** AD

　　解析：《建设工程勘察设计管理条例》第二十八条。

67. **答案：** ACD

　　解析：《勘察设计注册工程师管理规定》第二十九条。

68. **答案：** AC

　　解析：《中华人民共和国民法典》第七百九十八条，选项 A 正确；第八百零三条，选项 B 错误；第八百零四条，选项 C 正确；第八百零七条，选项 D 错误。

69. **答案：** ABD

　　解析：《建设工程安全生产管理条例》第四十三条。

70. **答案：** BCD

　　解析：《中华人民共和国招标投标法》第五十三条，选项 B、C 正确；第五十四条，选项 D 正确。

2018 年专业知识试题答案及解析（上午卷）

1. **答案：B**

   解析：《土工试验方法标准》（GB/T 50123—2019）第 6.2.4 条，密度试验应进行两次平行测定，其最大允许平行差值应为 $\pm 0.03 \mathrm{g/cm^3}$，取两次测值的算术平均值。

2. **答案：D**

   解析：《岩土工程勘察规范》（GB 50021—2001）（2009 年版）第 10.10.3 条第 2 款。

3. **答案：A**

   解析：《工程地质手册》（第五版）第 1230 页，图 9-3-2。

4. **答案：D**

   解析：《建筑地基基础设计规范》（GB 50007—2011）第 5.2.4 条表 5.2.4。强风化和全风化的岩石，深度修正系数按风化形成的相应土类取值，其他状态下的岩石不修正。

5. **答案：B**

   解析：《岩土工程勘察规范》（GB 50021—2001）（2009 年版）第 4.1.20 条第 1 款。总勘探孔数量 80 个，取土试样钻孔不少于勘探孔总数的 1/3，即 $80/3 \approx 27$。

6. **答案：A**

   解析：根据经验，题目中土样可判定为砂加黏土，而软土层在不排水条件下的抗剪强度较低，最不符合题意。

7. **答案：C**

   解析：《岩土工程勘察规范》（GB 50021—2001）（2009 年版）第 10.9.3 条。现场直剪试验每组岩体不宜少于 5 个，每组土体不宜少于 3 个。

8. **答案：B**

   解析：《岩土工程勘察规范》（GB 50021—2001）（2009 年版）第 9.4.2 条条文说明。固定活塞薄壁取土器取土质量最高。

9. **答案：D**

   解析：压缩模量是在无侧向变形条件下得出的（试样横截面积不变），即三向应力，单向应变；变形模量是侧向自由变形时，土的竖向应力与应变之比，是在单向应力，三向应变条件下得出的。

10. **答案：A**

    解析：《工程地质手册》（第五版）第 77、78 页。选项 A 可测定地下水活动情况，选项 B 可探测地下洞穴、构造破裂带、滑坡体，划分地层结构，管线探测等；选项 C 可确定钻孔中岩层节理、裂隙、断层、破碎带和软弱夹层的位置及结构面的产状，了解岩溶洞穴情况，检查灌浆质量和混凝土浇筑质量；选项 D 可测定波速，确定岩体的动弹性参数。

11. 答案：D

解析：《建筑工程地质勘探与取样技术规程》（JGJ/T 87—2012）第6.1.3条。套管的下设深度与取样位置之间应预留三倍管径以上的距离。

12. 答案：C

解析：《工程地质手册》（第五版）第306页。压缩波的波速比剪切波快，压缩波为初至波；压缩波传播能量衰减比剪切波快；在波形上，压缩波幅度小，频率高，剪切波幅度大，频率低。

13. 答案：D

解析：《水利水电工程地质勘察规范》（GB 50487—2008）（2022年版）第5.4.2条表5.4.2。覆盖层45m，坝高90m，钻孔进入基岩深度大于50m，勘探深度大于 $45+50=95m$。

14. 答案：B

解析：《建筑结构荷载规范》（GB 50009—2012）第3.1.3条。

15. 答案：D

解析：《建筑桩基技术规范》（JGJ 94—2008）第3.1.1条、第3.1.7条第4款、第5.8.8条。裂缝宽度验算属于正常使用极限状态下的验算，一、三级裂缝采用标准组合验算，二级裂缝采用标准组合和准永久组合分别验算。

16. 答案：B

解析：《建筑结构荷载规范》（GB 50009—2012）第4.0.3条、第4.0.4条。不利时，取上限值。

17. 答案：C

解析： $U_t = \dfrac{\text{有效应力面积}}{\text{起始超静孔隙水压力面积}} = \dfrac{3}{3+1} = 0.75$

18. 答案：C

解析：《建筑地基处理技术规范》（JGJ 79—2012）第7.1.5条、第7.1.7条。

$$f_{spk} = [1 + m(n-1)]f_{sk} = [1 + 0.35 \times (4-1)]f_{sk} = 2.05f_{sk} = 2.05f_{ak}$$

$$E_s\xi = 6 \times (2.05f_{ak})/f_{ak} = 12.3\text{MPa}$$

19. 答案：C

解析：《建筑地基处理技术规范》（JGJ 79—2012）第5.2.6条。砂井深度与预压荷载无关。

20. 答案：B

解析：《工程地质手册》（第五版）第1138页。

$$\overline{U}_{rz} = 1 - (1 - \overline{U}_z)(1 - \overline{U}_r) = 1 - (1 - 0.2) \times (1 - 0.4) = 0.52$$

21. 答案：D

解析：《地基处理手册》（第三版）第412～415页、《岩土工程师手册》（钱七虎等）第500～504页。

单管法是利用高压泥浆泵以20MPa左右的压力，把浆液从喷嘴中喷射出去，以冲击破坏土体，同时借助于注浆管的旋转和提升，使浆液与土体搅拌混合形成加固体。选项C错误。

双管法是利用双通道的注浆管，通过在底部侧面的同轴双重喷嘴，同时喷射出高压浆液和压缩空气，使两种介质射流冲击破坏土体，浆液压力一般为15～50MPa，空气压力一般为0.5～0.7MPa，两种介质共同作用下，切削土体形成加固体。选项 A 错误。

三管法是使用分别输送水、气、浆液三种介质的三管注浆管，喷射压力 20～40MPa 的高压清水和压力 0.5～0.7MPa 的空气，利用水、气同轴喷射切削土体，再由泥浆泵注入压力 1～5MPa 的浆液进行填充，形成加固体。选项 D 正确。

多管法（SSS-MAN 工法）须先在地面钻设一个导孔，然后置入多重管，用超高压水射流逐渐向下切削土体，经超高压水切削下来的土体，伴随着泥浆用真空泵立即从多重管中抽出，如此反复地抽，可在地层中形成一个较大的空间，然后根据需要选用浆液、砂浆、砾石等材料填充，全部置换土体，在地层中形成较大直径的加固体。选项 B 错误。

22. **答案：B**

解析： 根据定义，$\frac{V_v}{V_s}=1$，$V_s+V_v=V$，即 1m³ 土体中孔隙体积为 0.5m³，浆液充填 0.5m³，孔隙的充填率为 50%，1m³ 土体浆液注入量为 0.25m³。

23. **答案：A**

解析：《土工合成材料应用技术规范》（GB/T 50290—2014）第 4.1.5 条，选项 A 正确。第 4.2.1 条，用作反滤和排水的土工织物应满足保土性、透水性、防堵性的要求；保土性：织物孔径应与被保护土粒径相匹配，防止骨架颗粒流失引起渗透变形。选项 B、C 错误。第 4.2.7 条第 2 款，根据计算公式可知，与法向应力下土工织物的厚度有关，选项 D 错误。

24. **答案：A**

解析：《建筑地基处理技术规范》（JGJ 79—2012）第 5.2.1 条，深厚软黏土应设置排水竖井，选项 A 正确；第 5.1.6 条，对以变形控制的建筑物，当地基土经预压所完成的变形量和平均固结度满足要求时，方可卸载，即要求工后沉降量和固结度满足要求，选项 C 错误；第 5.4.3 条，可采用十字板剪切试验或静力触探检验，选项 D 错误；规范并没有要求预压荷载各级加载量相同，选项 B 错误。

25. **答案：C**

解析：《建筑基坑支护技术规程》（JGJ 120—2012）第 4.11.3 条及条文说明，单一墙是将地下连续墙直接用作主体结构地下室外边墙，在地下连续墙内侧做一道建筑内墙即衬墙，两墙之间设置排水沟，以解决渗漏问题，地下连续墙承担全部外墙荷载，内衬墙不承受水压力，选项 C 正确；叠合墙是将地下连续墙与主体结构地下室外墙作为一个整体，即通过地下连续墙内侧凿毛或用剪力块将地下连续墙与主体结构外墙连接起来，使之结合部位能传递剪力。叠合墙内侧应设置混凝土衬墙，在永久使用阶段，地下连续墙与衬墙按整体考虑，即共同承受作用于主体结构上的荷载，当然也包括主体结构自重，选项 A 错误；复合墙是把主体结构的外墙重合在地下连续墙的内侧，在两者之间填充隔绝材料，使之成为仅传递水平力不传递剪力的结构形式。永久使用阶段水平荷载作用下的墙体内力宜按地下连续墙与衬墙的刚度比例分配，可见衬墙承受永久使用阶段的水平荷载，选项 B 错误。

26. **答案：C**

解析： 一端沉降大，一端沉降小引起斜裂缝，裂缝位置高的一端沉降大。坑底土体隆起，支护桩上抬，靠近支护桩一侧沉降大。

27. **答案：D**

解析：《建筑基坑支护技术规程》（JGJ 120—2012）第 4.7.5 条公式。

$$l_f \geqslant \frac{(a_1 + a_2 - d\tan\alpha)\sin\left(45° - \frac{\varphi_m}{2}\right)}{\sin\left(45° + \frac{\varphi_m}{2} + \alpha\right)} + \frac{d}{\cos\alpha} + 1.5$$

　　固段长度与支护桩直径 d 有关，选项 A 错误；土性越差，等效内摩擦角越小，理论滑动面与支护桩夹角越大，非锚固段长度越大，选项 B 错误；锚杆与理论滑动面垂直时的倾角为 α，此时非锚固段长度最小，则有倾角大于 α 和小于 α 时，非锚固段长度相同，选项 C 错误；由解图可知，对于同一断面，上排锚杆非锚固段长度大于下排锚杆非锚固段长度，选项 D 正确。

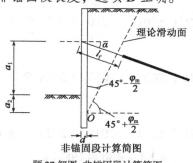

题 27 解图　非锚固段计算简图

28. 答案：B

　　解析：《公路隧道设计规范　第一册　土建工程》（JTG 3370.1—2018）第 6.1.1 条表 6.1.1，选项 B、C、D 三项均为永久荷载，最主要的是围岩的松散压力。

29. 答案：B

　　解析：《铁路隧道设计规范》（TB 10003—2016）第 8.4.3 条第 2 款，选项 A 正确；第 8.4.5 条第 1 款，选项 B 错误；第 5.1.5 条第 1 款，选项 C 正确；第 8.4.4 条，选项 D 正确。

30. 答案：C

　　解析：《建筑基坑支护技术规程》（JGJ 120—2012）第 4.8.7 条第 4 款。锁定时的锚杆拉力值可取锁定值的 1.1～1.15 倍。

31. 答案：B

　　解析：《公路隧道设计规范　第一册　土建工程》（JTG 3370.1—2018）第 14.8.3 条条文说明，采用分部或超前导洞开挖，限制开挖规模，减缓施工进度，采用短进尺，选项 A 正确、B 错误；可采取超前钻应力解除、松动爆破或震动爆破等方法，必要时可以向掌子面内岩体注入高压水，以降低岩体强度，选项 C 正确；岩爆地段开挖后，应及时进行挂网喷锚支护，选项 D 正确。

32. 答案：B

　　解析：《公路工程抗震规范》（JTG B02—2013）第 3.6.7 条，选项 A 正确；第 3.6.2 条，选项 B 错误，选项 C 正确；第 3.6.6 条，选项 D 正确。

33. 答案：C

　　解析：纵波称为 P 波，质点振动方向与震波前进方向一致，靠介质的扩张与收缩传递，其传播速度为 5～6km/s。纵波的周期短、振幅小、波长短、波速快，能引起地面上下颠簸（竖向振动），可以在固体、液体和气体中传播。

　　横波称为 S 波，质点振动方向垂直于波的传播方向，为各质点间发生的周期性剪切振动，传播速度

3~4km/s。与纵波相比，横波的周期长、振幅大、波速慢，引起地面发生左右晃动，对地面产生的破坏最强。

面波是纵波和横波在地表相遇产生的混合波，在地面或地壳表层各不同地质层界面处传播。面波振幅大、周期长，只在地表附近传播，振幅随深度的增加迅速减小，传播速度最小，速度约为横波的 90%，面波比体波衰减慢，能传播到很远的地方。

34. 答案：D

解析：《建筑抗震设计标准》（GB/T 50011—2010）（2024 年版）第 1.0.1 条条文说明。

35. 答案：B

解析：《建筑抗震设计标准》（GB/T 50011—2010）（2024 年版）第 4.4.2 条第 1 款。

36. 答案：C

解析：《建筑抗震设计标准》（GB/T 50011—2010）（2024 年版）第 4.2.3 条、第 4.2.4 条。

查规范表 4.2.3，$\xi = 1.1$，$f_{aE} = \xi f_a = 1.1 \times 180 = 198kPa$

$p_{max} \leqslant f_{aE} = 198kPa$，$p_{max} \leqslant 1.2 f_{aE} = 1.2 \times 198 = 237.6kPa$，取 $p_{max} \leqslant 238kPa$

37. 答案：C

解析：《公路工程抗震规范》（JTG B02—2013）第 8.2.3 条。

38. 答案：B

解析：《建筑基桩自平衡静载试验技术规程》（JGJ/T 403—2017），自平衡法是将荷载箱置于桩身平衡点处，通过试验数据绘制上、下桩的荷载-位移曲线，从而得到测桩的极限承载力。平衡点：基桩桩身某一位置，其上段桩桩身自重及桩侧极限摩阻力之和等于下段桩桩侧极限摩阻力及极限桩端阻力之和基本相等的点。根据附录 E.0.2 条图，选项 B 正确。

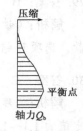

题 38 解图

39. 答案：A

解析：《混凝土结构设计标准》（GB/T 50010—2010）（2024 年版）表 4.1.4-1，C30 混凝土抗压强度设计值为 $14.3N/mm^2$，支撑的轴向压力设计值 $N \leqslant f_c A = 14.3 \times 10^3 \times 0.8 \times 0.7 = 8008kN$。《建筑基坑工程监测技术标准》（GB 50497—2019）第 8.0.4 条表 8.0.4，一级基坑轴力报警值为构件承载能力设计值的 60%~80%，即报警值为（0.6~0.8）× 8008 = 4804.8~6406.4kN。

40. 答案：D

解析：《建筑基桩检测技术规范》（JGJ 106—2014）第 7.5.3 条，混凝土芯样破坏荷载与其面积比为该混凝土芯样试件抗压强度值，而非立方体抗压强度（钻芯法取得的试样为圆柱形），选项 A 错误；附录 E.0.5 条第 4 款，岩石芯样高度小于 2.0d 或大于 2.5d 时，不得用作单轴抗压强度试验，即高径比 $h/d < 2.0$ 或 $h/d > 2.5$ 时，不能用作试验，选项 C 错误；附录 E.0.2 条第 2 款，硫黄胶泥或硫黄的补平厚度不宜大于 1.5mm，选项 D 正确；《建筑地基基础设计规范》（GB 50007—2011）附录 J.0.4 条，岩石抗压强度标准值为平均值乘以统计修正系数才能得到，选项 B 错误。

41. 答案：ABC

解析：《岩土工程勘察规范》（GB 50021—2001）（2009 年版）第 6.4.2 条第 3、4 款，应布置钻孔和探井，并采取大体积土试样进行颗粒分析试验，选项 A 正确，选项 D 错误；第 5 款，对粗粒混合土，宜采用动力触探试验，并布置一定数量的钻孔或探井检验，选项 C 正确；第 6 款，压板面积应大于试验土层最大粒径的 5 倍，且不应小于 $0.5m^2$，选项 B 正确。

42. 答案：AC

解析：据土力学或《土工试验方法标准》（GB/T 50123—2019）第 20.4.4 条，在曲线上取最大轴向应力作为无侧限抗压强度，当曲线上峰值不明显时，取轴向应变 15%对应的轴向应力作为无侧限抗压强度。

43. 答案：AC

解析：《盐渍土地区建筑技术规范》（GB/T 50942—2014）第 4.1.3 条第 1 款，选项 A 正确；第 4.1.4 条第 2 款，详细勘察时，10m 深度内取样间距为 1.0m，10m 以下为 2.0m，选项 B 错误；第 4.1.5 条，选项 C 正确；第 4.1.7 条，不少于 3 件，选项 D 错误。

44. 答案：BC

解析：《岩土工程勘察规范》（GB 50021—2001）（2009 年版）第 3.1.4 条，选项 A 工程重要性为一级，勘察等级为甲级；选项 B 工程重要性为二级，勘察等级为乙级；选项 C 工程重要性为一级，建筑在岩质地基上，场地复杂程度和地基复杂程度均为三级，勘察等级为乙级；选项 D 工程重要性为二级，场地等级为甲级，勘察等级为甲级。

45. 答案：AD

解析：据土力学知识，等水头面是渗流场中水头值相等的点所构成的面，可以是平面也可以是曲面，选项 A 正确，选项 B 错误；流线是同一时刻不同液流质点的连线，且各质点的渗透速度矢量均和流线相切（流线间互不相交），迹线是同一质点运动的运动轨迹，稳定渗流时流线和迹线重合，选项 C 错误；各向同性渗流场中，由等水头线和流线所构成的正交网格叫流网，选项 D 正确。

46. 答案：ACD

解析：《岩土工程勘察安全标准》（GB/T 50585—2019）第 6.4.3 条第 1 款，遇浓雾时，交通船应停止靠近浮式勘探平台接送人员，选项 A 正确；浪高大于 1.5m 时，应停止水域勘探作业，选项 B 错误；第 6.3.3 条第 3 款，选项 C 正确；第 6.4.4 条，选项 D 正确。

47. 答案：BC

解析：《工程结构可靠性设计统一标准》（GB 50153—2008）第 2.1.5 条，设计使用年限是指设计规定的结构或构件不需进行大修即可按预定目的使用的年限，选项 A 错误；由设计使用年限的定义可知，建筑结构的使用寿命与使用设计年限不同，选项 D 错误；附录 A.1.3 表 A.1.3，由表可知，不同结构或构件有不同的设计使用年限，选项 C 正确；《建筑地基基础设计规范》（GB 50007—2011）第 3.0.7 条，选项 B 正确。

48. 答案：AC

解析：《建筑结构荷载规范》（GB 50009—2012）第 2.1.15～2.1.17 条。频遇组合、准永久组合、标准组合都可用于正常使用极限状态，基本组合、偶然组合用于承载能力极限状态。

49. 答案：AC

解析：《建筑基坑支护技术规程》（JGJ 120—2012）第 4.7.6 条，选项 A 正确；第 4.7.2 条，极限抗拔承载力为标准组合，选项 B 错误；附录 C.0.1，验算突涌的水压力用标准值，选项 D 错误。配筋验算应采用基本组合，采用设计值，选项 C 正确。

50. 答案：AC

解析：《建筑地基处理技术规范》（JGJ 79—2012）第 9.4.1 条条文说明，注浆钢管桩既可用于新建工程也可用于既有地基的加固补强，选项 A 正确；第 9.4.3 条及条文说明，注浆钢管桩可采用静压或植入等方法施工，不能采用打入方法施工，选项 B 错误；第 9.4.5 条第 4 款，选项 C 正确；第 9.1.1 条条文说明，微型桩可以是竖直或倾斜，或排或交叉网状布置，交叉网状布置的微型桩由于其桩群形如树根，也称为树根桩，由此可见，注浆钢管桩也可以网状布置，选项 D 错误。

51. 答案：BC

解析：《建筑地基处理技术规范》（JGJ 79—2012）第 7.8.5 条，柱锤冲扩桩施工时采用冲击法成孔，然后填料夯实成桩，具有置换挤密的作用，选项 B 正确；采用沉管成桩工艺的 CFG 桩，沉管属于挤土工艺，对原地基土有挤密作用，选项 C 正确；塑料排水带主要作用是排水，不具有挤密和置换的作用，选项 A 错误；泥浆护壁成孔属于非挤土工艺，对原土没有挤密作用，选项 D 错误。

52. 答案：BD

解析：固结系数的理论表达式为 $C_v = \dfrac{k(1+e)}{a_v \gamma_w}$，由公式可知，固结系数与灵敏度无关，选项 A 错误；压缩模量 $E_s = \dfrac{1+e}{a_v}$，固结系数可表示为 $C_v = \dfrac{k E_s}{\gamma_w}$，压缩模量越大，固结系数越大，选项 B 正确；孔隙比越小，固结系数越小，选项 C 错误；渗透系数越大，固结系数越大，选项 D 正确。

53. 答案：ACD

解析：《建筑地基处理技术规范》（JGJ 79—2012）第 4.2.1 条条文说明。加筋垫层的主要作用是增大了压力扩散角，降低了下卧土层的压力，约束了地基侧向变形，调整了不均匀变形，增大地基的稳定性并提高地基承载力。

54. 答案：AB

解析：《建筑地基处理技术规范》（JGJ 79—2012）第 3.0.4 条，宽度修正系数取零，选项 A 正确；对大面积压实填土，采用干密度大于 2.1t/m³ 的级配砂石时，深度修正系数可取 2.0，基槽不属于大面积压实填土，选项 D 错误；第 4.2.5 条，选项 B 正确；规范并没对换填垫层法处理前后的承载力做要求，选项 C 错误。

55. 答案：ABC

解析：双液注浆是将两种不同的浆液混合，与单液注浆相比，其主要优势在于可以通过调整两种浆液的配比来控制浆液的凝结时间。在一些需要快速凝结的情况下，双液注浆能够有效地加快浆液凝结时间，从而更好地填充地层孔隙，提高注浆效果，选项 A 正确。影响结石强度的主要因素包括浆液的水灰比、结石的孔隙率、水泥的品种及掺合料、龄期等，其中以水泥浆浓度（水灰比）和龄期最为重要，选项 B 正确。劈裂灌浆是在较高灌浆压力下，引起岩土体中结构破坏，使地层中原有的裂隙或空隙张开，使得浆液能够进入渗透性小的地层中，可用于基岩、密实砂土和渗透性差的黏性土地基的注浆加固；压密注浆是通过钻孔向土层中压入浓浆，在注浆点处使土体压密而形成浆泡，压密注浆不仅可以用于松散砂层也可以用于黏性土层，选项 C 正确。渗入灌浆是在灌浆压力下，浆液克服各种阻力渗入岩土体孔隙和裂隙中，注浆的主要目的就是防渗、堵漏、加固和纠偏，选项 D 错误。

56. 答案：AD

 解析：《建筑地基处理技术规范》（JGJ 79—2012）第 5.1.7 条，选项 A 正确；第 5.2.1 条，选项 D 正确；真空预压总应力不变，有效应力增量各向相等，土体中剪应力不增加，不会引起土体剪切破坏，故不需要控制加载速率，可连续抽真空至最大真空度，选项 C 错误；对于堆载预压，第 5.1.4 条，加载速率是由竖向变形、边桩水平位移和孔隙水压力控制的，选项 B 错误。

57. 答案：ACD

 解析：《建筑基坑支护技术规程》（JGJ 120—2012）第 7.3.11 条，根据公式 $R = 2s_w\sqrt{kH}$ 可知，含水层渗透系数越大，影响半径越大，选项 A 正确；降深 s_w 越大，影响半径越大，选项 C 正确；压缩模量越大，含水层越密实，渗透系数越小，影响半径越小，选项 B 错误；导水系数是含水层渗透系数与含水层厚度的乘积，用公式表示为 $T = KM$（其中，K 为含水层的渗透系数，M 为含水层的厚度），导水系数越大，意味着含水层渗透能力和厚度的总和效果越好，影响半径越大，选项 D 正确。

58. 答案：ABC

 解析：《建筑基坑支护技术规程》（JGJ 120—2012）第 3.1.1 条，选项 A 正确；第 3.1.8 条第 1 款，选项 B 正确；第 3.1.9 条，选项 C 正确。

59. 答案：AC

 解析：《铁路隧道设计规范》（TB 10003—2016）第 3.3.2 条，地下水发育的 3000m 以上隧道采用人字坡，选项 A 不符合；第 10.1.2、10.1.3 条条文说明，拱墙衬砌采用一级防水标准，隧底结构采用二级防水标准，选项 B 符合；第 10.2.2 条第 1 款，地下水发育地段的隧道防渗混凝土抗渗等级为 P10，选项 C 不符合；第 3 款，选项 D 符合。

60. 答案：BCD

 解析：《公路隧道设计规范 第一册 土建工程》（JTG 3370.1—2018）第 14.2.5 条，膨胀性围岩应采用复合式衬砌，选项 A 错误。第 14.2.3 条，在膨胀变形相对较大的地段，可在初期支护内采用可缩式钢架，锚杆宜加长、加密，长短结合；《铁路隧道设计规范》（TB 10003—2016）第 12.2.3 条，初期支护可采用可伸缩式钢架、长锚杆、预应力锚杆、钢纤维喷射混凝土等措施以适应围岩的变形，选项 B 正确。《公路隧道设计规范 第一册 土建工程》（JTG 3370.1—2018）第 14.2.5 条，膨胀性围岩隧道二次衬砌均应设置仰拱；《铁路隧道设计规范》（TB 10003—2016）第 12.2.2 条第 3 款，二次衬砌采用曲墙带仰拱结构，选项 C 正确。《公路隧道设计规范 第一册 土建工程》（JTG 3370.1—2018）第 14.2.1 条、《铁路隧道设计规范》（TB 10003—2016）第 12.2.2 条第 1 款，膨胀性围岩隧道支护衬砌形状宜采用圆形或接近圆形的断面，选项 D 正确。

61. 答案：BCD

 解析：《建筑基坑支护技术规程》（JGJ 120—2012）第 4.9.13 条第 3 款，支撑构件的纵向钢筋直径不宜小于 16mm，沿截面周边的间距不宜大于 200mm，图中纵筋间距大于 200mm，选项 B 不符合规范要求；箍筋直径不宜小于 8mm，间距不宜大于 250mm，选项 A 符合规范要求；配筋率 $\rho = \frac{10 \times 3.14 \times 8^2}{900 \times 800} = 0.3\%$，《混凝土结构设计标准》（GB/T 50010—2010）（2024 年版）第 8.5.1 条表 8.5.1，全部纵向钢筋最小配筋率为 0.6%，选项 D 不符合规范要求；第 9.3.2 条第 4 款，当柱截面短边尺寸大于 400mm 且各边纵向钢筋多于 3 根时，应设置复合箍筋，选项 C 不符合规范要求。

62. 答案：AC

解析：《膨胀土地区建筑技术规范》（GB 50112—2013）第 5.3.2 条第 6 款，选项 A 正确。第 5.3.5 条第 3 款，隔离沟距建筑物不应小于 5m，选项 B 错误；第 2 款，蒸腾量小的树木，应距离建筑物外墙基础不小于 4m，选项 D 错误；第 5.3.4 条，选项 C 正确。

63. 答案：BD

解析：《建筑抗震设计标准》（GB/T 50011—2010）（2024 年版）第 4.3.7 条第 1 款，选项 A 错误；第 2 款，选项 B 正确；第 5 款，选项 C 错误；第 4 款，选项 D 正确。

64. 答案：ACD

解析：《建筑抗震设计标准》（GB/T 50011—2010）（2024 年版）第 4.3.4 条，选项 A 正确，选项 B 错误；第 4.4.2 条第 1 款，选项 C 正确；第 4.3.6 条表 4.3.6，选项 D 正确。

65. 答案：AC

解析：《建筑抗震设计标准》（GB/T 50011—2010）（2024 年版）第 4.3.4 条、第 4.3.5 条。根据临界锤击数和液化指数计算公式，地下水位埋深越小，临界值越大，相应液化指数越高，A 正确；粉土中黏粒含量比砂土高，相同情况下，液化程度比砂土轻，选项 B、D 错误；上覆非液化土层越厚，侧压力越大，越不容易液化，液化程度越轻，选项 C 正确。

66. 答案：ABD

解析：《水电工程水工建筑物抗震设计规范》（NB 35047—2015）第 6.1.2 条，选项 A、B 正确；第 6.1.3 条，应计及条间力，选项 C 错误；第 6.1.6 条第 3 款，选项 D 正确。

67. 答案：ABC

解析：《建筑抗震设计标准》（GB/T 50011—2010）（2024 年版）第 4.2.1 条第 2 款，选项 A 正确；第 4.2.2 条，选项 B 正确；第 4.2.3 条，调整后的抗震承载力为经深宽修正后的地基承载力乘以不小于 1 的调整系数，选项 C 正确；第 4.2.4 条，最大边缘压力控制在 1.2 倍基底平均压力内，选项 D 错误。

68. 答案：AD

解析：《水电工程水工建筑物抗震设计规范》（NB 35047—2015）第 6.2.1 条，选项 A 正确；第 6.2.6 条，选项 B 错误；第 6.2.2 条，选项 C 错误；第 6.2.4 条，选项 D 正确。

69. 答案：AC

解析：超声波传播过程中遇到混凝土缺陷时，由于声波的反射与透射，经过缺陷反射或绕过缺陷传播的脉冲信号与直达波信号之间存在声程和相位差，叠加后互相干扰，致使接收信号的波形畸变，选项 A 正确；根据介质中声波传播速度公式，混凝土越密实，声速越高，当遇到缺陷时，产生绕射，超声波在混凝土中的传播时间加长，计算出的声速降低，选项 B 错误，选项 C 正确；超声波在缺陷界面产生反射、散射，能量衰减，波幅降低，选项 D 错误。总结起来就是：声时延长，声速下降，波幅下降，主频降低，波形畸变。此题与 2013 年上午第 70 题相同。

70. 答案： ABC

解析：《建筑基桩检测技术规范》（JGJ 106—2014）附录 E.0.2 条第 2 款。可采用水泥砂浆、水泥净浆、硫黄胶泥、硫黄等材料补平。

2018 年专业知识试题答案及解析（下午卷）

1. **答案：D**

   解析：《实用土力学——岩土工程疑难问题答疑笔记整理之三》（高大钊，人民交通出版社）第 248 页。计算基底附加应力时，土的自重应力称为常驻应力，是地面下某深度处土原有的天然自重应力，无论何种情况，均从天然地面算起，本题基底标高 20m，自然地面标高 24m，即 $d = 24 - 20 = 4\text{m}$。

2. **答案：A**

   解析：左侧为倒八字形裂缝，表明该处中间沉降小，两侧沉降大，右侧为正八字形裂缝，表明该处中间沉降大，两侧小，则该砌体结构地基变形特征勾画出来的图形与选项 A 最为接近。

3. **答案：C**

   解析：圆形基础的抵抗矩为：

   $$W = \frac{\pi d^2}{32}$$

   基底边缘最小压力为：

   $$P_{k\min} = \frac{F_k + G_k}{A} - \frac{M_k}{W} = \frac{F_k + G_k}{\pi d^2/4} - \frac{M_k}{\pi d^3/32}$$

   令 $P_{k\min} = 0$，有：

   $$(F_k + G_k) \cdot \frac{d}{8} = M_k$$

   则：$e = \frac{M_k}{F_k + G_k} = \frac{d}{8}$

4. **答案：B**

   解析：《土力学》（李广信等，第 3 版，清华大学出版社）第 327～328 页，规范公式是经过修正的 p1/4 公式，根据我国的实践经验，认为用临界荷载 p1/4 公式计算的砂土地基承载力偏小，经过理论和实践对比分析，对理论公式中内摩擦角大于 20° 的承载力系数 Mb 进行了修正，选项 A 错误。第 323 页，对于形状简单、荷载较小的建筑，在满足承载力时通常也满足变形要求，当荷载较大时，满足承载力不一定满足变形，选项 B 错误。第 324 页，p1/4 公式推导的前提条件是地基土质均匀，选项 D 正确。

   《建筑地基基础设计规范》（GB 50007—2011）第 5.2.5 条，偏心距 e 应满足小于或等于 0.033 倍基础宽度的条件，选项 C 错误。

5. **答案：B**

   解析：《建筑地基基础设计规范》（GB 50007—2011）第 8.2.8 条。

6. **答案：C**

   解析：基底刚好不出现拉应力，亦即偏心距 $e = b/6 = 6.0/6 = 1.0\text{m}$。应注意此时的 b 应为偏心荷载作用方向上的基础尺寸，不一定就是长边尺寸，也可能为短边尺寸。

7. **答案：C**

   解析：《建筑桩基技术规范》（JGJ 94—2008）第 5.5.6 条，选项 A、B、D 错误，选项 C 正确。

8. 答案：D

解析：《建筑桩基技术规范》（JGJ 94—2008）第 3.4.1 条及条文说明，选项 A 错误；成桩过程的挤土效应在饱和黏性土中是负面的，会引发灌注桩断桩、缩颈等质量事故，在软土地基中挤土预制混凝土桩和钢桩会导致桩体上浮，降低承载力，增大沉降量，选项 B 错误；由于沉管灌注桩应用不当的普遍性及其严重后果，在软土地区仅限于多层住宅单排桩条基使用，使用受到较为严格的限制，故选项 C 错误；软土地基考虑到基桩施工有利的作业条件，往往先成桩后开挖，但这样必须严格执行均衡开挖，高差超过 1m，以保证基桩不发生水平位移和折断，选项 D 可以减小基坑开挖对桩的影响，故正确。但一般工程上都是先成桩后开挖。

9. 答案：D

解析：长螺旋钻为干作业，适用于在水位以上的黏性土、粉土、砂土、中密以上卵石中成孔成桩；大粒径漂石层，成孔困难，选项 A 不合适；泥浆护壁正反循环钻可穿透硬夹层进入各种坚硬持力层，桩径、桩长可变范围大，但漂石层漏浆严重，选项 B、C 不合适；全套管跟进冲抓成孔在漂石地层中破碎效果好，成孔效率高，选项 D 合适。

10. 答案：C

解析：《建筑桩基技术规范》（JGJ 94—2008）第 6.3.30 条第 4 款。灌注水下混凝土必须连续施工；只有选项 C 满足规范要求。

11. 答案：B

解析：《建筑桩基技术规范》（JGJ 94—2008）第 3.1.7 条第 4 款，选项 A 错误；第 1 款，选项 B 正确；第 2 款，选项 C、D 错误。

12. 答案：C

解析：《建筑桩基技术规范》（JGJ 94—2008）第 4.1.3 条第 1 款。钻孔扩底桩 $D/d \le 2.5$，即 $d \ge 1.2$m。

13. 答案：B

解析：《建筑地基基础设计规范》（GB 50007—2011）第 8.5.3 条第 8 款第 4 项。钻孔灌注桩构造钢筋长度不宜小于桩长的 2/3，即不宜小于 20.0m；桩基在基坑开挖前完成时，其钢筋长度不宜小于基坑深度的 1.5 倍，即不应小于 22.5m；综上，选项 B 正确。

14. 答案：A

解析：《公路桥涵地基与基础设计规范》（JTG 3363—2019）第 6.3.4 条。在饱和土层中桩端压浆，可对桩端以上 10～12.0m 范围内的桩侧阻力进行增强；在非饱和土层中桩端压浆，可对桩端以上 5.0～6.0m 的桩侧阻力进行增强；本题承台底面位于地下水位以下，为饱和土层，正确答案为选项 A。

15. 答案：A

解析：《铁路路基设计规范》（TB 10001—2016）第 12.3.4 条，选项 A 错误；第 12.3.3 条，选项 B、D 正确；第 12.3.5 条，选项 C 正确。

16. 答案：B

解析：《建筑边坡工程技术规范》（GB 50330—2013）第 7.2.3 条表 7.2.3。边坡 $H = 12.0$m，多层建筑物的基础外缘距离到坡脚线的水平距离 $a = 10.0$m，满足 $0.5H \le a \le 1.0H$，侧向土压力 E'_a 取静止土压力合力与主动岩土压力合力之和的一半，即 $E_a' = 620$kN/m。

17. 答案：C

　　解析：《公路路基设计规范》（JTG D30—2015）第 7.8.5 条第 2、3 款，选项 A 正确；第 7.9.6 条第 1～3 款并结合第 3.2 节，选项 B 正确；第 7.12.8 条第 3 款，选项 C 错误；第 7.17.5 条第 1、3 款，选项 D 正确。

18. 答案：B

　　解析：《铁路路基支挡结构设计规范》（TB 10025—2019）第 13.2.7 条第 2 款、第 13.2.8 条，选项 A 应考虑；第 13.2.1 条，抗滑桩的锚固段以上的外力包括桩后滑坡推力、土压力、桩前滑体抗力及水平地震力等，选项 C 需要考虑；桩侧摩阻力、黏聚力以及桩身重力、桩底反力（即桩端阻力）可不计算，选项 B 在设计时可不考虑；第 13.2.9 条，选项 D 需要考虑。

19. 答案：B

　　解析：《碾压式土石坝设计规范》（NB/T 10872—2021）第 5.2.4 条，选项 A 正确；第 5.2.5 条第 1 款，选项 D 正确；第 2 款，选项 C 正确；第 3 款，选项 B 错误。

20. 答案：B

　　解析：《建筑边坡工程技术规范》（GB 50330—2013）第 9.4.1 条，选项 A 正确；第 8.5.3 条，选项 B 错误；第 10.4.3 条，选项 C 正确；第 11.4.4 条，选项 D 正确。

21. 答案：C

　　解析：《碾压式土石坝设计规范》（NB/T 10872—2021）第 9.1.3 条。

22. 答案：B

　　解析：《土力学》（李广信等，第 3 版，清华大学出版社）第 270～271 页，选项 A 正确；部分浸水坡，可能形成折线滑动面，选项 B 错误；有结构面的岩质边坡，可沿结构面滑动，滑动面根据结构面形状确定，可为直线或折线，选项 C 正确；有软弱夹层时，土质边坡沿着软弱夹层滑动，滑动面形状可以为直线、折线或圆弧等形状，选项 D 正确。

23. 答案：B

　　解析：《工程地质手册》（第五版）第 652 页，选项 A 正确；第 655 页，鼓胀裂缝位于滑坡体下部，方向垂直于滑动方向，选项 B 错误；第 672 页，选项 C 正确；第 673 页，选项 D 正确。

24. 答案：D

　　解析：《岩土工程勘察规范》（GB 50021—2001）（2009 年版）第 6.10.2 条。重度的工程特性指标变化率为 $(19.5 - 18.0)/19.5 = 7.7\%$，压缩模量的工程特性指标变化率为 $(9.0 - 6.0)/9.0 = 33.3\%$，查表 6.10.2，影响程度为大，选项 D 正确。

25. 答案：C

　　解析：《岩土工程勘察规范》（GB 50021—2001）（2009 年版）第 6.6.2 条。该冻土的平均融化下沉系数

$$\delta_0 = \frac{e_1 - e_2}{1 + e_1} = \frac{0.87 - 0.72}{1 + 0.87} = 0.08 = 8.0\%$$

26. 答案：D

解析：《工程地质手册》（第五版）第 594 页，选项 D 正确。

27. 答案：D

解析：《湿陷性黄土地区建筑标准》（GB 50025—2018）第 4.3.2 条及条文说明，基底压力为 320kPa，用基底下 15m 处的实际压力作为浸水压力。基底标高未知，可取地面下 1.5m，则基底以下 15m 处的上覆土层饱和自重压力为 $18 \times (1.5 + 15) = 297$kPa，附加压力为 $320 - 1.5 \times 18 = 293$kPa，取浸水压力为 $297 + 293 = 590$kPa。

28. 答案：A

解析：《岩土工程勘察规范》（GB 50021—2001）（2009 年版）附录 C。泥石流爆发周期在 5 年以内，属于高频率泥石流沟谷，再结合流域面积和固体物质一次冲出量、堆积区面积，可确定为 I_1 型泥石流。请注意表下注 2，定量指标满足其中一项即可，执行就高不就低的原则。

29. 答案：B

解析：《工程地质手册》（第五版）第 591 页，选项 B 正确。

30. 答案：A

解析：《工程地质手册》（第五版）第 555 页，选项 A 错误，选项 B、C、D 正确。

31. 答案：D

解析：《工程地质手册》（第五版）第 537 页表 5-3-2，选项 D 正确。

32. 答案：A

解析：《工程地质手册》（第五版）第 603 页，混合土因其成分复杂多变，各种成分粒径相差悬殊，故其性质变化很大。混合土的性质主要决定于土中的粗、细颗粒含量的比例，粗粒的大小及其相互接触关系和细粒土的状态。与粗粒的矿物成分无关。

33. 答案：D

解析：《建筑边坡工程技术规范》（GB 50330—2013）第 6.3.3 条第 2 款。当有外倾硬性结构面时，应分别以外倾硬性结构面的抗剪强度参数按本规范第 6.3.1 条的方法和以岩体等效内摩擦角按侧向土压力方法分别计算，取两种结果的较大值，即侧向岩石压力取 650kN/m；破裂角按第 6.3.3 条第 1 款确定为 $45° + \varphi/2 = 60°$，外倾结构面倾角为 65°，破裂角应取二者中的较小值，即破裂角取 60°。

34. 答案：B

解析：根据工程地质学教材，滑坡发育过程划分为三个阶段：蠕动变形、滑动破坏和渐趋稳定阶段。蠕动变形阶段滑坡后壁先出现张拉裂缝，这个阶段称为弱变形阶段。随着渗水作用加强，变形进一步发展，滑坡后缘张拉，裂缝加宽，滑坡体两侧开始出现羽毛状剪切裂缝，随着变形进一步发展后缘裂缝不断扩大，两侧羽毛状剪切裂缝贯通并撕开，滑坡前缘的岩土体被挤压并鼓出，形成鼓胀裂缝，这时滑动面已经完全形成，滑坡体开始向下滑动。这个阶段称为强变形阶段。

35. 答案：C

解析：《中华人民共和国安全生产法》第三十七条，选项 A、B、D 正确；第三十八条，选项 C 错误。

36. 答案：D

    解析：《建设工程勘察设计管理条例》第十九条。只有选项 D 不属于转包，其他均属于转包，不被许可。

37. 答案：C

    解析：《建设工程质量管理条例》第四十六条，选项 A、B、D 正确，选项 C 错误。

38. 答案：C

    解析：《中华人民共和国建筑法》第四十五条，选项 A 正确；第四十七条，选项 B 正确；第四十九条，选项 C 错误，不是施工单位，而是建设单位；第五十条，选项 D 正确。

39. 答案：C

    解析：《中华人民共和国招标投标法》第三十五条、第三十六条，选项 A、B、D 正确，C 错误。

40. 答案：D

    解析：《中华人民共和国民法典》第四百七十八条，选项 A、B、C 正确，选项 D 错误。

....

41. 答案：ABD

    解析：《建筑地基基础设计规范》（GB 50007—2011）第 5.2.6 条，选项 A、B、D 正确，选项 C 错误。

42. 答案：ABD

    解析：《建筑地基基础设计规范》（GB 50007—2011）第 5.3.5 条。选项 A、B 均是通过影响基础底面处的自重压力而影响附加压力，从而间接影响地基沉降量；基础底面的形状对基础底面处各土层的平均附加应力系数有影响，从而影响附加应力，影响地基沉降量；土层的渗透系数对地基沉降量无影响。

43. 答案：CD

    解析：《建筑地基基础设计规范》（GB 50007—2011）第 8.3.2 条第 1 款，设计需要考虑的因素有两个方面：一方面为地基基础及其持力层的性质，另一方面为上部荷载的大小与分布特征，选项 D 正确；第 4 款，选项 C 正确；软弱下卧层地基承载力与基础宽度有关，与基础梁顶面的宽度没有直接的关系，不存在定量关系，故确定基础梁顶部宽度时无须考虑软弱下卧层的地基承载力，选项 B 错误。条形基础梁顶面宽度与柱宽有关，一般略大于柱宽，选项 A 错误。

44. 答案：BCD

    解析：《基础工程》（周景星等，第 3 版，清华大学出版社）第 108～113 页。柱下条形基础的分析方法大致可分为三个发展阶段，形成相应的三种类型的方法，分别为：①不考虑共同作用分析法：常见方法有静定分析法（静定梁法）、倒梁法（用连续梁求解内力的方法）、倒楼盖法。②考虑基础-地基共同作用的弹性地基梁法：主要有半无限弹性体法（弹性半空间地基模型）和基床系数法（温克尔地基模型），后者较为典型和应用广泛，具体解法有解析法、数值法等，有限单元法和有限差分法属于数值法中的两种。③考虑上部结构地基-基础共同作用的分析方法，目前还未成熟，使用较为有限。综上所述，选项 B、C、D 正确。等值梁法是用来分析支护结构的入土深度和最大弯矩的方法，选项 A 错误。

45. 答案：ABD

解析：《建筑地基基础设计规范》（GB 50007—2011）第 5.2.4 条，选项 A、B、D 正确，选项 C 不正确。选项 A 不满足大面积压实填土的要求，应按一般人工填土处理，其宽度修正系数取 0。

46. 答案：ACD

解析：《建筑桩基技术规范》（JGJ 94—2008）第 3.3.3 条条文说明第 1 款，选项 A 正确；第 2 款，选项 C 正确；第 3 款，选项 D 正确。

47. 答案：CD

解析：《建筑桩基技术规范》（JGJ 94—2008）第 5.2.4 条，选项 C、D 正确；第 5.2.3 条，选项 A 承台下桩数少于 4 根，不考虑承台效应；选项 B 新近填土地基可能因发生自重固结作用，而使得承台与承台底土脱开，不能发挥承台效应。

48. 答案：CD

解析：《建筑桩基技术规范》（JGJ 94—2008）第 3.1.8 条条文说明。

49. 答案：BD

解析：《建筑桩基技术规范》（JGJ 94—2008）第 6.7.4 条第 1 款，选项 A 错误；第 6.7.5 条第 3 款，选项 C 错误；第 6.7.6 条，选项 D 正确。

50. 答案：ABD

解析：地面以下 25m 范围内为淤泥土，在上覆荷载作用下会产生地面沉降量大于桩基沉降量，即产生负摩阻力，应考虑负摩阻力对桩基承载力的影响，选项 A 正确；地基土及地下水对混凝土中的钢筋具有中等腐蚀性，应考虑地下水和地基土对桩身内钢筋的腐蚀性影响，选项 B 正确；PHC 管桩（预应力高强度混凝土桩）应对桩身进行防腐处理，选项 D 正确；桩基施工设备自身就有防腐蚀措施，不需要额外考虑地下水和地基土的腐蚀性影响，选项 C 错误。

51. 答案：BD

解析：《建筑地基基础设计规范》（GB 50007—2011）第 8.5.19 条，选项 A、C 错误，选项 B、D 正确。

52. 答案：ABD

解析：《公路桥涵地基与基础设计规范》（JTG 3363—2019）第 8.3.2 条，选项 A、B 正确，选项 C 错误；第 8.3.3 条，选项 D 正确。

53. 答案：ABD

解析：《建筑边坡工程技术规范》（GB 50330—2013）第 16.2.2 条，选项 A 正确；第 16.3.4 条第 1、3 款，选项 B 正确；第 16.3.3 条条文说明，选项 C 错误；第 16.2.3 条第 3、4 款及第 16.4.2 条第 1 款，选项 D 正确。

54. 答案：BC

解析：选项 A，$\theta_1 = \theta_2 \neq \theta_3$ 时，即上面一段的主动土压力强度的斜率与 ab 段斜率相同，则上面两层土的内摩擦应是相同的，选项 A 错误；类似的选项 B 是正确的；该条形堆载只影响 ab 段填土的主动土压力，参见《建筑边坡工程技术规范》（GB 50330—2013）附录 B 中图 B.0.2；选项 C 正确，显而易见；

选项 D 是错误的，斜率不同，意味着重度与主动土压力系数的乘积是不同的，而均质土不存在这种现象。

55. **答案：** AC

解析： 选项 A 为挖方边坡，采用仰斜式挡墙，作用于挡墙墙背上的土压力较小，断面较小，可有效节约材料，故合适；选项 B 为挖方边坡，当采用俯斜式挡墙时，作用于挡墙上的土压力较大，需施工逆坡，容易引起边坡失稳，故不合适；选项 C 为半填半挖边坡，可采用衡重式挡墙，衡重台位于填方与挖方交界处，衡重台以上的填土自重作用于挡墙衡重台上可增强挡墙自身稳定性，衡重台以下墙背为仰斜，作用其上的土压力值也大大减小，同样利于增强衡重式挡墙的稳定性，故正确；选项 D 为填方边坡，当采用仰斜式挡墙时，存在填土不易压实和施工不便的缺点，故不合适。

56. **答案：** CD

解析：《建筑边坡工程技术规范》（GB 50330—2013）第 12.2.6 条。

57. **答案：** BD

解析：《公路路基设计规范》（JTG D30—2015）第 5.2.1 条表 5.2.1，选项 A、C 正确，选项 B、D 错误。

58. **答案：** ACD

解析： 冻胀土和膨胀土地基均为膨胀、收缩周期往复，造成建筑物开裂，选项 A 正确；《岩土工程勘察规范》（GB 50021—2001）（2009 年版）第 6.2.6 条条文说明，红黏土变形以收缩为主，选项 B 错误；《湿陷性黄土地区建筑标准》（GB 50025—2018）第 4.3.4 条、第 4.3.5 条，选项 C 正确。《工程地质手册》（第五版）第 552 页，利用填土作为地基时，宜采取一定的建筑和结构措施，以提高和改善建筑物对填土地基不均匀沉降的适应能力，选项 D 正确。

59. **答案：** ABD

解析：《工程地质手册》（第五版）第 673 页，选项 A、B、D 正确，选项 C 错误。

60. **答案：** ABC

解析：《岩土工程勘察规范》（GB 50021—2001）（2009 年版）第 5.1.9 条和第 5.1.10 条和《工程地质手册》（第五版）第 642 页：选项 A 不满足完整、较完整的坚硬岩、较硬岩地基的条件，应考虑岩溶对地基稳定性的影响，正确；选项 B 不满足顶板岩石厚度大于或等于洞的跨度，正确；地基基础设计等级为丙级且荷载较小的建筑物，当基础底面以下的土层厚度大于独立基础宽度的 3 倍或条形基础宽度的 6 倍，且不具备形成土洞或其他地面变形的条件时可以不考虑岩溶对地基稳定性的影响，选项 C 为乙级，仍需考虑，正确；基础底面与洞体顶板间土层厚度虽小于独立基础宽度的 3 倍或条形基础宽度的 6 倍，洞隙或岩溶漏斗被沉积物填满，其承载力特征值超过 150kPa，且无被水冲蚀的可能性时可不考虑岩溶对地基稳定性的影响，选项 D 错误。

61. **答案：** BCD

解析：《公路路基设计规范》（JTG D30—2015）第 7.12.1 条第 3 款，选项 A 错误；第 5 款，选项 B 正确；第 7.12.2 条第 10 款，选项 C 正确；第 2 款，选项 D 正确。

62. **答案：** BCD

解析：《工程地质手册》（第五版）第 528 页，选项 A 错误，选项 B、C、D 正确。

63. 答案： BD

解析：《工程地质手册》（第五版）第 636 页，选项 A 错误；第 646、647 页，选项 B、D 正确，选项 C 错误。

64. 答案： AC

解析：《建筑桩基技术规范》（JGJ 94—2008）第 3.4.1 条，选项 A 正确；第 3.4.2 条，选项 B 错误；第 3.4.3 条，选项 C 正确；第 3.4.7 条，选项 D 错误。

65. 答案： BCD

解析：《建设工程安全生产管理条例》第三十六条。

66. 答案： ABC

解析：《住房和城乡建设部关于进一步推进工程总承包发展的若干意见》第一部分第二条，选项 A 正确；第二部分第七条，选项 B 正确；第二部分第八条，选项 C 正确；第二部分第十条，选项 D 错误。

67. 答案： AC

解析：《注册土木工程师（岩土）执业及管理工作暂行规定》第三部分，选项 A、C 正确，选项 B、D 错误。

68. 答案： ABC

解析：《建设工程质量检测管理办法》第二十二条，选项 A、B、C 正确，选项 D 错误。

69. 答案： BCD

解析：《建设工程安全生产管理条例》第六条，选项 A 错误；第七条，选项 B 正确；第八条，选项 C 正确；第九条，选项 D 正确。

70. 答案： ABD

解析：《地质灾害防治条例》第三十四条，选项 A、B 正确；第三十五条，选项 C 错误；第三十六条，选项 D 正确。

2019 年专业知识试题答案及解析（上午卷）

1. **答案：D**

    解析：《岩土工程勘察规范》（GB 50021—2001）（2009 年版）第 9.2.4 条第 5 款，确定岩石质量指标RQD时应采用 75mm 口径双层岩芯管和金刚石钻头，本题中钻孔口径大于 75mm，不符合规范要求，故而无法判断岩体质量指标。

2. **答案：B**

    解析：《公路工程地质勘察规范》（JTG C20—2011）第 7.11.9 条表 7.11.9，液化等级为中等。

3. **答案：B**

    解析：《水利水电工程地质勘察规范》（GB 50487—2008）（2022 年版）附录 E.0.2 条第 9 款，对于选项 A，应采用饱和快剪强度或三轴不固结不排水剪切强度，故选项 A 错误；对于选项 C，应采用饱和固结快剪或三轴固结不排水剪切强度，故选项 C 错误；对于选项 D，应采用慢剪强度或三轴固结排水剪切强度，故选项 D 错误。

4. **答案：B**

    解析：《岩土工程勘察规范》（GB 50021—2001）（2009 年版）第 6.7.8 条第 2 款，重要工程属一级工程（第 3.1.1 条第 1 款规定），应采用浸水载荷试验确定地基承载力。

5. **答案：A**

    解析：《岩土工程勘察规范》（GB 50021—2001）（2009 年版）第 10.5.2 条表 10.5.2，钻杆直径为 42mm。

6. **答案：D**

    解析：《建筑地基基础设计规范》（GB 50007—2011）附录 H.0.10，岩石地基载荷试验每个场地的数量不应少于 3 个，取最小值作为岩石地基承载力特征值。

7. **答案：D**

    解析：《工程地质手册》（第五版）第 1212 页，题图所示为上升泉中的断层泉，其地质成因是承压含水层被断层所切，地下水沿断层破碎带上升涌出地表而形成，多沿着断层带呈线状分布。

8. **答案：D**

    解析：《建筑桩基技术规范》（JGJ 94—2008）第 5.3.4 条公式的说明，q 取桩端平面以上 $4d$ 范围内按土层厚度的探头阻力加权平均值，然后再和桩端平面以下 $1d$ 范围内的探头阻力进行平均。

9. **答案：D**

    解析：《岩土工程勘察规范》（GB 50021—2001）（2009 年版）表 3.2.2-1，该灰岩坚硬程度为较硬岩；据表 3.2.6，该灰岩呈厚层状；另据地质学知识，灰岩属于碳酸盐岩，为三大类岩石中的沉积岩。综上，该灰岩应定名为较坚硬厚层状灰岩岩组，选项 D 正确。

10. **答案：C**

    解析：《工程地质手册》（第五版）第 83 页表 2-5-4 中图 H，结合题图可判断选项 C 正确。

11. 答案：D

解析：《岩土工程勘察规范》（GB 50021—2001）（2009 年版）第 10.4.3 条条文说明，上为软土层，下为硬土层，超前约为 0.1～0.2m，滞后约为 0.3～0.5m。"超前滞后"其实很好理解：当触探头尚未达到下卧土层时，在一定深度以上，对下卧土层的影响已经"超前"反映出来，称为"超前反映"。当探头已经穿透上覆土层进入下卧土层时，在一定深度以内，上覆土层的影响仍会有一定反映，这称为"滞后反映"。

12. 答案：C

解析：《铁路工程地质勘察规范》（TB 10012—2019）第 6.4.3 条条文说明，两条含水量曲线交点处为 0.8m，则毛细水强烈上升高度为：$1.6 - 0.8 = 0.8m$。

13. 答案：C

解析：《岩土工程勘察规范》（GB 50021—2001）（2009 年版）第 8.0.7 条，选项 C 正确；《工程地质手册》（第五版）第 54～57 页，工程地质遥感工作一般分为：准备工作、初步解译、外业验证调查与复核解译、最终解译和资料编制等内容，可见遥感影像解译工作不能代替工程地质测绘，也不能实现全自动化，需要外业验证调查结束后，才能作出遥感影像的最终解译，选项 A、B 错误；从遥感影像上可以直接获取地质体的形状、大小等几何特征和阴影，但不能直接获得地质体三维信息，选项 D 错误。

14. 答案：A

解析：《建筑结构荷载规范》（GB 50009—2012）第 2.1.6 条。

15. 答案：C

解析：《工程结构可靠性设计统一标准》（GB 50153—2008）附录表 A.3.3，对于工程结构的设计使用年限，公路涵洞为 30 年，选项 A 错误；表 A.1.3，标志性建筑物为 100 年，普通房屋为 50 年，选项 B 错误、C 正确；第 A.2.3 条，铁路桥涵结构为 100 年，选项 D 错误。

16. 答案：D

解析：《建筑地基基础设计规范》（GB 50007—2011）第 3.0.5 条第 3 款，滑坡稳定性计算时的作用效应应按承载能力极限状态下的基本组合，但分项系数取 1.0；《建筑结构荷载规范》（GB 50009—2012）第 2.1.13 条，基本组合是指在承载能力极限状态计算时，永久荷载和可变荷载的组合。

17. 答案：B

解析：《建筑地基基础设计规范》（GB 50007—2011）第 5.2.4 条，填土压实系数 0.94，不满足规范表 5.2.4 中大面积压实填土的要求，应按人工填土查取承载力修正系数，即：

$$\eta_b = 0, \eta_d = 1.0,$$
$$f_a = f_{ak} + \eta_d \gamma (b - 3) + \eta_d \gamma_m (d - 0.5) = 180 + 1.0 \times 20 \times (2.5 - 0.5) = 220kPa$$

18. 答案：A

解析：根据一维固结理论，固结度是时间的函数，相同的条件下，$\frac{t_1}{H_1^2} = \frac{t_2}{H_2^2}$，$t_2 = \frac{t(H)^2}{(H/2)^2} = 4t$，双面排水时所用时间为单面排水的 1/4。

19. 答案：C

解析：《建筑地基处理技术规范》（JGJ 79—2012）第 7.1.5 条。

$$m = \frac{d_1^2}{d_{e1}^2} = \frac{0.45^2}{(1.05 \times 0.9)^2} = 0.227, \quad s_2 = \frac{d_2}{1.05\sqrt{m}} = \frac{0.5}{1.05 \times \sqrt{0.227}} = 1.0\text{m}$$

20. 答案：B

    解析：《建筑地基处理技术规范》（JGJ 79—2012）第 7.2.2 条第 1 款，地基处理范围宜在基础外缘扩大 1～3 排桩，选项 A 正确；对液化地基，在基础外缘扩大宽度不应小于基底下可液化土层厚度的 1/2，且不应小于 5m，选项 B 错误；第 2 款，对独立基础可采用三角形、正方形、矩形布桩，对条形基础可沿基础轴线采用单排布桩或对称轴线多排布桩，选项 C、D 正确。

21. 答案：B

    解析：对于复合地基，其本质与核心是变形协调，在基础荷载作用下，为保持变形协调，不可避免地会产生应力集中现象，桩体承受的应力 σ_p 大于桩周围土所承受的应力 σ_s，比值 σ_p / σ_s 称为桩土应力比，用 n 表示。n 值大小与桩体材料、地基土性、桩位布置和间距、施工质量等因素有关。桩间土的地基承载力越大，桩体分担的荷载越小，桩土应力比越小，选项 D 错误；荷载越大，初期桩土应力比随荷载增大而增大，随着荷载的进一步增大，n 减小直至到某一定值，选项 A 错误；桩土模量比越大，即桩体模量越大，桩体分担的荷载越大，桩土应力比越大，选项 B 正确；置换率受桩径和桩间距影响，相同情况下，桩间距越大，置换率越小，桩体承担的荷载越大，桩土应力比越大，选项 C 错误。

22. 答案：C

    解析：《建筑地基处理技术规范》（JGJ 79—2012）第 7.2.2 条第 4 款。

$$e_1 = e_{\max} - D_{r1}(e_{\max} - e_{\min}) = 1.1 - 0.83 \times (1.1 - 0.7) = 0.768$$

$$s = 0.89\xi d \sqrt{\frac{1 + e_0}{e_0 - e_1}} = 0.89 \times 1 \times 1 \times \sqrt{\frac{1 + 1.0}{1.0 - 0.768}} = 2.68\text{m}$$

23. 答案：B

    解析：《建筑地基处理技术规范》（JGJ 79—2012）附录 B.0.2 条，多桩复合地基静载荷试验承压板可用方形或矩形，其尺寸按实际桩数所承担的处理面积确定：单根桩承担处理面积为 $A_e = \frac{\pi d_e^2}{4} = \frac{\pi \times (1.05 \times 1.2)^2}{4} = 1.246\text{m}^2$，三根桩承担处理面积为 $1.246 \times 3 = 3.738\text{m}^2$，采用圆形压板时的直径为 $\sqrt{\frac{4 \times 3.738}{\pi}} = 2.18\text{m}$。

24. 答案：C

    解析：《建筑地基处理技术规范》（JGJ 79—2012）第 6.3.3 条条文说明，单击夯击能 = 锤重 × 落距，重力加速度 g 取 9.8m/s²，$H = k\sqrt{Mh} = 0.5 \times \sqrt{\frac{2700}{9.8}} = 8.3\text{m}$。

25. 答案：B

    解析：《建筑基坑支护技术规程》（JGJ 120—2012）第 7.3.11 条，井水位降深小于 10m，取 $s_w = 10\text{m}$，则 $R = 2s_w\sqrt{kH} = 2 \times 10 \times \sqrt{10 \times 10} = 200\text{m}$。

26. 答案：C

    解析：悬臂式支挡结构的内力分析可采用等值梁法，桩身最大弯矩出现在剪力为零处，即主动土压力合力 = 被动土压力合力的点处，按土力学的基本概念，该点必然在坑底下某位置。

27. 答案：D

    解析：通常咬合桩是采用素混凝土桩（A 桩）与钢筋混凝土桩（B 桩）相互搭接，由配有钢筋的桩承受土压力荷载，素混凝土桩是起截水作用的一种基坑围护组合结构，兼具有挡土和止水作用的连续桩墙。根据《咬合式排桩技术标准》（JGJ/T 396—2018）第 5.3.5 条（如图所示），正确的施工顺序为 A1→A2→B1→A3→B2→A4→B3。

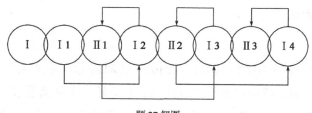

题 27 解图

28. 答案：A

解析：《建筑基坑支护技术规程》（JGJ 120—2012）第 4.9.5 条第 1 款，水平对撑和水平斜撑应按偏心受压构件计算，选项 A 错误，选项 D 正确；腰梁或冠梁应按以支撑为支座的多跨连续梁计算，选项 C 正确；第 5 款，竖向斜撑应按偏心受压杆件进行计算，选项 B 正确。

29. 答案：A

解析：《土力学》（李广信等，第 3 版，清华大学出版社）第 368～369 页。

30. 答案：D

解析：《公路隧道设计规范 第一册 土建工程》（JTG 3370.1—2018）第 8.2 条条文说明，锚杆支护是锚喷支护的组成部分，是锚固在岩体内部的杆状体，通过锚入岩体内部的钢筋与岩体融为一体，达到改善围岩力学性能、调整围岩的受力状态、抑制围岩变形、实现加固围岩、维护围岩稳定的目的。利用锚杆的悬吊作用、组合拱作用、减跨作用、挤压加固作用，将围岩中的节理、裂隙串成一体提高围岩的整体性。

31. 答案：C

解析：由于力的相互作用，斜撑对支护桩有斜向上的作用力，该力的水平分力对支护桩产生弯矩作用，由于此处不考虑桩身自重，斜撑对它的竖向分力有将桩拔出的趋势，该力由桩侧土对桩的摩阻力来平衡，此时支护排桩可按弯剪构件考虑。本题问的是支护桩受力特点，为弯剪，若问的是斜撑受力特点，则为偏压。

32. 答案：A

解析：由于地震作用，建筑物会产生位移、速度和加速度。《地震工程学》（李宏男，机械工业出版社）第 170 页：反应谱的物理意义为，在给定地震动作用下，不同（自振）周期的结构地震反应的最大值，要获得反应谱，需要完成一系列具有不同自振周期结构的地震反应计算，而后将不同周期下建筑物在给定地面运动下的反应值（位移、速度和加速度）的大小绘制成曲线，这些曲线就被称为反应谱。

33. 答案：C

解析：《公路工程抗震规范》（JTG B02—2013）第 4.2.2 条表 4.2.2。由表可以看出调整系数 K 可以根据岩土名称、性状、承载力基本容许值查取，与选项 C 无关。

34. 答案：B

　　解析：《建筑抗震设计标准》（GB/T 50011—2010）（2024 年版）第 5.1.4 条，建筑结构的地震影响系数应根据抗震设防烈度、场地类别、设计地震分组和结构自振周期以及阻尼比确定；地震动峰值加速度则影响地震影响系数的最大值。

35. 答案：D

　　解析：《建筑抗震设计标准》（GB/T 50011—2010）（2024 年版）条文说明"2 术语和符号"，抗震设防烈度是一个地区的设防依据，不能随意提高或降低，设防标准是最低要求，具体工程的设防标准可以按业主要求提高，选项 A、B 错误；第 1.0.1 条条文说明，设计基本地震加速度对应的是 50 年内超越概率 10% 的地震加速度，选项 C 错误；第 3.1.1 条条文说明，抗震设防分类中的丙类是标准设防类的简称，选项 D 正确。

36. 答案：D

　　解析：《公路工程抗震规范》（JTG B02—2013）第 7.2.3 条公式，选项 A、B、C 正确，计算挡土墙底面地震荷载作用时，分布系数计算公式中的 h_i 是墙趾至计算截面的高度，计算截面为墙底时，$h_i = 0$，水平地震作用分布系数取 1.0，选项 D 错误。

37. 答案：D

　　解析：《建筑抗震设计标准》（GB/T 50011—2010）（2024 年版）第 4.2.4 条，基础底面平均压力应小于或等于地基抗震承载力，选项 A 错误；基础边缘最大压力不应大于 1.2 倍地基抗震承载力，选项 B 错误；高宽比大于 4 的高层建筑，在地震作用下基础底面不宜出现零应力区，其他建筑零应力区面积不宜超过基础底面积的 15%，3 层建筑不属于高层建筑，按其他建筑确定，选项 C 错误、D 正确。

38. 答案：C

　　解析：《建筑基桩检测技术规范》（JGJ 106—2014）第 4.2.6 条，当试桩或锚桩为扩底桩或多支盘桩时，试桩和锚桩的中心距不应小于 2 倍扩大端直径，$2 \times 2.5 = 5.0m$；另据表 4.2.6，试桩中心与锚桩中心的间距应大于或等于 $4D$ 且应大于 2.0m，本题桩径 $D = 1.2m$，即试桩中心与锚桩中心的间距应大于或等于 4.8m。综上，试桩和锚桩的中心距不应小于 5.0m。

39. 答案：B

　　解析：《建筑基坑支护技术规程》（JGJ 120—2012）第 8.2.1、8.2.2 条，选项 C、D 正确；第 8.2.3 条，选项 A 正确；第 8.2.16 条，各类水平位移观测、沉降观测的基准点应设置在变形影响范围外，且基准点数量不应少于两个，选项 B 错误。

40. 答案：B

　　解析：《建筑边坡工程技术规范》（GB 50330—2013）附录 C.2.2 条，锚杆基本试验时最大的试验荷载不应超过杆体抗拉强度标准值的 0.85 倍，普通钢筋不应超过其屈服值的 0.90 倍。本题中的 HRB400 钢筋属于普通钢筋，故有 $3 \times \frac{\pi \times 22^2}{4} \times 400 \times 10^{-3} \times 0.9 = 410.34kN$。

....

41. 答案：AD

　　解析：《岩土工程勘察规范》（GB 50021—2001）（2009 年版）附录 A.0.1、A.0.3，花岗岩波速比 0.9，

为未风化岩，属于坚硬岩，锤击声清脆，有回弹，选项 A 错误；花岗岩类岩石标准贯入击数 50 击时，风化程度为强风化，而浸水后可捏成团是残积土的特征，选项 D 错误；A.0.2 条，较破碎岩体的裂隙为 2 组，平均间距 1.0m，主要结构面的结合程度差，选项 C 正确；结构面发育无序，结合很差的岩体结构类型为散体状结构，完整程度为极破碎，据第 3.2.2 条表 3.2.2-1 注 2，岩体完整程度为极破碎时，可不进行坚硬程度分类，选项 B 正确。

42. 答案：AC

解析：《工程地质手册》（第五版）第 84 页，高密度电阻率法（也称为高密度电法）的基本工作原理与常规电阻率法大体相同。它是以岩土体的电性差异为基础的一种物探方法，通过接地电极将直流电供入地下，在岩土体中建立稳定的人工电场，在地表采用探测仪器测量人工电场作用下、一定深度范围内岩土体电阻率的分布特征，推断地下具有不同电阻率的地质体的赋存情况。高阻区：导电性差，岩体干燥、致密、稳定性好；低阻区：导电性好，岩体破碎，含水量大，与断裂带、含水带、溶洞充填有关。当具有含水体、岩石中含有较多铁质时，导电性能较好，为低阻区，选项 A、C 正确；完整岩体和干溶洞的导电性能差，为高阻区，选项 B、D 错误。

43. 答案：ACD

解析：《工程岩体分级标准》（GB/T 50218—2014）第 3.3.2 条条文说明，选项 A、C、D 正确。规范并未给出 RQD 指标与岩体完整性指数之间的定量关系。

44. 答案：ABD

解析：《岩土工程勘察规范》（GB 50021—2001）（2009 年版）第 8.0.5 条第 1 款，河流阶地属于地貌特征，地层界线属于地层信息的一部分，均应在工程地质图上加以表示，选项 A、D 正确；第 6 款，选项 B 正确；调查路线在部分专门性地质工作的成果地质图中有所要求，但一般工程地质图件对此无要求，选项 C 错误。

45. 答案：AC

解析：《岩土工程勘察安全标准》（GB/T 50585—2019）第 5.3.5 条第 3 款，选项 A 正确；第 5.4.3 条第 1 款，平洞高度不应小于 1.8m，选项 B 错误；第 5.3.3 条，人工掘进的探槽最高一侧不得超过 3.0m，选项 C 正确；第 5.3.8 条，当探井深度大于 7m 时，探井的机械通风时间大于 15min，选项 D 错误。由于该规范已更新，编者结合 2019 年版规范对选项进行了部分修改。

46. 答案：ABC

解析：《岩土工程勘察规范》（GB 50021—2001）（2009 年版）第 10.2.3 条第 1 款，选项 A 正确；第 10.2.5 条条文说明，深层载荷试验成果计算变形模量时，假设荷载作用在半无限体的内部，按明德林解计算。浅层载荷试验假设荷载作用在半无限体表面，按弹性理论计算，选项 D 错误；《岩土工程勘察规范》（GB 50021—2001）（2009 年版）第 10.2.3 条第 7 款、《土工试验方法标准》（GB/T 50123—2019）第 49.2.2 条第 11 款均规定：总沉降量与承压板直径之比大于 0.06 时即可终止试验，选项 B 正确。

47. 答案：ABD

解析：《水运工程地基设计规范》（JTS 147—2017）第 5.1.3 条，等效原则为基础底面重心不变、两个主轴的方向不变、面积相等和长宽比接近。

48. 答案：ABD

解析：《地基动力特性测试规范》（GB/T 50269—2015）第 4.5.5 条，选项 A 正确；第 4.5.9 条，选项 B 正确；第 4.5.3、4.5.11 条，阻尼比是无量纲的物理量，选项 C 错误；第 6.4.3 条，选项 D 正确。

49. 答案：AC

解析：《建筑地基基础设计规范》（GB 50007—2011）第 3.0.5 条第 1 款，选项 A 正确；第 3 款，抗倾覆和抗浮稳定性验算应按承载能力极限状态设计，选项 B、D 错误；第 4 款，选项 C 正确。

50. 答案：AB

解析：《建筑地基处理技术规范》（JGJ 79—2012）第 7.3.1 条条文说明，采用水泥作为固化剂材料，在其他条件相同时，在同一土层中水泥掺入比不同时，水泥土强度也不同，水泥掺入量越大，水泥土强度越高，选项 A 正确；水泥强度等级直接影响水泥土的强度，水泥强度等级每提高 10MPa，水泥土强度 f_{cu} 约增大 20%～30%，选项 B 正确；《地基处理手册》（第三版）第 470 页，当土体含水量在 50%～85% 范围内变化时，含水量每降低 10%，水泥土强度可提高 30%，选项 C 错误；养护方法对水泥土的强度影响主要表现在养护环境的湿度和温度。国内外养护试验资料都表明：养护方法对短龄期水泥土强度的影响很大，随着时间的增长，不同养护方法下的水泥土无侧限抗压强度趋于一致，养护方法对水泥土后期强度的影响较小，选项 D 错误。

51. 答案：BD

解析：锚杆静压桩法是利用既有建（构）筑物的自重作为压载，先在基础上开凿出压桩孔和锚杆孔，借助锚杆反力，通过反力架，用千斤顶将桩段从基础压桩孔内逐段压入土中，然后将桩与基础连接在一起，从而达到提高既有建筑物地基承载力和控制沉降的双重目的。《既有建筑地基基础加固技术规范》（JGJ 123—2012）第 11.4.2 条第 2 款，压桩孔应布置在墙体的内外两侧或柱子四周，选项 A 错误；由于锚杆静压桩可直接测得压桩力（利用千斤顶获得），故按桩身强度确定设计承载力时可不考虑多节桩的接头强度的折减，也不必考虑长细比对桩设计承载力的影响，选项 B 正确；第 4 款，每段桩节长度宜为 1～3m，据已有建筑物加固实例可知静压桩桩长可达 30m 以上，可见单根桩接头数量并没有 3 个的限制，选项 C 错误；第 6 款，锚杆数量应根据压桩力大小通过计算确定，由于静压桩施工过程中要通过锚杆提供反力，因此要求锚杆所能提供的抗拔力（锚杆数量与单根锚杆抗拔力的乘积）大于或等于预估的最大压桩力，选项 D 正确。

52. 答案：ACD

解析：《建筑地基处理技术规范》（JGJ 79—2012）第 4.2.1 条条文说明，加筋垫层的刚度较大，增大了压力扩散角，有利于上部荷载的扩散，降低垫层底面压力，进而降低了软弱下卧层顶面处的附加压力，也约束了地基侧向变形，调整了地基不均匀变形，增大地基的稳定性并提高地基的承载力，选项 A、C、D 正确；加筋垫层不能改变地基土的固结速度，选项 B 错误。

53. 答案：AB

解析：增大砂井直径和减小砂井间距，相当于增大了排水面积，有利于提高固结速率，选项 C 措施效果显著；真空度从 60kPa 增大到 85kPa，相当于增大了预压荷载，根据土力学知识，当地基以固结度控制时，固结只与时间有关，与荷载大小无关，当以变形量控制时，根据《建筑地基处理技术规范》（JGJ 79—2012）第 5.1.9 条条文说明，超载预压可减少处理工期，减少工后沉降量，加大预压荷载可使地基提前达到预定的变形量，可缩短预压工期，选项 D 措施效果显著；加厚排水砂垫层和更换垫层材料的作用不明显，是因为垫层的主要作用是汇水和导水，另据第 5.2.13 条第 1 款，砂垫层厚度 ≥500mm 即可满足要求，再增加厚度其效果已不明显，选项 B 措施效果不显著；第 2 款，砂垫层材料采用中粗砂均可，只要满足相应的干密度要求和渗透系数要求即可，选项 A 措施效果不显著；由于题目未交代以什么条件（是固结度还是工后沉降量）控制，因此选项 D 是有争议的。

54. 答案：CD

解析：《地基处理手册》（第三版）第 40 页，当荷载不断增大时，柔性基础下桩土复合地基中土体先产生破坏，然后产生复合地基破坏，而刚性基础下桩土复合地基与之相反。原因分析如下：构成复合地基的前提条件是桩土共同承担荷载，变形协调；由于桩的刚度大于桩间土的刚度，因此为使桩和桩间土沉降变形一致，故而桩要承受较大的荷载，桩土荷载分担比较大，且随着荷载增大而逐渐增大，因此刚性基础下，随着总荷载增加，桩首先进入极限状态，进而导致复合地基的破坏（桩土分担比大，桩效果充分发挥），选项 A 错误；柔性基础下桩和桩间土沉降可自由发展，桩不仅产生沉降，而且相对土体桩顶端向上刺入土层，因此柔性基础下桩土荷载分担比较小，柔性基础下，土首先进入极限状态，进而导致复合地基破坏，选项 B 错误；柔性基础下，复合地基沉降量比刚性基础下复合地基沉降量大，而且柔性基础下复合地基极限承载力比刚性基础下复合地基极限承载力小（桩土分担比小，桩效果不明显），选项 D 正确；刚性基础下桩土分担比大，增强体发挥程度大于柔性基础下的增强体，选项 C 正确。

55. 答案：AB

解析：单点夯击沉降量过大，说明单点夯击能量过大，说明被处理地基较为松软，可采取以下几方面的措施：第一，减少每遍夯击次数，增加夯击遍数，选项 A 正确；第二，增加砂石料，提高地基排水性能，加快地基土的固结，并提高待处理地基的强度，选项 B 正确；减少夯击点间距，会相应增大每遍夯击次数，夯击沉降量更大，选项 C 不合适；增加落距，会增大夯击能量，夯击沉降量更大，选项 D 不合适。

56. 答案：CD

解析：《建筑地基处理技术规范》（JGJ 79—2012）第 7.2.1 条条文说明，碎石桩桩体材料为散体，没有固结强度，依靠桩周土的约束作用形成桩体，桩体传递竖向荷载的能力与桩周土约束能力密切相关，围压越大，桩体传递竖向荷载的能力越强，因此砂石桩单桩承载力主要取决于桩周土的水平侧限压力，选项 A 正确；当桩周土不能向桩体提供足够的围压而导致桩体产生较大的侧向变形，即桩体鼓胀，而导致复合地基破坏，选项 B 正确，选项 D 错误；根据土力学知识，地基土的水平侧压力 $\sigma_h = K_0 \gamma z$，可见水平侧压力是随深度增大的，因此桩间土抵抗桩体膨胀能力是随深度增强的，选项 C 错误。

57. 答案：ABD

解析：《建筑地基基础设计规范》（GB 50007—2011）附录 G，地基土的含水量越高，土体的冻胀作用就越强，相应的冻胀破坏就越严重，降低地下水位可以减轻地基土的冻胀作用，选项 A 正确；基坑的桩锚支护结构中，预应力锚杆失效是导致基坑事故的一个重要因素，地基土冻胀作用会引起预应力锚杆的预应力损失，降低支护体系对土体的变形约束能力，因此减小预应力锚杆的预应力损失可以降低冻胀对基坑的稳定性的影响。根据《建筑基坑支护技术规程》（JGJ 120—2012）第 4.7.5 条条文说明，锚杆自由段长度越长，预应力损失越小，锚杆拉力越稳定，选项 B 正确；第 4.8.7 条条文说明，提高预应力锚杆的锁定值，可以减小锁定后锚杆的预应力损失，选项 D 正确；增大桩间距，降低整个支护体系的刚度，对基坑工程的稳定性是不利的，选项 C 错误。

58. 答案：BCD

解析： 围岩压力是指地下洞室开挖后，围岩在应力重分布作用下，产生的变形或松动破坏，进而引起施加于支护或衬砌结构上的压力，按作用力发生形态，围岩压力可分为松动压力、变形压力、膨胀压力、冲击压力等，构造应力是由于地质构造作用引起的应力，按其成因，构造应力可分为惯性应力、重应力、热应力、湿应力四类，属于原岩应力，选项 A 错误；根据《公路隧道设计规范　第一册　土建工程》（JTG 3370.1—2018）附录 D 及第 6.2.4 条，浅埋隧道围岩压力受隧道埋深、地形条件及地表环境影响，选项 B 正确；普氏理论的适用条件是洞室顶部的围岩能形成自然平衡拱。普氏理论在自然平衡拱理论的基础上认为围岩是经过节理裂隙的切割后仍具有一定的黏聚力的松散体；洞室开挖后洞顶塌落，松散围岩的塌落是有限度的，到一定程度后，洞顶岩体将形成一自然平衡拱。自然平衡拱以上岩体重量通过拱传递到洞室的两侧，对拱圈范围内岩体无影响，作用在洞顶的围岩压力仅是自然平衡拱内的岩体自重。自然拱的大小取决于隧道的形状和尺寸、隧道埋深和施工因素，隧道拱圈越平坦，跨度越大，则自然拱越高，围岩松散压力也越大，选项 C、D 正确。

59. 答案：ABC

解析：《建筑基坑支护技术规程》（JGJ 120—2012）第 4.8.7 条条文说明，工程实测表明，锚杆张拉锁定后一般预应力损失较大，造成预应力损失的主要因素有土体蠕变、锚头及连接变形、相邻锚杆影响等，选项 A、C 正确；钢绞线多余部分宜采用冷切割方法切除，采用热切割时，钢绞线过热会使锚具夹片表面硬度降低，造成钢绞线滑动，降低锚杆预应力，选项 B 正确。

60. 答案：ABC

解析： 盾构推进引起的地面沉降包括五个阶段，见下表。

题 60 解表

沉降类型	主要原因
初始沉降	地下水位降低，土体受挤压密
开挖面前方隆陷	隆起：盾构机推力过大
	沉降：盾构机推力过小
盾构通过时地面沉降	施工震动扰动，剪切错动
盾尾沉降	土体失去盾构支撑，管片壁后注浆不及时
固结沉降	土体后续时效变形

土体超挖和土体扰动是引起地面沉降的主要原因。在盾构掘进时，严格控制开挖面的出土量，防止超挖，只要严格控制其出土量，地表变形仍然是有可控的，选项 A 正确；注浆主要用来平衡上覆土体自重引起的沉降，当未能同步注浆时，地表变形较大，选项 B 正确；盾构掘进中遇底部软弱土层时，由于前盾重量大，会出现栽头现象，当盾构机发生前端栽头、低头时需对盾构姿态进行调整，对盾构进行纠偏，造成地层扰动影响较大，同时引起开挖面局部超挖，引起地面沉降，选项 C 正确。

61. 答案：BC

解析：《公路隧道设计规范　第一册　土建工程》（JTG 3370.1—2018）第 8.1.1、8.3.2 条，选项 B 不符合规定；《铁路隧道设计规范》（TB 10003—2016）第 8.1.2 条第 2 款，因地形或地质构造等引起有明显偏压的地段，应采用偏压衬砌，IV、V 级围岩的偏压衬砌应采用钢筋混凝土结构，选项 C 不符合规定；第 8.2.3 条条文说明，隧道开挖后，周边变形量是随围岩条件、隧道宽度、埋置深度、施工方法和支护（一般指初支）刚度等影响而不同，一般 I~II 级围岩变形量小，并且多有超挖，所以不预留变形量，III~IV 级围岩则有不同程度的变形量，要确定标准预留变形量是困难的，因此规定采用工程类比法确定，无类比资料时按规范表 8.2.3 先设定预留变形量，再在施工中修正，选项 D 正确；《铁路隧道设计规范》（TB 10003—2016）第 8.1.1 条、《公路隧道设计规范　第一册　土建工程》（JTG 3370.1—2018）第 8.1.3 条，选项 A 正确。

62. 答案：AD

　　解析：《岩土工程勘察规范》（GB 50021—2001）（2009 年版）第 6.2.1 条，颜色为棕红或褐黄，覆盖于碳酸盐岩系之上，其液限大于或等于 50% 的高塑性黏土，应判定为原生红黏土。原生红黏土经搬运、沉积后仍保留其基本特征，且其液限大于 45% 的黏土可判定为次生红黏土，故只有选项 A、D 是可直接划分次生红黏土与原生红黏土的因素。

63. 答案：ACD

　　解析：《水电工程水工建筑物抗震设计规范》（NB 35047—2015）第 6.1.5 条，土石坝采用拟静力法计算地震作用效应并进行抗震稳定计算时，1、2 级土石坝，宜通过动力试验测定土体的动态抗剪强度，选项 A 正确；第 6.1.3 条，土石坝进行抗震验算时宜采用基于考虑条块间作用力的滑弧法，对于有薄软黏土夹层的地基，以及薄斜墙坝和薄心墙坝，可采用滑楔法计算，瑞典圆弧法不考虑条间力，选项 B 错误，选项 C 正确；第 6.1.2 条，对土石坝的抗震稳定计算，一般采用拟静力法计算地震作用效应，对于设计烈度 8、9 度且坝高 70m 以上的应同时采用有限元法对坝体和坝基的地震作用效应进行动力分析后，综合判定其抗震稳定性，选项 D 正确。

64. 答案：ACD

　　解析：《建筑抗震设计标准》（GB/T 50011—2010）（2024 年版）第 4.1.8 条条文说明，高突地形距离基准面的高度越大，高处的反应越强烈，地震动参数的放大效应越大，选项 A 正确；离陡坎和边坡顶部边缘的距离越大，反应相对减小，选项 C 正确；高突地形顶面越开阔，远离边缘的中心部位的反应是明显减小的，选项 B 错误；边坡越陡，其顶部的放大效应相应加大，选项 D 正确。

65. 答案：BC

　　解析：黏粒含量越高，越不容易液化，地震烈度越大，液化可能性越大。承载力和灵敏度与液化无关。

66. 答案：ACD

　　解析：《公路工程抗震规范》（JTG B02—2013）第 4.4.2 条，地基内有液化土层时，液化土层承载力（包括侧摩阻力）、土抗力（地基系数）、内摩擦角和黏聚力都需要折减。

67. 答案：ABC

　　解析：《建筑抗震设计标准》（GB/T 50011—2010）（2024 年版）第 4.4.3 条第 1 款，选项 A 正确；第 3 款，选项 C 正确；当打桩后桩间土的标准贯入锤击数值达到不液化的要求时，单桩承载力可不折减，但对桩尖持力层做强度校核时，桩群外侧的应力扩散角应取零，选项 D 错误；第 4.4.3 条条文说明第 2 款，选项 B 正确。

68. 答案：BD

解析：《建筑抗震设计标准》（GB/T 50011—2010）（2024 年版）第 4.3.4 条，液化复判时的标准贯入锤击数未经杆长修正，选项 A 错误；《水利水电工程地质勘察规范》（GB 50487—2008）（2022 年版）附录 P.0.4，当标准贯入试验点贯入点深度和地下水位在试验地面以下的深度，不同于工程正常运行时，应进行校正，选项 B 正确；《公路工程抗震规范》（JTG B02—2013）第 4.3.3 条，进行复判时，需要根据场地设计基本地震动峰值加速度确定标准贯入锤击数基准值，选项 C 错误；三类规范进行液化复判时，均涉及黏粒含量，选项 D 正确。

69. 答案：BCD

解析：《建筑地基处理技术规范》（JGJ 79—2012）附录 A.0.2，平板载荷试验采用的压板面积应按需检验土层的厚度确定，且不应小于 $1.0m^2$，对夯实地基，不宜小于 $2.0m^2$，选项 A 错误、B 正确；附录 B.0.2，选项 C、D 正确。

70. 答案：BD

解析：《建筑基坑支护技术规程》（JGJ 120—2012）第 5.4.10 条第 1 款，土钉检测数量不宜少于土钉总数的 1%，选项 A 错误；第 3 款，选项 B 正确；第 5.4.8 条第 1 款，土钉位置的允许偏差应为 100mm，选项 C 错误；附录 D.0.11，选项 D 正确。

2019 年专业知识试题答案及解析（下午卷）

1. 答案：D

解析：《建筑地基基础设计规范》（GB 50007—2011）第 3.0.3 条表 3.0.3 注 1，地基主要受力层系指条形基础底面下深度为 $3b$、独立基础下为 $1.5b$，且厚度均不小于 5m 的范围，$3 \times 1.5 = 4.5m < 5m$，主要受力层厚度取 5.0m。

2. 答案：B

解析：《建筑地基基础设计规范》（GB 50007—2011）第 5.2.2 条，先假设为满铺基础，可估算基底压力，有 $p_k = \frac{F_k + G_k}{A} = \frac{1.5 \times 10^5}{700} + 20 \times 3 = 274.3kPa$；基础埋深 3m，考虑到深宽修正，按照最有利情形取 $\eta_b = 0.3$，$\eta_d = 1.6$，基础宽度取 $b = 6m$，不考虑地下水，γ 和 γ_m 均取 19kN/m³，则地基承载力修正值上限为 $f_a = f_{ak} + \eta_b \gamma (b - 3) + \eta_d \gamma_m (d - 0.5) = 243.1kPa$。按照基础满铺时，仍然不能满足承载力验算要求，故只能采用钢筋混凝土筏形基础，荷载通过柱基传递给地基，由筏板和地基土共同承担荷载。

3. 答案：D

解析：《建筑地基基础设计规范》（GB 50007—2011）第 6.6.5 条，对完整、较完整的坚硬岩、较硬岩地基，当符合下列条件之一时，可不考虑岩溶对地基稳定性的影响：第一，洞体较小，基础底面尺寸大于洞的平面尺寸，并有足够的支撑长度；第二，顶板岩石厚度大于或等于洞的跨度，故溶洞跨度小于或等于 5.0m 时，可不考虑岩溶对地基稳定性影响。

4. 答案：B

解析：《建筑地基基础设计规范》（GB 50007—2011）第 5.1.1 条第 1 款，选项 A 需要考虑；第 5 款，选项 C 需要考虑；第 5.1.4 条，选项 D 需要考虑。

5. 答案：D

解析：《建筑地基基础设计规范》（GB 50007—2011）第 8.4.2 条，$e \leqslant 0.1W/A$，圆形基础抵抗矩为 $W = \frac{\pi d^3}{32}$，面积为 $A = \frac{\pi d^2}{4}$，则 $e \leqslant \frac{0.1 \times 60}{8} = 0.75m$。

6. 答案：C

解析：《建筑地基基础设计规范》（GB 50007—2011）第 5.3.3 条，对于框架结构和单层排架结构，地基变形由相邻柱基的沉降差控制，选项 A、D 正确，C 错误；对多层或高层建筑和高耸结构应由倾斜值控制，选项 B 正确。

7. 答案：C

解析：《混凝土结构设计标准》（GB/T 50010—2010）（2024 年版）第 4.1.4 条表 4.1.4-1，C30 混凝土轴心抗压强度设计值为 14.3N/mm²，即 14.3MPa。

8. 答案：B

解析：《建筑地基基础设计规范》（GB 50007—2011）第 8.5.3 条第 8 款第 4 项，先施工桩基，后开挖基坑，基桩纵向构造配筋长度不宜小于基坑深度的 1.5 倍，即 $20 \times 1.5 = 30m$，且不宜小于桩长的 2/3，即不小于 24m。综上，基桩纵向构造配筋长度不宜小于 30m。

9. 答案：D

解析：《铁路桥涵地基和基础设计规范》（TB 10093—2017）第 6.3.2 条第 4 款，当桩径大于 1m 时，最外一排桩与承台边缘的净距不应小于 $0.3d$（即 $0.3 \times 1.2 = 0.36m$），且不应小于 0.5m，取最小净距 0.5m，则最外一排桩中心至承台边缘的最小距离为：$0.5d + 0.5 = 0.5 \times 1.2 + 0.5 = 1.10m$，选项 D 正确。

10. 答案：B

解析：锤重一般应大于预制桩的自重，落锤施工中锤重以相当于桩重的 1.5～2.5 倍为佳，落锤高度通常为 1～3m，以重锤低落距打桩为好。如采用轻锤，即使落距再大，常难以奏效，且易击碎桩头。并因回弹损失较多的能量而削弱打入效果。故宜在保证桩锤落距在 3m 以内能将桩打入的情况下，来选定桩锤的重量，与选项 B 最为接近。

11. 答案：C

解析：在天然状态下垂直向下挖掘处于稳定状态的地基土，会破坏土体的原有的平衡状态，孔壁往往有发生坍塌的危险，而泥浆有防止发生坍塌的作用，其作用机理是利用泥浆的静侧压力来平衡作用在孔壁上的土压力和水压力，并形成不透水的泥皮，并防止地下水的渗入；当施工深度内存在较高水头的承压水时，泥浆护壁的作用更加重要，而长螺旋钻孔压灌桩施工工艺中没有泥浆护壁，不能防止承压水对孔壁稳定性的破坏，选项 C 不合适。

12. 答案：B

解析：《建筑桩基技术规范》（JGJ 94—2008）附录 A 表 A.0.1，实心预制方桩、闭口钢管桩为挤土成桩，敞口预制管桩为部分挤土成桩；沉管灌注桩的施工工艺为挤土成桩。

13. 答案：C

解析：《建筑桩基技术规范》（JGJ 94—2008）第 3.5.2 条中表 3.5.2，选项 B 错误、C 正确；据表 3.5.2 的注 2，预应力混凝土构件最小水泥用量为 $300kg/m^3$，选项 A 错误；第 3.5.3 条的表 3.5.3，选项 D 错误。

14. 答案：D

解析：《建筑桩基技术规范》（JGJ 94—2008）第 5.4.5 条中公式（5.4.5-1）和（5.4.5-2），桩基抗拔承载力与桩侧土的摩擦阻力和桩身自重有关，对于群桩基础整体破坏模式，尚应计及部分桩周土的自重，而桩周土的摩擦阻力与桩周土体强度密切相关，选项 B 错误；桩身自重（整体破坏模式时应计及部分桩周土自重），与地下水位密切相关，选项 C 错误；抗拔桩的破坏以桩体从岩土体中被拔出为主，很少会发生桩身被拉断现象，选项 A 错误、D 正确。

15. 答案：A

解析：在墙高相同和墙后岩土体相同的情况下，仰斜式挡土墙主动土压力最小，直墙背的重力挡土墙土压力其次，俯斜式挡土墙主动土压力最大，选项 A 正确。

16. 答案：B

解析：《土力学》（李广信等，第 3 版，清华大学出版社）第 270～271 页，无黏性土的稳定系数可定义为：$F_s = \dfrac{\tan\varphi}{\tan\alpha}$，在不考虑砂土干燥状态和静水中的内摩擦角差异的情况下，斜坡几何尺寸相同，即其坡角 α 相同，显然甲斜坡稳定系数等于乙斜坡。

17. 答案：D

解析：《公路路基设计规范》（JTG D30—2015）第 4.2.4 条第 2 款，选项 A 错误；第 4.2.5 条第 1 款，挖方路基（即路堑边坡）的堑顶截水沟应设置在坡口 5m 以外，选项 B 错误；第 4.3.4 条第 2 款，选项 C 错误；第 4.3.6 条，选项 D 正确。

18. 答案：D

解析：《建筑边坡工程鉴定与加固技术规范》（GB 50843—2013）第 9.2.3 条表 9.2.3，选项 D 为选测项目，选项 A、B、C 为应测项目。

19. 答案：C

解析：临水面水位快速下降时：临水坡水向外渗流，渗透力的存在使得临水面一侧的滑动力增大，抗滑力减小，安全系数降低，而背水面一侧，浸润线降低，渗透力减小，与高水位时相比，抗滑力是增大的，滑动力是减小的，安全系数提高，选项 C 正确，选项 B、D 错误；两侧水位在水位快速降低前后的相对水头差，无法确定临水面边坡的渗透力数值上是增大还是减小，选项 A 错误。

20. 答案：C

解析：题目条件满足朗肯条件，则有 $E_a = \frac{1}{2}\gamma H^2 K_a$，作用点距墙底的距离为 $H/3$，则有 $\frac{M_1}{M_2} = \frac{\frac{1}{2}\gamma H_1^2 K_a \times \frac{1}{3}H_1}{\frac{1}{2}\gamma H_2^2 K_a \times \frac{1}{3}H_2} = \frac{H_1^3}{H_2^3} = \frac{6^3}{4^3} = \frac{216}{64} = 3.38$，选项 C 正确。

注：本题题目中并未提及具体规范，因此可不考虑挡土墙高度 $>5m$ 时的土压力增大系数。

21. 答案：D

解析：墙背与土体内摩擦角 δ 增大，K_a 减小，K_p 增加，主动土压力下降，被动土压力上升，这也就是为什么朗肯土压力理论忽略墙背与土体内摩擦角计算出来的主动土压力偏大，被动土压力偏小，选项 A 错误；填土重度增加时，主动和被动土压力均增大，选项 B 正确；内摩擦角 φ 增加时，K_a 减小，K_p 增加，主动土压力减小，被动土压力增大，选项 C 错误；黏性土的土压力强度由两部分组成，一部分为由土的自重引起的土压力 $\gamma H K_a$，随深度呈三角形变化；另一部分为由黏聚力引起的土压力 $2c\sqrt{K_a}$，为一负值，不随深度变化，根据朗肯土压力计算公式，$E_a = \frac{1}{2}\gamma H^2 K_a - 2cH\sqrt{K_a} + \frac{2c^2}{\gamma}$，$E_p = \frac{1}{2}\gamma H^2 K_p + 2cH\sqrt{K_p}$，黏聚力增大，主动土压力减小，被动土压力增加，选项 D 正确。

22. 答案：A

解析：《建筑边坡工程技术规范》（GB 50330—2013）第 12.39 条，选项 A 错误；第 12.3.6 条，选项 B 正确；第 12.3.5 条，选项 C 正确；第 12.3.7 条，选项 D 正确。

23. 答案：C

解析：《工程地质手册》（第五版）第 525 页，红黏土的矿物成分主要为高岭石、伊利石和绿泥石，蒙脱石是膨胀土的主要成分。

24. 答案：D

解析：《盐渍土地区建筑技术规范》（GB/T 50942—2014）第 2.1.11～2.1.13 条，选项 A 正确；第 4.3.4 条表 4.3.4 下的注，选项 C 正确；附录 A.0.2，选项 B 正确；第 4.1.1 条条文说明第 10 项，选项 D 错误。

25. 答案：B

    解析：《膨胀土地区建筑技术规范》（GB 50112—2013）第 5.4.4 条，选项 B 正确。

26. 答案：B

    解析：该夹层的存在可能使得岩质边坡发生顺层滑动（该软弱夹层为滑动面），满足《工程地质手册》（第五版）第 265 页的楔形体法的适用条件，此时外加荷载（即法向荷载 P）为水平方向，试体上推力（即剪切荷载）为竖向，即与该软弱夹层的倾斜方向一致，选项 B 正确。

27. 答案：A

    解析：《岩土工程勘察规范》（GB 50021—2001）（2009 年版）第 6.6.2 条表 6.2.2，该冻土为饱冰冻土，选项 A 正确。

28. 答案：C

    解析：《建筑地基基础设计规范》（GB 50007—2011）第 6.4.3 条第 2 款，选项 A 基本正确；第 4 款，选项 B 正确；第 1 款，选项 C 错误；第 6 款，选项 D 正确。

29. 答案：B

    解析：《工程地质手册》（第五版）第 695、696 页，地表移动盆地的范围比采空区面积大得多，其位置和形状与矿层倾角大小有关，选项 A 正确、B 错误；移动盆地中间区地表下沉值最大，选项 C 正确；移动盆地内边缘区产生压缩变形，外边缘区产生拉伸变形，选项 D 正确。

30. 答案：B

    解析：《岩土工程勘察规范》（GB 50021—2001）（2009 年版）表 6.2.2-1，含水比 $\alpha_\mathrm{w} = \dfrac{w}{w_\mathrm{L}} = 30/51 = 0.59$，介于 0.55 和 0.70 之间，呈硬塑状，裂隙每米 1～2 条，据表 6.2.2-2，该黏土呈巨块状，选项 B 正确。

31. 答案：B

    解析：《工程地质手册》（第五版）第 637、638 页表 6-2-2，地表岩溶发育密度为 $\dfrac{5}{2} = 2.5$ 个/km²，结合钻孔单位涌水量，岩溶发育程度为中等发育，选项 B 正确。

32. 答案：C

    解析：《膨胀土地区建筑技术规范》（GB 50112—2013）第 5.4.2 条第 2 款，选项 A 错误；第 5.4.3 条第 1 款，选项 B 错误；第 3 款，选项 D 错误。

33. 答案：B

    解析：《盐渍土地区建筑技术规范》（GB/T 50942—2014）表 4.3.4，按盐胀系数应为中盐胀性，按硫酸钠含量应为弱盐胀性；据该表下注：盐胀系数和硫酸钠含量两个指标判断的盐胀性不一致时，以硫酸钠含量为主，故该盐渍土为弱盐胀性，选项 B 正确。

34. 答案：A

    解析：《工程地质手册》（第五版）第 555 页的表 5-5-2 和第 3 条，选项 A 正确；表 5-5-2，蒙脱石钠的活动性大于蒙脱石钙，即钙蒙脱石和钠蒙脱石含量相同的两种膨胀土，后者比前者具有更大的膨胀潜势，选项 B 错误；第 6 条，选项 D 错误；第 556 页的表 5-5-4 中I类（湖相）、II类（河相）、III类（滨海相）膨胀土的形成都有河流作用的参与，而河流作用形成的膨胀土即为冲积成因，选项 C 错误。

35. 答案：B

解析：《住房和城乡建设部办公厅关于实施〈危险性较大的分部分项工程安全管理规定〉有关问题的通知》附录一，选项 A、C、D 属于，选项 B 不属于。

36. 答案：C

解析：《建设工程安全生产管理条例》第六条，选项 A 正确；第十二条，选项 B 正确；第二十一条，选项 D 正确；第二十三条，选项 C 错误。

37. 答案：C

解析：《中华人民共和国安全生产法》第四条，选项 A 正确；第五条，选项 B 正确；第六条，选项 D 正确；第五十二条，选项 C 错误。

38. 答案：D

解析：《中华人民共和国安全生产法》第四十八条，选项 A、B、C 正确；第五十六条，选项 D 错误。

39. 答案：D

解析：《建设工程安全生产管理条例》第二十九条，选项 A、B、C 正确，选项 D 错误。

40. 答案：A

解析：《建设工程安全生产管理条例》第五十五条，选项 B、C、D 适用，选项 A 不适用。

···

41. 答案：ABC

解析：压缩模量是在无侧向变形条件下得出的（试样横截面积不变），即三向应力、单向应变，选项 A 正确；变形模量是在侧向自由变形时，土的竖向应力与应变之比，是在单向应力、三向应变条件下得出的，选项 B 正确；据《土力学》（李广信等，第 3 版，清华大学出版社）第 139 页，土的压缩模量 E_s 和变形模量 E 之间存在如下理论关系：$E = \beta E_s = \left(1 - \dfrac{2\mu^2}{1-\mu}\right) E_s$，显然压缩模量大于变形模量，选项 C 正确、D 错误。

42. 答案：BD

解析：《建筑地基基础设计规范》（GB 50007—2011）第 5.2.7 条第 1 款的公式符号说明，选项 A 错误，选项 B、D 正确；第 2 款公式的符号说明，选项 C 错误。

43. 答案：AC

解析：《基础工程》（周景星等，第 3 版，清华大学出版社）第 92 页，对于柱下条形基础、筏形基础与箱形基础等基础的结构设计，上部结构、基础与地基三者之间不但要满足静力平衡条件，还要满足变形协调条件，选项 A、C 正确。

44. 答案：AD

解析：《建筑地基基础设计规范》（GB 50007—2011）第 3.0.5 条第 2 款，计算地基变形，传至基础底面上的作用效应按正常使用极限状态下作用的准永久组合，不应计入风荷载和地震荷载，选项 B、C 不符合；据《建筑结构荷载规范》（GB 50009—2012）第 3.1.1 条第 2 款，家具荷载、装修荷载均为可变荷载，在地基变形计算时，不可忽略，选项 A、D 符合。

45. 答案：ABD

解析：《建筑地基基础设计规范》（GB 50007—2011）第 3.0.3 条表 3.0.3，选项 A 土层坡度 12%，大于 10% 的限值，需要进行变形验算；同理，选项 D 需要进行变形验算；第 3.0.1 条表 3.0.1，防疫站化验楼中有较多对地基变形非常敏感的重要仪器，地基基础设计等级应定为甲级，必须进行地基变形验算，选项 B 可选；据表 3.0.3，5 层框架办公楼，地基承载力 100kPa，土层坡度 7%＜10%，满足规范要求，可不进行地基变形验算，选项 C 不选。

46. 答案：BCD

解析： 在目前的钻孔灌注桩施工中，泵吸反循环钻进是一种比正循环钻进成桩效率高，桩身质量好的先进技术，但采用泵吸反循环钻进施工钻孔灌注桩时经常出现循环中断（俗称不来水），处理起来时间长，施工效率低。影响泵吸反循环钻孔灌注桩钻进成孔效率的因素有如下几类：第一，设备安装不满足泵吸反循环钻进的条件；第二，泥浆管理不善，泥浆性能差；第三，钻头结构不合理，造成循环中断；第四，钻进技术参数不合理；第五，管路系统漏气。因此提高钻进效率可从以上五个方面入手。在钻进过程中，被破碎的岩土体，其钻屑含量及分布特征是很难被人为控制的，而只能根据地层结构来预估钻进过程中产生的钻屑组成，预估最大钻屑粒径，并采用合适钻杆内径，以保证钻屑能够通过钻杆流入到泥浆池中，选项 A 错误、B 正确；钻杆在孔内的沉落速度与钻头钻进速度是匹配的，而钻头钻进速度与形成的钻渣量是成正比的，在钻杆直径和孔内流体速度一定的情况下，能够排出的钻渣量是一定的，钻进速度太快，钻渣不能及时排出，也会大大影响钻进效率，选项 C 正确；上返冲洗液中钻屑的最大粒径与孔内泥浆上返速度是有关系的，流速越大，可携带的钻渣最大粒径也越大，钻渣粒径越大，泥浆排渣效率也越高，相应的钻进效率与能耗也越高，选项 D 正确。

47. 答案：AD

解析： 增大钻压是有利于增强破岩效果的，选项 A 正确；钻压不足以切入岩石时，提高转速并不能提高破岩效果，选项 B 错误；泥浆比重增大，不利于增强破岩效果，选项 C 错误；对于坚硬基岩，球形刃破岩钻头的破岩效果更好，选项 D 正确。

48. 答案：CD

解析： 沉井基础是从井内挖土、依靠自身重力克服井壁摩阻力后下沉到设计标高，然后采用混凝土封底并填塞井孔，使其成为桥梁墩台或其他结构物的基础；挖井基础指用人工或机械按照设计文件开挖基坑（井）后再浇筑的基础，是明挖基础的延伸，选项 A 错误；《铁路桥涵地基和基础设计规范》（TB 10093—2017）第 8.1.4 条，挖井基础不应放坡开挖，选项 B 错误；第 7.1.1 条，未提及沉井基础对地下水丰富场地的限制使用条件，即沉井基础适用于水下或地下水丰富的场地和地层条件；第 8.1.1 条，挖井基础适用于无地下水的场地和地层条件，选项 C 正确；第 7.1.2、8.2.3 条，选项 D 正确。

49. 答案：AC

解析：《建筑桩基技术规范》（JGJ 94—2008）第 3.5.3 条的表 3.5.3 小注 1，水、土为强、中腐蚀性时，抗拔桩裂缝控制等级应提高一级，本题为中腐蚀性场地，预应力混凝土管桩的裂缝控制等级应提高一级，为一级，最大裂缝宽度为 0，选项 A 正确；第 5.8.8 条第 1 款，进行桩身裂缝控制验算时，应采用荷载效应标准组合，选项 C 正确。

50. 答案：BD

解析： 泥浆护壁成孔时，宜采用孔口护筒，其作用是：第一，保证钻机沿着桩位垂直方向顺利工作；第二，储存泥浆，使泥浆水位高出地下水位，保持孔内水压力，防止塌孔和防止地表水流入孔内；第三，保护桩孔顶部土层不致因钻杆反复上下升降、机身振动而导致塌孔、缩颈的作用，故选项 B、D 正确。泥浆比重是由泥浆需要携带的钻渣的粒径大小确定的，护筒对泥浆比重的选择没有影响，选项 A 错误；桩头承载力大小与护筒无关，选项 C 错误。

51. 答案：AB

解析： 一柱一桩是指每根框架柱下靠一根大直径灌注桩来承担上部结构传递下来的荷载，按成孔工艺不同，可细分为机械成孔灌注桩和人工挖孔灌注桩两类。此时桩需要承担很大的上部荷载，对施工质量的要求非常高，不允许出现施工缺陷。一旦出现施工缺陷，成为事故桩，必须采取合适的处理措施，常见处理措施有两大类：其一，破除重打，以桥梁工程为例，在原桩位前面或后面重新施工灌注桩；其二，废弃原桩位，在其两侧各施工一根桩，将原来的一柱一桩变成两桩承台桩基，这样可以有效避免原工程的移位问题，又能保证荷载均衡分配到两根桩上，从而实现上部结构的功能，故选项 A、B 正确，C 错误。成为事故桩后，其承载性能是可疑的，不能满足一柱一桩对桩的要求，选项 D 错误。

52. 答案：BC

解析：《建筑桩基技术规范》（JGJ 94—2008）第 5.3.10 条条文说明，选项 B、C 正确，与选项 A、D 无关。

53. 答案：ABC

解析：《碾压式土石坝设计规范》（NB/T 10872—2021）第 6.7.8 条第 1 款，选项 A 正确；第 2 款，选项 B 正确；第 3 款，选项 C 正确；第 4 款，选项 D 错误。

54. 答案：ABD

解析：《建筑边坡工程技术规范》（GB 50330—2013）第 3.3.6 条第 1 款，选项 A、B 正确；第 3 款，选项 D 正确；由于现行边坡规范中各种支挡结构计算方法尚未考虑岩土体材料的本构关系（即应力—应变关系），且岩土体参数目前的置信度不足，尚不足以用来精确计算边坡的变形量，选项 C 错误。

55. 答案：ABD

解析：《土力学》（李广信等，第 3 版，清华大学出版社）第 270 页，砂土边坡的稳定系数 $F_s = \frac{抗滑力}{滑动力} = \frac{\tan\varphi}{\tan\alpha}$，与边坡高度无关，选项 A 正确；第 277 页，黏性土边坡的稳定系数：$F_s = \frac{\sum(c_i l_i + W_i \cos\theta_i \tan\varphi_i)}{\sum W_i \sin\theta_i}$，显然与边坡高度有关，因为公式中的 l_i 与边坡高度有关，选项 B 正确；土质边坡应根据其破坏模式选择合适的计算公式，选项 C 错误；第 276~277 页，由于瑞典圆弧条分法忽略了土条之间的相互作用力对稳定性的影响，是条分法中最简单的一种方法，因此也被称为简单条分法，选项 D 正确。

56. 答案：ABD

解析：《工程地质手册》（第五版）第 673~676 页，选项 A、B、D 正确；严禁在滑坡的抗滑段刷方减载，选项 C 错误。

57. 答案：BCD

解析：《高等土力学》（李广信，清华大学出版社）第 187、188 页，基质吸力主要是指土中毛细作用；另据书中图 4-7 可知，土体中含水量越高，基质吸力越小，在暴雨期间，土体含水量迅速增加，乃至达到饱和状态，基质吸力也相应地迅速降低直至减小到零（饱和时基质吸力为零），选项 A 错误；在暴雨期间，坡体中地下水位会相应升高，与坡脚间的水头差增大，相应的水力坡度 i 也会增大，因此渗流作用产生的渗透力也会增大，而渗透力是影响土坡稳定性的不利因素，是诱发滑坡的因素之一，选项 B 正确；坡体中地下水位的升高，土体内孔隙水压力也相应增大，孔隙水压力增大，相应的作用在滑面上的法向有效应力 σ' 减小，根据库仑抗剪强度理论，土的抗剪强度（即抗力）也是降低的，与此同时，由于滑体含水量增大，土体重度增大，荷载是增大的，根据边坡稳定系数的定义 F_s = 抗力/荷载，边坡稳定性是降低的，选项 C 正确。雨水的渗入，除了增大土体重力外，还软化和降低了滑带土的抗剪强度指标，选项 D 正确。

58. **答案：ABC**

解析：《建筑地基基础设计规范》（GB 50007—2011）第 6.6.2 条表 6.6.2，选项 A、B、C 正确，选项 D 错误。另外，《工程地质手册》（第五版）第 637 页表 6-2-1 与《建筑地基基础设计规范》（GB 50007—2011）内容一致。

59. **答案：ABC**

解析：《湿陷性黄土地区建筑标准》（GB 50025—2018）第 6.1.3 条，乙类应消除地基的部分湿陷量，A 错误；第 6.1.6 条第 1 款，自重湿陷性黄土场地应采用整片处理，B 错误；第 6.1.4 条第 2 款，C 错误；第 6.1.5 条表 6.1.5，D 正确。

60. **答案：AC**

解析：《岩土工程勘察规范》（GB 50021—2001）（2009 年版）第 6.6.5 条第 1 款，多年冻土区钻探宜缩短施工时间，采用大口径低速钻进，孔径不低于 108mm，选项 A 错误；6.6.5 条第 7 款，选项 B 正确；6.6.4 条第 3 款，无论何种设计原则，勘探孔深度均宜超过多年冻土上限深度的 1.5 倍，选项 C 错误；6.6.4 条第 1 款，选项 D 正确。

61. **答案：BD**

解析：《工程地质手册》（第五版）第 685 页表 6-4-6，选项 A、C 正确，不选；选项 D 错误，可选；第 682 页中地质构造的内容：不良地质发育严重的沟谷，往往表层岩土破碎，为泥石流的形成提供了丰富的固体物质来源，此类沟谷多发生黏性泥石流，选项 B 错误，可选。

62. **答案：AB**

解析：《膨胀土地区建筑技术规范》（GB 50112—2013）附录 F 中图 F.0.4-2，上覆压力越大，膨胀率越小，相应的膨胀量也越小，选项 A 错误；膨胀率—压力曲线与水平线的压力即为膨胀力，可知，上覆压力大于膨胀力时，膨胀率小于零，即会产生收缩，选项 C 正确；《工程地质手册》（第五版）第 555 页第 6 条，在上覆压力一定时，初始含水量越高，与胀后含水量就越接近，土的膨胀量就越小，初始含水量越低，与胀后含水量的差值就越大，土的膨胀量就越大，选项 B 错误；常年地下水位以下的膨胀土的含水量与胀后含水量是相同的，故其膨胀量为零，选项 D 正确。

63. **答案：AB**

解析：《地质灾害危险性评估规范》（GB/T 40112—2021）第 4.6.1 条。选项 A、B 不属于地质灾害危险性评估分级的划分指标，选项 C、D 是地质灾害危险性评估分级的划分指标。

64. 答案：BD

解析：《湿陷性黄土地区建筑标准》（GB 50025—2018）第 4.3.1、4.3.5 条，选项 A 错误；第 4.3.5 条第 2 款，环刀内径 $d \geqslant \sqrt{\dfrac{4 \times 5000}{3.14}} = 79.8\text{mm}$，选项 B 正确；第 4.3.4 条第 6 款，选项 C 错误；第 4.3.1 条第 5 款，选项 D 正确。

65. 答案：ABD

解析：《地质灾害防治条例》第三十四条，选项 A、B 正确；第三十五条，选项 C 错误；第三十六条，选项 D 正确。

66. 答案：BD

解析：《中华人民共和国招标投标法》第五十一条，选项 A、C 错误；第五十二条，选项 B 正确；第五十五条，选项 D 正确。

67. 答案：ABC

解析：《中华人民共和国建筑法》第三十四条，选项 A 正确；第三十五条，选项 B 正确；第三十二条，选项 C 正确、D 错误。

68. 答案：AC

解析：《中华人民共和国民法典》第一百三十七条，选项 A 正确、B 错误；第四百七十五条，选项 C 正确；第四百七十七条，选项 D 错误。

69. 答案：ACD

解析：《住房城乡建设部办公厅关于实施〈危险性较大的分部分项工程安全管理规定〉有关问题的通知》（建办质〔2018〕31 号）第八章，选项 A、C、D 正确。

70. 答案：BD

解析：《注册土木工程师（岩土）执业及管理工作暂行规定》第三章第（一）条，选项 A 正确，不选；第（二）条，选项 B 错误，可选；第（七）条，选项 C 正确，不选；第（十一）条，选项 D 错误，可选。

2020 年专业知识试题答案及解析（上午卷）

1. 答案：C

  解析：《岩土工程勘察规范》（GB 50021—2001）（2009 年版）第 5.7.4 条及条文说明，为划分场地类别布置的勘探孔，当缺乏资料时，其深度应大于覆盖层厚度。当覆盖层厚度大致掌握，并在以下情况时，①对中软土，覆盖层厚度能肯定不在 50m 左右，②对软弱土，覆盖层厚度能肯定不在 80m 左右，波速孔只需达到 20m。本题通过初步勘察已知覆盖层厚度为 50.0m，但场地土类别不明确，波速孔应大于覆盖层厚度，选项 C 最为合适。

2. 答案：D

  解析：《铁路工程特殊岩土勘察规程》（TB 10038—2022）第 9.8.2 条第 6 款，挡土墙基础的勘探孔深度应不小于 2 倍天然上限，且不得小于 12m，本题冻土天然上限为 5.0m，综上，勘探孔深应不小于 12.0m。

3. 答案：C

  解析：《盐渍土地区建筑技术规范》（GB/T 50942—2014）第 2.1.11～2.1.13 条，选项 A 正确；《土工试验方法标准》（GB/T 50123—2019）第 53.3.3 条第 2、3 款，选项 B 正确；第 5.2.2 条第 2 款，对于有机质含量为 5%～10% 的土，应将烘干温度控制在 65～70℃ 的恒温下烘至恒量，选项 C 错误；第 16.1.4 条，选项 D 正确。

4. 答案：D

  解析：《岩土工程勘察规范》（GB 50021—2001）（2009 年版）第 3.3.2 条表 3.3.2，该土样可定名为卵石或碎石；第 6.4.1 条，小于 0.075mm 的颗粒含量为 30%，大于 25%，可定名为粗粒混合土。

5. 答案：C

  解析：《铁路工程地质勘察规范》（TB 10012—2019）附录 B 表 B.0.1，表中的电磁波法又名为交流电法，而其中的瞬变电磁法，也常被称为交流电磁法。

6. 答案：A

  解析：《工程地质手册》（第五版）第 264 页，现场直剪试验可分为岩土体在法向应力作用下的沿剪切面剪切破坏的抗剪断试验、岩土体剪断后沿剪切面继续剪切的抗剪试验（摩擦试验）、法向应力为零时岩体剪切的抗切试验。对于抗剪断强度，由黏聚力强度与摩擦强度两部分组成；抗剪试验测定的强度，由衰减后的黏聚力强度和摩擦强度两部分组成，且以摩擦强度为主；抗切强度则全部为黏聚力强度，显然可知抗剪断强度最大，摩擦强度次之，抗切强度最小。

7. 答案：A

  解析：《土力学》（李广信等，第 3 版，清华大学出版社）第 20 页，孔隙比与孔隙度的关系为：$n = e/(1 + e)$，显然孔隙比 e 大于孔隙度 n；《水文地质学基础》（张人权等，第 6 版，地质出版社）第 21 页，给水度又称为重力疏干给水度，是指地下水位下降单位体积时，释出水的体积与疏干体积的比值，这部分水量只是原先饱水带岩土空隙中的一部分，尚有部分水以结合水、孔角毛细水、悬挂毛细水的形式滞留于非饱和带中，即孔隙度大于给水度。

8. 答案：A

解析： 滤水管外回填砾石层的目的是增大过滤器及其周围有效孔隙率，减小地下水流入过滤器的阻力，增大水井出水量，防止涌砂等作用，显然填料层的渗透系数应大于含水层的渗透系数时才能起这样的作用。

9. 答案：C

解析：《岩土工程勘察规范》（GB 50021—2001）（2009 年版）第 7.3.2 条条文说明，正常级配的砂砾石（即级配连续），其不均匀系数大于 10，细颗粒含量小于 35% 时，其渗流作用的表现形式为管涌。此外尚应对其他渗流作用形式的级配结构特征有所了解，应用到工程实践中去。

10. 答案：A

解析： 参见《工程地质手册》（第五版）第 637 页表 6-2-1 下的注释，也可参见《建筑地基基础设计规范》（GB 50007—2011）第 6.6.2 条的条文说明。

11. 答案：B

解析：《水文地质学基础》（张人权等，第 6 版，地质出版社）第 29 页，井孔揭穿含水层隔水顶板的底面后，孔内水位上升到顶板底面以上一定高度稳定后，此时的水位称为稳定水位，稳定水位与隔水层顶板高程之间的差值，称为承压高度，也叫承压水头。

12. 答案：A

解析：《工程地质手册》（第五版）第 14 页的图 1-2-1b），断层两盘对应地层间发生的相对位移指的就是图中的 AB，称为断层总断距。

13. 答案：C

解析：《岩土工程勘察规范》（GB 50021—2001）（2009 年版）第 3.3.8 条、附录 B.0.2，修正系数：

$$\alpha_2 = \frac{1}{2} \times \left[0.77 + \frac{0.76 - 0.77}{15 - 10} \times (13 - 10) + 0.72 + \frac{0.71 - 0.72}{15 - 10} \times (13 - 10) \right] = 0.739。$$

修正后的超重型圆锥动力触探锤击数为：$N_{120} = \alpha_2 \cdot N'_{120} = 0.739 \times 13 = 9.61$ 击。根据表 3.3.8-2，该卵石层的密实程度为中密。

14. 答案：D

解析：《建筑结构荷载规范》（GB 50009—2012）第 3.1.1 条第 2 款。

15. 答案：B

解析：《铁路隧道设计规范》（TB 10003—2016）第 1.0.5 条，全长 5km 的铁路隧道属于长隧道。

16. 答案：D

解析：《建筑结构荷载规范》（GB 50009—2012）第 5.1.1 条表 5.1.1，可知标准值 > 组合值 ≥ 频遇值 > 准永久值。

17. 答案：D

解析：《建筑地基处理技术规范》（JGJ 79—2012）第 7.3.3 条中的公式（7.3.3），水泥土搅拌桩需要进行桩身强度验算；第 7.4.3 条，旋喷桩需要进行桩身强度验算；第 7.7.2 条第 8 款，夯实水泥土桩不用进行桩身强度验算，其原因在于夯实过程中，已经改变了水泥土的原有强度，结果是其变形模量远大于土的变形模量，在承载力允许范围内夯实水泥土桩不会先于桩间土发生破坏，故而无需通过桩身强度验算来控制桩身承担的荷载，选项 D 不需要考虑；第 7.7.2 条第 6 款，桩身强度应满足规范第 7.1.6 条的规定，选项 C 需要考虑。

18. **答案：B**

解析：《建筑地基处理技术规范》（JGJ 79—2012）附录 B.0.8 条，复合地基沉降曲线呈缓变型，最大沉降小于 30mm，终止试验的累计沉降量界限值为 $0.06d = 75mm$，不满足该条终止试验的要求，因此无法确定极限荷载，只能按照 B.0.10 条第 2 款确定，$s/b = 0.008$，$s = 0.008b = 0.008 \times 1250 = 10mm$，相应于 10mm 的压力 $P = 300kPa$，此时桩间土反力为 200kPa，桩顶反力为 700kPa，则桩土应力比：700/200 = 3.5。

19. **答案：A**

解析：《建筑地基处理技术规范》（JGJ 79—2012）第 7.2.2 条第 4 款：

$$s = 0.95\xi d \sqrt{\frac{1+e_0}{e_0-e_1}} = 0.95 \times 1.0 \times 0.8 \times \sqrt{\frac{1+0.85}{0.85-0.50}} = 1.75m.$$

20. **答案：B**

解析：《湿陷性黄土地区建筑标准》（GB 50025—2018）第 6.2.1 条，选项 A 正确；第 6.2.3 条第 2 款，选项 B 错误；第 6.3.1 条，选项 C 正确；第 6.5.1 条，选项 D 正确。

21. **答案：B**

解析：《建筑地基处理技术规范》（JGJ 79—2012）第 4.3.3 条条文说明，对于砂石料可根据施工方法不同按经验控制适宜的施工含水量，当用平板式振动器时可取 15%～20%；当用平碾或蛙式夯时可取 8%～12%；当用插入式振动器时宜为饱和。

22. **答案：A**

解析：《既有建筑地基基础加固技术规范》（JGJ 123—2012）第 11.7.4 条第 5 款，塑料阀管注浆施工，可按下列步骤进行：①钻机与灌浆设备就位；②钻孔；③当钻孔到设计深度后，从钻杆内灌入封闭泥浆，或直接采用封闭泥浆钻孔；④插入塑料单向阀管到设计深度，当注浆孔较深时，阀管中应加入水，以减小阀管插入土层时的弯曲；⑤待封闭泥浆凝固后，在塑料阀管中插入双向密封注浆芯管，再进行注浆，注浆时应在设计注浆深度范围内自下而上（或自上而下）移动注浆芯管；⑥当使用同一塑料阀管进行反复注浆时，每次注浆完毕后，应用清水冲洗塑料阀管中的残留浆液。对于不宜采用清水冲洗的场地，宜用陶土浆灌满阀管内。显然选项 A 正确。

23. **答案：C**

解析：《建筑地基处理技术规范》（JGJ 79—2012）第 6.3.3 条表 6.3.3-2，单击夯击能 3000kN·m，要求最后两击平均夯沉量不大于 50mm。观察题图，5 击时夯沉量为 82－74 = 8cm > 5cm，6 击时夯沉量为 85－82 = 3cm < 5cm，7 击时夯沉量为 88－85 = 3cm < 5cm，则单点夯击数最小值为 7 击。

24. **答案：C**

解析：根据土的三相图，处理前：$\gamma_1 = \frac{G_s \gamma_w (1+w_1)}{1+e_1} = \frac{G_s \times 10 \times (1+80\%)}{1+2.2} = 15.0$，$G_s = 2.67$；处理后的孔隙比：$e_2 = \frac{G_s \gamma_w (1+w_2)}{\gamma_2} - 1 = \frac{2.67 \times 10 \times (1+50\%)}{16.0} - 1 = 1.50$。

25. 答案：C

解析：《建筑基坑支护技术规程》（JGJ 120—2012）第 4.7.2 条，一级基坑，锚杆的极限抗拔承载力满足 $R_k/N_k \geqslant K_t = 1.8$，有锚杆轴向拉力标准值 $N_k \leqslant 333.3$kN。第 4.7.7 条，锚杆锁定值宜取锚杆轴向拉力标准值的（0.75～0.9）倍，则该锁定值的上限为 300kN，下限值为 250kN；第 4.8.7 条第 4 款，锁定时的锚杆拉力应考虑锁定过程的预应力损失量；预应力损失量宜通过对锁定前、后锚杆拉力的测试确定；缺少测试数据时，锁定时的锚杆拉力可取锁定值的（1.1～1.15）倍；即锚索锁定时的锚杆拉力的范围值为（250×1.1～300×1.15）kN，所以只有选项 C 是合适的。

26. 答案：A

解析：《建筑基坑支护技术规程》（JGJ 120—2012）第 4.6.13 条，槽段长度不大于 6m 时，混凝土宜采用两根导管同时浇筑。每根导管分担的浇筑面积应基本相等。地下连续墙厚 1m、幅宽 6m，两根导管同时浇筑混凝土，则每根导管最小初灌量宜为 $6 \times 1 \times 1/2 = 3$m³。规范规定在灌注过程中，导管埋入混凝土面的深度宜为 2.0～4.0m。这句话是指在完成初灌以后，灌注过程中的要求，并非初灌要求，因此最小初灌量是 3m³。

27. 答案：C

解析：桩顶位移值为 3.1mm，是基于测斜孔底位移为零的假设，而桩顶实际水平位移为 5.1mm，比测斜孔测试结果大 2.0mm，位移方向指向坑内，说明该支护桩连同周围土体整体向基坑内发生了 2.0mm 的位移量。

28. 答案：C

解析：从不考虑到考虑挡土构件与土之间的摩擦，相当于摩擦角 δ 是增大的，根据主动土压力系数的公式，墙后主动土压力是减小的；与之相应的是墙前被动土压力是增大的。

29. 答案：C

解析：《建筑基坑支护技术规程》（JGJ 120—2012）第 4.11.4 条第 2 款，选项 A 正确；第 3 款，选项 C 错误；第 4 款，选项 D 正确；第 4.11.3 条第 3 款，选项 B 正确。

30. 答案：C

解析：第一层土底面上下土压力发生突变，即 $\gamma_1 h_1 K_{a1} > \gamma_2 h_2 K_{a2}$，按朗肯理论有 $\varphi_1 < \varphi_2$。

31. 答案：D

解析：所谓土压平衡，就是盾构密封舱内始终充满了用刀盘切削下来的土，并保持一定压力平衡开挖面上的土压力和地下水压力，即地下水压力 + 土压力 = 土舱压力。土压力与隧道埋深有关，也与掘进过程中的注浆压力有关，地下水压力与地层及地下水状况有关。

32. 答案：D

解析：《水利水电工程地质勘察规范》（GB 50487—2008）（2022 年版）附录 P.0.4 条第 1 款第 2、3 项，当标准贯入试验贯入点深度和地下水位在试验地面以下的深度，不同于工程正常运用时，实测标准贯入锤击数应按式（P.0.4-2）进行校正，并应以校正后的标准贯入锤击数 N 作为复判依据，选项 A 错误；标准贯入锤击数临界值公式中地下水位为工程正常运用时在当时地面以下的深度，当地面淹没于水面以下时取 0，选项 B 错误；公式（P.0.4-3）只适用于标准贯入点地面以下 15m 以内的深度，选项 C 错误；规范未提及实测标准贯入锤击数的杆长修正，选项 D 正确。

33. 答案：C

解析：《建筑抗震设计标准》（GB/T 50011—2010）（2024 年版）第 4.1.7 条，全新世活动断裂即 Q_4 活动断裂，存在更新统 Q_3 活动断裂时可不考虑发震断裂错动对地面建筑的影响。

34. 答案：B

解析：《建筑抗震设计标准》（GB/T 50011—2010）（2024 年版）第 4.3.11 条，对照选项，只有选项 B 满足要求。

35. 答案：D

解析：《中国地震动参数区划图》（GB 18306—2015）第 8.2 条，该场地基本地震加速度反应谱特征周期调整为 0.75s，罕遇地震时特征周期增加 0.05s。

36. 答案：B

解析：《建筑抗震设计标准》（GB/T 50011—2010）（2024 年版）第 4.4.2 条第 1 款，单桩的竖向和水平向抗震承载力特征值，均比非抗震设计时提高 25%，本题桩基的竖向抗震承载力特征值为 $R_{aE} = 1.25R = 1.25 \times \frac{4800}{2} = 3000$kN。

37. 答案：D

解析：《水电工程水工建筑物抗震设计规范》（NB 35047—2015），综合各章节的抗震措施，可知选项 D 对抗震无效果。

38. 答案：D

解析：《建筑基坑支护技术规程》（JGJ 120—2012）第 4.8.8 条表 4.8.8 条，抗拔承载力检测值应大于或等于锚杆轴向拉力标准值的 1.4 倍，即进行锚杆抗拔承载力检测时的最大试验荷载应大于或等于 $1.4 \times 400 = 560$kN。

39. 答案：D

解析：《城市轨道交通工程监测技术规范》（GB 50911—2013）表 3.3.2，基坑开挖 19m，工程自身风险等级为二级；表 3.3.3，周边环境风险等级为二级；表 3.3.5，工程监测等级为二级；车站工程采用明挖法，查表 4.2.1，选项 A、B、C（序号 2、3、5）为应测项目。

40. 答案：A

解析：《建筑基桩检测技术规范》（JGJ 106—2014）第 4.4.3 条第 2 款，试验桩数量小于 3 根或桩基承台下的桩数不大于 3 根时，应取低值，即该工程的单桩竖向抗压承载力特征值为 1500kN/2 = 750kN。

....

41. 答案：ABD

解析：《工程地质手册》（第五版）第 646、647 页，覆盖型岩溶地区地表塌陷主要是由土洞引起的，当上覆有适宜被冲蚀的土体、其下有排泄、储存冲蚀物的通道和空间，地表水向下渗透或地下水在岩土交界面处附近频繁升降运动时，由于水对土层的潜蚀作用，易发生土洞，土洞继续发展形成地表塌陷，因此选项 B、D 正确；选项 A 断裂带是岩溶显著发育地段，不一定形成土洞。选项 C 溶洞顶板为较完整基岩，地下水没有排泄空间，不会发生塌陷。

42. 答案：AC

解析：《建筑工程地质勘探与取样技术规程》（JGJ/T 87—2012）附录表 G.0.1，能搓成小于 0.5mm 的土条，长度不短于手掌，选项 A 正确；切面光滑，选项 B 错误；表 G.0.2，选项 C 正确；砂土富含石英，黏土经常含有铁锰质浸染，也就是野外在黏性土样中常常可以看到的褐红色、灰黑色的团块物，选项 D 错误。

43. 答案：AD

解析：由题图可知，铁路走向为西南—北东，北东向指向大里程方向，对于左侧边坡（即左上角的路堑边坡），题图虽然没有给出铁路走向方位角，目估其方位角大约为 40°，岩层产状为 130°∠55°，接近于垂直线路，节理 J1 的倾向为 125°，与岩层倾向夹角为 5°<30°，为顺向坡，且其倾角小于岩层倾角，此时容易沿着 J1 发生顺层滑动，即左侧边坡稳定性主要受裂隙 J1 控制，选项 A 正确。节理 J2 的倾向为 210°，与岩层倾向夹角为 80°>30°，为切向坡，且其倾角大于岩层倾角，左侧边坡稳定性不受 J2 的影响，选项 B 错误。对于右侧边坡，则为逆向坡，J2 与之大角度斜交且其倾角大于层面倾角，不影响其稳定性，即右侧边坡稳定性主要由岩体自身强度控制，对于层状岩体（主要为沉积岩）来说，层面就是典型的弱面，即右侧边坡稳定性主要由岩层层面控制。

44. 答案：AB

解析：《岩土工程勘察规范》（GB 50021—2001）（2009 年版）第 10.5.3 条第 1 款，选项 A 正确；第 10.5.5 条条文说明，液化判别时，N 用实测值，选项 B 正确；贯入击数用作评价指标时，一般采用实测值，不进行杆长修正，选项 D 错误；第 5.7.9 条，标准贯入试验判定液化时，一般每隔 1.0～1.5m 进行一次，选项 C 错误。

45. 答案：ABD

解析：水力梯度是等水位线疏密变化的关键因素，等水位线密集意味着水力梯度增大，即在较小的水平距离内水位有较大的变化，当水力梯度减小时，等水位线会变稀疏。当含水层颗粒由细变粗时，渗透系数增大，在相同的水力条件下，地下水流动阻力减小，水位变化平缓，等水位线变的稀疏，A 正确；含水层厚度增大时，在相同水量变化情况下，水位相对变化较小，水力梯度减小，等水位线变得稀疏，D 正确；当地下水渗流方向有地表水补给时，地下水上升，水位差减小，等水位线变稀疏，B 正确；含水层下部有天窗，潜水补给承压水时，潜水位快速下降，水力梯度增大，等水位线变密，C 错误。

46. 答案：BC

解析：《岩土工程勘察规范》（GB 50021—2001）（2009 年版）第 3.1.2 条第 1 款，选项 B、C 正确；《建筑抗震设计标准》（GB/T 50011—2010）（2024 年版）第 4.1.1 条，选项 A、D 属于抗震不利地段，再结合《岩土工程勘察规范》（GB 50021—2001）（2009 年版）第 3.1.2 条第 2 款，属于中等复杂场地。

47. 答案：AC

解析：《建筑地基基础设计规范》（GB 50007—2011）第 5.3.4 条，选项 B 局部倾斜值 18/6000 = 0.003，刚好满足规范要求，为正常使用极限状态。选项 D 高度小于 24m，整体倾斜允许值为 0.004，题中整体倾斜值满足规范要求，尚未达到正常使用极限状态，选项 B、D 错误；选项 C 属承载能力极限状态，正确；对于载荷试验，第 1 个终止条件是土体发生强度破坏极限状态，第 2、3 个终止条件是变形破坏极限状态，第 4 个终止条件过大的沉降属于超过限值变形的正常使用极限状态，根据《工程结构可靠性设计统一标准》（GB 50153—2008）第 4.1.1 条第 1 款第 1 项，过度变形不适用于继续承载，选项 A 属承载能力极限状态，正确。

48. 答案：BD

　　解析：《工程结构可靠性设计统一标准》（GB 50153—2008）第 4.3.2 条，持久设计状况和短期设计状况采用基本组合，选项 A 错误，选项 B 正确；第 4.3.3 条，不可逆正常使用极限状态设计，采用标准组合，选项 C 错误；长期效应是决定性因素的正常使用极限状态设计，宜采用作用的准永久组合，选项 D 正确。

49. 答案：CD

　　解析：《铁路路基支挡结构设计规范》（TB 10025—2019）第 4.1.1 条，选项 C、D 正确。

50. 答案：BD

　　解析：《建筑地基处理技术规范》（JGJ 79—2012）第 7.3.2 条，选项 B、D 正确。

51. 答案：ACD

　　解析：《土工合成材料应用技术规范》（GB/T 50290—2014）第 4.1.3 条，排水盲沟是以无纺土工织物包裹碎石形成的。第 4.1.5 条条文说明，无纺土工织物无论用于单纯反滤或排水，首先要满足反滤准则，同时要求一定的厚度，保证其能长期安全工作，虽然它们的主要功能是反滤和排水，但要求最低的强度是其发挥作用的前提。反滤准则是一切排水材料应满足的条件，它保证材料在允许顺畅排水的同时，土体中的骨架颗粒不随水流流失，又能在长期工作中不因土粒堵塞而失效，从而确保有水流通过土体保持渗流稳定。选项 A 最小颗粒粒径说法不正确；填方边坡有可能发生深层滑动，应考虑排水体的抗滑稳定性，选项 C 错误；无纺土工织物是柔性的，在上覆荷载作用下是会发生变形的，选项 D 错误。

52. 答案：ABC

　　解析：《建筑地基处理技术规范》（JGJ 79—2012）第 7.3.3 条第 3 款，水泥土搅拌桩取边长 70.7mm 的立方体，养护 90d，选项 A 错误；第 7.1.6 条，夯实水泥土、旋喷桩、水泥粉煤灰碎石桩，取边长 150mm 立方体，养护 28d，选项 B、C 错误，选项 D 说法正确。

53. 答案：BC

　　解析：《建筑地基处理技术规范》（JGJ 79—2012）第 5.2.8 条条文说明，纵向涌水量计算公式 $q_\mathrm{w} = k_\mathrm{w} \cdot A_\mathrm{w} = k_\mathrm{w} \cdot \pi d_\mathrm{w}^2 / 4$，$d_\mathrm{w}$ 越大，纵向涌水量越大，选项 A 正确；砂井纵向涌水量与地层渗透性无关，选项 B 错误；根据井阻因子计算公式 $F_\mathrm{r} = \dfrac{\pi^2 L^2}{4} \cdot \dfrac{k_\mathrm{h}}{q_\mathrm{w}}$，计算点的深度越大，井阻因子越大，相应的径向固结度越小，选项 C 错误；砂井间距越小，砂井越密，径向排水能力越大，径向固结度越大，则竖向固结度与径向固结度的比值越小，选项 D 正确。

54. 答案：ACD

　　解析：《建筑地基处理技术规范》（JGJ 79—2012）表 4.2.4 注 2，选项 A 正确；轻型击实试验确定压实系数时，粉质黏土、灰土、粉煤灰等材料要求的压实系数比重型击实试验的更大，但重型击实试验确定的最大干密度大于轻型击实试验，而现场要求的最大干密度由 $\rho_\mathrm{d} = \rho_\mathrm{dmax} \eta_\mathrm{c}$ 确定，不能简单判断两者谁大谁小，选项 B 错误；第 4.4.1 条，选项 C 正确；第 4.4.4 条，选项 D 正确。

55. 答案：ABD

解析：《生活垃圾卫生填埋处理技术规范》（GB 50869—2013）第 6.1.1 条条文说明，库区地基应进行承载力计算、变形计算和稳定性计算，选项 A 正确；第 6.1.4 条条文说明，是通过计算确定地基极限承载力，而后除以相应的填埋场安全系数 K 值，来确定场地最大堆填高度，而非满足每层垃圾摊铺厚度要求，选项 C 错误；第 6.1.5 条，地基变形应满足防渗衬里材料、渗滤液收集管的拉伸破坏，选项 B、D 正确。

56. 答案：CD

解析：《公路路基设计规范》（JTG D30—2015）第 6.3.3 条，拓宽路基的地基处理、应满足改建后相应等级公路的技术要求，不一定要和原地基采用相同的地基处理方法和施工参数，二级公路改建时，可根据需要进行增强补压，选项 A 错误，选项 D 正确；第 6.3.2 条，选项 C 正确；拓宽路基不宜采用排水固结法，原因在于排水固结法处理不可避免会产生横向位移变形，波及既有路基，影响现有路基的正常使用功能，选项 B 错误。

57. 答案：BCD

解析：《建筑基坑支护技术规程》（JGJ 120—2012）第 4.2.4 条第 1 款，锚拉式和支撑式应进行抗隆起验算，选项 B、C 正确；第 3 款，悬臂式不进行隆起验算，原因在于当满足嵌固稳定性的要求时，抗隆起稳定性是自然满足的，故而无需重复验算，选项 A 错误；第 5.1.2 条，选项 D 正确。

58. 答案：ABD

解析：《建筑基坑支护技术规程》（JGJ 120—2012）第 4.12.2 条公式说明，前、后排桩间土对桩侧的压力，可按作用在前、后排桩上的压力相等考虑，这种考虑是基于桩间土的密实状态没有发生改变的假设，即孔隙比 e 不变，选项 A 正确；第 4.12.8 条，选项 B 正确；刚架梁应根据跨高比按普通受弯构件或深受弯构件进行截面承载力计算，选项 C 错误；第 4.12.9 条条文说明，选项 D 正确。

59. 答案：AB

解析：《铁路隧道设计规范》（TB 10003—2016）第 10.1.3 条及条文说明，选项 A、B 正确，逃逸通道在运营期间也作为防灾救援通道，故为三级防水，电力变电所洞室属于如果存在少量湿渍就会影响设备正常运转、危及运营安全的设备洞室，为一级防水。

60. 答案：BCD

解析：《铁路隧道设计规范》（TB10003—2016）附录 J.0.3，盾构法必须考虑的荷载是土压力、水压力、静荷载（管片自重）、超载、地基反作用力。水平向土压力宜按静止土压力计算，选项 A 错误；水压力可按静止水压力计算，选项 B 正确；计算衬砌的内力时，必须考虑地基反力（即土体弹性抗力）的作用范围、大小及方向，选项 C 正确；使用盾构法施工的地下隧道多为浅埋隧道，而对于浅埋隧道，荷载计算应计及地面超载及破坏棱体范围内的建筑物引起的附加水平侧压力，选项 D 正确。

61. 答案：AB

解析：《公路工程地质勘察规范》（JTG C20—2011）附录 D，高地应力地区软岩在隧道开挖后，发生应力释放和卸荷回弹，进而导致结构面张开或滑移，岩体发生剪胀扩容，使隧道有效断面减小，收敛变形大。

62. 答案：ABD

解析：《建筑工程地质勘探与取样技术规程》（JGJ/T 87—2012）第 9.4.1 条第 1 款，选项 A 错误；第 2 款，选项 B 错误；第 5 款，选项 C 正确；第 9.4.2 条第 3 款，选项 D 错误。

63. 答案：AC

解析：《建筑抗震设计标准》（GB/T 50011—2010）（2024 年版）第 5.1.5 条，自振周期大于场地特征周期，影响系数位于曲线下降段，T 越大，α 越小，选项 A 正确；III 类场地 T_g 大于 II 类场地 T_g，III 类场地 α 大于 II 类场地，选项 B 错误；罕遇地震时，特征周期加 0.05s，水平地震影响系数比多遇地震大，也可参考表 5.1.4-1，选项 C 正确；阻尼比越大，曲线下降段衰减指数越小，选项 D 错误。

64. 答案：AD

解析：《建筑抗震设计标准》（GB/T 50011—2010）（2024 年版）第 4.3.8 条第 1 款，处理后液化指数不宜大于 5，选项 A 错误；第 2 款，选项 B 正确；第 4.3.7 条第 5 款，选项 C 正确；第 4 款，选项 D 错误。

65. 答案：AC

解析：《公路工程抗震规范》（JTG B02—2013）第 3.6.2 条，路线布置在破碎带较窄的部位，选项 A 正确；路线平行发震断裂布置时，宜布设在断裂带的下盘，选项 B 错误；第 3.6.4 条，路线设计应尽量减小对自然条件的破坏，避免造成较多的高陡临空面，不宜采用高挡土墙、深路堑方案，也就是避免深挖高填，尽量采用浅挖低填，选项 C 正确；第 3.6.10 条，宜设置低路堤，高大路堤会放大发震断裂可能引起的地震破坏作用的效果，可类比条状突出的山嘴，对抗震是不利的，选项 D 错误。

66. 答案：AD

解析：《建筑抗震设计标准》（GB/T 50011—2010）（2024 年版）第 4.3.6 条条文说明，震陷量取决于液化土的密度（或承载力）、基底压力、基底宽度、液化层底面和顶面的位置和地震震级等因素，选项 A、D 正确，选项 B、C 错误。

67. 答案：ABD

解析：《水电工程水工建筑物抗震设计规范》（NB 35047—2015）第 5.2.1 条，选项 A、B、D 正确；第 5.2.3 条，地震对渗透压力、浮托力的影响可以不计，即不考虑由于地震作用而引起的渗透压力、浮托力的变化量（专业表述为增量），此外尚应引起注意的是渗透压力（非地震工况下）和浮托力（非地震工况下）本身不可忽略，忽略的是地震引起的增量，选项 C 错误。需要说明的是，选项 C 表述不够清晰，略有瑕疵。

68. 答案：BCD

解析：《水电工程水工建筑物抗震设计规范》（NB 35047—2015）第 6.1.5 条，动剪强度大于相应的静态强度时，应取静态强度值，选项 A 错误，选项 B、D 正确；第 6.1.7 条，选项 C 正确。

69. 答案：ABC

解析：对于嵌岩桩，当桩长大于桩径时，可假设桩为一维线弹性杆，应力波在桩内的传播满足一维波动理论，锤击后，应力波自桩顶向下传播，遇到波阻抗 Z 发生变化的界面时产生反射波和入射波，波

阻抗 $Z = \rho cA$，当 $Z_1 > Z_2$ 时，反射波与入射波同相位。例如桩身存在离析（$\rho \downarrow$、$c \downarrow$）、缩颈（$A \downarrow$）、夹泥缺陷（$\rho \downarrow$）、嵌岩桩桩底沉渣过厚（$A \downarrow$），以及摩擦桩桩底反射都会出现反射波与入射波同相位的情况，当 $Z_1 < Z_2$ 时，反射波和入射波反相位。例如扩径（$A \uparrow$）、端承桩桩底反射波都属于此类型。当嵌岩桩桩底反射波和入射波同相位时，可以认为桩底可能存在沉渣过厚、持力层破碎或存在溶洞及软弱夹泥之类的情况，具体是哪种情形，尚需结合其他测试手段、施工资料进行综合判断，选项 A、B、C 正确，选项 D 对应的测试信号特征为反射波和入射波反相位。

70. 答案：BC

解析：《建筑基桩检测技术规范》（JGJ 106—2014）第 10.0.1 条，不能推定桩身混凝土强度，选项 A 错误；第 10.2.1 条条文说明，选项 B 正确；第 10.5.11 条条文说明，对于预埋两根声测管的基桩，仅有一个检测剖面，只能认为该检测剖面代表基桩全部横剖面，选项 C 正确；第 10.3.1 条条文说明，声测管可以采用钢管、镀锌管，不宜采用 PVC 管，选项 D 错误。

2020 年专业知识试题答案及解析（下午卷）

1. **答案：** B

解析：《建筑地基基础设计规范》（GB 50007—2011）第 8.2.8 条图 8.2.8 所示两种情形，h_0 均为计算冲切截面处的基础厚度减去基础底面受力主筋的保护层厚度，即为基础冲切破坏锥体的有效高度，选项 B 正确；第 8.2.11 条图 8.2.11，独立基础受弯承载力计算时，用的是基础冲切破坏锥体的全高，选项 C 错误；图 8.4.12-1 清楚地表明：筏板基础受冲切承载力计算时，h_0 等于冲切截面处基础厚度减去底面受力主筋保护层厚度，选项 D 错误；《混凝土结构设计标准》（GB/T 50010—2010）（2024 年版）第 6.2.10 条图 6.2.10，h_0 即为纵向受拉钢筋合力点至截面受压边缘的距离，也可用总厚度减去纵向钢筋合力点至截面受拉边缘的距离（$h_0 = h - a_s$），此外要注意的是结构专业和岩土专业对 h_0 的定义稍有区别，选项 A 错误。

2. **答案：** B

解析：《建筑地基基础设计规范》（GB 50007—2011）第 8.2.8 条，净反力 P_j 为扣除基础自重及其上土重后相应于作用的基本组合时的地基土单位面积净反力，选项 B 正确，选项 A 错误；沉降计算应采用附加压力，选项 C 错误；根据地基基床系数的定义，地基基床系数乘以地基变形值为基底反力，选项 D 错误。

3. **答案：** A

解析： 载荷试验测定地基土的变形模量，根据试验资料，25～125kPa 为近似直线段，根据变形模量的计算公式 $E_0 = I_0(1 - \mu^2)\frac{pd}{s}$，视方形基础为宽度 2.5m 的方形载荷板，压板均为方形，形状系数相同，砂土泊松比也不变，则有 $\frac{100 \times 1}{12.3} = \frac{100 \times 2.5}{s}$，解得 $s = 30.75$mm。

4. **答案：** B

解析：《土力学》（李广信等，第 3 版，清华大学出版社）第 98 页，柔性基础基底压力分布与上部荷载相同，沉降中间大，两端小，选项 B 正确。

5. **答案：** A

解析： $e = 0.6$m $> \frac{b}{6} = \frac{2.4}{6} = 0.4$m，为大偏心，基础底面有零应力区，则 $P_{\min} = 0$。

6. **答案：** C

解析：《建筑地基基础设计规范》（GB 50007—2011）第 5.2.7 条，软弱下卧层顶面附加压力公式 $p_z = \frac{p_0 A}{A'} = \frac{bl(p_k - p_c)}{(b + 2z\tan\theta)(l + 2z\tan\theta)}$，提高持力层土的模量，使得压力扩散角 θ 增大，从而使得 p_z 减小，选项 C 正确；提高软弱下卧层地基土强度，E_{s1}/E_{s2} 减小，相应的地基压力扩散角 θ 也减小，相应的 p_z 增大，选项 D 错误；增加基础埋深，p_k 变大，p_c 也变大，由于基础的重度一般都是大于土体的重度的，$(p_k - p_c)$ 一般也是有所增大的，与此同时基础埋深的增大也导致基底到软弱下卧层顶面的距离 z 减小，从而减少了地基压力扩散角 θ，由此可知，增加基础埋置深度会增大软弱下卧层顶面处的附加压力，选项 B 错误；计算软弱下卧层时采用的是基底平均压力 p_k，一般不考虑荷载偏心对软弱下卧层的影响，选项 A 错误。

7. **答案**：B

解析：《既有建筑地基基础加固技术规范》（JGJ 123—2012）第 11.4.2 条第 2 款，选项 A 错误，选项 B 正确；预应力管桩都是预制的，而预制管桩一般都是预应力的（非预应力管桩在施工过程中容易断裂），即预应力混凝土管桩与预制管桩基本为同义词，据第 4 款，选项 C 错误；第 11.4.3 条第 2 款第 3 项，选项 D 错误。

8. **答案**：A

解析：《建筑桩基技术规范》（JGJ 94—2008）附录 B 表 B.0.1。

9. **答案**：B

解析：《建筑桩基技术规范》（JGJ 94—2008）第 3.1.8 条条文说明第 4 款，沉降变形特征为碟形沉降，反力呈马鞍形分布。

10. **答案**：A

解析：《建筑桩基技术规范》（JGJ 94—2008）第 6.2.1 条第 4 款，长螺旋钻孔压灌桩后插钢筋笼宜用于黏性土、粉土、砂土、填土、非密实的碎石类土、强风化岩，不适用于中等～微风化岩体，原因在于长螺旋钻进时钻机带动钻杆转动，使钻头上的螺旋叶片旋转来切削土层，切削下来的岩土碎屑靠与孔壁的摩擦力沿叶片上升带出孔外，中等～微风化岩的强度很高，与钻头上的螺旋叶片强度相当或更高，显然螺旋叶片是无法切削岩体的。

11. **答案**：D

解析：地层颗粒越大，渗透性越好，越容易漏浆，浆液损耗也越大。

12. **答案**：B

解析：《建筑桩基技术规范》（JGJ 94—2008）第 5.8.4 条，$h = 15\text{m} \geqslant \frac{4.0}{\alpha} = \frac{4.0}{0.5} = 8\text{m}$，桩顶铰接，桩底嵌岩，$l_c = 0.7 \times \left(l_0 + \frac{4.0}{\alpha} \right) = 0.7 \times (21 - 15 + 8) = 9.8\text{m}$。

13. **答案**：B

解析：《建筑桩基技术规范》（JGJ 94—2008）第 7.5.1 条，地基承载力不应小于压桩机接地压强的 1.2 倍，即不小于 $80 \times 1.2 = 96\text{kPa}$。

14. **答案**：D

解析：《建筑桩基技术规范》（JGJ 94—2008）第 6.3.5 条，正反循环钻工艺需要设置护筒；第 6.3.22 条，旋挖钻进应设置钢护筒。

15. **答案**：C

解析：朗肯被动土压力系数与主动土压力系数互为倒数关系，$\tan^2(45° + \varphi/2) = 4$，解得 $\varphi = 36.9°$，$\tan^2(45° + 36.9°/2) = 0.25$。

16. **答案**：D

解析：向下渗流时，土的有效重度增加，有效土压力增大，水压力减小，有效土压力增量为 $\frac{1}{2}jh^2 K_a = \frac{1}{2}\gamma_w i h^2 K_a$，水压力增量为 $-\frac{1}{2}\gamma_w i h^2$，由于 $K_a < 1$，总水土压力是减小的。

17. 答案：A

解析：《建筑边坡工程技术规范》（GB 50330—2013）第 3.2.3 条，破裂角 $\theta = \frac{\beta+\varphi}{2} = \frac{50°+30°}{2} = 40°$，塌滑区外缘至坡底外缘的水平投影距离 $L = \frac{H}{\tan\theta} = \frac{7}{\tan 40°} = 8.34$m，塌滑边缘至坡顶边缘的距离为 $8.34 - \frac{7}{\tan 50°} = 2.5$m。

18. 答案：B

解析：《公路路基设计规范》（JTG D30—2015）附录 H.0.8 条第 6 款，$L = L_0 + 1.5t = 6 - 2 + 1.5 \times 0.5 = 4.75$m。

19. 答案：B

解析：坡脚未被淹没时，滑体自重增加，下滑力增加，安全系数减小；部分边坡被淹没时，由于土坡下部浸水，滑体有效自重减小，潜在滑动面抗剪强度指标（即 c、φ）不变，对于某一条块 i，有 $\frac{G_i\cos\theta_i\tan\varphi_i+c_iL_i}{G_i\sin\theta_i} = \frac{\tan\varphi_i}{\tan\theta_i} + \frac{c_iL_i}{G_i\sin\theta_i}$，第一项不变，第二项分母减小，相应的该条块的安全系数是有所增加的，对于整个边坡亦然。

20. 答案：D

解析：《铁路路基设计规范》（TB 10001—2016）第 11.1.4 条第 1 款，选项 A 正确；第 11.2.2 条，选项 B 正确；第 11.3.4 条，选项 C 正确；第 11.2.4 条第 2 款，钢筋混凝土构件宜按《混凝土结构设计标准》（GB/T 50010—2010）（2024 年版）进行抗弯、抗剪、抗拉、抗压、抗扭、挠度和裂缝宽度等验算，选项 D 错误。

21. 答案：C

解析：《建筑边坡工程技术规范》（GB 50330—2013）第 5.2.3 条，选项 A、D 正确；第 5.2.2 条条文说明，选项 B 正确；第 5.2.3 条条文说明，对于规模较大、地质结构复杂的情况，宜采用折线滑动面计算方法进行边坡稳定性分析，选项 C 错误。

22. 答案：C

解析：《建筑边坡工程技术规范》（GB 50330—2013）第 9.1.4 条及条文说明，选项 A 正确；第 10.1.2 条，选项 B 正确；第 11.3.8 条，选项 C 错误；第 12.1.2 条条文说明，选项 D 正确。

23. 答案：C

解析：《公路路基设计规范》（JTG D30—2015）第 7.7.10 条，$d = \alpha\sqrt{mh} = 0.5 \times \sqrt{10 \times 10} = 5$m。

24. 答案：C

解析：《岩土工程勘察规范》（GB 50021—2001）（2009 年版）第 6.6.2 条表 6.6.2，$28 + 4 = 32 < 41 < 28 + 15 = 43$，可判定为融沉。

25. 答案：C

解析：《膨胀土地区建筑技术规范》（GB 50112—2013）第 5.3.5 条。

26. 答案：C

解析：《工程地质手册》（第五版）第 615 页，地下水 pH 值小于 4.5 或地面上有大量酸性介质作用时，不宜采用含碳酸盐的砂桩或碎石桩，灰岩主要成分为碳酸盐，选项 C 错误。

27. 答案：D

解析：《工程地质手册》（第五版）第 554、555 页，土的密度越大，孔隙比就越小，浸水膨胀越强烈，失水收缩越小，选项 D 错误。

28. 答案：D

解析：《铁路工程特殊岩土勘察规程》（TB 10038—2022）第 6.1.2 条条文说明，含硬石膏和无水芒硝类膨胀岩是水化作用产生的硬石膏→石膏、无水芒硝→芒硝的转化膨胀，不是所含的亲水矿物的吸水膨胀。

29. 答案：B

解析：《工程地质手册》（第五版）第 647 页，由地下水形成的土洞大部分分布在高水位与平水位之间，即水位变动带。在高水位以上和低水位以下，土洞少见。

30. 答案：A

解析：根据平面滑动安全系数计算公式 $F_s = \dfrac{\tan\varphi}{\tan\theta} + \dfrac{2c}{\gamma h \sin\theta}$，式中 θ 为结构面倾角，由公式可知，其他条件相同时，θ 越大，F_s 越小。

31. 答案：A

解析：《城市轨道交通岩土工程勘察规范》（GB 50307—2012）第 12.5.5 条，由蒙脱石含量和阳离子交换量可判定为弱膨胀潜势。

32. 答案：D

解析：《工程地质手册》（第五版）第 526、528 页，红黏土的胀缩性能以收缩为主，天然状态下膨胀量很小，收缩性很高，选项 A、D 正确；红黏土复浸水特征判定为两类，判定标准与液限、塑限含水量有关，选项 C 正确；I 类复浸水膨胀循环后，缩后土样高度大于原始高度，II 类复浸水膨胀循环后，缩后土样高度小于原始高度，选项 D 错误。

33. 答案：D

解析：据赤平投影知识，J3 和坡面倾斜方向相反，最稳定；直立切坡，倾向方位角为 206°，J4 和坡面倾向相同，且两者夹角小于 30°，倾角小于坡角，容易沿着结构面 J4（即层面）产生顺层滑动，稳定性最差，为控滑结构面。

34. 答案：A

解析：《工程地质手册》（第五版）第 636 页，褶皱轴部一般岩溶发育。在单斜地层中，岩溶一般顺层面发育，在不对称褶曲中，陡的一翼岩溶较缓的一翼更为发育。

35. 答案：C

解析：《房屋建筑和市政基础设施项目工程总承包管理办法》第十条，联合体应确定牵头单位，并在联合体协议中明确联合体成员单位的责任和权利，选项 C 错误。本题不在指定法规目录内。

36. 答案：A

解析：《关于推进全过程工程咨询服务发展的指导意见》第三条第四款，选项 A 错误，选项 B、C、D 正确。本题不在指定法规目录内。

37. 答案：D

解析：《建设工程勘察设计管理条例》第三十六条，选项 A 正确；第三十七条，选项 B 正确；第三十八条，选项 C 正确；第四十条，选项 D 错误。

38. 答案：B

解析：《中华人民共和国建筑法》第七条，选项 A 正确；第八条，选项 B 错误；第九条，选项 C、D 正确。

39. 答案：B

解析：《中华人民共和国安全生产法》第十三条，选项 A 正确，选项 B 错误；第七条，选项 C 正确；第十四条，选项 D 正确。

40. 答案：C

解析：《中华人民共和国民法典》第四百九十条，选项 A 正确；第四百九十六条，选项 B 正确；第四百九十八条，选项 C 错误，选项 D 正确。

....

41. 答案：BD

解析：《建筑地基基础设计规范》（GB 50007—2011）第 8.2.8 条，$0.7\beta_{hp}f_ta_mh_0$ 为基础的抗冲切力。冲切是在集中荷载的作用下，在基础内产生正应力和剪应力，尤其在柱边四周产生较大的主拉应力（为正应力与剪应力的合力），当主拉应力超过混凝土抗拉强度时，沿柱边四周出现斜裂缝，在基础内形成锥体斜截面破坏，破坏形状像是从基础中冲切而成，故被称为冲切破坏，基础的抗冲切能力与基础的高度、混凝土强度等因素有关。

42. 答案：ABC

解析：《建筑地基基础设计规范》（GB 50007—2011）第 7.3.1 条，设置沉降缝属于建筑措施，选项 A 正确；第 8.4.20 条，高层建筑与相邻的裙房不设置沉降缝时，宜在裙房一侧设置用于控制沉降差的后浇带，待相邻建筑物沉降基本稳定后施作后浇带，起到连接相邻建筑形成整体结构的作用，故可减少建筑物的不均匀沉降，选项 B 正确；第 7.4.1 条第 2 款，设置地下室，可减小基底附加压力，进而减小不均匀沉降，选项 C 正确；增大基础厚度增加了基底压力，对减小不均匀沉降是不利的，选项 D 错误。

43. 答案：ABC

解析：《土力学》（李广信等，第 3 版，清华大学出版社），地基土体在一定压力下，其最终变形是趋于稳定的，存在一个有限极值，对饱和土来说，变形本质上是土体孔隙被压缩引起的，压缩过程中孔隙中的水排出，孔隙水压力减小，选项 A 错误；对于欠固结的土，例如新填土，会在自重压力作用下产生变形，选项 B 错误；土体固结稳定后，说明土体中孔隙不会再被压缩，超静孔隙水压力已完全消散，土体中静止孔压仍然存在，地下水位以下土体孔隙中仍然充满了孔隙水，选项 C 错误；基础尺寸不同，附加压力的影响范围和深度也不同，沉降量也不一定相同，选项 D 正确。

44. 答案：AD

解析：《基础工程》（周景星等，第 3 版，清华大学出版社）第 123 页图 3-24，选项 A 为挠度曲线，选项 B 为转角曲线，选项 C 为弯矩曲线，选项 D 为剪力曲线。

45. 答案：ABC

解析：《土力学》（李广信等，第 3 版，清华大学出版社）第 148～149 页，地基最终沉降量由瞬时沉降、主固结沉降和次固结沉降三部分组成，瞬时沉降为在基底压力作用下，地基土在瞬时不排水和体积不变的情况下，立即产生剪切变形而造成的沉降；固结沉降则是饱和与接近饱和的黏性土在基础荷载作用下，随着超静孔隙水压力的消散，土骨架中孔隙水逐渐排出、土体压密所产生的沉降，固结沉降速率取决于孔隙水的排出速率；次固结沉降则是地基土在长期持续的荷载作用下，土粒骨架发生蠕变造成的沉降，这种变形的速率与孔隙水排出的速率无关。综上所述，选项 A、B、C 正确；实际上这三部分沉降并不是截然分开的，而是在沉降过程中同时存在，在不同阶段，各种沉降组分所占比例不同而已，选项 D 错误。

46. 答案：ABD

解析：桩间距是必须考虑的，基桩的最小中心距基于两个因素确定，第一是能有效发挥桩的承载力，第二是成桩工艺，选项 A、B 需要考虑，不管是灌注桩还是预制桩，都有配筋率的要求，选项 D 也是需要考虑的因素。

47. 答案：ACD

解析：《建筑桩基技术规范》（JGJ 94—2008）第 7.4.12 条，选项 A 正确；第 7.5.13 条第 2 款，静压沉桩应采用专用钢质送桩器，不得将工程桩用作送桩器，选项 B 错误；第 7.4.6 条第 2 款，选项 C 正确；第 7.5.2 条，顶压式液压压桩机是从桩顶施压将预制桩压入地基中，存在压桩力较小、压入桩的垂直度保障能力差等问题。抱压式液压压桩机压桩过程是通过夹桩机构（即夹持液压缸）抱住桩身侧面，压桩液压缸伸程，把桩压入地层中。伸程完后，夹持液压缸松夹，压桩液压缸回程。重复上述动作，可实现连续压桩动作，由此可见，单节桩较长时，静压沉桩选用抱压式液压压桩机比较合理，选项 D 正确。

48. 答案：AB

解析：《建筑桩基技术规范》（JGJ 94—2008）第 5.2.3 条，选项 A 为端承型桩基，不考虑；选项 B 桩数少于 4 根，不考虑；第 5.2.5 条表注 3，选项 C 需要考虑；第 5.2.4 条，选项 D 需要考虑。

49. 答案：CD

解析：《建筑桩基技术规范》（GB 50011—2010）附录 C.0.1 条，水平抗力系数随深度线性增大，m 值不是随深度线性增大的，选项 A 错误；第 5.7.5 条条文说明，对同一根桩，m 并非定值，与荷载呈非线性关系，选项 B 错误；表 5.7.5 注 1，选项 C 正确，注 2，选项 D 正确。

50. 答案：BD

解析：《建筑抗震设计规范》（GB 50011—2010）（2016 年版）第 4.4.1 条，在一定的前提条件下，选项 A 才可不进行抗震承载力验算，A 错误；第 4.4.3 条第 1 款，选项 B 正确；第 3 款，选项 C 错误，选项 D 正确。

51. 答案：AB

解析：《建筑桩基技术规范》（JGJ 94—2008）第 3.1.8 条条文说明第 5 款，由于桩、土相互作用导致地基或桩群支承刚度发生内弱外强变化，沉降出现内大外小的蝶形分布，由此可以看出选项 A 正确；第 5.6.2 条条文说明，选项 B 正确；附录 F.0.1，明德林解是弹性半无限体内的应力解，考虑了桩径影响，但不能反映沉渣、虚土等因素的影响，选项 C 错误；第 5.5.6 条条文说明，实体深基础法的附加应力按布辛奈斯克解的计算偏大，精度低于明德林解，选项 D 错误。

52. 答案：ACD

　　解析：《建筑抗震设计规范》（GB 50011—2010）（2016 年版）第 4.4.2 条第 1 款，选项 A 正确；第 2 款，选项 B 错误；第 4.4.5 条，选项 C 正确；第 4.4.6 条，选项 D 正确。

53. 答案：ABD

　　解析：《建筑边坡工程技术规范》（GB 50330—2013）第 17.2.1 条第 1 款，选项 A 正确；第 2 款，选项 B 正确；第 5 款，严禁注浆堵塞地下水排泄通道，选项 C 错误；第 6 款，选项 D 正确。

54. 答案：CD

　　解析：设置仰斜式排水孔，疏排滑体及滑带水，选项 C 合理；可选用锚索抗滑桩对滑坡处理，选项 D 合理；选项 A 是治理滑坡的措施，对本题来说，减小了路基净宽，不合理；在降雨影响下边坡顶部产生贯通圆弧张拉裂缝，这是由两方面因素引起的：一方面坡顶岩土体充水，滑体自重增加，下滑力增加；另一方面滑坡前缘开挖公路，抗滑段的抗滑阻力减小；如果此时在公路坡脚附近放缓坡度，将进一步减小抗滑段的抗滑阻力，对边坡稳定是不利的，选项 B 错误；此外尚应引起注意的是，若公路内侧路堑发生局部张拉裂缝，此时可采取放缓坡度，起到削方减载的作用，对边坡稳定性有利的。

55. 答案：AB

　　解析：《建筑边坡工程技术规范》（GB 50330—2013）第 3.2.1 条表 3.2.1，判定边坡安全等级为二级。第 19.1.3 条表 19.1.3，选项 A、B 应测。

56. 答案：AB

　　解析：φ 减小，K_a 增大，K_p 减小，则主动土压力增大，被动土压力减小，选项 A 正确；γ 减小时，主动土压力、被动土压力均减小，选项 B 正确；c 减小，主动土压力增大，被动土压力减小，选项 C 错误；考虑墙背与土体摩擦时，主动土压力减小，被动土压力增大，选项 D 错误。

57. 答案：ACD

　　解析：黏性土坡在失稳破坏时，其滑动面常常是一个空间曲面，具有一定深度，选项 A 正确；无黏性土坡用平面滑动法验算稳定性，选项 B 错误；《工程地质手册》（第五版）第 1097 页，黏性土坡由于黏聚力的存在，有一定自稳高度，选项 C 正确；含水但非饱和砂土具有一定的假黏聚力，也可有一定的无支撑自立高度，选项 D 正确。

58. 答案：ACD

　　解析：《建筑地基基础设计规范》（GB 50007—2011）第 5.1.8 条，选项 A 正确；第 5.1.9 条第 1 款，回填厚度不小于 200mm，选项 B 错误；第 4 款，选项 C 正确；第 5 款，选项 D 正确。

59. 答案：AC

　　解析：《工程地质手册》（第五版）第 595 页，氯盐渍土含氯量越高，塑性指数越低，选项 A 正确；氯盐渍土含盐量越大，抗剪强度越大，选项 B 错误；硫酸盐渍土含盐量越大，抗剪强度越小，选项 C 正确；硫酸盐渍土中的 Na_2SO_4 含量较多，32.4℃以上为无水芒硝，32.4℃以下吸水变成芒硝，经反复作用，使土体变松，孔隙比增大，密度减小，选项 D 错误。

60. 答案：ACD

解析：《湿陷性黄土地区建筑标准》（GB 50025—2018）第 6.1.6 条第 1 款，选项 A 正确；第 3 款，选项 B 错误，选项 C 正确；湿陷性黄土层厚度大于 20.0m 为大厚度湿陷性黄土地基，大于 6m 时可采用 6m，选项 D 正确。

61. 答案：ACD

解析：《建筑地基基础设计规范》（GB 50007—2011）第 6.4.3 条第 4 款，选项 C 正确。第 1 款，选项 D 正确。根据图 6.4.3，剩余下滑力方向平行滑动面，选项 B 错误。地基规范滑坡推力计算为传递系数法，传递系数法假定：①滑坡体不可压缩并作整体下滑，不考虑条块间的挤压变形；②条块间只传递推力不传递拉力，不出现条块间拉裂；③条块间作用力以集中力表示，它的作用线平行于前一条块的滑面方向，作用在分界面的中点；④顺滑坡主轴取单位宽度的岩土体作为计算的基本断面，不考虑条块两侧的摩擦力。故选项 A 正确。

62. 答案：AB

解析：《岩土工程勘察规范》（GB 50021—2001）（2009 年版）第 6.3.1 条，选项 A、B 正确；不均匀系数是评价砂土颗粒级配的指标，选项 C 错误；《建筑地基基础设计规范》（GB 50007—2011）第 4.1.12 条，淤泥在静水或缓慢的流水环境中沉积形成，不是只能在缓慢流动的海洋环境下才能沉积形成，选项 D 错误。

63. 答案：BCD

解析：《湿陷性黄土地区建筑标准》（GB 50025—2018）第 4.4.4 条表 4.4.4-1，选项 A 正确，选项 B、C、D 错误。

64. 答案：BC

解析：《盐渍土地区建筑技术规范》（GB/T 50942—2014）第 5.1.6 条条文说明表 5，选项 B、C 正确。

65. 答案：ACD

解析：《房屋建筑和市政基础设施项目工程总承包管理办法》第二十条第（一）款，选项 A 正确；第（二）款，选项 B 错误；第（三）款，选项 C 正确；第（四）款，选项 D 正确。

66. 答案：ACD

解析：《关于推进全过程工程咨询服务发展的指导意见》第三条第（三）款，选项 A、C、D 正确，选项 B 错误。

67. 答案：ABC

解析：《勘察设计注册工程师管理规定》第二十七条，选项 A、B、C 正确，选项 D 错误。

68. 答案：AB

解析：《建设工程安全生产管理条例》第五十八条，选项 A、B 错误，选项 C、D 正确。

69. 答案：ABD

解析：《建筑工程五方责任主体项目负责人质量终身责任追究暂行办法》第十一条：第（一）款，选项 A 正确；第（二）款，选项 B 正确；第（三）款，选项 C 错误；第（四）款，选项 D 正确。

70. 答案：ACD

解析：《危险性较大的分部分项工程安全管理规定》第十条，选项 A 正确；第十一条，选项 B 错误；第十二条，选项 C 正确；第十三条，选项 D 正确。

2021 年专业知识试题答案及解析（上午卷）

1. 答案：A

解析：《土力学》（李广信等，第 3 版，清华大学出版社）第 139 页，压缩模量 E_s 大于变形模量 E_0；弹性模量是指正应力与弹性正应变（即可恢复的那部分应变）的比值，弹性模量的应变只包含弹性应变，不含塑性应变，对于一般土体来说，其塑性应变远大于弹性应变，即弹性模量的值远大于压缩模量。

2. 答案：C

解析：《土力学》（李广信等，第 3 版，清华大学出版社）第 27 页。

3. 答案：B

解析：《土力学》（李广信等，第 3 版，清华大学出版社）第 210 页图 5-44，超固结黏土在低围压下为超固结土，其密度大于正常固结时的密度，根据密度大、抗剪强度也高的力学原理，超固结段的抗剪强度曲线应位于正常固结状态时的抗剪强度曲线的上面，且为一段曲线，为工程实用计，常用直线段 ab 代替；在高围压条件下（$\sigma_3 > p_c$）时，就变成了正常固结土，其抗剪强度曲线也回到正常固结土的强度包线 oc 上，由图 5-44 可知，bc 段斜率大于 ab 段，即 $\varphi_{oc} < \varphi_{nc}$。

4. 答案：B

解析：《岩土工程勘察规范》（GB 50021—2001）（2009 年版）第 3.2.2 条表 3.2.2-1，岩石饱和单轴抗压强度为 35MPa，为较硬岩；岩体完整程度为较完整，据表 3.2.2-3，该岩体的基本质量等级为Ⅲ级。

5. 答案：C

解析：《铁路工程地质勘察规范》（TB 10012—2019）第 3.4.5 条，地质条件复杂的地层单元应划分到组。

6. 答案：A

解析：《工程地质手册》（第五版）第 16、17 页，岩基和岩株为深成岩产状。

7. 答案：A

解析：《岩土工程勘察规范》（GB 50021—2001）（2009 年版）第 7.1.5 条条文说明。

8. 答案：D

解析：全新世 Q_4 一般认为距今一万年左右；Q_3 指晚更新世，地质年代早于全新世 Q_4。据《岩土工程勘察规范》（GB 50021—2001）（2009 年版）第 5.8.2 条和第 5.8.3 条，Q_3 发生过活动，Q_4 以来没有发生过活动，判定该断裂为非全新活动断裂。也可据《工程地质手册》（第五版）第 745 页判断。

9. 答案：A

解析：《岩土工程勘察规范》（GB 50021—2001）（2009 年版）第 14.2.4 条，岩土参数的标准值是用岩土参数的平均值乘以相应的统计修正系数，选项 A 正确。

10. 答案：A

解析：《工程地质手册》（第五版）第 1230 页，地下水的流向可用三点法测定，沿着等边三角形（或近似等边三角形）的顶点布置钻孔，以其水位高程编绘等水位线，垂直等水位线并指向水位降低的方向即为地下水流向。

11. **答案：C**

解析：《岩土工程勘察规范》（GB 50021—2001）（2009 年版）第 10.2.3 条条文说明的第 6 款，总沉降量超过承压板直径的 0.06 倍属于过大的沉降，在设计上属于超过了限制变形的正常使用极限状态。

12. **答案：D**

解析：《岩土工程勘察规范》（GB 50021—2001）（2009 年版）表 3.3.8-1，该土层密实程度为密实。

13. **答案：A**

解析：滑坡、崩塌、泥石流的发生一般具有一定的突发性、偶然性，事先较难预防，而地面沉降主要是由于抽吸地下水引起土层中水位或水压下降、土层颗粒间有效应力增大而导致地层压密的结果，地层压密是一个渐变的过程，在黏性土层中更是如此，因而地面沉降的发生和发展过程也是相对缓慢和渐变的过程，故而不属于突发性地质灾害。

14. **答案：B**

解析：《建筑地基基础设计规范》（GB 50007—2011）第 3.0.5 条第 3 款，计算挡土墙的稳定性时，作用效应应按承载能力极限状态下作用的基本组合，但其分项系数取 1.0。注意和第 4 款区别，第 3 款针对的是稳定性验算，第 4 款针对的是结构设计。

15. **答案：C**

解析：《建筑桩基技术规范》（JGJ 94—2008）第 5.8.8 条第 3 款，对于允许出现裂缝的三级裂缝控制等级的抗拔基桩，按荷载效应标准组合计算最大裂缝宽度 w_{max}，并确保其不超过最大裂缝宽度限值 w_{lim}。

16. **答案：A**

解析：《建筑结构荷载规范》（GB 50009—2012）表 5.1.1，可知标准值 ≥ 频遇值 ≥ 准永久值。

17. **答案：D**

解析：《土工合成材料应用技术规范》（GB/T 50290—2014）第 5.6.1 条表 5.6.1，垃圾填埋场防渗结构应选用双层土工合成材料防渗层。

18. **答案：B**

解析：要消除液化则应采用具有挤土效应的桩型，水泥土搅拌桩和长螺旋工艺 CFG 桩不具有挤土效果，可排除 C 选项；地下水位以下不宜采用夯实水泥土桩，排除选项 A、D；合适的只有选项 B，沉管砂石桩可消除地基液化，长螺旋压灌 CFG 桩可提高承载力。

19. **答案：B**

解析：《建筑地基处理技术规范》（JGJ 79—2012）附录 B，每根桩需处理的面积为：
$$A_0 = \frac{\pi}{4} d_e^2 = \frac{3.14}{4} \times (1.05 \times 0.6)^2 = 0.312 m^2$$
则有 $A = \frac{\pi}{4} D^2 = 3A_0$，解得：$D = 1.09 m$

20. **答案：B**

解析：《建筑地基处理技术规范》（JGJ 79—2012）第 7.2.3 条第 3 款，可知施工工序为：①将振冲器沉入土中→②提升振冲器并冲水→③填料→④振冲，直至达到规定的电流密实值→②提升振冲水→③填料→④振冲，直至达到规定的电流密实值。如此循环往复，直到整孔施工完毕。

21. 答案：A

解析： 由题图可知，第 1 击下沉 100cm，第 2 击下沉，第 3 击下沉，第 4 击下沉，根据《建筑地基处理技术规范》（JGJ 79—2012）第 6.3.3 条表 6.3.3-2，满足要求的最后两击平均夯沉量不大于 200mm，最小夯击次数取 4 击。

22. 答案：A

解析： 没有设置砂井时地基土固结是以竖向固结为主的，选项 A 正确；据《土力学》（李广信等，第 3 版，清华大学出版社）第 164 页，竖向平均固结度 $\overline{U}_z = 1 - \frac{8}{\pi^2} \mathrm{e}^{-\frac{\pi^2 C_v t}{4H^2}}$，径向平均固结度 $\overline{U}_r = 1 - \mathrm{e}^{\frac{8C_h t}{F_n d_e^2}}$，平均固结度 $\overline{U} = 1 - (1 - \overline{U}_z)(1 - \overline{U}_r)$，显然竖向平均固结度和深度有关，总平均固结度也和深度有关，选项 B 错误；由竖向平均固结度公式可知深度 H 增大，$\overline{U}_z$ 减小，选项 C 错误；径向平均固结度和深度无关，选项 D 错误。

23. 答案：C

解析： 根据置换率：

$$m = \frac{\rho_{d1} - \rho_{d0}}{\rho_{d1}} = \frac{\eta_c \rho_{dmax} - \rho_{d0}}{\eta_c \rho_{dmax}}$$

显然置换率和处理前后地基土的干密度有关，当桩间土要求达到的挤密系数相同时，不管是三角形布桩还是正方形布桩，要达到相同的处理效果，置换率是相同的，不同的是桩间距。

24. 答案：C

解析：《地基处理手册》（第三版）第 77 页，为了加速土层固结，减小井距比增大砂井直径效果好得多，所以原则上采用"细而密"的方案更好。

25. 答案：B

解析：《土力学》（李广信等，第 3 版，清华大学出版社）第 91 页，地表下 100m 深度处的自重应力为 $\sigma_z = 20 \times 60 + 25 \times 40 = 2200\mathrm{kPa}$，静止侧压力系数 $K_0 = \frac{0.25}{1 - 0.25} = 0.33$，由自重引起的水平应力为 $\sigma_h = K_0 \sigma_z = 0.33 \times 2200 = 726\mathrm{kPa} \approx 0.73\mathrm{MPa}$。

26. 答案：B

解析：《岩石力学》（赵明阶，人民交通出版社）第 173 页，弹性抗力系数与洞室半径有关，洞室半径越大，弹性抗力系数越小，选项 B 正确。

27. 答案：A

解析：《建筑基坑支护技术规程》（JGJ 120—2012）第 3.4.2 条，基坑的支护桩体所受的外侧土压力均是按照朗肯土压力理论计算的，因此有 $P_{理1} = P_{理2}$；由于图 a）所示的支护结构刚度弱于图 b），因此在基坑外侧土压力作用下产生的变形量要大于图 b）的情形，变形越大，土压力越小，土压力实测值 $P_{实1} < P_{实2}$。

28. 答案：B

解析： 超静孔隙水压力多由外部荷载引起，但是扰动、振动、土中地下水位的升降都可以引起超静孔隙水压力，可以归结为由外部作用和边界条件变化引起。基坑开挖后坑壁发生向内的位移会使饱和黏性土中水位有上升的趋势，产生负的超静孔隙水压力，选项 B 正确。

29. 答案：C

解析： 本题的 3 个基坑，第三个基坑尺寸最小，空间效应最为明显，把基坑后土体视为一个边坡，其两侧土体对其约束最大，因此作用在基准面上的荷载比其他两种情形小，根据抗隆起稳定性验算公式可知，抗力相同，荷载较小，显然第三个基坑坑底抗隆起稳定系数最大。

30. 答案：C

解析：《建筑基坑支护技术规程》（JGJ 120—2012）第 4.3.5 条第 2 款，通过各主筋圆心的圆周长度为 $3.14 \times (850 - 32) = 2568.5$mm，总共配置了 16 根主筋，扣除各主筋直径后的净间距为：$\frac{2568.5 - 16 \times 32}{16} = 128.5$mm > 60mm，满足规范要求；第 3 款，螺旋式箍筋的直径不应小于纵向受力钢筋最大直径的 1/4，且不应小于 6mm，受力钢筋直径为 32mm，螺旋式箍筋直径应大于 8mm，题图中为 6mm，不满足规范要求；箍筋间距宜取 100～200mm，且不应大于 400mm 或桩的直径，本题箍筋间距为 150mm，满足规范要求；第 4 款，加强箍筋的间距宜取 1000～2000mm，本题箍筋间距为 2000mm，满足规范要求；加强箍筋宜选用 HPB300（A）、HRB400（C）钢筋，图中加强箍筋为 HRB335（B），不满足规范要求；第 5 款，纵向受力钢筋的保护层厚度在采用水下灌注混凝土工艺时，不应小于 50mm，本题的保护层厚度为 $(900 - 850)/2 = 25$mm，不满足规范要求。综上所述，本题有 3 处不合理做法。

31. 答案：C

解析： 本题中桩身变形特征为绕桩底向基坑内的刚性转动，说明桩锚支护结构整体稳定性是满足要求的，主要是桩顶变形超标，选项 A、B 错误；锚杆自由段是由潜在滑动面位置决定的，一般来说自由段长度越短越好，选项 D 错误；锚杆的拉力不足，导致锚杆体被从岩土体中拔出，丧失了锚固作用，桩锚支护形式相当于从简支梁蜕变成悬臂桩，在桩后侧土压力等荷载作用发生以桩端为支点的转动，而在桩顶产生较大的位移变形，选项 C 正确。

32. 答案：C

解析：《建筑抗震设计标准》（GB/T 50011—2010）（2024 年版）第 4.1.7 条第 1 款，选项 A、B、D 可以忽略发震断裂错动对地面建筑的影响，选项 C 不能忽略。

33. 答案：D

解析：《建筑抗震设计标准》（GB/T 50011—2010）（2024 年版）第 14.1.1 条，地下车库是单建式地下建筑的一种；第 14.3.3 条第 1 款，选项 A 正确；第 2 款，选项 B 正确；第 3 款，地基中存在液化土薄夹层时可不做地基抗液化处理，但其承载力验算和抗浮稳定性验算应考虑土层液化引起的土压力增加及摩阻力降低的影响，选项 C 正确、选项 D 错误。

34. 答案：A

解析：《中国地震动参数区划图》（GB 18306—2015）附录 E，I_1 类场地地震动峰值加速度调整系数 $F_a = 0.85$，I_1 类场地地震动峰值加速度 $a_{\max} = F_a \cdot a_{\max II} = 0.85 \times 0.20g = 0.17g$。

35. 答案：D

解析：《水电工程水工建筑物抗震设计规范》（NB 35047—2015）第 4.2.8 条，选项 D 正确。

36. 答案：D

解析：《建筑工程抗震设防分类标准》（GB 50223—2008）第 3.0.2 条第 1 款，本题描述的建筑属于特殊设防类建筑，即甲类建筑；根据《建筑抗震设计标准》（GB/T 50011—2010）（2024 年版）第 4.3.6 条表注，应进行专门研究，选项 D 正确。

37. 答案：B

解析：《水电工程水工建筑物抗震设计规范》（NB 35047—2015）表 4.1.2，该场地土类型为中软场地土，建基面以下的覆盖层厚度为 49m，查表 4.1.3，场地类别为Ⅱ类场地。

38. 答案：D

解析：《建筑基桩检测技术规范》（JGJ 106—2014）第 9.2.5 条，采用高应变法进行承载力检测时，锤的重量与单桩竖向抗压承载力特征值的比值不得小于 0.02，本题该桩竖向抗压极限承载力为 5600kN，锤重应不小于：$5600 \times 0.5 \times 0.02 = 56kN$。根据第 9.2.6 条，作为承载力检测的灌注桩桩径大于 600mm 或混凝土桩桩长大于 30m 时，应提高锤的重量，因此选 D。

39. 答案：D

解析：《地基动力特性测试规范》（GB/T 50269—2015）第 6.3.5 条。

40. 答案：C

解析：《建筑基桩检测技术规范》（JGJ 106—2014）第 8.3.3 条条文说明第 4 款，当冲击力大小相同时，锤头质量较大或硬度较小时，冲击入射波脉冲较宽，低频成分为主，其能量较大，应力波衰减较慢，适合于获得长桩桩底信号或下部缺陷的识别。锤头较轻或硬度较大时，冲击入射波脉冲较窄，含高频成分较多，虽其能量较小并加剧大直径桩的尺寸效应影响，但较适宜于桩身浅部缺陷的识别及定位，选项 C 正确。

41. 答案：BCD

解析：完整的硅质胶结石英砂岩为硬质岩，其形成的正断层，断层面较为粗糙，形状不规则，有时呈锯齿状，断层带中常含有较为疏松的断层角砾岩和破碎岩块，一般不含大量黏土颗粒，透水性良好，为好的导水通道，选项 A 正确；发育于完整的硅质胶结石英砂岩中的逆断层是在压应力作用下形成的，断层带比较破碎，往往存在断层角砾岩，其是否构成阻水带，还要看其被破碎细屑充填胶结程度或部分外来物质胶结程度，选项 B 错误；平移断层是断层两盘产生相对水平位移的断层，一般受剪应力作用形成，当其上盘具有相对断层面向上的位移时表现出逆断层的特点，当其上盘具有相对断层面向下的位移时表现出正断层的特点，其必然影响原地层的渗流特性，从而影响地下水的流动，选项 C 错误；从上述分析可知，断层必然对地下水流动构成影响，选项 D 错误。

42. 答案：BC

解析：《岩土工程勘察规范》（GB 50021—2001）（2009 年版）第 11.3.1 条，选项 A 错误；当采用压缩模量计算时，固结试验最大压力应大于土的有效自重压力与附加压力之和，选项 D 错误；第 11.3.2 条条文说明，选项 B 正确；第 11.3.4 条及条文说明，选项 C 正确。

43. 答案：AC

解析：如下图所示，箭头方向为掘进方向。所谓掌子面，是指开挖坑道（采煤、采矿或隧道工程中）不断向前推进的工作面。根据赤平投影图可知，在掌子面上，岩层层面表现为顺向坡，此时的视倾角正好等于真倾角，为 60°，远大于岩层面的等效内摩擦角（通过"层间结合很差"并结合边坡规范表 4.3.1 确定），可能会发生顺层滑塌失稳，选项 A 正确；同理，裂隙面 L2 的倾向与掌子面临空方向相反，不会沿着 L2 发生滑塌失稳，选项 B 错误；对于沿着掘进方向的左侧壁，其临空面方向为 190°，L1 产状为 195°∠40°，倾向临空面，且层间贯通性较好，结合差，左侧壁岩体易出现沿 L1 裂隙面的滑塌失稳现象，选项 C 正确；右侧壁岩体的临空面方向为 10°，L1 裂隙产状 195°∠40°，与右侧壁岩体临空面方向相反，不会沿着 L1 发生滑塌失稳现象，选项 D 错误。

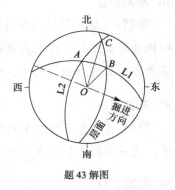

题 43 解图

44. 答案：AB

解析：《工程地质手册》（第五版）第 63～64 页，砂岩和砾岩强度高，抗风化能力强，可形成陡坎、陡崖地貌，而页岩和泥岩由于自身强度低、抗风化能力弱，多形成低矮浑圆、波状起伏的岗丘地貌。本题所示的为陡崖地貌，根据题目选项，很显然只可能是砂岩或砾岩。

45. 答案：AD

解析：《工程岩体分级标准》（GB/T 50218—2014）附录 B.0.2 条第 3 款，选项 A 基本正确，规范为不宜小于 5m，而非不小于 5m，略有不同；同组节理沿法线方向的真间距的算术平均值的倒数才是该组结构面沿法线方向每米结构面的条数，选项 B 错误；已为硅质、铁质、钙质胶结的分散节理不应参与统计，选项 C 错误；第 4 款，已为硅质、铁质、钙质胶结的节理不应参与统计，此处的节理包含分散节理和成组节理，选项 D 正确。

46. 答案：AD

解析：《岩土工程勘察规范》（GB 50021—2001）（2009 年版）附录 G 表 G.0.1，宁夏为干旱区，砾砂层为强透水层，干旱区强透水层中的地下水为 I 类环境类型，选项 A 符合；陕北含水量小于 3% 的黄土，可视为干燥土层，不具有腐蚀环境条件，不属于 I 类环境类型，选项 B 不符合；上海为亚热带湿润区，砂层为强透水层，湿润区强透水层中地下水属于 II 类环境类型，选项 C 不符合；浙江堤防临海侧接触海水，一侧暴露在大气中，水可以通过渗透或者毛细作用在暴露大气中的一侧蒸发，可以定为 I 类环境类型，选项 D 符合。

47. 答案：BD

解析：《建筑桩基技术规范》（JGJ 94—2008）第 3.1.7 条第 3 款，选项 A 错误；第 4 款，选项 B 正确；第 2 款，选项 C 错误；第 3.1.7 条第 1 款及第 5.7.1 条，选项 D 正确。

48. 答案：AD

解析：《建筑结构荷载规范》（GB 50009—2012）第 3.1.2 条第 1 款，选项 A 正确；第 2 款，选项 B 错误；第 3.1.6 条，选项 C 错误；第 3.1.3 条，选项 D 正确。

49. 答案：ABC

解析：《建筑结构荷载规范》（GB 50009—2012）第 4.1.1 条，选项 A、B 均超过了承载能力极限状态，正确；地震液化会导致地面开裂、喷砂、冒水，导致地基失效，超过了承载能力极限状态，选项 C 正确；地基沉降而使建筑物倾斜超限属于超出了正常使用极限状态的情形，不属于承载能力极限状态，选项 D 错误。

50. 答案：ABC

解析：《建筑地基处理技术规范》（JGJ 79—2012）第 5.2.21 条，选项 B 正确；第 6.3.3 条第 6 款，选项 A 正确；第 7.6.2 条第 1 款，选项 C 正确；第 7.2.2 条第 1 款，选项 D 错误。

51. 答案：AC

解析：《建筑地基处理技术规范》（JGJ 79—2012）第 7.2.5 条第 3 款，对桩间土可采用标准贯入、静力触探、动力触探或其他原位测试方法进行检测评价，选项 A 正确；碎石桩桩体可采用重型动力触探试验进行检测，选项 B 错误；由于碎石桩上已经填筑了 3m 的级配砂石，故无法做单桩静载试验，选项 D 错误；第 6.2.4 条第 4 款，选项 C 正确。

52. 答案：ABD

解析：提高复合地基的整体滑动稳定性可通过提高桩体和桩间土的抗剪强度来实现，在褥垫层增加通过滑动面的水平土工筋带能有效提高复合地基的稳定性，A 正确；配置钢筋笼能大大提高桩身的抗剪强度，B 正确；增加桩长对提高桩身抗剪强度无效果，C 错误；预压能有效提高桩间土的抗剪强度，D 正确。

53. 答案：AD

解析：《生活垃圾卫生填埋处理技术规范》（GB 50869—2013）第 8.2.4 条第 2 款，选项 B 中卵（砾）石导流层应位于 HDPE 双光面防渗膜之上，错误；选项 C 中 HDPE 土工膜的厚度不应小于 1.5mm，错误。

54. 答案：ABD

解析：《既有建筑地基基础加固技术规范》（JGJ 123—2012）第 11.4.2 条，单桩所需的锚杆数：$n \geq \frac{1800}{3.14 \times (32/2)^2 \times 360 \times 10^{-3}} = 6.2$ 根，选项 A 正确；施工时，压桩力不得大于该加固部分的结构自重荷载，不蓄水时结构自重为 1000kN，单桩最大压桩反力 1800kN，不满足要求，应采用联合反压措施，蓄水 100m³ 时的结构自重为 $1000 + 100 \times 10 = 2000kN > 1800kN$，满足要求，选项 B 正确；第 6 款第 2 项，选项 C 错误；第 4 款第 7 项，施工时，桩身承受压应力，桩节的连接可采用硫黄胶泥连接，选项 D 正确。

55. 答案：AB

解析：《建筑地基处理技术规范》（JGJ 79—2012）第 6.2.2 条表 6.2.2-1，冲击碾压势能为 25kJ，每层铺填厚度为 600～1500mm，每层碾压遍数为 20～40，B 正确，选项 D 错误；表 6.2.2-3，6m 高边坡采用粉质黏土回填，坡度为 1:1.75～1:1.50，压实系数为 0.94～0.97，选项 A 正确；12m 高边坡采用碎石回填，坡度为 1:1.75～1:1.50，压实系数为 0.94～0.97，选项 C 错误。

56. 答案：ABC

解析：《公路路基设计规范》（JTG D30—2015）表 3.3.3，选项 A 正确；第 7.8.3 条第 2 款及条文说明，红黏土的化学处治措施主要是外掺石灰、水泥等无机结合料进行改良处治，处治后，可用于路床之下的路堤填料，但不得用于浸水路堤，选项 B 正确；表 3.3.4，选项 C 正确；根据表 3.3.4 的小注 1，该表中的压实度是按重型击实试验所得的最大干密度求得的压实度，选项 D 错误。

57. 答案：CD

解析：《建筑基坑支护技术规程》（JGJ 120—2012）第 4.5.9 条第 2 款，地下连续墙作为地下结构主体外墙时，宜采用刚性接头，选项 A 错误；成槽泥浆浓度主要用来平衡水土压力，保持槽壁稳定，泥浆浓度过大（即泥浆中黏粒浓度太大），黏度过大，其稳定性、槽壁性能劣化，难以形成稳定而防渗能力好的泥膜，不利于增强地下连续墙接头处的防渗效果，选项 B 错误；基坑外侧做旋喷桩可以起到止水帷幕的作用，提高接头处的防渗效果，选项 C 正确；第 4.11.6 条第 2 款，选项 D 正确。

58. 答案：ACD

解析：新奥法认为围岩不仅是载荷，而且自身也是一种承载结构。重视围岩自身的承载作用，强调充分发挥隧道衬砌与岩体之间的联合作用，选项 A 错误、选项 B 正确；衬砌要准确了解围岩的时间因素，掌握衬砌的恰当时间，保证支护的刚度，既不是围岩充分松动变形后再支护，也不是围岩压力充分释放后再支护，选项 C、D 错误。

59. 答案：AD

解析：《土力学》（李广信等，第 3 版，清华大学出版社）第 68～69 页，对于各向同性土体，等势线（等水头线）和流线处处垂直，恒成正交，选项 A 正确；流线是流函数的等值线，等势线是水头函数的等值线，选项 B、C 错误；据流网绘制方法可知，基坑下部不透水层边界线为最底面的一条流线，选项 D 正确。

60. 答案：CD

解析：平面瑞利波属于面波的一种，其在传播时，质点在波的传播方向和自由面（本题为沿着隧道纵向的竖直面，该面可将隧道竖切为对称的两个部分）组成的平面内按逆时针方向旋转作椭圆运动，质点的运动轨迹为一逆进椭圆，其振幅沿着传播方向快速衰减，其有效传播距离约为 1.5 倍波长。由此可知，在水平面内，质点同时有三个速度分量，一个分量沿着隧道纵向，另外两个分量位于一个平面内，且该平面与传播方向垂直，其中一个沿着竖直方向，另一个沿着水平方向，这三个分量使得隧道在水平面内左右弯曲变形，沿着纵向在竖直面内上下弯曲变形，选项 C、D 正确。平面瑞利波的传播特性可参考解图加以理解。隧道纵向的拉压变形属于纵波在介质中的传播特点，选项 A 错误；隧道在竖直面内的上下剪切变形属于横波（或剪切波）在固体介质中的传播特点，选项 B 错误。

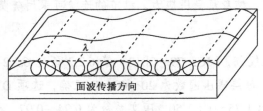

题 60 解题

61. 答案：AD

解析：《建筑基坑支护技术规程》（JGJ 120—2012）第 3.4.2 条第 2 款，在土压力影响范围内，存在相邻建筑物地下墙体等稳定界面时，可采用库仑理论计算界面内有限滑动楔体产生的土压力，选项 A 正确；第 1 款，基坑规程采用朗肯理论计算被动土压力，选项 D 正确。

62. 答案：ABD

解析：《工程地质手册》（第五版）第 638 页，地表岩溶地貌包括石芽、溶沟、溶槽、漏斗、竖井、落水洞、溶蚀洼地、溶蚀谷地、孤峰和峰林等。溶洞属于地下岩溶形态。

63. 答案：ABC

解析：《中国地震动参数区划图》（GB 18306—2015）第 3.2 条，选项 A 正确；第 3.4 条，选项 B 正确；第 3.5 条，选项 C 正确；第 3.10 条，选项 D 错误。

64. 答案：ABD

解析：《建筑抗震设计标准》（GB/T 50011—2010）（2024 年版）第 4.3.9 条第 1 款，选项 A 正确；第 2 款，选项 B 正确；第 5 款，管道穿过建筑物处采用柔性接头，选项 C 错误；第 3 款，选项 D 正确。

65. 答案：ABD

解析：《水电工程水工建筑物抗震设计规范》（NB 35047—2015）第 4.2.7 条第 1 款，挖除液化土层并用非液化土置换，可以起到改变地基土的性质，使其不具备发生液化的条件的作用，选项 A 正确；第 2 款，振冲加密、强夯击实等人工加密方法可以加大、提高可液化土的密实程度，选项 B 正确；第 4.2.7 条条文说明，选项 C 错误、选项 D 正确。产生液化的本质原因是土体中孔隙水压力在地震作用下急剧上升产生超静孔隙水压力导致土体有效应力为 0，因此应限制超静孔隙水压力的产生和发展。

66. 答案：ACD

解析：《岩土工程勘察规范》（GB 50021—2001）（2009 年版）第 5.7.9 条条文说明，标准贯入试验、静力触探试验和剪切波速试验均可用于饱和砂土液化的判定。

67. 答案：CD

解析：《建筑抗震设计标准》（GB/T 50011—2010）（2024 年版）第 4.4.3 条第 1 款，承台埋深较小时，不宜计入承台周围土的抗力或刚性地坪对水平地震作用的分担作用，选项 A 错误；第 4.4.5 条，液化土和震陷软土中桩的配筋范围，应自桩顶至液化深度以下符合全部消除液化沉陷所要求的深度，其纵向钢筋应与桩顶部相同，箍筋应加粗和加密，选项 B 错误；第 4.4.4 条，处于液化土中的桩基承台周围，可以选用砂土或粉土填筑夯实，且要确保夯实后的土层标准贯入锤击数不小于相应的液化判别标准贯入锤击数临界值，选项 C 正确；第 4.4.6 条，选项 D 正确。

68. 答案：BC

解析：《公路工程抗震规范》（JTG B02—2013）第 7.3.1 条，高速公路、一级公路不应使用干砌片石挡土墙，选项 A 错误；第 7.3.3 条，选项 B 正确；第 7.1.1 条，设计基本地震动峰值加速度等于 $0.20g$ 的地区的抗震设防烈度为 8 度，选项 C 正确；第 7.2.2 条，选项 D 错误。

69. 答案：BC

解析：《建筑基桩检测技术规范》（JGJ 106—2014）附录 E.0.5 第 3 款，要求混凝土芯样高度应为直径的 0.95～1.05 倍，本题芯样试件的直径为 100mm，其高度应介于 95～105mm 之间，选项 B、C 满足规范要求。

70. 答案：CD

解析：《建筑基桩检测技术规范》（JGJ 106—2014）第 10.1.1 条，对于桩径小于 0.6m 的桩，不宜采用声波透射法进行桩身完整性检测，选项 A 错误；第 10.1.2 条，声测管未沿桩身通长配置的桩，不得用声波透射法评价桩身完整性，选项 B 错误；第 10.3.1 条第 3 款，选项 C 正确；第 10.3.2 条第 2 款，选项 D 正确。

2021 年专业知识试题答案及解析（下午卷）

1. 答案：D

解析：《建筑地基基础设计规范》（GB 50007—2011）第 5.2.4 条，基础宽度大于 3m 或埋深大于 0.5m 时，从载荷试验或者其他原位测试、经验值等方法确定的地基承载力需要进行深宽修正，选项 A 错误；填方整平区，可自填土面算起，当上部结构施工完成后再进行填方整平时，埋深从天然地面算起，选项 B 错误；对地下室，采用筏板基础，埋深从室外地面算起，选项 C 错误；深层载荷试验已经考虑了边载的影响，当试验深度和基础埋深一致时，不进行深度修正，只进行宽度修正，选项 D 正确。

2. 答案：B

解析：《基础工程》（周景星等，第 3 版，清华大学出版社）第 42 页，无筋扩展基础为刚性基础，为避免在压力作用下材料弯曲产生的拉应力超过材料的抗拉强度，因此应控制台阶宽高比不超过规定的允许值，选项 B 正确。

3. 答案：D

解析：宽基浅埋是充分利用上部硬壳层的承载力，充分发挥应力扩散作用，减小软弱下卧层顶面处土的附加应力，从而减小基础沉降，满足地基变形和承载力要求，选项 D 正确。

4. 答案：D

解析：马鞍形分布是由于基底压力超过土的强度后，土体达到塑性状态，基底两端处地基土所承受的压力不会增加，多余的应力自行向中间调整，由于基础不是绝对刚性，反力分布两边大，中间小（解图 a）；倒钟形分布是由于基础两端地基土塑性区不断扩大，反力进一步从基础两端向中间转移，反力分布是两端小，中间大（解图 c）；矩形分布指基底压力是均匀分布的（解图 b）。故墙与基础交接的弯矩设计值：马鞍形分布 > 均匀分布 > 倒钟形分布。

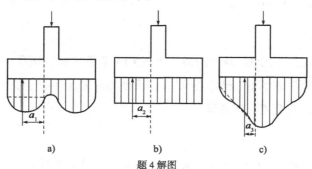

题 4 解图

5. 答案：B

解析：根据工程经验，密实卵石承载力在 1000kPa 左右，承载力很高，无软弱下卧层，单柱荷载 4000kN，可采用柱下独立基础，最大基础尺寸 2m×2m 即可满足要求。

6. 答案：C

解析：《建筑地基基础设计规范》（GB 50007—2011）第 5.3.3 条，对于框架结构和单层排架结构，地基变形由相邻柱基沉降差控制，选项 A、D 正确，选项 C 错误；对多层或高层建筑和高耸结构应由倾斜值控制，选项 B 正确。

7. **答案**：D

解析：《建筑桩基技术规范》（JGJ 94—2008）第 3.3.3 条表 3.3.3，打入式预制桩为挤土桩，最小桩间距为 $4.0d$，选项 A 符合；第 4.1.5 条，预应力混凝土实心桩的混凝土强度等级不应低于 C40，选项 B 符合；第 4.1.2 条第 2 款，选项 C 符合；第 4.1.1 条第 2 款第 4 项，进入稳定土层深度不应小于 $2d\sim3d$，选项 D 不符合。

8. **答案**：D

解析：《建筑桩基技术规范》（JGJ 94—2008）第 5.4.4 条，下拉荷载按下式计算：$Q_g^n = 4 \times 0.5 \times 20 \times 12 = 480\text{kN}$，桩身最大轴力 $N_k + Q_g^n = 600 + 480 = 1080\text{kN}$。

9. **答案**：A

解析：《建筑桩基技术规范》（JGJ 94—2008）第 5.7.2 条第 3 款，$R_{ha} = 0.75 \times 80 = 60\text{kN}$，第 7 款，验算永久荷载控制的桩基水平承载力时，单桩水平承载力特征值乘以调整系数 0.8，$R_{ha} = 0.8 \times 60 = 48\text{kN}$。

10. **答案**：A

解析：《建筑桩基技术规范》（JGJ 94—2008）第 6.3.2 条第 3 款，应控制泥浆比重、含砂率、黏度，选项 A 不需要控制。

11. **答案**：A

解析：《建筑桩基技术规范》（JGJ 94—2008）第 3.4.3 条第 2 款，膨胀土地基的桩基宜采用钻（挖）孔灌注桩，即非挤土桩，选项 A 不合理；第 3.4.4 条第 1 款，选项 C 合理；3.4.7 条第 1 款，选项 D 合理；松散土地基桩基采用挤土桩可提高地基土密实度，提高承载力，选项 B 合理。

12. **答案**：A

解析：《建筑地基基础设计规范》（GB 50007—2011）第 8.5.3 条第 7 款，预制桩锤击沉桩配筋率不宜小于 0.8%，$\frac{12 \times 3.14 \times 12^2 / 4}{400^2} = 0.85\%$，满足。

13. **答案**：A

解析：《建筑桩基技术规范》（JGJ 94—2008）第 5.5.14 条第 1 款，选项 A 正确；压缩模量是桩端以下计算深度范围内各土层的压缩模量，选项 B 错误；承台底地基土不分担荷载时，采用明德林解，分担荷载时采用布辛奈斯克解，选项 C、D 错误。

14. **答案**：D

解析：《建筑桩基技术规范》（JGJ 94—2008）第 5.8.4 条，稳定系数越大，抗压屈能力越强，只需比较压屈计算长度 l_c 即可，相同条件下，桩顶固接，桩端嵌岩时的 l_c 最小，抗压屈能力最强。（当 $h > 4.0/\alpha$ 时，桩顶固接，桩端嵌岩和非嵌岩的 l_c 相同）。

15. **答案**：C

解析：《建筑边坡工程技术规范》（GB 50330—2013）第 3.2.1 条，选项 A 正确；表 3.2.1 注 2，选项 B 正确；表 3.2.1 注 1，一个边坡工程的各段，可根据实际情况采用不同的安全等级，选项 C 错误；第 3.2.2 条第 1 款，选项 D 正确。

16. 答案：C

解析： 黏性土坡多采用条分法分析其稳定性，当有顺坡渗流时，渗透力的存在增加了滑动力矩，稳定性降低，稳定系数减小；当边坡处于潮湿状态时，土体自重增加，滑动力（或力矩）变大，滑动面上的抗剪强度指标（即 c、φ 值）也会随着含水量的增加而降低，抗滑力（或抗滑力矩）也会相应降低，稳定系数减小；当边坡被静水淹没时，土体抗剪强度指标（即 c、φ 值）会降低，抗滑力（或抗滑力矩）减小，稳定系数也减小。综上所述，当黏性土坡处于干燥状态时，稳定系数最大。

17. 答案：A

解析：《建筑边坡工程技术规范》（GB 50330—2013）附录 B.0.3 条第 3 款。

18. 答案：D

解析：《土工合成材料应用技术规范》（GB/T 50290—2014）第 6.3.4 条，则

$$F_s = \frac{L_3 + L_2 \cos\alpha}{L_2 \sin\alpha} f_{cs} = \frac{L_3 + 7 \times \cos 24°}{7 \times \sin 24°} \times 0.5 > 1.5$$

$$L_3 > 2.15\text{m}$$

19. 答案：B

解析：《建筑边坡工程技术规范》（GB 50330—2013）第 6.2.3 条表 6.2.3，填料与墙背摩擦角可取 $0.5\varphi \sim 0.67\varphi$，即取 $12.5° \sim 16.75°$，选项 B 最合适。

20. 答案：B

解析：《建筑边坡工程技术规范》（GB 50330—2013）第 17.1.5 条表 17.1.5，该工程滑坡处于弱变形阶段，其稳定状态为基本稳定。

21. 答案：C

解析：《建筑边坡工程技术规范》（GB 50330—2013）第 4.1.3 条表 4.1.3，选项 C 为崩塌型破坏。

22. 答案：D

解析： 堤防工程根据渗透破坏位置的不同可分为堤身渗透破坏和堤基渗透破坏，堤身渗透破坏有三种类型，渗水（散浸）造成的堤坡冲刷，漏洞和集中渗流造成的接触冲刷。（若堤身和堤基的结合面为砂砾石等强透水层，在堤身和堤基的结合面可能发生接触冲刷。）均质土堤的浸润线如解图所示，当堤基为透水堤基时，高水位下容易在堤脚产生管涌或流土破坏；若堤基为不透水地基，只会在堤身产生渗流，渗流溢出处在坡面中下部，此处容易发生散浸，造成坡面冲刷破坏。题目明确发生沿着堤身的渗流，可见并不是在堤脚发生的管涌或流土破坏，选项 D 正确。

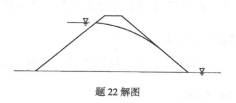

题 22 解图

23. 答案：B

解析： 如解图（1）所示投影图，由 A' 点向下做垂线，交赤平面于 A 点，在三角形 $A'OA$ 中，$\cos\theta = OA/r$。

以上为命题组的答案，很显然这种方法是垂直投影，不是赤平投影，不符合题目的要求。按赤平投影计算如下：

上半球投影是从下极点发出射线。根据赤平投影原理：结构面为解图（2）中阴影部分，CA' 为下极点发出的射线，交赤平面于 A 点，$\angle A'OA$ 为结构面倾角，做投影球中 COA' 面的剖面图，图中 $OA' = OC =$

r，$\angle OCA' = \angle OA'C = (180° - 90° - \theta)/2 = 45° - \theta/2$，在 $\triangle COA$ 中，$\tan(45° - \theta/2) = OA/r$，很显然并不是 $\cos\theta = OA/r$，该题目为错题，无答案。

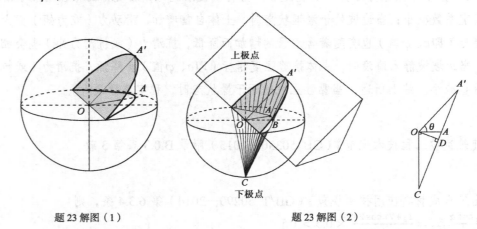

题 23 解图（1）　　　　　题 23 解图（2）

24. 答案：C

　　解析：《公路路基设计规范》（JTG D30—2015）第 7.6.2 条，顶板厚度与路基跨越溶洞长度之比大于 0.8 时，溶洞的顶板可不作处理，$6 \times 0.8 = 4.8$m。

25. 答案：B

　　解析：瑞典条分法不考虑条间力，计算的安全系数比实际小，毕肖普法考虑条间力作用，计算的安全系数比瑞典条分法高。

26. 答案：C

　　解析：《岩土工程勘察规范》（GB 50021—2001）（2009 年版）第 6.10.12 条，工程指标变化率 $(180 - 130)/180 = 28\%$，为中等影响。

27. 答案：D

　　解析：《膨胀土地区建筑技术规范》（GB 50112—2013）第 5.4.1 条第 2 款，选项 A 正确；第 5.4.5 条，选项 B 正确；第 5.2.2 条，选项 C 正确；第 5.4.2 条第 2 款，不应小于 1.5m，选项 D 错误。

28. 答案：C

　　解析：《盐渍土地区建筑技术规范》（GB/T 50942—2014）第 4.1.2 条条文说明。

29. 答案：C

　　解析：《公路路基设计规范》（JTG D30—2015）第 7.11.6 条表 7.11.6，高速公路按表中数值乘以 1.5～2.0 的系数，选项 C 正确。

30. 答案：B

　　解析：《地质灾害危险性评估规范》（GB/T 40112—2021）第 4.7.3 条，危害程度为中等。

31. 答案：B

　　解析：《铁路工程不良地质勘察规程》（TB 10027—2022）附录 E.0.2 条，判定为中等发育。

32. 答案：C

　　解析：《膨胀土地区建筑技术规范》（GB 50112—2013）附录 A 中的表 A。

33. 答案：D

解析：《湿陷性黄土地区建筑标准》（GB 50025—2018）第 4.3.6 条第 1 款，试坑直径为压板直径的 3 倍，压板直径 0.8m，试坑直径 2.4m，选项 A 正确；第 2 款，选项 B 正确；第 4.4.5 条第 1 款，选项 C 正确、选项 D 错误。

34. 答案：D

解析：《岩土工程勘察规范》（GB 50021—2001）（2009 年版）第 6.4.2 条第 6 款，对混合土，压板直径大于试验土层最大粒径的 5 倍，$d = 200 \times 5 = 1000mm$，压板面积 $3.14 \times 0.5^2 = 0.8m^2$，大于 $0.5m^2$，满足规范要求。

35. 答案：B

解析：《建设工程勘察设计管理条例》第十八条，选项 A 正确；第十九条，选项 B 错误；第二十条，选项 C 正确；第二十四条，选项 D 正确。

36. 答案：D

解析：《建设工程安全生产管理条例》第六条，选项 A 符合；第十二条，选项 B 符合；第十三条，选项 C 符合；第二十一条，选项 D 不符合。

37. 答案：A

解析：《中华人民共和国安全生产法》第六十五条，选项 A 正确。

38. 答案：D

解析：《中华人民共和国招标投标法》第十二条，选项 D 正确。

39. 答案：D

解析：《中华人民共和国建筑法》第六十六条，选项 D 正确。

40. 答案：D

解析：《建设工程勘察质量管理办法》第五条，选项 D 正确。

....

41. 答案：ABD

解析：《建筑地基基础设计规范》（GB 50007—2011）第 7.3.1 条，设置沉降缝属于建筑措施，选项 A 正确；第 7.4.1 条第 2 款，设置地下室，可减小基底附加压力，进而减小不均匀沉降，选项 B 正确；调整基础埋置深度，减小基底附加压力，选项 D 正确；增加受力钢筋面积可以增加基础的抗弯能力，对减小沉降无效果，选项 C 错误。

42. 答案：BC

解析：《建筑地基基础设计规范》（GB 50007—2011）第 5.2.7 条第 2 款公式，软弱下卧层顶面处的附加压力和基底压力、基础底面处土的自重压力有关，选项 B 影响基底压力，选项 C 影响基底压力、基础底面处土的自重压力。

43. 答案：AC

解析：《建筑地基基础设计规范》（GB 50007—2011）附录 D.0.1，选项 A 正确；深层载荷试验压板四周紧邻土体，所得承载力已包含了边载的影响，不需进行深度修正，只进行宽度修正，选项B错误；深层载荷试验适用于确定深部地基土层及大直径桩桩端土层在压板下应力主要影响范围内的承载力和变形参数，选项C正确；浅层载荷试验无边载，深层载荷试验有边载，试验条件不同，选项D错误。

44. 答案：ABD

　　解析：《建筑地基基础设计规范》（GB 50007—2011）第5.3.5条，基础埋深和基底以上土的重度影响基底附加应力，选项A、B正确，基础形状影响地基中附加应力分布，选项D正确；选项C对沉降计算无影响。

45. 答案：AD

　　解析：施工单位停止抽水，在浮力的作用下，车库墙体开裂，这种变形是向上的，和基础沉降的变形相反。主体结构的自重大，相应在浮力的作用下向上变形量小，地下车库自重小，在浮力作用下，向上变形量大。在地基不均匀沉降中，中间变形大，两边变形小，应为"八"字形裂缝，但车库墙体变形方向是向上的，要反过来为倒"八"字形裂缝，选项A是不可能出现的；选项D是斜裂缝，这种情况是一端沉降大、一端沉降小引起的，题目中地下车库与主体部分相连接，不会出现这种情况。

46. 答案：ABD

　　解析：《建筑桩基技术规范》（JGJ 94—2008）附录A，静压桩穿越一般黏性土、淤泥和淤泥质土比较合适，桩端进入硬黏性土、密实砂土比较合适，地下水位上下都可以用静压桩。静压桩穿越碎石层比较困难，选项C不宜采用。

47. 答案：BD

　　解析：《建筑桩基技术规范》（JGJ 94—2008）第3.5.2条表3.5.2，最低混凝土强度等级为C30，选项A不符合、选项B符合；预应力桩按表中规定提高2个等级，即C40，选项C不符合；第3.5.3条表3.5.3，选项D符合。

48. 答案：BCD

　　解析：《建筑桩基技术规范》（JGJ 94—2008）第5.9.10条，选项B、C、D需要考虑。

49. 答案：AD

　　解析：旋挖成孔在软土地区容易塌孔，反循环成孔工艺由于有泥浆护壁，不易塌孔，选项A错误；旋挖法施工时的振动小，噪声低，钻进速度快，可穿透各种地层进入硬持力层，成孔效率高，选项B正确；旋挖成孔无泥浆循环，泥浆量少，选项C正确；反循环泥浆由孔口进入，利用泵吸、气举等措施抽吸泥浆，泥浆携带钻渣在断面较小的钻杆内上返进入泥浆池中，反循环工艺的泥浆上返流速较高，携带沉渣能力强，沉渣厚度小，选项D错误。

50. 答案：CD

　　解析：《建筑桩基技术规范》（JGJ 94—2008）第3.4.3条第1款，桩端进入大气影响急剧层以下的深度应满足抗拔稳定性验算要求，且不得小于4倍桩径及1倍扩大端直径，最小深度应大于1.5m，选项B错误；第2款，选项C正确；第4款，选项D正确。《膨胀土地区建筑技术规范》（GB 50112—2013）第5.7.6条，桩顶标高低于大气影响急剧层深度的高、重建筑物，可按一般桩基础进行设计，选项A错误。

51. 答案：BD

  解析：《建筑桩基技术规范》（JGJ 94—2008）附录 A，长螺旋成孔不宜用于桩身需穿越碎石土层的情形，选项 A 不合理；第 5.4.2 条、第 5.4.3 条，选项 B 合理；第 3.3.3 条第 6 款，桩端嵌入平整、完整的坚硬岩的深度不宜小于 $0.2d$，且不应小于 0.2m，选项 C 是较完整基岩，不合理；第 3.4.7 条第 1 款，对填土层进行强夯可以提高填土的密实度，保证其密实性，选项 D 合理。

52. 答案：AD

  解析：《建筑桩基技术规范》（JGJ 94—2008）第 5.4.4 条第 3 款表 5.4.4-2 注，选项 A、D 正确；当持力层为基岩情况时，l_n 不提高，选项 B 错误；当桩周土固结与桩基固结沉降同时完成时，l_n 可取 0，选项 C 错误。

53. 答案：ABD

  解析：裂缝深度 $z_0 = \dfrac{2c}{\gamma_{sat}\sqrt{K_a}}$，条件相同时，黏聚力越大，裂缝越深，选项 A 错误；对于饱和黏土，采用水土合算，影响裂缝深度的是饱和重度，选项 D 错误；当裂缝充满水时，裂缝侧壁受水压力作用，深度可能会增大，选项 B 错误、选项 C 正确。

54. 答案：ABC

  解析：边坡坡向与贯通裂隙面的倾向之间的夹角为 15°，《建筑边坡工程技术规范》（GB 50330—2013）第 4.1.4 条表 4.1.4 注 2，该贯通裂隙面为外倾结构面；再按第 3.2.2 条第 1 款，该边坡工程安全等级为一级；最后按第 19.1.3 条表 19.1.3，选项 A、B、C 为应测，选项 D 为选测。

55. 答案：ABD

  解析：《土力学》（李广信等，第 3 版，清华大学出版社）第 274 页，选项 A 正确；第 276 页，选项 B 正确；第 278 页，简化毕肖普法不考虑条块间的切向力，选项 C 错误；第 279 页，简布法适用于任意滑动面，假设了条间力的作用位置，土条满足所有的静力平衡条件和极限平衡条件，选项 D 正确。

56. 答案：ABC

  解析：《土工合成材料应用技术规范》（GB/T 50290—2014）第 7.6.4 条条文说明。

57. 答案：CD

  解析：《建筑边坡工程技术规范》（GB 50330—2013）附录 C.2.2 条，选项 A 错误；C.2.9 条，选项 B 错误；C.3.4 条，选项 C 正确；C.3.8 条，选项 D 正确。

58. 答案：AB

  解析：《工程地质手册》（第五版）第 523 页，原生红黏土液限大于或等于 50%，选项 A 错误；第 526 页，红黏土组成矿物亲水性不强，在胀缩性能上主要以收缩为主，选项 B 错误；第 525 页，红黏土粒度组成具有高分散性，选项 C 正确；第 528 页表 5-2-6，红黏土收缩后复浸水膨胀，有些能恢复原位，有些不能恢复到原位，选项 D 正确。

59. 答案：AB

  解析：《地质灾害危险性评估规范》（GB/T 40112-2021）第 1 条，地质灾害主要包括滑坡、崩塌、泥石流、岩溶塌陷、采空塌陷、地裂缝、地面沉降、不稳定斜坡等灾种。

60. 答案：ABC

  解析：《岩土工程勘察规范》（GB 50021—2001）（2009 年版）第 5.2.7 条第 2 款，选项 A 正确；第 1 款，选项 B 正确；第 5.2.7 条条文说明，正在滑动的滑坡，稳定系数可取 0.95～1.00，暂时稳定的滑坡，稳定系数可取 1.00～1.05，选项 C 正确、选项 D 错误。

61. 答案：ABC

  解析：《盐渍土地区建筑技术规范》（GB/T 50942—2014）第 4.1.8 条条文说明，盐渍土地区毛细水上升高度的确定方法有试坑直接观测法、曝晒前后含水量曲线交会法、塑限与含水量曲线交会法等，黏性土还可用塑限含水量判定，选项 A、B、C 正确。

62. 答案：BCD

  解析：《工程地质手册》（第五版）第 713 页，发生或可能发生地面沉降的地域范围局限于存在厚层第四纪堆积物的平原、盆地、河口三角洲或滨海地带，选项 B 正确；发生地面沉降主要是抽吸地下水引起土层中水位或水压下降、土层颗粒间有效应力增大而导致地层压密的结果，选项 D 正确；第 715 页，地面沉降一旦发生，即使消除了产生地面沉降的原因，沉降了的地面也不可能完全复原，选项 A 错误；大面积抽水形成降水漏斗，越靠近降水中心，水位降低值越大，根据有效应力原理，水位降低值越大，地面沉降越大，会形成沉降漏斗，选项 C 正确。

63. 答案：BCD

  解析：《膨胀土地区建筑技术规范》（GB 50112—2013）第 5.2.9 条条文说明表 8 及图 11，初始含水量越高，失水越多，线缩率越大，选项 B 正确；线缩率的定义是收缩减小的高度与原高度之比，很显然，含水量越小，收缩的高度越小，线缩率越小，选项 D 正确；第 5.2.8 条条文说明，同样条件下，初始含水量越大，吸水越少，膨胀变形量越小，选项 C 正确；线缩率与干密度无关，选项 A 错误。

64. 答案：BD

  解析：《湿陷性黄土地区建筑标准》（GB 50025—2018）第 4.4.6 条，判定场地为自重湿陷性黄土场地，湿陷等级为Ⅰ级；拟建单层建筑高度 7.8m，据第 3.0.1 条表 3.0.1 可判定为丙类建筑物，再据第 6.1.5 条表 6.1.5，拟建单层建筑高度 7.8m，大于 6m，处理厚度 ≥1.0m，选项 B 正确、选项 C 错误；第 6.1.6 条第 1 款，自重湿陷性黄土场地应采用整片处理，选项 A 错误；第 3 款，选项 D 正确。

65. 答案：ABD

  解析：关于实施《危险性较大的分部分项工程安全管理规定》有关问题的通知（建办质〔2018〕31 号）第三条，选项 A、B、D 正确。

66. 答案：ABD

  解析：《中华人民共和国建筑法》第四十二条，选项 A 正确；第四十六条，选项 B 正确；第四十五条，选项 C 错误；第五十一条，选项 D 正确。

67. 答案：BC

  解析：《建筑工程施工发包与承包计价管理办法》第十八条第一款，选项 A 错误；第 2 款，选项 B、C 正确；第 3 款，选项 D 错误。

68. **答案：** ABD

    解析：《建设工程勘察质量管理办法》第二十四条，选项 A、B、D 正确。

69. **答案：** ABC

    解析：《中华人民共和国民法典》第五百零三条、第五百零四条，选项 A、B、C 正确。

70. **答案：** ACD

    解析：《中华人民共和国招标投标法》第三条，选项 A、C、D 正确。

2022 年专业知识试题答案及解析（上午卷）

1. **答案：C**

   解析：《城市轨道交通岩土工程勘察规范》（GB 50307—2012）附录 E，较硬岩、块状结构、节理较发育，即可将该岩石构成的隧道围岩判定为Ⅲ级围岩。需要注意的是，岩石种类千差万别，岩石单层厚度的变化范围非常大，不能以层厚来确定围岩级别。

2. **答案：B**

   解析：《专门水文地质学》（曹剑峰等，第 3 版，科学出版社）第 75 页，导水系数 T 是含水层的渗透系数与含水层厚度的乘积，即 $T = kM$，其理论意义是当水力梯度 $i = 1$ 时，通过含水层的单宽流量。渗透系数 k 的单位为 m/d，M 的单位为 m，即导水系数 T 的单位为 m^2/d。只适用于平面二维流和一维流，在三维流动中没有工程意义。

3. **答案：A**

   解析：体积含水量的物理意义为水的体积与土体总体积的比值，计算公式 $w_v = \frac{V_w}{V} \frac{m_w/\rho_w}{m_s/\rho_d} = w \frac{\rho_d}{\rho_w}$，砂土干密度大于水的密度，$\frac{\rho_d}{\rho_w} > 1$，则体积含水量大于含水量，选项 A 正确。

4. **答案：D**

   解析：《工程地质手册》（第五版）第 92、99 页，二者皆为弹性波探测技术，选项 A 正确；一般来说，各类地球物理探测波的频率越高，波长越短，作用深度就越小，相应的分辨率就越高。声波法探测的频率在数千赫兹到 20kHz 之间，分辨率高，精细测量时，其空间分辨率可在 2m 以内，而人工激发的地震波频率一般在 2～90Hz 范围内，根据垂向分辨率公式 $\Delta h > \frac{\lambda}{4} = \frac{v}{4f_m}$，取岩石典型波速 $v = 2600 m/s$，最高频率 $f_m = 90Hz$，则垂向最高分辨率 $\Delta h > 7.2m$，即层厚小于 7.2m 的薄层难以被准确区分开来，据此可知声波法探测分辨率更高，选项 B 正确；声波探测是测定声波在岩体中的传播速度、振幅和频率等声学参数的变化，可选择在岩体表面或钻孔中进行，由于其频率高，在岩土体中衰减得非常快，因此其有效探测深度就不如低频率的人工激发地震波，选项 C 正确、选项 D 错误。

5. **答案：D**

   解析：《工程地质手册》（第五版）第 184 页，岩石的抗压强度＞抗弯强度＞抗拉强度。

6. **答案：D**

   解析：《水利水电工程钻孔抽水试验规程》（SL 320—2005）第 2.1.7 条。也可见《供水水文地质勘察规范》（GB 50027—2001）第 2.1.6 条。

7. **答案：A**

   解析：判读方法和节理走向玫瑰图相同，走向大约 330° 裂隙条数最多，走向北西。

8. **答案：C**

   解析：根据 V 字形法则，岩层露头线和地形等高线弯曲方向相同，但弯曲程度比地形等高线弯曲程度缓，可以判定为倾斜岩层，倾向和地面坡向相反。

9. 答案：C

解析：《高层建筑岩土工程勘察标准》（JGJ/T 72—2017）表 7.0.4，预钻式旁压试验可以测定的岩土参数（如旁压模量、地基承载力、侧向基床系数等），自钻式旁压试验同样也可以，且测量精度更高。

10. 答案：D

解析：《工程岩体分级标准》（GB/T 50218—2014）表 3.2.4，结构面的结合程度一般，再根据附录表 D.0.2，内摩擦角范围值为 29°～37°，黏聚力范围值为 120～220kPa，只有选项 D 符合。

11. 答案：C

解析：《建筑地基基础设计规范》（GB 50007—2011）第 4.1.12 条，含水量大于液限，孔隙比满足 1.0～1.5，定名为淤泥质土。

12. 答案：C

解析：《岩土工程勘察规范》（GB 50021—2001）（2009 年版）表 9.4.2，选项 C 正确；也可查阅《建筑工程地质勘探与取样技术规程》（JGJ/T 87—2012）附录 C。

13. 答案：C

解析：《土工试验方法标准》（GB/T 50123—2019）第 9.2.4 条，将下沉深度 17mm 对应的含水量称为液限，将下沉深度 10mm 对应的含水量称为 10mm 液限，就是为了便于区分这两种液限，方便工程取用。

14. 答案：D

解析：《建筑结构荷载规范》（GB 50009—2012）第 3.2.8 条，由各参数的说明可知，荷载标准组合的效应设计值不考虑偶然荷载，选项 D 错误。

15. 答案：D

解析：边坡安全系数是工程要求边坡应具有的稳定系数，其具有工程概念，不同性质的工程对边坡安全性有不同的要求，其规定具有人为的主观性，而边坡稳定系数是沿着最危险破坏面或理论破裂面作用的抗滑力与下滑力的比值，它反映了边坡稳定的客观状态，显然二者是不同的概念。边坡稳定系数对应于不同的计算工况，其数值是变化的，其可能大于边坡安全系数，也可能小于或等于边坡安全系数，即其与边坡安全系数的关系是不确定的。也可查阅《建筑边坡工程技术规范》（GB 50330—2013）表 5.3.1。

16. 答案：D

解析：《建筑桩基技术规范》（JGJ 94—2008）第 3.4.5 条第 1 款，选项 A 正确；第 2 款，建筑桩基与边坡应保持一定的水平距离，即不允许建筑桩基兼作边坡支挡结构，选项 D 错误；第 4 款，选项 B 正确；第 5 款，选项 C 正确。

17. 答案：A

解析：《既有建筑地基基础加固技术规范》（JGJ 123—2012）第 11.6.1 条，选项 B 适宜；第 11.4.1 条，选项 C 适宜；第 11.5.1 条，选项 D 适宜。这三种都是对既有建筑加固的方法，都可以在基础上开孔，搅拌桩是地基处理的方法，用于既有建筑物加固时没有施工的空间和条件。

18. 答案：C

　　解析：《既有建筑地基基础加固技术规范》（JGJ 123—2012）第 10.2.1 条，选项 C 正确。选项 A、B、D 这三种方法需要开阔场地供施工，而现有建筑的基础为筏板形式，不具备施工场地和条件。

19. 答案：A

　　解析：《建筑地基处理技术规范》（JGJ 79—2012）第 7.2.1 条条文说明，碎石桩处理软弱地基，单桩承载力主要取决于桩周土的侧限压力。

20. 答案：C

　　解析：《建筑地基处理技术规范》（JGJ 79—2012）第 7.7.2 条条文说明第 4 款，褥垫层厚度较大时，土分担的竖向荷载多，桩分担的竖向荷载少，桩不会产生应力集中，选项 A 错误；由于土承担的竖向荷载多，桩间土承载力可以充分发挥，地基基础沉降增大，选项 C 正确、选项 D 错误；褥垫层厚度较大时，土分担的水平荷载较大，桩体承担的水平荷载较小，桩不容易折断，选项 B 错误。

21. 答案：D

　　解析：《土工合成材料应用技术规范》（GB/T 50290—2014）第 7.3.3 条，选项 A、B、C 需要验算。根据第 7.3.3 条条文说明，加筋土挡墙外部稳定性核算时墙背土压力可按库仑主动土压力考虑，即此时加筋材料的变形（筋材延伸率）仍然小于其破坏延伸率，是安全的，可不对其进行验算，选项 D 不考虑。

22. 答案：B

　　解析：动力排水固结法是一种复合型软土地基处理方法，它是在强夯法（动力固结法）的基础上发展起来的一种地基处理方法，具有处理效果好、投资低、工期短的显著特点，对于处理淤泥与淤泥质土优势明显。其关键技术是，在强夯基础上，增设竖向排水和径向排水通道（类似预压固结法），加快孔隙水压的消散，强夯过程中，应先轻后重，逐级加能，少击多遍，逐层加固，选项 B 错误、选项 D 正确；由于需要排水，应设置一定厚度的砂垫层及竖向排水系统，选项 A、C 正确。

23. 答案：A

　　解析：直排式真空预压法对真空预压的排水系统及真空荷载的传递进行了优化，除去了传统真空预压处理方法中水平排水砂垫层和真空滤管、滤膜，直接将软土地基中塑料排水板与 PU 管通过鸭嘴方式紧密连接，再接入真空管，缩短了真空压力的传递路径，大大减少了真空压力传递的沿程损失，提高了真空传递效能和加固效果，精简了施工工序，缩短了真空预压时间，降低了土体加固费用。同时，直排式真空预压法施工方法简单，适用于各种高黏性、含水量高、超饱和吹填淤泥土及浅层软弱土层等的地基处理，应用范围广，具有良好的应用前景。由于省去了水平砂垫层，降低了工程造价。

24. 答案：B

　　解析：《建筑地基处理技术规范》（JGJ 79—2012）附录 B.0.2 条，多桩复合地基静载荷试验的承压板可用方形或矩形，尺寸按实际桩数承担的处理面积确定，正三角形布桩，3 根桩承担的处理面积为：

$$s = 3 \times \frac{\sqrt{3}}{4} \times 0.8^2 \times 2 = 1.663 \text{m}^2，\text{压板直径} d = \sqrt{\frac{4 \times 1.663}{\pi}} = 1.455 \text{m}。$$

25. 答案：A

　　解析：《建筑边坡工程技术规范》（GB 50330—2013）第 8.1.5 条条文说明图 2。锚杆可按照锚固段的受力形式分为拉力型锚杆和压力型锚杆，拉力型锚杆的荷载是通过锚杆杆体钢筋与锚固体之间的黏结力、咬合力连接在一起，然后依靠锚固段与锚孔壁黏结力提供抗力，拉力型锚杆工作时，锚固段注浆体处于受拉状态，容易出现张拉裂缝。压力型和拉力型锚杆的主要区别在于锚杆在受拉荷载下，锚固段注浆体分别处于受压和受拉状态。压力型锚杆的锚固力通过无黏结钢绞线或者带套管的高强度钢筋与承压板锚定连接，然后通过承压板对锚固段注浆体施加压力，与拉力型锚杆相比压力型锚杆的锚固段注浆体处于三向受压状态，不易开裂。由于压力型锚杆采用无黏结钢绞线或者带套管的钢筋，所以全长为自由段，选项 A 正确。

26. 答案：B

解析： 铁路隧道下穿建筑密集、对变形比较敏感的城市区，选项 A 不合适；根《铁路隧道设计规范》（TB 10003—2016）第 14.2.2 条，中等-特大跨度Ⅴ级围岩，可采用双侧壁导坑法开挖，本题隧道跨度 8m，根据第 1.0.6 条属于小跨度，因此选项 D 排除；单一含水砂层，采用泥水平衡盾构法比全断面暗挖法更合适。

27. 答案：D

解析：《公路隧道设计规范 第一册 土建工程》（JTG 3370.1—2018）第 3.6.6 条，选项 A 为基本稳定，错误；选项 B 为稳定数日至 1 月，错误：选项 C 一般无自稳能力，错误：选项 D 无自稳能力，正确。

28. 答案：C

解析：《建筑基坑支护技术规程》（JGJ 120—2012）第 4.9.11 条第 1 款，选项 A 正确：第 7 款，选项 D 正确；第 4.9.12 条第 2 款，选项 B 正确；第 3、4 款，第三道支撑底面距离基础底板底面的净距不宜小于 3m，选项 C 错误。

29. 答案：A

解析：《建筑基坑支护技术规程》（JGJ 120—2012）第 3.4.7 条，附加荷载的扩散角宜取 45°，对基坑产生的附加荷载影响范围起始深度为 $d + a/\tan\theta = d + a$，对于东侧建筑物，距基坑边 7m，基础埋深为 5m，对基坑产生的附加荷载影响范围起始深度为 $7 + 5 = 12m$；对于西侧建筑物，距基坑边距离为 4m，基础埋深为 11m，对基坑产生的附加荷载影响范围起始深度为 $4 + 11 = 15m$，东侧建筑对基坑支护结构产生的附加土压力大，因此东侧的支护体系强度应强于西侧，选项 A 正确。

30. 答案：A

解析： 根据题图可知，在分层界面处的主动土压力强度相同，即有 $\gamma_1 H_1 K_{a1} = \gamma_1 H_1 K_{a2}$，即 $\varphi_1 = \varphi_2$；再根据下层土的土压力强度斜率更大，即 $\gamma_2 K_{a2} > \gamma_1 K_{a2}$，综上则有 $\gamma_2 > \gamma_1$。

31. 答案：A

解析： 隧道围岩松弛带是指在开挖、爆破等施工作用下引起的硐壁应力下降区，在一定范围内岩体裂隙破碎，以致波速减小振幅衰减较快的区域，表现在图上就是松弛带的岩体波速小于正常岩体波速的下限，在图中Ⅲ区的缓降曲线上引一条水平线，与Ⅰ区的曲线相交，可知从 A 点向右，波速一路上升，则 A 点即为围岩松弛深度对应的点。

32. 答案：C

解析：《公路工程抗震规范》（JTG B02—2013）第 4.2.2 条，地基持力层为中密残积碎石层，查表

4.2.2，地基抗震容许承载力调整系数 K 取 1.3，则该地层的地基抗震承载力容许值：$f_{aE} = Kf_a = 1.3 \times 240 = 312kPa$。

33. 答案：D

　　解析：《建筑抗震设计标准》（GB/T 50011—2010）（2024 年版）第 5.1.5 条条文说明第 1 款。

34. 答案：C

　　解析：《公路工程抗震规范》（JTG B02—2013）表 4.3.5，选项 A 未明确公路等级，无法确定是否可不采取措施，选项 A 错误；地基液化等级为轻微的 B 类桥梁，应部分消除液化沉降，或对基础和上部结构采取减轻液化影响的措施，选项 B 错误；地基液化等级为中等的二级公路路基，可不采取措施，选项 C 正确；地基液化等级为严重的 B 类桥梁，应全部消除液化沉降，选项 D 错误。

35. 答案：B

　　解析：《建筑抗震设计标准》（GB/T 50011—2010）（2024 年版）第 4.3.4 条，选项 A 正确；根据公式（4.3.4），砂土的液化判别标准贯入锤击数临界值与黏粒含量无关，选项 B 错误；地下水位越高，则 d_w 越小，相应的砂土液化判别标准贯入锤击数临界值 N_{cr} 越大，饱和砂土液化的可能性也越大，选项 C 正确；场地所在地区抗震设防烈度越高，液化判别标准贯入锤击数临界值 N_{cr} 越大，因此饱和砂土液化的可能性越大，选项 D 正确。

36. 答案：C

　　解析：《建筑抗震设计标准》（GB/T 50011—2010）（2024 年版）第 3.10.3 条第 1 款，8 度（0.30g）设防地震最大影响系数最大值为 0.68，该建筑场地距离发震断裂带小于 5km，应乘以 1.5 的系数，则该建筑场地设防地震的地震影响系数最大值为 $1.5 \times 0.68 = 1.02$。

37. 答案：C

　　解析：《建筑抗震设计标准》（GB/T 50011—2010）（2024 年版）第 4.2.4 条，该高层建筑的高宽比 $85/19 = 4.47 > 4$，在地震作用下基础底面不宜出现零应力区，选项 C 正确。

38. 答案：A

　　解析：《建筑基桩检测技术规范》（JGJ 106—2014）第 3.3.4 条，当总桩数小于 50 根时，检测数量不应少于 2 根。

39. 答案：C

　　解析：《地基动力特性测试规范》（GB/T 50269—2015）附录 A。

40. 答案：A

　　解析：《建筑基桩检测技术规范》（JGJ 106—2014）第 3.1.1 条，选项 A 正确。

41. 答案：BCD

　　解析：《工程地质手册》（第五版）第 4 页，阶地是由于地壳上升、河流下切形成的地貌，在上升过程中，有几次停顿的阶段，就形成几级阶地。阶地从河漫滩以上算起，分别为一级阶地、二级阶地等。对河谷地区来说河流下切，低级阶地形成年代新、完整性好，高级阶地形成年代老、完整性差，选项 A

错误，选项 B 正确；上叠阶地，指在已形成的堆积阶地上，后期河流未切穿早期冲积层，叠置在早期堆积阶地之上的后期阶地，很显然中上部晚于下部，选项 C 正确；内叠阶地，指在已形成的堆积阶地上，后期河流切穿早期冲积层，后期堆积物直接覆盖谷底基岩之上形成的堆积阶地，内部晚于外部，选项 D 正确。

42. 答案：ABC

解析：《供水水文地质勘察标准》（GB/T 50027—2024）第 10.2.7 条。

43. 答案：ABC

解析： 等高线凸向高处为山谷，凸向低处为山脊。山谷是集水线，山脊是分水线，水流从高处流向低处。在山谷处，水流沿着山谷的走向流动，因为山谷是地势较低且能汇聚水流的地方；而在山脊处，水流不会沿着山脊流动，而是从山脊两侧分别流向两侧的山谷。当等高线高程由内向外逐渐减小时，形成两侧为山脊，中间为山谷的地形，选项 A 正确；当等高线高程由内向外逐渐增大时，形成两侧为山谷，中间为山脊的地形，选项 B 正确；对山谷，水流会沿着山谷向高程低的方向流，选项 C 水流方向正确；对山脊，水流不会沿着山脊流动，而是从山脊两侧分别流向两侧的山谷，选项 D 水流方向错误。

44. 答案：BC

解析：《工程岩体分级标准》（GB/T 50218—2014）第 5.2.2 条公式（5.2.2），可知影响地下工程岩体基本质量等级的修正因素包括地下水的影响、主要结构面产状的影响和初始应力状态的影响。

45. 答案：ABD

解析：《工程地质手册》（第五版）第 1212 页。侵蚀泉是由于地形侵蚀揭露了含水层而出露的泉，根据其揭露的含水层不同可细分为侵蚀（下降）泉、侵蚀（自流斜地）上升泉两类，侵蚀泉不必然是下降泉，题目有瑕疵。

46. 答案：BC

解析：《土工试验方法标准》（GB/T 50123—2019）第 19.3.2 条第 3 款第 4 项，当孔隙水压力增量与周围压力增量之比 $\Delta u / \Delta \sigma_3 > 0.98$ 时，即可认为该试样饱和。试样 1，$\Delta u / \Delta \sigma_3 = 4.51/(55 - 50) = 0.902 < 0.98$，不可视为饱和；试样 2，$\Delta u / \Delta \sigma_3 = 5.91/(60 - 54) = 0.985 > 0.98$，可视为饱和；试样 3，$\Delta u / \Delta \sigma_3 = 4.92/(64 - 59) = 0.984 > 0.98$，可视为饱和；试样 4，$\Delta u / \Delta \sigma_3 = 3.80/(64 - 60) = 0.95 < 0.98$，不可视为饱和。

47. 答案：AC

解析：《公路桥涵地基与基础设计规范》（JTG 3363—2019）第 3.0.8 条及条文说明，计算基础沉降时，基础底面的作用效应应采用正常使用极限状态下准永久组合效应，考虑的永久作用不包括混凝土收缩及徐变作用、基础变位作用，可变作用仅指汽车荷载准永久值和人群荷载准永久值。

48. 答案：BD

解析：《建筑地基基础设计规范》（GB 50007—2011）第 3.0.5 条第 1 款，独立基础的宽度计算应采用正常使用极限状态下作用的标准组合，选项 A 错误；第 3 款，计算挡土墙、地基或滑坡稳定以及基础抗浮稳定时，作用效应应采用承载能力极限状态下作用的基本组合，选项 B、D 正确；第 4 款，当需要验算基础裂缝宽度时，应采用正常使用极限状态下作用的标准组合，选项 C 错误。

49. 答案：AC

解析：《建筑地基基础设计规范》（GB 50007—2011）第 3.0.6 条第 4 款，对由永久作用控制的基本组合，基本组合的效应设计值 $S_d = 1.35S_k$。确定基础底面积应采用作用效应的标准组合，若采用了基本组合，则高估了荷载，相应地会导致造价增加，经济性下降，选项 A 正确；计算挡土墙稳定性应采用作用效应的基本组合，但由于其分项系数均为 1.0，在数值上等同于标准组合，不会造成经济性下降，选项 B 错误；验算地基变形时应采用作用效应的准永久组合，由《建筑结构荷载规范》（GB 50009—2012）表 5.1.1 可知，准永久值系数最小，因此作用效应的准永久组合最小，当作用效应选用标准组合时则高估了荷载，相应地会造成经济性下降，选项 C 正确；验算基础裂缝宽度时，应采用作用效应的标准组合，若选择准永久组合，则会低估了荷载，而导致工程设计偏于不安全，可能会导致工程事故，这已经不是经济性下降与否的问题，而是违背了安全性原则，选项 D 错误。

50. 答案：ABD

解析：《建筑地基处理技术规范》（JGJ 79—2012）第 4.4.1 条，选项 A 正确；第 6.3.13 条，选项 B 正确；第 7.2.5 条第 3 款，选项 C 错误；第 5.4.3 条，选项 D 正确。

51. 答案：BCD

解析：高填方区可能存在原地基不满足设计要求，需要处理，挖方区原地基不需要处理，选项 A 错误；填筑材料选取及填筑方法均影响填方效果，选项 B 需要考虑；挖填交界面处可能产生不均匀沉降，需要进行处理，选项 C 需要考虑；填筑体排水也是需要考虑的问题，选项 D 正确。

52. 答案：ABD

解析：《建筑地基处理技术规范》（JGJ 79—2012）第 4.2.1 条条文说明，由于换填垫层的土工合成材料，在垫层中主要起加筋作用，以提高地基土的抗拉和抗剪强度、防止垫层被拉断裂和剪切破坏、保持垫层的完整性、提高垫层的抗弯刚度，使用了土工合成材料加筋的垫层有效改变了天然地基的性状，增大了压力扩散角，降低了下卧土层的压力，约束了地基侧向变形，调整了地基不均匀变形，增大了地基的稳定性并提高了地基承载力，由于加筋垫层的约束，整体上限制了地基的剪切、侧向挤出及隆起变形，选项 A、B、D 错误，选项 C 正确。

53. 答案：BCD

解析：《建筑地基处理技术规范》（JGJ 79—2012）第 5.2.7 条公式（5.2.7），对于堆载一次瞬时施加完成的情形，固结度与堆载压力无关，只取决于固结时间和排水固结条件等，选项 A 错误，C 正确；总沉降量与堆载压力成正比，堆载压力越大，在其作用下的总沉降量就越大，因此在相同堆载预压时间内，固结度相同，堆载压力越大的能够完成的沉降量就越大，相应的工后沉降量就越小，选项 B、D 正确。

54. 答案：AD

解析：砂井是预压固结中的径向排水构件，需要结合堆载预压或真空预压使用，其本身不起承担上部荷载的作用，而砂桩是砂石桩处理地基中的竖向增强体，除具有排水作用外，尚可起到挤密桩间土及增加复合地基承载力的作用，选项 A、D 错误，选项 B、C 正确。

55. 答案：AC

解析：《建筑地基处理技术规范》（JGJ 79—2012）第 5.2.17 条，采用真空预压法处理地基时必须设置塑料排水带或砂井作为竖向排水结构，如不采用排水竖井，真空预压效果极差，选项 A 错误；在真空预压抽气施加压力过程中，真空度不变时，作用在地基土上的总应力不变，选项 B 正确；真空预压中，地基土有效应力增量是各向相等的，在预压过程中土体不会发生剪切破坏，所以不需要控制加载速率，一次施加到最大真空度，选项 C 错误；真空预压的施工工艺包含排水系统、抽真空系统和密封系统三方面，应先施工排水系统，后施工抽真空系统，最后施工密封系统，选项 D 正确。

56. 答案：AC

解析：《建筑地基处理技术规范》（JGJ 79—2012）第 7.8.4 条第 1 款，选项 A 正确；第 7.8.1 条，选项 B 错误；第 7.8.1 条条文说明，选项 C 正确；第 7.8.5 条，可知施工工艺并非为沉管法施工，选项 D 错误。

57. 答案：CD

解析：基坑降水会增加地层的有效应力而引起附加沉降，可能引起基坑周边建筑物的不均匀沉降和引起基坑周边道路的开裂、塌陷等，选项 A、B 正确；基坑降水可以消除水压力从而降低作用在支护结构上的荷载，因此不会引起基坑桩锚支护体系中的锚杆轴力增加，选项 C 不可能；基坑开挖卸荷后，卸荷会引起基坑底表部一定深度范围内土体结构黏聚力的减弱，而基坑开挖会导致周边含水层中地下水向基坑汇集，基坑浸水会引起坑底土层的回弹，而基坑降水是有利于遏制基坑回弹的，选项 D 不可能。

58. 答案：BCD

解析：《公路隧道施工技术规范》（JTG/T 3660—2020）第 18.6.3 条，选项 A 错误，选项 B、C、D 正确。

59. 答案：CD

解析：桩顶水平位移超过了规范限值，说明作用在悬臂桩上的主动土压力过大，悬臂桩和支护结构体系的刚度相对较小，故可以从这两个方面加以改善。在墙后采用水泥砂浆进行注浆加固，通常注浆都是压力注浆，注浆不但不能减小主动土压力，反而会增加作用在悬臂桩上的水平荷载，选项 A 错误；对题图中 A 区域进行加固有助于提高坑底处土的刚度，但是对桩顶位移过大几乎没有帮助，选项 B 错误；增设锚杆或斜撑，可以提高支撑结构体系的刚度，有助于减少桩顶的水平位移，选项 C 正确；桩后卸载，可以减少作用在悬臂桩上的主动土压力，也是可以采取的补救措施，选项 D 正确。

60. 答案：AB

解析：《建筑基坑支护技术规程》（JGJ 120—2012）第 3.3.2 条表 3.3.2，锚杆不宜用在软土层和高水位的碎石土、砂土层中：当邻近基坑有建筑物地下室、地下构筑物等，锚杆的有效锚固长度不足时，不应采用锚杆，选项 A 不适宜；预应力锚杆复合土钉墙适用于地下水位以上或降水的非软土基坑，且基坑深度不宜大于 15m，本题基坑深度 16m 且紧邻基坑有带地下室的高层建筑物，选项 B 不适宜；采取用双排桩支护时，其支护结构体系局限于基坑内部，对周边建筑物影响不大，选项 C 适宜；排桩加内支撑支护时，支护结构体系同样局限于基坑内部，对周边建筑物影响不大，选项 D 适宜。

61. 答案：ABC

解析：《建筑基坑支护技术规程》（JGJ 120—2012）附录 C.0.1 条，坑底以下有水头高于坑底的承压水含水层，且未用截水帷幕隔断其基坑内外的水力联系时，应验算承压水作用下的坑底突涌稳定性，选项 A 正确；C.0.2 条，悬挂式截水帷幕底端位于碎石土、砂土或粉土含水层时，对均质含水层，应验算地下水渗流的流土稳定性，选项 B 正确；C.0.3 条，坑底以下为级配不连续的砂土、碎石土含水层时，应进行土的管涌可能性判别；当坑底以下为黏性土时，因为黏土颗粒之间存在黏聚力，可不判别管涌可能性，选项 C 正确；采用落底式帷幕截水时，此时已切断了基坑内外的水力联系，因此可不用验算地下水渗流力作用下帷幕的强度，选项 D 错误。

62. **答案：** AC

    解析：《湿陷性黄土地区建筑标准》（GB 50025—2018）第 4.3.4 条第 5 款，选项 A 正确；第 6 款，选项 B 错误；采用现场静载荷试验测定黄土湿陷起始压力，当圆形承压板面积为 0.5m² 时，其直径 $d = \sqrt{4s/\pi} = \sqrt{4 \times 0.5/\pi} = 0.80$m，试坑直径应为承压板直径的 3 倍，即试坑直径应为 2.4m，选项 C 正确；第 4.3.6 条第 2 款，选项 D 错误。

63. **答案：** ABD

    解析：《岩土工程勘察规范》（GB 50021—2001）（2009 年版）第 5.7.1 条，选项 B、D 正确；第 5.7.2 条，选项 A 正确；《建筑抗震设计标准》（GB/T 50011—2010）（2024 年版）第 5.1.5 条，地震影响系数是由结构设计师在工程设计阶段根据工程相关参数计算得到的，并非由勘察报告提供，选项 C 错误。

64. **答案：** AB

    解析：《水电工程水工建筑物抗震设计规范》（NB 35047—2015）第 4.2.9 条，选项 A、B 正确。

65. **答案：** BCD

    解析：《建筑抗震设计标准》（GB/T 50011—2010）（2024 年版）第 4.3.6 条表 4.3.6，对于设防类别为丁类的建筑，地基液化等级为中等时可不采取措施，选项 A 错误；地基液化等级为轻微的场地，除设防类甲、乙类建筑外，丙类、丁类建筑一般不做特殊处理，选项 B 正确；第 4.3.6 条条文说明第 3 款，对于液化等级属于中等的场地，尽量多考虑采用较易实现的基础与上部结构处理的构造措施，不一定要加固处理液化土层，选项 C 正确；第 4.3.6 条，根据液化震陷量的估算适当调整抗液化措施，选项 D 正确。

66. **答案：** AC

    解析：黏粒含量越高，越不容易液化；地震烈度越大，液化可能性越大。应力状态和灵敏度与液化无关。选项 D 也影响液化，但不是主要因素。

67. **答案：** BC

    解析：《建筑抗震设计标准》（GB/T 50011—2010）（2024 年版）第 4.3.10 条，存在液化侧向扩展可能时要进行土体抗滑动验算，若有滑动可能，则需要采取防止土体滑动的措施，选项 B、C 正确；沿河地段由于地下水位高且水量充沛，很难采取大面积消除液化措施，且不经济，选项 D 错误。

68. **答案：** AD

    解析：《工程地质手册》（第五版）第 731 页，卓越周期是场地地基条件的一种固有特性，一般情况下不受外界扰力、时间推移和工程建筑的影响，其直接反映了场地地基的振动波可视为不同振幅、不同频率的随机振动集合，选项 A 正确、选项 B 错误；当某一周期的地震波与地表工程设施的自振周期相近时，由于共振的作用会使这种地震波的振幅得到放大，使震害加重，为防止这种现象的出现，应使工程设施的结构自振周期避开场地地基的卓越周期，选项 C 错误；随机振动中出现波动次数最多（或出现最大振幅）的频率被称为卓越频率，卓越频率的倒数即为卓越周期，选项 D 正确。

69. 答案：AD

解析：《建筑基桩检测技术规范》（JGJ 106—2014）附录 B.0.1 条，选项 A 正确；B.0.5 条，桩头混凝土强度等级宜比桩身混凝土强度提高 1~2 级，且不得低于 C30，选项 B 错误；B.0.4 条，桩顶应设置钢筋网片 1~2 层，间距 60~100mm，选项 C 错误；B.0.2 条，选项 D 正确。

70. 答案：AD

解析：《建筑地基处理技术规范》（JGJ 79—2012）第 5.4.3 条，选项 A 正确；第 5.4.2 条，选项 D 正确。

2022 年专业知识试题答案及解析（下午卷）

1. 答案：A

  解析：《土力学与岩土工程师——岩土工程疑难问题答疑笔记整理之一》（高大钊，人民交通出版社）第 181 页，地基规范承载力公式是经过经验修正的临界荷载公式，塑性开展区深度为基础宽度的四分之一，应用于竖向荷载下的条形基础。用于矩形、圆形基础的局部荷载作用下的情况，偏于安全。

2. 答案：A

  解析：《土力学》（李广信等，第 3 版，清华大学出版社）第 117 页表 3-10，$n = z/b$ 不变，$m = x/b$，随 x 增大逐渐增大，附加应力系数先增大，在 $m = x/b = 0.75$ 时达到最大值，然后逐渐减小，可以判断选项 A 正确。矩形基础在三角形荷载下的附加应力分布和条形基础大致相同。

3. 答案：C

  解析：《建筑地基基础设计规范》（GB 50007—2011）第 5.2.5 条及条文说明，选项 A 大于 6m，可取 6m，选项 B 没有要求，选项 D 应为 $e \leqslant 0.033b$。规范要求 $p_{kmax} \leqslant 1.2f_a$，而 $f_a \leqslant p_k$，可以得出选项 C 正确。

4. 答案：A

  解析：《建筑地基基础设计规范》（GB 50007—2011）第 5.3.3 条条文说明，可以看出沉降包括施工期变形和服役期变形。规范公式未能考虑基础刚度的影响，选项 C 错误；随着沉降的进行，孔隙比越来越小，相应的渗透系数也在逐渐降低，显然公式未能考虑这一点，选项 B 错误；计算公式未能考虑荷载施加速率的影响，选项 D 错误。

5. 答案：D

  解析：无筋扩展基础也叫刚性基础，指由砖、毛石、素混凝土、灰土、三合土等具有较好的抗压性能的材料组成的基础，基础内部没有钢筋，选项 A 正确；《土力学》（李广信等，第 3 版，清华大学出版社）第 99 页，正常工作时，边缘部分土体屈服，基底压力呈马鞍形分布，选项 B 正确；《基础工程》（周景星等，第 3 版，清华大学出版社）第 42 页，无筋扩展基础为刚性基础，为避免在压力作用下材料弯曲产生的拉应力超过材料的允许抗拉强度，因此应控制台阶宽高比不超过规定的允许值，选项 C 正确，D 错误。

6. 答案：D

  解析：《公路桥涵地基与基础设计规范》（JTG 3363—2019）附录 G.0.2 条，$n = \dfrac{e}{d} = \dfrac{0.44}{2} = 0.22 > 0.125$，查表 G.0.2，$\lambda = 3.036$，$p_{max} = \lambda \dfrac{N}{A} = 3.036 \times \dfrac{1000}{3.14 \times 1^2} = 966.9 \text{kPa}$。

7. 答案：D

  解析：《建筑桩基技术规范》（JGJ 94—2008）第 5.1.1 条条文说明，选项 A、B 错误，D 正确；从第 5.1.1 条公式可以看出，桩顶竖向力和弯矩作用方向有关，在弯矩作用方向，距合力作用点越远，桩顶竖向力越大。在相反方向，距竖向力合力作用点越远，桩顶竖向力越小，选项 C 改为最远才是正确的。

8. 答案：D

　　解析： 空气幕法是在沉井井壁内预埋若干竖直管道和若干层横向的环形喷射管，使沉井井壁周围的土液化，从而减小井壁与土之间的摩阻力，4 个选项中只有选项 D 合适。

9. 答案：C

　　解析：《公路桥涵地基与基础设计规范》（JTG 3363—2019）第 6.2.3 条第 3 款，$t = 6.35 + \frac{d}{100} = 6.35 + \frac{1200}{100} = 18.35mm$，选项 C 最接近。

10. 答案：C

　　解析：《膨胀土地区建筑技术规范》（GB 50112—2013）第 5.7.9 条，桩承台梁下应留有空隙，最小空隙应大于土层浸水后的最大膨胀量，且不应小于 100mm，选项 C 正确。

11. 答案：D

　　解析：《建筑桩基技术规范》（JGJ 94—2008）第 6.3.26 条，选项 A 正确；相关检验合格后，应立即灌注混凝土，选项 D 错误；第 6.3.28 条第 2 款，选项 B 正确；第 6.3.27 条第 3 款，选项 C 正确。

12. 答案：D

　　解析：《建筑地基基础设计规范》（GB 50007—2011）附录 R，等代实体深基础法采用单向压缩分层总和法计算，附加压力取桩端平面处的附加压力，这种方法不能反映桩的长径比、距径比等参数对沉降的影响，也忽略了桩身的压缩变形量，而把承台底面以下到桩端平面间的桩土复合体当作一不可压缩的刚性实体考虑；《建筑桩基技术规范》（JGJ 94—2008）第 5.5.6 条及条文说明，桩中心距不大于 6 倍桩径的桩基，其最终沉降量可采用等效作用分层总和法计算，等效作用面位于桩端平面，等效作用面积为桩基承台投影面积，等效作用近似取承台底平均附加压力，这同样忽略了桩身的压缩量，通过桩基等效沉降系数 ψ_e 来考虑桩数与桩间距对沉降的影响。因此选项 A、B、C 错误。等代实体深基础基底以下和等效作用分层总和法等效作用面以下的附加应力的计算均是基于布辛奈斯克解，选项 D 正确。

13. 答案：C

　　解析：《建筑桩基技术规范》（JGJ 94—2008）表 6.2.4，选项 A 应为 ±50mm，选项 D 应不大于 150mm；第 6.3.9 条，沉渣厚度不应大于 50mm，选项 B 错误。

14. 答案：D

　　解析：《公路桥涵地基与基础设计规范》（JTG 3363—2019）第 6.3.3 条公式及符号说明，选项 A、B、C 正确；选项 D 应为 40m。

15. 答案：B

　　解析：《建筑边坡工程技术规范》（GB 50330—2013）第 5.1.1 第 1 款，选项 A 正确；第 5.2.3 条，选项 B 错误；折线滑动面可采用传递系数法，选项 C 正确；第 5.2.4 条条文说明，选项 D 正确。

16. 答案：D

　　解析： 一、二层土界面处土压力强度 $\gamma_1 h_1 K_{a1} > \gamma_1 h_1 K_{a2}$，即 $K_{a1} > K_{a2}$，则 $\varphi_1 < \varphi_2$，土压力曲线斜率一层土大于二层土，$K_{a1}\gamma_1 > K_{a2}\gamma_2$，又因为 $K_{a1} > K_{a2}$，则 $\gamma_1 < \gamma_2$、$\gamma_1 = \gamma_2$、$\gamma_1 > \gamma_2$ 均有可能。

17. **答案：C**

    解析：《铁路路基支挡结构设计规范》（TB 10025—2019）第 6.2.1 条条文说明，破裂角为 45°时，破裂面与水平路基面的交线位于均布荷载内部，对应选项 C。

18. **答案：B**

    解析：《土力学》（李广信等，第 3 版，清华大学出版社）第 246 页图 6-25，An 代表楔体 ABC 的重量，选项 B 错误。

19. **答案：A**

    解析：由题目可知边坡产状 60°∠45°，结构面和边坡倾向相近，倾角小于坡角最不稳定，选项 A 结构面倾向 50°，倾角 35°，结构面外倾，倾角小于坡角，最不稳定。

20. **答案：C**

    解析：《公路路基设计规范》（JTG D30—2015）第 5.5.5 条表 5.5.5，选项 A 错误；第 5.5.6 条第 4 款，选项 D 错误；第 5.5.8 条表 5.5.8，选项 C 正确；抗拔安全系数 K_2 和锚索的安全系数 K_1 是不同的概念，选项 B 错误。

21. **答案：C**

    解析：《基坑工程手册》（刘国彬等，第 2 版，中国建筑工业出版社）第 277、278 页，土钉全长黏结，不分自由段和锚固段，拉力沿全长中间大，两头小。预应力锚索由锚头、自由段和锚固段组成，拉力分布在自由段内保持不变，在锚固段内是变化的，从与自由段交界处向尾端单调递减，选项 C 正确。

22. **答案：B**

    解析：《建筑边坡工程技术规范》（GB 50330—2013）第 11.2.3～11.2.5 条条文说明，抗倾覆不满足时，可以增大挡墙断面尺寸、增长墙趾或改变墙背，选项 D 有效；仰斜墙背的土压力最小，选项 C 有效；将墙后填土改为级配砂石，可以改善排水，降低作用在挡墙上的水压力，选项 A 有效；墙底做砂石垫层无效，选项 B 无效。

23. **答案：C**

    解析：《建筑边坡工程技术规范》（GB 50330—2013）第 3.3.3 条，倾斜坡面岩质边坡破裂角按第 6.3.4 条取值，取外倾结构面倾角。

24. **答案：D**

    解析：《工程地质手册》（第五版）第 590、591 页，选项 A 正确；第 594 页，选项 C 正确；盐胀是硫酸盐渍土的特征，选项 D 错误；《岩土工程勘察规范》（GB 50021—2001）（2009 年版）第 6.8.4 条第 5 款，选项 B 正确。

25. **答案：D**

    解析：《土工试验方法标准》（GB/T 50123—2019）第 18.2.1 条规定黄土试样应按第 4.5 节制备，第 4.5 节是原状土样制备，选项 A、B、C 需要原状样；第 33.1.1 条，土样为原状冻土或人工冻土，选项 D 可不采用原状土样。

26. 答案：B

    解析：《工程地质手册》（第五版）第 503 页，湿陷起始压力是湿陷性黄土发生湿陷变形的最小压力，湿陷终止压力是湿陷性黄土发生湿陷变形的最大压力，当上覆压力大于湿陷终止压力时，黄土层的变形绝大部分是压缩变形，也可以说在湿陷起始压力和湿陷终止压力区间，黄土发生湿陷变形。从图中可以看出，p_1 为湿陷起始压力，p_5 为湿陷终止压力，$p_1 \sim p_5$ 为湿陷压力区间。

27. 答案：C

    解析：《湿陷性黄土地区建筑标准》（GB 50025—2018）附录 A，30m 高建筑属乙类建筑，第 5.7.3 条，乙类桩端穿透湿陷性黄土层，选择压缩性较低的岩土层作为持力层，湿陷系数小于 0.015 为非湿陷性黄土，最小桩长取 25m。

28. 答案：D

    解析：《膨胀土地区建筑技术规范》（GB 50112—2013）第 4.3.5 条，胀缩等级为 II 类，第 5.5.5 条第 4 款，散水宽度为 3m。

29. 答案：A

    解析：根据土力学知识，$S_t = c_u / c_u' = 24/6 = 4$。

30. 答案：D

    解析：《铁路工程不良地质勘察规程》（TB 10027—2022）第 9.2.2 条，选项 A、B、C 正确；褶曲构造的轴部是岩层倾向发生显著变化的地方，是岩层应力最集中的地方，容易遇到工程地质问题，主要是由于岩层破碎而产生的岩体稳定问题和向斜轴部地下水的问题，隧道一般从褶曲的翼部通过比较有利，选项 D 错误。

31. 答案：D

    解析：《工程地质手册》（第五版）第 682 页。

32. 答案：C

    解析：《建筑地基基础设计规范》（GB 50007—2011）附录 G.0.2 条，$I_p = 24 > 22$，降低一级。

33. 答案：B

    解析：《铁路工程特殊岩土勘察规程》（TB 10038—2022）表 5.5.2-3，蒙脱石含量和阳离子交换量均满足中等膨胀土的要求，结合该表下小注，该土的膨胀潜势分级应为中等膨胀土。

34. 答案：B

    解析：《盐渍土地区建筑技术规范》（GB/T 50942—2014）第 3.0.3 条：$\frac{c(\text{Cl}^-)}{2c(\text{SO}_4^{2-})} = \frac{30}{2 \times 60} = 0.25 < 0.3$，按表 3.0.3 应为硫酸盐渍土；含盐量为 2.5%，介于 2.0%～5.0% 之间；据表 3.0.4 条，应为强盐渍土，该盐渍土的综合定名应为硫酸盐强盐渍土，选项 B 正确。

35. 答案：C

    解析：《建设工程勘察设计管理条例》第二十五条，选项 A、B 正确；第二十八条，选项 C 错误，D 正确。

36. 答案：A

    解析：《地质灾害防治条例》第十九条，选项 A 错误，选项 B、C 正确；第二十条，选项 D 正确。

37. 答案： B

解析：《中华人民共和国招标投标法》第五十条，选项 A 正确；第五十二条和第五十四条，选项 C 正确；第五十五条，选项 D 正确；第五十六条，选项 B 错误。

38. 答案： A

解析：《建设工程质量检测管理办法》第十一条，选项 A 错误；第十五条，选项 B 正确；第十六条，选项 C、D 正确。

39. 答案： D

解析：《勘察设计注册工程师管理规定》第十四条，选项 A 正确；第二十二条，选项 B 正确；第二十五条，选项 C 正确；第三十条，选项 D 错误。

40. 答案： D

解析：《中华人民共和国建筑法》第七条，选项 A、B、C 正确；第八条，选项 D 错误。

41. 答案： AD

解析：《建筑地基基础设计规范》（GB 50007—2011）第 5.3.8 条条文说明，对于一定的基础宽度，地基压缩层的厚度不一定随着荷载 p 的增加而增加，选项 A 正确；基础形状对压缩层厚度影响无显著规律，选项 B 错误；地基土类别（如软土、非软土）对压缩层的厚度影响无显著规律，即土的压缩模量大小对压缩层厚度没有影响，可认为压缩层深度和压缩模量无关，选项 C 错误；基础大小和压缩层深度之间有明显的规律性关系，基础越大，压缩层厚度也越大，公式 $z_n = b(2.5 - 0.4 \ln b)$ 即为明证，选项 D 正确。

42. 答案： ACD

解析：《建筑地基基础设计规范》（GB 50007—2011）第 5.2.7 条及条文说明，软弱下卧层顶面的附加应力计算采用扩散角方法，选项 A 错误；根据条文说明，选项 B 正确；上硬下软双层土是压力扩散，不是压力集中，选项 C 错误；布辛奈斯克解不考虑土层上硬下软产生应力扩散，计算结果比扩散角理论大，选项 D 错误。

43. 答案： BC

解析：《建筑地基基础设计规范》（GB 50007—2011）第 5.2.4 条，深层载荷试验修正时，只进行宽度修正，不进行深度修正，基础宽度大于 6m 取 6m，小于 3m 取 3m。

44. 答案： BD

解析：《建筑地基基础设计规范》（GB 50007—2011）第 4.2.6 条，地基土的压缩性是用压缩系数划分的，而非压缩指数，选项 A 错误；第 4.2.5 条，选项 B 正确；第 4.2.5 条第 1 款，选项 C 中的试验所施加的最大压力应超过土自重应力和预计的附加压力之和，选项 C 错误；第 2 款，选项 D 正确。

45. 答案： BC

解析：《建筑地基基础设计规范》（GB 50007—2011）第 3.0.1、3.0.2 条，选项 A 为乙级建筑，选项 B 为丙级建筑，选项 C 为丙级建筑，选项 D 为甲级建筑，丙级建筑不出现第 3.0.2 条第 3 款情况时，可不做变形验算。

46. 答案：ACD

　　解析：《建筑桩基技术规范》（JGJ 94—2008）第 3.3.3 条条文说明，桩基概念设计中是通过控制基桩的最小中心距来达到有效发挥基桩承载力的目的，选项 A 正确；成桩工艺对基桩最小中心距也有影响，基桩布置时需要加以考虑，选项 C 正确；桩基概念设计时需要通过力系的优化来减少荷载偏心的负面作用，这是基桩布置时需要考虑的因素之一，选项 D 正确。

47. 答案：AB

　　解析：《建筑桩基技术规范》（JGJ 94—2008）第 4.1.2 条及附录 B 表 B.0.1，PHC 管桩桩身混凝土等级为 C80，一般灌注桩桩身混凝强度等级不宜小于 C25，选项 A 正确；钻孔灌注桩先成孔后成桩，桩长可根据持力层调节，对地层适应性好，选项 B 正确；预制桩采取振动或锤击下沉，不易穿透硬夹层，选项 C 错误；《建筑桩基技术规范》（JGJ 94—2008）附录 A，钻孔灌注桩也可以采用干作业成孔，选项 D 错误。

48. 答案：AD

　　解析：《建筑桩基技术规范》（JGJ 94—2008）第 3.5.2 条表 3.5.2，可知环境类别越高，所要求的桩基混凝土最低强度越高，最大水灰比越小，即应控制最大水灰比和混凝土最低强度等级，选项 B 错误，D 正确；据第 4.1.2 条第 2 款，水下灌注桩的主筋保护层厚度要求高于一般情况下的要求，而水中含有各种盐类（如氯盐、硫酸盐类）对混凝土结构有腐蚀作用，显然增加保护层厚度有利于提高钢筋混凝土桩基的耐久性，选项 A 正确；据表 3.5.2 注 3，当混凝土中加入活性掺合料或能提高耐久性的外加剂时，可适当降低最低水泥用量，即水泥用量有最低要求，要控制最小水泥用量，选项 C 错误。

49. 答案：ABD

　　解析：《铁路桥涵地基和基础设计规范》（TB 10093—2017）第 6.1.1 条。

50. 答案：ABC

　　解析：《高层建筑岩土工程勘察标准》（JGJ/T 72—2017）第 8.3.7 条。

51. 答案：ACD

　　解析：《公路桥涵地基与基础设计规范》（JTG 3363—2019）第 6.2.5 条条文说明。

52. 答案：AC

　　解析：《建筑桩基技术规范》（JGJ 94—2008）第 5.4.6 条，扩底桩形成复合破坏面，破坏表面周长更大，提高了单桩抗拔承载力，选项 C 正确；桩侧后注浆可以改善桩侧土，提高桩侧土摩阻力，从而提高单桩抗拔承载力，选项 A 正确；选项 C、D 对提高单桩抗拔承载力无效果。

53. 答案：AC

　　解析：管涌是在渗流作用下，土中细颗粒在粗颗粒形成的孔隙通道中移动并被带出的现象，水力梯度较大，渗流力大，细颗粒更容易被带出，容易发生管涌，选项 A 正确；不均匀系数表示土的均匀程度，不均匀系数小，说明土颗粒大小相差不大，不能形成孔隙通道，不容易发生管涌，选项 B 错误；级配不连续说明缺乏某一粒径的土，可以形成孔隙通道，容易发生管涌，选项 C 正确；土的密实程度高，细颗粒对粗颗粒形成的骨架的填充程度也高，大大减少了孔隙通道的存在，也就不容易发生管涌，选项 D 错误。

54. 答案：ACD

解析：《土力学》（李广信等，第 3 版，清华大学出版社）第 281 页，$F_{s(k)}$ 是该假定滑动面的安全系数，边坡真正安全系数还要通过计算很多滑动面进行比较，找出最危险的滑动面，其安全系数才是真正的安全系数。这里的最危险滑动面指的就是安全系数最小值对应的滑动面，选项 A 正确。第 241 页最后一段，可知库仑主动土压力是所有假设滑动面对应的土压力中最大的那一个，库仑被动土压力是所有假设滑动面对应的土压力中最小的那一个，选项 B 错误，C 正确。极限分析法是求解理想刚塑性体处于极限状态时的普遍原理，包括极限分析上限定理和下限定理，上限定理可以求得实际破坏荷载的最小值，下限定理可以求得实际破坏荷载的最大值，可知选项 D 正确。

55. 答案：AC

解析：《建筑边坡工程技术规范》（GB 50330—2013）第 13.1.3 条条文说明，选项 A 正确；第 13.2.4 条，选项 B 错误；第 13.2.10 条条文说明，选项 C 正确；第 13.3.3 条，选项 D 错误。

56. 答案：CD

解析：《铁路路基支挡结构设计规范》（TB 10025—2019）第 9.1.1 条。

57. 答案：CD

解析：《工程地质手册》（第五版）第 1101 页，图 1 中结构面 J_1、J_2 的交线（图中表现为交点 M）位于边坡投影弧 cs 及 ns 对侧，即组合交线的倾向与边坡倾向相反，没有发生顺层滑动的可能，属于稳定结构，即人工开挖边坡稳定，选项 A 正确；图 2 中结构面 J_1、J_2 的交线位于边坡投影弧 cs 及 ns 的同侧，但位于 ns 和 cs 之间，即结构面组合交线的倾向与坡面倾向一致，但倾角小于开挖坡角而大于天然坡角，结构面交线在两种坡面均有出露，属于不稳定结构，选项 B 正确；图 3 中结构面 J_1、J_2 的交线位于边坡投影弧 cs 及 ns 的同侧，但位于 cs 内侧，即结构面组合交线的倾向与坡面倾向一致，倾角大于开挖坡角，在坡顶没有出露点，属于稳定结构，选项 C 错误；图 4 中结构面 J_1、J_2 的交线位于边坡投影弧 cs 及 ns 的同侧，但位于 ns 的外侧，即结构面组合交线的倾向与坡面倾向一致，且倾角小于天然坡角，属于较稳定结构，选项 D 错误。

58. 答案：BC

解析：《岩土工程勘察规范》（GB 50021—2001）（2009 年版）附录 D。

59. 答案：BD

解析：《公路路基设计规范》（JTG D30—2015）第 7.8.2 条，选项 A 错误；第 7.8.3 条第 2 款，选项 B 正确；第 7.9.5 条，选项 C 错误；第 7.11.7 条，选项 D 正确。

60. 答案：AB

解析：《湿陷性黄土地区建筑标准》（GB 50025—2018）附录 F.0.3 条，选项 A 错误；F.0.6 条，选项 B 错误；F.0.8 条，选项 C 正确；F.0.5 条，选项 D 正确。

61. 答案：BD

解析：《铁路工程特殊岩土勘察规程》（TB 10038—2022）第 9.2.1 条第 1 款，选项 A 错误；第 2 款，选项 C 错误。第 9.2.3 条第 2 款，选项 B 正确。第 9.2.2 条第 4 款，选项 D 正确。

62. 答案：ACD

解析：《工程地质手册》（第五版）第 616~617 页，花岗岩地区常见球状风化，风化球常见于强风化带上段和残积土层中。

63. 答案：BD

　　解析：《膨胀土地区建筑技术规范》（GB 50112—2013）第 5.4.2 条第 2 款，选项 A 错误。第 5.4.3 条第 1 款，选项 B 正确；第 4 款，选项 C 错误。第 5.4.5 条，选项 D 正确。

64. 答案：ABC

　　解析：《铁路工程特殊岩土勘察规程》（TB 10038—2022）第 6.5.2 条表 6.5.2-2。

65. 答案：ABC

　　解析：《中华人民共和国民法典》第五百一十条，选项 A 正确；第五百一十一条，选项 B、C 正确，选项 D 错误。

66. 答案：ABD

　　解析：《房屋建筑和市政基础设施工程施工图设计文件审查管理办法》第十一条。

67. 答案：CD

　　解析：《建设工程勘察质量管理办法》第十三条，选项 A、B 错误，选项 C、D 正确。

68. 答案：ABD

　　解析：《中华人民共和国建筑法》第八条。

69. 答案：ACD

　　解析：《中华人民共和国安全生产法》第四十条，选项 A 正确、选项 B 错误；第四十一条，选项 C、D 正确。

70. 答案：ABD

　　解析：《勘察设计注册工程师管理规定》第六条，选项 A 错误；第八条，选项 B 错误、选项 C 正确；第十条，选项 D 错误。

2022 年补考专业知识试题答案及解析（上午卷）

1. **答案：A**

   解析：《建筑地基基础设计规范》（GB 50007—2011）第 6.6.2 条及条文说明，钻孔见洞隙率 = 35/90 = 38.9% > 30%，地表存在岩溶塌陷坑，查表 6.6.2，为强发育，选项 A 正确。

2. **答案：D**

   解析：《城市轨道交通岩土工程勘察规范》（GB 50307—2012）第 9.4.3 条条文说明表 4，土的黏聚力试验目的为计算土压力、盾构选型、推算黏性土强度，选项 D 不符合。

3. **答案：A**

   解析：《铁路工程地质勘察规范》（TB 10012—2019）第 2.1.10 条，基本承载力为建筑物基础短边宽度不大于 2.0m、埋置深度不大于 3.0m 时的地基容许承载力，选项 A 正确。

4. **答案：C**

   解析：《工程地质手册》（第五版）第 1235 页，曲线Ⅲ代表含水层分布范围小、含水层渗透性和地下水补给条件差的抽水试验曲线，选项 C 正确。

5. **答案：A**

   解析：《水利水电工程地质勘察规范》（GB 50487—2008）（2022 年版）附录 G.0.1 条条文说明，流土指在上升的渗流作用下局部土体表面的隆起、顶穿，或者粗颗粒群同时浮动而流失，选项 A 正确。也可根据土力学概念快速确定是流土。

6. **答案：A**

   解析：位于断层线上方的为上盘，下方的为下盘，题 6 图中断层上盘相对下降，下盘相对上升，为正断层，选项 A 正确。

7. **答案：D**

   解析：《公路工程地质勘察规范》（JTG C20—2011）附录 B 表 B-1 序号 5，选项 D 正确。

8. **答案：D**

   解析：《土工试验方法标准》（GB/T 50123—2019）第 7.1.1 条，粒径不小于 5mm 的土，且粒径大于 20mm 的颗粒含量不小于 10% 时，应用虹吸筒法，选项 D 正确。

9. **答案：B**

   解析：《岩土工程勘察规范》（GB 50021—2001）（2009 年版）第 2.2.1 条，孔隙度和孔隙率均为孔隙体积与土体总体积之比，选项 A 一致；含水率也称含水量，选项 B 一致；密度定义为单位体积土的质量，重度为密度和重力加速度乘积，表示单位体积土的重量，选项 C 不一致；持水度定义为滞留于非饱和带中而不释出的水体积与单位疏干体积的比值，用来表示岩土体的持水性，容水度是岩土体空隙中能够容纳水的体积与整个岩土体的体积之比，用来表示岩土体的容水性，选项 D 不一致。共有 2 组参数含义和概念不相同。

10. 答案：B

    解析：《岩土工程勘察规范》（GB 50021—2001）（2009 年版）第 9.4.1 条表 9.4.1，土的定名可用Ⅳ级土样，含水率可用Ⅲ级土样，密度可用Ⅱ级土样，强度试验、固结试验用Ⅰ级土样，从低到高排序为土样定名→含水量→密度→强度试验。

11. 答案：C

    解析：《土力学》（李广信等，第 3 版，清华大学出版社）第 139 页，$K_0 = \dfrac{v}{1-v} = \dfrac{0.3}{1-0.3} = 0.43$。或查阅《工程地质手册》（第五版）第 170 页。

12. 答案：C

    解析：《岩土工程勘察规范》（GB 50021—2001）（2009 年版）附录表 A.0.5，含水量大于液限，孔隙比大于 1.0 且小于 1.5 的土，称为淤泥质土，选项 C 正确。

13. 答案：D

    解析：《建筑工程地质勘探与取样技术规程》（JGJ/T 87—2012）附录表 G.0.1，符合粉土的特征，选项 D 正确。土类鉴别和描述是勘察行业的基本知识。

14. 答案：A

    解析：《工程结构可靠性设计统一标准》（GB 50153—2008）附录表 A.1.8，可变荷载对承载力有利时，可变作用的分项系数 γ_Q 取 0，选项 A 正确。

15. 答案：B

    解析：《建筑结构荷载规范》（GB 50009—2012）第 3.1.1 条、第 3.1.2 条，基础自重、水压力、预应力均为永久荷载，均应采用标准值作为代表值，选项 A、C、D 错误，选项 B 正确。

16. 答案：C

    解析：《建筑地基基础设计规范》（GB 50007—2011）第 3.0.5 条第 2 款，变形采用准永久组合，不计入风荷载和地震作用；《建筑结构荷载规范》（GB 50009—2012）第 3.2.10 条，荷载准永久组合包含永久作用和可变作用，选项 C 正确。

17. 答案：A

    解析：复合地基通常由增强体、桩间土和垫层组成，有些情况下也可以不设置垫层，复合地基最大的特点是增强体和桩间土共同承担荷载，在外部荷载作用下，增强体与桩间土的变形是协调一致的。对四个选项来说，选项 A 的刚性基础荷载由刚性桩承担，桩间土不承担荷载，桩和桩间土难以变形协调，难以形成复合地基。

18. 答案：C

    解析：《建筑地基处理技术规范》（JGJ 79—2012）第 6.3.1 条第 1 款，选项 A 正确；第 6.3.3 条第 2 款，选项 B 正确；第 3 款，最后两遍以低能量满夯，并不是每完成一遍都低能量满夯，选项 C 错误；第 4 款，选项 D 正确。

19. 答案：A

    解析：《建筑地基处理技术规范》（JGJ 79—2012）第 5.2.29 条条文说明，真空预压是在总应力不变的情况下，逐渐降低土中孔隙水压力，使有效应力增加。真空预压中，地基土有效应力增量是各向相等的，对应的有效应力莫尔圆应向右移动，由于总应力不变，莫尔圆的大小是不变的，选项 A 正确。

20. 答案：D

    解析：《建筑地基处理技术规范》（JGJ 79—2012）第 5.2.21 条，真空预压区边缘应大于建筑物基础轮廓线，每边增加量不小于 3.0m。$A = (22 + 6) \times (17 + 6) = 644\text{m}^2$，选项 D 正确。

21. 答案：B

    解析：《建筑地基处理技术规范》（JGJ 79—2012）第 3.0.4 条，选项 A 正确；第 3.0.7 条及条文说明，素混凝土桩属胶结材料桩，可按滑动面材料的摩擦性能确定抗剪强度指标，选项 B 错误；第 7.1.1 条条文说明，选项 C 正确；第 7.9.4 条，刚性桩宜在基础范围内布桩，选项 D 正确。

22. 答案：A

    解析：令 $V_s = 1$，$m_s = G_s \rho_w = 2.9$，$m_w = 0.6 \times 2.9 = 1.74$，则 $V_w = e = 1.74$。

23. 答案：C

    解析：$U_t = \dfrac{\text{有效应力面积}}{\text{起始超静孔隙水压力面积}} = \dfrac{4}{1+4} = 80\%$

24. 答案：B

    解析：《建筑地基处理技术规范》（JGJ 79—2012）第 7.9.10 条第 2 款，对消除或部分消除湿陷性黄土地基，应先施工处理湿陷性的增强体，灰土挤密桩可以消除湿陷性，选项 B 正确。

25. 答案：C

    解析：盾尾同步注浆的作用是：①尽早填充地层，减少地基沉降量，保证周围环境的安全性。②确保管片衬砌的早期稳定性和间隙的密实性。③作为衬砌防水的第一道防线，提供长期、均质、稳定的防水功能。④作为隧道衬砌结构的加强层，使其具有耐久性和一定的强度。可见盾尾同步注浆不能加固周围土体，选项 C 错误。

26. 答案：D

    解析：《铁路隧道设计规范》（TB 10003—2016）第 5.1.1 条表 5.1.1 注 1，围岩弹性抗力不作为设计荷载，选项 D 正确。

27. 答案：B

    解析：《建筑基坑支护技术规程》（JGJ 120—2012）第 3.1.6 条，安全等级二级，作用基本组合的综合分项系数 $\gamma_F \geqslant 1.25$，支护结构重要性系数 $\gamma_0 = 1.0$；第 3.1.7 条，$N = \gamma_0 \gamma_F N_k$，轴向拉力标准值 $N_k = 150/(1.0 \times 1.25) = 120\text{kN}$；第 5.4.10 条，二级基坑，抗拔承载力检测值不应小于土钉轴向拉力标准值的 1.3 倍，检测值为 $1.3 \times 120 = 156\text{kN}$。

28. 答案：D

    解析：《公路隧道设计规范　第一册　土建工程》（JTG 3370.1—2018）第 13.1.1 条，选项 A、B 正确；及时封闭仰拱，可以防止地下水进入隧道，选项 C 正确；选项 D 不能起到防水、排水作用，错误。

29. 答案：D

    解析：《土力学》（李广信等，第 3 版，清华大学出版社）第 230 页，挡土墙具有足够的截面和重量，并且建立在坚实的地基上，墙在墙后土体的推力作用下，不发生任何移动或转动时，墙后土体没有水平位移处于侧限应力状态，作用在墙背的土压力为静止土压力；第 232 页，静止土压力时的应力状态用莫尔圆表示时，属于弹性平衡应力状态，选项 D 正确。

30. 答案：B

解析： 假设水位上升至墙顶，上升前墙底土压力强度 $e_a = \gamma h K_a$，水位上升后，墙底土压力强度 $e_a = \gamma' h K_a$，土压力减小，墙底水压力 $e_w = \gamma_w h$，由于 K_a 小于 1，$\gamma h K_a < \gamma' h K_a + \gamma_w h$，水土总压力变大。选项 B 正确。

31. 答案：A

解析：《公路隧道设计规范　第一册　土建工程》（JTG 3370.1—2018）第 8.2.2 条第 5 款，单层钢筋网喷射混凝土厚度不应小于 80mm，双层不应小于 150mm，选项 A 错误；第 8.2.4 条第 3 款，选项 B 正确；第 8.2.5 条第 4 款，选项 C 正确；第 8.2.7 条第 3 款，选项 D 正确。

注：规范第 8.2.4 条第 3 款单位有误，预应力锚杆的预加力单位为 kN。

32. 答案：B

解析：《建筑抗震设计标准》（GB/T 50011—2010）（2024 年版）第 4.2.3 条，稍密细砂，$\xi_a = 1.1$，$f_{aE} = \xi_a f_a = 1.1 \times 200 = 220$kPa，选项 B 正确。

33. 答案：D

解析：《中国地震动参数区划图》（GB 18306—2015）第 3.12 条，极罕遇地震指相应于年超越概率为 10^{-4} 的地震动，选项 D 正确。

34. 答案：D

解析：《公路工程抗震规范》（JTG B02—2013）第 4.4.1 条，采用载荷试验确定单桩竖向承载力时，单桩竖向承载力可调高 50%，选项 D 正确。

35. 答案：D

解析：《建筑抗震设计标准》（GB/T 50011—2010）（2024 年版）第 4.1.4 条第 3、4 款，孤石、火山岩硬夹层波速可大于 500m/s，选项 A 错误；第 2 款，选项 B 错误；第 4 款，选项 C 错误；第 4.1.5 条，计算深度取覆盖层厚度和 20m 两者中的小值，覆盖层厚度可以小于 15m，选项 D 正确。

36. 答案：B

解析：《建筑抗震设计标准》（GB/T 50011—2010）（2024 年版）第 5.1.4 条表 5.1.4-1，水平地震影响系数最大值为 0.16；第 5.3.1 条，竖向地震影响系数最大值取水平地震影响系数最大值的 65%，$\alpha_{vmax} = 0.65 \times 0.16 = 0.104$，选项 B 正确。

37. 答案：A

解析：《公路工程抗震规范》（JTG B02—2013）第 8.3.1 条第 1 款，路堤填方宜采用抗震稳定性较好的碎石土、黏性土、卵石土和不易风化的石块等材料，选项 A 抗震性能最差。

38. 答案：C

解析： 钻芯法需要在桩身钻孔，效率较低，选项 A 不合适；高应变法成本较高，选项 B 不合适；声波透射法需要预先埋设声测管，不具备普遍性，选项 D 不合适；低应变法最为合适。

39. **答案：B**

 解析：《地基动力特性测试规范》（GB/T 50269—2015）第 2.1.14 条，选项 B 正确。

40. **答案：B**

 解析：《建筑基桩检测技术规范》（JGJ 106—2014）第 3.1.1 条表 3.1.1，高应变不能检测沉渣厚度，选项 A 错误；第 3.2.6 条，选项 B 正确；第 3.2.7 条，选项 C 错误；第 4.1.2 条，为设计提供依据的试验桩，应加载至桩侧与桩端的岩土阻力达到极限状态，选项 D 错误。

···

41. **答案：BC**

 解析：《岩土工程勘察规范》（GB 50021—2001）（2009 年版）第 8.0.3 条第 3 款，不应低于 3mm，选项 A 错误；第 1 款，选项 B 正确；第 8.0.1 条，选项 C 正确；第 8.0.7 条，点数为 30%～50%，选项 D 错误。

42. **答案：BC**

 解析：《岩土工程勘察规范》（GB 50021—2001）（2009 年版）第 6.5.1 条，选项 A 正确；第 6.5.5 条第 2 款，由建筑垃圾或性能稳定的工业废料组成的杂填土，当较均匀和较密实时可作为天然地基，选项 C 错误；第 6.5.4 条第 3 款，选项 D 正确；堆积年限较长的素填土，当较均匀和较密实时，一般不具有湿陷性，选项 B 错误。

43. **答案：ABC**

 解析：达西定律的适用条件为雷诺数小于 10 的层流，当流速很大或很小时，渗流不符合达西定律，选项 A、B、C 不能用达西定律。

44. **答案：ABC**

 解析：《岩土工程勘察规范》（GB 50021—2001）（2009 年版）第 10.6.4 条，选项 A、B、C 正确。或查阅《工程地质手册》（第五版）第 276 页。

45. **答案：CD**

 解析：《工程岩体分级标准》（GB/T 50218—2014）附录 C.0.2，岩芯饼化可以判定为极高初始应力地区，硬岩可能发生岩爆，软岩可能发生大位移，选项 C、D 正确；附录 C.0.1 条条文说明，高地应力地区岩体侧压力系数可能大于 1 也可能小于 1，选项 A、B 错误。

46. **答案：ABC**

 解析：《高层建筑岩土工程勘察标准》（JGJ/T 72—2017）H.0.3 条，选项 A 正确；H.0.6 条，选项 B、C 正确；H.0.7 条条文说明，对筏形和箱形大面积基础可不进行基础尺寸和基础形状的修正，选项 D 错误。

47. **答案：AB**

 解析：《工程结构可靠性设计统一标准》（GB 50153—2008）第 4.1.1 条第 1 款第 2 项，选项 A 正确；第 1 项，选项 B 正确；选项 C、D 均为超过正常使用极限状态。

48. 答案： CD

解析：《建筑地基基础设计规范》（GB 50007—2011）第 8.1.1 条表 8.1.1 注 1，p_k 为作用的标准组合时基础底面处的平均压力值，选项 A 错误；第 3.0.5 条第 4 款，验算基础裂缝宽度时，应按正常使用极限状态下作用的标准组合，选项 B 错误；第 1 款，选项 C、D 正确。

49. 答案： AC

解析：《建筑地基基础设计规范》（GB 50007—2011）第 3.0.1 条表 3.0.1，选项 A 相差超过 10 层，为甲级，正确；选项 B 对地基变形有特殊要求，为甲级，错误；选项 C 为大面积多层地下建筑物，为甲级，正确；选项 D 为丙级，错误。

50. 答案： AC

解析：《建筑边坡工程鉴定与加固技术规范》（GB 50843—2013）第 7.4.2 条第 4 款，选项 A 适宜；第 5 款，选项 C 适宜；第 7.4.3 条第 4 款，选项 B、D 不适宜。

51. 答案： AB

解析：《建筑地基处理技术规范》（JGJ 79—2012）第 5.2.29 条条文说明，预压法在加载预压过程中，总应力是增加的，总应力产生的剪应力达到抗剪强度时，土体破坏，选项 A 正确。真空预压法总应力不变，预压过程中有效应力增量各向相等，剪应力不增加，不会引起土体剪切破坏，选项 D 错误。换填法和预压法类似，总应力增加，剪应力达到抗剪强度时，土体破坏，选项 B 正确。降低地下水位法是排水固结法的一种，降低地下水位可减少地基的孔隙水压力，有效应力增加，从而使地基得到预压。在排水固结的过程中，总应力基本保持不变，有效应力增加，剪应力不增加，不会发生剪切破坏，选项 C 错误。

52. 答案： BD

解析：《建筑地基处理技术规范》（JGJ 79—2012）第 6.3.3 条第 6 款，处理范围每边超出基础外缘的宽度宜为设计处理深度的 1/2～2/3，且不应小于 3m，选项 A 错误；第 6.3.5 条第 8 款，选项 B 正确；第 10 款，强夯置换地基除进行现场静载试验和变形量检测外，尚可采用动力触探等方法，选项 C 错误；第 12 款，选项 D 正确。

53. 答案： AB

解析：劈裂注浆是在灌浆压力作用下，浆液克服地层的初始应力和抗拉强度，引起岩石或土体结构的破坏和扰动，使地层中原有的孔隙或裂隙扩张，或形成新的裂缝或孔隙，从而提高低透水性地层的可灌性和增大浆液的扩散距离，适用于岩基或粉细砂、黏性土地基，灌浆压力范围变化较大，多为高压灌浆，选项 A、B 正确；劈裂注浆多形成脉状、网状、不规则固结体，压密注浆多形成泡状固结体，选项 C 错误；各种灌浆均不能提高土体渗透性，选项 D 错误。

54. 答案： ABC

解析：《建筑地基处理技术规范》（JGJ 79—2012）第 7.2.3 条条文说明第 3 款，选项 A、B、C 正确。

55. 答案： ACD

解析：《建筑地基处理技术规范》（JGJ 79—2012）第 7.7.2 条条文说明第 5 款第 1 项，选项 A 正确，B 错误；第 3 项，地基反力满足线性分布假定时，可在整个基础范围均匀布桩，选项 D 正确；第 4 项，条形基础下复合地基设计，当荷载水平不高时，可采用墙下单排布桩，选项 C 正确。

56. 答案：BD

　　解析：《建筑地基处理技术规范》（JGJ 79—2012）第 5.2.21 条，真空预压区边缘应大于建筑物基础轮廓线，每边增加量不得小于 3.0m，选项 A 错误；第 6.3.3 条第 6 款，强夯处理范围应大于建筑物基础范围，每边超出基础外缘的宽度宜为设计处理深度的 1/2～1/3，且不应小于 3m，8×(1/2～2/3)＝4～5.3m，选项 B 为 5m，满足规范要求，正确；第 7.2.2 条第 1 款，对可液化地基，在基础外缘扩大宽度不应小于基底下可液化土层厚度的 1/2，且不应小于 5m，选项 C 错误；对于注浆钢管桩，规范没有明确规定只能在基础下布桩，多选题，排除两个选项，选项 D 正确。

57. 答案：ABD

　　解析：《铁路隧道设计规范》（TB 10003—2016）第 12.5.2 条第 2 款，选项 A、B、D 正确。

58. 答案：BCD

　　解析：《建筑基坑支护技术规程》（JGJ 120—2012）第 4.5.3 条，选项 D 正确；第 4.6.4 条条文说明，增加泥浆黏度和泥浆比重，可提高槽壁稳定性，选项 B、C 正确；导墙厚度和刚度对提高槽壁稳定无效果，选项 A 错误。

59. 答案：BD

　　解析：《建筑基坑支护技术规程》（JGJ 120—2012）第 4.11.3 条第 2 款，选项 A 错误；第 3 款，叠合墙厚度取连续墙和衬墙的厚度之和，叠合墙刚度大于复合墙，选项 D 正确；第 4.11.4 条第 2 款，选项 B 正确；第 3 款，地下连续墙采用刚性结构时，应对接头进行抗剪验算，选项 C 错误。

60. 答案：ABD

　　解析：《铁路隧道设计规范》（TB 10003—2016）第 8.2.11 条第 2 款，选项 A 正确；第 3 款，选项 B 正确；第 1 款，抗震设防应采用带仰拱的曲墙式衬砌，选项 C 错误，D 正确。

61. 答案：ABC

　　解析：顶管顶进作业时，顶力反作用于工作井后背土体，若工作井后背土体强度不足，顶力较大时，工作井后背土体变形过大，工作井可产生明显的倾斜位移，影响顶管的定位精度和纠偏，使顶管偏离轴线。较大的变形也可能导致工作井周边路面和建筑物损坏，引起一系列环境问题。选项 A、B、C 正确。

62. 答案：AC

　　解析：《公路工程地质勘察规范》（JTG C20—2011）第 7.1.7 条第 2 款第 1 项，选项 A 正确；第 2 项，勘探深度应至基底以下完整基岩不小于 10m，选项 B 错误；第 3 项，选项 C 正确；第 4 项，隧道勘探孔深度应至基底以下完整基岩中 5～8m，选项 D 错误。

63. 答案：ACD

　　解析：《水电工程水工建筑物抗震设计规范》（NB 35047—2015）第 2.1.25 条，选项 A 正确；第 2.1.23 条，为三者之积作为设计地震力的静力分析方法，选项 B 错误；第 2.1.10 条，选项 C 正确；第 2.1.11 条，选项 D 正确。

64. 答案：BD

解析：《建筑抗震设计标准》（GB/T 50011—2010）（2024 年版）第 3.2 条条文说明，地震分组是体现震级和震中距的影响，选项 A 错误；第 3.2.1 条，选项 B、D 正确；第 4.1.2 条，场地类别是等效剪切波速和覆盖层厚度决定的，选项 C 错误。

65. 答案：AB

解析：《建筑抗震设计标准》（GB/T 50011—2010）（2024 年版）第 3.3.5 条条文说明第 2 款，选项 A、B 正确；内摩擦角应减去地震角，选项 C 错误；地震角范围取决于地下水位以上和以下，以及设防烈度的高低，选项 D 错误。

66. 答案：AC

解析：《水电工程水工建筑物抗震设计规范》（NB 35047—2015）第 7.2.4 条，选项 A 正确；第 7.2.2 条，宜减轻坝体上部的重量和刚度，选项 B 错误；第 7.2.7 条，选项 C 正确；第 7.2.1 条，坝轴线宜取直线，选项 D 错误。

67. 答案：BC

解析：《公路工程地质勘察规范》（JTG C20—2011）第 7.11.7 条，Q_3 及其以前可以判为不液化，河流阶地地层按年代顺序沉积，老在下新在上，④层粉土地质年代大于或等于 Q_3，可以判断③、④层不会液化；设防烈度 7 度，黏粒含量不小于 10% 的粉土初判为不液化，可以判断①层可能液化，②层地质年代 Q_4，可能液化。

68. 答案：AC

解析：《建筑抗震设计标准》（GB/T 50011—2010）（2024 年版）第 4.3.11 条、第 4.3.12 条条文说明表 5，烈度为 7 度时，基底以下非软土厚度 $\geqslant 0.5B$ 且 $\geqslant 3$m，选项 A 正确；9 度时，基底以下非软土厚度 $\geqslant 1.5B$ 且 $\geqslant 8$m，选项 C 正确。

69. 答案：ABC

解析：《建筑地基处理技术规范》（JGJ 79—2012）第 7.6.5 条，选项 A、B、C 正确。

70. 答案：BCD

解析：《建筑基桩检测技术规范》（JGJ 106—2014）第 8.4.4 条第 1 款，选项 B 正确；第 3 款，选项 D 正确；第 1 款及第 8.4.4 条条文说明，选项 C 正确。

2022 年补考专业知识试题答案及解析（下午卷）

1. **答案**：D

    解析：图中裂缝为倒八字形裂缝，中间沉降小，两边沉降大，可以推测 D 点沉降量最小。沉降为倒蝶形沉降。

2. **答案**：C

    解析：《土力学》（李广信等，第 3 版，清华大学出版社）第 97～99 页，基底压力受基础抗弯刚度、荷载和土性影响，和基础抗压刚度基本无关。

3. **答案**：C

    解析：《建筑地基基础设计规范》（GB 50007—2011）第 5.2.4 条，选项 C 正确。

4. **答案**：D

    解析：《岩土工程勘察与设计——岩土工程疑难问题答疑笔记整理之二》（高大钊，人民交通出版社）第 181 页，地基规范承载力公式是经过经验修正的临界荷载公式，塑性开展区深度为基础宽度的四分之一，应用于竖向荷载下的条形基础。将其用于矩形、圆形基础的局部荷载作用下的情况，偏于安全。

5. **答案**：B

    解析：《土力学》（李广信等，第 3 版，清华大学出版社）第 21 页，选项 B 正确。

6. **答案**：B

    解析：《土力学》（李广信等，第 3 版，清华大学出版社）第 99 页，合力作用点到翼板根部的距离越大，弯矩值越大，马鞍形分布＞均匀分布＞倒钟形分布，选项 B 正确。

7. **答案**：B

    解析：《建筑桩基技术规范》（JGJ 94—2008）第 5.2.5 条条文说明第 3 款，桩土相互作用对于桩侧阻力和端阻力的影响，使群桩承载力不等于单桩承载力之和的现象称为群桩效应，承台效应是桩和桩间土共同承担荷载，选项 A 错误；第 1 款，桩距越大，承台效应系数越大，选项 B 正确；第 5.2.5 条表 5.2.5，单排桩的承台效应系数 η_c 大于多排桩的承台效应系数 η_c，选项 C 错误；第 5.2.3 条，柱下 3 桩独立承台桩基不考虑承台效应系数，选项 D 错误。

8. **答案**：D

    解析：《建筑桩基技术规范》（JGJ 94—2008）第 5.5.6～5.5.9 条条文说明第 4 款，等效作用面位于桩端平面，等效作用面积为桩承台投影面积，等效作用附加应力近似取承台底平均附加应力，因此只考虑桩端平面以下土层压缩量，选项 D 正确。

9. **答案**：C

    解析：《建筑桩基技术规范》（JGJ 94—2008）第 3.3.3 条第 5 款，选项 C 正确。

10. **答案**：B

    解析：《建筑桩基技术规范》（JGJ 94—2008）第 5.4.3 条条文说明，选项 B 正确；第 5.4.4 条条文说明第 2 款，桩身轴力自桩顶开始逐渐增大，中性点位置达到最大，然后开始逐渐减小，选项 A、D 错误；中性点位置，桩土相对沉降相等，选项 C 错误。

11. 答案：A

解析：《建筑桩基技术规范》（JGJ 94—2008）第 5.8.1 条，桩身需要进行桩身强度验算；第 5.5.6 条、第 5.5.14 条，只有单桩、单排桩、疏桩基础需要计算桩身压缩；《建筑地基处理技术规范》（JGJ 79—2012）第 7.1.6 条，CFG 桩需要验算桩身强度；第 7.1.7 条，复合地基变形计算的是复合土层的变形，不单独计算增强体变形；选项 A 正确，选项 B、C、D 错误。

12. 答案：B

解析：《建筑桩基技术规范》（JGJ 94—2008）第 7.5.4 条，最大压桩力取压桩机的机架重量和配重之和乘以 0.9，即 $(2150 + 3000) \times 0.9 = 4635 \mathrm{kN}$，选项 B 正确。

13. 答案：A

解析：《铁路桥涵地基和基础设计规范》（TB 10093—2017）第 7.2.3 条条文说明，选项 A 正确。

14. 答案：C

解析：《铁路桥涵地基和基础设计规范》（TB 10093—2017）第 6.3.2 条第 4 款，桩径大于 1m 时，净距不应小于 $0.3d$，且不应小于 0.5m，$0.3 \times 1.2 = 0.36\mathrm{m}$，取 0.5m。

15. 答案：D

解析：《建筑边坡工程技术规范》（GB 50330—2013）第 6.3.3 条，破裂角 $\theta = 62°$；第 3.2.3 条，$L = H/\tan\theta = 10/\tan 62° = 5.35\mathrm{m}$，选项 D 正确。

16. 答案：D

解析：《建筑边坡工程技术规范》（GB 50330—2013）第 15.2.1 条第 1 款，选项 A 正确；第 15.2.3 条，边坡坡度不大于 60°、中风化的易风化岩质边坡可采用喷射砂浆进行坡面防护，选项 B 坡度为 59°，正确；第 15.2.2 条第 1 款，选项 C 正确；第 15.2.3 条条文说明，坡度大于 60° 可在喷射混凝土前先铺设加筋材料，可见也可以采用，选项 D 错误。

17. 答案：B

解析：《建筑边坡工程技术规范》（GB 50330—2013）第 8.1.5 条条文说明图，都包含的部件为①、②、④、⑥、⑦、⑧，共 6 类。

18. 答案：D

解析：$M_\mathrm{r} = c\hat{L}R = 20 \times 108° \times \dfrac{2 \times 3.14 \times 12}{360°} \times 12 = 5426\mathrm{kN \cdot m/m}$

19. 答案：C

解析：《铁路路基支挡结构设计规范》（TB 10025—2019）第 10.2.3 条，土钉承受的拉力为 $E_{xi} = \sigma_{\mathrm{hi}}s_x s_y / \cos\beta = 21.4 \times 1.2 \times 1.2 / \cos(90° - 73.3°) = 32.4\mathrm{kN}$。

20. 答案：C

解析：$F_\mathrm{s} = \dfrac{\gamma' \tan\varphi}{\gamma_{\mathrm{sat}} \tan\alpha} = \dfrac{10 \times \tan 32°}{20 \times \tan 15°} = 1.2$

根据《建筑边坡工程技术规范》（GB 50330—2013）第 5.3.1 条、第 5.3.2 条，$F_{\mathrm{st}} = 1.25 > F_\mathrm{s}$，基本

稳定。

21. 答案：C

解析：《建筑边坡工程技术规范》（GB 50330—2013）第 4.3.2 条，泥质填充物为软弱结构面，结合很差；第 4.3.1 条，摩擦角 18°～22°，黏聚力 20～50kPa，选项 C 正确。

22. 答案：B

解析：《建筑边坡工程技术规范》（GB 50330—2013）第 17.1.5 条表 17.1.5，判定为强变形阶段，选项 B 正确。

23. 答案：B

解析：《岩土工程勘察规范》（GB 50021—2001）（2009 年版）第 6.2.2 条，含水比 27.5/50 = 0.55，坚硬，查表 6.2.2-2，为碎块状，选项 B 正确。

24. 答案：C

解析：《膨胀土地区建筑技术规范》（GB 50112—2013）第 5.2.12 条，大气影响急剧层深度为 $0.45 \times 4 = 1.8$m；第 5.2.3 条，最小埋深不应小于大气影响急剧层深度，选项 C 正确。

25. 答案：B

解析：《建筑地基基础设计规范》（GB 50007—2011）第 5.1.7 条，$z_d = z_0 \cdot \psi_{zs} \cdot \psi_{zw} \cdot \psi_{ze} = 1.5 \times 1.0 \times 0.9 \times 1.0 = 1.35$m。

26. 答案：A

解析：《地质灾害危险性评估规范》（GB/T 40112—2021）第 4.6.2 条，地质环境条件复杂等级为中等；第 4.6.3 条，建设工程重要性为重要，查第 4.6.1 条表 1，地质灾害危险评估等级为一级，选项 A 正确。

27. 答案：C

解析：《铁路隧道设计规范》（TB 10003—2016）第 12.5.1 条，强度应力比 3/25 = 0.12，岩爆分级为极强，第 12.5.2 条第 2 款，选项 C 不合理。

28. 答案：C

解析：《公路路基设计规范》（JTG D30—2015）第 7.10.4 条，查表 7.10.4，湿陷等级为Ⅱ级；第 7.10.5 条，查表 7.10.5-1，最小处理深度为 1～1.5m，选项 C 正确。

29. 答案：D

解析：《膨胀土地区建筑技术规范》（GB 50112—2013）第 3.0.1 条条文说明，蒙脱石膨胀潜蚀最大，选项 D 正确。

30. 答案：A

解析：当河流在弯道时，水质点做曲线运动产生离心力，在离心力的影响下，表层水流向凹岸方向冲去，流速快，凹岸受到强烈侵蚀，形成深槽，而底部的水流在压力的作用下，由凹岸流向凸岸，水流把从凹岸冲下的物质搬运至凸岸，在凸岸因流速变慢而堆积下来形成边滩。此外弯道处水流会产生顶冲现象，会破坏凹岸的岸坡，甚至引起凹岸坍塌，选项 A 正确。（凹岸和凸岸判别方法：人站在河中，凸

向你的就是凸岸）

31. 答案：B

    解析：《岩土工程勘察规范》（GB 50021—2001）（2009 年版）附录 A.0.3，$K_f = \dfrac{300}{1200} = 0.25$，为全风化，选项 B 正确。

32. 答案：C

    解析：《公路工程地质勘察规范》（JTG C20—2011）第 7.1.3 条，查表 7.1.3，可以判定为浅覆盖型岩溶，选项 C 正确。

33. 答案：A

    解析：《公路工程地质勘察规范》（JTG C20—2011）第 8.5.3 条，查表 8.5.3，可以判定为泥炭质土，选项 A 正确。

34. 答案：D

    解析：《建筑地基基础设计规范》（GB 50007—2011）第 5.1.7 条条文说明，选项 D 正确。

35. 答案：B

    解析：《中华人民共和国招标投标法》第四十六条，选项 B 正确。

36. 答案：B

    解析：《中华人民共和国安全生产法》第一百零一条，逾期未改正的，责令停产停业整顿，并处十万元以上二十万元以下的罚款，选项 B 错误。

37. 答案：C

    解析：《建筑工程质量管理条例》第四十条，屋面防水工程、有防水要求的卫生间、房间和外墙面的防渗漏，为 5 年，选项 C 错误。

38. 答案：A

    解析：《建设工程勘察设计管理条例》第四十条，责令限期改正，逾期不改正，处 10 万元以上 30 万元以下的罚款，选项 A 错误。

39. 答案：A

    解析：《建设工程质量检测管理办法》第三十一条，选项 A 错误。

40. 答案：C

    解析：《建设工程勘察质量管理办法》第十三条，项目审核人对其审核项目的勘察文件负审核的质量责任，选项 C 错误。

....

41. 答案：ABD

    解析：《建筑地基基础设计规范》（GB 50007—2011）第 8.6.1 条第 1 款，锚杆孔直径宜取筋体直径的 3 倍，但不应小于 1 倍筋体直径加 50mm，选项 A 错误；第 3 款，水泥砂浆强度不宜低于 30MPa，选项 B 错误；图 8.6.1，锚杆间距 ≥6×0.09 = 0.54m，选项 C 正确；有效锚固长度 ≥40×0.022 = 0.88m，选项 D 错误。

42. 答案：CD

解析：《建筑地基基础设计规范》（GB 50007—2011）第 5.3.6 条，应力面积和压缩模量影响压缩模量当量值，基础尺寸、地层分布影响应力面积，选项 A、B 有影响，选项 C、D 无影响。

43. 答案：ABD

解析：《土力学》（李广信等，第 3 版，清华大学出版社）第 120~122 页，影响附加应力分布的因素有非线性材料的影响、成层地基的影响、变形模量随深度增大的影响、各向异性的影响、基础埋深的影响，选项 A、B、D 正确。

44. 答案：CD

解析：《基础工程》（周景星等，第 3 版，清华大学出版社）第 102 页，选项 C、D 正确。

45. 答案：AB

解析：北侧主楼发生向北的整体倾斜，说明主楼沉降大，当主楼下黏性土厚度较大时，主楼产生的沉降也大，选项 A 可能；主楼荷载重心在基础形心北侧时，北侧基底压力最大，沉降也大，选项 B 可能；风向对主楼的整体倾斜影响很小，可以忽略，选项 C 不太可能；后浇带能减小主裙楼之间的差异沉降，但不能减小主楼的倾斜，选项 D 不太可能。

46. 答案：CD

解析：《建筑桩基技术规范》（JGJ 94—2008）第 3.1.8 条条文说明第 5 款，变刚度调平设计通过调整地基或基桩的竖向支撑刚度分布，促使差异沉降减到最小，基础或承台内力和上部结构次应力显著降低，通过调整桩径、桩长、桩距等改变基桩支撑刚度分布，使之与上部结构荷载相匹配，选项 A、B 错误，C、D 正确。

47. 答案：ABC

解析：正、反循环成孔灌注桩施工工法适用地层范围广，但泥浆排量比较大，孔底有沉渣，桩侧有泥皮，选项 A 正确；长螺旋钻孔压灌桩是利用长螺旋钻机钻至设计孔深，边提钻边压入混凝土，最后插入钢筋笼形成桩体，不需要泥浆护壁，选项 B 正确；冲击成孔灌注桩是采用冲击式钻机或卷扬机带动一定重量的冲击钻头，使钻头提升至一定高度，然后瞬间释放，使钻头自由下落，利用冲击能量冲挤土层或破碎岩层形成桩孔，再用反循环或掏渣筒等方法将钻渣或岩屑排出。该工法在坚硬土层和含较大卵石、漂、砾石地层及软质岩地层中破碎效果好，成孔率高，但钻进效率低，孔深和孔径小，容易出现孔斜、卡钻掉钻事故，选项 C 正确；旋挖泥浆护壁成孔采用特制的斗筒式钻头或短螺旋钻头，泥浆主要是起护壁作用，通过钻斗提渣。正、反循环钻机钻头对黏土、砂土及砾砂地层可选用翼状或鱼尾状钻头，对岩层采用牙轮钻头，对砂卵石地层采用筒式钻头，泥浆起护壁和悬浮钻渣作用，选项 D 错误。

48. 答案：AC

解析：《建筑桩基技术规范》（JGJ 94—2008）第 3.5.2 条，查表 3.5.2，预应力构件最低混凝土强度比表中提高 2 个等级，即大于 C35，选项 A 为 C60，满足规范要求，正确；预应力构件混凝土中最大氯离子含量为 0.06%，选项 B 错误；混凝土材料最大水灰比为 0.60，选项 C 正确；第 3.5.3 条表 3.5.3，中腐蚀性裂缝控制等级提高一级，为一级，选项 D 错误。

49. 答案：AD

解析：《建筑桩基技术规范》（JGJ 94—2008）第 5.9.6 条，选项 A 正确；第 5.9.9 条，每个斜截面的受剪承载力均应验算，选项 B 错误；第 4.2.1 条，承台的构造，应满足抗冲切、抗剪切、抗弯承载力和上部结构要求，选项 C 错误；第 5.9.4 条第 1 款，选项 D 正确。

50. 答案：ABD

解析：《建筑桩基技术规范》（JGJ 94—2008）第 3.3.1 条第 2 款，选项 A、B、D 正确；旋挖成灌注桩孔为非挤土桩，选项 C 错误。

51. 答案：BC

解析：《建筑桩基技术规范应用手册》（刘金砺等，中国建筑工业出版社）第 76 页，桩顶作用效应假设承台绝对刚性，受弯矩作用时呈平面转动，不产生挠曲，即各桩桩顶位移相同，桩与承台为铰接相连，只传递轴力和水平力，不传递弯矩；各桩桩身截面相等，刚度相等，选项 B 正确；《建筑桩基技术规范》（JGJ 94—2008）第 5.1.1 条公式，$H_{ik} = H_k/n$，各桩水平力相等，选项 A 错误；各桩桩距可以不同，选项 C 正确；G_k 在水下取浮重度，选项 D 错误。

52. 答案：AD

解析：《公路桥涵地基与基础设计规范》（JTG 3363—2019）第 7.2.1 条第 1 款，选项 A 正确；第 7.2.2 条条文说明，规范取消了沉井每节高度不宜小于 5m 的规定，选项 B 错误；第 7.2.4 条第 1 款，刃脚不宜采用混凝土结构，选项 C 错误；第 4 款，选项 D 正确。

53. 答案：ABD

解析：《铁路路基支挡结构设计规范》（TB 10025—2019）第 7.2.5 条第 1 款，除计算板上的土压力及基底反力外，尚应计算由于趾板弯矩作用在踵板上产生的等效荷载，选项 A、B、D 正确。

54. 答案：BD

解析：《建筑边坡工程技术规范》（GB 50330—2013）第 9.1.1 条条文说明第 1 款，选项 A 正确；第 2 款，板肋式锚杆挡墙适用于挖方地段，选项 D 错误；第 4 款，选项 C 正确；第 9.1.4 条，高度较大的新填方边坡不宜采用锚杆挡墙方案，选项 B 错误。

55. 答案：AC

解析：《碾压式土石坝设计规范》（NB/T 10872—2021）第 6.8.2 条，堆石、干砌石、上下游坝面均可，选项 A、C 正确；沥青混凝土用于上游护坡，选项 B 错误；草皮用于下游护坡，选项 D 错误。

56. 答案：ABD

解析：《建筑边坡工程技术规范》（GB 50330—2013）第 6.1.1 条、第 6.1.2 条条文说明。

57. 答案：AC

解析：《建筑边坡工程鉴定与加固技术规范》（GB 50843—2013）附录 C.0.4 条第 3 款，选项 A、C 正确；选项 B 稳定系数 $\geqslant 0.96F_{st}$，选项 D 稳定系数 $\geqslant 0.93F_{st}$。

58. 答案：BCD

解析：《建筑工程地质勘探与取样技术规程》（JGJ/T 87—2012）第 9.1.1 条第 2 款，软土可以采用清水或泥浆护壁，选项 A 错误；第 9.2.1 条第 3 款，膨胀土应干钻，严禁送水钻进，选项 D 正确；第 9.3.1 条第 1 款，湿陷性土应干钻，严禁向孔内注水，选项 C 正确；盐渍土如采用清水护壁，可溶盐溶解流失，选项 B 正确。

59. **答案：ACD**

    解析：《岩土工程勘察规范》（GB 50021—2001）（2009 年版）第 6.10.12 条，可采用强度、变形、渗透等工程特性指标进行综合评价，选项 A、C、D 正确。

60. **答案：BD**

    解析：《湿陷性黄土地区建筑标准》（GB 50025—2018）第 2.1.12 条，可以判定为大厚度湿陷性黄土地基；第 4.4.6 条，查表，湿陷等级为 III 级；附录 A，可以判定为丙类建筑；第 5.1.1 条第 3 款，应采取严格防水措施，加强上部结构刚度，并宜采用刚度较好的基础形式，选项 B、D 正确。选项 A、C 为甲级建筑措施。

61. **答案：ABD**

    解析：《铁路工程特殊岩土勘察规程》（TB 10038—2022）第 5.5.2 条表 5.5.2-1，自然地质现象，可以判定选项 A、B 正确，C 错误；地貌可以判定选项 D 正确。

62. **答案：CD**

    解析：《公路路基设计规范》（JTG D30—2015）第 7.11.2 条，判定场地盐土为氯盐渍土；黏土为细粒土，盐渍化程度为中盐渍土；第 7.11.7 条，下路堤可用，选项 C 正确。第 7.11.6 条，路堤最小高度为 $1.0 \times 1.5 = 1.5$m，选项 D 正确。

63. **答案：AB**

    解析：《工程地质手册》（第五版）第 638 页，选项 A、B 正确；雅丹地貌为风蚀性地貌，选项 C 错误；丹霞地貌是厚层、产状平缓、节理发育、铁钙质混合胶结不匀的红色砂砾岩，在差异风化、重力崩塌、侵蚀、溶蚀等综合作用下形成的城堡状、宝塔状、针状、柱状、棒状、方山状或峰林状的地形，选项 D 错误。或查阅《公路工程地质勘察规范》（JTG C20—2011）附录 G。

64. **答案：BD**

    解析：《铁路工程不良地质勘察规程》（TB 10027—2022）附录表 C.0.1-6，堆积物呈垄岗状，有泥球，可能是稀性泥石流，或泥流，不可能是黏性泥石流，堆积物无分选，不可能是水石流，选项 B、D 正确。

65. **答案：ABD**

    解析：《中华人民共和国安全生产法》第二十一条，选项 A、B、D 正确。

66. **答案：ABC**

    解析：《房屋建筑和市政基础设施工程施工图设计文件审查管理办法》第九条，选项 A、B 正确；第十五条，选项 C 正确；第十八条，选项 D 错误。

67. **答案：ABD**

    解析：《中华人民共和国建筑法》第八条，选项 A、B、D 正确。

68. **答案：ABC**

    解析：《建设工程质量管理条例》第十八条，选项 A 正确；第二十条，选项 B 正确；第二十一条，选项 C 正确；第二十四条，选项 D 错误。

69. **答案**：AC

　　解析：《地质灾害防治条例》第十二条，选项 A、C 正确。

70. **答案**：ABC

　　解析：《中华人民共和国民法典》第八百零四条，选项 A、B、C 正确。

2023 年专业知识试题答案及解析（上午卷）

1. **答案**：B

 解析：河道的左右岸判断原则：面向下游，左手为左岸，右手为右岸。右岸为凹岸，左岸为凸岸，凹岸冲刷边坡陡，坡度大，凸岸沉积坡度缓。很多考生会直接按图判断左右岸，此题做对的不多。

2. **答案**：B

 解析：《水利水电工程地质勘察规范》（GB 50487—2008）（2022 年版）附录 C.1.3 条第 1 款，选项 B 正确。

3. **答案**：A

 解析：土层判定为碎石土，《土工试验方法标准》（GB/T 50123—2019）第 16.1.1 条，碎石土应采用常水头试验；第 16.2.1 条第 1 款，封底圆筒内径应大于最大直径的 10 倍，即大于 80mm，选项 A 正确。

4. **答案**：C

 解析：《岩土工程勘察规范》（GB 50021—2001）（2009 年版）第 12.2.5 条，选项 C 错误。

5. **答案**：B

 解析：《岩土工程勘察规范》（GB 50021—2001）（2009 年版）第 10.9.4 条条文说明第 1 款，选项 A 正确；第 2 款，应恢复水位后试验，选项 B 错误；第 3 款，选项 C、D 正确。

6. **答案**：B

 解析：《构造地质学》（徐开礼、朱志澄，地质出版社）第 166 页，断层切断地层，说明断层活动时间晚于地层，图中 Q4、Q3 地层被切割，但 Q3 的地层断距更大，表明 Q3 时期断层活动最强烈。

7. **答案**：B

 解析：《岩土工程勘察规范》（GB 50021—2001）（2009 年版）第 10.5.3 条第 3 款，前 15cm 为预打，不计击数，$N = 30 \times \dfrac{50}{\Delta s} = 30 \times \dfrac{50}{25} = 60$ 击。

8. **答案**：B

 解析：《岩土工程勘察规范》（GB 50021—2001）（2009 年版）附录表 A.0.1，判定为较硬岩。

9. **答案**：A

 解析：《土力学》（李广信等，第 3 版，清华大学出版社）第 41 页。

10. **答案**：B

 解析：《岩土工程勘察规范》（GB 50021—2001）（2009 年版）表 3.3.3，粒径大于 0.25mm 的颗粒含量占总质量 66%，为中砂。

11. **答案**：B

 解析：《岩土工程勘察规范》（GB 50021—2001）（2009 年版）表 3.3.11，$I_{\mathrm{L}} = \dfrac{39-18}{48-18} = 0.7$，可塑。

12. 答案：C

解析：《工程地质手册》（第五版）第 18 页，凝灰岩、砂岩为碎屑沉积岩，石灰岩为生物和化学沉积岩，泥岩为黏土岩，只有石灰岩属于化学岩。

13. 答案：B

解析：《岩土工程勘察规范》（GB 50021—2001）（2009 年版）表 9.4.2，薄壁取土器取土质量最好，测定的参数离散性小，变异系数小，选项 B 正确。

14. 答案：B

解析：《工程结构可靠性设计统一标准》（GB 50153—2008）A.1.2 条，房屋建筑结构的设计基准期为 50 年；表 A.1.3，标志性建筑设计使用年限为 100 年，选项 B 正确。

15. 答案：B

解析：《建筑结构荷载规范》（GB 50009—2012）第 3.1.1 条，结构自重、预应力为永久荷载，选项 A 错误；第 3.1.5 条，可变荷载可采用荷载的组合值或标准值作为代表值，选项 B 正确。

16. 答案：B

解析：《建筑桩基技术规范》（JGJ 94—2008）第 3.1.7 条第 1 款，选项 A 采用标准组合；第 4 款，选项 B 采用基本组合，选项 D 采用标准组合和准永久组合；第 2 款，选项 C 采用准永久组合。

17. 答案：C

解析：《岩土工程勘察与设计——岩土工程疑难问题答疑笔记整理之二》（高大钊，人民交通出版社）第 520 页，路堤下设置垫层的目的是提高桩土应力比，让桩多分担一些荷载，提高复合地基的承载力；在混凝土基础下设置垫层是为了降低桩土应力比，让桩少分担一些荷载，避免将桩头压碎了，选项 A、B 正确，C 错误。《建筑地基处理技术规范》（JGJ 79—2012）第 7.7.2 条条文说明第 4 款，CFG 桩桩顶垫层厚度相同，桩土应力比相同，选项 D 正确。

18. 答案：A

解析：固结度是时间因数的函数，时间因数越大，固结度越大，选项 D 正确；增大砂井直径、减小砂井间距增大了排水面积，加速固结，选项 B、C 正确；增大堆载压力能减少预压工期，但不能提高固结度，选项 A 错误。

19. 答案：A

解析：《生活垃圾卫生填埋处理技术规范》（GB 50869—2013）第 13.2.3 条，选项 A 正确。

20. 答案：D

解析：《建筑地基处理技术规范》（JGJ 79—2012）第 2.1.1 条，地基处理的主要目的是提高承载力和减小沉降，有时也会兼顾地基渗透性，场地类别一般不会发生变化，只有深挖、高填才可能改变场地类别。

21. 答案：D

解析：《建筑地基处理技术规范》（JGJ 79—2012）第 8.3.2 条。

22. 答案：B

解析：《建筑地基处理技术规范》（JGJ 79—2012）第 6.2.2 条第 5 款。

$$\rho_{dmax} = \eta \frac{\rho_w d_s}{1 + 0.01 w_{op} d_s} = 0.97 \times \frac{1 \times 2.72}{1 + 0.1 \times 2.72} = 2.07 \text{g/cm}^3, \lambda = \frac{\rho_d}{\rho_{dmax}} = \frac{2.1/(1+0.12)}{2.07} = 0.906$$

23. 答案：B

    解析：《建筑地基处理技术规范》（JGJ 79—2012）B.0.2 条，压板面积为实际桩数承担的处理面积。压板面积为 $2s_1 s_2$，$(s_1 + s_2)^2 - (s_1^2 + s_2^2) = s_1^2 + s_2^2 + 2s_1 s_2 - s_1^2 - s_2^2 = 2s_1 s_2$，选项 B 正确。

24. 答案：C

    解析：处理前后地面标高不变，置换率可表示为 $m = \frac{e_0 - e_1}{1 + e_0}$，处理前后桩间土干密度相同，说明孔隙比不发生变化，$m_1 = m_2$。

25. 答案：C

    解析：《建筑基坑支护技术规程》（JGJ 120—2012）第 6.3.2 条第 2 款。

26. 答案：B

    解析：《建筑基坑支护技术规程》（JGJ 120—2012）第 4.12.3 条，$k_c = \frac{8 \times 10^3}{3.5 - 0.8} = 2963 \text{kN/m}^3$。

27. 答案：D

    解析：《建筑基坑支护技术规程》（JGJ 120—2012）第 4.7.1 条第 2 款，选项 A 正确；第 4.7.4 条第 3 款，选项 B 正确；第 4.7.8 条条文说明，选项 C 正确；第 4.7.1 条及条文说明，压力型锚杆的钢绞线可回收，选项 D 错误。

28. 答案：C

    解析：《公路隧道设计规范　第一册　土建工程》（JTG 3370.1—2018）附录 L.0.1 条，选项 A、B 正确；第 9.2.1 条，选项 D 正确；附录 M.0.1 条，地层结构法是将衬砌和地层视为共同受力的统一体系，满足变形协调条件，选项 C 错误。

29. 答案：A

    解析：《建筑基坑支护技术规程》（JGJ 120—2012）第 4.2.7 条，悬臂式支挡结构嵌固深度不应小于 $0.8h$，$0.8 \times 8 = 6.4 \text{m}$，选项 A 错误；单支点支挡结构嵌固深度不应小于 $0.3h$，$0.3 \times 10 = 3 \text{m}$，选项 B 正确；多支点支挡结构嵌固深度不应小于 $0.2h$，$0.2 \times 15 = 3 \text{m}$，选项 C 正确；$0.2 \times 20 = 4 \text{m}$，选项 D 正确。

30. 答案：B

    解析：导墙的施工顺序：①平整场地；②测量位置；③挖槽及处理弃土；④绑扎钢筋；⑤支立导墙模板；⑥浇注导墙混凝土；⑦拆除模板并设置横撑；⑧回填导墙外侧空隙并碾压密实，如无外侧模板，可省此项工序。

31. 答案：C

    解析：《公路隧道设计规范　第一册　土建工程》（JTG 3370.1—2018）第 6.2.2 条。

$$\omega = 1 + i(B - 5) = 1 + 0.1 \times (10 - 5) = 1.5, \quad h = 0.45 \times 2^{s-1} \omega = 0.45 \times 2^{5-1} \times 1.5 = 10.8 \text{m}.$$

32. 答案：D

    解析：《公路工程抗震规范》（JTG B02—2013）第 4.4.1 条，采用载荷试验确定单桩竖向承载力时，单桩竖向承载力可调高 50%，选项 D 正确。

33. 答案：A

    解析：《建筑抗震设计标准》（GB/T 50011—2010）（2024 年版）第 4.1.6 条条文说明，查图 7 为 0.31s。

34. 答案：C

    解析：《水利水电工程地质勘察规范》（GB 50487—2008）（2022 年版）附录 P.0.4 条第 1、2 款。

35. 答案：D

    解析：《建筑抗震设计标准》（GB/T 50011—2010）（2024 年版）第 4.1.4 条第 3、4 款，孤石、火山岩硬夹层波速可大于 500m/s，选项 A 错误；第 2 款，选项 B 错误；第 4 款，选项 C 错误；第 4.1.5 条，计算深度取覆盖层厚度和 20m 两者中的小值，覆盖层厚度可以小于 15m，选项 D 正确。

36. 答案：C

    解析：《建筑抗震设计标准》（GB/T 50011—2010）（2024 年版）第 4.3.7 条第 1 款，选项 A 正确；第 2 款，选项 B 正确；第 5 款，加密法基础外缘以外的处理宽度，应超过基础底面下处理深度的 1/2 且不小于基础宽度的 1/5，选项 C 错误；第 4 款，选项 D 正确。

37. 答案：B

    解析：《水利水电工程地质勘察规范》（GB 50487—2008）（2022 年版）附录 P.0.4 条第 3 款，$W_u = W_s/W_L = 25/20 = 1.25 > 0.9$，可能液化。

38. 答案：D

    解析：《地基动力特性测试规范》（GB/T 50269—2015）第 4.2.2 条，锤的质量不宜小于基础质量的 1/100，$7200/100 = 72kg$，选项 D 正确。

39. 答案：B

    解析：《建筑基桩检测技术规范》（JGJ 106—2014）第 6.1.2 条，按设计要求的水平位移允许值控制加载，选项 A 错误；第 5.1.2 条，选项 B 正确；第 5.2.2 条第 2 款，压应力不宜超过地基承载力的 1.5 倍，选项 C 错误；第 4.2.2 条第 1 款，反力不得小于最大加载值的 1.2 倍，选项 D 错误。

40. 答案：C

    解析：《建筑地基处理技术规范》（JGJ 79—2012）第 7.2.5 条第 2 款，砂土和杂填土间隔不宜小于 7d，选项 A 错误；第 7.3.7 条第 3 款，静载荷试验在成桩 28d 后进行，选项 B 错误；第 6.3.14 条第 2 款，选项 C 正确；第 8.4.1 条第 1 款，注浆检验应在注浆结束后 28d 进行，选项 D 错误。

....

41. 答案：ABD

    解析：如下图所示，在含水层②层中抽水时，①、③含水层通过弱透水层（当无弱透水层时，直接补给）补给含水层②，这种补给称为越流补给，很显然越流补给量和弱透水层渗透系数、厚度、两层含水层的水头差有关，选项 A、B、D 正确。

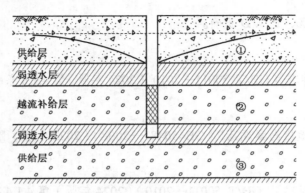

题 41 解图

42. 答案：ABC

解析：《工程地质手册》(第五版) 第 91 页：①被测对象与周围介质之间具有电磁阻抗差异；被测体位于地下水位以上，选项 A 正确，D 错误。②被测目的体具有一定的规模，厚度大于电磁波有效波长的 1/4，选项 B 正确。③目的体上方无极低阻屏蔽层，而且测区内无其他电磁干扰，选项 C 正确。

43. 答案：ABC

解析：《岩土工程勘察规范》(GB 50021—2001) (2009 年版) 附录 G，选项 A 高寒区，直接临水，环境类型为I类；选项 B 高寒区，强透水层中地下水，环境类型为I类；选项 C 干旱区，强透水层中地下水，环境类型为I类；选项 D 视为干燥土，不具备腐蚀环境条件。

44. 答案：BCD

解析：海域钻探的钻孔进尺是从海底作为零点算起，因钻进中受潮汐影响，涨潮时，机上余尺减少；退潮时，机上余尺增加，机上余尺为一个变量。涨潮时，机上余尺除了随着孔内进尺减少外，也随着水位上涨船体升高而减少，因此回次进尺数应再减去钻进过程中涨潮的潮差。退潮时，钻进回次进尺要加上退潮的潮差。

45. 答案：ABC

解析：《岩土工程勘察规范》(GB 50021—2001) (2009 年版) 第 10.2.1 条，选项 A、B 正确；第 10.2.6 条，选项 C 正确。

46. 答案：ABC

解析：《土力学》(李广信等，第 3 版，清华大学出版社) 第 141～143 页，选项 A、B、C 正确；压缩指数远大于回弹指数，选项 D 错误。

47. 答案：ABC

解析：《建筑地基基础设计规范》(GB 50007—2011) 第 3.0.2 条第 1 款，所有建筑物均应满足承载力要求，选项 A 无关；第 6 款，选项 B 无关；第 5 款，选项 C 无关；第 2 款，变形验算和建筑等级有关，选项 D 有关。

48. 答案：BCD

解析：《公路桥涵设计通用规范》(JTG D60—2015) 第 2.1.13 条，可变作用的伴随值是在作用组合中，伴随主导作用的可变作用值。可以是组合值、频遇值或准永久值。

49. 答案：CD

解析：《公路桥涵地基与基础设计规范》（JTG 3363—2019）第 3.0.6 条，选项 C、D 正确。

50. 答案：BC

解析：《湿陷性黄土地区建筑标准》（GB 50025—2018）第 9.2.18 条条文说明，选项 B、C 正确。

51. 答案：ABC

解析：《建筑地基处理技术规范》（JGJ 79—2012）第 7.2.3 条条文说明第 3 款。

52. 答案：ABC

解析：不产生附加荷载的处理方法都不会导致总应力增加。降水法是降低地下水位，总应力不变，孔隙水压力减小，有效应力增加，选项 A 正确。真空预压是依靠真空负压使孔隙水产生向砂井的渗流，使孔隙水压力减小，有效应力增加，由于是依靠负压，没有附加荷载，总应力不变，选项 B 正确。电渗法是在土中插入金属电极并通以直流电，由于直流电场作用，土中的水从阳极流向阴极，这种现象称为电渗。总应力不变，孔隙水压力减小，有效应力增加，选项 C 正确。堆载预压由于有附加荷载，总应力增加，选项 D 错误。

53. 答案：AD

解析：《建筑地基处理技术规范》（JGJ 79—2012）第 7.4.1 条条文说明，旋喷桩有强化地基和防漏的作用，可用于既有建筑和新建工程的地基处理、地下工程及堤坝的截水、基坑封底、被动区加固、基坑侧壁防止漏水或减小基坑位移等，选项 D 正确；实际工程中旋喷桩是可以处理深部液化地层的，采用围封法把液化区域封闭起来，选项 A 正确；路基冻胀的主要防治措施有：路基排水、提高路基填土高度、设置隔离层隔断毛细水和横向渗水、换填土层、加强路基排水、加强路面结构、设置防冻层、铺设隔温层等，选项 B 错误；多年冻土地区可采用保持冻结状态设计或逐渐融化状态设计，可采用热棒、热桩基础，选项 C 错误。

54. 答案：ACD

解析：《建筑地基处理技术规范》（JGJ 79—2012）第 5.4.1 条条文说明，选项 C 正确；《地基处理手册》（第三版）第 103 页，选项 D 正确；《港口工程地基规范》（JTS 147-1—2010）第 7.3.2 条，选项 A 正确。

注：《港口工程地基规范》（JTS 147-1—2010）已作废，被《水运工程地基设计规范》（JTS 147—2017）代替。

55. 答案：BC

解析：《湿陷性黄土地区建筑标准》（GB 50025—2018）第 6.2.1 条及条文说明，灰土垫层可消除基底下 1～3m 湿陷性黄土的湿陷量，同时可提高垫层的承载力及增强水稳定性。$p_k = \frac{F_k + G_k}{A} = \frac{280}{2 \times 1} = 140\text{kPa} < f_{ak} = 150\text{kPa}$，地基承载力满足，提高承载力不是主要目的，选项 A 错误；垫层法处理深度一般不超过 3m，垫层下仍然有未处理的自重湿陷性黄土层，因此垫层不应采用透水性材料，采用灰土垫层整片处理，防止地基浸水，避免未处理土层产生自重湿陷，选项 B、C 正确，D 错误。

56. 答案：BC

解析：《建筑地基处理技术规范》（JGJ 79—2012）第 7.2.2 条条文说明第 1 款，基础的压力向基础外扩散，需要侧向约束条件保证，选项 A 错误、选项 B 正确；基础下靠外边的 2～3 排桩挤密效果差，应加宽 1～2 排桩，选项 C 正确；基础受压，抗液化能力增大，选项 D 错误。

57. 答案：ABD

解析：《建筑基坑支护技术规程》（JGJ 120—2012）第 4.9.6 条第 2 款，选项 A 正确；第 3 款，选项 B 正确；第 4.9.9 条，轴向预加应力值宜取支撑轴向压力标准值的 0.5～0.8 倍，选项 C 错误；第 4.9.7 条，选项 D 正确。

58. 答案：BCD

解析：《土力学》（李广信等，第 3 版，清华大学出版社），选项 A 是朗肯理论假设条件；选项 B 是库仑理论假设条件，即填土为无黏性土；选项 C 既不是朗肯理论假设也不是库仑理论假设；选项 D 是库仑理论假设，即滑动楔体沿墙背和填土中滑动面同时滑动，楔体处于极限平衡状态。

59. 答案：AB

解析：《建筑基坑支护技术规程》（JGJ 120—2012）第 7.3.24 条，当主体结构有抗浮要求时，就不能停止抽水，选项 A、B 错误；减压井目的是减小坑底承压含水层的压力水头，应布置在截水帷幕内侧，选项 C 正确；第 7.3.25 条，回灌井目的是减小因降水引起的地面变形，对落地式帷幕，由于切断了坑内外的水力联系，不需要设置回灌井，对悬挂式截水帷幕，应布置在截水帷幕外侧，减小降水漏斗的范围，减小沉降，选项 D 正确。

60. 答案：ABD

解析：《铁路隧道设计规范》（TB 10003—2016）第 8.1.9 条，选项 A 正确；第 8.1.2 条第 6 款，选项 B 正确；第 8.1.8 条，二次衬砌在 I～III 级围岩可作为安全储备，IV～VI 围岩在一定情况下宜按承载结构设计，选项 C 错误；第 8.1.10 条，选项 D 正确。

61. 答案：AC

解析：高地应力地区质坚性脆完整岩体可以储存较大的应变能，是发生岩爆的内在决定因素，选项 A 正确，B 错误；地下水位少，岩体干燥容易形成岩爆，岩爆可采用注水软化的防治措施，选项 C 正确；岩石强度应力比 R_b/σ_m 越小，岩爆分级越高，岩爆强度越大，高地应力是发生岩爆的条件，不是决定岩爆强度的因素，选项 D 错误。

62. 答案：BCD

解析：《岩土工程勘察规范》（GB 50021—2001）（2009 年版）第 5.5.5 条第 2 款，采深采厚比小于 30 的地段，应评价适宜性，选项 A 错误，选项 B、C、D 正确。

63. 答案：BD

解析：《建筑抗震设计标准》（GB/T 50011—2010）（2024 年版）第 3.2.1 条，选项 B、D 正确。

64. 答案：ABD

解析：《公路工程抗震规范》（JTG B02—2013）第 8.3.7 条第 1 款，选项 A 正确；第 3 款，选项 B、D 正确。

65. 答案：AC

解析：《水电工程水工建筑物抗震设计规范》（NB 35047—2015）第 7.2.4 条，选项 A 正确；第 7.2.2

条，减轻坝体上部重量、增大刚度，选项 B 错误；第 7.2.7 条，选项 C 正确；第 7.2.1 条，重力坝轴线宜取直线，选项 D 错误。

66. 答案：ABC

    解析：《建筑抗震设计标准》（GB/T 50011—2010）（2024 年版）第 5.1.4 条，选项 A、B、C 正确。

67. 答案：AD

    解析：《公路工程抗震规范》（JTG B02—2013）第 4.4.2 条，选项 A 正确、选项 B 错误；第 4.2.4 条，选项 C 错误、选项 D 正确。

68. 答案：ABC

    解析：《建筑抗震设计标准》（GB/T 50011—2010）（2024 年版）第 4.1.7 条第 1 款，选项 A、B、C 正确；第 2 款，选项 D 错误。

69. 答案：ACD

    解析：《建筑基桩检测技术规范》（JGJ 106—2014）第 3.2.5 条第 1 款，声波透射法检测时，受检桩混凝土强度不低于设计强度的 70%，且不应低于 15MPa，钻芯法要求混凝土龄期达到 28d，选项 A 正确；第 5.2.2 条，施加于地基的压应力不宜超过地基承载力的 1.5 倍，选项 B 错误；第 9.1.1 条，选项 C 正确；第 3.1.1 条，钻芯法可以检测沉渣厚度，选项 D 正确。

70. 答案：CD

    解析：《建筑地基处理技术规范》（JGJ 79—2012）第 5.4.3 条，选项 C、D 正确。

2023 年专业知识试题答案及解析（下午卷）

1. **答案：D**

    解析：《土力学》（李广信等，第 3 版，清华大学出版社）第 109 页，对矩形分布荷载，附加压力最大值在基础中心点下方，当荷载三角形分布时，附加压力最大值在基础边缘，选项 A 错误；基础底面边缘的附加应力系数不为 0，附加压力不为零，选项 B 错误；根据第 109 页图 3-31b)，由于附加应力系数不同，沿深度分布规律也不同，选项 C 错误；当有相邻荷载时，根据角点法，附加应力系数叠加，附加应力增大，选项 D 正确。

2. **答案：A**

    解析：《建筑地基基础设计规范》（GB 50007—2011）第 5.3.10 条，回弹变形计算采用回弹模量，计算回弹变形的附加应力为基坑开挖卸荷引起的应力，选项 B、C 错误；第 5.3.11 条，规范公式只适用于基底压力不大于开挖土体自重的情况，当基底压力大于开挖土体自重时，回弹变形完全被压缩，并且坑底下地基土会继续发生变形，可见回弹再压缩变形和基底压力有关，选项 D 错误；《高层建筑岩土工程勘察标准》（JGJ T 72—2017）附录 A.0.2，从图 A.0.2 可以看出，在压缩点 c 的变形量明显大于回弹点 a 的变形量，根据规范公式计算的回弹模量大于回弹再压缩模量。一般情况，回弹模量与回弹再压缩模量的平均比值在 1.4，选项 A 正确。

3. **答案：C**

    解析：《土力学》（李广信等，第 3 版，清华大学出版社）第 153 页，对附加应力系数沿深度积分，把基底下 z_i 深度范围内的附加应力面积按等面积化为 z_i 深度范围内矩形面积，由解图可知，$\bar{\alpha}_i p_0$ 的值可用线段 AD 表示。

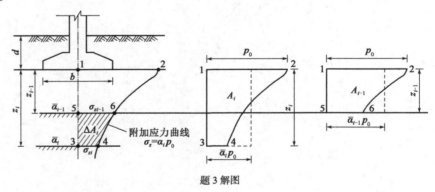

题 3 解图

4. **答案：C**

    解析：《建筑地基基础设计规范》（GB 50007—2011）表 5.3.4。

    A-B 跨，$(90 - 50)/12000 = 0.0033 > 0.003$，不满足规范要求。

    B-C 跨，$(120 - 90)/18000 = 0.002 < 0.003$，满足规范要求。

    C-D 跨，$(120 - 85)/15000 = 0.002 < 0.003$，满足规范要求。

5. **答案：B**

    解析：《建筑地基基础设计规范》（GB 50007—2011）第 8.2.8 条、第 8.2.9 条，受冲切承载力和冲切破坏锥体高度有关，锥体高度和基础高度有关。受剪承载力和剪切面截面面积有关，截面面积又和基础高度有关，所以冲切和剪切确定的是基础高度，选项 B 正确。

6. **答案：** C

解析：《建筑地基基础设计规范》（GB 50007—2011）第 5.3.10 条，$l/b = 15/15 = 1$，$z/b = 3/15 = 0.2$，$\overline{\alpha}_i = 0.2496$，$s = \psi_s \dfrac{p_0}{E_s} z_i \overline{\alpha}_i = 1 \times \dfrac{120}{E_s} \times 3 \times 4 \times 0.2496 = 60\text{mm}$，$E_s = 5.99\text{MPa}$。

7. **答案：** B

解析：《建筑基桩检测技术规范》（JGJ 106—2014）第 6.4.7 条第 1 款，选项 B 正确。

8. **答案：** C

解析：《建筑桩基技术规范》（JGJ 94—2008）第 3.2.2 条第 2 款，钻孔应钻穿溶洞或断层破碎带进入稳定土层，进入深度应满足上述控制性钻孔和一般性钻孔的要求，一般性勘探孔应深入预计桩端平面以下 3～5 倍桩身设计直径，且不得小于 3m；对于大直径桩，不得小于 5m，选项 C 正确。

9. **答案：** A

解析：《建筑桩基技术规范》（JGJ 94—2008）第 4.1.1 条第 2 款，端承型桩应通长配筋，选项 A 不符合。

10. **答案：** D

解析：《建筑桩基技术规范》（JGJ 94—2008）第 3.1.8 条第 4 款，选项 C 错误；第 5 款，选项 D 正确；第 3.1.8 条条文说明第 5 款，天然地基和均匀布桩的初始竖向支撑刚度是均匀分布的，由于土与土、桩与桩、土与桩的相互作用导致地基或桩群的竖向支撑刚度发生变化，沉降出现内大外小的蝶形分布，基底反力出现内小外大的马鞍形分布，选项 A、B 错误。

11. **答案：** C

解析：《建筑桩基技术规范》（JGJ 94—2008）第 4.1.1 条第 2 款，桩径大于 600mm 的摩擦型桩配筋长度不应小于 2/3 桩长，$24 \times 2/3 = 16\text{m}$；当受水平荷载时，配筋长度尚不宜小于 $4.0/\alpha$，$4.0/0.333 = 12\text{m}$，选项 C 正确。

12. **答案：** D

解析：预制桩常用的沉桩方法有静压、锤击、振动、射水法等，当遇到硬土夹层时，可以采用植入法或中掘法。植入法是预先用钻机在桩位处钻孔或采用搅拌、旋喷成桩，然后将管桩植入其中的施工方法，中掘法是在管桩中空部插入专用钻头，边钻孔取土边将桩沉入土（岩）中的沉桩施工方法。

13. **答案：** C

解析：《建筑桩基技术规范》（JGJ 94—2008）第 3.4.4 条第 1 款，岩溶地区的桩基，宜采用钻、冲孔桩，选项 A、B 错误；串珠状溶洞是指一系列相互交联的溶洞，形成了像串珠一样的结构，具有复杂的地质条件，全套管全回转施工工艺适用于岩溶地区，选项 C 正确；石笋密布地区的嵌岩桩，桩端应全断面嵌入基岩，选项 D 错误。

14. **答案：** C

解析：《建筑桩基技术规范》（JGJ 94—2008）第 4.2.1 条第 2 款，高层建筑平板式筏形承台厚度不小于 400mm，选项 A 错误；第 1 款，柱下独立桩基承台，边桩中心至承台边缘的距离不应小于桩径 1000mm，选项 B 错误；第 4.2.4 条第 1 款，大直径桩，桩嵌入承台内的长度不小于 100mm，选项 C 正确；第 4.2.3 条第 5 款，承台底面钢筋的混凝土保护层厚度对大直径桩，不宜小于 100mm，选项 D 错误。

15. 答案：C

解析：$\dfrac{M_1}{M_2} = \dfrac{\frac{1}{2}\gamma H_1^2 K_a \times \frac{H_1}{3}}{\frac{1}{2}\gamma H_2^2 K_a \times \frac{H_2}{3}} = \left(\dfrac{H_1}{H_2}\right)^3 = \left(\dfrac{7}{5}\right)^3 = 2.74$

16. 答案：D

解析：$\theta = \arctan(24/18) = 53.1°$

$$F_s = \dfrac{G\cos\theta\tan\varphi + cl}{G\sin\theta} = \dfrac{3300 \times \cos 53.1° \times \tan 35° + 70 \times 24/\sin 53.1°}{3300 \times \sin 53.1°} = 1.32$$

17. 答案：C

解析：《建筑边坡工程技术规范》（GB 50330—2013）第 3.3.2 条第 5 款，选项 C 正确。

18. 答案：C

解析：《建筑边坡工程技术规范》（GB 50330—2013）第 5.2.4 条条文说明，选项 C 正确。

19. 答案：C

解析：$z_0 = \dfrac{2c}{\gamma\sqrt{K_a}} - \dfrac{q}{\gamma} = \dfrac{2 \times 10}{18.2 \times \sqrt{K_a}} - \dfrac{30}{18.2} = 0$，解得：$K_a = 0.444$

20. 答案：C

解析：《公路路基设计规范》（JTG D30—2015）H.0.8 条第 6 款，$L = 5 - 2 + 1.5 \times 0.3 = 3.45\text{m}$。

21. 答案：A

解析：在堤防上游，渗透力的作用垂直于坡面并指向坡内，使得作用在潜在滑动面上的法向应力 σ 变大，根据抗剪强度公式：$\tau' = \sigma'\tan\varphi' + c'$，在其他条件相同的情况下，抗剪强度随潜在滑动面上的法向应力 σ 增大而增大，抗滑力增大；而在下游，渗透力以一定角度或顺坡面指向坡外，使得作用在潜在滑动面上的法向应力 σ 变小，土体抗剪强度减小，从而导致下游坡的抗滑力减小，而相应的下滑力则有所增加，据 $K = $ 抗滑力/下滑力，上游坡的稳定系数大于下游坡。

22. 答案：D

解析：《铁路路基支挡结构设计规范》（TB 10025—2019）第 15.2.3 条第 1 款。

23. 答案：C

解析：《土工试验方法标准》（GB/T 50123—2019）第 39.3.7 条，取上覆土自重压力，且不小于 50kPa，选项 C 正确。

24. 答案：D

解析：《建筑边坡工程技术规范》（GB 50330—2013）表 3.1.4，重力式挡土墙、坡率法不适用坡顶有重要建筑物的边坡，选项 A、B 不适合；排桩式预应力锚杆挡墙有利于对边坡变形的控制，适用于坡顶有重要建筑物的有外倾结构面的岩质边坡，选项 D 合适。

25. 答案：D

解析：《建筑边坡工程技术规范》（GB 50330—2013）第 4.3.1 条条文说明，考虑了结构面的结合情况、起伏粗糙程度、结构面张开度、充填情况、岩壁情况 5 个因素，不考虑结构面长度，选项 D 无关。

26. 答案：B

解析：《岩土工程勘察规范》（GB 50021—2001）（2009 年版）第 6.2.1 条，选项 A 正确；第 6.3.1 条，天然含水量大于液限，选项 B 错误；第 6.8.1 条，选项 C 正确；第 6.4.1 条，选项 D 正确。

27. 答案：B

解析：《公路路基设计规范》（JTG D30—2015）附录 J，临汾为 I 东南区；表 7.10.3-1，坡高 16m，采用台阶形，表 7.10.3-2，坡率 1：0.6～1：0.75，选项 B 正确。

28. 答案：B

解析：《湿陷性黄土地区建筑标准》（GB 50025—2018）表 4.4.6，湿陷等级为 II 级；附录 A，6 层楼，丙类建筑；表 6.1.5，非自重湿陷性黄土场地，处理厚度 ≥2m，选项 B 正确。

29. 答案：A

解析：《公路路基设计规范》（JTG D30—2015）第 7.8.1 条，$I'_r = 1.4 + 0.0066 \times 63.1 = 1.82 < I_r$，查表 7.8.1，I 级红黏土，收缩后复浸水膨胀，能恢复到原位，选项 A 正确，B 错误；第 7.8.2 条，压缩系数大于 $0.5MPa^{-1}$，不得用作路基填料，选项 C 错误；第 7.8.4 条第 2 款，经处治后红黏土才能填筑路堤，选项 D 错误。

30. 答案：D

解析：《岩土工程勘察规范》（GB 50021—2001）（2009 年版）第 6.7.5 条。

31. 答案：D

解析：《公路路基设计规范》（JTG D30—2015）表 7.9.5，路堤高度 3m，采用 50kPa 压力下膨胀率试验计算胀缩总率，即 0.6%，为非膨胀土，选项 D 正确。

32. 答案：C

解析：《岩土工程勘察规范》（GB 50021—2001）（2009 年版）表 12.2.4 条，干湿交替，中腐蚀性，选项 C 正确。

注：《盐渍土地区建筑技术规范》第 4.4.5 条规定，水和土对钢筋混凝土结构中钢筋的腐蚀性评价，按《岩土工程勘察规范》执行。

33. 答案：B

解析：《城市轨道交通岩土工程勘察规范》（GB 50307—2012）第 11.3.2 条条文说明。

34. 答案：D

解析：《湿陷性黄土地区建筑标准》（GB 50025—2018）H.0.3 条第 1 款，试坑直径不应小于处理土层厚度的一半及承压板直径或边长的 3 倍且不应小于 5m，只有选项 D 大于 5m，正确。

35. 答案：D

解析：《中华人民共和国招标投标法》第三十一条，选项 D 正确。

36. 答案：D

解析：《地质灾害防治条例》（国务院令第 394 号）第四条，因灾死亡 3 人以下或者直接经济损失 100

万元以下的为小型，选项 D 错误。

37. 答案：D

  解析：《中华人民共和国民法典》第八百条，选项 A 正确；第八百零三条，选项 B 正确；第八百零五条，选项 C 正确；第八百零七条，选项 D 错误。或根据《中华人民共和国合同法》第二百八十条，选项 A 正确；第二百八十三条，选项 B 正确；第二百八十五条，选项 C 正确；第二百八十六条，选项 D 错误。

38. 答案：B

  解析：《勘察设计注册工程师管理规定》第十一条，选项 A 正确；第十二条，选项 B 错误；第十三条，选项 C 正确；第十四条，选项 D 正确。

39. 答案：B

  解析：《危险性较大的分部分项工程安全管理规定》第十条，选项 A 正确；第十一条，选项 B 错误；第十二条，选项 C 正确；第十三条，选项 D 正确。

40. 答案：A

  解析：《中华人民共和国安全生产法》第四十条，选项 B、C、D 均有规定，选项 A 错误。

⋯⋯

41. 答案：AC

  解析：《建筑地基基础设计规范》（GB 50007—2011）第 5.2.4 条，由载荷试验、原位测试、经验值等方法确定的承载力应进行深宽修正，选项 A 正确；填土在上部结构施工前完成的，埋深自填土面算起，填土在上部结构施工完成后进行的，埋深应从天然地面算起，选项 C 正确；第 5.2.5 条，按土的抗剪强度指标确定的承载力已经包含了深宽影响，不需要进行深宽修正，选项 B 错误；土的抗剪强度指标确定的承载力不需要考虑软弱下卧层的力学性质，选项 D 错误。

42. 答案：BCD

  解析：《建筑地基基础设计规范》（GB 50007—2011）第 8.1.1 条，表 8.1.1 注 1，确定基础宽高比采用基底平均压力，并非净反力，选项 A 错误；基础宽度由地基承载力验算确定，和基础材料强度无关，选项 B 正确；基础高度是由台阶宽高比确定的，和墙体和柱材料强度、地基承载力无关，选项 C、D 正确。

43. 答案：BD

  解析：《建筑地基基础设计规范》（GB 50007—2011）第 5.1.2 条，岩石地基基础埋深可以小于 0.5m，选项 A 错误；第 5.1.6 条，选项 B 正确；第 5.1.4 条，除岩石地基外，筏形和箱形基础埋深不小于建筑物高度的 1/15；桩箱和桩筏基础埋深不小于建筑物高度的 1/18，选项 C 错误；第 5.1.1 条第 2 款，选项 D 正确。

44. 答案：ACD

  解析：《土力学》（李广信等，第 3 版，清华大学出版社）第 307~308 页，整体剪切破坏：当基础上荷载较小时，基础下形成一个三角形压密区，随着荷载的增大，压密区向两侧挤压，土中产生塑性区，从基础边缘逐步扩大，直到最后形成连续的滑动面并延伸至地面，土从基础两侧挤出并隆起，基础的沉降急剧增加，整个地基失稳破坏，选项 A 正确。局部剪切破坏：随着荷载的增加，地基中也产生压密区和塑性区，但塑性区的发展限制在地基范围，地基内的滑动并不延伸至地面，仅在基础两侧地面微微隆起，没有出现明显的裂缝，选项 B 错误。冲剪破坏：随着荷载的增加，基础下面的土产生压缩变形，基础下沉，并在基础两侧产生竖向的剪切变形，使基础刺入土中，但侧向变形较小，基础附近地面没有明显隆起现象，不出现滑动面，选项 C 正确。决定地基的破坏类型的主要因素是地基土的特性和基础的埋深，选项 D 正确。

45. 答案：AD

解析：《土力学》（李广信等，第 3 版，清华大学出版社）第 120~121 页，上硬下软，应力扩散，上软下硬，应力集中，选项 A 正确；第 122 页，水平方向变形模量大于竖直方向变形模量，应力扩散，选项 D 正确。

46. 答案：CD

解析：《建筑桩基技术规范》（JGJ 94—2008）第 7.4.4 条第 1 款，密集桩群，自中间向两边或四周对称施打，选项 A 错误；第 2 款，由毗邻建筑物处向另一方向施打，选项 B 错误；第 3 款，选项 C 正确；第 4 款，选项 D 正确。

47. 答案：BD

解析：《建筑桩基技术规范》（JGJ 94—2008）第 3.3.3 条条文说明，最小中心距基于两个因素：第一，有效发挥桩的承载力，减小群桩效应；第二，是成桩工艺，减小桩基施工中的相互影响，选项 B、D 正确。

48. 答案：BCD

解析：《建筑桩基技术规范》（JGJ 94—2008）第 3.3.3 条第 4 款，框架—核心筒结构桩筏基础，将桩相对集中布置于核心筒和柱下，选项 A 错误；第 3 款，选项 B 正确；第 2 款，选项 C 正确；表 3.3.3，钻孔灌注桩为非挤土桩，最小中心距为 $3.0d$，选项 D 正确。

49. 答案：AC

解析：《建筑桩基技术规范》（JGJ 94—2008）第 5.4.6 条条文说明第 2 款，对于抗拔系数，灌注桩高于预制桩，长桩高于短桩，黏性土高于砂土，选项 A、C 正确，选项 B 错误；抗拔桩的破坏模式有桩土界面剪切破坏，桩身材料破坏和复合型破坏，抗拔系数取值与抗拔桩的破坏模式密切相关，选项 D 错误。

50. 答案：ABD

解析：《预应力混凝土管桩技术标准》（JGJ/T 406—2017）第 8.1.3 条，当桩基施工影响邻近建筑物、地下管线的正常使用和安全时，应调整施工工艺或沉桩施工顺序，并可采用下列一种或多种辅助措施：

（1）锤击沉桩时，宜采用"重锤轻击"法施工；

（2）在施工场地与被保护对象间开挖缓冲沟，根据挤土情况可反复在缓冲沟内取土；

（3）全部或部分桩采用引孔沉桩；

（4）在饱和软土地区设置砂井或塑料排水板；

（5）采用植入法、中掘法等方法施工；

（6）控制沉桩速率、优化沉桩流程；

（7）对被保护建筑物进行加固处理。

《建筑桩基技术规范》（JGJ 94—2008）第7.4.4条，对毗邻建筑物一侧沉桩，由毗邻建筑物处向另一方向施打，选项C错误。

51. 答案：ACD

解析：《建筑桩基技术规范》（JGJ 94—2008）第3.1.4条第3款，选项A正确；第1款，选项B错误，选项C正确；第2款，选项D正确。

52. 答案：BD

解析：《建筑桩基技术规范》（JGJ 94—2008）第4.2.6条条文说明第1款，选项B正确；第3款，选项D正确。

53. 答案：ABC

解析：《建筑边坡工程技术规范》（GB 50330—2013）第17.2.1条第1款，选项A正确；第17.2.1条第2款及17.2.2条第7款，选项B正确；第17.2.1条第4款，选项C正确；第17.3.3条，切坡应自上而下，选项D错误。

54. 答案：AB

解析：《建筑边坡工程技术规范》（GB 50330—2013）第6.1.1条条文说明第5、7款，选项A正确；第2款，选项B正确；第9款，选项C错误；第6.2.1～6.2.5条条文说明，主动土压力用库仑公式，被动土压力用朗肯公式，选项D错误。

55. 答案：BC

解析：《建筑边坡工程技术规范》（GB 50330—2013）第11.2.2条，挡土墙除进行抗滑和抗倾覆之外，还应进行地基稳定性验算，选项A错误；第11.2.5条，选项B正确；第11.1.3条，选项C正确；第11.3.5条，土质地基，基础埋深不得小于0.5m，选项D错误。

56. 答案：BC

解析：简布（Janbu）法、摩根斯坦-普赖斯（Morgenstern Price）法适用于任意滑动面，简单条分法（瑞典条分法）、简化毕肖普（Bishop）法适用于圆弧滑动面，选项B、C不适用于非圆弧滑动面。

57. 答案：ABC

解析：《铁路路基支挡结构设计规范》（TB 10025—2019）第4.3.1条第1款，选项A正确；第2款，选项B正确；第3款，选项C正确。

58. 答案：ACD

解析：强夯是通过动力密实作用加固地基，在夯实层的范围内，土中孔隙减少，其物理、力学性质获得显著改善（如干重度明显增大、压缩性降低、湿陷性消除、透水性减弱等），并使得地基承载力得到提高。选项A、C、D三个指标均有显著提高，碎块石之间几乎无黏聚力，黏聚力不会显著提高。

59. 答案：AC

解析：《膨胀土地区建筑技术规范》（GB 50112—2013）第5.4.3条第1、2款，选项A正确；第3

款，每隔 6～10m 和转角部位应设变形缝，选项 B 错误；第 5.4.4 条，选项 C 正确；第 5.4.6 条第 2 款，净距大于 3m 可按平坦场地设计，选项 D 错误。

60. 答案：BCD

解析：《岩土工程勘察规范》（GB 50021—2001）（2009 年版）第 6.4.2 条第 3、4 款，选项 A 符合；第 5 款，粗粒混合土宜采用动力触探试验，选项 B 不符合；第 6 款，承压板面积不应小于 0.5m²，剪切面面积不应小于 0.25m²，选项 C、D 不符合。

61. 答案：ABC

解析：《公路路基设计规范》（JTG D30—2015）第 7.9.8 条第 1 款，选项 A 正确；第 2 款，选项 B 正确；第 3 款，选项 C 正确；第 4 款，路堑坡顶外 3～5m 范围内的表层膨胀土，应
采取换填非膨胀土、铺设防渗土工膜等防渗封闭处理措施，选项 D 错误。

62. 答案：BCD

解析：《盐渍土地区建筑技术规范》（GB/T 50942—2014）第 5.1.4 条第 1 款，甲、乙级的建筑物应采用浸水载荷试验确定承载力，选项 A 错误，选项 B、C 正确；第 2 款，选项 D 正确。

63. 答案：ABD

解析：《工程地质手册》（第五版）第 636 页，可溶性岩石包含卤素岩类、硫酸盐岩类、碳酸盐岩类，溶解度排序卤化物 > 硫酸盐 > 碳酸盐。

64. 答案：ACD

解析：《铁路隧道设计规范》（TB 10003—2016）第 4.2.6 条第 2 款，钻探深度应至隧道底以下 3～5m，遇溶洞、暗河及其他不良地质体时，应加深至溶洞及暗河底、不良地质体以下 5m，选项 B 错误，选项 A、C、D 正确。

65. 答案：BCD

解析：《建设工程安全生产管理条例》第五十五条第一款，选项 B 正确；第二款，选项 C 正确；第三款，选项 D 正确。

66. 答案：ABC

解析：《建设工程质量检测管理办法》第十五条，选项 A 正确；第十八条，选项 B 正确；第十九条，选项 C 正确；第二十一条，选项 D 错误。

67. 答案：ABC

解析：《建设工程安全生产管理条例》第二十二条，选项 A、B、C 正确，选项 D 错误。

68. 答案：ABD

解析：《中华人民共和国招标投标法》第二十七条，选项 A 正确；第二十八条，选项 B 正确；第二十九条，选项 C 错误；第三十一条，选项 D 正确。

69. 答案：BCD

解析：《中华人民共和国安全生产法》第二十五条第四款，选项 B 正确；第七款，选项 C 正确；第六款，选项 D 正确。选项 A 据第二十一条第四款，是生产经营单位主要负责人的职责。

70. 答案：AB

解析：《勘察设计注册工程师管理规定》第十九条第一款，选项 A 正确；第二款，选项 B 正确；第四款，选项 C 错误；第五款，选项 D 错误。

1. **答案：C**

    解析：《岩土工程勘察规范》（GB 50021—2001）（2009 年版）表 3.3.9，标准贯入试验锤击数 14，为稍密砾砂；《建筑抗震设计规范》（GB 50011—2010）（2016 年版）表 4.1.3，稍密砾砂属于中软土。

2. **答案：D**

    解析：《铁路工程特殊岩土勘察规程》（TB 10038—2022）第 4.4.8 条，新近堆积黄土，基底下 8m，采用 200kPa 试验压力。

3. **答案：B**

    解析：

    $$I_L = \frac{w - w_p}{w_L - w_p} = \frac{19.3 - 16.7}{28.3 - 16.7} = 0.22$$

    依据《岩土工程勘察规范》（GB 50021—2001）（2009 年版）表 3.3.11，为硬塑。

4. **答案：D**

    解析：《建筑工程地质勘探与取样技术规程》（JGJ/T 87—2012）表 5.2.2，湿陷性黄土成孔口径 大于或等于 150mm。

5. **答案：A**

    解析：《土质学与土力学》（高大钊，第三版，人民交通出版社）第 31 页，利用高价阳离子置换低价阳离子可以改善土的工程性质，离子交换的结果会减小土颗粒周围弱结合水的水膜厚度。弱结合水水膜厚度大，土的塑性高，颗粒之间的距离相对较大，土体的膨胀性和收缩性大，土的压缩性也大，强度相对降低，所以高价阳离子交换低价阳离子后，可以增大土体强度。

6. **答案：D**

    解析：《公路工程地质勘察规范》（JTG C20—2011）第 5.13.6 条第 4 款，深埋隧道及高应力区隧道应进行地应力测试。隧道的地应力测试应结合地貌地质单元选择在代表性钻孔中进行，地应力测试宜采用水压致裂法。

    水压致裂法是通过在钻孔中注入高压水，使钻孔周围的岩石在高压作用下产生裂隙，从而测量和记录岩石的破裂压力。这个破裂压力与地应力有直接关系，因此该方法属于直接量测法。

    钻孔形变式变形计主要是用来测量由于地应力或其他外力作用导致的钻孔形变，从而间接推算地应力的大小，不属于直接量测法。

    声发射法是利用材料内部在受力变形或破坏过程中产生的弹性波来监测材料内部的损伤或缺陷，主要用于材料的无损检测，而不是直接测量地应力。

    钻孔包体压力计通常用于测量孔隙水压力或岩石内部的流体压力，而不是直接测量地应力。

7. **答案：B**

    解析：$e = wG_s / S_r = 0.35 \times 2.65 / 1 = 0.93$

    依据《岩土工程勘察规范》（GB 50021—2001）（2009 年版）表 3.3.10-1，为稍密。

8. **答案：** D

解析：《岩土工程勘察规范》（GB 50021—2001）（2009 年版）附录 E 表 E.0.1，渗透系数可以通过抽水试验、注水试验、压水试验、室内渗透试验测定，给水度可以通过单孔抽水试验、非稳定流抽水试验、地下水位长期观测、室内试验测定，越流系数可以通过多孔抽水试验（稳定流或非稳定流）测定。

《工程地质手册》（第五版）第 1246 页，单位吸水率可由压水试验测定。

9. **答案：** D

解析：《岩土工程勘察规范》（GB 50021—2001）（2009 年版）附录 A 表 A.0.5，有机质含量 8%，天然含水率大于液限（$w > w_L$），孔隙比（$e = 1.6$）大于 1.5，为淤泥。

10. **答案：** C

解析： 根据《岩土工程勘察规范》（GB 50021—2001）（2009 版）第 7.1.5 条第 3 款，选项 A 为 72h，选项 B 为 48h，选项 C 为 12h。

11. **答案：** D

解析：《公路工程地质勘察规范》（JTG C20—2011）第 7.1.3 条，灰岩被页岩覆盖，没有岩溶地表景观，地表水与地下水连通不密切，为埋藏型岩溶。

12. **答案：** C

解析：《公路工程地质勘察规范》（JTG C20—2011）第 8.3.4 条表 8.3.4 小注。

13. **答案：** B

解析：《铁路工程特殊岩土勘察规范》（TB 10038—2022）第 7.4.7 条，孔间距不宜小于钻孔孔径的 25 倍，$0.11 \times 25 = 2.75$m。

14. **答案：** C

解析：《工程结构可靠性设计统一标准》（GB 50153—2008）第 A.2.2 条，选项 C 正确；第 A.4.2 条，选项 A 为 50 年；第 A.1.2 条，选项 B 为 40 年；第 A.3.2 条，选项 D 为 100 年。

15. **答案：** C

解析：《建筑地基基础设计规范》（GB 50007—2011）第 3.0.5 条第 3 款。

16. **答案：** D

解析：《建筑基坑支护技术规程》（JGJ 120—2012）第 3.1.4 条第 2 款第 3 条，选项 A 正确，第 1 款，选项 C 正确；第 3.1.7 条，选项 B 正确；第 3.1.6 条，结构重要性系数最小为 0.9，选项 D 错误。

17. **答案：** B

解析： 假定加固前后含水量不变：

$$s = 0.95d\sqrt{\frac{\gamma_1}{\gamma_1 - \gamma_0}} = 0.95 \times 0.8 \times \sqrt{\frac{\gamma_1}{\gamma_1 - 18.0}} = 3, \quad \gamma_1 = 19.23\text{kN/m}^3$$

18. **答案：** A

解析： 沉管灰土桩是通过锤击或振动作用将带有桩尖的钢管打入土中成孔，在孔内填入灰土，分层捣实形成的桩，灰土桩和挤密后的桩间土共同形成复合地基。

19. 答案：B

解析：《地基处理手册》（龚晓南，第三版，中国建筑工业出版社）第 314 页，强夯法加固非饱和土是基于动力密实的概念，在冲击荷载作用下，土颗粒相互靠拢，土体中气体部分首先排出，土颗粒进行重新排列，选项 A 正确；第 317 页，强夯置换是通过夯击和填料形成置换体，使置换体和原地基土共同承受荷载，选项 D 正确。《建筑地基处理技术规范》（JGJ 79—2012）第 6.3.3 条条文说明第 2 款，当场地的平均隆起量最小、夯沉量最大时，动力挤密作用效果好，选项 B 错误。由于黏性土中的孔隙水压力散失较慢，当夯击能逐步增大时，孔隙水压力也会相应叠加。因此，可以通过监测孔隙水压力的叠加值来确定最佳夯击能，选项 C 正确。

20. 答案：B

解析：《土工合成材料应用技术规范》（GB/T 50290—2014）第 4.2.1 条。

21. 答案：C

解析：《建筑地基处理技术规范》（JGJ 79—2012）第 5.2.21 条，真空预压区边缘应大于建筑物基础轮廓线，每边增加量不得小于 3.0m。最小面积为 $(220 + 3 + 3) \times (170 + 3 + 3) = 39776 \text{m}^2$。

22. 答案：D

解析：《铁路路基设计规范》（TB 10001—2016）第 7.3.2 条表 7.3.2。

23. 答案：D

解析：《建筑地基处理技术规范》（JGJ 79—2012）第 6.3.3 条第 5 款条文说明，夯击点间距过小可能会影响细粒土超静孔隙水压力消散；处理深度较大时，夯击点间距过小会导致夯击能无法向深部土层传递。此外，夯击点间距较小，会造成坑壁坍塌、夯锤歪斜或倾倒等，影响夯实效果，选项 A、B、C 都是夯击点间距过小引起的。选项 D 可能是者夯击次数较多引起。

24. 答案：D

解析：《建筑地基处理技术规范》（JGJ 79—2012）第 5.2.20 条，真空预压竖向排水通道宜穿透软土层，但不应进入下卧透水层，选项 A 错误；第 5.2.25 条条文说明，对真空预压，沉降计算经验系数取 1.0～1.3，选项 B 错误；第 5.2.26 条，真空预压地基加固面积较大时，宜采取分区加固，可见并不是面积越大，预压效果越好，选项 C 错误。由于砂井中的材料对水的垂直渗流有阻力，使砂井内不同深度的孔压不全等于大气压，这种现象称为井阻，井阻效应会降低固结速率，选项 D 正确。

25. 答案：B

解析：《建筑基坑支护技术规程》（JGJ 120—2012）第 7.3.24 条，抽水系统的使用期应满足主体结构的施工要求，当主体结构有抗浮要求时，停止降水的时间应满足主体结构施工期的抗浮要求。筏板承受浮力 $(7.5 - 2) \times 10 = 55 \text{kPa}$，地下室顶板施工完成后自重 $30 + 15 \times 2 = 60 \text{kPa} > 55 \text{kPa}$，满足主体结构施工期的抗浮要求，可停止抽水。

26. 答案：B

解析：《建筑基坑支护技术规程》（JGJ 120—2012）第 4.9.5 第 1 款，选项 A、D 正确，水平对撑按偏心受压构件进行计算，选项 B 错误；第 5 款，选项 C 正确。

27. 答案：A

解析：《铁路隧道设计规范》（TB 10003—2016）第 3.2.11 条，II级围岩两相邻单线隧道间的最小净距为（1.0～1.5）B（B 为隧道开挖宽度），即 8～12m，最小净距取 8m。

28. 答案：D

解析：《铁路隧道设计规范》（TB 10003—2016）附录 B 第 B.1.5 条，选项 A、B、C 均可判定为IV级，选项 D 则为III级。

29. 答案：D

解析：《建筑基坑支护技术规程》（JGJ 120—2012）第 3.1.14 条及条文说明，根据土的有效应力原理，土的抗剪强度与有效应力存在相关关系，只有有效抗剪强度指标才能真实反映土的抗剪强度，用三轴固结排水指标计算土体的破裂角 $\theta = 45° + \frac{30°}{2} = 60°$。

30. 答案：D

解析：《建筑基坑支护技术规程》（JGJ 120—2012）第 4.11.17 条第 3 款，选项 A、B 正确；第 4 款，选项 C 正确；第 2 款，浇筑下层墙、柱混凝土前，应将已经浇筑的上层墙、柱混凝土的接合面及预留连接钢筋、钢板表面的泥土清除干净，选项 D 错误。

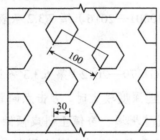

31. 答案：C

解析：一个正六边形的面积为：

$$s = 6 \times \frac{1}{2} \times 30 \times 30 \times \sin 60° = 2338.27 \text{mm}^2$$

边长 100mm 的等边三角形中有半个正六边形，则一个正六边形对应的面积：

$$s = 2 \times \frac{1}{2} \times 100 \times 100 \times \sin 60° = 8660.25 \text{mm}^2$$

孔隙率为开孔面积与表面积之比，$n = 2338.27/8660.25 = 0.27$

注：孔隙率多指孔隙体积与土体体积之比，在岩土工程中多表示土体的孔隙特征，过滤器孔隙率是过滤器某进水面的开孔面积与该进水面表面积之比，二者概念不同。

32. 答案：B

解析：《中国地震动参数区划图》（GB 18306—2015）附录 G，0.18g对应地震烈度为VII。

33. 答案：D

解析：《建筑抗震设计规范》（GB 50011—2010）（2016 年版）第 4.2.1 条，8 度区，$f_{ak} < 100$kPa 为软弱黏性土，选项 A、B 不考虑；第 4.3.11 条，选项 C 的 $I_p = 32.1 - 16.8 = 15.3 > 15$，不考虑；选项 D 的 $I_p = 31.6 - 18.3 = 13.3 < 15$，$28.5 > 0.9 \times 31.6 = 28.4$，$I_L = (28.5 - 18.3)/13.3 = 0.77 > 0.75$，需要考虑。

34. 答案：B

解析：《建筑抗震设计规范》（GB 50011—2010）（2016 年版）第 4.1.1 条表 4.1.1，选项 A 为危险地段，选项 B 为不利地段，选项 C 为一般地段，选项 D 为危险地段，选项 B 正确。

35. 答案：C

解析：《建筑抗震设计规范》（GB 50011—2010）（2016 年版）表 4.3.5，液化指数为 16，判定为中等液化；表 4.3.6，中等液化时丙类抗液化措施为基础和上部结构处理，或更高要求的措施。

36. 答案：D

解析：《建筑抗震设计标准》（GB/T 50011—2010）（2024 年版）第 3.2 节条文说明，地震分组更好地体现了震源机制、震级大小和震中距的影响，是一个与场地特征周期与峰值加速度有关的参数，选项 A、B、C 正确；第 5.1.4 条，水平地震影响系数最大值与地震震级和地震概率有关，选项 D 错误。

37. 答案：C

解析：《建筑地基基础设计规范》（GB 50021—2011）表 5.2.4，中风化岩石承载力不修正。《建筑抗震设计规范》（GB 50011—2010）（2016 年版）表 4.2.3，$f_{aE} = 1.5 \times 600 = 900 \text{kPa}$。

38. 答案：D

解析：《建筑地基检测技术规范》（JGJ 340—2015）第 11.4.3 条，试验机额定最大压力不宜大于预估压力的 5 倍。

39. 答案：A

解析：《建筑基坑工程监测技术标准》（GB 50497—2019）第 6.4.3 条第 1 款，测斜管的埋设可采用绑扎法、钻孔法以及抱箍法等，选项 A 错误；第 6.4.4 条，选项 B 正确；第 6.4.5 条，选项 C、D 正确。

40. 答案：C

解析：《建筑基桩检测技术规范》（JGJ 106—2014）表 3.1.1，单桩水平载荷试验不能测定桩的侧阻力。

---

41. 答案：ABD

解析：《工程地质手册》（第五版）第 1210 页，上层滞水是包气带中局部隔水层之上具有自由水面的重力水，其接近于地表，补给区和分布区一致，直接接受大气降水和地表水的补给，以蒸发的形式排泄，其水量不大，受季节性变化影响强烈（雨季时水位高，旱季时水位低，甚至干涸），容易受到污染，选项 A、B、D 正确。

42. 答案：BD

解析：老鼠开水《知识教材》第 15 页，原生结构面包含沉积结构面（1. 层理层面，2. 软弱夹层，3. 不整合面、假整合面）；岩浆结构面（1. 侵入体与围岩接触面，2. 岩脉、岩墙接触面）；变质结构面（1. 片理，2. 片岩软弱夹层）。选项 A、C 属于原生结构面。构造结构面包含断层、褶皱、节理、劈理，选项 B 属于构造结构面；次生结构面包含风化裂隙、泥化夹层、卸荷裂隙，选项 D 属于次生结构面。

43. 答案：BD

解析：《工程岩体试验方法标准》（GB/T 50266—2013）第 2.5.1 条第 1 款，选项 A 错误；第 2 款，选项 B、D 正确。

44. 答案：ACD

　　解析：《岩土工程勘察规范》（GB 50021—2001）（2009 版）第 10.2.1 条，选项 A 正确；第 10.2.2 条，选项 C 正确；第 10.2.3 条第 3 款，不应小于 0.5m²，选项 B 错误。《建筑地基基础设计规范》（GB 50021—2011）第 5.2.4 条，选项 D 正确。

45. 答案：BD

　　解析：《岩土工程勘察安全标准》（GB/T 50585—2019）第 3.0.2 条第 7 款，危险源危险等级可分为轻微、一般、较大、重大、特大五级，选项 A 错误；第 3.0.5 第 3 款，选项 B 正确；第 3.0.6 条表 3.0.6，最小安全距离 15m，选项 C 错误；第 3.0.3 条第 2 款，选项 D 正确。

46. 答案：BCD

　　解析：《水利水电工程地质勘察规范》（GB 50487—2008）（2022 版）附录 B。

47. 答案：BD

　　解析：《建筑地基基础设计规范》（GB 50007—2011）第 3.0.2 条第 1 款，选项 A 需要验算；第 6.2.2 条表 6.2.2-1，可不进行变形验算，选项 B 无须验算；第 6.2.2 条第 3 款，选项 C 需要验算；题目未提及地下水，选项 D 无须验算。

48. 答案：CD

　　解析：《工程结构可靠性设计统一标准》（GB 50153—2008）第 6.1.4 条。

49. 答案：AD

　　解析：《建筑边坡工程技术规范》（GB 50330—2013）第 3.3.3 条第 2 款，选项 A、D 正确；抗震设防烈度 6 度的地区，边坡工程可不进行地震作用计算，但应采用抗震构造措施，选项 B 错误；抗震设防烈度 7 度的地区，边坡工程应进行地震作用计算，选项 C 错误。

50. 答案：AD

　　解析：《湿陷性黄土地区建筑标准》（GB 50025—2018）第 6.4.6 条，灰土挤密桩、水泥土挤密桩均可用于处理大厚度自重湿陷性黄土；水泥土搅拌桩主要是通过将水泥浆注入土层中，与土混合来提高地基的承载力和减少湿陷性，不能处理大厚度自重湿陷性黄土；砂石挤密桩因透水性强，也不能用于处理大厚度自重湿陷性黄土。

51. 答案：BC

　　解析：《湿陷性黄土地区建筑标准》（GB 50025—2018）第 6.5.1 条，预浸水法宜用于处理自重湿陷性黄土场地，非自重湿陷性黄土场地不适合预浸水法，选项 A 错误；第 6.5.2 条第 3 款，选项 B 正确；第 4 款，选项 C 正确；第 6.5.1 条条文说明，预浸水法可消除地面下 6m 以下土层的全部湿陷性，选项 D 错误。

52. 答案：BD

　　解析：根据一维固结理论，固结度与排水距离的平方成正比，选项 A 正确；真空预压中，地基土有效应力增量是各向相等的，在预压过程中土体不会发生剪切破坏，所以不需要控制加载速率，一次施加到最大真空度，选项 B 错误；堆载预压产生超静孔隙水压力，超静孔隙水压力消散，有效应力增加。真空预压是依靠真空负压使孔隙水产生向砂井的渗流，使孔隙水压力减小，有效应力增加，由于是依靠负压，没有附加荷载，故总应力不变，选项 C 正确、选项 D 错误。

53. 答案：BD

解析：《建筑地基处理技术规范》（JGJ 79—2012）第 5.2.21 条，真空预压区边缘大于建筑物外轮廓线，每边增加量不得小于 3m，选项 A 错误；第 6.3.3 条第 6 款，强夯处理范围每边超出基础外缘的宽度宜为基底下设计处理厚度的 1/3～1/2，且不应小于 3m，选项 B 正确；第 7.2.2 条第 1 款，振冲桩处理范围宜在基础外缘扩大 1～3 排桩，选项 C 错误；第 9.1.2 条，微型桩与承台整体连接时，可按桩基础设计，桩与基础不整体连接时，可按复合地基设计，可见钢管桩不是只能布置在基础下，选项 D 的说法有瑕疵。

54. 答案：AC

解析：《土工试验方法标准》（GB/T 50123—2019）第 61.1.1、61.3.1 条，最大粒径不超过 60mm 能自由排水的粗粒土最大干密度试验可采用振动台法或表面振动法试验，选项 A 正确、选项 B 错误；粉质黏土、粉土填筑体最大干密度可采用轻型击实或重型击实试验，选项 C 正确、选项 D 错误。

55. 答案：ABC

解析：《建筑地基处理技术规范》（JGJ 79—2012）第 7.3.1 条条文说明，选项 A、B、C 正确，有机质含量较高、pH 值较低的酸性土加固效果较好，选项 D 错误。

56. 答案：AB

解析：《建筑地基处理技术规范》（JGJ 79—2012）第 4.2.1 条条文说明，有排水要求的砂垫层宜控制含泥量不大于 3%，选项 A 正确；黏土难以夯压密实，应避免用作换填材料，选项 B 正确；灰土垫层应采用消石灰，选项 C 错误；金属管网地基换填材料采用粉煤灰时应采取防腐措施，选项 D 错误。

57. 答案：BCD

解析：加大立柱间距会产生较大的弯矩，对支撑不利，选项 A 错误；加大立柱桩桩长可以提高立柱承载能力，选项 B 正确；加大立柱的截面尺寸，可以提高立柱的抗压稳定性，选项 C 正确；加大水平支撑截面的高度，可以提高支撑抗弯能力，选项 D 正确。

58. 答案：AB

解析：《建筑基坑支护技术规程》（JGJ 120—2012）第 4.5.9 条第 2 款，选项 A、B 为刚性接头；第 1 款，选项 C、D 为柔性接头。

59. 答案：AD

解析：《铁路隧道设计规范》（TB 10003—2016）第 5.2.8 条，选项 A、D 正确。选项 B、C 说反了。

60. 答案：ABC

解析：三轴搅拌桩通过三个螺旋钻孔同时向下施工，将水泥浆与土体充分搅拌，形成连续、均匀的水泥土桩体，能够有效降低渗透性和提高物理隔离作用，从而形成一道致密的防水屏障。相比之下，旋喷桩虽然也能形成连续的桩体，但其浆液分布可能不如三轴搅拌桩均匀，尤其是在复杂地质条件下，旋喷桩的止水效果可能受到影响，选项 A 正确。旋喷桩是利用钻机将旋喷注浆管及喷头钻置于设计高程，将预先配制好的浆液从注浆管边的喷嘴中高速喷射出来，直接破坏土体；水泥土搅拌桩是一种将水泥作为固化剂，利用搅拌桩机将水泥喷入土体并充分搅拌形成的，可见当有地下障碍物时，旋喷桩的适应性更强，选项 B 正确。咬合式排桩适用于黏性土、粉土、杂填土、黄土、砂、卵石，但对施工精度、工艺和混凝土配合比均有严格要求，选项 C 正确。《建筑基坑支护技术规程》（JGJ 120—2012）第 7.2.1 条，当支护结构采用排桩时，可采用高压旋喷或摆喷注浆与排桩相互咬合的组合帷幕，选项 D 错误。

61. **答案：ACD**

　　解析：《建筑基坑支护技术规程》（JGJ 120—2012）第 4.11.19 条第 2 款。

62. **答案：CD**

　　解析：《盐渍土地区建筑技术规范》（GB/T 50942—2014）第 4.2.1 条。

63. **答案：ABC**

　　解析：《建筑抗震设计规范》（GB 50011—2010）（2016 年版）第 3.3.1 条，选项 A 正确、选项 D 错误；第 3.3.2 条，选项 B 正确；第 3.3.3 条，选项 C 正确。

64. **答案：CD**

　　解析：《公路工程抗震规范》（JTG B02—2013）第 6.3.2 条，选项 A 和挡土墙高度有关，挡土墙高度大于 10m 时应采用片石混凝土或者混凝土，选项 A 错误；第 6.3.6 条条文说明，选项 D 正确；《公路隧道设计规范 第一册 土建工程》（JTG 3370.1—2018）第 16.2.4 条，9 度地区隧道应专门进行地震安全性评价，选项 B 错误；第 16.4.2 条，选项 C 正确。

65. **答案：AC**

　　解析：《水电工程水工建筑物抗震设计规范》（NB 35047—2015）第 4.1.1 条条文说明，选项 A、C 正确；晚更新世以来有地震错断迹象才可以评价为发震构造，第四系还有中更新世和早更新世，故选项 B 的说法不全面；沿断裂带曾发生过 4.75 级地震，选项 D 错误。

66. **答案：AB**

　　解析：《建筑抗震设计规范》（GB 50011—2010）（2016 年版）第 5.1.4 条，选项 B 正确；第 5.1.5 条，阻尼调整系数并不是地震影响系数曲线的形状参数，选项 C 错误；第 5.1.5 条条文说明第 2 款，自振周期大于 6.0s 的建筑结构，地震影响系数应进行专门研究，选项 D 错误。

67. **答案：BD**

　　解析：《建筑抗震设计规范》（GB 50011—2010）（2016 年版）第 4.3.7 条第 3 款，选项 A 符合；第 4 款，选项 C 属于增加上覆非液化土层厚度，故选项 C 符合；第 4.3.8 条第 1 款，处理后的液化指数不大于 6，选项 B 不符合；第 4.3.9 条第 2 款，选项 D 属于减轻液化影响的基础和上部结构处理，故选项 D 不符合。

68. **答案：BD**

　　解析：《建筑抗震设计规范》（GB 50011—2010）（2016 年版）第 4.2.1 条第 2 款，选项 A 承载力大于 100kPa 可不验算，选项 A 错误；第 4.2.3 条，选项 B 正确；第 4.2.4 条，选项 D 正确；高宽比大于 4 的建筑基础底面不宜出现脱离区，选项 C 错误。

69. 答案：ACD

　　解析：《建筑地基处理技术规范》（JGJ 79—2012）附录 A 第 A.0.2 条，选项 A 正确；附录 B 第 B.0.2 条，单桩复合地基承压板面积为一根桩承担的处理面积，选项 B 错误。《既有建筑地基基础加固技术规范》（JGJ 123—2012）附录 B 第 B.0.2 条，选项 C 正确。《建筑地基基础设计规范》（GB 50007—2011）附录 H 第 H.0.2 条，选项 D 正确。

70. 答案：BD

　　解析：《城市轨道交通工程监测技术规范》（GB 50911—2013）第 3.3.2～3.3.5 条，选项 A 自身风险等级为二级，周边环境风险等级为四级，监测等级为二级，不调整，选项 A 错误；选项 B 自身风险等级为三级，周边环境风险等级为四级，监测等级为三级，不调整，选项 B 正确；选项 C 自身风险等级为三级，周边环境风险等级为四级，监测等级为三级，地质条件复杂，调整为二级，选项 C 错误；选项 D 自身风险等级为三级，周边环境风险等级为三级，监测等级为三级，不调整，选项 D 正确。根据第 3.3.3 条条文说明，城市次干道属于市政设施。根据 3.3.5 条条文说明，工程地质条件复杂程度为中等时，检测等级可不调整；工程地质条件复杂程度为复杂时，监测等级上调一级。

2024 年专业知识试题答案及解析（下午卷）

1. **答案**：C

    解析：地基土分布不均匀，或建筑物荷载分布不均匀，造成房屋一端沉降量大产生斜裂缝。

2. **答案**：D

    解析：《建筑地基基础设计规范》（GB 50007—2011）第 8.4.2 条，$e \leqslant \frac{b}{60}$，$b \geqslant 48 \text{m}$。

3. **答案**：D

    解析：《土力学》（李广信等，第 3 版，清华大学出版社）第 93 页，饱和毛细上升带的孔隙水压力为负值，总应力为 $110 + 10 = 120 \text{kPa}$。

4. **答案**：A

    解析：《建筑地基基础设计规范》（GB 50007—2011）第 5.2.4 条，选项 A 正确；箱形基础自室外地面高程算起，选项 B 错误；在上部结构施工以后填方，应从天然地面算起，选项 C 错误；对于有地下室的条形基础，应从室内地面算起，选项 D 错误。

5. **答案**：D

    解析：《水运工程地基设计规范》（JTS 147—2017）第 5.1.6 条。

6. **答案**：D

    解析：《土力学》（李广信等，第 3 版，清华大学出版社）第 98～99 页，图 3-16（b），弹性地基上的绝对刚性基础，基底压力分布在基础边缘处的压力趋于无穷大。

7. **答案**：B

    解析：《建筑桩基技术规范》（JGJ 94—2008）第 7.4.4 条第 3 款，打桩顺序先深后浅，选项 A 错误；第 4 款，选项 B 正确。第 7.4.9 条第 1 款，预钻孔孔径可比桩径小 50～100mm，选项 C 错误。第 7.5.7 条，最大压桩力不宜小于设计的单桩竖向极限承载力标准值，选项 D 错误。

8. **答案**：D

    解析：《建筑桩基技术规范》（JGJ 94—2008）第 6.3.30 条第 1 款，开始灌注混凝土时，导管底部至孔底的距离宜为 300～500mm，选项 A 错误；第 2 款，初灌时，导管埋入混凝土灌注面以下不应少于 0.8m，选项 B 错误；第 5 款，选项 D 正确。第 6.3.29 条，应设置隔水栓，选项 C 错误。

9. **答案**：A

    解析：《建筑桩基技术规范》（JGJ 94—2008）表 3.3.3-1，旋挖成孔属于非挤土，端承桩适用于表注 3 的其他情况，桩间距可减小至 2.5d（d 为桩直径），选项 A 正确；第 4.1.1 条第 2 款，端承型桩应通长配筋，选项 B 错误；第 4.1.2 条第 2 款，水下灌注桩的主筋混凝土保护层厚度不得小于 50mm，选项 C 错误；第 4.1.1 条第 4 款，当钢筋笼长度超过 4m 时，应每隔 2m 设一道直径不小于 12mm 的焊接加劲箍筋，选项 D 错误。

10. **答案**：D

解析：《公路桥涵地基与基础设计规范》（JTG 3363—2019）第 7.3.2 条，从下沉系数计算公式来看，增大下沉系数的方法是增大沉井自重或者减小沉井摩阻力。选项 A、C 相当于减小井壁摩阻力，可以增大下沉系数。选项 B 不排水下沉，自重需要扣除浮力，相当于减小自重，不会增大下沉系数。选项 D 相当于增加沉井自重，可以增大下沉系数。

11. 答案：A

解析：《建筑边坡工程技术规范》（GB 50330—2013）第 8.1.2 条条文说明，拉力型锚杆锚固段灌浆体受拉，浆体易开裂，防腐性能差，但易于施工；压力型锚杆锚固段灌浆体受压，浆体不易开裂，防腐性能好，承载力高，可用于永久工程。

12. 答案：A

解析：《建筑桩基技术规范》（JGJ 94—2008）第 5.6.1 条条文说明，选项 A 正确。桩间土压缩模量越大，地基土分担的荷载比例会越大，选项 C 错误；减沉复合疏桩基础为摩擦桩，选项 D 错误；疏桩基础是通过桩和承台下地基土受荷变形协调共同承担荷载，并不是通过褥垫层，选项 B 错误。

13. 答案：B

解析：《建筑桩基技术规范》（JGJ 94—2008）第 3.4.1 条第 1 款，宜选择中、低压缩性土层作为桩端持力层，选项 A 错误；第 3.4.2 条第 3 款，选项 B 正确；第 3.4.3 条第 2 款，宜采用钻（挖）孔灌注桩，选项 C 错误；第 3.4.4 条第 3 款，宜采用摩擦型灌注桩，选项 D 错误。

14. 答案：B

解析：《建筑桩基技术规范》（JGJ 94—2008）表 5.8.4-2，$l_c/d = 12.6/0.6 = 21$，$\varphi = 0.65$。

15. 答案：B

解析：《建筑边坡工程技术规范》（GB 50330—2013）第 4.2.5 条，不应小于 1.5 倍坡高。

16. 答案：B

解析：《建筑边坡工程技术规范》（GB 50330—2013）表 17.1.5，滑坡后缘地表或建（构）筑物拉张裂缝多而宽且贯通，外侧下错时，为强变形阶段。

17. 答案：C

解析：《建筑边坡工程鉴定与加固技术规范》（GB 50843—2013）第 4.4.1 条，选项 A 正确；第 4.4.2 条，选项 B 正确；处于滑动阶段或已滑动的边坡工程，滑动面抗剪强度指标可取残余强度值，选项 C 错误；第 4.4.4 条，选项 D 正确。

18. 答案：A

解析：《建筑边坡工程技术规范》（GB 50330—2013）附录 C 第 C.2.9 条，取最小值作为极限承载力标准值。

19. 答案：A

解析：公路走向 100°，北侧路堑边坡向南倾，倾向为 190°，J1 和 J2 倾向与北侧路堑边坡倾向相近，为外倾结构面，J1 倾角大于 J2，J1 更不稳定，选项 A 正确。J3 倾向与路堑边坡倾向相反，最稳定。

20. 答案：C

解析：《铁路路基支挡结构设计规范》（TB 10025—2019）第 12.3.13 条第 3 款，锚索孔数量不得小于总数量的 5% 且不应少于 5 根。

21. **答案：B**

解析：《建筑边坡工程技术规范》（GB 50330—2013）第 8.1.4 条第 3 款，选项 A 正确；第 8.3.3 条第 6 款，浆体材料 28d 的无侧限抗压强度不应低于 25MPa，选项 B 错误；第 8.4.1 条第 1 款，选项 C 正确；第 8.5.2 条第 3 款，选项 D 正确。

22. **答案：C**

解析：《建筑边坡工程技术规范》（GB 50330—2013）第 5.2.3 条条文说明：岩质边坡在发育 3 组以上结构面，且不存在优势外倾结构面组的条件下，可以认为岩体为各向同性介质，在斜坡规模相对较大时，其破坏通常按近似圆弧滑面发生，宜采用圆弧滑动面条分法计算。

23. **答案：D**

解析：《岩土工程勘察规范》（GB 50021—2001）（2009 年版）第 5.1.6 条，大直径嵌岩桩勘探深度应不小于底面以下桩径的 3 倍并不小于 5m，钻孔深度 22 + 5 = 27m。

24. **答案：D**

解析：《岩土工程勘察规范》（GB 50021—2001）（2009 年版）第 6.4.2 条第 6 款，现场载荷试验的承压板直径应大于试验土层最大粒径的 5 倍，即 $5 \times 0.3 = 1.5$m。

25. **答案：A**

解析：《湿陷性黄土地区建筑标准》（GB 50025—2018）第 5.7.9 条，陕西关中属于 III 区，桩身纵向钢筋长度不应小于自重湿陷性黄土层的厚度，最小值 $20 - 5 = 15$m。

26. **答案：C**

解析：《湿陷性黄土地区建筑标准》（GB 50025—2018）第 4.3.2 条，湿陷系数 $\delta_s = (18.5 - 17.2)/20 = 0.065$，根据第 4.4.1 条第 2 款，判断为湿陷性中等，选项 C 正确。

27. **答案：D**

解析：《岩土工程勘察规范》（GB 50021—2001）（2009 年版）第 3.3.2 条，判断粗粒土为角砾；第 6.4.1 条，粒径小于 0.075mm 的细粒含量 30%，定名为粗粒混合土；第 3.3.6 条条文说明，定名含黏性土角砾。

28. **答案：B**

解析：《建筑地基基础设计规范》（GB 50007—2011）第 6.6.2 条条文说明，线岩溶率 16/110 = 14.5%，查表 6.2.2，中等发育。

29. **答案：A**

解析：滑坡体坡脚急速隆起，是滑坡发生前的征兆，由滑坡体向前推挤所致，后缘张拉裂隙的宽度会急剧增大。

30. **答案：A**

解析：《铁路工程特殊岩土勘察规程》（TB 10038—2022）附录 D 第 D.0.1 条，$\eta = \frac{10}{300-10} = 3.45\%$，查表 D.0.1，弱冻胀；$I_p = 23 > 22$，冻胀性降低一级为不冻胀。

31. 答案：B

　　解析：《公路路基设计规范》（JTG D30—2015）第 7.11.2 条，判定中盐渍土，查表 7.11.6，路堤最小高度 $1.3 \times 1.5 = 1.95$m。

32. 答案：C

　　解析：《岩土工程勘察规范》（GB 50021—2001）（2009 年版）第 6.2.2 条，含水比 $a_w = 56/65 = 0.86$，软塑；液性指数 $I_L = (56 - 38)/(65 - 38) = 0.67$，可塑，取不利状态。

33. 答案：A

　　解析：《地质灾害危险性评估规范》（GB/T 40112—2021）第 4.7.2 条表 7，泥石流发育程度为强发育；第 4.7.3 条表 15，危害中等；第 8.4.3 条表 20，引发泥石流的可能性中等。综上，可判定为危险性大。

34. 答案：C

　　解析：《铁路工程不良地质勘察规程》（TB 10027—2022）第 6.4.2 条，岩堆勘探深度应至岩堆基床下稳定岩土层内不小于 3m，且大于最大块石直径 1.5 倍。即 $20 + 3 = 23$m，$20 + 5 \times 1.5 = 27.5$m。

35. 答案：B

　　解析：《中华人民共和国建筑法》第十二条，选项 A 正确；第十九条，选项 B 错误；第二十四条，选项 C 正确；第二十七条，选项 D 正确。

36. 答案：D

　　解析：《中华人民共和国招标投标法》第二十七条，选项 A 正确；第二十八条，选项 B、C 正确；第三十三条，选项 D 错误。

37. 答案：D

　　解析：《中华人民共和国民法典》第四百七十三条。

38. 答案：A

　　解析：《建设工程质量管理条例》第六十五条，选项 A 正确；第六十七条，选项 B 错误；第六十三条，选项 C 错误；第五十九条，选项 D 错误。

39. 答案：B

　　解析：《建设工程勘察设计管理条例》第八条和第三十五条。

40. 答案：B

　　解析：《建设工程安全生产管理条例》第二十一条，选项 A 正确，选项 B 错误；第二十三条，选项 C 正确；第二十四条，选项 D 正确。

....

41. 答案：AC

　　解析：《建筑地基基础设计规范》（GB 50007—2011）第 8.2.10 条，选项 A 正确；第 8.2.8 条，柱下阶形独立基础，应验算柱与基础交接处以及变阶处的受冲切承载力，选项 B 错误；第 8.2.14 条，选项 C 正确；第 8.2.7 条第 4 款，柱的混凝土强度大于基础混凝土强度时，应验算基础顶面的局部受压承载力，选项 D 错误。

42. 答案：BCD

解析：《建筑地基基础设计规范》（GB 50007—2011）第 3.0.2 条第 3 款，软弱地基上的偏心丙级建筑物应做变形验算，选项 A 错误；第 4 款，选项 B、D 正确；第 6 款，选项 C 正确。

43. 答案：ABC

解析：《公路路基设计规范》（JTG D30—2015）第 6.2.5 条第 1 款，选项 A 正确；第 2 款，选项 B 正确；第 3 款，选项 C 正确；对于选项 D，在路基拓宽设计时，相比于固结度、抗剪强度增长和差异沉降等因素，渗透性对设计决策的直接影响较小，因为在软土路基处理中，主要关注的是软土在荷载作用下的变形和强度问题，而不是水在软土中的渗透情况，选项 D 错误。

44. 答案：ACD

解析：《土力学》（李广信等，第 3 版，清华大学出版社）第 86、120 页，计算地基应力时，通常将地基当作半无限空间弹性体来考虑，即把地基简化为一个具有水平界面、深度和广度都无限大的空间弹性体。计算地基中附加压力时，按弹性理论把地基土视为半无限、均质、各向同性的线弹性体，选项 A、C、D 正确。

45. 答案：AC

解析：《基础工程》（周景星等，第 3 版，清华大学出版社）第 102～104 页，弹性半无限空间地基模型假设地基为均质、连续、各向同性的半无限空间弹性体，选项 A 正确；弹性半空间地基模型地基表面一点的变形量不仅取决于作用在该点上的荷载，而且还与全部地面荷载有关，选项 B 错误；半空间模型假定变形模量和泊松比是常数，选项 C 正确；半空间模型夸大了地基的深度和压缩性，导致计算得到的变形过大，选项 D 错误。

46. 答案：ACD

解析：《建筑桩基技术规范》（JGJ 94—2008）第 5.8.3 条。

47. 答案：ABC

解析：水泥土复合管桩是在水泥土桩中插入预应力管桩形成劲性复合桩，水泥土复合管桩承受竖向上拔荷载时，一般有水泥土复合管桩从地基土中拔出、管桩从水泥土桩中拔出、管桩材料破坏三种破坏模式，所以要验算这三部分。

48. 答案：BD

解析：《建筑桩基技术规范》（JGJ 94—2008）附录 A，长螺旋钻孔压灌桩在中密以上的碎石土中成孔困难，选项 A 错误，选项 B 正确；第 7.3.1 条，选项 C 错误；第 7.5.7 条，选项 D 正确。

49. 答案：BC

解析：《建筑桩基技术规范》（JGJ 94—2008）第 5.2.5 条条文说明，桩距越大，土反力越大，承台效应系数越大，选项 B 正确；桩长和桩间距相同时，桩数越多，承台宽度 B_c 越大，则承台效应系数越大，选项 C 正确；承台底为欠固结土时，不考虑承台效应系数，选项 D 错误；承台效应指摩擦型群桩在竖向荷载作用下，由于桩土相对位移，桩间土对承台产生一定竖向抗力，成为桩基竖向承载力的一部分而分担荷载的现象。因此，承台效应是针对摩擦型群桩而言的，其发挥作用的前提是桩土相对位移，如果没有相对位移，承台效应是无法发挥作用的。群桩效应指群桩基础受竖向荷载后，由于承台、桩、土的相互作用使其桩侧阻力、桩端阻力、沉降等性状发生变化而与单桩明显不同，承载力往往不等于各单桩承载力之和，称其为群桩效应，二者并不相同，选项 A 错误。

50. 答案：CD

解析：《建筑桩基技术规范》（JGJ 94—2008）第5.7.2条条文说明，对低配筋率桩，通常桩身先出现裂缝，单桩水平承载力由桩身强度控制，选项 D 正确；高配筋率的混凝土预制桩、钢桩，由于桩侧土体塑性隆起，或桩顶水平位移大大超过使用允许值，也认为桩的水平承载力达到极限状态，此时的单桩水平承载力由位移控制，选项 A、B 错误；第5.7.2条第2款，选项 C 正确。

51. 答案：BCD

解析：《建筑桩基技术规范应用手册》（刘金砺，中国建筑工业出版社）第369页，水下灌注混凝土桩常见的有断桩、夹泥、缩颈、混凝土离析、塌孔、沉渣偏厚等问题，选项 B、C、D 正确。

52. 答案：AB

解析：不管是抗拔桩还是抗压桩，桩身轴力和桩身变形均随深度递减，桩侧摩阻力由上到下发挥，选项 A、B 正确；对于受压桩，桩顶在竖向荷载作用下，桩身截面将产生轴力和竖向位移，随着深度的增加，桩身轴力逐渐被桩侧摩阻力分担，导致轴力逐渐减小、变形也逐渐减少，选项 C、D 错误。

53. 答案：ABC

解析：《工程地质手册》（第五版）第669页。

54. 答案：BD

解析：《铁路路基支挡结构设计规范》（TB 10025—2019）第9.2.5条条文说明，基底压力应小于地基容许承载力乘以计算修正系数，选项 A 错误；第9.2.1条，选项 B 正确；第9.2.3条第6款，应分别验算有荷载和无荷载两种情况，选项 C 错误；第9.3.2条第3款，选项 D 正确。

55. 答案：ACD

解析：《公路路基设计规范》（JTG D30—2015）第4.2.5条第1款，选项 A 正确；填方地段斜坡上方的路堤截水沟设置在距路堤坡脚的距离不应小于2m，选项 B 错误；第2款，选项 C 正确；第3款，选项 D 正确。

56. 答案：ABD

解析：《建筑边坡工程技术规范》（GB 50330—2013）第10.3.1条第4款，选项 A 正确；第2款，选项 B 正确；第10.3.2条第1款，Ⅱ类岩体喷射混凝土面板厚度不应小于100mm，选项 C 错误；第2款，选项 D 正确。

57. 答案：ABC

解析：《碾压式土石坝设计规范》（NB/T 10872—2021）附录D第D.1.3条第1款，选项 A 正确；第2款，选项 B 正确；第3款，选项 C 正确；第4款，应按降落后的水位计算，选项 D 错误。

58. 答案：ACD

解析：《湿陷性黄土地区建筑标准》（GB 50025—2018）第5.1.1条第1款，应采取基本防水措施，选项 A 不符合、选项 B 符合；第5.1.1条第2款和第6.1.4条，应采取结构措施和检漏防水措施，选项

C 不符合；第 5.1.1 条第 3 款，应采取严格防水措施，加强上部结构刚度，并宜采用刚度较好的基础形式，选项 D 不符合。

59. **答案**：BD

解析：《岩土工程勘察规范》（GB 50021—2001）（2009 年版）第 6.6.6 条第 1 款，应区别保持冻结地基和容许融化地基，选项 A 错误；第 2 款，选项 B 正确；第 6.6.5 条第 1 款，宜采用大口径低速钻进，选项 C 错误；第 7 款，选项 D 正确。

60. **答案**：ABD

解析：《铁路工程不良地质勘察规程》（TB 10027—2022）第 9.2.1 条，选项 A 正确；第 9.2.2 条，选项 B 正确、选项 C 错误；第 9.2.4 条，选项 D 正确。

61. **答案**：AD

解析：《建筑地基基础设计规范》（GB 50007—2011）第 4.1.12 条。

62. **答案**：ABD

解析：《铁路路基设计规范》（TB 10001—2016）附录 B 第 B.3.2 条，选项 A 正确；第 B.3.3 条，选项 B 正确；表 B.3.6，选项 C 错误、选项 D 正确。

63. **答案**：AD

解析：《铁路工程地质勘察规范》（TB 10012—2019）第 6.2.4 条第 1 款，钻探宜采用干钻，选项 A 错误；第 3 款，选项 B 正确；第 6.2.6 条，选项 C 正确；第 6.2.2 条第 3 款，线路宜垂直垄岗轴线，选项 D 错误。

64. **答案**：BC

解析：《岩土工程勘察规范》（GB 50021—2001）（2009 年版）第 6.1.3 条第 4 款。

65. **答案**：BCD

解析：《安全生产许可证条例》第二十条，选项 A 错误；第十九条，选项 B 正确；第二十一条，选项 C、D 正确。

66. **答案**：AB

解析：《中华人民共和国招标投标法》第六十六条，选项 A 错误；《工程建设项目勘察设计招标投标办法》第七条，选项 B 错误；第九条，选项 C 正确；第十一条，选项 D 正确。

注：2024 年法规目录已删除《工程建设项目勘察设计招标投标办法》。

67. **答案**：BCD

解析：《中华人民共和国民法典》第五百一十条，选项 A 错误；第五百一十二条，选项 B 正确；第五百一十四条，选项 C 正确；第五百一十六条，选项 D 正确。

68. **答案**：AC

解析：《建设工程质量管理条例》第十八条，选项 A 正确；第二十六条，选项 B 错误；第三十七条，选项 C 正确；第四十条，选项 D 错误。

69. **答案**：BCD

解析：《建设工程勘察设计管理条例》第十六条，选项 A 正确；第九条，选项 B 错误；第十九条，选项 C 错误；第二十八条，选项 D 错误。

70. 答案：ABD

解析：《中华人民共和国安全生产法》第八十条，选项 A 正确；第八十一条，选项 B 正确；第八十二条，选项 C 错误；第八十三条，选项 D 正确。